J. Wittenburg • E. Pestel

Festigkeitslehre

Springer

Berlin
Heidelberg
New York
Barcelona
Hongkong
London
Mailand
Paris
Tokio

J. Wittenburg • E. Pestel

Festigkeitslehre

Ein Lehr- und Arbeitsbuch

3., neu bearbeitete und erweiterte Auflage
mit 510 Abbildungen

Springer

Professor Dr.-Ing. Jens Wittenburg
Universität Karlsruhe
Institut für Technische Mechanik
Kaiserstr. 12
D - 76128 Karlsruhe
E-mail: wittenburg@itm.uni-karlsruhe.de

Prof. Dr.-Ing. Eduard Pestel †

Ursprünglich erschienen im BI Wissenschaftsverlag

ISBN 3-540-42099-1 3. Aufl. Springer-Verlag Berlin Heidelberg New York

Die Deutsche Bibliothek – CIP-Einheitsaufnahme
Wittenburg, Jens:
Festigkeitslehre : Ein Lehr- und Arbeitsbuch / Jens Wittenburg ;
Eduard Pestel. - 3., neu bearb. und erw. Aufl. - Berlin ; Heidelberg ;
New York ; Barcelona ; Hongkong ; London ; Mailand ; Paris ;
Tokio : Springer, 2001
ISBN 3-540-42099-1

Springer-Verlag Berlin Heidelberg New York
ein Unternehmen der BertelsmannSpringer Science+Business Media GmbH

http://www.springer.de

Einbandgestaltung: medio Technologies AG, Berlin
Satz: PTP-Berlin, Stefan Sossna
Gedruckt auf säurefreiem Papier SPIN: 10694291 7/3020/M - 5 4 3 2 1 0

Vorwort zur 3. Auflage

Dieses Buch tritt die Nachfolge des Lehrbuches *Technische Mechanik Band 2: Festigkeitslehre* von Pestel und Wittenburg an, das im BI-Wissenschaftsverlag zwei von Lesern gut angenommene Auflagen erlebte. Die neue Ausgabe im Springer-Verlag verbindet in einem Band zwei Teile. Der erste ist eine gründlich überarbeitete Neuauflage des Lehrbuches. Im zweiten Teil erscheint erstmals die schon 1991 angekündigte Sammlung ausführlicher Lösungsgänge zu allen 208 Aufgaben des Lehrbuches. Sie schult den Leser in der Umsetzung von technischen Fragestellungen in mathematische Aufgaben.

Das Lehrbuch ist in elf Kapitel gegliedert. Zehn von ihnen behandeln Themen, die zu einer üblichen einführenden Vorlesung gehören. Jedes dieses Kapitel enthält auch Abschnitte, die i.allg. wegen Zeitmangel nicht angesprochen werden, obwohl sie mathematisch nicht schwieriger sind als die übrigen.

Das Kapitel 9 über Finite-Elemente-Methoden demonstriert, daß mit den Mitteln der elementaren Festigkeitslehre auch eine Einführung in dieses Gebiet möglich ist.

Der Autor dankt Herrn Prof. P. Vielsack für viele Anregungen zu Präzisierungen und Herrn Prof. W. Heil für die kritische Lektüre von Kapitel 11.

Dem Springer-Verlag gebührt Dank für die gute Zusammenarbeit bei der Verarbeitung sehr unterschiedlich gestalteter TEX–Manuskripte und Abbildungsvorlagen.

Jens Wittenburg
Karlsruhe, im Frühjahr 2001

Inhaltsverzeichnis

Teil I. Lehrbuch

Teil I

Lehrbuch

1. Spannungen

1.1 Der Spannungsvektor. Normal- und Schubspannungen

Schneidet man aus einem irgendwie belasteten Körper, der sich im Gleichgewicht befindet, ein Teil heraus, so muß man an den Schnittflächen Kräfte anbringen, damit das herausgeschnittene Teil weiterhin im Gleichgewicht ist. Es sind dies die inneren Kräfte, die im unzerschnittenen Körper von den umgebenden Teilen tatsächlich ausgeübt werden. Wenn der Körper starr ist, kann man über die Verteilung der Kräfte auf die Schnittfläche nichts aussagen, weil das Problem statisch unbestimmt ist. Man kann dann nur von der Resultierenden der Kräfte und von ihrem resultierenden Moment sprechen. Typische Beispiele für derartige resultierende Größen sind die Schnittgrößen an der Querschnittsfläche eines starren Stabes. Die Frage nach der Verteilung der Schnittkräfte auf eine Fläche ist nur dann sinnvoll, wenn der Körper Stoffeigenschaften besitzt, die eine Verteilung zulassen. Elastische und plastische Stoffeigenschaften, von denen dieses Buch handelt, lassen stetige Verteilungen zu. Die zur Beschreibung einer stetigen Kräfteverteilung geeignete physikalische Größe ist die Spannung. Man definiert den sog. *Spannungsvektor* $\boldsymbol{p}$ als Grenzwert

$$\boldsymbol{p} = \lim_{\Delta A \to 0} \frac{\Delta \boldsymbol{F}}{\Delta A}.$$

Darin sind ΔA der Flächeninhalt eines Elements der Schnittfläche und $\Delta \boldsymbol{F}$ die resultierende Schnittkraft, die auf dieses Flächenelement entfällt (Abb. 1.1). Die Dimension des Spannungsvektors $\boldsymbol{p}$ ist also Kraft/Fläche. Es ist das Ziel dieses Kapitels, Aussagen über die physikalische Natur des Spannungsbegriffs zu machen. Als einzige Hilfsmittel werden dazu Kräfte- und Momentengleichgewichtsbedingungen eingesetzt.

Jedem Punkt der Schnittfläche in Abb. 1.1 ist ein Spannungsvektor zugeordnet. Wenn man z.B. einen an den Enden mit den Kräften $\boldsymbol{F}$ und $-\boldsymbol{F}$ belasteten Zugstab der Querschnittsfläche A weit von den Stabenden entfernt senkrecht zu seiner Achse durchschneidet und die (tatsächlich richtige) Annahme macht, daß die Schnittkraft gleichmäßig über die Fläche verteilt ist, dann erhält man für jeden Punkt der Schnittebene denselben Spannungsvektor $\boldsymbol{p} = \boldsymbol{F}/A$ senkrecht zur Ebene (Abb. 1.2a). Wenn die Schnittebene durch

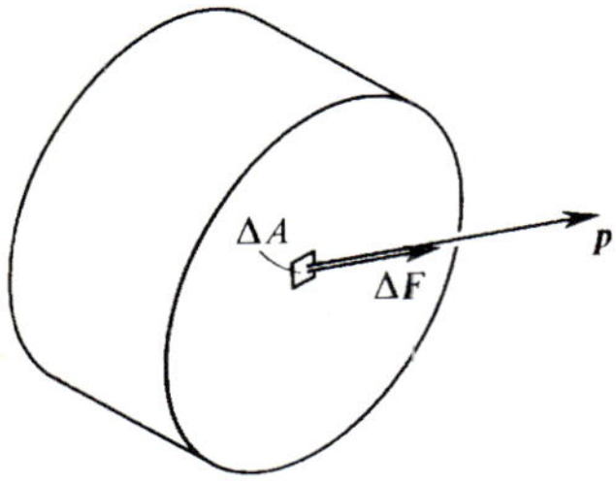

Abb. 1.1. Der Spannungsvektor $\boldsymbol{p}$ in einem Punkt einer Schnittebene als Grenzwert des Verhältnisses $\Delta\boldsymbol{F}/\Delta A$.

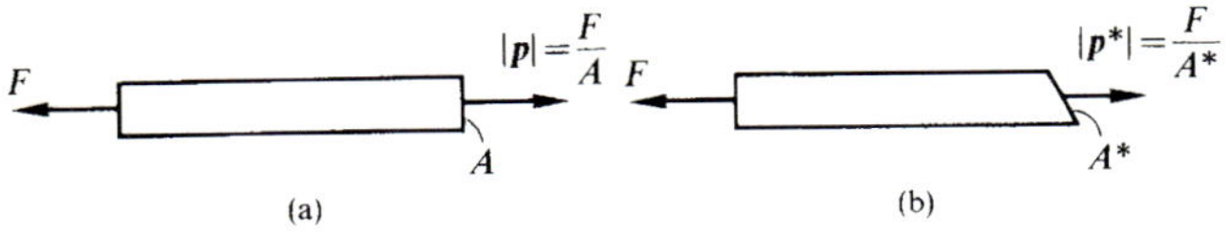

Abb. 1.2. Die Größe des Spannungsvektors und seine Richtung relativ zur Schnittebene hängen von der Lage der Schnittebene ab

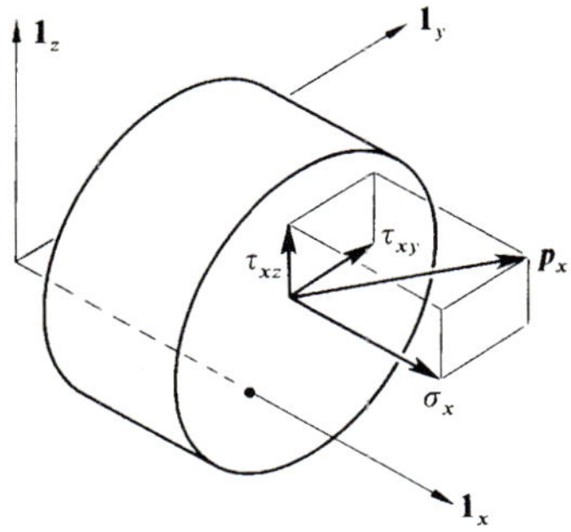

Abb. 1.3. Zur Definition und Bezeichnung von Normal- und Schubspannungen am Beispiel einer Schnittebene senkrecht zur x-Achse

den Stab anders gerichtet ist, wie z.B. in Abb. 1.2b, dann sind die Komponenten des Spannungsvektors senkrecht und tangential zur Schnittebene anders als in Abb. 1.2a, und auch sein Betrag ist anders.

Damit stellen sich folgende Fragen. Erstens: Für wieviele Schnittebenen durch ein und denselben Körperpunkt muß man den Spannungsvektor kennen, um ihn für beliebig gerichtete Schnittebenen durch den Punkt angeben zu können? Zweitens: Welche Gestalt haben die Gleichungen, die den Spannungsvektor für eine beliebig gerichtete Schnittebene durch die Spannungsvektoren für die minimal erforderliche Anzahl von Schnittebenen ausdrücken?

Zunächst wird anhand von Abb. 1.3 festgelegt, wie die Koordinaten des Spannungsvektors für eine bestimmte Schnittebene bezeichnet werden. Senkrecht zur Schnittebene und aus dieser herausgerichtet liege die x-Achse eines Koordinatensystems. Die Schnittebene stellt dann das positive Schnittufer dar. Die y- und die z-Achse liegen in der Schnittebene. Die Schnittebene selbst und ihr Spannungsvektor werden durch den Index x der Flächennormale gekennzeichnet. Der Spannungsvektor wird also $\boldsymbol{p}_x$ genannt. Von besonderem Interesse sind seine Koordinaten in Richtung der x-, y- und z-Achsen. Sie werden in dieser Reihenfolge mit σ_x, τ_{xy} und τ_{xz} bezeichnet. Man nennt σ_x die Normalspannung und τ_{xy} und τ_{xz} Schubspannungen. Der erste Index x weist daraufhin, daß alle drei Spannungen in dem betrachteten Körperpunkt in der Schnittebene auftreten, die senkrecht zur x-Achse liegt. Die Normalspannung σ_x hat selbst die Richtung der Flächennormale x, so daß zu ihrer Kennzeichnung ein Index genügt. Dagegen ist bei den Schubspannungen der zweite Index y bzw. z nötig, um die Richtung der Spannung anzugeben. Es gilt die Vorzeichenvereinbarung: Am positiven Schnittufer sind σ_x, τ_{xy} und τ_{xz} positiv, wenn sie die Richtung der positiven x- bzw. y- bzw. z-Achse haben.

Die hier vereinbarte Bezeichnung von Normal- und Schubspannungen mit verschiedenen Symbolen σ bzw. τ ist in der Festigkeitslehre üblich. In der mathematisch orientierten Elastizitätstheorie schreibt man σ_{xx} statt σ_x und σ_{xy}, σ_{xz} statt τ_{xy}, τ_{xz}. Alle Gleichungen in den Abschnitten 1.2 und 1.3 sind entsprechend umzuschreiben.

1.1.1 Gleichheit zugeordneter Schubspannungen

Nach diesen Vereinbarungen über Benennungen und Vorzeichen werden Normal- und Schubspannungen außer in der Ebene senkrecht zur x-Achse auch in Schnittebenen durch den untersuchten Körperpunkt betrachtet, die senkrecht zur y- bzw. zur z-Achse liegen. Abb. 1.4a zeigt einen den Körperpunkt umgebenden Quader mit den infinitesimalen Abmessungen dx, dy und dz, der von solchen Schnittebenen begrenzt wird. An den drei Flächen, die die positiven Schnittufer darstellen, sind alle Normal- und Schubspannungen eingezeichnet. Ihre Benennung folgt der oben angegebenen Vorschrift.

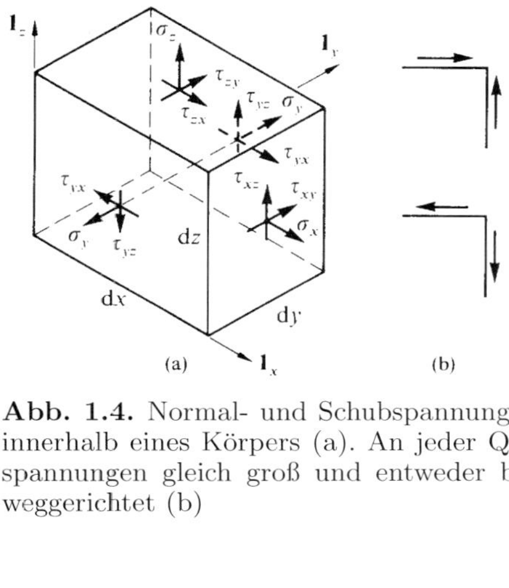

Abb. 1.4. Normal- und Schubspannungen an einem infinitesimal kleinen Quader innerhalb eines Körpers (a). An jeder Quaderkante sind die zugeordneten Schubspannungen gleich groß und entweder beide zur Kante hin- oder beide von ihr weggerichtet (b)

Ziel der Untersuchung ist, festzustellen, ob die insgesamt neun Normal- und Schubspannungen in den Flächen beliebig vorgegeben werden können oder ob sie irgendwelchen Einschränkungen unterliegen. Einschränkungen können sich nur aus der Bedingung ergeben, daß die am Quader angreifenden Kräfte ein Gleichgewichtssystem bilden. Außer den an den Oberflächen angreifenden Kräften von der Form Spannung mal Fläche können sog. Volumenkräfte angreifen. Ein Beispiel ist das Gewicht. Volumenkräfte haben die Eigenschaft, proportional zum Volumen $\mathrm{d}x\,\mathrm{d}y\,\mathrm{d}z$ zu sein. Am infinitesimal kleinen Quader können sie vernachlässigt werden, weil sie von höherer Ordnung klein sind, nämlich von dritter Ordnung in den Längenabmessungen, während Oberflächenkräfte nur von zweiter Ordnung klein sind. Alles folgende ist also allgemein gültig, obwohl Volumenkräfte in Abb. 1.4a nicht eingezeichnet sind. Einzelkräfte endlicher Größe, die im mathematischen Sinne punktförmig angreifen, sind in Wirklichkeit unmöglich, brauchen also auch nicht vorgesehen zu werden. Die Kräftegleichgewichtsbedingungen für die x-, die y- und die z-Richtung sind offensichtlich erfüllt, wenn an gegenüberliegenden Seiten des Quaders betragsgleiche, aber entgegengesetzt gerichtete Normal- und Schubspannungen wirken. Um das anzudeuten, sind in Abb. 1.4a die Spannungen am positiven und am negativen Schnittufer senkrecht zur y-Achse eingezeichnet. Von den drei Momentengleichgewichtsbedingungen wird nur eine als Beispiel angegeben. Die Bedingung für das Verschwinden aller Momente um die x-Achse lautet

$$(\tau_{yz}\,\mathrm{d}x\,\mathrm{d}z)\,\mathrm{d}y - (\tau_{zy}\,\mathrm{d}x\,\mathrm{d}y)\,\mathrm{d}z = 0.$$

In Klammern steht jeweils die der Spannung entsprechende Oberflächenkraft und dahinter der Hebelarm dieser Kraft. Die Momente aller anderen Oberflächenkräfte sind entweder null oder sie heben sich paarweise auf. Aus der Gleichung ergibt sich $\tau_{yz} = \tau_{zy}$. Die Gleichheit der Vorzeichen beider Spannungen bedeutet, daß die Spannungspfeile in der Abbildung entweder zur gemeinsamen Quaderkante hinweisen, oder daß beide von ihr wegweisen (Abb. 1.4b). Das Momentengleichgewicht für die y- und für die z-Achse erfordert entsprechende Gleichungen. Zusammengefaßt gilt:

$$\tau_{yz} = \tau_{zy}, \qquad \tau_{yx} = \tau_{xy}, \qquad \tau_{zx} = \tau_{xz}. \tag{1.1}$$

Man drückt diese Gleichungen in den Worten aus: Einander zugeordnete Schubspannungen sind gleich. Das Kräfte- und das Momentengleichgewicht sind also gesichert, wenn von den neun in Abb. 1.4a eingetragenen Spannungen die sechs Größen σ_x, σ_y, σ_z und τ_{xy}, τ_{xz} und τ_{yz} willkürlich vorgegeben werden. Sie werden in der symmetrischen Matrix

$$\begin{pmatrix} \sigma_x & \tau_{xy} & \tau_{xz} \\ \tau_{xy} & \sigma_y & \tau_{yz} \\ \tau_{xz} & \tau_{yz} & \sigma_z \end{pmatrix} \tag{1.2}$$

zusammengefaßt. In jeder Zeile stehen die Koordinaten eines Spannungsvektors. Im nächsten Abschnitt wird gezeigt, daß die Angabe der sechs Koordinaten notwendig und hinreichend ist, um die Koordinaten des Spannungsvektors für eine beliebig gerichtete Schnittebene durch den betrachteten Körperpunkt zu bestimmen.

1.2 Der allgemeine räumliche Spannungszustand

1.2.1 Normal- und Schubspannungen in einer beliebig gerichteten Schnittebene

In diesem Abschnitt wird folgende Aufgabe behandelt. Gegeben sind für einen Punkt eines Körpers für ein bestimmtes x, y, z-System die sechs Koordinaten in der Matrix von (1.2). Gegeben ist außerdem ein gegen das x, y, z-System gedrehtes Koordinatensystem mit den Achseneinheitsvektoren $\mathbf{1}_\xi$, $\mathbf{1}_\eta$ und $\mathbf{1}_\zeta$. Der Vektor $\mathbf{1}_\xi$ hat im x, y, z-System die Koordinaten (Richtungskosinus) n_x, n_y und n_z, d.h

$$\mathbf{1}_\xi = n_x \mathbf{1}_x + n_y \mathbf{1}_y + n_z \mathbf{1}_z. \tag{1.3}$$

Die Richtungskosinus erfüllen die Bedingungsgleichung

$$f(n_x, n_y, n_z) = n_x^2 + n_y^2 + n_z^2 - 1 = 0. \tag{1.4}$$

Gesucht werden im ξ, η, ζ-System die Koordinaten des Spannungsvektors $\boldsymbol{p}_\xi$ für diejenige Schnittebene durch den betrachteten Körperpunkt, die senkrecht auf $\mathbf{1}_\xi$ steht. Diese Koordinaten bilden die erste Zeile der Matrix

$$\begin{pmatrix} \sigma_\xi & \tau_{\xi\eta} & \tau_{\xi\zeta} \\ \tau_{\xi\eta} & \sigma_\eta & \tau_{\eta\zeta} \\ \tau_{\xi\zeta} & \tau_{\eta\zeta} & \sigma_\zeta \end{pmatrix}, \tag{1.5}$$

die im ξ, η, ζ-System dieselbe Rolle spielt, wie die gegebene Matrix (1.2) im x, y, z-System. Wenn die gestellte Aufgabe eindeutig lösbar ist, ist damit zugleich bewiesen, daß die sechs Normal- und Schubspannungen in (1.2) für das beliebig gewählte x, y, z-System den Spannungszustand in einem Körperpunkt eindeutig beschreiben. Im Anschluß an diese Aufgabe sollen folgende Fragen beantwortet werden: Für welche Richtungen von $\mathbf{1}_\xi$ sind sowohl $\tau_{\xi\eta}$ als auch $\tau_{\xi\zeta}$ null, und wie groß ist dann σ_ξ? Für welche Richtungen von $\mathbf{1}_\xi$ nimmt σ_ξ stationäre Werte an (Maxima, Minima oder Sattelpunkte) und wie groß sind diese Werte? Für welche Richtungen von $\mathbf{1}_\xi$ nimmt die aus $\tau_{\xi\eta}$ und $\tau_{\xi\zeta}$ resultierende Schubspannung $\tau_\xi = \sqrt{\tau_{\xi\eta}^2 + \tau_{\xi\zeta}^2}$ stationäre Werte an und wie groß sind diese Werte? Die praktische Bedeutung der Antworten auf diese Fragen liegt darin, daß die größten auftretenden Normal- und Schubspannungen zur Beantwortung der Frage benötigt werden, ob der Werkstoff im betrachteten Punkt dem gegebenen Spannungszustand standhält oder nicht.

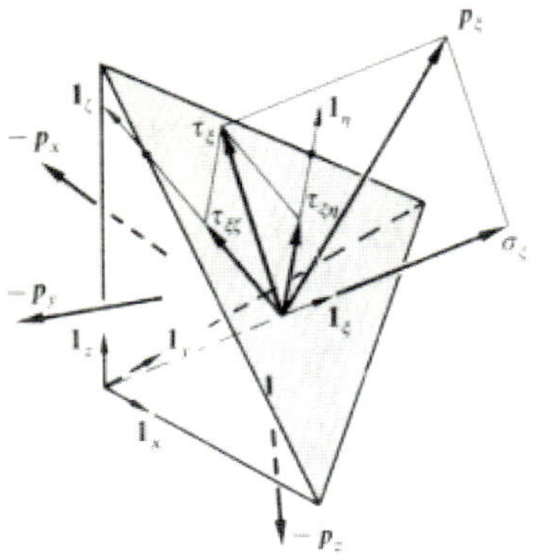

Abb. 1.5. Ein infinitesimal kleines Tetraeder in einem Körper. An den drei negativen Schnittufern sind nur die Spannungsvektoren angetragen. Am positiven Schnittufer senkrecht zur ξ-Achse sind die Normalspannung und Schubspannungen dargestellt

Zur Beantwortung der ersten Frage – Spannungen in einer vorgegebenen Schnittebene – wird ein infinitesimal kleines Tetraeder betrachtet, das den untersuchten Körperpunkt umgibt, und dessen vier Flächen senkrecht auf den Einheitsvektoren $\mathbf{1}_x$, $\mathbf{1}_y$, $\mathbf{1}_z$ bzw. $\mathbf{1}_\xi$ stehen (Abb. 1.5). An drei Flächen greifen Kräfte an, die sich aus den gegebenen Spannungen berechnen lassen, und in der Fläche senkrecht zu $\mathbf{1}_\xi$ greifen Kräfte an, die sich durch die gesuchten Spannungen σ_ξ, $\tau_{\xi\eta}$ und $\tau_{\xi\zeta}$ ausdrücken lassen. Die gesuchten Spannungen werden aus Kräftegleichgewichtsbedingungen bestimmt. Die Inhalte der Flächen des Tetraeders seien $\mathrm{d}A_x$, $\mathrm{d}A_y$, $\mathrm{d}A_z$ bzw. $\mathrm{d}A_\xi$ genannt. Die Normal- und Schubspannungen in den Flächen werden zu resultierenden Spannungsvektoren $-\boldsymbol{p}_x$, $-\boldsymbol{p}_y$, $-\boldsymbol{p}_z$ bzw. $\boldsymbol{p}_\xi$ zusammengefaßt. Die Vorzeichen erklären sich dadurch, daß $-\mathbf{1}_x$, $-\mathbf{1}_y$, $-\mathbf{1}_z$ und $+\mathbf{1}_\xi$ die nach außen gerichteten Normaleneinheitsvektoren der Flächen sind. Die Vektoren $\boldsymbol{p}_x$, $\boldsymbol{p}_y$ und $\boldsymbol{p}_z$ sind wie in Abb. 1.3 am positiven Schnittufer definiert. Bei Beachtung der Gleichheit zugeordneter Schubspannungen ist also

$$\left.\begin{aligned} \boldsymbol{p}_x &= \sigma_x \mathbf{1}_x + \tau_{xy}\mathbf{1}_y + \tau_{xz}\mathbf{1}_z, \\ \boldsymbol{p}_y &= \tau_{xy}\mathbf{1}_x + \sigma_y \mathbf{1}_y + \tau_{yz}\mathbf{1}_z, \\ \boldsymbol{p}_z &= \tau_{xz}\mathbf{1}_x + \tau_{yz}\mathbf{1}_y + \sigma_z \mathbf{1}_z. \end{aligned}\right\} \tag{1.6}$$

Das Gleichgewicht der Kräfte am Tetraeder erfordert, daß

$$\boldsymbol{p}_\xi \,\mathrm{d}A_\xi - \boldsymbol{p}_x \,\mathrm{d}A_x - \boldsymbol{p}_y \mathrm{d}A_y - \boldsymbol{p}_z \,\mathrm{d}A_z = 0$$

ist. Eventuell angreifende Volumenkräfte brauchen nicht berücksichtigt zu werden aus Gründen, die im Zusammenhang mit Abb. 1.4 genannt wurden. Das Verhältnis der Flächeninhalte $\mathrm{d}A_\xi$, $\mathrm{d}A_x$, $\mathrm{d}A_y$ und $\mathrm{d}A_z$ zueinander wird durch die Richtung des Einheitsvektors $\mathbf{1}_\xi$ im x, y, z-System festgelegt, und zwar ist

$$\mathrm{d}A_x = \mathrm{d}A_\xi n_x, \qquad \mathrm{d}A_y = \mathrm{d}A_\xi n_y, \qquad \mathrm{d}A_z = \mathrm{d}A_\xi n_z.$$

Damit hat die Kräftegleichgewichtsbedingung die Form

$$\boldsymbol{p}_\xi = \boldsymbol{p}_x n_x + \boldsymbol{p}_y n_y + \boldsymbol{p}_z n_z .$$

Das wird mit Hilfe von (1.6) durch Größen im x, y, z-System ausgedrückt:

$$\begin{aligned} \boldsymbol{p}_\xi = &\ (\sigma_x n_x + \tau_{xy} n_y + \tau_{xz} n_z)\mathbf{1}_x \\ &+(\tau_{xy} n_x + \sigma_y n_y + \tau_{yz} n_z)\mathbf{1}_y \\ &+(\tau_{xz} n_x + \tau_{yz} n_y + \sigma_z n_z)\mathbf{1}_z . \end{aligned} \tag{1.7}$$

Das Momentengleichgewicht ist gesichert. Wählt man nämlich als Momentenbezugspunkt den Angriffspunkt der Kraft $\boldsymbol{p}_\xi \, \mathrm{d}A_\xi$, dann treten nur Momente von Kräften auf, die durch die vorgegebenen Spannungen σ_x, τ_{xy} usw. bis τ_{yz} verursacht werden. Diese Momente halten sich das Gleichgewicht, weil alle zugeordneten Schubspannungen gleich sind (siehe (1.1)). Aus der Gleichung für $\boldsymbol{p}_\xi$ erhält man sofort die gesuchten Spannungen. Nach Abb. 1.5 ist nämlich

$$\sigma_\xi = \boldsymbol{p}_\xi \cdot \mathbf{1}_\xi, \qquad \tau_{\xi\eta} = \boldsymbol{p}_\xi \cdot \mathbf{1}_\eta, \qquad \tau_{\xi\zeta} = \boldsymbol{p}_\xi \cdot \mathbf{1}_\zeta .$$

Für σ_ξ erhält man z.B. durch Einsetzen von (1.3) für $\mathbf{1}_\xi$ das Ergebnis

$$\sigma_\xi = \sigma_x n_x^2 + \sigma_y n_y^2 + \sigma_z n_z^2 + 2(\tau_{xy} n_x n_y + \tau_{xz} n_x n_z + \tau_{yz} n_y n_z). \tag{1.8}$$

Die resultierende Schubspannung in der Fläche senkrecht zu $\mathbf{1}_\xi$ ergibt sich dem Betrage nach aus der Beziehung

$$\tau_\xi^2 = \tau_{\xi\eta}^2 + \tau_{\xi\zeta}^2 = \boldsymbol{p}_\xi^2 - \sigma_\xi^2 . \tag{1.9}$$

Die Gleichungen für σ_ξ und für die Schubspannungen stellen die Vorschriften dar, nach denen die Elemente der Matrix (1.2) in die Elemente der entsprechenden Matrix (1.5) für das ξ, η, ζ-System transformiert werden. Mathematische Größen, für die diese Transformationsvorschriften gelten, heißen Tensoren 2. Stufe. Die sechs Normal- und Schubspannungen in (1.2) sind die Koordinaten des sog. *Spannungstensors*. Er ist symmetrisch. Die gewonnenen Ergebnisse beweisen auch, daß die Koordinaten des Spannungstensors in einem beliebigen x, y, z-System den Spannungszustand in einem Körperpunkt eindeutig beschreiben.

Beispiel 1.2-1

Der Quader in Abb. 1.4 soll als Ausschnitt aus der Wand eines Druckbehälters angesehen werden. Seine Oberseite ist die freie Oberfläche auf der Innenseite des Behälters. In einem Punkt dieser Oberfläche hat man die Spannungen gemessen: $\sigma_z = -10\,\mathrm{Nmm}^{-2}$ (das ist der Druck im Behälter), $\tau_{zx} = \tau_{zy} = 0\,\mathrm{Nmm}^{-2}$, $\sigma_x = 40\,\mathrm{Nmm}^{-2}$, $\sigma_y = 100\,\mathrm{Nmm}^{-2}$ und $\tau_{xy} = -20\,\mathrm{Nmm}^{-2}$. Wie groß sind in demselben Punkt die Normalspannung σ_ξ und die resultierende Schubspannung τ_ξ in einer Ebene, die die Oberfläche senkrecht schneidet, und zwar in einer Geraden, die parallel zur Winkelhalbierenden des ersten Quadranten der x, y-Ebene liegt?

Lösung: Es gibt zwei entgegengesetzt gerichtete Einheitsvektoren senkrecht zu dieser Ebene. Die Ergebnisse für σ_ξ und τ_ξ sind für beide gleich, weil zu ihnen auch entgegengesetzte Schnittufer in Abb. 1.5 gehören. Die Koordinaten eines der beiden Einheitsvektoren sind $n_x = -\frac{1}{2}\sqrt{2}$, $n_y = \frac{1}{2}\sqrt{2}$ und $n_z = 0$. Damit liefern (1.7) bis (1.9)

$$\begin{aligned} \boldsymbol{p}_\xi &= (-30\sqrt{2}\,\mathbf{1}_x + 60\sqrt{2}\,\mathbf{1}_y)\,\mathrm{Nmm}^{-2}, \qquad \boldsymbol{p}_\xi^2 = 9000\,\mathrm{N}^2\mathrm{mm}^{-4}, \\ \sigma_\xi &= (40 \cdot \tfrac{1}{2} + 100 \cdot \tfrac{1}{2} + 2 \cdot 20 \cdot \tfrac{1}{2})\,\mathrm{Nmm}^{-2} = 90\,\mathrm{Nmm}^{-2}, \\ |\tau_\xi| &= \sqrt{9000 - 8100}\,\mathrm{Nmm}^{-2} = 30\,\mathrm{Nmm}^{-2}. \end{aligned}$$

1.2.2 Hauptnormalspannungen. Spannungshauptachsen

Mit den gewonnenen Aussagen kann man nun die zweite eingangs gestellte Frage beantworten: Für welche Richtungen von $\mathbf{1}_\xi$ in Abb. 1.5 sind die Schubspannungen $\tau_{\xi\eta}$ und $\tau_{\xi\zeta}$ null, und wie groß ist dann σ_ξ? Die Forderung, daß die Schubspannungen verschwinden, ist gleichbedeutend mit der Forderung, daß der Spannungsvektor $\boldsymbol{p}_\xi$ nach Größe und Richtung gleich $\sigma_\xi \mathbf{1}_\xi$ ist. Die selbst noch unbekannte Normalspannung wird im folgenden σ ohne Index genannt. Also gilt

$$\boldsymbol{p}_\xi - \sigma \mathbf{1}_\xi = 0.$$

Bei Zerlegung im x, y, z-System muß diese Gleichung für alle drei Koordinaten erfüllt sein. Mit (1.7) für $\boldsymbol{p}_\xi$ und mit (1.3) für $\mathbf{1}_\xi$ erhält man für die gesuchten Richtungskosinus n_x, n_y und n_z die Gleichungen

$$\left.\begin{aligned} (\sigma_x - \sigma)n_x + \tau_{xy}n_y + \tau_{xz}n_z &= 0, \\ \tau_{xy}n_x + (\sigma_y - \sigma)n_y + \tau_{yz}n_z &= 0, \\ \tau_{xz}n_x + \tau_{yz}n_y + (\sigma_z - \sigma)n_z &= 0. \end{aligned}\right\} \tag{1.10}$$

Sie haben nur dann nichttriviale Lösungen für n_x, n_y und n_z, wenn die Determinante der Koeffizientenmatrix gleich null ist:

$$\begin{vmatrix} (\sigma_x - \sigma) & \tau_{xy} & \tau_{xz} \\ \tau_{xy} & (\sigma_y - \sigma) & \tau_{yz} \\ \tau_{xz} & \tau_{yz} & (\sigma_z - \sigma) \end{vmatrix} = 0 \tag{1.11}$$

oder ausführlich

$$-\sigma^3 + I_1\sigma^2 + I_2\sigma + I_3 = 0 \tag{1.12}$$

mit

$$\left.\begin{aligned} I_1 &= \sigma_x + \sigma_y + \sigma_z \\ I_2 &= -(\sigma_x\sigma_y + \sigma_y\sigma_z + \sigma_z\sigma_x) + \tau_{xy}^2 + \tau_{yz}^2 + \tau_{zx}^2, \\ I_3 &= \sigma_x\sigma_y\sigma_z + 2\tau_{xy}\tau_{yz}\tau_{zx} - (\sigma_x\tau_{yz}^2 + \sigma_y\tau_{zx}^2 + \sigma_z\tau_{xy}^2). \end{aligned}\right\} \tag{1.13}$$

Die Gleichung 3. Grades für σ muß gelöst werden. In der Algebra wird bewiesen, daß die Symmetrie der Koeffizientenmatrix in (1.10) zur Folge hat, daß alle drei Wurzeln σ_1, σ_2 und σ_3 reell sind (siehe z.B. [1]). Es sei angenommen, daß sie alle voneinander verschieden sind. Setzt man eine von ihnen wieder in (1.10) ein, dann sind von den drei Gleichungen für n_x, n_y und n_z

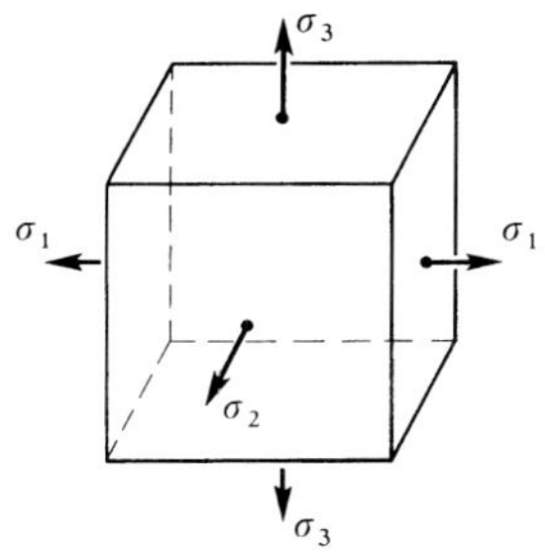

Abb. 1.6. An einem Würfel mit Kanten parallel zu den Spannungshauptachsen wirken nur Normalspannungen

nur zwei linear unabhängig. Die lineare Abhängigkeit der dritten wurde durch (1.11) erzwungen. Zusammen mit der Nebenbedingung (1.4) bestimmen die beiden unabhängigen Gleichungen bis auf ein nicht interessierendes Vorzeichen die Größen n_x, n_y und n_z, d.h. einen Einheitsvektor $\mathbf{1}_\xi$ und damit eine Schnittebene. Diese Schnittebene hat die geforderte Eigenschaft, daß in ihr die Schubspannungen $\tau_{\xi\eta}$ und $\tau_{\xi\zeta}$ gleich null sind. Die Wurzel σ von (1.12), aus der $\mathbf{1}_\xi$ berechnet wurde, ist die Normalspannung in der Ebene. Zu jeder der drei Wurzeln gehört ein anderer Einheitsvektor $\mathbf{1}_\xi$ und damit eine andere Schnittebene. In der Algebra wird bewiesen, daß die Symmetrie der Koeffizientenmatrix in (1.10) zur Folge hat, daß alle drei Einheitsvektoren orthogonal zueinander sind. In Abb. 1.6 ist ein infinitesimal kleiner Würfel dargestellt, dessen Flächen senkrecht auf den gefundenen Einheitsvektoren stehen. In den Flächen wirken nur die Normalspannungen σ_1, σ_2 und σ_3. Man nennt diese Spannungen die *Hauptnormalspannungen* und ihre Richtungen die *Spannungshauptachsen* im betrachteten Körperpunkt. Die drei Spannungshauptachsen bilden ein spezielles Koordinatensystem, dessen Verwendung anstelle des ursprünglichen x, y, z-Systems wegen des Fehlens von Schubspannungen zu besonders einfachen mathematischen Ausdrücken führt.

Beispiel 1.2-2
In einem x, y, z-System herrschen in einem Punkt eines Körpers die Spannungen $\sigma_x = 3\,\mathrm{Nmm}^{-2}$, $\sigma_y = 2\,\mathrm{Nmm}^{-2}$, $\sigma_z = 4\,\mathrm{Nmm}^{-2}$, $\tau_{xy} = 2\,\mathrm{Nmm}^{-2}$, $\tau_{xz} = 2\,\mathrm{Nmm}^{-2}$ und $\tau_{yz} = 0\,\mathrm{Nmm}^{-2}$. Wie groß sind die Hauptnormalspannungen und welche Richtungskosinus haben die Spannungshauptachsen im x, y, z-System?
Lösung: Aus (1.13) berechnet man $I_1 = 9\,\mathrm{Nmm}^{-2}$, $I_2 = -18\,\mathrm{N}^2\mathrm{mm}^{-4}$, $I_3 = 0\,\mathrm{N}^3\mathrm{mm}^{-6}$. Damit lautet (1.4):

$$\sigma(-\sigma^2 + 9\sigma - 18) = 0.$$

Die Hauptnormalspannungen sind die Wurzeln $\sigma_1 = 0\,\mathrm{Nmm}^{-2}$, $\sigma_2 = 3\,\mathrm{Nmm}^{-2}$ und $\sigma_3 = 6\,\mathrm{Nmm}^{-2}$. Die Richtungskosinus der zu σ_1 gehörenden Spannungshauptachse ergeben sich aus (1.10), wenn man $\sigma = \sigma_1$ einsetzt, d.h. aus den Gleichungen

$$3n_x + 2n_y + 2n_z = 0, \qquad 2n_x + 2n_y = 0, \qquad 2n_x + 4n_z = 0.$$

Da die Koeffizientendeterminante null ist (vgl. (1.11)), ist jede Gleichung als Linearkombination der beiden anderen darstellbar. Man läßt die erste unbeachtet.

Die anderen ergeben $n_y = -n_x$ und $n_z = -\frac{1}{2}n_x$. Die Nebenbedingung (1.4) lautet damit $\frac{9}{4}n_x^2 - 1 = 0$ oder $n_x = \pm\frac{2}{3}$. Das Vorzeichen ist unwesentlich. Es legt den Richtungssinn des Einheitsvektors $\mathbf{1}_\xi$ von Abb. 1.5 entlang der Hauptachse fest. Wählt man willkürlich das positive Vorzeichen, dann ergibt sich $n_x = \frac{2}{3}$, $n_y = -\frac{2}{3}$, $n_z = -\frac{1}{3}$. Ebenso erhält man die Richtungskosinus der Hauptachsen zu σ_2 und σ_3. Die Ergebnisse sind $n_x = \frac{1}{3}$, $n_y = \frac{2}{3}$, $n_z = -\frac{2}{3}$ für σ_2 und $n_x = \frac{2}{3}$, $n_y = \frac{1}{3}$, $n_z = \frac{2}{3}$ für σ_3. Durch Bildung der Skalarprodukte überzeugt man sich davon, daß alle drei Vektoren zueinander orthogonal sind.

1.2.3 Eigenschaften der Hauptnormalspannungen

Jetzt wird die Frage beantwortet, für welche Richtungen des Einheitsvektors $\mathbf{1}_\xi$ im x, y, z-System von Abb. 1.5 die Normalspannung σ_ξ stationäre Werte annimmt und wie groß diese Werte sind. Den Ausgangspunkt bildet Gl. (1.8), in der σ_ξ als Funktion von n_x, n_y und n_z, d.h. als Funktion der Richtung von $\mathbf{1}_\xi$ im x, y, z-System ausgedrückt ist. Es handelt sich um eine Extremwertaufgabe mit der Nebenbedingung (1.4). Nach Lagrange[1] findet man die Lösung, indem man mit einem sog. Lagrangeschen Multiplikator λ die Funktion

$$\sigma_\xi(n_x, n_y, n_z) - \lambda\, f(n_x, n_y, n_z)$$

bildet und ihre Ableitungen nach n_x, n_y und n_z gleich null setzt. Das liefert für n_x, n_y und n_z die Gleichungen

$$\left.\begin{aligned} (\sigma_x - \lambda)n_x + \tau_{xy}n_y + \tau_{xz}n_z &= 0, \\ \tau_{xy}n_x + (\sigma_y - \lambda)n_y + \tau_{yz}n_z &= 0, \\ \tau_{xz}n_x + \tau_{yz}n_y + (\sigma_z - \lambda)n_z &= 0. \end{aligned}\right\} \qquad (1.14)$$

Sie stimmen bis auf die Umbenennung von σ in λ mit (1.10) überein. Die gesuchten Richtungen von $\mathbf{1}_\xi$ sind daher die Richtungen der Spannungshauptachsen, und die gesuchten stationären Werte der Normalspannung sind die drei Hauptnormalspannungen. Von den Hauptnormalspannungen σ_1, σ_2 und σ_3 weiß man nun also, daß die kleinste (die größte) den Minimalwert (den Maximalwert) aller in irgendeiner Schnittebene durch den betrachteten Körperpunkt überhaupt auftretenden Normalspannungen ist, und daß die mittlere Hauptnormalspannung einen Sattelpunkt bildet.

1.2.4 Invarianten des Spannungstensors

Man betrachte noch einmal die Bestimmungsgleichung (1.11), aus der die Hauptnormalspannungen, die in einem bestimmten Körperpunkt herrschen, berechnet werden. Für die drei Wurzeln σ_1, σ_2 und σ_3 dieser Gleichung ergeben sich dieselben Werte, wenn man statt der Spannungen σ_x, σ_y, σ_z, τ_{xy}, τ_{yz} und τ_{zx} Spannungen einsetzt, die in irgendeinem anderen, gegen

[1] Joseph-Louis Comte de Lagrange, 1736 (Turin) – 1813 (Paris)

das x, y, z-System gedrehten Koordinatensystem gemessen werden (im selben Punkt des Körpers natürlich). Man sagt, die Hauptnormalspannungen sind invariant gegen Drehtransformationen. Jeder aus den drei Invarianten σ_1, σ_2 und σ_3 gebildete Ausdruck ist selbst wieder eine Invariante. Daraus folgt z.B., daß die Koeffizienten I_1, I_2 und I_3 von (1.12) Invarianten sind, denn die Gleichung läßt sich in der Form

$$-(\sigma - \sigma_1)(\sigma - \sigma_2)(\sigma - \sigma_3) = 0$$

schreiben oder ausmultipliziert

$$-\sigma^3 + (\sigma_1 + \sigma_2 + \sigma_3)\sigma^2 - (\sigma_1\sigma_2 + \sigma_2\sigma_3 + \sigma_3\sigma_1)\sigma + \sigma_1\sigma_2\sigma_3 = 0.$$

Diese drei Invarianten sind also

$$\left.\begin{aligned} I_1 &= \sigma_x + \sigma_y + \sigma_z = \sigma_1 + \sigma_2 + \sigma_3, \\ I_2 &= -(\sigma_x\sigma_y + \sigma_y\sigma_z + \sigma_z\sigma_x) + \tau_{xy}^2 + \tau_{yz}^2 + \tau_{zx}^2 \\ &\quad = -(\sigma_1\sigma_2 + \sigma_2\sigma_3 + \sigma_3\sigma_1), \\ I_3 &= \sigma_x\sigma_y\sigma_z + 2\tau_{xy}\tau_{yz}\tau_{zx} - (\sigma_x\tau_{yz}^2 + \sigma_y\tau_{zx}^2 + \sigma_z\tau_{xy}^2) \\ &\quad = \sigma_1\sigma_2\sigma_3. \end{aligned}\right\} \tag{1.15}$$

Man pflegt sie *die* Invarianten des Spannungstensors zu nennen. Bei dieser Bezeichnung ist zu bedenken, daß es nur drei voneinander unabhängige Invarianten gibt und daß es im Prinzip gleichgültig ist, ob man diese drei oder die drei Hauptnormalspannungen oder noch andere drei aus diesen gebildete Größen die Invarianten nennt. Die Bevorzugung der Größen I_1, I_2 und I_3 rührt daher, daß sie diejenigen Invarianten sind, die sich am einfachsten explizit als Funktionen der Spannungen σ_x, σ_y, σ_z, τ_{xy}, τ_{yz} und τ_{zx} in einem beliebig gewählten Koordinatensystem ausdrücken lassen.

1.2.5 Hauptschubspannungen

Als letzte der eingangs gestellten Aufgaben wird nun die Frage beantwortet, welche Richtungen der Einheitsvektor $\mathbf{1}_\xi$ in Abb. 1.5 haben muß, damit die nach (1.9) aus $\tau_{\xi\eta}$ und $\tau_{\xi\zeta}$ resultierende Schubspannung τ_ξ stationäre Werte annimmt, und wie groß diese Werte sind. Man untersucht τ_ξ^2. Um möglichst einfache Ausdrücke zu erhalten, wird als x, y, z-System das System der Spannungshauptachsen gewählt, in dem alle Schubspannungen null sind. Dann lauten die Gln.(1.7) bis (1.9)

$$\boldsymbol{p}_\xi = \sigma_1 n_x \mathbf{1}_x + \sigma_2 n_y \mathbf{1}_y + \sigma_3 n_z \mathbf{1}_z,$$

$$\sigma_\xi = \sigma_1 n_x^2 + \sigma_2 n_y^2 + \sigma_3 n_z^2, \tag{1.16}$$

$$\tau_\xi^2 = \sigma_1^2 n_x^2 + \sigma_2^2 n_y^2 + \sigma_3^2 n_z^2 - (\sigma_1 n_x^2 + \sigma_2 n_y^2 + \sigma_3 n_z^2)^2. \tag{1.17}$$

Mit der Nebenbedingung (1.4) kann man τ_ξ^2 in die Form bringen:

$$\tau_\xi^2 = (\sigma_1 - \sigma_2)^2 n_x^2 n_y^2 + (\sigma_2 - \sigma_3)^2 n_y^2 n_z^2 + (\sigma_3 - \sigma_1)^2 n_z^2 n_x^2. \tag{1.18}$$

Die Bestimmung stationärer Werte von τ_ξ^2 ist eine Extremwertaufgabe mit der Nebenbedingung (1.4). Es müssen also die Ableitungen des Ausdrucks

$$\tau_\xi^2(n_x, n_y, n_z) - \lambda\, f(n_x, n_y, n_z)$$

nach n_x, n_y und n_z verschwinden. Darin ist λ ein Lagrangescher Multiplikator. Ausgeschrieben sind das die Bedingungsgleichungen:

$$\begin{aligned}
\left[(\sigma_1 - \sigma_2)^2 n_y^2 + (\sigma_3 - \sigma_1)^2 n_z^2 - \lambda\right] n_x &= 0,\\
\left[(\sigma_1 - \sigma_2)^2 n_x^2 + (\sigma_2 - \sigma_3)^2 n_z^2 - \lambda\right] n_y &= 0,\\
\left[(\sigma_2 - \sigma_3)^2 n_y^2 + (\sigma_3 - \sigma_1)^2 n_x^2 - \lambda\right] n_z &= 0.
\end{aligned}$$

Man erkennt, daß folgende Lösungen existieren, die auch (1.4) erfüllen:

$$\left.\begin{array}{llll}
 & n_x = 0, & n_y = n_z = \pm\frac{1}{2}\sqrt{2}, & \lambda = \frac{1}{2}(\sigma_2 - \sigma_3)^2\\
\text{oder} & n_y = 0, & n_x = n_z = \pm\frac{1}{2}\sqrt{2}, & \lambda = \frac{1}{2}(\sigma_3 - \sigma_1)^2\\
\text{oder} & n_z = 0, & n_x = n_y = \pm\frac{1}{2}\sqrt{2}, & \lambda = \frac{1}{2}(\sigma_1 - \sigma_2)^2.
\end{array}\right\} \qquad (1.19)$$

Setzt man der Reihe nach diese Lösungen in (1.18) ein, dann ergeben sich für die zugehörigen stationären Werte der Schubspannung in derselben Reihenfolge die Beträge

$$\tau_{1,2,3} = \begin{cases} \frac{1}{2}|\sigma_2 - \sigma_3| \\ \frac{1}{2}|\sigma_3 - \sigma_1| \\ \frac{1}{2}|\sigma_1 - \sigma_2|. \end{cases} \qquad (1.20)$$

Sie werden *Hauptschubspannungen* genannt. Die Ergebnisse für n_x, n_y und n_z zeigen, daß die Hauptschubspannungen in Ebenen auftreten, die jeweils eine Spannungshauptachse enthalten und mit den beiden anderen Spannungshauptachsen Winkel von 45° einschließen (Abb. 1.7). In diesen Ebenen sind die Normalspannungen i.allg. nicht null, wie man durch Einsetzen in (1.16) sofort zeigen kann. Da die Hauptnormalspannungen σ_1, σ_2 und σ_3 Invarianten des Spannungstensors sind, sind auch die Hauptschubspannungen Invarianten.

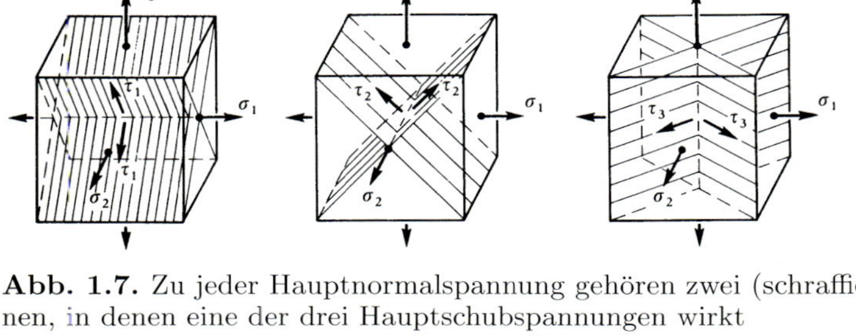

Abb. 1.7. Zu jeder Hauptnormalspannung gehören zwei (schraffierte) Schnittebenen, in denen eine der drei Hauptschubspannungen wirkt

1.2.6 Oktaederspannungen

Die Ausdrücke für σ_ξ und τ_ξ^2 in (1.16) bzw.(1.17) werden besonders einfach, wenn man für die Koordinaten n_x, n_y und n_z des Einheitsvektors $\mathbf{1}_\xi$ im Hauptachsensystem die Größen

$$n_x = \pm\sqrt{1/3}, \qquad n_y = \pm\sqrt{1/3}, \qquad n_z = \pm\sqrt{1/3}$$

einsetzt. Die Vorzeichen der Wurzeln bilden insgesamt acht verschiedene Kombinationen. Der Einheitsvektor $\mathbf{1}_\xi$ schließt in allen acht Fällen mit allen drei Hauptachsen gleiche Winkel ein. Die Flächen senkrecht zu den acht Vektoren bilden das Oktaeder von Abb. 1.8. In allen acht Flächen herrscht nach (1.16) und (1.17) dieselbe Normalspannung und dieselbe Schubspannung. Man nennt sie die Oktaeder-Normalspannung σ_0 bzw. die Oktaeder-Schubspannung τ_0:

$$\left.\begin{aligned} \sigma_0 &= \tfrac{1}{3}(\sigma_1 + \sigma_2 + \sigma_3), \\ \tau_0 &= \tfrac{1}{3}\sqrt{3(\sigma_1^2 + \sigma_2^2 + \sigma_3^2) - (\sigma_1 + \sigma_2 + \sigma_3)^2}. \end{aligned}\right\} \qquad (1.21)$$

Dem Ausdruck für τ_0 kann man mit (1.18) und (1.15) auch die Formen geben:

$$\begin{aligned} \tau_0 &= \tfrac{1}{3}\sqrt{(\sigma_1 - \sigma_2)^2 + (\sigma_2 - \sigma_3)^2 + (\sigma_3 - \sigma_1)^2} \qquad (1.22) \\ &= \tfrac{\sqrt{2}}{3}\sqrt{(\sigma_1 + \sigma_2 + \sigma_3)^2 - 3(\sigma_1\sigma_2 + \sigma_2\sigma_3 + \sigma_3\sigma_1)} \\ &= \tfrac{\sqrt{2}}{3}\sqrt{I_1^2 + 3I_2}. \end{aligned}$$

Auch σ_0 und τ_0 sind Invarianten des Spannungstensors. In Abschnitt 7.2 wird τ_0 noch eine besondere Rolle spielen. Die Invarianten I_1 und I_2 und damit auch τ_0 kann man explizit durch Normal- und Schubspannungen in einem beliebig gewählten Koordinatensystem ausdrücken:

$$\tau_0 = \tfrac{\sqrt{2}}{3}\sqrt{(\sigma_x + \sigma_y + \sigma_z)^2 + 3[-(\sigma_x\sigma_y + \sigma_y\sigma_z + \sigma_z\sigma_x) + \tau_{xy}^2 + \tau_{yz}^2 + \tau_{zx}^2]}. \qquad (1.23)$$

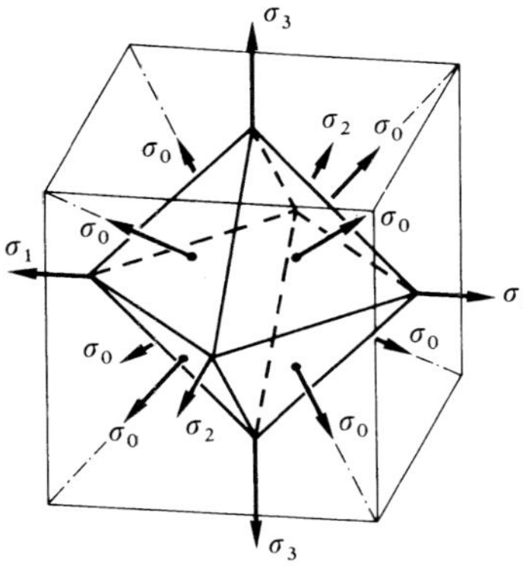

Abb. 1.8. Der Würfel mit Kanten entlang den Spannungshauptachsen und die Lage der acht Schnittebenen, in denen die Oktaeder-Spannungen σ_0 und τ_0 auftreten

1.3 Der ebene Spannungszustand

Als Sonderfall des allgemeinen räumlichen Spannungszustandes ist ein ebener Spannungszustand möglich. Als einfachstes Beispiel stelle man sich ein ebenes Blech vor, das am Rand durch Kräfte belastet wird, deren Wirkungslinien in der Mittelebene des Blechs liegen (Abb. 1.9a). Trennt man aus dem Innern des Blechs durch sechs Schnitte senkrecht zu den eingezeichneten x, y, z-Achsen einen infinitesimal kleinen Quader heraus, dann wirken in seinen Oberflächen nur die in Abb. 1.9b markierten Spannungen. Schubspannungen τ_{xz} und τ_{yz} treten nicht auf, so daß auch τ_{zx} und τ_{zy} null sind. Da auch σ_z null ist, sind alle Schnittebenen parallel zur Blechebene spannungsfrei, und in Schnittebenen senkrecht zum Blech liegen die Spannungsvektoren in der Blechebene. Diese Eigenschaften sind die Kennzeichen eines ebenen Spannungszustandes. Er wird eindeutig durch die drei Größen σ_x, σ_y und $\tau_{xy} = \tau_{yx}$ beschrieben. Wenn nicht in allen Punkten, sondern nur in einem Punkt eines Körpers der Spannungszustand in einem geeignet orientierten Koordinatensystem durch drei Spannungen σ_x, σ_y und τ_{xy} beschrieben wird, dann sagt man, der Spannungszustand sei in diesem Punkt eben.

1.3.1 Normalspannung und Schubspannung in einer beliebig gerichteten Schnittebene

Jetzt wird folgende Aufgabe gestellt: In einem Körperpunkt sei der Spannungszustand eben, und σ_x, σ_y und τ_{xy} seien gegeben. Gesucht werden die Normalspannung und die Schubspannung in einer Schnittebene durch den Punkt, die senkrecht zur x, y-Ebene liegt und die mit der y-Achse den Winkel φ einschließt. Weiterhin wird gefragt, in welchen Schnittebenen, d.h. für welche Winkel φ, die Normalspannung bzw. die Schubspannung extremale Werte annimmt und wie groß diese sind. Die Aufgabenstellung ist dieselbe wie in Abschnitt 1.2. Die gesuchten Lösungen sind Sonderfälle der dort gewonnenen Ergebnisse. Sie werden im folgenden noch einmal neu entwickelt, so daß der Leser Abschnitt 1.2 nicht zu kennen braucht.

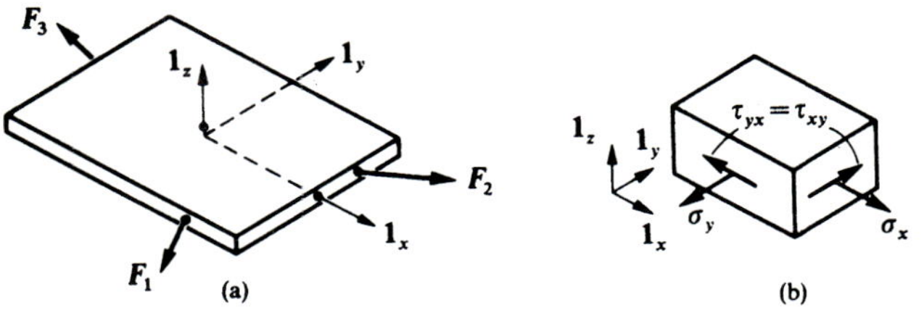

Abb. 1.9. Ein Körper, in dessen Innern ein ebener Spannungszustand herrscht (a) und ein kantenparalleler, infinitesimal kleiner Quader aus dem Körperinnern mit seinen Normal- und Schubspannungen (b)

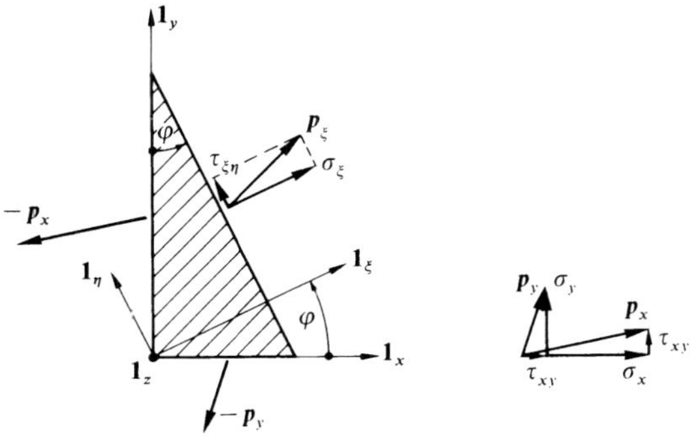

Abb. 1.10. Draufsicht auf einen infinitesimal kleinen Körper aus dem Innern des Körpers von Abb. 1.9. Die Spannungsvektoren an den positiven und negativen Schnittufern. Die Normalspannung und die Schubspannung in der Schnittebene unter dem Winkel φ

Abb. 1.10 zeigt in der Draufsicht einen infinitesimal kleinen Körper, der den betrachteten Körperpunkt umgibt. Er wird durch zwei Ebenen senkrecht zur z-Achse und durch je eine Ebene senkrecht zu den Achsen x bzw. y bzw. ξ begrenzt. In den Schnittebenen senkrecht zu den Achsen x bzw. y herrschen gegebene Spannungen σ_x, σ_y und τ_{xy}. In der durch den Winkel φ definierten Schnittebene senkrecht zur ξ-Achse wirken die gesuchten Spannungen. Mit Bezug auf das dargestellte ξ,η-System werden sie σ_ξ bzw. $\tau_{\xi\eta}$ genannt. Sie werden aus Kräftegleichgewichtsbedingungen berechnet. Der Winkel φ zwischen der x-Achse und der ξ-Achse zählt von der x-Achse ausgehend positiv bei einer Drehung im Rechtsschraubensinn um die z-Achse. Für alle Spannungen gelten die in Abschnitt 1.1 vereinbarten Vorzeichenregeln. In der Abbildung sind σ_ξ und $\tau_{\xi\eta}$ als positiv angenommen. In den drei Schnittebenen senkrecht zu $\mathbf{1}_x$ bzw. $\mathbf{1}_y$ bzw. $\mathbf{1}_\xi$ werden die Normal- und Schubspannungen zu resultierenden Spannungsvektoren $-\boldsymbol{p}_x$, $-\boldsymbol{p}_y$ bzw. $\boldsymbol{p}_\xi$ zusammengefaßt. Die Vorzeichen erklären sich daraus, daß $-\mathbf{1}_x$, $-\mathbf{1}_y$ und $+\mathbf{1}_\xi$ die nach außen gerichteten Normaleneinheitsvektoren der Ebenen sind. Die Vektoren $\boldsymbol{p}_x$ und $\boldsymbol{p}_y$ sind wie in Abb. 1.3 am positiven Schnittufer definiert, also bei Beachtung von $\tau_{xy} = \tau_{yx}$ als

$$\boldsymbol{p}_x = \sigma_x \mathbf{1}_x + \tau_{xy} \mathbf{1}_y, \quad \boldsymbol{p}_y = \tau_{xy} \mathbf{1}_x + \sigma_y \mathbf{1}_y, \quad \boldsymbol{p}_\xi = \sigma_\xi \mathbf{1}_\xi + \tau_{\xi\eta} \mathbf{1}_\eta. \qquad (1.24)$$

Rechts in Abb. 1.10 sind sie noch einmal dargestellt. Wenn die Inhalte der drei Schnittflächen mit $\mathrm{d}A_x$, $\mathrm{d}A_y$ und $\mathrm{d}A_\xi$ bezeichnet werden, hat die Kräftegleichgewichtsbedingung für den Körper die Form

$$\boldsymbol{p}_\xi \, \mathrm{d}A_\xi - \boldsymbol{p}_x \, \mathrm{d}A_x - \boldsymbol{p}_y \, \mathrm{d}A_y = 0.$$

Eventuell angreifende Volumenkräfte brauchen nicht berücksichtigt zu werden aus Gründen, die im Zusammenhang mit Abb. 1.4 genannt wurden. Aus Abb. 1.10 liest man ab, daß

$$\mathrm{d}A_x = \mathrm{d}A_\xi \cos\varphi, \qquad \mathrm{d}A_y = \mathrm{d}A_\xi \sin\varphi$$

ist. Damit ergibt sich

$$\boldsymbol{p}_\xi = \boldsymbol{p}_x \cos\varphi + \boldsymbol{p}_y \sin\varphi$$

oder mit (1.24)

$$\sigma_\xi \mathbf{1}_\xi + \tau_{\xi\eta}\mathbf{1}_\eta = (\sigma_x \cos\varphi + \tau_{xy}\sin\varphi)\mathbf{1}_x + (\sigma_y \sin\varphi + \tau_{xy}\cos\varphi)\mathbf{1}_y.$$

Das Momentengleichgewicht ist unabhängig von $\boldsymbol{p}_\xi$ gesichert. Wählt man nämlich als Momentenbezugspunkt den Angriffspunkt der Kraft $\boldsymbol{p}_\xi\,\mathrm{d}A_\xi$, dann treten nur Momente von Kräften auf, die durch die vorgegebenen Spannungen σ_x, σ_y und τ_{xy} verursacht werden. Diese Momente sind wegen der Gleichheit $\tau_{xy} = \tau_{yx}$ im Gleichgewicht (s.(1.1)).

Die letzte Gleichung braucht man nur skalar mit $\mathbf{1}_\xi$ bzw. mit $\mathbf{1}_\eta$ zu multiplizieren, um σ_ξ bzw. $\tau_{\xi\eta}$ zu erhalten:

$$\begin{aligned}\sigma_\xi &= (\sigma_x \cos\varphi + \tau_{xy}\sin\varphi)\cos\varphi + (\sigma_y \sin\varphi + \tau_{xy}\cos\varphi)\sin\varphi\\ &= \sigma_x \cos^2\varphi + \sigma_y \sin^2\varphi + 2\tau_{xy}\sin\varphi\cos\varphi,\\ \tau_{\xi\eta} &= (\sigma_x \cos\varphi + \tau_{xy}\sin\varphi)(-\sin\varphi) + (\sigma_y \sin\varphi + \tau_{xy}\cos\varphi)\cos\varphi\\ &= -(\sigma_x - \sigma_y)\sin\varphi\cos\varphi + \tau_{xy}(\cos^2\varphi - \sin^2\varphi).\end{aligned}$$

Diese Formeln nehmen eine besonders einfache Gestalt an, wenn man die folgenden Additionstheoreme für Kreisfunktionen anwendet:

$$2\sin\varphi\cos\varphi = \sin 2\varphi, \quad \cos^2\varphi = \tfrac{1}{2}(1+\cos 2\varphi), \quad \sin^2\varphi = \tfrac{1}{2}(1-\cos 2\varphi).$$

Dann ist

$$\sigma_\xi = \tfrac{1}{2}(\sigma_x + \sigma_y) + \tfrac{1}{2}(\sigma_x - \sigma_y)\cos 2\varphi + \tau_{xy}\sin 2\varphi, \tag{1.25}$$

$$\tau_{\xi\eta} = -\tfrac{1}{2}(\sigma_x - \sigma_y)\sin 2\varphi + \tau_{xy}\cos 2\varphi. \tag{1.26}$$

Das sind die gesuchten Darstellungen von σ_ξ und $\tau_{\xi\eta}$ als Funktionen von φ. Die Lagen derjenigen Schnittebenen, in denen σ_ξ Extremwerte annimmt, ergeben sich aus der Bedingung

$$\frac{\mathrm{d}\sigma_\xi}{\mathrm{d}\varphi} = 2\Big[-\tfrac{1}{2}(\sigma_x - \sigma_y)\sin 2\varphi + \tau_{xy}\cos 2\varphi\Big] = 0. \tag{1.27}$$

Wenn $\sigma_x \neq \sigma_y$ ist, ergeben sich daraus zwei Winkel φ_1 und φ_2:

$$\tan 2\varphi_{1,2} = 2\tau_{xy}/(\sigma_x - \sigma_y). \tag{1.28}$$

Wegen der Identität $\tan 2\varphi \equiv \tan(2\varphi + \pi)$ sind sie um $\pi/2$ voneinander verschieden. Sie legen zwei zueinander orthogonale Schnittebenen fest, in denen die Normalspannung extremale Werte annimmt. In diesen Ebenen ist zugleich die Schubspannung null, denn Gl. (1.27) macht wegen (1.26) auch die Aussage $\tau_{\xi\eta} = 0$.

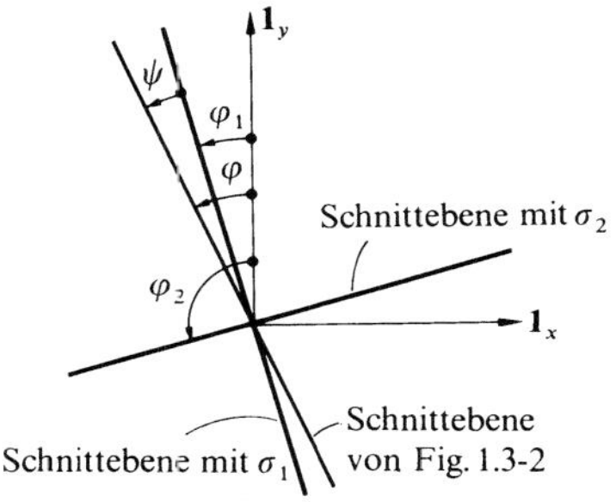

Abb. 1.11. Die Schnittebenen mit den Hauptnormalspannungen σ_1 und σ_2, die beliebig gerichtete Schnittebene von Abb. 1.10 und Winkel zur Kennzeichnung der Lagen dieser drei Schnittebenen

Die Extremwerte der Normalspannung heißen Hauptnormalspannungen, abgekürzt σ_1 und σ_2, und ihre Richtungen senkrecht zu den Schnittebenen heißen Spannungshauptachsen. Abb. 1.11 zeigt noch einmal das x, y-System und die Schnittebene unter dem Winkel φ gegen die y-Achse. Außerdem sind unter den nun bekannten Winkeln φ_1 und φ_2 die Schnittebenen mit den Hauptnormalspannungen σ_1 bzw. σ_2 eingezeichnet. Die Größen von σ_1 und σ_2 findet man durch Einsetzen von (1.28) in (1.25). Sie werden erst weiter unten angegeben.

Die Gln. (1.25) und (1.26) für σ_ξ und $\tau_{\xi\eta}$ nehmen besonders einfache Formen an, wenn man sie nicht durch φ und die Spannungen im x, y-System ausdrückt, sondern durch den Winkel ψ von Abb. 1.11 und durch die Spannungen im Hauptachsensystem:

$$\left.\begin{aligned} \sigma_\xi &= \tfrac{1}{2}(\sigma_1 + \sigma_2) + \tfrac{1}{2}(\sigma_1 - \sigma_2)\cos 2\psi, \\ \tau_{\xi\eta} &= \qquad\qquad\quad\; - \tfrac{1}{2}(\sigma_1 - \sigma_2)\sin 2\psi. \end{aligned}\right\} \tag{1.29}$$

1.3.2 Der Mohrsche Spannungskreis

Aus (1.25) und (1.26) folgt

$$\left[\sigma_\xi - \tfrac{1}{2}(\sigma_x + \sigma_y)\right]^2 + \tau_{\xi\eta}^2 = \tfrac{1}{4}(\sigma_x - \sigma_y)^2 + \tau_{xy}^2. \tag{1.30}$$

Diese Beziehung zwischen σ_ξ und $\tau_{\xi\eta}$ enthält die Variable φ nicht mehr. Sie ist die Gleichung eines Kreises in einem $\sigma_\xi, \tau_{\xi\eta}$-Koordinatensystem (Abb. 1.12a). Sein Mittelpunkt liegt auf der σ_ξ-Achse bei $\frac{1}{2}(\sigma_x + \sigma_y)$. Dieser Punkt und der zu $\varphi = 0$ gehörende Kreispunkt mit den Koordinaten $\sigma_\xi = \sigma_x$ und $\tau_{\xi\eta} = \tau_{xy}$ bestimmen den Kreis. Man nennt ihn den Mohrschen Spannungskreis[2]. Jeder Punkt auf dem Kreis gibt durch seine Abszisse σ_ξ und seine Ordinate $\tau_{\xi\eta}$ die Spannungen in einer Schnittebene an, die zu einem bestimmten Winkel φ gehört. Die Zuordnung zwischen Winkeln und Kreispunkten läßt sich angeben. Aus (1.25) und (1.26) folgt zunächst, daß zu $\varphi = 0$ und zu $\varphi = 90°$ die Kreispunkte gehören:

---

[2] Otto Mohr, 1835 (Wesselburen/Holstein) – 1918 (Dresden)

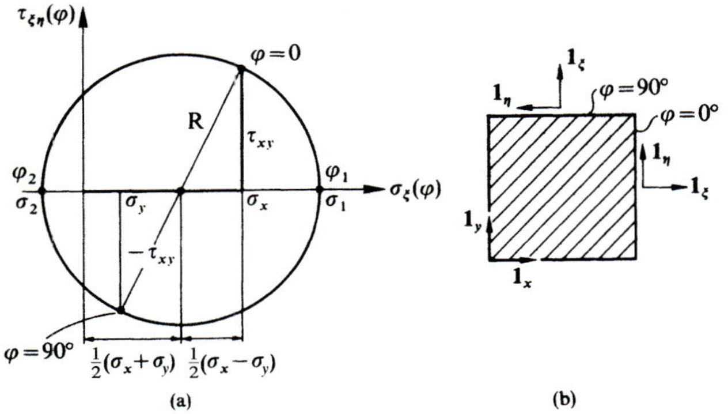

Abb. 1.12. a: Der Mohrsche Spannungskreis im $\sigma_\xi, \tau_{\xi\eta}$-Diagramm. Die Spannungen σ_x und σ_y legen seinen Mittelpunkt fest. Der Punkt ($\varphi = 0$) liegt bei (σ_x, $+\tau_{xy}$). b: Die ξ, η-Systeme für $\varphi = 0$ und $\varphi = 90°$. Eine positive Schubspannung $\tau_{\xi\eta}$ hat die Richtung der η-Achse

$$\begin{aligned} \varphi = 0: &\quad \sigma_\xi = \sigma_x, \quad \tau_{\xi\eta} = \tau_{xy} \\ \varphi = 90°: &\quad \sigma_\xi = \sigma_y, \quad \tau_{\xi\eta} = -\tau_{xy}. \end{aligned}$$

In Abb. 1.12a sind die beiden Punkte eingetragen. Sie liegen um 180° auseinander. In Abb. 1.12b sind die beiden Schnittebenen mit den zugehörigen ξ, η-Systemen dargestellt. Die Schubspannungen sind, wie zu erwarten, entweder beide zur Ecke hin- oder beide von ihr weggerichtet.

In den Schnittpunkten des Kreises mit der σ_ξ-Achse nimmt die Normalspannung σ_ξ Extremwerte an, während zugleich $\tau_{\xi\eta} = 0$ ist. Diesen Punkten entsprechen daher die Winkel φ_1 und φ_2 von (1.28) und die Hauptnormalspannungen σ_1 und σ_2. Mit dem Kreisradius aus (1.30) erhält man die Ausdrücke

$$\sigma_{1,2} = \tfrac{1}{2}(\sigma_x + \sigma_y) \pm \sqrt{\tfrac{1}{4}(\sigma_x - \sigma_y)^2 + \tau_{xy}^2}. \tag{1.31}$$

Aus Abb. 1.11 ergibt sich, daß an den Kreispunkt für $\varphi = \varphi_1$ auch die Angabe $\psi = 0$ gehört. Abb. 1.13 zeigt für einen willkürlich gewählten Winkel $\psi > 0$ die in (1.29) auftretenden Größen. Zwischen den Radien zu den Kreispunkten $\psi = 0$ und ψ (beliebig) liegt im Kreis der Winkel 2ψ. Er ist im Uhrzeigersinn anzutragen, wenn $\psi > 0$ ist. Damit ist gezeigt, daß die Winkelskala den Kreisumfang gleichmäßig unterteilt. Diese einfache Vorschrift begründet den praktischen Nutzen des Mohrschen Kreises. Ein Anwendungsbeispiel: Die Winkel φ_1 und φ_2 zur Festlegung der Spannungshauptachsen ermittelt man zweckmäßig nicht aus (1.28), sondern mit dem Winkelmesser aus Abb. 1.14, wobei kein Zweifel entsteht, welcher Winkel zur maximalen und welcher zur minimalen Hauptnormalspannung gehört. Aus dem Spannungskreis liest man ab, daß im oberen und im unteren Scheitelpunkt des Kreises eine Schubspannung vom extremalen Betrag

$$\tau_{max} = \tfrac{1}{2}\,|\sigma_1 - \sigma_2| \tag{1.32}$$

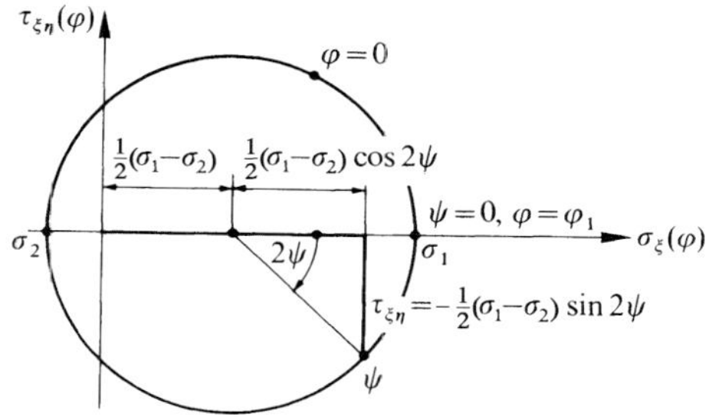

Abb. 1.13. Wenn man die Lage einer Schnittebene nach Abb. 1.11 durch den Winkel ψ gegen die Schnittebene mit σ_1 kennzeichnet, dann gilt (1.29). Die Glieder dieser Gleichung sind in der Abbildung gedeutet. Sie zeigen, daß ein in Abb. 1.11 mathematisch positiver Drehwinkel ψ im Mohrschen Kreis von $\psi = 0$ aus im mathematisch negativen Drehsinn doppelt angetragen werden muß

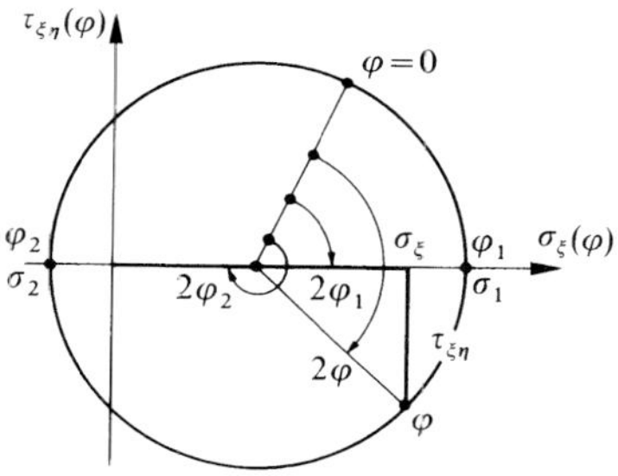

Abb. 1.14. Die Zuordnung von φ, σ_ξ und $\tau_{\xi\eta}$ im allgemeinen Fall und in den Sonderfällen φ_1, σ_1 und φ_2, σ_2

auftritt. Sie heißt Hauptschubspannung. Den beiden Kreispunkten entsprechen die Winkel $\pm 45°$ gegen die Schnittebenen mit Hauptnormalspannungen. Unter allen Schnittebenen senkrecht zur x, y-Ebene ist also in den Ebenen unter dem Winkel 45° gegen die Spannungshauptachsen die Schubspannung extremal. Man beachte die Einschränkung *unter allen Schnittebenen senkrecht zur x, y-Ebene*. Die Untersuchung des räumlichen Spannungszustandes hat gezeigt, daß stets drei zueinander orthogonale Schnittebenen existieren, in denen die Schubspannung extremale Werte annimmt. Jede dieser drei Ebenen enthält nach Abb. 1.11 eine Spannungshauptachse und schließt mit den beiden anderen Spannungshauptachsen Winkel der Größe 45° ein. Beim ebenen Spannungszustand ist die z-Achse die dritte Spannungshauptachse mit der zugehörigen Hauptnormalspannung $\sigma_3 = 0$. Die drei Hauptschubspannungen sind also nach Gl. (1.20) $\frac{1}{2}|\sigma_1|$, $\frac{1}{2}|\sigma_2|$ und $\frac{1}{2}|\sigma_1 - \sigma_2|$. Der dritte Wert stimmt mit dem von (1.32) überein. Er ist nur dann der größte von allen drei, wenn σ_1 und σ_2 verschiedene Vorzeichen haben, wie es in Abb. 1.14 der Fall ist. Andernfalls tritt die größte Hauptschubspannung in einer Ebene auf, die gegen die x, y-Ebene um den Winkel 45° geneigt ist.

Beispiel 1.3-1
Das dünnwandige Rohr eines Tiefbohrgeräts wird durch eine Druckkraft und ein Torsionsmoment belastet. Ein kleines quaderförmiges Element aus der Rohrwand hat die Form von Abb. 1.9b. Die x-Achse hat die Richtung der Rohrachse. Aus Meßwerten für die Druckkraft und für das Torsionsmoment sind die Spannungen $\sigma_x = -10,5\,\mathrm{Nmm}^{-2}$, $\sigma_y = 0\,\mathrm{Nmm}^{-2}$ und $\tau_{xy} = 45\,\mathrm{Nmm}^{-2}$ berechnet worden (mit Hilfe von (3.1) und (3.3) in Kap.3). Man bestimme rechnerisch und zeichnerisch die Hauptnormalspannungen und ihre Richtungen. Außerdem sind die Normal- und die Schubspannung in einer Schweißnaht gesucht, die in der Rohrwand durch den ersten Quadranten der x, y-Ebene unter 30° gegen die x-Achse verläuft.
Lösung: Die Richtungen der Hauptnormalspannungen sind gegen die x-Achse um Winkel φ_1 bzw. φ_2 geneigt, die sich aus (1.28) ergeben:

$$\varphi_{1,2} = \tfrac{1}{2} \arctan\left(\frac{2 \cdot 45}{-10,5}\right) = \begin{cases} -41,7^\circ \\ 48,3^\circ . \end{cases}$$

Die Hauptnormalspannungen können aus (1.31) berechnet werden. Dann ist aber unklar, welche Spannung zu welchem Winkel gehört. Deshalb werden φ_1 und φ_2 in (1.25) eingesetzt:

$$\begin{aligned} \sigma_1 &= -5,25 - 5,25 \cdot \cos(-83,4^\circ) + 45 \cdot \sin(-83,4^\circ) = 50,6\,\mathrm{Nmm}^{-2}, \\ \sigma_2 &= 40,1\,\mathrm{Nmm}^{-2}. \end{aligned}$$

Um die Spannungen in der Schweißnaht zu finden, wird zunächst der Winkel φ nach Abb. 1.10 benötigt, den der auf der Schweißnaht senkrechte Einheitsvektor $\mathbf{1}_\xi$ mit der x-Achse einschließt. Es gibt zwei entgegengesetzt gerichtete Vektoren mit $\varphi = 120^\circ$ und $\varphi = -30^\circ$. Welcher von ihnen verwendet wird, ist gleichgültig. Zu ihnen gehören nämlich entgegengesetzte Schnittufer, so daß man für die Spannungen dieselben Ergebnisse erzielt. Mit $\varphi = 120^\circ$ liefern (1.25) und (1.26) die gesuchten Spannungen:

$$\begin{aligned} \sigma_\xi &= -5,25 - 5,25 \cdot \cos 240^\circ + 45 \cdot \sin 240^\circ = -41,6\,\mathrm{Nmm}^{-2}, \\ \tau_{\xi\eta} &= +5,25 \cdot \sin 240^\circ + 45 \cdot \cos 240^\circ = -27,0\,\mathrm{Nmm}^{-2}. \end{aligned}$$

In Abb. 1.15 ist der Mohrsche Kreis aus dem Mittelpunkt bei $-5,25\,\mathrm{Nmm}^{-2}$ und dem Punkt $\varphi = 0$ mit den Koordinaten (σ_x, τ_{xy}) konstruiert. Man liest die Winkel φ_1 und φ_2 mit den zugehörigen Hauptspannungen σ_1 und σ_2 und als Koordinaten des Punktes $\varphi = 120^\circ$ die Spannungen σ_ξ und $\tau_{\xi\eta}$ ab. Im Rahmen der Zeichnungs- und Ablesungsgenauigkeit ergeben sich dieselben Resultate wie oben. Der Winkel $2\varphi_1$ dreht im Kreis entgegen dem Uhrzeigersinn, ist also negativ.

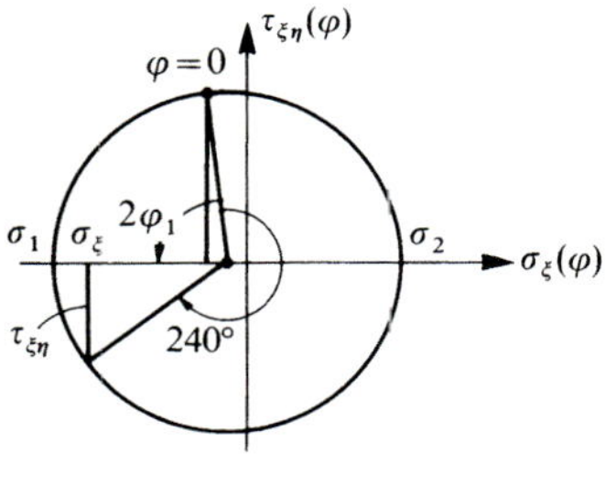

Abb. 1.15. Der Mohrsche Kreis für Beispiel 1.3-1

1.3.3 Invarianten des Spannungstensors

Die Hauptnormalspannungen σ_1 und σ_2 nach (1.31) sind unabhängig davon, wie das x, y-System liegt, in dem die Spannungen σ_x, σ_y und τ_{xy} gemessen werden. Man sagt, σ_1 und σ_2 sind invariant gegen Drehtransformationen. Jeder aus den Invarianten σ_1 und σ_2 gebildete Ausdruck ist selbst wieder eine Invariante. Zwei Ausdrücke sind von besonderem Interesse, weil sie in noch einfacherer Weise als σ_1 und σ_2 aus σ_x, σ_y und τ_{xy} gebildet werden. Aus (1.31) folgt

$$\begin{aligned}\sigma_1 + \sigma_2 &= \sigma_x + \sigma_y\\ \sigma_1\,\sigma_2 &= \tfrac{1}{4}(\sigma_x + \sigma_y)^2 - [\tfrac{1}{4}(\sigma_x - \sigma_y)^2 + \tau_{xy}^2]\\ &= \sigma_x\sigma_y - \tau_{xy}^2 .\end{aligned}$$

Die Ausdrücke auf den rechten Seiten dieser beiden Gleichungen sind die beiden Invarianten einfachster Form.

1.3.4 Spannungen in einer freien Körperoberfläche

Freie Körperoberflächen sind entweder ganz spannungsfrei oder sie unterliegen einer reinen Normalspannung. Letzteres ist infolge Gasdrucks an den Innenwänden von Druckbehältern der Fall. Eine Schubspannung kann in einer freien Oberfläche nicht auftreten, weil es keine tangential an der Oberfläche angreifenden Kräfte gibt. Aus der Tatsache, daß die Schubspannung null ist, folgt sofort, daß an jeder Stelle der Oberfläche die Normale zur Oberfläche eine Spannungshauptachse ist (Abb. 1.16a). Schneidet man aus der Oberfläche einen infinitesimal kleinen Quader heraus, dann wirken also in zwei gegenüberliegenden Flächen dieses Quaders nur Normalspannungen. In Abb. 1.16b sind das die Flächen senkrecht zur z-Achse. In den übrigen Flächen können Normal- und Schubspannungen wirken, Schubspannungen jedoch nur in x- und in y-Richtung, weil wegen der Gleichheit zugeordneter Schubspannungen mit τ_{zx} und τ_{zy} auch τ_{xz} und τ_{yz} null sind. Daraus folgt,

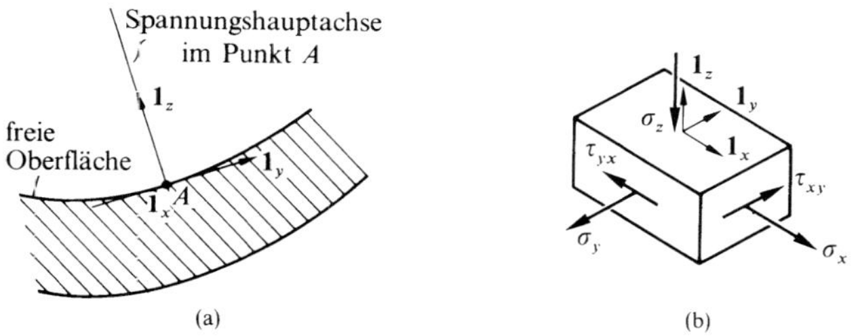

Abb. 1.16. Koordinatenrichtungen in einem Punkt einer freien Körperoberfläche (a) und Spannungen in den sichtbaren Flächen eines infinitesimal kleinen Quaders an der Körperoberfläche (b)

daß die Spannungsvektoren für die Flächen senkrecht zur y- und senkrecht zur x-Achse in der x, y-Ebene (Tangentialebene der freien Oberfläche) liegen. Dasselbe gilt dann für jede Schnittebene, die senkrecht zur x, y-Ebene durch den betrachteten Körperpunkt verläuft.

Es sei jetzt folgende Aufgabe gestellt: Gegeben sind die in Abb. 1.16b eingezeichneten Spannungen σ_x, σ_y, σ_z und $\tau_{xy} = \tau_{yx}$. Gesucht werden die Normalspannung und die Schubspannung in einer Schnittebene, die senkrecht zur x, y-Ebene und gegen die x-Achse gedreht liegt. Das ist dieselbe Aufgabenstellung, wie im Zusammenhang mit Abb. 1.10. Auch dort wurden die Normalspannung σ_ξ und die Schubspannung $\tau_{\xi\eta}$ in einer gegen die x-Achse gedrehten Schnittebene gesucht. Der einzige Unterschied besteht darin, daß dort im Gegensatz zur jetzt gestellten Aufgabe $\sigma_z = 0$ war. Abb. 1.10 macht aber sofort klar, daß die Größe von σ_z keinen Einfluß auf die Ergebnisse für σ_ξ und $\tau_{\xi\eta}$ hat. Die Ergebnisse wurden nämlich aus (1.24) entwickelt. Das ist eine Gleichgewichtsbedingung für Kräfte in der x, y-Ebene. Die Spannung σ_z verursacht keine Kraftkomponenten in der x, y-Ebene, taucht also in der Gleichung nicht auf (vgl. Beispiel 1.2-1). Aus diesen Überlegungen folgt: Die Gln.(1.25) und (1.26) für σ_ξ und $\tau_{\xi\eta}$ und alle daraus folgenden Ergebnisse können ohne Veränderung übernommen werden. Sie beschreiben den Spannungszustand in der äußersten Randzone jeder freien Körperoberfläche. Diese Aussage hat praktische Bedeutung, weil Spannungen an freien Oberflächen leicht meßtechnisch bestimmt werden können (vgl. den Abschnitt Auswertung von Dehnungsmessungen beim ebenen Verzerrungszustand in Abschnitt 2.2 und das Hookesche Gesetz in (3.7)).

1.4 Übungsaufgaben

1.1 Ein langer homogener Draht vom Durchmesser d ist an einem Ende an einem Haken befestigt. Er hängt senkrecht herab ist nur durch sein Eigengewicht belastet, das die Gesamtgröße G hat. In der Mitte des Drahtes denke man sich durch Schnitte (a) eine horizontale Querschnittsebene und (b) eine Ebene unter 45° gegen die Horizontale freigelegt. Wie groß sind in beiden Ebenen die Normalspannung σ und die resultierende Schubspannung τ, wenn man voraussetzt, daß σ und τ jeweils in der ganzen Schnittebene unveränderlich sind. Leiten Sie das Ergebnis aus Abb. 1.2 ab und prüfen Sie es durch Zeichnen des Mohrschen Spannungskreises.
Geg.: $d = 2\,\text{mm}$, $G = 100\,\text{N}$

1.2 Ein einseitig gelenkig gelagerter Stab wird in der in Abb. A1.2 dargestellten Weise durch ein Seil gehalten und durch eine Gewichtskraft G belastet. Wie groß muß der Seildurchmesser d mindestens sein, wenn im Seil die Normalspannung in der Querschnittsebene die Größe σ_{zul} nicht überschreiten darf?
Geg.: $\ell = 1\,\text{m}$, $a = 0{,}8\,\text{m}$, $\alpha = 20°$, $\beta = 40°$, $G = 500\,\text{N}$, $\sigma_{zul} = 80\,\text{Nmm}^{-2}$

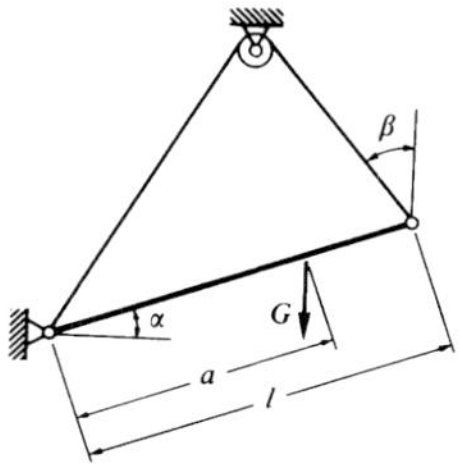

Abb. A1.2.

1.3 Zwei Bretter sind nach Art von Abb. A1.3 miteinander verleimt. Wie groß ist die mittlere Schubspannung τ in den Leimschichten, wenn Kräfte der Größe F angreifen?
Geg.: $F = 1\,\mathrm{kN}$, $a = 60\,\mathrm{mm}$, $b = 30\,\mathrm{mm}$, $c = 5\,\mathrm{mm}$

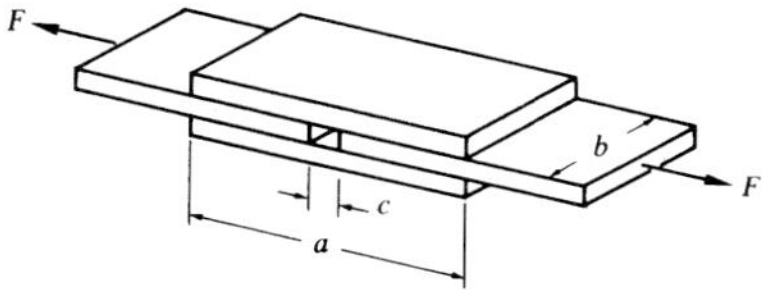

Abb. A1.3.

1.4 Der Schaft 1 eines Werkzeugs ist mit einem Hebel 2 durch einen Stift verbunden (Abb. A1.4). Am Hebel greifen Kräfte der Größe F an und am Schaft ein Torsionsmoment, das diesen Kräften das Gleichgewicht hält. Wie groß ist in der Trennfuge zwischen 1 und 2 die mittlere Schubspannung τ in den beiden Stiftquerschnitten?
Geg.: $F = 50\,\mathrm{N}$, $\ell = 250\,\mathrm{mm}$, $D = 20\,\mathrm{mm}$, $d = 5\,\mathrm{mm}$

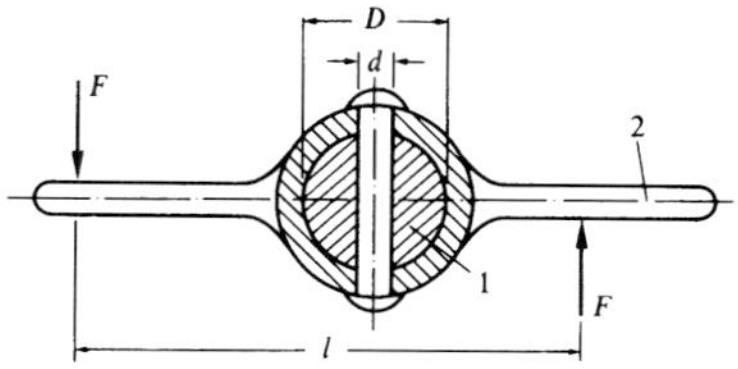

Abb. A1.4.

1.5 Ein Werkstück vom Gewicht G soll von einer horizontal liegenden Zange gehalten werden. Wie groß muß der Nietdurchmesser d im Gelenk der Zange sein, damit die mittlere Schubspannung τ im Niet gegenüber der zulässigen Schubspannung τ_{zul} eine Sicherheit S aufweist, wenn das Gewicht G durch Haftreibung gerade noch gehalten wird? Abb. A1.5 zeigt die Anordnung und einen Schnitt durch das Zangengelenk. Der Haftreibwert ist μ_0.
Geg.: $\mu_0 = 0,15$, $G = 500\,\mathrm{N}$, $a = 30\,\mathrm{cm}$, $\tau_{zul} = 40\,\mathrm{Nmm}^{-2}$, $S = 1,8$

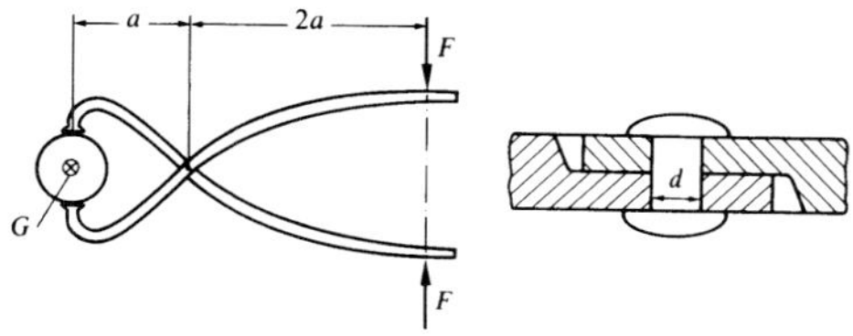

Abb. A1.5.

1.6 Vier Schrauben an einem Kupplungsflansch verbinden zwei Wellen, an denen entgegengesetzt gerichtete, gleich große Torsionsmomente M_T angreifen (Abb. A1.6). Wie groß ist die über den Bolzenquerschnitt der Schrauben gemittelte Schubspannung τ?
Geg.: $M_T = 300\,\mathrm{Nm}$, $D = 70\,\mathrm{mm}$, $d = 10\,\mathrm{mm}$

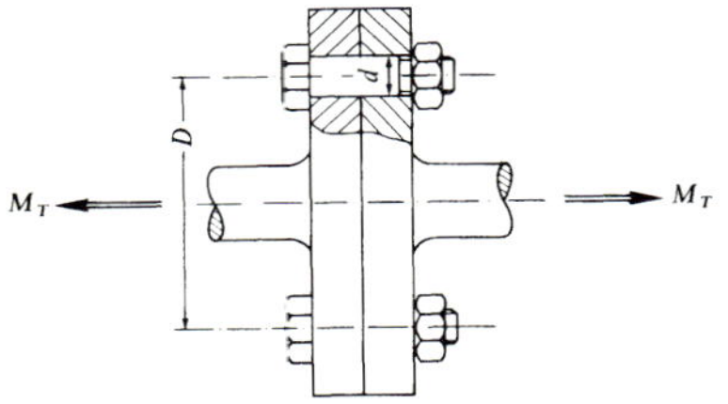

Abb. A1.6.

1.7 An der ebenen, kreisringförmigen Scheibe einer Scheibenbremse mit Innen- und Außenradien r_i bzw. r_a ist beim Bremsen die Schubspannung τ in Umfangsrichtung überall gleich groß. Wie groß ist das Bremsmoment M?
Geg.: $r_i = 10\,\mathrm{cm}$, $r_a = 15\,\mathrm{cm}$, $\tau = 0,3\,\mathrm{Nmm}^{-2}$

1.8 Wie groß sind in der Mitte des Drahtes von Aufg.1.1 die Hauptnormalspannungen σ_1, σ_2 und σ_3, die Invarianten I_1, I_2 und I_3, die Hauptschubspannungen τ_1, τ_2 und τ_3 und die Oktaederspannungen σ_0 und τ_0?
Geg.: $d = 2\,\mathrm{mm}$, $G = 100\,\mathrm{N}$

1.9 In einem Punkt eines Körpers sind in einem x, y, z-System die Spannungen gegeben: $\sigma_x = 200\,\mathrm{Nmm}^{-2}$, $\sigma_y = 1100\,\mathrm{Nmm}^{-2}$, $\sigma_z = 500\,\mathrm{Nmm}^{-2}$, $\tau_{xy} = 200\,\mathrm{Nmm}^{-2}$, $\tau_{yz} = 800\,\mathrm{Nmm}^{-2}$, $\tau_{zx} = -1000\,\mathrm{Nmm}^{-2}$. Man berechne für diesen Punkt die Invarianten I_1, I_2 und I_3, die Hauptnormalspannungen $\sigma_3 < \sigma_2 < \sigma_1$, die Hauptschubspannungen τ_1, τ_2 und τ_3, die Oktaederspannungen σ_0 und τ_0 und den Winkel α zwischen der zu σ_1 gehörenden Spannungshauptachse und der x-Achse. Wie lautet die Gleichung 3. Grades für σ_1, σ_2, σ_3? Hinweis: Ausklammerung des Faktors 100 vereinfacht die Rechnung.

1.10 Ein ebenes Blech, in dem die x- und die y-Achse eines x, y, z-Systems liegen, unterliegt in einem Punkt den Spannungen $\sigma_x = 200\ \mathrm{Nmm}^{-2}$, $\sigma_y = 500\ \mathrm{Nmm}^{-2}$, $\tau_{xy} = -200\ \mathrm{Nmm}^{-2}$, $\sigma_z = \tau_{yz} = \tau_{zx} = 0\ \mathrm{Nmm}^{-2}$. Zeichnen Sie den Mohrschen Kreis und bestimmen Sie graphisch und rechnerisch die Hauptnormalspannungen σ_1 und $\sigma_2 < \sigma_1$ sowie die maximale Schubspannung τ_{max}, die in einer Schnittebene quer zum Blech auftritt. Welcher Winkel φ_0 führt von der zu σ_1 gehörenden Hauptachse im mathematisch positiven Sinn zur x-Achse? Behandeln Sie dasselbe Problem mit den Methoden von Kap.1.2. Bestimmen Sie die Invarianten I_1, I_2 und I_3, die Hauptnormalspannungen $\sigma_3 < \sigma_2 < \sigma_1$, die Hauptschubspannungen τ_1, τ_2 und τ_3 und die Oktaederspannungen σ_0 und τ_0. Wie liegen die Schnittebenen, in denen die größte Hauptschubspannung auftritt?

1.11 Seien $\sigma_1 > \sigma_2 > \sigma_3$ die Hauptnormalspannungen in einem Punkt eines Körpers. Wie groß ist die Normalspannung σ in der Ebene, in der die größte der drei Hauptschubspannungen auftritt?

1.12 Das dünnwandige Rohr in Abb. A1.12 ist durch Aufwickeln eines Pappkartons und durch Verleimen der stumpf gegeneinanderliegenden Kanten hergestellt (also kein Überlappen). Die zulässige Normalspannung für Pappe ist σ_{zul}. Die Leimung versagt, wenn die Schubspannung die Größe $0,25\sigma_{zul}$ überschreitet.

Wie groß muß der Winkel α gewählt werden, wenn Pappe und Leimung bei reiner Zugbelastung des Rohres zugleich versagen sollen?

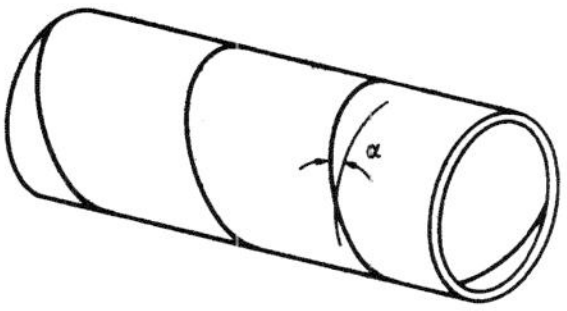

Abb. A1.12.

1.13 In einem Punkt der Oberfläche eines Körpers werden bei zwei verschiedenen Belastungen die in Abb. A1.13 links und rechts dargestellten Spannungszustände festgestellt. Wie groß sind die Spannungen σ_x, σ_y und τ_{xy} sowie die Hauptnormalspannungen σ_1 und σ_2, wenn die beiden Belastungen gemeinsam am Körper angreifen. Hinweis: Die beiden Spannungszustände müssen linear überlagert werden.

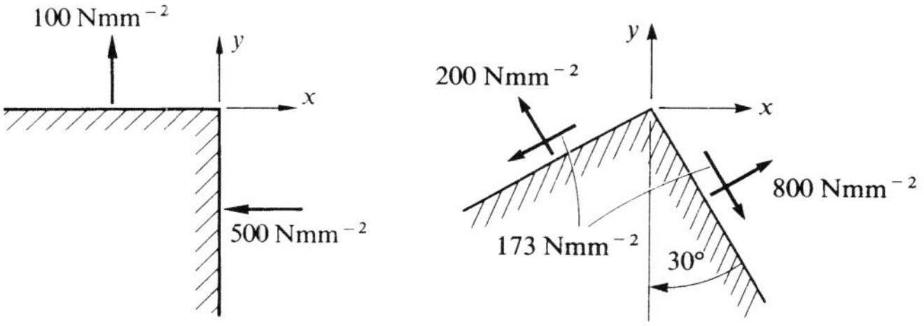

Abb. A1.13.

2. Verformungen. Verzerrungen

2.1 Verschiebung und Verformung beim Zugstab

Der einfachste Fall von Verformung ist bei einem Zugstab zu beobachten. Abb. 2.1 dient zur Erläuterung. Der Zugstab trägt zwei Marken, die vor der Verformung den Abstand ℓ haben. Ihre Lage vor der Verformung wird durch die Koordinaten $x = 0$ und $x = \ell$ auf einer x-Achse angegeben, die raumfest, d.h. nicht auf dem Stab fest ist. Als Ergebnis irgendwelcher physikalischer Einwirkungen, die hier nicht interessieren (Bewegungen, Temperaturänderungen, Kräfte), verschieben sich die Punkte des Stabes längs der x-Achse. Dabei kann sich die Entfernung der Meßmarken ändern, sie muß sich aber nicht ändern. Diese Überlegung zeigt, daß man zwischen Verschiebungen und Verformungen unterscheiden muß. Als Maß für die Verschiebung wird die Funktion $u(x)$ eingeführt. Sie ist definiert als die Verschiebung in x-Richtung, die ein Punkt erfährt, der sich ursprünglich an der Stelle x befunden hat. In Abb. 2.1 sind die Verschiebungen $u(0)$ und $u(\ell)$ der beiden Meßmarken des Stabes gekennzeichnet. Die hier interessierende Verformung, die Verlängerung $\Delta\ell$ der Entfernung der Meßmarken, ist die Differenz

$$\Delta\ell = u(\ell) - u(0) \tag{2.1}$$

der Verschiebungen.

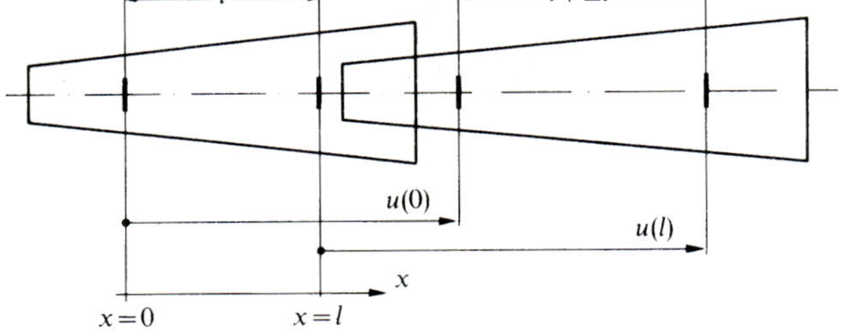

Abb. 2.1. Ein Stab mit zwei Meßmarken bei $x = 0$ und bei $x = \ell$ in einer Ausgangslage (links) und nach einer Verschiebung und Verformung entlang der (unbeweglichen) x-Achse. Verschiebungen $u(0)$ und $u(\ell)$ und Längenänderung $\Delta\ell$

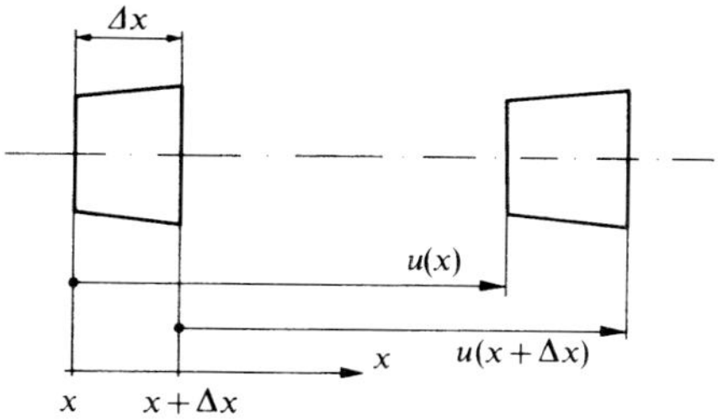

Abb. 2.2. Dieselbe Darstellung wie in Abb. 2.1. Diesmal liegen die Meßmarken auf dem Stab bei x (beliebig) und bei $x + \Delta x$

Man betrachte nun zwei Punkte des Stabes, die sich ursprünglich an den beliebig gewählten, benachbarten Stellen x und $x + \Delta x$ befunden haben. Das zwischen ihnen liegende Stabstück der ursprünglichen Länge Δx erfährt eine Verlängerung Δu, die sich, wie $\Delta \ell$ in (2.1), als Differenz der Verschiebungen darstellt:

$$\Delta u = u(x + \Delta x) - u(x).$$

In Abb. 2.2 werden die Größen dieser Gleichung gezeigt. Das Verhältnis aus Verlängerung und ursprünglicher Länge ist

$$\frac{\Delta u}{\Delta x} = \frac{u(x + \Delta x) - u(x)}{\Delta x}.$$

Beim Grenzübergang $\Delta x \to 0$ geht dieses Verhältnis über in die Ableitung $\mathrm{d}u/\mathrm{d}x$. Sie wird *Dehnung* $\epsilon(x)$ *des Stabes an der Stelle* x genannt:

$$\epsilon(x) = \frac{\mathrm{d}u}{\mathrm{d}x}. \tag{2.2}$$

Die Dehnung spielt in der Elastizitätstheorie und in der Festigkeitslehre eine wichtige Rolle, wie im nächsten Kapitel gezeigt wird. Es ist deshalb sinnvoll, Aussagen über Verformungen mit Hilfe der Funktion $\epsilon(x)$ zu machen. Die Verlängerung $\Delta \ell$ des Abstandes der Meßmarken ist mit (2.1)

$$\Delta \ell = u(\ell) - u(0) = \int_{x=0}^{\ell} \frac{\mathrm{d}u}{\mathrm{d}x}\,\mathrm{d}x = \int_0^{\ell} \epsilon(x)\,\mathrm{d}x. \tag{2.3}$$

Es kann der Sonderfall eintreten, daß $\epsilon(x)$ unabhängig von x ist, d.h. $\epsilon(x) \equiv \epsilon =$const. Dann ist die Verlängerung

$$\Delta \ell = \epsilon \int_0^{\ell} \mathrm{d}x = \epsilon\,\ell,$$

woraus sich

$$\epsilon = \Delta \ell / \ell \tag{2.4}$$

ergibt. Diese Gleichung darf nicht als allgemeingültige Definition der Dehnung verstanden werden! Wenn $\epsilon(x)$ nicht konstant ist, liefert die Gleichung nur einen Mittelwert für $\epsilon(x)$. Die allgemeingültige Definition der Dehnung ist in (2.2) angegeben.

2.2 Verschiebungen und Verformungen in einer Ebene

Verschiebungen und Verformungen in nur einer Koordinatenrichtung, wie beim Zugstab, sind ein einfacher Sonderfall. Im allgemeinen Fall hat man es mit Verschiebungen und Verformungen in allen drei Koordinaten des Raumes zu tun. Alle wesentlichen Unterschiede zum eindimensionalen Fall werden schon in dem technisch besonders wichtigen Fall deutlich, in dem Verschiebungen und Verformungen nur in einer Ebene auftreten. Zur Veranschaulichung stelle man sich ein ebenes Blech vor, das an einer Seite festgehalten ist und das durch irgendwelche physikalischen Ursachen so verformt wird, daß alle Punkte in der Blechebene bleiben. Ein auf dem unverformten Blech markiertes Rechteck wird bei diesem Vorgang parallel zu sich verschoben, gedreht und in seiner Form verändert. Abb. 2.3 zeigt die Situation vor und nach der Verformung.

Einschränkende Voraussetzungen: Um die mathematische Beschreibung der Verformung zu vereinfachen, werden folgende Einschränkungen vorausgesetzt:

1. Alle Winkeldrehungen sind sehr klein
2. Jede auf dem Körper markierte Linie darf sich nur so verformen, daß ihre Längenabnahme oder Zunahme im Verhältnis zur Länge vor der Verformung sehr klein ist.

Bei Metallen, Glas, Stein, Holz und bei vielen anderen Werkstoffen kann man z.B. voraussetzen, daß das in (2) genannte Verhältnis kleiner als 0,01 ist, weil für größere Längenänderungen Temperaturänderungen und/oder Kräfte nötig sind, denen der Werkstoff ohne schädigende Veränderungen gar nicht standhalten kann. Die Einschränkungen schließen nicht aus, daß der untersuchte Körper große Parallelverschiebungen (translatorische Verschiebun-

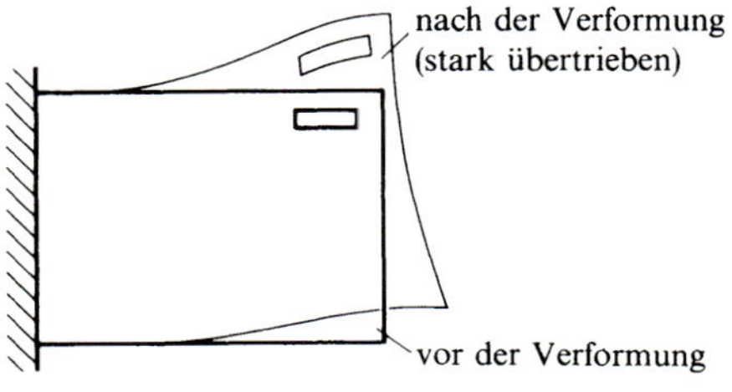

Abb. 2.3. Große ebene Verformung eines Körpers mit aufgezeichnetem Rechteck

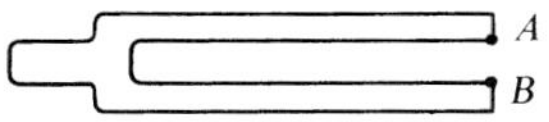

Abb. 2.4. Die Entfernung der Punkte A und B kann sich stark ändern, ohne daß irgendeine ganz im Körper liegende Linie von A nach B ihre Länge stark ändert

gen) ausführt. Sie schließen auch nicht aus, daß z.B. bei der schwingenden Stimmgabel in Abb. 2.4 die Punkte A und B ihre Entfernung gegenüber der Ruhelage stark verändern, denn die gerade Verbindungslinie der Punkte kann nicht auf dem Körper markiert werden. Dieses Beispiel zeigt, daß große Formänderungen der Art, wie sie z.B. als Durchbiegungen von Stäben auftreten, zugelassen werden.

2.2.1 Dehnungen und Scherung

Nach diesen Vorbemerkungen wird noch einmal ein Rechteck betrachtet, das auf dem Blech in Abb. 2.3 vor der Verformung aufgezeichnet wird. Seine Kanten der endlichen Längen Δx und Δy sollen vor der Verformung parallel zu den Achsen eines raumfesten x, y-Systems liegen (Abb. 2.5). Nach der Verformung ist das Rechteck beliebig parallel verschoben, wenig gedreht und wenig verformt. Es hat dann eine krummlinig begrenzte Form ohne rechte Winkel in den Ecken. Wenn man das Ausgangsrechteck immer kleiner macht, erhält man nach der Verformung immer genauer ein Parallelogramm (um das zu sehen, überdecke man ein großes Rechteck mit einem Raster aus vielen kleinen und zeichne das verformte Raster in das krummlinig verformte Rechteck). In Abb. 2.5 ist ein Parallelogramm gezeichnet, weil später der Grenzübergang $\Delta x \to 0$, $\Delta y \to 0$ vollzogen werden soll. Drehung und Verformung sind stark übertrieben dargestellt.

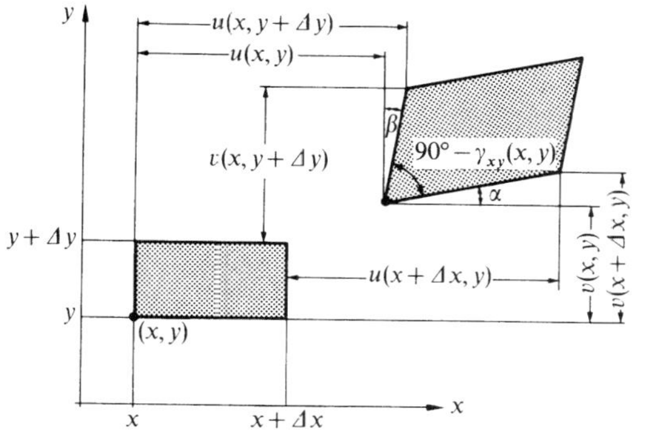

Abb. 2.5. Ebene Verschiebungen u und v aller vier Ecken eines ursprünglich rechteckigen Körperelements. Der Verzerrungszustand im Punkt (x, y) wird durch die Dehnungen ϵ_x und ϵ_y und die Scherung γ_{xy} beschrieben

Die Ecken des unverformten Rechtecks haben von links unten angefangen und im Uhrzeigersinn fortschreitend die Koordinaten (x, y), $(x, y + \Delta y)$, $(x + \Delta x, y + \Delta y)$ bzw. $(x + \Delta x, y)$. Jede Ecke wird in x- und in y-Richtung verschoben. Diese Verschiebungen werden u bzw. v genannt. Beide sind Funktionen der Koordinaten x und y, an denen sich der verschobene Punkt ursprünglich befunden hat. So sind z.B. $u(x + \Delta x, y)$ und $v(x + \Delta x, y)$ die Verschiebungen des Punktes rechts unten im Rechteck. Für drei Eckpunkte sind Verschiebungen in Abb. 2.5 angegeben.

Als Maße für die Verformung des Rechtecks interessieren zunächst die Verlängerungen seiner Seiten. Wie beim Zugstab werden sie als Differenzen von Verschiebungen ausgedrückt. Die Seite der Länge Δx verlängert sich um

$$\Delta u = \frac{1}{\cos\alpha}[u(x + \Delta x, y) - u(x, y)] \approx u(x + \Delta x, y) - u(x, y)$$

und die Seite der Länge Δy um

$$\Delta v \approx v(x, y + \Delta y) - v(x, y).$$

Die Verhältnisse der Verlängerungen zu den ursprünglichen Längen sind

$$\frac{\Delta u}{\Delta x} = \frac{u(x + \Delta x, y) - u(x, y)}{\Delta x}, \qquad \frac{\Delta v}{\Delta y} = \frac{v(x, y + \Delta y) - v(x, y).}{\Delta y}.$$

Beim Grenzübergang $\Delta x \to 0$, $\Delta y \to 0$ streben diese Verhältnisse gegen die partiellen Ableitungen $\partial u/\partial x$ bzw. $\partial v/\partial y$. Sie werden Dehnung $\epsilon_x(x, y)$ in x-Richtung bzw. Dehnung $\epsilon_y(x, y)$ in y-Richtung genannt, beide als Funktionen von x und y:

$$\epsilon_x(x, y) = \frac{\partial u}{\partial x}, \qquad \epsilon_y(x, y) = \frac{\partial v}{\partial y}. \tag{2.5}$$

Beide Größen werden besonders anschaulich, wenn man sich in $\epsilon_x(x, y)$ die Koordinate y als Konstante und in $\epsilon_y(x, y)$ die Koordinate x als Konstante vorstellt (das tut man ja auch, wenn man die partiellen Ableitungen bildet). Dann hat ϵ_x dieselbe Bedeutung wie ϵ in (2.2) beim Zugstab, und ϵ_y hat diese Bedeutung für die Querrichtung. Aus der Einschränkung (2) auf S. 30 folgt, daß $\epsilon_x(x, y)$ und $\epsilon_y(x, y)$ für alle x und y sehr kleine Zahlen sind.

In Abb. 2.5 interessiert außer Längenänderungen auch die Änderung der ursprünglich rechten Winkel. Als Maß für diese Änderung wird die Verkleinerung des ursprünglich rechten Winkels an der Ecke mit den Koordinaten (x, y) gewählt, d.h. die *Abnahme des Winkels zwischen den Parallelen zur positiven x-Achse und zur positiven y-Achse*. Dieses Maß wird *Scherung* γ_{xy} genannt. Weil die x-Achse und die y-Achse in der Definition gleiche Rollen spielen, kann man auch γ_{yx} sagen. Wie ϵ_x und ϵ_y ist auch γ_{xy} eine Funktion der Koordinaten x und y, bei denen sich der betrachtete Punkt vor der Verformung befunden hat: $\gamma_{yx}(x, y) = \gamma_{xy}(x, y)$. Für Dehnungen und Scherungen wird als Obergriff die Bezeichnung *Verzerrung* gebraucht.

In Abb. 2.5 ist $\gamma_{xy}(x,y)$ eingezeichnet. In diesem Beispiel ist der ursprünglich rechte Winkel kleiner geworden, so daß $\gamma_{xy}(x,y)$ positiv ist. Man kann γ_{xy} als Summe der Winkel α und β ausdrücken. Wegen der Kleinheit der Winkel gilt $\alpha \approx \tan\alpha$ und $\beta \approx \tan\beta$. Aus dem Dreieck unter dem Parallelogramm liest man ab:

$$\alpha \approx \tan\alpha = \frac{v(x+\Delta x,y)-v(x,y)}{\Delta x + u(x+\Delta x,y)-u(x,y)} = \frac{\dfrac{v(x+\Delta x,y)-v(x,y)}{\Delta x}}{1+\dfrac{u(x+\Delta x,y)-u(x,y)}{\Delta x}}.$$

Beim Grenzübergang $\Delta x \to 0$ wird daraus

$$\lim_{\Delta x\to 0}\alpha = \frac{\dfrac{\partial v}{\partial x}}{1+\epsilon_x(x,y)}$$

oder, da $\epsilon_x(x,y)$ sehr klein gegen 1 ist,

$$\lim_{\Delta x\to 0}\alpha \approx \frac{\partial v}{\partial x}.$$

Ebenso findet man am Dreieck mit dem Winkel β

$$\beta \approx \tan\beta = \frac{u(x,y+\Delta y)-u(x,y)}{\Delta y + v(x,y+\Delta y)-v(x,y)} = \frac{\dfrac{u(x,y+\Delta y)-u(x,y)}{\Delta y}}{1+\dfrac{v(x,y+\Delta y)-v(x,y)}{\Delta y}},$$

$$\lim_{\Delta y\to 0}\beta = \frac{\dfrac{\partial u}{\partial y}}{1+\epsilon_y(x,y)} \approx \frac{\partial u}{\partial y}.$$

Damit ist die Scherung an der Stelle (x,y):

$$\gamma_{xy}(x,y) = \gamma_{yx}(x,y) = \frac{\partial v}{\partial x} + \frac{\partial u}{\partial y}. \tag{2.6}$$

In den meisten technisch interessierenden Fällen ist γ_{xy} dem Betrag nach kleiner als 0,01 im Bogenmaß.

2.2.2 Dehnungen und Scherung in einem gedrehten Koordinatensystem

Man muß sich jetzt die Frage vorlegen, ob der Verzerrungszustand des Blechs an einer bestimmten Stelle (x,y) eindeutig beschrieben ist, wenn die drei Funktionen $\epsilon_x(x,y)$, $\epsilon_y(x,y)$ und $\gamma_{xy}(x,y)$ an dieser Stelle bekannt sind. Um diese Frage zu beantworten, muß man ein ξ,η-Koordinatensystem einführen,

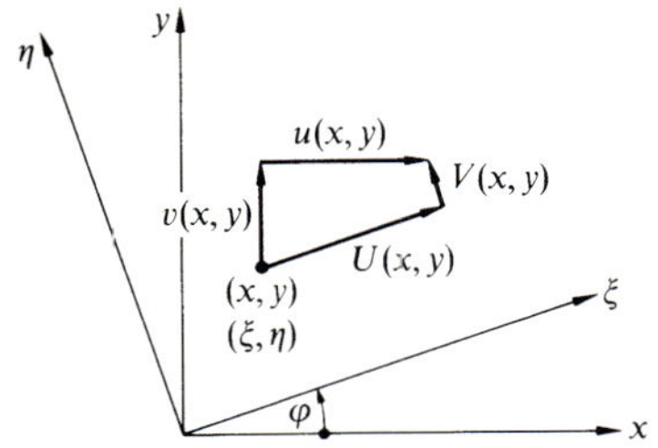

Abb. 2.6. Ein Körperpunkt mit den Koordinaten (x, y) und (ξ, η) und seine Verschiebungskoordinaten in beiden Koordinatensystemen

das gegen das x, y-Koordinatensystem um einen Winkel φ gedreht ist. In diesem Koordinatensystem muß man die Dehnungen ϵ_ξ und ϵ_η und die Scherung $\gamma_{\xi\eta}$ berechnen. Sie sind in diesem Koordinatensystem genauso definiert, wie ϵ_x, ϵ_y und γ_{xy} im x, y-System. Wenn sich ϵ_ξ und ϵ_η und $\gamma_{\xi\eta}$ eindeutig als Funktionen von ϵ_x, ϵ_y, γ_{xy} und φ ausdrücken lassen, dann lautet die Antwort auf die Frage ja. Die Frage erscheint sehr abstrakt. Sie gewinnt aber eine große praktische Bedeutung, wenn man folgendes bedenkt. In der Praxis müssen Verzerrungen ϵ_x, ϵ_y und γ_{xy} an verformten Körpern meßtechnisch bestimmt werden. Für Dehnungen stehen einfache und sehr genaue Meßverfahren zur Verfügung. Dagegen lassen sich sehr kleine Winkel γ_{xy} nur mit großem Aufwand und ungenau messen. Ein Ausweg aus dieser Schwierigkeit besteht darin, daß man Dehnungen nicht nur in x- und in y-Richtung mißt, sondern auch in einer gegen die beiden Achsen gedrehten Richtung. Wenn die Dehnung in dieser Richtung eine eindeutige Funktion von ϵ_x, ϵ_y, γ_{xy} und dem Drehwinkel ist, dann kann man daraus rückwärts γ_{xy} bestimmen. Mit dieser Motivation wird nun die anfangs gestellte Aufgabe untersucht.

Abb. 2.6 zeigt das x, y-System und ein um den Winkel φ gedrehtes ξ, η-System. Der Winkel φ ist positiv bei einer Drehung von der x-Achse aus im Rechtsschraubensinn um die z-Achse. Der mit (x, y) bezeichnete Punkt soll den linken unteren Eckpunkt des unverformten Rechtecks von Abb. 2.5 bezeichnen. Im gedrehten System hat er die Koordinaten (ξ, η). Zwischen den beiden Koordinatenpaaren bestehen die einfach ablesbaren Beziehungen

$$\xi = x\cos\varphi + y\sin\varphi, \qquad \eta = -x\sin\varphi + y\cos\varphi \tag{2.7}$$

$$x = \xi\cos\varphi - \eta\sin\varphi, \qquad y = \xi\sin\varphi + \eta\cos\varphi. \tag{2.8}$$

Der Punkt wird bei der Verformung in x- und in y-Richtung um Stücke $u(x, y)$ bzw. $v(x, y)$ verschoben. Seine Verschiebungen in ξ- und in η-Richtung seien $U(x, y)$ bzw. $V(x, y)$ genannt. Sie sind in Abb. 2.6 ebenfalls eingezeichnet. Gl. (2.7) gilt auch für die Verschiebungen:

$$\left.\begin{aligned} U(x,y) &= u(x,y)\cos\varphi + v(x,y)\sin\varphi, \\ V(x,y) &= -u(x,y)\sin\varphi + v(x,y)\cos\varphi. \end{aligned}\right\} \tag{2.9}$$

Den Definitionen für Dehnungen und Scherungen im x, y-System, nämlich

$$\epsilon_x = \frac{\partial u}{\partial x}, \qquad \epsilon_y = \frac{\partial v}{\partial y}, \qquad \gamma_{xy} = \frac{\partial v}{\partial x} + \frac{\partial u}{\partial y}, \tag{2.10}$$

entsprechen im ξ, η-System die Definitionen

$$\epsilon_\xi = \frac{\partial U}{\partial \xi}, \qquad \epsilon_\eta = \frac{\partial V}{\partial \eta}, \qquad \gamma_{\xi\eta} = \frac{\partial V}{\partial \xi} + \frac{\partial U}{\partial \eta}.$$

Damit sind alle für die Umrechnung erforderlichen Beziehungen zusammengestellt. Für ϵ_ξ erhält man nach der Kettenregel zunächst

$$\epsilon_\xi = \frac{\partial U}{\partial x}\,\frac{\partial x}{\partial \xi} + \frac{\partial U}{\partial y}\,\frac{\partial y}{\partial \xi}.$$

Darin ist mit (2.9)

$$\frac{\partial U}{\partial x} = \frac{\partial u}{\partial x}\cos\varphi + \frac{\partial v}{\partial x}\sin\varphi, \qquad \frac{\partial U}{\partial y} = \frac{\partial u}{\partial y}\cos\varphi + \frac{\partial v}{\partial y}\sin\varphi.$$

Weiterhin ist mit (2.8)

$$\frac{\partial x}{\partial \xi} = \cos\varphi, \qquad \frac{\partial y}{\partial \xi} = \sin\varphi.$$

Also erhält man

$$\begin{aligned}
\epsilon_\xi &= \Big(\frac{\partial u}{\partial x}\cos\varphi + \frac{\partial v}{\partial x}\sin\varphi\Big)\cos\varphi + \Big(\frac{\partial u}{\partial y}\cos\varphi + \frac{\partial v}{\partial y}\sin\varphi\Big)\sin\varphi \\
&= \frac{\partial u}{\partial x}\cos^2\varphi + \frac{\partial v}{\partial y}\sin^2\varphi + \Big(\frac{\partial v}{\partial x} + \frac{\partial u}{\partial x}\Big)\sin\varphi\cos\varphi.
\end{aligned}$$

Wegen (2.10) ist das

$$\epsilon_\xi = \epsilon_x\cos^2\varphi + \epsilon_y\sin^2\varphi + \gamma_{xy}\sin\varphi\cos\varphi. \tag{2.11}$$

Die Dehnung ϵ_η erhält man, wenn man in ϵ_ξ den Winkel φ durch $\varphi + \pi/2$ ersetzt. Die Formel wird nicht weiter gebraucht.

Nach demselben Verfahren, das ϵ_ξ lieferte, erhält man

$$\begin{aligned}
\gamma_{\xi\eta} &= \Big(\frac{\partial V}{\partial x}\,\frac{\partial x}{\partial \xi} + \frac{\partial V}{\partial y}\,\frac{\partial y}{\partial \xi}\Big) + \Big(\frac{\partial U}{\partial x}\,\frac{\partial x}{\partial \eta} + \frac{\partial U}{\partial y}\,\frac{\partial y}{\partial \eta}\Big) \\
&= \Big[\Big(-\frac{\partial u}{\partial x}\sin\varphi + \frac{\partial v}{\partial x}\cos\varphi\Big)\cos\varphi + \Big(-\frac{\partial u}{\partial y}\sin\varphi + \frac{\partial v}{\partial y}\cos\varphi\Big)\sin\varphi\Big] \\
&\quad + \Big[-\Big(\frac{\partial u}{\partial x}\cos\varphi + \frac{\partial v}{\partial x}\sin\varphi\Big)\sin\varphi + \Big(\frac{\partial u}{\partial y}\cos\varphi + \frac{\partial v}{\partial y}\sin\varphi\Big)\cos\varphi\Big] \\
&= -\Big(\frac{\partial u}{\partial x} - \frac{\partial v}{\partial x}\Big)2\sin\varphi\cos\varphi + \Big(\frac{\partial v}{\partial x} + \frac{\partial u}{\partial x}\Big)(\cos^2\varphi - \sin^2\varphi)
\end{aligned}$$

oder

$$\gamma_{\xi\eta} = -(\epsilon_x - \epsilon_y)\,2\sin\varphi\cos\varphi + \gamma_{xy}(\cos^2\varphi - \sin^2\varphi). \tag{2.12}$$

Die Gleichungen (2.11) und (2.12) beantworten bereits die eingangs gestellte Frage: ϵ_ξ, ϵ_η und $\gamma_{\xi\eta}$ lassen sich in der Tat eindeutig als Funktionen von ϵ_x, ϵ_y, γ_{xy} und φ darstellen. Zwei Dehnungen und eine Scherung beschreiben also den ebenen Verzerrungszustand vollständig und eindeutig.

2.2.3 Der Mohrsche Dehnungskreis

Für die praktische Anwendung der Beziehungen für ϵ_ξ und $\gamma_{\xi\eta}$ werden noch die Additionstheoreme

$$2\sin\varphi\cos\varphi = \sin 2\varphi, \quad \cos^2\varphi = \tfrac{1}{2}(1+\cos 2\varphi), \quad \sin^2\varphi = \tfrac{1}{2}(1-\cos 2\varphi)$$

eingeführt. Dann nehmen (2.11) und (2.12) die Formen an:

$$\epsilon_\xi = \tfrac{1}{2}(\epsilon_x+\epsilon_y) + \tfrac{1}{2}(\epsilon_x-\epsilon_y)\cos 2\varphi + \tfrac{1}{2}\gamma_{xy}\sin 2\varphi, \tag{2.13}$$

$$\tfrac{1}{2}\gamma_{\xi\eta} = -\tfrac{1}{2}(\epsilon_x-\epsilon_y)\sin 2\varphi + \tfrac{1}{2}\gamma_{xy}\cos 2\varphi. \tag{2.14}$$

Diese Gleichungen haben dieselbe Form, wie die Gln. (1.25) und (1.26) für Spannungen beim ebenen Spannungszustand. Die Dehnungen entsprechen den Normalspannungen, und die halbe Scherung entspricht der Schubspannung. Mit dieser Analogie haben sich die Verzerrungen ϵ_x, ϵ_y und $\frac{1}{2}\gamma_{xy} = \frac{1}{2}\gamma_{yx}$ als Koordinaten eines Tensors 2. Stufe erwiesen. Man nennt ihn den *Verzerrungstensor*.

Nach denselben Konstruktionsvorschriften, die in Abb. 1.12 bis Abb. 1.14 erläutert wurden, kann man Dehnungen und halbe Scherungen für gedrehte Achsensysteme aus einem Mohrschen Dehnungskreis ablesen. Er wird in einem Diagramm mit den Achsenbezeichnungen ϵ_ξ und $\frac{1}{2}\gamma_{\xi\eta}$ gezeichnet (Abb. 2.7). Für jeden ebenen Verzerrungszustand gibt es ein Dehnungshauptachsensystem, in dem die Dehnungen extremale Werte annehmen, während die Scherung null ist. Die Lage der Hauptachsen im x, y-System wird durch Winkel φ_1 und φ_2 angegeben, und die Hauptdehnungen werden ϵ_1 und ϵ_2 genannt. Diese Größen sind aus dem Mohrschen Kreis ablesbar. Man kann sie auch aus Formeln berechnen, die analog zu (1.28) und (1.31) sind:

$$\tan 2\varphi_{1,2} = \frac{2\cdot\frac{1}{2}\gamma_{xy}}{\epsilon_x-\epsilon_y} = \frac{\gamma_{xy}}{\epsilon_x-\epsilon_y}, \tag{2.15}$$

$$\epsilon_{1,2} = \tfrac{1}{2}(\epsilon_x+\epsilon_y) \pm \sqrt{\tfrac{1}{4}(\epsilon_x-\epsilon_y)^2 + \tfrac{1}{4}\gamma_{xy}^2}. \tag{2.16}$$

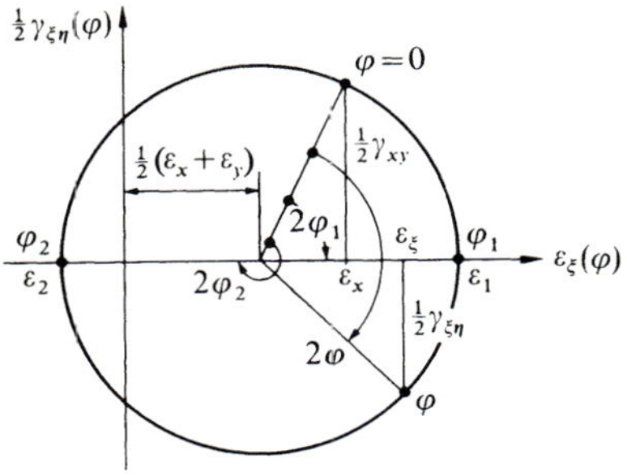

Abb. 2.7. Der Mohrsche Dehnungskreis entsteht aus dem Mohrschen Spannungskreis in Abb. 1.12a und Abb. 1.14, wenn man σ durch ϵ und τ durch $\gamma/2$ ersetzt

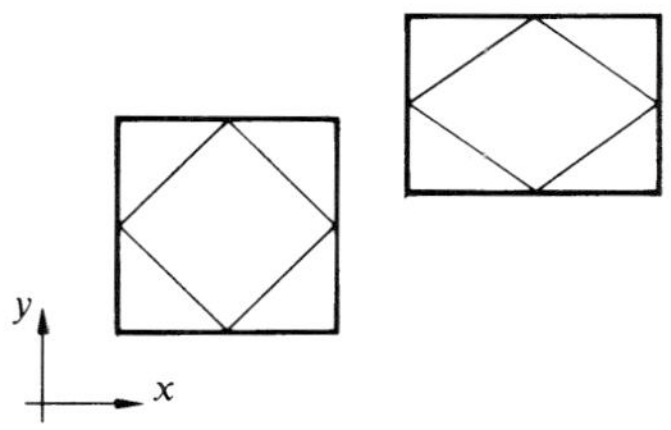

Abb. 2.8. Wenn das auf einem Körper markierte, dick gezeichnete Quadrat sich zu dem kantenparallelen Rechteck verformt, dann liegen die Kanten in den Dehnungshauptachsen. Das unter 45° gedrehte, dünn ausgezogene Quadrat erfährt bei demselben Verzerrungszustand die größtmögliche Scherung (Hauptscherung)

Abb. 2.8 veranschaulicht den Begriff Dehnungshauptachsen. Sie zeigt links in einem x, y-System in dicken Linien ein infinitesimal kleines Quadrat vor der Verformung. Nach der Verformung (rechts) sind die rechten Winkel erhalten geblieben. Die Scherung γ_{xy} ist also null. Daraus schließt man, daß die Kanten des Quadrats die Richtungen der Dehnungshauptachsen haben. Eine Seite des Rechtecks ist länger und die andere ist kürzer als die Seite des ursprünglichen Quadrats. Daran erkennt man, daß eine Hauptdehnung positiv und eine negativ ist. Dem Quadrat ist in dünnen Linien ein weiteres Quadrat einbeschrieben. Seine Seiten sind um 45° gegen die Dehnungshauptachsen geneigt. Aus dem Mohrschen Kreis ergibt sich, daß zu diesen Achsen die maximale bzw. die minimale Scherung gehört. Dem entspricht die starke Abnahme bzw. Zunahme der rechten Winkel bei der Verformung. Entsprechend der Gl. (1.32) für die Hauptschubspannung τ_{max} gilt für diese sog. Hauptscherung:

$$\gamma_{max} = |\epsilon_1 - \epsilon_2|. \tag{2.17}$$

2.2.4 Dehnungsmessung

Dehnungen werden in der Praxis mit einem sog. Dehnungsmeßstreifen gemessen. Das ist ein Kunststoffstreifen, in den in vielen engen Mäanderwindungen ein aus Metallfolie herausgeätzter elektrischer Leiter eingebettet ist (Abb. 2.9). Das von den Leiterbahnen eingenommene Rechteck ist in beiden Richtungen nur wenige Millimeter lang. Der Streifen wird fest auf den Körper geklebt, dessen Dehnungen man messen will, so daß er dieselben ebenen Verzerrungen erfährt wie der Körper an dieser Stelle. Wenn eine Dehnung ϵ_x in Richtung der eingezeichneten x-Achse auftritt, wird der elektrische Leiter etwas länger. Dabei wird er zugleich etwas dünner (diese Erscheinung wird in Abschnitt 3.3 erklärt; hier mag die Feststellung genügen). Verlängerung und Dickenabnahme erhöhen den elektrischen Widerstand. Darauf beruht das Meßverfahren. Man legt eine elektrische Spannung an die Enden und mißt die Stromstärke. Nach einem Eichversuch kann man die Größe von ϵ_x direkt am

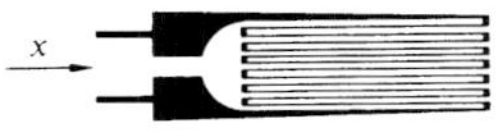

Abb. 2.9. Dehnungsmeßstreifen

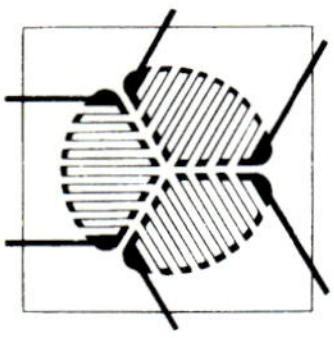

Abb. 2.10. Dehnungsmeßstreifenrosette mit $\alpha = 60°$

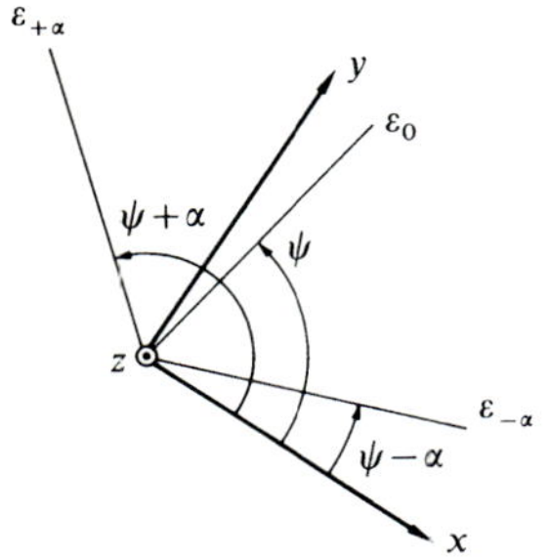

Abb. 2.11. Die Rosette mißt die Dehnungen $\epsilon_{-\alpha}$, ϵ_0 und $\epsilon_{+\alpha}$ in bekannten Richtungen auf einem Körper. Diese Richtungen werden in dem noch unbekannten x, y-System der Dehnungshauptachsen durch den Winkel ψ gekennzeichnet

Amperemeter ablesen. Eine Dehnung in y-Richtung und eine Scherung γ_{xy} haben auf den Widerstand keinen Einfluß. Es gibt sog. Dehnungsmeßstreifenrosetten, auf denen drei Leiterbahnen so angeordnet sind, daß Dehnungen in drei Richtungen gemessen werden, die paarweise um denselben Winkel α auseinanderliegen (Abb. 2.10). Üblich sind $\alpha = 45°$ und $\alpha = 60°$. Aus den drei Meßwerten und dem Winkel α können sowohl die Lage der Dehnungshauptachsen als auch die Hauptdehnungen berechnet werden. Das wird im folgenden gezeigt.

In Abb. 2.11 sind in dünnen Linien die drei Meßrichtungen und dick das in seiner Lage noch unbekannte System der Dehnungshauptachsen gezeichnet. Die Hauptachsen werden mit x bzw. y bezeichnet. Dann ist

$$\epsilon_x = \epsilon_1, \qquad \epsilon_y = \epsilon_2, \qquad \gamma_{xy} = 0,$$

wobei ϵ_1 und ϵ_2 noch unbekannt sind. Der ebenfalls unbekannte Winkel, um den die mittlere Meßrichtung aus der x-Achse herausgedreht ist, sei ψ genannt. Er ist positiv bei einer Drehung von der x-Achse aus im Rechtsschraubensinn um die z-Achse. Diese Vereinbarung liegt allen Beziehungen im Mohrschen Kreis zugrunde. Die beiden äußeren Meßrichtungen sind dann um $\psi - \alpha$ bzw. um $\psi + \alpha$ gegen die x-Achse gedreht. Die gemessenen Dehnungen werden ϵ_0 für die mittlere und $\epsilon_{-\alpha}$ bzw. $\epsilon_{+\alpha}$ für die äußeren Meßrichtungen genannt. Sie sind mit den Hauptdehnungen im x, y-System durch (2.13) verknüpft:

$$\begin{aligned}
\epsilon_{-\alpha} &= \tfrac{1}{2}(\epsilon_1 + \epsilon_2) + \tfrac{1}{2}(\epsilon_1 - \epsilon_2)\cos(2\psi - 2\alpha) \\
&= \tfrac{1}{2}(\epsilon_1 + \epsilon_2) + \tfrac{1}{2}(\epsilon_1 - \epsilon_2)(\cos 2\psi \cos 2\alpha + \sin 2\psi \sin 2\alpha), \\
\epsilon_0 &= \tfrac{1}{2}(\epsilon_1 + \epsilon_2) + \tfrac{1}{2}(\epsilon_1 - \epsilon_2)\cos 2\psi,
\end{aligned}$$

$$\begin{aligned}\epsilon_{+\alpha} &= \tfrac{1}{2}(\epsilon_1+\epsilon_2)+\tfrac{1}{2}(\epsilon_1-\epsilon_2)\cos(2\psi+2\alpha)\\ &= \tfrac{1}{2}(\epsilon_1+\epsilon_2)+\tfrac{1}{2}(\epsilon_1-\epsilon_2)(\cos 2\psi\cos 2\alpha-\sin 2\psi\sin 2\alpha).\end{aligned}$$

Das sind drei Gleichungen für die drei Unbekannten ϵ_1, ϵ_2 und ψ. Mit den Abkürzungen

$$A=\tfrac{1}{2}(\epsilon_1+\epsilon_2),\quad B=\tfrac{1}{2}(\epsilon_1-\epsilon_2)\cos 2\psi,\quad C=\tfrac{1}{2}(\epsilon_1-\epsilon_2)\sin 2\psi \tag{2.18}$$

lauten die Gleichungen

$$\left.\begin{aligned}\epsilon_{-\alpha} &= A+B\cos 2\alpha+C\sin 2\alpha,\\ \epsilon_0 &= A+B,\\ \epsilon_{-\alpha} &= A+B\cos 2\alpha-C\sin 2\alpha.\end{aligned}\right\} \tag{2.19}$$

Daraus folgt

$$\left.\begin{aligned}\epsilon_{-\alpha}-\epsilon_{+\alpha} &= 2C\sin 2\alpha,\\ 2\epsilon_0-\epsilon_{-\alpha}-\epsilon_{+\alpha} &= 2B(1-\cos 2\alpha).\end{aligned}\right\} \tag{2.20}$$

Division dieser beiden Ausdrücke liefert

$$\frac{\epsilon_{-\alpha}-\epsilon_{+\alpha}}{2\epsilon_0-\epsilon_{-\alpha}-\epsilon_{+\alpha}}=\frac{C}{B}\,\frac{\sin 2\alpha}{1-\cos 2\alpha}.$$

Aus (2.18) folgt $C/B=\tan 2\psi$ und folglich

$$\tan 2\psi=\frac{1-\cos 2\alpha}{\sin 2\alpha}\,\frac{\epsilon_{-\alpha}-\epsilon_{+\alpha}}{2\epsilon_0-\epsilon_{-\alpha}-\epsilon_{+\alpha}}. \tag{2.21}$$

Von den zwei um 90° verschiedenen Lösungen dieser Gleichung für ψ wählt man willkürlich eine aus. Weiterhin folgt aus (2.18), (2.19) und (2.20)

$$\begin{aligned}\tfrac{1}{2}(\epsilon_1+\epsilon_2) &= A=\epsilon_0-B=\epsilon_0-\frac{2\epsilon_0-\epsilon_{-\alpha}-\epsilon_{+\alpha}}{2(1-\cos 2\alpha)}=\frac{\epsilon_{-\alpha}+\epsilon_{+\alpha}-2\epsilon_0\cos 2\alpha}{2(1-\cos 2\alpha)},\\ \tfrac{1}{2}(\epsilon_1-\epsilon_2) &= \frac{C}{\sin 2\psi}=\frac{\epsilon_{-\alpha}-\epsilon_{+\alpha}}{2\sin 2\alpha\sin 2\psi}.\end{aligned}$$

Addition bzw. Subtraktion dieser beiden Gleichungen liefert schließlich die gesuchten Hauptdehnungen:

$$\epsilon_{1,2}=\frac{\epsilon_{-\alpha}+\epsilon_{+\alpha}-2\epsilon_0\cos 2\alpha}{2(1-\cos 2\alpha)}\pm\frac{\epsilon_{-\alpha}-\epsilon_{+\alpha}}{2\sin 2\alpha\sin 2\psi}. \tag{2.22}$$

Darin ist $\sin 2\psi$ die Größe aus (2.21). Mit diesen Ergebnissen für ϵ_1, ϵ_2 und ψ ist die Aufgabe gelöst.

Beispiel 2.2-1
Mit einer Dehnungsmeßstreifenrosette mit dem Winkel $\alpha=45°$ werden die Dehnungen $\epsilon_0=5\cdot 10^{-5}$, $\epsilon_{-\alpha}=2{,}27\cdot 10^{-5}$, $\epsilon_{+\alpha}=5{,}73\cdot 10^{-5}$ gemessen. Man zeichne Abb. 2.11 für diesen konkreten Fall. Wie groß ist die maximale Scherung im Bogenmaß und im Gradmaß?
Lösung: (2.21) und (2.22) vereinfachen sich mit $\alpha=45°$ zu

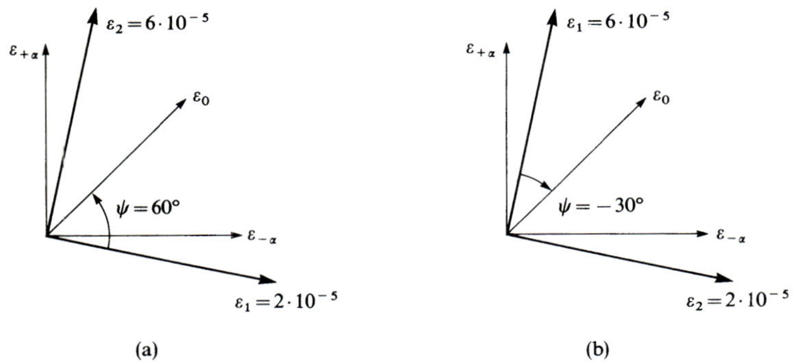

Abb. 2.12. Dehnungshauptachsen und Hauptdehnungen ϵ_1, ϵ_2 im System der Meßachsen für die Lösungen $\psi = 60°$ (a) und $\psi = -30°$ (b). Die Bilder unterscheiden sich nur durch die Bezeichnung der Hauptdehnungen

$$\tan 2\psi = \frac{\epsilon_{-\alpha} - \epsilon_{+\alpha}}{2\epsilon_0 - \epsilon_{-\alpha} - \epsilon_{+\alpha}} = \frac{2,27 - 5,73}{10 - 2,27 - 5,73} = -1,73$$

$$\epsilon_{1,2} = \frac{\epsilon_{-\alpha} + \epsilon_{+\alpha}}{2} \pm \frac{\epsilon_{-\alpha} - \epsilon_{+\alpha}}{2 \sin 2\psi} = 4 \cdot 10^{-5} \pm \frac{-1,73}{\sin 2\psi} \cdot 10^{-5}.$$

Die erste Gleichung hat die Lösungen $\psi = 60°$ und $\psi = -30°$. Sei willkürlich $\psi = 60°$. Dann erhält man aus der zweiten Gleichung $\epsilon_1 = 2 \cdot 10^{-5}$ und $\epsilon_2 = 6 \cdot 10^{-5}$. Damit wird Abb. 2.12a gezeichnet. Die Lösung $\psi = -30°$ liefert denselben Verzerrungszustand. Mit ihr erhält man nämlich $\epsilon_1 = 6 \cdot 10^{-5}$ und $\epsilon_2 = 2 \cdot 10^{-5}$ und damit Abb. 2.12b. Das ist derselbe Sachverhalt. Die maximale Scherung ist $\gamma_{max} = |\epsilon_1 - \epsilon_2|/2 = 4 \cdot 10^{-5} = 0,0023°$. Sie tritt in einem Achsensystem auf, das gegen das Hauptachsensystem um 45° gedreht ist.

2.3 Verschiebungen und Verformungen im allgemeinen räumlichen Fall

Die Methoden zur Beschreibung des ebenen Verzerrungszustandes lassen sich ohne Mühe für den allgemeinen räumlichen Fall verallgemeinern. Auch hier sollen die einschränkenden Voraussetzungen von S. 30 gelten. Abb. 2.13 zeigt im Vordergrund vor der Verformung einen Quader der Abmessungen Δx, Δy und Δz mit Kanten parallel zu den Achsen eines raumfesten x, y, z-Systems. Man muß ihn sich an einer beliebigen Stelle im Innern des betrachteten Körpers genauso markiert denken, wie das Rechteck auf dem Blech in Abb. 2.5. Nach einer beliebig großen Parallelverschiebung, einer kleinen Drehung und einer kleinen Verformung hat der Quader (bei hinreichend kleinen Abmessungen Δx, Δy und Δz) die hinten gezeigte Gestalt eines Parallelepipeds mit veränderten Längen und Winkeln. Für jeden Körperpunkt müssen Verschiebungen in allen drei Achsenrichtungen und jeweils als Funktion von allen drei Koordinaten definiert werden. Der Eckpunkt, der

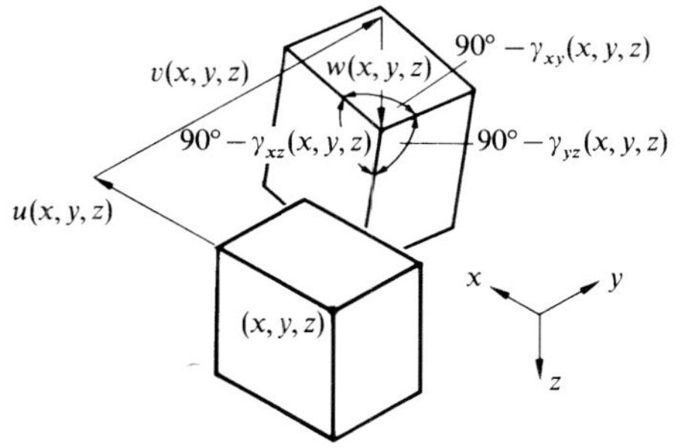

Abb. 2.13. Die räumliche Verallgemeinerung von Abb. 2.5. Verschiebungen und Verformungen an einem infinitesimal kleinen Quader aus einem Körper. Die Scherungen $\gamma_{xy}(x,y,z)$, $\gamma_{yz}(x,y,z)$ und $\gamma_{zx}(x,y,z)$

ursprünglich die Koordinaten (x,y,z) hatte, wird entlang den x-, y- und z-Achsen um Stücke verschoben, die $u(x,y,z)$ bzw. $v(x,y,z)$ bzw. $w(x,y,z)$ genannt werden. Entsprechend den Überlegungen, die zu (2.5) und (2.6) führten, kann man nun drei Dehnungen und drei Scherungen definieren:

$$\left.\begin{aligned}
&\epsilon_x(x,y,z)=\frac{\partial u}{\partial x},\quad \epsilon_y(x,y,z)=\frac{\partial v}{\partial y},\quad \epsilon_z(x,y,z)=\frac{\partial w}{\partial z},\\
&\gamma_{xy}(x,y,z)=\gamma_{yx}(x,y,z)=\frac{\partial v}{\partial x}+\frac{\partial u}{\partial y},\\
&\gamma_{yz}(x,y,z)=\gamma_{zy}(x,y,z)=\frac{\partial w}{\partial y}+\frac{\partial v}{\partial z},\\
&\gamma_{zx}(x,y,z)=\gamma_{xz}(x,y,z)=\frac{\partial u}{\partial z}+\frac{\partial w}{\partial x}.
\end{aligned}\right\} \tag{2.23}$$

Die Dehnungen bedürfen keiner weiteren Erklärung. Die Scherungen sind diejenigen kleinen Winkel, um die sich ursprünglich rechte Winkel zwischen Kanten des Quaders an der Ecke (x,y,z) verkleinern. So ist z.B. $\gamma_{yz}(x,y,z)$ der Winkel, um den sich der rechte Winkel zwischen den Kanten in positiver y- und in positiver z-Richtung verkleinert. Alle Scherungen sind in Abb. 2.13 eingezeichnet.

Die Dehnungen und die halben Scherungen sind die Koordinaten des Verzerrungstensors für den räumlichen Verzerrungszustand. Sie werden wie die Koordinaten des Spannungstensors in (1.2) in einer symmetrischen Matrix zusammengefaßt:

$$\begin{pmatrix} \epsilon_x & \frac{1}{2}\gamma_{xy} & \frac{1}{2}\gamma_{xz} \\ \frac{1}{2}\gamma_{xy} & \epsilon_y & \frac{1}{2}\gamma_{yz} \\ \frac{1}{2}\gamma_{xz} & \frac{1}{2}\gamma_{yz} & \epsilon_z \end{pmatrix}. \tag{2.24}$$

Auch für den räumlichen Verzerrungszustand gibt es ein System orthogonaler Dehnungshauptachsen, in denen die sog. Hauptdehnungen ϵ_1, ϵ_2 und

ϵ_3 auftreten, während alle Scherungen null sind. Man muß sich das anschaulich so vorstellen: Bei einer bestimmten Ausrichtung des Quaders von Abb. 2.13 im Körper bleiben die rechten Winkel erhalten. In dieser Ausrichtung haben die Kanten des Quaders die Richtungen der Dehnungshauptachsen für den betrachteten Körperpunkt. Die dabei auftretenden Dehnungen der Kantenlängen sind die Hauptdehnungen.

Wenn für ein bestimmtes x, y, z-System alle Koordinaten des Verzerrungstensors in (2.24) gegeben sind, kann man die Lage der Dehnungshauptachsen im x, y, z-System und die Größen der Hauptdehnungen rechnerisch bestimmen. Dabei ergeben sich Gleichungen, die genauso aufgebaut sind wie (1.10) bis (1.13), aus denen Hauptspannungen und die Lage von Spannungshauptachsen berechnet werden. In den Gleichungen muß man jeden Buchstaben σ durch ϵ und jeden Buchstaben τ durch $\frac{1}{2}\gamma$ ersetzen. An die Stelle von σ in (1.12) tritt z.B. ϵ. Diese Gleichung liefert die drei Hauptdehnungen ϵ_1, ϵ_2 und ϵ_3.

2.4 Übungsaufgaben

2.1 In die Achse eines geraden Stabes der Länge ℓ wird eine x-Achse so gelegt, daß in der Stabmitte $x = 0$ ist. Durch eine geeignete ungleichmäßige Erwärmung des Stabes wird eine mit x veränderliche Dehnung ϵ in der Form $\epsilon(x) = \epsilon_0(x/\ell)^3$ mit ϵ_0 =const erzeugt. Wie groß sind die Verlängerungen der linken Stabhälfte ($\Delta\ell_\ell$), der rechten Stabhälfte ($\Delta\ell_r$) und des gesamten Stabes ($\Delta\ell_{ges}$)? Wie groß sind die mittleren Dehnungen der linken Stabhälfte ($\epsilon_{m\ell}$), der rechten Stabhälfte (ϵ_{mr}) und des gesamten Stabes (ϵ_{mges})?
Geg.: $\ell = 1\text{m}$, $\epsilon_0 = 64 \cdot 10^{-3}$

2.2 Das Gerät in Abb. A2.2 besteht aus zwei starren Hebeln und einem elastischen Spanndraht. Wie groß ist die Dehnung ϵ im Spanndraht bei einer Verkleinerung der Spaltbreite d um Δd?
Geg.: $\ell = 20\,\text{cm}$, $a = 5\,\text{cm}$, $d = 2\,\text{mm}$, $\Delta d = 0,1\,\text{mm}$, $\alpha = 40°$

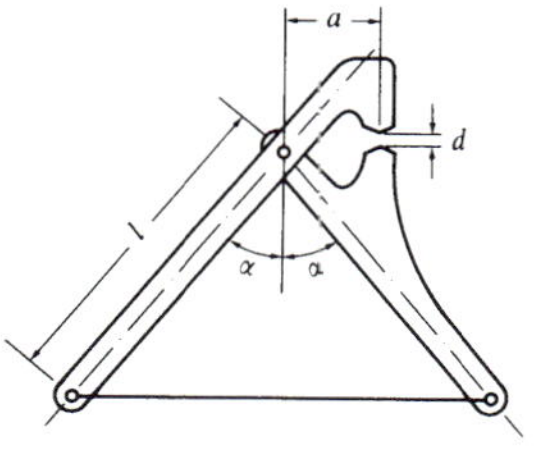

Abb. A2.2.

2.3 Der rechteckige Blechstreifen in Abb. A2.3 (durchgezogene Linien) wird in der x, y-Ebene so verformt, daß er die gestrichelte Lage einnimmt. Die Verzerrung

ist homogen. Wie groß sind ϵ_ξ, ϵ_η und $\gamma_{\xi\eta}$ im eingezeichneten ξ, η-System?
Geg.: $a = 2\,\text{m}$, $b = 0,5\,\text{m}$, $\Delta a = 1\,\text{mm}$, $\Delta b = 0,4\,\text{mm}$, $\varphi = 30°$

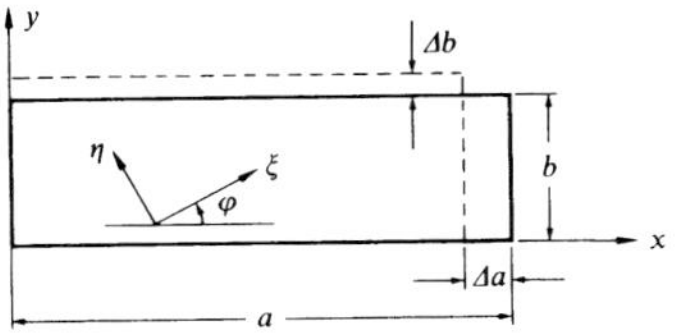

Abb. A2.3.

2.4 Der rechteckige Blechstreifen in Abb. A2.4 wird in der x, y-Ebene so verformt, daß alle Parallelen zur x-Achse in Parallelen zu der Parabel $y = ax^2$ übergehen, während alle Parallelen zur y-Achse in sich verschoben werden. Die Parabel $y = ax^2$ wird durch den Punkt $x_1 = 1000\,\text{mm}$, $y_1 = 10\,\text{mm}$ bestimmt. Wie groß ist die Scherung γ_{xy} des Blechs als Funktion von x für alle Punkte, die vor der Verformung auf der Geraden y =const lagen?

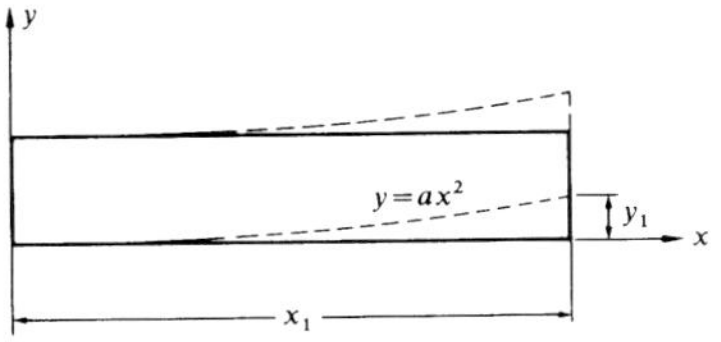

Abb. A2.4.

2.5 An den Enden eines zylindrischen Stabes mit der Länge ℓ und dem Radius r greifen in entgegengesetzten Richtungen Torsionsmomente gleicher Größe M_T an. Die Verformung des Stabes kann sowohl durch den Verdrehwinkel φ der beiden Stabenden gegeneinander als auch durch den Steigungswinkel γ der wendelförmig verformten Mantellinien des Zylinders beschrieben werden. γ ist die Scherung eines ursprünglich rechteckigen Flächenelements zwischen zwei Mantellinien. Drücken Sie φ durch γ, ℓ und r aus. Welche Länge ℓ_0 muß der Stab haben, damit bei der Scherung $\gamma = \gamma_0$ der Verdrehwinkel $\varphi = 2\pi$ ist?
Geg.: ℓ, $r = 10\,\text{cm}$, $\gamma_0 = 10^{-3} \approx 0,05°$

2.6 Das Brett der Dicke d in Abb. A2.6 wird durch an den Enden angreifende Momente gebogen. Da die Schnittgröße $M_y(x)$ längs des Brettes konstant ist, wird das Brett zu einem Kreisbogen verformt. Die Mittelschicht des Brettes wird nicht gedehnt. Welchen Krümmungsradius ρ_{min} muß die Mittelschicht mindestens haben, wenn die Dehnung in den äußersten Fasern des Brettes dem Betrage nach die Größe ϵ_{max} nicht überschreiten darf?
Geg.: $d = 5\,\text{cm}$, $\epsilon_{max} = 5 \cdot 10^{-3}$

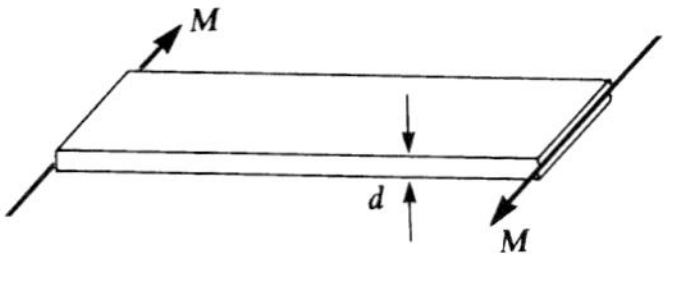

Abb. A2.6.

2.7 In einem Punkt der Oberfläche eines Körpers werden bei zwei verschiedenen Belastungen mit Dehnmeßstreifenrosetten die Verzerrungszustände gemessen. Daraus werden in dem einen Fall die in Abb. A2.7 gekennzeichneten Dehnungshauptachsen x, y mit den Hauptdehnungen ϵ_x und ϵ_y ermittelt und in dem anderen die Dehnungshauptachsen ξ, η mit den Hauptdehnungen ϵ_ξ und ϵ_η. Wie groß sind die Hauptdehnungen ϵ_1 und ϵ_2, wenn beide Belastungen gemeinsam am Körper angreifen? Unter welchem Winkel φ_0 im mathematisch positiven Sinn liegt die Hauptachse der größeren Hauptdehnung gegen die x-Achse geneigt? Um welchen Winkel γ_{xy} verkleinert sich dabei der gekennzeichnete 90°-Winkel? Hinweis: Die Verzerrungszustände beider Belastungsfälle müssen linear überlagert werden.
Geg.: $\epsilon_x = 10^{-4}$, $\epsilon_y = -2 \cdot 10^{-4}$, $\epsilon_\xi = 1,5 \cdot 10^{-4}$, $\epsilon_\eta = 0,5 \cdot 10^{-4}$

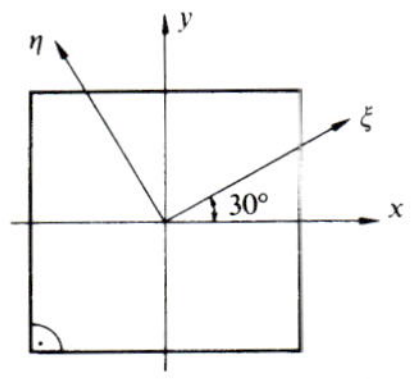

Abb. A2.7.

3. Stoffgesetze

Im Kapitel über Spannungen wurden alle Aussagen aus Gleichgewichtsbedingungen gewonnen. Verformungen spielten dabei keine Rolle. Im Kapitel über Verzerrungen wurden rein geometrische Betrachtungen angestellt. Kräfte und Spannungen spielten dabei keine Rolle. In diesem Kapitel werden nun Beziehungen zwischen Spannungen einerseits und Verzerrungen andererseits eingeführt. Diese Beziehungen beschreiben Eigenschaften von Werkstoffen. Sie sind Stoffgesetze, die experimentell ermittelt werden können.

Bei den Experimenten werden Körper der Einwirkung von physikalischen Größen ausgesetzt, die Spannungen und Verzerrungen hervorrufen. Solche Größen sind in der Regel Kräfte und Temperaturänderungen. Wenn man sich auf mäßige Temperaturänderungen beschränkt, erweisen sich die Beziehungen zwischen Spannungen und Verzerrungen als temperaturunabhängig. Sie werden zunächst untersucht.

3.1 Der Zugversuch

Ein grundlegendes Experiment ist der Zugversuch. Der Probekörper ist ein gerader Stab, der im Mittelteil über eine größere Länge einen konstanten, kreisförmigen Querschnitt hat (Abb. 3.1). Er besteht aus einem homogenen und isotropen Werkstoff. Homogen bedeutet, daß der Werkstoff in allen Punkten dieselben Eigenschaften hat. Isotrop heißt ein Werkstoff, wenn Stoffgesetze unabhängig davon sind, in welcher Richtung der Probestab aus einem Werkstoffblock herausgeschnitten wird. Ein Beispiel für einen nicht isotropen Werkstoff ist Holz, bei dem es auf die Richtung der Fasern ankommt.

Auf die gelenkig in eine Zugmaschine eingespannten Enden des Zugstabes werden Zugkräfte von einstellbarer Größe F ausgeübt, deren Wirkungslinien in der Stabachse liegen. In unmittelbarer Nähe der Einspannstelle sind die Spannungen in einer Ebene senkrecht zur Stabachse von Punkt zu Punkt

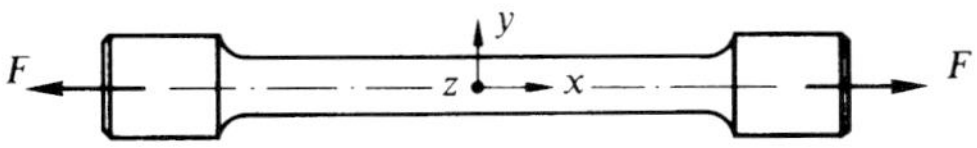

Abb. 3.1. Zugstab

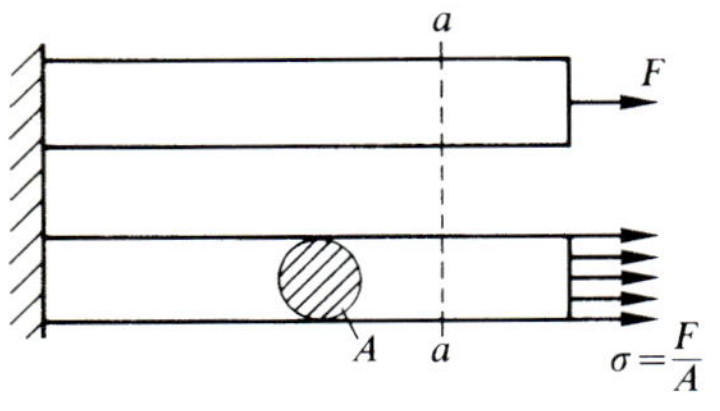

Abb. 3.2. Zur Erläuterung des Saint-Venantschen Prinzips. Im Schnitt *a–a* und links davon herrscht in beiden Stäben praktisch derselbe Spannungszustand

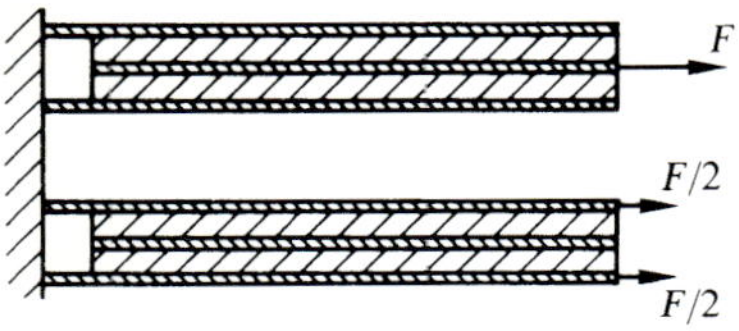

Abb. 3.3. Bei dem aus Stahl- und Gummischichten aufgebauten Stab gilt das Saint-Venantsche Prinzip nicht

stark unterschiedlich. Die Erfahrung zeigt, daß schon in einer geringen Entfernung (etwa ein Stabdurchmesser) ein Ausgleich stattfindet, so daß von dort an in einer Schnittebene senkrecht zur Stabachse in allen Punkten dieselbe Spannung herrscht. Die Grundlage dieser Erfahrung ist das *Prinzip von Saint-Venant*[1], das die folgende allgemeine Aussage macht:

> Greifen in einem bestimmten Bereich eines elastischen Körpers zwei verschiedene, aber äquivalente Kräftegruppen an – einmal die eine und einmal die andere –, dann sind die Unterschiede der in beiden Fällen verursachten Spannungs- und Verzerrungszustände umso kleiner, je weiter man sich von dem Bereich entfernt, an dem die Belastung stattfindet.

In Abb. 3.2 wird das Prinzip für zwei äquivalente Kräftegruppen an ein und demselben Stab erläutert. Eine Kräftegruppe ist eine Einzelkraft F, die andere eine an der Stirnfläche gleichmäßig verteilte Last mit derselben Resultierenden. Die Unterschiede der Spannungszustände infolge beider Kräftegruppen klingen mit wachsender Entfernung von der Einspannstelle sehr schnell ab. Links der Linie *a–a* herrscht in beiden Fällen mit großer Genauigkeit derselbe Spannungszustand[2].

Daß das Prinzip von Saint-Venant nicht ganz ohne Einschränkungen gilt, zeigen Gegenbeispiele. Ein solches ist der inhomogene Stab in Abb. 3.3, der aus drei Stahlblechen und zwei Gummischichten aufgebaut ist. Die beiden dargestellten äquivalenten Kräftegruppen verursachen im gesamten Stab stark unterschiedliche Spannungsverteilungen. Es gibt andere Beispiele, bei denen der betrachtete Körper aus homogenem Werkstoff besteht. Zwei Beispiele findet der Leser in [2, 3] beschrieben.

Nun zurück zum Zugstab. Zwischen zwei Meßmarken im Mittelteil des Stabes ist die Spannung in allen Punkten einer Schnittebene senkrecht

---

[1] Barre de Saint-Venant, 1797 (Fortoiseau/Seine-et-Marne) – 1886 (Paris)

[2] Zu quantitativen Aussagen über die Schnelligkeit des Abklingens der Unterschiede mit wachsender Entfernung siehe [26]

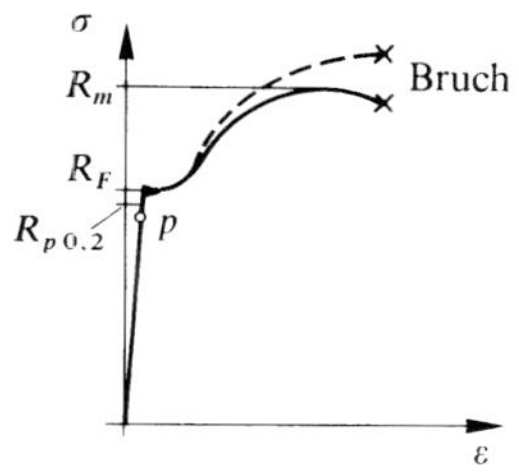

Abb. 3.4. Typisches Spannungs-Dehnungsdiagramm eines unlegierten Stahls

zur Stabachse gleich, weil überall dieselbe Längskraft F auf dieselbe Querschnittsfläche A verteilt ist. Die Normalspannung in Richtung der Stabachse hat also zwischen den Meßmarken überall die Größe

$$\sigma = \frac{F}{A}. \tag{3.1}$$

Man nennt diese Normalspannung die Längsspannung des Stabes. Schubspannungen existieren in Schnittebenen senkrecht zur Stabachse nicht. Daraus folgt, daß die Stabachse eine Spannungshauptachse ist. Auch der Verzerrungszustand ist zwischen den Meßmarken überall gleich. Für Scherungen im x, y, z-System von Abb. 3.1 gilt

$$\gamma_{xy} = 0, \qquad \gamma_{xz} = 0.$$

Das folgt aus der Beobachtung, daß Linien, die man vor der Belastung senkrecht zur Stabachse auf den Stab zeichnet, auch bei Belastung senkrecht zur Stabachse bleiben. Die Stabachse ist deshalb eine Dehnungshauptachse. Die Dehnung ϵ in Richtung der Stabachse ist an allen Stellen des Stabes zwischen den Meßmarken gleich, weil Querschnittsgeometrie und Spannung überall gleich sind. Sie kann daher in der Form

$$\epsilon = \frac{\Delta\ell}{\ell}$$

als Verhältnis aus der Änderung $\Delta\ell$ der Meßlänge und der ursprünglichen Länge ℓ ausgedrückt werden. Der Zugversuch besteht darin, in Abhängigkeit von der Kraft F die Spannung σ nach (3.1) und die Dehnung ϵ zu bestimmen. Spannung und Dehnung werden in einem σ,ϵ-Diagramm aufgezeichnet. Für einen unlegierten Stahl zeigt Abb. 3.4a einen typischen Verlauf dieser Kurve. Bis zur sog. Proportionalitätsgrenze (Punkt P) ist der Zusammenhang zwischen Dehnung und Spannung streng linear. Danach wächst die Dehnung überproportional an. Bei Erreichen der sog. Fließspannung R_F finden im Werkstoff in bevorzugten Ebenen innerhalb der Kristalle viele kleine diskontinuierliche Scherungen statt, die jedoch wieder zur Ruhe kommmen. Aufgrund weiterer Verformungen setzt eine Verfestigung des Werkstoffes ein, so daß die Spannung weiter gesteigert werden kann, bis der Stab schließlich zerreißt. In Abb. 3.4 sind im Bereich vor dem Bruch zwei Kurven eingezeichnet.

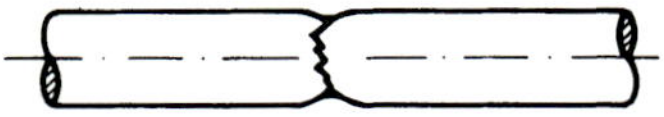

Abb. 3.5. Brucheinschnürung am Zugstab

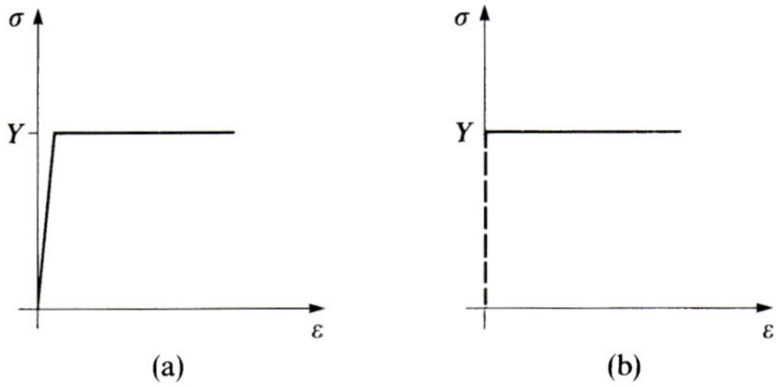

Abb. 3.6. Spannungs-Dehnungs-Diagramme eines linearelastisch-idealplastischen Werkstoffs (a) und eines starr-plastischen Werkstoffs (b). Die Fließpannung wird in der Werkstoffkunde mit R_F und in der Mechanik mit Y bezeichnet

Die durchgezogene Kurve ergibt sich, wenn man die Spannung nach (3.1) mit der ursprünglichen Querschnittsfläche A des Stabes berechnet. Dabei wird nicht beachtet, daß sich der Stab vor dem Bruch örtlich stark einschnürt (Abb. 3.5). Bei der gestrichelten Kurve im Diagramm ist die Spannung mit der jeweils aktuellen Querschnittsfläche an der engsten Stelle berechnet worden.

Wenn man den Versuch vorzeitig abbricht und die Kraft F und damit die Spannung auf null zurückgehen läßt, stellt man folgendes fest. Wurde die Proportionalitätsgrenze noch nicht überschritten, dann verschwindet im Rahmen der Meßgenauigkeit die Dehnung vollständig. Der Stab kehrt auf derselben Geraden in seinen Ausgangszustand zurück. Das Werkstoffverhalten in diesem Lastbereich nennt man rein elastisch. Nach Überschreiten der Proportionalitätsgrenze bleibt nach Entlastung eine sog. bleibende Dehnung zurück. Ihre Größe findet man, indem man im Diagramm von Abb. 3.4 vom erreichten Kurvenpunkt die Parallele zur Proportionalitätsgeraden bis zur Achse $\sigma = 0$ zieht. Dehnungen im Lastbereich oberhalb der Proportionalitätsgrenze nennt man gemischt elastisch-plastisch. Wegen begrenzter Meßgenauigkeit läßt sich die genaue Lage der Proportionalitätsgrenze nicht bestimmen. Deshalb wird als Ersatz die sog. $0,2\%$-Grenze definiert. Das ist jener Punkt auf der Kurve, nach dessen Erreichen bei Entlastung eine bleibende Dehnung $\epsilon = 0,002 = 0,2\%$ gemessen wird. Die zugehörige Spannung wird mit $R_{p0,2}$ bezeichnet. Sie ist in Abb. 3.4 eingezeichnet.

Das σ, ϵ-Diagramm von Abb. 3.4 kann durch das Diagramm in Abb. 3.6a angenähert werden, wenn plastische Verformungen so klein sind, daß Verfestigung nicht eintritt. Man nennt einen Werkstoff mit diesem Verhalten linearelastisch-idealplastisch. Wenn die elastische Verformung im Vergleich zur plastischen vernachlässigbar klein ist, kann das Werkstoffverhalten durch

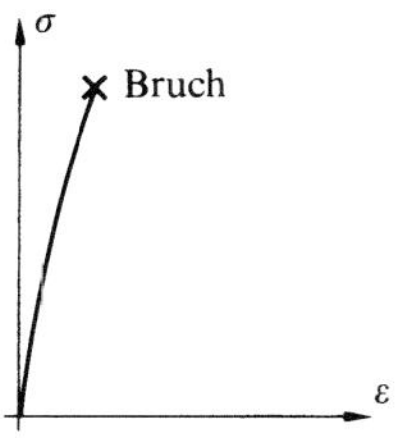

Abb. 3.7. Spannungs-Dehnungs-Diagramm von Grauguß

das Diagramm in Abb. 3.6b angenähert werden. Man nennt solche in Wirklichkeit nicht existierenden Werkstoffe starr-plastisch. Die maximal mögliche Spannung in Abb. 3.6a und b heißt Fließspannung. In der Mechanik wird sie nicht mit R_F, sondern mit dem Symbol Y (yield stress) bezeichnet. In Kapitel 11 wird untersucht, wie sich linearelastisch-idealplastische und starrplastische Bauteile verhalten, wenn man sie so stark belastet, daß plastisches Fließen eintritt. Im allg. werden Maschinen und Bauwerke aus Sicherheitsgründen nur so stark belastet, daß sie sich elastisch verhalten. Die Kapitel 4 bis 10 sind dem elastischen Verhalten gewidmet.

Im linear-elastischen Bereich liefert der Zugversuch das Werkstoffgesetz

$$\sigma = E\epsilon. \tag{3.2}$$

Darin ist E ein Proportionalitätsfaktor, dessen Größe sich aus dem Versuch ergibt. Da die Dehnung dimensionslos ist, hat er die Dimension einer Spannung. Man nennt ihn den *Elastizitätsmodul* oder kürzer E-Modul. Für Stahl ist z.B. $E = (1,85 - 2,16) \cdot 10^5\,\text{Nmm}^{-2}$. In Tabelle 1 des Anhangs sind E-Moduln für viele Werkstoffe angegeben.

Es gibt Werkstoffe, bei denen selbst im elastischen Bereich die Beziehung zwischen Spannung und Dehnung nichtlinear ist. Bei Be- und Entlastung wird dieselbe Kurve durchlaufen. Technisch wichtige Beispiele sind Grauguß und Beton, deren σ, ϵ- Diagramme in Abb. 3.7 schematisch dargestellt sind. Nichtlineare Werkstoffgesetze verursachen bei der Lösung von Problemen der Festigkeitslehre große mathematische Schwierigkeiten. Um sie zu vermeiden, wird häufig als Näherung mit Gl. (3.2) mit einem geeigneten Mittelwert für E gearbeitet.

Druckversuche an gedrungenen Probekörpern erweitern das σ, ϵ-Diagramm von Abb. 3.4 um den Bereich $\sigma < 0$. Bei den meisten Werkstoffen, die bei Zugspannung einen Proportionalitätsbereich haben, setzt sich dieser im Druckgebiet mit demselben Elastizitätsmodul fort, so daß auch dort (3.2) gültig ist. Viele Werkstoffe ertragen im Druckgebiet größere Spannungen als im Zuggebiet. Auch der Bereich, in dem Spannung und Dehnung proportional oder im Sinne von Abb. 3.7 fast proportional sind, ist größer. Technisch wichtige Beispiele sind Grauguß und Beton.

3.2 Der Torsionsversuch

Beim Zugversuch sind Schubspannung und Scherung in Ebenen quer zum Stab null, so daß der Zusammenhang zwischen Längsspannung und Dehnung untersucht werden kann. Bei dem zweiten grundlegenden Versuch, dem Torsionsversuch, ist es gerade umgekehrt. Beim ihm kann der Zusammenhang zwischen Schubspannung und Scherung in Abwesenheit von Längsspannung und Dehnung untersucht werden. Der Probekörper, an dem ein Torsionsmoment von einstellbarer Größe M_T angreift, ist ein dünnwandiges Rohr mit dem Radius r (innen und außen praktisch gleich) und mit der Wandstärke $t \ll r$ (Abb. 3.8a). In einer an beliebiger Stelle freigeschnittenen Querschnittsebene wirken die in Abb. 3.8b sichtbaren Schubspannungen τ. Sie sind bei sehr dünnwandigen Rohren von der Innen- bis zur Außenseite praktisch gleich und aus Symmetriegründen auch auf dem gesamten Umfang gleich. Das Momentengleichgewicht um die Rohrachse erfordert $M_T = \tau \cdot r \cdot 2\pi r t$. Darin ist $2\pi r t$ die Querschnittsfläche (Umfang mal Wandstärke). Also ist

$$\tau = \frac{M_T}{2\pi r^2 t}. \tag{3.3}$$

Die Schubspannung verursacht eine Scherung γ, die in der Winkeländerung eines auf das Rohr gezeichneten Rechtecks sichtbar wird. Die Verformung hat zur Folge, daß zwei Rohrquerschnitte im Abstand ℓ sich um einen Winkel φ gegeneinander verdrehen. Den einfachen Zusammenhang zwischen φ, γ, ℓ und r macht dieselbe Abbildung deutlich:

$$\gamma \ell = \varphi r. \tag{3.4}$$

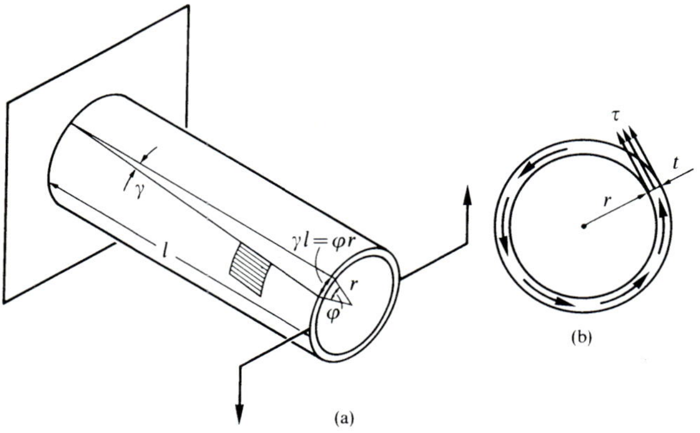

Abb. 3.8. a: Torsionsversuch an einem dünnwandigen Rohr. Die Momentenbelastung am rechten Ende ist nur schematisch angegeben. Auf dem Rohr sind Markierungslinien in ihrer Lage vor und nach der Verformung dargestellt. b: Schubspannungsverlauf im Rohrquerschnitt

Daraus folgt

$$\gamma = \varphi \, \frac{r}{\ell}.$$

Beim Torsionsversuch wird M_T variiert. Für jeden Wert wird φ gemessen und daraus γ berechnet. Aus (3.3) ergibt sich außerdem τ. Dann wird τ über γ in einem Diagramm aufgetragen. Dieses Diagramm entspricht dem σ,ϵ-Diagramm beim Zugversuch. Das Ergebnis der Versuche ist,daß bei den meisten technisch wichtigen Werkstoffen im rein elastischen Bereich Schubspannung und Scherung einander proportional sind. Das liefert als Stoffgesetz die lineare Beziehung

$$\tau = G\gamma. \tag{3.5}$$

Darin ist G der Proportionalitätsfaktor, dessen Größe sich aus dem Torsionsversuch ergibt. Er hat die Dimension einer Spannung. Man nennt ihn den *Schubmodul.* Für Stahl ist z.B. $G = (0,75 - 0,85) \cdot 10^5\,\text{Nmm}^{-2}$. In Tabelle 1 im Anhang sind die Schubmoduln für einige Werkstoffe angegeben.

3.3 Querdehnung

Genaue Messungen beim Zug- und Druckversuch zeigen, daß schon im elastischen Bereich der Stabdurchmesser abnimmt, wenn die Längsspannung positiv ist, und daß er zunimmt, wenn sie negativ ist. Ein einachsiger Spannungszustand ($\sigma_x \neq 0$, $\sigma_y = 0$, $\sigma_z = 0$) verursacht also einen dreiachsigen Verzerrungszustand mit Dehnungen ϵ_x, ϵ_y und ϵ_z, wobei die Vorzeichen von ϵ_y und ϵ_z dem Vorzeichen von ϵ_x entgegengesetzt sind. Die Indizes x, y und z beziehen sich auf das Koordinatensystem in Abb. 3.1. Messungen ergeben, daß im elastischen Bereich zwischen ϵ_x, ϵ_y und ϵ_z ein linearer Zusammenhang besteht. Mit einer dimensionslosen Konstante ν kann man daher schreiben

$$\epsilon_y = \epsilon_z = -\nu\epsilon_x = -\nu\,\frac{\sigma_x}{E}. \tag{3.6}$$

Die Konstante ν, deren Größe sich aus den Versuchen ergibt, heißt Querdehnungszahl oder einfach *Querzahl.* Für Stahl und die meisten anderen Metalle ist $\nu \approx 0,3$. In Tabelle 1 im Anhang ist die Querzahl für einige Werkstoffe angegeben.

3.4 Das Hookesche Gesetz

Die experimentell nachgewiesene Beziehung

$$\sigma = E\epsilon$$

wird nach Hooke[3] als Hookesches Gesetz bezeichnet. Es gilt nur für den einachsigen Spannungszustand, wie er beim Zugversuch vorliegt. Es läßt sich

[3] Robert Hooke, 1635 (Isle of Wright) – 1703 (London)

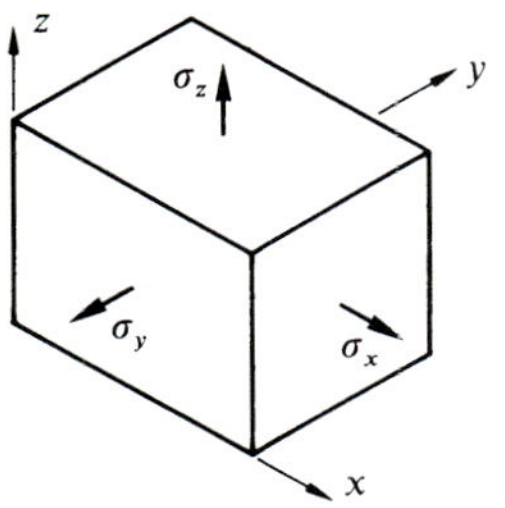

Abb. 3.9. Bei homogen-isotropen Werkstoffen sind Spannungshauptachsen zugleich Dehnungshauptachsen

aber für den Fall des dreiachsigen Spannungszustandes verallgemeinern. Zu diesem Zweck wird ein quaderförmiger Körper mit Kanten parallel zu den Achsen eines x, y, z-Systems betrachtet (Abb. 3.9). Man stelle sich vor, daß er Normalspannungen σ_x, σ_y und σ_z unterworfen ist, die jeweils in allen Punkten gegenüberliegender Seiten gleich groß sind. Alle Flächen sollen schubspannungsfrei sein. Die x, y, z-Achsen sind also Spannungshauptachsen.

Man stellt fest, daß dann Dehnungen ϵ_x, ϵ_y und ϵ_z auftreten, jedoch keine Scherungen γ_{xy}, γ_{yz} und γ_{zx}. Die rechten Winkel des Quaders bleiben erhalten. Das bedeutet, daß die x, y, z-Achsen auch Dehnungshauptachsen sind. Wenn von den drei Spannungen insbesondere σ_y und σ_z null sind, dann liegt ein einachsiger Spannungszustand wie beim Zugversuch vor. Dann sind Dehnungen in x-, y- und z-Richtung vorhanden, die sich aus (3.2) und (3.6) ergeben. Sie sind in der ersten Zeile von Tabelle 3.1. angegeben.

In entsprechender Weise ergeben sich die Dehnungen der zweiten und der dritten Zeile, wenn nur σ_y bzw. nur σ_z vorhanden sind. Weil die Beziehungen zwischen Spannungen und Dehnungen linear sind, gilt das Superpositionsprinzip. Die Dehnungen bei gleichzeitiger Wirkung von σ_x, σ_y und σ_z sind also als Summen aller drei Zeilen zu finden:

$$\left.\begin{aligned} \epsilon_x &= \frac{1}{E}[\sigma_x - \nu(\sigma_y + \sigma_z)], \\ \epsilon_y &= \frac{1}{E}[\sigma_y - \nu(\sigma_z + \sigma_x)], \\ \epsilon_z &= \frac{1}{E}[\sigma_z - \nu(\sigma_x + \sigma_y)]. \end{aligned}\right\} \qquad (3.7)$$

Tabelle 3.1.

	ϵ_x	ϵ_y	ϵ_z
nur σ_x vorhanden	$\frac{\sigma_x}{E}$	$-\nu\frac{\sigma_x}{E}$	$-\nu\frac{\sigma_x}{E}$
nur σ_y vorhanden	$-\nu\frac{\sigma_y}{E}$	$\frac{\sigma_y}{E}$	$-\nu\frac{\sigma_y}{E}$
nur σ_z vorhanden	$-\nu\frac{\sigma_z}{E}$	$-\nu\frac{\sigma_z}{E}$	$\frac{\sigma_z}{E}$

Den Normalspannungen σ_x, σ_y und σ_z kann man nun noch Schubspannungen $\tau_{xy} = \tau_{yx}$, $\tau_{yz} = \tau_{zy}$ und $\tau_{zx} = \tau_{xz}$ in den Flächen des Quaders überlagern. Dann ändert sich an den Dehnungen ϵ_x, ϵ_y und ϵ_z nichts. Es treten jedoch Scherungen auf, die nach (3.5) die Größen

$$\gamma_{xy} = \frac{\tau_{xy}}{G}, \qquad \gamma_{yz} = \frac{\tau_{yz}}{G}, \qquad \gamma_{zx} = \frac{\tau_{zx}}{G} \tag{3.8}$$

haben. Die Beziehungen (3.7) und (3.8) sind als verallgemeinertes *Hookesches Gesetz* bekannt.

3.5 Der Zusammenhang zwischen E, G und ν

Die drei Werkstoffkonstanten E, G und ν sind nicht unabhängig voneinander. Ihre Abhängigkeit folgt aus der Tatsache, daß bei isotropen Werkstoffen Spannungshauptachsen und Dehnungshauptachsen zusammenfallen. Die Beziehung zwischen E, G und ν wird am einfachsten durch eine Untersuchung des ebenen Spannungszustandes mit den Hauptnormalspannungen $\sigma_1 \neq 0$ und $\sigma_2 = 0$ gewonnen. Nach dem Hookeschen Gesetz (3.7) sind die zugehörigen Hauptdehnungen $\epsilon_1 = \sigma_1/E$ und $\epsilon_2 = -\nu\sigma_1/E$. Abb. 3.10 zeigt die zugehörigen Mohrschen Kreise. Unter 45° gegen die Hauptachsen gedreht treten die Hauptschubspannung τ_{max} und die Hauptscherung γ_{max} auf. Man liest ab:

$$\tau_{max} = \tfrac{1}{2}\sigma_1, \qquad \gamma_{max} = (1+\nu)\epsilon_1 = (1+\nu)\frac{\sigma_1}{E}. \tag{3.9}$$

Nach dem Hookeschen Gesetz (3.8) ist $\tau_{max} = G\gamma_{max}$. Einsetzen ergibt die gesuchte Beziehung:

$$E = 2G(1+\nu). \tag{3.10}$$

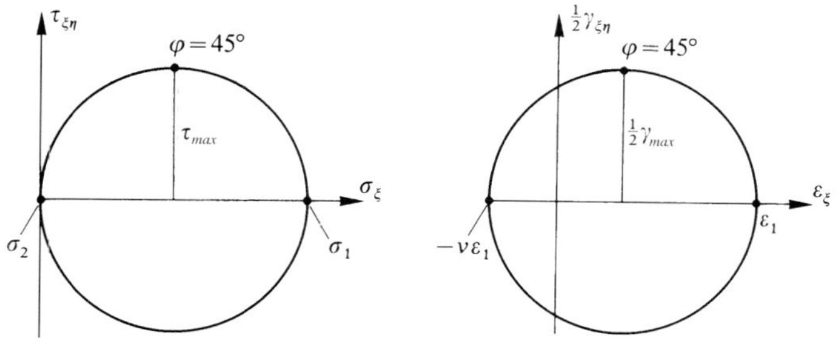

Abb. 3.10. Mohrscher Spannungskreis und Mohrscher Dehnungskreis

3.6 Volumendilatation

Wenn ein Körper infolge Spannungen Verzerrungen erleidet, verändert sich i.allg. sein Volumen. Um die Zusammenhänge zwischen Volumenänderung,

Verzerrungen und Spannungen zu klären, wird noch einmal der Quader in Abb. 3.9 betrachtet. Vor Aufbringen der Normalspannungen möge er die Kantenlängen ℓ_x, ℓ_y und ℓ_z haben. Dann hat er nach Aufbringen der Spannungen die Kantenlängen

$$\ell_x(1+\epsilon_x), \qquad \ell_y(1+\epsilon_y), \qquad \ell_z(1+\epsilon_z).$$

Sein Volumen verändert sich bei der Verformung um die Größe

$$\Delta V = \ell_x(1+\epsilon_x)\ell_y(1+\epsilon_y)\ell_z(1+\epsilon_z) - \ell_x\ell_y\ell_z.$$

Beim Ausmultiplizieren kann man wegen der Kleinheit der Dehnungen verglichen mit 1 quadratische und kubische Ausdrücke vernachlässigen. Dann ist

$$\Delta V = \ell_x\ell_y\ell_z(\epsilon_x+\epsilon_y+\epsilon_z).$$

Das Verhältnis aus Volumenänderung und ursprünglichem Volumen nennt man Volumendilatation. Sie ist

$$\frac{\Delta V}{V} = \epsilon_x+\epsilon_y+\epsilon_z.$$

In diesem Ausdruck werden die Dehnungen mit Hilfe des verallgemeinerten Hookeschen Gesetzes (3.7) durch Spannungen ausgedrückt. Das liefert den Ausdruck

$$\frac{\Delta V}{V} = \frac{1}{E}(1-2\nu)(\sigma_x+\sigma_y+\sigma_z).$$

Es gibt keinen Werkstoff, dessen Volumen gleichbleibt oder das sich sogar verkleinert, wenn man ihn auf allen Seiten einer Zugspannung aussetzt. Daraus folgt, daß bei allen Werkstoffen die Querzahl

$$\nu < 0,5 \tag{3.11}$$

ist. Bei einigen Gummisorten kommt ν der Grenze $0,5$ sehr nahe. Die Größe der Volumendilatation kann nicht davon abhängen, ob man sie durch die Spannungen im x, y, z-System ausdrückt oder durch Normal- und Schubspannungen in einem gegen das x, y, z-System gedrehten Koordinatensystem. In der Tat wurde in den Abschnitten 1.2 und 2.3 gezeigt, daß die Größen $\sigma_x+\sigma_y+\sigma_z$ und $\epsilon_x+\epsilon_y+\epsilon_z$ invariant gegen Drehtransformationen sind.

3.7 Wärmedehnung

Am Anfang des Kapitels wurden außer Kräften auch Temperaturänderungen als Ursachen von Verzerrungen genannt. Die Temperatur hat in zweierlei Weise Einfluß. Erstens sind die Werkstoffkennwerte E, G und ν von der Temperatur abhängig. Dieser Effekt ist in einem verhältnismäßig großen, für

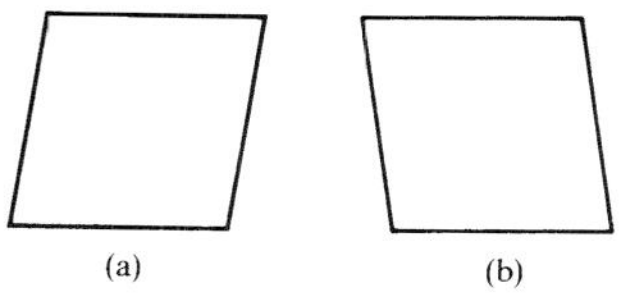

Abb. 3.11. Zur Begründung, warum bei Temperaturänderungen eines allseitig freien Körpers keine Scherungen auftreten

verschiedene Werkstoffe verschiedenen Temperaturbereich vernachlässigbar. Zum Beisp. ist E bei vielen Stählen bei 200°C nur um etwa 5% kleiner als bei 20°C. Zweitens verursachen Temperaturänderungen auch in Abwesenheit von Spannungen Verzerrungen. Bei homogenen und isotropen Werkstoffen sind die Dehnungen in allen Richtungen gleich groß, und Scherungen sind nicht vorhanden. Das muß aus Symmetriegründen so sein. Wenn nämlich z.B. Scherungen aufträten, dann wäre die Verformung einer ursprünglich quadratischen Platte entweder nach Abb. 3.11a oder b möglich, wobei nur das Vorzeichen der Scherung verschieden ist. Dieses Vorzeichen kann nicht durch die Temperaturänderung bestimmt sein, sondern nur durch eine Anisotropie des Werkstoffs, die hier aber ausgeschlossen wurde. Aus der Abwesenheit von Scherungen folgt, daß alle Achsen im Körper Dehnungshauptachsen sind (den entsprechenden Fall, daß alle Achsen Spannungshauptachsen sind, gibt es auch. Er liegt vor, wenn der Körper einem allseitig gleichen Druck ausgesetzt ist).

Wie Wärmedehnung von der Temperaturänderung abhängt, wird experimentell an einem Probestab festgestellt, auf den keine äußeren Kräfte wirken. Zwei Meßmarken auf dem Stab haben bei einer beliebig gewählten Ausgangstemperatur T_0 den Abstand ℓ. Die Veränderung $\Delta\ell$ des Abstandes wird als Funktion der Temperatur gemessen. Man stellt fest, daß die daraus bestimmte Wärmedehnung

$$\epsilon_T = \frac{\Delta\ell}{\ell}$$

bei den meisten Werkstoffen in einem weiten Temperaturbereich proportional zur Temperaturdifferenz $T - T_0$ ist. Sie hängt nicht davon ab, wie die Temperatur als Funktion der Zeit von T_0 auf den Wert T gebracht wird. Sie ist deshalb null, wenn die Temperatur nach einer Änderung wieder auf den Ausgangswert T_0 eingestellt wird. Das gesuchte Stoffgesetz hat also die einfache Form

$$\epsilon_T = \alpha(T - T_0). \tag{3.12}$$

Darin ist α eine Werkstoffkonstante, deren Größe sich aus dem Versuch ergibt. Sie heißt *thermischer Längenausdehnungskoeffizient* und hat die Dimension Temperatur^{-1}. Für Stahl ist z.B. $\alpha = (10 - 20) \cdot 10^{-6}\,\mathrm{K}^{-1}$. In Tabelle 1 des Anhangs sind Werte für einige Werkstoffe angegeben.

3.8 Das Hookesche Gesetz bei Berücksichtigung von Wärmedehnungen

Wenn ein Körper durch die gemeinsame Wirkung von Spannungen und von Temperaturänderung verformt wird, dann sind seine Verzerrungen ebenso groß, als würde man ihn einmal nur den Spannungen und einmal nur der Temperaturänderung aussetzen und die dabei auftretenden Verzerrungen addieren. Diese Superposition ist möglich, weil sowohl das Hookesche Gesetz (3.7), (3.8) als auch das Stoffgesetz (3.12) linear ist. Die Verzerrungen bei gemeinsamer Wirkung von Spannungen und Temperaturänderung sind also

$$\left.\begin{aligned}
\epsilon_x &= \frac{1}{E}[\sigma_x - \nu(\sigma_y + \sigma_z)] + \alpha(T - T_0),\\
\epsilon_y &= \frac{1}{E}[\sigma_y - \nu(\sigma_z + \sigma_x)] + \alpha(T - T_0),\\
\epsilon_z &= \frac{1}{E}[\sigma_z - \nu(\sigma_x + \sigma_y)] + \alpha(T - T_0),\\
\gamma_{xy} &= \frac{\tau_{xy}}{G}, \qquad \gamma_{yz} = \frac{\tau_{yz}}{G}, \qquad \gamma_{zx} = \frac{\tau_{zx}}{G}.
\end{aligned}\right\} \tag{3.13}$$

Diese Gleichungen werden als Hookesches Gesetz bei Berücksichtigung von Wärmedehnungen bezeichnet. Sie sind nur in einem Temperaturbereich gültig, in dem E, G und ν als temperaturunabhängig angesehen werden können.

Bei vielen Problemen der Festigkeitslehre sind die Verzerrungen und die Temperaturänderung bekannt, und die Spannungen sind gesucht. Dann braucht man die Auflösung der Gleichungen nach den Spannungen:

$$\left.\begin{aligned}
\sigma_x &= \frac{E}{1+\nu}\left[\epsilon_x + \frac{\nu}{1-2\nu}(\epsilon_x + \epsilon_y + \epsilon_z)\right] - \frac{E}{1-2\nu}\,\alpha(T - T_0),\\
\sigma_y &= \frac{E}{1+\nu}\left[\epsilon_y + \frac{\nu}{1-2\nu}(\epsilon_x + \epsilon_y + \epsilon_z)\right] - \frac{E}{1-2\nu}\,\alpha(T - T_0),\\
\sigma_z &= \frac{E}{1+\nu}\left[\epsilon_z + \frac{\nu}{1-2\nu}(\epsilon_x + \epsilon_y + \epsilon_z)\right] - \frac{E}{1-2\nu}\,\alpha(T - T_0),\\
\tau_{xy} &= G\gamma_{xy}, \qquad \tau_{yz} = G\gamma_{yz}, \qquad \tau_{zx} = G\gamma_{zx}.
\end{aligned}\right\} \tag{3.14}$$

Auch diese Gleichungen zeigen, daß Werkstoffe mit einer Querzahl $\nu = 0,5$ nicht vorkommen können, weil dann Nennerausdrücke verschwinden.

3.9 Übungsaufgaben

3.1 Ein Draht mit dem Durchmesser d aus hochfestem Stahl kann im elastischen Bereich eine Last F tragen. Wie groß sind dabei seine Spannung σ und seine Dehnung ϵ?
Geg.: $d = 1\,\mathrm{mm}$, $F = 700\,\mathrm{N}$, $E = 2,1 \cdot 10^5\,\mathrm{Nmm^{-2}}$

3.2 Alle Stahlstäbe in dem Fachwerk in Abb. A3.2 haben dieselbe Querschnittsfläche A. Wie groß sind bei der angegebenen Belastung die Spannungen σ_i

und die Verlängerungen $\Delta\ell_i$ aller Stäbe $i = 1, \ldots, 7$?
Geg.: $\ell = 1\,\mathrm{m}$, $A = 2\,\mathrm{cm}^2$, $E = 2 \cdot 10^5\,\mathrm{Nmm}^{-2}$, $F = 8\,\mathrm{kN}$

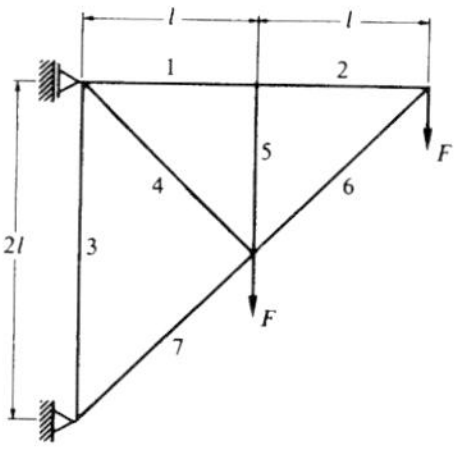

Abb. A3.2.

3.3 An einem dünnwandigen Rohr (Wanddicke t, Radius r, Länge ℓ zwischen zwei Meßmarken) werden ein Zugversuch mit der Kraft F und ein Torsionsversuch mit dem Moment M_T durchgeführt. Dabei werden die Dehnung ϵ bzw. der Verdrehwinkel φ gemessen. Aus welchem Werkstoff in Tabelle 1 im Anhang könnte das Rohr bestehen?
Geg.: $t = 1\,\mathrm{mm}$, $r = 20\,\mathrm{mm}$, $\ell = 1000\,\mathrm{mm}$, $F = 10^4\,\mathrm{N}$, $M_T = 100\,\mathrm{Nm}$, $\epsilon = 1,1 \cdot 10^{-3}$, $\varphi = 4,25°$

3.4 An einem Bohrgerät ist der Bohrmeißel am Ende eines langen, dünnwandigen Stahlrohres befestigt (Länge ℓ, Durchmesser d in Wandmitte). Das Torsionsmoment am Meißel verursacht Schubspannungen in der Querschnittsfläche, die auf der ganzen Länge die Größe τ haben. Um welchen Winkel φ verdrehen sich die Enden des Rohres gegeneinander?
Geg.: $\ell = 2000\,\mathrm{m}$, $d = 100\,\mathrm{mm}$, $\tau = 60\,\mathrm{Nmm}^{-2}$, $G = 0,8 \cdot 10^5\,\mathrm{Nmm}^{-2}$

3.5 Ein rechteckiger Blechstreifen aus Baustahl wird in Längsrichtung einer Spannung σ_x ausgesetzt. Wie groß muß die Spannung σ_y in Querrichtung sein, wenn die ursprüngliche Breite des Blechstreifens erhalten bleiben soll? Wie groß ist dann die Dehnung ϵ_x?
Geg.: $\sigma_x = 50\,\mathrm{Nmm}^{-2}$, $E = 2,15 \cdot 10^5\,\mathrm{Nmm}^{-2}$, $\nu = 0,28$

3.6 Um wieviel Prozent vergrößert sich der elektrische Widerstand eines Stahldrahtes, wenn man ihn durch eine Zugkraft F um $0,1\%$ dehnt? Der Widerstand ist proportional der Länge und umgekehrt proportional der Querschnittsfläche des Drahtes.
Geg.: $\nu = 0,3$

3.7 An der freien Oberfläche eines Bauteils aus einer Aluminiumlegierung werden in einem x, y-Koordinatensystem ϵ_x, ϵ_y und γ_{xy} bestimmt. Wie groß sind die Hauptdehnungen ϵ_1 und ϵ_2 und die zugehörigen Hauptnormalspannungen σ_1 und σ_2?
Geg.: $\epsilon_x = 1,4 \cdot 10^{-3}$, $\epsilon_y = -0,2 \cdot 10^{-3}$, $\gamma_{xy} = 1,2 \cdot 10^{-3}$, $E = 0,75 \cdot 10^5\,\mathrm{Nmm}^{-2}$, $\nu = 0,34$

3.8 Ein Stahlblech versinkt im Meer in die Tiefe h. Um vieviel Prozent verringert sich dabei sein Volumen?
Geg.: $h = 8000\,\mathrm{m}$, $E = 2,1 \cdot 10^5\,\mathrm{Nmm}^{-2}$, $\nu = 0,3$, $\gamma = 9,81\,\mathrm{kNm}^{-3}$ (spez. Gewicht von Wasser)

3.9 Das stählerne Tragseil einer Seilbahn ist bei der Temperatur T_0 montiert worden. Seine Länge ist ℓ. Um welche Stücke $\Delta\ell_1$ und $\Delta\ell_2$ ist es im Winter bei der Temperatur T_1 kürzer bzw. im Sommer bei der Temperatur T_2 länger,

wenn sich an der Spannung nichts ändert?
Geg.: $T_0 = 20°\text{C}$, $T_1 = -30°\text{C}$, $T_2 = 40°\text{C}$, $\ell = 4000\,\text{m}$, $\alpha = 14 \cdot 10^{-6}/\text{K}$

3.10 In einem nicht dehnbaren, rechteckigen Rahmen ist spiel- und spannungsfrei ein Körper eingepaßt (Abb. A3.10). Wie groß sind die Spannungen σ_x und σ_y im Körper, wenn die Temperatur um ΔT erhöht wird?
Geg.: $E = 2,1 \cdot 10^5\,\text{Nmm}^{-2}$, $\nu = 0,3$, $\alpha = 14 \cdot 10^{-6}/\text{K}$, $\Delta T = 80°\text{C}$

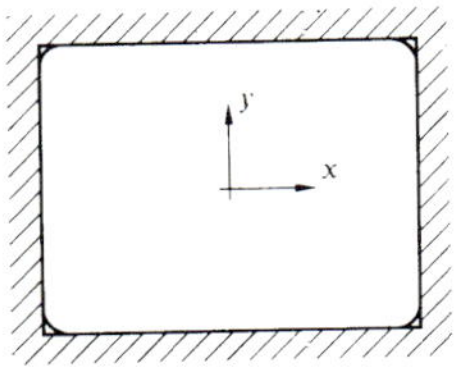

Abb. A3.10.

3.11 Welcher Temperaturanstieg ΔT verursacht bei Stahl eine Volumenzunahme um 0,5%?
Geg.: $\alpha = 14 \cdot 10^{-6}/\text{K}$

3.12 Um welche Temperaturdifferenz ΔT muß man einen mit der Zugkraft F belasteten Stahldraht vom Durchmesser d erwärmen, damit er dieselbe Dicke hat wie ohne Belastung?
Geg.: $d = 2\,\text{mm}$, $F = 400\,\text{N}$, $E = 2 \cdot 10^5\,\text{Nmm}^{-2}$, $\alpha = 15 \cdot 10^{-6}/\text{K}$, $\nu = 0,3$

3.13 Das System in Abb. A3.13 aus zwei Stangen 1 und 2 unterschiedlicher Werkstoffe, einem Verbindungsstück 3 mit aufgeklebtem Spiegel und mit einer Skala kann für Temperaturmessungen benutzt werden. Um welchen Winkel φ wird ein von der Quelle L kommender Lichtstrahl abgelenkt, wenn die Temperatur um ΔT höher liegt als bei $\varphi = 0$?
Geg.: $\ell = 100\,\text{mm}$, $b = 20\,\text{mm}$, $\alpha_1 = 2 \cdot 10^{-6}/\text{K}$, $\alpha_2 = 29 \cdot 10^{-6}/\text{K}$, $\Delta T = 10°\text{C}$

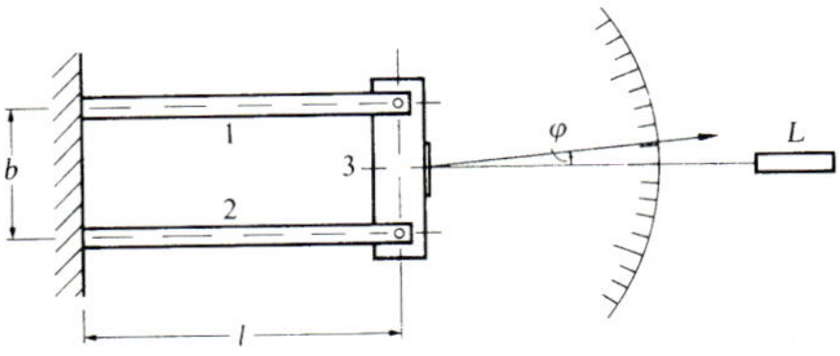

Abb. A3.13.

4. Normalspannungen in Stäben und Scheiben

4.1 Grundsätzliche Bemerkungen zum Lösen von Aufgaben

Aufgaben der Elastizitätstheorie und der Festigkeitslehre bestehen darin, Zusammenhänge zwischen den äußeren Kräften an einem Bauteil, den Spannungen in seinem Innern und seinen Verformungen darzustellen und die Unbekannten unter diesen Größen durch die in der Aufgabenstellung gegebenen Größen auszudrücken. Wenngleich die Einzelheiten der Rechnung in jeder Aufgabe anders aussehen, besteht grundsätzlich jede Problemlösung aus drei Abschnitten, die sich klar gegeneinander abgrenzen lassen. Jeder Abschnitt entspricht in seiner Thematik einem der Kapitel 1, 2 und 3 des Buches.

Im ersten Lösungsabschnitt werden Zusammenhänge zwischen äußeren Kräften, inneren Kräften (Schnittkräften) und Spannungen hergestellt. Schnittkräfte und Spannungen sind durch die Spannungsdefinition *Kraft durch Fläche* miteinander verknüpft. Der Zusammenhang zwischen äußeren Kräften und Schnittkräften wird, wie in Kap. 1, durch die Aufstellung von *Gleichgewichtsbedingungen* hergestellt. Dazu muß man vorher ein geeignet gewähltes Stück des Bauteils *freischneiden*, damit ein System entsteht, an dem sowohl äußere Kräfte als auch Schnittkräfte angreifen. Man kann das gesamte Problem wesentlich vereinfachen, wenn man bei der Formulierung von Gleichgewichtsbedingungen Verformungen vernachlässigt. Es wird daher vereinbart:

> Gleichgewichtsbedingungen werden am *unverformten* System (oder am unverformten freigeschnittenen Teilsystem) aufgestellt.

Abb. 4.1 erklärt, was das bedeutet. Der korrekte Ausdruck für das Einspannmoment des dargestellten Stabes ist $M_E = F(\ell + w)$. Er ergibt sich aus einer Momentengleichgewichtsbedingung für das freigeschnittene System im verformten Zustand. Die Vereinbarung verlangt, daß die Verformung vernachlässigt wird. Man schreibt also, wie in der Statik starrer Körper, $M_E = F\ell$. Jede Theorie der Festigkeitslehre mit dieser Vernachlässigung wird Theorie 1. Ordnung genannt. Die Vernachlässigung von Verformungen in den Gleichgewichtsbedingungen vereinfacht das Lösen von Aufgaben sehr wesentlich. Sie ist bei allen Problemen der Kapitel 4 bis 9 zulässig und liefert gute Näherungslösungen, wenn die Verformungen hinreichend klein sind. In

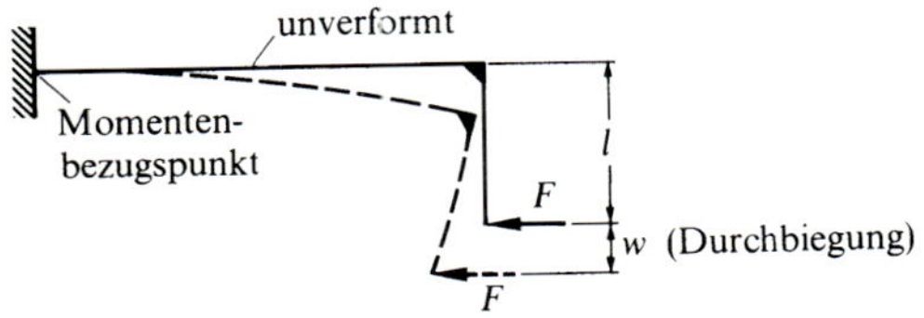

Abb. 4.1. Im allg. darf man bei der Formulierung von Gleichgewichtsbedingungen alle Verformungen vernachlässigen. Man erhält trotzdem sehr gute Näherungslösungen für Spannungen, Verformungen und Verschiebungen. In vielen Fällen erhält man sogar exakte Lösungen. In bestimmten Fällen (Kap. 10) erhält man allerdings gar keine Lösungen. Dann ist die Vernachlässigung nicht erlaubt

einigen Fällen liefert sie sogar exakte Lösungen. Bei den sog. Knickproblemen in Kap. 10 ist die Vernachlässigung dagegen unzulässig. Die Begründung wird dort angegeben.

Im zweiten Lösungsabschnitt werden Aussagen über die *Geometrie der Verformung* gemacht. Das bedeutet folgendes. Aus jeder Aufgabenstellung ergibt sich, daß gewisse Verschiebungen, Verdrehwinkel, Längenänderungen, Dehnungen oder Scherungen zu den gesuchten Unbekannten gehören, und daß gewisse andere Verschiebungen, Verdrehwinkel usw. bestimmte Bedingungen erfüllen müssen (ein Beispiel: In einer Aufgabe wird die Dehnung $\epsilon(x)$ für alle Punkte eines Stabes gesucht. Die Aufgabenstellung enthält die Bedingung, daß die Verschiebungen $u(0)$ und $u(\ell)$ der Endpunkte des Stabes bestimmte vorgegebene Größen haben). Alle aus der Aufgabenstellung erkennbaren geometrischen Bedingungen werden in Gleichungen formuliert. Zwischen den gesuchten Größen und den in diesen Gleichungen stehenden Größen werden Beziehungen hergestellt. Dabei werden aus Kap. 2 die allgemeingültigen Beziehungen zwischen Verformungen, Dehnungen und Scherungen übernommen. Der Abschnitt über die Geometrie der Verformung ist i.allg. der schwierigste, weil man sich die Verformungen des Bauteils richtig vorstellen muß, bevor man ihnen Namen geben und über sie etwas aussagen kann.

Im dritten Lösungsabschnitt werden Zusammenhänge zwischen den Spannungen aus dem ersten Lösungsabschnitt und den Dehnungen und Scherungen aus dem zweiten Abschnitt hergestellt. Diese Zusammenhänge sind *Stoffgesetze*. Sie werden aus Kap. 3 übernommen.

Wenn die gestellte Aufgabe lösbar ist, und wenn in den drei Abschnitten alle der Aufgabenstellung entnehmbaren Aussagen in Gleichungen richtig formuliert sind, dann kann man aus diesen Gleichungen alle Unbekannten bestimmen. Im Buch ist bis einschließlich Kap. 6 die Gliederung jeder Problemlösung in die Abschnitte *Gleichgewicht*, *Geometrie* und *Stoffgesetz* durch Kursivschrift der drei Begriffe kenntlich gemacht. Im vorliegenden vierten Kapitel werden Stäbe mit Längskraftbelastung und einfache ebene Spannungszustände in Scheiben untersucht.

4.2 Stab unter Eigengewicht

An einem Stab der Länge ℓ mit der konstanten Querschnittsfläche A hängt eine Last F (Abb. 4.1a). Spannungen und Verformungen des Stabes werden außer durch F durch das gleichmäßig verteilte Eigengewicht G des Stabes verursacht. Wie groß sind die Längsspannung $\sigma(x)$ und die Dehnung $\epsilon(x)$ als Funktionen der eingezeichneten Koordinate x? Um welches Stück $\Delta\ell$ ist der Stab länger als im spannungslosen Zustand? Gegeben sind ℓ, A, F, G und der E-Modul E.

Lösung: Der Stab wird an der beliebigen Stelle x geschnitten. Am unteren abgeschnittenen Teil (Abb. 4.1b) wirken die Kraft F, das Gewicht $G(x)$ des abgeschnittenen Stücks und als Schnittkraft eine unbekannte Längskraft $N(x)$. Die *Gleichgewichtsbedingung* ist

$$N(x) = G(x) + F.$$

Das Gewicht $G(x)$ verhält sich zum Gesamtgewicht G, wie die Länge $\ell - x$ zur Gesamtlänge ℓ, d.h.

$$G(x) = G(\ell - x)/\ell = G(1 - x/\ell).$$

Man beachte, daß diese Gleichung am unverformten System aufgestellt wird. An der Stelle x herrscht die Spannung

$$\sigma(x) = \frac{N(x)}{A} = \frac{G}{A}(1 - x/\ell) + \frac{F}{A}.$$

Dieser Ausdruck stellt bereits eines der gesuchten Ergebnisse dar. Die Spannung nimmt von ihrer maximalen Größe $(G + F)/A$ am oberen Ende linear auf den Wert F/A am unteren Ende ab. Aus dem *Stoffgesetz* gewinnt man die Dehnung $\epsilon(x)$, die zweite gesuchte Größe:

$$\epsilon(x) = \frac{\sigma(x)}{E} = \frac{G}{EA}(1 - x/\ell) + \frac{F}{EA}. \qquad (4.1)$$

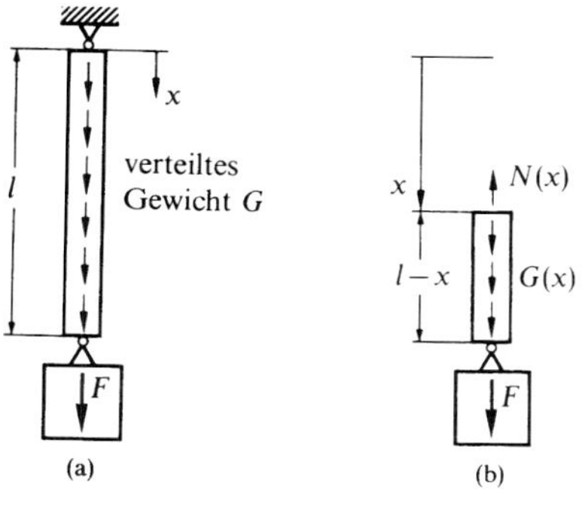

Abb. 4.2. Zugstab unter Eigengewicht und Einzellast

Die Größe EA heißt *Dehnsteifigkeit* des Stabes. Die gesuchte Verlängerung des Stabes – verglichen mit dem spannungslosen Zustand – ist eine *geometrische* Größe. Sie ist gleich der Verschiebung $u(\ell)$ des unteren Endes aus derjenigen Lage, die es im spannungslosen Zustand einnimmt. In (2.3) ist für die Verschiebung $u(0)$ des oberen Endes null einzusetzen. Dann lautet die Gleichung:

$$\begin{aligned}\Delta\ell = u(\ell) &= \int_0^\ell \epsilon(x)\,\mathrm{d}x = \int_0^\ell \left[\frac{G}{EA}(1-x/\ell) + \frac{F}{EA}\right]\mathrm{d}x \\ &= \frac{1}{2}\frac{G\ell}{EA} + \frac{F\ell}{EA}. \qquad (4.2)\end{aligned}$$

Die Verlängerung kann nicht aus (2.4) berechnet werden, weil die Dehnung $\epsilon(x)$ längs des Stabes veränderlich ist.

4.3 Stab zwischen starren Lagern bei Erwärmung

Ein gerader Stab mit einer längs seiner Achse veränderlichen Querschnittsfläche $A(x)$ wird in horizontaler Lage spiel- und spannungsfrei in einen starren Rahmen eingefügt und dann gleichmäßig um eine Temperaturdifferenz ΔT erwärmt (Abb. 4.3a). Dadurch entstehen Spannungen $\sigma(x)$, Dehnungen $\epsilon(x)$ und Verschiebungen $u(x)$, die von der in der Figur eingezeichneten Koordinate x abhängen. Sie sollen bestimmt werden. Gegeben sind die Länge ℓ, der Elastizitätsmodul E, der thermische Längenausdehnungskoeffizient α, die Temperaturdifferenz ΔT und die Funktion $A(x)$ der Querschnittsfläche. Insbesondere sind die Fälle zu untersuchen:

$A(x) \equiv A = \text{const}$ (zylindrischer Stab) und
$A(x) = \pi r^2(x)$ mit
$r(x) = r_0 + (r_1 - r_0)x/\ell$ (konischer Stab mit Endradien r_0 und r_1).

Mit einem zylindrischen Stab hat man es z.B. bei einer geraden Eisenbahnschiene zu tun, die in der beschriebenen Weise zwischen den Anschlußstücken eingespannt ist.

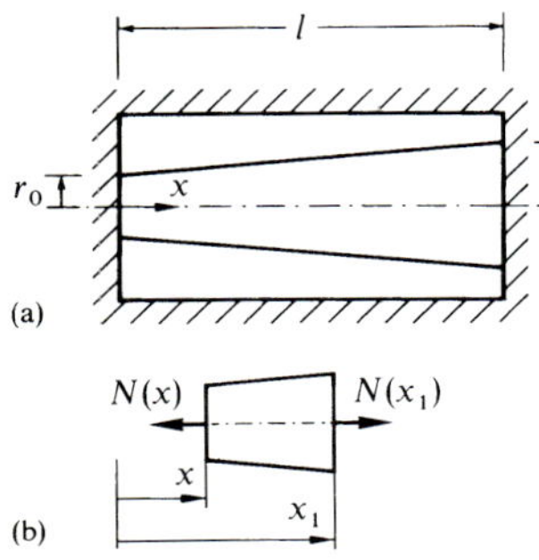

Abb. 4.3. Stab mit veränderlichem Querschnitt in einem starren Rahmen bei Erwärmung

Lösung: Aus dem Stab wird durch zwei Schnitte an den beliebigen Stellen x und x_1 ein Stück herausgeschnitten (Abb. 4.3b). An dem Stück greifen nur die Längskräfte $N(x)$ und $N(x_1)$ an. *Gleichgewicht* erfordert

$$N(x) = N(x_1).$$

Die noch unbekannte Längskraft $N(x)$ ist also unabhängig von x. Die Längsspannung ist daher

$$\sigma(x) = \frac{N}{A(x)}. \tag{4.3}$$

Das *Stoffgesetz* bei Wärmedehnung lautet (s. (3.13))

$$\epsilon(x) = \frac{\sigma(x)}{E} + \alpha \Delta T. \tag{4.4}$$

Die Beschreibung der *Geometrie* der Verformung beginnt mit der Definition der Dehnung

$$\epsilon(x) = \frac{\mathrm{d}u}{\mathrm{d}x}. \tag{4.5}$$

Die axiale Verschiebung $u(x)$ eines Stabelements, das sich vor der Erwärmung an der Stelle x befunden hat, ergibt sich durch Integration:

$$u(x) - u(0) = \int_0^x \epsilon(\xi)\,\mathrm{d}\xi. \tag{4.6}$$

Es ist wichtig, daß man die Integrationsvariable ξ und die Integrationsgrenze x verschieden benennt. Der starre Rahmen läßt bei $x = 0$ und bei $x = \ell$ keine Verschiebungen zu, so daß die Randbedingungen

$$u(0) = 0, \qquad u(\ell) = 0 \tag{4.7}$$

gegeben sind. Gleichgewicht, Stoffgesetz und geometrische Beziehungen sind nun formuliert. Alles weitere ist eine Verknüpfung dieser Aussagen. Aus (4.3) bis (4.7) folgt

$$u(x) = \int_0^x \left(\frac{N}{EA(\xi)} + \alpha \Delta T \right) \mathrm{d}\xi = \frac{N}{E} \int_0^x \frac{\mathrm{d}\xi}{A(\xi)} + \alpha \Delta T x. \tag{4.8}$$

Aus der Randbedingung bei $x = \ell$ ergibt sich insbesondere

$$0 = \frac{N}{E} \int_0^\ell \frac{\mathrm{d}\xi}{A(\xi)} + \alpha \Delta T \ell.$$

Aus dieser Gleichung wird die unbekannte Längskraft bestimmt:

$$N = -E\alpha\Delta T\ell \Big/ \int_0^\ell \frac{\mathrm{d}\xi}{A(\xi)}.$$

Damit erhält man aus (4.3), (4.4) und (4.8) die gesuchten Funktionen:

$$\sigma(x) = -E\alpha\Delta T\frac{\ell}{A(x)}\Big/\int_0^\ell \frac{d\xi}{A(\xi)}, \qquad \epsilon(x) = \alpha\Delta T\left(1 - \frac{\ell}{A(x)}\Big/\int_0^\ell \frac{d\xi}{A(\xi)}\right),$$

$$u(x) = \ell\alpha\Delta T\left(\frac{x}{\ell} - \int_0^x \frac{d\xi}{A(\xi)}\Big/\int_0^\ell \frac{d\xi}{A(\xi)}\right).$$

Beim zylindrischen Stab mit $A(x) \equiv A =$const ist insbesondere

$$\sigma(x) \equiv -E\alpha\Delta T, \qquad \epsilon(x) \equiv 0, \qquad u(x) \equiv 0.$$

Beim konischen Stab mit $A(x) = \pi r^2(x)$ und $r(x) = r_0 + (r_1 - r_0)x/\ell$ ist das Integral in den Formeln am einfachsten lösbar, wenn x durch die Variable $r(x)$ substituiert wird. Dann ist

$$dx = \frac{\ell}{r_1 - r_0}\,dr,$$

$$\int_0^x \frac{d\xi}{A(\xi)} = \frac{\ell}{\pi(r_1 - r_0)}\int_{r_0}^r \frac{dr}{r^2} = \frac{-\ell}{\pi(r_1 - r_0)}\cdot\frac{1}{r}\Big|_{r_0}^r = \frac{\ell}{\pi(r_1 - r_0)}\cdot\frac{r - r_0}{rr_0}$$

und insbesondere

$$\int_0^\ell \frac{d\xi}{A(\xi)} = \frac{\ell}{\pi r_0 r_1}.$$

Damit ergibt sich

$$\sigma(x) = -\frac{r_0 r_1}{r^2(x)}E\alpha\Delta T, \qquad \epsilon(x) = \alpha\Delta T\left(1 - \frac{r_0 r_1}{r^2(x)}\right),$$

$$u(x) = \ell\alpha\Delta T\left(\frac{x}{\ell} - \frac{r_1}{r(x)}\cdot\frac{r(x) - r_0}{r_1 - r_0}\right).$$

Für den in Abb. 4.3a dargestellten Fall mit $r_1 = 2r_0$ ist z.B. $r(x) = r_0(1 + x/\ell)$ und damit

$$\sigma(x) = -2E\alpha\Delta T\Big/(1 + x/\ell)^2, \qquad \epsilon(x) = \alpha\Delta T\Big[1 - 2\Big/(1 + x/\ell)^2\Big],$$

$$u(x) = -\alpha\Delta T\,x(1 - x/\ell)\Big/(1 + x/\ell).$$

In Abb. 4.4 sind diese Funktionen in dimensionsloser Form dargestellt. Bei $x/\ell = \sqrt{2} - 1$ sind die Dehnung ϵ gleich null und die Verschiebung u extremal. Das Extremum ist $u_{min} = -\ell\alpha\Delta T(\sqrt{2} - 1)^2$.

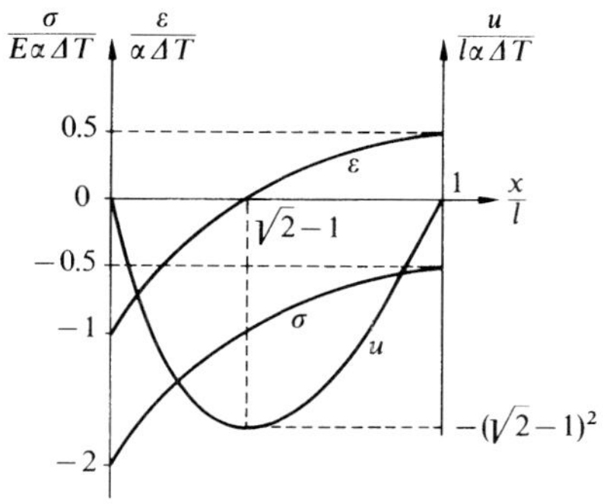

Abb. 4.4. Spannung, Dehnung und Verschiebung zu Abb. 4.3 für einen konischen Stab mit $r_1 = 2r_0$ bei gleichmäßiger Erwärmung

4.4 Schraubenbolzen und Hülse

Die Schraubenmutter in Abb. 4.5 wird mit einem Drehmoment M angezogen. Dabei verspannen sich Stahlbolzen 1 und Kupferhülse 2. Gegeben sind die Abmessungen ℓ, d, D_i und D_a, die Elastizitätsmoduln E_1 und E_2, das Moment M, die Gewindeganghöhe h sowie die Gleitreibungsbeiwerte μ_1 im Gewinde zwischen Mutter und Schraube und μ_2 zwischen Mutter und Hülse. Zwischen Schraubenkopf und Hülse soll die Haftreibung so groß sein, daß kein Gleiten auftritt. Gesucht werden die Längsspannungen in Bolzen und Hülse nach dem Anziehen der Mutter sowie der Drehwinkel, um den die Mutter beim Anziehen infolge unterschiedlicher Längenänderungen von Bolzen und Hülse über den Punkt der spiel- und spannungsfreien Berührung hinaus gedreht wird. Nach dem Anziehen der Mutter werden alle Teile um die Temperaturdifferenz ΔT erwärmt. Gegeben sind außer ΔT die thermischen Längenausdehnungskoeffizienten α_1 und α_2 von Stahl bzw. Kupfer. Gesucht werden die Spannungen im Bolzen im Bereich mit dem Durchmesser d und in der Hülse nach der Erwärmung.
Lösung für den ersten Teil (ohne Erwärmung): Eine Untersuchung des *Gleichgewichts* liefert Aussagen über die Längskräfte in Bolzen und Hülse. Abb. 4.6a,b zeigt ein Freikörperbild der Mutter in Seiten- und Draufsicht. An den Schnittstellen – das sind die Stirnfläche zwischen Mutter und Hülse und die geneigten Gewindeflanken zwischen Mutter und Schraube – sind die inneren Kräfte eingezeichnet, die unmittelbar vor dem Ende der Bewe-

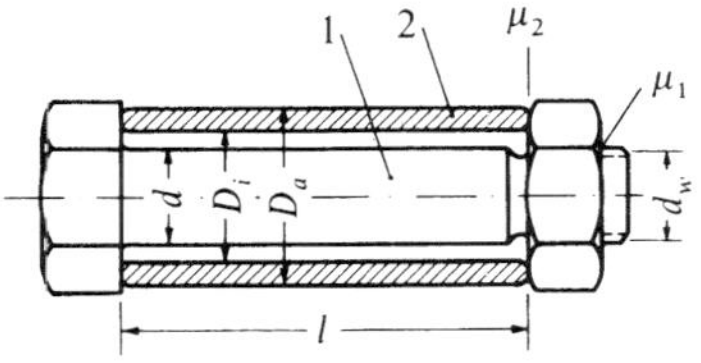

Abb. 4.5. Schraubenbolzen, Mutter und Hülse

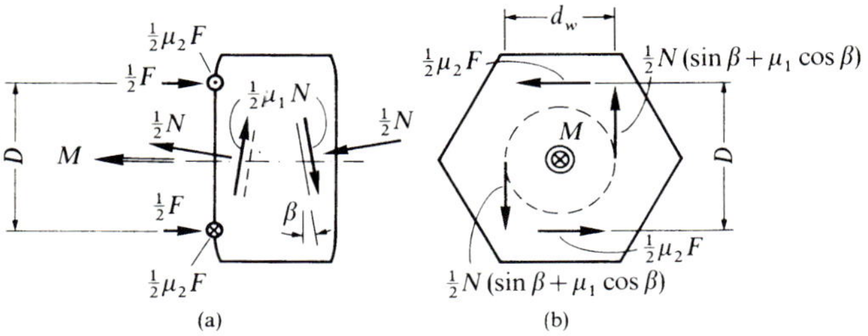

Abb. 4.6. Kräfte an der freigeschnittenen Schraubenmutter in zwei Ansichten

gungsphase des Anziehens der Mutter wirken. Die unbekannte Längskraft an der Stirnfläche ist mit F bezeichnet. Sie wirkt verteilt auf einem Kreis, dessen Durchmesser D in der Aufgabenstellung nicht angegeben ist. Sei

$$D = \tfrac{1}{2}(D_i + D_a).$$

Der Einfachheit halber ist die Kraft F je zur Hälfte in zwei diametral gegenüberliegenden Punkten angetragen. Zur verteilten Längskraft gehören verteilt tangential am Kreis mit Durchmesser D angreifende Gleitreibungskräfte. Sie erzeugen um die Achse der Mutter ein resultierendes Moment der Größe $\frac{1}{2}\mu_2 FD$. Es ist als Kräftepaar eingezeichnet. Ihm entgegen wirkt das äußere Moment M. Senkrecht zu den Gewindeflanken wirken verteilte Normalkräfte und tangential zu den Flanken verteilte Gleitreibungskräfte. Sie sind in derselben Weise als Kräfte $N/2$ und $\mu_1 N/2$ in einander gegenüberliegenden Punkten eingezeichnet, und zwar am Kreis mit dem mittleren Gewindedurchmesser d_w. In Abb. 4.6b erscheinen nur die in dieser Zeichenebene liegenden Komponenten. Das erklärt die Faktoren $\sin\beta$ und $\cos\beta$. Der Winkel β ist der Steigungswinkel des Gewindes. Sein Tangens berechnet sich aus der Ganghöhe h und dem mittleren Durchmesser d_w zu

$$\tan\beta = h/(\pi d_w).$$

Quer zur Achse der Mutter sind die Kräfte im Gleichgewicht. Die Bedingungen für das Gleichgewicht der Kräfte in axialer Richtung und das Momentengleichgewicht um die Achse sind

$$\begin{aligned} N(\cos\beta - \mu_1 \sin\beta) - F &= 0, \\ \tfrac{1}{2} d_w N(\sin\beta + \mu_1 \cos\beta) + \tfrac{1}{2} D\mu_2 F - M &= 0. \end{aligned} \qquad (4.9)$$

In diesen Gleichungen sind nur F und N unbekannt. Für die einzig interessierende Kraft F lautet die Lösung

$$F = \frac{2M}{d_w \dfrac{\sin\beta + \mu_1 \cos\beta}{\cos\beta - \mu_1 \sin\beta} + D\mu_2}. \qquad (4.10)$$

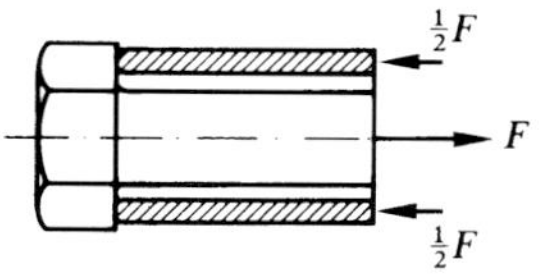

Abb. 4.7. Freikörperbild von Bolzen plus Hülse

Den Ausdruck kann man noch vereinfachen durch Einführung der sog. Gleitreibungswinkel ρ_1 und ρ_2 mittels der Definitionsgleichungen

$$\tan\rho_1 = \mu_1, \qquad \tan\rho_2 = \mu_2.$$

Dann ist

$$\frac{\sin\beta + \mu_1\cos\beta}{\cos\beta - \mu_1\sin\beta} = \frac{\tan\beta + \tan\rho_1}{1 - \tan\rho_1\,\tan\beta} = \tan(\beta + \rho_1) \tag{4.11}$$

und damit

$$F = \frac{2M}{d_w\tan(\beta+\rho_1) + D\tan\rho_2}. \tag{4.12}$$

Diese Kraft wirkt sowohl im Bolzen als auch in der Hülse als Längskraft. Das sieht man an dem Freikörperbild von Bolzen und Hülse in Abb. 4.7. Die gesuchten Längsspannungen in Bolzen und Hülse sind also

$$\sigma_1 = F/A_1 \quad \text{(Zug)} \qquad \text{und} \qquad \sigma_2 = -F/A_2 \quad \text{(Druck)} \tag{4.13}$$

mit $A_1 = \pi d^2/4$ und $A_2 = \pi(D_a^2 - D_i^2)/4$. Die Untersuchung des Gleichgewichts ist damit abgeschlossen.

Um den gesuchten Drehwinkel der Mutter zu bestimmen, müssen das Stoffgesetz und Bedingungen für die Geometrie der Verformung formuliert werden. Die *Stoffgesetze* für Bolzen und Hülse ohne Erwärmung sind

$$\sigma_1 = E_1\epsilon_1, \qquad \sigma_2 = E_2\epsilon_2. \tag{4.14}$$

Über die *Geometrie* der Verformung ist folgendes auszusagen. Auf dem Bolzen wird vor dem Anziehen der Mutter ein Strich in Höhe des Hülsenendes markiert. Das linke Ende des Bolzens wird festgehalten. Beim Anziehen der Mutter verschieben sich die Strichmarke auf dem Bolzen um ein Stück u_1 und das Ende der Hülse um ein Stück u_2. Beide Verschiebungen werden nach rechts positiv gezählt. Dann gilt

$$u_1 = \epsilon_1\ell, \qquad u_2 = \epsilon_2\ell. \tag{4.15}$$

Nach der Verschiebung ragt die Strichmarke auf dem Bolzen um das Stück

$$\Delta\ell = u_1 - u_2 = (\epsilon_1 - \epsilon_2)\ell \tag{4.16}$$

in die Mutter hinein. Zur Ganghöhe h gehört eine volle Umdrehung der Mutter. Also gehört zu $\Delta\ell$ der Drehwinkel

$$\varphi = \frac{\Delta\ell}{h}\,2\pi. \tag{4.17}$$

Das ist der gesuchte Winkel. Mit (4.13) bis (4.17) ergibt sich

$$\varphi = \frac{4\pi M\ell/h}{d_w \tan(\beta+\rho_1) + D\tan\rho_2}\Big(\frac{1}{E_1A_1} + \frac{1}{E_2A_2}\Big).$$

Lösung zum zweiten Teil der Aufgabe: Infolge der Erwärmung ändern sich alle Längskräfte, Spannungen und Dehnungen. Das Freikörperbild in Abb. 4.7 zeigt, daß die Längskräfte in Bolzen und Hülse auch nach der Erwärmung gleich sein müssen (*Gleichgewichtsbedingung*). Sie haben die Größe $F + F^*$, wobei F^* der unbekannte Zuwachs bei der Erwärmung ist. Die Spannungen sind dann

$$F/A_1 + F^*/A_1 \quad \text{(Bolzen)} \qquad \text{und} \qquad -F/A_2 - F^*/A_2 \quad \text{(Hülse)}. \tag{4.18}$$

Das *Stoffgesetz* für Längsspannung und Erwärmung (Gl. (3.13)) liefert die Dehnungen, die bei der Erwärmung zusätzlich zu den schon vorhandenen auftreten:

$$\epsilon_1^* = F^*/(E_1A_1) + \alpha_1\Delta T, \qquad \epsilon_2^* = -F^*/(E_2A_2) + \alpha_2\Delta T.$$

Wenn zwischen Bolzen, Hülse und Mutter kein Spiel auftritt, dann schreibt die *Geometrie* des Systems vor, daß die Hülse und das gleich lange Bolzenstück auch nach der Erwärmung gleich lang sind. Also müssen ϵ_1^* und ϵ_2^* gleich sein. Daraus ergibt sich die zusätzliche Kraft:

$$F^* = \frac{(\alpha_2 - \alpha_1)\Delta T}{1/(E_1A_1) + 1/(E_2A_2)}. \tag{4.19}$$

Mit ihr sind auch die Spannungen in (4.18) bekannt.

Am Endergebnis kann man nachprüfen, ob die Annahme zutrifft, daß Bolzen, Hülse und Mutter nach der Erwärmung spielfrei sind. Sie sind es, wenn die Längskraft im Bolzen eine Zugkraft oder allenfalls null ist. Die Bedingung lautet daher $F + F^* \geq 0$ oder mit (4.12) und (4.19)

$$\frac{2M}{d_w \tan(\beta+\rho_1) + D\tan\rho_2} + \frac{(\alpha_2-\alpha_1)\Delta T}{1/(E_1A_1) + 1/(E_2A_2)} \geq 0.$$

Der thermische Längenausdehnungskoeffizient von Kupfer ist größer als der von Stahl, so daß bei positivem ΔT die Bedingung stets erfüllt ist. Bei Abkühlung gibt es aber eine untere Grenze für die Temperatur, bei der die Zugkraft im Bolzen gerade verschwindet. Darüber hinaus sind die Ergebnisse nicht gültig.

4.5 Dehnschrauben

Die Deckel von Motorzylindern und anderen Behältern mit periodisch schwankendem Überdruck werden mit sog. Dehnschrauben montiert, die auffällig lang und dünn sind (Abb. 4.8). Den Grund für diese konstruktive Maßnahme erklärt die folgende Rechnung. Die schematische Abbildung zeigt die Dichtung unter dem Deckel und zwei von insgesamt n Schrauben. Um die Aufmerksamkeit auf das Wesentliche zu lenken, wird angenommen, daß der Behälter samt dem Deckel starr ist, so daß nur die Schrauben und die Dichtung elastische Eigenschaften haben. Nach der Montage, aber noch ohne Überdruck p, sind die Schrauben durch Zugkräfte vorgespannt. Die resultierende Zugkraft aller n Schrauben zusammen hat in diesem Zustand eine bestimmte Größe F, die gegeben sei. Außerdem sind gegeben:

n	(Anzahl der Schrauben),
ℓ	(Länge der Schrauben),
A_S	(Querschnittsfläche einer Schraube),
D_i, D_a, h	(Außen- und Innendurchmesser, Höhe der Dichtung),
E_S, E_D	(E-Moduln der Schrauben bzw. der Dichtung).

Gesucht wird die resultierende Zugkraft aller Schrauben im Betrieb als Funktion des Überdrucks p. Sie wird mit $F_S(p)$ bezeichnet. In dieser Schreibweise ist

$$F_S(0) = F \tag{4.20}$$

die bekannte Kraft nach der Montage. Der Überdruck p wird als Größe mit positivem Vorzeichen aufgefaßt.
Lösung: Am Freikörperbild von Abb. 4.9, das durch einen Schnitt in der

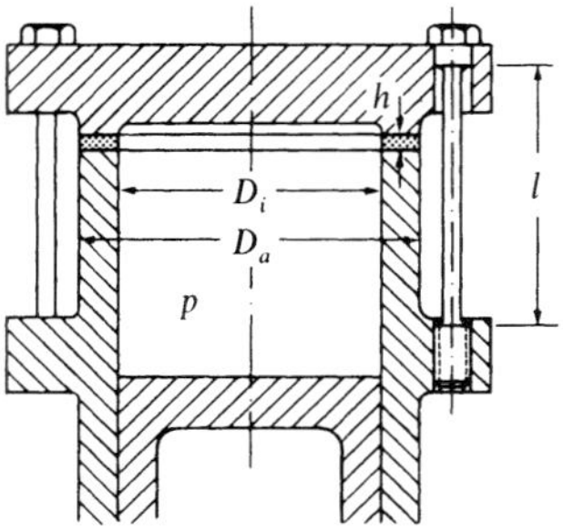

Abb. 4.8. Zylinderkopf, Dichtung und Zylinder eines Motors werden durch Dehnschrauben zusammengehalten (Schemazeichnung)

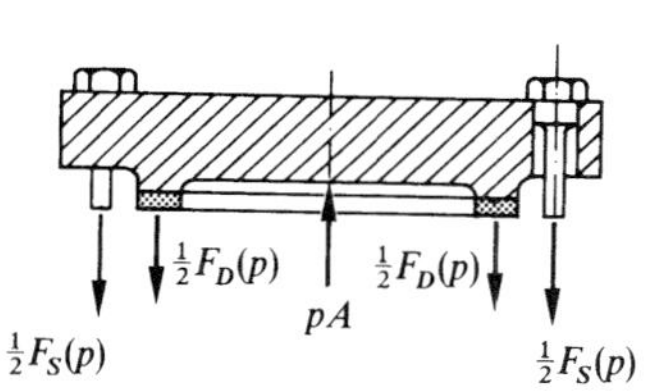

Abb. 4.9. Freikörperbild von Zylinderkopf, Dichtung und Dehnschrauben

Trennfuge unter der Dichtung entsteht, wird eine *Gleichgewichts*betrachtung angestellt. Am Deckel greift die Druckkraft

$$pA \quad \text{mit} \quad A = \pi D_i^2/4$$

an. An den Schrauben wirkt insgesamt die resultierende Kraft $F_S(p)$, die hier anschaulich auf zwei Schrauben verteilt dargestellt ist. An der Dichtung wirkt außerdem die resultierende Druckkraft $F_D(p)$. Da sie als Zugkraft positiv eingezeichnet ist, wird die Rechnung eine negative Größe liefern. Gleichgewicht verlangt, daß

$$F_D(p) = pA - F_S(p) \tag{4.21}$$

ist. In den Schrauben und in der Dichtung herrschen die Spannungen

$$\sigma_S(p) = \frac{F_S(p)}{nA_S}, \qquad \sigma_D(p) = \frac{F_D(p)}{A_D} \quad \text{mit} \quad A_D = \frac{\pi}{4}(D_a^2 - D_i^2). \tag{4.22}$$

Das *Stoffgesetz* für die Schrauben und für die Dichtung lautet

$$\sigma_S(p) = E_S\epsilon_S(p), \qquad \sigma_D(p) = E_D\epsilon_D(p). \tag{4.23}$$

Die *Geometrie* beschreibt den Zusammenhang zwischen Dehnung und Verlängerung. Da die Dehnung in den Schrauben und in der Dichtung jeweils überall gleich ist, gilt

$$\Delta\ell_S(p) = \ell\epsilon_S(p), \qquad \Delta\ell_D(p) = h\epsilon_D(p). \tag{4.24}$$

Wenn sich nach der Montage bei einer Druckänderung der Deckel um ein Stück hebt, dann werden die Schrauben und die Dichtung um dieses selbe Stück länger. Also besteht zwischen den Verlängerungen die geometrische Beziehung

$$\Delta\ell_S(p) - \Delta\ell_S(0) = \Delta\ell_D(p) - \Delta\ell_D(0). \tag{4.25}$$

Auf jeder Seite der Gleichung steht eine Differenz zwischen der Länge bei dem beliebigen Überdruck p und der Länge bei dem Überdruck $p = 0$ nach der Montage.

Aus (4.20) bis (4.25) können alle Unbekannten berechnet werden, insbesondere die gesuchte Kraft $F_S(p)$. Aus (4.20) und (4.21) ergibt sich zunächst

$$F_D(0) = -F_S(0) = -F. \tag{4.26}$$

Aus (4.22), (4.23) und (4.24) folgt

$$\Delta\ell_S(p) = \frac{F_S(p)\ell}{nE_SA_S}, \qquad \Delta\ell_D(p) = \frac{F_D(p)h}{E_DA_D}.$$

Damit lautet (4.25)

$$\frac{\ell}{nE_SA_S}[F_S(p) - F_S(0)] = \frac{h}{E_DA_D}[F_D(p) - F_D(0)]$$

oder mit (4.26) und (4.21)

$$\frac{\ell}{nE_SA_S}[F_S(p) - F] = \frac{h}{E_DA_D}[pA - F_S(p) + F].$$

In dieser Gleichung ist $F_S(p)$ die einzige Unbekannte. Die Lösung ist

$$F_S(p) = F + \frac{pA}{1 + \ell E_DA_D/(nhE_SA_S)}. \qquad (4.27)$$

Bei periodisch schwankendem Überdruck p setzt sich die Kraft $F_S(p)$ aus der konstanten Kraft F und einem periodisch schwankenden Anteil zusammen. Das bedeutet Gefahr eines Dauerbruchs. Um die Gefahr zu verringern, muß die Periode der Schwankung möglichst klein gehalten werden. Dazu muß das zweite Glied im Nenner groß gegen 1 sein. Das erklärt, warum die Länge ℓ der Schrauben groß und die Querschnittsfläche A_S klein sind und warum bei der Dichtung h klein und A_D groß sind.

Man muß noch berechnen, wie groß der Überdruck maximal sein darf, ohne daß der Deckel abhebt. Im Grenzfall beim Überdruck p_{max} ist die Kraft $F_D(p_{max})$ an der Dichtung null. Aus (4.21) und (4.27) folgt

$$0 = p_{max}A - F - \frac{p_{max}A}{1 + \ell E_DA_D/(nhE_SA_S)}$$

oder

$$p_{max}A = F\Big[1 + nhE_SA_S/(\ell E_DA_D)\Big].$$

Das zweite Glied in der Klammer ist nach dem vorher Gesagten klein gegen 1. Die maximale Druckkraft $p_{max}A$ auf dem Deckel darf also kaum größer als die Vorspannkraft der Schrauben sein. Anders ausgedrückt: Die Vorspannkraft muß fast so groß sein wie die maximal auftretende Gaskraft.

4.6 Dünnwandiges Rohr unter Innendruck. Kesselformeln

Ein Druckbehälter mit dem inneren Überdruck Δp ist als dünnwandiges Rohr mit Kreisquerschnitt ausgebildet (Abb. 4.10). An den Schweißnähten der Böden werden Biegemomente in die Rohrwand eingeleitet, die in der näheren Umgebung komplizierte Spannungszustände hervorrufen. Sie werden hier nicht untersucht. Bei langen Behältern sind im Mittelteil diese Randeinflüsse wegen der Gültigkeit des Saint-Venantschen Prinzips abgeklungen. Welche Spannungen herrschen dort? Gegeben sind der Außendruck p_a, der Überdruck Δp, der Radius r (innen und außen praktisch gleich) und die Wanddicke $t \ll r$. Die Drücke p_a und Δp werden als Größen mit positivem Vorzeichen aufgefaßt.

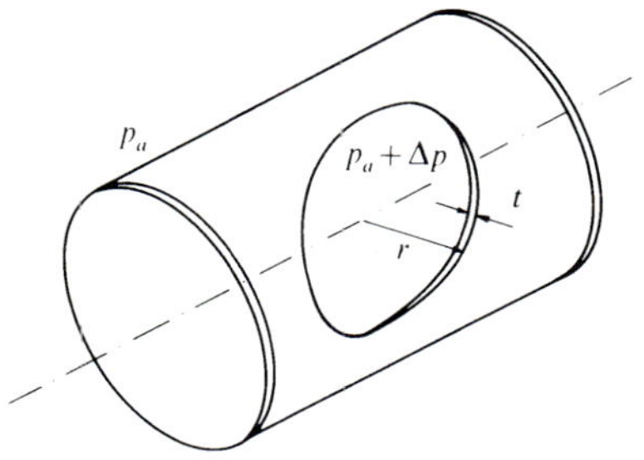

Abb. 4.10. Dünnwandiges Rohr mit innerem Überdruck Δp

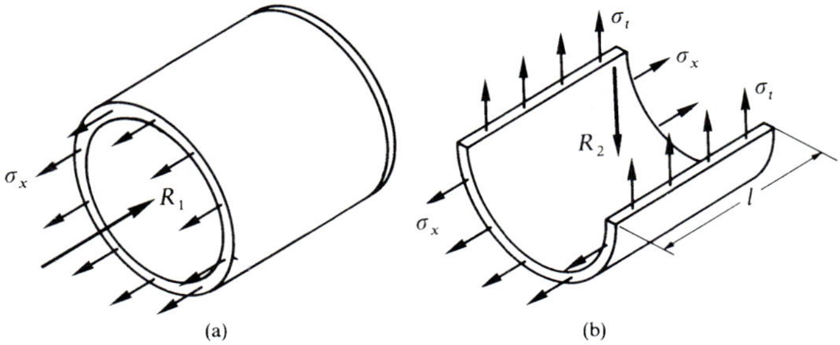

Abb. 4.11. Zwei Freikörperbilder mit den Hauptnormalspannungen σ_x und σ_t. Die Kräfte R_1 und R_2 sind die Resultierenden aller auf der gesamten Oberfläche angreifenden Gasdruckkräfte

Lösung: In radialer Richtung treten auf der Innen- und Außenseite die Normalspannungen

$$\sigma_{r_{innen}} = -(p_a + \Delta p) \quad \text{und} \quad \sigma_{r_{außen}} = -p_a \tag{4.28}$$

auf. Über die geringe Wanddicke hinweg kann man einen annähernd linearen Verlauf zwischen beiden Werten annehmen. Wesentlich größer als diese radialen Druckspannungen sind die Normalspannungen in Schnittebenen senkrecht zur Zylinderachse und parallel zu ihr. In Abb. 4.11a und b sind aus dem Mittelteil des Behälters zwei Teile so herausgeschnitten, daß diese Ebenen freigelegt sind. An den Schnittebenen sind die unbekannten Normalspannungen σ_x und σ_t angetragen. Beide Spannungen sind im ungestörten Mittelteil des Behälters längs der Behälterachse und aus Symmetriegründen auch längs des Umfangs konstant. Quer zur Wand, also beim Übergang vom Innen- zum Außenradius, sind sie, ebenso wie σ_r, veränderlich. Bei dünnwandigen Rohren sind sie aber sehr viel weniger stark veränderlich als σ_r, so daß es sinnvoll ist, konstante Spannungen einer mittleren Größe anzunehmen. Das ist in den Abbildungen geschehen[1].

An den freigeschnittenen Behälterteilen greifen außer den Schnittkräften noch Kräfte infolge der Drücke p_a und $p_a + \Delta p$ an, und zwar überall senkrecht

[1] Zur Spannungsverteilung in dickwandigen Rohren s. Abschnitt 4.8 und [4]

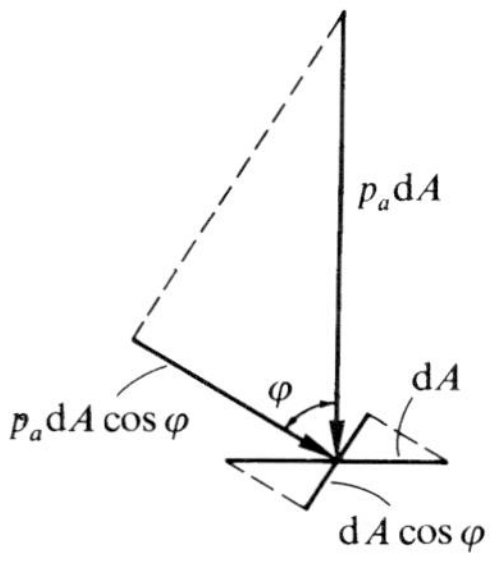

Abb. 4.12. Zur Erklärung der Kraftgröße Druck mal Projektion einer Oberfläche

zu den Zylinderflächen. Um die Resultierenden dieser Kräfte zu finden, betrachte man zunächst Abb. 4.12. Dort ist ein einzelnes Flächenelement der Größe $\mathrm{d}A$ aus der Außenwand des Behälters in der Seitenansicht als horizontaler Strich abgebildet. Senkrecht zum Flächenelement ist die Druckkraft $p_a \, \mathrm{d}A$ eingezeichnet. Die Komponente dieser Kraft in Richtung einer beliebigen, unter dem Winkel φ geneigten Geraden ist $p_a \, \mathrm{d}A \cos\varphi$. Dieselbe Kraft ergibt sich, wenn man den Druck p_a mit der Fläche $\mathrm{d}A \cos\varphi$ multipliziert. Diese Fläche ist die Projektion des Flächenelements $\mathrm{d}A$ auf die Ebene senkrecht zur Richtung der betrachteten Komponente. Nach dieser Überlegung ist klar, daß in Abb. 4.11a die Resultierende aller Druckkräfte axial gerichtet ist, weil sich die Kräfte quer zur Zylinderachse an gegenüberliegenden Wandelementen das Gleichgewicht halten. Ferner halten sich die Kräfte infolge p_a auf der Außen- und auf der Innenseite das Gleichgewicht. Es bleibt eine Resultierende der Größe $R_1 = \Delta p \, \pi r^2$ übrig, wobei πr^2 die axiale Projektion der Innenfläche ist. Ebenso ergibt sich für Abb. 4.11b die Resultierende $R_2 = \Delta p \, 2r\ell$. In den Schnittebenen, in denen die Normalspannungen σ_x und σ_t wirken, sind keine Schubspannungen vorhanden. Sie müßten nämlich in jeder Ebene überall gleich groß sein. Dann wäre kein Kräftegleichgewicht möglich. Daraus folgt, daß σ_x und σ_t ebenso wie σ_r Hauptnormalspannungen sind.

Alle *Gleichgewichts*bedingungen an beiden freigeschnittenen Teilen sind erfüllt, wenn

$$\sigma_x \cdot 2\pi r t = R_1 = \Delta p \cdot \pi r^2, \qquad 2\sigma_t \, t \cdot \ell = R_2 = \Delta p \cdot 2r\ell$$

ist. Daraus erhält man die gewünschten Ergebnisse, die sog. Kesselformeln

$$\sigma_x = \tfrac{1}{2} \, \Delta p \, r/t, \qquad \sigma_t = \Delta p \, r/t. \tag{4.29}$$

Die Spannung σ_r ist gegen σ_x und σ_t vernachlässigbar klein, weil r/t sehr viel größer als 1 ist. Für die Ebene der Hauptnormalspannungen σ_x und σ_t ist in Abb. 4.13 der Mohrsche Spannungskreis abgebildet. Die Ergebnisse lehren, daß dünnwandige zylindrische Behälter bei zu großem Druck in Längsrichtung aufreißen (in zu heißem Wasser erhitzte Würstchen zeigen denselben Effekt). Bei der Anwendung der Formeln muß man die vielen vereinfachenden Annahmen vor Augen haben. Zu beachten ist auch, daß sie nur gültig

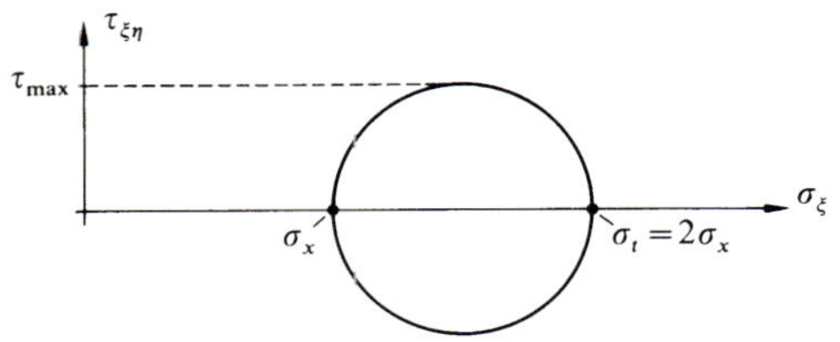

Abb. 4.13. Der Mohrsche Spannungskreis mit den Hauptspannungen σ_x und σ_t

sind, wenn der Überdruck Δp an allen Stellen der Wand gleich ist. Das ist bei Gasfüllung der Fall, dagegen nicht, wenn der Überdruck durch das Gewicht einer Flüssigkeitsfüllung entsteht.

4.7 Rotierende Scheiben

Abb. 4.14 zeigt zwei Kreisscheiben konstanter Dicke b mit bzw. ohne Loch in der Mitte. Bei Rotation um die Figurenachse treten Fliehkräfte auf. Sie verursachen in den Scheiben zentralsymmetrische Spannungs- und Verschiebungsfelder. Diese sollen berechnet werden.

Man beginnt mit einer *Gleichgewichts*betrachtung an dem in Abb. 4.15 dargestellten Stück der Scheibe. Es ist aus dem Innern der Scheibe am beliebig gewählten Radius r herausgeschnitten. Es hat die infinitesimale Dicke $\mathrm{d}r$ und in axialer Richtung die Scheibendicke b. Der Winkel φ ist endlich groß und beliebig. An den Schnittflächen greifen unbekannte Spannungen $\sigma_r(r)$ und $\sigma_r(r + \mathrm{d}r)$ in radialer Richtung und $\sigma_t(r)$ in Umfangsrichtung an. Wegen der Zentralsymmetrie der Scheibenform und der Belastung sind die Spannungen nicht von φ abhängig. Aus demselben Grund treten in den Schnittflächen auch keine Schubspannungen auf, so daß σ_r und σ_t Hauptnormalspannungen sind. In axialer Richtung kann sich die Scheibe frei ausdehnen, so daß in dieser Richtung keine Spannung auftritt. Man hat es also mit einem ebenen Spannungszustand zu tun.

Am Winkel α ist ein quaderförmiges Volumenelement mit den Abmessungen $r\,\mathrm{d}\alpha$, $\mathrm{d}r$ und b gekennzeichnet. Es hat die Masse $\mathrm{d}m = \rho b r\,\mathrm{d}\alpha\,\mathrm{d}r$ mit

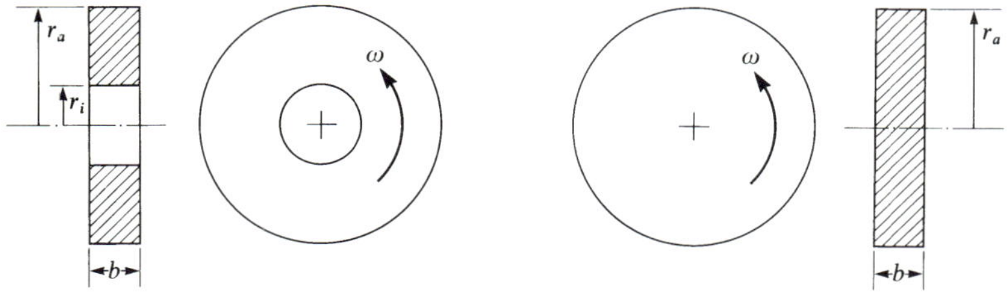

Abb. 4.14. Rotierende Scheiben mit und ohne Loch

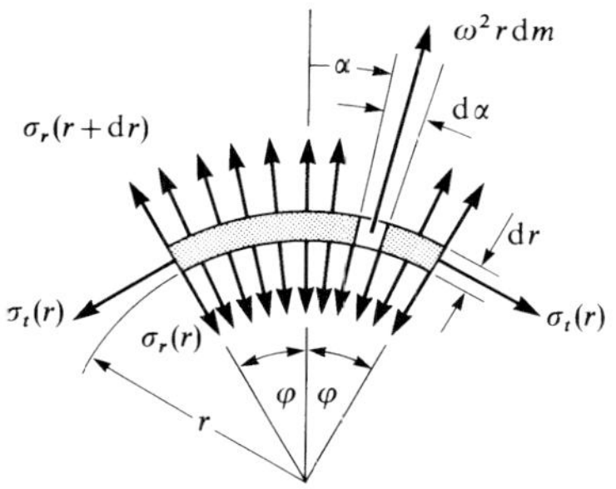

Abb. 4.15. Freikörperbild eines aus der Scheibe geschnittenen Teils mit Hauptnormalspannungen σ_r und σ_t an den Schnittflächen und mit der Fliehkraft $\omega^2 r\,\mathrm{d}m$ an einem Massenelement im Winkelbereich $\mathrm{d}\alpha$

der Dichte ρ. Am Massenelement greift in radialer Richtung die Fliehkraft $\omega^2 r\,\mathrm{d}m$ an. Darin ist ω die Winkelgeschwindigkeit der Scheibe. Sie hat die Dimension 1/Zeit und die Einheit Rad/s. Sie steht mit der Frequenz n (Einheit 1 Hertz = 1 Umdr./s) in der Beziehung $\omega = 2\pi n$.

Die Projektionen der gekrümmten Flächen in Richtung der Winkelhalbierenden sind innen $b \cdot 2r \sin\varphi$ und außen $b \cdot 2(r + \mathrm{d}r)\sin\varphi$. Die *Gleichgewichts*bedingung für die Kräfte in Richtung der Winkelhalbierenden hat daher die Form

$$2b(r + \mathrm{d}r)\,\sigma_r(r + \mathrm{d}r)\sin\varphi - 2br\sigma_r(r)\sin\varphi - 2b\sigma_t(r)\,\mathrm{d}r\sin\varphi$$
$$+\rho\omega^2 r^2 b\,\mathrm{d}r \int_{-\varphi}^{\varphi} \cos\alpha\,\mathrm{d}\alpha = 0.$$

Das Integral ist $2\sin\varphi$. Division durch $2b\,\mathrm{d}r\sin\varphi$ erzeugt die Gleichung

$$\frac{(r + \mathrm{d}r)\,\sigma_r(r + \mathrm{d}r) - r\,\sigma_r(r)}{\mathrm{d}r} - \sigma_t + \rho\omega^2 r^2 = 0$$

oder

$$\frac{\mathrm{d}}{\mathrm{d}r}(r\sigma_r) - \sigma_t = -\rho\omega^2 r^2. \qquad (4.30)$$

Damit ist das Thema Gleichgewichtsbedingungen abgeschlossen. Als nächstes wird die *Geometrie* der Verformung beschrieben. Sei $u(r)$ die radiale Verschiebung eines Punktes, der sich in der nicht rotierenden Scheibe am Radius r befunden hat. Dann ist die radiale Dehnung nach der allgemeinen Definition (2.2)

$$\epsilon_r(r) = \frac{\mathrm{d}u}{\mathrm{d}r}. \qquad (4.31)$$

Ein Kreis, der ursprünglich den Umfang $2\pi r$ hatte, hat nach der Verformung den Umfang $2\pi(r+u)$. Daraus ergibt sich für die Dehnung ϵ_t in Umfangsrichtung die Beziehung

$$\epsilon_t(r) = \frac{2\pi u}{2\pi r} = \frac{u}{r}. \qquad (4.32)$$

Das *Stoffgesetz* lautet wegen $\sigma_{axial} = 0$

$$\epsilon_r = (\sigma_r - \nu\sigma_t)/E, \qquad \epsilon_t = (\sigma_t - \nu\sigma_r)/E.$$

Daraus folgt

$$\sigma_r = \frac{E}{1-\nu^2}(\epsilon_r + \nu\epsilon_t), \qquad \sigma_t = \frac{E}{1-\nu^2}(\epsilon_t + \nu\epsilon_r). \tag{4.33}$$

Mit den Gln. (4.30) bis (4.33) sind alle zur Lösung erforderlichen Beziehungen vorhanden. Aus (4.31) bis (4.33) folgt

$$\sigma_r = \frac{E}{1-\nu^2}\Big(\frac{\mathrm{d}u}{\mathrm{d}r} + \nu\frac{u}{r}\Big), \qquad \sigma_t = \frac{E}{1-\nu^2}\Big(\frac{u}{r} + \nu\frac{\mathrm{d}u}{\mathrm{d}r}\Big). \tag{4.34}$$

Das wird in (4.30) eingesetzt:

$$\frac{E}{1-\nu^2}\Big\{\frac{\mathrm{d}}{\mathrm{d}r}\Big[r\Big(\frac{\mathrm{d}u}{\mathrm{d}r} + \nu\frac{u}{r}\Big)\Big] - \Big(\frac{u}{r} + \nu\frac{\mathrm{d}u}{\mathrm{d}r}\Big)\Big\} = -\rho\omega^2 r^2.$$

Nach dem Differenzieren des Produkts heben sich zwei Glieder gegenseitig auf. Division durch $E/(1-\nu^2)$ und durch r erzeugt die Gleichung

$$\frac{\mathrm{d}^2u}{\mathrm{d}r^2} + \frac{1}{r}\frac{\mathrm{d}u}{\mathrm{d}r} - \frac{u}{r^2} = -(1-\nu^2)\rho\omega^2 r/E. \tag{4.35}$$

Sie ist eine lineare Differentialgleichung vom Eulerschen Typ. Der Ausdruck rechts macht sie inhomogen. Die allgemeine Lösung ist die Summe aus einer speziellen – sog. partikulären – Lösung und der allgemeinen Lösung der homogenen Gleichung, bei der die rechte Seite durch null ersetzt wird. Für die homogene Gleichung wird der Lösungsansatz

$$u(r) = Ar^\lambda$$

mit noch unbekannten Konstanten A und λ gemacht. Einsetzen in die homogene Gleichung liefert

$$A\lambda(\lambda-1)r^{\lambda-2} + A\lambda r^{\lambda-2} - Ar^{\lambda-2} = 0$$

oder, da der gemeinsame Faktor $Ar^{\lambda-2}$ bei nichttrivialen Lösungen ungleich null ist, $\lambda^2 - 1 = 0$. Man erhält also für λ die beiden Lösungen $\lambda_1 = +1$ und $\lambda_2 = -1$ und mit ihnen die allgemeine Lösung der homogenen Differentialgleichung:

$$u(r) = A_1 r^{\lambda_1} + A_2 r^{\lambda_2} = A_1 r + A_2 r^{-1}. \tag{4.36}$$

In ihr sind A_1 und A_2 noch unbekannte Integrationskonstanten, die weiter unten aus Randbedingungen bestimmt werden.

Für die partikuläre Lösung wird der Ansatz $u_{part}(r) = cr^3$ mit einer noch unbekannten Konstante c gemacht. Einsetzen in die Differentialgleichung liefert die Gleichung

$$6cr + 3cr - cr = -(1-\nu^2)\rho\omega^2 r/E$$

und damit $c = -\frac{1}{8}(1-\nu^2)\rho\omega^2/E$. Damit ist die allgemeine Lösung von (4.35):

$$u(r) = A_1 r + A_2 \frac{1}{r} - \tfrac{1}{8}(1-\nu^2)\rho\omega^2 r^3/E. \tag{4.37}$$

Mit $u(r)$ werden aus (4.34) die Spannungen berechnet:

$$\left.\begin{aligned} \sigma_r(r) &= \frac{EA_1}{1-\nu} - \frac{EA_2}{1+\nu}\frac{1}{r^2} - \tfrac{1}{8}(3+\nu)\rho\omega^2 r^2, \\ \sigma_t(r) &= \frac{EA_1}{1-\nu} + \frac{EA_2}{1+\nu}\frac{1}{r^2} - \tfrac{1}{8}(1+3\nu)\rho\omega^2 r^2. \end{aligned}\right\} \tag{4.38}$$

Die Scheibe mit Loch: Zur Bestimmung der Integrationskonstanten A_1 und A_2 stehen die Randbedingungen zur Verfügung, daß in den freien Oberflächen am Innenradius r_i und am Außenradius r_a die Radialspannung null ist. Das liefert die Gleichungen

$$\left.\begin{aligned} \frac{EA_1}{1-\nu} - \frac{EA_2}{1+\nu}\frac{1}{r_i^2} &= \tfrac{1}{8}(3+\nu)\rho\omega^2 r_i^2, \\ \frac{EA_1}{1-\nu} - \frac{EA_2}{1+\nu}\frac{1}{r_a^2} &= \tfrac{1}{8}(3+\nu)\rho\omega^2 r_a^2. \end{aligned}\right\} \tag{4.39}$$

Daraus ergeben sich die Konstanten

$$\frac{EA_1}{1-\nu} = \tfrac{1}{8}\rho\omega^2(3+\nu)(r_i^2+r_a^2), \qquad \frac{EA_2}{1+\nu} = \tfrac{1}{8}\rho\omega^2(3+\nu)r_i^2 r_a^2.$$

Sie werden in (4.38) und (4.37) eingesetzt. Zur Abkürzung führt man den Scheibenparameter $z_0 = r_i/r_a$ und die bezogene Ortskoordinate $z = r/r_a$ ein, die in den Grenzen $z_0 \le z \le 1$ veränderlich ist. Damit erhält man schließlich die gesuchten Spannungs- und Verschiebungsfelder:

$$\sigma_r(z_0, z) = \tfrac{1}{8}\rho\omega^2 r_a^2(3+\nu)(1-z_0^2/z^2)(1-z^2), \tag{4.40}$$

$$\sigma_t(z_0, z) = \tfrac{1}{8}\rho\omega^2 r_a^2\Big[(3+\nu)(1+z_0^2/z^2)(1+z^2) - 4(1+\nu)z^2\Big], \tag{4.41}$$

$$\begin{aligned} u(z_0, z) = \tfrac{1}{8}(\rho\omega^2 r_a^3/E)\Big\{&(3+\nu)\Big[(1-\nu)(1+z_0^2)z + (1+\nu)z_0^2/z\Big] \\ &- (1-\nu^2)z^3\Big\}. \end{aligned} \tag{4.42}$$

Die Scheibe ohne Loch: In Scheibenmitte ist die Radialverschiebung null. Damit folgt aus (4.37) $A_2 = 0$. Am Außenradius ist die Radialspannung null, so daß wieder die zweite Gl. (4.39) gültig ist. Sie liefert

$$EA_1 = \tfrac{1}{8}(1-\nu)(3+\nu)\rho\omega^2 r_a^2.$$

Damit ergeben sich aus (4.38) und (4.37) die Spannungs- und Verschiebungsfelder (mit $z = r/r_a$):

$$\sigma_r(z) = \tfrac{1}{8}\,\rho\omega^2 r_a^2 (3+\nu)(1-z^2), \tag{4.43}$$

$$\sigma_t(z) = \tfrac{1}{8}\,\rho\omega^2 r_a^2 \big[3+\nu-(1+3\nu)z^2\big], \tag{4.44}$$

$$u(z) = \tfrac{1}{8}(\rho\omega^2 r_a^3/E)(1-\nu)\Big[(3+\nu)z-(1+\nu)z^3\Big]. \tag{4.45}$$

Abb. 4.16 zeigt für alle Spannungen in (4.40), (4.41) und (4.43), (4.44) den Zahlenfaktor hinter $\frac{1}{8}\,\rho\omega^2 r_a^2$ als Funktion von z. Die beiden gestrichelten Kurven gehören zur Scheibe ohne Loch. Die vier ausgezogenen Kurvenpaare gehören zu gelochten Scheiben mit $z_0 = 0,01$, $z_0 = 0,1$, $z_0 = 1/3$ und $z_0 = 2/3$. Bei der Scheibe ohne Loch haben σ_r und σ_t in Scheibenmitte gleiche Größe. Ein Loch verursacht innen den Abfall von σ_r auf null und die Steigerung von σ_t auf mehr als das Doppelte der Spannung für die Scheibe ohne Loch. Im Grenzfall $z_0 \to 0$ (beliebig kleines Loch) ist der Steigerungsfaktor gleich 2. Dieses Ergebnis hat erhebliche praktische Bedeutung. Ein Gußlunker in einer vermeintlich ungelochten und dementsprechend ausgelegten Scheibe kann zu Spannungsverdopplung und damit zum Zerreißen der Scheibe führen. Im übrigen zeigt das Diagramm, daß bei sehr kleinen Löchern die Spannungsverteilung nur in einer sehr schmalen Zone um das Loch herum wesentlich anders ist als in der Scheibe ohne Loch. Bei

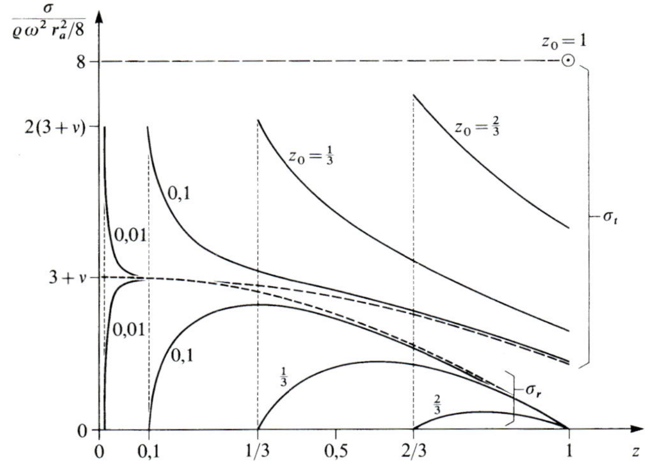

Abb. 4.16. Radialspannungen σ_r und Umfangsspannungen σ_t in rotierenden Scheiben für verschiedene Scheibenparameter $z_0 = r_i/r_a$ (Lochradius/Außenradius der Scheibe) als Funktionen der bezogenen Ortskoordinate $z = r/r_a$. Die beiden gestrichelten Kurven gehören zur Scheibe ohne Loch ($z_0 = 0$) und der singuläre Punkt zum unendlich dünnwandigen Ring ($z_0 = 1$)

allen Scheiben ist an jeder Stelle $\sigma_t > \sigma_r$. Die Spannung σ_t nimmt nach außen monoton ab. Die Spannung σ_r hat bei $z = \sqrt{z_0}$ ein Maximum von der Größe $\frac{1}{8}(1 - z_0^2)(3 + \nu)\rho\omega^2 r_a^2$. Im Fall $z_0 \to 1$ (das bedeutet einen unendlich dünnwandigen Ring) ist $\sigma_t = \rho\omega^2 r_a^2$. Dieser Fall wird in Abb. 4.16 durch einen einzelnen Punkt dargestellt.

4.8 Schrumpfpressung

Zwischen einem zylindrischen Bauteil (z.B. einer hohlen oder vollen Maschinenwelle) und einem ring- oder rohrförmigen Teil (z.B. einem Radkranz) kann eine sehr feste Verbindung durch Aufschrumpfen hergestellt werden. Zu diesem Zweck wird der Außendurchmesser des inneren Teils um ein gewisses Übermaß Δd größer als der Innendurchmesser des äußeren Teils ausgeführt. Das äußere Teil wird erwärmt (oder das innere abgekühlt), bis sich beide Teile übereinanderschieben lassen. Nach dem Abkühlen sind die Teile verbunden. Sie pressen sich in der ganzen Berührungsfläche mit einem überall gleichen Druck, der sog. *Schrumpfpressung*, gegeneinander. Das äußere Teil wird dabei wie ein Rohr mit innerem Überdruck belastet. Das innere Teil erfährt diesen Überdruck von außen. Im allg. ist keines der beiden Teile dünnwandig, so daß die Kesselformeln von Abschnitt 4.6 zur Berechnung von Spannungen nicht anwendbar sind. Sie sind auch deshalb nicht anwendbar, weil in axialer Richtung keine Spannung vorhanden ist. Der Spannungszustand ist eben und außerdem rotationssymmetrisch.

Viele durch Aufschrumpfen verbundene Teile rotieren, so daß die Schrumpfpressung p nicht nur vom anfänglichen Durchmesser-Übermaß Δd, sondern auch von der Winkelgeschwindigkeit ω abhängt. Diese Abhängigkeit wird im folgenden untersucht.

Man denke sich beide Teile in der zylindrischen Berührungsfläche voneinander freigeschnitten. Jedes Teil ist dann eine rotierende Scheibe mit einem radialen Druck p entweder am Innenradius oder am Außenradius. Um für beide Teile identische Gleichungen zu erhalten, wird der Innendruck mit p_i und der Außendruck mit p_a bezeichnet. Dann sind die Randbedingungen bei beiden Teilen:

$$\sigma_r(r_i) = -p_i \quad (r_i \neq 0), \qquad \sigma_r(r_a) = -p_a. \tag{4.46}$$

Im Sonderfall einer Vollwelle ($r_i = 0$) muß man die erste Randbedingung durch die Forderung ersetzen, daß in Scheibenmitte die Radialverschiebung null ist: $u(0) = 0$.

Die Beschreibung des Problems zeigt, daß die Randbedingungen der einzige Unterschied zum Problem der rotierenden Scheibe in Abschnitt 4.7 sind. Die Gleichgewichtsbedingungen für das Volumenelement in Abb. 4.15, die Geometrie der Verformung und das Stoffgesetz sind identisch. Infolgedessen erhält man wieder die Gln.(4.37) und (4.38):

$$u(r) = A_1 r + A_2 \frac{1}{r} - \tfrac{1}{8}(1-\nu^2)\rho\omega^2 r^3/E, \tag{4.47}$$

$$\sigma_r(r) = \frac{EA_1}{1-\nu} - \frac{EA_2}{1+\nu}\frac{1}{r^2} - \tfrac{1}{8}(3+\nu)\rho\omega^2 r^2, \tag{4.48}$$

$$\sigma_t(r) = \frac{EA_1}{1-\nu} + \frac{EA_2}{1+\nu}\frac{1}{r^2} - \tfrac{1}{8}(1+3\nu)\rho\omega^2 r^2. \tag{4.49}$$

Die Scheibe mit Loch: Die Randbedingungen (4.46) lauten (vgl. (4.39)):

$$\frac{EA_1}{1-\nu} - \frac{EA_2}{1+\nu}\frac{1}{r_i^2} = \tfrac{1}{8}(3+\nu)\rho\omega^2 r_i^2 - p_i,$$

$$\frac{EA_1}{1-\nu} - \frac{EA_2}{1+\nu}\frac{1}{r_a^2} = \tfrac{1}{8}(3+\nu)\rho\omega^2 r_a^2 - p_a.$$

Für den Fall $p_i = p_a = 0$ sind die Spannungs- und Verschiebungsfelder bereits bekannt (Gln.(4.40) bis (4.42)). Nach dem Superpositionsprinzip müssen hierzu die Felder für den Fall $\omega = 0$, $p_i, p_a \neq 0$ addiert werden. Für diesen Fall erhält man die Konstanten

$$A_1 = \frac{1-\nu}{E}\,\frac{p_i r_i^2 - p_a r_a^2}{r_a^2 - r_i^2}, \qquad A_2 = \frac{1+\nu}{E}\,\frac{(p_i - p_a) r_i^2 r_a^2}{r_a^2 - r_i^2}.$$

Sie werden in (4.47) bis (4.49) eingesetzt. Dabei werden wieder der Scheibenparameter $z_0 = r_i/r_a$ und die bezogene Ortskoordinate $z = r/r_a$ eingeführt. Superposition mit den Feldern zu $\omega \neq 0$ ergibt dann die folgenden Spannungs- und Verschiebungsfelder:

$$\begin{aligned}\sigma_r(z_0, z) = {} & -(1-z_0^2)^{-1}\left[p_a - p_i z_0^2 + (p_i - p_a)\, z_0^2/z^2\right], \\ & +\tfrac{1}{8}\,\rho\omega^2 r_a^2 (3+\nu)(1 - z_0^2/z^2)(1 - z^2),\end{aligned} \tag{4.50}$$

$$\begin{aligned}\sigma_t(z_0, z) = {} & -(1-z_0^2)^{-1}\left[p_a - p_i z_0^2 - (p_i - p_a)\, z_0^2/z^2\right] \\ & +\tfrac{1}{8}\,\rho\omega^2 r_a^2\left[(3+\nu)(1 + z_0^2/z^2)(1+z^2) - 4(1+\nu)z^2\right],\end{aligned} \tag{4.51}$$

$$\begin{aligned}u(z_0, z) = {} & r_a[E(1-z_0^2)]^{-1}\left[(1-\nu)(p_i z_0^2 - p_a)z + (1+\nu)(p_i - p_a)\, z_0^2/z\right] \\ & +\tfrac{1}{8}(\rho\omega^2 r_a^3/E)\Big\{(3+\nu)\left[(1-\nu)(1+z_0^2)z + (1+\nu)z_0^2/z\right] \\ & - (1-\nu^2)z^3\Big\}.\end{aligned} \tag{4.52}$$

Die Scheibe ohne Loch: Wie eingangs gesagt, wird die erste Randbedingung oben durch $u(0) = 0$, d.h. durch $A_2 = 0$ ersetzt. Die zweite hat damit die Form

$$\frac{EA_1}{1-\nu} = \tfrac{1}{8}(3+\nu)\rho\omega^2 r_a^2 - p_a.$$

Mit diesen Größen für A_1 und A_2 erhält man in derselben Weise wie vorher durch Superposition mit den Ergebnissen in (4.43) bis (4.45) die Spannungs- und Verschiebungsfelder (mit $z = r/r_a$):

$$\sigma_r(z) = -p_a + \tfrac{1}{8}\,\rho\omega^2 r_a^2(3+\nu)(1-z^2), \tag{4.53}$$

$$\sigma_t(z) = -p_a + \tfrac{1}{8}\,\rho\omega^2 r_a^2\big[3+\nu-(1+3\nu)z^2\big], \tag{4.54}$$

$$\begin{aligned} u(z) = &-(1-\nu)p_a r_a z/E \\ &+ \tfrac{1}{8}(\rho\omega^2 r_a^3/E)(1-\nu)\Big[(3+\nu)z-(1+\nu)z^3\Big]. \end{aligned} \tag{4.55}$$

Jetzt kann die ganz zu Beginn als Ziel genannte Beziehung zwischen der Schrumpfpressung p, dem Durchmesser-Übermaß Δd und der Winkelgeschwindigkeit ω entwickelt werden. Man braucht dazu nur die radialen Verschiebungen u am Außenradius des inneren Teils der Schrumpfverbindung (Index 1) und am Innenradius des äußeren Teils (Index 2). Diese Radien sind identisch: $r_{1a} = r_{2i} = R$. Die Geometrie schreibt vor:

$$u_2(R) - u_1(R) = \tfrac{1}{2}\,\Delta d. \tag{4.56}$$

Die Drücke in den Formeln für $u_1(R)$ und $u_2(R)$ sind $p_{1a} = p_{2i} = p$ und $p_{1i} = p_{2a} = 0$. Gl. (4.56) ist die gesuchte Beziehung.

Beispiel 4.8-1
Auf die Welle 1 in Abb. 4.17a wird der Ring 2 aufgeschrumpft.Vor dem Aufschrumpfen ist bei der Raumtemperatur T_1 der Außendurchmesser von 1 um das Stück Δd größer als der Innendurchmesser von 2. Beide Teile sind aus demselben Stahl gefertigt. 1. Auf welche Temperatur T_2 muß der Ring 2 beim Aufschrumpfen mindestens erwärmt werden? 2. Welche Schrumpfpressung p und welche Radial- und Umfangsspannungen $\sigma_{r_1}(r), \sigma_{t_1}(r)$ und $\sigma_{r_2}(r), \sigma_{t_2}(r)$ herrschen nach Abkühlung auf die Temperatur T_1 in beiden Teilen? 3. Welches Torsionsmoment M_{Tmax} um die Wellenachse kann die Verbindung maximal übertragen, wenn die Teile nicht aufeinander gleiten sollen? Das Haften in der Berührungszone wird durch trockene Reibung mit dem Haftreibungskoeffizienten μ_0 erklärt. 4. Bei welcher Drehzahl n von Welle und Ring ist (bei der Temperatur T_1) die Schrumpfpressung null?
Gegeben: $R = 150\,\text{mm}$, $R_a = 300\,\text{mm}$, $b = 250\,\text{mm}$, $\Delta d = 0,3\,\text{mm}$,
$E = 2 \cdot 10^5\,\text{Nmm}^{-2}$, $\rho = 7,8\,\text{gcm}^{-3}$, $\nu = 0,3$, $\alpha = 15 \cdot 10^{-6}/\text{K}$, $T_1 = 20°\,\text{C}$,
$\mu_0 = 0,1$

Lösung: Teil 1: Die Erwärmung um $\Delta T = T_2 - T_1$ muß die Dehnung $\epsilon = \Delta d/d$ mit $d = 2R$ herbeiführen. Also ist

$$\alpha(T_2 - T_1) = \Delta d/(2R).$$

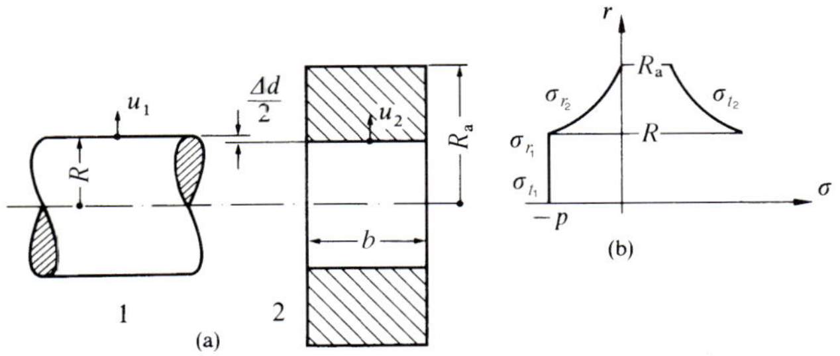

Abb. 4.17.

Daraus ergibt sich die Temperatur

$$T_2 = T_1 + \frac{1}{\alpha}\frac{\Delta d}{2R} = 87^\circ C.$$

Teil 2: Die Schrumpfpressung p wird aus Gl. (4.56) berechnet. Darin wird $u_2(R)$ aus Gl. (4.52) mit $r_a = R_a$, $z = z_0 = R/R_a = \frac{1}{2}$, $p_i = p$, $p_a = 0$ und $\omega = 0$ berechnet, und $u_1(R)$ wird aus Gl. (4.55) mit $r_a = R$, $z = 1$, $p_a = p$, $p_i = 0$ und $\omega = 0$ berechnet (der Außenradius von 1 ist gleich dem Innenradius von 2). Gl. (4.56) lautet damit

$$R_a[E(1-z_0^2)]^{-1}\left[(1-\nu)pz_0^3 + (1+\nu)p\,z_0\right] + (1-\nu)pR/E = \tfrac{1}{2}\,\Delta d.$$

Die Auflösung ergibt bei Beachtung von $R_a z_0 = R$:

$$p = E\Delta d\,(1-z_0^2)/(4R) = 75\,\mathrm{Nmm}^{-2}. \tag{a}$$

Unter dieser Flächenpressung stellen sich im Ring nach Gl. (4.50) und (4.51) folgende Spannungsverläufe als Funktionen von r ein:

$$\sigma_{r_2}(r) = -p\,\frac{(R_a/r)^2 - 1}{(R_a/R)^2 - 1}, \qquad \sigma_{t_2}(r) = p\,\frac{(R_a/r)^2 + 1}{(R_a/R)^2 - 1}.$$

In der Welle sind nach (4.53) und (4.54) $\sigma_r(r)$ und $\sigma_t(r)$ unabhängig von r gleich $-p$. Die Spannungsverläufe sind in Abb. 4.17b dargestellt.
Teil 3: Das maximal übertragbare Torsionsmoment $M_{T max}$ ergibt sich aus folgender Überlegung. In der ganzen Berührungsfläche von der Größe $2\pi Rb$ wirken am Hebelarm R tangential Reibungskräfte, deren maximale Größe sich aus dem μ_0-fachen der Flächenpressung p berechnet. Das maximale Torsionsmoment ist folglich

$$M_{T max} = R \cdot \mu_0 p \cdot 2\pi Rb = 2\pi\mu_0 pR^2 b = 265\,\mathrm{kNm}.$$

Teil 4: Die Aufgabenstellung verlangt, daß Gl. (4.56) mit $p = 0$ und $\omega \neq 0$ erfüllt wird. Das ist die Gleichung

$$\tfrac{1}{8}\,(\rho\omega^2 R_a^3/E)\Big\{(3+\nu)\Big[(1-\nu)(1+z_0^2)z_0 + (1+\nu)z_0\Big] - (1-\nu^2)z_0^3\Big\}$$

$$-\ \tfrac{1}{8}\,(\rho\omega^2 R^3/E)(1-\nu)\Big[(3+\nu) - (1+\nu)\Big] = \tfrac{1}{2}\,\Delta d.$$

Wenn man $R = z_0 R_a$ einsetzt, heben sich alle Glieder mit z_0^3 weg und man erhält:

$$\omega = \sqrt{\frac{2E\Delta d}{(3+\nu)\rho z_0 R_a^3}} = \sqrt{\frac{2E\Delta d}{(3+\nu)\rho R R_a^2}}.$$

Dafür kann man mit Gl. (a) auch schreiben:

$$\omega = \sqrt{\frac{8p}{(3+\nu)(1-z_0^2)\rho R_a^2}}. \qquad \text{(b)}$$

Zu demselben Ergebnis kommt man einfacher wie folgt. Welle und Ring bilden nach dem Aufschrumpfen *eine* rotierende Scheibe ohne Loch. In dieser herrscht bei $z = R/R_a$ nach dem Superpositionsprinzip die Radialspannung

$$\sigma_r(z) = -p + \tfrac{1}{8}\,\rho\omega^2 R_a^2(3+\nu)(1-z^2).$$

Darin ist $-p$ die in Teil 2 berechnete Schrumpfpressung im Zustand $\omega = 0$. Das zweite Glied ist der Ausdruck in (4.53) mit $p_a = 0$. Die Aufgabe verlangt $\sigma_r(z) = 0$. Das liefert bei Beachtung von $z = z_0$ wieder Gl. (b). Mit $p = 75\,\text{Nmm}^{-2} = 75 \cdot 10^3\,\text{kg}\,\text{mm}\,\text{s}^{-2}\text{mm}^{-2}$ ergibt sich

$$\omega = \sqrt{\frac{8 \cdot 75 \cdot 10^3}{3,3 \cdot 0,75 \cdot 7,8 \cdot 10^{-6} \cdot 9 \cdot 10^4}} \approx 1860\,\text{s}^{-1}.$$

Die Drehzahl ist $n = \omega/(2\pi) \approx 296\,\text{Umdr./s} \approx 17.750\,\text{Umdr./min}$.

4.9 Übungsaufgaben

4.1 In Abb. A4.1 wird ein starrer Stab durch drei Stahldrähte gleicher Querschnittsflächen A gehalten. Die Drähte sind spiel- und spannungsfrei, wenn das Gewicht G nicht angreift. Wie groß sind ihre Dehnungen ϵ_1, ϵ_2 und ϵ_3 unter der Wirkung des Gewichts?
Geg. $a = 1,2\,\text{m}$, $\ell = 0,2\,\text{m}$, $A = 1\,\text{mm}^2$, $E = 2,1 \cdot 10^5\,\text{Nmm}^{-2}$, $G = 3\,\text{kN}$

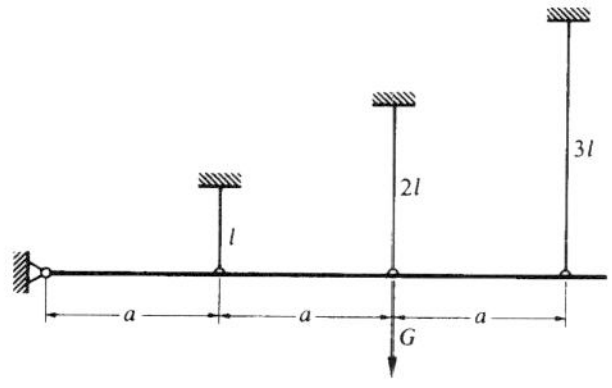

Abb. A4.1.

4.2 Ein stählernes Bandmaß, das bei der Temperatur T_0 und bei einer Zugkraft F_0 korrekt anzeigt, wird bei der Temperatur T_1 und mit der Zugkraft F_1 verwendet und zeigt dabei eine Länge ℓ an. Seine Dehnsteifigkeit ist EA, sein thermischer Längenausdehnungskoeffizient α. Welche Länge ℓ_1 hat die gemessene Größe tatsächlich?
Geg.: $T_0 = 20°\text{C}$, $F_0 = 50\,\text{N}$, $T_1 = 27°\text{C}$, $F_1 = 60\,\text{N}$, $E = 2 \cdot 10^5\,\text{Nmm}^{-2}$, $A = 1,5\,\text{mm}^2$, $\alpha = 14 \cdot 10^{-6}/\text{K}$, $\ell = 22,900\,\text{m}$

4.3 Zwei Drähte (Längen ℓ_1 und ℓ_2, Querschnittsflächen A_1 und A_2, E-Moduln E_1 und E_2) sind zu einem Draht der Länge $\ell_1 + \ell_2$ zusammengelötet. Dieser

Draht wird durch Zugkräfte an den Enden um das Stück $\Delta\ell$ verlängert. Wie groß sind die Verlängerungen $\Delta\ell_1$ und $\Delta\ell_2$ der beiden Drahtteile und wie groß ist die Zugkraft F?
Geg. $\ell_1 = 40\,\mathrm{cm}$, $\ell_2 = 60\,\mathrm{cm}$, $A_1 = 1\,\mathrm{mm}^2$, $A_2 = 1{,}2\,\mathrm{mm}^2$, $E_1 = 2 \cdot 10^5\,\mathrm{Nmm}^{-2}$, $E_2 = 1{,}1 \cdot 10^5\,\mathrm{Nmm}^{-2}$, $\Delta\ell = 1\,\mathrm{mm}$

4.4 Der starre Stab in Abb. A4.4 wird durch ein Lager und einen Seilzug mit Rollen im Gleichgewicht gehalten. Die Seilelastizität wird durch die gezeichnete Feder (Federkonstante k) dargestellt. Wie groß ist die Verschiebung w am rechten Stabende infolge der dort angreifenden Gewichtskraft G?
Geg.: a, b, k, G

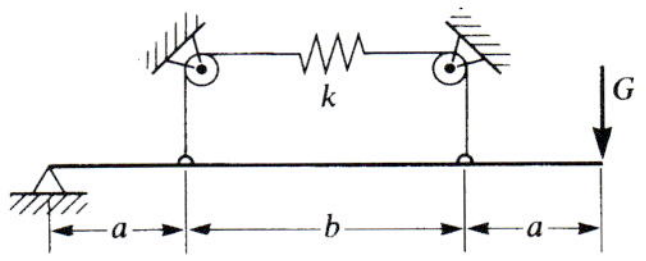

Abb. A4.4.

4.5 Der starre Stab in Abb. A4.5 auf zwei Federstützen (Federkonstanten k_1, k_2) wird an der Stelle $x = \xi$ (beliebig) durch eine Kraft F belastet. An welcher Stelle $x = x_1$ der Stabachse ist die vertikale Verschiebung unabhängig von ξ? An welcher Stelle $\xi = \xi_1$ muß F angreifen, damit sich der Stab nicht dreht? Um welchen Punkt $x = x_2$ auf der Stabachse dreht sich der Stab im Fall $\xi \neq \xi_1$?
Geg.: ℓ, k_1, k_2

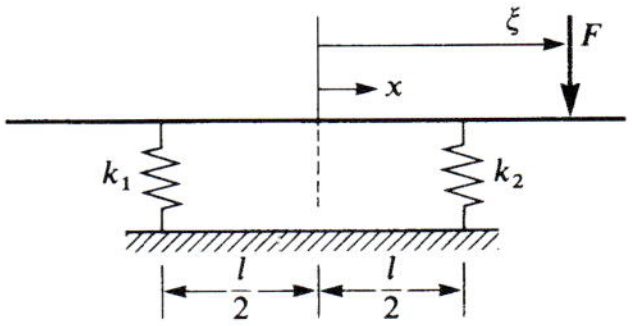

Abb. A4.5.

4.6 Der starre Stab in Abb. A4.6 wird am linken Ende von einem Gelenklager und in der Mitte und am rechten Ende von Federn gehalten, die an einer starren Wippe befestigt sind, die sich um den Punkt A drehen kann. Alle Teile sind gewichtslos. Ohne das Gewicht G ist das System in der gezeichneten Stellung im Gleichgewicht. Welche Drehwinkel φ_1 und φ_2 der Stäbe verursacht G?
Geg.: ℓ, a, b, k_1, k_2, G

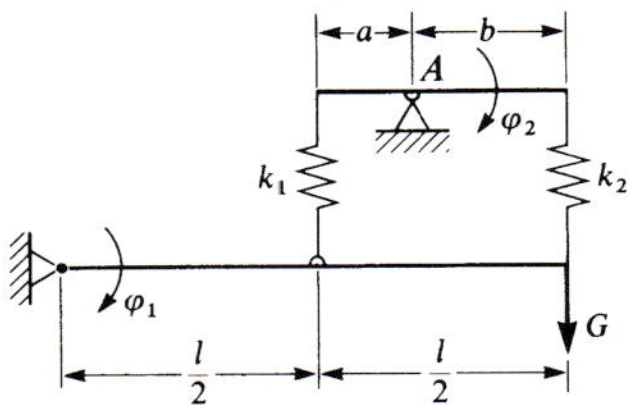

Abb. A4.6.

4.7 Zwei starre Stäbe sind nach Abb. A4.7 gelenkig gelagert und durch Federn und einen Seilzug miteinander verbunden. Welche Drehwinkel φ_1 und φ_2 der Stäbe verursacht die Gewichtskraft G?
Geg.: ℓ_1, ℓ_2, ℓ, k_1, k_2, F

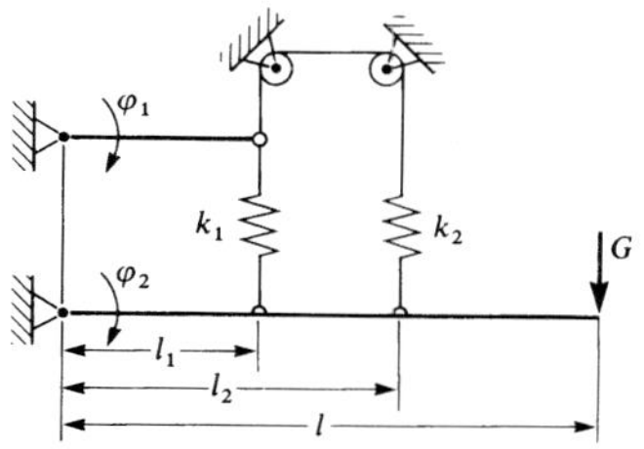

Abb. A4.7.

4.8 Die abgesetzte Welle in Abb. A4.8 steht aufrecht. Um welches Stück $\Delta\ell$ ist sie infolge ihres Eigengewichts kürzer als in horizontaler Lage?
Geg.: $\ell_1 = 30\,\text{cm}$, $\ell_2 = 45\,\text{cm}$, $d_1 = 5\,\text{cm}$, $d_2 = 7{,}5\,\text{cm}$, $\gamma = 0{,}0765\,\text{Ncm}^{-3}$ (spezifisches Gewicht), $E = 2 \cdot 10^5\,\text{Nmm}^{-2}$

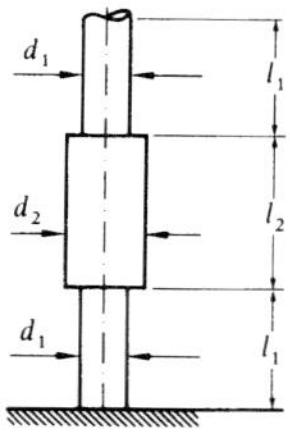

Abb. A4.8.

4.9 Eine senkrecht stehende Säule hat eine veränderliche Querschnittsfläche $A(x)$. Die Säule wird durch ihr Eigengewicht (spezifisches Gewicht γ) und durch das Gewicht G_0 eines auf ihr liegenden Körpers belastet. Welche Funktion $A(x)$ erfüllt die Bedingung, daß die Spannung σ_x unabhängig von x die konstante Größe σ hat? Die x-Koordinate ist null am oberen Ende und ℓ am unteren.
Geg.: $G_0 \neq 0$, γ, σ

4.10 Der trapezförmige Blechstreifen in Abb. A4.10 hat die Dicke d. Er wird durch sein Eigengewicht und durch eine am unteren Ende gleichmäßig verteilte Zugkraft der resultierenden Größe F belastet. An welcher Stelle x ist die Spannung extremal? Liegt ein Maximum oder ein Minimum vor?
Geg.: $\ell = 50\,\text{cm}$, $b_0 = 5\,\text{cm}$, $b_1 = 3\,\text{cm}$, $d = 0{,}2\,\text{cm}$, $\gamma = 0{,}0765\,\text{Ncm}^{-3}$ (spez. Gewicht)

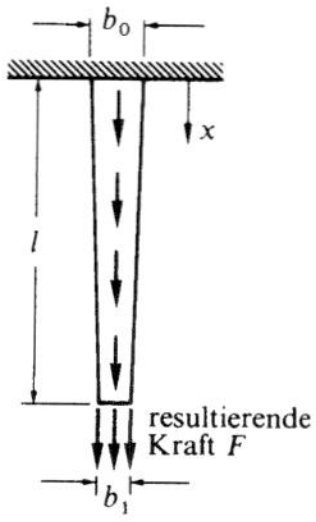

Abb. A4.10.

4.11 Ein Kegelstumpf (Höhe h, Radien r_1 und r_2 an den Endflächen) steht auf der Fläche mit dem Radius r_2 auf einer horizontalen Ebene. Er wird durch sein Eigengewicht (spez. Gewicht γ) und durch das Gewicht G_0 eines auf ihm

liegenden Körpers belastet. Wie groß ist der Radius r desjenigen Querschnitts, in dem die Spannung dem Betrag nach am größten ist? In welchen Grenzen muß G_0 liegen, damit $r_1 \leq r \leq r_2$ ist?
Geg.: h, r_1, $r_2 > r_1$, γ, G_0

4.12 Der Stab in Abb. A4.12 wird in spannungslosem Zustand beidseitig fest gelagert und dann an seinem Auge mit einer Kraft F belastet. Wie groß sind die Spannung σ, die Dehnung ϵ und die Verschiebung u als Funktionen von x?
Geg.: ℓ_1, ℓ_2, EA, F

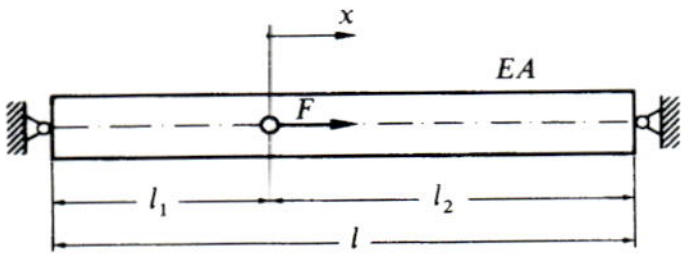

Abb. A4.12.

4.13 Das Seil in Abb. A4.13 (Länge ℓ, Querschnittsfläche A) wird spiel- und spannungsfrei eingehängt. Durch einen Temperaturabfall ΔT spannt es sich. Mit welcher Kraft F muß man in der Entfernung a vom linken Ende ziehen, damit das rechte Ende wieder spannungsfrei ist?
Geg.: $\ell = 5\,\text{m}$, $a = 4\,\text{m}$, $A = 1\,\text{mm}^2$, $E = 2 \cdot 10^5\,\text{Nmm}^{-2}$, $\Delta T = 30°\text{C}$, $\alpha = 14 \cdot 10^{-6}/\text{K}$,

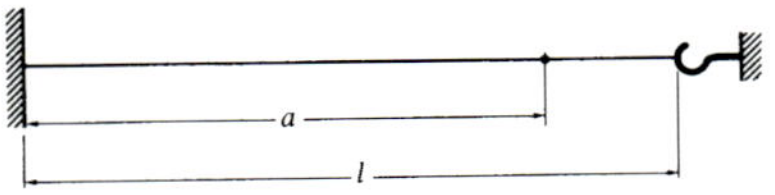

Abb. A4.13.

4.14 Zwei gleich lange Stahlrohre mit den in Abb. A4.14 gezeigten Abmessungen werden zwischen starren Endscheiben gehalten. Wie groß ist die Federkonstante k der Anordnung bei Druckbelastung in axialer Richtung?
Geg.: $\ell_1 = 300\,\text{mm}$, $\ell_2 = 500\,\text{mm}$, $r_1 = 20\,\text{mm}$, $r_2 = 25\,\text{mm}$, $r_3 = 30\,\text{mm}$, $R_1 = 50\,\text{mm}$, $R_2 = 52{,}5\,\text{mm}$, $E = 2 \cdot 10^5\,\text{Nmm}^{-2}$

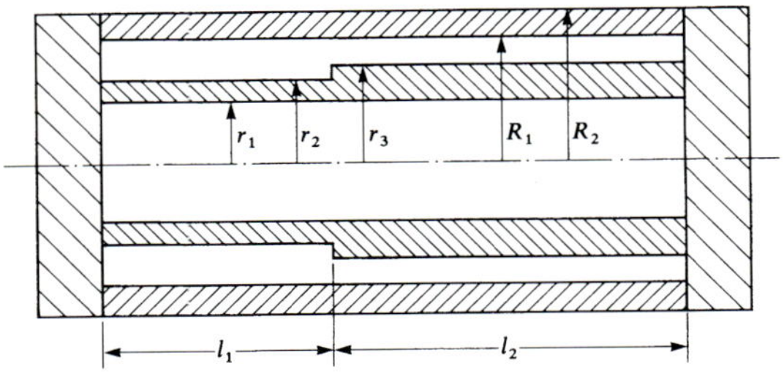

Abb. A4.14.

4.15 Der Stahlbetonkörper in Abb. A4.15 mit zwei starren Endplatten wird einer Zugkraft F ausgesetzt. Wie groß ist die Verlängerung $\Delta\ell$, wenn die Querschnittsflächen und E-Moduln von Beton und Stahl A_B, A_S bzw. E_B, E_S sind? Wie groß sind die Spannungen σ_B und σ_S in den Werkstoffen?
Geg.: $\ell = 2\,\text{m}$, $A_B = 0{,}25\,\text{m}^2$, $A_S = 20\,\text{cm}^2$, $E_B = 0{,}4 \cdot 10^5\,\text{Nmm}^{-2}$ $E_S = 2 \cdot 10^5\,\text{Nmm}^{-2}$, $F = 1000\,\text{kN}$

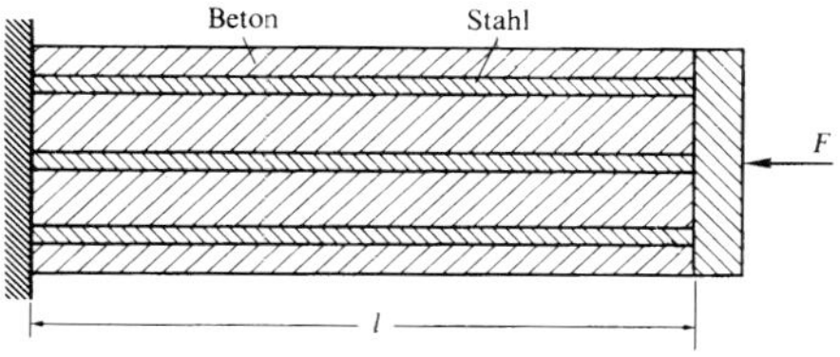

Abb. A4.15.

4.16 Der Wärmeaustauscher in Abb. A4.16 besteht aus zwei konzentrischen Rohren, deren Stirnseiten durch starre Endscheiben verbunden sind. Er wird bei der Temperatur T_0 spannungslos zusammengebaut. Im Betrieb hat das innere Rohr 1 am linken Ende die Temperatur $T_{1\ell}$ und am rechten die Temperatur T_{1r}. Für das äußere Rohr 2 sind die entsprechenden Temperaturen $T_{2\ell}$ bzw. T_{2r}. Zwischen den Enden sind die Temperaturverläufe in beiden Rohren linear. Wie groß sind die Längsspannungen σ_1 und σ_2 in den Rohren?
Geg.: $d_1 = 18\,\text{mm}$, $d_2 = 30\,\text{mm}$, $t_1 = 1{,}5\,\text{mm}$, $t_2 = 2\,\text{mm}$, $E_1 = 1{,}18 \cdot 10^5\,\text{Nmm}^{-2}$, $E_2 = 2{,}05 \cdot 10^5\,\text{Nmm}^{-2}$, $\alpha_1 = 17 \cdot 10^{-6}/\text{K}$, $\alpha_2 = 12 \cdot 10^{-6}/\text{K}$, $T_0 = 20°\text{C}$, $T_{1\ell} = 100°\text{C}$, $T_{1r} = 40°\text{C}$, $T_{2\ell} = 55°\text{C}$, $T_{2r} = 25°\text{C}$

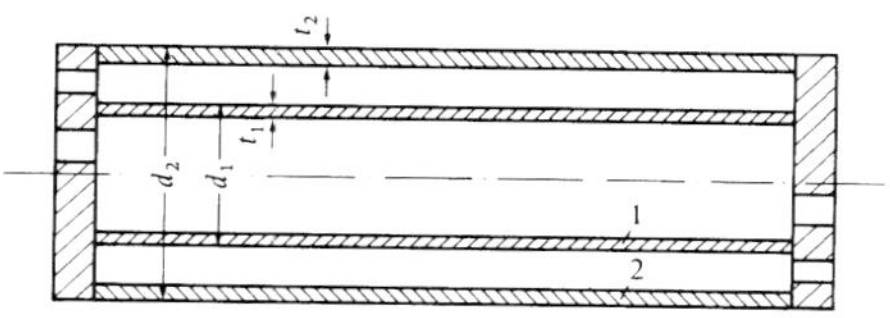

Abb. A4.16.

4.17 Der Zylinder in Abb. A4.17 (Länge ℓ, E-Modul E, spezifisches Gewicht γ) und der starre Rahmen sind in horizontaler Lage spiel- und spannungsfrei miteinander verleimt und dann in die vertikale Lage gebracht worden. Welche Längsspannung $\sigma(x)$ und welche Längsverschiebung $u(x)$ verursacht das Eigengewicht des Stabes?
Geg.: ℓ, E, γ

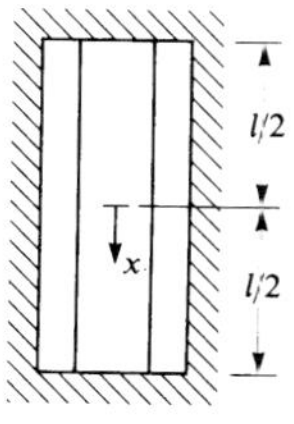

Abb. A4.17.

4.18 Ein Stab (Länge ℓ, Querschnittsfläche A, E-Modul E, thermischer Längenausdehnungskoeffizient α) wird in spannungslosem Zustand bei der Temperatur T_0 beidseitig fest gelagert. Welche Temperaturverteilungen $T(x)$ verursachen die Verschiebungsverteilung $u(x) = u_0[1 - x^2/(\ell/2)^2]$? Die Längskoordinate x ist in der Mitte zwischen den Lagern null.
Geg.: ℓ, A, E, α, T_0, u_0

4.19 Die Gleichgewichtsfigur des zwischen gleich hohen Punkten aufgehängten Seils in Abb. A4.19 hat im gezeichneten x,y-System die Gleichung $y(x) = \lambda[\cosh(x/\lambda) - 1]$. Darin ist λ eine Konstante, die aus Seillänge ℓ und Lagerabstand a durch Lösung der Gleichung $\sinh[a/(2\lambda)] = \ell/(2\lambda)$ berechnet wird.

Zwischen x und der Bogenlänge s der Seillinie ($s = 0$ im Ursprung) besteht die Beziehung $\sinh(x/\lambda) = s/\lambda$. Die Längskraft im Seil ist $S(x) = q\lambda\cosh(x/\lambda)$ mit q =Seilgewicht/Seillänge. Um welches Stück $\Delta\ell$ wird ein Seil mit der Dehnsteifigkeit EA infolge seines Eigengewichts länger?
Geg.: a, λ, q. EA

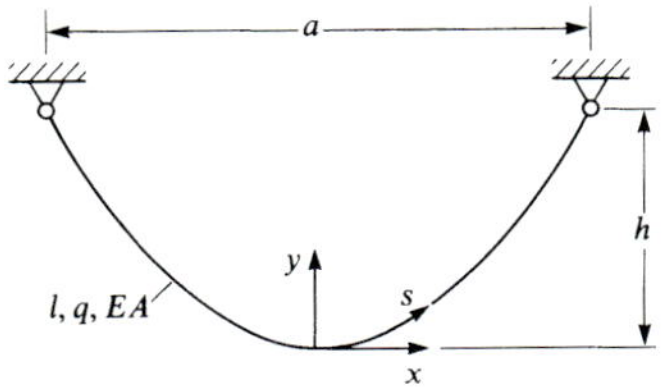

Abb. A4.19.

4.20 Die Turbinenschaufel in Abb. A4.20 hat eine vom Radius r abhängige Querschnittsfläche $A(r)$. Scheibe und Schaufel drehen sich mit der Winkelgeschwindigkeit ω. Dabei wirkt auf ein Massenelement dm der Schaufel am Radius r nach außen eine Fliehkraft der Größe $\omega^2 r\, dm$. Um welches Stück $\Delta\ell$ wird die Schaufel infolge dieser Kräfte länger? Wie groß ist die Spannung σ am Schaufelfuß?
Geg.: $r_i = 30\,\text{cm}$, $r_a = 60\,\text{cm}$, $A(r) \equiv A_0 = \text{const}$ und $A(r) = A_0 r_i/r$, $A_0 = 5\,\text{cm}^2$, $E = 2\cdot 10^5\,\text{Nmm}^{-2}$ $\rho = 7{,}8\,\text{gcm}^{-3}$ (Dichte), $\omega = 120\pi\,\text{s}^{-1}$ (entspricht 3600 U/min)

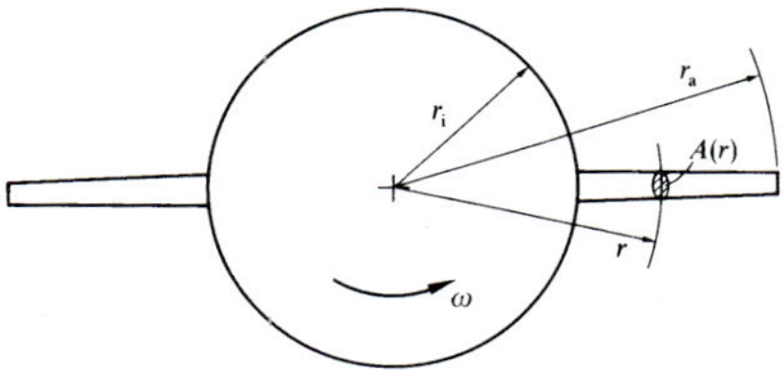

Abb. A4.20.

4.21 Diese Aufgabe demonstriert, warum man Lasten nicht nach Art von Abb. A4.21 an mehr als zwei Seilen aufhängen soll. Vor dem Aufhängen ist das mittlere Seil um ein sehr kleines Stück $\Delta\ell$ zu lang (Abb.b). Wie groß sind die Spannungen σ_1 und σ_2 in den Seilen nach Belastung?
Geg.: $\ell = 1{,}5\,\text{m}$, $\Delta\ell = 5\,\text{mm}$, $\alpha = 5°$, $A = 4\,\text{mm}^2$, $E = 10^4\,\text{Nmm}^{-2}$, $G = 600\,\text{N}$

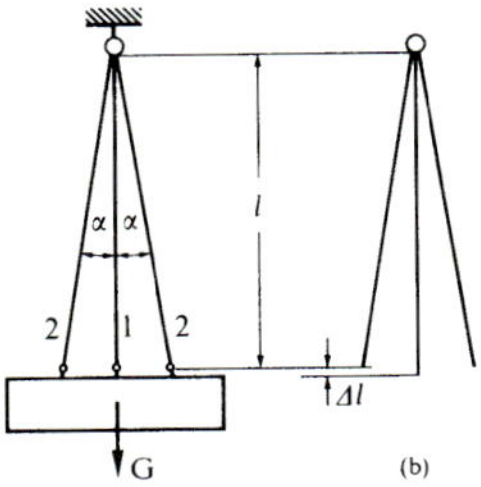

Abb. A4.21.

4.22 Ein starres Verbindungsstück wird durch drei auf Zug vorgespannte Stahlstangen gleicher Querschnittsflächen A im Gleichgewicht gehalten (Abb. A4.22). Auf der Stange 1 sitzt eine Mutter zum Spannen. Ihre Gewindeganghöhe ist

h. Um welchen Winkel φ muß die Mutter weiter angezogen werden, wenn die Stange 3 um das Stück $\Delta\ell_3$ länger werden soll? Die Länge L bleibt unverändert.
Geg.: $\ell_1 = \ell_3 = 400\,\text{mm}$, $\ell_2 = 600\,\text{mm}$, $a = 300\,\text{mm}$, $b = 200\,\text{mm}$, $A = 300\,\text{mm}^2$, $E = 2 \cdot 10^5\,\text{Nmm}^{-2}$, $h = 0,8\,\text{mm}$, $\Delta\ell_3 = 0,1\,\text{mm}$

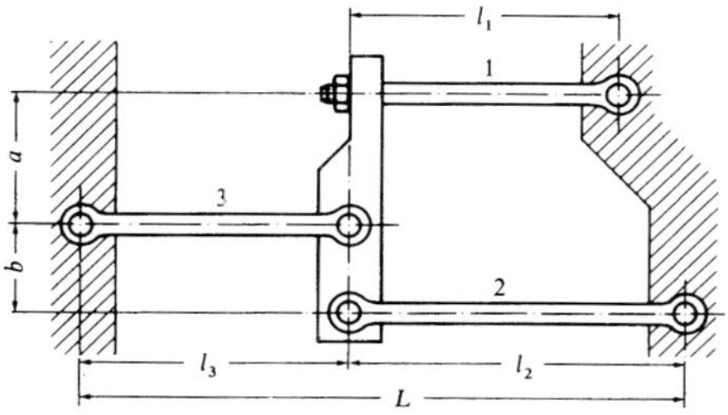

Abb. A4.22.

4.23 Abb. A4.23 zeigt schematisch einen dreiachsigen Lastkraftwagen an einer Laderampe. Jede Feder ist ein Ersatz für eine Achse samt Reifenelastizität. Der starre Balken stellt das Chassis dar. G ist das gesamte Eigengewicht des Aufbaus, und F ist eine Nutzlast. Um welches Stück w hebt sich die Hinterkante der Ladefläche bei A, wenn die Last F entfernt wird?
Geg.: $\ell_2 = 6\,\text{m}$, $\ell_3 = 7,5\,\text{m}$, $\ell_F = 7\,\text{m}$, $\ell_4 = 9\,\text{m}$, $F = 100\,\text{kN}$, $k = 4\,\text{kNcm}^{-1}$

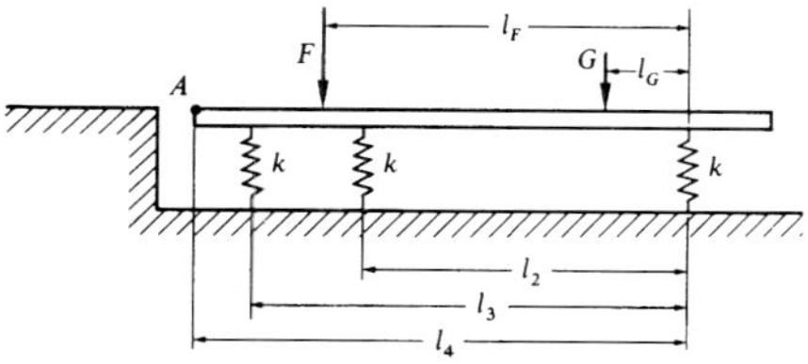

Abb. A4.23.

4.24 Der starre Mast in Abb. A4.24 wird durch zwei vorgespannte Seile (Querschnittsfläche A, E-Modul E, Vorspannung σ_0) gehalten. Welche Spannungen σ_1 und σ_2 herrschen in den Seilen, wenn auf den Mast bei Wind die konstante Streckenlast q wirkt? Um welches Stück w wird die Mastspitze nach rechts verschoben?
Geg.: $\ell = 25\,\text{m}$, $\alpha = 35°$, $A = 80\,\text{mm}^2$, $E = 10^4\,\text{Nmm}^{-2}$, $\sigma_0 = 50\,\text{Nmm}^{-2}$, $q = 500\,\text{Nmm}^{-1}$

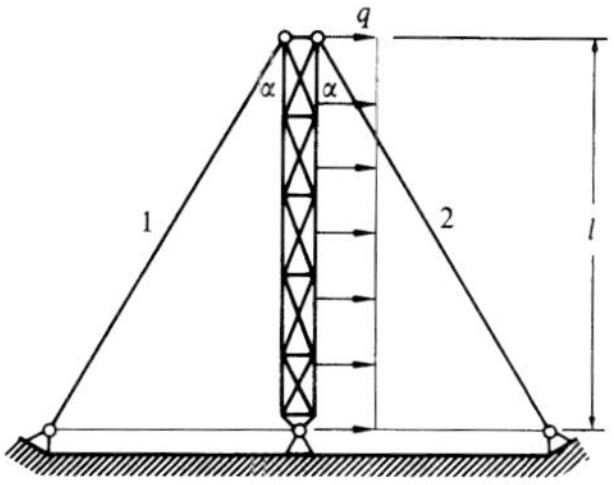

Abb. A4.24.

4.25 In Abb. A4.25 stellt der starre, rechteckige Rahmen mit den Eckpunkten 1, 2, 3 und 4 und mit dem Mittelpunkt 0 das Chassis eines Fahrzeugs dar. Jede

Feder faßt die Elastizitäten einer Radaufhängung und eines Reifens zusammen. Die Federkonstanten sind k_1 an den Vorderrädern und k_2 an den Hinterrädern. Welche vertikalen, nach oben positiv gezählten Verschiebungen w_i $(i = 0, \ldots, 4)$ treten in den 5 Punkten des Rahmens auf, wenn das Vorderrad 1 auf eine Schwelle der Höhe h gestellt wird, und wenn die anderen Reifen nicht vom ebenen Boden abheben?
Geg.: k_1, k_2, h

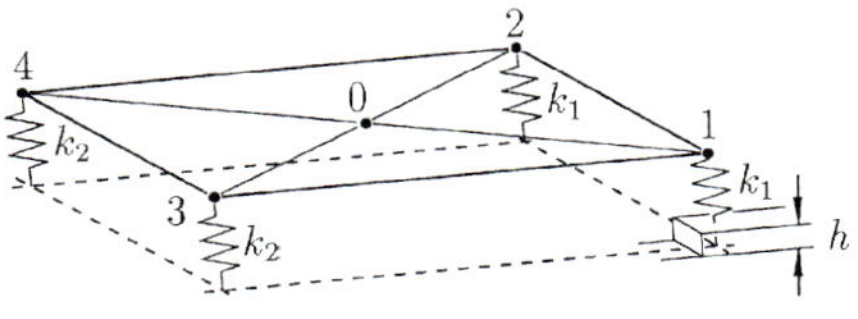

Abb. A4.25.

4.26 In Abb. 4.5 dürfen im Bolzen 1 und in der Hülse 2 die zulässigen Spannungen σ_{zul_1} bzw. σ_{zul_2} nicht überschritten werden. Um welchen Winkel φ_{max} darf die Mutter über den Punkt der spielfreien Berührung hinaus maximal angezogen werden? Mit welchem maximalen Drehmoment M_{max} darf sie angezogen werden, wenn keine Reibung vorhanden ist?
Geg.: $\ell = 100\,\text{mm}$, Querschnittsflächen $A_1 = 80\text{mm}^2$, $A_2 = 120\text{mm}^2$, $E_1 = 2 \cdot 10^5\,\text{Nmm}^{-2}$, $E_2 = 1,1 \cdot 10^5\,\text{Nmm}^{-2}$, Gewindeganghöhe $h = 0,8\,\text{mm}$, $\sigma_{zul_1} = 120\,\text{Nmm}^{-2}$, $\sigma_{zul_2} = 50\,\text{Nmm}^{-2}$

4.27 In einer Schraubenverbindung nach Abb. 4.5 sind die Spannungen σ_1 und σ_2 im Stahlbolzen 1 bzw. in der Kupferhülse 2 zu ermitteln, die beim Anziehen der Mutter um eine sechstel Drehung entstehen. Wie ändern sich die Spannungen, wenn alle Teile um die Temperaturdifferenz ΔT erwärmt werden?
Geg.: $\ell = 200\,\text{mm}$, $D_a = 20\,\text{mm}$, $D_i = 18\,\text{mm}$, $d = 12\,\text{mm}$, $h = 1\,\text{mm}$ (Gewindeganghöhe), $E_1 = 2,1 \cdot 10^5\,\text{Nmm}^{-2}$, $E_2 = 1,1 \cdot 10^5\,\text{Nmm}^{-2}$, $\alpha_1 = 12,5 \cdot 10^{-6}/\text{K}$, $\alpha_2 = 16,5 \cdot 10^{-6}/\text{K}$, $\Delta T = 60°\text{C}$

4.28 Zwei dünnwandige Rohre gleicher Längen ℓ sind aufeinandergeschrumpft. Ihre Wandstärken sind t_1 (Innenrohr) und t_2. Der gemeinsame Durchmesser ist d. Vor dem Aufschrumpfen war das Übermaß des Innenrohrs Δd. Welche axiale Kraft F ist zum Verschieben der Rohre gegeneinander nötig, wenn μ_0 der Haftreibwert ist? Hinweis: Verwenden Sie die Kesselformeln.
Geg.: $\ell = 200\,\text{mm}$, $d = 100\,\text{mm}$, $t_1 = 5\,\text{mm}$, $t_2 = 6\,\text{mm}$, $\Delta d = 0,15\,\text{mm}$, $E_1 = E_2 = 2 \cdot 10^5\,\text{Nmm}^{-2}$, $\mu_0 = 0,1$

4.29 Das dünnwandige Rohr in Abb. A4.29 ist spiel- und spannungsfrei zwischen starren Wänden eingepaßt. Wie groß sind die Spannungen σ_x in Längsrichtung und σ_t in Umfangsrichtung, wenn im Rohr der Überdruck Δp erzeugt wird? Zur Vereinfachung soll angenommen werden, daß die Kesselformeln auf der ganzen Länge des Rohres gültig sind.
Geg.: $r = 150\,\text{mm}$, $t = 1\,\text{mm}$, $\Delta p = 1,5\,\text{Nmm}^{-2}$, $\nu = 0,3$ (Querzahl)

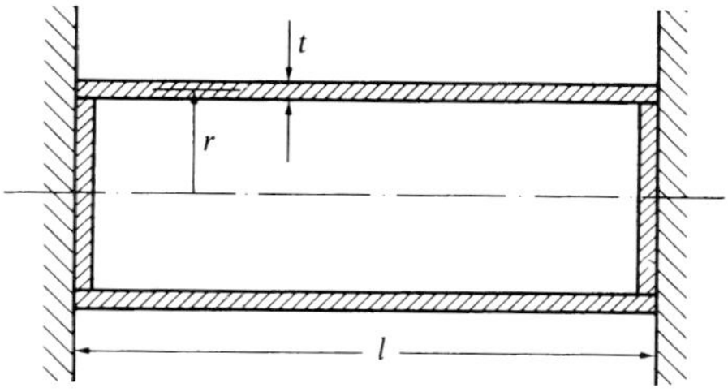

Abb. A4.29.

4.30 Ein langer, dünnwandiger, geschlossener Kessel von zylindrischer Form hat den Durchmesser D und die Wandstärke t. Infolge eines inneren Überdrucks Δp tritt in der Wand in axialer Richtung die Dehnung ϵ_x auf. Wie groß ist Δp?
Geg.: $D = 800\,\text{mm}$, $t = 3\,\text{mm}$, $E = 2,1 \cdot 10^5\,\text{Nmm}^{-2}$, $\nu = 0,3$ $\epsilon_x = 1,5 \cdot 10^{-3}$

4.31 Welche überall und in allen Richtungen gleiche Normalspannung σ_t entsteht in der Wand einer dünnwandigen Hohlkugel (Radius r, Wanddicke $t \ll r$) durch inneren Überdruck der Größe Δp?
Geg.: r, t, Δp

5. Biegung gerader Stäbe

Gerade Stäbe, die durch äußere Belastungen gebogen werden, sind wichtige Konstruktionselemente von Tragwerken. Im Unterschied zum Zugstab, bei dem Spannungen und Verschiebungen nur von einer einzigen Koordinate x entlang der Stabachse abhängen, treten beim Biegestab Spannungen und Verschiebungen in drei Koordinatenrichtungen auf. Bei einer mathematisch strengen Beschreibung des Biegeproblems erweisen sich alle Spannungen und Verschiebungen als Funktionen von drei Koordinaten des Raumes. Sie treten überdies in gekoppelten partiellen Differentialgleichungen auf, z.B. in der Form von (2.23). Für technisch interessierende Stabformen und Belastungsfälle können i.allg. keine exakten Lösungen gefunden werden. Eine technische Biegetheorie kann sich mit guten Näherungslösungen begnügen, die aus vereinfachten, d.h. nicht exakten Lösungsansätzen gewonnen werden. Damit die Lösungsansätze dieses Kapitels hinreichend genau sind, muß die geometrische Form der Stäbe drei Bedingungen erfüllen:

Bedingung I: Die Verbindungslinie der Flächenschwerpunkte aller Stabquerschnitte bildet eine Gerade. Diese Gerade heißt Stabachse.

Bedingung II: Die größte Querschnittsabmessung des Stabes ist klein im Verhältnis zur Stablänge.

Bedingung III: Querschnittsveränderungen längs der Stabachse dürfen sprunghaft sein. Stetige Querschnittsveränderungen dürfen andererseits nur ganz allmählich erfolgen. Stetige Querschnittsveränderungen dürfen nicht so geartet sein, daß der Stab längs seiner Achse verwunden ist.

Mit der ersten Bedingung wird erreicht, daß man sich bei der Beschreibung der Durchbiegung auf die Angabe der sog. *Biegelinie* beschränken kann. Das ist diejenige Linie, die die Stabachse nach der Verformung annimmt. Die Notwendigkeit für die Bedingungen II und III wird erst im Laufe des Kapitels klar. Das Verbot einer Verwindung des Stabes in Bedingung III wird noch genauer formuliert. Gemeint ist, daß sich das System der sog. Hauptachsen der Stabquerschnitte längs der Stabachse nicht drehen darf. Der Begriff Hauptachsen wird erst in Abschnitt 5.2 definiert.

Noch eine weitere Bedingung wird eingeführt. Sie hat nichts mit der Güte von Lösungsansätzen und folglich auch nichts mit der geometrischen Gestalt der Stäbe zu tun.

Bedingung IV: Die Wirkungslinien aller eingeprägten Kräfte und aller Lagerkräfte liegen so, daß die Kräfte keine Torsion des Stabes um seine Achse hervorrufen.

Der Zweck dieser Bedingung ist, die Probleme Biegung und Torsion voneinander zu trennen. Die Torsion von Stäben ist Gegenstand von Kapitel 6. Beide Lastfälle können linear superponiert werden. Die Formulierung von Bedingung IV sagt noch nichts darüber aus, wie die Wirkungslinien der Kräfte liegen müssen. Das wird erst am Ende von Abschnitt 5.8 klar.

5.1 Reine Biegung bei konstantem Stabquerschnitt

5.1.1 Symmetrische Querschnitte

In diesem Abschnitt werden die Bedingungen III und IV noch weiter verschärft. Es soll zusätzlich gelten:

Bedingung V: Der Querschnitt ist längs des Stabes konstant.

Bedingung VI: Der Querschnitt hat eine Symmetrieachse, die z-Achse in Abb. 5.1. Der Biegemomentenvektor hat nur in Richtung der y-Achse senkrecht zur Symmetrieachse eine Koordinate, und ihre Größe M_y ist längs der Stabachse konstant.

Ein konstanter Biegemomentenverlauf $M_y(x) \equiv M_y = \text{const}$ tritt nur in Ausnahmefällen auf, z.B. bei dem Stab in Abb. 5.2 im Bereich zwischen den

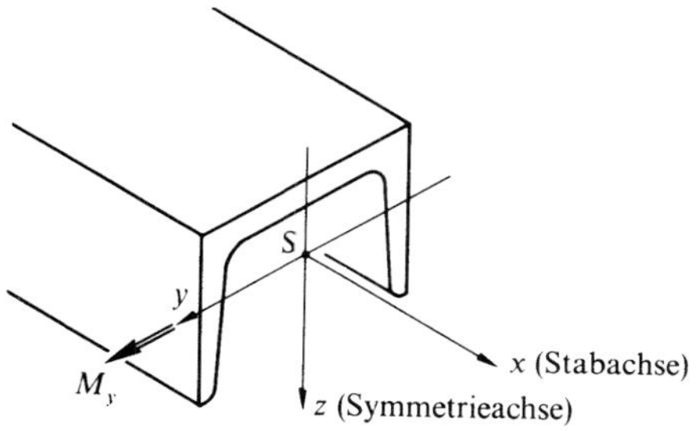

Abb. 5.1. Ein Stab mit konstantem und zur z-Achse symmetrischem Querschnitt. Die x-Achse geht durch den Flächenschwerpunkt S

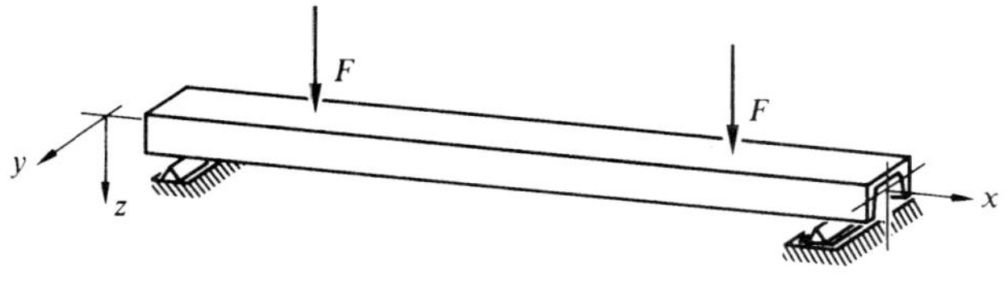

Abb. 5.2. Im Bereich zwischen den Kräften sind die Bedingungen I bis VI erfüllt

Angriffspunkten der Kräfte. Die Bezeichnung *reine Biegung* rührt daher, daß die Querkraft $Q_z(x)$ infolge der Beziehung

$$Q_z(x) = \frac{\mathrm{d}}{\mathrm{d}x} M_y(x)$$

identisch null ist. Folglich treten im Stab keine Schubspannungen auf. Nur das Biegemoment verursacht Verformungen. Die Bedingungen V und VI vereinfachen die mathematische Behandlung des Biegeproblems wesentlich. Sie werden eingeführt, um allgemeingültige Gesetzmäßigkeiten zunächst in ihrer einfachst möglichen Form zu gewinnen. Die Kenntnis dieser Gesetzmäßigkeiten bietet dann die Möglichkeit zu Verallgemeinerungen, bei denen die Bedingungen V und VI wieder aufgegeben werden.

Bei den folgenden Untersuchungen wird ein raumfestes x, y, z-System benutzt, dessen Achsen im unverformten Stab so liegen, wie es Abb. 5.1 zeigt. Die x-Achse liegt in der Stabachse, die z-Achse in der Symmetrieachse des Querschnitts, und die y-Achse hat die Richtung des Biegemomentenvektors.

Die *Geometrie* der Verformung wird durch die Bedingungen I bis VI weitgehend festgelegt. Aus der Symmetrie des Stabes zur x, z-Ebene folgt, daß bei der Verformung nur Verschiebungen in z-Richtung auftreten. Weil für alle Punkte des Stabes gleiche Bedingungen herrschen (gleiche Querschnitte und gleiches Biegemoment) verformt sich der Stab zu einem Kreisbogen (Abb. 5.3). Ebene Querschnitte, die vor der Verformung senkrecht zur Stabachse liegen, sind auch nach der Verformung eben und senkrecht zur verformten Stabachse.

Abb. 5.3 zeigt ein Stück des kreisförmig gebogenen Stabes mit übertrieben starker Krümmung. Man erkennt, daß die Dehnung ϵ einer Längsfaser des Stabes nur von der Koordinate z abhängt, an der sich die Faser vor der Verformung befunden hat (man beachte: Mit *Faser* meint man bei einem homogenen, isotropen Werkstoff eine materielle Parallele zur Stabachse). Fasern an der Oberseite des Stabes werden bei der Verformung kürzer, und Fasern

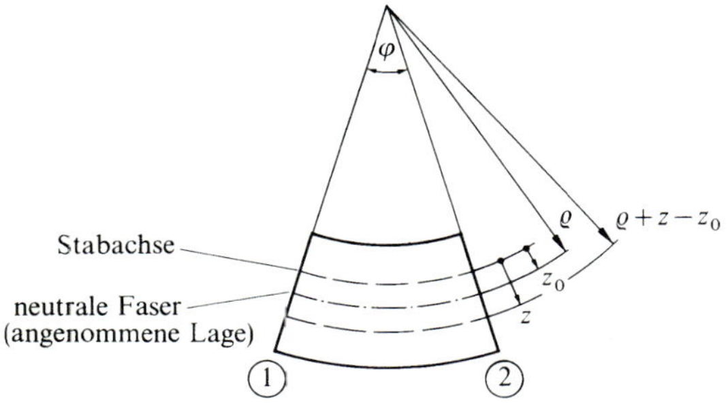

Abb. 5.3. Bei der Verformung bleiben alle Querschnitte des Stabes eben, und die Stabfasern werden zu konzentrischen Kreisen gebogen. Die Koordinate z_0 der neutralen Fasern und ihr Krümmungsradius ρ sind noch unbekannt

an der Unterseite werden länger. In einer Ebene innerhalb des Stabes an einer noch unbekannten Stelle $z = z_0$ ist die Dehnung $\epsilon(z)$ daher null. Die Fasern in dieser Ebene behalten bei der Verformung ihre ursprüngliche Länge. Diese Fasern werden neutrale Fasern genannt. Der ebenfalls unbekannte Krümmungsradius der neutralen Fasern nach der Verformung ist mit ρ bezeichnet. Sein Kehrwert $1/\rho$ wird Krümmung der neutralen Fasern genannt. In der Figur ist außerdem der Winkel φ angegeben, den zwei beliebig gewählte Querschnitte 1 und 2 nach der Verformung einschließen. Die neutralen Fasern haben zwischen diesen Querschnitten die Länge

$$L_0 = \rho\varphi.$$

Eine Faser, die sich vor der Verformung an der Stelle z (beliebig) befindet, hat nach der Verformung den Krümmungsradius $\rho + z - z_0$. Vor der Verformung hat die Faser zwischen den Querschnitten 1 und 2 dieselbe Länge L_0 wie die neutrale Faser. Nach der Verformung hat sie die Länge

$$L = (\rho + z - z_0)\varphi.$$

Ihre Dehnung ist also

$$\epsilon(z) = \frac{L - L_0}{L_0} = \frac{z - z_0}{\rho}. \tag{5.1}$$

Damit ist die Beschreibung der Verformungsgeometrie abgeschlossen.

Das *Stoffgesetz* für eine einzelne Faser ist wie beim Zugversuch

$$\sigma(z) = E\epsilon(z). \tag{5.2}$$

*Gleichgewichts*bedingungen werden für das Stabstück von Abb. 5.3 formuliert, jedoch im unverformten Zustand. An jedem Flächenelement $\mathrm{d}A$ der Schnittufer greift eine Kraft der Größe

$$\mathrm{d}F = \sigma(z)\,\mathrm{d}A$$

an. In Abb. 5.4 sind am positiven Schnittufer als Beispiel diese Kräfte an zwei gleich großen und symmetrisch zur z-Achse liegenden Flächenelementen eingezeichnet. Die Kräfte sind gleich groß. Am negativen Schnittufer ist das Biegemoment M_y als einzige vorhandene Schnittgröße eingezeichnet. Es ist den dort wirkenden verteilten Kräften äquivalent. Offensichtlich sind das Kräftegleichgewicht in y- und in z-Richtung und das Momentengleichgewicht um die x-Achse erfüllt. Die Bedingung für das Momentengleichgewicht um die z-Achse ist wegen der Symmetrie auch erfüllt. Sie lautet

$$\int_A y\,\sigma(z)\,\mathrm{d}A = 0. \tag{5.3}$$

Darin ist A der Flächeninhalt der Querschnittsfläche. Die Bedingungen für das Kräftegleichgewicht in x-Richtung und für das Momentengleichgewicht um die y-Achse sind

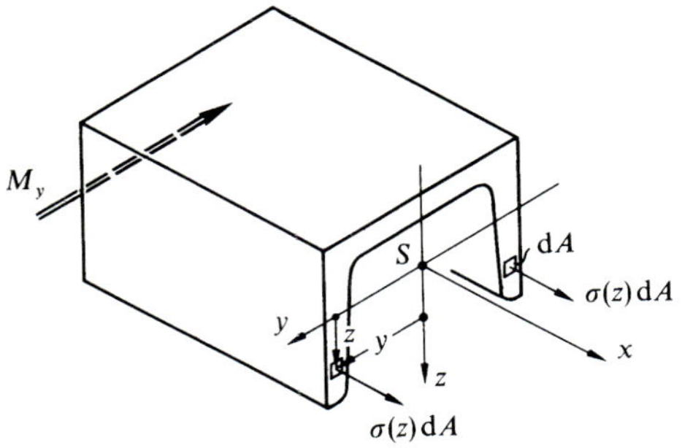

Abb. 5.4. Kräfte und Momente an einem freigeschnittenen, unverformten Stabstück

$$\int_A \sigma(z)\,\mathrm{d}A = 0 \tag{5.4}$$

bzw.

$$\int_A z\,\sigma(z)\,\mathrm{d}A - M_y = 0. \tag{5.5}$$

Man erkennt übrigens, daß sich an den Gleichgewichtsbedingungen (5.3) bis (5.5) nichts ändert, wenn man sie am verformten Stab aufstellt.

Jetzt sind alle Gleichungen zur Bestimmung der Unbekannten z_0, ρ, $\epsilon(z)$ und $\sigma(z)$ formuliert. Aus (5.1) und (5.2) ergibt sich zunächst

$$\sigma(z) = \frac{E}{\rho}(z - z_0) \tag{5.6}$$

und damit aus (5.4)

$$\frac{E}{\rho}\Big(\int_A z\,\mathrm{d}A - z_0 A\Big) = 0. \tag{5.7}$$

Das Integral in der Klammer ist das statische Moment der Fläche bezüglich der y-Achse. Es ist null, weil der Flächenschwerpunkt auf der Achse liegt. Also liefert die Gleichung das Ergebnis

$$z_0 = 0. \tag{5.8}$$

Es bedeutet, daß die neutralen Fasern in der Ebene $z = 0$ liegen, die den Schwerpunkt der Querschnittsfläche enthält (Abb. 5.5). Mit diesem Ergebnis lautet (5.6)

$$\sigma(z) = \frac{E}{\rho}\,z. \tag{5.9}$$

Damit nimmt (5.5) die Form an:

$$\frac{E}{\rho}\int_A z^2\,\mathrm{d}A - M_y = 0. \tag{5.10}$$

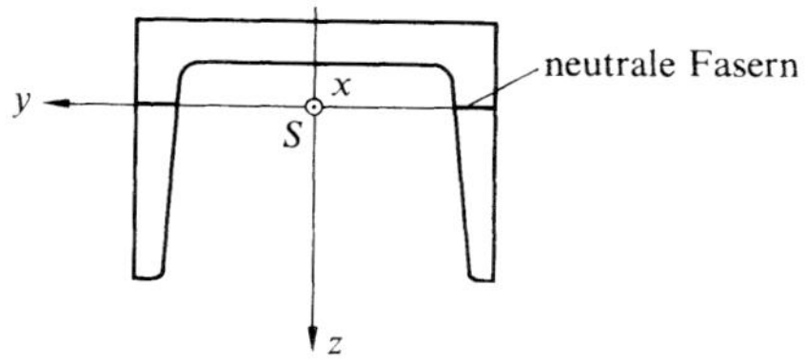

Abb. 5.5. Die Schicht der neutralen Fasern liegt bei $z = 0$

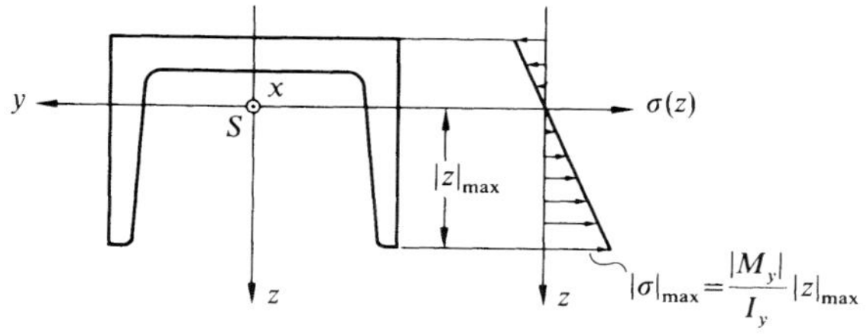

Abb. 5.6. Die lineare Verteilung der Längsspannung $\sigma(z)$ im Stabquerschnitt

Das Integral in dieser Gleichung ist durch die Form und Größe der Querschnittsfläche eindeutig bestimmt und kann unabhängig vom Problem der Biegung berechnet werden. Es ist ein sog. *axiales Flächenmoment* 2. *Grades*, weil der Integrand die Form *Flächenelement mal Quadrat des Abstandes von der y-Achse* hat. (Zum Vergleich: Das statische Moment in (5.7) ist ein Flächenmoment 1. Grades). Das Flächenmoment 2. Grades wird mit I_y abgekürzt:

$$I_y = \int_A z^2 \, \mathrm{d}A. \tag{5.11}$$

Eine ältere Bezeichnung ist axiales Flächenträgheitsmoment.

In (5.10) sind außer der Krümmung $1/\rho$ der Biegelinie alle Größen bekannt. Sie ist also

$$\frac{1}{\rho} = \frac{M_y}{EI_y}. \tag{5.12}$$

Mit diesem Ergebnis ist die Form der Biegelinie vollständig bestimmt. Die Größe EI_y wird *Biegesteifigkeit* des Stabes genannt. Sie spielt bei der Biegung dieselbe Rolle, wie die Dehnsteifigkeit EA bei der Deformation eines Zustabes (vgl.(4.1)).

Aus (5.9) und (5.12) erhält man die Gleichung

$$\sigma(z) = \frac{M_y}{I_y} z. \tag{5.13}$$

Sie beschreibt die Verteilung der Längsspannung im Stabquerschnitt. Die Spannung ist eine lineare Funktion von z. In Abb. 5.6 ist sie in einem Diagramm neben dem Stabquerschnitt aufgezeichnet. Der größte Spannungsbetrag tritt immer am Rand auf, und zwar in den Punkten, für die $|z|$ maximal

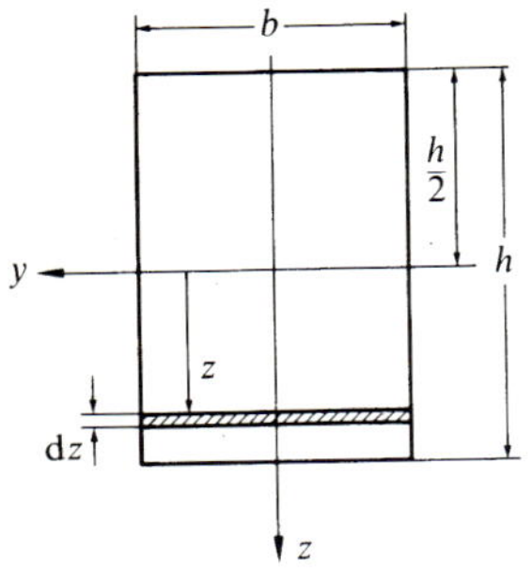

Abb. 5.7. Das schraffierte Flächenelement $b\,\mathrm{d}z$ hat den Abstand z von der y-Achse

ist:

$$|\sigma|_{max} = \frac{|M_y|}{I_y}\,|z|_{max}.$$

Zur Abkürzung dieser Formel wird das sog. *Biegewiderstandsmoment*

$$W = \frac{I_y}{|z|_{max}} \tag{5.14}$$

eingeführt. Mit ihm ist

$$|\sigma|_{max} = \frac{|M_y|}{W}.$$

Das Widerstandsmoment ist nur von der Querschnittsform abhängig. In Handbüchern sind Biegewiderstandsmomente von Stabquerschnittsformen zusammen mit Flächenmomenten 2. Grades tabelliert (s. [5] und [6]).

Sowohl die Maximalspannung als auch die Krümmung eines Biegestabes sind proportional zu $1/I_y$. In der Technik werden deshalb für Biegestäbe Querschnittsformen verwendet, die geringes Gewicht (d.h. kleinen Flächeninhalt A des Querschnitts) und großes Flächenmoment I_y haben. Gl. (5.11) erklärt, warum T-, Doppel-T- und U-Profile besser geeignet sind als z.B. Rechteckquerschnitte. Bei ihnen sind nämlich die achsnahen Teile des Querschnitts ausgespart, die zum Gewicht viel und zu I_y sehr wenig beitragen.

Für den Rechteckquerschnitt von Abb. 5.7 wird das Integral in Gl. (5.11) im folgenden berechnet. Als Flächenelement $\mathrm{d}A$ im Abstand z von der y-Achse bietet sich das schraffierte Element der Größe $\mathrm{d}A = b\,\mathrm{d}z$ an. Damit wird

$$I_y = \int_{z=-h/2}^{+h/2} z^2 b\,\mathrm{d}z = \tfrac{1}{12} b h^3. \tag{5.15}$$

Weiterhin erhält man mit $|z|_{max} = h/2$ das Biegewiderstandsmoment

$$W = \tfrac{1}{6} b h^2.$$

Das wesentliche Merkmal beider Formeln ist, daß die Höhe h des Querschnitts mit einem höheren Exponenten eingeht als die Breite b. Ein Zahlenbeispiel soll das erläutern. Ein Zeichenlineal mit einem Rechteckquerschnitt der Kantenlängen d und $10d$ läßt sich um die lange Symmetrieachse des Querschnitts sehr leicht verbiegen, um die kurze dagegen so schwer, daß man kaum etwas sieht. Die Formeln erklären das. Im ersten Fall ist $b = 10d$, $h = d$ und folglich $I_y = 10d^4/12$, $W = 10d^3/6$. Im zweiten Fall mit $b = d$, $h = 10d$ erhält man $I_y = 10^3d^4/12$, $W = 10^2d^3/6$, also Größen, die um den Faktor 100 bzw. 10 größer sind. Mehr über Flächenmomente 2. Grades ist in Abschnitt 5.2 zu finden.

5.1.2 Unsymmetrische Querschnitte

Die Ergebnisse für die Krümmung der Biegelinie und für die Spannungsverteilung im Querschnitt sind nicht nur für Stäbe mit symmetrischen Querschnitten gültig. Die Symmetriebedingung VI von S. 93 kann durch eine schwächere Bedingung ersetzt werden. Das wird im folgenden gezeigt. Von der Bedingung wird nur aufrecht erhalten, daß das Biegemoment die Richtung der y-Achse hat und daß seine Größe $M_y(x)$ längs des Stabes konstant ist. Es handelt sich also weiterhin um reine Biegung.

Voraussetzungsgemäß sollen die Gln.(5.1) bis (5.12) weiterhin gültig sein. Von diesen Gleichungen ist die Momentengleichgewichtsbedingung (5.3) die einzige, die im vorigen Abschnitt wegen der Symmetrie erfüllt war, so daß sie nicht näher betrachtet werden mußte. Das ist nun notwendig. Mit (5.9) nimmt sie die Form an:

$$\frac{E}{\rho}\int_A yz\,\mathrm{d}A = 0. \tag{5.16}$$

Das Integral darin ist auch ein Flächenmoment 2. Grades, das allein durch die Form und Größe der Querschnittsfläche und die Lage der y, z-Achsen in der Fläche bestimmt ist. Das mit -1 multiplizierte Integral wird mit I_{yz} bezeichnet:

$$I_{yz} = -\int_A yz\,\mathrm{d}A. \tag{5.17}$$

Man nennt I_{yz} ein biaxiales Flächenmoment 2. Grades. Eine ältere Bezeichnung ist zentrifugales Flächenträgheitsmoment. Da E und ρ von null verschieden sind, muß $I_{yz} = 0$ sein. Das ist die Bedingung, unter der die früheren Ergebnisse auch für unsymmetrische Stabquerschnitte gültig sind. Bei symmetrischen Querschnitten ist $I_{yz} = 0$, wenn eine der Koordinatenachsen in der Symmetrieachse liegt. Im nächsten Abschnitt über Flächenmomente 2. Grades wird gezeigt, daß i.allg. $I_{yz} \neq 0$ ist, daß es aber bei jeder Querschnittsform möglich ist, das y, z-Achsenkreuz mit Ursprung im Flächenschwerpunkt so in den Querschnitt zu legen, daß $I_{yz} = 0$ ist.

5.2 Flächenmomente 2. Grades

Die Definitionen für axiale und biaxiale Flächenmomente 2. Grades stehen in (5.11) und (5.17):

$$I_y = \int_A z^2 \, \mathrm{d}A, \qquad I_{yz} = -\int_A yz \, \mathrm{d}A.$$

Im Integranden von I_y wird das Flächenelement $\mathrm{d}A$ mit dem Quadrat seines Abstandes von der y-Achse multipliziert und im Integranden von I_{yz} wird es mit seinen Abständen von der y- und von der z-Achse multipliziert. Das erklärt die Indizes an den Symbolen I_y und I_{yz}. Im folgenden wird die Bezeichnung Flächenmoment und nicht Flächenmoment 2. Grades verwendet, wenn Verwechslungen mit Flächenmomenten 1. Grades ausgeschlossen sind.

Außer I_y und I_{yz} muß man noch das axiale Flächenmoment

$$I_z = \int_A y^2 \, \mathrm{d}A$$

betrachten. Es wird benötigt, wenn man einen Stab um die z-Achse biegt. Zur Unterscheidung spricht man bei I_y vom axialen Flächenmoment für die y-Achse und bei I_z von dem für die z-Achse.

In Kapitel 6 wird noch ein weiteres Flächenmoment 2. Grades, das sog. polare Flächenmoment

$$I_p = \int_A r^2 \, \mathrm{d}A, \tag{5.18}$$

eingeführt, in dem das Flächenelement $\mathrm{d}A$ mit dem Quadrat seiner Entfernung vom Ursprung multipliziert wird. Es gilt $r^2 = y^2 + z^2$ und daher

$$I_p = \int_A (y^2 + z^2) \, \mathrm{d}A = \int_A y^2 \, \mathrm{d}A + \int_A z^2 \, \mathrm{d}A = I_z + I_y. \tag{5.19}$$

Axiale und polare Flächenmomente sind positive Größen. Biaxiale Flächenmomente können positiv, null oder negativ sein.

Die einfache Beziehung (5.19) kann für die praktische Berechnung der Integrale sehr nützlich sein. Als Beispiel wird die Kreisringfläche in Abb. 5.8 betrachtet. Wegen der Symmetrie ist offensichtlich $I_y = I_z$. Das Integral I_y ist nicht ganz einfach zu berechnen. Dagegen läßt sich I_p aus (5.18) sehr einfach bestimmen, wenn man als Flächenelement $\mathrm{d}A$ in der Entfernung r vom Ursprung die eingezeichnete Ringfläche der Größe

$$\mathrm{d}A = 2\pi r \, \mathrm{d}r$$

verwendet. Dann erhält man sofort

$$I_p = \int_{r=r_i}^{r_a} r^2 \cdot 2\pi r \, \mathrm{d}r = \tfrac{1}{2}\pi(r_a^4 - r_i^4) \tag{5.20}$$

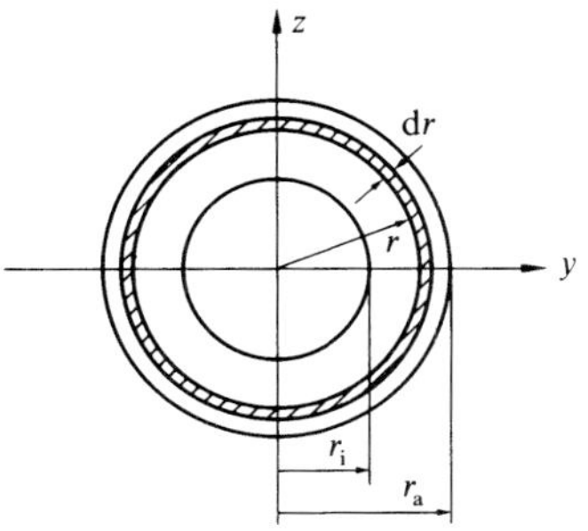

Abb. 5.8. Das schraffierte Flächenelement $2\pi r\,\mathrm{d}r$ hat die Entfernung r vom Ursprung

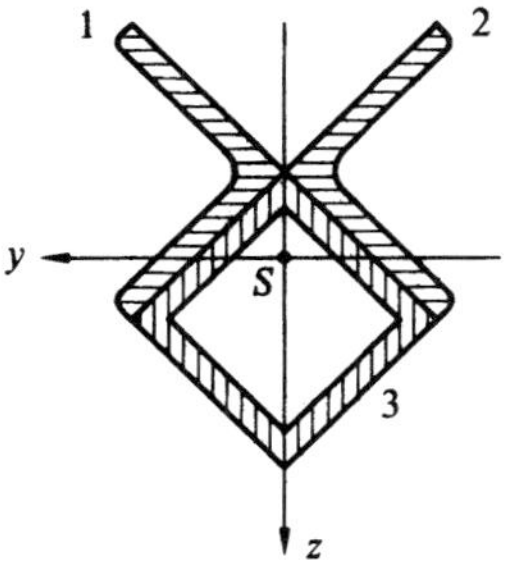

Abb. 5.9.

und daraus

$$I_y = I_z = \tfrac{1}{4}\pi(r_a^4 - r_i^4). \tag{5.21}$$

Für eine große Zahl von Flächen einfacher Gestalt und jeweils für bestimmte Koordinatenachsen lassen sich Flächenmomente ohne Mühe direkt aus den Definitionsgleichungen durch Integration bestimmen. Als Beispiel wurde bereits das Rechteck untersucht (siehe Gl. (5.15)). Im Anhang sind in Tabelle 3 axiale und biaxiale Flächenmomente für viele häufig vorkommende Flächen und für bestimmte Koordinatenachsen angegeben (siehe auch [5] und [6]; Querschnittsformen genormter Walzprofile siehe in [5] und [7]). Solche Tabellen reichen jedoch nicht aus, wie das Beispiel in Abb. 5.9 zeigt. Dort ist ein symmetrischer Stabquerschnitt aus drei einfachen Profilen zusammengesetzt. Für die drei Teilflächen findet man Flächenmomente für bestimmte Bezugsachsen in Tabellen (für die Teilfläche 1 z.B. für die Bezugsachsen, die in Abb. 5.10 als Ausgangssystem bezeichnet sind). Die Tabellen liefern aber nicht die axialen Flächenmomente der Teilflächen 1, 2 und 3 für die y-Achse durch den Schwerpunkt der Gesamtfläche. Diese drei werden benötigt, da ihre Summe das Flächenmoment I_y ist, das in (5.12) und (5.13) steht. Das Beispiel zeigt, daß bei praktischen Rechnungen folgende Aufgabe gelöst werden muß. Gegeben sind: Eine Querschnittsform, der Flächeninhalt, die Koordinaten des Flächenschwerpunktes in einem gegebenen Koordinatensystem und die Flächenmomente für die Achsen dieses Koordinatensystems, das im folgenden das Ausgangssystem genannt wird. Gesucht werden die

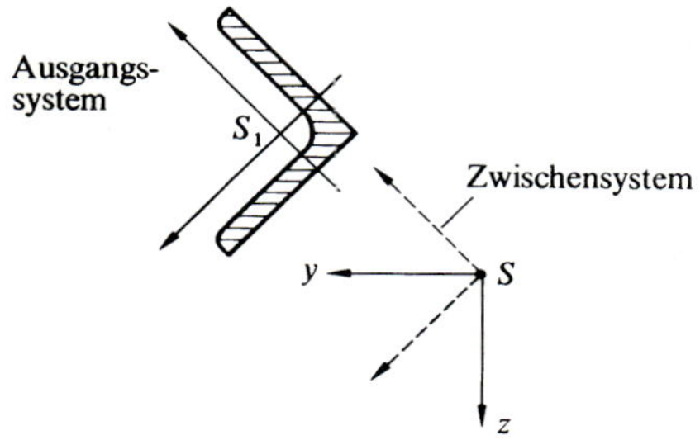

Abb. 5.10. Für das L-Profil liefern Tabellen alle Flächenmomente 2. Grades im Ausgangssystem. In zwei Schritten werden die Flächenmomente im Zwischensystem und im y, z-System berechnet

Flächenmomente für die Achsen eines anderen Koordinatensystems, dessen Lage ebenfalls gegeben ist.

Die Aufgabe läßt sich in zwei Schritten lösen. Im ersten Schritt werden die Flächenmomente in einem Zwischensystem berechnet, das gegen das Ausgangssystem parallel verschoben ist. In Abb. 5.10 sind das Ausgangssystem links und das Zwischensystem gestrichelt rechts gezeichnet. Im zweiten Schritt werden aus den Flächenmomenten für das Zwischensystem die Flächenmomente für das gewünschte y, z-System bestimmt, das aus dem Zwischensystem durch eine reine Drehung hervorgeht. Man kann auch zuerst drehen und dann parallel verschieben. In den nächsten Abschnitten werden die beiden Teilprobleme einzeln behandelt.

5.2.1 Flächenmomente für parallel verschobene Bezugsachsen

Die Aufgabe lautet: Gegeben sind der Flächeninhalt A sowie die axialen Flächenmomente I_y und I_z und das biaxiale Flächenmoment I_{yz} der Fläche für die Achsen eines y, z-Systems (Abb. 5.11). Gegeben sind außerdem die Koordinaten y_0 und z_0 des Ursprungs 0 eines zweiten Koordinatensystems mit den parallel ausgerichteten Achsen η und ζ. Gesucht werden die axialen Flächenmomente I_η und I_ζ und das biaxiale Flächenmoment $I_{\eta\zeta}$ der Fläche für diese Achsen. In der Figur ist der besondere Fall von Abb. 5.10 voraus-

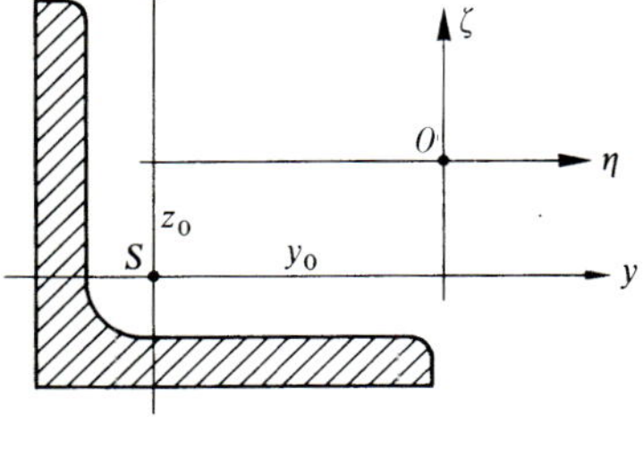

Abb. 5.11.

gesetzt, daß der Ursprung des Ausgangssystems y, z im Schwerpunkt S der Fläche liegt. Liegt der Ursprung nicht in S, dann kann man die noch zu entwickelnden Formeln zweimal hintereinander anwenden. Beim ersten Mal geht man vom gegebenen Ausgangssystem zu einem Zwischensystem über, dessen Ursprung in S liegt und beim zweiten Mal von diesem Zwischensystem zu dem gewünschten η, ζ-System. Die Lösung der Aufgabe von Abb. 5.11 beruht auf den Definitionsgleichungen

$$\left.\begin{array}{lll} I_y = \int_A z^2 \, \mathrm{d}A, & I_z = \int_A y^2 \, \mathrm{d}A, & I_{yz} = -\int_A yz \, \mathrm{d}A, \\ I_\eta = \int_A \zeta^2 \, \mathrm{d}A, & I_\zeta = \int_A \eta^2 \, \mathrm{d}A, & I_{\eta\zeta} = -\int_A \eta\zeta \, \mathrm{d}A \end{array}\right\} \tag{5.22}$$

und auf den Transformationsgleichungen

$$\eta = y - y_0, \qquad \zeta = z - z_0.$$

Damit erhält man

$$I_\eta = \int_A (z - z_0)^2 \, \mathrm{d}A = \int_A z^2 \, \mathrm{d}A - 2z_0 \int_A z \, \mathrm{d}A + z_0^2 \int_A \mathrm{d}A.$$

Das erste Integral rechts ist I_y. Das zweite ist das Flächenmoment 1. Grades (das statische Moment der Fläche) für die y-Achse. Es ist null, weil der Flächenschwerpunkt auf der y-Achse liegt. Das dritte Integral ist der Flächeninhalt A. Also ist

$$I_\eta = I_y + z_0^2 A. \tag{5.23}$$

Ebenso erhält man

$$I_\zeta = I_z + y_0^2 A \tag{5.24}$$

und

$$\begin{aligned} I_{\eta\zeta} &= -\int_A (y - y_0)(z - z_0) \, \mathrm{d}A \\ &= -\int_A yz \, \mathrm{d}A + z_0 \int_A y \, \mathrm{d}A + y_0 \int_A z \, \mathrm{d}A - y_0 z_0 \int_A \mathrm{d}A \end{aligned}$$

oder, da das zweite und das dritte Integral rechts null sind,

$$I_{\eta\zeta} = I_{yz} - y_0 z_0 A. \tag{5.25}$$

Die Gln.(5.23) bis (5.25) stellen die gesuchten Zusammenhänge dar. Sie sind in der Literatur als Formeln von Huygens[1] und Steiner[2] bekannt. An (5.23) und (5.24) erkennt man, daß ein axiales Flächenmoment für eine Achse durch den Flächenschwerpunkt kleiner ist als für jede andere zu ihr parallele Achse. Für das biaxiale Flächenmoment gilt diese Aussage nicht, weil das Produkt $y_0 z_0$ positiv, null oder negativ sein kann.

[1] Christian Huygens, 1629 (Den Haag) – 1695 (Den Haag)
[2] Jacob Steiner, 1796 (Utzendorf/Solothurn) – 1863 (Bern)

5.2.2 Flächenmomente für gedrehte Bezugsachsen. Der Mohrsche Kreis

Die Aufgabe lautet: Gegeben sind die axialen Flächenmomente I_y und I_z und das biaxiale Flächenmoment I_{yz} einer Fläche für die Achsen eines beliebig in der Fläche liegenden y, z-Systems (Abb. 5.12). Gesucht sind die axialen Flächenmomente I_η und I_ζ und das biaxiale Flächenmoment $I_{\eta\zeta}$ der Fläche für die Achsen eines η, ζ-Systems, das denselben Ursprung hat und das um den Winkel φ gegen das y, z-System gedreht ist. Der Winkel φ wird positiv gezählt bei einer Drehung von der y-Achse zur η-Achse im mathematisch positiven Sinn. Die Lösung der Aufgabe beruht wieder auf den Definitionsgleichungen (5.22) und auf den Transformationsgleichungen für die Koordinaten eines beliebigen Punktes P. Sie sind aus den beiden ähnlichen Dreiecken in der Abbildung ablesbar:

$$\eta = y\cos\varphi + z\sin\varphi, \qquad \zeta = -y\sin\varphi + z\cos\varphi.$$

Damit ist

$$\begin{aligned} I_\eta &= \int_A (-y\sin\varphi + z\cos\varphi)^2\,\mathrm{d}A \\ &= \sin^2\varphi \int_A y^2\,\mathrm{d}A - 2\sin\varphi\cos\varphi \int_A yz\,\mathrm{d}A + \cos^2\varphi \int_A z^2\,\mathrm{d}A \\ &= I_z\sin^2\varphi + I_{yz}\cdot 2\sin\varphi\cos\varphi + I_y\cos^2\varphi. \end{aligned}$$

Die Formel für I_ζ erhält man, wenn man in der Gleichung für I_η den Winkel φ durch $\varphi + \pi/2$ ersetzt. Sie wird nicht weiter gebraucht. Für $I_{\eta\zeta}$ ergibt sich in entsprechender Weise

$$I_{\eta\zeta} = -\int_A (y\cos\varphi + z\sin\varphi)(-y\sin\varphi + z\cos\varphi)\,\mathrm{d}A$$

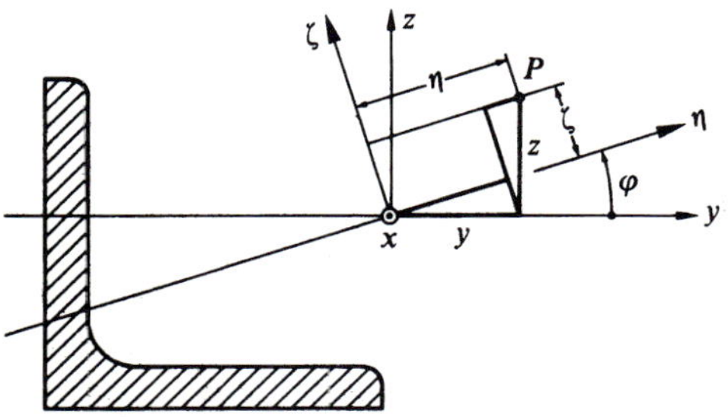

Abb. 5.12. Ein beliebiger Punkt P hat die Koordinaten (x, y) und (η, ζ). Den Zusammenhang zwischen den beiden Koordinatenpaaren und dem Winkel φ liest man aus den dick ausgezogenen Dreiecken ab

$$= \sin\varphi\cos\varphi\Big(\int_A y^2\,\mathrm{d}A - \int_A z^2\,\mathrm{d}A\Big) - (\cos^2\varphi - \sin^2\varphi)\int_A yz\,\mathrm{d}A$$

$$= (I_z - I_y)\sin\varphi\cos\varphi + I_{yz}(\cos^2\varphi - \sin^2\varphi).$$

Die Gleichungen für I_η und $I_{\eta\zeta}$ werden einfacher, wenn man die Additionstheoreme für Kreisfunktionen einführt:

$$2\sin\varphi\cos\varphi = \sin 2\varphi, \qquad \cos^2\varphi = \tfrac{1}{2}(1+\cos 2\varphi), \qquad \sin^2\varphi = \tfrac{1}{2}(1-\cos 2\varphi).$$

Dann nehmen sie die Formen an:

$$I_\eta = \tfrac{1}{2}(I_y + I_z) + \tfrac{1}{2}(I_y - I_z)\cos 2\varphi + I_{yz}\sin 2\varphi, \tag{5.26}$$

$$I_{\eta\zeta} = -\tfrac{1}{2}(I_y - I_z)\sin 2\varphi + I_{yz}\cos 2\varphi. \tag{5.27}$$

Diese Gleichungen haben denselben Aufbau, wie beim ebenen Spannungszustand die Gln. (1.25) und (1.26) für Normal- und Schubspannungen und wie beim ebenen Verzerrungszustand die Gln. (2.13) und (2.14) für Dehnungen und halbe Scherungen. Die axialen Flächenmomente entsprechen den Normalspannungen, und die biaxialen Flächenmomente entsprechen den Schubspannungen. Mit dieser Analogie haben sich die Flächenmomente 2. Grades I_y, I_z und I_{yz} $(= I_{zy})$ als Koordinaten eines symmetrischen Tensors 2. Stufe erwiesen. Nach denselben Konstruktionsvorschriften, die in Abb. 1.11 bis Abb. 1.14 erläutert wurden, kann man axiale und biaxiale Flächenmomente für gedrehte Achsensysteme aus dem *Mohrschen Kreis* in Abb. 5.13 ablesen. Er wird aus I_y, I_z und I_{yz} in einem Diagramm mit den Achsenbezeichnungen I_η und $I_{\eta\zeta}$ konstruiert. Der Kreis zeigt, daß es für jede Fläche und für jeden Koordinatenursprung zwei zueinander orthogonale Achsen durch den Ursprung gibt, für die das biaxiale Flächenmoment null ist, während die axialen Flächenmomente zugleich Extremalwerte I_1 bzw. I_2 annehmen. Man nennt diese Achsen Hauptachsen der Fläche und die Größen I_1 und I_2 Hauptflächenmomente.

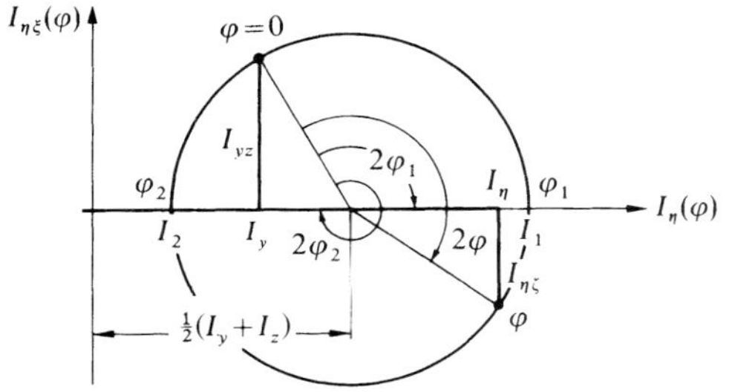

Abb. 5.13. Der Mohrsche Kreis für Flächenmomente 2. Grades entsteht aus dem Mohrschen Spannungskreis in Abb. 1.12a und Abb. 1.14, wenn man σ_ξ durch I_η und $\tau_{\xi\eta}$ durch $I_{\eta\zeta}$ ersetzt

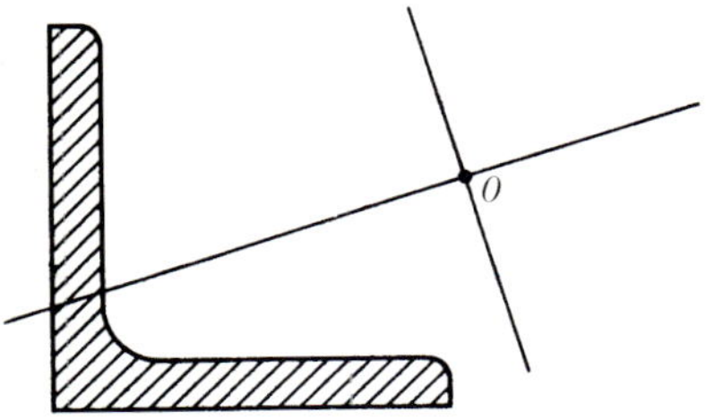

Abb. 5.14. Hauptachsen durch den Punkt 0

Die Lage der Hauptachsen im y, z-System wird durch Winkel φ_1 bzw. φ_2 bestimmt. Die Größen φ_1, φ_2, I_1 und I_2 sind aus dem Mohrschen Kreis ablesbar. Man kann sie auch aus Formeln berechnen, die analog zu (1.28) und (1.31) lauten:

$$\tan 2\varphi_{1,2} = \frac{2I_{yz}}{I_y - I_z}, \qquad I_{1,2} = \tfrac{1}{2}(I_y + I_z) \pm \sqrt{\tfrac{1}{4}(I_y - I_z)^2 + I_{yz}^2}. \qquad (5.28)$$

Abb. 5.14 veranschaulicht den Begriff Hauptachsen. Sie zeigt die Hauptachsen für die Fläche von Abb. 5.12 und für den dort gewählten Koordinatenursprung. Man kann die Lage der Hauptachsen ohne Rechnung schätzen. Die axialen Flächenmomente für die Hauptachsen sind, wie gesagt, maximal bzw. minimal. Die Achsen liegen daher so, daß die Fläche im (quadratischen) Mittel von der einen Achse möglichst weit entfernt ist und sich um die andere möglichst eng gruppiert. Die Figur zeigt das deutlich.

Viele in der Technik verwendete Biegestäbe haben Querschnitte, an denen Symmetrieachsen ins Auge fallen. In diesem Zusammenhang lautet ein wichtiger

Satz: Jede Symmetrieachse ist eine Hauptachse.

Beweis: Man mache die Symmetrieachse zur z-Achse eines y, z-Systems. Abb. 5.4 zeigt ein Beispiel. Zu jedem Flächenelement $\mathrm{d}A$ mit den Koordinaten y und z gibt es ein gleich großes mit den Koordinaten $-y$ und z. Ihre Beiträge zum Integral $I_{yz} = -\int_A yz\,\mathrm{d}A$ heben sich gegenseitig weg. Folglich ist $I_{yz} = 0$. Das bedeutet aber, daß die y- und die z-Achse Hauptachsen sind. Das gilt auch dann, wenn die y-Achse nicht durch den Flächenschwerpunkt geht. Ende des Beweises.

Von besonderem Interesse sind Stabquerschnittsformen, bei denen der Mohrsche Kreis für den Flächenschwerpunkt S als Koordinatenursprung zu einem Punkt entartet (Abb. 5.15). Bei solchen Flächen ist jede Achse durch S eine Hauptachse, und für alle diese Achsen sind die axialen Flächenmomente gleich. Nicht jeder Fläche mit dieser Eigenschaft kann man das ohne Rechnung ansehen. Bei vielen Flächen ist es aber möglich. Abb. 5.16a-f zeigt Beispiele. Zwei nützliche Kriterien zur Erkennung werden formuliert.

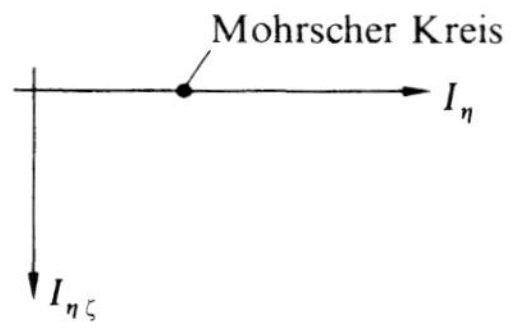

Abb. 5.15. Entarteter Mohrscher Kreis

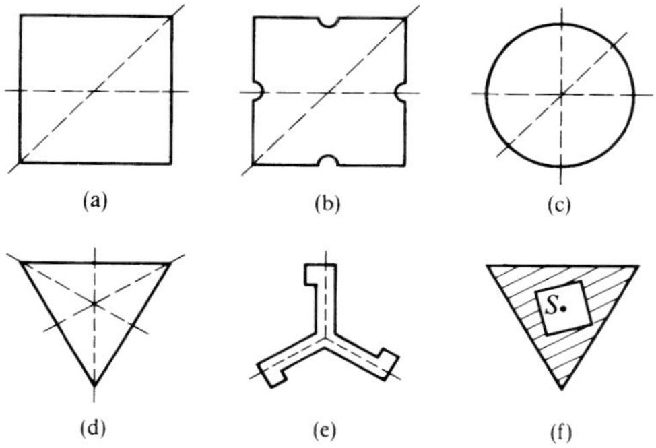

Abb. 5.16. Querschnitte, für die der Mohrsche Kreis zu einem Punkt entartet

1. Kriterium: Wenn eine Fläche zwei Symmetrieachsen hat, die nicht senkrecht aufeinanderstehen, dann sind die axialen Flächenmomente für alle Achsen durch den Flächenschwerpunkt S gleich.

Beweis: Beide Symmetrieachsen gehen durch S und sind Hauptachsen. Da sie nicht senkrecht aufeinanderstehen, gibt es zwei verschiedene Hauptachsensysteme, also vier Schnittpunkte des Mohrschen Kreises mit der I_η-Achse. Das ist nur möglich, wenn der Kreis zu einem Punkt entartet ist. Ende des Beweises. Die Flächen in Abb. 5.16a–d sind an diesem Kriterium zu erkennen. Sie haben zwei nicht senkrecht aufeinanderstehende Symmetrieachsen (gestrichelt).

2. Kriterium: Wenn eine Fläche drei durch den Schwerpunkt S gehende Achsen hat, für die die axialen Flächenmomente 2. Grades gleich sind, dann sind die axialen Flächenmomente für alle Achsen durch S gleich.

Beweis: Jeder Achse entspricht ein Punkt des Mohrschen Kreises. Wenn drei Punkte des Kreises dieselbe Koordinate I_η haben, dann ist der Kreis zu einem Punkt entartet. Ende des Beweises. Die Flächen in Abb. 5.16c–e sind an diesem Kriterium zu erkennen. Sie haben drei Achsen (gestrichelt), denen man die Gleichheit der axialen Flächenmomente ansehen kann.

Für die Fläche in Abb. 5.16f ist nach keinem der beiden Kriterien zu erkennen, daß der Mohrsche Kreis ein Punkt ist. Man erkennt die Eigenschaft aber daran, daß die Fläche durch Überlagerung von zwei Flächen mit zusammenfallenden Schwerpunkten gebildet ist, die jede für sich diese Eigenschaft hat und die nach einem der beiden Kriterien als solche zu erkennen ist.

Beispiel 5.2-1
Abb. 5.17a zeigt ein rechtwinkliges Dreieck mit den Seitenlängen a und b. Der Ursprung des y,z-Systems liegt im Flächenschwerpunkt S. Wie groß sind die Flächenmomente I_y, I_z und I_{yz}, und wie groß sind die Flächenmomente $I_{y'}$, $I_{z'}$ und $I_{y'z'}$ im eingezeichneten y',z'-System? Wie groß sind die Hauptflächenmomente in beiden Systemen und wie sind die zugehörigen Hauptachsen gerichtet?
Lösung: Zuerst wird $I_{y'}$ berechnet. Als Flächenelement $\mathrm{d}A$ dient der schraffierte Streifen der Dicke $\mathrm{d}z'$ im Abstand z' von der y'-Achse. Er hat die Länge $(b-z')a/b$. Damit ist

$$I_{y'} = \int_A z'^2 \,\mathrm{d}A = \frac{a}{b}\int_{z'=0}^{b} z'^2(b-z')\,\mathrm{d}z' = \tfrac{1}{12}\,ab^3 .$$

Durch Vertauschen von a und b erhält man $I_{z'} = \frac{1}{12}\,ba^3$.
Bei der Berechnung von $I_{y'z'}$ wird ein Flächenelement $\mathrm{d}y'\,\mathrm{d}z'$ des schraffierten Streifens gewählt. Dann ist

$$I_{y'z'} = -\int_A y'z'\,\mathrm{d}A = -\int_{z'=0}^{b}\int_{y'=0}^{(b-z')a/b} y'z'\,\mathrm{d}y'\,\mathrm{d}z' .$$

Die Anfangs- und Endkoordinaten des Streifens sind jetzt Integrationsgrenzen. Man erhält

$$I_{y'z'} = -\frac{a^2}{2b^2}\int_0^b z'(b-z')^2\,\mathrm{d}z' = -\tfrac{1}{24}\,a^2b^2 .$$

Mit den Formeln von Huygens–Steiner werden nun bestimmt:

$$\begin{aligned} I_y &= I_{y'} - (b/3)^2(ab/2) = \tfrac{1}{36}\,ab^3, \qquad I_z = \tfrac{1}{36}\,ba^3,\\ I_{yz} &= I_{y'z'} + (-a/3)(-b/3)(ab/2) = \tfrac{1}{72}\,a^2b^2 . \end{aligned}$$

Also ist

$$I_y = \tfrac{1}{3}\,I_{y'}, \qquad I_z = \tfrac{1}{3}\,I_{z'}, \qquad I_{yz} = -\tfrac{1}{3}\,I_{y'z'} .$$

Hauptachsen und Hauptflächenmomente werden aus (5.28) berechnet.
Für das y',z'-System:

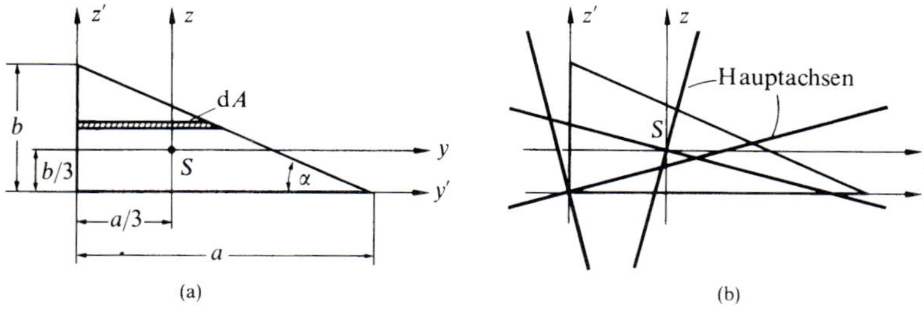

Abb. 5.17.

$$\tan 2\varphi'_{1,2} = \frac{-2a^2b^2/24}{(ab^3 - ba^3)/12} = \frac{b/a}{1 - b^2/a^2} = \frac{\tan\alpha}{1 - \tan^2\alpha} = \tfrac{1}{2}\tan 2\alpha,$$

$$I'_{1,2} = \tfrac{1}{2}\,\tfrac{1}{12}\left[ab^3 + ba^3 \pm \sqrt{(ab^3 - ba^3)^2 + a^4b^4}\right]$$

$$= \tfrac{1}{24}\,ab\left[a^2 + b^2 \pm \sqrt{(a^2 - b^2)^2 + a^2b^2}\right].$$

Für das y, z-System gilt wegen der Faktoren $\frac{1}{3}$ und $-\frac{1}{3}$:

$$\varphi_1 = -\varphi'_1, \qquad \varphi_2 = -\varphi'_2, \qquad I_1 = \tfrac{1}{3}\,I'_1, \qquad I_2 = \tfrac{1}{3}\,I'_2.$$

Abb. 5.17b zeigt die Lage der Hauptachsensysteme in einem Dreieck mit dem Seitenverhältnis $b/a = 4/9$.

5.3 Die Differentialgleichung der Biegelinie

In diesem Abschnitt werden die bisher gewonnenen Aussagen über die Spannungsverteilung und die Verformung von Biegestäben verallgemeinert. Die Bedingung V von S. 93 wird ganz und die Bedingung VI wird weitgehend fallengelassen. Der Stabquerschnitt darf beliebig geformt und im Rahmen von Bedingung III längs der Stabachse veränderlich sein. Die Bedingung, daß der Stab nicht verwunden ist, bedeutet, daß die Querschnittshauptachsen an jeder Stelle x dieselben Richtungen haben. In diese Richtungen werden die y- und die z-Achse des raumfesten Koordinatensystems gelegt, so daß $I_{yz} = 0$ ist. Die x-Achse liegt wie bisher in der unverformten Stabachse. Von der Bedingung VI wird nur aufrechterhalten, daß das Biegemoment die Richtung der y-Achse haben soll. Seine Größe $M_y(x)$ darf nun aber eine beliebige Funktion von x sein. In Abb. 5.18 sind die genannten Bedingungen veranschaulicht.

Die Abhängigkeit des Biegemoments M_y von x ist der wesentliche Unterschied zur reinen Biegung. Wegen der Beziehung

$$Q_z(x) = \frac{\mathrm{d}}{\mathrm{d}x} M_y(x)$$

wirken Querkräfte und infolgedessen Schubspannungen. Über die Verteilung von Schubspannungen im Stabquerschnitt werden in Abschnitt 5.6 Aus-

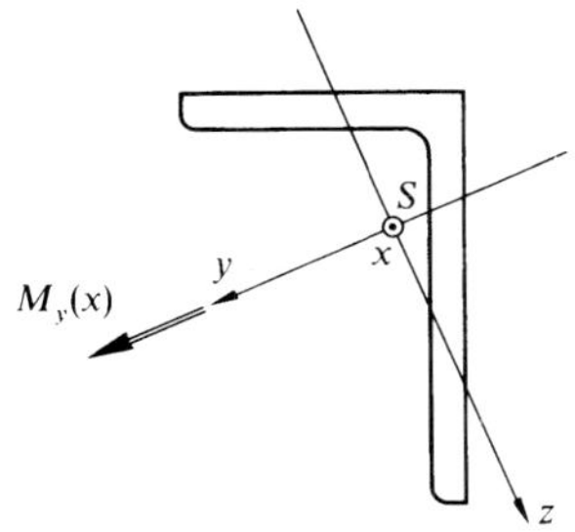

Abb. 5.18. Ein Stabquerschnitt mit den Hauptachsen y und z im Flächenschwerpunkt S und das Biegemoment $M_y(x)$

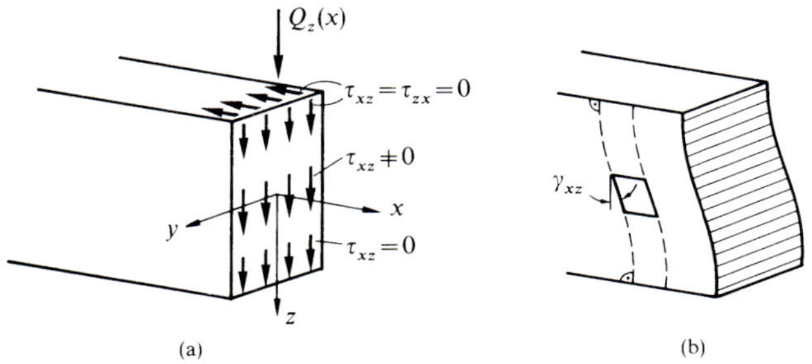

Abb. 5.19. Die ungleichmäßige Verteilung der Schubspannung $\tau_{xz}(x,z)$ (a) und der Scherung $\gamma_{xz}(x,z) = \tau_{xz}/G$ (b) in einem Rechteckquerschnitt infolge einer Querkraft $Q_z(x)$. Der Querschnitt wölbt sich bei Erhaltung der rechten Winkel an den Kanten oben und unten

sagen gemacht. Hier genügt es, am Beispiel eines Stabes mit dem konstanten Rechteckquerschnitt von Abb. 5.19a zu erläutern, daß Schubspannungen im Querschnitt nicht gleichmäßig verteilt sind. Am oberen und am unteren Rand ist die Schubspannung $\tau_{xz} = 0$, weil in der freien Stabaußenfläche die Schubspannung $\tau_{zx} = 0$ ist und weil nach dem Satz von der Gleichheit zugeordneter Schubspannungen $\tau_{xz} = \tau_{zx}$ ist. Im Innern des Querschnitts steigt τ_{xz} bis zu einem Maximalwert in der Mitte an. Infolgedessen ist auch die Scherung $\gamma_{xz} = \tau_{xz}/G$ in der Mitte maximal und am oberen und am unteren Rand gleich null. Der ursprünglich ebene Querschnitt ist folglich nach der Verformung so gewölbt, wie es Abb. 5.19b übertrieben darstellt. In Kap.8 (siehe Beisp. 8.3-4) wird gezeigt, daß der Einfluß der Scherung auf Durchbiegungen eines Stabes im Verhältnis zum Einfluß der Längsdehnung infolge Biegemoment vernachlässigbar klein ist, wenn die größte Querschnittshöhe klein im Vergleich zur Stablänge ist. Das ist der Grund für die Bedingung II von S. 92. Im folgenden wird die Scherung vernachlässigt, der Stab also als schubstarr angenommen. Dann gilt wie bei reiner Biegung, daß ursprünglich ebene Schnittflächen senkrecht zur Stabachse auch nach der Verbiegung des Stabes eben und senkrecht zur gebogenen Stabachse sind. In der Literatur ist diese Annahme als *Hypothese von Bernoulli*[3] *über das Ebenbleiben der Querschnitte* bekannt.

Einen Stab mit veränderlichem Querschnitt und veränderlichem Biegemoment kann man sich so vorstellen, als sei er aus unendlich vielen, infinitesimal kurzen Stücken zusammengesetzt, für die sowohl die Querschnitte als auch die Biegemomente untereinander verschieden aber jeweils konstant sind. Abb. 5.20 zeigt in einem Stab ein solches Stück der Länge dx. Für jedes infinitesimal kurze Stabstück liegt dann ein Fall wie bei reiner Biegung vor, für den die Ergebnisse von Abschnitt 5.1 gültig sind, da $I_{yz} = 0$ ist (vgl. (5.16)). Diese Ergebnisse lauten:

[3] Jacob Bernoulli, 1654 (Basel) – 1705 (Basel)

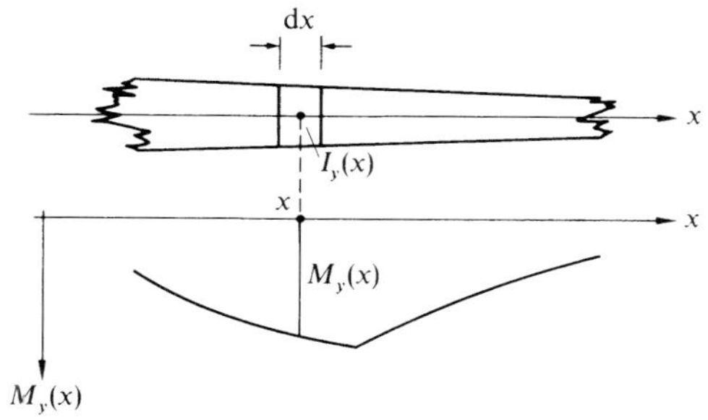

Abb. 5.20. In einem Stab mit variablem Querschnitt (oben) und variablem Biegemoment (unten) sind an der Stelle x in einem Stabstück der Länge dx die Größen $I_y(x)$ und $M_y(x)$ maßgebend

Gl. (5.8): Die neutralen Fasern liegen in der Ebene $z = 0$, in der die Stabachse liegt. Also bleiben auch bei veränderlichem Querschnitt und veränderlichem Biegemoment die Stabfasern in der Ebene $z = 0$ auf der ganzen Länge des Stabes ungedehnt.

Gl. (5.12): Die Krümmung der Biegelinie an der Stelle x ist

$$\frac{1}{\rho(x)} = \frac{M_y(x)}{EI_y(x)}. \tag{5.29}$$

Gl. (5.13): Die Längsspannung an der Stelle x ist

$$\sigma(x,z) = \frac{M_y(x)}{I_y(x)}\,z. \tag{5.30}$$

Während die Spannungsverteilung durch diese Funktion vollständig angegeben wird, ist (5.29) zur Beschreibung der Biegelinie noch nicht ausreichend. Gesucht wird die Funktion $w(x)$ für die Durchbiegung der Stabachse in Abhängigkeit von x. Um den Zusammenhang zwischen dieser Funktion und der Krümmung $1/\rho(x)$ herzustellen, müssen einige geometrische Überlegungen angestellt werden. Der Krümmungsradius $\rho(x)$ ist der Radius desjenigen Kreises, der der Biegelinie an der Stelle x am besten angepaßt ist. In Abb. 5.21 ist für einen Punkt einer Biegelinie dieser sog. Krümmungskreis eingezeichnet. Der Kreis wird durch drei Größen bestimmt, nämlich durch seinen Radius und die beiden Koordinaten seines Mittelpunkts. Sie werden aus drei Bestimmungsgleichungen gewonnen, die fordern, daß Kreis und Biegelinie an der Stelle x den Funktionswert $w(x)$ sowie die erste Ableitung $w'(x)$ und die zweite Ableitung $w''(x)$ gemeinsam haben. Die Gleichung eines beliebigen Kreises im x,z-System mit dem Radius ρ und den Mittelpunktkoordinaten a und b lautet

$$(x-a)^2 + (z-b)^2 = \rho^2.$$

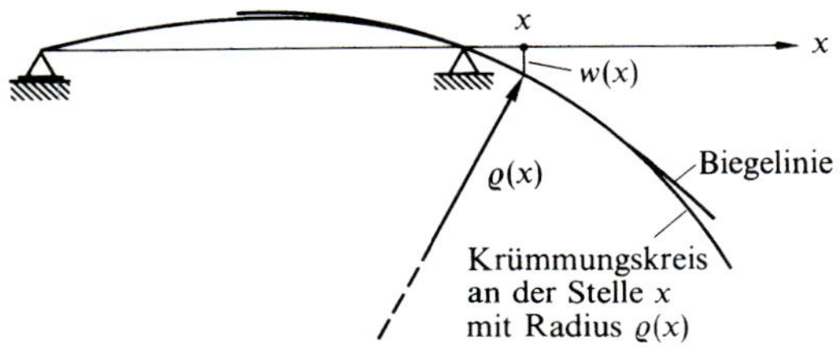

Abb. 5.21. Zu jedem Punkt einer Biegelinie $w(x)$ gehört ein Krümmungskreis mit einem bestimmten Krümmungsradius $\rho(x)$. Kreis und Biegelinie stimmen an der Stelle x in der nullten, ersten und zweiten Ableitung überein

Zweimalige implizite Ableitung nach x liefert die Gleichungen

$$x - a + (z - b)z' = 0 \qquad \text{und} \qquad 1 + (z - b)z'' + z'^2 = 0.$$

Daraus folgen

$$z - b = -\frac{1 + z'^2}{z''} \qquad \text{und} \qquad x - a = -(z - b)z' = \frac{1 + z'^2}{z''}\, z'.$$

Wenn man das in die Kreisgleichung einsetzt, ergibt sich für den Radius:

$$\rho = \pm\frac{(1 + z'^2)^{3/2}}{z''}.$$

Diese Beziehung gilt für jeden Kreis, und für z' und z'' kann man die Werte jedes beliebigen Kreispunktes einsetzen. Für den Krümmungskreis der Biegelinie an der Stelle x ist insbesondere $z' = w'(x)$ und $z'' = w''(x)$. Die Krümmung ist also

$$\frac{1}{\rho(x)} = \pm\frac{w''(x)}{[1 + w'^2(x)]^{3/2}}. \tag{5.31}$$

Bei schwachen Durchbiegungen des Stabes ist die Ableitung $w'(x)$ überall sehr klein gegen eins. Deshalb gilt in sehr guter Näherung

$$w''(x) = \pm\frac{1}{\rho(x)}. \tag{5.32}$$

Mit (5.29) ergibt sich

$$w''(x) = \pm\frac{M_y(x)}{EI_y(x)}. \tag{5.33}$$

Um zu entscheiden, welches Vorzeichen richtig ist, betrachtet man einen Stab, in dem das Biegemoment überall positiv ist. Abb. 5.22 zeigt, nach welcher Seite er sich krümmt. Die erste Ableitung $w'(x)$ nimmt mit wachsendem x monoton ab. Die zweite Ableitung ist daher überall negativ, hat also das umgekehrte Vorzeichen wie $M_y(x)$. In (5.33) gilt daher das negative Vorzeichen:

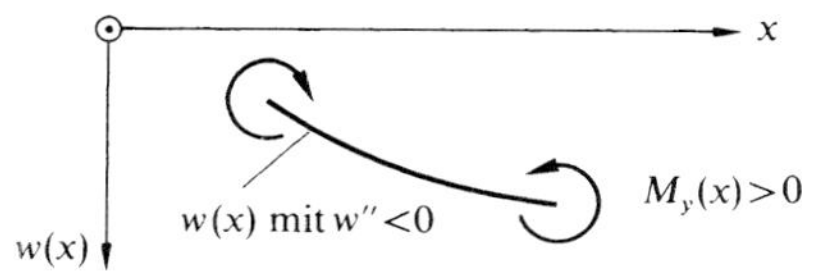

Abb. 5.22. Ein positives Biegemoment $M_y(x)$ verursacht eine negative zweite Ableitung $w''(x)$

$$w''(x) = -\frac{M_y(x)}{EI_y(x)}. \tag{5.34}$$

Diese Gleichung ist eine Differentialgleichung für die gesuchte Biegelinie. Sie muß zweimal nach x integriert werden, um $w(x)$ zu bestimmen. Dabei treten zwei Integrationskonstanten auf. Sie werden aus *Randbedingungen* errechnet. Das sind Bedingungen, die die Durchbiegung $w(x)$ und/oder die Neigung $w'(x)$ an den Rändern, d.h. an den Enden der Integrationsbereiche erfüllen müssen. Zum Beispiel ist an jedem Gelenklager die Durchbiegung null, und an einer festen Einspannung sind die Durchbiegung und die Neigung null. Einzelheiten sind in den Beispielen 5.3-1 bis 5.3-4 erläutert.

Abschließend noch ein Kommentar zu den Längsspannungen nach Gl. (5.30). Diese Funktion ist linear in z. Im Stabquerschnitt an einer gegebenen Stelle x ist die Spannung also so verteilt, wie das Diagramm von Abb. 5.23 zeigt. Die Spannung größten Betrages herrscht in dem Punkt oder in den Punkten, für die $|z|$ maximal ist. Das Maximum von $|z|$ kann, ebenso wie das Flächenmoment I_y, längs des Stabes variabel sein. Man muß daher $|z|_{max}(x)$ schreiben. Der größte Spannungsbetrag an der Stelle x ist damit

$$|\sigma|_{max}(x) = \frac{|M_y(x)|}{I_y(x)}\, |z|_{max}(x).$$

In (5.14) wurde das Biegewiderstandsmoment W definiert. Mit ihm lautet die Formel

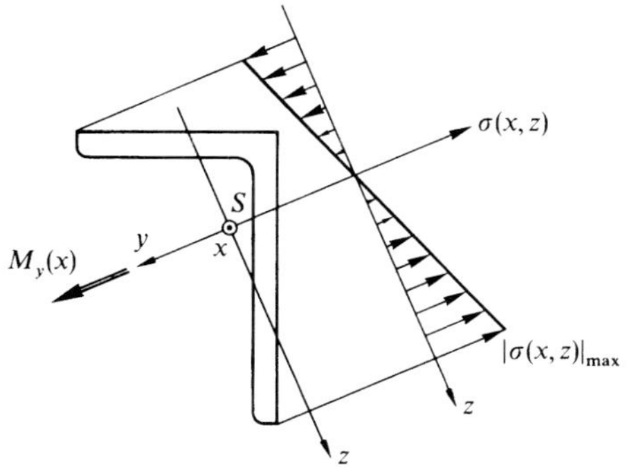

Abb. 5.23. $M_y(x)$ verursacht im Querschnitt an der Stelle x eine mit z linear veränderliche Längsspannung $\sigma(x, z)$

$$|\sigma|_{max}(x) = \frac{|M_y(x)|}{W(x)} . \qquad (5.35)$$

Um die Spannung des größten Betrages zu finden, die überhaupt im Stab auftritt, muß man den Wert von x bestimmen, für den dieser Ausdruck ein Maximum annimmt. In den meisten praktischen Fällen ist der Stabquerschnitt nicht mit x veränderlich. Dann ist $W(x)$ eine Konstante, und das Maximum tritt dort auf, wo der Betrag des Biegemoments maximal ist.

Beispiel 5.3-1
Der einseitig fest eingespannte Stab in Abb. 5.24a wird in der Mitte durch eine Kraft F belastet. Wie groß sind die Durchbiegung $w(x)$ und die Neigung $w'(x)$ als Funktionen der Koordinate x? Gegeben sind ℓ, F und EI_y =const.
Lösung: Das Biegemoment ist

$$M_y(x) = \begin{cases} -\frac{1}{2}F\ell(1 - 2x/\ell) & (0 \le x \le \ell/2) \\ 0 & (\ell/2 \le x \le \ell). \end{cases}$$

In diesem Beispiel liegt der häufig auftretende Fall vor, daß in der Differentialgleichung (5.34) in verschiedenen Bereichen des Stabes verschiedene Funktionen stehen. Diese Situation hat man z.B. auch dann, wenn zwar das Biegemoment $M_y(x)$ auf der ganzen Länge des Stabes ein und dieselbe Funktion ist, aber das Flächenmoment I_y bereichsweise unterschiedlich ist. In solchen Fällen muß die Differentialgleichung für jeden Bereich getrennt formuliert und integriert werden. Im vorliegenden Fall mit zwei Bereichen sind die Ergebnisse der ersten und der zweiten Integration:

$$w'(x) = \begin{cases} \dfrac{F\ell}{2EI_y}\left(x - \dfrac{x^2}{\ell} + a_1\right) & (0 \le x \le \ell/2) \\ \dfrac{F\ell}{2EI_y} \cdot a_2 & (\ell/2 \le x \le \ell), \end{cases}$$

$$w(x) = \begin{cases} \dfrac{F\ell}{2EI_y}\left(\dfrac{x^2}{2} - \dfrac{x^3}{3\ell} + a_1 x + b_1\right) & (0 \le x \le \ell/2) \\ \dfrac{F\ell}{2EI_y}\left(a_2 x + b_2\right) & (\ell/2 \le x \le \ell). \end{cases}$$

In jedem Bereich treten zwei Integrationskonstanten auf. Hier sind es die Konstanten a_1, b_1 und a_2, b_2. Zu ihrer Bestimmung stehen immer ausreichend viele Randbedingungen zur Verfügung, weil die Zahl der Bereichsränder mit der Zahl der Bereiche wächst. Im vorliegenden Fall müssen an den Rändern der beiden Bereiche die Neigungen und die Durchbiegungen folgende Randbedingungen erfüllen:

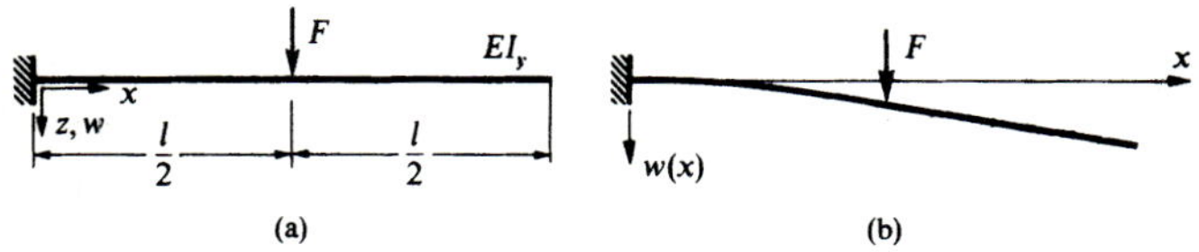

Abb. 5.24.

$$\begin{array}{ll} w'(0) = 0: & a_1 = 0, \\ w(0) = 0: & b_1 = 0, \\ w'(\ell/2) \quad \text{für beide Bereiche gleich}: & \ell/4 = a_2, \\ w(\ell/2) \quad \text{für beide Bereiche gleich}: & \ell^2/12 = a_2\ell/2 + b_2. \end{array}$$

Die Lösungen für die Integrationskonstanten sind: $a_1 = 0$, $b_1 = 0$, $a_2 = \ell/4$ und $b_2 = -\ell^2/24$. Damit erhält man für die Neigung und die Durchbiegung des Stabes die Ergebnisse

$$w'(x) = \begin{cases} \dfrac{F\ell x}{2EI_y}(1 - x/\ell) & (0 \le x \le \ell/2) \\ \dfrac{F\ell^2}{8EI_y} & (\ell/2 \le x \le \ell), \end{cases}$$

$$w(x) = \begin{cases} \dfrac{F\ell x^2}{12EI_y}(3 - 2x/\ell) & (0 \le x \le \ell/2) \\ \dfrac{F\ell^3}{48EI_y}(6x/\ell - 1) & (\ell/2 \le x \le \ell). \end{cases} \tag{a}$$

Die Biegelinie, d.h. der Graph der Funktion $w(x)$, ist in Abb. 5.24b aufgezeichnet. An den Stellen $x = \ell/2$ und $x = \ell$ sind die Durchbiegungen:

$$w(\ell/2) = \frac{F\ell^3}{24EI_y}, \qquad w(\ell) = \frac{5}{2} \cdot \frac{F\ell^3}{24EI_y}.$$

Beispiel 5.3-2

Der einseitig fest eingespannte Stab in Abb. 5.25 mit einer Kraft F am freien Ende hat einen rechteckigen Querschnitt mit konstanter Höhe h und mit linear veränderlicher Breite $b(x) = b_0(1 + ax/\ell)$. Welche Funktion $w(x)$ beschreibt die Biegelinie und wie groß ist die Durchbiegung $w(0)$ am freien Ende? Gegeben sind ℓ, b_0, a, E und F.

Lösung: In der Differentialgleichung (5.34) sind das Biegemoment und das Flächenmoment die Funktionen

$$M_y(x) = -Fx, \qquad I_y(x) = I_0(1 + ax/\ell) \quad \text{mit} \quad I_0 = \tfrac{1}{12}b_0h^3.$$

Damit ist

$$w''(x) = \frac{F}{EI_0}\,\frac{x}{1 + ax/\ell}.$$

Bestimmte Integration in den Grenzen von ℓ bis x ergibt mit der Randbedingung $w'(\ell) = 0$ die Neigung:

$$w'(x) = \frac{F}{EI_0}\,\frac{\ell^2}{a^2}\Big[(1 + ax/\ell) - \ln(1 + ax/\ell) - (1 + a) + \ln(1 + a)\Big].$$

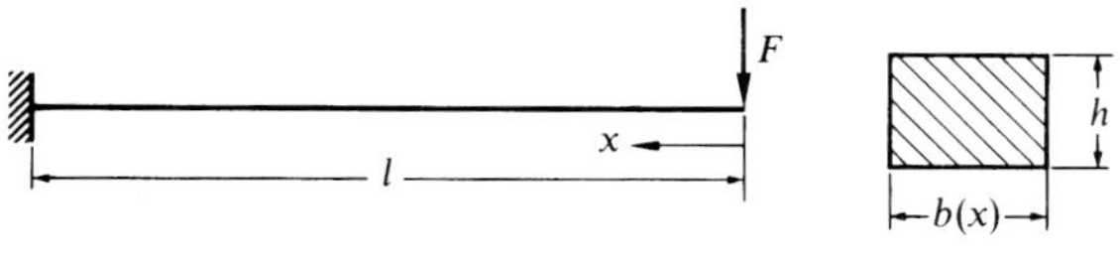

Abb. 5.25.

Eine weitere bestimmte Integration in den Grenzen von ℓ bis x ergibt mit der Randbedingung $w(\ell) = 0$ die gesuchte Biegelinie:

$$w(x) = \frac{F\ell^3}{EI_0}\frac{1}{a^3}\Big\{\frac{1}{2}\Big[(1+ax/\ell)^2 - (1+a)^2\Big] - (1+ax/\ell)\Big[\ln(1+ax/\ell) - 1\Big]$$
$$+ (1+a)\Big[\ln(1+a) - 1\Big] + a(x/\ell - 1)\Big[\ln(1+a) - (1+a)\Big]\Big\}.$$

Damit ist

$$w(0) = \frac{F\ell^3}{EI_0}\frac{1}{a^3}\Big[\ln(1+a) - a + \tfrac{1}{2}a^2\Big].$$

Im Grenzfall $a \to 0$ (konstante Stabbreite b_0) strebt der Klammerausdruck gegen $\frac{1}{3}a^3$ und damit $w(0)$ gegen $F\ell^3/(3EI_0)$. Dieses Ergebnis wird durch Beisp. 5.3-1 bestätigt.

5.3.1 Statisch unbestimmte Systeme. Das Kraftgrößenverfahren

Die Stäbe in den vorigen Beispielen sind statisch bestimmt gelagert. Auch bei statisch unbestimmt gelagerten Stäben ist die Differentialgleichung der Biegelinie zur Berechnung von Durchbiegungen geeignet. Die Rechnung erfordert aber einen zusätzlichen Arbeitsschritt. Er wird im folgenden erst an einem konkreten Einzelfall und dann für den allgemeinen Fall dargestellt.

Beispiel 5.3-3
Welche Funktion $w(x)$ beschreibt die Biegelinie des einfach statisch unbestimmt gelagerten Stabes in Abb. 5.26a? Gegeben sind ℓ, EI_y und F.
Lösung: Der zusätzliche Arbeitsschritt beginnt mit der Bildung eines sog. *statisch bestimmten Grundsystems*. Eines von vielen möglichen ist das System in Abb. 5.26b, in dem das rechte Lager durch die unbekannte Lagerreaktion A ersetzt wurde. Mit der Differentialgleichung der Biegelinie und mit den Randbedingungen des Grundsystems wird die Funktion $w(x)$ für das Grundsystem bestimmt. Dabei macht man vom Superpositionsprinzip Gebrauch. Im vorliegenden Fall ist die Rechnung besonders einfach. Sei $w_1(x)$ die Funktion der Biegelinie für den Fall, daß nur F angreift. Bei diesem Lastfall hat man dasselbe System wie in Abb. 5.24a. Die Durchbiegung ist nach Gl. (a) von Beisp. 5.3-1

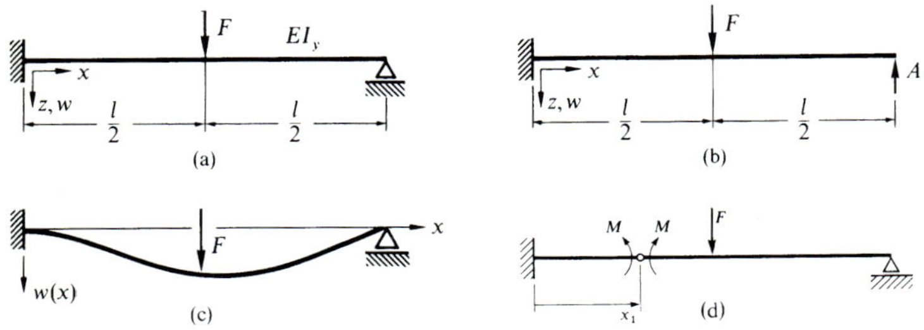

Abb. 5.26.

$$w_1(x) = \begin{cases} \dfrac{F\ell x^2}{12EI_y}(3 - 2x/\ell) & (0 \le x \le \ell/2) \\ \dfrac{F\ell^3}{48EI_y}(6x/\ell - 1) & (\ell/2 \le x \le \ell). \end{cases} \tag{a}$$

Sei $w_2(x)$ die Funktion der Biegelinie für den Fall, daß nur die Kraft A angreift. Bei diesem Lastfall hat man die Situation der linken Stabhälfte von Abb. 5.24a. Nur muß man jetzt F durch $-A$ und $\ell/2$ durch ℓ ersetzen. Die Durchbiegung ist dann nach Gl. (a) von Beisp. 5.3-1

$$w_2(x) = -\frac{A\ell x^2}{6EI_y}(3 - x/\ell) \qquad (0 \le x \le \ell). \tag{b}$$

Die Biegelinie des Grundsystems unter der gemeinsamen Wirkung der gegebenen Kraft F und der unbekannten Kraft A ist

$$w(x) = w_1(x) + w_2(x). \tag{c}$$

Diese Biegelinie des Grundsystems stimmt mit der des Ausgangssystems überein, wenn A die Größe hat, die es im Ausgangssystem tatsächlich besitzt. Man muß also die Bedingung formulieren, daß Grundsystem und Ausgangssystem *geometrisch* gleich sind. Das ist die Bedingung

$$w(\ell) = \frac{5F\ell^3}{48EI_y} - \frac{A\ell^3}{3EI_y} = 0. \tag{d}$$

Sie ist eine Bestimmungsgleichung für A. Die Lösung ist

$$A = \tfrac{5}{16}F.$$

Setzt man das in Gl. (b) ein, dann erhält man mit (a) und (c) für die gesuchte Funktion der Biegelinie das Ergebnis

$$w(x) = \begin{cases} \dfrac{F\ell x^2}{96EI_y}\left[-11(x/\ell)^3 + 9(x/\ell)^2\right] & (0 \le x \le \ell/2) \\ \dfrac{F\ell x^2}{96EI_y}\left[5(x/\ell)^3 - 15(x/\ell)^2 + 12x/\ell - 2\right] & (\ell/2 \le x \le \ell). \end{cases}$$

Diese Biegelinie ist in Abb. 5.26c abgebildet. Mit dem Ergebnis für die Lagerkraft A werden die übrigen Lagerreaktionen mit Gleichgewichtsbedingungen der Statik am statisch bestimmten Grundsystem berechnet.

Zu Beginn wurde gesagt, daß Abb. 5.26b nur eines von vielen möglichen Grundsystemen zum System von Abb. 5.26a ist. Ein anderes mögliches Grundsystem ist der Stab von Abb. 5.26d, der bei $x = x_1$ (beliebig, insbesondere $x_1 = 0$) ein Gelenk hat, und an dem unmittelbar links und rechts vom Gelenk das unbekannte Biegemoment M des Stabes an der Stelle $x = x_1$ angreift. M ist also eine Abkürzung für $M_y(x_1)$. Man muß wieder die Biegelinie $w(x)$ berechnen, und zwar diesmal als Funktion von F und M. Die Geometrie fordert, daß am Gelenk kein Knick auftritt, daß also beiderseits des Gelenks die Ableitung $w'(x = x_1)$ gleich ist. Daraus ergibt sich M und dann durch Einsetzen von M in $w(x)$ die Biegelinie des statisch unbestimmten Ausgangssystems.

Wenn man statt des 1-fach statisch unbestimmten Systems ein n-fach statisch unbestimmt gelagertes System hat, geht man nach demselben Prinzip vor.

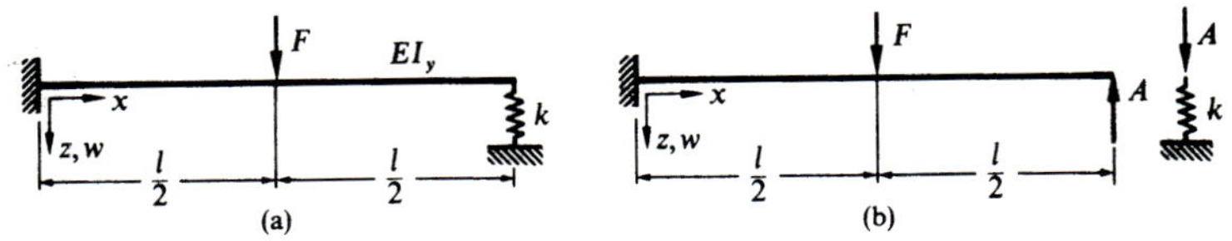

Abb. 5.27.

Zuerst wird ein statisch bestimmtes Grundsystem gebildet, indem man an n Stellen Schnitte legt und an den Schnittufern die dabei freigelegten unbekannten Kräfte und Momente anbringt. Die Biegelinie dieses Grundsystems wird durch Superposition bestimmt. Jeder unbekannten Kraftgröße entspricht eine geometrische Bedingung, die man aus dem Ausgangssystem abliest. Man erhält so ein System von n linearen Gleichungen für die n unbekannten Kraftgrößen. Ihre Lösungen werden wieder in die Funktion der Biegelinie eingesetzt. Damit ist die Rechnung beendet. Wegen der Einführung unbekannter Kraftgrößen wird dieses Verfahren das *Kraftgrößenverfahren* genannt. Es wird in Abschnitt 8.5 noch einmal in allgemeinerer Form dargestellt. Man sollte Grundsysteme so wählen, daß die anschließenden mathematischen Formulierungen möglichst einfach werden. Zur Bestimmung von Kraftgrößen braucht man Durchbiegungen und Neigungen nur an bestimmten Stellen und nicht als Funktionen von x. Formeln für unterschiedlich gelagerte und belastete Stäbe findet man in Handbüchern, z.B. in [5], Tabelle E5-7.

Beispiel 5.3-4

Der einseitig fest eingespannte Stab in Abb. 5.27a ist in der Mitte durch eine Kraft F belastet und am Ende durch eine Feder mit der Federkonstante k gestützt. Wie groß ist die Durchbiegung an der Feder? Gegeben sind ℓ, k, F und EI_y.

Lösung: Auch dieses System ist statisch unbestimmt gelagert. Man kann ein statisch bestimmtes Grundsystem wie im vorigen Beispiel dadurch bilden, daß man das rechte Lager am unteren Ende der Feder abschneidet und dort eine unbekannte Lagerkraft A als äußere Kraft anbringt. Die Feder ist dann Teil des Grundsystems. Um bereits bekannte Formeln verwenden zu können, wird der Schnitt anders gelegt, und zwar zwischen Stab und Feder. Das erzeugt die beiden Teilsysteme von Abb. 5.27b. An beiden greift die unbekannte Kraft A an. Der Stab ist identisch mit dem in Abb. 5.26b. Also ist $w(\ell)$ wieder der Ausdruck in Gl. (d) von Beisp. 5.3-3. Diese Durchbiegung ist gleich der Längenänderung der Feder, für die das zweite Teilsystem den Ausdruck A/k liefert. Also ist

$$\frac{5F\ell^3}{48EI_y} - \frac{A\ell^3}{3EI_y} = \frac{A}{k}.$$

Daraus berechnet man den folgenden Ausdruck für A und mit ihm dann die gesuchte Durchbiegung:

$$A = \frac{5/16}{1 + 3EI_y/(k\ell^3)}\,F, \qquad w(\ell) = A/k.$$

5.4 Schiefe Biegung

Die Ergebnisse des vorigen Abschnitts über die Spannungsverteilung und die Verformung von Biegestäben werden in diesem Abschnitt weiter verallgemeinert. Unter sonst gleichen Bedingungen wird jetzt zugelassen, daß das Biegemoment im y, z-System der Hauptachsen Koordinaten in beiden Achsenrichtungen hat. Nach Abb. 5.28 werden sie $M_y(x)$ und $M_z(x)$ genannt. Als Beispiel betrachte man den Biegemomentenverlauf im Stab von Abb. 5.29, der in z-Richtung durch sein Eigengewicht, d.h. eine konstante Streckenlast q, und in y-Richtung durch eine Einzelkraft F am freien Ende belastet ist. Die Funktionen $M_y(x)$ und $M_z(x)$ sind im Diagramm darunter dargestellt. In diesem Beispiel ist der resultierende Biegemomentenvektor $\boldsymbol{M}(x)$ weder der Größe noch der Richtung nach konstant.

Die Spannungsverteilung und die Verformung des Stabes werden durch Anwendung des Superpositionsprinzips ermittelt. Man bestimmt sie für den Fall, daß nur $M_y(x)$ wirkt und für den Fall, daß nur $M_z(x)$ wirkt und überlagert die Ergebnisse. Das Biegemoment $M_y(x)$ verursacht eine Durchbiegung $w(x)$ in z-Richtung. Sie wird durch die Differentialgleichung (5.34),

$$w''(x) = -\frac{M_y(x)}{EI_y(x)}, \tag{5.36}$$

und durch zugehörige Randbedingungen bestimmt. Die Längsspannung infolge $M_y(x)$ ist nach (5.30)

$$\sigma(x, z) = \frac{M_y(x)}{I_y(x)}\, z. \tag{5.37}$$

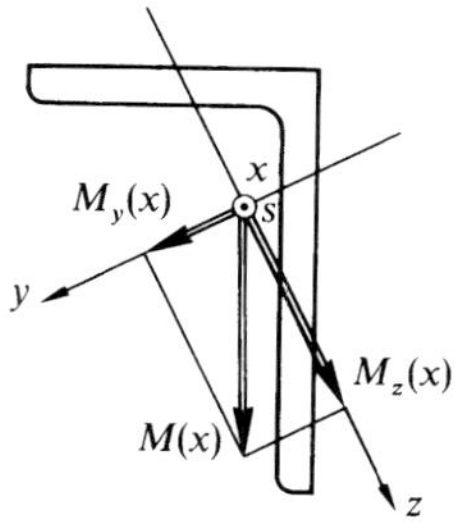

Abb. 5.28. Ein Stabquerschnitt mit den Hauptachsen y und z im Flächenschwerpunkt S und mit Biegemomentenkoordinaten in beiden Richtungen

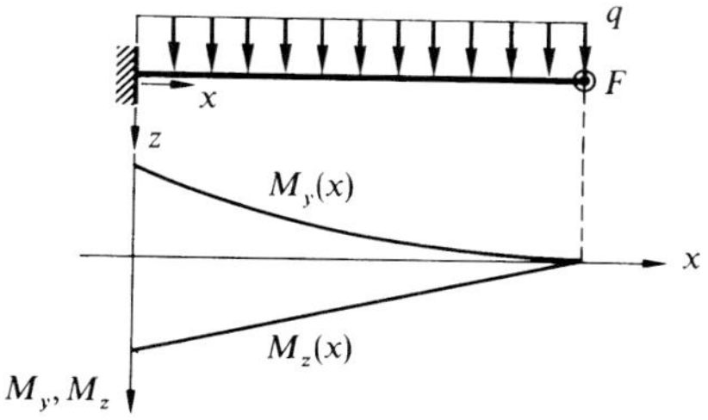

Abb. 5.29. In diesem Stab sind Richtung und Größe des Biegemomentenvektors mit x veränderlich

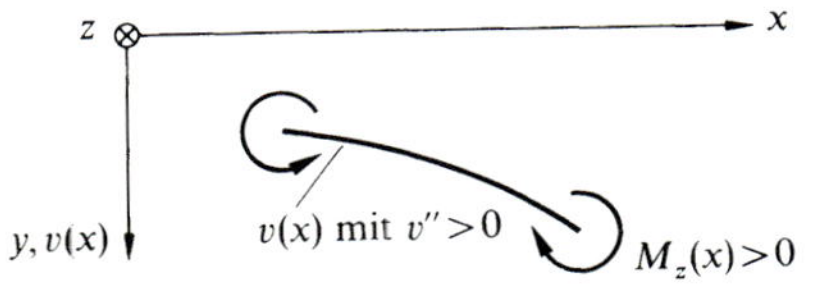

Abb. 5.30. Ein Moment $M_z(x) > 0$ verursacht eine zweite Ableitung $v''(x) > 0$

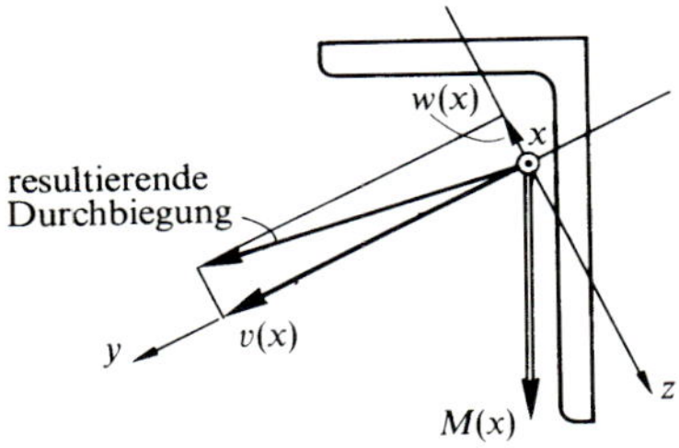

Abb. 5.31. Die Koordinaten $w(x)$ und $v(x)$ der resultierenden Durchbiegung werden vektoriell addiert

Analoge Formeln gelten für die Belastung durch das Biegemoment $M_z(x)$. Die Durchbiegung hat die Richtung der y-Achse. Sie wird $v(x)$ genannt. An Abb. 5.30 wird geprüft, ob das Vorzeichen aus (5.36) übernommen werden kann. Am Stabstück verursacht ein positives Biegemoment $M_z(x)$ eine positive zweite Ableitung $v''(x)$. Also entspricht der Gl. (5.36) die Gleichung

$$v''(x) = +\frac{M_z(x)}{EI_z(x)}. \tag{5.38}$$

In ihr steht anstelle von $I_y(x)$ das Hauptflächenmoment $I_z(x)$. Zusammen mit Randbedingungen bestimmt sie die Funktion $v(x)$.

Die Längsspannung infolge $M_z(x)$ ist linear von y abhängig. An Abb. 5.30 erkennt man, daß ein positives Moment $M_z(x)$ an Stellen $y > 0$ des Querschnitts Druckspannungen erzeugt. Also entspricht der Gl. (5.30) die Gleichung

$$\sigma(x, y) = -\frac{M_z(x)}{I_z(x)}\, y.$$

Überlagerung der beiden Lastfälle bedeutet folgendes. Die Durchbiegungen $w(x)$ und $v(x)$ sind Koordinaten des Vektors der Durchbiegung an der Stelle x. Sie werden daher nach dem Parallelogrammgesetz überlagert. Das ist in Abb. 5.31 dargestellt. Die resultierende Durchbiegung ist i.allg. nicht orthogonal zum resultierenden Biegemomentenvektor $\boldsymbol{M}(x)$. Das erklärt die Bezeichnung *schiefe Biegung*.

Für die Längsspannungen, die in beiden Lastfällen die Richtung der x-Achse haben, bedeutet Überlagerung einfach skalare Addition. Die resultierende Längsspannung ist also

$$\sigma(x, y, z) = \frac{M_y(x)}{I_y(x)}\, z - \frac{M_z(x)}{I_z(x)}\, y. \tag{5.39}$$

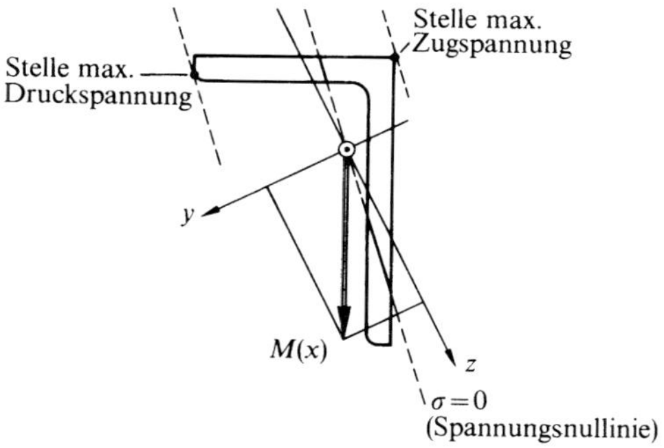

Abb. 5.32. Auf jeder Geraden parallel zur Spannungsnullinie ist die Längsspannung konstant

Im Stabquerschnitt an einer beliebig gewählten Stelle x =const sind die Faktoren vor z und y bestimmte gegebene Größen.
Linien gleicher Spannung σ =const (beliebig) im Querschnitt sind die Geraden $\sigma(x,y,z) \equiv \sigma$ =const. Auflösung nach z ergibt:

$$z = \frac{M_z(x)}{M_y(x)} \frac{I_y(x)}{I_z(x)} y + \frac{I_y(x)}{M_y(x)} \sigma. \tag{5.40}$$

Für $\sigma = 0$ ergibt sich insbesondere als sog. *Spannungsnullinie* die Gerade

$$z = \frac{M_z(x)}{M_y(x)} \frac{I_y(x)}{I_z(x)} y. \tag{5.41}$$

In Abb. 5.32 ist noch einmal der Stabquerschnitt von Abb. 5.28 abgebildet. Für den eingezeichneten resultierenden Biegemomentenvektor ist das Verhältnis der Koordinaten $M_z(x)/M_y(x) = 2$. Sei ferner das Verhältnis $I_y/I_z = 3$ angenommen. Dann hat die Spannungsnullinie in diesem Querschnitt die Gleichung $z = 6y$. Sie fällt nicht mit dem resultierenden Biegemomentenvektor zusammen. Das ist ein weiterer Grund für die Bezeichnung schiefe Biegung.

Die Spannungsnullinie geht in jedem Querschnitt durch den Flächenschwerpunkt, sie hat i.allg. aber an verschiedenen Stellen x verschiedene Richtungen. Man kann daher nicht mehr von neutralen Fasern des Stabes in dem Sinne sprechen, daß es sich um Geraden parallel zur Stabachse handelt, die ungedehnt bleiben. Einzig die Stabachse, die Verbindungslinie aller Flächenschwerpunkte, bleibt ungedehnt. Sie kann aber, wie z.B. in Abb. 5.32, außerhalb des Querschnittsumrisses liegen.

Aus (5.40) folgt, daß im Querschnitt an der festen Stelle x Linien gleicher Spannung σ Parallelen zur Spannungsnullinie sind, und daß der Betrag der Spannung in einem Punkt proportional zum Abstand dieses Punktes von der Spannungsnullinie ist. Daraus ergibt sich, wie man die Spannung größten Betrages im betrachteten Querschnitt bestimmt. Man zeichnet die

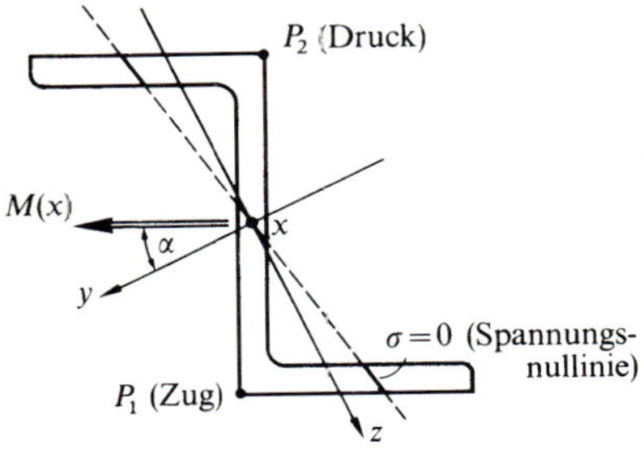

Abb. 5.33.

Spannungsnullinie $\sigma = 0$ und bestimmt den Punkt oder die Punkte, die den größten Abstand von ihr haben. Mit den Koordinaten y und z eines dieser Punkte berechnet man aus (5.39) die betragsgrößte Spannung. Wenn man die Spannung größten Betrages sucht, die im gesamten Stab auftritt, muß man dieses Verfahren für alle Querschnitte ausführen. Das kann recht aufwendig sein, wenn die Spannungsnullinie mit x ihre Richtung ändert (siehe Aufg. 5.34).

Beispiel 5.4-1
Ein an beiden Enden gelenkig gelagerter Stahlträger der Länge ℓ mit dem Profil von Abb. 5.33 nach DIN 1027 wird in der Mitte durch eine Kraft F in Richtung des vertikalen Steges belastet. Die Abbildung zeigt die Richtung des resultierenden Biegemoments im Querschnitt. Gesucht werden die Lage der Spannungsnullinie im Querschnitt und die extremalen Zug- und Druckspannungen, die im gesamten Träger auftreten. Gegeben sind $\ell = 2\,\text{m}$ und $F = 5\,\text{kN}$.
Lösung: Aus einer Tabelle (z.B. in [6]) entnimmt man für die Hauptflächenmomente die Größen $I_y = 270\,\text{cm}^4$, $I_z = 24,6\,\text{cm}^4$ und für die Lage der Hauptachsen $\tan\alpha = 0,492$. Die Spannungsnullinie ist nach (5.40) die Gerade

$$z = \frac{M_z(x)}{M_y(x)}\,\frac{I_y}{I_z}\,y = -\frac{I_y}{I_z}\,y\tan\alpha = -5,40y.$$

Sie ist gestrichelt eingezeichnet. Die Punkte mit dem größten Abstand sind mit P_1 und P_2 bezeichnet. Dort treten im Querschnitt an jeder Stelle x die extremalen Spannungen auf, und zwar wegen der Symmetrie zur Spannungsnullinie betragsgleiche Zug- und Druckspannungen. Sie sind in Stabmitte am größten, weil dort das Biegemoment den größten Wert $M = \frac{1}{4}F\ell = 0,25\cdot 10^4\,\text{Nm}$ hat. Seine Koordinaten sind $M_y = M\cos\alpha$ und $M_z = -M\sin\alpha$. Dieselbe Tabelle, der die Daten oben entnommen wurden, liefert für P_1 die Koordinaten $y_1 = 2,50\,\text{cm}$ und $z_1 = 4,34\,\text{cm}$. Damit berechnet man aus (5.39) die extremale Zugspannung

$$\sigma_{max} = M\big[(z_1/I_y)\cos\alpha + (y_1/I_z)\sin\alpha\big] = 148\,\text{Nmm}^{-2}.$$

5.5 Biegung von Verbundstäben

In diesem Abschnitt wird die Biegung von Stäben untersucht, die aus zwei oder mehr verschiedenen Werkstoffen aufgebaut sind. Die Aufteilung der

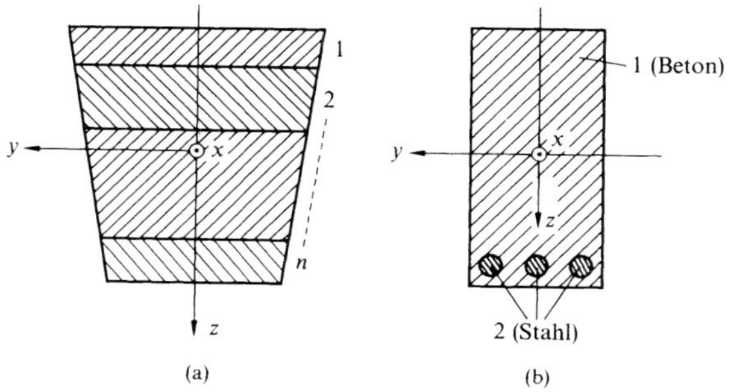

Abb. 5.34. Querschnitte von Stäben aus Verbundwerkstoff. Jede der vier Teilflächen in (a) und der beiden Teilflächen in (b) ist symmetrisch zur z-Achse

Querschnittsfläche in verschiedene Werkstoffteilflächen kann z.B. so aussehen wie in Abb. 5.34a oder b. Es wird lediglich vorausgesetzt, daß die Teilfläche jedes einzelnen Werkstoffs symmetrisch zur z-Achse ist und daß sie im übrigen längs der Stabachse unveränderlich ist. Wesentlich ist weiterhin, daß die Werkstoffe fest miteinander verbunden sind, so daß sie sich bei Verformungen nicht gegeneinander verschieben können. Deshalb spricht man von Verbundstäben. Stahlbetonstäbe mit einer zur z-Achse symmetrischen Anordnung sowohl der Betonquerschnittsfläche als auch der Stahlbewehrung erfüllen alle genannten Bedingungen. Die folgende mathematische Beschreibung ist für sie dennoch nicht brauchbar, weil das Hookesche Gesetz mit einem konstanten E-Modul vorausgesetzt wird. Nach den Bauvorschriften für Stahlbeton ist das für den Betonanteil nicht zulässig.

Als Stabachse, in der im unverformten Zustand die x-Achse liegt, wird wie bisher die Verbindungslinie der Flächenschwerpunkte aller Stabquerschnitte gewählt. Für die Lage des Flächenschwerpunkts spielt die Unterschiedlichkeit der Werkstoffe keine Rolle. Die Werkstoffteilflächen werden von 1 bis n numeriert. In Abb. 5.34a sind $n = 4$ verschiedene Werkstoffe angenommen. In Abb. 5.34b sind es nur $n = 2$, wobei die eine Teilfläche aus mehreren Stücken besteht.

Um möglichst einfache Verhältnisse zu schaffen, wird zunächst reine Biegung mit einem längs der Stabachse konstanten Biegemoment M_y um die y-Achse untersucht. Der Stab verformt sich dabei so, daß alle zur Stabachse parallelen Fasern konzentrische Kreise bilden. Da eine gegenseitige Verschiebung der Werkstoffe an den Grenzen der Teilflächen ausgeschlossen ist, bleiben ursprünglich ebene Querschnitte bei der Verformung eben. Die unbekannte Lage der neutralen Faserschicht im Stab wird wie in Abschnitt 5.1 durch die Koordinate z_0 bezeichnet, und ihr Krümmungsradius nach der Verformung wird wieder ρ genannt. Dann beschreibt Abb. 5.3 wieder die *Geometrie* der Verformung. Für die Dehnung einer Faser im Abstand z von der Stabachse erhält man daraus Gl. (5.1):

$$\epsilon(z) = \frac{z - z_0}{\rho}. \tag{5.42}$$

Im *Stoffgesetz* muß man für die Werkstoffschichten verschiedene Elastizitätsmoduln verwenden. Es ist zweckmäßig, den Elastizitätsmodul in der Form $E(y, z)$ als bereichsweise konstante Größe zu bezeichnen. Dann ist die Längsspannung im Stabquerschnitt

$$\sigma(y, z) = \frac{E(y, z)}{\rho}\,(z - z_0). \tag{5.43}$$

Gleichgewichtsbedingungen werden an einem unverformten Teilstück des Stabes formuliert. Man kann wieder Abb. 5.4 verwenden und erhält die Gln.(5.4) und (5.5):

$$\int_A \sigma(y, z)\,\mathrm{d}A = 0, \tag{5.44}$$

$$\int_A z\,\sigma(y, z)\,\mathrm{d}A - M_y = 0. \tag{5.45}$$

Unterschiede gegenüber den Ergebnissen von Abschnitt 5.1 treten erst auf, wenn man (5.43) in diese Gleichungen einsetzt. Man erhält:

$$\left.\begin{aligned}
&\frac{1}{\rho}\Big[\int_A E(y, z)\,z\,\mathrm{d}A - z_0 \int_A E(y, z)\,\mathrm{d}A\Big] = 0,\\
&\frac{1}{\rho}\Big[\int_A E(y, z)\,z^2\,\mathrm{d}A - z_0 \int_A E(y, z) z\,\mathrm{d}A\Big] = M_y.
\end{aligned}\right\} \tag{5.46}$$

Da $E(y, z)$ bereichsweise konstant ist, kann man die Integrale wie folgt schreiben (siehe Abb. 5.35):

$$\left.\begin{aligned}
\int_A E(y, z)\,\mathrm{d}A &= \sum_{i=1}^{n} E_i \int_{A_i} \mathrm{d}A = \sum_{i=1}^{n} E_i A_i,\\
\int_A E(y, z)\,z\,\mathrm{d}A &= \sum_{i=1}^{n} E_i \int_{A_i} z\,\mathrm{d}A = \sum_{i=1}^{n} E_i z_{Si} A_i,\\
\int_A E(y, z)\,z^2\,\mathrm{d}A &= \sum_{i=1}^{n} E_i \int_{A_i} z^2\,\mathrm{d}A = \sum_{i=1}^{n} E_i I_{yi}.
\end{aligned}\right\} \tag{5.47}$$

Darin sind E_i, A_i, z_{Si} und I_{yi} $(i = 1, \ldots, n)$ der E-Modul bzw. der Flächeninhalt bzw. die Schwerpunktkoordinate bzw. das auf die y-Achse bezogene Flächenmoment 2. Grades für die i-te Teilfläche. Mit dieser Darstellung nehmen die Gln.(5.46) die Formen an:

$$\left.\begin{aligned}
&\frac{1}{\rho}\Big[\sum_{i=1}^{n} E_i z_{Si} A_i - z_0 \sum_{i=1}^{n} E_i A_i\Big] = 0,\\
&\frac{1}{\rho}\Big[\sum_{i=1}^{n} E_i I_{yi} - z_0 \sum_{i=1}^{n} E_i z_{Si} A_i\Big] = M_y.
\end{aligned}\right\} \tag{5.48}$$

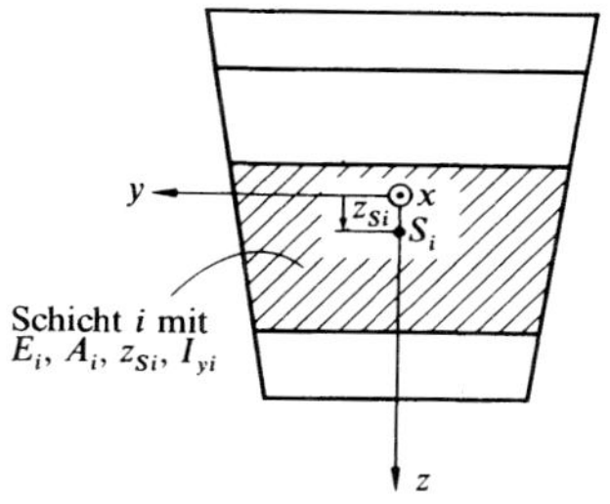

Abb. 5.35.

Die erste Gleichung liefert für die Lage der neutralen Fasern die Koordinate

$$z_0 = \frac{\sum_{i=1}^{n} E_i z_{Si} A_i}{\sum_{i=1}^{n} E_i A_i}. \tag{5.49}$$

Anders als bei einem Stab aus homogenem Werkstoff, bei dem $n = 1$, $z_{Si} = 0$ und folglich $z_0 = 0$ ist, liegen die neutralen Fasern bei Verbundstäben i.allg. nicht auf der Linie $z = 0$ durch den Flächenschwerpunkt des Querschnitts. Das macht man sich leicht an einem Stab klar, der aus einer dünnen Stahlschicht und einer dicken Kunststoffschicht aufgebaut ist. Die neutrale Faser kann bei ihm wegen der Ungleichung $E_{\text{Stahl}} \gg E_{\text{Kunststoff}}$ innerhalb der Stahlschicht liegen.

Aus der zweiten Gl. (5.48) und mit dem Ausdruck für z_0 erhält man die Krümmung $1/\rho$ des Stabes:

$$\frac{1}{\rho} = \frac{M_y}{\sum_{i=1}^{n} E_i I_{yi} - z_0 \sum_{i=1}^{n} E_i z_{Si} A_i}. \tag{5.50}$$

Für einen homogenen Stab ($n = 1$) vereinfacht sich das wieder zu Gl. (5.12).

Mit den Ergebnissen für $1/\rho$ und z_0 werden nun die Spannungsverteilung und Durchbiegungen des Stabes angegeben. Mit (5.43) ist

$$\sigma(y,z) = M_y \frac{(z - z_0)E(y,z)}{\sum_{i=1}^{n} E_i I_{yi} - z_0 \sum_{i=1}^{n} E_i z_{Si} A_i}. \tag{5.51}$$

Im Werkstoffbereich i ($i = 1, \ldots, n$) ist $E(y,z) = E_i =$ const. Die Funktion $\sigma(y,z)$ ist daher in jedem Werkstoffbereich linear in z. An den Werkstoffgrenzen macht sie wegen der sprunghaften Änderung von $E(y,z)$ Sprünge. Abb. 5.36 zeigt schematisch einen möglichen Verlauf der Spannung in einem Stab mit vier Schichten. Alle Geradenstücke schneiden sich im selben Punkt bei $z = z_0$. Das Beispiel weist daraufhin, daß die betragsgrößte Spannung

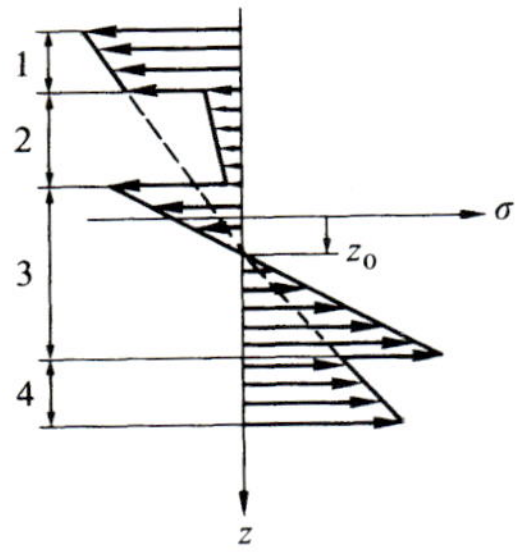

Abb. 5.36. Ein möglicher Verlauf der Längsspannung $\sigma(z)$ im Querschnitt von Abb. 5.35

u.U. in einer Schicht im Innern des Stabes auftritt. Bei Stahlbeton tritt sie z.B. immer in der Stahlbewehrung auf.

Die gewonnenen Ergebnisse werden nun für den Fall verallgemeinert, daß auf den Stab ein mit x veränderliches Biegemoment $M_y(x)$ wirkt, das überall die Richtung der y-Achse hat. In Gl. (5.51) tritt einfach $M_y(x)$ an die Stelle von M_y:

$$\sigma(x,y,z) = M_y(x)\,\frac{(z-z_0)E(y,z)}{\sum_{i=1}^{n} E_i I_{yi} - z_0 \sum_{i=1}^{n} E_i z_{Si} A_i}. \tag{5.52}$$

Für die Krümmung der neutralen Fasern gilt wieder Gl. (5.32): $w''(x) = -1/\rho(x)$. Damit und mit (5.50) erhält man für die Biegelinie $w(x)$ des Stabes die Differentialgleichung

$$w''(x) = \frac{-M_y(x)}{\sum_{i=1}^{n} E_i I_{yi} - z_0 \sum_{i=1}^{n} E_i z_{Si} A_i}. \tag{5.53}$$

Darin ist z_0 die Konstante von Gl. (5.49).

Beispiel 5.5-1
Ein einseitig fest eingespannter Stab der Länge ℓ ist am freien Ende durch eine Kraft F belastet (Abb. 5.37). Sein Querschnitt ist nach Abb. 5.38a aus drei verleimten Schichten 1, 2 und 3 von gleicher Breite b und gleicher Dicke d aufgebaut, die aus verschiedenen Werkstoffen mit den Elastizitätsmoduln $E_1 = E$, $E_2 = 2E$ und $E_3 = 3E$ bestehen. Gesucht werden die Längsspannung als Funktion von z im Querschnitt an der Einspannstelle und die Durchbiegung am freien Ende. Die Rechnung ist auch für die Schichtungen entsprechend Abb. 5.38b und c durchzuführen.
Lösung: Die Flächeninhalte der Schichtquerschnitte und die z-Koordinaten ihrer Flächenschwerpunkte sind

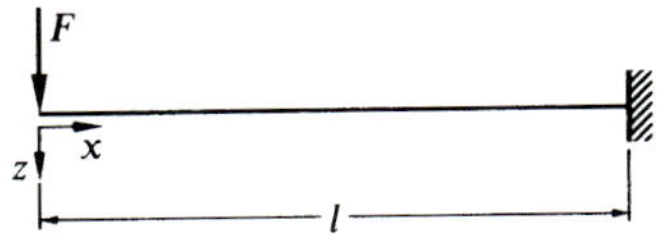

Abb. 5.37.

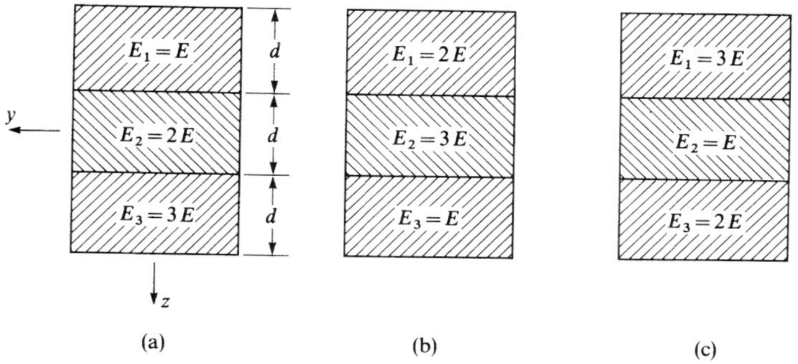

Abb. 5.38.

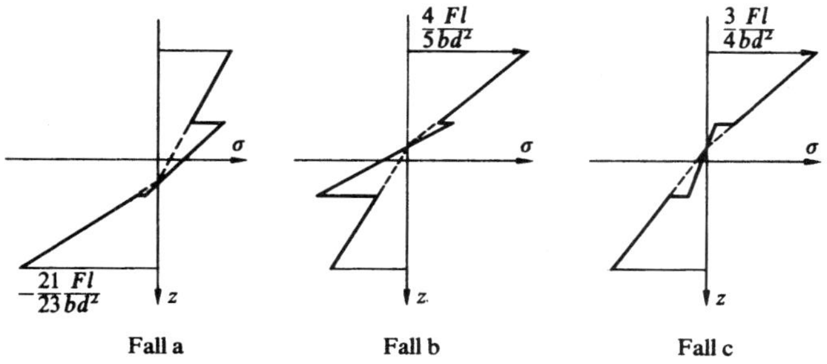

Abb. 5.39.

$$A_1 = A_2 = A_3 = bd, \qquad z_{S1} = -d, \quad z_{S2} = 0, \quad z_{S3} = +d.$$

Ihre axialen Flächenmomente sind

$$I_{y1} = I_{y3} = \tfrac{1}{12}bd^3 + bd \cdot d^2 = \tfrac{13}{12}bd^3, \qquad I_{y2} = \tfrac{1}{12}bd^3.$$

In allen drei Anordnungen der Schichten ist $E_1A_1 + E_2A_2 + E_3A_3 = 6Ebd$. Mit diesen Größen liefert (5.49) für die Lage der Spannungsnullinie die Werte

$$\text{Fall a:}\quad z_0 = d/3, \qquad \text{Fälle b und c:}\quad z_0 = -d/6.$$

Das Biegemoment ist $M_y(x) = -Fx$. Damit und mit den vorher ermittelten Größen hat die Differentialgleichung (5.53) der Biegelinie die Form

$$w''(x) = \alpha\,\frac{Fx}{Ebd^3} \qquad \text{mit} \qquad \alpha = \begin{cases} 6/23 & \text{(Fall a)} \\ 6/20 & \text{(Fall b)} \\ 6/32 & \text{(Fall c).} \end{cases}$$

Zweifache Integration und Anpassung an die Randbedingungen $w(\ell) = 0$ und $w'(\ell) = 0$ liefert für die Durchbiegung $w(0)$ am freien Ende das Ergebnis

$$w(0) = \alpha\,\frac{F\ell^3}{3Ebd^3}.$$

Im Querschnitt an der Einspannstelle bei $x = \ell$ treten die größten Spannungen auf. Gl. (5.52) gibt ihre Verteilung als Funktion von z an:

$$\sigma(x = \ell, z) = -\frac{\alpha F \ell}{Ebd^3}(z - z_0)E(z).$$

In dieser Formel sind α und z_0 die bereits bestimmten Konstanten, und $E(z)$ ist die gegebene, von Fall zu Fall verschiedene, stückweise konstante Funktion. In Abb. 5.39 sind die Spannungsverläufe für alle drei Fälle im selben Maßstab gezeichnet. Es entspricht der Erwartung, daß im Fall (c) nicht nur die Durchbiegung $w(0)$, sondern auch die größte Spannung kleiner ist als in den beiden anderen Fällen.

5.5.1 Spannbeton

Zu Beginn dieses Abschnitts wurde erklärt, daß die Bauvorschriften für Stahlbeton nicht erlauben, auf Beton das Hookesche Gesetz anzuwenden. Im Spannbetonbau ist das anders. Obwohl auch dort das Verhalten von Beton durch das Hookesche Gesetz nicht sehr gut beschrieben wird, lassen die Bauvorschriften seine Anwendung doch zu, weil bislang keine besseren Berechnungsverfahren bekannt sind. Das bedeutet, daß die für Verbundträger entwickelten Gleichungen auf Spannbetonstäbe mit symmetrischer Anordnung der Beton- und Stahlquerschnitte anwendbar sind. Sie müssen allerdings noch etwas erweitert werden. Ein Stab aus sog *Spannbeton mit Verbund* wird vorgefertigt, und zwar wie folgt. In der noch leeren Gußform des Stabes werden dort, wo später im belasteten Stabquerschnitt die Zone hoher Zugspannungen liegt, hochfeste Stahleinlagen angeordnet und in einem Spannbett auf Zug belastet (Abb. 5.40a). Dann wird der Beton eingegossen. Er bildet einen festen Verbund mit dem Stahl. Nach dem Erhärten des Betons werden die Stahleinlagen aus dem Spannbett befreit. Sie ziehen sich nun etwas zusammen, bis ein Gleichgewichtszustand erreicht ist, in dem sich der Stahl immer noch unter Zugspannung befindet, während der umgebende Beton unter Druckspannung steht. Da die Stahleinlagen nicht gleichmäßig über den Stabquerschnitt verteilt sind, wird der Stab auch gebogen (Abb. 5.40b). Diesem Vorspannungszustand überlagert sich nach dem Einbau des Stabes in ein Bauwerk eine Spannungsverteilung infolge äußerer Lasten (Abb. 5.40c). Die Vorspannung wird so gewählt, daß im Beton weder im Zustand (b) noch im Zustand (c) die sehr geringe zulässige Zugspannung überschritten wird.

Im folgenden werden die Gleichungen für Verbundstäbe so erweitert, daß sie auf Spannbetonträger mit zur z-Achse symmetrischem Aufbau anwendbar

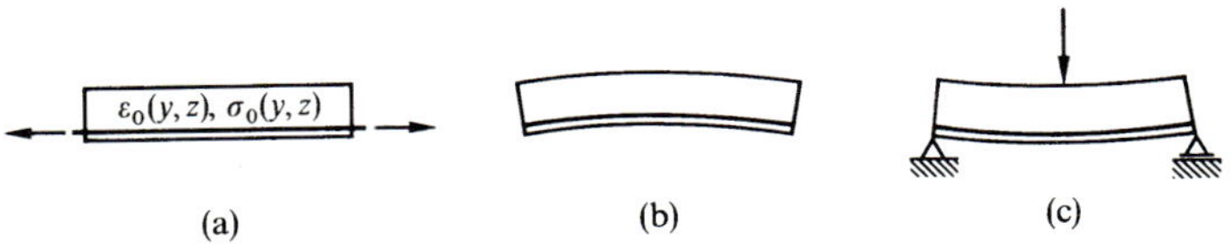

Abb. 5.40. Drei Zustände eines Spannbetonstabes mit Verbund. Solange der Beton in der Gußform nicht erstarrt ist, wird der Stahl in einer Vorrichtung vorgespannt (a). Der fertige Stab ist ohne äußere Belastung gebogen (b). Der eingebaute und belastete Stab (c)

sind. Offensichtlich muß man nur die Vorspannung zusätzlich berücksichtigen. Die *Geometrie* der Verformung wird wie bisher durch Abb. 5.3 beschrieben. Jetzt stellt sich die Dehnung aber nicht durch (5.42) dar, sondern durch die Gleichung

$$\epsilon(y,z) = \frac{z - z_0}{\rho} + \epsilon_0(y,z).$$

Das zusätzliche Glied $\epsilon_0(y,z)$ ist die Vordehnung im Zustand von Abb. 5.40a. Sie ist ungleich null an den Stellen (y,z) der Stahleinlagen und gleich null an allen Stellen im Betonquerschnitt. Das Stoffgesetz $\sigma = E\epsilon$ führt dann zu der Gleichung

$$\sigma(y,z) = \frac{E(y,z)}{\rho}(z - z_0) + \sigma_0(y,z). \tag{5.54}$$

Sie tritt an die Stelle von (5.43). Die Größe $\sigma_0(y,z)$ ist die Vorspannung an der Stelle (y,z) des Querschnitts im Zustand der Abb. 5.40a. Die Gleichgewichtsbedingungen (5.44) und (5.45) bleiben unverändert. Wenn man den Ausdruck für $\sigma(y,z)$ in sie einsetzt und die Integrale nach dem Muster von Gl. (5.47) durch Summen ausdrückt, ergeben sich anstelle von (5.48) die Gleichungen

$$\frac{1}{\rho}\Big[\sum_{i=1}^{n} E_i z_{Si} A_i - z_0 \sum_{i=1}^{n} E_i A_i\Big] + \sum_{i=1}^{n} \sigma_{0i} A_i = 0,$$
$$\frac{1}{\rho}\Big[\sum_{i=1}^{n} E_i I_{yi} - z_0 \sum_{i=1}^{n} E_i z_{Si} A_i\Big] + \sum_{i=1}^{n} \sigma_{0i} z_{Si} A_i = M_y.$$

Multiplikation beider Gleichungen mit ρ erzeugt lineare Gleichungen für z_0 und ρ. Die Lösungen für z_0 und für die Krümmung $1/\rho$ des Stabes sind

$$z_0 = \frac{\Big(M_y - \sum_{i=1}^{n} \sigma_{0i} z_{Si} A_i\Big) \sum_{i=1}^{n} E_i z_{Si} A_i + \Big(\sum_{i=1}^{n} \sigma_{0i} A_i\Big) \sum_{i=1}^{n} E_i I_{yi}}{\Big(M_y - \sum_{i=1}^{n} \sigma_{0i} z_{Si} A_i\Big) \sum_{i=1}^{n} E_i A_i + \Big(\sum_{i=1}^{n} \sigma_{0i} A_i\Big) \sum_{i=1}^{n} E_i z_{Si} A_i}, \tag{5.55}$$

$$\frac{1}{\rho} = \frac{\Big(M_y - \sum_{i=1}^{n} \sigma_{0i} z_{Si} A_i\Big) \sum_{i=1}^{n} E_i A_i + \Big(\sum_{i=1}^{n} \sigma_{0i} A_i\Big) \sum_{i=1}^{n} E_i z_{Si} A_i}{\Big(\sum_{i=1}^{n} E_i A_i\Big) \sum_{i=1}^{n} E_i I_{yi} - \Big(\sum_{i=1}^{n} E_i z_{Si} A_i\Big)^2}. \tag{5.56}$$

Diese Ausdrücke müssen in (5.54) eingesetzt werden. Dann erhält man die Spannungen in allen Punkten des Querschnitts. Erwartungsgemäß beeinflussen die Vorspannungen die Krümmung $1/\rho$ und die Spannungsverteilung $\sigma(y,z)$ und insbesondere die Lage z_0 der neutralen Fasern. Wenn man für das Biegemoment M_y den Wert null einsetzt, erhält man die Spannungen im vorgespannten, von außen unbelasteten Stab (Abb. 5.40b).

Beispiel 5.5-2
Ein Spannbetonstab hat den Querschnitt nach Abb. 5.41a mit 6 gleich stark vorgespannten Stählen. Wie groß sind die maximalen Zug- und Druckspannungen im Beton (Index 1) und die maximalen Spannungen in den Stählen (Index 2) im Zustand ohne äußere Last und unter einer Last, die ein Biegemoment M_y verursacht? Zum Vergleich berechne man, welche maximalen Zug- und Druckspannungen herrschen, wenn die Stahleinlagen fehlen.
Geg.: $a = 5\,\text{cm}$, $b = 8\,\text{cm}$, $B = 24\,\text{cm}$, $c = 7\,\text{cm}$, $d = 18,5\,\text{cm}$, $h = 32\,\text{cm}$, $r = 0,5\,\text{cm}$, $E_1 = 4 \cdot 10^4\,\text{Nmm}^{-2}$ (Beton), $E_2 = 20 \cdot 10^4\,\text{Nmm}^{-2}$ (Stahl), $\sigma_0 = 0,9 \cdot 10^3\,\text{Nmm}^{-2}$ (hochfester Stahl), $M_y = 15 \cdot 10^6\,\text{Ncm}$.
Lösung: In (5.55) und (5.56) ist $n = 2$. Mit der Querschnittsfläche $A = A_1 + A_2$ und dem Flächenmoment $I_y = I_{y1} + I_{y2}$ des Gesamtquerschnitts werden die Verhältnisse $\alpha = A_2/A$ und $\beta = I_{y2}/I_y$ gebildet. Sei außerdem $m = E_2/E_1$, $\mu = m - 1$ und $s = \sigma_0/E_1$. Mit diesen Größen nehmen die Summen in den Gleichungen folgende Gestalt an:

$$\begin{aligned}
\sum E_i A_i &= E_1(A_1 + mA_2) = E_1[A + (m-1)A_2] = (1+\alpha\mu)E_1 A, \\
\sum E_i z_{Si} A_i &= E_1(z_{S1}A_1 + m z_{S2} A_2) = E_1[z_{S1}A_1 + z_{S2}A_2 + (m-1)z_{S2}A_2] \\
&= E_1(m-1)z_{S2}A_2 = \alpha\mu E_1 z_{S2} A, \\
\sum E_i I_{yi} &= E_1(I_{y1} + mI_{y2}) = E_1[I_y + (m-1)I_{y2}] = (1+\beta\mu)E_1 I_y, \\
\sum \sigma_{0i} A_i &= \sigma_0 A_2 = \alpha s E_1 A, \qquad \sum \sigma_{0i} z_{Si} A_i = \alpha s E_1 z_{S2} A.
\end{aligned}$$

Damit erhalten (5.55) und (5.56) die Formen

$$\begin{aligned}
z_0 &= \frac{\alpha\left[\mu z_{S2}(M_y - \alpha s E_1 z_{S2} A) + s(1+\beta\mu)E_1 I_y\right]}{M_y(1+\alpha\mu) - \alpha s E_1 z_{S2} A}, \\
\frac{1}{\rho} &= \frac{M_y(1+\alpha\mu) - \alpha s E_1 z_{S2} A}{E_1\left[(1+\alpha\mu)(1+\beta\mu)I_y - \alpha^2\mu^2 z_{S2}^2 A\right]}.
\end{aligned}$$

Im vorliegenden Zahlenbeispiel ist $\mu = 4$, $s = 2,25 \cdot 10^{-2}$, $z_{S2} = d = 18,5\,\text{cm}$,

$$\begin{aligned}
A &= bh + 4 \cdot \tfrac{1}{2}(B-b) \cdot \tfrac{1}{2}a + 2Bc = 672\,\text{cm}^2, \\
A_2 &= 6\pi r^2 = 4,7\,\text{cm}^2, \qquad \alpha = 7 \cdot 10^{-3},
\end{aligned}$$

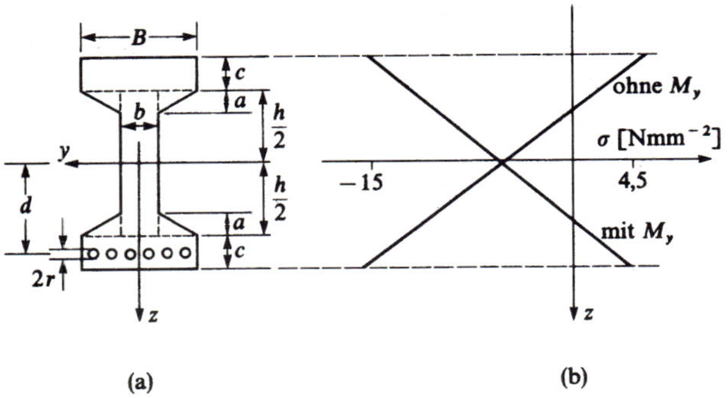

Abb. 5.41.

$$I_y = \tfrac{1}{12}bh^3 + 4\left[\tfrac{1}{36}\cdot\tfrac{1}{2}(B-b)a^3 + \tfrac{1}{2}(B-b)\cdot\tfrac{1}{2}a\left(\tfrac{1}{2}h - \tfrac{1}{3}a\right)^2\right]$$
$$+2\left[\tfrac{1}{12}Bc^3 + Bc\left(\tfrac{1}{2}h + \tfrac{1}{2}c\right)^2\right] = 167,5\cdot 10^3\,\mathrm{cm}^4,$$
$$I_{y2} = 6\left(\tfrac{1}{4}\pi r^4 + \pi r^2 d^2\right) = 1,6\cdot 10^3\,\mathrm{cm}^4, \qquad \beta = 10^{-2}.$$

Mit diesen Zahlenwerten ist im Nenner von $1/\rho$ der zweite Summand gegen den ersten vernachlässigbar klein. Die Ergebnisse für z_0 und $1/\rho$ in den beiden Lastfällen sind:

$$M_y = 0: \qquad z_0 = -13,5\,\mathrm{cm}, \qquad 1/\rho = -1,10\cdot 10^{-5}\,\mathrm{cm}^{-1},$$
$$M_y = 15\cdot 10^6\,\mathrm{Ncm}: \qquad z_0 = +15,0\,\mathrm{cm}, \qquad 1/\rho = +1,06\cdot 10^{-5}\,\mathrm{cm}^{-1}.$$

Gl. (5.54) liefert damit folgende maximale Zug- und Druckspannungen:
Lastfall $M_y = 0$:

$$\text{Beton}: \sigma_1 = \begin{cases} 4\cdot 10^4(-1,1\cdot 10^{-5})(+23+13,5) = -16,0\,\mathrm{Nmm}^{-2} & \text{(Unterk.)} \\ 4\cdot 10^4(-1,1\cdot 10^{-5})(-23+13,5) = 4,2\,\mathrm{Nmm}^{-2} & \text{(Oberk.)} \end{cases}$$

$$\text{Stahl}: \quad \sigma_2 = 20\cdot 10^4(-1,1\cdot 10^{-5})(18+13,5) + 900 = 830\,\mathrm{Nmm}^{-2},$$

Lastfall $M_y = 15\cdot 10^6$ Ncm:

$$\text{Beton}: \sigma_1 = \begin{cases} +3,4\,\mathrm{Nmm}^{-2} & \text{(Unterkante)} \\ -16,1\,\mathrm{Nmm}^{-2} & \text{(Oberkante)} \end{cases}$$

$$\text{Stahl}: \quad \sigma_2 = 916\,\mathrm{Nmm}^{-2}.$$

In Abb. 5.41b ist der Spannungsverlauf im Beton für beide Lastfälle dargestellt. Man erkennt die vorteilhafte Erscheinung, daß sich die neutrale Faser bei Änderungen der Last so verschiebt, daß die maximale Zugspannung im Beton stets wesentlich kleiner ist als die maximale Druckspannung.

Ohne Stahleinlagen haben die maximalen Zug- und Druckspannungen im Beton bei demselben Biegemoment M_y den Betrag

$$\frac{M_y}{I_y}\left(\tfrac{1}{2}h + c\right) = \frac{15\cdot 10^6}{167,5\cdot 10^3}\cdot 23 = 20,6\,\mathrm{Nmm}^{-2}.$$

Diese Zugspannung ist 6 mal so groß wie im Spannbetonstab. Bei Beton der Güteklasse B55 sind Zugspannungen von maximal $4,5\,\mathrm{Nmm}^{-2}$ zulässig. Diese Grenze wird im Spannbetonstab nicht überschritten.

5.6 Elastisch gebettete Stäbe. Winklerbettung

Abb. 5.42 zeigt einen Biegestab auf einer Bettung aus Baugrund. Im unbelasteten Zustand berühren sich der Stab und die Bettung spannungsfrei. Gesucht sind die Biegelinie $w(x)$ des Stabes und die Schnittgrößen

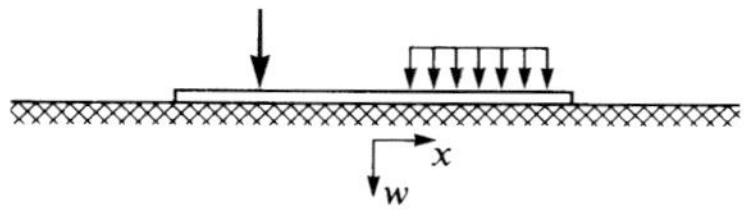

Abb. 5.42.

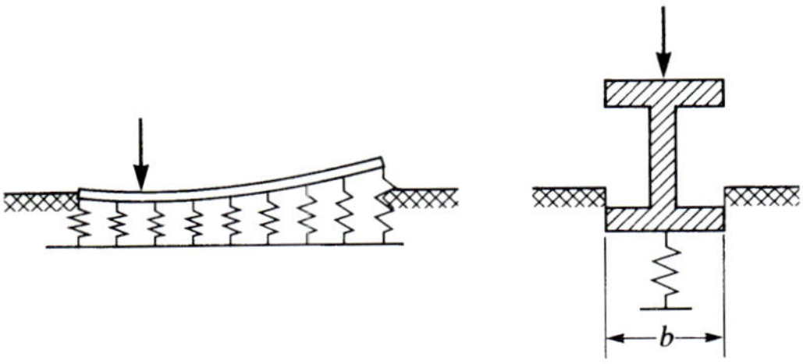

Abb. 5.43. Modell der elastischen Bettung nach Winkler

$M_y(x)$ und $Q_z(x)$ für gegebene Randbedingungen an den Stabenden und für gegebene äußere Lasten. Explizite Lösungen erhält man nur, wenn das elastische Verhalten des dreidimensionalen Baugrundes drastisch vereinfachend beschrieben wird. Nach Winkler wird angenommen, daß an jeder Stelle der Druck p und die Einsenkung w proportional zueinander sind:

$$p = k_s w. \tag{5.57}$$

Die Konstante k_s mit der Dimension Kraft/Länge^3 heißt Bettungsmodul. Tabelle 2 im Anhang gibt Zahlenwerte an (nach [8]). Gl. (5.57) trifft für eine Bettung zu, die nach Abb. 5.43 aus beliebig dicht angeordneten Federn gleicher Steifigkeit besteht. Sie heißt Winklerbettung. Sie vernachlässigt die Wechselwirkung benachbarter Punkte der Bettung. Aus der Gleichung ergibt sich, daß die Bettung auf einen Stab mit der Sohlbreite b eine Streckenlast

$$q_B(x) = -Kw(x) \qquad \text{mit} \qquad K = k_s b \tag{5.58}$$

ausübt. Die Konstante K hat die Dimension einer Spannung. In Bereichen mit $w(x) < 0$ ist Gl. (5.58) nur dann sinnvoll, wenn der Stab nicht von der Bettung abheben kann, sondern fest mit ihr verbunden ist. Das wird ggf. vorausgesetzt. Die Verbindung kann im Fall einer Eisenbahnschiene z.B. durch Verschraubung mit Schwellen verwirklicht werden.

Eine Differentialgleichung für die Biegelinie $w(x)$ wird aus den Gleichungen entwickelt:

$$EI_y w''(x) = -M_y(x), \qquad M_y''(x) = -[q(x) + q_B(x)].$$

In der zweiten Gleichung ist $q(x)$ die äußere Streckenlast und $q_B(x)$ die Streckenlast infolge der Bettung. Die erste Gleichung wird zweimal nach x differenziert. Für $M_y''(x)$ wird der Ausdruck aus der zweiten Gleichung mit q_B nach (5.58) eingesetzt. Das Ergebnis ist die Differentialgleichung

$$(EI_y w'')'' + Kw = q(x). \tag{5.59}$$

Im folgenden werden nur Stäbe mit $EI_y = \text{const}$ betrachtet. Für sie hat die Gleichung die Form

$$w^{(4)} + 4\lambda^4 w = \frac{q(x)}{EI_y}. \tag{5.60}$$

Darin ist

$$\lambda = [K/(4EI_y)]^{1/4} \tag{5.61}$$

eine Konstante mit der Dimension Länge^{-1}. Gl. (5.60) gilt an allen Stellen außer an Angriffspunkten von Einzellasten. Einzellasten gliedern einen Stab in Abschnitte, die einzeln untersucht werden müssen (siehe Beisp. 5.6-1). Die Differentialgleichung ist von 4. Ordnung, so daß Randbedingungen für w, w', $M_y = -EI_y w''$ und $Q_z = -EI_y w'''$ beachtet werden müssen. Es gilt das Superpositionsprinzip.

Die allgemeine Lösung hat die Form

$$w(x) = w_h(x) + w_p(x). \tag{5.62}$$

Darin ist $w_h(x)$ die allgemeine Lösung der homogenen Gleichung

$$w^{(4)} + 4\lambda^4 w = 0, \tag{5.63}$$

und $w_p(x)$ ist eine partikuläre Lösung der inhomogenen Gl. (5.60). Für $w_h(x)$ wird der Ansatz

$$w_h(x) = a\mathrm{e}^{sx}$$

mit unbekannten Konstanten a und s gemacht und in (5.63) eingesetzt. Das liefert die Gleichung

$$a\mathrm{e}^{sx}(s^4 + 4\lambda^4) = 0.$$

Bei nichttrivialen Lösungen ist $a \neq 0$, so daß sich für s die Wurzeln ergeben:

$$s_{1,2} = \lambda(1 \pm \mathrm{i}), \qquad s_{3,4} = \lambda(-1 \pm \mathrm{i}).$$

Wegen der Gültigkeit des Superpositionsprinzips ist die allgemeine Lösung der homogenen Gleichung damit

$$\begin{aligned} w_h(x) &= a_1\mathrm{e}^{s_1 x} + a_2\mathrm{e}^{s_2 x} + a_3\mathrm{e}^{s_3 x} + a_4\mathrm{e}^{s_4 x} \\ &= \mathrm{e}^{\lambda x}\left(a_1\mathrm{e}^{\mathrm{i}\lambda x} + a_2\mathrm{e}^{-\mathrm{i}\lambda x}\right) + \mathrm{e}^{-\lambda x}\left(a_3\mathrm{e}^{\mathrm{i}\lambda x} + a_4\mathrm{e}^{-\mathrm{i}\lambda x}\right) \end{aligned}$$

mit komplexen Integrationskonstanten a_1, a_2, a_3 und a_4. Mit den Formeln

$$\mathrm{e}^{\pm\mathrm{i}\lambda x} = \cos\lambda x \pm \mathrm{i}\sin\lambda x$$

erhält man die reelle Darstellung

$$w_h(x) = \mathrm{e}^{\lambda x}\left(b_1\cos\lambda x + b_2\sin\lambda x\right) + \mathrm{e}^{-\lambda x}\left(b_3\cos\lambda x + b_4\sin\lambda x\right) \tag{5.64}$$

mit neuen, reellen Integrationskonstanten b_1, b_2, b_3 und b_4. Mit den Formeln

$$\mathrm{e}^{\pm\lambda x} = \cosh\lambda x \pm \sinh\lambda x$$

kann man auch schreiben

$$w_h(x) = \cosh\lambda x\bigl(A\cos\lambda x + B\sin\lambda x\bigr) + \sinh\lambda x\bigl(D\cos\lambda x + E\sin\lambda x\bigr) \quad (5.65)$$

mit wiederum neuen Integrationskonstanten A, B, D und E. Die Darstellung (5.64) hat den Vorteil, daß man das asymptotische Verhalten von $w_h(x)$ für $x \to \pm\infty$ leicht erkennt. Sie wird deshalb für unendlich lange Stäbe verwendet. Für Stäbe endlicher Länge ist die Darstellung (5.65) besser geeignet. Zu ihr gehören die Ableitungen

$$\left.\begin{aligned} w_h'(x) &= \lambda\{\cosh\lambda x\bigl[(B+D)\cos\lambda x + (E-A)\sin\lambda x\bigr] \\ &\qquad + \sinh\lambda x\bigl[(A+E)\cos\lambda x + (B-D)\sin\lambda x\bigr]\}, \\ w_h''(x) &= 2\lambda^2\bigl[\cosh\lambda x\bigl(E\cos\lambda x - D\sin\lambda x\bigr) \\ &\qquad + \sinh\lambda x\bigl(B\cos\lambda x - A\sin\lambda x\bigr)\bigr], \\ w_h'''(x) &= 2\lambda^3\{\cosh\lambda x\bigl[(B-D)\cos\lambda x - (A+E)\sin\lambda x\bigr] \\ &\qquad + \sinh\lambda x\bigl[(E-A)\cos\lambda x - (B+D)\sin\lambda x\bigr]\}. \end{aligned}\right\} \quad (5.66)$$

Aus Lösungen $w(x)$ werden die Schnittgrößen $M_y(x) = -EI_y w''(x)$ und $Q_z(x) = -EI_y w'''(x)$ des Stabes und die Streckenlast $q_B(x) = -Kw(x)$ berechnet. Der Sohldruck unter einem Stab der Breite b ist $q_B(x)/b$.

Explizite Lösungen $w(x)$ für viele Belastungsfälle und Randbedingungen siehe in [9].

Gl. (5.65) kann durch die linearisierte Form $w(x) = ax + c$ approximiert werden, wenn λx hinreichend wenig veränderlich ist. Die Konstanten a und c werden aus Gleichgewichtsbedingungen bestimmt (siehe Aufg. 5.41). Bei einem Stab der Länge ℓ hat λx den Wertebereich $\lambda\ell$. Mit anderen Worten: Stäbe, bei denen $\lambda\ell$ hinreichend klein ist, können wie starre Stäbe auf elastischer Bettung berechnet werden. Das Produkt $\lambda\ell$ enthält die beiden dimensionslosen Verhältnisse $\ell/I_y^{1/4}$ und K/E. Auf ihre Größen kommt es also an. Im Bauingenieurwesen werden Stäbe mit $\lambda\ell < 1 - 1{,}5$ als starre Stäbe berechnet.

Beispiel 5.6-1
Ein Stab auf einer Winklerbettung wird nach Abb. 5.44 an der Stelle $x = 0$ außermittig durch eine Einzelkraft F belastet. Welche Biegelinien $w_1(x)$ und $w_2(x)$ stellen sich in den beiden Bereichen $x < 0$ bzw. $x > 0$ ein? Gegeben: ℓ_1, ℓ_2, EI_y, F, K.
Lösung: Für die Biegelinien werden die Ansätze gemacht (vgl. (5.62) und (5.65); $w_p(x) \equiv 0$):

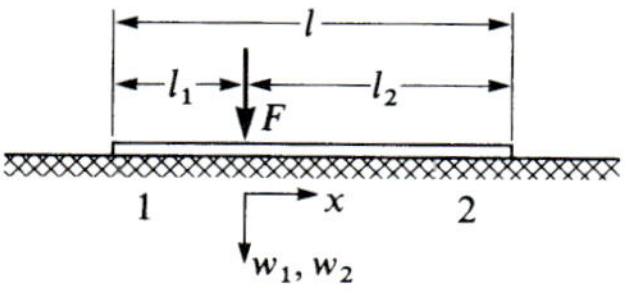

Abb. 5.44.

$$\begin{aligned} w_1(x) = {} & \cosh\lambda x\big(A_1\cos\lambda x + B_1\sin\lambda x\big) \\ & + \sinh\lambda x\big(D_1\cos\lambda x + E_1\sin\lambda x\big) \qquad (x \le 0), \\ w_2(x) = {} & \cosh\lambda x\big(A_2\cos\lambda x + B_2\sin\lambda x\big) \\ & + \sinh\lambda x\big(D_2\cos\lambda x + E_2\sin\lambda x\big) \qquad (x \ge 0). \end{aligned}$$

Die Randbedingungen zur Bestimmung der 8 Koeffizienten sind:

$$\left.\begin{aligned} & w_1(0) = w_2(0), \qquad w_1'(0) = w_2'(0), \qquad w_1''(0) = w_2''(0), \\ & Q_{z2}(0) - Q_{z1}(0) = -F \quad \text{oder} \quad EI_y[w_2'''(0) - w_1'''(0)] = F, \end{aligned}\right\} \tag{a}$$

$$w_1''(-\ell_1) = 0, \qquad w_1'''(-\ell_1) = 0, \qquad w_2''(\ell_2) = 0, \qquad w_2'''(\ell_2) = 0. \tag{b}$$

(a) drückt die Stetigkeit von Durchbiegung, Neigung und Biegemoment bei $x = 0$ sowie den Sprung der Querkraft bei $x = 0$ aus und (b) das Verschwinden von Biegemoment und Querkraft an beiden Stabenden. Zur Verringerung des Schreibaufwands werden die Abkürzungen eingeführt:

$$C_i = \cosh\lambda\ell_i, \quad S_i = \sinh\lambda\ell_i, \quad c_i = \cos\lambda\ell_i, \quad s_i = \sin\lambda\ell_i \quad (i = 1, 2).$$

Von den bekannten Beziehungen für Hyperbel- und Kreisfunktionen werden die folgenden verwendet:

$$\left.\begin{aligned} & C_i^2 - S_i^2 = 1, & & c_i^2 + s_i^2 = 1, \\ & C_i^2 = \tfrac{1}{2}[\cosh(2\lambda\ell_i) + 1], & & c_i^2 = \tfrac{1}{2}[1 + \cos(2\lambda\ell_i)], \\ & S_i^2 = \tfrac{1}{2}[\cosh(2\lambda\ell_i) - 1], & & s_i^2 = \tfrac{1}{2}[1 - \cos(2\lambda\ell_i)], \\ & S_iC_i = \tfrac{1}{2}\sinh(2\lambda\ell_i), & & s_ic_i = \tfrac{1}{2}\sin(2\lambda\ell_i), \\ & S_1C_2 + C_1S_2 = \sinh\lambda\ell, & & s_1c_2 + c_1s_2 = \sin\lambda\ell. \end{aligned}\right\} (i = 1, 2) \tag{c}$$

Mit den Abkürzungen und mit (5.66) nehmen die Randbedingungen die Formen an:

$$\left.\begin{aligned} & A_1 = A_2, \qquad B_1 + D_1 = B_2 + D_2, \qquad E_1 = E_2, \\ & 2\lambda^3 EI_y[(B_2 - D_2) - (B_1 - D_1)] = F, \end{aligned}\right\} \tag{d}$$

$$\left.\begin{aligned} & E_1C_1c_1 + D_1C_1s_1 - B_1S_1c_1 - A_1S_1s_1 = 0, \\ & (B_1 - D_1)C_1c_1 + (A_1 + E_1)C_1s_1 - (E_1 - A_1)S_1c_1 - (B_1 + D_1)S_1s_1 = 0, \\ & E_2C_2c_2 - D_2C_2s_2 + B_2S_2c_2 - A_2S_2s_2 = 0, \\ & (B_2 - D_2)C_2c_2 - (A_2 + E_2)C_2s_2 + (E_2 - A_2)S_2c_2 - (B_2 + D_2)S_2s_2 = 0. \end{aligned}\right\} \tag{e}$$

Aus (d) folgt

$$A_1 = A_2, \quad B_1 = B_2 - F\lambda/K, \quad D_1 = D_2 + F\lambda/K, \quad E_1 = E_2. \tag{f}$$

Darin wurde mit (5.61) $2\lambda^3 EI_y = K/(2\lambda)$ gesetzt. Wenn man (f) in (e) einsetzt und diese Gleichungen in Matrixform schreibt, ergibt sich

$$\begin{pmatrix} S_1s_1 & S_1c_1 & -C_1s_1 & -C_1c_1 \\ C_1s_1 + S_1c_1 & C_1c_1 - S_1s_1 & -(C_1c_1 + S_1s_1) & C_1s_1 - S_1c_1 \\ S_2s_2 & -S_2c_2 & C_2s_2 & -C_2c_2 \\ -(C_2s_2 + S_2c_2) & C_2c_2 - S_2s_2 & -(C_2c_2 + S_2s_2) & -(C_2s_2 - S_2c_2) \end{pmatrix} \begin{pmatrix} A_2 \\ B_2 \\ D_2 \\ E_2 \end{pmatrix}$$

$$= \frac{F\lambda}{K}\begin{pmatrix} C_1 s_1 + S_1 c_1 \\ 2C_1 c_1 \\ 0 \\ 0 \end{pmatrix}. \tag{g}$$

Die Koeffizientenmatrix ist für eine einfache Auflösung der Gleichungen zu kompliziert. Deshalb probiert man die 4 möglichen Linearkombinationen der 1. und der 2. Zeile, die in je einem Feld null erzeugen. Dabei sind die ersten beiden Gln.(c) zu beachten. Die beiden Linearkombinationen, die im 3. bzw. im 4. Feld null erzeugen, erweisen sich als zweckmäßig. Sie werden sinngemäß auch auf die 3. und die 4. Zeile der Matrix angewandt. Man erhält alle diese Linearkombinationen, wenn man die Gleichung von links mit der Matrix multipliziert:

$$\begin{pmatrix} C_1 c_1 + S_1 s_1 & -C_1 s_1 & 0 & 0 \\ C_1 s_1 - S_1 c_1 & C_1 c_1 & 0 & 0 \\ 0 & 0 & C_2 c_2 + S_2 s_2 & C_2 s_2 \\ 0 & 0 & C_2 s_2 - S_2 c_2 & -C_2 c_2 \end{pmatrix}.$$

Das Gleichungssystem nimmt dann die sehr viel einfachere Form an:

$$\begin{pmatrix} -s_1^2 & S_1 C_1 - s_1 c_1 & 0 & -C_1^2 \\ S_1 C_1 + s_1 c_1 & c_1^2 & -C_1^2 & 0 \\ s_2^2 & S_2 C_2 - s_2 c_2 & 0 & C_2^2 \\ S_2 C_2 + s_2 c_2 & -c_2^2 & C_2^2 & 0 \end{pmatrix}\begin{pmatrix} A_2 \\ B_2 \\ D_2 \\ E_2 \end{pmatrix} = \frac{F\lambda}{K}\begin{pmatrix} S_1 C_1 - s_1 c_1 \\ C_1^2 + c_1^2 \\ 0 \\ 0 \end{pmatrix}. \tag{h}$$

Die Lösungen sind

$$A_2 = \Delta_A/\Delta, \quad B_2 = \Delta_B/\Delta, \quad D_2 = \Delta_D/\Delta, \quad E_2 = \Delta_E/\Delta. \tag{i}$$

Darin ist Δ die Determinante der Koeffizientenmatrix, und $\Delta_A, \ldots, \Delta_E$ sind die Determinanten der Matrizen, die entstehen, wenn man die 1. bzw. die 2. bzw. die 3. bzw. die 4. Spalte durch die Spaltenmatrix auf der rechten Seite der Gleichung ersetzt. Alle Determinanten sind leicht zu berechnen. Die Ergebnisse sind:

$$\left.\begin{aligned} \Delta &= C_1^2 C_2^2\Big[(S_1 C_2 + C_1 S_2)^2 - (s_1 c_2 + c_1 s_2)^2\Big] \\ &= C_1^2 C_2^2(\sinh^2\lambda\ell - \sin^2\lambda\ell), \\ \Delta_A &= C_1^2 C_2^2(F\lambda/K)\Big[(S_1 C_1 - s_1 c_1)(c_2^2 + C_2^2) + (S_2 C_2 - s_2 c_2)(c_1^2 + C_1^2)\Big], \\ \Delta_E &= C_1^2 C_2^2(F\lambda/K)\Big[(S_1 C_1 - s_1 c_1)(c_2^2 - C_2^2) + (S_2 C_2 - s_2 c_2)(c_1^2 - C_1^2)\Big], \\ \Delta_B &= C_1^2 C_2^2(F\lambda/K)\Big[+(S_1 C_1 - s_1 c_1)(S_2 C_2 + s_2 c_2) - s_2^2(c_1^2 + C_1^2) \\ &\qquad + C_2^2(s_1^2 + S_1^2)\Big], \\ \Delta_D &= C_1^2 C_2^2(F\lambda/K)\Big[-(S_1 C_1 - s_1 c_1)(S_2 C_2 + s_2 c_2) - S_2^2(c_1^2 + C_1^2) \\ &\qquad + c_2^2(s_1^2 + S_1^2)\Big]. \end{aligned}\right\} \tag{j}$$

Auch auf $\Delta_A, \ldots, \Delta_E$ kann man die Gln.(c) anwenden. Der überall auftretende Faktor $C_1^2 C_2^2$ fällt bei der Bildung der Koeffizienten in (*i*) weg. Mit (*i*) sind auch die Koeffizienten in (*f*) bestimmt und damit die Biegelinien $w_1(x)$ und $w_2(x)$. Die Formeln enthalten die Sonderfälle ($\ell_1 = 0$, ℓ_2 endlich), ($\ell_1 \neq 0$, $\ell_2 \to \infty$) und

($\ell_1 = 0$, $\ell_2 \to \infty$). Im Grenzfall $\ell_2 \to \infty$ gilt $S_2 = C_2 \gg S_1, C_1, s_1, c_1, s_2, c_2$ und $\Delta = C_1^2 C_2^2 \cdot C_2^2 (S_1 + C_1)^2 = C_1^2 C_2^4 \exp(2\lambda\ell_1)$ (siehe Aufg. 5.43 und 5.45).

Im folgenden wird nur der symmetrische Lastfall mit $\ell_1 = \ell_2 = \frac{1}{2}\ell$ betrachtet. Bei ihm vereinfachen sich die Determinanten (j) zu

$$\Delta_A = \tfrac{1}{2} C_1^2 C_2^2 (F\lambda/K)(\sinh\lambda\ell - \sin\lambda\ell)(\cos\lambda\ell + \cosh\lambda\ell + 2),$$

$$\Delta_E = \tfrac{1}{2} C_1^2 C_2^2 (F\lambda/K)(\sinh\lambda\ell - \sin\lambda\ell)(\cos\lambda\ell - \cosh\lambda\ell),$$

$$\Delta_B = -\Delta_D = \tfrac{1}{2}(F\lambda/K) \cdot \Delta.$$

Die Funktion für die Biegelinie der rechten Stabhälfte ist damit

$$\begin{aligned} w_2(x) = \frac{F\lambda}{2K} \Big[& \cosh\lambda x \Big(\sin\lambda x + \frac{\cosh\lambda\ell + \cos\lambda\ell + 2}{\sinh\lambda\ell + \sin\lambda\ell} \cos\lambda x \Big) \\ & - \sinh\lambda x \Big(\sin\lambda x + \frac{\cosh\lambda\ell - \cos\lambda\ell}{\sinh\lambda\ell + \sin\lambda\ell} \cos\lambda x \Big) \Big] \quad (x \geq 0). \end{aligned} \tag{k}$$

Stäbe mit Längen oberhalb einer bestimmten Mindestlänge ℓ_{min} haben Bereiche mit $w_2(x) < 0$. Die Länge ℓ_{min} ist die kleinste Wurzel ℓ der Gleichung $w_2(x = \ell/2) = 0$. Sie ist $\ell_{min} \approx 4{,}10/\lambda$. Nullstellen der Biegelinie liegen im Abstand $\Delta x = \pi/\lambda$.

Das Biegemoment $M_y = -EI_y w_2''$ ist an der Stelle $x = 0$ maximal. Bei Beachtung der Beziehung $EI_y F\lambda/(2K) = F/(4\lambda)$ ergibt sich

$$M_y(0) = \frac{F}{4\lambda} \frac{\cosh\lambda\ell - \cos\lambda\ell}{\sinh\lambda\ell + \sin\lambda\ell}. \tag{l}$$

Dieses Biegemoment konvergiert mit wachsender Stablänge gegen $F/(4\lambda)$.

Die beiden Brüche in (k) konvergieren mit wachsender Stablänge sehr schnell gegen 1. Bei $\lambda\ell = 6$ haben sie die Größen $1{,}016$ und $0{,}997$. Das zeigt, daß sich ein Stab mit $\ell > 6/\lambda$ praktisch so verhält als wäre er Teil eines unendlich langen Stabes. Dessen Biegelinie hat die Gleichung

$$\begin{aligned} w_2(x) &= \frac{F\lambda}{2K} \big(\cosh\lambda x - \sinh\lambda x \big) \big(\cos\lambda x + \sin\lambda x \big) \\ &= \frac{F\lambda}{2K} e^{-\lambda x} \big(\cos\lambda x + \sin\lambda x \big) \\ &= \frac{F\lambda}{K\sqrt{2}} e^{-\lambda x} \sin(\lambda x + \pi/4) \qquad (x \geq 0). \end{aligned}$$

Abb. 5.45 zeigt diese Biegelinie maßstabgerecht. Aufeinanderfolgende Extrema bilden das Betragsverhältnis $\exp(-\pi) \approx 0{,}043$.

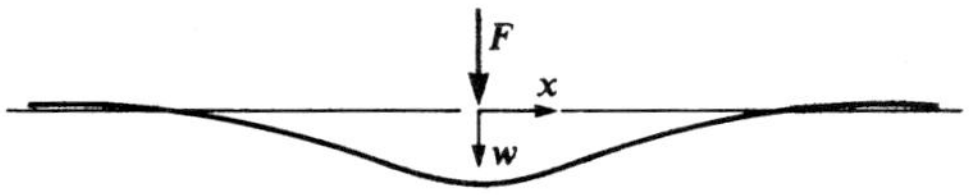

Abb. 5.45.

5.7 Schubspannungen in Biegestäben

Bisher wurden bei der Berechnung von Spannungen in Biegestäben nur Längsspannungen berücksichtigt. Sie werden durch Biegemomente hervorgerufen. Außerdem werden durch Querkräfte $Q_y(x)$ und $Q_z(x)$ Schubspannungen erzeugt. Auch ihre Größe muß man kennen, wenn man die Festigkeit eines Stabes beurteilen will. An Abb. 5.19a,b wurde begründet, daß Schubspannungen nicht gleichmäßig über einen Stabquerschnitt verteilt sind. Im Querschnitt an der Stelle x (beliebig) treten Schubspannungen $\tau_{xy}(x, y, z)$ und $\tau_{xz}(x, y, z)$ auf. Die Abb. 5.19 führte zu der Vereinbarung, Schubdeformationen zu vernachlässigen, Stäbe also als schubstarr vorauszusetzen. Für die Berechnung von Schubspannungen stehen folglich weder Betrachtungen über die Geometrie der Verformung noch das Hookesche Gesetz $\tau = G\gamma$ zur Verfügung. Nur eine Kräftegleichgewichtsbedingung ist formulierbar. Was man mit ihr erreichen kann, wird im folgenden gezeigt.

Man muß sich auf Stäbe mit längs der x-Achse konstanten, dünnwandigen Querschnitten beschränken. Abb. 5.46 zeigt ein Beispiel. Die Symmetrie wird im folgenden nicht vorausgesetzt. Das y, z-System ist das Hauptachsensystem.

In der freien Oberfläche auf den Längsseiten des Stabes wirken keine Schubspannungen, insbesondere keine in x-Richtung. Nach dem Satz von der Gleichheit zugeordneter Schubspannungen ist folglich in der Querschnittsfläche überall am Rand die Schubspannungskoordinate senkrecht zum Rand auch null. Unmittelbar am Rand muß die Schubspannung also parallel zum Rand gerichtet sein, was in Abb. 5.46 durch Pfeile angedeutet ist. Je dünnwandiger der Querschnitt ist, desto genauer gilt, daß die Schubspannung in allen Punkten einer Geraden quer zur Wandmittellinie (gestrichelt gezeichnet) nahezu dieselbe Größe hat und daß sie nahezu senkrecht zu der Geraden gerichtet ist. Der Mittelwert, den die Schubspannungskoordinate senkrecht zur Geraden dort hat, ist also ein gutes Maß für die wirkliche Schubspannung in den Punkten der Geraden. Dieser Mittelwert ist außer von der Koordinate x, die den Ort längs der Stabachse angibt, nur von der Stelle abhängig, an der die Gerade senkrecht zur Wandmittellinie gelegt wird. Diese

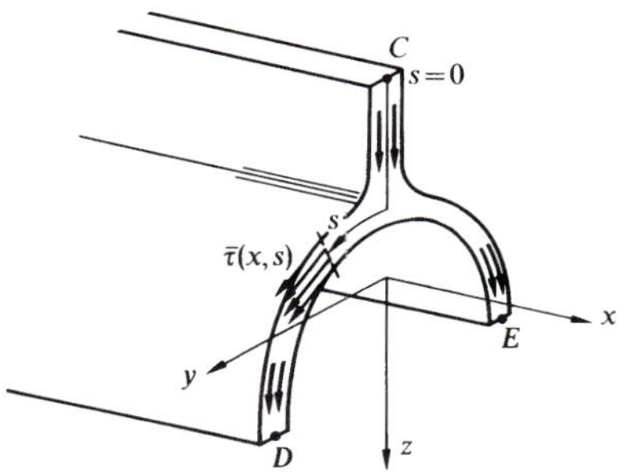

Abb. 5.46. Die mittlere Schubspannung $\bar{\tau}(x, s)$ in einem dünnwandigen, offenen Querschnitt an der Stelle (x, s). Der Punkt $s = 0$ kann in C, D oder E gelegt werden. Zu jeder gestrichelten Linie quer zur Wand gehört ein bestimmter Wert von s. Die Untersuchungen dieses Abschnitts sind nicht auf symmetrische Querschnitte beschränkt

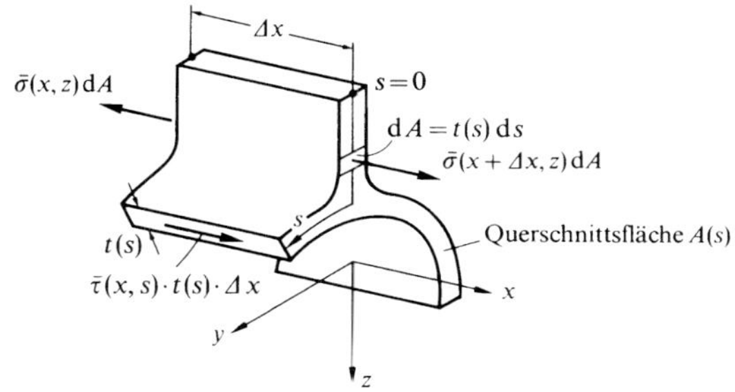

Abb. 5.47. Freikörperbild mit allen Kräften in x-Richtung

Stelle wird durch die Bogenlänge s der Wandmittellinie von einem Punkt $s = 0$ aus angegeben. Bei Querschnitten, bei denen die Wandmittellinien keine geschlossenen Kurvenzüge bilden, wird der Punkt $s = 0$ in einen beliebigen Randpunkt gelegt. In Abb. 5.46 wurde der Punkt C gewählt. Bei derartigen sog. *offenen Querschnitten* ist die Kenntnis der Schubspannung wichtiger als bei geschlossenen Rohr- und Kastenquerschnitten, weil bei gleicher äußerer Belastung wesentlich größere Spannungen und Verformungen auftreten. Im folgenden werden daher nur offene, dünnwandige Querschnitte untersucht.

Die Annahme einer mittleren Schubspannung im Sinne von Abb. 5.46 ist in unmittelbarer Nähe von Ecken und Verzweigungen der Wandmittellinie natürlich nicht sinnvoll. Dort liegen kompliziertere Spannungsverteilungen vor mit Spannungsmaxima, die größer als die Mittelwerte in den anschließenden dünnen Wänden sind. Über sie werden in diesem Abschnitt keine Aussagen gemacht.

Der Mittelwert der Schubspannung an der durch x und s bezeichneten Stelle der Wand wird $\bar{\tau}(x, s)$ genannt. Über das Vorzeichen wird vereinbart, daß die Spannung positiv ist, wenn sie am positiven Schnittufer die Richtung hat, in der s zunimmt (siehe Abb. 5.46). Der Mittelwert wird aus einer *Kräftegleichgewichtsbedingung* für ein freigeschnittenes Stabstück bestimmt. Ein Schnitt wird an der Stelle s quer zur Wandmittellinie und parallel zur Stabachse gelegt. Von den beiden dabei entstehenden Stabteilen wird willkürlich derjenige betrachtet, auf dem der Punkt $s = 0$ liegt. Zwei weitere Schnitte werden senkrecht zur Stabachse bei x und bei $x + \Delta x$ gelegt. Dadurch erhält man das kleine Stabstück von Abb. 5.47. An ihm sind alle Kräfte eingezeichnet, die die Richtung der x-Achse haben. In der Schnittebene parallel zur x-Achse wird eine Kraft in x-Richtung durch eine Schubspannung erzeugt. Nach dem Satz von der Gleichheit zugeordneter Schubspannungen ist sie gleich dem gesuchten Mittelwert $\bar{\tau}(x, s)$. Die Kraft wirkt in positiver x-Richtung, wenn der Mittelwert positiv ist. In den beiden Schnittebenen normal zur x-Achse erzeugen Längsspannungen $\sigma(x, y, z)$ Kräfte in x-Richtung. In derselben Weise, wie die wahre Schubspannung $\tau(x, y, z)$ an einer Stelle s

der Wand durch den Mittelwert $\bar{\tau}(x,s)$ angenähert wird, wird $\sigma(x,y,z)$ durch einen Mittelwert $\bar{\sigma}(x,s)$ angenähert. In Abb. 5.47 sind die damit berechneten Längskräfte in beiden Schnittebenen an einem Flächenelement $\mathrm{d}A$ eingezeichnet. Die Gleichgewichtsbedingung für die Kräfte in x-Richtung ist

$$\int_{A(s)} [\bar{\sigma}(x+\Delta x,s)-\bar{\sigma}(x,s)]\,\mathrm{d}A+\bar{\tau}(x,s)\,t(s)\,\Delta x=0.$$

Darin sind $A(s)$ die Querschnittsfläche des freigeschnittenen Stabstücks und $t(s)$ die Wanddicke an der Stelle s. Division der Gleichung durch Δx und der Übergang $\Delta x\to 0$ liefern

$$\bar{\tau}(x,s)\,t(s)=-\int_{A(s)}\frac{\partial\bar{\sigma}(x,s)}{\partial x}\,\mathrm{d}A. \tag{5.67}$$

Nach Abb. 5.47 ist $\mathrm{d}A=t(s)\,\mathrm{d}s$, so daß (5.67) auch die Form hat:

$$\bar{\tau}(x,s)\,t(s)=-\int_0^s\frac{\partial\bar{\sigma}(x,s)}{\partial x}\,t(s)\,\mathrm{d}s. \tag{5.68}$$

Die Integration erstreckt sich über alle Stege der Teilfläche $A(s)$. Differentiation dieser Gleichung nach s erzeugt

$$\frac{\partial}{\partial s}[\bar{\tau}(x,s)\,t(s)]=-\frac{\partial\bar{\sigma}(x,s)}{\partial x}\,t(s). \tag{5.69}$$

Die Gln.(5.67) und (5.69) zwischen mittlerer Längsspannung $\bar{\sigma}$ und mittlerer Schubspannung $\bar{\tau}$ in einer dünnen Wand sind nicht auf Biegung beschränkt, sondern allgemeingültig. Im Sonderfall der Biegung ist nach Gl. (5.39)

$$\begin{aligned}\bar{\sigma}(x,s)&=\frac{M_y(x)}{I_y}\,z(s)-\frac{M_z(x)}{I_z}\,y(s),\\ \frac{\partial\bar{\sigma}(x,s)}{\partial x}&=\frac{z(s)}{I_y}\,\frac{\mathrm{d}M_y(x)}{\mathrm{d}x}-\frac{y(s)}{I_z}\,\frac{\mathrm{d}M_z(x)}{\mathrm{d}x}\\ &=\frac{z(s)}{I_y}\,Q_z(x)+\frac{y(s)}{I_z}\,Q_y(x).\end{aligned} \tag{5.70}$$

Auf diese Weise erscheinen die Querkräfte in (5.67). Die Gleichung liefert für den Schubspannungsmittelwert das Ergebnis

$$\bar{\tau}(x,s)=\frac{Q_z(x)S_y(s)}{I_y\,t(s)}+\frac{Q_y(x)S_z(s)}{I_z\,t(s)} \tag{5.71}$$

mit den Abkürzungen

$$S_y(s)=-\int_{A(s)} z\,\mathrm{d}A,\qquad S_z(s)=-\int_{A(s)} y\,\mathrm{d}A.$$

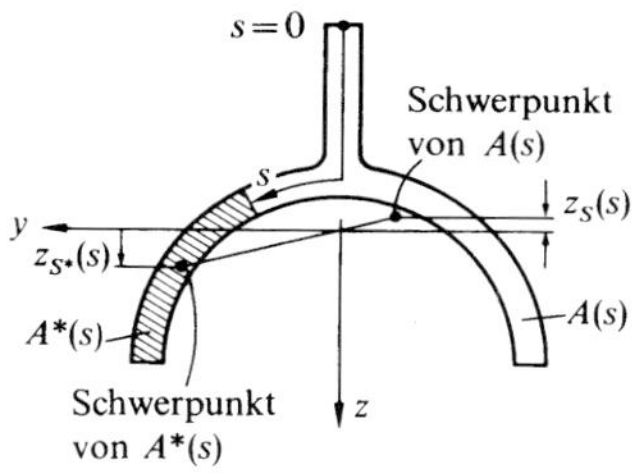

Abb. 5.48. Ein Schnitt bei s erzeugt die Teilflächen $A(s)$ und $A^*(s)$ mit den statischen Momenten $A(s)\,z_S(s) = -A^*(s)\,z_{S^*}(s)$. Man rechnet mit der einfacher geformten Teilfläche

Die Integrale (ohne die negativen Vorzeichen) sind die Flächenmomente 1. Grades (die statischen Momente) der abgeschnittenen Teilfläche des Querschnitts bezüglich der y-Achse bzw. bezüglich der z-Achse. Wenn der Schwerpunkt dieser Teilfläche bekannt ist (Abb. 5.48), kann man aus seinen Koordinaten $y_S(s)$ und $z_S(s)$ die Größen $S_y(s)$ und $S_z(s)$ nach den Formeln berechnen:

$$S_y(s) = -z_S(s)A(s), \qquad S_z(s) = -y_S(s)A(s). \tag{5.72}$$

Häufig ist auch folgende Formel nützlich. Sei $A^*(s)$ diejenige Fläche, die die Teilfläche $A(s)$ zum vollständigen Stabquerschnitt ergänzt. Sie ist in Abb. 5.48 schraffiert. Es gilt:

$$\int_{A(s)} z\,\mathrm{d}A + \int_{A^*(s)} z\,\mathrm{d}A = \int_A z\,\mathrm{d}A,$$

wobei A die gesamte Querschnittsfläche ist. Da deren Schwerpunkt die z-Koordinate null hat, ist diese Summe null und folglich

$$S_y(s) = -\int_{A(s)} z\,\mathrm{d}A = \int_{A^*(s)} z\,\mathrm{d}A = z_{S^*}(s)A^*(s). \tag{5.73}$$

Entsprechende Beziehungen gelten für $S_z(s)$. Diese Formeln sind immer dann nützlich, wenn die Teilfläche $A^*(s)$ einfacher berandet ist als die Teilfläche $A(s)$.

Der Ausdruck für den Schubspannungsmittelwert $\bar{\tau}(x,s)$ erfüllt die eingangs formulierte Randbedingung. Zum Beisp. ist er für den Querschnitt in Abb. 5.46 in den Randpunkten C, D und E gleich null. Bei einem Schnitt quer zur Wand im Punkt C ist nämlich die Fläche $A(s)$, über die integriert wird, null. Bei einem Schnitt im Punkt D und auch im Punkt E ist die Fläche $A^*(s)$ null. In allen drei Fällen sind also $S_y(s)$ und $S_z(s)$ null.

Den Richtungssinn der mittleren Schubspannung kann man für alle Stellen des Querschnitts ohne Rechnung durch bloße Anschauung bestimmen. Sei $Q_y = 0$. In der aus (5.71) und (5.72) entstehenden Gleichung

$$\bar{\tau}(x,s) = -Q_z(x)\,\frac{z_S(s)A(s)}{I_y\,t(s)}$$

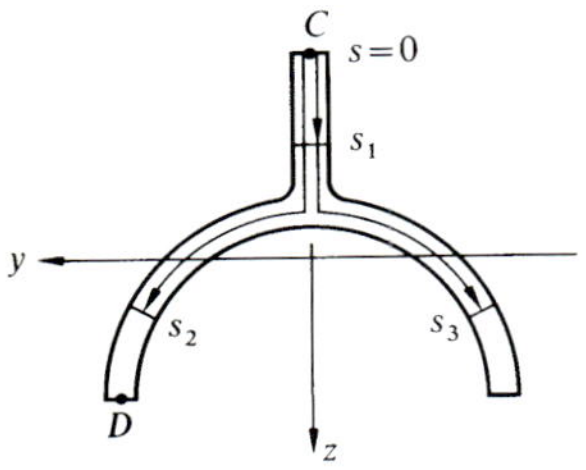

Abb. 5.49.

entscheidet bei bekanntem Vorzeichen von Q_z allein das Vorzeichen von $z_S(s)$ über das Vorzeichen der mittleren Schubspannung. Man braucht also nur festzustellen, auf welcher Seite der y-Achse der Schwerpunkt der Teilfläche $A(s)$ liegt. Das ist einfach, weil die y-Achse durch den Schwerpunkt der gesamten Querschnittsfläche geht. Als Beispiel werden in dem Stabquerschnitt von Abb. 5.49 die Richtungen der mittleren Schubspannung an den mit s_1, s_2 und s_3 markierten Stellen bestimmt. Für alle drei Werte von s liegt der Schwerpunkt der Teilfläche $A(s)$, die den Punkt $s = 0$ enthält, oberhalb der y-Achse, so daß z_S negativ ist. Bei einer Querkraft in positiver z-Richtung hat die mittlere Schubspannung daher an allen drei Stellen die positive s-Richtung. Man prüfe nach, daß sich dieselben Richtungen ergeben, wenn als Nullpunkt für die Koordinate s der Punkt D gewählt wird.

Wenn ein Querschnitt überall dieselbe Wanddicke $t(s) \equiv t =$ const hat, dann ist der Schubspannungsmittelwert infolge der Querkraft Q_z dem Betrage nach dort am größten, wo das statische Moment $S_y(s)$ der abgeschnittenen Teilfläche den größten Betrag hat. Bei Querschnitten, in denen die Wandmittellinie die y-Achse nur in einem Punkt schneidet, ist das in diesem Punkt der Fall.

Beispiel 5.7-1

Für den U-Querschnitt von Abb. 5.50 mit überall gleicher Wanddicke t soll die mittlere Schubspannung infolge einer Querkraft Q_z an jeder Stelle als Funktion der eingezeichneten Koordinate s angegeben werden.

Lösung: Die Schwerpunktkoordinate $z_S(s)$ ist unabhängig von s stets negativ, so daß die Spannung bei einer Querkraft in positiver z-Richtung überall in die po-

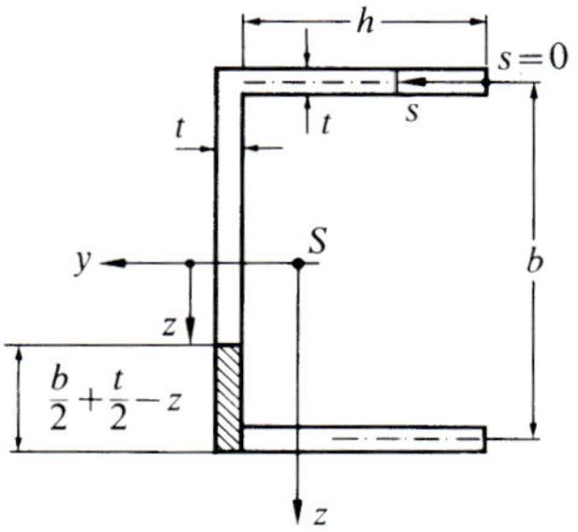

Abb. 5.50.

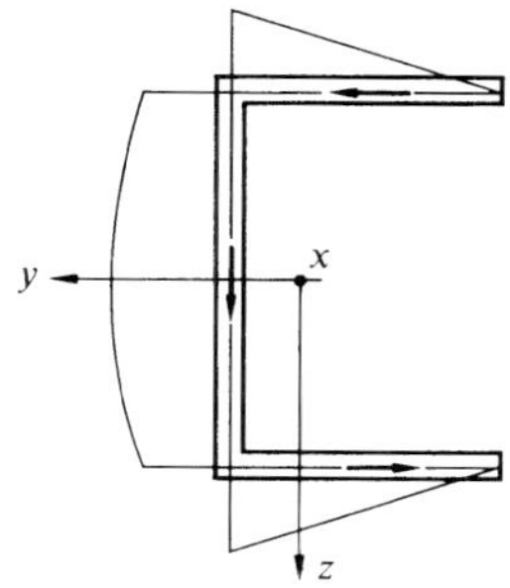

Abb. 5.51.

sitive s-Richtung weist. Das ist in Abb. 5.51 durch Pfeile angegeben. Das axiale Flächenmoment 2. Grades ist

$$I_y = 2\left(\tfrac{1}{12}ht^3 + \tfrac{1}{4}b^2th\right) + \tfrac{1}{12}t(b+t)^3.$$

Der erste Klammerausdruck ist der Beitrag eines einzelnen Flansches der Länge h mit dem Huygens–Steinerschen Anteil als zweitem Glied. Bei einer sehr kleinen Wanddicke t ist näherungsweise

$$I_y \approx 2\cdot\tfrac{1}{4}b^2th + \tfrac{1}{12}tb^3 = \tfrac{1}{12}tb^2(6h+b) \qquad (t \ll b, h). \tag{a}$$

Bei einem Schnitt durch den oberen Flansch an der beliebigen Stelle s ist nach Gl. (5.72)

$$S_y(s) = \tfrac{1}{2}bts.$$

Damit liefert (5.71) für die mittlere Schubspannung an dieser Stelle

$$\bar{\tau}(s) = Q_z\,\frac{6s}{tb(6h+b)} \qquad (0 \le s \le h). \tag{b}$$

Der Betrag wächst linear mit s. Er ist in Abb. 5.51 quer zum Flansch aufgetragen. Im unteren Flansch ist der Verlauf genauso. Zur Begründung benutze man Gl. (5.73).

Als nächstes wird der vertikale Steg geschnitten. In Abb. 5.50 soll der Schnitt am oberen Ende der schraffierten Fläche liegen. Die Lage der Schnittstelle kann durch die Koordinate s und natürlich auch durch die Größe von z angegeben werden. Als Funktion von z ist

$$\begin{aligned} S_y(z) &= \tfrac{1}{2}bth + \left[z + \tfrac{1}{2}\left(\tfrac{1}{2}b + \tfrac{1}{2}t - z\right)\right]t\cdot\left(\tfrac{1}{2}b + \tfrac{1}{2}t - z\right) \\ &= \tfrac{1}{2}tbh + \tfrac{1}{8}t\left[(b+t)^2 - 4z^2\right]. \end{aligned}$$

In der ersten Zeile ist der Ausdruck in eckigen Klammern die z-Koordinate des Schwerpunkts der schraffierten Fläche. Bei einer sehr kleinen Wanddicke t ist näherungsweise

$$S_y(z) \approx \tfrac{1}{8}t(4bh + b^2 - 4z^2) \qquad (t \ll b, h).$$

Die mittlere Spannung im vertikalen Steg an der mit z bezeichneten Stelle ist damit und mit den Gln.(a) und (5.71)

$$\bar{\tau}(z) \approx Q_z\,\frac{3(4bh + b^2 - 4z^2)}{2tb^2(6h+b)} \qquad (-b/2 \le z \le b/2).$$

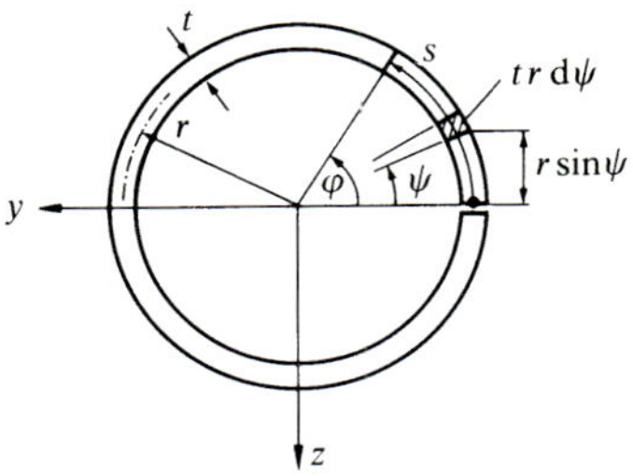

Abb. 5.52.

Die Spannung hat den in Abb. 5.51 quer zum Steg aufgezeichneten parabolischen Verlauf mit dem Maximalwert in Stegmitte. Über die Spannungen in unmittelbarer Nähe der Ecken gibt die Formel keine richtige Auskunft. Dort treten Spannungsspitzen auf, die umso höher sind, je weniger die Ecken ausgerundet sind.

Beispiel 5.7-2

Wie ist die mittlere Schubspannung in einem dünnwandigen geschlitzten Kreisrohr verteilt, das den Querschnitt nach Abb. 5.52 hat und das in z-Richtung belastet wird?

Lösung: Das axiale Flächenmoment 2. Grades eines Rohres mit den Außen- und Innenradien r_a bzw. r_i ist nach Gl. (5.21)

$$I_y = \tfrac{1}{4}\pi(r_a^4 - r_i^4) = \tfrac{1}{4}\pi(r_a^2 + r_i^2)(r_a + r_i)(r_a - r_i)$$

oder, weil $r_a - r_i$ die Wanddicke t ist, und weil r_a und r_i praktisch gleich einem mittleren Radius r sind,

$$I_y \approx \tfrac{1}{4}\pi \cdot 2r^2 \cdot 2r \cdot t = \pi r^3 t.$$

Das statische Moment $S_y(s)$ einer bei s (beliebig) abgeschnittenen Teilfläche wird nach Abb. 5.52 durch den Winkel φ ausgedrückt und aus der Definitionsgleichung durch Integration berechnet:

$$S_y(\varphi) = \int_0^{\varphi} r \sin\psi \cdot tr\,\mathrm{d}\psi = tr^2(1 - \cos\varphi).$$

Damit liefert (5.71) die mittlere Schubspannung

$$\bar{\tau}(\varphi) = \frac{Q_z}{\pi r t}\,(1 - \cos\varphi). \qquad \text{(a)}$$

Wenn Q_z positiv ist, dann ist $\bar{\tau}(\varphi)$ unabhängig von φ positiv. Das bedeutet, daß die Schubspannung überall in die positive s-Richtung weist. Der größte Wert tritt bei $\varphi = 180°$ auf.

Gl. (5.71) für die mittlere Schubspannung wird häufig auch auf Querschnitte angewandt, die nicht dünnwandig sind. Bei einem rechteckigen Querschnitt der Breite b und der Höhe h (Abb. 5.53 links) liefert die Gleichung brauchbare Näherungswerte für die tatsächlich vorhandene Schubspannung[4].

[4] Die exakte Berechnung von $\tau_{xy}(x,y,z)$ und $\tau_{xz}(x,y,z)$ ist nur für einfache Querschnittsformen möglich, z.B. für den Kreis, den Kreisring, u.a. Sie erfordert die

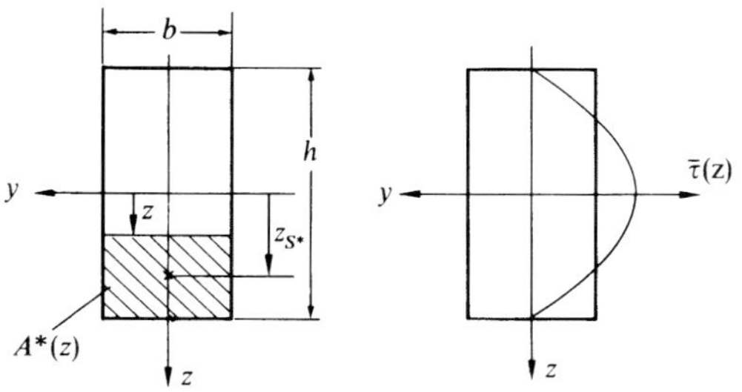

Abb. 5.53.

Das axiale Flächenmoment ist $I_y = \frac{1}{12}bh^3$. Wenn die Koordinate s entlang der Mittellinie vom oberen Rand nach unten läuft, und wenn der Schnitt bei z liegt, dann ist nach Gl. (5.73)

$$S_y(z) = \left[z + \tfrac{1}{2}\left(\tfrac{1}{2}h - z\right)\right] \cdot b \cdot \left(\tfrac{1}{2}h - z\right) = \tfrac{1}{2}b\left(\tfrac{1}{4}h^2 - z^2\right). \tag{5.74}$$

Gl. (5.71) liefert damit für die mittlere Schubspannung auf dieser Linie das Ergebnis

$$\bar{\tau}(z) = Q_z \frac{3(h^2 - 4z^2)}{2bh^3}.$$

Die Spannung hat den rechts in Abb. 5.53 aufgezeichneten parabolischen Verlauf. Das Maximum tritt bei $z = 0$ auf:

$$\bar{\tau}_{max} = \frac{3}{2}\frac{Q_z}{bh}. \tag{5.75}$$

Das ist das $1,5$ fache des Wertes, den die Schubspannung bei einer gleichmäßigen Verteilung über die gesamte Querschnittsfläche hätte.

Bei der Anwendung von Gl. (5.71) für die mittlere Schubspannung auf andere nicht dünnwandige Querschnitte, z.B. auf den Kreisquerschnitt in Abb. 5.54, muß man bedenken, daß $\bar{\tau}(x, s)$ nur den Mittelwert der Schubspannungskoordinate τ_{xz} darstellt, die senkrecht zu der Geraden $s =$const liegt, und daß parallel zu dieser Geraden eine Koordinate τ_{xy} vorhanden ist, die nicht vernachlässigt werden kann. Das sieht man am besten am Rand. Dort muß die aus beiden Koordinaten resultierende Schubspannung τ parallel zum Rand gerichtet sein. Für den Mittelwert von τ_{xz} liefert die Abbildung mit z als Koordinate

$$S_y(z) = -2\int_{-r}^{z} \bar{z}\sqrt{r^2 - \bar{z}^2}\,\mathrm{d}\bar{z} = \tfrac{2}{3}(r^2 - \bar{z}^2)^{3/2}\Big|_{-r}^{z} = \tfrac{2}{3}(r^2 - z^2)^{3/2},$$

Lösung der in vielen Gebieten der Physik auftretenden Laplaceschen Differentialgleichung
$\frac{\partial^2\Phi}{\partial y^2} + \frac{\partial^2\Phi}{\partial z^2} = 0$
mit der Randbedingung, daß $\Phi(y, z)$ auf dem ganzen Rand null ist. Zur Herleitung dieser Gleichung und zu speziellen Lösungen siehe [3], [10] und [11]

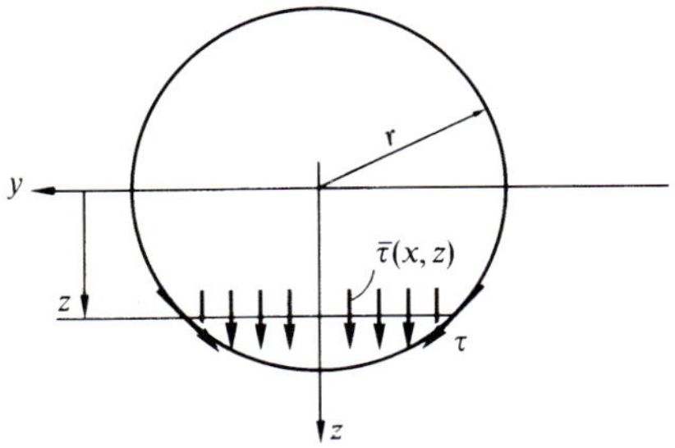

Abb. 5.54.

$$t(z) = 2\sqrt{r^2 - z^2}, \qquad I_y = \tfrac{1}{4}\pi r^4,$$

$$\bar{\tau}(z) = \tfrac{4}{3}(1 - z^2/r^2)\,\frac{Q_z}{\pi r^2}.$$

Das Maximum tritt bei $z = 0$ auf:

$$\bar{\tau}_{max} = \frac{4}{3}\,\frac{Q_z}{\pi r^2}. \tag{5.76}$$

Der Kreisquerschnitt gehört zu denjenigen Querschnitten, für die exakte Lösungen der Schubspannungskoordinaten $\tau_{xy}(y,z)$ und $\tau_{xz}(y,z)$ bekannt sind. Es zeigt sich, daß der oben berechnete Mittelwert überall im Querschnitt eine sehr gute Näherung für $\tau_{xz}(y,z)$ ist. Weiterhin zeigt sich, daß das Maximum des Mittelwerts auch eine sehr gute Näherung für das tatsächliche Maximum der aus τ_{xy} und τ_{xz} resultierenden Schubspannung ist. Die Näherungsformel ist also auch hier gut brauchbar.

In Abb. 5.47 wurde bereits dargestellt, daß die im Stabquerschnitt herrschende Schubspannung auch in Schnittebenen parallel zur Stabachse wirkt. Das muß man bei Festigkeitsberechnungen beachten. Das folgende Beispiel schildert einen Fall.

Beispiel 5.7-3

Abb. 5.55 zeigt in drei Ansichten einen Träger. Er besteht aus einem genormten Walzprofil und zwei Gurtplatten, die durch Nietpaare im Abstand a aufgenietet sind. Gegeben sind: Das Biegemoment $M_y(x)$, die Abmessungen der Gurtplatten,

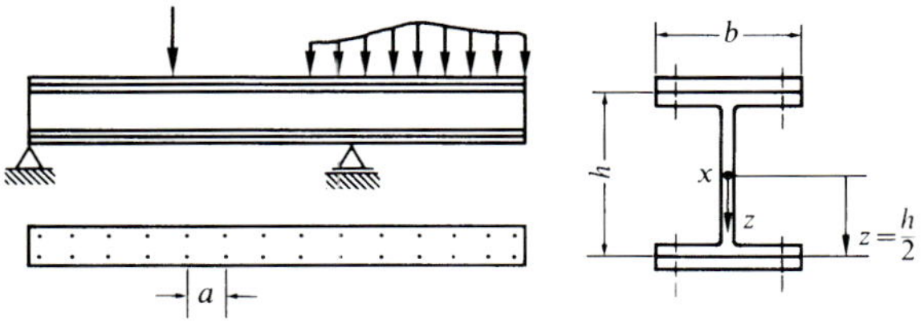

Abb. 5.55.

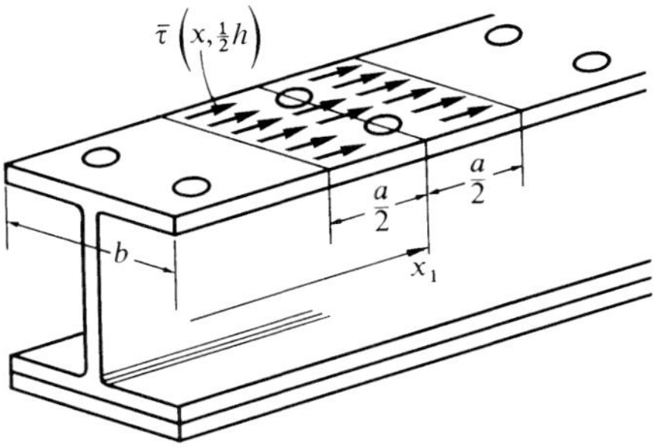

Abb. 5.56.

alle interessierenden Größen für das Walzprofil (aus Handbüchern zu entnehmen) sowie der Radius r des Nietquerschnitts und die zulässige Schubspannung τ_{zul} im Nietquerschnitt. Gesucht ist die Nietteilung a, bei der die maximale Schubspannung im Nietquerschnitt gleich τ_{zul} ist.
Lösung: Die Niete haben die Aufgabe, das Walzprofil und die Gurtplatten so zu verbinden, daß sich das Verbundsystem wie ein homogener Träger verhält. Die Niete müssen daher die Schubkräfte aufnehmen, die bei diesem gedachten homogenen Träger in den Schnittflächen unter den Gurtplatten wirken. Die Schubspannung an der Stelle x in diesen Schnittflächen ist identisch mit der Schubspannung in z-Richtung im Träger an der Stelle $z = h/2$. Eine Näherung wird aus (5.71) berechnet. Das Ergebnis ist ein Ausdruck der Form

$$\bar{\tau}(x, \tfrac{1}{2}h) = \lambda\, Q_z(x)$$

mit einer Konstante λ. Die Beispiele 5.7-1 und 5.7-2 haben gezeigt, wie man diese Konstante berechnet. In Abb. 5.56 ist die Schubspannung in der Schnittfläche unter einer Gurtplatte eingezeichnet. Wenn bei $x = x_1$ ein Nietpaar liegt, muß dieses Paar die Schubkraft tragen, die die Schubspannung im Teilungsbereich zwischen $x_1 - a/2$ und $x_1 + a/2$ hervorruft. Die Kraft hat die Größe

$$\begin{aligned} F(x_1, a) &= \int_{x_1-a/2}^{x_1+a/2} \bar{\tau}(x, \tfrac{1}{2}h) \cdot b\,\mathrm{d}x = b\lambda \int_{x_1-a/2}^{x_1+a/2} Q_z(x)\,\mathrm{d}x \\ &= b\lambda\big[M_y(x_1 + \tfrac{1}{2}a) - M_y(x_1 - \tfrac{1}{2}a)\big]. \end{aligned}$$

Die Kraft hängt von a und i.allg. auch von x_1 ab (von x_1 nur dann nicht, wenn $Q_z(x)$ konstant ist). Die Kraft wird von den beiden Nieten bei $x = x_1$ aufgenommen. Nach Gl. (5.76) ist die größte Schubspannung in den Nietquerschnitten

$$\bar{\tau}_{max} = \frac{1}{2} \cdot \frac{4}{3}\,\frac{F(x_1, a)}{\pi r^2} = \frac{2b\lambda}{3\pi r^2}\big[M_y(x_1 + \tfrac{1}{2}a) - M_y(x_1 - \tfrac{1}{2}a)\big].$$

Laut Aufgabenstellung soll sie gleich τ_{zul} sein. Aus dieser Gleichung wird die unbekannte Nietteilung a berechnet. Wenn die Gleichung x_1 explizit enthält, dann ist a längs des Trägers veränderlich.

5.8 Der Schubmittelpunkt

Zu Beginn des Kapitels wurde als Bedingung IV für die Gültigkeit aller folgenden Aussagen gefordert: Die Wirkungslinien aller eingeprägten Kräfte und aller Lagerkräfte an einem Stab liegen so, daß keine Torsion des Stabes um seine Längsachse auftritt. Wo die Wirkungslinien liegen müssen, wurde nicht gesagt. Aber die Abwesenheit von Torsion wurde durch die Bedingung ausgedrückt, daß ein Biegemoment um eine Hauptachse des Stabquerschnitts nur Verschiebungen in Richtung der anderen Hauptachse verursacht (siehe z.B. Abb. 5.3 und Abb. 5.21). Aus dieser vorgeschriebenen Geometrie der Verformung sowie aus Gleichgewichtsbedingungen und aus dem Stoffgesetz wurden alle Aussagen des Kapitels gewonnen, zuletzt die über die Verteilung von Schubspannungen in Stabquerschnitten. Das System der über einen Querschnitt verteilten Schubspannungskräfte $\tau\,\mathrm{d}A$ ist der Querkraft äquivalent. Das bedeutet, daß die Schubspannungsverteilung auch die Wirkungslinie der Querkraft bestimmt. Als Beispiel zeigt Abb. 5.57 noch einmal den Querschnitt von Abb. 5.51. Die Wirkungslinie von Q_z ergibt sich aus der Bedingung, daß das System der verteilten Kräfte um einen beliebig wählbaren Bezugspunkt 0 dasselbe Moment erzeugt wie die Einzelkraft Q_z. Der gekennzeichnete Punkt 0 ist am besten geeignet, weil die Schubspannungskräfte im vertikalen Steg kein Moment um ihn haben. Man sieht, daß die Wirkungslinie von Q_z durch einen Punkt M links vom vertikalen Steg laufen muß. Die Äquivalenzbedingung ist

$$eQ_z = b \cdot \tfrac{1}{2}\bar{\tau}_{max} th.$$

Darin ist $\bar{\tau}_{max}$ die in der Abbildung angegebene maximale Schubspannung (siehe Gl. (b) in Beisp. 5.7-1), und $\frac{1}{2}\bar{\tau}_{max}th$ ist die resultierende Kraft im horizontalen Steg. Damit erhält man für e das Ergebnis

$$e = \frac{3h^2}{6h+b} \qquad (t \ll b, h). \tag{5.77}$$

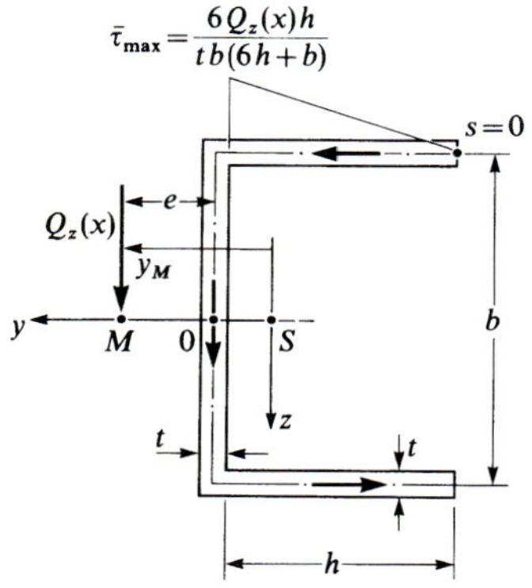

Abb. 5.57. Äußere Kräfte und Lagerreaktionen in z-Richtung müssen im Abstand y_M von der z-Achse angreifen, wenn ein Stab mit dem gezeichneten U-Profil ohne Torsion gebogen werden soll. Die Länge y_M ist maßstabgetreu gezeichnet

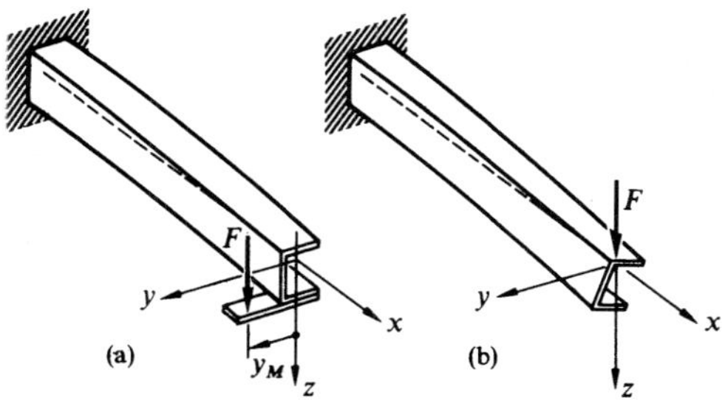

Abb. 5.58. Einseitig fest eingespanntes U-Profil mit Einzellast am Ende. Wenn die Last im Abstand y_M nach Gl. (5.78) angreift, wird der Stab nur gebogen, und alle Verschiebungen haben die Richtung der z-Achse (a). Wenn $\boldsymbol{F}$ parallel verschoben wird, wird der Stab zusätzlich um die Längsachse tordiert

Damit kann man auch die Koordinate y_M berechnen:

$$y_M = e + \frac{h^2}{2h+b} = \frac{4h^2(3h+b)}{(2h+b)(6h+b)} \qquad (t \ll b, h). \qquad (5.78)$$

Die praktische Bedeutung von y_M wird an Abb. 5.58 erläutert, die ein und denselben Stab bei zwei Lastfällen darstellt, die sich nur durch die Wirkungslinie der Kraft F unterscheiden. In Abb. a liegt die Wirkungslinie im gerade berechneten Abstand y_M von der z-Achse. In Abb. b geht sie durch den Flächenschwerpunkt des Stabquerschnitts. Im ersten Fall hat an einer beliebigen Schnittstelle x die Querkraft ihre Wirkungslinie ebenfalls im Abstand y_M von der z-Achse. In Abb. 5.58a treten nur Verschiebungen in z-Richtung auf. Der Lastfall in der rechten Abbildung unterscheidet sich von dem in der linken dadurch, daß zusätzlich ein Torsionsmoment von der Größe $y_M F$ um die Stabachse wirkt. Es verursacht die dargestellte Verdrehung und (zusätzliche) Schubspannungen im Stabquerschnitt. Bei offenen dünnwandigen Querschnitten sind die Verdrehung und diese Schubspannungen schon bei kleinen Torsionsmomenten groß. Deshalb ist es wichtig, die Größe von y_M zu kennen. In geschlossenen dünnwandigen Querschnitten (Rohr- und Kastenprofilen) sind bei gleichen Abmessungen und gleichem Torsionsmoment die Verdrehung und die Schubspannungen viel kleiner. Aus diesem Grund wurden geschlossene Querschnitte nicht untersucht.

Abb. 5.59 zeigt den allgemeinen Fall eines unsymmetrischen dünnwandigen Querschnitts mit zentralen Hauptachsen y und z und mit Querkräften Q_y und Q_z. Nach den Überlegungen an Abb. 5.57 müssen Q_y und Q_z auf bestimmten Wirkungslinien liegen, wenn sie keine Torsion verursachen sollen. Der Schnittpunkt M dieser Wirkungslinien heißt *Schubmittelpunkt* des Stabquerschnitts. Jetzt kann die Bedingung IV vom Beginn dieses Kapitels präzise formuliert werden:

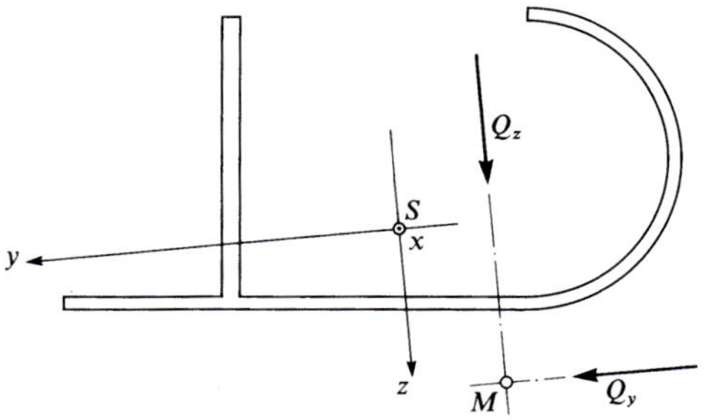

Abb. 5.59. Unsymmetrischer dünnwandiger Querschnitt mit zentralen Hauptachsen y und z und mit dem Schubmittelpunkt M

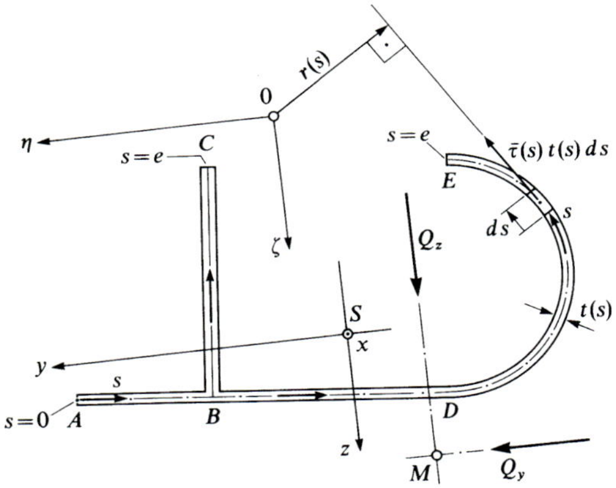

Abb. 5.60.

> Wenn ein Stab mit konstantem Querschnitt torsionsfrei gebogen werden soll, dann muß an jeder Stelle x des Stabes das resultierende Moment aller dort angreifenden Kräfte um den Schubmittelpunkt gleich null sein.

Bei Querschnitten mit Symmetrieachsen liegt der Schubmittelpunkt auf der bzw. auf den Symmetrieachsen. Das macht man sich leicht an Abb. 5.57 klar.

Bei L- und T-Profilen und allgemeiner bei allen Profilen, die aus geraden dünnen Stegen bestehen, die alle von einem einzigen Punkt ausgehen, ist dieser Punkt der Schubmittelpunkt. Das folgt daraus, daß die Wirkungslinien aller Schubspannungskräfte $\bar{\tau}\,\mathrm{d}A$ durch diesen Punkt laufen.

Wenn die Koordinaten des Schubmittelpunkts nicht von vornherein bekannt sind, werden sie wie folgt berechnet. Abb. 5.60 zeigt ein zum y, z-System paralleles η, ζ-System. Sein Ursprung 0 sei zunächst willkürlich gewählt. Erst weiter unten wird klar, wie man ihn zweckmäßig wählt. Die Koordinaten η_M, ζ_M des Schubmittelpunkts in diesem Koordinatensystem ergeben sich aus der Äquivalenzbedingung:

$$M^{(0)} = \int_A r(s)\,\bar{\tau}(x,s)\,\mathrm{d}A = \int_{s=0}^{e} r(s)\,\bar{\tau}(x,s)\,t(s)\,\mathrm{d}s = Q_z\eta_M - Q_y\zeta_M. \tag{5.79}$$

Darin ist $\bar{\tau}\,t\,\mathrm{d}s$ die Kraft am Flächenelement $\mathrm{d}A = t\,\mathrm{d}s$, und $r(s)$ ist der Hebelarm der Kraft vom Punkt 0 aus. Er ist positiv (negativ), wenn das Moment der Kraft die Richtung der positiven (der negativen) x-Achse hat. Das Integral erstreckt sich über alle Stege des Querschnitts. Die Integralgrenzen $s = 0$ und $s = e$ deuten an, daß von einem Stegende $s = 0$ bis zu allen anderen Stegenden integriert wird. Abb. 5.61 zeigt gestrichelt den Kurvenverlauf von $r(s)$ für Abb. 5.60. Auf der Abszisse sind in beliebiger Reihenfolge alle Stege des Querschnitts aufgeführt. Zur Umformung von (5.79) zieht man die Gln.(5.68) und (5.70) heran:

$$\bar{\tau}(x,s)\,t(s) = -\int_0^s \frac{\partial\bar{\sigma}(x,s)}{\partial x}\,t(s)\,\mathrm{d}s \tag{5.80}$$

$$\frac{\partial\bar{\sigma}(x,s)}{\partial x} = \frac{Q_z}{I_y}\,z(s) + \frac{Q_y}{I_z}\,y(s). \tag{5.81}$$

Außerdem definiert man die neue Funktion

$$\omega(s) = -\int_0^s r(\bar{s})\,\mathrm{d}\bar{s} + \omega_0 \tag{5.82}$$

mit einer beliebig wählbaren Integrationskonstante ω_0. In Abb. 5.61 ist $\omega(s)$ durch die ausgzogenen Linien dargestellt. Man beachte, daß $\omega(s)$ entlang jedem Steg (z.B. entlang A–B–D–E) stetig verläuft.

Nach dieser Vorbereitung wird auf das Integral in (5.79) die Regel der partiellen Integration angewandt:

$$\int_0^e r(s)\,\bar{\tau}(x,s)\,t(s)\,\mathrm{d}s = \int_0^e u\,\frac{\partial v}{\partial s}\,\mathrm{d}s = uv\Big|_0^e - \int_0^e v\,\frac{\partial u}{\partial s}\,\mathrm{d}s \tag{5.83}$$

Dabei ist

$$u = \bar{\tau}(x,s)\,t(s), \qquad \frac{\partial v}{\partial s} = r(s).$$

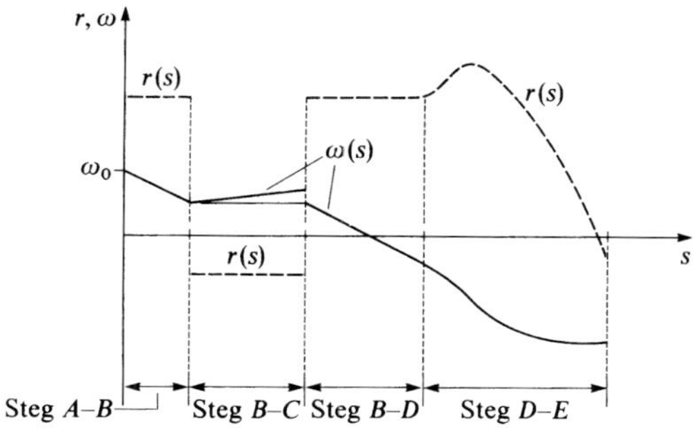

Abb. 5.61.

Der erste Ausdruck auf der rechten Seite von (5.83) ist null, weil $\bar{\tau}$ an den Stegenden $s = 0$ und $s = e$ verschwindet. Im zweiten Ausdruck ist mit (5.80) und (5.82)

$$\frac{\partial u}{\partial s} = -\frac{\partial \bar{\sigma}(x,s)}{\partial x} t(s), \qquad v = -\omega(s).$$

Damit ergibt sich für das Moment $M^{(0)}$ in (5.79) die Darstellung

$$M^{(0)} = \int_0^e r(s)\, \bar{\tau}(x,s)\, t(s)\, \mathrm{d}s = -\int_0^e \omega(s)\, \frac{\partial \bar{\sigma}(x,s)}{\partial x}\, t(s)\, \mathrm{d}s. \tag{5.84}$$

Setzt man noch den Ausdruck von (5.81) ein, dann nimmt Gl. (5.79) die Form an:

$$-\frac{Q_z}{I_y} \int_0^e \omega(s)\, z(s)\, t(s)\, \mathrm{d}s - \frac{Q_y}{I_z} \int_0^e \omega(s)\, y(s)\, t(s)\, \mathrm{d}s = Q_z \eta_M - Q_y \zeta_M. \tag{5.85}$$

Diese Gleichung soll für beliebige Querkräfte Q_y und Q_z erfüllt sein. Das ist nur möglich, wenn

$$\eta_M = -\frac{1}{I_y} \int_0^e \omega(s)\, z(s) t(s)\; \mathrm{d}s, \quad \zeta_M = \frac{1}{I_z} \int_0^e \omega(s)\, y(s)\, t(s)\, \mathrm{d}s \tag{5.86}$$

ist. Das sind die gesuchten Koordinaten des Schubmittelpunkts. Es wurde gesagt, daß die Konstante ω_0 in (5.82) beliebig ist. In der Tat hat sie keinen Einfluß auf die beiden Integrale. Es gilt nämlich

$$\int_0^e \omega_0\, z(s)\, t(s)\, \mathrm{d}s = \omega_0 \int_A z\, \mathrm{d}A = 0, \qquad \int_0^e \omega_0\, y(s)\, t(s)\, \mathrm{d}s = 0,$$

weil der Ursprung des y, z-Systems der Flächenschwerpunkt ist. Für die praktische Auswertung der Integrale in (5.86) ist wichtig, daß man den Momentenbezugspunkt 0 und die Konstante ω_0 geeignet wählt. Für den Querschnitt von Abb. 5.60 als Beispiel ist der Mittelpunkt des Halbkreises die beste Wahl für den Punkt 0, weil dann $r(s)$ auch im Bereich des Steges D–E konstant ist, so daß $\omega(s)$ überall eine lineare Funktion von s ist. Bei Stabquerschnitten mit geraden Stegen sind $\omega(s)$, $y(s)$ und $z(s)$ immer lineare Funktionen von s.

Alle Größen in (5.86) sind rein geometrischer Natur. Der Schubmittelpunkt wird also allein durch die Form des Stabquerschnitts bestimmt.

Beispiel 5.8-1
Man bestimme den Schubmittelpunkt M für den Stabquerschnitt von Abb. 5.62 mit den Steglängen b_1, b_2, h_1 und h_2 und mit überall gleicher Wanddicke t.

Lösung: Zuerst werden im y', z'-System die Koordinaten y'_S und z'_S des Flächenschwerpunkts S und die Flächenmomente $I_{y'}$, $I_{z'}$ und $I_{y'z'}$ berechnet. Dann werden mit den Methoden von Kap.5.2 die zentralen Hauptflächenmomente I_y und I_z und der Winkel φ berechnet (siehe Abb. 5.62). Diese Größen werden im folgenden als bekannt vorausgesetzt.

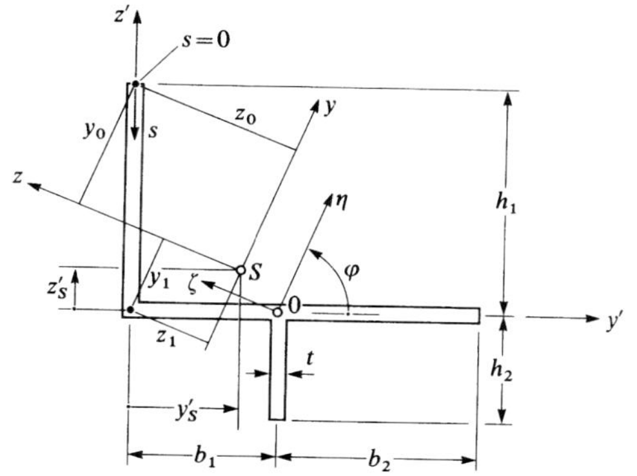

Abb. 5.62.

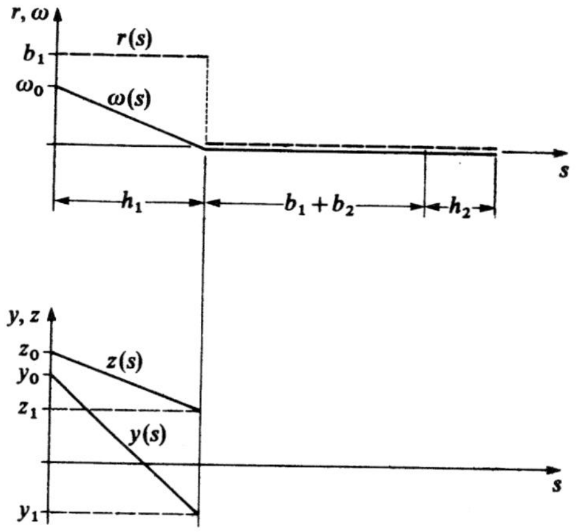

Abb. 5.63.

Der Ursprung 0 des η,ζ-Systems wird wie gezeichnet gewählt. Damit ist $r(s)$ nur im oberen vertikalen Steg von null verschieden, und zwar gleich $+b_1$. Diese Funktion ist im oberen Diagramm von Abb. 5.63 gestrichelt dargestellt. Die Funktion $\omega(s)$ von (5.82) hat daher den durchgezogenen Verlauf. Dabei wurde $\omega_0 = b_1 h_1$ gewählt, so daß $\omega(s)$ in dem Bereich, in dem es konstant ist, den Wert null hat. Das hat den Vorteil, daß $y(s)$ und $z(s)$ nur im Bereich des oberen Vertikalsteges benötigt werden. Aus der Abbildung liest man bei $s = 0$ und bei $s = h_1$ die Funktionswerte y_0 und z_0 bzw. y_1 und z_1 ab:

$$
\begin{aligned}
y_0 &= -y'_S \cos\varphi + (h_1 - z'_S)\sin\varphi, & \qquad y_1 &= -y'_S \cos\varphi - z'_S \sin\varphi, \\
z_0 &= y'_S \sin\varphi + (h_1 - z'_S)\cos\varphi, & \qquad z_1 &= y'_S \sin\varphi - z'_S \cos\varphi.
\end{aligned}
$$

Dazwischen sind die Verläufe geradlinig. Sie sind im unteren Diagramm von Abb. 5.63 dargestellt. Die Integrale in (5.86) werden mit Hilfe von Tabelle 5 des Anhangs ausgewertet (zu ihrer Erläuterung siehe Abschnitt 8.4.2):

$$\int_0^{h_1} \omega(s)\, y(s)\, \mathrm{d}s = \tfrac{1}{6} b_1 h_1^2 (2y_0 + y_1), \qquad \int_0^{h_1} \omega(s)\, z(s)\, \mathrm{d}s = \tfrac{1}{6} b_1 h_1^2 (2z_0 + z_1).$$

Damit sind η_M und ζ_M bestimmt.

5.9 Übungsaufgaben

5.1 Die Achse eines Eisenbahnwagens wird bei mittiger Beladung des Wagens so belastet wie der Stab in Abb. 5.2. An Stelle der Lager muß man sich die Räder denken. Die Achse hat einen Kreisquerschnitt vom Durchmesser d. Der Abstand zwischen den Rädern ist ℓ und der zwischen den Kräften der Größe F ist a. Wie groß ist der Krümmungsradius ρ der Achse im Bereich reiner Biegung, wenn dort die maximale Zugspannung das $0,2$-fache der zulässigen Spannung σ_{zul} ist?
Geg. $\ell = 1,10\,\mathrm{m}$, $a = 0,75\,\mathrm{m}$, $d = 120\,\mathrm{mm}$, $\sigma_{zul} = 250\,\mathrm{Nmm}^{-2}$, $E = 2,1 \cdot 10^5\,\mathrm{Nmm}^{-2}$

5.2 Wie groß muß bei dem T-Profil in Abb. A5.2 das Verhältnis h/b sein, damit das Flächenmoment I_y bezogen auf die horizontale Schwerpunktachse a) doppelt so groß und b) 5mal so groß ist wie im Fall $h = 0$?
Geg.: $d/b = 0,2$

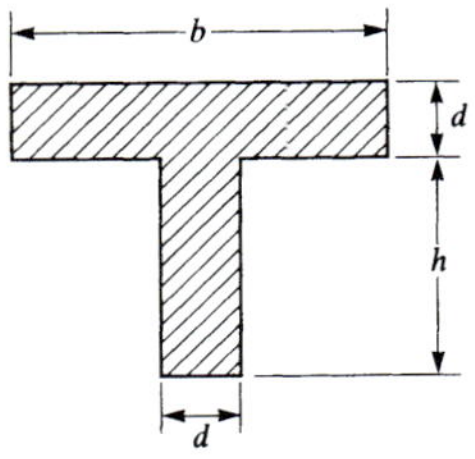

Abb. A5.2.

5.3 Das Wellblech in Abb. A5.3 besteht aus zehn Halbkreiswellen vom mittleren Radius r. Die Blechdicke ist t. Wie groß ist das Flächenmoment I_y? Wie groß ist das Flächenmoment I_y^* des zu einer Ebene ausgestreckten Blechs?
Geg.: r, $t \ll r$

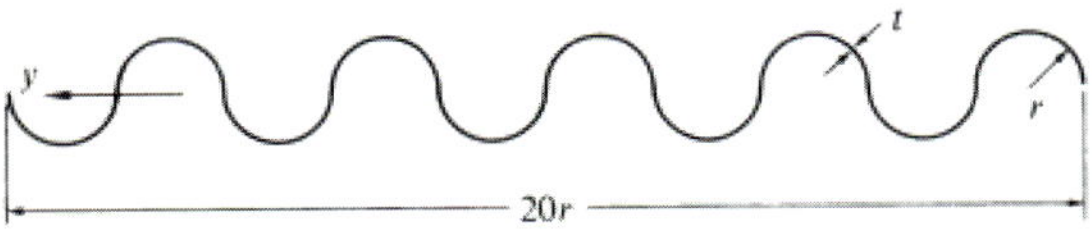

Abb. A5.3.

5.4 Die Zickzacklagen in dem Wellpappequerschnitt von Abb. A5.4 dienen in erster Linie dazu, die beiden Deckpappen in ihrem Abstand h zu halten. Welchen prozentualen Anteil am Gesamtgewicht und am gesamten Flächenmoment I_y haben die Zickzacklagen?
Geg.: h, $t \ll h$

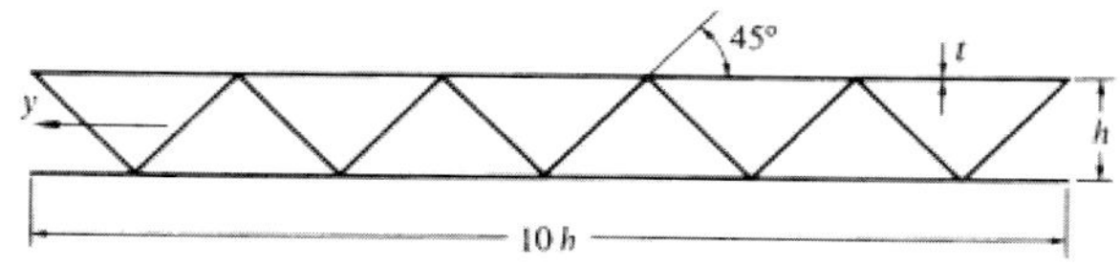

Abb. A5.4.

5.5 Für die aus zwei Profilen L 80 × 40 × 6 zusammengesetzten Stabquerschnitte in Abb. A5.5 sind die Hauptflächenmomente I_1 und I_2 und der Winkel α von der Horizontalen zur Achse des größten Hauptflächenmoments zu bestimmen.

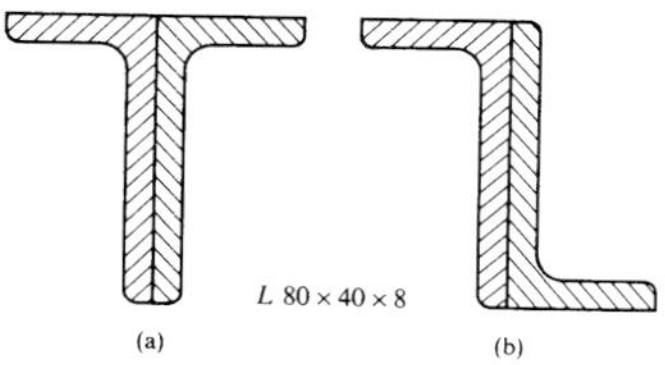

Abb. A5.5.

5.6 Für den Stabquerschnitt in Abb. A5.6 werden I_y, I_z, I_{yz}, I_1 und I_2 (alles bezüglich Achsen durch S) und der Winkel α von der Horizontalen zur Achse des größten Hauptflächenmoments gesucht. Für das U-Profil sind die gesondert angegebenen Größen zu benutzen.

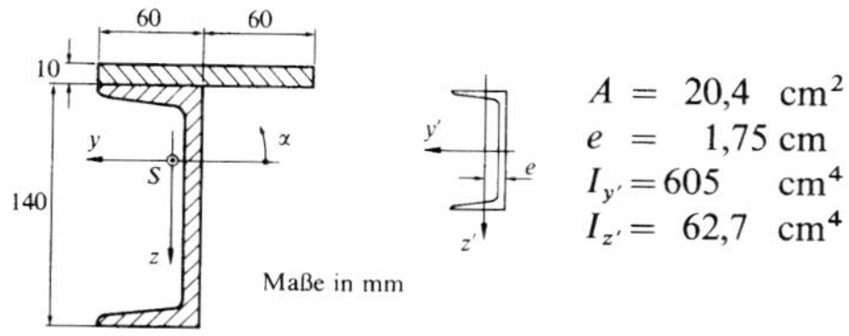

Abb. A5.6.

5.7 Wie groß muß bei der Fläche in Abb. A5.7 das Verhältnis b/a sein, damit der Mohrsche Kreis ein Punkt ist? Wie groß ist dann I_y?

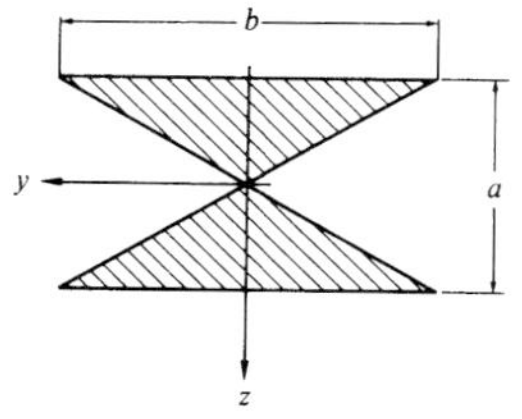

Abb. A5.7.

5.8 Wie groß muß das Verhältnis h/b bei dem Stabprofil in Abb. A5.8 sein, damit die Hauptachsen $1-1$ und $2-2$ um 45° gegen die y, z-Achsen geneigt sind? Die Lösung wird nur für den Fall $t \ll h$, b gesucht.

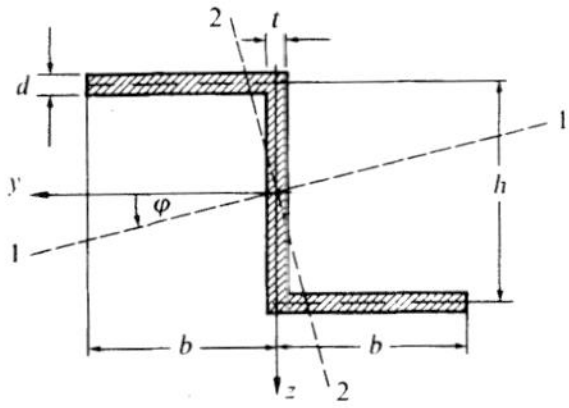

Abb. A5.8.

5.9 Der Wellblechquerschnitt in Abb. A5.9 besteht aus einer geraden Zahl $2n$ Halbkreiswellen vom mittleren Radius r und der Blechdicke $t \ll r$. Um welchen Winkel $\varphi(n)$ ist die Achse $1-1$ des kleineren Hauptflächenmomentes gegen die y-Achse geneigt? Die Hauptachse schneidet den senkrechten Radius der äußersten Halbkreiswelle in einem Punkt, der von der y-Achse den Abstand $a(n)$ hat (siehe Abb.). Gegen welchen Grenzwert strebt $a(n)$ für $n \to \infty$?
Geg.: n, r, $t \ll r$

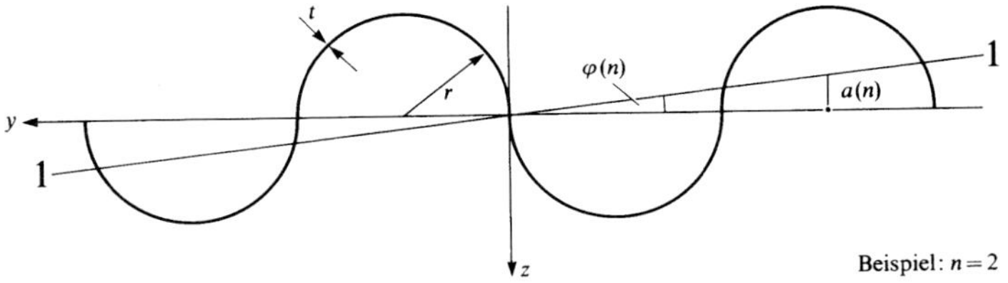

Abb. A5.9.

5.10 Abb. A5.10 zeigt eine Fläche, die aus vier in den Ecken eines Quadrats angeordneten Flächenstücken $a\Delta A$, $b\Delta A$, $c\Delta A$ und $d\Delta A$ besteht, wobei ΔA beliebig klein sein soll. Die Seitenlänge des Quadrats ist h. Wie groß sind im gezeichneten y, z-System die Koordinaten y_S und z_S des Flächenschwerpunkts und die Flächenmomente I_y, I_z und I_{yz}? Wie groß sind die auf den Flächenschwerpunkt bezogenen Hauptflächenmomente I_1 und I_2? Um welche Winkel φ_1 und φ_2 sind die zugehörigen Hauptachsen gegen die y-Achse gedreht?
Geg.: h, a, b, c, d, ΔA (beliebig klein)

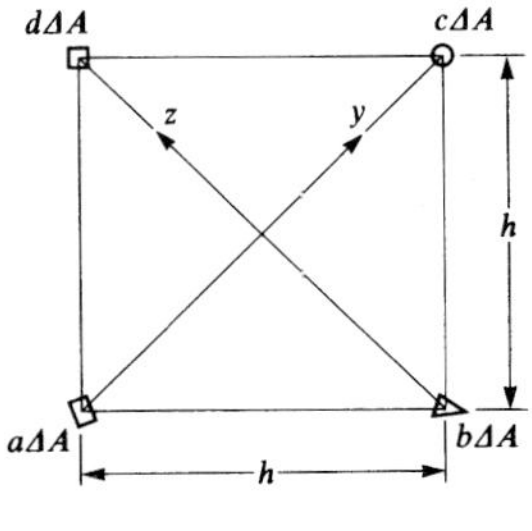

Abb. A5.10.

5.11 Das axiale Flächenmoment 2. Grades eines regelmäßigen Sechsecks mit der Kantenlänge a ist $I_y = 5\sqrt{3}a^4/16$. Wie groß ist I_y für einen Sechseckhohlquerschnitt mit der Wanddicke $t \ll a$? Hinweis: Verwenden Sie die Taylorsche Formel.
Geg.: a, $t \ll a$

5.12 Ein horizontal liegendes, beidseitig gelenkig gelagertes Rohr mit den Radien r_i und r_a wird nur durch sein Eigengewicht belastet. Welche Länge ℓ_{max} darf es höchstens haben, wenn die Durchbiegung in der Mitte nicht größer als der Außendurchmesser r_a sein soll? Wie groß ist dann die größte Biegelängsspannung σ_{max}? Geben Sie die Resultate für Stahl (St) und für Aluminium (Al) an.
Geg.: $r_i = 45\,\mathrm{mm}$, $r_a = 50\,\mathrm{mm}$, $E_{St} = 2,05 \cdot 10^5\,\mathrm{Nmm^{-2}}$, $\gamma_{St} = 7,7 \cdot 10^{-5}\,\mathrm{Nmm^{-3}}$, $E_{Al} = 0,72 \cdot 10^5\,\mathrm{Nmm^{-2}}$, $\gamma_{Al} = 2,7 \cdot 10^{-5}\,\mathrm{Nmm^{-3}}$

5.13 Ein Stab der Länge ℓ auf zwei Stützen an den Enden wird durch eine Kraft F gegebener Größe belastet. In welcher Entfernung b vom rechten Lager muß F angreifen, damit in der Entfernung a vom linken Lager die Durchbiegung $w(a)$ möglichst groß wird, und wie groß ist diese Durchbiegung $w_{max}(a)$?
Geg.: ℓ, $a \leq \ell/2$, F

5.14 Wie lauten die Funktionen $w(x)$ für die Biegelinien der horizontal liegenden Stäbe in Abb. A5.14a–g? Alle gekennzeichneten Längen, E-Moduln, Flächenmomente und eingeprägten Lasten sind gegeben.

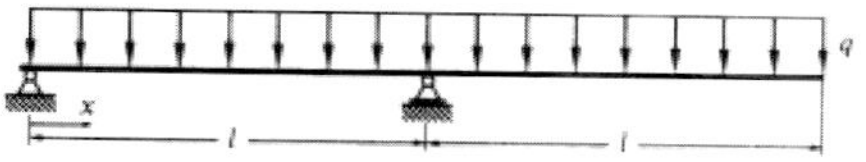

Abb. A5.14a.

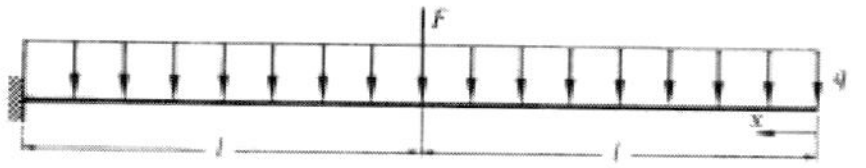

Abb. A5.14b.

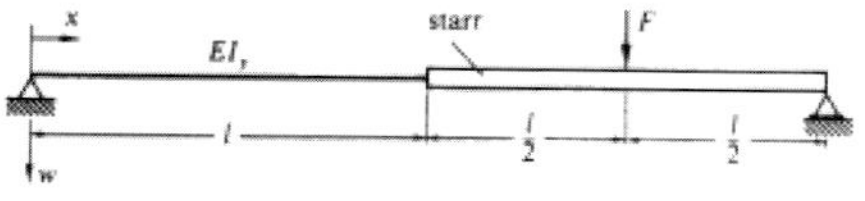

Abb. A5.14c.

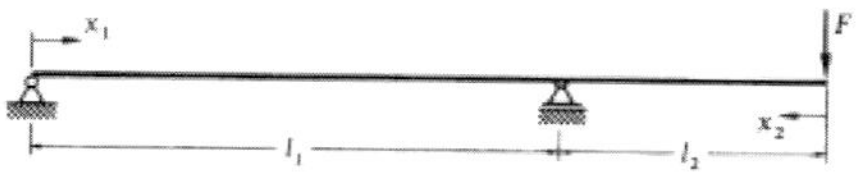

Abb. A5.14d.

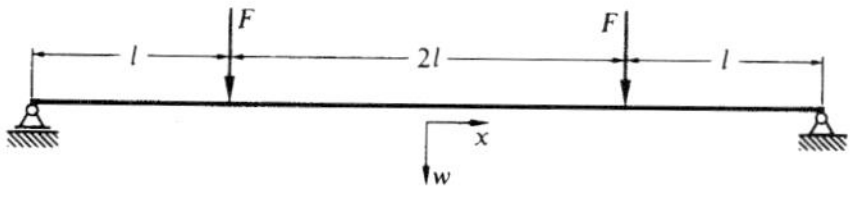

Abb. A5.14e.

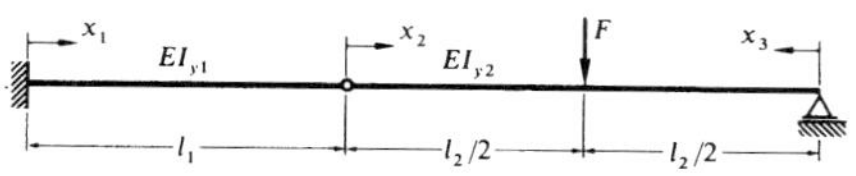

Abb. A5.14f.

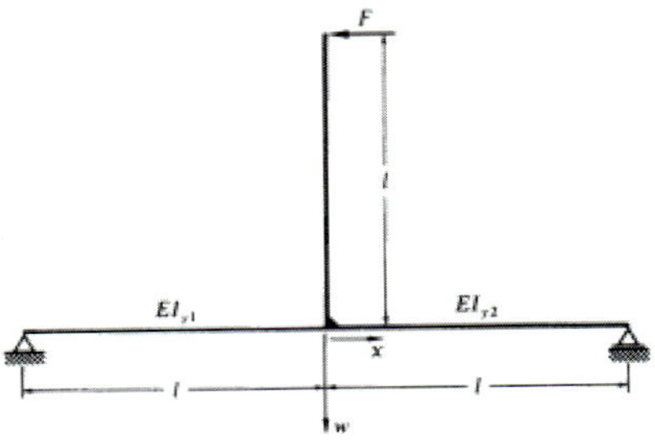

Abb. A5.14g.

5.15 Zwei gleiche Blattfedern 1 und 2 mit der Biegesteifigkeit EI_y sind nach Abb. A5.15 miteinander verschweißt und bei B am freien Ende der Feder 2 durch eine Kraft F belastet. Wie groß sind die Verschiebungen w_A und w_B der Punkte A bzw. B?
Geg.: ℓ, EI_y, F

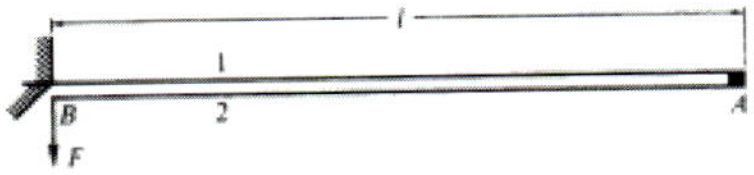

Abb. A5.15.

5.16 Ein Stab 1 (Länge ℓ, Gewicht G) lehnt nach Abb. A5.16 reibungsfrei gegen einen anderen Stab 2 derselben Länge, der in vertikaler Lage unten fest eingespannt ist. Welche Größe α_1 (bzw. α_2) muß der Winkel α haben, damit die horizontale Verschiebung von Stab 2 am oberen Ende (bzw. am Berührungspunkt der Stäbe) maximal ist?
Geg.: ℓ, G, EI_y

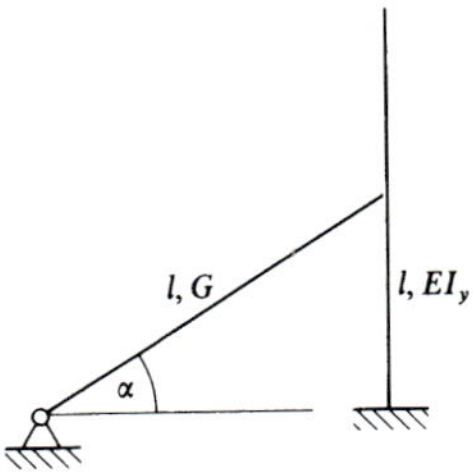

Abb. A5.16.

5.17 Welche Funktionen $w(x)$ und $v(z)$ beschreiben die Biegelinien der Stabteile in Abb. A5.17?
Geg.: ℓ, EI_y, q_0

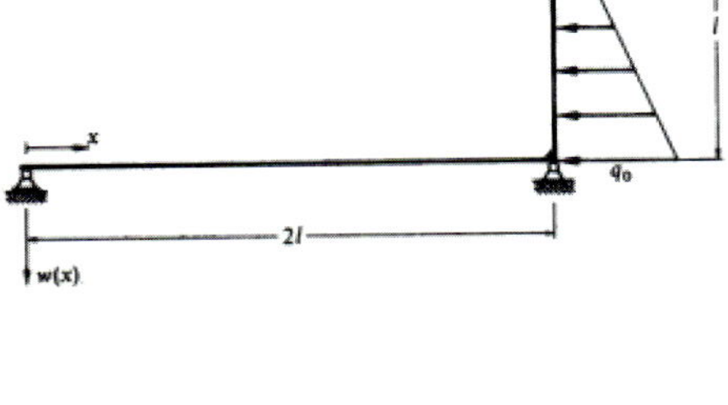

Abb. A5.17.

5.18 Der Stab in Abb. A5.18 hat einen Rechteckquerschnitt der Höhe h und der Breite $b = h/3$. Wie groß muß h mindestens sein, damit an keiner Stelle die Spannung σ_{zul} überschritten wird? Welches I-Normalprofil nach DIN 1025 Blatt 1 ist für denselben Zweck mindestens erforderlich? Wie groß ist das Gewichtsverhältnis $G_R : G_I$ der beiden Stäbe?
Geg.: $\ell_1 = 1,10\,\text{m}$, $\ell_2 = 0,75\,\text{m}$, $\ell_3 = 1,25\,\text{m}$, $F_1 = 26,8\,\text{kN}$, $F_2 = 15,9\,\text{kN}$, $\sigma_{zul} = 140\,\text{Nmm}^{-2}$

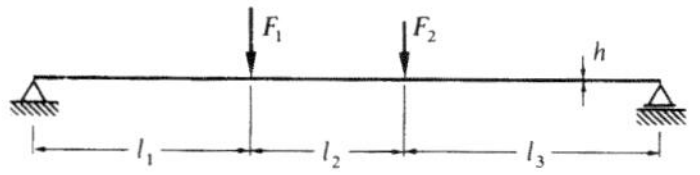

Abb. A5.18.

5.19 Ein horizontal liegender Stab auf zwei Stützen an den Enden hat die Länge ℓ und einen rechteckigen Querschnitt mit konstanter Höhe h und mit einer Breite, die am linken Lager b, am rechten Lager $5b$ und dazwischen linear veränderlich ist. Er wird nur durch sein Eigengewicht belastet (spezifisches Gewicht γ). In welcher Entfernung x rechts von der Stabmitte tritt die größte Biegespannung σ_{max} auf und wie groß ist sie?
Geg.: ℓ, b, h, γ

5.20 Wie groß ist die Durchbiegung der beiden mit einem verschiebbaren Gelenklager aufeinander abgestützten Stäbe in Abb. A5.20 an der Lastangriffsstelle? Beide Querschnitte haben die gezeichnete Hohlform.
Geg.: $\ell = 50\,\text{cm}$, $b = 18\,\text{mm}$, $B = 20\,\text{mm}$, $h = 28\,\text{mm}$, $H = 30\,\text{mm}$, $E = 2 \cdot 10^5\,\text{Nmm}^{-2}$, $F = 100\,\text{N}$

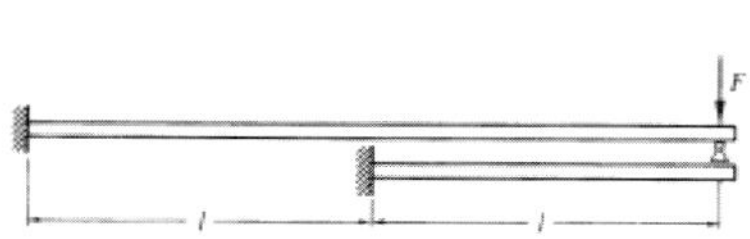

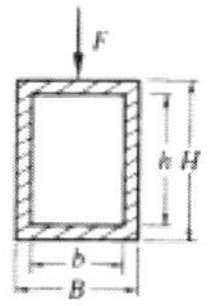

Abb. A5.20.

5.21 Die gelenkig verbundenen Stäbe in Abb. A5.21 werden spannungsfrei montiert. Dann wird ihre Temperatur um ΔT erhöht. Wie groß sind danach die Einspannmomente M_E?
Geg.: $\ell = 1\,\text{m}$, $A = 4\,\text{cm}^2$, $I_y = 120\,\text{cm}^4$, $E = 2 \cdot 10^5\,\text{Nmm}^{-2}$, $\Delta T = 30°$, $\alpha = 14 \cdot 10^{-6}/\text{K}$

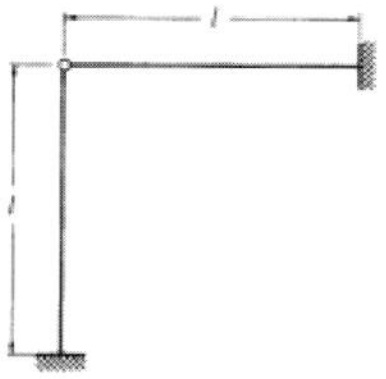

Abb. A5.21.

5.22 Ein Träger wird nach Abb. A5.22 auf drei Lagern montiert. Durch einen Montagefehler liegt das rechte Lager um ein Stück δ höher als die beiden anderen. Wie groß ist die dadurch hervorgerufene maximale Biegespannung σ_{max} im Zustand ohne äußere Belastung? Das Eigengewicht des Trägers soll vernachlässigt werden. Sein Querschnitt ist ein Rechteck der Höhe h.
Geg.: $\ell = 2\,\text{m}$, $h = 20\,\text{cm}$, $E = 2 \cdot 10^5\,\text{Nmm}^{-2}$, $\delta = 3\,\text{mm}$

Abb. A5.22.

5.23 Welche Funktion $w(x)$ beschreibt die Biegelinie der oberen Blattfeder in Abb. A5.15, wenn man bei B eine Fadenschlinge um die Federn legt und sie soweit zuzieht, daß sich beide Federn berühren? Im unbelasteten Zustand liegen die Federn im Abstand $h \ll \ell$. Bei Durchbiegung nach unten ist $w > 0$.
Geg.: ℓ, h, EI_y, F

5.24 Zwei gleiche Stäbe sind durch zwei gleiche Federn (Federkonstante k) in dem sehr kleinen Abstand h parallel gehalten (Abb. A5.24). Wie lautet im gezeichneten x, y-System die Funktion $y(x)$ der Biegelinie für den oberen Stab, wenn die angedeutete Fadenschlinge soweit zugezogen wird, daß sich die Stabenden auf der x-Achse berühren? Die Stäbe liegen auch im verformten Zustand symmetrisch zur x-Achse.
Geg.: ℓ, h, EI_y, k

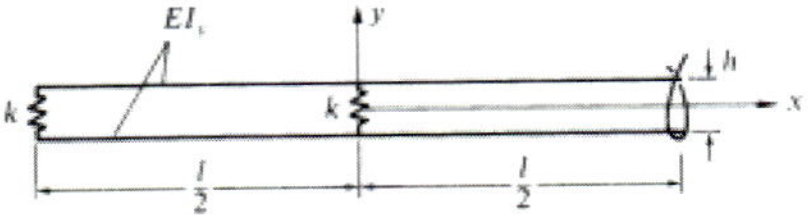

Abb. A5.24.

5.25 Der links fest eingespannte Stab in Abb. A5.25 wird von einer mittig drehbar gelagerten, starren Wippe unterstützt. Wie groß ist die Verschiebung w_2 am rechten Ende infolge der Kraft F als Funktion des Verhältnisses $\alpha = a/\ell$? Geben sie insbesondere $w_2(\alpha = 1/2)$ an und zeigen Sie, daß dies das Maximum der Funktion $w_2(\alpha)$ ist. Ohne Last F berühren sich Stab und Wippe spielfrei und spannungsfrei.
Geg.: ℓ, EI_y, F

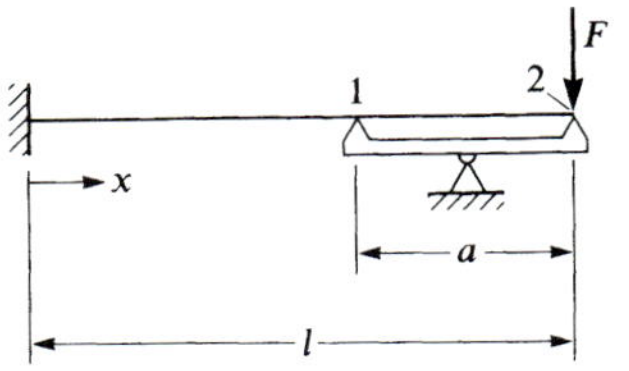

Abb. A5.25.

5.26 Welche Verschiebungen w_1 bei $x = a/2$ und w_2 bei $x = \ell/2$ (nach unten positiv) verursacht die Kraft F an dem System von Abb. A5.26? Für welches Verhältnis $\alpha = a/\ell$ wird w_1 maximal, und für welches Verhältnis α wird w_2 maximal? Die um ihre Mitte frei drehbare Wippe ist starr.
Geg.: a, EI_y, F

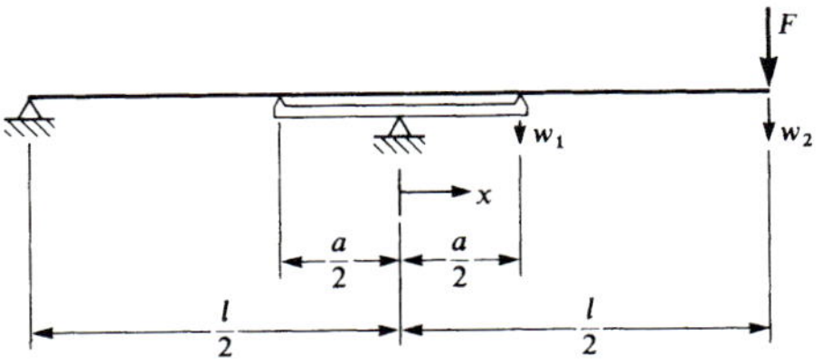

Abb. A5.26.

5.27 In Abb. A5.27 verursacht die Kraft F Verschiebungen w_{11}, w_{12}, w_{21} und w_{22} am oberen und am unteren Stab jeweils in der Mitte und am rechten Ende. Bestimmen Sie sie mit Formeln aus Beisp. 5.3-3. Wie groß sind sie im Grenzfall $k \to \infty$?
Geg.: ℓ, EI_y, k, F, $c = kl^3/(48EI_y)$

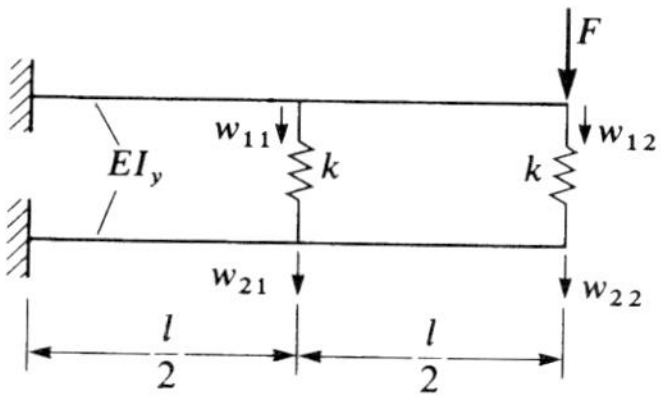

Abb. A5.27.

5.28 Die Tragkonstruktion in Abb. A5.28 besteht aus einem Biegestab (EI_y) und zwei dünnen Drähten (EA). Um welches Stück verschiebt sich der Kraftangriffspunkt infolge Stabbiegung und Drahtverlängerung nach unten?
Geg.: $\ell = 1\,\mathrm{m}$, $A = 0,1\mathrm{cm}^2$, $I_y = 16\mathrm{cm}^4$, $E = 2 \cdot 10^5\,\mathrm{Nmm}^{-2}$, $F = 2\,\mathrm{kN}$

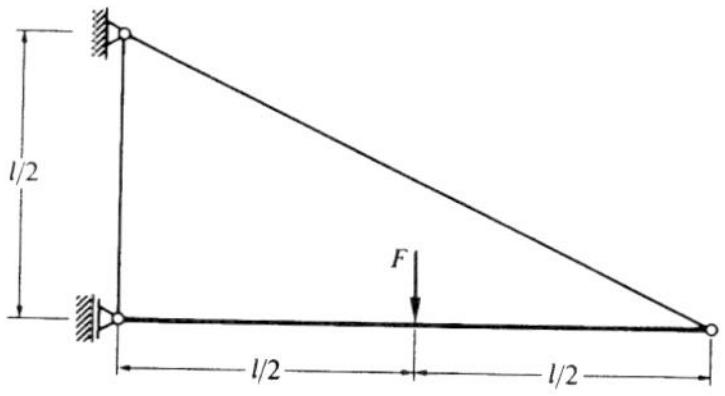

Abb. A5.28.

5.29 In Abb. A5.29 wird ein unten fest eingespanntes elastisches Rohr (Radien r_i und r_a, E-Modul E_1) durch zwei gleiche, mit der Kraft S_0 vorgespannte Seile (Querschnittsfläche A, E-Modul E_2) gestützt. Ein Seil reißt. Wie groß sind in der neuen Gleichgewichtslage die Seilkraft S im anderen Seil und die maximale Biegelängsspannung σ_{max} im Rohr? Eigengewichte werden vernachlässigt.
Geg.: $h = 15\,\mathrm{m}$, $r_i = 9\,\mathrm{cm}$, $r_a = 10\,\mathrm{cm}$, $\ell = 25\,\mathrm{m}$, $A = 0,25\,\mathrm{cm}^2$, $E_1 = 2 \cdot 10^5\,\mathrm{Nmm}^{-2}$, $E_2 = 10^4\,\mathrm{Nmm}^{-2}$, $\alpha_1 = 60°$, $S_0 = 10\,\mathrm{kN}$

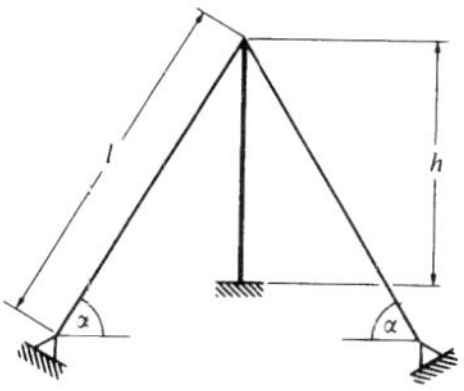

Abb. A5.29.

5.30 Wie groß ist die maximale Biegespannung σ_{max} in dem Stab in Abb. A5.30, wenn die Enden des ursprünglich spiel- und spannungsfreien Spanndrahtes im Spannschloß einander um das kleine Stück a genähert werden? Alle drei Stabteile haben dasselbe Biegewiderstandsmoment W.
Geg.: ℓ, h, a, E, A, I_y, W

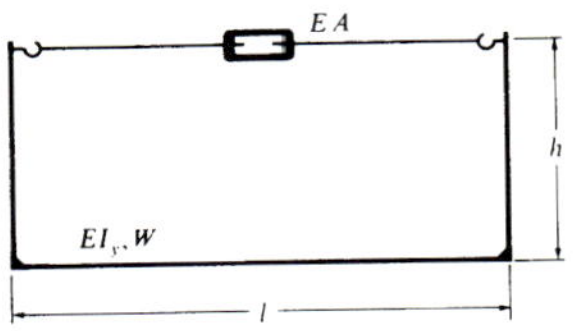

Abb. A5.30.

5.31 Ein einseitig fest eingespannter Stab der Länge ℓ hat einen Rechteckquerschnitt der konstanten Breite b. Die Querschnittshöhe verändert sich linear von h_1 am freien Ende bis h_2 an der Einspannstelle. Der Stab wird durch eine konstante Streckenlast q belastet. Wie groß ist die Durchbiegung w am freien Ende?
Geg.: ℓ, b, h_1, $h_2 \neq h_1$, q, E

5.32 An dem System in Abb. A5.32 aus n Stäben greift an Stab n mittig eine Kraft F an. Alle Stäbe sind gleich (Länge ℓ, Biegesteifigkeit EI_y), und alle Federn sind gleich (Federkonstante k). Formulieren Sie ein Gleichungssystem für die Durchbiegungen $w_1, \ldots, w_n$ der Stabmitten und lösen Sie es explizit auf.
Geg.: $w = F\ell^3/(48EI_y)$, $c = k\ell^3/(48EI_y)$

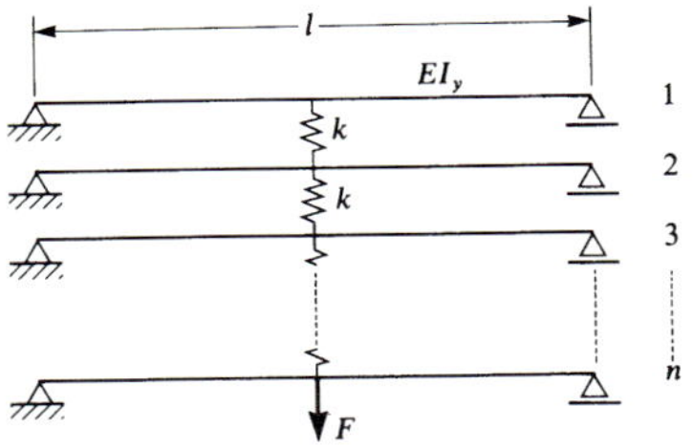

Abb. A5.32.

5.33 Ein Stab mit dem symmetrischen U-Profil nach Abb. A5.33 wird durch das eingezeichnete Biegemoment $\boldsymbol{M}$ belastet. Welche Gleichung beschreibt die Lage der neutralen Fasern? Der Ursprung des y, z-Systems ist der Flächenschwerpunkt. An welcher Stelle tritt die dem Betrage nach größte Längsspannung auf und wie groß ist sie?
Geg.: $a = 2,5\,\text{mm}$, $\alpha = 60°$, $M = 10\,\text{Nm}$

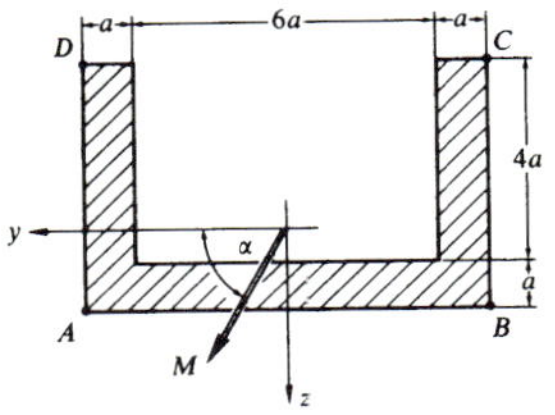

Abb. A5.33.

5.34 Wie groß ist bei dem Stab in Abb. A5.34 die größte Zugspannung σ_{max} und wo tritt sie auf?
Geg.: ℓ, b, F

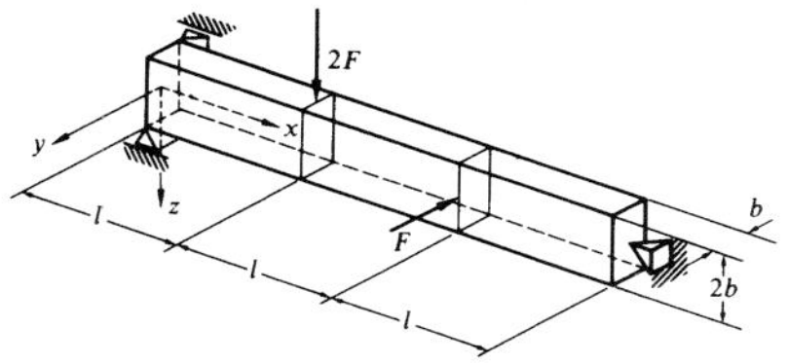

Abb. A5.34.

5.35 Der Stab in Abb. A5.35 hat das Querschnittsprofil L 100 × 50 × 10 in der gezeichneten Stellung. Die Kräfte F_1 und F_2 greifen in z-Richtung in der Mittelebene des senkrechten Steges an. Wie groß ist die betragsgrößte Biegespannung σ_{max} und wo tritt sie auf?
Geg.: $\ell = 2\,\text{m}$, $F_1 = 1\,\text{kN}$, $F_2 = 2\,\text{kN}$

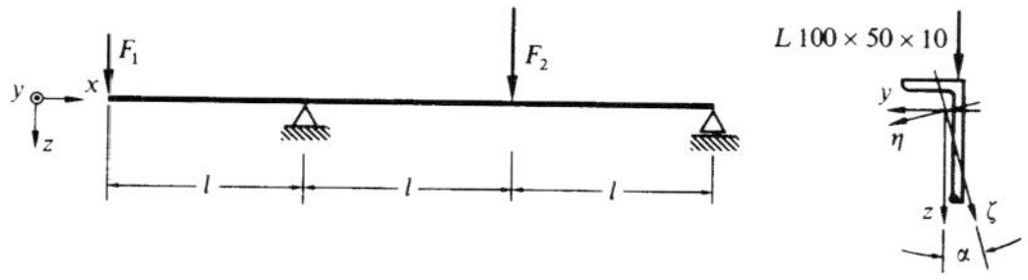

Abb. A5.35.

5.36 Wie groß sind bei dem Stab in Abb. A5.35 an der Angriffsstelle von F_1 die Verschiebungen v in y-Richtung und w in z-Richtung?
Geg.: $\ell = 2\,\text{m}$, $F_1 = 1\,\text{kN}$, $F_2 = 2\,\text{kN}$, $E = 2{,}1 \cdot 10^5\,\text{Nmm}^{-2}$

5.37 Der Stab in Abb. A5.37 mit dem Rechteckquerschnitt in der gezeichneten geneigten Lage wird nur durch sein in z-Richtung wirkendes Eigengewicht belastet (spezifisches Gewicht γ). Wie groß sind in Stabmitte die Durchbiegungen v und w in y- bzw. in z-Richtung?
Geg.: ℓ, α, γ, E

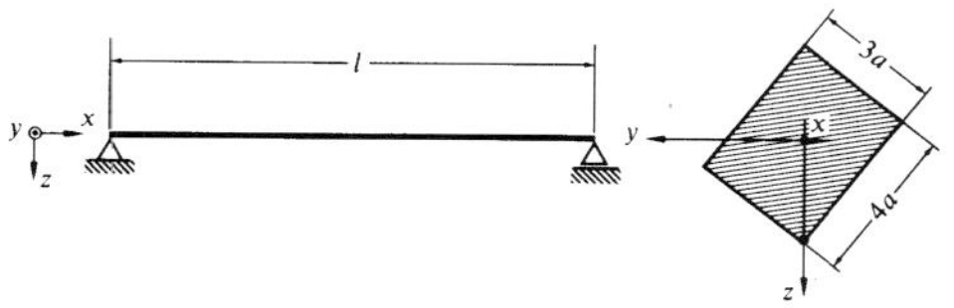

Abb. A5.37.

5.38 Das Bücherbord in Abb. A5.38 (E-Modul E_1) biegt sich ohne das T-Profil unter seiner Bücherlast zu stark durch. Welche Dicke D_1 müßte es haben, damit die Durchbiegung nur ein Achtel so stark ist? Dasselbe Resultat soll durch Anschrauben eines T-Stahlprofils entlang der Mittellinie erreicht werden (siehe Abb.). Sein E-Modul ist E_2, und seine Abmessungen sind b, d und h, wobei b und d gegeben sind. Wie groß muß h sein?
Geg.: $B = 25\,\text{cm}$, $D = 1{,}8\,\text{cm}$, $b = 2\,\text{cm}$, $d = 0{,}2\,\text{cm}$, $E_1 = 10^4\,\text{Nmm}^{-2}$, $E_2 = 2 \cdot 10^5\,\text{Nmm}^{-2}$

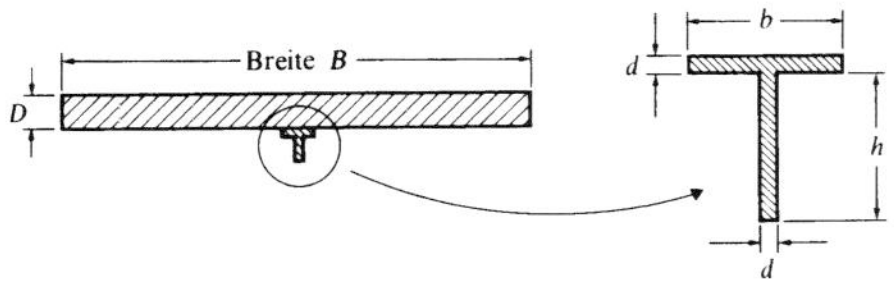

Abb. A5.38.

5.39 Ein beidseitig gelenkig gelagerter, in der Mitte durch eine Kraft F belasteter Stab der Länge ℓ hat den in Abb. A5.39 gezeigten, zur y- und zur z-Achse symmetrischen Querschnitt mit einem Holzkern 1 und zwei Stahlblechen 2. Wie groß sind die Durchbiegung w in der Mitte sowie die maximalen Zugspannungen σ_{1max} und σ_{2max} im Holz bzw. im Stahl, wenn der Stab (a) in z-Richtung und (b) in y-Richtung belastet wird?
Geg.: $\ell = 500\,\text{cm}$, $h_1 = 20\,\text{cm}$, $h_2 = 10\,\text{cm}$, $b_1 = 10\,\text{cm}$, $b_2 = 2\,\text{cm}$, $E_1 = 0,13 \cdot 10^5\,\text{Nmm}^{-2}$, $E_2 = 2 \cdot 10^5\,\text{Nmm}^{-2}$, $F = 10\,\text{kN}$

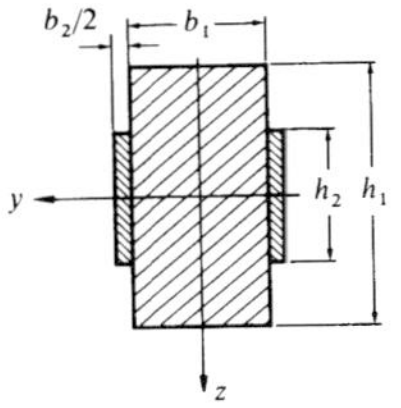

Abb. A5.39.

5.40 Ein Verbundstab mit rechteckigem Querschnitt (Breite b, Höhe h) ist nach Abb. A5.40 aus zwei Schichten 1 und 2 mit den E-Moduln $E_1 = E$ und $E_2 = cE$ $(0 < c < 1)$ aufgebaut. Bei Biegung sollen die Beträge der Längsspannungen auf der Unter- und auf der Oberseite des Stabes ein vorgegebenes Verhältnis s bilden: $|\sigma(z = h/2)| : |\sigma(z = -h/2)| = s$. a) Bestimmen Sie das dafür notwendige Verhältnis $x = h_1/h$ als Funktion von c und s. b) Welche Bedingungen müssen c und s erfüllen, damit reelle Lösungen $0 < x < 1$ existieren? c) Sind diese Bedingungen im Fall $s = 2$ erfüllt? d) Geben Sie für $s = 2/3$, $c = 1/2$ alle Lösungen x mit den zugehörigen Lagen z_0 der neutralen Fasern und mit den Spannungen bei $z = h/2$ an.
Geg.: b, h, E, M_y

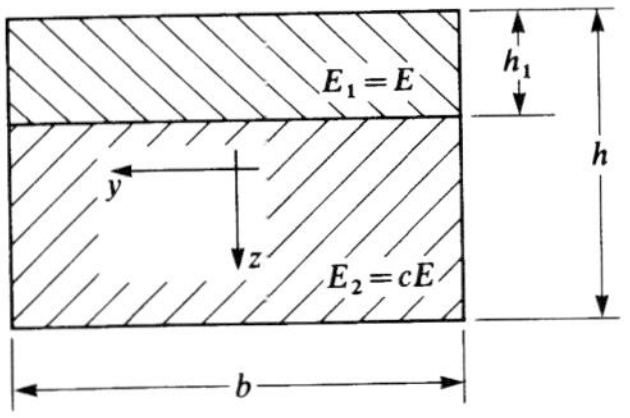

Abb. A5.40.

5.41 Der Stab in Abb. A5.41 auf einer Winklerbettung ist starr. Bestimmen Sie mit zwei Gleichgewichtsbedingungen die Verschiebungen w_1 und w_2 seiner beiden Enden. Welche Bedingung muß a erfüllen, wenn der Stab an keiner Stelle vom Baugrund abheben darf?
Geg.: ℓ, a, F, K (Bettungskonstante)

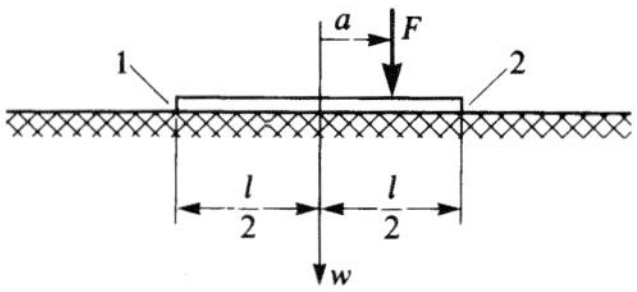

Abb. A5.41.

5.42 Auf einem harten, trockenen Lehmboden mit dem Bettungsmodul k_s wird ein Stahlträger mit dem Profil IPB 200 gebettet und mittig mit einer Kraft F

belastet. Welche Werte haben die Konstante K von Gl. (5.58), das Verhältnis K/E und die Konstante λ von Gl. (5.61)? Welche Länge ℓ muß der Träger haben, damit $\lambda\ell = 1,5$ ist? Wie groß ist das maximale Biegemoment M_{starr} infolge F, wenn man den Träger als starr voraussetzt? Welche Größe M_{el} ergibt sich für das Biegemoment, wenn man die elastischen Eigenschaften des Trägers berücksichtigt?
Geg.: $k_s = 0,1\,\mathrm{Nmm}^{-3}$, $E = 20 \cdot 10^4\,\mathrm{Nmm}^{-2}$, $b = 200\,\mathrm{mm}$ (Flanschbreite), $I_y = 5700\,\mathrm{cm}^4$

5.43 Berechnen Sie aus den Gln.(f), (i) und (j) von Beisp. 5.6-1 spezielle Lösungen für die Verschiebungsfunktionen $w_1(x)$ und $w_2(x)$ für folgende Lastfälle an Stäben mit Winklerbettung:
Abb. A5.43a: $\ell_1 = 0$, $\ell_2 = \ell$ endlich ; Abb. A5.43b: $\ell_1 \neq 0$, $\ell_2 \to \infty$; Abb. A5.43c: $\ell_1 = 0$, $\ell_2 \to \infty$.
Hinweis: Im Grenzfall $\ell_2 \to \infty$ gilt $S_2 = C_2 \gg S_1, C_1, s_1, c_1, s_2, c_2$ und $\Delta = C_1^2 C_2^4 \mathrm{e}^{2\lambda\ell_1}$.

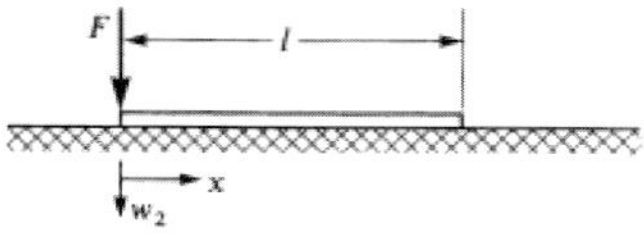

Abb. A5.43a.

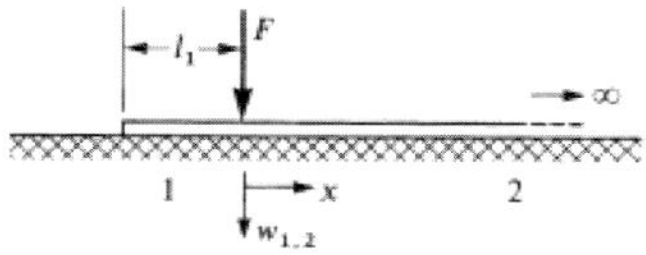

Abb. A5.43b.

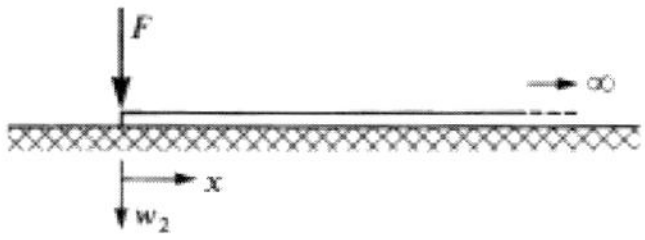

Abb. A5.43c.

5.44 Berechnen Sie nach dem Vorbild von Beisp. 5.6-1 die Verschiebungsfunktionen $w_1(x)$ und $w_2(x)$ für einen Stab mit Winklerbettung, der nach Abb. A5.44 außermittig durch ein Einzelmoment M belastet wird.
Geg.: ℓ_1, ℓ_2, M, K, λ (Konstanten von Gl. (5.58) und (5.61)). Hinweis: Zeigen Sie zunächst, wie sich Gl. (f) ändert und daß sich an Gl. (h) des Beispiels nur die rechte Seite ändert.

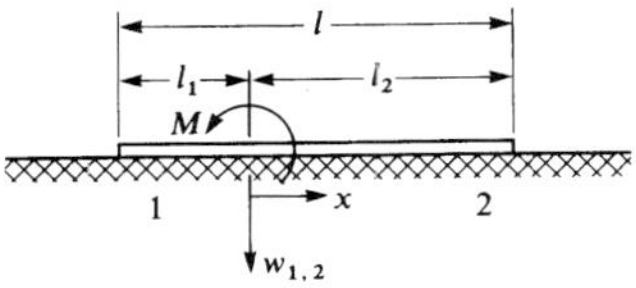

Abb. A5.44.

5.45 Berechnen Sie aus den Lösungen von Aufg. 5.44 die speziellen Lösungen $w_1(x)$ und $w_2(x)$ für folgende Lastfälle an Stäben mit Winklerbettung:
Abb. A5.45a: $\ell_1 = 0$, $\ell_2 = \ell$ endlich; Abb. A5.45b: $\ell_1 \neq 0$, $\ell_2 \to \infty$; Abb. A5.45c: $\ell_1 = 0$, $\ell_2 \to \infty$; Fall d: $\ell_1 = \ell_2 = \ell/2$.
Hinweis: Im Grenzfall $\ell_2 \to \infty$ gilt $S_2 = C_2 \gg S_1, C_1, s_1, c_1, s_2, c_2$ und $\Delta = C_1^2 C_2^4 \mathrm{e}^{2\lambda\ell_1}$.

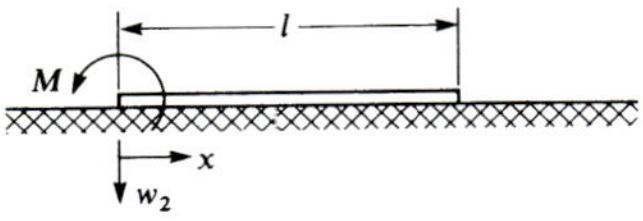

Abb. A5.45a.

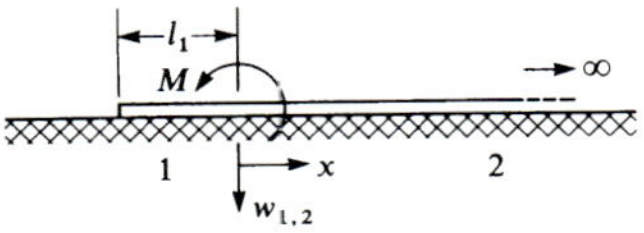

Abb. A5.45b.

Abb. A5.45c.

5.46 Ein einseitig unendlich langer Stab mit Winklerbettung wird durch eine Einzelkraft F am Ende belastet. In welcher Entfernung a vom Ende ist das Biegemoment extremal und welchen Betrag hat es dort?
Geg.: F, λ (Konstante von Gl. (5.61))

5.47 Ein Mann vom Gewicht G steht mittig auf einem schwimmenden Holzbalken der Länge ℓ, Höhe h und Breite b (Abb. A5.47). Wie groß sind die maximalen Längs- und Schubspannungen im Balken?
Geg.: $\ell = 4\,\mathrm{m}$, $h = 15\,\mathrm{cm}$, $b = 30\,\mathrm{cm}$, $G = 800\,\mathrm{N}$

Abb. A5.47.

5.48 Ein einseitig fest eingespannter und am freien Ende in z-Richtung mit der Kraft F belasteter Stab hat den Querschnitt nach Abb. A5.48. Wie groß ist die Schubspannung in den durchgeschweißten Fugen?
Geg.: $a = 10\,\mathrm{cm}$, $t = 1\,\mathrm{cm}$, $F = 100\,\mathrm{kN}$

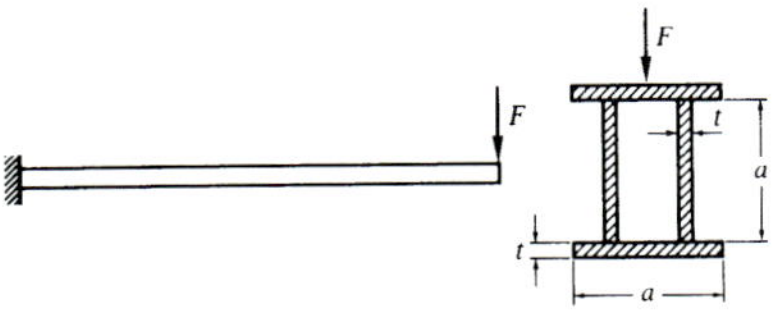

Abb. A5.48.

5.49 Wie groß ist in dem Querschnitt in Abb. A5.8 die größte Schubspannung $\bar{\tau}_{max}$, wenn eine Querkraft Q_z entlang der z-Achse wirkt? Wo tritt $\bar{\tau}_{max}$ auf?
Geg.: $h = 10\,\mathrm{cm}$, $b = 5\,\mathrm{cm}$, $t = 0{,}3\,\mathrm{cm}$, $Q_z = 10\,\mathrm{kN}$

5.50 Wie groß darf in dem Verbundstab von Abb. A5.50 der Abstand a der Niete höchstens sein, damit in den Nieten die Schubspannung τ_{zul} nicht überschritten wird? Wie groß muß die Entfernung e der Niete von der Stabkante sein? Hinweis: Die Rechnung soll auf der Annahme basieren, daß die Spannungsverteilung im Verbundquerschnitt so ist, als wären das Stegblech und die Winkeleisen homogen verbunden.
Geg.: $h = 20\,\mathrm{cm}$, $b = 5\,\mathrm{cm}$, $t \ll b$, $r = 4\,\mathrm{mm}$, $F = 2{,}5\,\mathrm{kN}$, $\tau_{zul} = 50\,\mathrm{N mm^{-2}}$

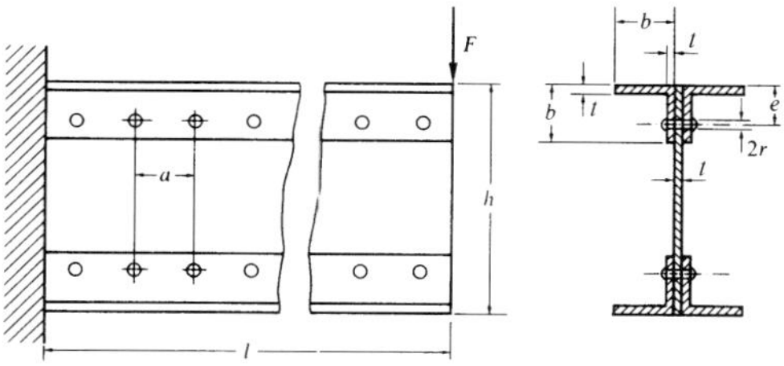

Abb. A5.50.

5.51 Wo liegt bei dem dünnwandigen Profil von Abb. A5.8 der Schubmittelpunkt? Geg.: b, h, $t \ll b, h$

5.52 Berechnen Sie die Schubmittelpunktkoordinaten d_i $(i = 1, \ldots, 4)$ für die Stabquerschnitte in Abb. A5.52 unter der Voraussetzung $t \ll r$, a, b, h.

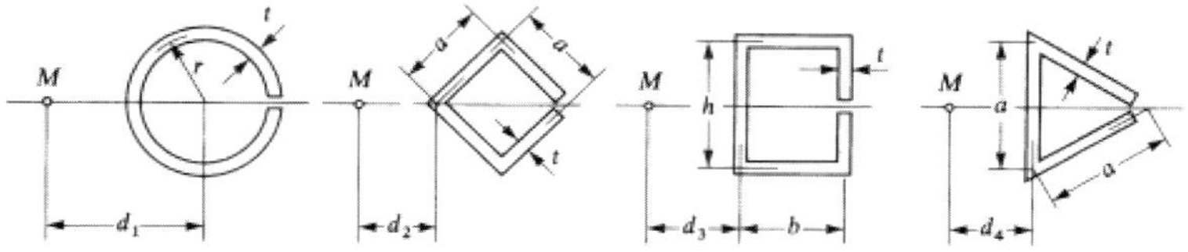

Abb. A5.52.

6. Torsion gerader Stäbe

6.1 Stäbe mit Kreis- oder Kreisringquerschnitt

An vielen stabförmigen Bauteilen des Maschinenbaus und des Bauwesens greifen Torsionsmomente an. Das Torsionsmoment $M_T(x)$ ist eine Schnittgröße des Stabes, und zwar die axiale Momentenkoordinate, die man erhält, wenn man den Schubmittelpunkt des Stabquerschnitts als Bezugspunkt wählt. Das Torsionsmoment verursacht Verdrehungen des Stabes um seine Längsachse, Wölbungen der Stabquerschnitte und Spannungen im Stab. Nur gerade Stäbe werden betrachtet. Verformungen und Spannungen sind am einfachsten zu berechnen, wenn für die Querschnittsform des Stabes und für die Schnittgröße Torsionsmoment folgende Voraussetzungen gelten:

I. Der Stabquerschnitt ist zentralsymmetrisch, also entweder kreis- oder kreisringförmig (Abb. 6.1).

II. Der Stabquerschnitt und das Torsionsmoment sind längs der Stabachse konstant.

Dieser Sonderfall wird zuerst behandelt. Die Ergebnisse werden anschließend so verallgemeinert, daß die Bedingung II entfällt. Die Aufgabe von Bedingung I ist schwieriger. Stäbe mit nicht kreis- oder kreisringförmigen Querschnitten werden in den Abschnitten 6.2 bis 6.5 behandelt.

6.1.1 Konstanter Kreis(ring)-Querschnitt und konstantes Torsionsmoment

Abb. 6.2 zeigt einen Stab der Länge ℓ mit einem kreisringförmigen Querschnitt mit dem Innenradius r_i und dem Außenradius r_a. Als einzige äußere Belastung greifen an den Enden axial und entgegengesetzt gerichtet Momente gleicher Größe M_T an. Die Schnittgröße Torsionsmoment ist dann unabhängig von x und überall gleich M_T. In der Abbildung ist das Moment positiv, weil

Abb. 6.1. Kreis- und Kreisringquerschnitt

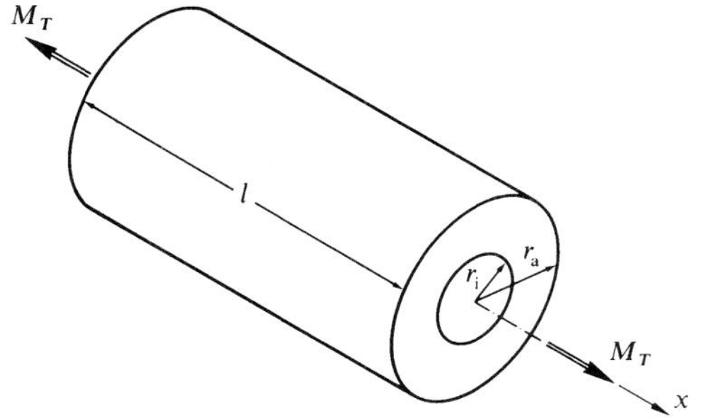

Abb. 6.2. Torsionsstab mit Kreisringquerschnitt

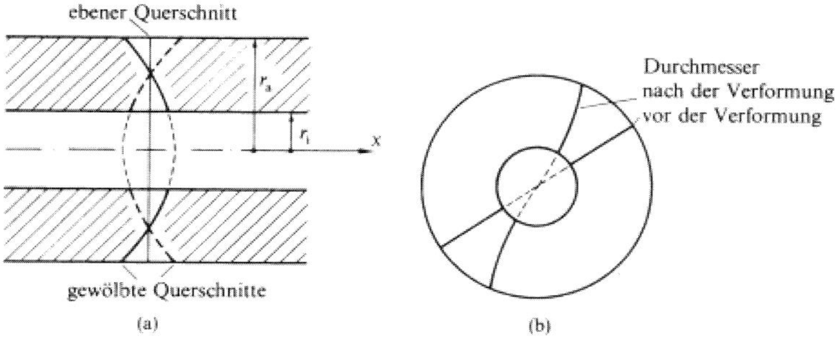

Abb. 6.3.

es am positiven Schnittufer in die positive x-Richtung weist. Zuerst wird die *Geometrie* der Verformung beschrieben. Querschnitte des Stabes verdrehen sich um gewisse Winkel gegeneinander. Die Querschnitte drehen sich dabei wie starre Scheiben. Zum Beweis nimmt man das Gegenteil an. Man nimmt also an, daß ein vor der Verformung in irgendeinem Querschnitt markierter Durchmesser nach der Verformung eine räumlich gekrümmte Linie bildet, weil der Querschnitt in seiner Ebene verzerrt und außerdem aus der Ebene heraus gewölbt wird. Die Wölbung müßte ebenso wie der ganze Stab rotationssymmetrisch zur x-Achse sein. Abb. 6.3a zeigt eine willkürlich angenommene Wölbfläche mit den beiden möglichen Richtungen. Weil in Abb. 6.2 keine Richtung irgendwie ausgezeichnet ist, kann auch keine Wölbung auftreten. Bei einer Verzerrung des Querschnitts in seiner Ebene muß ein ursprünglich gerader Durchmesser zu einer zentralsymmetrischen Linie verformt werden. Abb. 6.3b zeigt eine willkürlich angenommene Form. Diese Linie muß ebenso wie der Stab in Abb. 6.2 von beiden Stabenden her dasselbe Bild bieten. Sie muß deshalb eine Gerade sein. Damit ist gezeigt, daß sich die Querschnitte wie starre Scheiben drehen. Bei dieser Argumentation spielt die Zentralsymmetrie der Querschnitte eine entscheidende Rolle. In Stäben mit nicht zentralsymmetrischen Querschnitten werden die Querschnitte tatsächlich i.allg. gewölbt. Das hat z.B. zur Folge, daß der Verdrehwinkel eines solchen Stabes

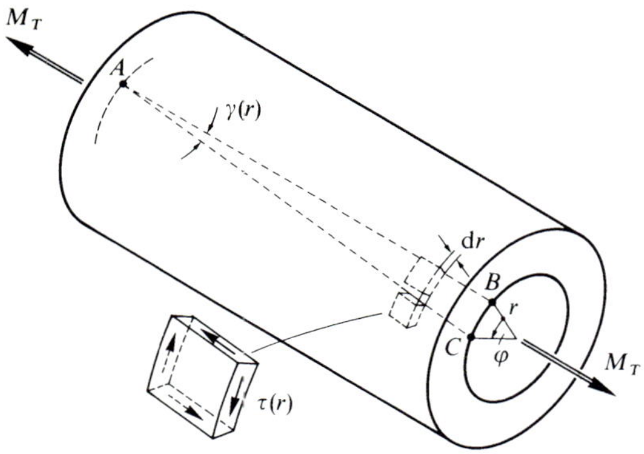

Abb. 6.4. Verformung eines Torsionsstabes dargestellt am Beispiel der Linie A–B und eines Volumenelements im Stabinnern. Die Ausschnittvergrößerung zeigt alle Spannungen am Element

davon abhängt, ob der Stab an den Enden frei ist, wie in Abb. 6.2, oder ob er fest eingespannt ist. Eine feste Einspannung behindert nämlich die Wölbung der Querschnitte. Bei den hier behandelten Stäben mit zentralsymmetrischen Querschnitten ändert eine Einspannung dagegen nichts, weil ohnehin keine Wölbung vorhanden ist.

Wie sich der Stab von Abb. 6.2 verformt, ist in Abb. 6.4 an einem einzelnen Volumenelement dargestellt. Vor der Verformung wird das Element begrenzt durch zwei infinitesimal eng benachbarte Zylinderflächen mit den Radien r und $r + \mathrm{d}r$, durch zwei Ebenen quer zur Stabachse und durch zwei Ebenen, die die Stabachse enthalten. Die zuletzt genannten Ebenen schneiden die Zylinderfläche entlang Mantellinien, von denen eine die Gerade A–B ist. Die beiden Endquerschnitte des Stabes verdrehen sich gegeneinander um einen noch unbekannten Winkel φ. Er ist auf der rechten Stirnfläche gekennzeichnet. Die Mantellinien auf den Zylinderflächen verformen sich dabei zu Schraubenlinien mit einem konstanten, nur von r abhängigen Steigungswinkel $\gamma(r)$. Aus der Mantellinie A–B wird z.B. die Schraubenlinie A–C. Daß der Steigungswinkel tatsächlich konstant ist, folgt aus der Tatsache, daß zwei beliebig gewählte, gleich lange Teilstücke des Stabes sich wegen gleicher Abmessungen und gleicher Torsionsmomente in gleicher Weise verformen.

Abb. 6.4 zeigt, daß das betrachtete Volumenelement des Stabes bei der Verformung eine Scherung erfährt, und daß diese Scherung gleich dem Winkel $\gamma(r)$ ist. Der Kreisbogen B–C kann auf der Stirnfläche durch die Größen r und φ und auf dem abgewickelten Zylindermantel durch die Größen $\gamma(r)$ und ℓ ausgedrückt werden. Wenn $\gamma(r)$ sehr klein ist, was in Kap. 2 vorausgesetzt wurde, führt das zu der Gleichung

$$\gamma(r)\ell = \varphi r.$$

Die Scherung ist also

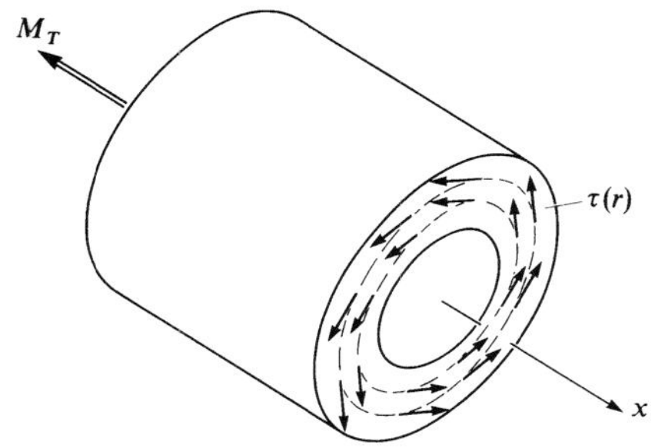

Abb. 6.5. Freikörperbild mit Schubspannungen

$$\gamma(r) = \varphi \frac{r}{\ell}.$$

Andere Formänderungen erleidet das Volumenelement nicht. Damit ist die Beschreibung der Geometrie der Verformung abgeschlossen.

Das *Stoffgesetz* sagt aus, daß zur Scherung $\gamma(r)$ eine Schubspannung der Größe

$$\tau(r) = G\gamma(r) = G\varphi \frac{r}{\ell} \tag{6.1}$$

gehört. In der Ausschnittvergrößerung in Abb. 6.4 zeigen Pfeile an, in welchen Flächen des Volumenelements und mit welchem Richtungssinn diese Spannung wirkt. Andere Spannungen treten am Volumenelement nicht auf.

Jetzt muß noch eine *Gleichgewichts*bedingung formuliert werden. Dazu wird der Stab an einer beliebigen Stelle x quer zur Stabachse geschnitten. Am linken Teilstück greift am negativen Schnittufer das äußere Moment M_T an (Abb. 6.5). Am positiven Schnittufer sind die tangential gerichteten Schubspannungen eingezeichnet, die schon Abb. 6.4 zeigt. Das Stabstück ist im Gleichgewicht, wenn das resultierende Moment um die x-Achse verschwindet:

$$\int_A r\,\tau(r)\,\mathrm{d}A - M_T = 0$$

oder mit (6.1)

$$G\frac{\varphi}{\ell}\int_A r^2\,\mathrm{d}A - M_T = 0. \tag{6.2}$$

Das Integral in dieser Gleichung erstreckt sich über die gesamte Querschnittsfläche A des Stabes. Es wird durch Form und Größe des Querschnitts bestimmt. Es wurde bereits in Abschnitt 5.2 als polares Flächenmoment 2. Grades I_p eingeführt:

$$I_p = \int_A r^2\,\mathrm{d}A.$$

Aus (5.20) ist seine Größe für den Kreisringquerschnitt mit Innenradius r_i und Außenradius r_a bekannt:

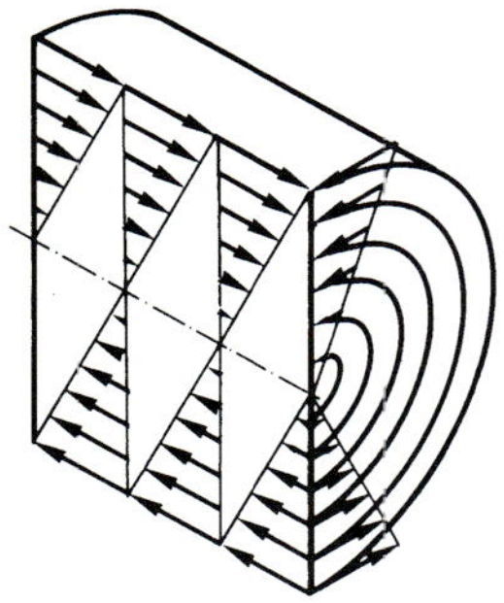

Abb. 6.6. Richtung und Größe der Schubspannungen im Längsschnitt und im Querschnitt eines Stabes

$$I_p = \tfrac{1}{2}\pi(r_a^4 - r_i^4). \tag{6.3}$$

In Gl. (6.2) ist φ die einzige Unbekannte. Sie ist

$$\varphi = \frac{M_T \ell}{G I_p}. \tag{6.4}$$

Die Größe GI_p heißt *Torsionssteifigkeit* des Stabes. Sie spielt dieselbe Rolle, wie die Biegesteifigkeit EI_y in (5.34) und wie die Dehnsteifigkeit EA in (4.1).

Das Verhältnis

$$\frac{\varphi}{\ell} = \frac{M_T}{G I_p} \tag{6.5}$$

heißt *Drillung* des Stabes.

Mit (6.1) kann man schließlich noch die Schubspannung als Funktion des Radius angeben:

$$\tau(r) = \frac{M_T}{I_p}\, r. \tag{6.6}$$

Die maximale Spannung tritt am Außenradius auf. Sie läßt sich in der Form

$$\tau_{max} = M_T / W_T \qquad \text{mit} \qquad W_T = I_p / r_a \tag{6.7}$$

ausdrücken. Die Größe W_T heißt *Torsionswiderstandsmoment.* Mit diesen Ergebnissen ist das Problem vollständig gelöst.

Abb. 6.6 stellt den Schubspannungsverlauf in der Querschnittsebene und in der dazu senkrechten Ebene eines Längsschnittes dar. Nach außen wächst die Spannung proportional zum Radius. Die Größe und die Richtung der Spannung im Längsschnitt ergeben sich aus dem Satz von der Gleichheit zugeordneter Schubspannungen.

Beispiel 6.1-1

Eine Maschinenwelle mit Kreisquerschnitt vom Radius r soll durch eine Hohlwelle aus demselben Werkstoff ersetzt werden, in der bei gleich großem Torsionsmoment dieselbe maximale Schubspannung auftritt. Drei verschiedene Hohlwellen, die diese Bedingung erfüllen, sollen miteinander verglichen werden. Im Fall (a) soll der Innenradius r_i gleich r sein. Wie groß ist dann der Außenradius r_a? Im Fall (b) soll

der Außenradius r_a gleich $1,4r$ sein. Wie groß ist dann der Innenradius r_i? Im Fall (c) soll die Wandstärke $r_a - r_i$ gleich $0,1r$ sein. Wie groß ist dann r_a? In welchen Verhältnissen stehen (bei gleicher Länge) die Verdrehwinkel und die Gewichte aller vier Wellen?
Lösung: Gleichheit der maximalen Schubspannungen bedeutet Gleichheit der Torsionswiderstandsmomente W_T. Das liefert nach Kürzung des gemeinsamen Faktors $\pi/2$ die Gleichungen

$$r^3 = \begin{cases} (r_a^4 - r^4)/r_a & \text{Fall (a)} \\ \left[(1,4r)^4 - r_i^4\right]/(1,4r) & \text{Fall (b)} \\ \left[r_a^4 - (r_a - 0,1r)^4\right]/r_a & \text{Fall (c).} \end{cases}$$

Man kann sie umformen zu:

$$\begin{aligned} &(r_a/r)^4 - r_a/r = 1 && \text{Fall (a),} \\ &r_i/r = (1,4^4 - 1,4)^{1/4} && \text{Fall (b),} \\ &(r_a/r)^4 - (r_a/r - 0,1)^4 - r_a/r = 0 && \text{Fall (c).} \end{aligned}$$

Die Lösungen sind:

$$\text{Fall a:} \quad r_a \approx 1,22r\,, \qquad \text{Fall b:} \quad r_i \approx 1,25r\,, \qquad \text{Fall c:} \quad r_a \approx 1,65r\,.$$

Die Verdrehwinkel der Vollwelle und der drei Hohlwellen verhalten sich umgekehrt wie die polaren Flächenmomente I_p. Nach Kürzung des gemeinsamen Faktors $\pi r^4/2$ ergibt sich

$$\begin{aligned} \varphi_{voll} : \varphi_a : \varphi_b : \varphi_c &= 1 : \frac{1}{1,22^4 - 1} : \frac{1}{1,4^4 - 1,25^4} : \frac{1}{1,65^4 - 1,55^4} \\ &= 1 : 0,82 : 0,71 : 0,61. \end{aligned}$$

Die Gewichte verhalten sich zueinander wie die Querschnittsflächen:

$$\begin{aligned} G_{voll} : G_a : G_b : G_c &= 1 : (1,22^2 - 1) : (1,4^2 - 1,25^2) : (1,65^2 - 1,55^2) \\ &= 1 : 0,49 : 0,40 : 0,32. \end{aligned}$$

Die Rechnungen lehren: Wenn von einem Torsionsstab hohe Festigkeit, geringe Verdrehung und geringes Gewicht gefordert werden, muß man eine dünnwandige Hohlwelle nehmen. Bei ihr sind die achsnahen Werkstoffpartien ausgespart, die zu Steifigkeit und Festigkeit wenig, aber zum Gewicht viel beitragen (vgl. Abb. 6.6).

Beispiel 6.1-2
In einem Getriebe mit dem Übersetzungsverhältnis $n_2 : n_1 = 1 : 4$ wirkt der Motor auf die schnelle Antriebswelle mit einem Torsionsmoment M_1, das gerade so groß ist, daß eine Arbeitsmaschine auf der langsamen Abtriebsseite mit konstanter Drehzahl betrieben wird (Abb. 6.7a). Die beiden Getriebewellen 1 und 2 haben kreisförmige Vollquerschnitte. Wie groß ist ihr Radienverhältnis $r_2 : r_1$, wenn die maximale Schubspannung in beiden Wellen gleich groß ist?
Lösung: Zuerst wird das Torsionsmoment M_2 in der Abtriebswelle berechnet. Schnitte durch die Wellen und durch die Berührungslinie der Wälzkreise führen zu den schematischen Freikörperbildern von Abb. 6.7b. Die Momentengleichgewichtsbedingungen für die Wellen lauten

$$M_1 - FR_1 = 0, \qquad M_2 - FR_2 = 0.$$

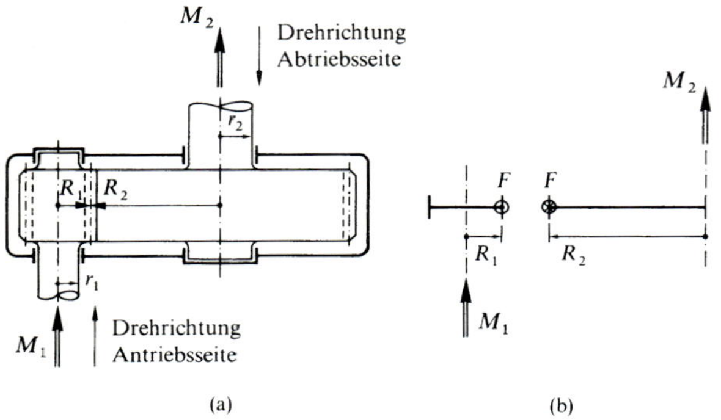

Abb. 6.7.

Daraus folgt

$$M_2 = \frac{R_2}{R_1} M_1 = \frac{n_1}{n_2} M_1 = 4M_1 .$$

Zu demselben Ergebnis kommt man schneller mit dem Prinzip der virtuellen Arbeit, das hier die Aussage macht: $M_2 \delta\varphi_2 = M_1 \delta\varphi_1 = 4M_1 \delta\varphi_2$. Darin sind $\delta\varphi_1$ und $\delta\varphi_2$ virtuelle Drehwinkel der *starren* Wellen.

Die Forderung nach Gleichheit der maximalen Schubspannungen in den Wellen liefert mit (6.6) die Gleichung

$$\frac{M_1}{I_{p1}} r_1 = \frac{M_2}{I_{p2}} r_2 .$$

Mit $I_{p1} = \pi r_1^4/2$ und $I_{p2} = \pi r_2^4/2$ folgt daraus

$$M_1/r_1^3 = M_2/r_2^3 .$$

Das gesuchte Radienverhältnis ist folglich

$$r_2/r_1 = (M_2/M_1)^{1/3} = 4^{1/3} \approx 1,6 .$$

Die Abtriebswelle muß also bei einem viermal größeren Torsionsmoment nur sechzig Prozent dicker sein als die Antriebswelle!

6.1.2 Veränderlicher Kreis(ring)-Querschnitt und veränderliches Torsionsmoment

Auch in diesem Abschnitt ist nur von Kreis- und Kreisringquerschnitten die Rede. Die Querschnittsabmessungen dürfen nun aber entlang der Stabachse veränderlich sein. Stäbe mit stückweise konstanten Querschnitten (abgesetzte Wellen) werden nicht betrachtet, weil in jedem Stabteil außerhalb der unmittelbaren Umgebung von Querschnittssprüngen die Gleichungen des vorigen Abschnitts anwendbar sind. Der Querschnitt soll sich entlang der Stabachse erstens stetig und zweitens nur allmählich verändern. Die Schnittgröße Torsionsmoment darf längs der Achse beliebig veränderlich sein. Das ist z.B.

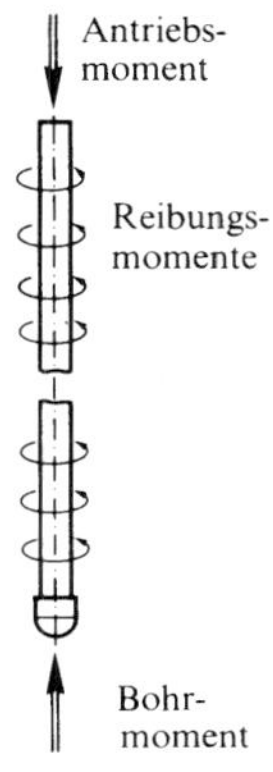

Abb. 6.8. Bohrstange mit längs der Achse veränderlichem Torsionsmoment

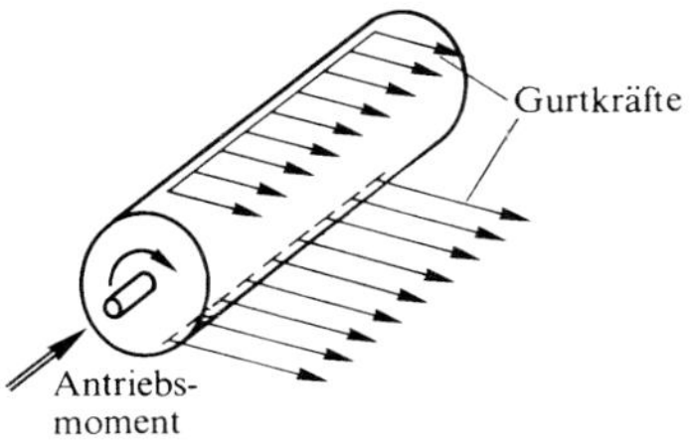

Abb. 6.9. Fördergurtrolle mit längs der Achse veränderlichem Torsionsmoment

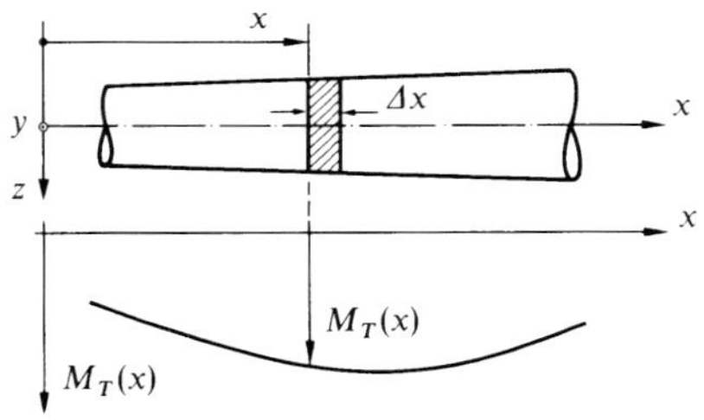

Abb. 6.10. Torsionsstab mit von x abhängigem Querschnitt und Torsionsmoment. Für den Verformungs- und den Spannungszustand an der Stelle x sind $I_p(x)$ und $M_T(x)$ maßgebend

bei Bohrstäben an Bohrtürmen der Fall, die sich in einer zähen Flüssigkeit drehen, mit der zertrümmertes Gestein hochgepumpt wird. Außer Einzelmomenten am Motorende und am Bohrkopf greifen auf die ganze Länge verteilt Momente an, so daß die Schnittgröße Torsionsmoment nicht konstant ist (Abb. 6.8). Einen anderen Fall stellt die Antriebsrolle eines Fördergurtes in Abb. 6.9 dar. Der Gurt greift auf seiner ganzen Breite mit Kräften an der Rolle an, so daß das Torsionsmoment in der Rolle auch hier veränderlich ist. Abb. 6.10 schildert den allgemeinsten Fall, in dem die Querschnittsabmessungen und das Torsionsmoment Funktionen der Längskoordinate x sind. Die Schubspannungsverteilung in den Querschnitten und den Verdrehwinkel zwischen den Endquerschnitten berechnet man wie folgt. Man stellt sich den Stab aus sehr vielen kurzen Stücken zusammengesetzt vor. Ein einzelnes Stück der Länge Δx an der Stelle x ist in Abb. 6.10 dargestellt.

Im Grenzfall $\Delta x \to 0$ stellt dieses Stück einen Stab dar, der auf seiner ganzen Länge $\mathrm{d}x$ denselben Querschnitt und dasselbe Torsionsmoment hat, nämlich die an der Stelle x vorliegenden Größen. Auf den infinitesimal kurzen Teilstab sind daher die Ergebnisse des vorigen Abschnitts anwendbar. Die Schubspannungsverteilung im Querschnitt an der Stelle x wird durch Gl. (6.6) angegeben, die nun die Form bekommt:

$$\tau(x,r) = \frac{M_T(x)}{I_p(x)}\, r. \tag{6.8}$$

Sei $\varphi(x)$ der Drehwinkel des Querschnitts an der Stelle x (beliebig) gegen das feste x, y, z-System. Die Enden des Stabstücks verdrehen sich gegeneinander um den Winkel $\varphi(x+\Delta x)-\varphi(x)$. Die Übertragung von (6.5) auf das Stabstück führt im Grenzfall $\Delta x \to 0$ zu der Aussage

$$\lim_{\Delta x\to 0} \frac{\varphi(x+\Delta x)-\varphi(x)}{\Delta x} = \varphi'(x) = \frac{M_T(x)}{GI_p(x)}. \tag{6.9}$$

Diese Gleichung gibt erstens eine neue Definition der *Drillung* und zweitens deren Größe. Nach der neuen Definition ist die Drillung die Funktion $\varphi'(x)$. Sie ist also nicht eine Eigenschaft des Stabes als Ganzem, sondern eine für jeden Punkt x definierte Größe. Man vergleiche in Kap. 2.1 die Definition der Dehnung eines Stabes als $\epsilon(x) = u'(x)$ und den Sonderfall $\epsilon = \Delta\ell/\ell$ im Fall konstanter Dehnung.

Aus (6.9) erhält man den Verdrehwinkel zwischen den Stabquerschnitten an zwei beliebigen Stellen $x = x_0$ und $x = x_1$:

$$\varphi(x_1) - \varphi(x_0) = \frac{1}{G}\int_{x_0}^{x_1} \frac{M_T(x)}{I_p(x)}\,\mathrm{d}x.$$

Insbesondere ist der Verdrehwinkel zwischen den Endquerschnitten eines Stabes der Länge ℓ:

$$\varphi = \frac{1}{G}\int_0^{\ell} \frac{M_T(x)}{I_p(x)}\,\mathrm{d}x. \tag{6.10}$$

Diese Formel nimmt in dem Sonderfall, daß der Integrand unabhängig von x ist, die Form (6.4) an.

Beispiel 6.1-3

Der zylindrische Stab in Abb. 6.11 mit der Länge ℓ und dem Radius r ist in Sand eingebettet. Er wird von einem Motormoment M_m mit konstanter Drehzahl angetrieben. Für die Sandreibung am Stab soll das Coulombsche Gesetz mit einem von x unabhängigen Reibbeiwert μ gelten. Es wird angenommen, daß der Sanddruck durch die lineare Funktion $p(x) = p_0 x/\ell$ mit unbekanntem Druck p_0 beschrieben wird. Man berechne das Torsionsmoment $M_T(x)$, den Druck p_0 und den Verdrehwinkel φ der Stabenden gegeneinander. Gegeben sind ℓ, r, GI_p, M_m und μ.

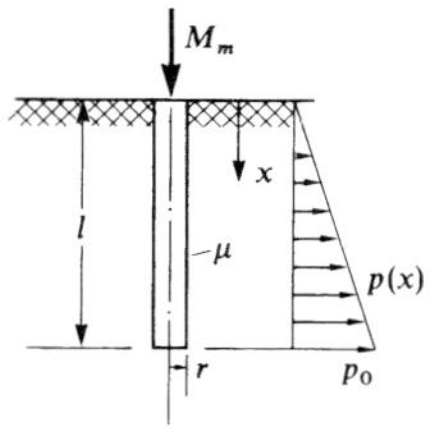

Abb. 6.11. In Sand gebetteter Torsionsstab mit Motormoment M_m, Sanddruck $p(x)$ und Reibbeiwert μ

Lösung: Das Torsionsmoment $M_T(x)$ hält dem Moment der Reibungskräfte am Stabstück zwischen x und ℓ das Gleichgewicht. Ein Stabstück der Länge $\mathrm{d}\xi$ an der Stelle $x = \xi$ hat die Mantelfläche $\mathrm{d}A = 2\pi r\,\mathrm{d}\xi$. Das Moment der Reibungskraft an diesem Stabstück ist $r \cdot \mu\, p(\xi)\,\mathrm{d}A = 2\pi\mu\, p_0 r^2 (\xi/\ell)\,\mathrm{d}\xi$. Damit ergibt sich

$$M_T(x) = 2\pi\mu p_0 r^2 \int_x^\ell \frac{\xi}{\ell}\,\mathrm{d}\xi = \pi\,\mu\, p_0 r^2 \ell\,(1 - x^2/\ell^2).$$

Bei $x = 0$ ist $M_T(0) = M_m$. Aus dieser Gleichung erhält man den Sanddruck

$$p_0 = \frac{M_m}{\pi\mu r^2 \ell}$$

und damit als zweites Ergebnis das Torsionsmoment:

$$M_T(x) = M_m(1 - x^2/\ell^2).$$

Der Verdrehwinkel der Stabenden ist nach (6.10)

$$\varphi = \frac{1}{GI_p}\int_0^\ell M_T(x)\,\mathrm{d}x = \frac{M_m}{GI_p}\int_0^\ell (1 - x^2/\ell^2)\,\mathrm{d}x = \frac{2}{3}\,\frac{M_m \ell}{GI_p}.$$

6.2 Dünnwandige Hohlquerschnitte. Die Bredtschen Formeln

Wenn ein Torsionsstab zugleich leicht und torsionssteif sein soll, dann muß er nicht unbedingt einen dünnwandigen Kreisquerschnitt haben. Auch der Kastenquerschnitt in Abb. 6.12 und andere dünnwandige Hohlquerschnitte geben einem Stab diese Eigenschaften. In diesem Abschnitt werden die Spannungsverteilung und die Drillung von Stäben berechnet, die beliebig geformte

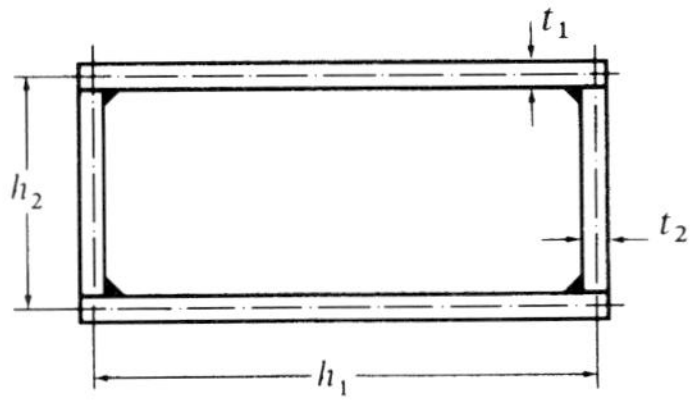

Abb. 6.12. Dünnwandiger Hohlquerschnitt

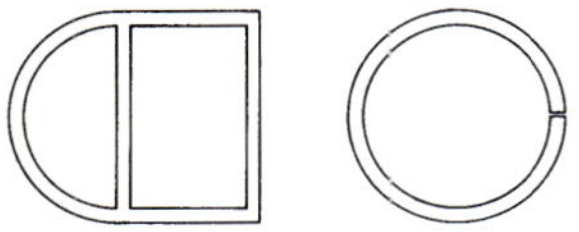

Abb. 6.13. Dünnwandiger zweizelliger Hohlquerschnitt und Vollquerschnitt

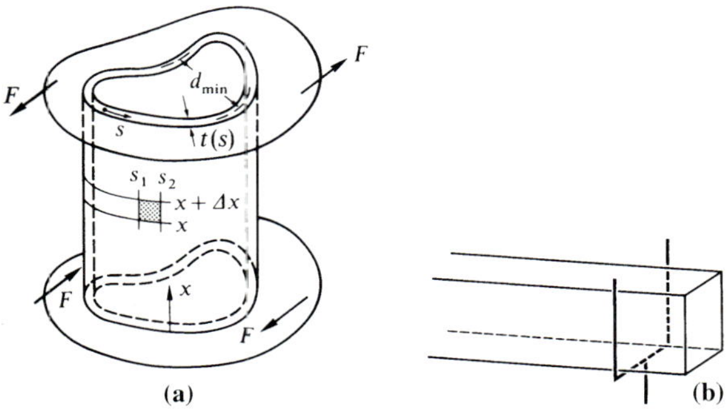

Abb. 6.14. a) Dünnwandiger Hohlquerschnitt mit "Hutkrempen" zur Momenteneinleitung. Ein Flächenelement auf dem Mantel wird durch je zwei Werte der Koordinate x und der Bogenlänge s der Wandmittellinie gekennzeichnet. b) Gabellager

einzellige Hohlquerschnitte haben. Mehrzellige Hohlquerschnitte und Vollquerschnitte, für die Abb. 6.13 je ein Beispiel zeigt, werden in Abschnitt 6.3 bzw. 6.4 betrachtet. Die Stäbe sollen, wie im vorigen Abschnitt, gerade sein und längs dieser Geraden überall dieselbe Querschnittsform haben. Für die Spannungsverteilung und die Drillung lassen sich nur Näherungslösungen angeben. Damit sie eine einfache Form annehmen, muß man zwei Voraussetzungen erfüllen und einige vereinfachende Annahmen machen. Die Voraussetzungen sind:

I. Die Torsionsmomente an den Stabenden werden so eingeleitet, daß eine Wölbung der Querschnitte nicht behindert wird. Die praktische Verwirklichung kann man sich nach Abb. 6.14a so vorstellen, daß die Momente durch Kräfte entstehen, die an biegeschlaffen "Hutkrempen" an den Stabenden angreifen. Lager, die ein Torsionsmoment einleiten können, ohne axiale Verschiebungen zu behindern, heißen Gabellager. Sie werden mit dem Symbol von Abb. 6.14b bezeichnet.

II. Die Wanddicke $t(s)$ darf eine Funktion der Bogenlänge s der Wandmittellinie sein. Die größte Wanddicke t_{max} muß klein sein im Vergleich zur kleinsten Querschnittsabmessung d_{min} (Abb. 6.14a).

Die erste Voraussetzung hat zur Folge, daß alle Querschnitte des Stabes denselben Bedingungen unterliegen, und daß keine Längsfaser des Stabes gedehnt wird. Trotz Wölbung der Querschnitte treten also keine Längsspannungen auf. Weiterhin folgt daraus, daß die Schubspannungsverteilung in

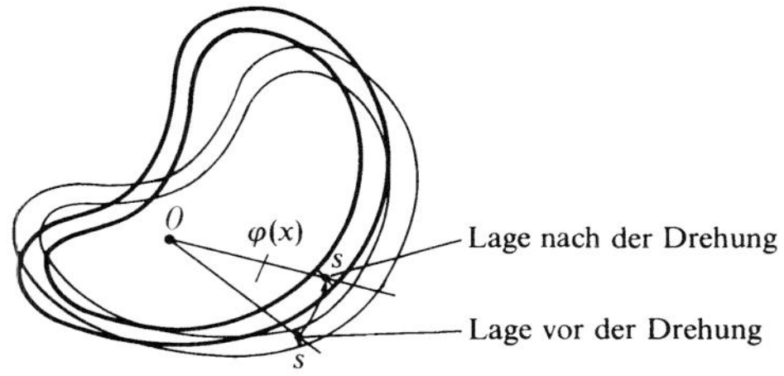

Abb. 6.15. In der Projektion entlang der Stabachse drehen sich Querschnitte wie starre Scheiben um einen Drehpol 0

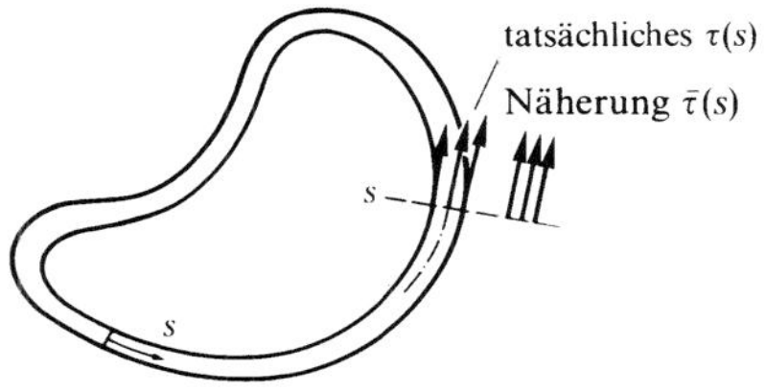

Abb. 6.16. In den Punkten einer Linie quer zur Wand wird die tatsächliche Schubspannungsverteilung durch einen konstanten Mittelwert $\bar{\tau}(s)$ angenähert

allen Querschnitten eines Stabes gleich ist, und daß die Drillung des Stabes längs der Stabachse konstant ist. Damit man überhaupt von einer bestimmten Drillung des Stabes und von einem bestimmten Verdrehwinkel zweier Querschnitte gegeneinander sprechen kann, muß noch folgende Annahme über die Verformung des Stabes gemacht werden. Wenn man den Querschnitt an der beliebigen Stelle x vor und nach der Verformung in Richtung der x-Achse projiziert, dann sollen die beiden Lagen durch eine Drehung um einen Winkel $\varphi(x)$ um einen Drehpol 0 ineinander überführbar sein (Abb. 6.15). Die Querschnittsform soll in dieser Projektion also erhalten bleiben (nur in dieser Projektion, denn eine Wölbung findet statt). Wo der Drehpol liegt, ist für das folgende belanglos. Erst in Beisp. 8.6-1 wird gezeigt, daß der Drehpol im Schubmittelpunkt liegt. Alle Querschnitte ein und desselben Stabes haben denselben Drehpol, weil Geometrie und Torsionsmoment für alle gleich sind.

Voraussetzung II erlaubt dieselbe vereinfachende Annahme über die Schubspannungsverteilung im Querschnitt, die in Abschnitt 5.7 gemacht wurde (vgl. Abb. 5.46). Weil in den freien Oberflächen des Hohlstabes keine Schubspannungen wirken, ist in der Querschnittsebene unmittelbar am Rand die Schubspannung tangential zum Rand gerichtet. Abb. 6.13 zeigt gestrichelt eine Linie quer zur Wandmittellinie. Ihre Lage wird durch die Bogenlänge s der Wandmittellinie von einem beliebig festgelegten Punkt $s = 0$ aus gekennzeichnet. Die Schubspannungen in den Punkten der Linie sind nach Größe und Richtung wenig variabel. Sie werden durch eine mittlere Schubspannung $\bar{\tau}(s)$ tangential zur Wandmittellinie angenähert. Je kleiner das in der Voraussetzung II genannte Verhältnis t_{max}/d_{min} ist, desto kleiner ist der Fehler

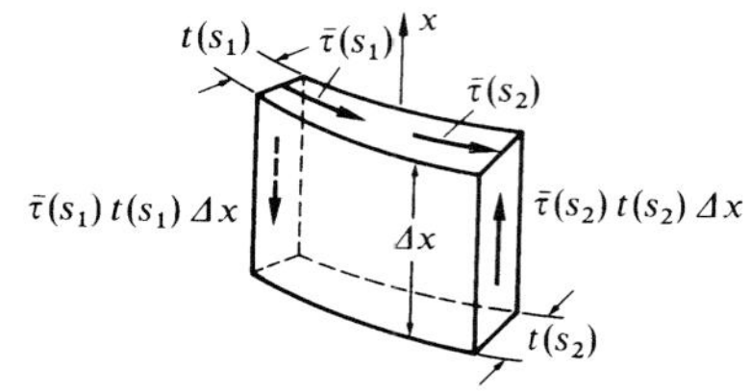

Abb. 6.17. Freikörperbild für das Wandelement in Abb. 6.14 mit allen Kräften in x-Richtung

dieser Näherung. In der unmittelbaren Umgebung scharfer Ecken, wie z.B. denen in Abb. 6.12, ist die Näherung sinnlos.

Alle Voraussetzungen für die Gültigkeit der angestrebten Näherungslösungen sind nun genannt. Man beginnt mit einer Untersuchung des *Gleichgewichts* an dem in Abb. 6.14a schraffierten Wandelement. Es wird begrenzt durch zwei Schnittebenen senkrecht zur x-Achse an den Stellen x und $x+\Delta x$ und durch zwei Schnittebenen senkrecht zu den ersteren an zwei beliebig wählbaren Stellen $s = s_1$ und $s = s_2$. In Abb. 6.17 sind alle Kräfte an diesem Element dargestellt, die die Richtung der x-Achse haben. Der Satz von der Gleichheit zugeordneter Schubspannungen sagt aus, daß $\bar{\tau}(s_1)$ und $\bar{\tau}(s_2)$ in je zwei Flächen des Wandelements wirken. Diese Spannungen erzeugen die dargestellten Kräfte in x-Richtung. Gleichgewicht erfordert

$$\bar{\tau}(s_2)\,t(s_2)\,\Delta x - \bar{\tau}(s_1)\,t(s_1)\,\Delta x = 0.$$

Da s_1 und s_2 beliebig sind, folgt daraus

$$\bar{\tau}(s)\,t(s) \equiv T = \text{const.} \tag{6.11}$$

Die Formel hat dieselbe Gestalt, wie die Kontinuitätsgleichung für die Strömung einer inkompressiblen Flüssigkeit in einem Ringkanal, der die Form des Stabquerschnitts hat. An die Stelle der Schubspannung tritt dort die Geschwindigkeit. Man nennt das Produkt $\bar{\tau}t$ deshalb Schubfluß, abgekürzt T. Die Analogie zwischen Spannungs- und Strömungsfeld ist für weiterführende theoretische Untersuchungen und auch für die experimentelle Bestimmung von Spannungsfeldern bei Torsion von Bedeutung. Sie wird hier aber nicht weiter entwickelt.

Die unbekannte Größe von T wird aus einer Momentengleichgewichtsbedingung gewonnen. Man schneidet den Stab von Abb. 6.14a an der Stelle x quer zur x-Achse und betrachtet die untere Hälfte. An ihrem unteren Ende greift das Torsionsmoment $-\boldsymbol{M}_T$ an. Das positive Schnittufer ist in Abb. 6.18 in der Draufsicht zu sehen. Ein Flächenelement der Wand an der Stelle s ist durch den Vektor $\mathrm{d}\boldsymbol{s}$ des Bogenelements der Wandmittellinie und durch die Dicke $t(s)$ gekennzeichnet. Der Umlaufsinn von s sei so, daß $\mathrm{d}\boldsymbol{s}$ die Richtung der Schubspannung hat. Am Flächenelement greift dann die Kraft

$$\bar{\tau}(s)\,t(s)\,\mathrm{d}\boldsymbol{s} = T\,\mathrm{d}\boldsymbol{s}$$

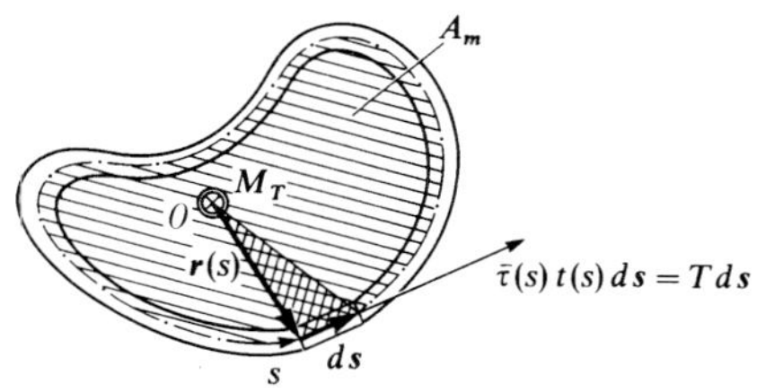

Abb. 6.18. Kräfte an einem Wandelement in Umfangsrichtung

an. Um den aus Abb. 6.15 übernommenen Drehpol 0 erzeugt sie das Moment $T\boldsymbol{r}(s) \times \mathrm{d}\boldsymbol{s}$. Die Gleichgewichtsbedingung für die Momente bezüglich 0 hat daher die Form

$$T \oint \boldsymbol{r}(s) \times \mathrm{d}\boldsymbol{s} - \boldsymbol{M}_T = \boldsymbol{0}. \tag{6.12}$$

Das Symbol $\oint$ kennzeichnet ein Linienintegral, das sich über den gesamten Umfang der Wandmittellinie erstreckt. Wenn der Punkt 0 innerhalb der Querschnittsfläche liegt, hat das Vektorprodukt $\boldsymbol{r}(s) \times \mathrm{d}\boldsymbol{s}$ für alle Werte von s die Richtung der positiven x-Achse. Seine Größe ist $2\,\mathrm{d}A$, wobei $\mathrm{d}A$ die fein schraffierte Dreiecksfläche ist. Folglich ergibt sich aus der vektoriellen Gleichung (6.12) die skalare Gleichung

$$2TA_m = M_T. \tag{6.13}$$

Darin ist A_m die von der Wandmittellinie eingeschlossene Fläche. Zu demselben Ergebnis kommt man, wenn der Punkt 0 außerhalb der Querschnittsfläche liegt. Die Resultierende der verteilten Schubspannungskräfte $T\,\mathrm{d}\boldsymbol{s}$ ist nämlich null, so daß beim Übergang zu einem anderen Bezugspunkt kein Versetzungsmoment auftritt. Mit den Gln.(6.13) und (6.11) erhält man für die Schubspannung schließlich die Näherungslösung

$$\bar{\tau}(s) = \frac{M_T}{2A_m t(s)}. \tag{6.14}$$

Das ist die 1. Bredtsche[1] Formel.

Die Schubspannung ist dort am größten, wo die Wanddicke t am kleinsten ist. Man drückt die maximale Schubspannung wie bei Kreis- und Kreisringquerschnitten in (6.7) mit Hilfe eines Torsionswiderstandsmoments W_T aus:

$$\bar{\tau}_{max} = M_T/W_T \quad \text{mit} \quad W_T = 2A_m t_{min}. \tag{6.15}$$

W_T wird ausschließlich durch die Form des Stabquerschnitts bestimmt.

Um auch einen Ausdruck für die Drillung des Stabes zu erhalten, muß noch die *Geometrie* der Verformung eines Wandelements untersucht werden.

---

[1] Rudolf Bredt 1842 (Barmen) – 1900 (Wetter)

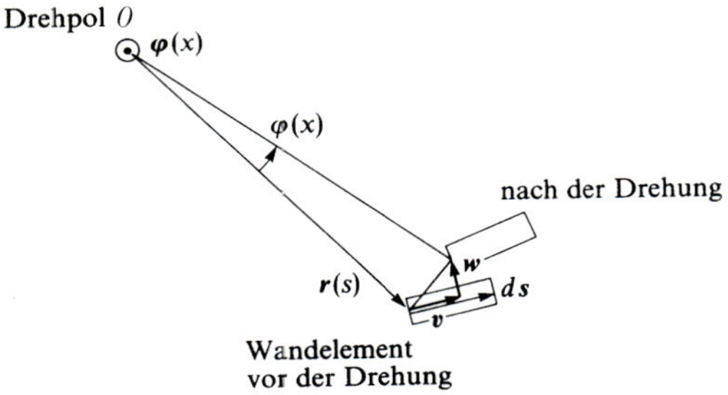

Abb. 6.19. Verschiebungen eines Wandelements bei der Verformung nach Abb. 6.15

Man betrachtet wieder das in Abb. 6.14a schraffierte Element, diesmal aber mit infinitesimal kleinen Kantenlängen $\mathrm{d}x$ und $\mathrm{d}s$. Die Scherung des Wandelements ist

$$\gamma(s) = \frac{\bar{\tau}(s)}{G} = \frac{M_T}{2GA_m t(s)}. \tag{6.16}$$

Diese Gleichung wird über den ganzen Umfang des Querschnitts integriert:

$$\oint \gamma(s)\,\mathrm{d}s = \frac{M_T}{2GA_m} \oint \frac{\mathrm{d}s}{t(s)}. \tag{6.17}$$

Das Linienintegral auf der rechten Seite kann man für jeden Stabquerschnitt mit gegebener Wanddicke $t(s)$ berechnen. Im Linienintegral auf der linken Seite wird für $\gamma(s)$ Gl. (2.6) verwendet:

$$\gamma(s) = \frac{\partial u}{\partial s} + \frac{\partial v}{\partial x}.$$

$u(x,s)$, $v(x,s)$ und $w(x,s)$ sind die Verschiebungen des Punktes (x,s) in axialer x-Richtung, in tangentialer s-Richtung bzw. in der Richtung normal zu x und s. Die Verschiebung $w(x,s)$ wirkt sich auf die Scherung γ nicht aus. Die Verschiebung $u(x,s)$ beschreibt die Wölbung des Stabquerschnitts. Da sie längs des Umfangs periodisch ist ($\partial u/\partial s$ also periodisch mit Mittelwert null), liefert sie zum Linienintegral keinen Beitrag. Folglich ist

$$\oint \gamma(s)\,\mathrm{d}s = \oint \frac{\partial v}{\partial x}\,\mathrm{d}s. \tag{6.18}$$

Die Verschiebungsvektoren $\boldsymbol{v}(x,s)$ und $\boldsymbol{w}(x,s)$ sind das Ergebnis der Drehung des Stabquerschnitts um den Drehpol 0. Abb. 6.19 zeigt diese Vektoren am betrachteten Wandelement. Die Vektoren $\boldsymbol{r}(s)$ und $\mathrm{d}\boldsymbol{s}$ haben dieselbe Bedeutung wie in Abb. 6.18. Außerdem ist im Punkt 0 ein Vektor $\boldsymbol{\varphi}(x)$ definiert. Er hat die positive x-Richtung und den Betrag $\varphi(x)$ des Drehwinkels. Für den resultierenden Verschiebungsvektor $\boldsymbol{v} + \boldsymbol{w}$ gilt die Beziehung

$$\boldsymbol{v}(x,s) + \boldsymbol{w}(x,s) = \boldsymbol{\varphi}(x) \times \boldsymbol{r}(s).$$

Ableitung nach x erzeugt:

$$\frac{\partial \boldsymbol{v}}{\partial x} + \frac{\partial \boldsymbol{w}}{\partial x} = \boldsymbol{\varphi}' \times \boldsymbol{r}(s).$$

Diese Gleichung wird skalar mit $\mathrm{d}\boldsymbol{s}$ multipliziert. Weil $\partial \boldsymbol{v}/\partial x$ parallel zu $\mathrm{d}\boldsymbol{s}$ und $\partial \boldsymbol{w}/\partial x$ orthogonal zu $\mathrm{d}\boldsymbol{s}$ ist, ergibt sich

$$\frac{\partial v}{\partial x}\,\mathrm{d}s = \boldsymbol{\varphi}' \times \boldsymbol{r}(s) \cdot \mathrm{d}\boldsymbol{s} = \boldsymbol{\varphi}' \cdot \boldsymbol{r}(s) \times \mathrm{d}\boldsymbol{s}.$$

Damit nimmt (6.18) die Form an:

$$\oint \gamma(s)\,\mathrm{d}s = \boldsymbol{\varphi}' \cdot \oint \boldsymbol{r}(s) \times \mathrm{d}\boldsymbol{s}. \tag{6.19}$$

Von (6.12) und (6.13) ist bekannt, daß das Integral auf der rechten Seite der Vektor vom Betrag $2A_m$ in der Richtung von $\boldsymbol{\varphi}'$ ist. Also ist

$$\oint \gamma(s)\,\mathrm{d}s = 2\varphi' A_m. \tag{6.20}$$

Damit erhält man aus (6.17) schließlich:

$$\varphi' = \frac{M_T}{4GA_m^2} \oint \frac{\mathrm{d}s}{t(s)}. \tag{6.21}$$

Das ist die 2. Bredtsche Formel[2]. Zur Abkürzung führt man das sog. *Torsionsflächenmoment*

$$I_T = 4A_m^2 \Big/ \oint \frac{\mathrm{d}s}{t(s)} \tag{6.22}$$

ein. Damit ist die Drillung

$$\varphi' = \frac{M_T}{GI_T}. \tag{6.23}$$

Die Güte der Bredtschen Formeln für Drillung und Schubspannung wird jetzt an einem dünnwandigen Kreisringquerschnitt geprüft, für den exakte Ergebnisse bekannt sind. Seien also Innen- und Außenradius eines Rohres praktisch gleich dem mittleren Radius, d.h. $r_i \approx r_a \approx r_m$ und $r_a - r_i = t \ll r_m$. In den Bredtschen Formeln (6.22), (6.23) und (6.15) ist

$$I_T = 4A_m^2 \Big/ \oint \frac{\mathrm{d}s}{t(s)} = 4(\pi r_m^2)^2 t/(2\pi r_m) = 2\pi r_m^3 t$$

und $W_T = 2A_m t = 2\pi r_m^2 t$. In den exakten Formeln (6.5) und (6.7) ist

$$I_p = \tfrac{1}{2}\pi(r_a^4 - r_i^4) = \tfrac{1}{2}\pi(r_a^2 + r_i^2)(r_a + r_i)(r_a - r_i) \approx 2\pi r_m^3 t$$

[2] In Beisp. 8.3-3 wird die 2. Bredtsche Formel mit einer anderen Methode sehr viel einfacher hergeleitet

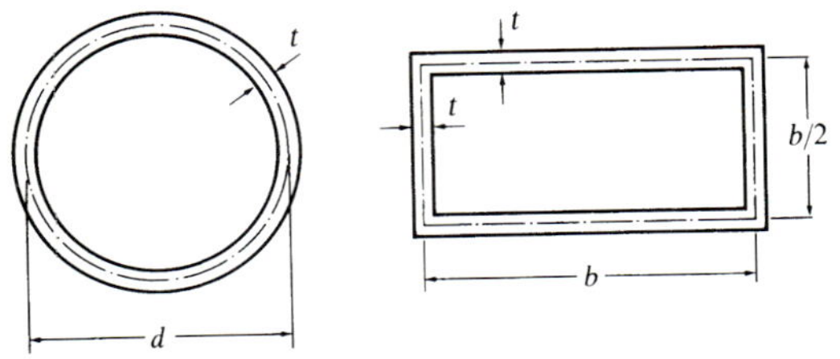

Abb. 6.20. Zwei dünnwandige Hohlquerschnitte mit gleichem Torsionswiderstandsmoment (maßstabgetreue Zeichnung)

und $W_T = I_p/r_a \approx 2\pi r_m^2 t$. Im Rahmen der Näherung $r_i \approx r_a \approx r_m$ sind die Ergebnisse also tatsächlich gleich.

Die Gln. (6.15) und (6.22) zeigen, daß dünnwandige Hohlquerschnitte auch dann, wenn sie nicht kreisförmig sind, bei geringen Abmessungen große Widerstandsmomente W_T und Torsionssteifigkeiten GI_T haben können. Deshalb spielen im Maschinenbau und im Bauwesen dünnwandige Kastenträger mit Querschnitten verschiedenster Formen eine große Rolle.

Beispiel 6.2-1
Abb. 6.20 zeigt zwei dünnwandige Hohlquerschnitte. Das Rechteck hat das Seitenverhältnis 1:2. Zwei Torsionsstäbe mit diesen Querschnitten aus demselben Werkstoff sollen verglichen werden. Wie groß muß das Längenverhältnis b/d sein, damit (a) die maximale Schubspannung, (b) die Drillung beider Stäbe gleich ist?
Lösung: Gleiche Schubspannung verlangt gleiche Widerstandsmomente W_T oder, da die Wandstärken gleich sind, gleiche Flächen A_m. Also ist

$$\pi d^2/4 = b^2/2.$$

Daraus folgt $\qquad b/d = \sqrt{\pi/2} \approx 1,25 \qquad$ (gleiche Schubspannung).

Der Kastenquerschnitt in Abb. 6.20 hat diese Abmessungen.

Gleiche Drillung verlangt gleiche Größen von I_T. Das Linienintegral $\oint \mathrm{d}s/t(s)$ ist bei konstanter Wandstärke t der Quotient aus Umfang der Wandmittellinie und Wandstärke. Also muß der Quotient $A_m^2/$Umfang bei beiden Querschnitten gleich sein:

$$\frac{(\pi d^2/4)^2}{\pi d} = \frac{(b^2/2)^2}{3b}.$$

Daraus folgt $\qquad b/d = (3\pi/4)^{1/3} \approx 1,33 \qquad$ (gleiche Drillung).

6.3 Mehrzellige dünnwandige Hohlquerschnitte

Die Methoden, die im vorigen Abschnitt zu den Bredtschen Formeln führten, lassen sich auch auf dünnwandige Hohlquerschnitte anwenden, die nach Art von Abb. 6.21 mehrzellig sind. Die Zellen werden in beliebiger Reihenfolge von 1 bis n numeriert und die Wandknoten von 1 bis m. Die Wand zwischen

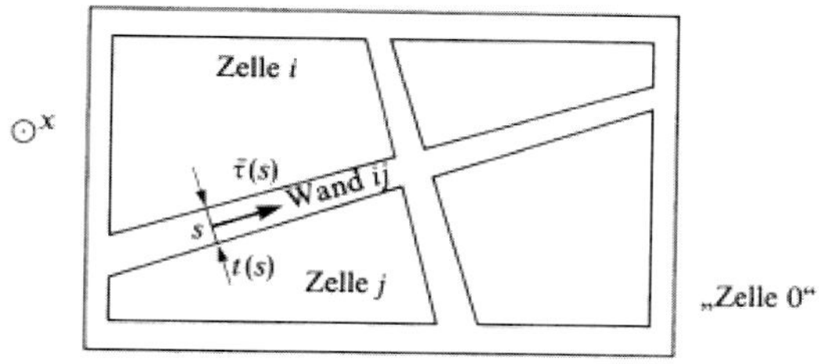

Abb. 6.21. Mehrzelliger dünnwandiger Hohlquerschnitt

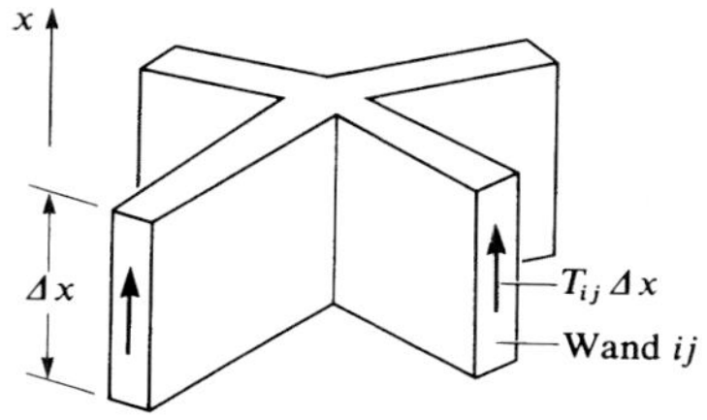

Abb. 6.22. Stabstück der Länge Δx in der Umgebung eines Wandknotens mit axial gerichteten Schnittkräften. T_{ij} ist der Schubfluß in der Wand ij

den Zellen i und j wird Wand ij oder Wand ji genannt. Außenwände haben nur eine Nachbarzelle. Für sie wird die Indexkombination $i0$ verwendet. Das bedeutet, daß man den Außenraum formal als Zelle 0 auffaßt. Wie im vorigen Abschnitt bezeichnet $t(s)$ die Wandstärke irgendeiner Wand an einer Stelle s der Wandmittellinie und $\bar{\tau}(s)$ die dort auftretende, im Sinne von Abb. 6.16 gemittelte Schubspannung.

Aus einer beliebigen Wand ij wird ein Element herausgeschnitten, und zwar in der in Abb. 6.17 dargestellten Weise. Mit denselben Argumenten wie dort erhält man die Aussage, daß der Schubfluß $\bar{\tau}(s)t(s)$ an jeder Stelle s der betrachteten Wand dieselbe Konstante ist. Für verschiedene Wände ist er aber verschieden, so daß an die Stelle von (6.11) die Aussage tritt:

$$\bar{\tau}(s)\,t(s) \equiv T_{ij} = \text{const} \quad \text{in Wand } ij \;\; (i,j = 0,\ldots,n;\; i \neq j). \tag{6.24}$$

Um eine Beziehung zwischen den Schubflüssen verschiedener Wände zu erhalten, schneidet man das in Abb. 6.22 gezeigte Wandstück in der Umgebung eines Wandknotens mit m Wänden heraus ($m > 2$ beliebig). Willkürlich wird festgelegt, daß am positiven Schnittufer vom Knoten weggerichtete Schubspannungen positiv sind. In einer Wand ij greift dann in positiver x-Richtung die eingezeichnete Kraft $T_{ij}\Delta x$ an. Das Kräftegleichgewicht fordert

$$\sum_{\substack{\text{alle Wände}\\ \text{an Knoten } k}} T_{ij} = 0 \qquad (k = 1,\ldots,m). \tag{6.25}$$

Diese Gleichung hat dieselbe Form wie die Kirchhoffsche Knotenregel für elektrische Netze. Den elektrischen Strömen entsprechen die Schubflüsse.

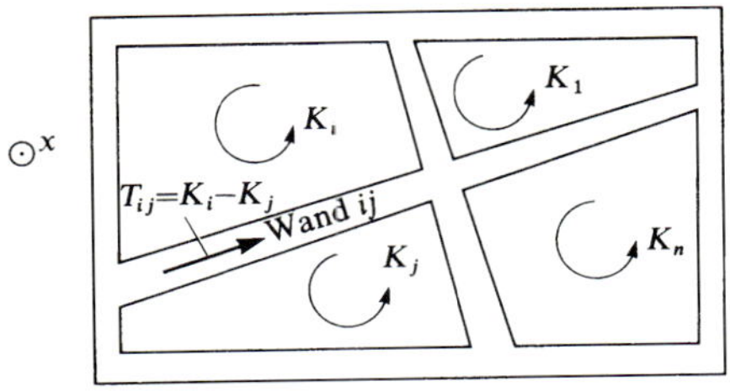

Abb. 6.23.

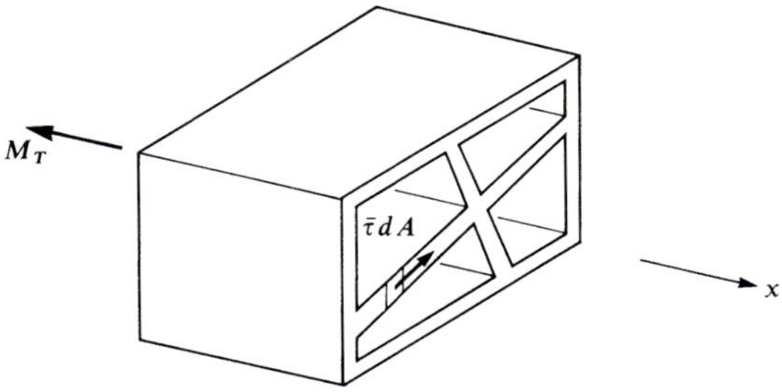

Abb. 6.24.

Unbekannte Größen sind alle Schubflüsse T_{ij} $(i, j = 0, \ldots, n;\ i \neq j)$ und die Drillung φ' des Stabes. Der folgende Ansatz verringert die Anzahl der Unbekannten beträchtlich. Man definiert $K_0 = 0$ und für jede Zelle $i = 1, \ldots, n$ einen konstanten, noch unbekannten Schubfluß K_i, der die Zelle am positiven Schnittufer im positiven Sinn umkreist (Abb. 6.23). Der Schubfluß T_{ij} in der Wand ij wird als Differenz

$$T_{ij} = K_i - K_j \qquad (i, j = 0, \ldots, n;\ i \neq j) \tag{6.26}$$

dargestellt. Mit diesem Ansatz sind alle Gln.(6.24) und (6.25) für beliebige $K_1, \ldots, K_n$ erfüllt. Jetzt braucht man nur noch $n+1$ Bestimmungsgleichungen für $K_1, \ldots, K_n$ und φ'.

Eine Gleichung drückt das Momentengleichgewicht am Stabstück in Abb. 6.24 aus, an dem am positiven Schnittufer die Schubspannungen und am negativen das ihnen äquivalente Torsionsmoment M_T angreifen. Aus Abb. 6.18 und aus Gl. (6.13) ist bekannt, daß ein konstanter Schubfluß T, der eine einzelne Zelle im mathematisch positiven Sinn umkreist, um einen beliebigen Bezugspunkt 0 das Moment $2TA_m$ in positiver x-Richtung erzeugt. Für n Zellen mit konstanten Schubflüssen $K_1, \ldots, K_n$ hat die Momentengleichgewichtsbedingung daher die Form

$$2 \sum_{i=1}^{n} A_{mi} K_i = M_T . \tag{6.27}$$

Darin ist A_{mi} die von der Wandmittellinie von Zelle i eingeschlossene Fläche.

Die restlichen n Bestimmungsgleichungen drücken aus, daß an jeder Zelle $i = 1, \ldots, n$ dieselbe Drillung φ' auftritt. Man betrachte eine einzelne Zelle i. Dieselben Überlegungen, die zu den Gln.(6.19) und (6.20) führten, liefern die Beziehung

$$\oint_{\text{Zelle } i} \gamma(s)\,\mathrm{d}s = \boldsymbol{\varphi}' \cdot \oint_{\text{Zelle } i} \boldsymbol{r}(s) \times \mathrm{d}\boldsymbol{s} = 2\varphi' A_{mi} \qquad (i = 1, \ldots, n). \qquad (6.28)$$

Für $\gamma(s)$ in der Wand ij gilt mit (6.26)

$$\gamma(s) = \frac{\bar{\tau}(s)}{G} = \frac{T_{ij}}{Gt(s)} = \frac{K_i - K_j}{Gt(s)} \quad \text{in Wand } ij \quad (i, j = 0, \ldots, n;\ i \neq j). \qquad (6.29)$$

Damit kann man schreiben

$$\oint_{\text{Zelle } i} \gamma(s)\,\mathrm{d}s = \frac{1}{G}\left[K_i \oint_{\text{Zelle } i} \frac{\mathrm{d}s}{t(s)} - \sum_{\substack{j=1 \\ \neq i}}^{n} \left(K_j \int_{s_{ij}} \frac{\mathrm{d}s}{t(s)}\right)\right] \quad (i = 1, \ldots, n).$$

Darin ist s_{ij} das den Zellen i und j gemeinsame Stück Wandmittellinie. Damit nimmt (6.28) schließlich die Form an:

$$K_i \oint_{\text{Zelle } i} \frac{\mathrm{d}s}{t(s)} - \sum_{\substack{j=1 \\ \neq i}}^{n} \left(K_j \int_{s_{ij}} \frac{\mathrm{d}s}{t(s)}\right) - 2GA_{mi}\varphi' = 0 \qquad (i = 1, \ldots, n). \qquad (6.30)$$

Als $(n+1)$ste Gleichung wird die mit $(-G)$ multiplizierte Gl. (6.27) hinzugefügt:

$$-\sum_{i=1}^{n} 2GA_{mi}K_i = -GM_T. \qquad (6.31)$$

Die Gln. (6.30) und (6.31) bilden ein lineares Gleichungssystem für $K_1, \ldots, K_n$ und φ' mit einer symmetrischen Koeffizientenmatrix. Aus $K_1, \ldots, K_n$ werden mit (6.29) die Schubspannungen in allen Wänden berechnet.

Beispiel 6.3-1
Der Hohlquerschnitt eines Torsionsstabes mit überall gleicher Wandstärke t besteht aus zwei beliebig geformten Zellen mit einer beiden gemeinsamen Zwischenwand der Bogenlänge ℓ. Die Wandmittellinien der Zellen schließen die Flächen A_1 bzw. A_2 ein. Ihre Umfänge (einschließlich ℓ) sind U_1 bzw. U_2. Wie groß sind die Drillung φ' des Stabes und die Schubspannung $\bar{\tau}$ in der Zwischenwand, wenn ein Torsionsmoment M_T angreift?
Lösung: In (6.30) ist

$$\oint_{\text{Zelle } i} \frac{\mathrm{d}s}{t(s)} = \frac{U_i}{t}, \qquad \int_{s_{12}} \frac{\mathrm{d}s}{t(s)} = \frac{\ell}{t}.$$

Die Gln.(6.30) und (6.31) werden mit der Abkürzung $c = 2Gt$ in der Matrixform zusammengefaßt:

$$\begin{pmatrix} U_1 & -\ell & -cA_1 \\ -\ell & U_2 & -cA_2 \\ -cA_1 & -cA_2 & 0 \end{pmatrix} \begin{pmatrix} K_1 \\ K_2 \\ \varphi' \end{pmatrix} = \begin{pmatrix} 0 \\ 0 \\ -\frac{1}{2}cM_T \end{pmatrix}.$$

Sie haben die Lösung:

$$K_i = \frac{M_T}{2} \frac{A_iU_j + A_j\ell}{A_1^2U_2 + A_2^2U_1 + 2A_1A_2\ell} \qquad (i,j = 1,2;\ i \neq j).$$

$$\varphi' = \frac{M_T}{GI_T} = \frac{M_T}{G} \frac{U_1U_2 - \ell^2}{4t(A_1^2U_2 + A_2^2U_1 + 2A_1A_2\ell)}.$$

Aus (6.29) erhält man für die Schubspannung in der Zwischenwand die Größe $\bar{\tau} = (K_1 - K_2)/t$. Im Sonderfall eines Querschnitts mit $A_1 = A_2 = A$ und $U_1 = U_2 = U$ ist $\bar{\tau} = 0$. Die Zwischenwand hat dann also keine Funktion. Dementsprechend ist das Torsionsflächenmoment dann

$$I_T = 8tA^2 \frac{U + \ell}{U^2 - \ell^2} = \frac{8tA^2}{U - \ell}.$$

Zu demselben Ergebnis kommt man, wenn man Gl. (6.22) auf den Hohlquerschnitt ohne Zwischenwand anwendet und beachtet, daß er die Fläche $A_m = 2A$ und den Umfang $2(U - \ell)$ hat.

6.4 Saint-Venant-Torsion von Stäben mit beliebigen konstanten Vollquerschnitten

Es genügt nicht, das Torsionsproblem für Stäbe mit Kreis- und Kreisringquerschnitten und für dünnwandige Hohlquerschnitte zu lösen. Abb. 6.25 zeigt Querschnittsformen, die für Torsionsstäbe sehr ungünstig sind, die im Maschinenbau und im Bauwesen aber häufig auftreten. Es ist das Ziel dieses und des nächsten Abschnitts, die Schubspannungsverteilung und die Torsionssteifigkeit von geraden Torsionsstäben mit beliebig geformten, längs der Stabachse konstanten Vollquerschnitten zu bestimmen. Die Beschränkung auf Vollquerschnitte schließt einzellige und mehrzellige Hohlquerschnitte aus.

Die im folgenden dargestellte Theorie wurde von Saint-Venant[3] entwickelt. Er korrigierte damit die frühere, falsche Vorstellung, daß die Drillung wie bei Stäben mit Kreisquerschnitt umgekehrt proportional dem polaren Flächenmoment

$$I_p = \int_A r^2\,\mathrm{d}A$$

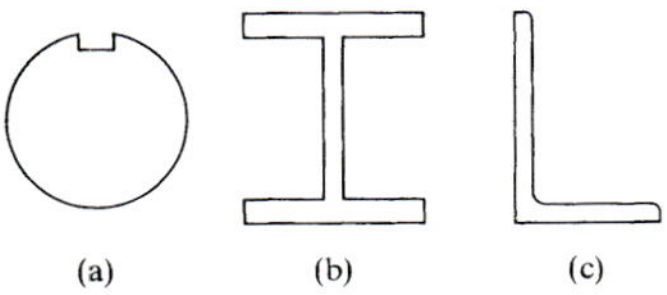

Abb. 6.25. Vollquerschnitte von Torsionsstäben

[3] Barre de Saint-Venant, 1797 (Fortoiseau/Seine-et-Marne) – 1886 (Paris)

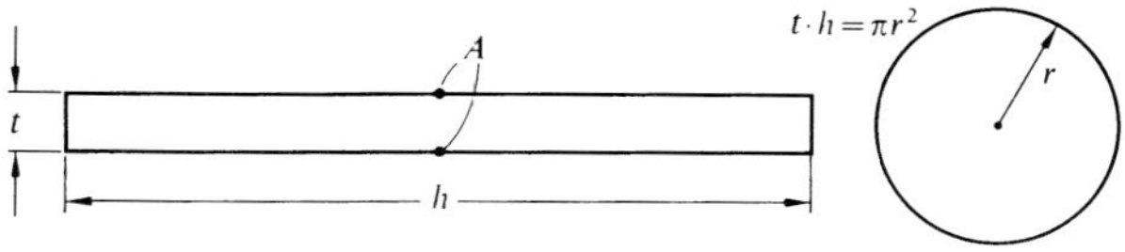

Abb. 6.26. Zwei flächengleiche Stabquerschnitte. Wenn Werkstoff, Stablänge und Torsionsmoment auch gleich sind, sind Drillung und maximale Schubspannung τ_{max} beim Rechteckquerschnitt größer. τ_{max} tritt in den Punkten A auf

ist. Ein einfaches Experiment zeigt, daß das nicht stimmt. Man nehme ein Lineal mit einem sehr schmalen Rechteckquerschnitt und einen gleich langen, runden Zeichenstift gleichen Materials von gleicher Querschnittsfläche (Abb. 6.26) und belaste beide mit demselben Torsionsmoment. Obwohl das polare Flächenmoment des Lineals erheblich größer ist als das des Bleistifts, ist sein Verdrehwinkel ebenfalls erheblich größer. Vor Saint-Venant herrschte auch die Ansicht, daß die Schubspannung wie beim Kreisquerschnitt proportional zur Entfernung vom Flächenschwerpunkt wächst. Wenn man das Lineal bis zum Bruch verdreht, stellt man aber fest, daß es zuerst an den Stellen A reißt.

Saint-Venant zeigte, daß diese Widersprüche zu beseitigen sind, wenn man berücksichtigt, daß sich Stabquerschnitte bei Torsion wölben. Aus der Tatsache, daß sie sich wölben, folgt sogleich, daß die Spannungsverteilung und die Torsionssteifigkeit davon abhängen, wie die Torsionsmomente an den Enden eingeleitet werden. Wenn ein Stabende fest eingespannt ist, dann wird die Wölbung im Querschnitt an der Einspannstelle verhindert. Sie kann sich erst mit wachsender Entfernung von der Einspannstelle ausbilden. Derartige Wölbbehinderungen, die dem Stab eine zusätzliche Torsionssteifigkeit geben, werden in Abschnitt 6.5 untersucht. In der Theorie von Saint-Venant werden sie nicht zugelassen. Vielmehr wird, wie im vorigen Abschnitt, vorausgesetzt, daß Torsionsmomente ohne Wölbbehinderung eingeleitet werden. Das hat zur Folge, daß in allen Querschnitten eines Stabes dieselbe Wölbung und dieselbe Schubspannungsverteilung auftritt. Dann wird keine Längsfaser des Stabes gedehnt, so daß auch keine Längsspannungen auftreten. Saint-Venant nahm an, daß sich die gewölbten Querschnitte in der Projektion entlang der Stabachse wie starre Scheiben um einen Drehpol 0 drehen[4]. Die Lage des Drehpols in der Querschnittsebene ist unbekannt und für das folgende belanglos. Sie ist für alle Querschnitte ein und desselben Stabes gleich. Das x, y, z-System wird so gelegt, daß die x-Achse die Verbindungslinie der Drehpole ist. Der Winkel, um den sich die Projektion des Querschnitts an der Stelle x aus ihrer Ausgangslage um den Drehpol dreht, wird $\varphi(x)$ genannt. In Abb. 6.27 sind im Querschnitt an der Stelle x das Koordinatensystem und die Lagen eines Punktes des Querschnitts vor und nach der Drehung dargestellt. We-

[4] Bredt hat bei der Entwicklung seiner in Abschnitt 6.2 behandelten Formeln diese Annahme von Saint-Venant übernommen

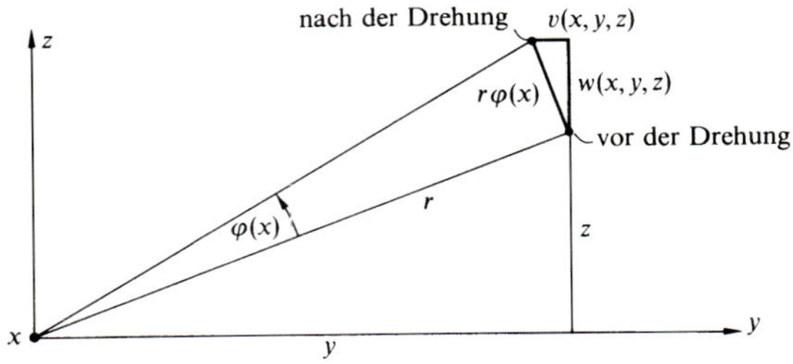

Abb. 6.27. In der Projektion entlang der Stabachse drehen sich Stabquerschnitte wie starre Scheiben um einen Drehpol. Er ist der Koordinatenursprung. Ein Punkt des Stabes an der Stelle (x, y, z) erfährt Verschiebungen $u(x, y, z)$, $v(x, y, z)$ und $w(x, y, z)$ in Richtung der x-, y- bzw. z-Achse

gen der Gleichheit der Bedingungen in allen Querschnitten des Stabes ist der Winkel $\varphi(x)$ proportional zu x, so daß man mit einer konstanten Drillung φ' schreiben kann:

$$\varphi(x) = \varphi' x. \tag{6.32}$$

Nun sind alle Voraussetzungen und vereinfachenden Annahmen genannt.

Zuerst werden Aussagen zur *Geometrie* der Verformung gemacht. Da es um die Bestimmung der Drillung φ' geht, kann man ohne Einschränkung der Allgemeingültigkeit den Teil des Stabes nahe bei $x = 0$ betrachten, in dem $\varphi(x)$ beliebig klein ist. Ein Punkt des Stabes, der sich vor der Verformung an der Stelle (x, y, z) befindet, wird bei der Verformung des Stabes entlang den Koordinatenachsen um Stücke u, v und w verschoben. In Abb. 6.27 sind nur die Verschiebungskoordinaten v und w zu sehen. Die Koordinate u in x-Richtung beschreibt die Wölbung der Querschnitte. Da diese für alle Querschnitte des Stabes gleich ist, hängt u nur von den Koordinaten y und z ab, an denen sich der betrachtete Punkt vor der Verschiebung befindet. Für die Funktionen v und w liefert Abb. 6.27 Beziehungen. Da $\varphi(x)$ beliebig klein ist, sind das Dreieck mit den Seiten y, z und r und das Dreieck mit den Seiten w, v und $r\varphi(x)$ ähnlich. Daher gilt, wenn man noch beachtet, daß v in der Abbildung negativ ist,

$$\frac{-v}{r\varphi(x)} = \frac{z}{r}, \qquad \frac{w}{r\varphi(x)} = \frac{y}{r}.$$

Daraus folgt mit (6.32)

$$v = -\varphi' xz, \qquad w = \varphi' xy. \tag{6.33}$$

Aus den Verschiebungen u, v und w werden die Dehnungen und Scherungen berechnet. Nach (2.23) ist

$$\gamma_{xy} = \frac{\partial v}{\partial x} + \frac{\partial u}{\partial y} = -\varphi' z + \frac{\partial u}{\partial y},$$
$$\gamma_{xz} = \frac{\partial w}{\partial x} + \frac{\partial u}{\partial z} = \varphi' y + \frac{\partial u}{\partial z}.$$

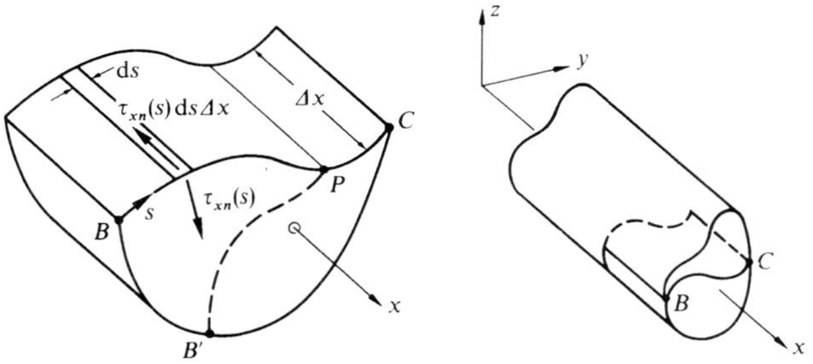

Abb. 6.28. Freikörperbild eines Stabteils. Seine Lage im Stab zeigt die kleine Abbildung

Die Scherung γ_{yz} und alle Dehnungen sind wegen der Annahmen über die Verformung des Stabes null.

Das *Stoffgesetz* liefert für die Schubspannungen in der Querschnittsebene die Ausdrücke

$$\tau_{xy} = G\gamma_{xy} = G\big(-\varphi' z + \frac{\partial u}{\partial y}\big), \tag{6.34}$$

$$\tau_{xz} = G\gamma_{xz} = G\big(\quad \varphi' y + \frac{\partial u}{\partial z}\big). \tag{6.35}$$

Eine *Gleichgewichts*bedingung wird für das in Abb. 6.28 gezeigte Stabstück aufgestellt. Es entsteht durch drei Schnitte, deren Lage im Stab in der Abbildung rechts deutlich wird. Zwei Schnitte werden quer zur x-Achse an den Stellen x und $x + \Delta x$ geführt. Der dritte Schnitt bildet eine beliebig geformte zylindrische Fläche mit Mantellinien parallel zur x-Achse. Ihre Projektion auf den Querschnitt verbindet zwei beliebig gewählte Randpunkte B und C. Am herausgeschnittenen Körper wirken in Richtung der x-Achse nur in der zylindrischen Schnittfläche Kräfte, und zwar aufgrund von Schubspannungen. Diese Kräfte der Größe $\tau_{xn}(s)\,\mathrm{d}s\,\Delta x$ sind eingezeichnet. Die Schubspannung in x-Richtung in dieser Fläche ist ebenso groß, wie die Schubspannung $\tau_{xn}(s)$ senkrecht zur Schnittkurve in der Querschnittsebene des Stabes. Sie ist eine Funktion der Bogenlänge s der Schnittkurve. Es wird vereinbart, daß die Bogenlänge s von B nach C zunimmt, und daß die Schubspannung $\tau_{xn}(s)$ positiv ist, wenn sie in der Querschnittsebene am positiven Schnittufer bei einer Wanderung von B nach C nach rechts gerichtet ist, wie es Abb. 6.28 zeigt. Die Gleichgewichtsbedingung für die Kräfte in x-Richtung lautet

$$\int_{s_B}^{s_C} \tau_{xn}(s)\,\mathrm{d}s\,\Delta x = 0$$

oder nach Division durch Δx

$$\int_{s_B}^{s_C} \tau_{xn}(s)\,\mathrm{d}s = 0. \tag{6.36}$$

Die Integralgrenzen s_B und s_C sind die Bogenlängen in den Punkten B bzw. C. Sei P ein beliebiger Punkt auf der Schnittkurve mit den Koordinaten y und z. Die Gleichgewichtsbedingung kann man durch Aufspaltung des Linienintegrals in der Form schreiben:

$$\int_{s_B}^{s_P} \tau_{xn}(s)\,\mathrm{d}s + \int_{s_P}^{s_C} \tau_{xn}(s)\,\mathrm{d}s = 0.$$

Das erste Integral stellt die durch Δx dividierte resultierende Kraft in dem Teil der Zylinderfläche zwischen B und P dar. Eine neue Größe ϕ wird durch die Gleichung

$$G\varphi'\phi = \int_{s_B}^{s_P} \tau_{xn}(s)\,\mathrm{d}s$$

definiert. Darin ist $G\varphi'$ eine Konstante. Das zweite Integral ist gleich $-G\varphi'\phi$. Es stellt entsprechend die durch Δx dividierte resultierende Kraft in dem Teil der Zylinderfläche zwischen P und C dar. Statt der Schnittkurve B–P–C stelle man sich nun eine andere Schnittkurve B′–P–C vor, die von P bis C mit der alten übereinstimmt und die im übrigen beliebig verläuft (in Abb. 6.28 gestrichelt). Die Gleichgewichtsbedingung lautet dann wie oben, aber mit dem Unterschied, daß sich das erste Linienintegral über die Linie B′–P erstreckt, die mit der Linie B–P nur den Endpunkt P gemeinsam hat. Der Wert des Linienintegrals ist unverändert $G\varphi'\phi$, weil das zweite Linienintegral dasselbe ist wie vorher. Damit ist bewiesen, daß die Größe ϕ nur von den Koordinaten y und z des Punktes P abhängt und nicht vom Verlauf der Schnittkurve vom Rand nach P:

$$G\varphi'\phi(y,z) = \int_{s_B}^{s_{P(y,z)}} \tau_{xn}(s)\,\mathrm{d}s. \tag{6.37}$$

Jetzt wird gezeigt, daß Schubspannungen im Querschnitt und die Drillung des Stabes unmittelbar aus der Funktion $\phi(y,z)$ berechnet werden können, so daß man nur diese Funktion zu bestimmen braucht, um das Torsionsproblem vollständig zu lösen. Wie man die Funktion $\phi(y,z)$ selbst bestimmt, wird sich auch zeigen. Zunächst ist nur die Randbedingung bekannt:

$$\phi(y,z) \equiv 0 \qquad \text{auf dem Rand.} \tag{6.38}$$

Das ergibt sich, wenn man in (6.37) als Punkt P einen beliebigen Randpunkt C einsetzt und (6.36) beachtet. Um eine Vorstellung von der Funktion zu haben, denke man sie sich als Hügel nach Art von Abb. 6.29 über der Querschnittsfläche aufgespannt.

Wenn man die Definitionsgleichung (6.37) für ϕ im Punkt P nach s ableitet, erhält man für die Schubspannung τ_{xn} in diesem Punkt den Ausdruck

$$\tau_{xn} = G\varphi'\,\frac{\partial\phi}{\partial s}.$$

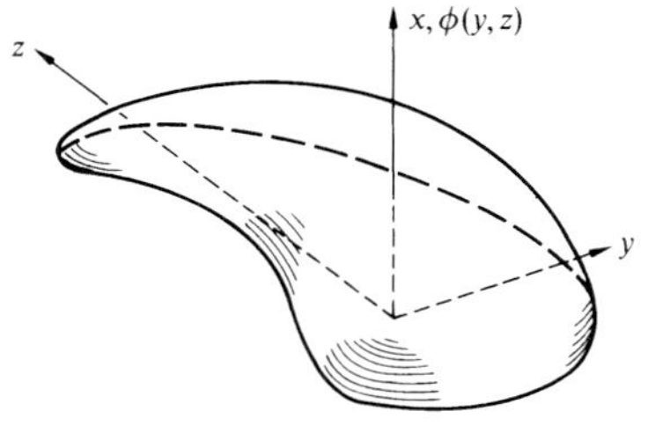

Abb. 6.29. Der Spannungshügel $\phi(y, z)$ über dem Stabquerschnitt

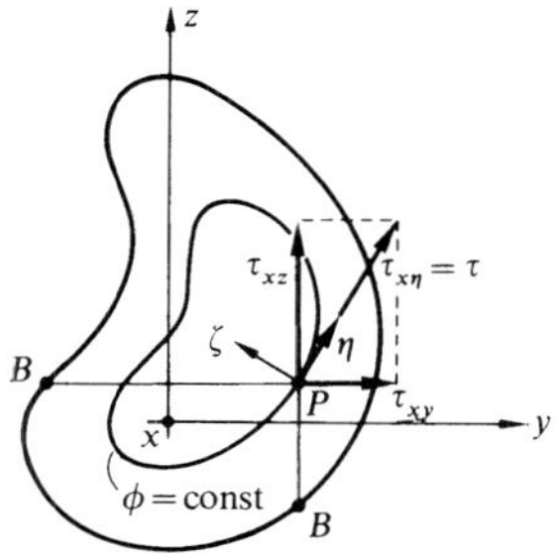

Abb. 6.30. Die resultierende Schubspannung ist tangential zur Höhenlinie $\phi =$ const gerichtet

In jedem Punkt P ist also die Schubspannung τ_{xn} in einer Richtung n proportional zur Steigung der ϕ-Fläche in der dazu senkrechten Richtung s. Man nennt ϕ deshalb die *Spannungsfunktion* und die ϕ-Fläche den Spannungshügel. Die zueinander orthogonalen Richtungen s und n kann man beliebig wählen. Wenn man die Kurve B–P von Abb. 6.28 insbesondere parallel zur y-Achse oder parallel zur z-Achse laufen läßt (Abb. 6.30), dann ist τ_{xn} im ersten Fall $-\tau_{xz}$ und im zweiten $+\tau_{xy}$. Diese beiden Schubspannungen sind also

$$\tau_{xy} = G\varphi' \frac{\partial \phi}{\partial z}, \qquad \tau_{xz} = -G\varphi' \frac{\partial \phi}{\partial y}. \tag{6.39}$$

In Abb. 6.30 sind durch den Punkt P noch zwei weitere zueinander orthogonale Achsen η und ζ gelegt, und zwar so, daß die η-Achse tangential zu der durch P gehenden Höhenlinie $\phi =$ const ist. Im Punkt P ist dann $\partial\phi/\partial\eta = 0$. Dieselben Überlegungen wie oben führen daher zu den Formeln

$$\tau_{x\zeta} = 0, \qquad \tau_{x\eta} = \tau = G\varphi' \frac{\partial \phi}{\partial \zeta}. \tag{6.40}$$

Sie zeigen, daß $\tau_{x\eta}$ die resultierende Schubspannung τ ist. Mit anderen Worten: In jedem Punkt des Querschnitts hat die resultierende Schubspannung die Richtung der Tangente an die Höhenlinie $\phi =$ const, und ihre Größe ist proportional zur maximalen Steigung des Spannungshügels in diesem Punkt. In Abb. 6.30 ist dieser Sachverhalt dargestellt.

Zwischen der Spannungsfunktion ϕ und der Drillung φ' existiert ein ebenso anschaulicher Zusammenhang. Um ihn herzustellen, betrachtet man eine Stabhälfte, die durch einen ebenen Schnitt quer zur Stabachse entsteht.

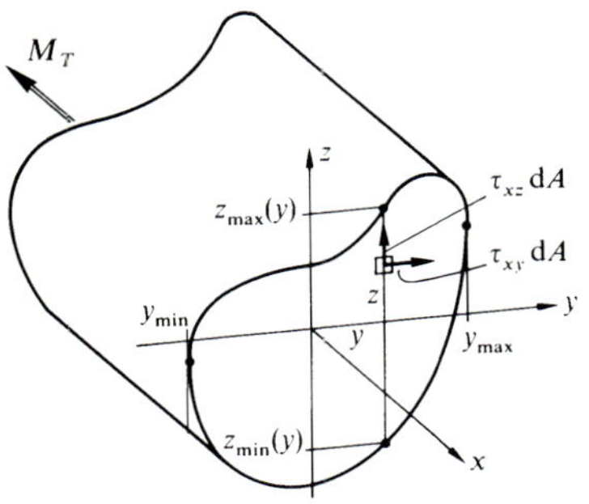

Abb. 6.31. Integrationsgrenzen für das Doppelintegral $\int\int z\,(\partial\phi/\partial z)\,\mathrm{d}z\,\mathrm{d}y$

Am positiven Schnittufer wirken an jedem Flächenelement $\mathrm{d}A$ die in Abb. 6.31 eingezeichneten Kräfte $\tau_{xy}\,\mathrm{d}A$ und $\tau_{xz}\,\mathrm{d}A$. Am negativen Schnittufer greift das äußere Moment M_T an. Die *Gleichgewichts*bedingung für die Momente um die x-Achse lautet

$$\int_A (-z\tau_{xy} + y\tau_{xz})\,\mathrm{d}A - M_T = 0.$$

Mit (6.39) wird daraus

$$M_T = -G\varphi' \int_A \left(z\,\frac{\partial\phi}{\partial z} + y\,\frac{\partial\phi}{\partial y}\right)\mathrm{d}A. \tag{6.41}$$

Für den ersten Teil des Integrals kann man bei Verwendung der Koordinaten y und z schreiben:

$$\int_A z\,\frac{\partial\phi}{\partial z}\,\mathrm{d}A = \int_{y_{min}}^{y_{max}} \Big[\int_{z_{min}(y)}^{z_{max}(y)} z\,\frac{\partial\phi}{\partial z}\,\mathrm{d}z\Big]\,\mathrm{d}y.$$

Die Integralgrenzen sind in Abb. 6.31 erläutert. Partielle Integration des inneren Integrals liefert

$$\int_A z\,\frac{\partial\phi}{\partial z}\,\mathrm{d}A = \int_{y_{min}}^{y_{max}} \Big[\Big(z\,\phi\Big)\Big|_{z_{min}(y)}^{z_{max}(y)} - \int_{z_{min}(y)}^{z_{max}(y)} \phi\,\mathrm{d}z\Big]\,\mathrm{d}y.$$

Am Rand bei $z_{min}(y)$ und bei $z_{max}(y)$ ist ϕ nach Gl. (6.38) null, so daß das erste Glied rechts null ist. Den Rest schreibt man wieder in der einfachen Form

$$\int_A z\,\frac{\partial\phi}{\partial z}\,\mathrm{d}A = -\int_A \phi\,\mathrm{d}A.$$

In entsprechender Weise erhält man für den zweiten Teil in (6.41)

$$\int_A y\,\frac{\partial\phi}{\partial y}\,\mathrm{d}A = -\int_A \phi\,\mathrm{d}A.$$

Folglich macht (6.41) die Aussage:

$$\varphi' = \frac{M_T}{G \cdot 2 \int_A \phi \,\mathrm{d}A}. \tag{6.42}$$

Man vergleiche hiermit Gl. (6.9) für die Drillung eines Stabes mit Kreisquerschnitt: $\varphi' = M_T/(GI_p)$. Die Rolle, die das polare Flächenmoment I_p in diesem Spezialfall spielt, übernimmt bei Stäben mit beliebigen Vollquerschnitten das doppelte Volumen unter der Fläche $\phi(y,z)$. Man nennt diese Größe Torsionsflächenmoment, abgekürzt I_T. Damit ist

$$\varphi' = \frac{M_T}{GI_T} \qquad \text{mit} \qquad I_T = 2\int_A \phi \,\mathrm{d}A. \tag{6.43}$$

Dieselben Bezeichnungen wurden auch in (6.22) und (6.23) verwendet.

Nun fehlt noch eine Gleichung für die Spannungsfunktion ϕ selbst. Die Kombination von (6.39) mit (6.34) und (6.35) liefert die Beziehungen

$$\begin{aligned} G\varphi' \frac{\partial\phi}{\partial z} &= \tau_{xy} = G\Big(-\varphi' z + \frac{\partial u}{\partial y}\Big), \\ G\varphi' \frac{\partial\phi}{\partial y} &= -\tau_{xz} = G\Big(-\varphi' y - \frac{\partial u}{\partial z}\Big). \end{aligned}$$

Leitet man die erste Gleichung partiell nach z und die zweite partiell nach y ab und addiert beide, dann ergibt sich:

$$\frac{\partial^2\phi}{\partial y^2} + \frac{\partial^2\phi}{\partial z^2} = -2. \tag{6.44}$$

Diese sog. Poissonsche Differentialgleichung mit der Randbedingung $\phi = 0$ am Rand (siehe (6.38)) muß gelöst werden. Aus der Lösung $\phi(y,z)$ können dann die Drillung und die Schubspannungen berechnet werden. Exakte Lösungen sind nur für den Kreis, die Ellipse, das gleichseitige Dreieck, das Rechteck und einige andere Querschnitt bekannt (siehe [12]). Für eine Reihe anderer Formen existieren gute Näherungslösungen. Eine derartige Lösung wird in Beisp. 6.4-1 geschildert. Im Anhang sind in Tabelle 4 einige Ergebnisse zusammengestellt, und zwar sind für die aufgeführten Querschnitte Torsionsflächenmomente I_T und Torsionswiderstandsmomente W_T zur Berechnung der Drillung und der größten Schubspannung angegeben. In [12], [5] und [6] findet man weitere Formeln. Für alle Querschnittsformen, die sich nicht in dieser Weise behandeln lassen, ist ein einfaches experimentelles Lösungsverfahren von Bedeutung. Es beruht auf einer physikalischen Analogie. Es wird im nächsten Abschnitt begründet.

Beispiel 6.4-1

Für den rechteckigen Stabquerschnitt in Abb. 6.32, in dem h sehr viel größer als t ist, soll Gl. (6.44) näherungsweise gelöst werden. Wie sind die Größen I_T und

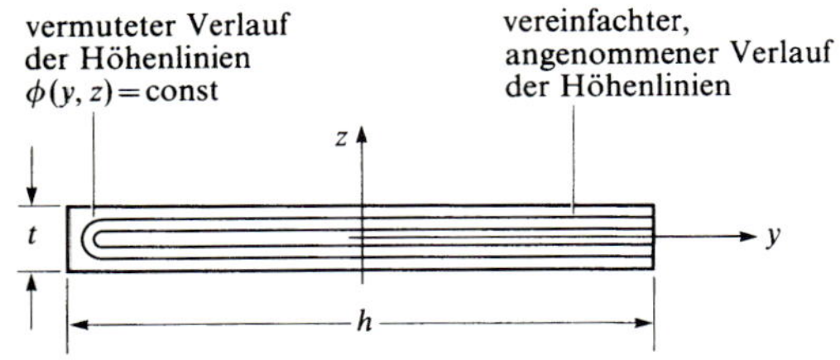

Abb. 6.32.

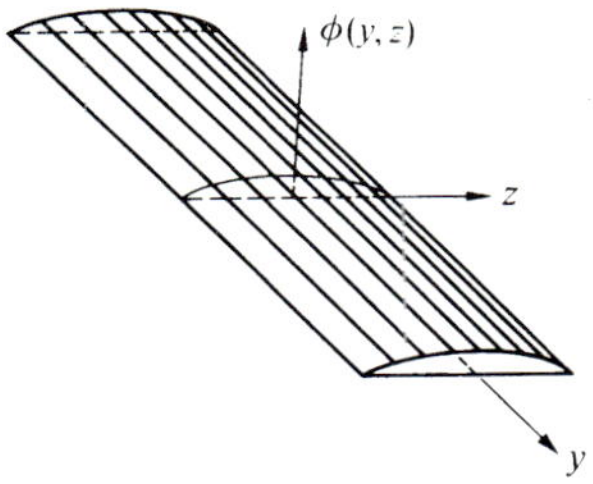

Abb. 6.33.

W_T, mit denen die Drillung und Schubspannungen berechnet werden, von h und t abhängig?

Lösung: Wegen der Randbedingung für die Richtung der Schubspannungen ist ein Schubspannungsverlauf etwa von der Form zu erwarten, die in Abb. 6.32 in der linken Querschnittshälfte durch umlaufende Linien dargestellt ist. Die Linien sind die geschätzten Höhenlinien der Spannungsfunktion ϕ (vgl. Abb. 6.28). Die folgende Rechnung beruht auf der vereinfachenden Annahme, daß die Höhenlinien den Verlauf haben, der in der rechten Querschnittshälfte gezeigt ist. Der örtlich eng begrenzte Einfluß der Schmalseiten des Querschnitts wird dabei vernachlässigt. Das bedeutet eine Verletzung der Randbedingung an den Schmalseiten. Der dadurch eingeführte Fehler ist sehr klein. Das wird am Ende des nächsten Abschnitts deutlich. Die Vernachlässigung hat zur Folge, daß die Funktion ϕ explizit nur von z abhängt, so daß Gl. (6.44) sich zu der gewöhnlichen Differentialgleichung

$$\frac{\mathrm{d}^2\phi}{\mathrm{d}z^2} = -2$$

vereinfacht. Sie hat die allgemeine Lösung $\quad \phi(z) = -z^2 + c_1 z + c_2.$

Aus den Randbedingungen $\quad \phi(z = \pm\frac{1}{2}t) = 0$

folgt $\quad c_1 = 0, \quad c_2 = \frac{1}{4}t^2.$

Damit ist die Lösung:

$$\phi(z) = \tfrac{1}{4}t^2 - z^2. \tag{a}$$

Der durch diese Funktion beschriebene Spannungshügel ist in Abb. 6.33 abgebildet. Man erkennt die Verletzung der Randbedingung an den Schmalseiten des Querschnitts. Das Torsionsflächenmoment I_T ist nach Gl. (6.43) das doppelte Volumen des Spannungshügels:

$$I_T = 2\int_A \phi(z)\,\mathrm{d}A = 2h\int_{-t/2}^{t/2} \phi(z)\,\mathrm{d}z = \tfrac{1}{3}ht^3. \tag{b}$$

Damit ist die Drillung:

$$\varphi' = \frac{M_T}{Ght^3/3}.$$

Gl. (6.39) ergibt für die Schubspannung τ_{xy} den Ausdruck

$$\tau_{xy}(z) = 2G\varphi' z$$

oder mit dem gerade gefundenen Ergebnis für φ':

$$\tau_{xy}(z) = \frac{M_T}{ht^3/3}\ 2z.$$

Die Schubspannung τ_{xz} ist nach Gl. (6.39) identisch null, so daß τ_{xy} die resultierende Schubspannung τ ist. Das Maximum tritt am Rand der Langseiten auf:

$$\tau_{max} = \frac{M_T}{ht^2/3}. \tag{c}$$

Das gesuchte Torsionswiderstandsmoment ist also

$$W_T = M_T/\tau_{max} = \tfrac{1}{3}ht^2. \tag{d}$$

Da die Spannungen τ_{xy} und τ_{xz} durch Differentiation der Näherungslösung für die Funktion $\phi(y, z)$ gewonnen werden, ist mit großen Fehlern in den Bereichen zu rechnen, in denen diese Näherungslösung schlecht ist, also in der Nähe der Schmalseiten. Die Größe I_T in Gl. (b) wurde dagegen durch eine Integration der Näherungslösung gewonnen. Dabei wirken sich die Fehler in der Umgebung der Schmalseiten nur wenig aus, so daß die Näherungslösung für I_T gut ist.

Das Rechteck mit beliebigem Seitenverhältnis t/h gehört zu den Querschnitten, für die eine exakte Lösung des Problems möglich ist, wenn auch nur in Form einer schnell konvergierenden Reihenentwicklung. Eine komplizierte Rechnung liefert die Ergebnisse

$$I_T = c_1 \cdot \tfrac{1}{3}ht^3, \qquad W_T = \tfrac{c_1}{c_2} \cdot \tfrac{1}{3}ht^2. \tag{6.45}$$

Darin sind

$$c_1 = 1 - 0,63(t/h) + 0,052(t/h)^5 + \ldots, \qquad c_2 = 1 - \frac{0,65(t/h)^3}{1 + (t/h)^3} + \ldots.$$

Diese Formeln setzen $t/h \leq 1$ voraus, was sich durch geeignete Benennung der Rechteckseiten stets erreichen läßt. Für $t/h \ll 1$ sind die Konstanten c_1 und c_2 nur sehr wenig von 1 verschieden. Dann stimmen I_T und W_T mit den in Gl. (b) und (d) gefundenen Näherungslösungen gut überein.

Zu Beginn dieses Abschnitts wurden flächengleiche Rechteck- und Kreisquerschnitte bei Torsion qualitativ miteinander verglichen (siehe Abb. 6.26). Man kann jetzt Zahlenverhältnisse angeben. Für den Kreisquerschnitt (Index K) ist $I_{TK} = \frac{1}{2}\pi r^4$ und $W_{TK} = \frac{1}{2}\pi r^3$. Für den Rechteckquerschnitt (Index R) wird das Seitenverhältnis $c = h/t$ definiert. Flächengleichheit bedeutet $ht = \pi r^2$. Daraus folgt

$$h = r\sqrt{\pi c}, \qquad t = r\sqrt{\pi/c}.$$

Mit diesen Ausdrücken berechnet man

$$I_{TR} = \tfrac{1}{3}ht^3 = \tfrac{1}{3}\pi^2 r^4/c\,, \qquad W_{TR} = \tfrac{1}{3}\pi r^3\sqrt{\pi c}\,.$$

Die gesuchten Verhältnisse der Drillungen und der maximalen Schubspannungen sind

$$\varphi_R'/\varphi_K' = I_{TK}/I_{TR} = \tfrac{3}{2}c/\pi, \qquad \tau_{maxR}/\tau_{maxK} = W_{TK}/W_{TR} = \tfrac{3}{2}\sqrt{c/\pi}.$$

In Abb. 6.26 ist $c = 12$. Damit sind die Verhältnisse gleich 5, 7 bzw. 2, 9.

6.4.1 Prandtls Membran-Analogie zum Torsionsproblem

Prandtl[5] hat folgende Analogie zum Torsionsproblem entdeckt. Man denke sich in den ebenen Deckel eines Behälters ein Loch von der Form des Stabquerschnitts geschnitten. Das Loch wird mit einer Membran überspannt. Am besten eignet sich eine Seifenhaut von der Art, die man beim Seifenblasen verwendet. Wenn im Behälter ein leichter Überdruck erzeugt wird, wölbt sich die Membran nach außen. Der dabei entstehende Hügel hat dieselbe Form wie der Spannungshügel in Abb. 6.29. Diese Analogie zwischen der schwer vorstellbaren Spannungsfunktion ϕ und der sehr leicht vorstellbaren Form der Seifenhaut hat für die Lösung des Torsionsproblems große Bedeutung. Sie ist die Grundlage für ein experimentelles Lösungsverfahren, das für Schubspannungen und für Torsionssteifigkeiten Zahlenwerte liefert. Außerdem ermöglicht sie wichtige qualitative Aussagen. Außer dieser Analogie gibt es noch zwei weitere, die von Thompson bzw. von Pestel entdeckt wurden. Sie stellen Analogien zwischen dem Torsionsproblem und strömungsmechanischen Vorgängen her. Praktische Bedeutung haben sie nicht gewonnen.

Zum Nachweis der Analogie von Prandtl wird eine Differentialgleichung für die Auslenkung der Membran formuliert. Dabei wird dasselbe x, y, z-System verwendet wie in Abb. 6.29. Die Verschiebung, die der Punkt der Membran an der Stelle (y, z) in x-Richtung erfährt, wird $U(y, z)$ genannt (die Bezeichnung $u(y, z)$ ist schon für die Wölbverschiebung der Stabquerschnitte vergeben, die mit der Auslenkung der Membran nicht verwechselt werden darf). Für eine Gleichgewichtsbetrachtung wird ein Element der Membran mit den Abmessungen Δy und Δz herausgeschnitten. Es ist in Abb. 6.34 im Grundriß und in Projektionen entlang der y- und der z-Achse dargestellt. Eine Voraussetzung für die Gültigkeit der Analogie ist, daß die Membran so schwach verformt ist, daß für jeden Neigungswinkel der Kosinus durch 1 ersetzt werden darf. Eine weitere Voraussetzung ist, daß die Membran schon vor der Erzeugung des Überdrucks im Behälter gespannt ist, und zwar in allen Richtungen gleich stark. Eine Seifenhaut hat diese Eigenschaft. Sie ist durch die Oberflächenspannung vollkommen gleichmäßig gespannt. Wenn die Neigungswinkel der Membran überall klein sind, dann ist die Annahme zulässig,

[5] Ludwig Prandtl, 1875 (Freising) – 1953 (Göttingen)

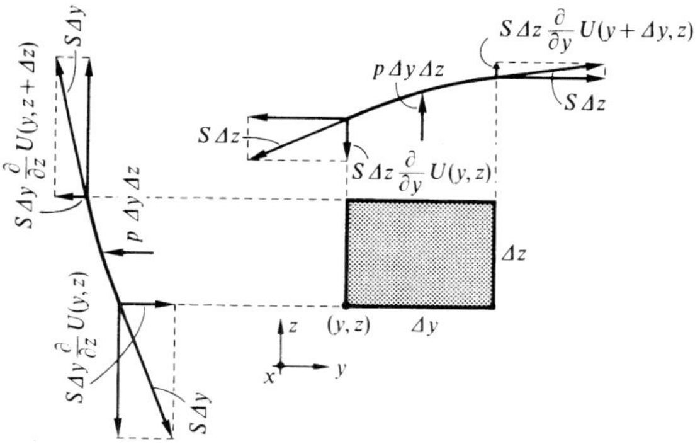

Abb. 6.34. Ausschnitt aus einem Seifenhauthügel in drei Projektionen mit allen angreifenden Kräften

daß auch nach der Verformung die Spannungen in der Membranfläche an jeder Stelle und in jeder Richtung gleich groß sind. An dem Membranelement in Abb. 6.34 greifen an den Schnittflächen in tangentialer Richtung Schnittkräfte an, deren Größen mit $S\Delta y$ bzw. mit $S\Delta z$ bezeichnet sind. Die Größe S hat die Dimension Kraft/Länge. Sie ist die Abkürzung für das Produkt Membranspannung $\times$ Membrandicke. Laut Voraussetzung hat sie an jeder Stelle und für jede Schnittrichtung dieselbe Größe. In der Abbildung ist die Schnittkraft $S\Delta z$ in x- und y-Komponenten zerlegt. Die y-Komponente ergibt sich durch Multiplikation mit dem Kosinus des Neigungswinkels. Sie hat also die Größe $S\Delta z$. Die x-Komponente ergibt sich durch Multiplikation mit dem Tangens des Neigungswinkels, also mit $\partial U/\partial y$. Alle Schnittkräfte sind in dieser Weise zerlegt. Außer den Schnittkräften greift am Membranelement in x-Richtung die Druckkraft $p\,\Delta y\Delta z$ an. Die Abbildung zeigt, daß das Kräftegleichgewicht in y- und in z-Richtung erfüllt ist. Das Gleichgewicht in x-Richtung erfordert

$$\begin{aligned} S\Delta z\Big[\frac{\partial}{\partial y}U(y+\Delta y,z) - \frac{\partial}{\partial y}U(y,z)\Big] \\ + S\Delta y\Big[\frac{\partial}{\partial z}U(y,z+\Delta z) - \frac{\partial}{\partial z}U(y,z)\Big] + p\Delta y\,\Delta z = 0. \end{aligned}$$

Division durch $\Delta y\Delta z$ und der Grenzübergang $\Delta y \to 0$, $\Delta z \to 0$ führen zu der Gleichung

$$\frac{\partial^2 U}{\partial y^2} + \frac{\partial^2 U}{\partial z^2} = -\frac{p}{S} = \text{const.}$$

Am ganzen Rand des Loches erfüllt die Auslenkung $U(y,z)$ die Randbedingung

$$U(y,z) \equiv 0 \quad \text{am Rand.}$$

Die Differentialgleichung und die Randbedingung haben dieselben Formen wie die Gln.(6.44) und (6.38) für die Spannungsfunktion ϕ. Sie sind identisch, wenn man

$$\phi = U \cdot 2S/p.$$

setzt. Damit ist die Analogie nachgewiesen.

Die Drillung und Schubspannungen in einem Torsionsstab mit beliebigem Vollquerschnitt werden experimentell wie folgt bestimmt. Man erzeugt zwei Seifenhauthügel, den einen über dem Querschnitt des untersuchten Stabes und den anderen über einer kreisförmigen Öffnung. Letzterer ist der Querschnitt eines Vergleichstabes, für den exakte Ergebnisse für Drillung und Schubspannungen bekannt sind. Beide Öffnungen befinden sich im Deckel ein und desselben Druckbehälters, so daß Seifenhaut und Überdruck bei beiden gleich sind. Dann ist auch die Proportionalitätskonstante $2S/p$ zwischen ϕ und U bei beiden gleich. Folglich verhalten sich nach Gl. (6.43) die Torsionsflächenmomente I_T der beiden Stäbe zueinander wie die Volumina der Seifenhauthügel. Die Volumina werden gemessen. Für den Vergleichsstab ist I_T das bekannte polare Flächenmoment I_p. Daraus ergibt sich die gesuchte Größe I_T für den anderen Stab. Das Verhältnis der Drillungen φ' (bei gleichem Torsionsmoment) ist damit auch bekannt. Nach Gl. (6.40) verhalten sich die maximalen Steigungen der Seifenhauthügel – in je einem beliebigen Punkt gemessen – wie die Größen $\tau/(G\varphi')$ der beiden Stäbe in denselben Punkten. Das Drillungsverhältnis ist schon bekannt. Die Schubspannung im Kreisquerschnitt im betrachteten Punkt ist ebenfalls bekannt. Daraus erhält man die resultierende Schubspannung τ im betrachteten Punkt des anderen Stabes. Zur Messung von Steigungen und Volumina an gespannten Seifenhäuten wurden berührungsfrei arbeitende optische Methoden entwickelt.

Die Membran-Analogie ist nicht nur für quantitative, sondern auch für qualitative Aussagen zu gebrauchen. Man betrachte noch einmal den schmalen Rechteckquerschnitt in Abb. 6.32. Eine Näherungslösung hatte für den Spannungshügel die Form nach Abb. 6.33 ergeben. Daraus folgte, daß am ganzen Rand der Langseiten die maximale Schubspannung der Größe

$$\tau_{max} = \frac{M_T}{ht^2/3}$$

herrscht (Gl. (c) in Beisp. 6.4-1), und daß das Torsionsflächenmoment die Größe

$$I_T = \tfrac{1}{3} h t^3$$

hat (Gl. (b)). Man kann nun sogar ohne Experiment die Aussage machen, daß der Seifenhauthügel und damit der Spannungshügel die in Abb. 6.35 gezeigte Form hat. Sie weicht nur in der unmittelbaren Umgebung der Schmalseiten merklich von der Form in Abb. 6.33 ab. Das Volumen unter dem Hügel ist etwas geringer als bei der Näherungslösung. Die Näherungslösung liefert also eine etwas zu große Torsionssteifigkeit. Das hatte der Vergleich mit der exakten Lösung auch schon gezeigt. An Abb. 6.35 erkennt man weiterhin, daß die

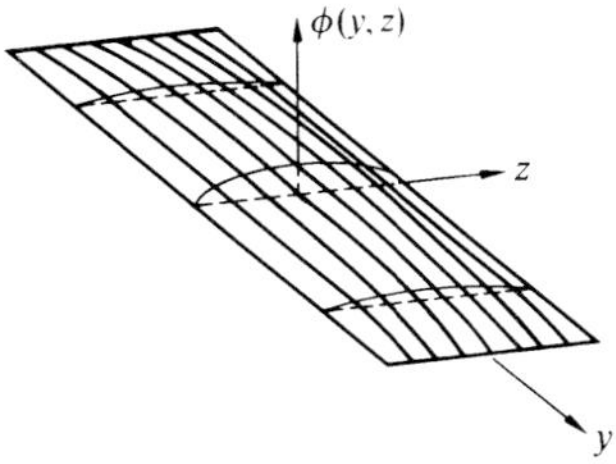

Abb. 6.35. Spannungs- und Seifenhauthügel über einem schmalen Rechteck

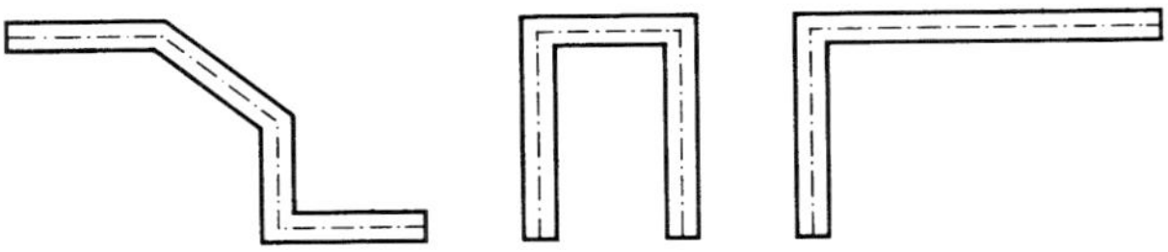

Abb. 6.36. Dünnwandige Querschnitte mit gleichen Wanddicken und gleich langen Mittellinien

größte Steigung des Seifenhauthügels in der Mitte der Langseiten auftritt. Nur dort und nicht auf dem ganzen Rand der Langseiten herrscht also die oben angegebene maximale Schubspannung τ_{max}. Dieses Ergebnis bestätigt die im Zusammenhang mit Abb. 6.26 gemachte Beobachtung, daß der Stab in den Punkten A zuerst versagt.
Weitere qualitative Aussagen zum Torsionsproblem können anhand von Abb. 6.36 gemacht werden. Die Abbildung zeigt verschiedene dünnwandige Querschnitte, die dieselbe und überall gleiche Wanddicke t und dieselbe Gesamtlänge h der Wandmittellinie haben. Ohne Versuch kann man vorhersagen, daß bei gleichem Überdruck p die Seifenhauthügel über allen Querschnitten bis auf sehr geringe Abweichungen dasselbe Volumen haben. Daraus folgt, daß Stäbe mit diesen Querschnitten gleiche Torsionsflächenmomente der Größe

$$I_T \approx \tfrac{1}{3}ht^3 \tag{6.46}$$

und gleiche Torsionswiderstandsmomente $W_T = I_T/t$ haben. Diese Aussage läßt sich noch verallgemeinern: Bei einem Stab mit einem dünnwandigen, offenen Querschnitt, der aus n Wänden mit den Wanddicken t_i und den Wandlängen h_i $(i = 1, \ldots, n)$ besteht, haben das Torsionsflächenmoment und das Torsionswiderstandsmoment die Größen

$$I_T \approx \tfrac{1}{3}\sum_{i=1}^{n} h_i t_i^3, \qquad W_T = I_T/t_{max}. \tag{6.47}$$

In Abb. 6.25b ist z.B. $n = 3$.

Das Beispiel der Welle mit Nut in Abb. 6.25a liefert eine andere allgemeine Aussage. Man kann sich die Form des Seifenhauthügels vorstellen, ohne den Versuch tatsächlich machen zu müssen. Die Höhenlinien verlaufen etwa so, wie in Abb. 6.37. In der Umgebung der einspringenden Ecken liegen sie viel

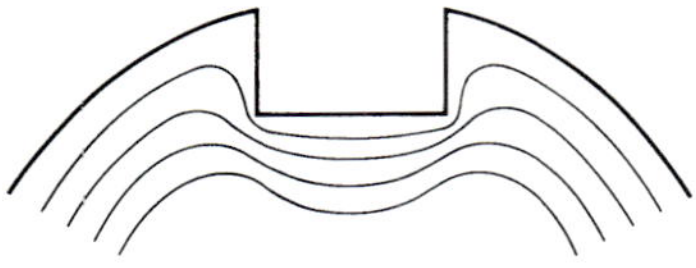

Abb. 6.37. Höhenlinien eines Seifenhauthügels in der Umgebung der Keilnut einer Welle. In den Innenecken ist die Steigung, d.h. die Schubspannung, am größten

dichter als irgendwo sonst. Dort ist also die Schubspannung merklich größer als im übrigen Gebiet. Auch für andere Querschnittsformen, z.B. für die in Abb. 6.25b, gilt, daß in einspringenden Ecken Spannungsspitzen auftreten. Sie sollten daher, wenn möglich, gut ausgerundet werden.

Beispiel 6.4-2
Von zwei gleichen dünnwandigen Rohren mit Kreisquerschnitt (mittlerer Radius r, Wanddicke t) ist eines auf ganzer Länge geschlitzt und das andere nicht. In welchen Verhältnissen stehen die Drillungen und die maximalen Schubspannungen der Rohre, wenn beide durch dasselbe Torsionsmoment belastet werden? Gegeben: $r = 2\,\text{cm}$, $t = 0,2\,\text{cm}$
Lösung: Für den nicht geschlitzten Querschnitt (Index 1) werden Drillung und maximale Schubspannung aus den Bredtschen Formeln (6.14) und (6.21) berechnet:

$$\varphi_1' = \frac{M_T}{2\pi G r^3 t}, \qquad \tau_{max1} = \frac{M_T}{2\pi r^2 t}.$$

Ein Seifenhauthügel über dem geschlitzten Querschnitt (Index 2) hat praktisch dasselbe Volumen und dieselbe maximale Steigung, wie ein Seifenhauthügel über einem rechteckigen Querschnitt der Breite t und der Höhe $h = 2\pi r$. Man kann also die Gln.(b) und (c) von Beisp. 6.4-1 anwenden:

$$\varphi_2' = \frac{M_T}{GI_T} = \frac{M_T}{G \cdot 2\pi r t^3/3}, \qquad \tau_{max2} = \frac{M_T}{2\pi r t^2/3}.$$

Die gesuchten Verhältnisse sind:

$$\varphi_2'/\varphi_1' = 3(r/t)^2 = 300, \qquad \tau_{max2}/\tau_{max1} = 3r/t = 30.$$

Die Rechnung zeigt, daß dünnwandige, offene Querschnitte sehr wenig torsionssteif sind und daß in ihnen große Schubspannungen auftreten. Die unterschiedliche Torsionssteifigkeit kann man mit einem Blatt Papier demonstrieren, das zu einer Rolle gewickelt ist. Die Rolle stellt ein geschlitztes Rohr dar. Verdreht man sie mit den Händen, dann verschieben sich die Papierlagen in axialer Richtung gegeneinander, was eine starke Querschnittwölbung bedeutet, und der Verdrehwinkel ist groß. Wenn man aus dem geschlitzten Rohr mit etwas Klebstoff ein geschlossenes Rohr herstellt, dann ist der Verdrehwinkel bei demselben kleinen Torsionsmoment so klein, daß man ihn nicht wahrnehmen kann, und die Querschnitte wölben sich nicht.

Wichtig ist auch der folgende Vergleich. Im geschlossenen Rohr ist die Scherung γ der Wandmittelfläche nach Gl. (6.1) $\gamma = \varphi' r$. Im geschlitzten Rohr ist wegen der Schubspannungsverteilung nach Abb. 6.32 die Scherung der Wandmittelfläche von derselben Größenordnung klein wie beim geschlossenen Rohr, während die Drillung 300 mal größer ist. Also ist $\gamma \ll \varphi' r$.

Beispiel 6.4-3
Gegeben ist ein Stab mit dem Schubmodul G, der Länge ℓ und dem Trapezquerschnitt nach Abb. 6.38a. Man gebe eine Näherungslösung für den Verdrehwinkel φ

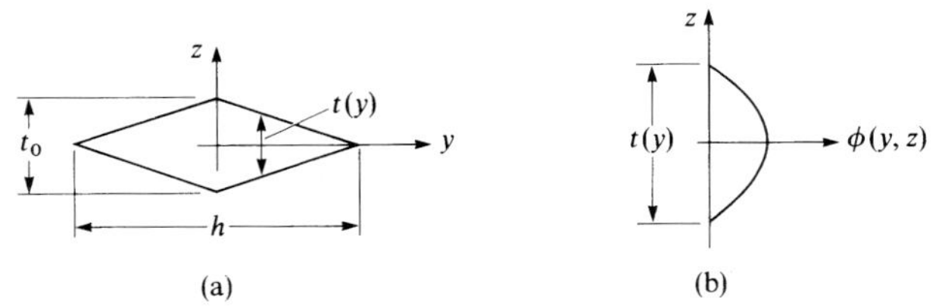

Abb. 6.38.

der Endquerschnitte bei Torsion mit dem Moment M_T an.
Lösung: Man kann sicher ohne großen Fehler annehmen, daß auf jeder Linie y = const das Profil eines Seifenhauthügels und damit auch die Spannungsfunktion $\phi(y = \text{const}, z)$ den parabolischen Verlauf nach Abb. 6.38b hat. Dann ist (vgl. Gl. (a) in Beisp. 6.4-1)

$$\phi(y,z) \approx \tfrac{1}{4}t^2(y) - z^2 \quad \text{mit} \quad t(y) = t_0 - 2t_0 y/h \qquad \text{für} \qquad y \geq 0.$$

Das Torsionsflächenmoment I_T ist das doppelte Volumen des Spannungshügels, also 8mal das Doppelintegral über dem rechten oberen Viertel:

$$I_T = 2\int_A \phi(y,z)\,\mathrm{d}A \approx 8\int_{y=0}^{h/2}\left[\int_{z=0}^{t(y)/2}\left(\tfrac{1}{4}t^2(y) - z^2\right)\mathrm{d}z\right]\mathrm{d}y = 8\int_{y=0}^{h/2}\tfrac{1}{12}\,t^3(y)\,\mathrm{d}y$$

$$= \frac{2}{3}\,\frac{-h}{2t_0}\int_{t=t_0}^{0} t^3\mathrm{d}t = \tfrac{1}{12}\,ht_0^3.$$

Damit erhält man aus (6.43) für den Verdrehwinkel das Ergebnis

$$\varphi = \frac{M_T\ell}{GI_T} \approx \frac{12M_T\ell}{Ght_0^3}.$$

Beispiel 6.4-4
Um welchen Winkel φ wird der Endquerschnitt des Trägers in Abb. 5.58b gedreht? Der Stab hat die Länge ℓ und den Querschnitt von Abb. 5.57. Die Wirkungslinie der Kraft F geht durch den Flächenschwerpunkt S des Querschnitts. Sie verursacht am freien Ende in z-Richtung die Durchbiegung w. Die Behinderung der Querschnittwölbung durch die feste Einspannung soll vernachlässigt werden. Gegeben: $\ell = 200\,\text{cm}$, $b = 12\,\text{cm}$, $h = 8\,\text{cm}$, $t = 1\,\text{cm}$, $w = 2\,\text{cm}$, $\nu = 1/3$ (Querzahl).
Lösung: Der gesuchte Winkel ist

$$\varphi = \frac{M_T\ell}{GI_T}.$$

Das Torsionsmoment ist $M_T = Fy_M$. Darin ist y_M die Entfernung des Schubmittelpunkts von der Wirkungslinie der Kraft. Nach (5.78) ist

$$y_M = \frac{4h^2(3h+b)}{(2h+b)(6h+b)}.$$

Zwischen der Kraft F und der Durchbiegung w besteht die Beziehung

$$w = \frac{F\ell^3}{3EI_y}, \qquad F = 3EI_y w/\ell^3.$$

Nach Gl. (a) von Beisp. 5.7-1 und nach (6.47) sind das Flächenmoment und das Torsionsflächenmoment

$$I_y = \tfrac{1}{12} tb^2(6h+b), \qquad I_T = \tfrac{1}{3}(2h+b)t^3.$$

Damit und mit der Beziehung $E/G = 2(1+\nu)$ ergibt sich der Winkel

$$\varphi = 6(1+\nu)\,\frac{b^2h^2(3h+b)w}{\ell^2t^2(2h+b)^2} = 0,0576 = 3,3^\circ.$$

6.5 Torsion mit Wölbbehinderung

Bei der Torsion eines Stabes *ohne* Wölbbehinderung nimmt ein ursprünglich ebener Stabquerschnitt i.allg. eine gewölbte Form an. Die Wölbform ist von der Querschnittsform des Stabes abhängig. Unter *Wölbbehinderung* versteht man die Behinderung der axialen Verschiebungen, die die Ursache der Wölbung sind. Ganz unterbinden kann man Querschnittwölbung in einem Stab nur in einzelnen Querschnitten, und zwar durch das Verschweißen des ganzen Querschnitts mit einer starren Platte. Das ist an Lagern und an anderen Stellen des Stabes möglich. Wegen der gegenseitigen Beeinflussung benachbarter Querschnitte verursachen solche Maßnahmen auch in der Nachbarschaft Wölbbehinderungen. Mit wachsender Entfernung nimmt die Wölbbehinderung ab. Wölbbehinderung durch gegenseitige Beeinflussung benachbarter Querschnitte tritt auch ohne derartige Maßnahmen auf, wenn die Schnittgröße $M_T(x)$ längs des Stabes nicht konstant ist.

In diesem Abschnitt werden die Längsspannungen und die Schubspannungen, die Querschnittwölbung und die Drillung $\varphi'(x)$ von Stäben bei Torsion ohne und mit Wölbbehinderung und mit nicht konstantem Torsionsmoment $M_T(x)$ bestimmt. Die Lösung wird wie folgt gefunden. Wenn die gesuchte Drillung $\varphi'(x)$ das Ergebnis einer Torsion *ohne* Wölbbehinderung wäre (Saint–Venant–Torsion), dann wäre dazu ein Torsionsmomentenverlauf

$$M_T^{SV}(x) = GI_T\varphi'(x) \tag{6.48}$$

erforderlich (SV = Saint–Venant–Torsion). Die dabei auftretende Schubspannung $\tau^{SV}(x,y,z)$ im Querschnitt wäre durch die Gln.(6.39) bzw. durch die Membran–Analogie bestimmt. Der Stab wäre frei von Längsspannungen. In Wirklichkeit treten bei der gesuchten Drillung $\varphi'(x)$ infolge Wölbbehinderung Längsspannungen $\sigma^W(x,y,z)$ und *zusätzliche* Schubspannungen $\tau^W(x,y,z)$ auf (W = Wölbbehinderung). Die gesuchten Spannungen im Stab ergeben sich durch Superposition:

$$\sigma(x,y,z) = \sigma^W(x,y,z), \qquad \tau(x,y,z) = \tau^{SV}(x,y,z) + \tau^W(x,y,z). \tag{6.49}$$

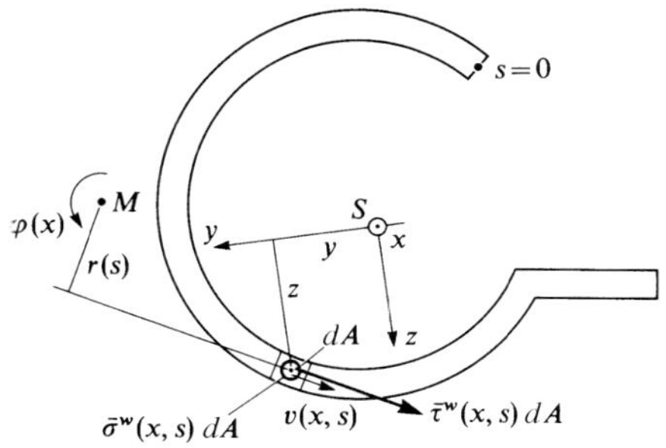

Abb. 6.39. Dünnwandiger offener Querschnitt. Am Flächenelement $\mathrm{d}A = t(s)\,\mathrm{d}s$ treten infolge Wölbbehinderung Spannungen $\bar{\sigma}^W$ und $\bar{\tau}^W$ auf. Die Verschiebung des Flächenelements in Richtung der Wandmittellinie bei Drehung um M ist v.

Den über den Querschnitt verteilten Schubspannungskräften $\tau^W(x, y, z)\,\mathrm{d}A$ ist ein Torsionsmoment $M_T^W(x)$ äquivalent. Es ist in noch unbekannter Weise durch die Drillung $\varphi'(x)$ ausdrückbar:

$$M_T^W(x) = F(\varphi'(x)). \tag{6.50}$$

Der *vorgegebene* Torsionsmomentenverlauf $M_T(x)$ ist die Summe aus $M_T^{SV}(x)$ und $M_T^W(x)$. Mit (6.48) und (6.50) ist also

$$F(\varphi'(x)) + GI_T\varphi'(x) = M_T(x). \tag{6.51}$$

Das ist eine Differentialgleichung für die gesuchte Drillung $\varphi'(x)$ bzw. für den Verdrehwinkel $\varphi(x)$ des Stabes. Sie muß gelöst werden. Aus der Lösung werden alle anderen Größen berechnet. Die unbekannte Funktion $F(\varphi'(x))$ und die Lösung von (6.51) werden im folgenden nur für dünnwandige offene Querschnitte entwickelt.

Die Schubspannung $\tau^W(x, y, z)$ und die Längsspannung $\sigma^W(x, y, z)$ werden wie in Kap. 5.7 durch quer zur Wand gemittelte Spannungen $\bar{\tau}^W(x, s)$ bzw. $\bar{\sigma}^W(x, s)$ angenähert (siehe Abb. 6.39). Für $\bar{\sigma}^W(x, s)$ wird der Ansatz

$$\bar{\sigma}^W(x, s) = g(x)\,f(s) \tag{6.52}$$

mit noch unbekannten Funktionen $g(x)$ und $f(s)$ gemacht.

Als Vorbereitung zur Bestimmung dieser Funktionen werden einige Beziehungen aus Kap. 5.8 zusammengestellt. Zwischen $\bar{\tau}^W(x, s)$ und $\bar{\sigma}^W(x, s)$ besteht die Beziehung (5.80) :

$$\bar{\tau}^W(x, s) = -\frac{1}{t(s)} \int_0^s \frac{\partial \bar{\sigma}^W(x, \bar{s})}{\partial x}\, t(\bar{s})\,\mathrm{d}\bar{s} = -\frac{1}{t(s)}\, g'(x) \int_0^s f(\bar{s})\, t(\bar{s})\,\mathrm{d}\bar{s} \tag{6.53}$$

mit $g'(x) = \mathrm{d}g/\mathrm{d}x$. Das Torsionsmoment $M_T^W(x)$ in (6.50) ist das Moment der verteilten Schubspannungskräfte $\bar{\tau}^W(x, s)\,\mathrm{d}A$ um den Schubmittelpunkt M des Querschnitts (siehe Abb. 6.39). Nach (5.84) ist

$$M_T^W(x) = \int_A r(s)\,\bar{\tau}^W(x,s)\,\mathrm{d}A = -\int_0^e \omega^*(s)\,\frac{\partial\bar{\sigma}^W(x,s)}{\partial x}\,t(s)\,\mathrm{d}s$$
$$= -g'(x)\int_0^e \omega^*(s)\,f(s)\,t(s)\,\mathrm{d}s. \qquad (6.54)$$

Darin ist $\omega^*(s)$ die in (5.82) definierte Funktion $\omega(s)$ in dem Sonderfall, daß als Momentenbezugspunkt 0 der Schubmittelpunkt M gewählt wird:

$$\omega^*(s) = -\int_{s=0}^{s} r(\bar{s})\,\mathrm{d}\bar{s} + \omega_0^* \qquad (0 = \text{Schubmittelpunkt M}). \qquad (6.55)$$

Während in Kap. 5.8 die Konstante ω_0 beliebig wählbar war, wird jetzt ω_0^* so gewählt, daß

$$\int_{s=0}^{s} \omega^*(\bar{s})\,t(\bar{s})\,\mathrm{d}\bar{s} = \int_A \omega^*(s)\,\mathrm{d}A = 0 \qquad (6.56)$$

ist. Mit M als Bezugspunkt 0 sind in (5.86) die Koordinaten des Schubmittelpunkts null: $\eta_M = \zeta_M = 0$. Also ist

$$\int_A y(s)\,\omega^*(s)\,\mathrm{d}A = 0, \qquad \int_A z(s)\,\omega^*(s)\,\mathrm{d}A = 0. \qquad (6.57)$$

Damit ist die vorbereitende Zusammenstellung von Beziehungen beendet.

Die unbekannte Funktion $f(s)$ in (6.52) wird aus *Gleichgewichts*bedingungen gewonnen. Die Längskraft $N^W(x)$ und die Biegemomente $M_z^W(x)$ und $M_y^W(x)$ des Stabes sind an jeder Stelle x null, weil keine äußeren Kräfte als Ursachen vorhanden sind. Also ist (siehe Abb. 6.39 und Gl.(6.52)):

$$N^W(x) = \int_A \bar{\sigma}^W(x,s)\,\mathrm{d}A = g(x)\int_A f(s)\,\mathrm{d}A = 0, \qquad (6.58)$$
$$M_z^W(x) = -\int_A y(s)\,\bar{\sigma}^W(x,s)\,\mathrm{d}A = -g(x)\int_A y(s)\,f(s)\,\mathrm{d}A = 0,$$
$$M_y^W(x) = \int_A z(s)\,\bar{\sigma}^W(x,s)\,\mathrm{d}A = g(x)\int_A z(s)\,f(s)\,\mathrm{d}A = 0.$$

Der Vergleich mit (6.56) und (6.57) liefert das überraschende Ergebnis, daß alle drei Gleichgewichtsbedingungen durch

$$f(s) = \omega^*(s) \qquad (6.59)$$

erfüllt werden. Die Längsspannung $\bar{\sigma}^W$ von (6.52) nimmt damit die Form an:

$$\bar{\sigma}^W(x,s) = g(x)\,\omega^*(s). \qquad (6.60)$$

Die Funktion $g(x)$ ergibt sich aus der *Geometrie* der Verformung. Sei $u(x,s)$ die Verschiebung in x–Richtung, die der Punkt der Wandmittellinie an der

Stelle (x, s) bei der Wölbung des Querschnitts erfährt. Sei weiterhin $v(x, s)$ die Verschiebung desselben Punktes tangential zur Wandmittellinie. Nach Abb. 6.39 ist

$$v(x, s) = \varphi(x)\, r(s). \tag{6.61}$$

Dieser Ausdruck setzt das erst in Kap. 8.6 (Beisp. 8.6-1) bewiesene Ergebnis voraus, daß Stabquerschnitte sich bei Torsion um den Schubmittelpunkt drehen. Der Beweis setzt keine Theorie der Torsion voraus. Die Scherung $\gamma_{xs}(x, s)$ der Wandmittelfläche ist nach (2.6)

$$\gamma_{xs}(x, s) = \frac{\partial u(x, s)}{\partial s} + \frac{\partial v(x, s)}{\partial x} = \frac{\partial u(x, s)}{\partial s} + \varphi'(x)\, r(s). \tag{6.62}$$

Bei offenen dünnwandigen Querschnitten ist γ_{xs} dem Betrag nach sehr viel kleiner als jeder der beiden Ausdrücke auf der rechten Seite der Gleichung. Bei geschlossenen dünnwandigen Querschnitten gilt das nicht. In Beisp. 6.4-2 wurden zum Vergleich Zahlenwerte für nicht wölbbehinderte Rohre angegeben. Wölbbehinderung ändert an der Aussage nichts Wesentliches, weil die Schubspannung τ^W im Vergleich zu den anderen auftretenden Spannungen klein ist. In (6.62) darf man also $\gamma_{xs} \approx 0$ setzen. In guter Näherung ist dann

$$\frac{\partial u(x, s)}{\partial s} = -\varphi'(x)\, r(s). \tag{6.63}$$

Partielle Ableitung nach x erzeugt die Gleichung

$$\frac{\partial}{\partial s} \frac{\partial u(x, s)}{\partial x} = -\varphi''(x)\, r(s). \tag{6.64}$$

Der Ausdruck auf der linken Seite ist bei Beachtung der Definition der Längsdehnung, mit dem Hookeschen Gesetz und mit Gl.(6.60):

$$\frac{\partial}{\partial s} \frac{\partial u(x, s)}{\partial x} = \frac{\partial}{\partial s} \epsilon(x, s) = \frac{1}{E} \frac{\partial}{\partial s} \bar{\sigma}^W(x, s) = \frac{1}{E}\, g(x) \frac{\mathrm{d}\omega^*(s)}{\mathrm{d}s} \tag{6.65}$$

und mit (6.55) schließlich:

$$\frac{\partial}{\partial s} \frac{\partial u(x, s)}{\partial x} = -\frac{1}{E}\, g(x)\, r(s). \tag{6.66}$$

Der Vergleich mit (6.64) liefert die gesuchte Funktion $g(x)$:

$$g(x) = E\varphi''(x). \tag{6.67}$$

Zusammen mit (6.59) erhält man nun aus den Gln.(6.52) bis (6.54) für die Spannungen und das Torsionsmoment die Ausdrücke

$$\left.\begin{aligned} \bar{\sigma}^W(x, s) &= E\varphi''(x)\, \omega^*(s), \\ \bar{\tau}^W(x, s) &= -E\varphi'''(x)\, S_T(s)/t(s), \end{aligned}\right\} \tag{6.68}$$

$$M_T^W(x) = -EC_M\varphi'''(x). \tag{6.69}$$

In diesen Formeln sind die Funktion $S_T(s)$ und die als *Wölbwiderstand* bezeichnete Konstante C_M wie folgt definiert:

$$S_T(s) = \int_0^s \omega^*(\bar{s})\, t(\bar{s})\, \mathrm{d}\bar{s}, \qquad C_M = \int_0^e \omega^{*2}(s)\, t(s)\, \mathrm{d}s. \tag{6.70}$$

Aus (6.63) ergibt sich mit (6.55)

$$u(x,s) - u(x,0) = \varphi'(x)\,[\omega^*(s) - \omega_0^*]. \tag{6.71}$$

Dieser Ausdruck beschreibt die Wölbform der Querschnittsfläche. An einer beliebigen Stelle $x = \text{const}$ ist $\varphi'(x)$ eine Konstante. Bis auf diese Konstante wird die Wölbform durch die Funktion $\omega^*(s) - \omega_0^*$ beschrieben, die ausschließlich durch die Form des Stabquerschnitts bestimmt ist. Man kann nun die Frage beantworten, unter welchen Bedingungen ein dünnwandiger offener Querschnitt bei Torsion eben bleibt. Die Bedingung ist $\omega^*(s) - \omega_0^* \equiv 0$, d.h. wegen (6.55) $r(s) \equiv 0$. Diese Bedingung ist nur bei Querschnitten erfüllt, die aus geraden Stegen bestehen, deren Mittellinien durch einen gemeinsamen Punkt gehen, der dann auch der Schubmittelpunkt des Querschnitts ist. Beispiele sind L– und T–Profile. Für Querschnitte dieser Art ist der Wölbwiderstand $C_M = 0$. Für alle anderen Querschnittsformen ist $C_M > 0$. Nur für solche Querschnitte sind die Untersuchungen dieses Abschnitts überhaupt von Bedeutung.

Mit (6.69) ist auch die gesuchte Gestalt der Differentialgleichung (6.51) gefunden:

$$-EC_M\varphi''' + GI_T\varphi' = M_T(x). \tag{6.72}$$

Sie ist eine inhomogene lineare Differentialgleichung mit konstanten Koeffizienten. Ihre Lösung bestimmt zusammen mit (6.49), (6.68) und (6.71) die Spannungen und die Wölbverschiebungen des Stabes. Die Lösung ist die Summe aus der allgemeinen Lösung der homogenen Gleichung und einer partikulären Lösung der inhomogenen Gleichung:

$$\varphi(x) = \varphi_h(x) + \varphi_p(x). \tag{6.73}$$

Für den Sonderfall $M_T(x) \equiv M_T = \text{const}$ ist die partikuläre Lösung

$$\varphi_p(x) = \frac{M_T}{GI_T}\, x. \tag{6.74}$$

Die homogene Gleichung schreibt man in der Form

$$\varphi''' - \alpha^2\varphi' = 0 \qquad \text{mit} \qquad \alpha = \sqrt{\frac{GI_T}{EC_M}} = \sqrt{\frac{I_T}{2(1+\nu)C_M}}. \tag{6.75}$$

Die Konstante α hat die Dimension Länge^{-1}. Da I_T und C_M nur von der Querschnittsform abhängen, ist $1/\alpha$ eine charakteristische Querschnittsabmessung. Der Ansatz für $\varphi_h(x)$ ist

$$\varphi_h(x) = a\mathrm{e}^{\lambda x}$$

mit Konstanten a und λ. Einsetzen in die homogene Differentialgleichung liefert die Gleichung

$$(\lambda^2 - \alpha^2)\lambda a\mathrm{e}^{\lambda x} = 0.$$

Sie hat die Lösungen $\lambda_1 = 0$, $\lambda_2 = \alpha$, und $\lambda_3 = -\alpha$. Damit ist

$$\varphi_h(x) = a_1 + a_2\mathrm{e}^{\alpha x} + a_3\mathrm{e}^{-\alpha x} \tag{6.76}$$

mit Integrationskonstanten a_1, a_2 und a_3 oder auch

$$\varphi_h(x) = A + B\cosh\alpha x + C\sinh\alpha x \tag{6.77}$$

mit anderen Integrationskonstanten A, B und C.

Randbedingungen können für φ, φ' und φ'' existieren. An Stellen mit vollständig unterdrückter Querschnittwölbung (auf den Querschnitt aufgeschweißte starre Platte) ist nach (6.71) $\varphi' = 0$. An freien Enden und an Gabellagern ist $\bar{\sigma}^W \equiv 0$ und folglich $\varphi'' = 0$. An Gabellagern und an festen Einspannungen ist $\varphi = 0$.

Beispiel 6.5-1:
Man bestimme für den Querschnitt von Abb. 6.40 die Wölbform $\omega^*(s)$, den Wölbwiderstand C_M und die Konstante α von (6.75).
Lösung: Aus (5.77) wird das Maß e für die Lage des Schubmittelpunkts übernommen:

$$e = 3h^2/(6h + b).$$

Die Funktion $r(s)$ für M als Bezugspunkt hat den in Abb. 6.41 gestrichelt gezeichneten Verlauf. Gl.(6.55) liefert für $\omega^*(s)$ den ausgezogenen Linienzug. Die Bedingung (6.56) wird wegen der Symmetrie erfüllt, wenn man $\omega^*(s)$ in der Mitte des vertikalen Steges zu null setzt. Dort beginnt man die graphische Integration. Der Abbildung entnimmt man für $\omega^*(s)$ die Eckwerte $eb/2$ und $\omega_0^* = (h - e)b/2$. Der Wölbwiderstand wird aus (6.70) berechnet:

$$C_M = t\int_0^e \omega^{*2}(s)\,\mathrm{d}s = 2t\Big[\int_0^h \omega^{*2}(s)\,\mathrm{d}s + \int_h^{h+b/2} \omega^{*2}(s)\,\mathrm{d}s\Big].$$

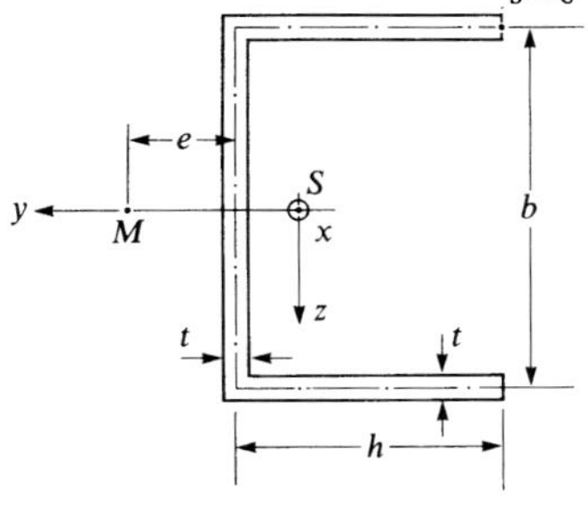

Abb. 6.40.

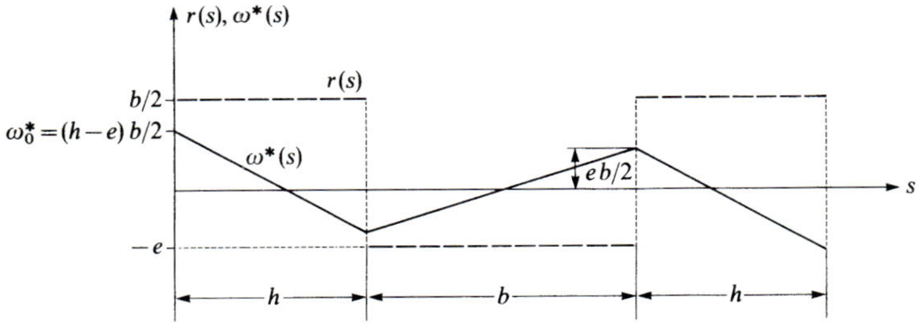

Abb. 6.41.

Die beiden Integrale mit jeweils geradlinigem Verlauf von $\omega^*(s)$ werden mit Hilfe von Tabelle 5 im Anhang berechnet. Das Ergebnis ist:

$$C_M = \frac{tb^2h^3(3h+2b)}{12(6h+b)}.$$

In Gl.(6.75) für α wird das Torsionsflächenmoment I_T aus Gl.(6.47) benötigt: $I_T = \frac{1}{3}(2h+b)t^3$. Damit ist

$$\alpha = \frac{2t}{hb}\sqrt{\frac{1}{2(1+\nu)}\,\frac{(2h+b)(6h+b)}{h(3h+2b)}}\,.$$

Beispiel 6.5-2:
Welche Spannungen und Verformungen verursacht das Torsionsmoment M_T in dem einseitig fest eingespannten Stab von Abb. 6.42? Das U–Profil aus Stahl ($\nu = 0,3$) hat die Maße von Abb. 6.40 mit den speziellen Größen $h = b/4$ und $t = b/50$. Man untersuche zwei konkrete Fälle:
Fall 1: $\ell = 1\,\mathrm{m}$, $b = 0,1\,\mathrm{m}$.
Fall 2: $\ell = 30\,\mathrm{m}$, $b = 10\,\mathrm{m}$. Dieser ungewöhnlich dimensionierte Torsionsstab stellt eine Hälfte einer 60 m langen Brücke dar, die an beiden Enden Gabellager hat, und bei der in Brückenmitte Verkehrslasten auf nur einer Fahrspur ein Torsionsmoment erzeugen. Die feste Einspannung entsteht in Brückenmitte durch die jeweils andere Brückenhälfte.
Lösung: Die allgemeine Lösung $\varphi(x)$ ist die Summe der Funktionen in (6.74) und (6.77):

$$\varphi(x) = \frac{M_T}{GI_T}\,x + A + B\cosh\alpha x + C\sinh\alpha x.$$

Die Randbedingungen schreiben vor: $\varphi(0) = 0$, $\varphi'(0) = 0$, $\varphi''(\ell) = 0$. Daraus ergeben sich die Gleichungen:

$$A + B = 0, \qquad M_T/(GI_T) + \alpha C = 0, \qquad B\cosh\alpha\ell + C\sinh\alpha\ell = 0.$$

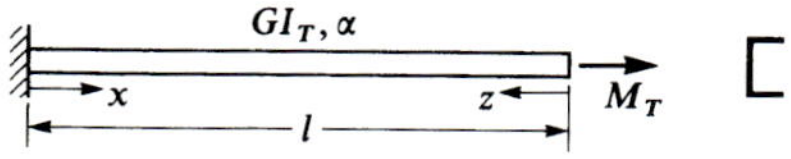

Abb. 6.42.

Sie haben die Lösungen

$$B = -A = \frac{1}{\alpha}\,\frac{M_T}{GI_T}\tanh\alpha\ell, \qquad C = -\frac{1}{\alpha}\,\frac{M_T}{GI_T}.$$

Damit erhält man den Verdrehwinkel

$$\varphi(x) = \frac{M_T\ell}{GI_T}\Big[\frac{x}{\ell} + \frac{1}{\alpha\ell}\big[\tanh\alpha\ell\,(\cosh\alpha x - 1) - \sinh\alpha x\big]\Big].$$

Insbesondere ist der Winkel am freien Stabende

$$\varphi(x=\ell) = \frac{M_T\ell}{GI_T}\Big(1 - \frac{\tanh\alpha\ell}{\alpha\ell}\Big). \tag{a}$$

Ohne Wölbbehinderung ist der Winkel $M_T\ell/(GI_T)$. Das zweite Glied in der Klammer stellt die prozentuale Reduktion durch Wölbbehinderung dar.

Die Drillung des Stabes erhält man durch Differentiation:

$$\varphi'(x) = \frac{M_T}{GI_T}\Big(1 - \frac{\cosh\alpha\ell\cosh\alpha x - \sinh\alpha\ell\sinh\alpha x}{\cosh\alpha\ell}\Big).$$

Als Funktion der am freien Stabende beginnenden Koordinate $z = \ell - x$ ist

$$\varphi'(z) = \frac{M_T}{GI_T}\Big(1 - \frac{\cosh\alpha z}{\cosh\alpha\ell}\Big). \tag{b}$$

Insbesondere ist am freien Stabende

$$\varphi'(z=0) = \frac{M_T}{GI_T}\Big(1 - \frac{1}{\cosh\alpha\ell}\Big). \tag{c}$$

Die Längsspannung ist nach (6.68)

$$\bar{\sigma}^W(x,s) = \alpha\,E\omega^*(s)\,\frac{M_T}{GI_T}\big(\tanh\alpha\ell\cosh\alpha x - \sinh\alpha x\big) \tag{d}$$

oder als Funktion von z und bei Beachtung der Beziehung $E/G = 2(1+\nu)$

$$\bar{\sigma}^W(z,s) = 2\alpha\,(1+\nu)\omega^*(s)\,\frac{M_T}{I_T}\,\frac{\sinh\alpha z}{\cosh\alpha\ell}.$$

Maximale Spannungen treten im Querschnitt an der festen Einspannung auf:

$$\bar{\sigma}^W(x=0,s) = 2\alpha\,(1+\nu)\omega^*(s)\,\frac{M_T}{I_T}\tanh\alpha\ell.$$

Eine geeignete Vergleichsgröße ist die Saint–Venant–Schubspannung

$$\tau^{SV}_{max} = \frac{M_T}{W_T} = \frac{M_T}{I_T/t}.$$

Für die gegebenen Querschnittsabmessungen $h = b/4$ und $t = b/50$ und mit der Querzahl $\nu = 0,3$ liefern die Formeln von Beisp. 6.5-1 die Zahlenwerte:
$\alpha = 0,232\,b^{-1}$, $e = 0,075\,b$, $\omega_0^* = 0,0875\,b^2$, $I_T = \frac{1}{3}(2h+b)t^3 = 4\cdot 10^{-6}\,b^4$.
Nach Abb. 6.40 und Abb. 6.41 ist der Betrag von $\omega^*(s)$ bei $s = 0$ am größten. Dort ist also $\bar{\sigma}^W$ am größten. Einsetzen der Zahlenwerte liefert

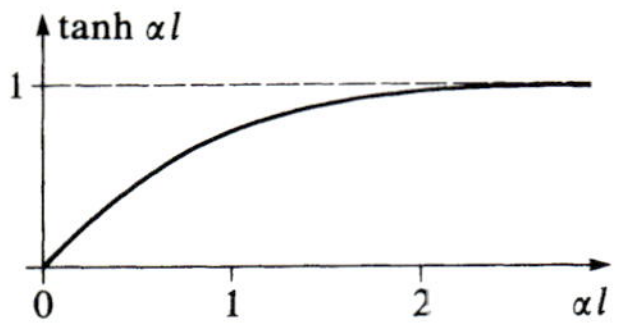

Abb. 6.43.

$$\bar{\sigma}^W_{max} = 1,32 \cdot 10^4 M_T b^{-3} \tanh \alpha\ell, \qquad \text{(e)}$$

$$\tau^{SV}_{max} = 0,50 \cdot 10^4 M_T b^{-3}.$$

Abb. 6.43 zeigt den Verlauf von $\tanh \alpha\ell$ als Funktion von $\alpha\ell$. Aus (e) folgt, daß $\bar{\sigma}^W$ nur dann vernachlässigbar ist, wenn $\alpha\ell$ sehr klein ist (wenn ℓ sehr klein im Vergleich zur Querschnittsabmessung $1/\alpha$ ist). Gerade dann ist nach Gl.(a) der Einfluß der Wölbbehinderung auf den Drehwinkel am Stabende groß, denn $(\tanh \alpha\ell)/\alpha\ell$ strebt im Grenzfall $\alpha\ell \to 0$ gegen 1. Diese Aussagen sind auch anschaulich verständlich. Die Spannung im Einspannquerschnitt ist umso größer, je mehr Stabvolumen an der Ausbildung von Querschnittwölbung behindert werden muß. Der Stab ist also umso steifer, je länger er ist. Aber die Behinderung ist nur in unmittelbarer Nähe der Einspannstelle stark. Gl.(b) zeigt das deutlich. Die Spezialfälle 1 und 2 der Aufgabe zeigen, daß Wölbbehinderung kein vernachlässigbar kleiner Effekt ist.

Fall 1: $\ell = 1\,\text{m}$, $b = 0,1\,\text{m}$:

$\alpha\ell = 0,232/0,1 = 2,32$; $\tanh \alpha\ell = 0,98$; $\bar{\sigma}^W_{max} = 1,29 \cdot 10^4 M_T b^{-3} > \tau^{SV}_{max}$,

$\varphi(x = \ell) = 0,58 M_T \ell/(GI_T)$ (Reduktion um 42% durch Wölbbehinderung).

Fall 2: $\ell = 30\,\text{m}$, $b = 10\,\text{m}$.

$\alpha\ell = 0,232 \cdot 30/10 = 0,70$; $\tanh \alpha\ell = 0,60$; $\bar{\sigma}^W_{max} = 0,80 \cdot 10^4 M_T b^{-3} > \tau^{SV}_{max}$,

$\varphi(x = \ell) = 0,14 M_T \ell/(GI_T)$ (Reduktion um 86% durch Wölbbehinderung!). Die nicht vernachlässigbare Längsspannung tritt an denselben Stellen auf, an denen auch die – wesentlich größere – Biegelängsspannung maximal ist. Wegen des Verkehrsflusses auf der Brücke entsteht Schwellbelastung, die beim Dauerfestigkeitsnachweis berücksichtigt werden muß.

6.6 Übungsaufgaben

6.1 Eine Welle mit Kreisquerschnitt wird durch ein Torsionsmoment belastet. Wie verändert sich dabei ihr Volumen?

6.2 Zwei Stahlstäbe gleicher Längen ℓ mit Kreisquerschnitten der Durchmesser d_1 bzw. d_2 liegen parallel im Abstand a. Abb. A6.2 zeigt sie von vorn und einen Stab von der Seite. Beide Stäbe sind an einem Ende fest eingespannt und am anderen Ende um ihre Achse drehbar gelagert. Dort sind an den Stirnflächen starre Hebel angeschweißt, die sich in der Mitte zwischen den Lagern spannungsfrei berühren, wenn keine äußeren Kräfte wirken. Wie groß sind die Verdrehwinkel φ_1 und φ_2 der Stäbe, wenn die eingezeichnete Kraft F angreift?

Geg.: $\ell = 50\,\text{cm}$, $a = 30\,\text{cm}$, $d_1 = 12\,\text{mm}$, $d_2 = 15\,\text{mm}$, $G = 0,8 \cdot 10^5\,\text{Nmm}^{-2}$, $F = 750\,\text{N}$

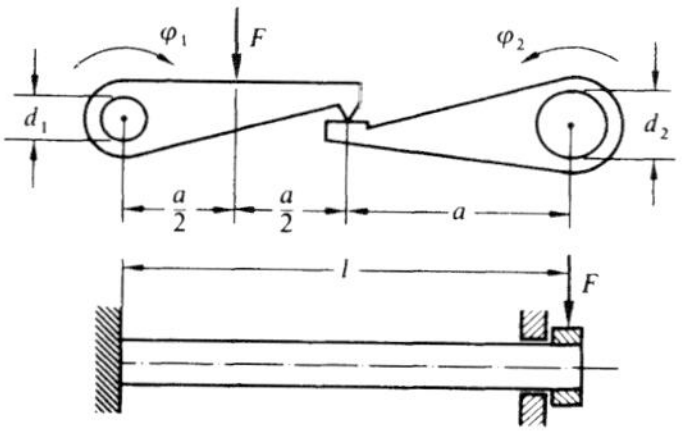

Abb. A6.2.

6.3 Das Stahlrohr in Abb. A6.3 ist spannungsfrei beidseitig fest eingespannt. An der Stelle des Durchmessersprungs wird durch Kräfte ein Torsionsmoment aF eingeleitet. Wie groß sind der Verdrehwinkel φ am Angriffspunkt und die maximalen Schubspannungen τ_1 bzw. τ_2 in den beiden Rohrabschnitten?
Geg.: $\ell_1 = 300\,\text{mm}$, $\ell_2 = 600\,\text{mm}$, $r_0 = 25\,\text{mm}$, $r_1 = 30\,\text{mm}$, $r_2 = 27,5\,\text{mm}$, $G = 0,8 \cdot 10^5\,\text{Nmm}^{-2}$, $aF = 5\,\text{kNm}$

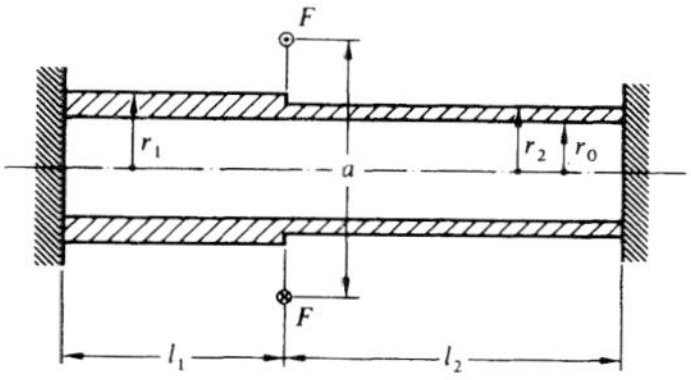

Abb. A6.3.

6.4 Ein massives Kupferkabel vom Durchmesser d mit dem Schubmodul G_1 wird mit einer fest anhaftenden Schicht Isolierstoff ummantelt, die den Außendurchmesser D und den Schubmodul G_2 hat. Wie groß ist die Torsionssteifigkeit GI_T des ummantelten Kabels?
Geg.: G_1, G_2, d, D

6.5 Ein Kegelstumpf mit den Abmessungen nach Abb. A6.5 wird durch Momente der Größe M_T tordiert. Wie groß ist der Verdrehwinkel φ seiner Endflächen?
Geg.: r_1, r_2, ℓ, G, M_T

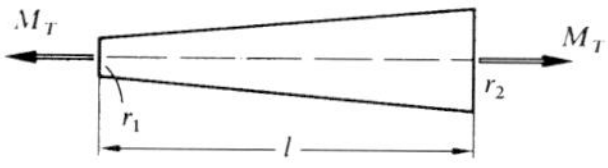

Abb. A6.5.

6.6 Zwei dünnwandige Stahlrohre gleicher Länge haben verschiedene Querschnitte. Der eine ist ein gleichseitiges Dreieck der Kantenlänge a, der andere ein Kreis vom Durchmesser d. Die Wanddicke ist bei beiden gleich. Wie groß muß das Verhältnis d/a sein, damit beide Rohre dieselbe Torsionssteifigkeit haben?

6.7 Ein Kastenträger der Länge ℓ mit dem Querschnitt nach Abb. A6.7 wird ohne Wölbbehinderung durch ein Torsionsmoment M_T tordiert. Gesucht werden der Verdrehwinkel φ der Endquerschnitte gegeneinander sowie die maximalen Schubspannungen τ_{max} a) bei ungeschlitztem und b) bei geschlitztem Profil. Wie groß ist der Durchmesser d eines Vollkreisquerschnitts mit derselben Torsionssteifigkeit, die der ungeschlitzte bzw. der geschlitzte Kasten hat? Welche maximalen Schubspannungen τ^*_{max} treten in diesem Querschnitt bei Belastung

durch M_T auf?
Geg.: $\ell = 15\,\mathrm{m}$, $a = 40\,\mathrm{cm}$, $t_1 = 1\,\mathrm{cm}$, $t_2 = 2\,\mathrm{cm}$, $G = 0{,}8 \cdot 10^5\,\mathrm{Nmm}^{-2}$, $M_T = 1{,}2\,\mathrm{kNm}$

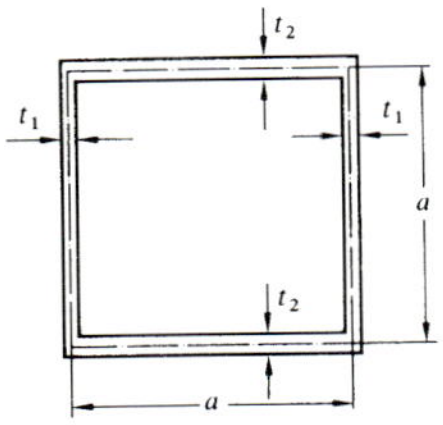

Abb. A6.7.

6.8 Abb. A6.8 zeigt ein dünnwandiges Kastenprofil mit der überall gleichen Wanddicke t, aus dem eine Brücke der Länge ℓ gebaut ist. In Brückenmitte steht im Abstand b von der Fahrbahnmitte ein Fahrzeug vom Gewicht F. Wie groß ist der Verdrehwinkel φ der Brücke an dieser Stelle, wenn Wölbbehinderung vernachlässigt wird?
Geg.: ℓ, h, b, t, F, G

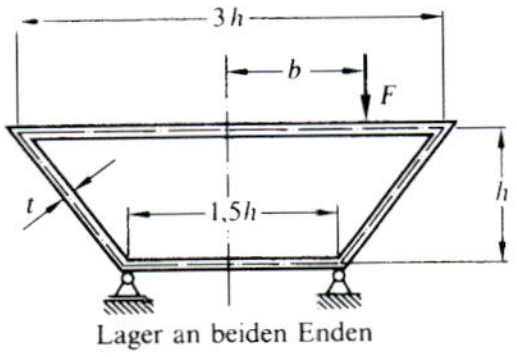

Abb. A6.8.

6.9 Ein Torsionsstab hat das dünnwandige Kastenprofil nach Abb. A6.9 mit den Abmessungen a und b und mit einer Zwischenwand an der Stelle x. Alle Wände haben dieselbe Dicke t. Bestimmen Sie das Torsionsflächenmoment I_T als Funktion von x und diskutieren sie diese Funktion.
Geg.: a, b, t

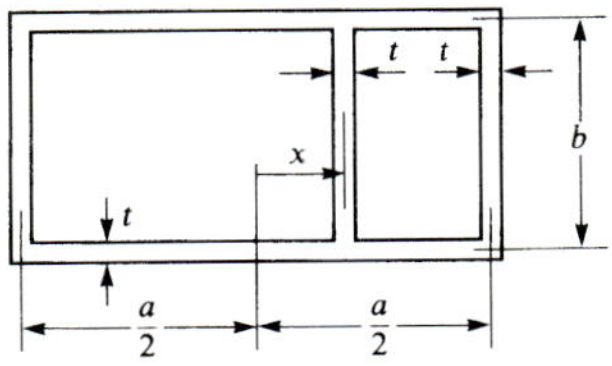

Abb. A6.9.

6.10 Aus einem Baumstamm vom Durchmesser d soll ein Balken mit der Querschnittsbreite b und der Höhe h so gesägt werden, daß a) bei Biegung die Spannung σ_{max}, b) bei Biegung die Durchbiegung w, und c) bei Längszug die Spannung σ ein Minimum annimmt. Wie groß muß in jedem Einzelfall das Verhältnis h/b bei voller Ausnutzung des Materials gewählt werden? Der Balken wird in vier Bretter der Breite b und der Dicke $t = \frac{1}{4}h$ zersägt. Die Bretter werden an den Kanten unter 45° angeschrägt und zu einem Hohlkasten mit quadratischem Querschnitt der Kantenlänge b verleimt. Wie groß muß das Verhältnis t/d gewählt werden, damit bei Torsion des Hohlkastens d) die Schubspannung, e) die Drillung minimal ist?

6.11 Ein Flacheisen der Dicke t mit den Abmessungen nach Abb. A6.11 wird durch Momente M_T tordiert. Wie groß ist der Verdrehwinkel φ der beiden Enden gegeneinander?
Geg.: $\ell = 40\,\text{cm}$, $b_0 = 2\,\text{cm}$, $b_1 = 4\,\text{cm}$, $t = 1{,}5\,\text{mm}$, $G = 0{,}8 \cdot 10^5\,\text{Nmm}^{-2}$, $M_T = 1\,\text{Nm}$

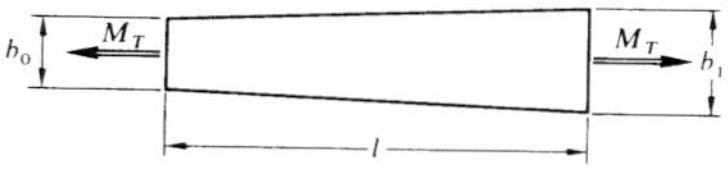

Abb. A6.11.

6.12 Abb. A6.12 zeigt die Querschnitte von 4 fest eingespannten Stäben gleicher Länge L. Die Wandmittellinie hat bei allen Querschnitten die gleiche Länge ℓ, und die Wanddicke ist überall gleich t. Wie groß sind die linksherum positiv gezählten Verdrehwinkel φ_1 bis φ_4 der Stäbe um die Längsachsen unter den angegebenen Kräften F? Wölbbehinderung an der festen Einspannung soll vernachlässigt werden.
Geg.: L, G, F, ℓ, $t \ll \ell$

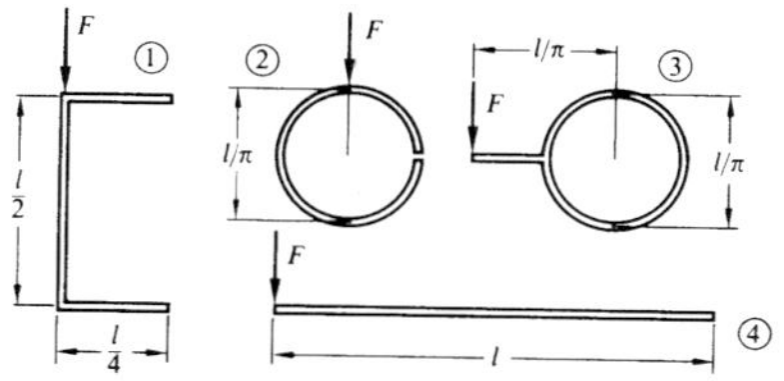

Abb. A6.12.

6.13 Zwei Stahlstäbe gleicher Längen ℓ und gleicher Querschnittsflächen A, der eine mit kreisförmigem, der andere mit quadratischem Querschnitt, sind parallel im Abstand a an einem Ende fest eingespannt. An den freien Enden sind starre Hebel angeschweißt, deren Enden sich nicht berühren. Abb. A6.13 zeigt eine Frontalansicht der freien Stabenden. Welche Verdrehwinkel φ_1 und φ_2 und welche Durchbiegungen w_1 und w_2 treten an den freien Enden auf, wenn man die Stäbe so verspannt, daß die Punkte B und C an den Hebelenden sich decken?
Geg.: $\ell = 25\,\text{cm}$, $a = 30\,\text{cm}$, $e = 0{,}5\,\text{cm}$, $A = 1\,\text{cm}^2$, $E = 2 \cdot 10^5\,\text{Nmm}^{-2}$, $G = 0{,}8 \cdot 10^5\,\text{Nmm}^{-2}$

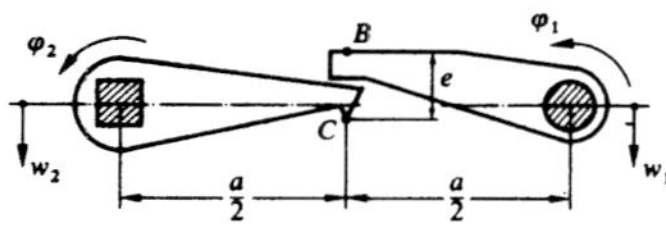

Abb. A6.13.

6.14 Stellen Sie sich den Seifenhauthügel über dem Stabquerschnitt in Abb. A6.14 vor und schließen Sie daraus auf das Torsionsflächenmoment I_T.
Geg.: ℓ, r, $t \ll 2r$

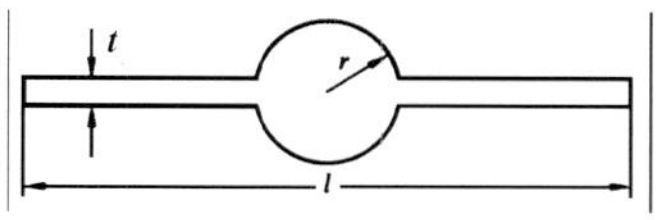

Abb. A6.14.

6.15 Berechnen Sie die Wölbwiderstände C_{Mi} ($i = 1, \ldots, 4$ v.l.n.r.) für die Stabquerschnitte in Abb. A5.52 unter der Voraussetzung $t \ll r$, a, b, h.

6.16 Auf das freie Ende eines fest eingespannten Stabes ist eine starre Platte aufgeschweißt. Am freien Ende greift das Torsionsmoment M_T an. Geben Sie den Verdrehwinkel $\varphi(x)$ bei Berücksichtigung der Wölbbehinderung und insbesondere $\varphi(\ell)$ an ($x = 0$ an der festen Einspannung).
Geg.: ℓ, α, GI_T, M_T

6.17 Ein einseitig fest eingespanntes, dünnwandiges Kreisrohr mit Längsschlitz (Länge ℓ, Radius r, Wanddicke $t \ll r$) wird am freien Ende durch ein Torsionsmoment M_T belastet. Wie groß sind am freien Ende der Verdrehwinkel φ und die Verschiebung Δu der beiden Schlitzufer relativ zueinander, wenn Wölbbehinderung berücksichtigt wird? Wie groß ist die relative Verschiebung Δu_0, wenn das Rohr ohne Wölbbehinderung durch Momente an beiden Enden belastet wird?
Geg.: ℓ, r, t, M_T, $\nu = 0{,}3$

7. Überlagerung von Belastungsfällen. Vergleichsspannungen

7.1 Überlagerung von Belastungsfällen

Stabförmige Bauteile sind i.allg. nicht nur durch eine Längskraft oder nur auf Biegung oder nur auf Torsion belastet, sondern unterliegen einer Überlagerung von Lastfällen. Im folgenden werden Spannnungsverteilungen für überlagerte Belastungen berechnet, und zwar durch Anwendung des Superpositionsprinzips.

7.1.1 Längskraft und Biegemoment

Der Stab in Abb. 7.1 mit den Hauptachsen y und z wird durch eine in der x-Achse liegende Längskraft $\boldsymbol{F}$ und durch Biegemomente M_y und M_z belastet. Der Spannung F/A infolge der Längskraft überlagert sich die Längsspannung infolge schiefer Biegung (siehe (5.39)). Eine Faser an der Stelle (y, z) unterliegt dabei der Spannung

$$\sigma(y, z) = \frac{F}{A} + \frac{M_y}{I_y} z - \frac{M_z}{I_z} y. \tag{7.1}$$

Wie im Zusammenhang mit (5.39) existiert auch hier eine Spannungsnullinie, auf der $\sigma = 0$ ist (vgl.Abb. 5.32). Sie hat die Geradengleichung

$$z = \frac{M_z}{M_y} \frac{I_y}{I_z} y - \frac{F I_y}{M_y A}.$$

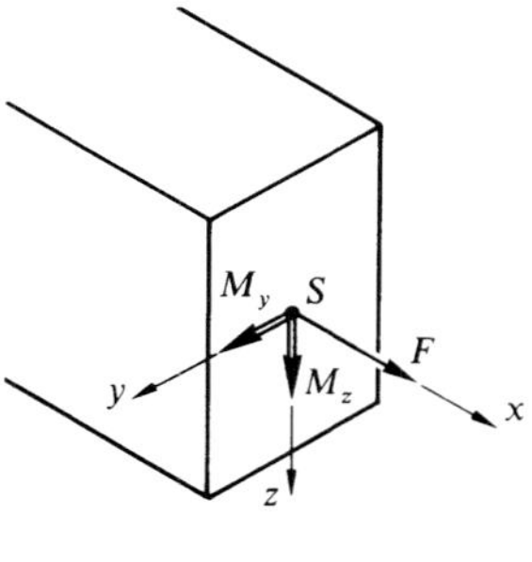

Abb. 7.1. Stab mit Längskraft und schiefer Biegung

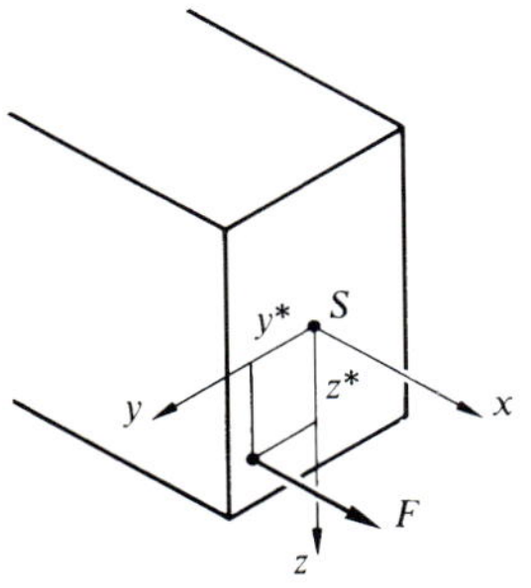

Abb. 7.2. Der Stab von Abb. 7.1 mit einer äquivalenten Belastung

Man sieht, daß eine Änderung der Größe von F eine Parallelverschiebung der Spannungsnullinie verursacht.

Die Belastung durch F, M_y und M_z kann man sich ersetzt denken durch eine äquivalente Belastung, bei der nur eine Kraft der Größe F angreift, diese aber mit versetzter Wirkungslinie (Abb. 7.2). Die Versetzungen y^* und z^* entlang den Koordinatenachsen ergeben sich aus den Bedingungen

$$M_y = +z^* F, \qquad M_z = -y^* F.$$

Damit nimmt (7.1) die Form an:

$$\sigma(y, z) = \frac{F}{A}\left(1 + \frac{Az^* z}{I_y} + \frac{Ay^* y}{I_z}\right). \tag{7.2}$$

Auf der Spannungsnullinie ist der Klammerausdruck null. Sie hat also die Gleichung

$$z = -\frac{y^*}{z^*}\frac{I_y}{I_z}y - \frac{I_y}{Az^*}. \tag{7.3}$$

Wenn diese Spannungsnullinie die Querschnittsfläche nicht schneidet, dann hat die Spannung für alle Fasern des Stabes dasselbe Vorzeichen. Das ist bei Werkstoffen wichtig, die, wie z.B. Beton, nur Druckspannungen aushalten. Im folgenden werden Bedingungen für y^* und z^* angegeben, unter denen die Spannungsnullinie die Querschnittsfläche nicht schneidet.

Man betrachte zunächst einen Rechteckquerschnitt im Sonderfall $M_z = 0$, d.h. im Fall $y^* = 0$ (Abb. 7.3). Die Spannungsnullinie ist nach (7.3) die zur y-Achse parallele Gerade

$$z = -\frac{I_y}{Az^*} = -\frac{h^2}{12z^*}.$$

Je kleiner der Betrag von z^* ist, desto weiter weg vom Ursprung liegt die Spannungsnullinie. Sie verläuft durch die äußersten Fasern bei $|z| = h/2$, wenn

$$|z^*| = \frac{h^2}{12h/2} = \tfrac{1}{6}h$$

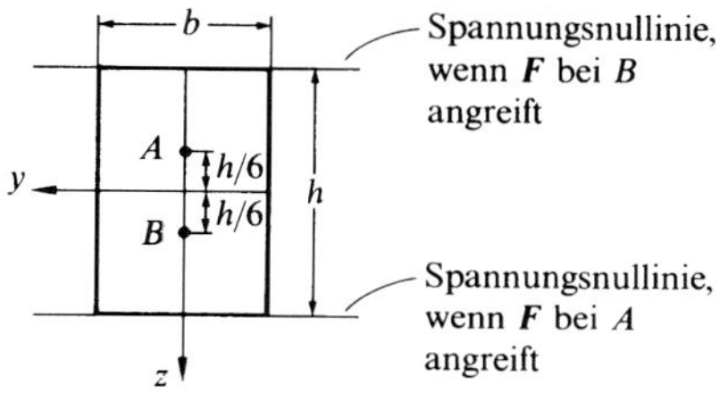

Abb. 7.3. Wenn der Angriffspunkt der Längskraft $\boldsymbol{F}$ auf der Strecke zwischen A und B liegt, dann liegt die Spannungsnullinie außerhalb des Querschnitts

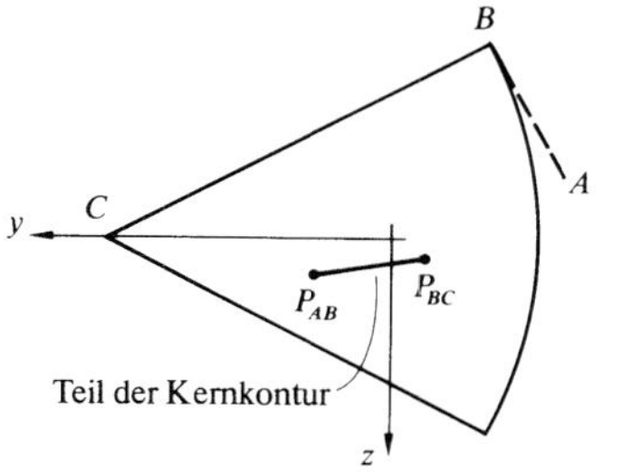

Abb. 7.4. Jeder Ecke einer Querschnittsfläche, z.B. der Ecke B, entspricht ein Geradenstück der Kernkontur. Die Endpunkte P_{AB} und P_{BC} des Geradenstücks werden aus den Profiltangenten $\overline{AB}$ und $\overline{BC}$ bestimmt

ist. Für $|z^*| \leq \frac{1}{6}h$ liegt die Spannungsnullinie also nicht innerhalb der Querschnittsfläche. Auf den allgemeinen Fall mit $y^* \neq 0$ und $z^* \neq 0$ übertragen bedeutet das, daß der Angriffspunkt (y^*, z^*) der Kraft $\boldsymbol{F}$ innerhalb eines bestimmten Gebietes um den Flächenschwerpunkt liegen muß, wenn die Spannungsnullinie die Querschnittsfläche nicht schneiden soll. Dieses Gebiet nennt man den *Kern* des Stabprofils. Seine Kontur wird konstruiert, indem man alle Spannungsnullinien zeichnet, die die Querschnittsfläche des Stabes ohne Schnittpunkt tangieren und zu jeder von ihnen einen Punkt der Kernkontur berechnet. Als Beispiel betrachte man den Stabquerschnitt von Abb. 7.4 in Form eines Kreissektors und an ihm die Spannungsnullinie A–B. Sie hat im y, z-System die Geradengleichung

$$z = my + n$$

mit bestimmten Werten m und n. Sie wird aber auch durch Gl. (7.3) beschrieben. Der Vergleich ergibt

$$y^* = \frac{I_z m}{An}, \qquad z^* = -\frac{I_y}{An}. \tag{7.4}$$

Diese Koordinaten legen den Punkt P_{AB} der Kernkontur fest. Mit denselben Formeln findet man einen Punkt P_{BC}, der zu der Spannungsnullinie B–C gehört. Die beiden Spannungsnullinien sind Tangenten an die Querschnittsfläche und sie bilden bei B eine nach außen springende Ecke. Für diesen Fall gilt der allgemeine

Satz: Zu einer nach außen springenden Ecke des Stabquerschnitts gehört ein Geradenstück der Kernkontur. Es verbindet die beiden Punkte P_{AB} und P_{BC}, die den Tangenten A–B bzw. B–C zugeordnet sind, die die Ecke bilden.

Zum Beweis setzt man in (7.4) die Größen m und n aller Geraden durch den Punkt B ein. Mit Hilfe des Satzes lassen sich Kernkonturen von geradlinig begrenzten Stabquerschnitten schnell bestimmen.

Beispiel 7.1-1
Beim Recheckquerschnitt sind aus Abb. 7.3 von der Kernkontur die beiden Punkte $z^* = \pm\frac{1}{6}h$ auf der z-Achse bekannt und analog die beiden Punkte $y^* = \pm\frac{1}{6}b$ auf der y-Achse. Aus dem genannten Satz folgt, daß der Kern das in Abb. 7.5 schraffierte Parallelogramm ist.

Beispiel 7.1-2
Für das gleichschenklige L-Profil in Abb. 7.6 soll die Kernkontur bestimmt werden. Gegeben sind h und b.
Lösung: Das y, z-System der Hauptachsen im Flächenschwerpunkt hat wegen der Symmetrie die gezeichnete Lage. Die Größe e, die Querschnittsfläche A und die Hauptflächenmomente I_y und I_z seien bereits bekannt. Die Gesamtheit aller Spannungsnullinien , die die Querschnittsfläche ohne Schnittpunkt berühren, hüllen das Fünfeck $P_1P_2P_3P_4P_5$ ein. Jeder Seite entspricht ein Punkt der Kernkontur. Diese Punkte sind nach dem oben genannten Satz durch Geraden zu verbinden. Also ist der Kern ein Fünfeck, und zwar ebenfalls ein zur z-Achse symmetrisches. Die Seite P_1–P_2 hat die Gleichung

$$z = my + n \qquad \text{mit} \qquad m = 1 \qquad \text{und} \qquad n = -e\sqrt{2}.$$

Für den zugehörigen Punkt P_{12} der Kernkontur liefert (7.4) die Koordinaten

$$y^* = -\frac{I_z}{Ae\sqrt{2}}, \qquad z^* = \frac{I_y}{Ae\sqrt{2}}.$$

In entsprechender Weise erhält man die anderen Punkte. Abb. 7.6 zeigt qualitativ die Form des Kerns.

Beispiel 7.1-3
Die starre Fundamentplatte einer Maschine ist auf $\nu > 3$ Federn gelagert, die beliebig angeordnet sind, z.B. in der Anordnung von Abb. 7.7. Die Federkonstanten sind k_i $(i = 1, \ldots, \nu)$. Im unbelasteten Zustand liegen die oberen Enden aller Federn in einer horizontalen Ebene. Welche Kräfte F_i $(i = 1, \ldots, \nu)$ üben die Federn auf die Platte aus, wenn die aus Platte und Maschine resultierende Gewichtskraft

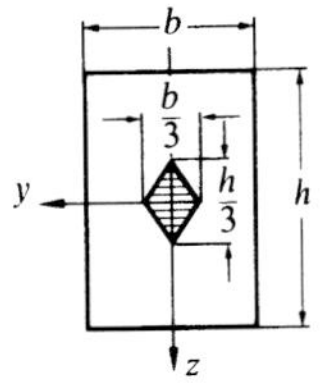

Abb. 7.5. Kernkontur eines Rechtecks

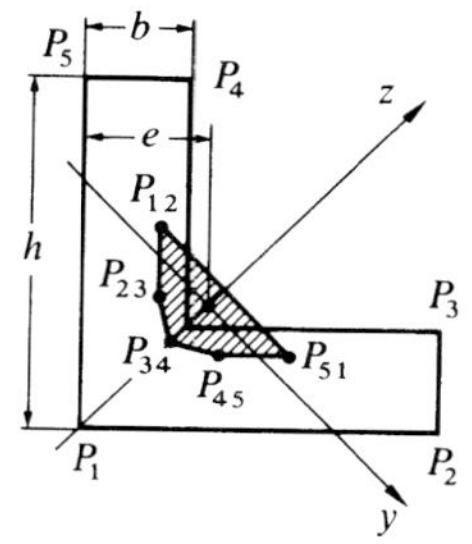

Abb. 7.6.

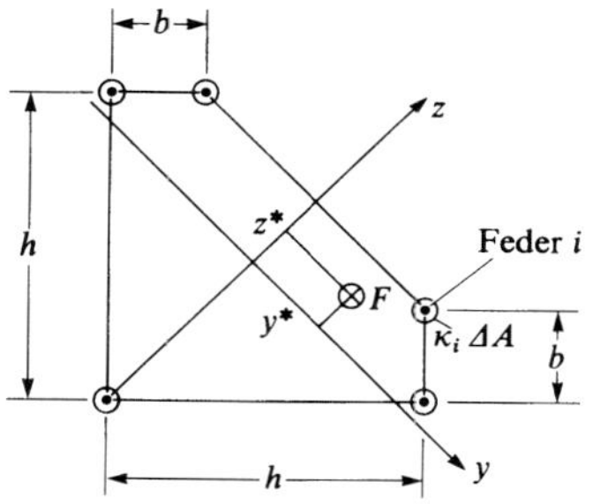

Abb. 7.7. Starre Fundamentplatte auf 5 Federn, die als Stäbe mit Querschnittsflächen $\kappa_i \Delta A$ $(i = 1, \ldots, 5)$ interpretiert werden. Zusammen bilden sie einen eben bleibenden Querschnitt mit Hauptachsen y und z. Wenn F im Kern des Querschnitts angreift, hebt die Platte von keiner Feder ab

F in einem gegebenen Punkt angreift? In welchem Bereich muß der Angriffspunkt liegen, wenn die Platte von keiner Feder abheben soll?
Lösung: Mit einer beliebigen Federkonstante k_0 als Bezugsgröße werden die Verhältnisse $\kappa_i = k_i/k_0$ $(i = 1, \ldots, \nu)$ definiert. Die Feder i $(i = 1, \ldots, \nu)$ wird als Druckstab mit der Querschnittsfläche $\kappa_i \Delta A$ dargestellt, wobei ΔA beliebig klein sein soll. Ein horizontaler Schnitt durch alle ν Druckstäbe bildet einen zusammengesetzten Stabquerschnitt mit der Gesamtfläche $A = (\kappa_1 + \cdots + \kappa_\nu)\Delta A$, der wegen der Starrheit der Platte bei Verformungen der Federn eben bleibt. Für diesen Stabquerschnitt werden das y, z-System der zentralen Hauptachsen und die Hauptflächenmomente I_y und I_z berechnet. Sie sind wegen der vorausgesetzten Kleinheit von ΔA proportional zu ΔA (siehe Aufg.5.10). Das in Abb. 7.7 gezeigte y, z-System ist das System der zentralen Hauptachsen, wenn alle Federkonstanten gleich sind. Gl. (7.2) gibt die Spannungsverteilung im Querschnitt an. Für gegebene Koordinaten y^* und z^* des Angriffspunktes von F ist die Kraft der Feder i an der Stelle (y_i, z_i)

$$F_i = \kappa_i \Delta A \, \sigma(y_i, z_i) = \frac{\kappa_i F}{\sum_{j=1}^{\nu} \kappa_j} \left(1 + \frac{A z^* z_i}{I_y} - \frac{A y^* y_i}{I_z} \right) \qquad (i = 1, \ldots, \nu).$$

Darin sind A/I_y und A/I_z unabhängig von ΔA.

Die Platte hebt von keiner Feder ab, wenn der Kraftangriffspunkt (y^*, z^*) innerhalb des Kerns des zusammengesetzten Querschnitts liegt. Die Kernkontur wird durch (7.4) bestimmt. Für die Federanordnung von Abb. 7.7 unterscheidet sich die Rechnung von der in Beisp. 7.1-2 nur durch andere Zahlenwerte.

7.1.2 Längskraft und Torsionsmoment

Abb. 7.8 zeigt am Beispiel eines Rohres mit Innenradius r_i und Außenradius r_a die Überlagerung einer Längskraft F und eines Torsionsmoments M_T. In der Querschnittsfläche des Rohres überlagern sich die konstante Längsspannung

$$\sigma = F/A$$

und die über den Querschnitt veränderliche Schubspannung nach Gl. (6.8):

$$\tau(r) = \frac{M_T}{\frac{1}{2}\pi(r_a^4 - r_i^4)}\, r .$$

Bei dünnwandigen Rohren beliebigen Querschnitts tritt (6.15) an diese Stelle, d.h.

$$\tau(s) = \frac{M_T}{2A_m t(s)} .$$

Beispiel 7.1-4
Das Rohr in Abb. 7.8 hat die Abmessungen $r_a = 125\,\mathrm{mm}$ und $r_i = 117,5\,\mathrm{mm}$. Die Belastung ist $F = -60\,\mathrm{kN}$ (Druck) und $M_T = 30\,\mathrm{kNm}$. Wie groß sind σ und τ_{max}? Man zeichne den zugehörigen Mohrschen Spannungskreis.
Lösung: $A = 5,71 \cdot 10^3\,\mathrm{mm}^2$, $A_m = 46,2 \cdot 10^3\,\mathrm{mm}^2$, $t = 7,5\,\mathrm{mm}$,

$\sigma = -\frac{60 \cdot 10^3}{5,71 \cdot 10^3} = -10,5\,\mathrm{Nmm}^{-2}$,

$\tau_{max} = \frac{30 \cdot 10^6}{2 \cdot 46,2 \cdot 10^3 \cdot 7,5} = 43,3\,\mathrm{Nmm}^{-2}$.

Diese Spannungen treten in einem Wandelement an der Außenfläche des Rohres auf. Abb. 7.9a zeigt dieses Element. Der zugehörige Mohrsche Kreis ist in Abb. b gezeichnet. Aus Gl. (1.31) werden die Hauptnormalspannungen berechnet:

$\sigma_1 = 38,4\,\mathrm{Nmm}^{-2}$, $\sigma_2 = -48,9\,\mathrm{Nmm}^{-2}$.
Sie haben stets entgegengesetzte Vorzeichen. Das gilt auch dann, wenn F eine Zugkraft ist.

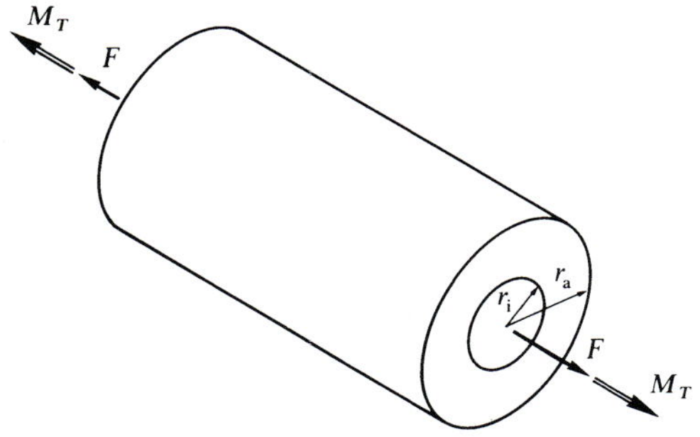

Abb. 7.8. Stab mit Längskraft und Torsionsmoment

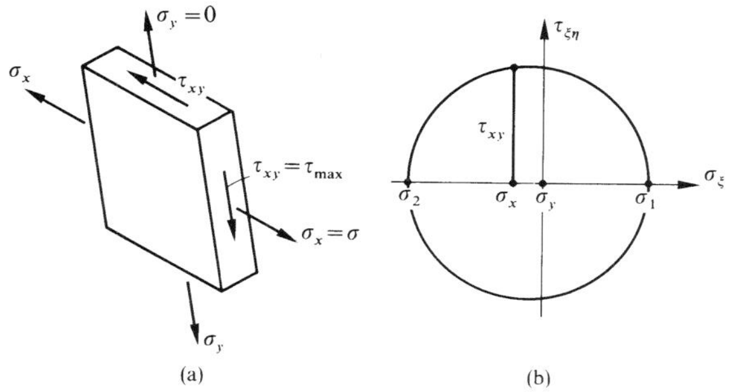

Abb. 7.9. a: Wandelement des Stabes von Abb. 7.8 mit allen Spannungen (vgl. die Ausschnittvergrößerung in Abb. 6.4). b: Der zugehörige Mohrsche Kreis

7.1.3 Biegemoment und Torsionsmoment

In einem Stab, der durch ein Biegemoment $M_y(x)$ und ein Torsionsmoment $M_T(x)$ belastet wird, treten im Querschnitt an der Stelle x Längs- und Schubspannungen auf. Wenn man sich auf kreisförmige Querschnitte beschränkt, gilt

$$\sigma(x,z) = \frac{M_y(x)}{I_y(x)}\,z, \qquad \tau(x,r) = \frac{M_T(x)}{I_p(x)}\,r.$$

Beispiel 7.1-4
Der zweimal abgewinkelte Stab in Abb. 7.10 hat einen massiven Kreisquerschnitt vom Radius r. Wo treten unter der Belastung durch die beiden Kräfte der Größe F die größten Spannungen auf und wie groß sind sie?
Lösung: Im horizontalen Teil hat das Torsionsmoment überall die Größe $M_T = aF$. Das Biegemoment hat am Lager B die maximale Größe $M_{ymax} = bF$. Dort treten die größten Längs- und Schubspannungen auf, und zwar in den vorn und hinten liegenden äußersten Fasern. Die maximalen Spannungen sind

$$\tau_{max} = \frac{M_T}{I_p}\,r = \frac{2aF}{\pi r^3}, \qquad \sigma_{max} = \frac{M_{ymax}}{I_y}\,r = \frac{4bF}{\pi r^3}.$$

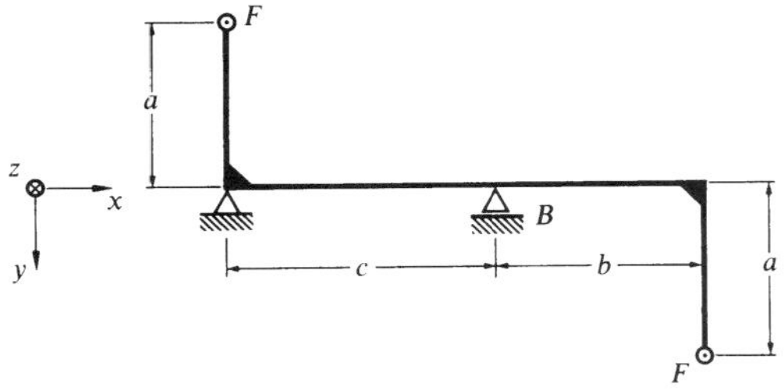

Abb. 7.10.

7.2 Festigkeitshypothesen. Vergleichsspannungen

Die Beispiele des vorigen Abschnitts zeigen, daß in Bauteilen i.allg. dreiachsige Spannungszustände herrschen. Sie werden durch Spannungen σ_x, σ_y, σ_z, τ_{xy}, τ_{yz} und τ_{zx} in einem beliebig gewählten Koordinatensystem beschrieben. Thema dieses Abschnitts ist die in der Ingenieurpraxis alltägliche Frage, ob ein bestimmter Werkstoff bei einem bestimmten Spannungszustand versagt oder nicht. Diese Fragestellung ist noch nicht genau genug. Es kommt auch auf die Beanspruchungsart an. Ein Spannungszustand kann zeitlich konstant, d.h. statisch wirken, oder er kann die Amplitude einer schwingenden Belastung sein, oder er kann das Maximum während eines stoßartigen Vorgangs sein. In diesem Abschnitt werden nur statische Spannungszustände behandelt, und zwar nur bei metallischen Werkstoffen.

Man unterscheidet duktile (fließfähige) Werkstoffe und spröde Werkstoffe. Ein Werkstoff heißt duktil, wenn beim *einachsigen Zugversuch* Fließen und örtliche Einschnürung dem Gewaltbruch vorausgehen (vgl. Abb. 3.4 und Abb. 3.5). Andernfalls heißt der Werkstoff spröde. Die Betonung liegt dabei auf *einachsiger Zugversuch*. Ein Werkstoff, der nach dieser Definition duktil ist, kann bei anderen Spannungszuständen ohne Fließen zerreißen, z.B. bei einer ausreichend großen hydrostatischen – d.h. allseitig gleichen – Zugspannung (hydrostatische Spannungszustände führen niemals zum Fließen, nicht einmal bei Flüssigkeiten). Andererseits kann ein nach obiger Definition spröder Werkstoff bei geeigneten dreidimensionalen Spannungszuständen durchaus fließen. Zum Beispiel tritt bei der Härteprüfung nach Rockwell stets Fließen auf.

Diese Überlegungen zeigen, daß der Spannungszustand darüber entscheidet, ob ein Versagen durch Fließen oder ein Versagen durch Sprödbruch eintritt. Man muß für beide Versagensarten Kriterien, d.h. Bedingungen für den Spannungszustand formulieren. Anhand dieser Kriterien kann man dann für jeden konkret vorliegenden Spannungszustand feststellen, ob und ggf. auf welche Weise der Werkstoff versagt.

7.2.1 Fließkriterien

Da für einen Werkstoff nur die Fließspannung Y aus dem einachsigen Zugversuch bekannt ist (siehe Abb. 3.4 und Abb. 3.6), braucht man eine Berechnungsvorschrift, mit der zu jedem beliebigen räumlichen Spannungszustand eine sog. *Vergleichsspannung* σ_V bestimmbar ist. Sie ist definiert als diejenige Längsspannung, die bei einem einachsigen Zugversuch den Werkstoff ebenso stark beansprucht wie der räumliche Spannungszustand (siehe Abb. 7.11). Im Fall $\sigma_V = Y$ tritt Fließen ein. Bei isotropen Werkstoffen muß die Vergleichsspannung σ_V zu jedem beliebigen räumlichen Spannungszustand unabhängig davon sein, in welchem Koordinatensystem die Spannungen gemessen werden. σ_V muß also eine eindeutige Funktion von Invarianten des Spannungszustandes sein. Das können die Invarianten I_1, I_2, I_3 von Gl. (1.15)

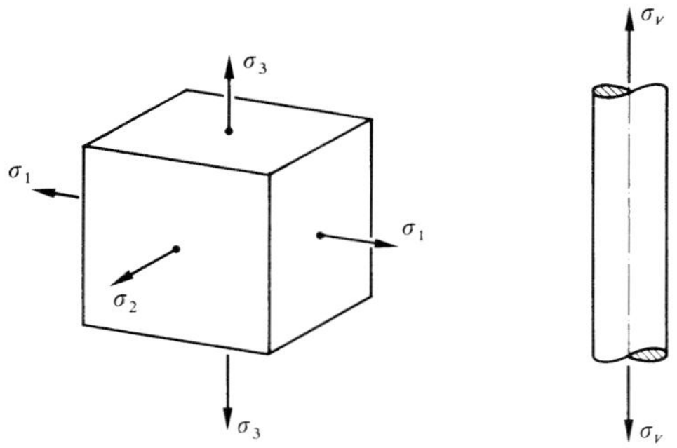

Abb. 7.11. Die Vergleichspannung σ_V ist so groß, daß der Zugstab rechts ebenso stark beansprucht wird wie der Körper links durch den dreiachsigen Spannungszustand

oder die Hauptnormalspannungen σ_1, σ_2, σ_3 oder die Oktaederspannungen σ_0 und τ_0 von Gl. (1.21) sein. Im folgenden werden σ_1, σ_2 und σ_3 verwendet. Gegenstand der Untersuchung sind die Flächen, die im Koordinatensystem der Hauptnormalspannungen durch die Gleichung

$$\sigma_V(\sigma_1, \sigma_2, \sigma_3) = \text{const} \qquad \text{(beliebig)} \tag{7.5}$$

beschrieben werden. Diejenige Fläche, für die die Konstante gleich der Fließspannung Y ist, heißt *Fließfläche*.

Wegen der Isotropie des Werkstoffs hat die Funktion $\sigma_V(\sigma_1, \sigma_2, \sigma_3)$ die Eigenschaft, daß der Funktionswert sich nicht ändert, wenn man die Indizes 1, 2 und 3 beliebig vertauscht, d.h. z.B.

a) $\sigma_V(\sigma_1, \sigma_2, \sigma_3) \equiv \sigma_V(\sigma_2, \sigma_1, \sigma_3)$.

Metalle haben außerdem die folgende Eigenschaft: Wenn ein beliebiger Spannungszustand $(\sigma_1, \sigma_2, \sigma_3)$ Fließen verursacht (bzw. nicht verursacht), dann verursacht auch der Spannungszustand $(-\sigma_1, -\sigma_2, -\sigma_3)$ Fließen (bzw. kein Fließen). Es ist daher sinnvoll, beiden Spannungszuständen dieselbe Vergleichsspannung zuzuordnen. Also ist

b) $\sigma_V(-\sigma_1, -\sigma_2, -\sigma_3) \equiv \sigma_V(\sigma_1, \sigma_2, \sigma_3)$.

Schließlich haben Metalle die folgende Eigenschaft: Wenn ein beliebiger Spannungszustand $(\sigma_1, \sigma_2, \sigma_3)$ Fließen verursacht (bzw. nicht verursacht), dann verursacht auch die Überlagerung dieses Spannungszustands mit einem beliebigen hydrostatischen Spannungszustand Fließen (bzw. kein Fließen). Es ist daher sinnvoll, allen derartigen Spannungszuständen dieselbe Vergleichsspannung zuzuordnen. Also ist

c) $\sigma_V(\sigma_1 + \sigma_h, \sigma_2 + \sigma_h, \sigma_3 + \sigma_h) \equiv \sigma_V(\sigma_1, \sigma_2, \sigma_3)$ $\qquad$ (σ_h beliebig).

Aus der Eigenschaft (c) folgt, daß σ_V auf jeder Geraden parallel zu der Raumdiagonale $\sigma_1 = \sigma_2 = \sigma_3$ des Koordinatensystems konstant ist (Abb. 7.12a). Das bedeutet, daß (7.5) eine Zylinderfläche mit Mantellinien parallel zu

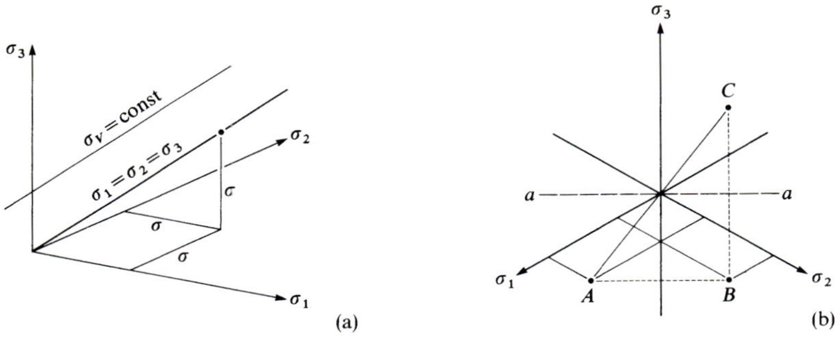

Abb. 7.12.

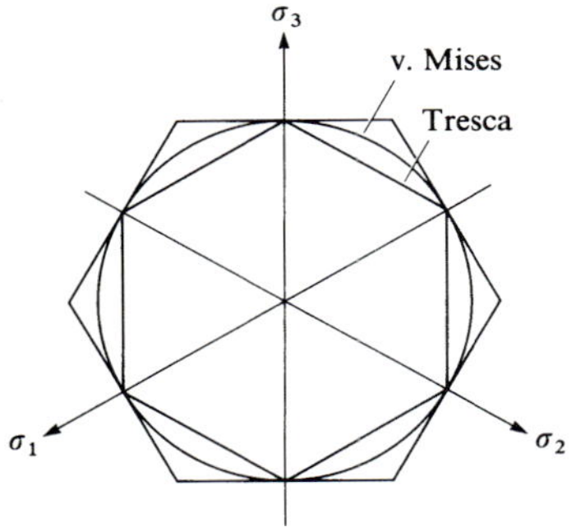

Abb. 7.13. Für ein beliebiges σ_V ist die Fläche σ_V =const ein Zylinder, dessen Querschnittskontur zwischen den gezeichneten Sechsecken liegt. Die Sechsecke sind durch den Punkt ($\sigma_1 = \sigma_V$, $\sigma_2 = \sigma_3 = 0$) bestimmt

dieser Raumdiagonale beschreibt. Um über die Querschnittsform des Zylinders Aussagen zu gewinnen, wird Abb. 7.12a entlang der Raumdiagonale projiziert. Die Koordinatenachsen bilden in der Projektion sechs 60°-Sektoren (Abb. 7.12b). Die Punkte A, B und C haben die Koordinaten $(\sigma_1, \sigma_2, 0)$ bzw. $(\sigma_2, \sigma_1, 0)$ bzw. $(-\sigma_1, -\sigma_2, 0)$. Zu allen drei Punkten gehört wegen der Eigenschaften (a) und (b) dieselbe Vergleichsspannung. Wegen der Eigenschaft (a) gehört dieselbe Vergleichsspannung auch zu den Punkten, die sich aus A, B und C durch Drehung um 120° bzw. um 240° ergeben (zyklische Vertauschung der Indizes 1, 2 und 3). Damit ist gezeigt, daß die Querschnittskontur des Zylinders symmmetrisch sowohl zu den Projektionen der drei Koordinatenachsen als auch zu den Halbierenden der 60°-Sektoren ist. Abb. 7.13 zeigt drei mögliche Querschnittskonturen, die die Koordinatenachsen in denselben Punkten schneiden, so daß für alle drei σ_V dieselbe Größe hat.

Überlegungen, die über den Rahmen dieses Buches hinausgehen, führen zu dem Ergebnis, daß die Querschnittskontur auch konvex sein muß (siehe [13]). Das bedeutet, daß alle physikalisch möglichen Konturen, die die Koordinatenachsen in den gezeichneten Punkten schneiden, in dem Bereich zwischen den beiden gezeichneten 6-Ecken (einschließlich dieser selbst) liegen müssen.

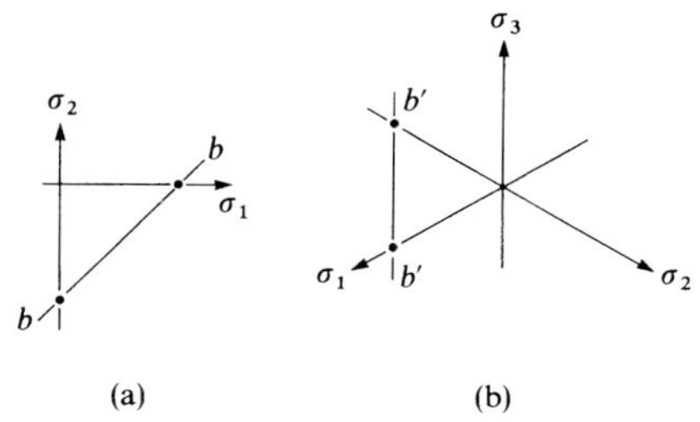

Abb. 7.14.

Tresca[1] hat als erster mit der sog. *Schubspannungshypothese* eine bestimmte Form der Funktion $\sigma_V(\sigma_1, \sigma_2, \sigma_3)$ vorgeschlagen. Die Hypothese besagt, daß die Vergleichsspannung σ_V im Zugstab und der Spannungszustand $(\sigma_1, \sigma_2, \sigma_3)$ den Werkstoff gleich stark beanspruchen, wenn beide Spannungszustände dieselbe maximale Schubspannung erzeugen. Indem man Gl. (1.20) einmal auf den dreiachsigen Spannungszustand und einmal auf den Spannungszustand im Zugstab anwendet, erhält man die Gleichung $\frac{1}{2}(\sigma_{max} - \sigma_{min}) = \frac{1}{2}\sigma_{V\,Schub}$ oder

$$\sigma_{V\,Schub} = \sigma_{max} - \sigma_{min}. \tag{7.6}$$

Für einen Werkstoff mit der Fließspannung Y ergibt sich damit als Bedingung für Fließen das sog. Tresca-Fließkriterium

$$\sigma_{max} - \sigma_{min} = Y. \tag{7.7}$$

Man überzeugt sich leicht davon, daß die Funktion $\sigma_{V\,Schub}(\sigma_1, \sigma_2, \sigma_3)$ die Eigenschaften (a), (b) und (c) hat. Um festzustellen, welche Querschnittskontur der zugehörige Zylinder hat, genügt folglich die Untersuchung einer einzigen von insgesamt sechs möglichen Anordnungen der Hauptnormalspannungen, z.B. die Anordnung $\sigma_{max} = \sigma_1$, $\sigma_{min} = \sigma_2$. Gl. (7.5) hat dann die Form $\sigma_1 - \sigma_2 = \sigma_V = \text{const.}$ In der σ_1, σ_2-Ebene in Abb. 7.14a ist das die Gleichung der Geraden b–b. In der Projektion in Abb. 7.14b entsteht daraus die Gerade b′–b′. Damit ist gezeigt, daß zur Schubspannungshypothese das innere der beiden 6-Ecke von Abb. 7.13 gehört.

Von v. Mises[2] stammt die *Oktaederschubhypothese*. Sie besagt, daß die Vergleichsspannung σ_V im Zugstab und der Spannungszustand $(\sigma_1, \sigma_2, \sigma_3)$ den Werkstoff gleich stark beanspruchen, wenn beide Spannungszustände dieselbe Oktaederschubspannung τ_0 erzeugen. In (1.22) ist sie durch die Hauptnormalspannungen und in (1.23) durch die Spannungen in einem beliebig orientierten Koordinatensystem ausgedrückt. Abb. 1.8 zeigt die Lage der acht Flächen, in denen sie auftritt. Wenn man (1.22) einmal auf den

[1] Henri Edouard Tresca, 1814 (Dünkirchen) – 1885 (Paris)
[2] Richard Martin Edler von Mises, 1883 (Lemberg) – 1953 (Boston)

dreiachsigen Spannungszustand und einmal auf den Spannungszustand im Zugstab anwendet, erhält man die Gleichung

$$\tfrac{1}{3}\sqrt{(\sigma_1-\sigma_2)^2+(\sigma_2-\sigma_3)^2+(\sigma_3-\sigma_1)^2}=\tfrac{1}{3}\sqrt{2\sigma_{V\,Okt}^2}$$

oder

$$\sigma_{V\,Okt}=\tfrac{\sqrt{2}}{2}\sqrt{(\sigma_1-\sigma_2)^2+(\sigma_2-\sigma_3)^2+(\sigma_3-\sigma_1)^2}. \tag{7.8}$$

Dafür kann man wegen (1.23) auch schreiben:

$$\sigma_{V\,Okt}=\sqrt{(\sigma_x+\sigma_y+\sigma_z)^2+3\big[-(\sigma_x\sigma_y+\sigma_y\sigma_z+\sigma_z\sigma_x)+\tau_{xy}^2+\tau_{yz}^2+\tau_{zx}^2\big]}. \tag{7.9}$$

Für einen Werkstoff mit der Fließspannung Y ergibt sich damit als Bedingung für Fließen das *Mises-Fließkriterium*

$$(\sigma_1-\sigma_2)^2+(\sigma_2-\sigma_3)^2+(\sigma_3-\sigma_1)^2=2Y^2. \tag{7.10}$$

Die Funktion $\sigma_{V\,Okt}(\sigma_1,\sigma_2,\sigma_3)$ hat offensichtlich die Eigenschaften (a), (b) und (c). Da die Gleichung $\sigma_{V\,Okt}^2=\text{const}$ eine Fläche 2. Grades beschreibt, ergibt sich in der Projektion in Abb. 7.13 eine Kurve 2. Grades, d.h. ein Kegelschnitt und wegen der nachgewiesenen Symmetrie der gezeichnete Kreis. Wie man sieht, ist

$$\sigma_{V\,Okt}(\sigma_1,\sigma_2,\sigma_3)\le\sigma_{V\,Schub}(\sigma_1,\sigma_2,\sigma_3).$$

Hypothesen müssen experimentell überprüft werden. Es gibt keine Versuchsanordnung, mit der man in einem Probekörper einen homogenen Spannungszustand mit drei unabhängig voneinander wählbaren Hauptnormalspannungen σ_1, σ_2, σ_3 erzeugen kann. Ebene Spannungszustände werden erzeugt, indem man an einem dünnwandigen Rohr eine Längskraft F mit Torsion oder mit innerem Überdruck überlagert. Im ersten Fall sind nur Hauptnormalspannungen mit entgegengesetzten Vorzeichen erzeugbar, wie Beisp. 7.1-3 gezeigt hat. Im zweiten Fall treten die Hauptnormalspannungen

$$\sigma_1=\frac{\Delta p\,r}{2t}+\frac{F}{2\pi rt},\qquad \sigma_2=\frac{\Delta p\,r}{t}$$

auf (siehe (4.29)). Dieser Lastfall erzeugt genau genommen einen Spannungszustand, der weder ganz homogen noch wirklich eben ist, denn in radialer Richtung ist eine Hauptnormalspannung vorhanden, die von $-\Delta p$ auf der Innenseite bis null auf der Außenseite abfällt. Bei dünnwandigen Rohren ist $\Delta p\ll\sigma_2$. Versuchsergebnisse werden in das σ_1,σ_2-Diagramm von Abb. 7.15 eingetragen. Die Fließkriterien von Tresca und von Mises nehmen im ebenen Fall mit $\sigma_3=0$ die Formen an:

$$Y=\begin{cases}\sigma_1-\sigma_2 & (\sigma_1>0>\sigma_2)\\ \sigma_2-\sigma_1 & (\sigma_2>0>\sigma_1)\\ \sigma_1 & (\sigma_1>\sigma_2>0)\\ -\sigma_1 & (0>\sigma_2>\sigma_1)\\ \sigma_2 & (\sigma_2>\sigma_1>0)\\ -\sigma_2 & (0>\sigma_1>\sigma_2)\end{cases}\qquad\text{(Tresca)},$$

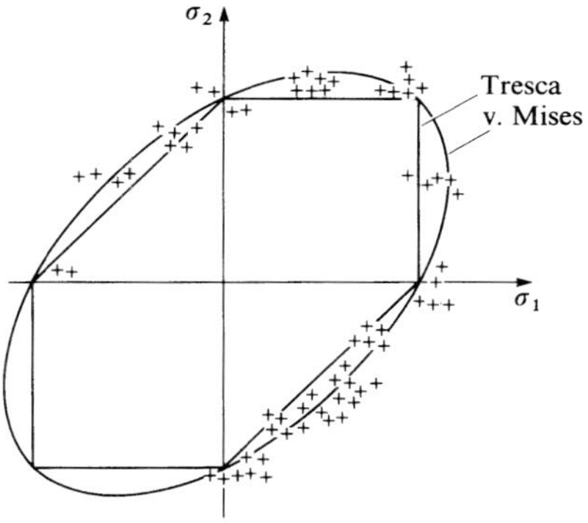

Abb. 7.15. Kreuze bezeichnen ebene Spannungszustände, bei denen im Versuch Fließen festgestellt wurde

$$Y = \frac{\sqrt{2}}{2}\sqrt{(\sigma_1 - \sigma_2)^2 + \sigma_1^2 + \sigma_2^2} = \sqrt{(\sigma_1 - \sigma_2)^2 + \sigma_1\sigma_2} \qquad \text{(Mises)}.$$

In Abb. 7.15 gehören dazu das gezeichnete 6-Eck und die Ellipse. Kreuze zeigen Spannungszustände an, bei denen im Experiment Fließen eingesetzt hat (siehe [14]). Die Ergebnisse zeigen, daß beide Kriterien recht gut zutreffen, und zwar das Mises-Kriterium besser als das Tresca-Kriterium.

7.2.2 Bruchkriterien

Alle Spannungszustände, die in einem Werkstoff einen Bruch ohne vorheriges Fließen verursachen, definieren im $\sigma_1, \sigma_2, \sigma_3$-Koordinatensystem die sog. *Bruchfläche* des Werkstoffs. Sie ist von der Fließfläche verschieden. Sei K die Bruchspannung bei einem einachsigen Zugversuch. Bei spröden Werkstoffen ist sie meßbar. Die unbekannte Bruchfläche schneidet die σ_1-, die σ_2- und die σ_3-Achse bei $+K$. Da alle Werkstoffe bei einem hydrostatischen Spannungszustand $\sigma_1 = \sigma_2 = \sigma_3 = \sigma_h$ mit hinreichend großem $\sigma_h > 0$ ohne vorheriges Fließen brechen, schneidet die Bruchfläche die Raumdiagonale in diesem Punkt. Wie man σ_h aus K bestimmt, ist noch unklar.

Es gibt viele Hypothesen über die Form der Bruchfläche. Die älteste ist die Normalspannungshypothese. Nach ihr tritt der Bruch ein, wenn die maximale Hauptnormalspannung gleich K ist:

$$\max(\sigma_1, \sigma_2, \sigma_3) = K. \tag{7.11}$$

Abb. 7.16 zeigt diese Bruchfäche. Sie ist eine in den Druckbereich hinein offene Pyramide, deren Kanten sich unter 90° im Punkt $\sigma_1 = \sigma_2 = \sigma_3 = K$ schneiden. Daraus folgt $\sigma_h = K$. Experimente zeigen, daß diese Hypothese weder bei Metallen noch bei anderen Werkstoffen eine gute Näherung ist. Eine Fläche mit Kanten ist auch theoretisch nicht begründbar.

Einige Hypothesen schlagen kegelförmige (Drucker-Prager-Kriterium; siehe [13]) oder andere Rotationsflächen um die Raumdiagonale vor. Es gibt

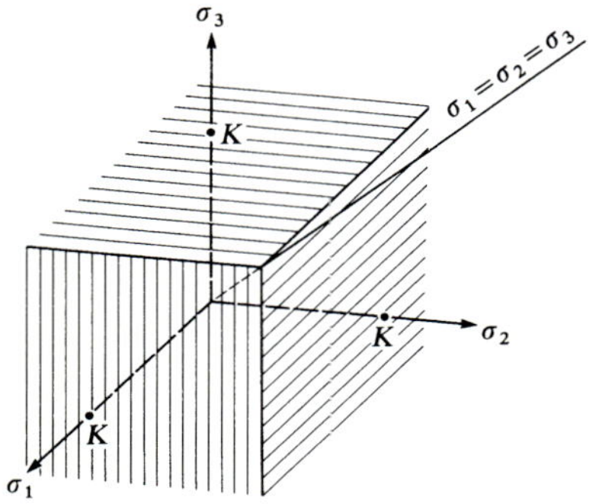

Abb. 7.16. Die Bruchfläche im Raum der Spannungshauptachsen nach der Normalspannungshypothese. Schnitte normal zur Raumdiagonale $\sigma_1 = \sigma_2 = \sigma_3$ sind gleichseitige Dreiecke

keine theoretische Begründung, warum die Fläche eine Rotationsfläche um die Raumdiagonale sein sollte.

Einige Hypothesen beruhen auf Annahmen, daß der Bruch eintritt, wenn gewisse Funktionen der Hauptdehungen ϵ_1, ϵ_2 und ϵ_3 eine kritische Größe erreichen. Zu diesen gehört die *logarithmische Dehnungshypothese* von Kuhn (siehe [15] und [16]). Danach tritt der Bruch ein, wenn der Ausdruck $a^{\epsilon_1} + a^{\epsilon_2} + a^{\epsilon_3}$ mit einer noch zu bestimmenden Konstante a eine kritische Größe erreicht. Nach dem Hookeschen Gesetz von Gl. (3.7) ist

$$a^{\epsilon_1} + a^{\epsilon_2} + a^{\epsilon_3} = a^{[\sigma_1-\nu(\sigma_2+\sigma_3)]/E} + a^{[\sigma_2-\nu(\sigma_3+\sigma_1)]/E} + a^{[\sigma_3-\nu(\sigma_1+\sigma_2)]/E}.$$

Da im einachsigen Zugversuch bei der Bruchspannung K die Hauptdehnungen die Größen K/E, $-\nu K/E$ und $-\nu K/E$ haben, hat die Bruchfläche die Gleichung

$$a^{[\sigma_1-\nu(\sigma_2+\sigma_3)]/E} + a^{[\sigma_2-\nu(\sigma_3+\sigma_1)]/E} + a^{[\sigma_3-\nu(\sigma_1+\sigma_2)]/E} = a^{K/E} + 2a^{-\nu K/E}. \tag{7.12}$$

Wenn der Spannungszustand $(\sigma_1,\sigma_2,\sigma_3)$ keinen Bruch verursacht, dann bestimmt dieselbe Gleichung mit σ_V anstelle von K eine Vergleichsspannung σ_V:

$$a^{[\sigma_1-\nu(\sigma_2+\sigma_3)]/E} + a^{[\sigma_2-\nu(\sigma_3+\sigma_1)]/E} + a^{[\sigma_3-\nu(\sigma_1+\sigma_2)]/E} = a^{\sigma_V/E} + 2a^{-\nu\sigma_V/E}. \tag{7.13}$$

Die Gln. (7.12) und (7.13) nehmen mit der neuen Konstanten

$$b = a^{K/E} \tag{7.14}$$

die Formen an:

$$b^{[\sigma_1-\nu(\sigma_2+\sigma_3)]/K} + b^{[\sigma_2-\nu(\sigma_3+\sigma_1)]/K} + b^{[\sigma_3-\nu(\sigma_1+\sigma_2)]/K} = b + 2b^{-\nu}, \tag{7.15}$$

$$b^{[\sigma_1-\nu(\sigma_2+\sigma_3)]/K} + b^{[\sigma_2-\nu(\sigma_3+\sigma_1)]/K} + b^{[\sigma_3-\nu(\sigma_1+\sigma_2)]/K} = b^{\sigma_V/K} + 2b^{-\nu\sigma_V/K}. \tag{7.16}$$

Die Konstante b wird aus der Bedingung berechnet, daß die positive σ_1-Achse, die positive σ_2-Achse und die positive σ_3-Achse wie bei der Normalspannungshypothese die Bruchfläche orthogonal schneiden müssen (siehe Abb. 7.16).

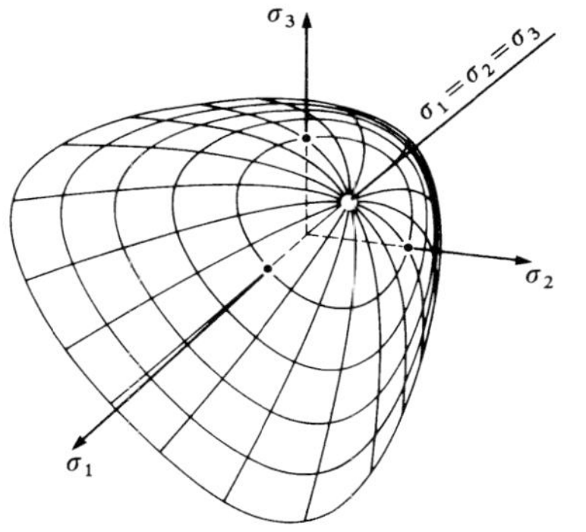

Abb. 7.17. Die Bruchfläche für einen Werkstoff mit $\nu = 0,3$ im Raum der Spannungshauptachsen nach der logarithmischen Dehnungshypothese

Wegen der zyklischen Symmetrie in den Indizes genügt es, die Forderung für die σ_1-Achse zu formulieren. Wenn f die linke Seite von Gl. (7.15) bezeichnet, dann muß

$$\left.\frac{\partial f}{\partial \sigma_2}\right|_{\sigma_1=K,\sigma_2=\sigma_3=0} = 0, \qquad \left.\frac{\partial f}{\partial \sigma_3}\right|_{\sigma_1=K,\sigma_2=\sigma_3=0} = 0$$

sein. Beide Bedingungen liefern dieselbe Bestimmungsgleichung:

$$\left[-\nu b + (1-\nu)b^{-\nu}\right] \ln b = 0.$$

Sie hat die Lösung

$$b = \left(\frac{1-\nu}{\nu}\right)^{\frac{1}{1+\nu}}. \tag{7.17}$$

Mit dieser Größe bestimmt (7.16) in impliziter Form die Vergleichsspannung σ_V für Versagen durch Bruch, und (7.15) bestimmt die Bruchfläche.

Die Bruchfläche ist stetig gekrümmt und konvex. Sie hat keine Rotationssymmetrie. Abb. 7.17 gibt einen perspektivischen Eindruck von ihrer Form im Fall $\nu = 0,3$. Der Durchstoßpunkt $\sigma_1 = \sigma_2 = \sigma_3 = \sigma_h$ der Raumdiagonale durch die Bruchfläche ergibt sich aus (7.15) zu

$$\sigma_h = K\,\frac{\ln\left[\frac{1}{3}(b + 2b^{-\nu})\right]}{(1-2\nu)\ln b}. \tag{7.18}$$

σ_h ist nur sehr wenig mit ν veränderlich. Für alle in Tabelle 1 im Anhang aufgeführten Metalle ist $0,2 < \nu < 0,3$. In diesem Intervall liegt σ_h zwischen $0,662\,K$ und $0,667\,K$. Bei der Normalspannungshypothese ist dagegen $\sigma_h = K$.

Ebenen normal zur Raumdiagonale werden durch die Gleichung $z = (\sigma_1 + \sigma_2 + \sigma_3)/\sqrt{3} = \text{const}$ beschrieben, wobei z der Abstand der Ebene vom Ursprung ist. Schnitte der Bruchfläche mit solchen Ebenen erzeugen die Kurven von Abb. 7.18a. Zu ihren Eigenschaften siehe Aufg.7.11.

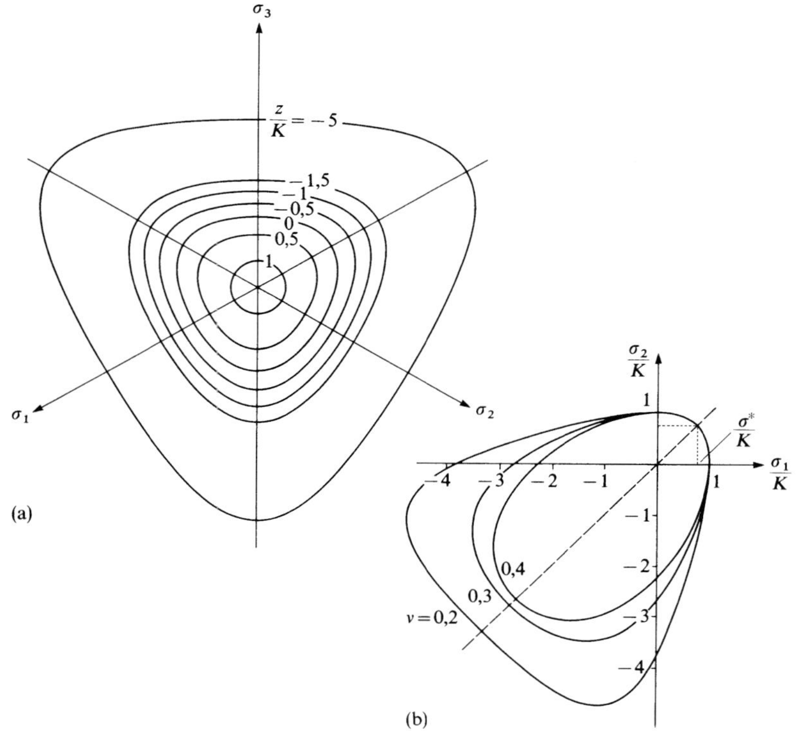

Abb. 7.18. Schnittkurven $z = \text{const}$ der Bruchfläche für Werkstoffe mit $\nu = 0,3$ mit Ebenen normal zur Raumdiagonale (a) und Schnittkurven der Bruchfläche für Werkstoffe mit $\nu = 0,2$, $\nu = 0,3$ und $\nu = 0,4$ mit der Ebene $\sigma_3 = 0$ (b)

Schnitte der Bruchfläche mit der Ebene $\sigma_3 = 0$ erzeugen die Kurven von Abb. 7.18b. Im ersten Quadranten sind sie praktisch unabhängig von ν. Der Schnittpunkt mit der Winkelhalbierenden des ersten Quadranten ist durch $\sigma_1 = \sigma_2 = \sigma^*(\nu)$ gekennzeichnet. Die hierdurch definierte Größe $\sigma^*(\nu)$ ergibt sich aus Gl. (7.15), die in diesen Punkten die Form hat:

$$2b^{(1-\nu)\sigma^*/K} + b^{-2\nu\sigma^*/K} = b + 2b^{-\nu}. \tag{7.19}$$

Da σ^* nur sehr wenig mit ν veränderlich ist, wird $\nu = 1/3$ gesetzt. Dann ist die Gleichung quadratisch für die Größe $x = b^{(2/3)\sigma^*/K}$. Außerdem ist dann wegen (7.17) $b = 2^{3/4}$. Die quadratische Gleichung ist $x^2 - 2^{3/4}x = -1/2$. Die positive Wurzel liefert $\sigma^* \approx 0,75\,K$.

Die logarithmische Dehnungshypothese befindet sich in guter Übereinstimmung mit experimentellen Ergebnissen (siehe [25]).

Kehren wir nun zum Ausgangspunkt dieses Abschnitts zurück. Mit Fließkriterien und Bruchkriterien kann man entscheiden, ob und ggf. welche Art von Versagen in einem konkreten Fall eintritt. Man stelle sich den Span-

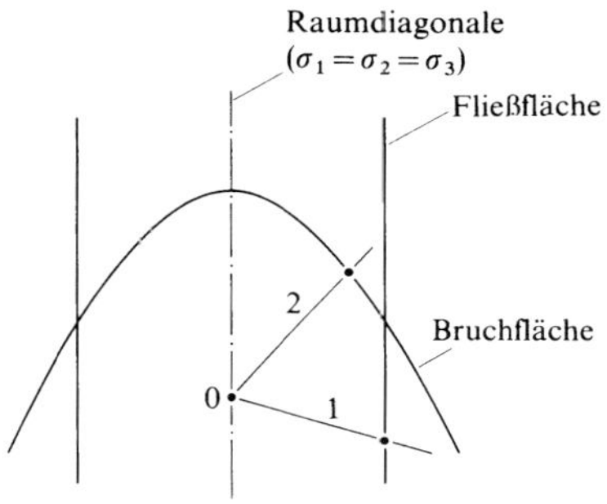

Abb. 7.19. Schematische Darstellung von Fließfläche und Bruchfläche eines Werkstoffs. Spannungszustände auf dem Strahl 1 (auf dem Strahl 2) führen bei Laststeigerung zum Versagen durch Fließen (durch Sprödbruch)

nungszustand $(\sigma_1, \sigma_2, \sigma_3)$ als Ergebnis einer zusammengesetzten Beanspruchung eines Körpers durch eine Lastgruppe vor, deren sämtliche Lasten proportional zu einer einzigen Kraft F sind. Bei wachsendem F wachsen auch σ_1, σ_2 und σ_3 proportional zu F. Der Spannungszustandspunkt im $\sigma_1, \sigma_2, \sigma_3$-Koordinatensystem wandert dabei auf einem Strahl, der im Ursprung beginnt. Je nach der Richtung des Strahls wird zuerst die Fließfläche oder zuerst die Bruchfläche erreicht. Abb. 7.19 zeigt schematisch die Raumdiagonale, die Fließfläche und die Bruchfläche. Wenn bei einem Lastfall der Strahl 1 durchlaufen wird, versagt der Werkstoff durch Fließen. Wenn der Strahl 2 durchlaufen wird, versagt er durch Bruch.

Beispiel 7.2-1
Wie groß sind die Vergleichsspannungen nach der Oktaederschubhypothese für die Spannungszustände in den Beispielen 7.1-4 und 7.1-5?
Lösung für Beisp. 7.1-4: Bei der Überlagerung von Druck und Torsion in einem Rohr wurden für die am stärksten beanspruchten Stellen die Spannungen

$\sigma = -10,5\,\mathrm{Nmm}^{-2} \quad \text{und} \quad \tau_{max} = 43,3\,\mathrm{Nmm}^{-2}$

berechnet. Sie müssen in (7.9) als σ_x und als τ_{xy} eingesetzt werden. Alle anderen Spannungen sind null. Die Vergleichsspannung ist damit

$\sigma_V = \sqrt{10,5^2 + 3 \cdot 43,3^2} = 75,7\,\mathrm{Nmm}^{-2}.$

Lösung für Beisp. 7.1-5: Bei der Biegung und Torsion des Stabes treten an den am stärksten beanspruchten Stellen die Spannungen

$$\sigma_{max} = \frac{4bF}{\pi r^3}, \qquad \tau_{max} = \frac{2aF}{\pi r^3}$$

auf. Die Vergleichsspannung (7.9) ist damit

$$\sigma_V = \sqrt{\sigma_{max}^2 + 3\tau_{max}^2} = \frac{2F}{\pi r^3}\sqrt{4b^2 + 3a^2}.$$

Beispiel 7.2-2
Die Gln. (4.40), (4.41) und (4.43), (4.44) geben die Hauptnormalspannungen σ_r und σ_t in rotierenden Scheiben mit Loch bzw. ohne Loch als Funktionen des Scheibenparameters $z_0 = r_i/r_a$ und der bezogenen Ortskoordinate $z = r/r_a$ an. Abb. 4.16

zeigt die Abhängigkeit beider Spannungen von z_0 und z.
1. Wo tritt in einer Scheibe mit Loch die größte Vergleichsspannung $\sigma_{V\,max}$ für Fließen nach der Schubspannungshypothese auf und wie groß ist sie? Wie groß ist an derselben Stelle die Vergleichsspannung nach der Oktaederschubhypothese?
2. Bei welcher Drehzahl n liegt in der Mitte einer Scheibe ohne Loch der Spannungszustandspunkt auf der Bruchfläche (logarithmische Dehnungshypothese)? Gegeben sind: Bruchspannung K, Querzahl ν, Dichte ρ, Außenradius r_a.
Lösung zu Teil 1: Die Vergleichsspannung ist $\sigma_V = \sigma_t - \sigma_r$. Abb. 4.16 zeigt, daß diese Differenz stets positiv ist, und daß das Maximum am Innenrand bei $z = z_0$ auftritt:

$$\sigma_{V\,max} = \tfrac{1}{4}\rho\omega^2 r_a^2[3 + \nu + (1 - \nu)z_0^2].$$

Die Vergleichsspannung nach der Oktaederschubhypothese (Gl. (7.8)) ist identisch.
Lösung zu Teil 2: Die Scheibenmitte ist die am stärksten beanspruchte Stelle (siehe Abb. 4.16). Die Hauptspannungen dort sind

$$\sigma_1 = \sigma_2 = \sigma = \tfrac{1}{8}(3 + \nu)\rho\omega^2 r_a^2, \qquad \sigma_3 = 0.$$

Nach Abb. 7.18b liegt dieser Spannungszustandspunkt auf der Bruchfläche, wenn $\sigma = \sigma^*$ ist. Aus (7.19) wurde $\sigma^* \approx 0,75K$ berechnet. Also ist

$$\tfrac{1}{8}(3 + \nu)\rho\omega^2 r_a^2 \approx 0,75K.$$

Daraus erhält man ω und die gesuchte Drehzahl $n = \omega/(2\pi)$.

7.3 Übungsaufgaben

7.1 Der fest eingespannte Druckstab in Abb. A7.1 mit einem Rechteckquerschnitt der Breite b und Höhe h wird durch eine Längskraft $\boldsymbol{F}$ belastet. Wie groß darf das am freien Ende in der eingezeichneten Richtung angreifende Moment $\boldsymbol{M}$ höchstens sein, wenn an keiner Stelle des Stabes die Längsspannung σ_{zul} überschritten werden darf?
Geg.: $b = 40\,\text{mm}$, $h = 60\,\text{mm}$, $F = 200\,\text{kN}$, $\sigma_{zul} = 150\,\text{Nmm}^{-2}$

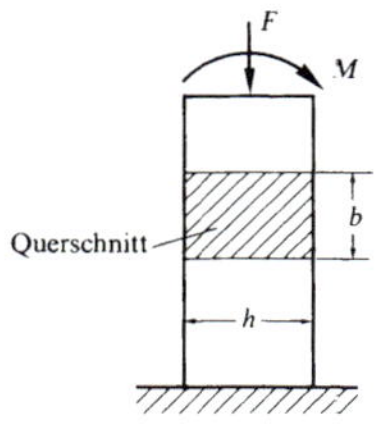

Abb. A7.1.

7.2 Der Stab in Abb. A7.2 hat einen rechteckigen Querschnitt mit konstanter Breite b und mit von x linear abhängiger Höhe $h(x)$. Er wird exzentrisch durch eine Längskraft F belastet. Geben Sie die Lage der Spannungsnullinie im Querschnitt als Funktion von x an. In welchem Bereich von x treten nur Zugspannungen auf? An welcher Stelle (x_0, z_0) ist die Längsspannung maximal

und welche Größe σ_{max} hat dieses Maximum?
Geg.: ℓ, h_0, $h_1 = 8h_0$, b, F

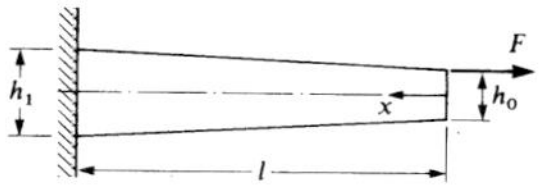

Abb. A7.2.

7.3 Der kreisförmig gekrümmte Dreigelenkbogen in Abb. A7.3 hat einen Rechteckquerschnitt der Breite b und Höhe h. Wie groß ist die größte Druckspannung σ_{max} infolge der Kraft F?
Geg.: $\ell = 60\,\mathrm{m}$, $H = 15\,\mathrm{m}$, $b = 25\,\mathrm{cm}$, $h = 40\,\mathrm{cm}$, $F = 30\,\mathrm{kN}$

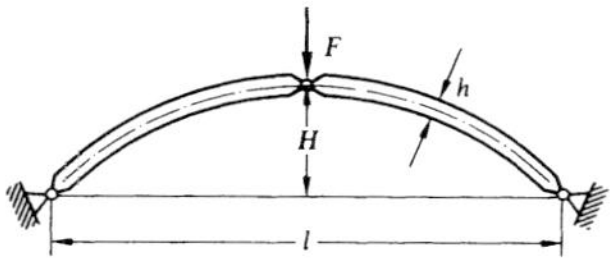

Abb. A7.3.

7.4 Das zylindrische Werkstück in der Schraubzwinge in Abb. A7.4 wird mit Spannkräften der Größe N gedrückt. Wie groß sind die größte Zugspannung σ_1 und die größte Druckspannung σ_2 im oberen Bügel, der die schraffierte Querschnittsform hat (Fall a)? Wie groß sind sie, wenn derselbe Querschnitt in der gestrichelten Lage verwendet wird (Fall b)?
Geg.: $H = 150\,\mathrm{mm}$, $h = 22\,\mathrm{mm}$, $b = 20\,\mathrm{mm}$, $t = 3\,\mathrm{mm}$, $F = 400\,\mathrm{N}$

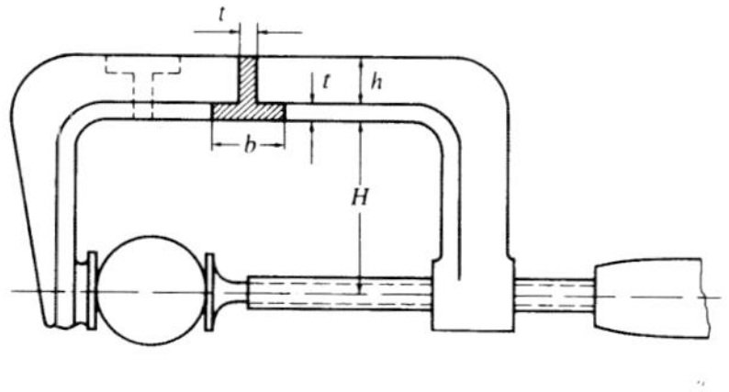

Abb. A7.4.

7.5 Ein Stab mit dem rechteckigen Querschnitt nach Abb. A7.5 wird an beiden Enden in Richtung seiner Längsachse durch entgegengesetzt gleich große Kräfte der Größe F belastet. Ihre Wirkungslinien liegen außermittig wie gezeichnet. Welche Gleichung beschreibt die Lage der neutralen Fasern im y, z-System?
Geg.: $b = 6\,\mathrm{cm}$, $h = 4\,\mathrm{cm}$, $a = 1\,\mathrm{cm}$

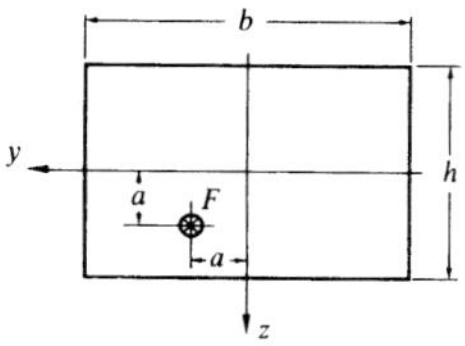

Abb. A7.5.

7.6 In Abb. 7.7 zu Beisp. 7.1-3 ist $b = h/2$ gegeben, und alle Federkonstanten sind gleich. Wo liegt der Ursprung S des y, z-Hauptachsensystems? Wie groß sind die zentralen Hauptflächenmomente I_y und I_z? Welche Koordinaten (y^*, z^*) haben die Punkte P_{12}, P_{23} und P_{34} der Kernkontur im y, z-System? Zur Bedeutung der Punkte siehe Abb. 7.6.
Geg.: h, ΔA (beliebig klein)

7.7 Wie groß ist in dem Inbusschlüssel in Abb. A7.7 im Querschnitt bei A die größte Vergleichsspannung σ_V nach der Oktaederschubhypothese? Der Schlüssel ist fest eingespannt.
Geg.: $a = 30\,\text{mm}$, $b = 100\,\text{mm}$, $d = 5\,\text{mm}$, $F = 30\,\text{N}$

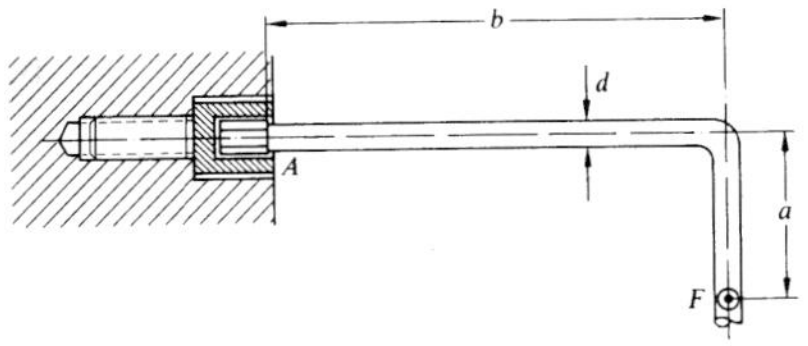

Abb. A7.7.

7.8 Ein Rohr mit Innen- und Außenradien r_i bzw. r_a wird durch eine Längskraft F auf Zug und durch ein Torsionsmoment M_T belastet. Wie groß sind die Hauptnormalspannungen σ_{i1} und σ_{i2} am Innenradius und σ_{a1} und σ_{a2} am Außenradius?
Geg.: $r_i = 30\,\text{mm}$, $r_a = 40\,\text{mm}$, $F = 200\,\text{kN}$, $M_T = 5\,\text{kNm}$

7.9 Auf den Bohrer in Abb. A7.9 wirken ein Torsionsmoment M_T, eine Druckkraft N und infolge schlechter Halterung des Werkstücks eine Querkraft Q. Wie groß ist im Querschnitt bei A die größte Vergleichsspannung σ_V nach der Oktaederschubhypothese?
Geg.: ℓ, d, N, M_T, Q

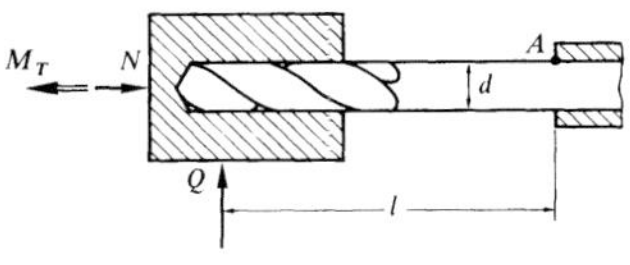

Abb. A7.9.

7.10 Stellen Sie eine Gleichung in Polarkoordinaten r, φ für die Schnittkurven auf, die die Bruchflächen der logarithmischen Dehnungshypothese (Gl. (7.15)) mit Ebenen normal zur Raumdiagonale erzeugen (siehe Abb. 7.17 und Abb. 7.18a). Hinweis: Transformieren Sie Gl. (7.15) zunächst in ein kartesisches Koordinatensystem x, y, z, dessen z-Achse die Raumdiagonale und dessen x-Achse die Winkelhalbierende des 2. Quadranten der σ_1, σ_2-Ebene ist.

8. Energie-Methoden der Elastostatik

In den Kapiteln 4 bis 6 wurden Verschiebungen, Verzerrungen und Spannungen berechnet, die in geraden Stäben bei gegebenen äußeren Lasten auftreten. Die Vorgehensweise war in allen Fällen gleich. Für das unverformte System wurden Gleichgewichtsbedingungen aufgestellt. Sie enthalten die gegebenen äußeren Lasten und die gesuchten Spannungen. Am verformten System wurden geometrische Beziehungen formuliert. Sie enthalten gegebene geometrische Randbedingungen und die gesuchten Verschiebungen und Verzerrungen. Schließlich wurde das Stoffgesetz zur Kopplung von Spannungen und Verzerrungen hinzugezogen. Daraus konnten dann alle Unbekannten bestimmt werden. Von den drei Teilbereichen Gleichgewicht, Geometrie und Stoffgesetz bereitete insbesondere die Erkennung von geometrischen Zusammenhängen Schwierigkeiten. Diese Schwierigkeiten werden noch beträchtlich größer, wenn statt gerader Stäbe kompliziertere Systeme untersucht werden, z.B. gekrümmte Stäbe, Fachwerke, Scheiben, Platten usw. Sehr schnell wird die Grenze erreicht, bei der die Schwierigkeiten unüberwindbar werden. Für solche Fälle werden daher neue Berechnungsmethoden benötigt.

Die Energie-Methoden der Elastostatik sind diese neuen Methoden. Bei ihnen spielen geometrische Betrachtungen eine untergeordnete Rolle. An die Stelle der bisher verwendeten Gleichgewichtsbedingungen treten Aussagen darüber, welche Arbeit äußere Kräfte bei der Verformung eines Systems verrichten und in welcher Energieform und wo diese Arbeit gespeichert wird. Das Stoffgesetz wird wie bisher gebraucht. Ein Grund für die größere Leistungsfähigkeit der Energie-Methoden ist darin zu sehen, daß Arbeit und Energie skalare Größen sind, während Kräfte und Verschiebungen vektorielle Größen sind. Das Rechnen mit Skalaren ist wesentlich einfacher als das Rechnen mit Vektoren.

8.1 Das Prinzip der virtuellen Arbeit für ideal elastische Körper

Der Ausgangspunkt aller Energie-Methoden ist das *Prinzip der virtuellen Arbeit.* Es drückt eine Gleichgewichtsbedingung aus und lautet:

Ein ideal elastisches System befindet sich unter der Wirkung äußerer Kräfte in einer Gleichgewichtslage, wenn bei einer virtuellen Verschiebung aus dieser Lage heraus die virtuelle Arbeit δW_a der äußeren Kräfte gleich der virtuellen Änderung δU der im System gespeicherten Formänderungsenergie U ist:

$$\delta W_a = \delta U. \tag{8.1}$$

Dieser wenig anschauliche Satz enthält eine Reihe von Begriffen, die ausführlich erläutert werden müssen. Zum Verständnis des Begriffs *ideal elastisch* stelle man sich vor, daß beliebige eingeprägte Kräfte am System unendlich langsam von null auf endliche Größen anwachsen. Bei diesem Vorgang mit zunehmend größer werdender Verformung des Systems verrichten die Kräfte Arbeit. Wenn die gesamte Arbeit aller Kräfte unabhängig davon ist, in welcher Reihenfolge die Kräfte ihre endlichen Größen erreichen, dann wird die Arbeit ohne Energieverlust im elastischen System gespeichert. Systeme dieser Art heißen ideal elastisch, und die gespeicherte Energie heißt *Formänderungsenergie* U. In einem sehr speziellen Fall ist sie dem Leser schon bekannt. In einer Schraubenfeder mit der Federkonstante k ist die Energie

$$U = \tfrac{1}{2}kx^2$$

gespeichert, wenn die Feder aus der ungespannten Länge um das Stück x auseinandergezogen oder zusammengedrückt wird. Im nächsten Abschnitt wird gezeigt, daß alle Systeme aus Hookeschem Werkstoff eine Formänderungsenergie besitzen. Auch bei nichtlinearen Beziehungen zwischen Spannungen und Verzerrungen kann unter bestimmten Bedingungen eine Formänderungsenergie existieren. Der Begriff ideal elastisch ist also nicht auf lineare Systeme beschränkt.

Der Begriff *Gleichgewichtslage unter der Wirkung äußerer Kräfte* kennzeichnet die Ruhelage eines Systems im *verformten Zustand*, in Abb. 8.1 z.B. die gebogene Ruhelage des Kragträgers unter der äußeren Kraft $\boldsymbol{F}$. Der wichtigste Begriff ist *virtuelle Verschiebung*. Ohne den Zusatz virtuell bedeutet Verschiebung, wie im täglichen Sprachgebrauch, daß das System sich nachher in einer anderen Lage befindet als vorher. So kann z.B. der Kragträger nach einer Verschiebung die gestrichelt gezeichnete Lage einnehmen. Der Fachausdruck *virtuelle Verschiebung* bezeichnet eine Verschiebung, die

- mit allen Bindungen des Systems verträglich,
- infinitesimal klein und
- im Rahmen dieser Einschränkungen beliebig ist.

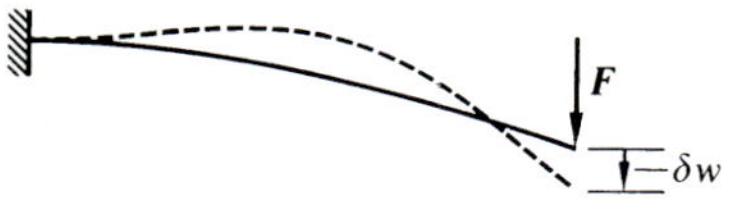

Abb. 8.1. Virtuelle Verschiebung eines Kragträgers. Die virtuelle Verschiebung des Endpunktes ist mit δw bezeichnet

Bindungen sind Einschränkungen der Verschiebbarkeit. Sie entstehen durch Lagerbedingungen eines Systems und durch den materiellen Zusammenhalt des Werkstoffs. Der Kragträger in Abb. 8.1 kann z.B. nur so verschoben werden, daß alle Punkte im Einspannquerschnitt ihre Lage behalten und daß nirgendwo ein Sprung oder Knick entsteht. Offensichtlich stellt jede im elastischen Bereich mögliche Verschiebung eines Systems eine mit den Bindungen verträgliche Verschiebung dar. Dasselbe gilt für Verschiebungen infolge Wärmedehnungen. Eine virtuelle Verschiebung wird daraus wegen der zweiten oben genannten Eigenschaft erst, wenn man die Verschiebung mit einer infinitesimal kleinen Zahl multipliziert. Das wichtigste Merkmal virtueller Verschiebungen steckt in dem Wort *beliebig*. Gl. (8.1) ist eben ganz allgemein und nicht nur bei bestimmten Verschiebungen erfüllt. Das Merkmal der Beliebigkeit bedeutet außerdem, daß virtuelle Verschiebungen nicht als Differentiale irgendwelcher Funktionen zu deuten sind. Sie werden daher nicht mit dem Differentialsysmbol d, sondern mit dem Symbol δ bezeichnet. Natürlich kann man aus der unendlichen Vielfalt möglicher virtueller Verschiebungen ganz bestimmte Verschiebungen wählen und die Größen δW_a und δU durch sie ausdrücken. Zum Beisp. kann man Verschiebungen wählen, die unter bestimmten Bedingungen tatsächlich eintreten. In diesem Fall haben die Verschiebungen den Charakter von Differentialen. Es ist diese Vielfalt der Möglichkeiten, die den Wert des Prinzips der virtuellen Arbeit ausmacht.

Bei einer virtuellen Verschiebung werden die am System angreifenden äußeren Kräfte *ohne Änderung* ihrer Größe und Richtung mit verschoben. Dabei verrichten sie insgesamt eine infinitesimal kleine Arbeit. Diese Arbeit heißt *virtuelle Arbeit* der äußeren Kräfte und ist in (8.1) mit δW_a bezeichnet. Soviel zur vorläufigen Erläuterung der Begriffe im Prinzip der virtuellen Arbeit.

Die angegebene Formulierung des Prinzips ist wenig anschaulich. Welche weitreichenden Konsequenzen es hat, wird erst die ausführliche Darstellung der folgenden Abschnitte zeigen. Das Prinzip ist ein unabhängiges Naturgesetz. Es kann nicht aus den bisher verwendeten Gleichgewichtsbedingungen "Summe aller Kräfte gleich null und Summe aller Momente gleich null" abgeleitet werden. In diesen Gleichgewichtsbedingungen spielen nämlich die elastischen Eigenschaften des Systems keine Rolle, während sie für die Formänderungsenergie U und damit für die Größe δU wesentlich sind. Aus dem Prinzip ergeben sich jedoch keine Widersprüche zu Aussagen, die aus den Gleichgewichtsbedingungen und aus dem Stoffgesetz entwickelt werden.

Schon in der Statik starrer Körper wird ein Prinzip der virtuellen Arbeit formuliert. Es stellt einen Sonderfall des hier formulierten Prinzips dar. Starre Körper können keine Formänderungsenergie speichern. Bei ihnen ist U identisch null und folglich $\delta U = 0$. Die Gleichgewichtsbedingung (8.1) nimmt daher die Form an:

$$\delta W_a = 0.$$

Diese spezielle Form kann man aus den Gleichgewichtsbedingungen "Summe aller Kräfte gleich null und Summe aller Momente gleich null" für freigeschnittene Körper und aus dem Axiom *actio* = *reactio* mathematisch herleiten.

Das Prinzip der virtuellen Arbeit in der Form (8.1) ist selbst nur ein Spezialfall eines viel allgemeineren Prinzips, das die Statik und darüber hinaus auch die Kinetik von Systemen mit beliebigen Stoffeigenschaften beherrscht. In der allgemeinsten Form trägt es den Namen *d'Alembertsches Prinzip*[1].

8.2 Formänderungsenergie eines Systems aus Hookeschem Werkstoff

In diesem Abschnitt wird gezeigt, daß alle Systeme aus Hookeschem Werkstoff eine Formänderungsenergie besitzen. Man stelle sich vor, daß an einem beliebig geformten System beliebige eingeprägte Kräfte unendlich langsam von null auf endliche Größen anwachsen. Bei diesem Vorgang wachsen die Spannungen und Verzerrungen im gesamten System ebenfalls unendlich langsam von null auf die endlichen Größen, die den Endgrößen der Kräfte entsprechen. Dabei verrichten die Kräfte Arbeit.

Zunächst wird ein beliebiges quaderförmiges Element des Systems betrachtet, das im spannungsfreien Ausgangszustand des Systems die Abmessungen $\mathrm{d}x$, $\mathrm{d}y$ und $\mathrm{d}z$ hat. Es ist in Abb. 8.2 gezeichnet. An seinen Flächen greifen äußere Kräfte an, die sich durch die Spannungen in diesen Flächen ausdrücken lassen. Um die Abbildung nicht zu überladen, sind nur σ_x und τ_{xy} eingezeichnet. In Abb. 8.3 ist der lineare Zusammenhang zwischen der Normalkraft infolge der Normalspannung σ_x und der Verlängerung der Kantenlänge $\mathrm{d}x$ dargestellt. Beim Anstieg auf ihren Endwert $\sigma_x\,\mathrm{d}y\,\mathrm{d}z$ verrichtet

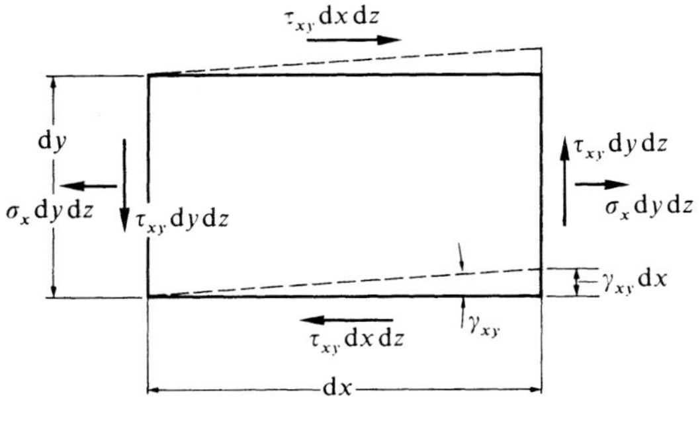

Abb. 8.2. Seitenansicht eines infinitesimal kleinen Quaders aus einem Körper. Die Spannungen σ_x und τ_{xy} verursachen die eingezeichneten Kräfte. Die Scherung γ_{xy} infolge τ_{xy}

[1] Jean Baptiste Le Rond d'Alembert, 1717 (Paris) – 1783 (Paris)

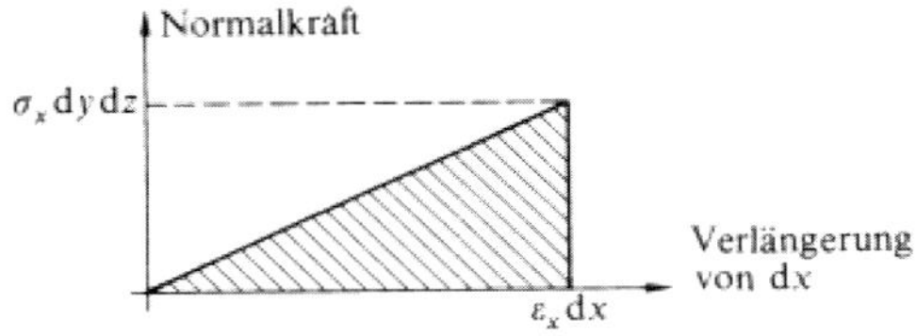

Abb. 8.3. Der Zusammenhang zwischen Normalkraft und Kantenverlängerung. Beim Anstieg der Kraft auf die Endgröße $\sigma_x \, \mathrm{d}y \, \mathrm{d}z$ und der Dehnung auf die Endgröße ϵ_x wird die als schraffierte Fläche dargestellte Arbeit verrichtet

die Normalkraft eine Arbeit, die als schraffierte Fläche unter der Kraft-Weg-Kurve erscheint. Sie hat die Größe

$$\tfrac{1}{2}\,\sigma_x \,\mathrm{d}y\,\mathrm{d}z \cdot \epsilon_x \,\mathrm{d}x = \tfrac{1}{2}\,\sigma_x\,\epsilon_x\,\mathrm{d}V.$$

Darin ist $\mathrm{d}V$ das Volumen des Elements.

Die Kraft $\tau_{xy}\,\mathrm{d}y\,\mathrm{d}z$ infolge der Schubspannung verrichtet in entsprechender Weise längs des eingezeichneten Weges $\gamma_{xy}\,\mathrm{d}x$ die Arbeit

$$\tfrac{1}{2}\,\tau_{xy}\,\mathrm{d}y\,\mathrm{d}z \cdot \gamma_{xy}\,\mathrm{d}x = \tfrac{1}{2}\,\tau_{xy}\,\gamma_{xy}\,\mathrm{d}V.$$

Entsprechendes gilt für die anderen durch Spannungen verursachten Kräfte. Addition liefert die gesamte Arbeit $\mathrm{d}W_a$ der äußeren Kräfte am Volumenelement $\mathrm{d}V$:

$$\mathrm{d}W_a = \tfrac{1}{2}\big(\sigma_x\epsilon_x + \sigma_y\epsilon_y + \sigma_z\epsilon_z + \tau_{xy}\gamma_{xy} + \tau_{yz}\gamma_{yz} + \tau_{zx}\gamma_{zx}\big)\,\mathrm{d}V. \tag{8.2}$$

Die Dehnungen und Scherungen werden mit Hilfe des Hookeschen Gesetzes (Gln. (3.7) und (3.8)) durch Spannungen ausgedrückt:

$$\begin{aligned}\mathrm{d}W_a = \frac{1}{2}\Big\{&\frac{1}{E}\Big[\sigma_x^2 + \sigma_y^2 + \sigma_z^2 - 2\nu\,(\sigma_x\sigma_y + \sigma_y\sigma_z + \sigma_z\sigma_x)\Big]\\ &+\frac{1}{G}\,(\tau_{xy}^2 + \tau_{yz}^2 + \tau_{zx}^2)\Big\}\,\mathrm{d}V.\end{aligned} \tag{8.3}$$

Die Gleichung zeigt, daß die Arbeit nur davon abhängt, welcher Spannungszustand am Ende der Belastung des Systems durch eingeprägte Kräfte herrscht. Sie hängt folglich nicht von der Reihenfolge ab, in der die eingeprägten Kräfte ihre endlichen Größen erreichen. Damit ist gezeigt, daß die Arbeit als potentielle Energie im Volumenelement gespeichert wird[2].Sie wird

[2] Bei nichtlinear elastischen Werkstoffen tritt an die Stelle von (8.2) der Ausdruck

$$\mathrm{d}W_a = \int_0^\sigma \big(\sigma_x\,\mathrm{d}\epsilon_x + \sigma_y\,\mathrm{d}\epsilon_y + \sigma_z\,\mathrm{d}\epsilon_z + \tau_{xy}\,\mathrm{d}\gamma_{xy} + \tau_{yz}\,\mathrm{d}\gamma_{yz} + \tau_{zx}\,\mathrm{d}\gamma_{zx}\big)\,\mathrm{d}V.$$

Die Integrationsgrenzen kennzeichnen den unbelasteten bzw. den voll belasteten Zustand. Die Arbeit hat nur dann den Charakter einer potentiellen Energie, wenn das Stoffgesetz so beschaffen ist, daß der Integrand ein vollständiges Differential ist. Diese Eigenschaft wird vom Hookeschen Gesetz und auch von speziellen nichtlinearen Stoffgesetzen erfüllt

Formänderungsenergie genannt und mit $\mathrm{d}U$ bezeichnet: $\mathrm{d}W_a = \mathrm{d}U$. Die Formänderungsenergie U des gesamten Systems ergibt sich durch Integration über das gesamte Volumen. Sie hat die beiden gleichwertigen Darstellungen

$$U = \frac{1}{2}\int_V \big(\sigma_x\epsilon_x + \sigma_y\epsilon_y + \sigma_z\epsilon_z + \tau_{xy}\gamma_{xy} + \tau_{yz}\gamma_{yz} + \tau_{zx}\gamma_{zx}\big)\,\mathrm{d}V, \quad (8.4)$$

$$U = \frac{1}{2}\int_V \Big\{\frac{1}{E}\Big[\sigma_x^2 + \sigma_y^2 + \sigma_z^2 - 2\nu(\sigma_x\sigma_y + \sigma_y\sigma_z + \sigma_z\sigma_x)\Big] + \frac{1}{G}(\tau_{xy}^2 + \tau_{yz}^2 + \tau_{zx}^2)\Big\}\,\mathrm{d}V. \quad (8.5)$$

Der Integrand in der letzten Gleichung wird umgeformt. Mit der Abkürzung

$$\sigma_0 = \tfrac{1}{3}(\sigma_x + \sigma_y + \sigma_z)$$

ist

$$\sigma_x^2 + \sigma_y^2 + \sigma_z^2 = 3\sigma_0^2 + \tfrac{1}{3}\big[(\sigma_x - \sigma_y)^2 + (\sigma_y - \sigma_z)^2 + (\sigma_z - \sigma_x)^2\big],$$
$$\sigma_x\sigma_y + \sigma_y\sigma_z + \sigma_z\sigma_x = 3\sigma_0^2 - \tfrac{1}{6}\big[(\sigma_x - \sigma_y)^2 + (\sigma_y - \sigma_z)^2 + (\sigma_z - \sigma_x)^2\big].$$

Damit erhält man den Ausdruck

$$U = \frac{1}{2}\int_V \Big\{\frac{1}{E}\Big[3(1-2\nu)\sigma_0^2 + \tfrac{1}{3}(1+\nu)\big[(\sigma_x - \sigma_y)^2 + (\sigma_y - \sigma_z)^2 + (\sigma_z - \sigma_x)^2\big]\Big] + \frac{1}{G}(\tau_{xy}^2 + \tau_{yz}^2 + \tau_{zx}^2)\Big\}\,\mathrm{d}V. \quad (8.6)$$

Darin ist $\nu \le \frac{1}{2}$. Die Gleichung zeigt, daß die Formänderungsenergie eines Systems aus Hookeschem Werkstoff nicht negativ sein kann. Null ist sie nur, wenn das gesamte System spannungsfrei ist.

Wenn man die Formänderungsenergie eines speziellen mechanischen Systems konkreter angeben will, muß man in (8.5) die Spannungen erst durch die Schnittgrößen Längskraft, Biegemoment usw. ausdrücken und diese dann durch die am System angreifenden äußeren Kräfte und Momente. Im folgenden wird der erste Schritt für den Zug- bzw. Druckstab, den Torsionsstab und den Biegestab ausgeführt. Dabei werden Beziehungen verwendet, die in früheren Kapiteln bei der Untersuchung dieser Stäbe gewonnen wurden.

8.2.1 Formänderungsenergie des Zugstabes

Ein gerader Stab der Länge ℓ habe die von der Längskoordinate x abhängige Querschnittsfläche $A(x)$, und seine Längskraft $N(x)$ sei ebenfalls längs des Stabes veränderlich, wie das z.B. in einer Säule unter Eigengewicht der Fall ist. Als Volumenelement $\mathrm{d}V$ wird ein Stabstück der Länge $\mathrm{d}x$ verwandt, so daß $\mathrm{d}V = A(x)\,\mathrm{d}x$ ist. An den Grenzflächen eines solchen Elements an der Stelle x wirken die Spannungen

$$\sigma_x = \frac{N(x)}{A(x)}, \qquad \sigma_y = \sigma_z = \tau_{xy} = \tau_{yz} = \tau_{zx} = 0.$$

Damit liefert (8.5) die Formänderungsenergie

$$U = \frac{1}{2E} \int_{x=0}^{\ell} \frac{N^2(x)}{A^2(x)} A(x)\,\mathrm{d}x = \frac{1}{2E} \int_0^{\ell} \frac{N^2(x)}{A(x)}\,\mathrm{d}x. \tag{8.7}$$

In dem besonderen Fall konstanter Querschnittsfläche $A(x) \equiv A$ und konstanter Längskraft $N(x) \equiv N$ ist

$$U = \frac{N^2 \ell}{2EA}. \tag{8.8}$$

8.2.2 Formänderungsenergie des Torsionsstabes

Ein gerader Stab mit der Längskoordinate x habe einen variablen Kreis- oder Kreisringquerschnitt mit dem polaren Flächenmoment $I_p(x)$. Das Torsionsmoment ist $M_T(x)$. Als Volumenelement wird das in Abb. 8.4 dargestellte Stück mit der infinitesimalen Stirnfläche $\mathrm{d}A$ und der Länge $\mathrm{d}x$ verwendet. Dann ist $\mathrm{d}V = \mathrm{d}A\,\mathrm{d}x$. An diesem Element wirkt in den Stirnflächen in Umfangsrichtung die Schubspannung (siehe (6.8))

$$\tau(x,r) = \frac{M_T(x)}{I_p(x)}\,r.$$

Es ist also

$$\tau_{xy}^2 + \tau_{xz}^2 = \tau^2 = \frac{M_T^2(x)}{I_p^2(x)}\,r^2, \qquad \sigma_x = \sigma_y = \sigma_z = \tau_{yz} = 0.$$

Damit erhält man aus (8.5)

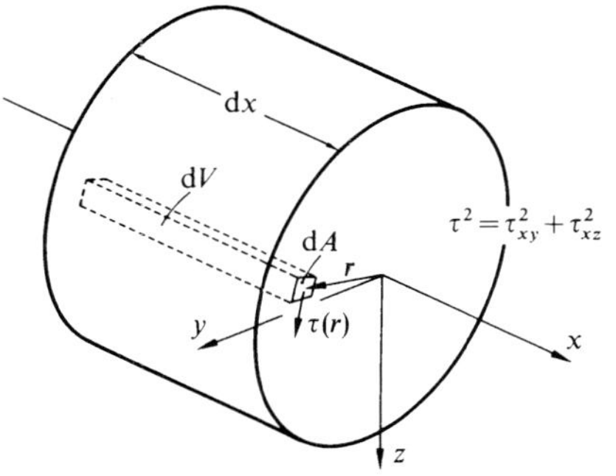

Abb. 8.4. Ein Volumenelement $\mathrm{d}V = \mathrm{d}A\,\mathrm{d}x$ in einem Torsionsstab. Die Schubspannung $\tau(r)$ ist die Resultierende aus τ_{xy}, τ_{xz} und $\tau_{yz} = 0$

$$U = \frac{1}{2G} \int_{x=0}^{\ell} \int_{A(x)} \frac{M_T^2(x)}{I_p^2(x)}\, r^2 \,\mathrm{d}A \,\mathrm{d}x = \frac{1}{2G} \int_{x=0}^{\ell} \left[\frac{M_T^2(x)}{I_p^2(x)} \int_{A(x)} r^2 \,\mathrm{d}A \right] \mathrm{d}x .$$

Das Integral über $A(x)$ innerhalb der eckigen Klammern ist gleich $I_p(x)$. Also ist die Formänderungsenergie

$$U = \frac{1}{2G} \int_0^{\ell} \frac{M_T^2(x)}{I_p(x)} \,\mathrm{d}x . \tag{8.9}$$

8.2.3 Formänderungsenergie des Biegestabes

In einem geraden Stab der Länge ℓ mit veränderlichem Flächenmoment $I_y(x)$ seien $M_y(x)$ und $Q_z(x)$ das Biegemoment bzw. die Querkraft. An dem in Abb. 8.5 schraffierten Stabelement mit den Abmessungen $\mathrm{d}x$, $b(z)$ und $\mathrm{d}z$ und dem Volumen

$$\mathrm{d}V = b(z)\,\mathrm{d}z\,\mathrm{d}x = \mathrm{d}A\,\mathrm{d}x$$

wirkt aufgrund des Biegemoments die Längsspannung (siehe (5.30))

$$\sigma_x(x, z) = \frac{M_y(x)}{I_y(x)}\, z .$$

Die Querkraft $Q_z(x)$ verursacht Schubspannungen, für die nur bei dünnwandigen offenen Querschnitten eine Näherung bekannt ist, nämlich Gl. (5.71):

$$\bar{\tau}(x, s) \approx \frac{Q_z(x)\, S_y(s)}{I_y(x)\, t(s)} .$$

Mit ihr wird auch bei schwach veränderlichen Querschnitten gearbeitet. Diese Schubspannung hat nach Abb. 5.46 die Richtung der Wandmittellinie, in der die Koordinate s gezählt wird. Andere Schubspannungen wirken nicht. Folglich ist in (8.5) die Summe der Quadrate der Schubspannungen gleich

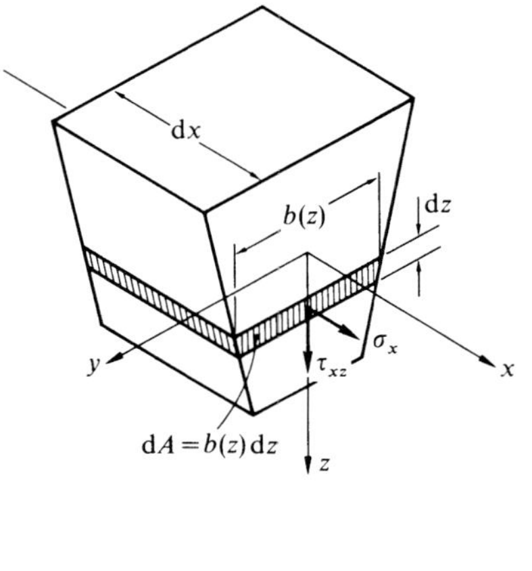

Abb. 8.5. Ein Volumenelement (schraffiert) mit den Abmessungen $\mathrm{d}x$, $b(z)$ und $\mathrm{d}z$ in einem Biegestab mit den Spannungen σ_x und τ_{xz}

dem Quadrat von $\bar{\tau}(x,s)$. Damit erhält man für die Formänderungsenergie den Ausdruck

$$\begin{aligned} U &= \frac{1}{2E}\int_{x=0}^{\ell}\int_{A(x)}\frac{M_y^2(x)}{I_y^2(x)}\,z^2\,\mathrm{d}A\,\mathrm{d}x + \frac{1}{2G}\int_{x=0}^{\ell}\int_{A(x)}\frac{Q_z^2(x)\,S_y^2(s)}{I_y^2(x)\,t^2(s)}\,\mathrm{d}A\,\mathrm{d}x \\ &= \frac{1}{2E}\int_{x=0}^{\ell}\Big[\frac{M_y^2(x)}{I_y^2(x)}\int_{A(x)} z^2\,\mathrm{d}A\Big]\,\mathrm{d}x \\ &\quad + \frac{1}{2G}\int_{x=0}^{\ell}\Big[\frac{Q_z^2(x)}{I_y^2(x)}\int_{A(x)}\frac{S_y^2(s)}{t^2(s)}\,\mathrm{d}A\Big]\,\mathrm{d}x. \end{aligned} \tag{8.10}$$

In ihm ist

$$\int_{A(x)} z^2\,\mathrm{d}A = I_y(x). \tag{8.11}$$

Weiterhin ist mit $\mathrm{d}A = t(s)\,\mathrm{d}s$

$$\int_{A(x)}\frac{S_y^2(s)}{t^2(s)}\,\mathrm{d}A = \int\frac{S_y^2(s)}{t(s)}\,\mathrm{d}s.$$

Dieses Integral erstreckt sich über die Gesamtlänge der Wandmittellinie. Es ist wie $I_y(x)$ eine Größe, die allein durch die Querschnittsform bestimmt wird. Es ist zweckmäßig, die dimensionslose, als *Querschubzahl* bezeichnete Größe $\kappa_z(x)$ einzuführen:

$$\kappa_z(x) = \frac{A(x)}{I_y^2(x)}\int\frac{S_y^2(s)}{t(s)}\,\mathrm{d}s. \tag{8.12}$$

Dann nimmt (8.10) bei Beachtung von (8.11) die Form an:

$$U = \frac{1}{2E}\int_0^{\ell}\frac{M_y^2(x)}{I_y(x)}\,\mathrm{d}x + \frac{1}{2G}\int_0^{\ell}\frac{\kappa_z(x)\,Q_z^2(x)}{A(x)}\,\mathrm{d}x. \tag{8.13}$$

In Beisp. 8.3-4 wird gezeigt, daß bei langen, dünnen Stäben der zweite Ausdruck gegen den ersten vernachlässigbar klein ist, so daß man mit der Näherung arbeiten kann:

$$U = \frac{1}{2E}\int_0^{\ell}\frac{M_y^2(x)}{I_y(x)}\,\mathrm{d}x. \tag{8.14}$$

Zum vernachlässigten zweiten Ausdruck ist auch folgendes zu sagen. Er setzt die Gültigkeit von Gl. (8.5) voraus. Dazu gehört die Gültigkeit des Hookeschen Gesetzes $\gamma = \tau/G$ beim Übergang von (8.4) zu (8.5). Alle Ergebnisse zum Biegestab in Kapitel 5 einschließlich des Ausdrucks für die Schubspannung $\bar{\tau}(x,s)$ beruhen aber auf der Annahme eines schubstarren Stabes (s. die Bernoulli-Hypothese in Kapitel 5.3 und den einleitenden Absatz in Kapitel 5.7). Es stellt also einen Widerspruch dar, wenn mit dem zweiten

Ausdruck von (8.13) in Beisp. 8.3-4 Schubverformungen berechnet werden. So berechnete Verformungen sind aber tatsächlich eine brauchbare Näherung. Das kann allerdings nur mit genaueren Methoden, d.h. mit einem besseren Modell für die Geometrie der Verformung des Biegestabes, nachgewiesen werden.

Im Zusammenhang mit Normalspannungen muß abschließend noch die Formänderungsenergie für den Fall berechnet werden, daß Zug und Biegung überlagert sind, daß also

$$\sigma_x(x,z) = \frac{N(x)}{A(x)} + \frac{M_y(x)}{I_y(x)}\,z$$

ist. Dann ist

$$U = \frac{1}{2E}\int_{x=0}^{\ell}\int_{A(x)}\left[\frac{N(x)}{A(x)} + \frac{M_y(x)}{I_y(x)}\,z\right]^2 \mathrm{d}A\,\mathrm{d}x.$$

Man multipliziert den Klammerausdruck aus. Der gemischte Ausdruck liefert keinen Beitrag, weil das Integral $\int_{A(x)} z\,\mathrm{d}A = 0$ ist. Man hat also das Ergebnis: Die Formänderungsenergie U ist die Summe der Formänderungsenergien, die sich bei Zugbelastung allein und bei Biegebelastung allein ergeben.

8.3 Äußere Formänderungsarbeit. Generalisierte Kräfte und generalisierte Verschiebungen

Man betrachte wieder ein beliebiges linear elastisches System. Als äußere Belastung sollen n Einzelkräfte $F_1, \ldots, F_n$ wirken (Abb. 8.6). Sie sollen unendlich langsam von null auf ihre endlichen Größen anwachsen. Aus dem vorigen Abschnitt ist bekannt, daß am Ende dieses Vorgangs eine Formänderungsenergie U im System gespeichert ist, und daß sie dieselbe Größe hat wie die Arbeit der äußeren Kräfte:

$$W_a = U. \tag{8.15}$$

Diese Gleichung ist der sog. *Arbeitssatz.* W_a selbst heißt *äußere Formänderungsarbeit* der Kräfte $F_1, \ldots, F_n$. Sie wird im folgenden durch die Kräfte und

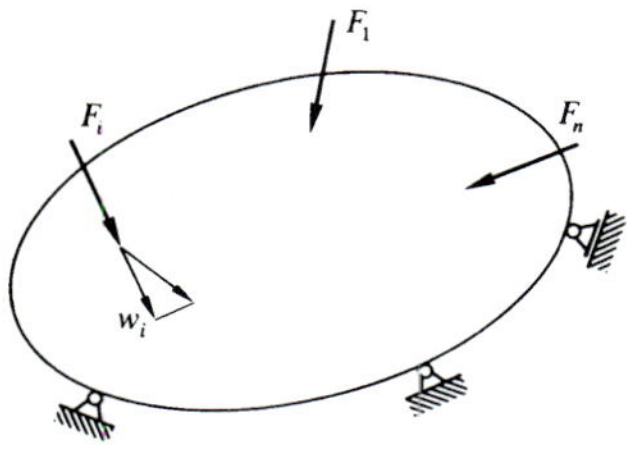

Abb. 8.6. Ein linear elastisches System beliebiger Gestalt mit Einzelkräften. Die Verschiebung des Angriffspunktes von $\boldsymbol{F}_i$ in Richtung von $\boldsymbol{F}_i$ ist w_i

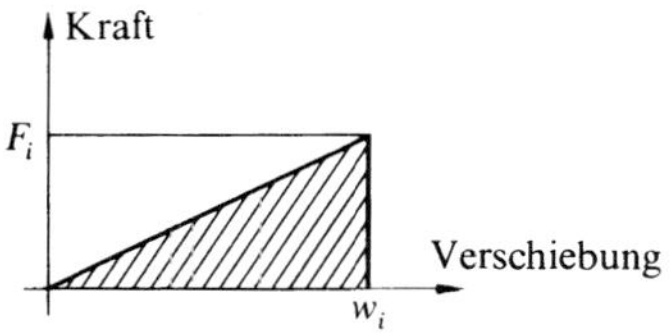

Abb. 8.7. Die Arbeit einer Kraft beim Anstieg auf ihre Endgröße F_i

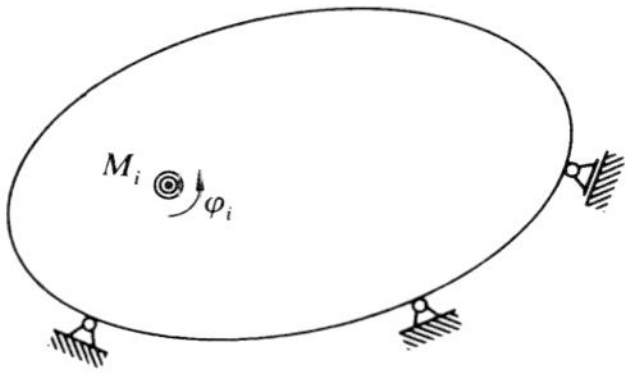

Abb. 8.8. Ein eingeprägtes Moment $\boldsymbol{M}_i$ verursacht am Angriffspunkt einen Verdrehwinkel. Seine Komponente in Richtung von $\boldsymbol{M}_i$ hat die Größe φ_i

durch Verschiebungen ihrer Angriffspunkte ausgedrückt. Der Angriffspunkt der Kraft $\boldsymbol{F}_i$ $(i = 1, \ldots, n)$ wird infolge der Kräfte aus seiner Lage im unbelasteten Zustand des Systems in einer Richtung verschoben, die i.allg. nicht die Richtung der Kraft $\boldsymbol{F}_i$ ist. In Abb. 8.6 ist die Verschiebung durch einen nicht benannten Vektor markiert. Die Verschiebung in Richtung der Kraft, d.h. diejenige Koordinate des Vektors, die für die Berechnung der Arbeit wesentlich ist, wird w_i genannt.

Aus dem vorigen Abschnitt ist bekannt, daß die Arbeit W_a unabhängig davon ist, in welcher Reihenfolge die Kräfte von null auf ihre Endgrößen anwachsen. Den gesuchten Ausdruck für W_a findet man am einfachsten, wenn man die Kräfte nach folgender Vorschrift anwachsen läßt. Die Kräfte sollen während des gesamten Vorgangs konstante Richtungen haben, und ihre Beträge sollen proportional zueinander wachsen. Unter diesen Bedingungen ist während des Lastanstiegs an jedem Kraftangriffspunkt der Zusammenhang zwischen dem Betrag der Kraft und der Verschiebung in Richtung der Kraft linear. Abb. 8.7 stellt das für die Kraft Nr.i dar. Dieses Diagramm zeigt, daß die Kraft $\boldsymbol{F}_i$ zur Arbeit W_a den Beitrag $\frac{1}{2}F_i w_i$ leistet. Also ist die äußere Formänderungsarbeit aller Kräfte:

$$W_a = \tfrac{1}{2} \sum_{i=1}^{n} F_i w_i . \tag{8.16}$$

Man betrachte nun den Fall, daß am System ein einzelnes Moment angreift (Abb. 8.8). Es verursacht am Angriffspunkt eine Verschiebung und außerdem einen Drehwinkel um eine Achse, die i.allg. nicht die Richtung des Moments hat. Kleine Drehungen haben Vektorcharakter. Sei φ_i der Drehwinkel um die Achse in Richtung des Moments. Wenn man das Moment bei stets gleicher Richtung unendlich langsam von null auf seine vorgeschriebene Größe steigert, dann wächst der Winkel proportional zum Moment bis zu seiner Endgröße φ_i. Die äußere Formänderungsarbeit ist daher

$$W_a = \tfrac{1}{2} M_i \varphi_i.$$

Dieser Ausdruck und der Ausdruck $W_a = \frac{1}{2} F_i w_i$ für die äußere Formänderungsarbeit einer Kraft sind formal gleich. Wenn man nicht ausdrücklich zwischen Kräften und Momenten unterscheiden will, ist es deshalb sinnvoll, beide in dem Oberbegriff *generalisierte Kraft* zusammenzufassen und mit F zu bezeichnen. In entsprechender Weise werden Verschiebungen und Verdrehwinkel in dem Oberbegriff *generalisierte Verschiebung* zusammengefaßt und mit w bezeichnet. Mit dieser Vereinbarung ist (8.16) für den allgemeineren Fall gültig, daß die Größen $F_1, \ldots, F_n$ zum Teil Kräfte und zum Teil Momente sind.

Mit dem Arbeitssatz $W_a = U$ und mit den gewonnenen Ausdrücken für die Formänderungsenergie U und für die äußere Formänderungsarbeit W_a kann man Aufgaben folgender Art lösen. Gegeben ist ein äußerlich und innerlich statisch bestimmtes System, das in beliebig komplizierter Weise aus Zug- und Druckstäben, Torsionsstäben und Biegestäben zusammengesetzt ist und das durch eine einzige äußere generalisierte Kraft F belastet wird. Gesucht wird die generalisierte Verschiebung w des Kraftangriffspunkts in Richtung der generalisierten Kraft. Sie ergibt sich aus dem Arbeitssatz, der unter den genannten Bedingungen die Form hat:

$$\tfrac{1}{2} w F = U. \tag{8.17}$$

Die folgenden Beispiele demonstrieren die Überlegenheit dieses Lösungsverfahrens gegenüber dem herkömmlichen Verfahren. In Abschnitt 8.5 wird ein Verfahren entwickelt, das dieselben Vorteile bietet und das im übrigen frei von den oben genannten Einschränkungen ist. Die Systeme dürfen dort statisch unbestimmt und durch beliebig viele Kräfte belastet sein, und Verschiebungen können an beliebigen Stellen berechnet werden.

Beispiel 8.3-1
Man betrachte ein beliebiges statisch bestimmtes Fachwerk aus n Stäben. An einem beliebigen Knoten greift in beliebiger Richtung eine Kraft F an. Abb. 8.9 zeigt ein Beispiel. Wie groß ist die Verschiebung w des Kraftangriffspunktes in Richtung der Kraft?
Lösung: Jeder einzelne Stab ist ein Zug- oder Druckstab mit einer längs des Stabes konstanten Längskraft, so daß die in ihm gespeicherte Formänderungsenergie durch (8.8) gegeben ist. Die Formänderungsenergie des gesamten Fachwerks ist die Summe der Energien aller Stäbe, also

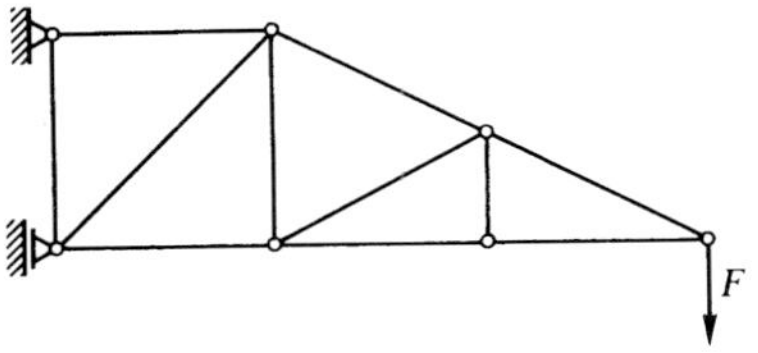

Abb. 8.9.

$$U = \tfrac{1}{2} \sum_{i=1}^{n} \frac{N_i^2 \ell_i}{E_i A_i}.$$

Darin sind N_i, ℓ_i, E_i und A_i die Größen des i ten Stabes. Die Längskräfte werden mit Methoden der Statik berechnet. Das Ergebnis hat die Form

$$N_i = a_i F \qquad (i = 1, \dots, n)$$

mit bestimmten Zahlen $a_1, \dots, a_n$. Damit wird

$$U = \tfrac{1}{2} F^2 \sum_{i=1}^{n} \frac{a_i^2 \ell_i}{E_i A_i}.$$

Aus (8.17) ergibt sich dann die gesuchte Verschiebung zu

$$w = F \sum_{i=1}^{n} \frac{a_i^2 \ell_i}{E_i A_i}.$$

Dieses Beispiel demonstriert in überzeugender Weise die Überlegenheit der Energie-Methoden bei der Berechnung von Verformungen. Der entscheidende Vorteil liegt darin, daß Energien skalare Größen sind, und daß deshalb die Berechnung der Gesamtenergie auch bei geometrisch komplizierten Systemen einfach bleibt.

Beispiel 8.3-2
Wie groß ist bei dem halbkreisförmigen Stab in Abb. 8.10 die Verschiebung w des Kraftangriffspunktes in Richtung der Kraft?
Lösung: Über die Biegung von Stäben, die vor der Verformung bereits gekrümmt sind, wurde bisher nichts gesagt. Man kann die Vorkrümmung vernachlässigen, wenn die Höhe h des Stabquerschnitts klein im Verhältnis zum Krümmungsradius r der vorgekrümmten Stabachse ist (Anhaltspunkt: $h < r/5$). Man spricht dann von schwach gekrümmten Stäben. Bei ihnen tritt in Gl. (8.14) an die Stelle von $\mathrm{d}x$ das Bogenelement der vorgekrümmten Stabachse. Durch den Winkel φ ausgedrückt ist es $r\,\mathrm{d}\varphi$. Alles andere bleibt unverändert. Zur Biegung stark vorgekrümmter Stäbe siehe [17]. Im vorliegenden Beispiel soll der Stab schwach gekrümmt sein.

Das Biegemoment an der durch φ bezeichneten Stelle ist

$$M_y(\varphi) = F r \sin\varphi.$$

Also ist

$$U = \frac{1}{2EI_y} \int_{\varphi=0}^{\pi} F^2 r^2 \sin^2\varphi \cdot r\,\mathrm{d}\varphi = \frac{\pi F^2 r^3}{4EI_y}.$$

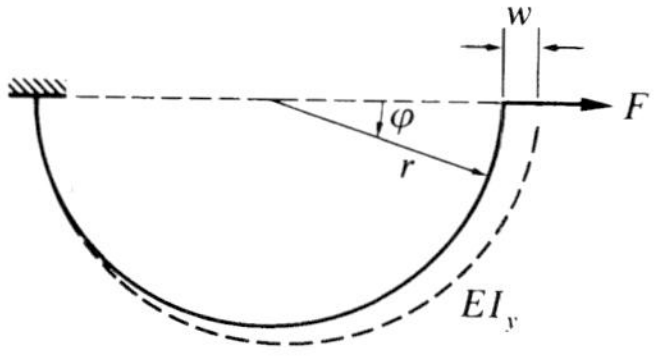

Abb. 8.10.

Damit ergibt sich

$$w = \frac{\pi r^3}{2EI_y} F.$$

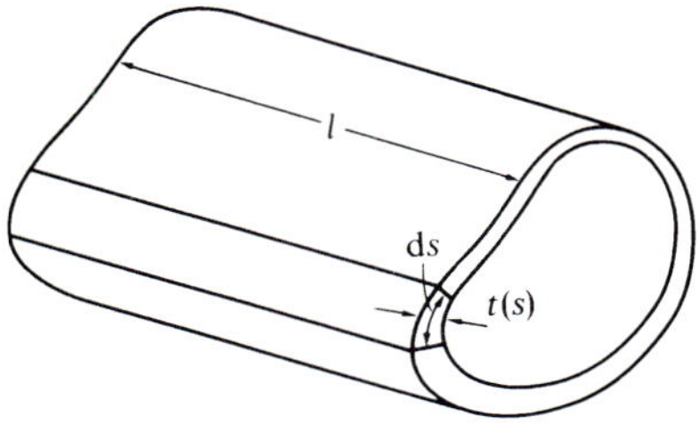

Abb. 8.11.

Beispiel 8.3-3
Man benutze den Arbeitssatz, um aus der 1. die 2. Bredtsche Formel für die Torsion dünnwandiger Hohlquerschnitte zu gewinnen (Gln. (6.14) und (6.21)).
Lösung: Die 1. Bredtsche Formel gibt die Schubspannung $\bar{\tau}(s)$ in der Querschnittsfläche als Funktion der Bogenlänge s entlang der Wandmittellinie an (vgl. Abb. 6.16):

$$\bar{\tau}(s) = \frac{M_T}{2A_m t(s)}.$$

Weitere Spannungen sind nicht vorhanden. Also ist

$$\tau_{xy}^2 + \tau_{xz}^2 = \bar{\tau}^2(s), \qquad \tau_{yz} = \sigma_x = \sigma_y = \sigma_z = 0.$$

In (8.5) wird als Volumenelement $\mathrm{d}V$ das Wandelement in Abb. 8.11 mit den Abmessungen ℓ (Stablänge), $t(s)$ und $\mathrm{d}s$ verwendet. Dann lautet die Gleichung

$$U = \frac{1}{2G} \oint \bar{\tau}^2(s)\, \ell\, t(s)\, \mathrm{d}s = \frac{1}{2} \frac{M_T^2 \ell}{4GA_m^2} \oint \frac{\mathrm{d}s}{t(s)}.$$

Das Symbol $\oint$ bedeutet die Integration über den ganzen Umfang der Wandmittellinie. Die äußere Formänderungsarbeit ist $W_a = \frac{1}{2} M_T \varphi$. Damit liefert der Arbeitssatz die Aussage

$$\varphi = \frac{M_T \ell}{4GA_m^2} \oint \frac{\mathrm{d}s}{t(s)}.$$

Das ist die 2. Bredtsche Formel. Ihre Herleitung in Abschnitt 6.2 war erheblich aufwendiger.

Beispiel 8.3-4
Ein Stab mit einem konstanten, offenen, dünnwandigen Querschnitt ist einseitig fest eingespannt und am freien Ende im Schubmittelpunkt parallel zu einer Hauptachse (der z-Achse) durch eine Kraft F belastet. Wie groß ist die Durchbiegung w am freien Ende in Richtung der Kraft? In welchem Verhältnis stehen der Biegemomenten- und der Querkraftanteil dieser Durchbiegung? Die Wölbbehinderung an der Einspannstelle soll vernachlässigt werden. Zur Berechnung des Querkraftanteils der Durchbiegung siehe die Bemerkungen im Anschluß an Gl. (8.14).
Lösung: Wenn die Koordinate vom freien Ende aus gezählt wird, sind Querkraft und Biegemoment an der Stelle x:

$$Q_z(x) = F, \qquad M_y(x) = Fx.$$

Die Querschubzahl $\kappa_z(x)$ in (8.12) ist eine von x unabhängige Konstante. Damit ergibt sich für die Formänderungsenergie nach (8.13):

$$U = \frac{F^2}{2EI_y}\int_0^\ell x^2\,\mathrm{d}x + \frac{\kappa_z F^2}{2GA}\int_0^\ell \mathrm{d}x = \frac{F^2\ell^3}{6EI_y} + \frac{\kappa_z F^2\ell}{2GA}.$$

Also ist die gesuchte Durchbiegung

$$w = \frac{F\ell^3}{3EI_y} + \frac{\kappa_z F\ell}{GA}. \tag{a}$$

Das Verhältnis von Querkraft- und Biegemomentenanteil ist

$$\frac{\text{Querkraftanteil}}{\text{Biegemomentenanteil}} = 3\kappa_z\,\frac{I_y}{A\ell^2}\,\frac{E}{G}.$$

Als konkretes Beispiel wird dieses Verhältnis für einen Stab mit einem Rechteckquerschnitt der Breite b und Höhe h berechnet. In (8.12) tritt z an die Stelle der Koordinate s. Aus (5.74) ist $S_y(z)$ bekannt. Damit ergibt sich

$$\kappa_z = \frac{bh}{(\frac{1}{12}bh^3)^2}\int_{z=-h/2}^{+h/2} \tfrac{1}{4}b\big(\tfrac{1}{4}h^2 - z^2\big)^2\,\mathrm{d}z = \frac{36}{h^5}\int_{-h/2}^{+h/2}\big(\tfrac{1}{4}h^2 - z^2\big)^2\,\mathrm{d}z = \frac{6}{5}.$$

Folglich ist das Verhältnis

$$\frac{\text{Querkraftanteil}}{\text{Biegemomentenanteil}} = \frac{18}{5}\,\frac{bh^3}{12bh\ell^2}\,\frac{E}{G} = \frac{3}{10}\,\frac{h^2}{\ell^2}\,\frac{E}{G}.$$

Es ist sehr klein, wenn die Querschnittshöhe h klein gegen die Stablänge ℓ ist. Dann ist also der Querkraftanteil gegen den Biegemomentenanteil vernachlässigbar klein. Dieses Ergebnis ist die Begründung für die Bedingung II am Beginn von Kap. 5.

Der Querkraftanteil in Gl. (a) des Beispiels kann wie folgt interpretiert werden. Der Quotient F/A ist eine Schubspannung, die im Stabquerschnitt vorhanden wäre, wenn die Schubspannung gleichmäßig verteilt wäre. Dann wäre $F/(GA)$ die zugehörige Scherung, und $F\ell/(GA)$ wäre die Verschiebung des Stabendes nach unten. Nun ist die Schubspannung aber nicht gleichmäßig verteilt, sondern so wie es in Abschnitt 5.7 beschrieben wurde. Infolgedessen ist die Scherung in den Randfasern null und im Stabinnern maximal. Die Querschubzahl κ_z in Gl. (a) dient dazu, für die ungleichmäßige Verteilung einen Mittelwert zu bilden. Dieser Sachverhalt wird in Abb. 8.12 noch einmal bildlich dargestellt. Die Abbildung zeigt nur die Stabverformung infolge der längs des Stabes konstanten Querkraft $Q_z = F$. Jede vor der Belastung auf der Seite des Stabes markierte senkrechte Gerade nimmt nach der Verformung infolge der ungleichmäßig verteilten Scherung die gestrichelte S-förmige Gestalt an. Dabei neigen sich alle Längsfasern des Stabes um den mittleren Scherwinkel $\kappa_z\,F/(GA)$. Für Stäbe mit einem rechteckigen Querschnitt wurde $\kappa_z = \frac{6}{5}$ berechnet. Die Tabelle 8.1 enthält Querschubzahlen für einige häufig gebrauchte Querschnittsformen.

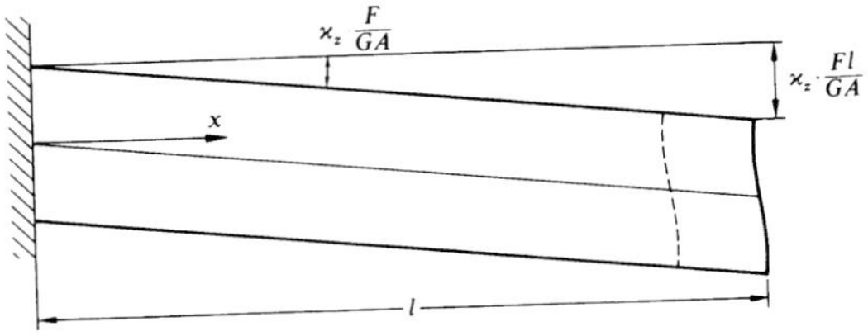

Abb. 8.12. Der Querkraftanteil an der Verformung eines eingespannten, am Ende belasteten Stabes. Querkraft, Spannung und Scherung sind unabhängig von x. In einem Querschnitt ist die Scherung von Ort zu Ort verschieden, so daß ein ursprünglich ebener Querschnitt entsprechend der gestrichelten Linie gewölbt wird (vgl. auch Abb. 5.19). Insgesamt entsteht der Eindruck einer mittleren Scherung mit κ_z als Mittelungsfaktor

Tabelle 8.1. Querschubzahlen

Querschnittsform	Rechteck und Rechteck (z)	Kreis	Normalprofil (z)	Breitflansch (z)	T (z)	⊔ und ⊏ (z)
κ_z	1,2	1,33	2,0 ÷ 2,4	3 ÷ 5	3 ÷ 4	2,0 ÷ 2,4

8.4 Das Verfahren der Formänderungsarbeit mit einer Hilfskraft

In diesem Abschnitt wird ein Verfahren entwickelt, mit dem man generalisierte Verschiebungen von Stabsystemen bei beliebigen äußeren Lasten und an beliebigen Stellen berechnen kann, z.B. auch an solchen Stellen, an denen keine Kraft angreift. Auch der Einfluß von Temperaturänderungen auf generalisierte Verschiebungen wird berechnet. Zum Beisp. kann man am System von Abb. 8.13a die Auslenkung w und den Verdrehwinkel φ bei A infolge der gezeichneten Einzelkräfte und der Streckenlast und infolge einer ungleichmäßigen Erwärmung der Stäbe berechnen. Wenn man für Auslenkungen und für Verdrehwinkel den Oberbegriff generalisierte Verschiebung verwendet, dann sind beide Aufgaben formal gleich. Auch das Lösungsverfahren ist für beide gleich. Es wird aus dem Prinzip der virtuellen Arbeit entwickelt:

$$\delta W_a = \delta U.$$

Um die beiden Größen δW_a und δU konkret formulieren zu können, müssen zwei Dinge festgelegt werden, und zwar erstens eine Gleichgewichtslage, aus der das System virtuell verschoben werden soll, und zweitens eine virtuelle Verschiebung. Die Festlegung muß so erfolgen, daß die gesuchte generalisierte Verschiebung in dem Ausdruck für δW_a vorkommt.

Als Gleichgewichtslage wählt man den Verformungszustand, den das System zeigt, wenn bei der Temperatur des Ausgangszustandes nur eine einzige

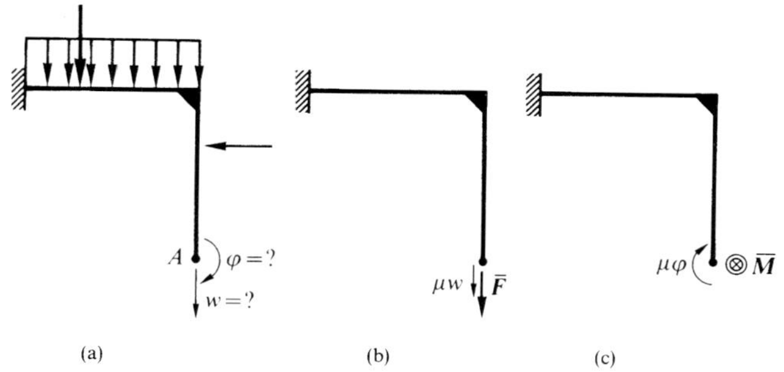

Abb. 8.13. Wenn man in Abb. a die Verschiebung w (bzw. den Neigungswinkel φ) bestimmen will, bringt man die Hilfskraft $\bar{F}$ von Abb. b an (bzw. das Hilfsmoment $\bar{M}$ von Abb. c). Dann gibt man dem System eine virtuelle Verschiebung, die das μ-fache der Verschiebung infolge der tatsächlichen Belastung und der Wärmedehnung ist. Dabei verrichtet $\bar{F}$ die virtuelle Arbeit $\delta W_a = \mu\bar{F}w$ (bzw. $\bar{M}$ die virtuelle Arbeit $\delta W_a = \mu\bar{M}\varphi$). Aus $\delta W_a = \delta U$ wird die gesuchte Größe berechnet

generalisierte Kraft angreift, und zwar im Punkt A in Richtung der gesuchten generalisierten Verschiebung. Ist die gesuchte Größe eine Auslenkung w, dann ist die generalisierte Kraft eine Hilfskraft, abgekürzt $\bar{F}$ (Abb. 8.13b). Ist die gesuchte Größe dagegen ein Verdrehwinkel φ, dann ist die generalisierte Kraft ein Hilfsmoment, abgekürzt $\bar{M}$ (Abb. 8.13c). Die Größe von $\bar{F}$ bzw. von $\bar{M}$ ist beliebig, weil sie im Endergebnis der Rechnung nicht erscheint. Wegen dieser Wahl der Gleichgewichtslage spricht man vom *Verfahren der Formänderungsarbeit mit einer Hilfskraft*.

Als virtuelle Verschiebung aus der so definierten Gleichgewichtslage wird das μ-fache derjenigen Verschiebung gewählt, die infolge der wirklichen äußeren Belastung und der Temperaturänderung tatsächlich auftritt. Der Faktor μ ist eine infinitesimal kleine Zahl, die den Sinn hat, aus den endlich großen Verschiebungen infinitesimal kleine virtuelle Verschiebungen zu bilden. Der Faktor fällt weiter unten aus der Rechnung wieder heraus. Bei der virtuellen Verschiebung wird der Angriffspunkt der Hilfskraft $\bar{F}$ (des Hilfsmoments $\bar{M}$) um das Stück μw verschoben (bzw. um den Winkel $\mu\varphi$ gedreht). Die virtuelle Arbeit δW_a der äußeren Kraft ist also $\bar{F}\mu w$ (bzw. $\bar{M}\mu\varphi$), und das Prinzip der virtuellen Arbeit macht die Aussage

$$\left.\begin{matrix}\bar{F}\mu w\\ \bar{M}\mu\varphi\end{matrix}\right\} = \delta U. \tag{8.18}$$

Bei der Berechnung von δU werden im folgenden nur Systeme betrachtet, die in beliebiger Weise aus geraden oder schwach vorgekrümmten, langen, dünnen Stäben zusammengesetzt sind. Stabquerschnitte dürfen beliebig geformt sein. Im Rahmen von Bedingung III auf S. 92 dürfen sie längs der Stabachsen veränderlich sein. Es dürfen Temperaturänderungen ΔT auftreten, die längs

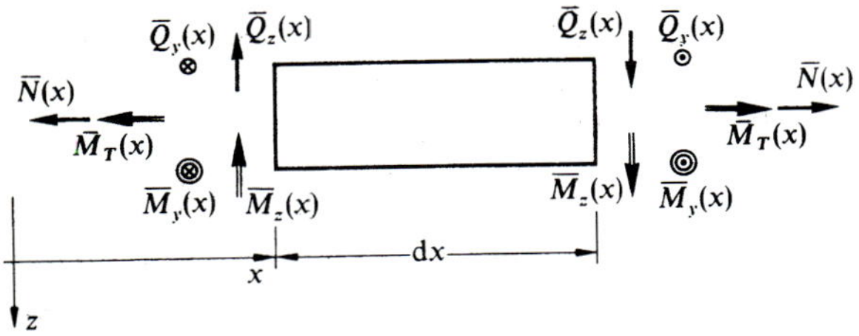

Abb. 8.14. Stabelement mit allen von der generalisierten Hilfskraft verursachten Schnittgrößen. Wenn das μ-fache der tatsächlichen Belastung auf den Stab gebracht wird, verrichten die Schnittgrößen längs den dabei auftretenden Verschiebungen Arbeit, die über alle Stabelemente integriert δU ergibt

der Stabachsen beliebig variabel, innerhalb jedes Stabquerschnitts jedoch konstant sind.

Von einem Stab betrachtet man ein Element der Länge $\mathrm{d}x$ und bestimmt für dieses Element die Änderung der Formänderungsenergie bei der virtuellen Verschiebung. Die Änderung δU für das gesamte System ergibt sich dann durch Integration über die Stablänge und durch Summation der Integrale über alle Stäbe. Man erhält also einen Ausdruck der Form

$$\delta U = \sum_i \int_0^{\ell_i} (\cdots)\,\mathrm{d}x. \tag{8.19}$$

Der Ausdruck in Klammern wird am betrachteten Stabelement entwickelt. Es ist in Abb. 8.14 in seinem Zustand nach Anbringen der generalisierten Hilfskraft am System dargestellt. Die x-, y- und z-Achsen liegen in der Stabachse bzw. in den Hauptachsen des Querschnitts. Die Querschnittsfläche und die Hauptflächenmomente an der betrachteten Stelle sind $A(x)$ bzw. $I_y(x)$ und $I_z(x)$. An den Schnittufern des Elements sind alle Schnittgrößen infolge der generalisierten Hilfskraft eingezeichnet. Es sind eine Längskraft $\bar{N}(x)$, zwei Querkräfte $\bar{Q}_y(x)$ und $\bar{Q}_z(x)$, zwei Biegemomente $\bar{M}_y(x)$ und $\bar{M}_z(x)$ und ein Torsionsmoment $\bar{M}_T(x)$. Bei der wirklichen Belastung und Temperaturänderung erhält der Stab eine Dehnung $\epsilon_x(x)$, mittlere Scherungen $\gamma_{xy}(x)$ und $\gamma_{xz}(x)$, Biegungen um die y- und die z-Achse mit Krümmungen $1/\rho_y(x)$ bzw. $1/\rho_z(x)$ und eine Drillung $\varphi'(x)$. Bei der oben definierten virtuellen Verschiebung treten im betrachteten Stabelement die Größen $\mu\epsilon_x(x)$, $\mu\gamma_{xy}(x)$, $\mu\gamma_{xz}(x)$, $\mu/\rho_y(x)$, $\mu/\rho_z(x)$ und $\mu\varphi'(x)$ auf.

Bei der Dehnung $\mu\epsilon_x(x)$ ist die virtuelle Verlängerung des Stabelements $\mu\epsilon_x(x)\,\mathrm{d}x$. Bei dieser Verlängerung verrichtet die schon vorhandene Längskraft $\bar{N}(x)$ die virtuelle Arbeit $\mu\bar{N}(x)\epsilon_x(x)\,\mathrm{d}x$. Bei der mittleren virtuellen Scherung $\mu\gamma_{xy}(x)$ verrichtet die schon vorhandene Querkraft $\bar{Q}_y(x)$ längs der virtuellen Verschiebung $\mu\gamma_{xy}(x)\,\mathrm{d}x$ die virtuelle Arbeit $\mu\bar{Q}_y(x)\gamma_{xy}(x)\,\mathrm{d}x$. Entsprechendes gilt für die Scherung in z-Richtung. Bei der virtuellen Biegung um die y-Achse neigen sich die Endquerschnitte nach Abb. 8.15 um den Winkel $\delta\varphi_y = \mu\,\mathrm{d}x/\rho_y(x)$ gegeneinander. Dabei verrichtet das schon vorhan-

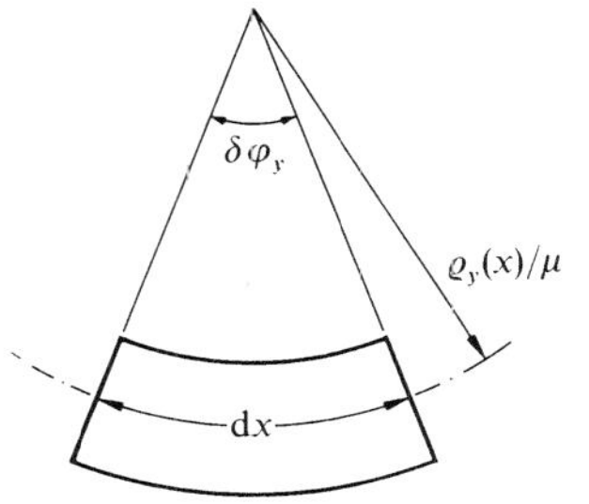

Abb. 8.15. Infolge Biegung unter dem μ-fachen der tatsächlichen Belastung drehen sich die Endquerschnitte des Stabelements um einen Winkel $\delta\varphi_y$ gegeneinander. Bei dieser Drehung verrichtet das Moment $\bar{M}_y$ die virtuelle Arbeit $\bar{M}_y\delta\varphi_y$

dene Moment $\bar{M}_y(x)$ die virtuelle Arbeit $\bar{M}_y(x)\delta\varphi_y = \mu\bar{M}_y(x)\,\mathrm{d}x/\rho_y(x)$. Entsprechendes gilt für die Biegung um die z-Achse. Um die x-Achse werden die Enden des Stabelements bei der virtuellen Drillung $\mu\varphi'(x)$ um den Winkel $\mu\varphi'(x)\,\mathrm{d}x$ gegeneinander verdreht. Dabei verrichtet das schon vorhandene Moment $\bar{M}_T(x)$ die virtuelle Arbeit $\mu\bar{M}_T(x)\varphi'(x)\,\mathrm{d}x$. Die gesamte virtuelle Arbeit am Stabelement ist also

$$\mu\left[\bar{N}(x)\,\epsilon_x(x) + \bar{Q}_y(x)\,\gamma_{xy}(x) + \bar{Q}_z(x)\,\gamma_{xz}(x) + \frac{\bar{M}_y(x)}{\rho_y(x)} + \frac{\bar{M}_z(x)}{\rho_z(x)} + \bar{M}_T(x)\varphi'(x)\right]\mathrm{d}x. \tag{8.20}$$

Seien $N(x)$, $Q_y(x)$, $Q_z(x)$, $M_y(x)$, $M_z(x)$ und $M_T(x)$ die Schnittgrößen im Stab an der Stelle x unter der wirklichen Belastung und nach der Temperaturänderung. Dann ist

$$\left.\begin{aligned}
\epsilon_x(x) &= \frac{N(x)}{EA(x)} + \alpha\Delta T(x),\\
\frac{1}{\rho_y(x)} &= \frac{M_y(x)}{EI_y(x)}, \qquad \frac{1}{\rho_z(x)} = \frac{M_z(x)}{EI_z(x)} \quad \text{(siehe Gl.(5.29))},\\
\varphi'(x) &= \frac{M_T(x)}{GI_T(x)} \qquad \text{(siehe Gln.(6.9), (6.23), (6.43))}.
\end{aligned}\right\} \tag{8.21}$$

Die Scherungen γ_{xy} und γ_{xz} sind Mittelwerte im Sinne von Abb. 8.12. Nach den Erklärungen zu dieser Abbildung kann man sie in der Form angeben:

$$\gamma_{xy}(x) = \kappa_y(x)\,\frac{Q_y(x)}{GA(x)}, \qquad \gamma_{xz}(x) = \kappa_z(x)\,\frac{Q_z(x)}{GA(x)}. \tag{8.22}$$

Wenn man (8.21) und (8.22) in (8.20) einsetzt und dann über die Stablänge integriert und über alle Stäbe des Systems summiert, erhält man die gesamte virtuelle Arbeit (8.19). Sie wird in (8.18) eingesetzt. Dabei fällt der Faktor μ heraus. Das Ergebnis ist die sog. *Arbeitsgleichung*:

$$\left.\begin{array}{l}\bar{F}w\\ \bar{M}\varphi\end{array}\right\} = \sum_i \int_0^{\ell_i} \left[\frac{N(x)\bar{N}(x)}{EA(x)} + \frac{M_y(x)\bar{M}_y(x)}{EI_y(x)} + \frac{M_z(x)\bar{M}_z(x)}{EI_z(x)}\right.$$
$$+\kappa_y(x)\,\frac{Q_y(x)\bar{Q}_y(x)}{GA(x)} + \kappa_z(x)\,\frac{Q_z(x)\bar{Q}_z(x)}{GA(x)} + \frac{M_T(x)\bar{M}_T(x)}{GI_T(x)}$$
$$\left.+\bar{N}(x)\,\alpha\,\Delta T(x)\right]\mathrm{d}x. \tag{8.23}$$

Bei der Anwendung auf konkrete Aufgaben sind die Schnittgrößen unter dem Integral bekannte Funktionen von x. Insbesondere sind alle mit einem Querstrich versehenen Schnittgrößen proportional zur generalisierten Hilfskraft $\bar{F}$ bzw. $\bar{M}$. Diese fällt also aus der Gleichung heraus, und man erhält die gesuchte generalisierte Verschiebung w bzw. φ.

Beispiel 8.4-1
Das statisch bestimmte Fachwerk in Abb. 8.9 wird wie gezeichnet belastet. Außerdem werden alle Stäbe um die Temperaturdifferenz ΔT erwärmt. Um welches Stück w_H verschiebt sich dabei der Lastangriffspunkt horizontal nach rechts?
Lösung: Aus Beisp. 8.3-1 werden die Stabkräfte unter der Last F übernommen:

$$N_i = a_i F \qquad (i = 1, \ldots, n)$$

Die Hilfskraft $\bar{F}$ wird an der Stelle und in der Richtung angebracht, an der man die Verschiebung sucht, in diesem Fall also am Angriffspunkt von F und horizontal nach rechts. Sie verursacht Stabkräfte, die sich ebenfalls mit Mitteln der Statik berechnen und in der Form

$$\bar{N}_i = \bar{a}_i \bar{F} \qquad (i = 1, \ldots, n)$$

darstellen lassen. Weitere Schnittgrößen sind nicht vorhanden. Die Arbeitsgleichung (8.23) liefert die gesuchte Verschiebung:

$$w_H = \frac{1}{\bar{F}} \sum_{i=1}^{n} \int_0^{\ell_i} \left[\frac{a_i\, F\, \bar{a}_i \bar{F}}{E_i A_i} + \bar{a}_i\, \bar{F}\, \alpha_i \Delta T\right] \mathrm{d}x = F \sum_{i=1}^{n} \frac{a_i\, \bar{a}_i\, \ell_i}{E_i A_i} + \Delta T \sum_{i=1}^{n} \alpha_i\, \bar{a}_i\, \ell_i .$$

Beispiel 8.4-2
Man berechne den Winkel ψ, um den sich das freie Ende des halbkreisförmig vorgekrümmten Stabes in Abb. 8.10 unter der Kraft F im Uhrzeigersinn dreht. Der Stab ist in dem in Beisp. 8.3-2 erläuterten Sinne schwach gekrümmt.
Lösung: Aus Beisp. 8.3-2 wird das Biegemoment infolge der Last F übernommen: $M_y(\varphi) = Fr \sin\varphi$. Am freien Ende wird im Uhrzeigersinn drehend ein Hilfsmoment $\bar{M}$ angebracht. Das zugehörige Biegemoment ist $\bar{M}_y(\varphi) \equiv \bar{M} = \text{const}$. Wenn man den Einfluß von Längskraft und Querkraft auf die Verformung vernachlässigt, liefert (8.23) für den gesuchten Drehwinkel das Ergebnis

$$\psi = \frac{1}{\bar{M} EI_y} \int_0^{\pi} Fr \sin\varphi\, \bar{M} r\, \mathrm{d}\varphi = \frac{2r^2}{EI_y}\, F.$$

8.4.1 Relative Verschiebungen

Die Möglichkeit, generalisierte Verschiebungen w und φ zu berechnen, erlaubt es auch, Verschiebungen und Verdrehungen zweier Stellen eines Systems relativ zueinander zu bestimmen. Abb. 8.16a erläutert die Bedeutung dieser Fragestellung und die Lösungsmethode. Für das gezeichnete System soll berechnet werden, um welches Stück sich unter der angegebenen Belastung der Abstand der Punkte A und B vergrößert, und um welchen Winkel sich die Stabtangenten rechts und links vom Gelenk gegeneinander drehen. Die Abstandsvergrößerung der Punkte A und B ist die Summe aus der Verschiebung w_A des Punktes A nach oben und der Verschiebung w_B des Punktes B nach unten. Die Verschiebungen w_A und w_B können einzeln mit Gl. (8.23) berechnet werden. Dazu wird einmal eine Hilfskraft $\bar{F}$ bei A nach oben und das andere Mal eine gleich große Hilfskraft bei B nach unten angebracht (Abb. 8.16b). Die in (8.23) nicht quergestrichenen Schnittgrößen sind in beiden Fällen dieselben, nämlich die Schnittgrößen infolge der tatsächlichen Belastung. Nur die quergestrichenen Schnittgrößen sind verschieden. Sie werden vorübergehend mit den Indizes A bzw. B bezeichnet, also z.B. $\bar{N}_A(x)$, $\bar{M}_{yA}(x)$ usw. bzw. $\bar{N}_B(x)$, $\bar{M}_{yB}(x)$ usw. Die gesuchte Abstandsvergrößerung ist die Summe

$$
\begin{aligned}
w_A + w_B = {} & \frac{1}{\bar{F}} \sum_i \int_0^{\ell_i} \left[\frac{N(x)\bar{N}_A(x)}{EA(x)} + \cdots \right] \mathrm{d}x \\
& + \frac{1}{\bar{F}} \sum_i \int_0^{\ell_i} \left[\frac{N(x)\bar{N}_B(x)}{EA(x)} + \cdots \right] \mathrm{d}x \\
= {} & \frac{1}{\bar{F}} \sum_i \int_0^{\ell_i} \left[\frac{N(x)[\bar{N}_A(x) + \bar{N}_A(x)]}{EA(x)} + \cdots \right] \mathrm{d}x .
\end{aligned}
$$

Die Summen der quergestrichenen Größen in diesem Integral gehören zu dem Lastfall, in dem beide Hilfskräfte bei A und B gemeinsam angreifen. Damit ist folgende allgemeine Vorschrift für die Berechnung von Abstandsänderungen zweier Punkte A und B gewonnen:

> Man bringe in beiden Punkten entlang der Verbindungslinie A–B entgegengesetzt gerichtete, gleich große Hilfskräfte an und bestimme für diesen Lastfall die Schnittgrößenverläufe. Mit ihnen als quergestrichenen Größen liefert (8.23) die gesuchte Abstandsänderung.

Genauso geht man bei der Berechnung des relativen Verdrehwinkels der Stabtangenten am Gelenk in Abb. 8.16a vor. Der gesuchte Winkel ist die Summe aus dem Drehwinkel der linken Tangente nach links und dem Drehwinkel der rechten Tangente nach rechts. Jeden Winkel kann man einzeln mit einem Hilfsmoment berechnen, das auf der entsprechenden Seite des Gelenks in der entsprechenden Drehrichtung angreift (Abb. 8.16c). Die Winkelsumme erhält

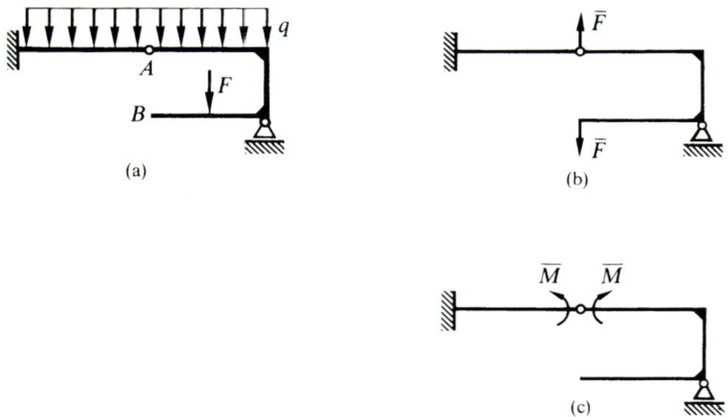

Abb. 8.16. Die Zunahme des Abstandes A–B in (a) infolge der Last F wird mit den beiden Hilfskräften in (b) berechnet. Die beiden Hilfsmomente in (c) sind nötig, wenn man den Winkel sucht, um den sich in (a) die Stabtangenten beiderseits des Gelenks gegeneinander drehen

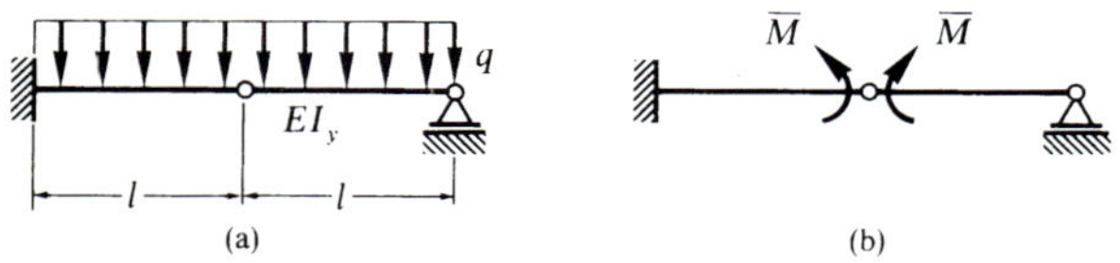

Abb. 8.17.

man direkt, wenn man in (8.23) als quergestrichene Schnittgrößen diejenigen einsetzt, die bei gemeinsamer Wirkung beider (gleich großer) Hilfsmomente auftreten.

Beispiel 8.4-3
Um welchen Winkel φ drehen sich bei dem System in Abb. 8.17a infolge der Streckenlast q die Stabtangenten unmittelbar links und rechts vom Gelenk gegeneinander? Der Einfluß der Querkraft soll vernachlässigt werden.
Lösung: Der gesuchte Winkel wird mit zwei Hilfsmomenten $\bar{M}$ nach Abb. 8.17b bestimmt. Die Biegemomentenverläufe unter der tatsächlichen Belastung bzw. unter der Belastung durch beide Hilfsmomente sind in Abb. 8.18a,b angegeben. Mit ihnen liefert (8.23) das Ergebnis

$$\varphi = \frac{1}{\bar{M}EI_y}\int_C^{2\ell} M_y(x)\bar{M}_y(x)\,\mathrm{d}x = \frac{-q}{2EI_y\ell}\int_0^{2\ell}(x^2-\ell x)x\,\mathrm{d}x = \frac{-2q\ell^3}{3EI_y}.$$

Im Minuszeichen kommt zum Ausdruck, daß sich die Stabtangenten andersherum drehen als die Hilfsmomente in Abb. 8.17b. Das entspricht in der Tat der Erwartung.

8.4.2 Vereinfachte Auswertung der Integrale

Bei vielen praktischen Anwendungen der Arbeitsgleichung (8.23) sind die Nennerausdrücke konstant. Dann sind alle Integrale vom selben Typ. Ihre

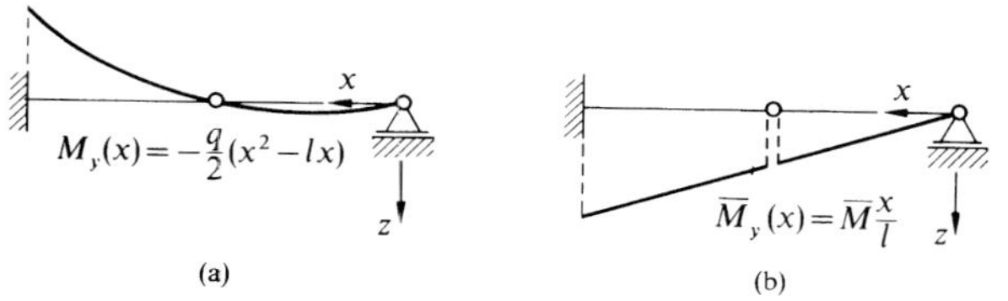

Abb. 8.18.

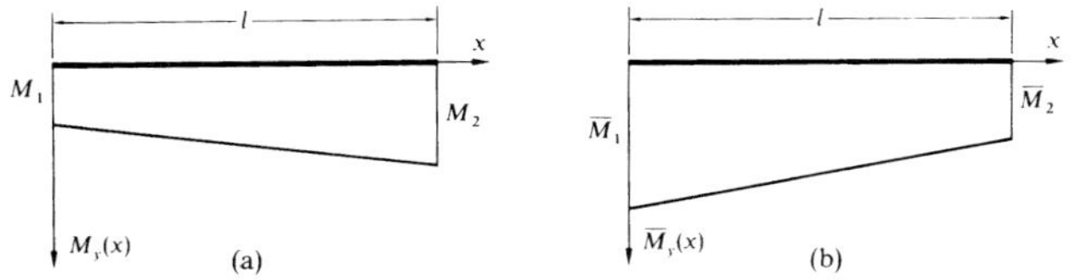

Abb. 8.19.

Auswertung kann schematisiert werden. Wenn z.B. in einem Stababschnitt im Bereich von $x = 0$ bis $x = \ell$ Biegemomente $M_y(x)$ und $\bar{M}_y(x)$ mit den in Abb. 8.19 dargestellten geradlinigen Verläufen mit den angegebenen Größen bei $x = 0$ und bei $x = \ell$ vorhanden sind, dann ist

$$M_y(x) = M_1 + (M_2 - M_1)x/\ell, \qquad \bar{M}_y(x) = \bar{M}_1 + (\bar{M}_2 - \bar{M}_1)x/\ell.$$

Die Integration liefert die Formel

$$\int_0^\ell M_y(x)\bar{M}_y(x)\,\mathrm{d}x = \tfrac{1}{6}\ell\,[M_1(2\bar{M}_1 + \bar{M}_2) + M_2(\bar{M}_1 + 2\bar{M}_2)].$$

Es ist einfacher, diese fertige Formel zu benutzen, als bei jeder Aufgabe das Integral erneut zu berechnen. Alle vier Größen in der Formel können positiv, null oder negativ sein. Statt um Biegemomente kann es sich auch um andere Schnittgrößen handeln, die in (8.23) auftreten. In Tabelle 5 im Anhang sind die oben angegebene Formel sowie einige in ihr enthaltene Sonderfälle und weitere Formeln für andere Schnittgrößenverläufe zusammengestellt. Die Schnittgrößen heißen dort nicht $M_y(x)$ und $\bar{M}_y(x)$, sondern $P(x)$ und $K(x)$, und das Integrationsintervall heißt s statt ℓ. Jede Zeile ist für einen bestimmten Verlauf von $P(x)$ und jede Spalte für einen bestimmten Verlauf von $K(x)$ gültig. Diese Verläufe sind durch ihre Bestimmungsgrößen bildlich dargestellt. Der Anwendungsbereich der Tabelle wird noch dadurch erweitert, daß man die beiden Faktoren vertauschen darf. Die Tabelle ist nicht nur im Zusammenhang mit Gl. (8.23) nützlich. Sie wurde schon in Beisp. 5.8-1 verwendet.

8.5 Statisch unbestimmte Systeme. Das Kraftgrößenverfahren

In Abschnitt 5.3 wurde bereits erklärt, wie man mit dem Kraftgrößenverfahren Lagerreaktionen und Biegelinien von statisch unbestimmt gelagerten Stäben berechnet. Das Verfahren eignet sich für beliebige äußerlich und innerlich statisch unbestimmte Systeme.

In statisch unbestimmten Systemen entstehen Lagerreaktionen, Schnittgrößen und Spannungen nicht nur durch äußere eingeprägte Lasten, sondern auch durch Temperaturänderungen und durch erzwungene generalisierte Verschiebungen (Lagersetzungen, Abstandsänderungen durch Anziehen von Spannschlössern, durch Einbau falsch bemessener Stäbe u.dgl.). In einem n-fach statisch unbestimmten System werden an Lagern und im Innern insgesamt n Schnitte so geführt, daß ein zusammenhängendes statisch bestimmtes System – das sog. Grundsystem – entsteht. Wie man die Schnittstellen zweckmäßig wählt, wird weiter unten erklärt. Am Grundsystem werden an allen Schnittufern die beim Schneiden freigelegten generalisierten Kräfte angebracht (an zwei Schnittufern bei Schnitten im Innern des Systems, an einem Schnittufer bei Schnitten an Lagern). Sie werden im folgenden $K_1, \ldots, K_n$ genannt. Nach diesen Kraftgrößen ist das Verfahren benannt. Außerdem wird am Grundsystem die gegebene äußere Belastung des Ausgangssystems angebracht. Sie wird im folgenden zusammenfassend mit F bezeichnet.

Die generalisierte Verschiebung (bzw. bei zwei Schnittufern die generalisierte relative Verschiebung) des Grundsystems am Angriffspunkt und in Richtung von K_i wird wie bisher w_i genannt ($i = 1, \ldots, n$). Sie wird entweder mit Hilfe von Formelsammlungen (z.B. [5] Tabelle E5-7) oder aus Gl. (8.23) berechnet. Sie ist eine Funktion von $K_1, \ldots, K_n$, von F und von Temperaturänderungen ΔT. Bei der Berechnung wird das Superpositionsprinzip verwendet. Als Hilfskraft zur Berechnung von w_i wird K_i selbst verwendet. Das Ergebnis hat die Form

$$w_i = c_{i1}K_1 + \cdots + c_{in}K_n + f_i(F) + g_i(\Delta T) \qquad (i = 1, \ldots, n) \tag{8.24}$$

mit angebbaren Koeffizienten $c_1, \ldots, c_n$ und mit angebbaren Funktionen $f_i(F)$ und $g_i(\Delta T)$.

Die Schnittstellen und die Kraftgrößen werden so gewählt, daß alle Verschiebungen $w_1, \ldots, w_n$ durch die Aufgabenstellung vorgeschrieben sind. Insbesondere müssen Schnitte an allen Stellen gelegt werden, an denen von null verschiedene Verschiebungen vorgeschrieben sind (z.B. Lagersetzungen, Spannschloßverkürzungen usw.). Dann ist (8.24) ein inhomogenes Gleichungssystem zur Berechnung von $K_1, \ldots, K_n$. Alle weiteren evt. interessierenden Größen (Verschiebungen an anderen Stellen, Lagerreaktionen, und Schnittgrößen) werden am statisch bestimmten Grundsystem *nach* der Bestimmung von $K_1, \ldots, K_n$ berechnet.

Bei mehrfach statisch unbestimmten Systemen sollte man Schnittstellen und Kraftgrößen so wählen, daß die Gln. (8.24) möglichst stark entkoppelt und numerisch gut konditioniert sind. Der Abschnitt "Durchlaufträger. Dreimomentengleichung" zeigt ein gutes Beispiel.

Beispiel 8.5-1

Das Fachwerk in Abb. 8.20a ist 2-fach statisch unbestimmt. Es ist nämlich sowohl statisch unbestimmt gelagert als auch innerlich statisch unbestimmt. Man berechne alle Stabkräfte N_i $(i = 1, \ldots, 6)$ für den Fall, daß nach spiel- und spannungsfreier Montage die Last F aufgebracht wird, der Stab 6 durch ein Spannschloß um das Stück Δw verkürzt wird, das Lager B um das Stück w_B abgesenkt wird und die Stäbe 4, 5 und 6 gleichmäßig um ΔT erwärmt werden. Alle Stäbe haben gleiche Dehnsteifigkeiten EA und gleiche thermische Längenausdehnungskoeffizienten α.
Lösung: Da eine Relativverschiebung an Stab 6 und eine Verschiebung an Lager B vorgeschrieben sind, muß man die Schnitte so führen und Kraftgrößen K_1 und K_2 so definieren, wie es Abb. 8.20b zeigt. Für dieses statisch bestimmte Grundsystem werden die Stabkräfte N_i $(i = 1, \ldots, 6)$ aus Gleichgewichtsbedingungen als Funktionen von K_1, K_2 und F berechnet (siehe Spalte 2 in Tabelle 8.2). Zur Berechnung der Relativverschiebung an Stab 6 werden die Stabkräfte $\bar{N}_i$ in Spalte 3 und zur Berechnung der Verschiebung bei B die Stabkräfte $\bar{N}_i$ in Spalte 4 berechnet. Diese Stabkräfte entspechen den Lastfällen "nur die beiden Hilfskräfte $\bar{K}_1$" bzw. "nur die Hilfskraft $\bar{K}_2$". Die Tabelle enthält außerdem alle Stablängen und alle Temperaturänderungen. Gl. (8.23) liefert

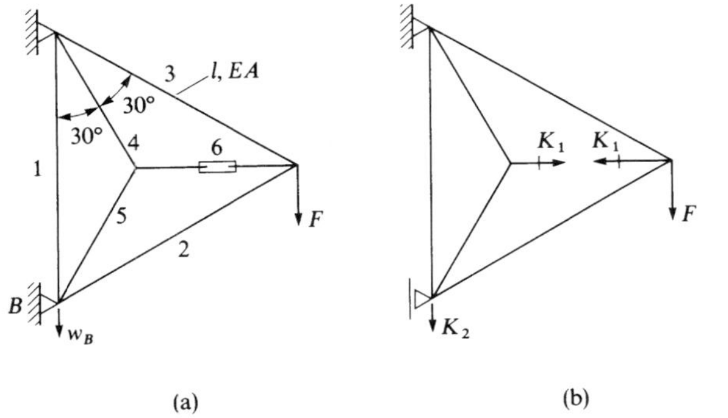

Abb. 8.20. Ein 2-fach statisch unbestimmtes Fachwerk (a) und das zugehörige statisch bestimmte Grundsystem (b) mit Kraftgrößen K_1 und K_2 an den Stellen vorgeschriebener Verschiebungen

Tabelle 8.2.

i	N_i	$\bar{N}_i$ (nur $\bar{K}_1$)	$\bar{N}_i$ (nur $\bar{K}_2$)	ℓ_i	ΔT_i
1	$F/2 - K_1/\sqrt{3} + K_2$	$-\bar{K}_1/\sqrt{3}$	$\bar{K}_2$	ℓ	0
2	$-F - K_1/\sqrt{3}$	$-\bar{K}_1/\sqrt{3}$	0	ℓ	0
3	$+F - K_1/\sqrt{3}$	$-\bar{K}_1/\sqrt{3}$	0	ℓ	0
4,5,6	K_1	$\bar{K}_1$	0	$\ell/\sqrt{3}$	ΔT

$$\begin{aligned}
\Delta w &= \frac{1}{\bar{K}_1}\sum_{i=1}^{6}\Big(\frac{N_i\bar{N}_i\ell_i}{EA}+\bar{N}_i\alpha\Delta T_i\ell_i\Big) \qquad (\bar{N}_i \text{ aus Spalte 3})\\
&= \frac{\ell}{EA}\Big[(F/2-K_1/\sqrt{3}+K_2)(-1/\sqrt{3})+(-F-K_1/\sqrt{3})(-1/\sqrt{3})\\
&\qquad +(F-K_1/\sqrt{3})(-1/\sqrt{3})+3K_1/\sqrt{3}\Big]+3\alpha\Delta T\ell/\sqrt{3}\\
&= \frac{\ell}{EA}\Big[-F\sqrt{3}/6+K_1(1+\sqrt{3})-K_2\sqrt{3}/3\Big]+\alpha\Delta T\ell\sqrt{3},\\
w_B &= \frac{1}{\bar{K}_2}\sum_{i=1}^{6}\Big(\frac{N_i\bar{N}_i\ell_i}{EA}+\bar{N}_i\alpha\Delta T_i\ell_i\Big) \qquad (\bar{N}_i \text{ aus Spalte 4})\\
&= \frac{\ell}{EA}\Big(F/2-K_1\sqrt{3}/3+K_2\Big).
\end{aligned}$$

Das ist das Gleichungssystem (8.24). Aus ihm werden K_1 und K_2 berechnet. Mit diesen Ergebnissen liefert dann Spalte 2 der Tabelle die gesuchten Stabkräfte des statisch unbestimmten Ausgangssystems.

8.5.1 Durchlaufträger. Dreimomentengleichung

Abb. 8.21 zeigt einen Durchlaufträger mit Lagern $i = 0, \dots, n+1$ und mit Feldern $i = 1, \dots, n+1$ (Feldlängen ℓ_i, Biegesteifigkeiten EI_{yi}). Er wird ohne äußere Belastung spannungsfrei montiert. Im späteren Betrieb verursachen beliebig vorgegebene äußere Lasten und vorgegebene Lagerabsenkungen Biegemomentenverläufe und Lagerreaktionen. Diese werden im folgenden berechnet.

Das System ist n-fach statisch unbestimmt. Als statisch bestimmtes Grundsystem wird der Träger in Abb. 8.22 mit Gelenken an den Lagern $i = 1, \dots, n$ und mit Momenten $M_1, \dots, M_n$ beiderseits der Gelenke gewählt. Die Momente sind die unbekannten Kraftgrößen. Sie werden aus der Bedingung berechnet, daß die Biegelinie an keinem Gelenk einen Knick hat. Der Knickwinkel am Gelenk i ist der relative Verdrehwinkel der Tangenten bei-

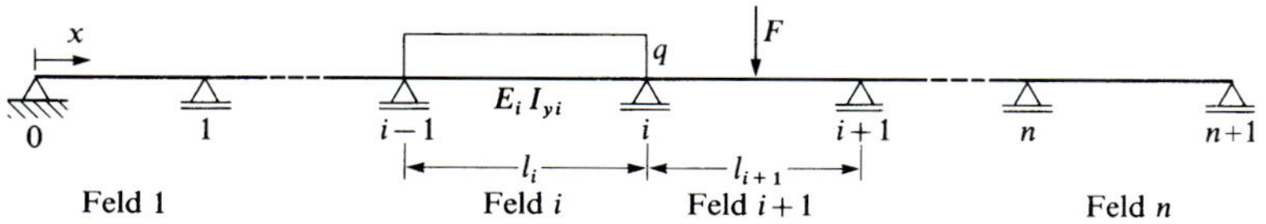

Abb. 8.21. n-fach statisch unbestimmter Durchlaufträger

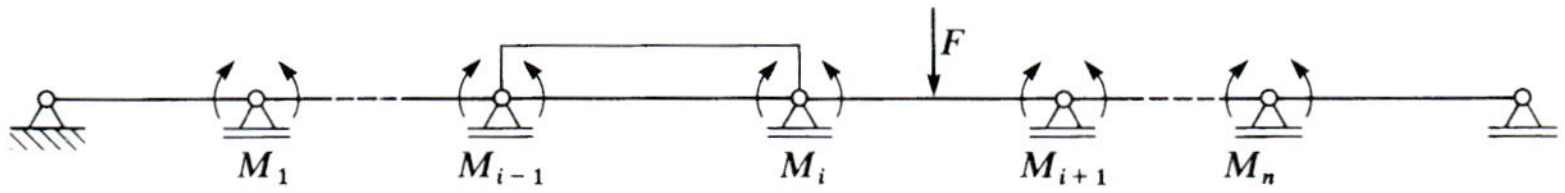

Abb. 8.22. Statisch bestimmtes Grundsystem mit Kraftgrößen $M_1, \dots, M_n$ beiderseits von Gelenken

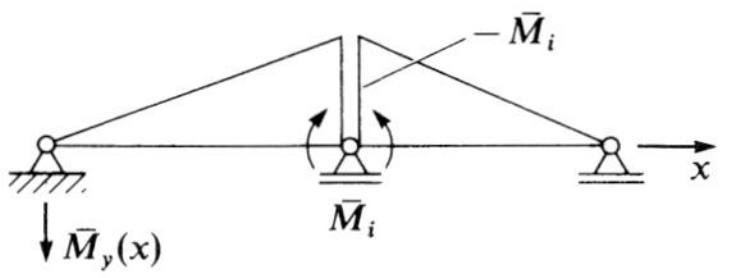

Abb. 8.23. Der Knickwinkel α_i infolge Lagerabsenkungen

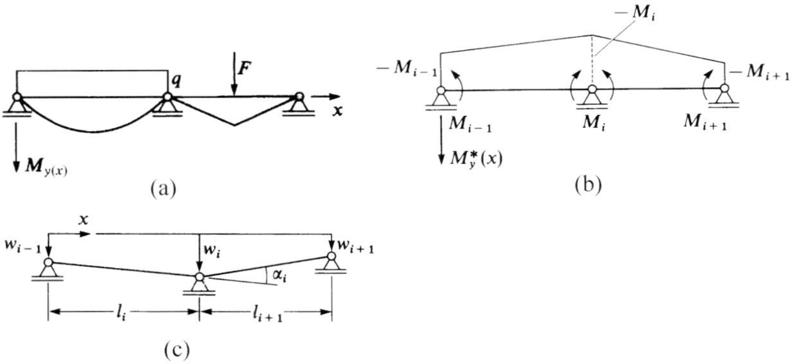

Abb. 8.24. Biegemomente in den Feldern i und $i+1$ des Grundsystems. a) Das Biegemoment $M_y(x)$ zur Last des Ausgangssystems. b) Das Biegemoment $M_y^*(x)$ zur Belastung durch die Kraftgrößen. c) Das Biegemoment $\bar{M}_y(x)$ zu den beiden Hilfsmomenten $\bar{M}_i$

derseits des Gelenks. Er hängt nur von den Lagerabsenkungen w_{i-1}, w_i und w_{i+1} und von den Lasten auf den beiden Nachbarfeldern i und $i+1$ ab (hier F, q, M_{i-1}, M_i und M_{i+1}). Man braucht also nur diese beiden Felder zu betrachten. Der Winkel wird nach dem Superpositionsprinzip berechnet. Die Lagerabsenkungen verursachen nach Abb. 8.23 den Beitrag

$$\alpha_i = (w_i - w_{i-1})/\ell_i + (w_i - w_{i+1})/\ell_{i+1}. \tag{8.25}$$

Der Beitrag der Lasten wird φ_i genannt. Er wird nach dem Vorbild von Beisp. 8.4-3 mit zwei Hilfsmomenten $\bar{M}_i$ beiderseits von Gelenk i berechnet. Seien

$M_y(x)$ das Biegemoment zur Last des Ausgangssystems (von Fall zu Fall verschieden; hier F und q; Abb. 8.24a),

$M_y^*(x)$ das Biegemoment zur Belastung durch die Kraftgrößen M_{i-1}, M_i und M_{i+1} (Abb. 8.24b) und

$\bar{M}_y(x)$ das Biegemoment zu den beiden Hilfsmomenten $\bar{M}_i$ (Abb. 8.24c).

Mit diesen Bezeichnungen ist

$$\varphi_i = \frac{1}{\bar{M}_i}\Big\{\frac{1}{EI_{yi}}\int_{\text{Feld } i}[M_y(x) + M_y^*(x)]\,\bar{M}_y(x)\,\mathrm{d}x$$

$$+ \frac{1}{EI_{y,i+1}} \int_{\substack{\text{Feld}\\ i+1}} \left[M_y(x) + M_y^*(x)\right] \bar{M}_y(x)\,\mathrm{d}x \Big\}.$$

Mit den gegebenen Funktionen $M_y^*(x)$ und $\bar{M}_y(x)$ erhält man mit Hilfe von Tabelle 5 des Anhangs den Ausdruck

$$\varphi_i = \frac{1}{6}\left[M_{i-1}\frac{\ell_i}{EI_{yi}} + 2M_i\left(\frac{\ell_i}{EI_{yi}} + \frac{\ell_{i+1}}{EI_{y,i+1}}\right) + M_{i+1}\frac{\ell_{i+1}}{EI_{y,i+1}}\right]$$
$$+\frac{1}{\bar{M}_i}\left\{\frac{1}{EI_{yi}}\int_{\text{Feld } i} M_y(x)\bar{M}_y(x)\,\mathrm{d}x + \frac{1}{EI_{y,i+1}}\int_{\substack{\text{Feld}\\ i+1}} M_y(x)\bar{M}_y(x)\,\mathrm{d}x\right\}.$$

Die Bedingungen $\varphi_i + \alpha_i = 0$ $(i = 1, \ldots, n)$ liefern die sog. *Dreimomentengleichungen*

$$\frac{\ell_i}{I_{yi}}\,M_{i-1} + 2\left(\frac{\ell_i}{I_{yi}} + \frac{\ell_{i+1}}{I_{y,i+1}}\right)M_i + \frac{\ell_{i+1}}{I_{y,i+1}}\,M_{i+1}$$
$$= \frac{-6}{\bar{M}_i}\left[\frac{1}{I_{yi}}\int_{\text{Feld } i} M_y(x)\bar{M}_y(x)\,\mathrm{d}x + \frac{1}{I_{y,i+1}}\int_{\substack{\text{Feld}\\ i+1}} M_y(x)\bar{M}_y(x)\,\mathrm{d}x\right] - E\alpha_i$$
$$(i = 1, \ldots, n;\quad M_0 = M_{n+1} = 0). \qquad (8.26)$$

Die Gleichungen haben eine symmetrische Koeffizientenmatrix, die nur in einem Band von drei Elementen Breite um die Diagonale besetzt ist. Für Zweifeldträger $(n = 1)$ und Dreifeldträger $(n = 2)$ ist die Auflösung nach $M_1, \ldots, M_n$ elementar.

Mit den berechneten Größen $M_1, \ldots, M_n$ ist $M_y(x) + M_y^*(x)$ das Biegemoment im ursprünglichen, statisch unbestimmten System und im Grundsystem. Biegelinien, Durchbiegungen an einzelnen Stellen und Lagerreaktionen werden am Grundsystem berechnet. Die Lagerreaktion A_i an Lager i ergibt sich aus Abb. 8.25. Gleichgewichtsbedingungen liefern den Ausdruck

$$A_i = A_{ii} + A_{i,i+1} + (M_i - M_{i-1})/\ell_i + (M_i - M_{i+1})/\ell_{i+1} \qquad (i = 0, \ldots, n+1) \qquad (8.27)$$

$(M_{-1} = M_0 = M_n = M_{n+1} = 0)$. Darin sind A_{ii} und $A_{i,i+1}$ die Beiträge der Lasten auf den Feldern i bzw. $i+1$ ohne die Momente M_{i-1}, M_i und M_{i+1} (im Beispiel ist $A_{ii} = \frac{1}{2}q\ell_i$, $A_{i,i+1} = \frac{1}{2}F$).

Es gibt Tabellenwerke für Lagerreaktionen und maximale Biegemomente an Durchlaufträgern mit verschiedenen Felderzahlen und verschiedenen Lasten (z.B. [18] und [19]).

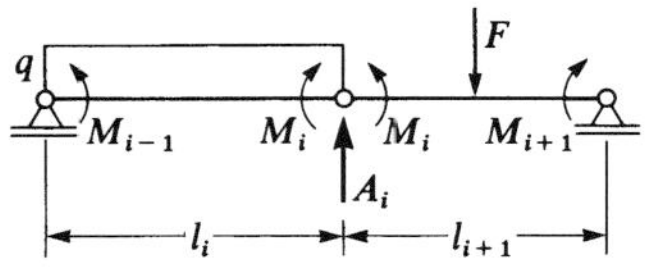

Abb. 8.25. Zur Berechnung der Lagerreaktion A_i

8.5.2 Träger mit gleichen Feldern

Technisch besonders wichtig und explizit lösbar ist der Fall, daß alle Felder eines Durchlaufträgers gleiche Längen ℓ und gleiche Flächenmomente I_y haben. Die Gln. (8.26) haben dann die Matrixform

$$\begin{pmatrix} 4 & 1 & & & & \\ 1 & 4 & 1 & & & \\ & 1 & 4 & 1 & & \\ & & \cdot & \cdot & \cdot & \\ & & & \cdot & \cdot & 1 \\ & & & & 1 & 4 \end{pmatrix} \begin{pmatrix} M_1 \\ \cdot \\ \cdot \\ \cdot \\ \cdot \\ M_n \end{pmatrix} = \begin{pmatrix} m_1 \\ \cdot \\ \cdot \\ \cdot \\ \cdot \\ m_n \end{pmatrix}, \tag{8.28}$$

$$m_i = -\frac{6}{\bar{M}_i \ell} \int\limits_{\substack{\text{Felder}\\ i,\, i+1}} M_y(x) \bar{M}_y(x)\, \mathrm{d}x - \frac{EI_y}{\ell} \alpha_i \qquad (i = 1, \ldots, n). \tag{8.29}$$

Sei $\mathbf{A}$ die links stehende Koeffizientenmatrix. Bei der Inversion spielen ihre Hauptabschnittsdeterminanten D_k $(k = 1, \ldots, n)$ eine wesentliche Rolle. D_k ist die Determinante der Untermatrix von $\mathbf{A}$ mit den Elementen A_{ij} $(i, j = 1, \ldots, k)$. Aus der Definition folgt $D_n = \mathrm{Det}\ \mathbf{A}$. Für jede beliebige Matrix $\mathbf{A}$ ist (siehe [27])

$$(\mathbf{A}^{-1})_{ij} = \frac{A^*_{ij}}{\mathrm{Det}\ \mathbf{A}} = \frac{A^*_{ij}}{D_n} \qquad (i, j = 1, \ldots, n). \tag{8.30}$$

Darin ist A^*_{ij} das sog. adjungierte Element von A_{ji}, das ist die mit $(-1)^{i-j}$ multiplizierte Determinante derjenigen Matrix, die sich aus $\mathbf{A}$ ergibt, wenn man Zeile j und Spalte i streicht. Im Fall $i > j$ ist

$$A^*_{ij} = (-1)^{i-j} \begin{array}{r} \\ \\ j{-}1 \\ j{+}1 \\ \\ \\ \\ n{-}i{-}1 \\ \\ \end{array} \left| \begin{array}{cccccccc} \multicolumn{2}{c}{\left[\mathbf{A}_{j-1}\right]} & j & & & i{-}1 & i{+}1 & \\ & & 1 & & & & & \\ & & 1 & 4 & 1 & & & \\ & & & \cdot & \cdot & \cdot & & \\ & & & & 1 & 4 & 1 & \\ & & & & & 1 & 4 & \\ & & & & & & 1 & 1 \\ & & & & & & \multicolumn{2}{c}{\left[\mathbf{B}_{n-i}\right]} \end{array} \right| \qquad (i > j). \tag{8.31}$$

$\mathbf{A}_{j-1}$ und $\mathbf{B}_{n-i}$ sind die Untermatrizen von $\mathbf{A}$ mit den Elementen $A_{k\ell}$ $(k, \ell = 1, \ldots, j-1)$ bzw. $A_{k\ell}$ $(k, \ell = i+1, \ldots, n)$. Ihre Determinanten sind die oben definierten Hauptabschnittsdeterminanten D_{j-1} bzw. D_{n-i}. Um die Fälle $j = 1$ und $i = n$ nicht auszuschließen, wird $D_0 = 1$ definiert.

Die Determinante ändert sich nicht, wenn man das Element Eins in Zeile $j-1$ und Spalte j durch null ersetzt. Zum Beweis entwickelt man die Determinante nach Spalte j. Im ersten Schritt ist der Koeffizient des genannten

Elements eine Determinante, die in Spalte $j-1$ nur ein Element $\neq 0$ hat. Bei Fortsetzung der Entwicklung wiederholt sich diese Situation, bis schließlich die Determinante einer Matrix auftritt, die in den Spalten 1 und 2 nur in Zeile 1 Elemente $\neq 0$ hat. Sie ist null. Damit ist der Beweis beendet. Mit denselben Argumenten wird das Element Eins in Zeile $n-i-1$ und Spalte $i+1$ durch null ersetzt. Anschließend wird mit denselben Argumenten gezeigt, daß nacheinander alle noch verbliebenen Nichtdiagonalelemente außerhalb der Untermatrizen $\mathbf{A}_{j-1}$ und $\mathbf{B}_{n-i}$ durch null ersetzt werden können. Bei diesen Elementen zeigt sich das schon nach jeweils einem einzigen Schritt. Nach dem Nullsetzen aller genannten Elemente erhält man den Ausdruck

$$A^*_{ij} = (-1)^{i-j} D_{j-1} D_{n-i} \qquad (i, j = 1, \ldots, n;\ i \geq j). \tag{8.32}$$

Er ist wie angegeben auch in dem zunächst ausgeschlossenen Fall $i = j$ gültig. Um das zu sehen, schreibt man Gl. (8.31) für A^*_{ii}, indem man Zeile i und Spalte i von $\mathbf{A}$ streicht. Wegen der Definition $D_0 = 1$ ist die Gleichung auch für $j = 1$ und $i = n$ gültig. Aus Gl. (8.30) folgt

$$(\mathbf{A}^{-1})_{ij} = (-1)^{i-j} \frac{D_{j-1} D_{n-i}}{D_n} \qquad (i, j = 1, \ldots, n\,;\ i \geq j). \tag{8.33}$$

Man benötigt nun noch Ausdrücke für die Hauptabschnittsdeterminanten. Im Fall $i > 2$ liest man aus Gl. (8.28) bei Entwicklung der Determinante nach ihrer letzten Zeile die Rekursionsgleichung

$$D_i = 4D_{i-1} - D_{i-2} \qquad (i = 2, \ldots, n) \tag{8.34}$$

ab. Wegen $D_0 = 1$ ist sie wie angegeben auch für $i = 2$ korrekt. Zusammen mit den Anfangsbedingungen

$$D_0 = 1, \qquad D_1 = 4 \tag{8.35}$$

bestimmt sie alle Hauptabschnittsdeterminanten. Die nächsten Glieder der Folge sind $D_2 = 15$, $D_3 = 56$, $D_4 = 209$, $D_5 = 780$, $D_6 = 2911$ usw. Damit kann man aus (8.33) die Inverse berechnen. Ein Beispiel: Bei einer 6×6-Matrix ist $(\mathbf{A}^{-1})_{43} = -D_2 D_3 / D_6 = -15 \cdot 56/2911$.

Zu tieferen Einsichten kommt man, wenn man die Rekursionsgleichung explizit löst. Der Lösungsansatz[3] ist

$$D_i = Cp^i \qquad (i = 0, \ldots, n) \tag{8.36}$$

mit unbekannten Konstanten C und p. Einsetzen in (8.34) liefert nach Division durch Cp^{i-2} die quadratische Gleichung

$$p^2 - 4p + 1 = 0$$

[3] Weitere Einzelheiten und Verallgemeinerungen siehe in [30]

mit den Lösungen $p_{1,2} = 2 \pm \sqrt{3}$. Wegen der Gültigkeit des Superpositionsprinzips ist die allgemeine Lösung der Rekursionsgleichung

$$D_i = C_1 p_1^i + C_2 p_2^i \qquad (i = 0, \ldots, n).$$

Die Konstanten C_1, C_2 werden aus den Anfangsbedingungen (8.35) berechnet. Das sind die Gleichungen

$$C_1 + C_2 = 1, \qquad C_1(2+\sqrt{3}) + C_2(2-\sqrt{3}) = 4.$$

Die Lösungen sind

$$C_{1,2} = \tfrac{1}{6}(3 \pm 2\sqrt{3}).$$

Damit und mit den Zahlenwerten für p_1, p_2 ist

$$D_i \approx 1{,}077 \cdot 3{,}732^i - 0{,}077 \cdot 0{,}268^i \qquad (i = 0, \ldots, n).$$

Das zweite Glied ist für $i > 0$ gegen das erste vernachlässigbar. Also ist $D_0 = 1$ und $D_i \approx C_1 p_1^i \quad (i = 1, \ldots, n)$. Das wird in (8.33) eingesetzt. Mit der Größe $q = -1/p_1 = \sqrt{3} - 2$ erhält man die für $n > 1$ gültige und sehr gute Näherungsformel

$$(\mathbf{A}^{-1})_{ij} = (\mathbf{A}^{-1})_{ji} \approx \begin{cases} -C_1\, q^{i-j+1} & (i, j \neq 1 \text{ und } n;\ i \geq j) \\ -q^{i-j+1} & (i = n;\ j \neq 1 \text{ oder } i \neq n;\ j = 1) \\ -C_1^{-1}\, q^{i-j+1} & (i = n\,;\ j = 1). \end{cases} \tag{8.37}$$

Die Zahlenwerte sind $C_1 \approx 1{,}08$, $C_1^{-1} \approx 0{,}93$ und $q \approx -0{,}268$.

Beispiel 8.5-2
An einem Durchlaufträger mit vielen gleichen Feldern greift in einem Feld p, das weder dem ersten noch dem letzten Feld nahe ist, mittig eine Einzelkraft F an. Man berechne das extremale Biegemoment im Durchlaufträger und die Lagerreaktionen A_{p-1} und A_p an den Lagern des belasteten Feldes.
Lösung: Mit der Biegemomentenlinie $M_y(x)$ des beidseitig gelenkig gelagerten Feldes p unter der Last F (Abb. 8.24a) und mit $\bar{M}_y(x)$ nach Abb. 8.24c ergibt sich aus Gl. (8.29) mit der Tabelle 5 des Anhangs

$$m_{p-1} = m_p = \tfrac{3}{8} F\ell, \qquad m_i = 0 \qquad (i \neq p-1,\, p).$$

Damit liefert (8.28) die Momente

$$\begin{aligned} M_{p-1-k} &= \tfrac{3}{8} F\ell \Big[(\mathbf{A}^{-1})_{p-1-k,p-1} + (\mathbf{A}^{-1})_{p-1-k,p} \Big] \qquad (k \geq 0), \\ M_{p+k} &= \tfrac{3}{8} F\ell \Big[(\mathbf{A}^{-1})_{p+k,p-1} + (\mathbf{A}^{-1})_{p+k,p} \Big] \qquad (k \geq 0). \end{aligned}$$

Wenn man weder M_1 noch M_n berechnen will, dann sind die Matrixelemente durch die 1. Zeile von Gl. (8.37) angegeben. Das Ergebnis ist

$$\begin{aligned} M_{p-1-k} \approx M_{p+k} &\approx -\tfrac{3}{8} F\ell\, C_1 \big(q^{k+1} + q^{k+2} \big) \\ &= -\tfrac{3}{8} F\ell\, C_1 (1+q) q^{1+k} \qquad (k \geq 0). \end{aligned}$$

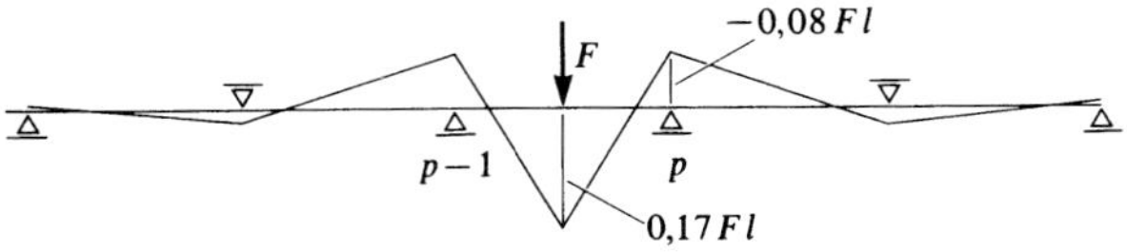

Abb. 8.26. Biegemomentenverlauf im Durchlaufträger

Insbesondere ist

$$M_{p-1} = M_p \approx -\tfrac{3}{8} F\ell C_1 q(1+q) \approx 0,08F\ell .$$

Im Rahmen dieser sehr guten Näherung sind also die Momente und damit auch alle anderen Größen symmetrisch zur Mitte des belasteten Feldes, und zwar unabhängig davon, wo dieses Feld im Durchlaufträger liegt (nur vorausgesetzt, daß sich nach rechts und links wenigstens zwei Felder anschließen). Die Momente bilden nach beiden Seiten eine geometrische Folge mit dem Faktor $q \approx -0,268$.

Das Biegemoment im Durchlaufträger ist die Summe aus dem Biegemoment infolge F (siehe Abb. 8.24a) und dem Biegemoment infolge $M_1, \dots, M_n$ (Abb. 8.24c). Abb. 8.26 zeigt den Verlauf. An der Lastangriffsstelle tritt das extremale Biegemoment auf. Seine Größe ist $-\frac{1}{4}F\ell + M_p \approx -0,17F\ell$. Es ist kleiner als beim beidseitig gelenkig gelagerten Stab.

Lagerreaktionen werden aus (8.27) berechnet. Nach den dort gegebenen Erläuterungen ist $A_{p-1,p} = A_{pp} = \frac{1}{2}F$ und $A_{ij} = 0$ sonst. Damit sind die Lagerreaktionen des belasteten Feldes

$$\begin{aligned} A_{p-1} = A_p &= \tfrac{1}{2}F + (2M_p - M_{p-1} - M_{p+1})/\ell = \tfrac{1}{2}F + (M_p - M_{p+1})/\ell \\ &\approx \left[\tfrac{1}{2} - \tfrac{3}{8}C_1(1-q^2)q\right]F \approx 0,600F . \end{aligned}$$

Sie sind größer als beim beidseitig gelenkig gelagerten Stab.
Anmerkung: $C_1(1-q^2) = 1$.

8.6 Der Satz von Maxwell und Betti

Abb. 8.27 zeigt ein beliebig beschaffenes linear elastisches System. In zwei Punkten 1 und 2 greifen generalisierte Kräfte $\boldsymbol{F}_1$ bzw. $\boldsymbol{F}_2$ an. In der Abbildung ist angenommen, daß $\boldsymbol{F}_1$ eine Kraft und daß $\boldsymbol{F}_2$ ein Moment ist. Es können auch zwei Kräfte oder zwei Momente sein. Die Angriffspunkte erfahren generalisierte Verschiebungen aus der unbelasteten Ruhelage heraus. Die Koordinate der generalisierten Verschiebung im Punkt i in Richtung der

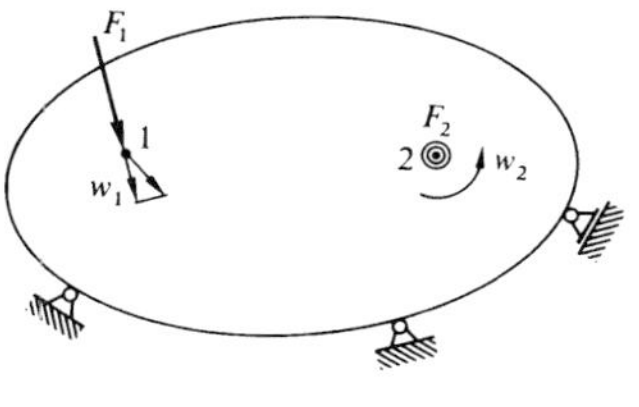

Abb. 8.27. Linear elastisches System mit zwei generalisierten Kräften und mit den zugehörigen generalisierten Verschiebungen

dort wirkenden generalisierten Kraft wird wie bisher w_i genannt. Wenn also $\boldsymbol{F}_i$ eine Kraft ist, dann ist w_i die Verschiebung in Richtung von $\boldsymbol{F}_i$. Wenn dagegen $\boldsymbol{F}_i$ ein Moment ist, dann ist w_i der Verdrehwinkel um die Achse mit der Richtung von $\boldsymbol{F}_i$. Abb. 8.27 macht das deutlich.

Die Verschiebungen kann man in der Form

$$\begin{aligned} w_1 &= h_{11}F_1 + h_{12}F_2, \\ w_2 &= h_{21}F_1 + h_{22}F_2 \end{aligned}$$

ausdrücken. Die Proportionalitätskonstanten in diesen Gleichungen können mit dem Verfahren der Formänderungsarbeit mit einer Hilfskraft bestimmt werden. Sie heißen *Nachgiebigkeitskoeffizienten*. Je nach der physikalischen Natur der generalisierten Kräfte und Verschiebungen haben sie verschiedene physikalische Dimensionen. Im Fall von Abb. 8.27 sind die Dimensionen z.B. Länge/Kraft für h_{11}, 1/Kraft für h_{12} und für h_{21} und 1/(Länge · Kraft) für h_{22}. Es gilt der

Satz von Maxwell und Betti[4]:

$$h_{21} = h_{12}. \tag{8.38}$$

Beweis: Man nutzt die Tatsache, daß die äußere Formänderungsarbeit generalisierter Kräfte unabhängig davon ist, in welcher Reihenfolge die Kräfte aufgebracht werden. Wenn man zuerst $\boldsymbol{F}_1$ und anschließend $\boldsymbol{F}_2$ aufbringt, ist die Arbeit

$$W_a = F_1 \cdot \tfrac{1}{2}h_{11}F_1 + F_1 \cdot h_{12}F_2 + F_2 \cdot \tfrac{1}{2}h_{22}F_2.$$

Der Faktor 1/2 steht bei den beiden Verschiebungen, die gleichzeitig mit der am selben Ort anwachsenden Kraft proportional zunehmen. Er fehlt bei der Verschiebung $h_{12}F_2$, die auftritt, wenn die Kraft $\boldsymbol{F}_1$ schon in voller Größe wirkt. Wenn man die Kräfte in der umgekehrten Reihenfolge aufbringt, ist entspechend

$$W_a = F_2 \cdot \tfrac{1}{2}h_{22}F_2 + F_2 \cdot h_{21}F_1 + F_1 \cdot \tfrac{1}{2}h_{11}F_1.$$

Aus der Gleichheit beider Arbeiten folgt $h_{21} = h_{12}$. Ende des Beweises.

Der Satz von Maxwell und Betti bietet den Vorteil, daß bei jeder beliebigen Situation nach Art von Abb. 8.27 von den beiden Nachgiebigkeitskoeffizienten, die die Wechselwirkung zwischen Kraft hier und Verschiebung dort beschreiben, nur einer berechnet werden muß. Die folgenden Beispiele demonstrieren das. Noch wichtiger als diese Arbeitserleichterung ist aber eine andere Konsequenz des Satzes. In Abschnitt 8.7 werden eine Nachgiebigkeitsmatrix und eine Steifigkeitsmatrix definiert. Beide Matrizen sind wegen des

[4] James Clark Maxwell, 1831 (Edinburgh) – 1879 (Cambridge)
Enrico Betti, 1823 (Pisa) – 1892 (Pisa)

Satzes symmetrisch. Diese Eigenschaft ist eine wesentliche Vorausetzung für die Brauchbarkeit von Rechenverfahren, die in Kap.9 geschildert werden.

Beispiel 8.6-1
Am freien Ende eines einseitig eingespannten Stabes mit beliebigem konstantem Querschnitt greift ein Torsionsmoment M_T an. Wie verschiebt sich an der beliebigen Stelle $x = x_1$ der Schubmittelpunkt M in der Querschnittsebene y, z?
Lösung: Man bringt bei $x = x_1$ im Punkt M eine Kraft $\boldsymbol{F}$ quer zum Stab mit beliebigen y- und z-Komponenten an. Sie biegt den Stab ohne Torsion, d.h. sie verursacht am freien Stabende keinen Verdrehwinkel. Aus dem Satz von Maxwell und Betti folgt, daß das Moment M_T den Punkt M in Richtung von $\boldsymbol{F}$ nicht verschiebt, also in der y, z-Ebene überhaupt nicht verschiebt, weil $\boldsymbol{F}$ in dieser Ebene beliebig gerichtet ist. Damit ist bewiesen, daß der Drehpol, um den sich Stabquerschnitte bei Torsion drehen, mit dem Schubmittelpunkt identisch ist. Dieser Beweis setzt keine Theorie der Torsion voraus.

Beispiel 8.6-2
An dem Fachwerk von Abb. 8.9 greife statt der eingezeichneten Kraft F am selben Knoten horizontal nach rechts gerichtet eine Kraft F_H an. Um welches Stück w_V verschiebt sich dabei der Angriffspunkt nach unten?
Lösung: Der gesuchte Nachgiebigkeitskoeffizient ist identisch mit dem in Beisp. 8.4-1 berechneten. Also ist mit denselben Zahlen a_i und $\bar{a}_i$ $(i = 1, \ldots, n)$

$$w_V = F_H \sum_{i=1}^{n} \frac{a_i\, \bar{a}_i\, \ell_i}{E_i A_i}.$$

8.7 Nachgiebigkeitsmatrix. Steifigkeitsmatrix

Wieder wird ein beliebig beschaffenes linear elastisches System betrachtet, an dem n generalisierte Einzelkräfte $F_1, \ldots, F_n$ angreifen. Alle Kräfte zusammen verursachen an den Kraftangriffspunkten in Richtung der Kräfte generalisierte Verschiebungen $w_1, \ldots, w_n$. Die äußere Formänderungsarbeit W_a der Kräfte wurde in Gl. (8.16) angegeben. Nach dem Arbeitssatz (Gl. (8.15)) ist sie gleich der Formänderungsenergie U. Also ist

$$U = W_a = \tfrac{1}{2} \sum_{i=1}^{n} F_i w_i.$$

Man führt die Spaltenmatrix $\mathbf{F}$ aller generalisierten Kräfte und die Spaltenmatrix $\mathbf{w}$ aller generalisierten Verschiebungen ein:

$$\mathbf{F} = [F_1\ F_2\ \cdots\ F_n]^T, \qquad \mathbf{w} = [w_1\ w_2\ \cdots\ w_n]^T.$$

Matrizen werden durch fett gedruckte, gerade stehende Buchstaben bezeichnet, Vektoren dagegen durch fett gedruckte, schräg stehende Buchstaben. Der Exponent ^{T} bedeutet Transposition (aus einer Zeile wird eine Spalte und umgekehrt). Mit den Matrizen kann man U in der Form ausdrücken:

$$U = \tfrac{1}{2}\mathbf{F}^T \mathbf{w}. \tag{8.39}$$

Jede generalisierte Verschiebung ist eine lineare Funktion aller generalisierten Kräfte. Man kann sie daher in der Form schreiben:

$$w_i = h_{i1}F_1 + h_{i2}F_2 + \cdots + h_{in}F_n \qquad (i = 1, \dots, n). \tag{8.40}$$

Die Nachgiebigkeitskoeffizienten h_{ij} $(i, j = 1, \dots, n)$ wurden schon in Abschnitt 8.6 eingeführt. Nach dem Satz von Maxwell und Betti ist $h_{ji} = h_{ij}$ $(i, j = 1, \dots, n)$. Alle n Gleichungen (8.40) werden in der Matrixgleichung zusammengefaßt:

$$\begin{pmatrix} w_1 \\ w_2 \\ \vdots \\ w_n \end{pmatrix} = \begin{pmatrix} h_{11} & h_{12} & \cdots & h_{1n} \\ h_{21} & h_{22} & & \\ \vdots & & & \\ h_{n1} & \cdots & & h_{nn} \end{pmatrix} \begin{pmatrix} F_1 \\ F_2 \\ \vdots \\ F_n \end{pmatrix}.$$

Ihre Kurzform ist

$$\mathbf{w} = \mathbf{HF}. \tag{8.41}$$

Die Matrix $\mathbf{H}$ heißt *Nachgiebigkeitsmatrix*. Wegen des Satzes von Maxwell und Betti ist sie symmetrisch. Mit dieser Beziehung erhält man aus (8.39) die Formänderungsenergie explizit als Funktion der generalisierten Kräfte (die generalisierten Verschiebungen kommen nicht mehr vor). Diese Funktion wird $U_F(F_1, \dots, F_n)$ genannt:

$$U = U_F(F_1, \dots, F_n) = \tfrac{1}{2}\mathbf{F}^T\mathbf{HF}. \tag{8.42}$$

Sie ist eine homogen-quadratische Form der Kräfte.

In der Matrizenalgebra gibt es den Satz (siehe [1]): Wenn ein Ausdruck der Form $\mathbf{F}^T\mathbf{HF}$ mit symmetrischer Matrix $\mathbf{H}$ nur für $\mathbf{F}=\mathbf{0}$ gleich null und sonst stets größer als null ist, dann ist die Determinante von $\mathbf{H}$ nicht null. Daß diese Bedingung hier erfüllt ist, wurde mit Gl. (8.6) gezeigt. Die Matrix $\mathbf{H}$ hat also eine Inverse

$$\mathbf{H}^{-1} = \mathbf{K}.$$

Diese Inverse nennt man die *Steifigkeitsmatrix* des Systems. Sie ist ebenso wie die Nachgiebigkeitsmatrix $\mathbf{H}$ symmetrisch. Mit ihr lassen sich aus (8.41) die generalisierten Kräfte explizit durch die generalisierten Verschiebungen ausdrücken:

$$\mathbf{F} = \mathbf{Kw}. \tag{8.43}$$

Diese Gleichung erklärt die physikalische Bedeutung der Steifigkeitsmatrix. Für das System von Abb. 8.27 ist z.B. ausführlich

$$\begin{pmatrix} F_1 \\ F_2 \end{pmatrix} = \begin{pmatrix} k_{11} & k_{12} \\ k_{21} & k_{22} \end{pmatrix} \begin{pmatrix} w_1 \\ w_2 \end{pmatrix}.$$

Die physikalischen Dimensionen sind in diesem Fall Kraft/Länge für k_{11}, Kraft für k_{12} und für $k_{21} = k_{12}$ und Kraft·Länge für k_{22}. Die Steifigkeitskoeffizienten k_{11} und k_{22} sind eine Feder- bzw. eine Drehfederkonstante.

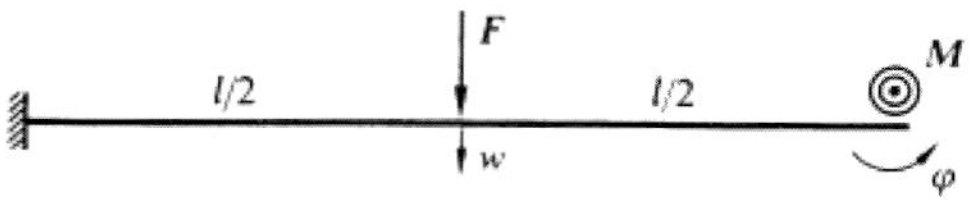

Abb. 8.28.

Mit Hilfe von (8.39) wird die Formänderungsenergie U explizit als homogen-quadratische Form der generalisierten Verschiebungen dargestellt (die generalisierten Kräfte kommen nicht vor). Diese Funktion wird $U_w(w_1, \ldots, w_n)$ genannt:

$$U = U_w(w_1, \ldots, w_n) = \tfrac{1}{2}\mathbf{w}^T\mathbf{K}\mathbf{w}. \tag{8.44}$$

Beispiel 8.7-1
Welche Formen haben die Gln. (8.43), (8.42) und (8.44), wenn das System eine Schraubenfeder mit der Federkonstante k ist, an der eine Kraft F die Verlängerung w erzeugt?
Lösung: $F = kw, \quad U_F = \frac{1}{2k}F^2, \quad U_w = \frac{1}{2}kw^2.$
Die Steifigkeitsmatrix ist also ein einziges Element, nämlich die Federkonstante, und die Nachgiebigkeitsmatrix ist der Kehrwert der Federkonstante.

Beispiel 8.7-2
Welche Steifigkeitsmatrix beschreibt in Abb. 8.28 den Zusammenhang zwischen den generalisierten Kräften F und M einerseits und den generalisierten Verschiebungen w und φ andererseits?
Lösung: Mit einer der Methoden der Abschnitte 5.3 und 8.4 findet man die Nachgiebigkeitskoeffizienten und damit die Beziehung

$$\begin{pmatrix} w \\ \varphi \end{pmatrix} = \frac{\ell}{24EI_y}\begin{pmatrix} \ell^2 & -3\ell \\ -3\ell & 24 \end{pmatrix}\begin{pmatrix} F \\ M \end{pmatrix}.$$

Das ist Gl. (8.41). Die Inversion der Nachgiebigkeitsmatrix liefert die gesuchte Steifigkeitsmatrix:

$$\mathbf{K} = \frac{8EI_y}{5\ell^3}\begin{pmatrix} 24 & 3\ell \\ 3\ell & \ell^2 \end{pmatrix}.$$

8.8 Der 1. Satz von Castigliano

Wiederum wird ein beliebiges linear elastisches System unter der Wirkung von n generalisierten Kräften $F_1, \ldots, F_n$ betrachtet. Alle Kräfte zusammen verursachen an den Angriffspunkten und in Richtung der Kräfte die generalisierten Verschiebungen $w_1, \ldots, w_n$. In Gl. (8.42) wurde die Formänderungsenergie U explizit durch die generalisierten Kräfte ausgedrückt:

$$U = U_F(F_1, \ldots, F_n) = \tfrac{1}{2}\mathbf{F}^T\mathbf{H}\mathbf{F}. \tag{8.45}$$

Die Nachgiebigkeitskoeffizienten in der Matrix $\mathbf{H}$ können mit dem Verfahren der Formänderungsarbeit mit einer Hilfskraft berechnet werden (siehe Abschnitt 8.4). Eine andere Berechnungsgrundlage bietet der

1. *Satz von Castigliano*[5]:

$$\frac{\partial U_F}{\partial F_i} = w_i \qquad (i = 1, \ldots, n). \tag{8.46}$$

In Worten: Die partielle Ableitung von U_F nach einer generalisierten Kraft ist gleich der generalisierten Verschiebung des Angriffspunktes dieser Kraft in Richtung der Kraft.

Beweis: Die Funktion U_F ist die Doppelsumme

$$U_F = \frac{1}{2}\sum_{k=1}^{n}\sum_{j=1}^{n} h_{kj} F_k F_j .$$

Daraus folgt

$$\frac{\partial U_F}{\partial F_i} = \frac{1}{2}\sum_{k=1}^{n}\sum_{j=1}^{n} h_{kj}\Big(\frac{\partial F_k}{\partial F_i} F_j + F_k \frac{\partial F_j}{\partial F_i}\Big).$$

Darin ist

$$\frac{\partial F_k}{\partial F_i} = \begin{cases} 1 & (k = i) \\ 0 & (k \neq i) \end{cases}, \qquad \frac{\partial F_j}{\partial F_i} = \begin{cases} 1 & (j = i) \\ 0 & (j \neq i). \end{cases}$$

Also ist

$$\frac{\partial U_F}{\partial F_i} = \frac{1}{2}\Big(\sum_{j=1}^{n} h_{ij} F_j + \sum_{k=1}^{n} h_{ki} F_k\Big).$$

In der zweiten Summe wird der laufende Index k in j umbenannt. Dann steht dort $h_{ji} F_j$. Das ist nach dem Satz von Maxwell und Betti gleich $h_{ij} F_j$. Beide Summen sind also gleich, und man erhält:

$$\frac{\partial U_F}{\partial F_i} = \sum_{j=1}^{n} h_{ij} F_j .$$

Das ist nach Gl. (8.40) in der Tat gleich w_i. Ende des Beweises.

Der Satz ist zur Berechnung von Verschiebungen offensichtlich nur dann brauchbar, wenn die Funktion U_F bekannt ist. Das bedeutet allerdings nicht, daß die Matrix $\mathbf{H}$ in (8.45) bekannt sein muß. Dann wäre eine Anwendung des Satzes nämlich nicht mehr erforderlich. Bei Systemen, die aus Stäben zusammengesetzt sind, ist die Formänderungsenergie U eine Summe von Ausdrücken, die in (8.7), (8.9) und (8.14) stehen. In diesen Ausdrücken sind die Schnittgrößen $N(x)$, $M_y(x)$ und $M_T(x)$ bekannte Funktionen der am System angreifenden Kräfte. Folglich bilden diese Ausdrücke die für den 1. Satz von Castigliano benötigte Funktion U_F.

Der Satz darf nicht so mißverstanden werden, daß generalisierte Verschiebungen nur an den Angriffspunkten derjenigen generalisierten Kräfte

[5] Carlo Alberto Pio Castigliano, 1847 (Asti) – 1884 (Pisa)

berechnet werden können, die an einem gerade untersuchten System tatsächlich angreifen! Wenn man die generalisierte Verschiebung an einer anderen Stelle und in einer bestimmten Richtung sucht, führt man dort in dieser Richtung eine Hilfskraft $\bar{F}$ ein und faßt sie als *Teil der gegebenen äußeren Belastung* auf. Dann bestimmt man die Funktion $U_F(F_1, \ldots, F_n, \bar{F})$, leitet sie partiell nach $\bar{F}$ ab und setzt *danach* $\bar{F}$ wieder zu null.

Der geschilderte Rechenablauf erinnert an das Verfahren der Formänderungsarbeit mit einer Hilfskraft. In der Tat sind beide Verfahren nicht nur ähnlich, sondern gleich. Das wird anhand von Gl. (8.14) für einen Biegestab demonstriert. Sei $M_y(x)$ das Biegemoment infolge der wirklichen Belastung $F_1, \ldots, F_n$, d.h. ohne die Hilfskraft $\bar{F}$, und sei $\bar{M}_y(x)$ das Biegemoment infolge der Hilfskraft $\bar{F}$ allein. Weil die Hilfskraft als Teil der äußeren Belastung verstanden wird, muß die Summe der beiden Biegemomente in (8.14) eingesetzt werden. Die partielle Ableitung nach $\bar{F}$ führt man zweckmäßig vor der Integration aus, so daß sich für die Verschiebung der Ausdruck ergibt:

$$\begin{aligned} w &= \left.\frac{\partial U_F}{\partial \bar{F}}\right|_{\bar{F}=0} \\ &= \frac{1}{E}\int_0^\ell \frac{1}{I_y(x)}\left[M_y(x) + \bar{M}_y(x)\right] \cdot \frac{\partial}{\partial \bar{F}}\left[M_y(x) + \bar{M}_y(x)\right] \mathrm{d}x\Big|_{\bar{F}=0} . \end{aligned}$$

Von dem ersten Ausdruck in eckigen Klammern bleibt nach dem Einsetzen von $\bar{F} = 0$ nur $M_y(x)$ übrig. Im zweiten Ausdruck in eckigen Klammern verschwindet $M_y(x)$ beim Differenzieren. Da $\bar{M}_y(x)$ linear in $\bar{F}$ ist, ist

$$\frac{\partial}{\partial \bar{F}}\,\bar{M}_y(x) = \frac{\bar{M}_y(x)}{\bar{F}}$$

und dieser Ausdruck enthält $\bar{F}$ nicht mehr. Also ist das Ergebnis:

$$w = \frac{1}{E\bar{F}}\int_0^\ell \frac{M_y(x)\bar{M}_y(x)}{I_y(x)}\,\mathrm{d}x.$$

Dieselbe Gleichung erhält man aus (8.23) mit dem Verfahren der Formänderungsarbeit mit einer Hilfskraft. Der 1. Satz von Castigliano bietet also kein neues, allgemeines Verfahren zur Berechnung von generalisierten Verschiebungen, sondern eine neue Herleitung von schon bekannten Formeln. Er bietet aber noch mehr, wie der folgende Unterabschnitt zeigt.

8.8.1 Der Satz von Menabrea

In Abschnitt 8.5 wurde das Kraftgrößenverfahren für statisch unbestimmte Systeme dargelegt. Es führt nach der Bildung eines statisch bestimmten Grundsystems auf das Problem, n am Grundsystem angreifende unbekannte

Kraftgrößen $F_1, \ldots, F_n$ aus der Bedingung zu bestimmen, daß die generalisierten Verschiebungen an den Angriffspunkten und in Richtung der unbekannten Kräfte bestimmte vorgeschriebene Größen $w_1, \ldots, w_n$ haben. Die Einzelheiten wurden anhand von Abb. 8.20 und Abb. 8.21 erläutert. Die unbekannten Kraftgrößen sind Lagerreaktionen oder Schnittgrößen. Die Verschiebungen $w_1, \ldots, w_n$ sind entweder null oder von null verschiedene Lagersetzungen oder dgl. Die Bestimmungsgleichungen für $F_1, \ldots, F_n$ können mit Hilfe der Arbeitsgleichung (8.23), aber auch aus dem 1. Satz von Castigliano gewonnen werden. Wenn man diesen Satz anwendet, dann haben sie die Form

$$\frac{\partial}{\partial F_i} U_F(F_1, \ldots, F_n, F) = w_i \qquad (i = 1, \ldots, n).$$

Darin ist F eine Abkürzung für die gegebene äußere Belastung des Systems. Interessant ist der Sonderfall, in dem alle Verschiebungen $w_1, \ldots, w_n$ gleich null sind. Er liegt vor, wenn das statisch unbestimmte System im Zustand ohne äußere Belastung spannungsfrei ist. Dann haben die Bestimmungsgleichungen die Form

$$\frac{\partial}{\partial F_i} U_F(F_1, \ldots, F_n, F) = 0 \qquad (i = 1, \ldots, n). \tag{8.47}$$

Sie lassen folgenden Schluß zu:

Satz von Menabrea[6]:

In einem statisch unbestimmten System , das ohne äußere Belastung spannungsfrei ist, stellen sich die Kraftgrößen $F_1, \ldots, F_n$ so ein, daß die Formänderungsenergie U_F einen stationären Wert, und zwar ein Minimum annimmt.

Beweis: Für die zweiten Ableitungen von U_F erhält man aus der vorletzten Gleichung und aus (8.40)

$$\frac{\partial^2}{\partial F_i \, \partial F_j} U_F(F_1, \ldots, F_n, F) = \frac{\partial w_i}{\partial F_j} = h_{ij} \qquad (i, j = 1, \ldots, n).$$

Die Matrix $\mathbf{H}$ dieser zweiten Ableitungen hat die mit (8.42) nachgewiesene Eigenschaft, daß der Ausdruck $\mathbf{F}^T\mathbf{H}\mathbf{F}$ außer für $\mathbf{F}=\mathbf{0}$ stets positiv ist. Das ist notwendig und hinreichend dafür, daß ein Minimum vorliegt. Ende des Beweises.

Der Satz bietet beim Lösen von Aufgaben keine Vorteile gegenüber dem Verfahren der Formänderungsarbeit mit einer Hilfskraft.

8.9 Der 2. Satz von Castigliano

Wiederum wird ein beliebiges elastisches System unter der Wirkung von generalisierten Kräften $F_1, \ldots, F_n$ mit zugehörigen generalisierten Verschiebungen

[6] Luigi Federigo Menabrea, 1809 (Chambery) – 1896 (Chambery)

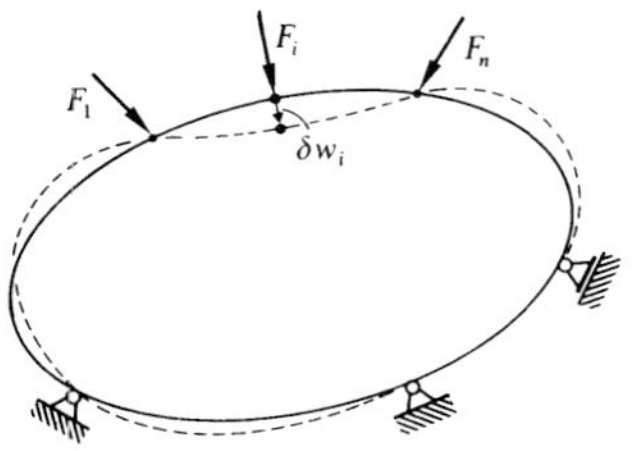

Abb. 8.29. Ein linear oder nichtlinear elastisches System im verformten Zustand unter generalisierten Kräften $F_1, \ldots, F_n$ (ausgezogener Umriß) und nach einer virtuellen Verschiebung (gestrichelt), bei der nur F_i virtuelle Arbeit verrichtet

$w_1, \ldots, w_n$ betrachtet. In diesem Abschnitt darf das System auch *nichtlinear elastisch* sein. Es wird lediglich vorausgesetzt, daß die Formänderungsenergie U explizit als Funktion der Verschiebungen $w_1, \ldots, w_n$ darstellbar ist:

$$U = U_w(w_1, \ldots, w_n).$$

Die Funktion darf also die Kräfte nicht explizit enthalten. Für linear elastische Systeme hat U_w die in (8.44) angegebene Form. Ein nichtlineares System wird in Beisp. 8.9-1 behandelt. Es gilt der

2. *Satz von Castigliano*:

$$\frac{\partial U_w}{\partial w_i} = F_i \qquad (i = 1, \ldots, n). \tag{8.48}$$

In Worten: Die partielle Ableitung der Funktion U_w nach einer generalisierten Verschiebung ist gleich der Kraft an der Stelle und in Richtung der Verschiebung.

Zum Beweis wird das Prinzip der virtuellen Arbeit angewendet:

$$\delta W_a = \delta U. \tag{8.49}$$

Das System wird aus der Gleichgewichtslage verschoben, die es unter den Kräften $F_1, \ldots, F_n$ besitzt. In Abb. 8.29 stellt die ausgezogene Umrißlinie diesen Zustand dar. Die virtuelle Verschiebung wird so gewählt, daß von den Größen $w_1, \ldots, w_n$ nur die eine gerade betrachtete Verschiebung w_i verändert wird, und zwar um δw_i (siehe die gestrichelte Linie). Dann ist in (8.49)

$$\begin{aligned}
\delta W_a &= F_i \delta w_i, \\
\delta U &= U_w(w_1, \ldots, w_i + \delta w_i, \ldots, w_n) - U_w(w_1, \ldots, w_i, \ldots, w_n) \\
&= \frac{\partial U_w}{\partial w_i} \delta w_i.
\end{aligned}$$

Aus der Gleichheit folgt sofort der Satz. Ende des Beweises.

Beispiel 8.9-1:
Ein biegeschlaffes Seil mit der Dehnsteifigkeit EA ist mit der Vorspannung σ_0 zwischen zwei Punkten im Abstand ℓ gespannt (Abb. 8.30). Eine mittig angreifende

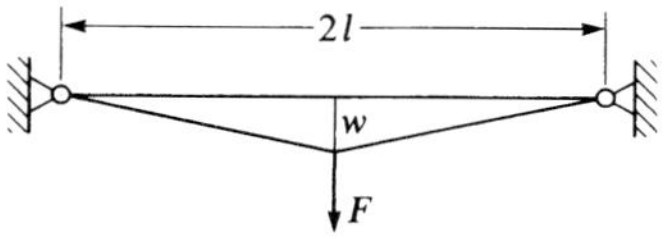

Abb. 8.30.

Kraft F verursacht eine Verschiebung w. Der Zusammenhang zwischen F und w ist trotz der Gültigkeit des Hookeschen Gesetzes stark nichtlinear, und zwar aus geometrischen Gründen. Man spricht von einem geometrisch nichtlinearen Problem. Gesucht werden die Funktion $F(w)$ und ihre Taylorreihe bis zum ersten nichtlinearen Glied.
Lösung: Eine Seilhälfte hat die Federkonstante $k = EA/\ell$. Sei $\Delta\ell$ die gesamte Verlängerung einer Seilhälfte infolge der Vorspannung und der Belastung durch F. Dann ist die Formänderungsenergie des ganzen Seils

$$U = 2 \cdot \tfrac{1}{2} k (\Delta\ell)^2.$$

Die Verlängerung einer Seilhälfte infolge der Vorspannung ist die bekannte Größe $\Delta\ell_0 = \ell\sigma_0/E$. Die gesamte Verlängerung einer Seilhälfte ist nach Abb. 8.30

$$\Delta\ell = \Delta\ell_0 + \sqrt{\ell^2 + w^2} - \ell = \ell\Big(\sigma_0/E + \sqrt{1 + w^2/\ell^2} - 1\Big).$$

Damit ist U als Funktion von w:

$$U_w(w) = EA\ell\Big(\sigma_0/E + \sqrt{1 + w^2/\ell^2} - 1\Big)^2.$$

Der 2. Satz von Castigliano liefert das gewünschte Ergebnis:

$$\begin{aligned} F(w) &= \frac{\partial U_w}{\partial w} = 2EA\ell\Big(\sigma_0/E + \sqrt{1 + w^2/\ell^2} - 1\Big)\,\frac{w/\ell^2}{\sqrt{1 + w^2/\ell^2}} \\ &= 2EA\,\frac{(w/\ell)\Big(\sigma_0/E + \sqrt{1 + w^2/\ell^2} - 1\Big)}{\sqrt{1 + w^2/\ell^2}}. \end{aligned}$$

Die Taylorreihe dieser Funktion ist

$$\begin{aligned} F(w) &= 2EA\,\frac{w}{\ell}\left[\frac{\sigma_0}{E} + \tfrac{1}{2}\frac{w^2}{\ell^2} - \tfrac{1}{8}\frac{w^4}{\ell^4} + \cdots\right]\left[1 - \tfrac{1}{2}\frac{w^2}{\ell^2} + \tfrac{3}{8}\frac{w^4}{\ell^4} + \cdots\right] \\ &= EA\left[2\frac{\sigma_0}{E}\frac{w}{\ell} + \Big(1 - \frac{\sigma_0}{E}\Big)\frac{w^3}{\ell^3} + \cdots\right]. \end{aligned}$$

8.10 Der Satz vom stationären Wert der potentiellen Energie

Wenn man sich auf linear elastische Stabsysteme beschränkt, dann kann man Verschiebungen mit dem Verfahren der Formänderungsarbeit mit einer Hilfskraft (Gl. (8.23)) berechnen. Eine derartig explizite Gleichung ist nicht formulierbar für Systeme mit zwei- und dreidimensional ausgedehnten Körpern

(Scheiben, Platten, Schalen, massive Körper). Für solche Systeme werden daher Näherungsverfahren benötigt. Das wichtigste Verfahren stammt von Ritz. Es wird erst im nächsten Abschnitt dargestellt. Seine Grundlage ist der Satz vom stationären Wert der potentiellen Energie. Dieser Satz wird im folgenden aus dem Prinzip der virtuellen Arbeit entwickelt.

Der Satz gilt nur für Systeme, bei denen alle äußeren eingeprägten Kräfte sog. Potentialkräfte sind. Im folgenden werden zunächst die Begriffe Kraftfeld, Potentialkraft, Potential und potentielle Energie definiert. Das Gewicht eines Körpers ist ein Beispiel für eine Kraft, die in allen Punkten des Raumes wirkt, wo auch immer der Körper sich gerade befindet. Ein anderes Beispiel ist die Kraft, mit der eine Hand das freie Ende eines eingespannten Stabes belastet. Die Kraft kann durch geeignete Größe und Richtung den Angriffspunkt (innerhalb gewisser Grenzen) an jeden Punkt des Raumes verschieben. Wenn eine Kraft $\boldsymbol{F}$ in dieser Weise in allen Punkten des Raumes nach Größe und Richtung definiert ist, spricht man von einem Kraftfeld. Es wird durch eine Vektorfunktion $\boldsymbol{F}(x,y,z)$ beschrieben, die Größe und Richtung der Kraft in Abhängigkeit von den Koordinaten x, y und z des Angriffspunktes angibt. Eine Kraft $\boldsymbol{F}(x,y,z)$ heißt insbesondere *Potentialkraft*, wenn es eine skalare Funktion $V(x,y,z)$ der Koordinaten (x,y,z) des Kraftangriffspunktes gibt, aus der die x-, y- und z-Koordinaten der Kraft nach der Vorschrift berechnet werden:

$$F_x(x,y,z) = -\frac{\partial V}{\partial x}, \qquad F_y(x,y,z) = -\frac{\partial V}{\partial y}, \qquad F_z(x,y,z) = -\frac{\partial V}{\partial z}.$$

Die Funktion $V(x,y,z)$ heißt dann *Potential der Kraft.* Die Bedeutung des Potentialbegriffs zeigt sich, wenn man die Arbeit einer Potentialkraft längs eines infinitesimal kleinen Weges mit den Koordinaten $\mathrm{d}x$, $\mathrm{d}y$ und $\mathrm{d}z$ betrachtet. Die Arbeit ist

$$\begin{aligned} \mathrm{d}W &= F_x\,\mathrm{d}x + F_y\,\mathrm{d}y + F_z\,\mathrm{d}z \\ &= -\left(\frac{\partial V}{\partial x}\,\mathrm{d}x + \frac{\partial V}{\partial y}\,\mathrm{d}y + \frac{\partial V}{\partial z}\,\mathrm{d}z\right) = -\mathrm{d}V. \end{aligned} \tag{8.50}$$

Rechts steht das mit -1 multiplizierte vollständige Differential der Funktion $V(x,y,z)$. Die Arbeit der Kraft längs eines endlich großen Weges vom Punkt P_1 mit den Koordinaten (x_1,y_1,z_1) zum Punkt P_2 mit den Koordinaten (x_2,y_2,z_2) ist daher

$$W = \int_{\mathrm{P}_1}^{\mathrm{P}_2} \mathrm{d}W = -\int_{\mathrm{P}_1}^{\mathrm{P}_2} \mathrm{d}V = V(x_1,y_1,z_1) - V(x_2,y_2,z_2).$$

Die Arbeit ist also gleich der Differenz der Potentiale zwischen den beiden Punkten P_1 und P_2. Sie ist *unabhängig vom Verlauf des Weges zwischen den beiden Punkten.* Nur Potentialkräfte haben diese Eigenschaft.

Die gewonnenen Aussagen werden zum besseren Verständnis noch einmal an einem konkreten Fall dargestellt, und zwar an der Gewichtskraft $\boldsymbol{G}$

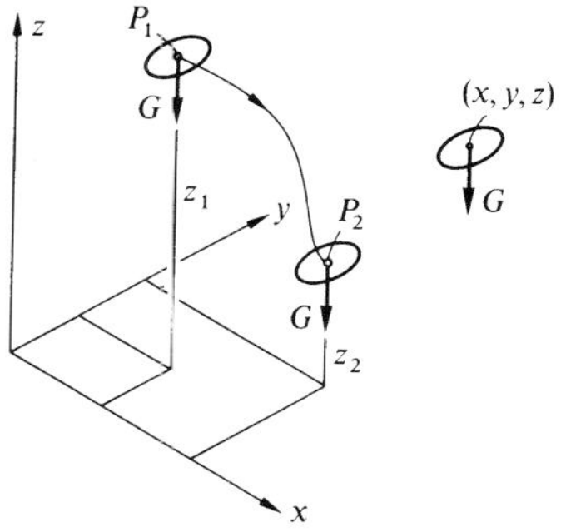

Abb. 8.31. Das Gewicht $\boldsymbol{G}$ greift in jeder Lage des Körpers an und stellt daher ein Kraftfeld dar. Auf dem Weg von P_1 nach P_2 verrichtet $\boldsymbol{G}$ die Arbeit $G(z_1 - z_2)$. Um diese Größe nimmt dabei die potentielle Energie des Körpers ab

eines Körpers als dem bekanntesten Beispiel für Potentialkräfte. Der Körperschwerpunkt befinde sich in einem beliebigen Punkt (x, y, z) eines kartesischen x, y, z-Systems, dessen z-Achse vertikal nach oben weist (Abb. 8.31). Dann hat die Gewichtskraft die Koordinaten

$$G_x(x, y, z) = 0, \qquad G_y(x, y, z) = 0, \qquad G_z(x, y, z) = -G.$$

Die Funktion

$$V(x, y, z) = G(z - z_0)$$

mit einer beliebig wählbaren Konstanten z_0 hat die Eigenschaft, daß

$$G_x = -\frac{\partial V}{\partial x}, \qquad G_y = -\frac{\partial V}{\partial y}, \qquad G_z = -\frac{\partial V}{\partial z}$$

ist. Also ist $G(z - z_0)$ das Potential der Gewichtskraft. In Abb. 8.31 ist ein Weg dargestellt, auf dem der Körper von einem Punkt P_1 in der Höhe z_1 zu einem Punkt P_2 in der geringeren Höhe z_2 gelangt. Auf diesem Weg verrichtet die Gewichtskraft die Arbeit

$$W = -\int_{\mathrm{P}_1}^{\mathrm{P}_2} \mathrm{d}V = V(x_1, y_1, z_1) - V(x_2, y_2, z_2) = G(z_1 - z_2).$$

Diese Arbeit geht nicht verloren, sondern existiert in einer anderen Energieform weiter. Zum Beispiel kann der Körper dadurch, daß er sich absenkt, ein Gegengewicht anheben. In die Ausgangshöhe z_1 ist der Körper selbst auch nur gekommen, weil andere Kräfte ihn gegen seine Gewichtskraft $\boldsymbol{G}$ dorthin gebracht haben. Diese anderen Kräfte haben dabei positive Arbeit verrichtet, die der Körper nun beim Absinken auf die Höhe z_2 wieder abgeben kann. Diese Überlegungen führen dazu, die Funktion $V(x, y, z)$ nicht nur das *Potential der Kraft*, sondern auch die *potentielle Energie des Körpers* zu nennen (potentielle Energie heißt auf deutsch Arbeitsvermögen). Man sagt, der Körper hat im Punkt (x, y, z) die potentielle Energie $V(x, y, z)$ und er gibt längs des Weges von P_1 nach P_2 die potentielle Energie $V(x_1, y_1, z_1) - V(x_2, y_2, z_2)$ ab. Man sieht, daß die beliebig wählbare

Konstante z_0 im Potential $V(x, y, z) = G(z - z_0)$ keine Bedeutung hat, weil nur Ableitungen der Funktion und Differenzen von Funktionswerten eine Rolle spielen. Was hier am Beispiel der Gewichtskraft anschaulich erläutert wurde, gilt entsprechend für jede Potentialkraft. Insbesondere ist das Potential der Kraft zugleich eine potentielle Energie des Körpers, an dem die Kraft angreift.

Wie gesagt wird im folgenden vorausgesetzt, daß alle äußeren eingeprägten Kräfte an den untersuchten elastischen Systemen Potentialkräfte sind. Das gesamte Potential mehrerer Potentialkräfte ist einfach die Summe der Potentiale der Kräfte. Für das Gesamtpotential aller an einem System angreifenden äußeren Kräfte wird die Bezeichnung Π_a verwendet. Dann ist nach Gl. (8.50) die virtuelle Arbeit δW_a der äußeren Kräfte bei einer virtuellen Verschiebung des Systems aus seiner Gleichgewichtslage gleich $-\delta\Pi_a$, so daß das Prinzip der virtuellen Arbeit ($\delta W_a = \delta U$) die Aussage macht:

$$\delta(\Pi_a + U) = 0.$$

Die Formänderungsenergie U ist nach Abschnitt 8.2 selbst eine potentielle Energie. Die Größe

$$\Pi = \Pi_a + U \tag{8.51}$$

ist die gesamte potentielle Energie (das Gesamtpotential) des Systems. Das Prinzip der virtuellen Arbeit hat damit die Form

$$\delta\Pi = 0. \tag{8.52}$$

Da diese Aussage für beliebige virtuelle Verschiebungen aus einer Gleichgewichtslage eines Systems gilt, hat Π in der Gleichgewichtslage selbst einen stationären Wert. Das ist der *Satz vom stationären Wert der potentiellen Energie.*

Indem Π die gesamte potentielle Energie des Systems genannt wird, wird unter System die Gesamtheit aller Körper verstanden, die potentielle Energie zu Π_a oder zu U beitragen. Außer der elastischen Struktur, die bisher immer System genannt wurde, gehören dazu also z.B. auch alle Körper, die die Struktur durch ihr Gewicht belasten.

Bei dem stationären Wert von Π kann es sich um ein Minimum, um einen Sattelpunkt oder um ein Maximum handeln. Im folgenden wird erklärt, welche physikalischen Bedeutungen diese verschiedenen Typen haben. Sei Π_{st} der stationäre Wert der potentiellen Energie eines Systems in der betrachteten Gleichgewichtslage. Nach einer virtuellen Verschiebung des Systems in eine Nachbarlage hat die potentielle Energie einen Wert, der in der Form

$$\Pi = \Pi_{st} + \underbrace{\delta\Pi}_{=0} + \delta^2\Pi + \delta^3\Pi + \cdots \tag{8.53}$$

darstellbar ist, wobei $\delta\Pi$ nach Gl. (8.52) eben null ist. Die Glieder $\delta^2\Pi$ usw. berücksichtigen, daß die äußeren und die inneren Kräfte des Systems von der

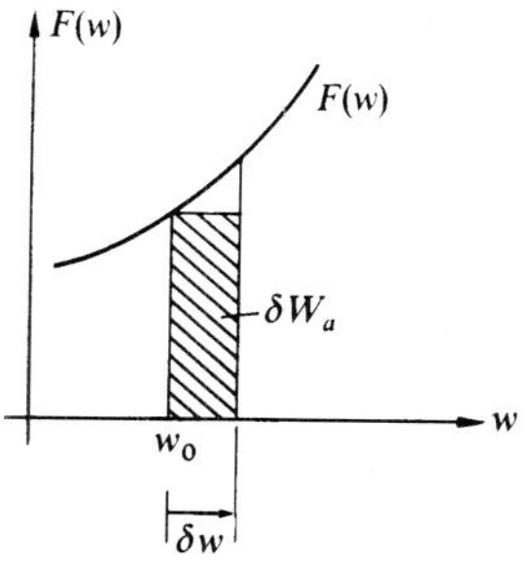

Abb. 8.32. Bei einer virtuellen Verschiebung δw ist die Arbeit der Kraft $\boldsymbol{F}(w)$ verschieden von ihrer virtuellen Arbeit δW_a. Der Unterschied ist klein von mindestens 2. Ordnung in δw

Lage des Systems abhängen, so daß sich ihre tatsächlichen Arbeiten bei einer virtuellen Verschiebung von den virtuellen Arbeiten unterscheiden. Abb. 8.32 macht das am Beispiel einer Kraft-Verschiebungskurve klar. Bei der virtuellen Verschiebung δw aus der Lage w_0 wird die tatsächliche Arbeit der Kraft durch die Fläche unter der Kurve zwischen w_0 und $w_0 + \delta w$ dargestellt. Die virtuelle Arbeit entspricht dagegen der schraffierten Rechteckfläche und ist

$$\delta W_a = F(w_0)\,\delta w.$$

In den Erläuterungen zum Prinzip der virtuellen Arbeit wurde ausdrücklich gesagt, daß δW_a und δU unter der Voraussetzung berechnet werden, daß Kräfte bei virtuellen Verschiebungen *ohne* Änderung von Richtung und Größe mitverschoben werden. Die Differenz zwischen der tatsächlichen und der virtuellen Arbeit ist von höherer als 1. Ordnung in δw klein. Derartige Differenzen höherer Kleinheitsordnung liefern die Ausdrücke $\delta^2\Pi$ usw. in (8.53). Man schreibt die Gleichung in der Form

$$\Pi - \Pi_{st} = \delta^2\Pi + \delta^3\Pi + \cdots. \tag{8.54}$$

Wenn die Differenz $\Pi - \Pi_{st}$ positiv ist, hat das System nach der virtuellen Verschiebung eine potentielle Energie, die um die Differenz größer ist als vor der Verschiebung. Da Energie nicht aus dem Nichts entsteht, kann die virtuelle Verschiebung nur dann stattfinden, wenn dem System die Differenzenergie von außen zugeführt wird. Das kann z.B. durch eine Kraft geschehen, die das System aus der Gleichgewichtslage herausdrückt. Diese Kraft ist infinitesimal klein, weil die Energiedifferenz klein von wenigstens 2. Ordnung in δw ist.

Wenn andererseits die Differenz $\Pi - \Pi_{st}$ negativ ist, dann kann eine virtuelle Verschiebung mit anschließendem Ruhezustand des Systems nur stattfinden, wenn dem System dabei die Energie $|\Pi - \Pi_{st}|$ entzogen wird. Man kann auch sagen, daß dem System die (negative) Energie $\Pi - \Pi_{st}$ von außen zugeführt werden muß. Das kann z.B. durch eine Kraft geschehen, die der Verschiebung des Systems entgegenwirkt. Auch diese Kraft ist aus den genannten Gründen infinitesimal klein.

8.10.1 Arten des Gleichgewichts

Diese Überlegungen führen dazu, verschiedene Arten von Gleichgewichtslagen zu unterscheiden, nämlich stabile, instabile und indifferente. Die Definitionen sind derart, daß die Begriffe stabil und instabil im Einklang mit ihren Bedeutungen in der Umgangssprache gebraucht werden.

Stabiles Gleichgewicht. Eine Gleichgewichtslage eines Systems heißt *stabil*, wenn es keine virtuelle Verschiebung des Systems aus dieser Lage heraus gibt, die ohne Energiezufuhr von außen stattfindet. Wegen (8.54) ist das die Aussage, bekannt unter dem Namen

> *Lagrange-Dirichletsches Prinzip*:
> In einer stabilen Gleichgewichtslage ist Π_{st} ein lokales Minimum.

Abb. 8.33a,b zeigt zwei Beispiele. Die tiefste Lage der Kugel in der Schale und die statische Biegelinie des Kragträgers sind stabile Gleichgewichtslagen. In der Tat kann man eine virtuelle Verschiebung nur dadurch erzeugen, daß man außer den schon wirkenden Kräften weitere infinitesimal kleine Kräfte anbringt und sie positive Arbeit verrichten läßt (siehe Beisp. 8.10-1).

Das Lagrange-Dirichletsche Prinzip bietet eine neue Möglichkeit, stabile Gleichgewichtslagen zu bestimmen. Anwendungen werden in Beisp. 8.10-3 und in den Übungsaufgaben 8.34 bis 8.39 behandelt. Auch das im nächsten Abschnitt entwickelte Verfahren von Ritz beruht auf dem Prinzip.

Instabiles Gleichgewicht. Eine Gleichgewichtslage eines Systems heißt *instabil*, wenn es wenigstens eine virtuelle Verschiebung des Systems aus dieser Lage heraus gibt, bei der dem System Energie entzogen werden muß, wenn es nach der Verschiebung weiterhin in Ruhe sein soll. Mit anderen Worten:

> Bei instabilem Gleichgewicht ist $\Pi - \Pi_{st}$ für wenigstens eine virtuelle Verschiebung negativ.

Abb. 8.34a,b zeigt zwei Beispiele. Die Kugel ist unter ihrem Eigengewicht im Sattelpunkt der stützenden Fläche in einer instabilen Gleichgewichtslage. Bei einer virtuellen Verschiebung längs der gestrichelten Linie muß nämlich

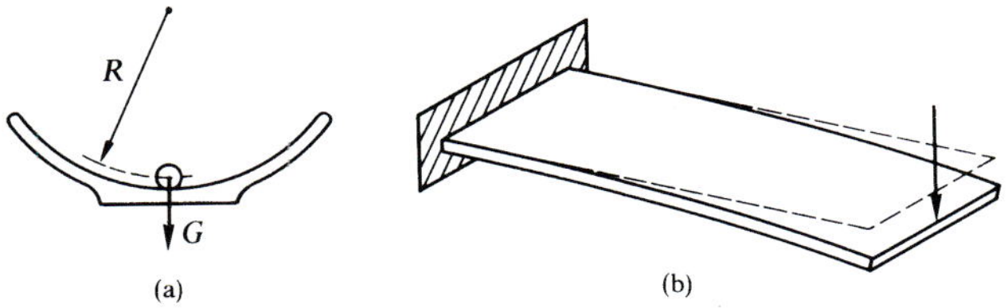

Abb. 8.33. Die tiefste Lage der Kugel (a) und die statische Biegelinie des Kragträgers (b) sind stabile Gleichgewichtslagen

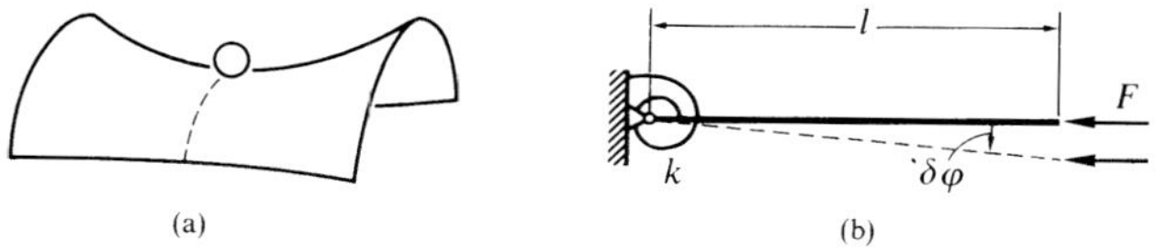

Abb. 8.34. Die Lage der Kugel im Sattelpunkt (a) ist instabil. Ebenso die gezeichnete Lage des starren Stabes in (b), wenn F hinreichend groß ist (der Stab bewegt sich in einer horizontalen Ebene, so daß sein Gewicht keine Rolle spielt)

außer der Gewichtskraft eine infinitesimal kleine Kraft entgegen der Bewegungsrichtung angreifen, damit das System nach der Verschiebung in Ruhe ist. Die Arbeit dieser Kraft ist negativ. Bei dem System in Abb. 8.34b soll nur die Drehfeder elastisch sein. Sie ist entspannt, wenn der starre Stab die gezeichnete Lage hat. Drehungen finden in einer horizontalen Ebene statt, so daß Gewicht keine Rolle spielt. Die Kraft F sei nach Größe und Richtung von der Lage des Angriffspunktes unabhängig (Potentialkraft). Die gezeichnete Lage ist für jede Größe von F eine Gleichgewichtslage. Aus Erfahrung kann man ohne mathematische Untersuchung aussagen, daß die Lage stabil ist, wenn F hinreichend klein ist und daß sie instabil ist, wenn F hinreichend groß ist. Bei instabilem Gleichgewicht muß bei einer virtuellen Drehung des Stabes in die gestrichelt gezeichnete Lage außer dem Rückstellmoment der Feder ein weiteres infinitesimal kleines Rückstellmoment angebracht werden, wenn der Stab nach der Verschiebung weiterhin in Ruhe bleiben soll. Die Arbeit dieses Moments ist negativ (siehe Beisp. 8.10-2).

Indifferentes Gleichgewicht. Eine Gleichgewichtslage eines Systems heißt *indifferent*, wenn sie nicht instabil ist, und wenn es wenigstens eine virtuelle Verschiebung des Systems aus dieser Lage heraus gibt, die ohne Zufuhr und ohne Abfuhr von Energie stattfindet. Mit anderen Worten:

> Bei indifferentem Gleichgewicht ist $\Pi - \Pi_{st}$ bei keiner virtuellen Verschiebung negativ und bei wenigstens einer gleich null.

Abb. 8.35 zeigt als Beispiel eine Kugel in einem horizontal liegenden Torus. Jede Lage der Kugel auf dem Kreis, der die tiefsten Punkte des Torus verbindet, ist eine indifferente Gleichgewichtslage. Eine virtuelle Verschiebung auf dem Kreis ist nämlich ohne Energiezufuhr und ohne Abfuhr möglich, und keine dieser Lagen ist instabil. Ein anderes Beispiel für indifferentes Gleichgewicht zeigt Abb. 8.34b in dem Fall, daß die Drehfeder in bestimmter Weise nichtlinear elastisch ist. Und zwar muß unabhängig vom Drehwinkel

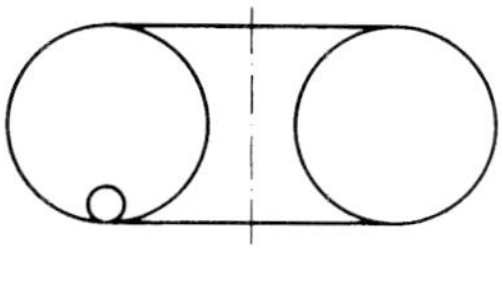

Abb. 8.35. Die tiefsten Lagen der Kugel im Torus sind indifferente Gleichgewichtslagen

des Stabes das Rückstellmoment der Feder gleich dem Moment der Kraft F um das Lager sein (siehe Beisp. 8.10-2).

Indifferente Gleichgewichtslagen existieren nur als nützliche Idealvorstellung. In Wirklichkeit gibt es wegen unvermeidbarer Ungenauigkeiten bei der Herstellung der betrachteten Systeme nur stabile und instabile Gleichgewichtslagen. So ist z.B. bei dem Torus in Abb. 8.35 weder eine ganz beulenfreie Form noch eine exakt horizontale Ausrichtung möglich. Bei den geringsten Abweichungen von den gedachten idealen Bedingungen befindet sich die Kugel auf einer Fläche mit lokalen Maxima, Minima und Sattelpunkten, wo es nur stabile und instabile Gleichgewichtslagen gibt.

Beispiel 8.10-1:
Wie groß sind für das System von Abb. 8.33a die Größen in (8.54), wenn als Maß für die virtuelle Verschiebung der Winkel $\delta\varphi$ zwischen der Vertikale und der Verbindungslinie der Mittelpunkte von Schale und Kugel benutzt wird?
Lösung: Da das System keine elastischen Teile hat, ist

$$U = 0, \qquad \delta U = \delta^2 U = \cdots = 0.$$

Die Kugel wird um das Stück $R[1 - \cos(\delta\varphi)]$ gehoben. Also ist der Zuwachs an potentieller Energie

$$\Pi - \Pi_{st} = GR[1 - \cos(\delta\varphi)].$$

Das ist positiv für alle $\delta\varphi \neq 0$. Also ist die Gleichgewichtslage stabil. Eine Reihenentwicklung liefert

$$\Pi - \Pi_{st} = GR\left[\frac{1}{2}(\delta\varphi)^2 - \frac{1}{4!}(\delta\varphi)^4 \pm \cdots\right].$$

Der Vergleich von Gliedern gleicher Ordnung in diesem Ausdruck und in dem Ausdruck von (8.54) ergibt

$$\begin{aligned} \delta\Pi &= 0 \qquad \text{(Gleichgewichtsbedingung nach (8.52))},\\ \delta^2\Pi &= \frac{1}{2}(\delta\varphi)^2, \qquad \delta^3\Pi = 0, \qquad \delta^4\Pi = -\frac{1}{4!}(\delta\varphi)^4, \ldots \end{aligned}$$

Beispiel 8.10-2:
Wie groß sind für das System von Abb. 8.34a die Größen in (8.54)? Unter welcher Bedingung für F ist die Gleichgewichtslage stabil? Gegeben sind die Drehfederkonstante k und die Länge ℓ. Welche Kennlinie muß die Feder haben, damit das Gleichgewicht indifferent ist? Der Stab ist starr. Die Bewegungsebene ist horizontal.
Lösung: Bei einer virtuellen Drehung um den Winkel $\delta\varphi$ ist

$$\begin{aligned} \Pi - \Pi_{st} &= -F\ell[1 - \cos(\delta\varphi)] + \tfrac{1}{2}k(\delta\varphi)^2\\ &= \underbrace{\tfrac{1}{2}(k - F\ell)(\delta\varphi)^2}_{\delta^2\Pi} + \underbrace{\tfrac{1}{4!}\,F\ell(\delta\varphi)^4}_{\delta^4\Pi} \mp \ldots \end{aligned}$$

Im Fall $F \leq k/\ell$ ist in der Reihenentwicklung das erste von null verschiedene Glied positiv. Dann ist Π_{st} ein lokales Minimum, und das Gleichgewicht ist stabil. Bei $F > k/\ell$ ist Π_{st} ein lokales Maximum, und das Gleichgewicht ist instabil.

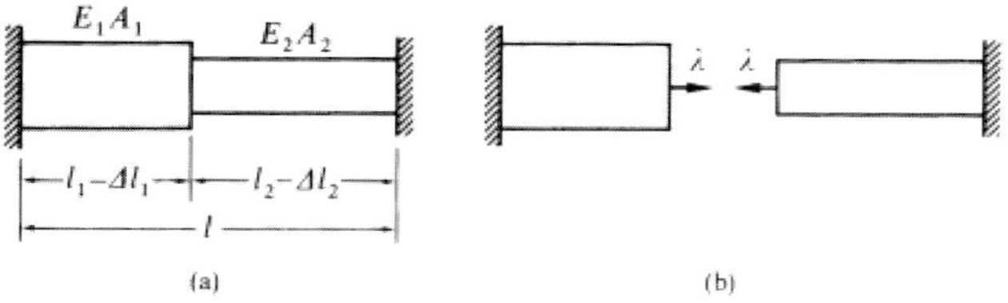

Abb. 8.36.

Damit das Gleichgewicht indifferent ist, muß das Rückstellmoment der Feder in Abhängigkeit vom Drehwinkel φ die Größe haben:

$$M(\varphi) = F\ell \sin\varphi.$$

Dann herrscht in jeder Lage Gleichgewicht. In Übereinstimmung mit dieser Aussage ergibt sich

$$\Pi - \Pi_{st} = -F\ell[1-\cos(\delta\varphi)] + \int_0^{\delta\varphi} F\ell \sin\varphi \, \mathrm{d}\varphi \equiv 0.$$

Beispiel 8.10-3:
Zwei Stäbe (Querschnittsflächen A_1 und A_2, E-Moduln E_1 und E_2) haben im unbelasteten Zustand die Längen ℓ_1 und ℓ_2. Sie werden nach Abb. 8.36a zwischen starre Lager im Abstand $\ell = \ell_1 + \ell_2 - \Delta\ell$ mit $\Delta\ell > 0$ gespannt. Man berechne die Verkürzungen $\Delta\ell_1$ und $\Delta\ell_2$ beider Stäbe und die Längskraft in den Stäben aus der Bedingung, daß die potentielle Energie Π des Systems in der stabilen Gleichgewichtslage ein Minimum ist.
Lösung: Die Stäbe und das starre Lager bilden zusammen das untersuchte System. In (8.51) ist $\Pi_a = 0$, weil die starren Lager keine potentielle Energie haben. Die gesamte potentielle Energie Π ist also gleich der Formänderungsenergie U beider Stäbe zusammen. Mit den Federkonstanten
$k_1 = E_1A_1/\ell_1, \; k_2 = E_2A_2/\ell_2$ ist

$$\Pi = U = \tfrac{1}{2}[k_1(\Delta\ell_1)^2 + k_2(\Delta\ell_2)^2].$$

Diese Funktion der beiden Variablen $\Delta\ell_1$ und $\Delta\ell_2$ muß unter der Nebenbedingung

$$f(\Delta\ell_1, \Delta\ell_2) = \Delta\ell_1 + \Delta\ell_2 - \Delta\ell = 0$$

ein Minimum annehmen. Mit dem Lagrangeschen Multiplikator λ ist also

$$\frac{\partial}{\partial(\Delta\ell_1)}(\Pi + \lambda f) = 0 \qquad \text{oder} \qquad k_1\Delta\ell_1 + \lambda = 0,$$

$$\frac{\partial}{\partial(\Delta\ell_2)}(\Pi + \lambda f) = 0 \qquad \text{oder} \qquad k_2\Delta\ell_2 + \lambda = 0.$$

In diesen Gleichungen erkennt man den Zusammenhang zwischen Federverkürzung und Längskraft, wenn man die überall im Stab gleich große Längskraft mit λ bezeichnet (Abb. 8.36b). Dieselben Gleichungen hätte man in Kap.4 bei der Lösung der Aufgabe auch formuliert. Sie liefern das Ergebnis

$$\lambda = \frac{-\Delta\ell}{1/k_1 + 1/k_2}, \qquad \Delta\ell_1 = \frac{\Delta\ell}{1 + k_1/k_2}, \qquad \Delta\ell_2 = \frac{\Delta\ell}{1 + k_2/k_1}.$$

8.11 Das Verfahren von Ritz

In diesem Abschnitt werden linear elastische Systeme betrachtet, bei denen alle eingeprägten Kräfte Potentialkräfte sind. Es wird vorausgesetzt, daß die gesuchten Verformungszustände stabile Gleichgewichtslagen sind. Das ist der Normalfall, der in allen früheren Kapiteln auch vorlag. Instabile und indifferente Gleichgewichtslagen werden erst in Kap.10 untersucht. Der stationäre Wert der potentiellen Energie des verformten Systems ist im folgenden also voraussetzungsgemäß ein Minimum. Von dieser Tatsache ausgehend hat Ritz[7] ein sehr allgemein anwendbares und leistungsfähiges Verfahren entwickelt, mit dem Verformungen näherungsweise berechnet werden können.

8.11.1 Biegestäbe

Der Grundgedanke des Verfahrens wird zunächst an einem System dargestellt, das aus einem einzigen geraden Biegestab besteht (Abb. 8.37). Natürlich ist das kein typisches Anwendungsbeispiel, weil für Stäbe i.allg. ohne große Mühe exakte Lösungen gefunden werden können, so daß man kein Näherungsverfahren braucht. Auch bei Stäben kann allerdings die Abhängigkeit des Flächenmoments I_y von der Koordinate x eine exakte Lösung vereiteln, da die Funktion $I_y(x)$ sowohl in der Differentialgleichung (5.34) der Biegelinie als auch in der Arbeitsgleichung (8.23) im Nenner steht. Insofern ist das Ritzsche Verfahren auch für gerade Stäbe durchaus von Interesse. Unentbehrlich ist es bei Systemen mit zwei- und dreidimensional ausgedehnten Körpern (Scheiben, Platten, Schalen, massiven Körpern). Am Beispiel der Platte wird gezeigt, wie das Verfahren dann angewendet wird.

Die potentielle Energie $\Pi = \Pi_a + U$ des Systems muß beim Ritzschen Verfahren durch Verformungsgrößen ausgedrückt werden. Beim Stab ist das die Durchbiegung $w(x)$. Im Ausdruck für die Formänderungsenergie in Gl. (8.14),

$$U = \frac{1}{2}\int_0^\ell \frac{M_y^2(x)}{EI_y(x)}\,\mathrm{d}x,$$

wird M_y mit Hilfe der Differentialgleichung der Biegelinie (Gl. (5.34)) ausgedrückt:

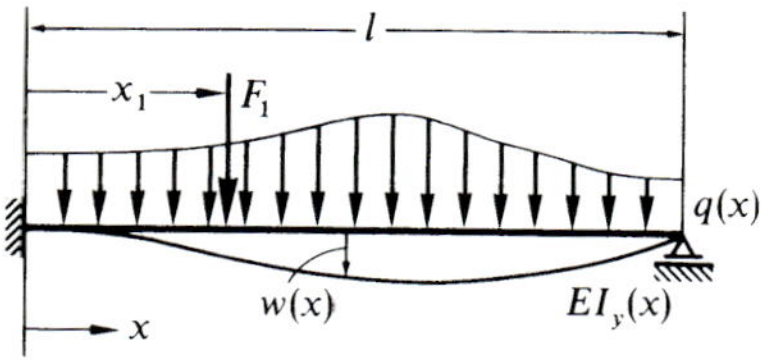

Abb. 8.37. Die Potentiale der konzentrierten und der verteilten Gewichtskräfte auf dem Stab sind proportional zur Durchbiegung $w(x)$ ihrer Angriffspunkte (vergl. Abb. 8.31)

[7] Walter Ritz, 1878 (Sion/Wallis) – 1909 (Göttingen)

$$M_y(x) = -EI_y(x)\,w''(x).$$

Damit erhält man die gewünschte Darstellung:

$$U = \frac{1}{2}\int_0^\ell EI_y(x)w''^2(x)\,\mathrm{d}x. \tag{8.55}$$

Auch das Potential Π_a der äußeren Belastung ist eine Funktion der Durchbiegung. Im Fall von Abb. 8.37 ist z.B.

$$\Pi_a = -F_1 w(x_1) - \int_0^\ell q(x)\,w(x)\,\mathrm{d}x.$$

Die potentielle Energie Π ist damit

$$\Pi = \Pi_a + U = -F_1 w(x_1) + \int_0^\ell \Big[\tfrac{1}{2}EI_y(x)w''^2(x) - q(x)\,w(x)\Big]\mathrm{d}x. \tag{8.56}$$

Darin sind die Funktionen $EI_y(x)$ und $q(x)$ sowie die Konstanten F_1 und x_1 gegeben. Unbekannt ist die Funktion $w(x)$. Sie erfüllt Randbedingungen. Man unterscheidet zwischen geometrischen Randbedingungen für Durchbiegung und Neigung, hier

$$w(0) = 0, \qquad w'(0) = 0, \qquad w(\ell) = 0, \tag{8.57}$$

und dynamischen Randbedingungen für Biegemoment und Querkraft, hier

$$w''(\ell) = 0, \qquad w'''(\ell) = 0. \tag{8.58}$$

Die ersteren heißen *wesentliche* und die letzteren *restliche* Randbedingungen. Die exakte Lösung $w(x)$ ist diejenige Funktion, die bei Erfüllung *aller* Randbedingungen das Potential Π zu einem Minimum macht. Das Verfahren von Ritz liefert eine Näherungslösung. Es bestimmt die minimierende Funktion $w(x)$ nicht unter allen Funktionen, die alle Randbedingungen erfüllen, sondern nur unter allen Funktionen eines Funktionensystems

$$\tilde{w}(x) = c_1 w_1(x) + c_2 w_2(x) + \cdots + c_n w_n(x). \tag{8.59}$$

Die Zahl $n \geq 1$ gibt man selbst willkürlich vor. Auch die Ansatzfunktionen $w_1(x), \ldots, w_n(x)$ gibt man selbst vor. Zulässig ist jede Funktion, die alle wesentlichen Randbedingungen erfüllt. Sie darf also restliche Randbedingungen verletzen. Die Näherungslösung wird allerdings i. allg. noch besser, wenn sie auch die restlichen Randbedingungen erfüllt. Überhaupt sollte jede Ansatzfunktion physikalisch möglichst sinnvoll gewählt werden. Je sinnvoller man wählt, desto kleiner kann die Anzahl n der Ansatzfunktionen sein. Der Ausdruck (8.59) stellt ein Funktionensystem dar, weil die Koeffizienten $c_1, \ldots, c_n$ noch unbestimmt sind. Die exakte Lösungsfunktion ist i.allg. nicht in diesem Funktionensystem enthalten, es sei denn durch Zufall (siehe

Beisp. 8.11-1). Bei sinnvoller Wahl der Funktionen $w_1(x)$ bis $w_n(x)$ kann man aber erwarten, daß $\tilde{w}(x)$ Funktionen enthält, die der tatsächlichen Lösungsfunktion sehr nahekommen. Die beste mit dem Funktionensystem erreichbare Näherungslösung wird bestimmt, und zwar wie folgt. Man setzt $\tilde{w}(x)$ anstelle von $w(x)$ in (8.56) ein. Dann ist Π nur noch eine Funktion von $c_1, \ldots, c_n$, weil alle Funktionen von x vorgegeben sind. Die Integration über x kann ausgeführt werden. Sie ist einfach, weil keine Funktionen von x in irgendwelchen Nennern vorkommen! Die Funktion $\Pi(c_1, \ldots, c_n)$ ist quadratisch in den Variablen $c_1, \ldots, c_n$. Da Π ein Minimum sein soll, ist zu fordern:

$$\frac{\partial \Pi}{\partial c_i} = 0 \qquad (i = 1, \ldots, n). \tag{8.60}$$

Das liefert n lineare Bestimmungsgleichungen für die gesuchten Koeffizienten $c_1, \ldots, c_n$. Mit diesen Koeffizienten ist dann die beste mit dem Funktionensystem $\tilde{w}(x)$ erreichbare Näherungslösung bekannt.

Im folgenden wird der Sonderfall $EI_y = \text{const}$ betrachtet. Dann hat (8.60) mit (8.56) die Form

$$-F_1 \frac{\partial \tilde{w}(x_1)}{\partial c_i} + EI_y \int_0^\ell \tilde{w}''(x) \frac{\partial \tilde{w}''(x)}{\partial c_i} \, \mathrm{d}x - \int_0^\ell q(x) \frac{\partial \tilde{w}(x)}{\partial c_i} \, \mathrm{d}x = 0$$

$(i = 1, \ldots, n)$. Darin ist nach (8.59)

$$\frac{\partial \tilde{w}(x)}{\partial c_i} = w_i(x), \qquad \frac{\partial \tilde{w}''(x)}{\partial c_i} = w_i''(x).$$

Damit ergibt sich

$$EI_y \sum_{j=1}^{n} \left[c_j \int_0^\ell w_i''(x) \, w_j''(x) \, \mathrm{d}x \right] = F_1 w_i(x_1) + \int_0^\ell q(x) \, w_i(x) \, \mathrm{d}x \tag{8.61}$$

$(i = 1, \ldots, n)$. Das sind die Bestimmungsgleichungen für die gesuchten Koeffizienten $c_1, \ldots, c_n$. Ihre Matrixform ist

$$\mathbf{Ac} = \mathbf{B} \tag{8.62}$$

mit der Spaltenmatrix $\mathbf{c} = [c_1 \; \cdots \; c_n]^T$. Die symmetrische Matrix $\mathbf{A}$ hat die Elemente

$$A_{ij} = EI_y \int_0^\ell w_i''(x) \, w_j''(x) \, \mathrm{d}x \qquad (i, j = 1, \ldots, n), \tag{8.63}$$

und $\mathbf{B}$ ist die Spaltenmatrix der rechten Seiten von (8.61). Gl. (8.62) wird nach $\mathbf{c}$ aufgelöst. Mit diesen Koeffizienten liefert (8.59) die beste Näherungslösung aus dem Funktionensystem $\tilde{w}(x)$.

Beispiel 8.11-1:
Man bestimme mit dem Ritzschen Verfahren eine Näherungslösung für die Biegelinie

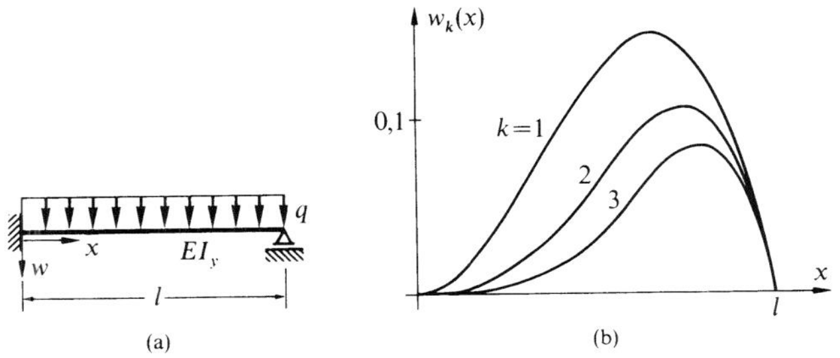

Abb. 8.38.

des Stabes in Abb. 8.38a.
Lösung: Die geometrischen Randbedingungen

$$w(0) = 0, \qquad w'(0) = 0, \qquad w(\ell) = 0$$

werden von allen Funktionen der Form

$$w_k(x) = (x/\ell)^{k+1}(1 - x/\ell)$$

mit $k \geq 1$ erfüllt. Die Funktionen w_1, w_2 und w_3 sind in Abb. 8.38b abgebildet. Sie erfüllen nicht die dynamische Randbedingung $w_k''(\ell) = 0$. In der Tat ist

$$w_k''(x) = \frac{k+1}{\ell^2}\Big[k(x/\ell)^{k-1} - (k+2)(x/\ell)^k\Big] \qquad (k \geq 1) \tag{a}$$

und insbesondere $w_k''(\ell) = -2(k+1)/\ell^2 \neq 0$. Mit den drei abgebildeten Funktionen wird das Funktionensystem

$$\tilde{w}(x) = c_1\, w_1(x) + c_2\, w_2(x) + c_3\, w_3(x) \tag{b}$$

gebildet. In ihm wird die beste Näherungslösung für die Biegelinie gesucht. Mit dem Ausdruck (a) werden die Matrixelemente (8.63) gebildet. Mit der neuen Variablen $\xi = x/\ell$ ist

$$\begin{aligned} A_{ij} &= \frac{EI_y}{\ell^3}(i+1)(j+1)\int_0^1 \Big[i\xi^{i-1} - (i+2)\xi^i\Big]\Big[j\xi^{j-1} - (j+2)\xi^j\Big]\,\mathrm{d}\xi \\ &= \frac{EI_y}{\ell^3}(i+1)(j+1)\Big[\frac{ij}{i+j-1} - \frac{i(j+2)+j(i+2)}{i+j} + \frac{(i+2)(j+2)}{i+j+1}\Big] \end{aligned}$$

$(i, j = 1, 2, 3)$. Damit erhält man die Matrixelemente

$$A_{11} = A_{12} = A_{13} = 4EI_y/\ell^3, \qquad A_{22} = \tfrac{24}{5}EI_y/\ell^3,$$
$$A_{23} = \tfrac{26}{5}EI_y/\ell^3, \qquad A_{33} = \tfrac{208}{35}EI_y/\ell^3.$$

Für die rechte Seite von (8.61) bildet man

$$B_i = q\int_0^\ell w_i(x)\,\mathrm{d}x = q\ell\Big(\frac{1}{i+2} - \frac{1}{i+3}\Big) \qquad (i = 1, 2, 3).$$

Das liefert $B_1 = \frac{1}{12}q\ell$, $B_2 = \frac{1}{20}q\ell$ und $B_3 = \frac{1}{30}q\ell$. Damit nimmt (8.62) die Form an:

$$
\begin{aligned}
4c_1 + \ \ 4c_2 + \ \ \ 4c_3 &= \tfrac{1}{12} q\ell^4/(EI_y), \\
4c_1 + \tfrac{24}{5}c_2 + \ \tfrac{26}{5}c_3 &= \tfrac{1}{20} q\ell^4/(EI_y), \\
4c_1 + \tfrac{26}{5}c_2 + \tfrac{208}{35}c_3 &= \tfrac{1}{30} q\ell^4/(EI_y).
\end{aligned}
$$

Die Lösungen sind

$$c_1 = \tfrac{1}{16} q\ell^4/(EI_y), \qquad c_2 = -\tfrac{1}{24} q\ell^4/(EI_y), \qquad c_3 = 0.$$

Einsetzen in (b) liefert als beste Näherungslösung die Funktion

$$w(x) = \frac{q\ell^4}{48EI_y}\left[3(x/\ell)^2 - 5(x/\ell)^3 + 2(x/\ell)^4\right].$$

Das ist in diesem Fall sogar die exakte Lösung. Man berechnet sie einfacher aus der Differentialgleichung der Biegelinie. Die Aufgabe zeigt, daß die praktische Durchführung des Ritzschen Verfahrens recht aufwendig ist. Man wendet es nur an, wenn exakte Lösungen mit elementaren Methoden nicht zu finden sind.

8.11.2 Das Ritzsche Verfahren bei Platten

Im Gegensatz etwa zur Arbeitsgleichung (8.23) ist das Ritzsche Verfahren nicht auf Systeme beschränkt, die sich aus bestimmten Elementen wie z.B. geraden Stäben zusammensetzen. Bei jeder Art von System kann man nämlich die Formänderungsenergie nach Art von Gl. (8.55) als Integral eines Ausdrucks schreiben, der nur Verschiebungsfunktionen und deren Ableitungen enthält. Man braucht nur in (8.5) die Spannungen mit Hilfe des Hookeschen Gesetzes durch Dehnungen und Scherungen auszudrücken und diese dann mit den Gln. (2.23) durch die Verschiebungsfunktionen $u(x,y,z)$, $v(x,y,z)$ und $w(x,y,z)$.

Im folgenden wird die Formänderungsenergie einer Platte formuliert. Unter einer Platte versteht man ein ebenes Tragwerk nach Art von Abb. 8.39, z.B. ein Blech, das irgendwie gelagert und senkrecht zur Plattenebene verformt wird. Die einzige interessierende Verformungsgröße ist die Durchbiegung $w(x,y)$. Bei dünnen, schwach verformten Platten kann man in Analogie zum Biegestab die folgenden vereinfachenden Annahmen treffen:

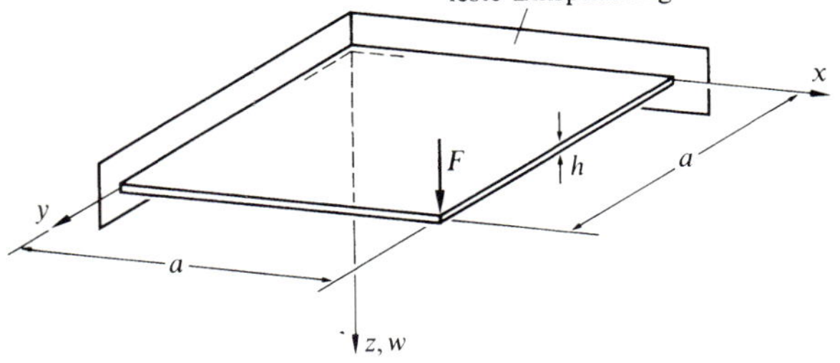

Abb. 8.39. Quadratische Platte mit teils eingespanntem und teils freiem Rand

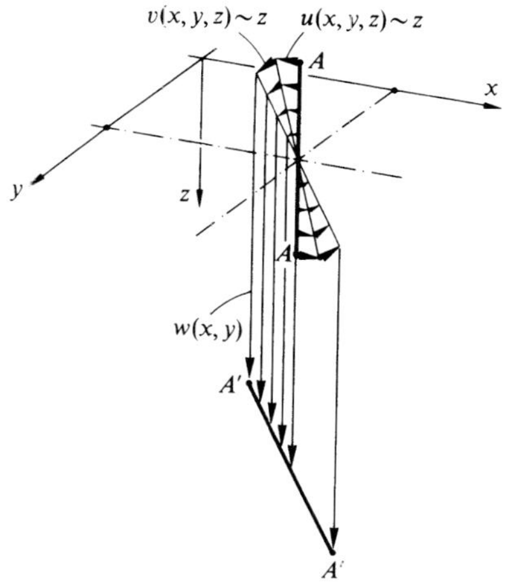

Abb. 8.40. Im x, y, z-System von Abb. 8.39 verbindet die Strecke A–A zwei Punkte auf der Ober- bzw. der Unterseite der unverformten Platte. Die Punkte dieser Strecke erfahren bei der Verformung der Platte Verschiebungen u, v und w derart, daß die Strecke in die Lage A′–A′ übergeht. In der Plattenmittelfläche sind u und v null

a) Die Mittelfläche der Platte bleibt unverzerrt. Sie entspricht der Schicht neutraler Fasern beim Biegestab.

b) Die Dehnung ϵ_z ist so klein, daß man die Verschiebung w in z-Richtung als unabhängig von z ansehen kann. Diese Annahme erlaubt es überhaupt erst, von *der* Durchbiegung $w(x, y)$ an der Stelle (x, y) zu sprechen.

c) Der Einfluß der Schubspannungen τ_{xz} und τ_{yz} ist vernachlässigbar. Man setzt sie also zu null und damit auch

$$\gamma_{xz} \equiv 0, \qquad \gamma_{yz} \equiv 0. \tag{8.64}$$

Aus der Annahme (c) folgt, daß alle Punkte, die vor der Verformung auf einer Geraden A–A quer zur Platte liegen, auch nach der Verformung eine Gerade bilden (die Gerade A′–A′ in Abb. 8.40). Das entspricht dem Ebenbleiben der Querschnitte beim Biegestab. Die Abbildung zeigt, daß die Verschiebungen $u(x, y, z)$ und $v(x, y, z)$ proportional zu z sind. Man kann daher schreiben:

$$u = \frac{\partial u}{\partial z}\, z, \qquad v = \frac{\partial v}{\partial z}\, z,$$

wobei $\partial u/\partial z$ und $\partial v/\partial z$ nicht von z abhängen. Aus den letzten beiden Gleichungen (2.23) folgt wegen (8.64)

$$\frac{\partial u}{\partial z} = -\frac{\partial w}{\partial x}, \qquad \frac{\partial v}{\partial z} = -\frac{\partial w}{\partial y}.$$

Folglich ist, da w nicht von z abhängt,

$$u = -\frac{\partial w}{\partial x}\, z, \qquad v = -\frac{\partial w}{\partial y}\, z.$$

Nun liefert (2.23) die Verzerrungen

$$\epsilon_x = \frac{\partial u}{\partial x} = -\frac{\partial^2 w}{\partial x^2}\, z,$$

$$\epsilon_y = \frac{\partial v}{\partial y} = -\frac{\partial^2 w}{\partial y^2}\, z,$$

$$\gamma_{xy} = \frac{\partial u}{\partial y} + \frac{\partial v}{\partial x} = -2\frac{\partial^2 w}{\partial x\,\partial y}\, z. \tag{8.65}$$

Der Ausdruck für ϵ_x hat dieselbe Form wie beim Biegestab. Aus (5.30) und (5.34) folgt mit dem Hookeschen Gesetz nämlich auch $\epsilon_x = -w''z$. Mit dem Hookeschen Gesetz (3.13) ist wegen $\sigma_z = 0$

$$\epsilon_x = \frac{1}{E}(\sigma_x - \nu\sigma_y), \qquad \epsilon_y = \frac{1}{E}(\sigma_y - \nu\sigma_x).$$

Daraus erhält man die Spannungen

$$\sigma_x = \frac{E}{1-\nu^2}(\epsilon_x + \nu\epsilon_y) = -\frac{E}{1-\nu^2}\, z\left(\frac{\partial^2 w}{\partial x^2} + \nu\frac{\partial^2 w}{\partial y^2}\right),$$
$$\sigma_y = \frac{E}{1-\nu^2}(\epsilon_y + \nu\epsilon_x) = -\frac{E}{1-\nu^2}\, z\left(\frac{\partial^2 w}{\partial y^2} + \nu\frac{\partial^2 w}{\partial x^2}\right).$$

Weiterhin ist bei Beachtung von (3.10) und (8.65)

$$\tau_{xy} = G\gamma_{xy} = \frac{E}{2(1+\nu)}\gamma_{xy} = E\,\frac{1-\nu}{2(1-\nu^2)}\gamma_{xy} = -E\,\frac{1-\nu}{1-\nu^2}\,\frac{\partial^2 w}{\partial x\,\partial y}\, z.$$

Mit den Ausdrücken für die Dehnungen, Scherungen und Spannungen wird nun die Formänderungsenergie der Platte nach (8.4) gebildet:

$$\begin{aligned} U &= \tfrac{1}{2}\int_V (\sigma_x\epsilon_x + \sigma_y\epsilon_y + \tau_{xy}\gamma_{xy})\,\mathrm{d}V \\ &= \frac{E}{2(1-\nu^2)}\int_V z^2\left\{\left[\left(\frac{\partial^2 w}{\partial x^2} + \nu\frac{\partial^2 w}{\partial y^2}\right)\frac{\partial^2 w}{\partial x^2}\right.\right. \\ &\qquad \left.\left. + \left(\frac{\partial^2 w}{\partial y^2} + \nu\frac{\partial^2 w}{\partial x^2}\right)\frac{\partial^2 w}{\partial y^2} + 2(1-\nu)\left(\frac{\partial^2 w}{\partial x\,\partial y}\right)^2\right]\right\}\mathrm{d}V \\ &= \frac{E}{2(1-\nu^2)}\int_V z^2\left\{\left(\frac{\partial^2 w}{\partial x^2} + \frac{\partial^2 w}{\partial y^2}\right)^2 + 2(1-\nu)\left[\left(\frac{\partial^2 w}{\partial x\,\partial y}\right)^2 - \frac{\partial^2 w}{\partial x^2}\,\frac{\partial^2 w}{\partial y^2}\right]\right\}\mathrm{d}V. \end{aligned}$$

Das Integral über das Volumen der Platte drückt man in der Form aus:

$$\int_V z^2\{\cdots\}\,\mathrm{d}V = \int_{z=-h/2}^{+h/2}\int_A z^2\{\cdots\}\,\mathrm{d}A\,\mathrm{d}z.$$

Darin sind h die Dicke und A die Fläche der Platte. Bei der Integration über z ist im Integranden nur der Faktor z^2 variabel. Er liefert den Faktor $h^3/12$. Mit der Abkürzung

$$D = \frac{Eh^3}{24(1-\nu^2)} \tag{8.66}$$

erhält man also

$$U = D \int_A \left\{ \left(\frac{\partial^2 w}{\partial x^2} + \frac{\partial^2 w}{\partial y^2} \right)^2 + 2(1-\nu) \left[\left(\frac{\partial^2 w}{\partial x \, \partial y} \right)^2 - \frac{\partial^2 w}{\partial x^2} \frac{\partial^2 w}{\partial y^2} \right] \right\} \mathrm{d}A. \tag{8.67}$$

Dieser Ausdruck entspricht dem Ausdruck (8.55) für die Formänderungsenergie eines Biegestabes. Das gesamte Potential Π ist nach Gl. (8.56)

$$\Pi = \Pi_a + U. \tag{8.68}$$

Darin ist Π_a wieder die potentielle Energie der äußeren Kräfte. Eine Einzelkraft F_1 an der Stelle (x_1, y_1) leistet den Beitrag $-F_1 w(x_1, y_1)$. An die Stelle einer Streckenlast $q(x)$ beim Stab tritt bei einer Platte die Flächenlast $p(x, y)$ mit der Dimension Kraft/Fläche. Ihre potentielle Energie ist

$$-\int_A p(x,y)\, w(x,y) \, \mathrm{d}A. \tag{8.69}$$

Mit den Gln. (8.67) bis (8.69) ist der Ausgangspunkt für die Anwendung des Ritzschen Verfahrens erreicht. Das Verfahren selbst unterscheidet sich nicht von dem bei Stäben. Entsprechend Gl. (8.59) bildet man das Funktionensystem

$$\tilde{w}(x,y) = c_1 w_1(x,y) + c_2 w_2(x,y) + \cdots + c_n w_n(x,y) \tag{8.70}$$

mit $n \geq 1$ (beliebig) und mit Ansatzfunktionen $w_1(x,y), \ldots, w_n(x,y)$, die wenigstens alle wesentlichen Randbedingungen erfüllen. Die unbestimmten Koeffizienten $c_1, \ldots, c_n$ der besten Näherungslösung werden wie in Gl. (8.60) aus der Bedingung

$$\frac{\partial \Pi}{\partial c_i} = 0 \qquad (i = 1, \ldots, n) \tag{8.71}$$

berechnet. Die praktische Durchführung der Rechnung ist erheblich aufwendiger als bei Biegestäben, weil der Integrand in (8.67) komplizierter ist und weil es sich um ein Doppelintegral handelt.

Beispiel 8.11-2

Die quadratische Platte in Abb. 8.39 ist auf zwei Seiten fest eingespannt und auf zwei Seiten frei. An der freien Ecke greift eine Kraft F an. Wie groß ist die Durchbiegung an dieser Stelle?

Lösung: Das Funktionensystem (8.70) wird in der einfachst möglichen Form gebildet, nämlich mit einer einzigen möglichst sinnvollen Ansatzfunktion. Sie soll sowohl die wesentlichen (geometrischen) Randbedingungen an den festen Einspannungen als auch die restlichen (dynamischen) Randbedingungen an den freien Rändern erfüllen. Die geometrischen Randbedingungen fordern, daß $w = 0$ und $\partial w/\partial x = 0$ bei $x = 0$ und daß $w = 0$ und $\partial w/\partial y = 0$ bei $y = 0$ gilt. Die dynamischen Randbedingungen an den freien Rändern fordern, daß dort Biegemoment und Querkraft null sind. An die Stabtheorie gewöhnt sollte man meinen, daß dies die Bedingungen

$$\left.\begin{aligned} x = a: &\quad \partial^2 w/\partial x^2 = 0, &\quad \partial^3 w/\partial x^3 = 0, \\ y = a: &\quad \partial^2 w/\partial y^2 = 0, &\quad \partial^3 w/\partial y^3 = 0 \end{aligned}\right\} \tag{a}$$

sind. Das ist jedoch falsch. Überlegungen, die man bei [28] nachlesen kann, führen zu den Randbedingungen

$$x = a: \quad \partial^2 w/\partial x^2 + \nu\, \partial^2 w/\partial y^2 = 0, \quad \frac{\partial}{\partial x}\Big[\partial^2 w/\partial x^2 + (2-\nu)\, \partial^2 w/\partial y^2\Big] = 0$$

und zu entsprechenden Bedingungen mit Vertauschung von x und y bei $y = a$. Hier liegt der Sonderfall einer quadratischen Platte mit einer in x und y symmetrischen Belastung vor. Deshalb ist auch die Ansatzfunktion in x und y symmetrisch. Dann sind alle vier Bedingungen erfüllt, wenn die Bedingungen (a) erfüllt sind! Das erlaubt es, von der Biegelinie eines bei $x = 0$ eingespannten Stabes der Länge a unter einer Kraft am freien Ende auszugehen. Sie hat die Form $c_0\,(3ax^2 - x^3)$. Sie erfüllt die Randbedingungen (a). Folglich erfüllt die Funktion

$$w(x,y) = c_0\,(3ax^2 - x^3)(3ay^2 - y^3) \qquad (0 \le x, y \le a)$$

alle geometrischen und dynamischen Randbedingungen. Sie ist die Ansatzfunktion. Um die Integrationen zu vereinfachen, führt man die Variablen $\xi = x/a$ und $\eta = y/a$ ein und arbeitet mit der Funktion

$$\tilde{w}(\xi,\eta) = c\,(3\xi^2 - \xi^3)(3\eta^2 - \eta^3) \qquad (0 \le \xi, \eta \le 1).$$

Mit ihr wird Gl. (8.71) ausgewertet. Die partiellen Ableitungen sind

$$\frac{\partial^2 \tilde{w}}{\partial x^2} = \frac{1}{a^2}\,\frac{\partial^2 \tilde{w}}{\partial \xi^2} = \frac{6c}{a^2}\,(1-\xi)(3\eta^2 - \eta^3), \qquad \frac{\partial^2 w}{\partial y^2} = \frac{6c}{a^2}\,(1-\eta)(3\xi^2 - \xi^3),$$

$$\frac{\partial^2 \tilde{w}}{\partial x \partial y} = \frac{9c}{a^2}\,(2\xi - \xi^2)(2\eta - \eta^2).$$

Außerdem ist $\mathrm{d}A = \mathrm{d}x\,\mathrm{d}y = a^2\,\mathrm{d}\xi\,\mathrm{d}\eta$. Die Integrationsgrenzen für ξ und η sind null und eins. Jedes Glied des Integranden hat die Form $f(\xi)\cdot g(\eta)$ mit von Fall zu Fall verschiedenen Funktionen f und g. Das Integral dieses Ausdrucks ist

$$\begin{aligned} \int_A f(\xi)\cdot g(\eta)\,\mathrm{d}A &= a^2 \int_{\xi=0}^{1}\int_{\eta=0}^{1} f(\xi)\cdot g(\eta)\,\mathrm{d}\xi\,\mathrm{d}\eta \\ &= a^2\Big(\int_0^1 f(\xi)\,\mathrm{d}\xi\Big)\Big(\int_0^1 g(\eta)\,\mathrm{d}\eta\Big). \end{aligned}$$

Nur die folgenden Integrale werden benötigt:

$$\int_A \Big(\frac{\partial^2 \tilde{w}}{\partial x^2}\Big)^2 \mathrm{d}A = \int_A \Big(\frac{\partial^2 \tilde{w}}{\partial y^2}\Big)^2 \mathrm{d}A$$

$$= 36\,\frac{c^2}{a^2}\,\Big(\underbrace{\int_0^1 (1-\xi)^2\,\mathrm{d}\xi}_{1/3}\Big)\Big(\underbrace{\int_0^1 (3\eta^2 - \eta^3)^2\,\mathrm{d}\eta}_{33/35}\Big) = \frac{11\cdot 36}{35}\,\frac{c^2}{a^2},$$

$$\int_A \frac{\partial^2 \tilde{w}}{\partial x^2}\cdot\frac{\partial^2 \tilde{w}}{\partial y^2}\,\mathrm{d}A = 36\,\frac{c^2}{a^2}\,\Big(\underbrace{\int_0^1 (1-\xi)(3\xi^2 - \xi^3)\,\mathrm{d}\xi}_{1/5}\Big)^2 = \frac{36}{25}\,\frac{c^2}{a^2},$$

$$\int_A \left(\frac{\partial^2 \tilde{w}}{\partial x \partial y}\right)^2 \mathrm{d}A = 81\,\frac{c^2}{a^2}\Big(\underbrace{\int_0^1 (2\xi-\xi^2)^2\,\mathrm{d}\xi}_{8/15}\Big)^2 = \frac{9\cdot 64}{25}\,\frac{c^2}{a^2}.$$

Mit $\nu = 1/3$ ergibt sich aus (8.66) $D = (3/64)Eh^3$ und aus (8.67)

$$U = \frac{3}{64}\,\frac{c^2}{a^2}\,Eh^3\left[2\cdot\frac{11\cdot 36}{35} + 2\cdot\frac{36}{25} + \frac{4}{3}\left(\frac{9\cdot 64}{25} - \frac{36}{25}\right)\right] = 2{,}55Eh^3\,\frac{c^2}{a^2}.$$

Die Kraft F hat das Potential $\Pi_a = -F\,\tilde{w}(1,1) = -4cF$. Damit hat die Bestimmungsgleichung (8.71) für c die Form

$$2\cdot 2{,}55Eh^3\,\frac{c}{a^2} - 4F = 0.$$

Aus ihr ergibt sich c und damit dann die gesuchte Näherung für die Durchbiegung:

$$\tilde{w}(1,1) = 4c = 3{,}14\,\frac{Fa^2}{Eh^3}.$$

8.12 Übungsaufgaben

8.1 Wie groß sind bei dem Fachwerk in Abb. A8.1 die gekennzeichneten Verschiebungen u und v unter der Last F?
Geg. ℓ, EA (für alle Stäbe gleich), F

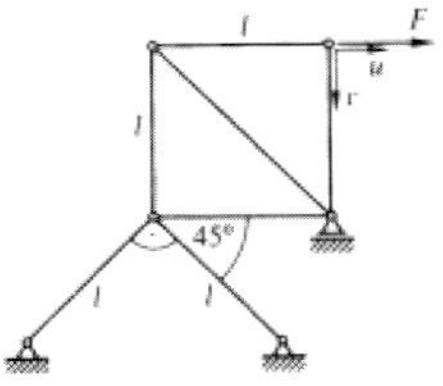

Abb. A8.1.

8.2 Wie groß sind in dem Stabwerk von Abb. A8.2 an der Kraftangriffsstelle von F die Verschiebungen u nach rechts und w nach unten?
Geg.: ℓ, EA (für alle Stäbe gleich), F

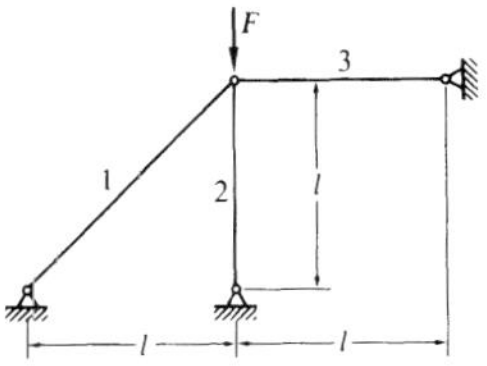

Abb. A8.2.

8.3 Für das Fachwerk in Abb. A8.3 werden die Verschiebungen u und w in folgenden drei Fällen gesucht: 1) infolge der Kraft F_1, 2) infolge der Kraft F_2 und 3) infolge einer gleichmäßigen Erwärmung um ΔT.
Geg.: $\ell = 3\,\mathrm{m}$, $EA = 2{,}1\cdot 10^8\,\mathrm{N}$ (für alle Stäbe gleich), $F_1 = 30\,\mathrm{kN}$, $F_2 = 20\,\mathrm{kN}$, $\Delta T = -20°\,\mathrm{C}$, $\alpha = 1{,}23\cdot 10^{-5}/\mathrm{K}$

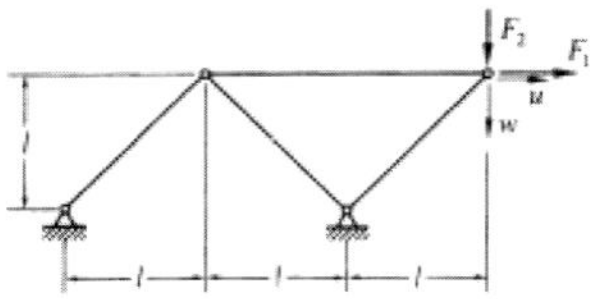

Abb. A8.3.

8.4 In dem perspektivisch dargestellten Fachwerk aus sechs Stäben in Abb. A8.4 bilden die gleichlangen Stäbe 1 und 2 zusammen mit Stab 3 eine vertikale Ebene, auf der Stab 4 senkrecht steht. In den Punkten A, B und C befinden sich Lager, die Kräfte in den durch Pfeile gekennzeichneten Richtungen ausüben können. Am vorderen Knoten greift eine Gewichtskraft G an. Wie groß sind die Verschiebungen u, v und w dieses Knotens in x- bzw. y- bzw. z-Richtung?
Geg.: ℓ, $a = \ell/2$, $\beta = 20°$, EA (für alle Stäbe gleich), G

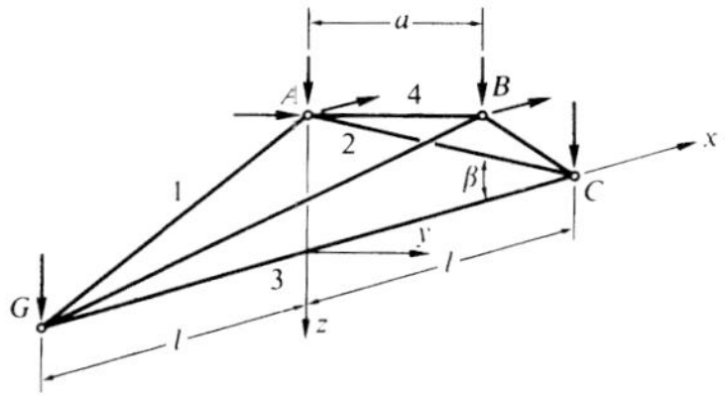

Abb. A8.4.

8.5 Berechnen Sie die Verschiebung w in Aufg. 5.14c bei $x = \ell$ und in Aufg. 5.28 am Angriffspunkt von F mit Gl. (8.23).

8.6 Berechnen Sie in Aufg. 5.17 die Verschiebung $v(z)$ an der Stelle $z = 0$ mit Hilfe der Arbeitsgleichung (8.23).

8.7 Wie groß sind bei dem Gerberträger in Abb. A8.7 die Verschiebung w des Gelenks, der Verdrehwinkel φ_1 der Stabtangenten am Gelenk relativ gegeneinander und der Neigungswinkel φ_2 am rechten Lager?
Geg.: ℓ, EI_y, F

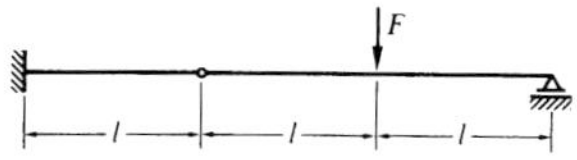

Abb. A8.7.

8.8 Der Laternenmast in Abb. A8.8 ist aus einem Rohr mit den Radien r_i und r_a geformt. Welche Verschiebungen u nach rechts und w nach unten verursacht das Lampengewicht G an der Angriffsstelle?
Geg.: $\ell = 2{,}5\,\text{m}$, $r = 0{,}5\,\text{m}$, $r_i = 2{,}3\,\text{cm}$, $r_a = 2{,}5\,\text{cm}$, $G = 30\,\text{N}$, $E = 2 \cdot 10^5\,\text{Nmm}^{-2}$

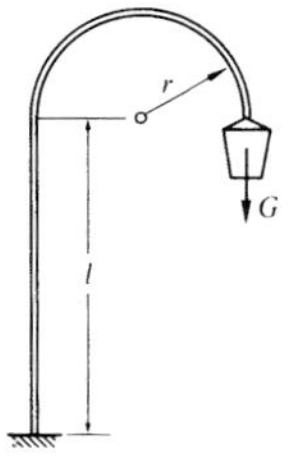

Abb. A8.8.

8.9 Ein starrer Körper ist nach Abb. A8.9 auf drei Federn gelagert und in der Ebene der Federn durch zwei Kräfte belastet. Die eintretende Lageänderung kann als Drehung um einen Pol P beschrieben werden. Geben Sie seine Koordinaten x_P und y_P im gezeichneten raumfesten x, y, z-System und den Drehwinkel φ um die z-Achse an.
Geg.: a, b, k_1, k_2, k_3, F_1, F_2

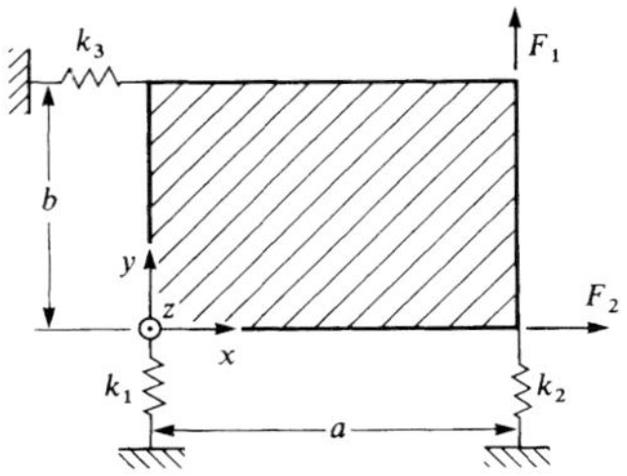

Abb. A8.9.

8.10 Der mehrfach rechtwinklig abgewinkelte Stab in Abb. A8.10 hat einen kreisförmigen Querschnitt vom Durchmesser d. Wie groß sind unter der Belastung durch das Moment M der Verdrehwinkel φ am linken Ende um die x-Achse und die Verschiebung v dieses Endes in y-Richtung?
Geg.: ℓ, h, d, E, G, M

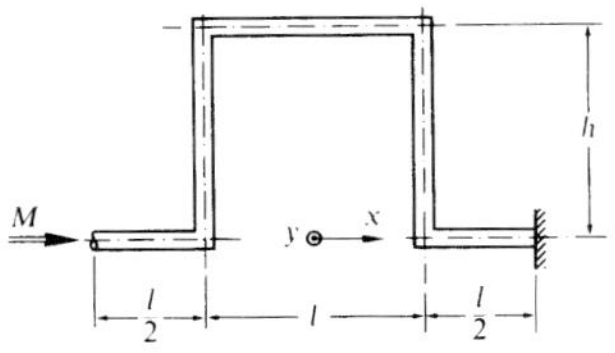

Abb. A8.10.

8.11 In Abb. A8.11 wird ein einseitig eingespannter, halbkreisförmiger Stab durch sein Eigengewicht und auf verschiedene Arten durch ein Gewicht G belastet. In (a) hängt G am freien Ende, in (b) und (c) hängt G an einem reibungsfrei über den Stab gelegten Seil. Wie groß ist jeweils die vertikale Verschiebung w des freien Endes?
Geg.: R, EI_y, G, $q =$ Stabgewicht/Stablänge

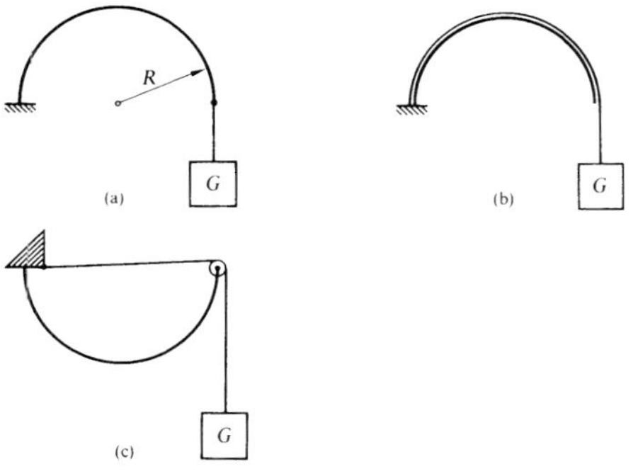

Abb. A8.11.

8.12 Ein geschlitzter, kreisförmiger Ring aus einem Stahldraht vom Durchmesser d wird nach Abb. A8.12 durch Kräfte belastet. Um welches Stück w verschieben

sich seine Enden gegeneinander?
Geg.: $d = 1,5\,\text{mm}$, $r = 20\,\text{mm}$, $E = 2 \cdot 10^5\,\text{Nmm}^{-2}$, $G = E/[2(1+\nu)]$, $\nu = 0,3$, $F = 2\,\text{N}$

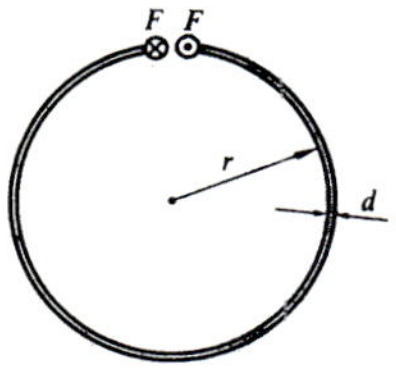

Abb. A8.12.

8.13 Das Fachwerk in Abb. A8.3 wird an dem Knoten, an dem die Kräfte angreifen, mit einem weiteren Festlager versehen. Welche Auflagerkräfte A_H nach rechts und A_V nach oben treten an diesem Lager auf, wenn das Fachwerk nach spannungsfreier Montage um ΔT erwärmt wird?
Geg.: $\ell = 3\,\text{m}$, $EA = 2,1 \cdot 10^8\,\text{N}$ (für alle Stäbe gleich), $\alpha = 1,23 \cdot 10^{-5}/\text{K}$, $\Delta T = 20°\text{C}$

8.14 Die unter 90° verschweißten Stäbe in Abb. A8.14 liegen in einer horizontalen Ebene. Sie haben einen Rohrquerschnitt mit den Durchmessern d_i und d_a. Wie groß ist die Auflagerkraft am horizontal verschiebbaren Lager B, wenn die Kraft F angreift und wenn außerdem das Lager B nach spannungsfreier Montage um ein Stück δ angehoben wird?
Geg.: $a = 1\,\text{m}$, $d_i = 14\,\text{cm}$, $d_a = 15\,\text{cm}$, $E = 2,1 \cdot 10^5\,\text{Nmm}^{-2}$, $G = 0,81 \cdot 10^5\,\text{Nmm}^{-2}$, $\delta = 5\,\text{cm}$, $F = 50\,\text{kN}$

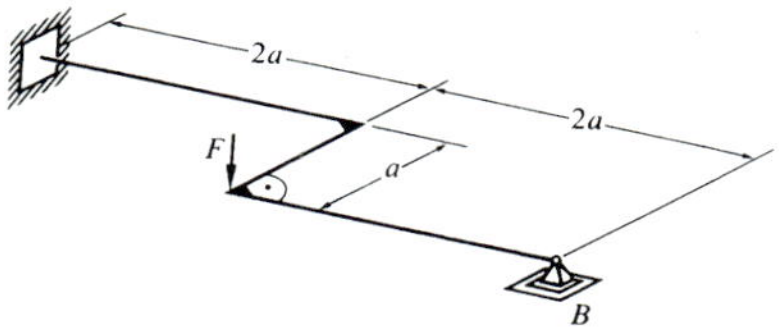

Abb. A8.14.

8.15 In Abb. A8.15 sind zwei bei C verschweißte, dehnstarre Stäbe durch einen dehnbaren, spannungsfrei montierten Draht A–B verbunden. Wie groß ist die Kraft S im Draht, wenn die Last F aufgebracht wird?
Geg.: ℓ, EI_y, EA, F

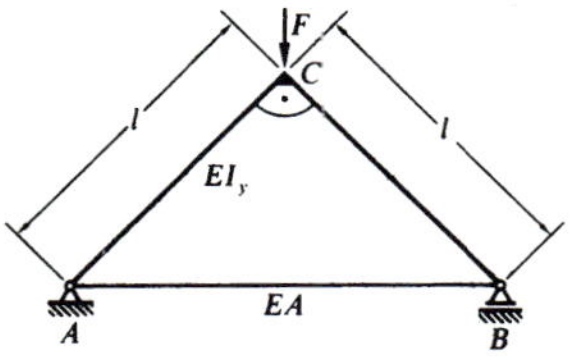

Abb. A8.15.

8.16 Alle Stäbe in dem statisch unbestimmt gelagerten Fachwerk von Abb. A8.16 haben dieselbe Dehnsteifigkeit EA. Welche horizontalen Lagerreaktionen H treten unter der Last F auf?
Geg.: α, β, EA, F

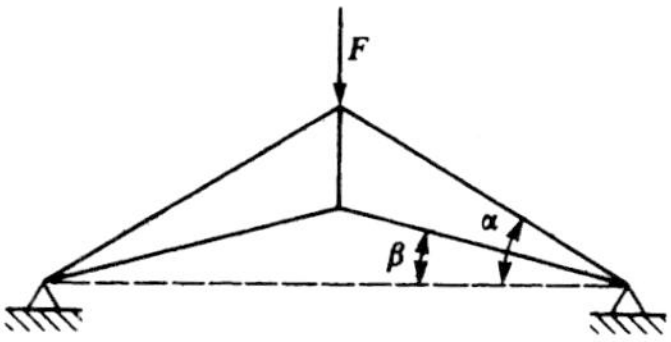

Abb. A8.16.

8.17 In dem Fachwerk in Abb. A8.17 haben alle 7 Stäbe gleiche Längen ℓ, gleiche E-Moduln E und (außer Stab 2) gleiche Querschnittsflächen A. Die Querschnittsfläche von Stab 2 ist $(5/21)A$. Das Fachwerk ist ohne die Last F spiel- und spannungsfrei. Bestimmen Sie die Lagerreaktion am mittleren Lager (nach unten positiv) sowohl mit dem Kraftgrößenverfahren als auch mit Hilfe des Satzes von Menabrea. Geben Sie die größte Stabzugkraft S_{max} und die größte Stabdruckkraft S_{min} an. In welchen Stäben treten diese Kräfte auf?
Geg.: F

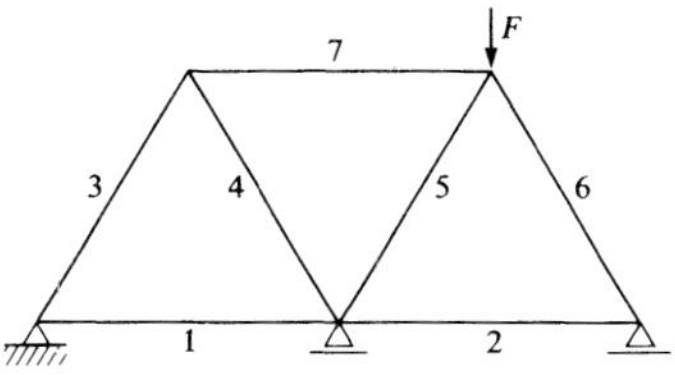

Abb. A8.17.

8.18 Das räumliche Fachwerk in Abb. A8.18 besteht aus zwei Tetraedern ABCD und BDEF, die dem gestrichelt gezeichneten Würfel einbeschrieben sind. Die Tetraeder werden außer durch den gemeinsamen Stab BD durch die Stäbe CE und CF verbunden. In den Punkten A, B und C befinden sich Lager. Sie können Kräfte A_x, A_y, A_z, B_x, B_z und C_x ausüben. Wie groß ist die Kraft S im Stab CE unter der Last G, wenn das Fachwerk ohne diese Last spannungsfrei ist?
Geg.: ℓ, EA (für alle Stäbe gleich), G

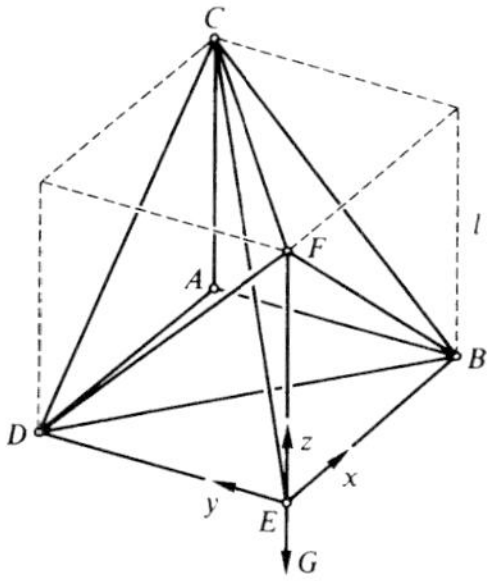

Abb. A8.18.

8.19 Der horizontale Balken der Brücke in Abb. A8.19 wird durch einen kurzen, starren Stab 3 und durch zwei gleiche Zuganker 1 und 2 gestützt. Alle Teile sind als gewichtslos zu behandeln. Ohne die Last F sind alle Teile spiel- und spannungsfrei. Welche Querschnittsfläche müssen die Zuganker haben, damit die Durchbiegung des Balkens in der Mitte infolge der Last F ein Fünftel mal so groß ist wie ohne Zuganker?
Geg.: $\ell = 10\,\mathrm{m}$, $a = 2,5\,\mathrm{m}$, $I_y = 5700\,\mathrm{cm}^4$ (Profil IPB 200), $\alpha = 15°$

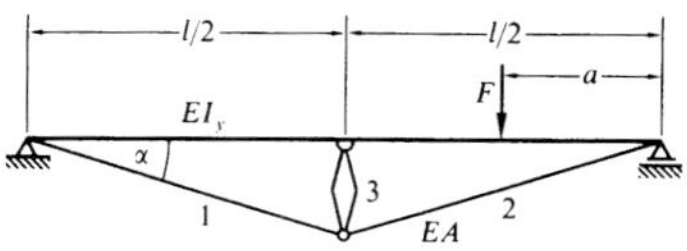

Abb. A8.19.

8.20 In Abb. A8.20 ist links ein zum Rechteck abgewinkelter und rechts ein halbkreisförmig gekrümmter Stab beidseitig fest eingespannt und mittig durch eine Kraft F belastet. Wie groß ist die Durchsenkung w an der Kraftangriffsstelle in Richtung der Kraft?
Geg.: ℓ, r, EI_y, GI_T, F

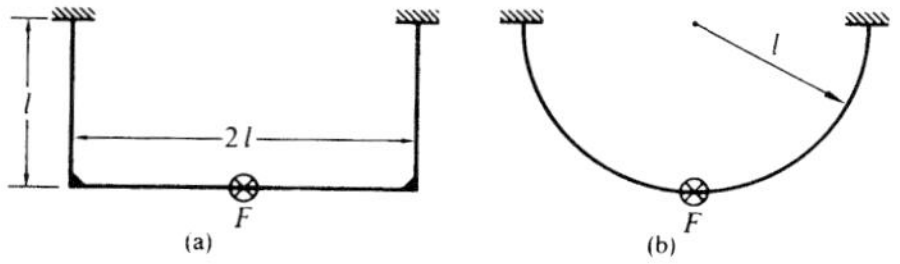

Abb. A8.20.

8.21 Ein Ring mit dem Radius r und mit im Vergleich zu r kleinen Querschnittsabmessungen wird nach Abb. A8.21a belastet. Berechnen Sie die vertikale Durchmesserabnahme w_1 und die horizontale Durchmesserzunahme w_2. Wenn derselbe Ring nach Abb. A8.21b spiel- und spannungsfrei zwischen zwei Wände gestellt und dann durch die Kraft F belastet wird, verschiebt sich der Angriffspunkt von F um w nach unten. Berechnen Sie w.
Geg.: r, EI_y, F

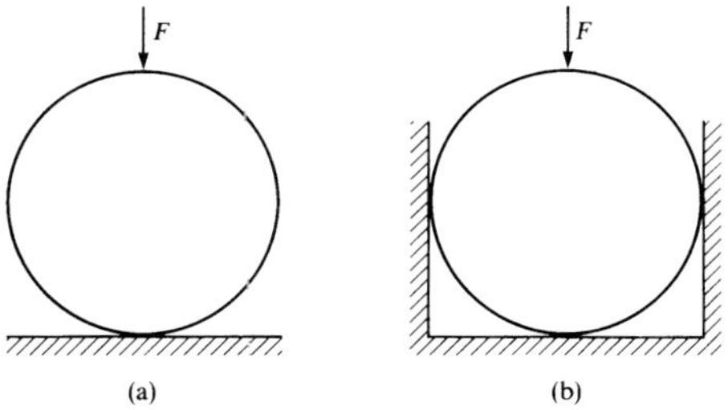

Abb. A8.21.

8.22 Der Ring in Abb. A8.22 mit dem Radius R aus rundem Stahldraht (Radius $r \ll R$) wird in den Punkten B, C und D vertikal gestützt und im Punkt A durch die Vertikalkraft F belastet. Wie groß ist die vertikale Absenkung w des Kraftangriffspunktes infolge Biegung und Torsion?
Geg.: R, r, F, E, G

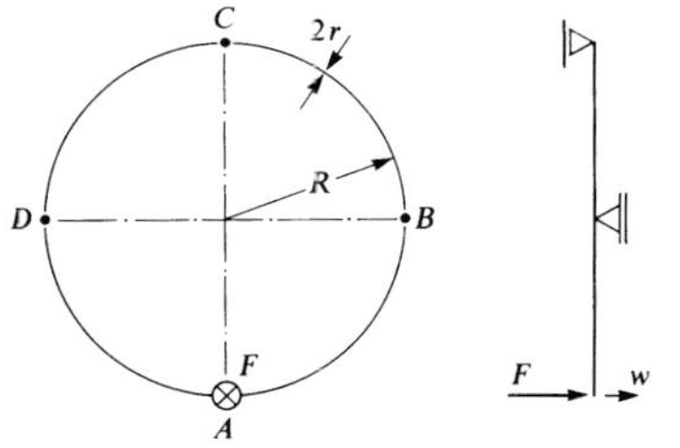

Abb. A8.22.

8.23 Der Ring in Abb. A8.23 mit der Querschnittsfläche A rotiert mit konstanter Winkelgeschwindigkeit ω. Fliehkräfte verursachen im mitrotierenden Koordinatensystem die Verschiebungen u und v. Man berechne sie unter der Voraussetzung, daß der Ring ein schwach gekrümmter Stab mit der Biegesteifigkeit EI ist und daß Verformungen nur durch Biegung auftreten. In welchen Punkten des Ringes ist der Betrag des Biegemoments maximal und wie groß sind diese Maxima?
Geg.: ω, r, A, EI, ρ (Dichte)

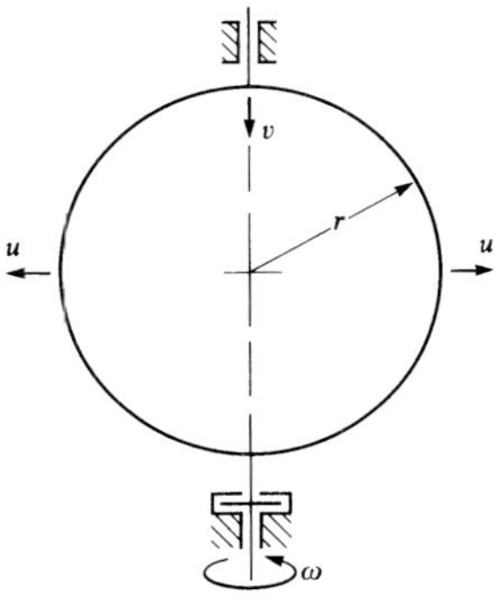

Abb. A8.23.

8.24 Der Ring in Abb. A8.24 steht in einer vertikalen Ebene. Er wird durch sein Eigengewicht belastet (Gesamtgewicht G). Der konstante Ringquerschnitt hat Abmessungen, die klein gegen den Radius r sind. Bestimmen Sie das Biegemoment $M(\varphi)$ im Ring sowie die Lagen und Größen aller Extrema und die Lagen aller Nullstellen von $M(\varphi)$ im Bereich $0 \leq \varphi \leq \pi$.
Geg.: r, G

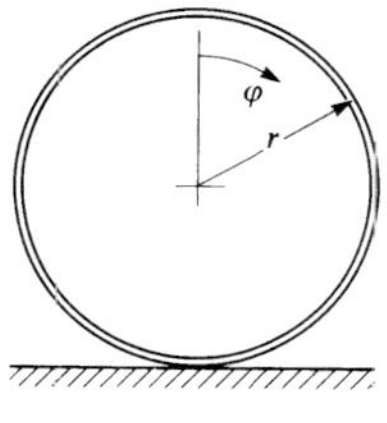

Abb. A8.24.

8.25 Der gewichtslose Ring in Abb. A8.25 steht in einer vertikalen Ebene reibungsfrei zwischen zwei Scheiben, die eine Füllung des Ringinnenraums mit Wasser erlauben. Das Gesamtgewicht des Wassers ist G. Der konstante Ringquerschnitt hat Abmessungen, die klein gegen den Radius r sind. Bestimmen Sie das Biegemoment $M(\varphi)$ im Ring infolge des Wasserdrucks. Der Wasserdruck ist null bei $\varphi = 0$ und proportional zur Wassertiefe.
Geg.: r, G

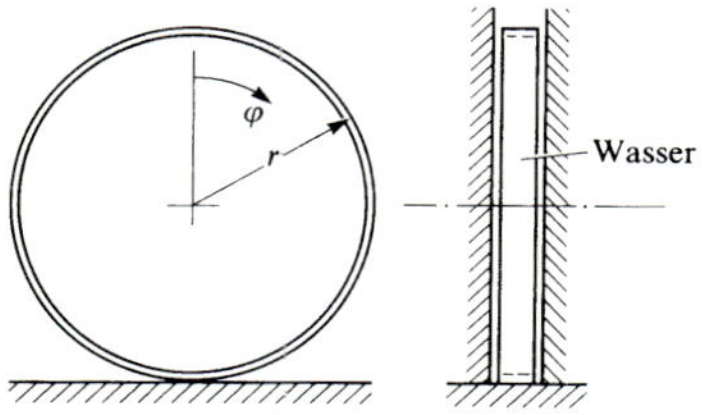

Abb. A8.25.

8.26 Das erste Feld eines Durchlaufträgers mit 5 gleichen Feldern der Länge ℓ ist mittig durch eine Einzelkraft F belastet. Mit den Bezeichnungen von Abb. 8.21 ist $n = 4$. Bestimmen Sie die Momente M_i $(i = 1, \ldots, 4)$ und die Lagerreaktionen A_i $(i = 0, \ldots, 5)$.
Geg.: ℓ, F

8.27 Im einem Durchlaufträger mit vielen gleichen Feldern (Länge ℓ, Biegesteifigkeit EI_y; Numerierung wie in Abb. 8.21) wird nach spannungsfreier Montage das Lager p $(0 \ll p \ll n + 1)$ um ein Stück w abgesenkt. Berechnen Sie die dadurch entstehenden Lagerreaktionen $A_{p\pm k}$ $(k = 0, 1, \ldots)$. Wie groß muß k mindestens sein, damit $|A_{p\pm k}| < \frac{1}{10}|A_p|$ ist?
Geg.: ℓ, EI_y, w, p

8.28 An dem System in Abb. A8.28 greifen ein Moment M und eine Kraft F an. Dadurch entstehen am jeweiligen Angriffspunkt ein Neigungswinkel φ und eine Verschiebung w. Bestimmen Sie die Nachgiebigkeitsmatrix und die Steifigkeitsmatrix, die M und F einerseits und φ und w andererseits verknüpft.
Geg.: ℓ, EI_y

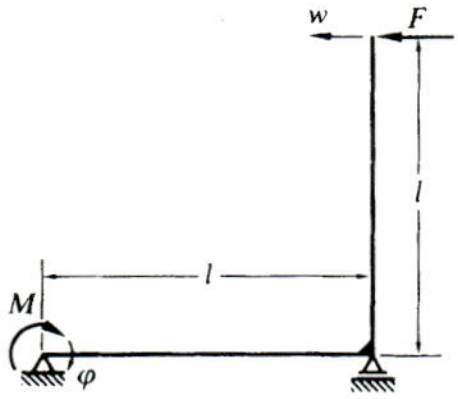

Abb. A8.28.

8.29 Wie groß müssen in Abb. A8.29 F_1, F_2 und M sein, wenn die Verschiebungen w_1 und w_2 und der Neigungswinkel φ am Stabende vorgeschriebene Größen haben sollen?
Geg.: $\ell = 1\,\text{m}$, $E = 2{\cdot}10^5\,\text{Nmm}^{-2}$, $I_y = 100\text{cm}^4$, $w_1 = 0,2\text{mm}$, $w_2 = -0,5\text{mm}$, $\varphi = 0,1^\circ$

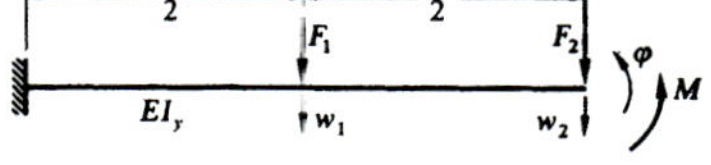

Abb. A8.29.

8.30 Abb. A8.30a zeigt ein elastisches System unbestimmter Art, an dem in zwei Punkten 1 und 2 parallel gerichtete Kräfte F_1 und F_2 angreifen. Die Verschiebungen w_1 und w_2 der beiden Punkte in Richtung der Kräfte sind mit F_1 und F_2 durch die symmetrische Nachgiebigkeitsmatrix $\mathbf{H}$ verknüpft: $[w_1 \;\; w_2]^T = \mathbf{H}[F_1 \;\; F_2]^T$. Abb. A8.30b zeigt dasselbe System. Es ist in den Punkten 1 und 2 über zwei starre Stangen mit einer starren, mittig gelagerten

Wippe verbunden. Drücken sie die Nachgiebigkeitsmatrix $\mathbf{H}^*$ dieses Systems durch $\mathbf{H}$ aus. Abb. A8.30c zeigt dasselbe System mit einer Federkopplung der Punkte 1 und 2. Drücken sie die Nachgiebigkeitsmatrix $\mathbf{H}^{**}$ dieses Systems durch $\mathbf{H}$ und durch die Federkonstante k aus und untersuchen Sie den Fall $k \to \infty$.

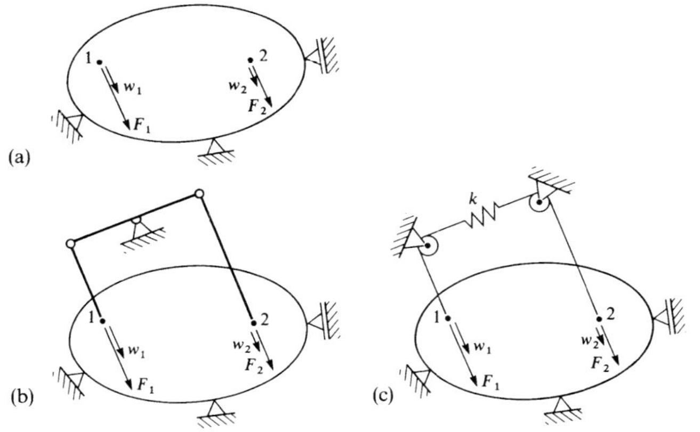

Abb. A8.30.

8.31 Der quadratische Rahmen in Abb. A8.31 ist aus vier gleichen Stäben zusammengeschweißt. Beweisen Sie, daß bei der dargestellten Belastung die Abnahme der Länge A–A größer ist als die Zunahme der Länge B–B.

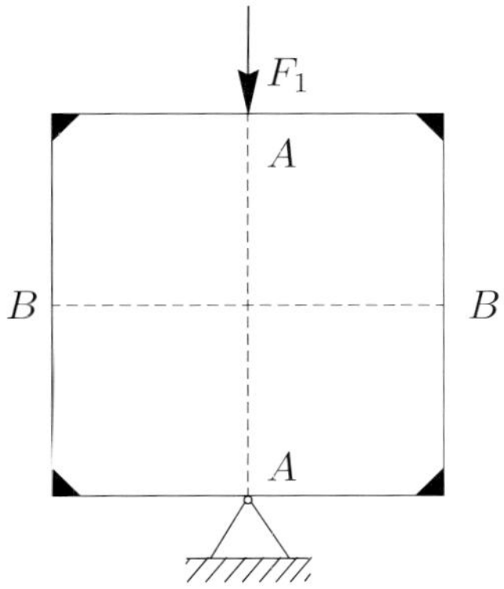

Abb. A8.31.

8.32 Die beiden gleichen, eingespannten Stäbe in Abb. A8.32 sind in den Punkten A und B verschiebbar aufeinander gelagert. Das System ist spannungsfrei montiert und dann mit dem Gewicht G belastet worden. Bestimmen Sie die Verschiebungen w_A und w_B der beiden Punkte und die in diesen Punkten am oberen Stab angreifenden Lagerreaktionen A und B mit Hilfe des Schnittprinzips (a) und mit Hilfe des Prinzips von Lagrange-Dirichlet (b)
Geg.: ℓ, EI_y, G

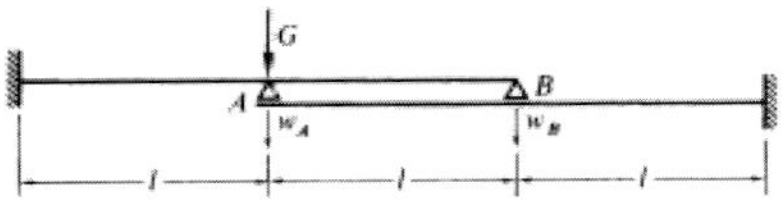

Abb. A8.32.

8.33 Zwei gleiche Stäbe (Länge ℓ, Dehnsteifigkeit EA) sind nach Abb. A8.33 gelagert und belastet. Im spannungsfreien Zustand bei $F = 0$ hat der Winkel α die Größe α_0. Welche Kraft F wird für eine vorgegebene Verschiebung w des Angriffspunktes benötigt? Geben Sie für den Sonderfall $\alpha_0 = 0$ das erste von null verschiedene Glied der Taylorreihe für $w(F)$ an.
Geg.: ℓ, EA, α_0, F

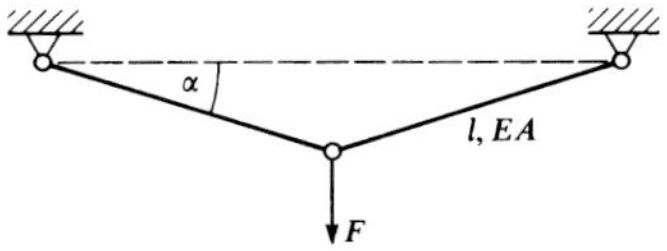

Abb. A8.33.

8.34 Berechnen Sie mit Hilfe des Satzes von Menabrea (Gl. (8.47)) die Lagerreaktionen A an den Gelenklagern der statisch unbestimmten Systeme in den Abbn.A8.33a und b. Berechnen Sie dieselben Größen mit Hilfe der Nachgiebigkeitsmatrix $\mathbf{H}$, die die Kräfte F und A mit den zugehörigen Verschiebungen verknüpft. Hinweis: Entnehmen Sie $\mathbf{H}$ den Ergebnissen von Beisp. 5.3-1.
Geg.: ℓ, EI_y, F

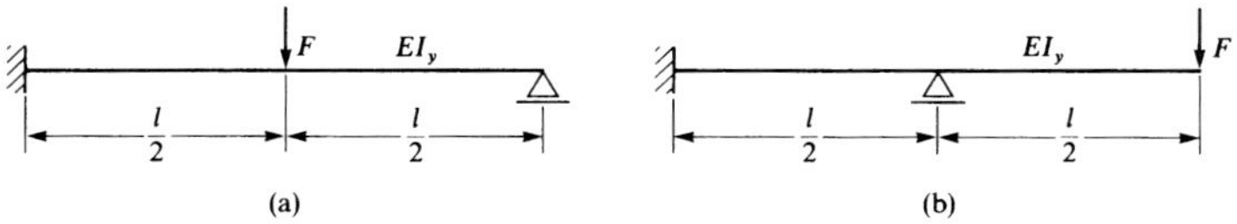

Abb. A8.34.

8.35 Zwei gleiche homogene Stangen (Länge ℓ, Gewicht G_1) und ein Federstab (Federkonstante k, Gewicht G_2) werden in der symmetrischen Anordnung von Abb. A8.35 aufgehängt. Die Feder ist in der Winkellage $\alpha = \alpha_0$ entspannt. Formulieren Sie mit Hilfe des Prinzips von Lagrange-Dirichlet eine Bestimmungsgleichung für den Winkel α in der Gleichgewichtslage.
Geg.: ℓ, G_1, G_2, k, α_0

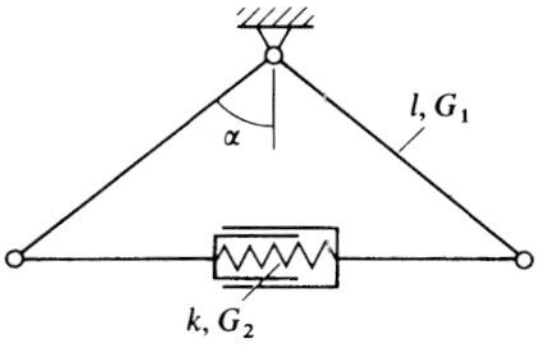

Abb. A8.35.

8.36 Vier gleiche homogene, gelenkig verbundene Stangen (Länge ℓ, Gewicht G_1) und eine homogene Kreisscheibe (Radius r, Gewicht G_2) hängen in der Anordnung von Abb. A8.36. Berechnen Sie den Winkel α in der Gleichgewichtslage aus der Forderung, daß die potentielle Energie minimal ist.
Geg.: ℓ, r, G_1, G_2

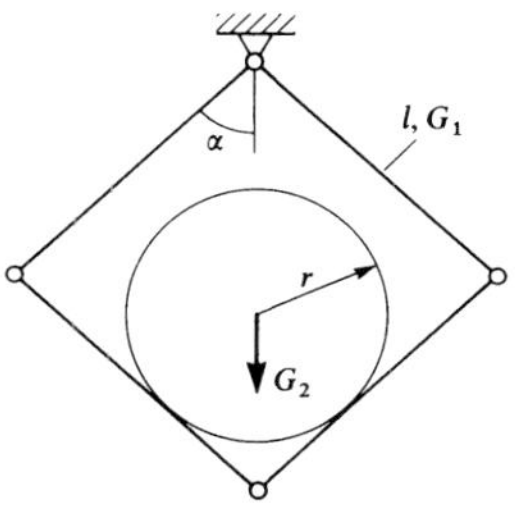

Abb. A8.36.

8.37 Lösen Sie die Aufgaben 4.4, 4.7 und 5.29 mit Hilfe des Satzes von Lagrange-Dirichlet.

8.38 In Abb. A8.38 sind zwei starre Stäbe der Längen $\ell/2$ durch ein Gelenk und durch eine Drehfeder (Federkonstante k_d) verbunden. Dieser Verbundstab ist am linken Ende gelenkig gelagert und wie gezeichnet durch Federn (Federkonstante k) gehalten, die an einer mittig gelagerten, starren Wippe befestigt sind. Alle Teile sind gewichtslos. In der gezeichneten Stellung sind alle Federn entspannt. Ein Gewicht G am rechten Ende verursacht Absenkungen w_1 in Stabmitte, w_2 am rechten Stabende und w_3 am rechten Ende der Wippe (w_1, w_2, $w_3 \ll \ell$). Geben Sie die potentielle Energie $V(w_1, w_2, w_3)$ des Systems an und formulieren Sie mit ihrer Hilfe ein lineares Gleichungssystem für w_1, w_2 und w_3. Lösen Sie es auf.
Geg.: ℓ, k_d, k, G

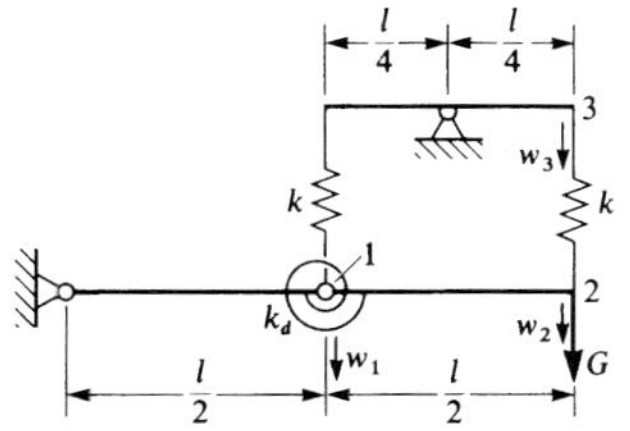

Abb. A8.38.

8.39 Wiederholen Sie Aufg. 8.38 unter der Bedingung, daß die Drehfeder fehlt, und daß der untere Stab der Länge ℓ ein durchgehender Stab mit der Biegesteifigkeit EI_y ist.

8.40 Der Körper in Abb. A8.40 wird bei B reibungsfrei auf einer geneigten Schiene geführt (Neigungswinkel α). Im Punkt A wird er von einer bei C befestigten Feder gehalten (Federkonstante k, Länge ℓ_0 im ungespannten Zustand). Das Gewicht des Körpers ist zwei Gewichten G_1 bei A und G_2 bei B äquivalent. Das Lot von C auf die Schiene hat die Länge a. Formulieren Sie zwei Bestimmungsgleichungen für die Winkel φ_1 und φ_2 in Gleichgewichtslagen. Anmerkung: Körper und Schiene berühren sich auch im Fall $\varphi_2 \geq \pi/2$ nur im Punkt B. Hinweis: Benutzen Sie die Koordinaten φ_1, φ_2 und ℓ (aktuelle Federlänge) und formulieren Sie eine Bindungsgleichung.
Geg.: G_1, G_2, a, $b = \overline{AB}$, k, ℓ_0, α

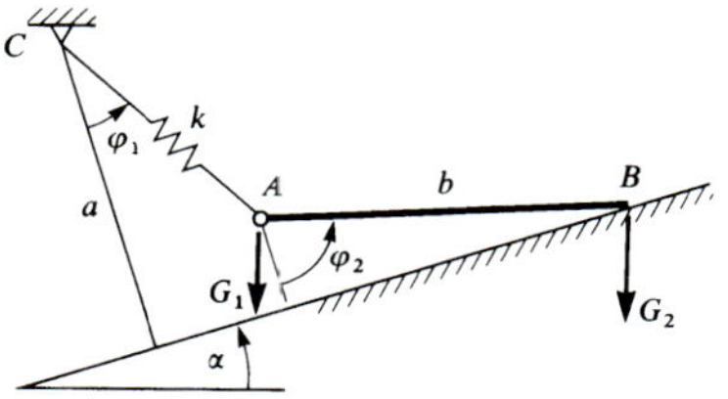

Abb. A8.40.

8.41 Die Durchbiegung w in Aufg. 5.31 soll mit dem Ritzschen Verfahren berechnet werden. Als Ansatzfunktionen sind zu wählen: (a) $c_1\, w_1(x) + c_2\, w_2(x)$; (b) $c_1\, w_1(x)$ und (c) $c_2\, w_2(x)$. Darin beschreiben $w_1(x)$ und $w_2(x)$ die Biegelinien eines einseitig eingespannten Stabes mit konstantem Querschnitt mit konstanter Streckenlast bzw. mit einer Einzellast am freien Ende. Man vergleiche mit dem exakten Ergebnis.
Geg.: $\ell = 1\,\mathrm{m}$, $b = 3\,\mathrm{cm}$, $h_1 = 1\,\mathrm{cm}$, $h_2 = 2\,\mathrm{cm}$, $q = 10\mathrm{Ncm}^{-1}$, $E = 2 \cdot 10^5\,\mathrm{Nmm}^{-2}$

9. Die Methode der finiten Elemente

9.1 Vorbemerkungen

In Kap. 8 wurden Verformungen und innere Kräfte von Systemen berechnet, die in verhältnismäßig einfacher Weise aus Zug- und Druckstäben, Torsionsstäben und Biegestäben aufgebaut sind. Diese drei Bauteile wurden deshalb immer wieder als Beispiele herangezogen, weil für sie der Zusammenhang zwischen generalisierten Kräften und generalisierten Verschiebungen in geschlossener Form mathematisch darstellbar ist. Wenn man systematisch vorgeht, lassen sich auch Systeme berechnen, die in sehr komplizierter Weise aus den drei Bauteilen zusammengesetzt sind. Am Beispiel von Fachwerken, die nur aus Zug- und Druckstäben bestehen, soll das im einzelnen geschildert werden. Abb. 9.1 zeigt einen beidseitig freigeschnittenen Stab eines Fachwerks mit den Schnittkräften F_1 und F_2 in Stabrichtung. Die Verschiebungen der Stabenden in Stabrichtung werden u_1 und u_2 genannt. Im Gleichgewicht ist

$$F_1 + F_2 = 0.$$

Für die Verschiebungen gilt:

$$u_2 - u_1 = \frac{F_2 \ell}{EA}.$$

Die Kräfte sind als Funktionen der Verschiebungen darstellbar:

$$F_1 = -F_2 = \frac{EA}{\ell}(u_1 - u_2).$$

Das kann man auch in der Matrixform schreiben:

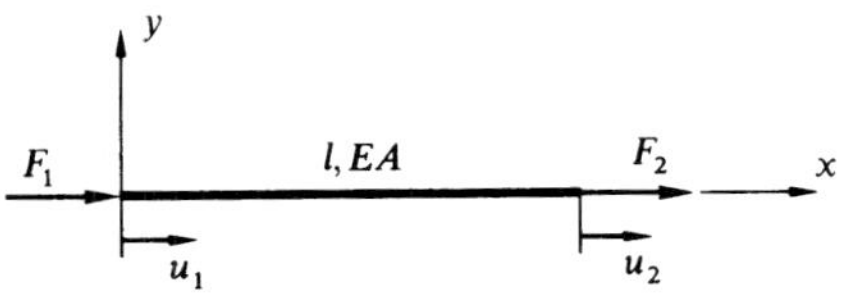

Abb. 9.1. Aus einem Fachwerk freigeschnittener Stab mit Schnittkräften und Verschiebungen der Stabenden in Stabrichtung

$$\begin{pmatrix} F_1 \\ F_2 \end{pmatrix} = \frac{EA}{\ell} \begin{pmatrix} 1 & -1 \\ -1 & 1 \end{pmatrix} \begin{pmatrix} u_1 \\ u_2 \end{pmatrix}. \tag{9.1}$$

Diese Gleichung ist vom Typ der Gl. (8.43). Der gesamte Ausdruck vor der Spaltenmatrix der Verschiebungen ist die Steifigkeitsmatrix des Stabes. Man beachte, daß die Matrizengleichung nicht nach den Verschiebungen auflösbar ist, weil die Determinante der Steifigkeitsmatrix null ist. Das scheint im Widerspruch zu der Aussage zu stehen, daß die Steifigkeitsmatrix die Inverse der Nachgiebigkeitsmatrix ist. Man muß aber beachten, daß in (8.43) in der Spaltenmatrix **F** nur die äußeren Kräfte eines durch Lagerkräfte im Gleichgewicht gehaltenen Systems stehen (siehe Beisp. 8.7-2), während in (9.1) alle am Stab angreifenden Kräfte aufgeführt sind.

Von der Gl. (9.1) für einen Zugstab ausgehend wird im folgenden ein Rechenverfahren entwickelt, mit dem man Verschiebungen und Stabkräfte in beliebig komplizierten ebenen Fachwerken systematisch ermitteln kann. Die Fachwerke dürfen äußerlich und innerlich statisch unbestimmt sein. Ausgeschlossen werden lediglich (wie immer) Systeme, die sich bei Belastung in Bewegung setzen können. Geringfügige Erweiterungen machen das zu schildernde Verfahren auch auf räumliche Fachwerke anwendbar. Das wird aus Platzmangel aber nicht ausgeführt. Das Rechenverfahren wird so systematisch formuliert, daß bei allen ebenen Fachwerken dieselben Rechenschritte in derselben Reihenfolge ablaufen. Dann kann man nämlich ein Programm für eine Rechenmaschine schreiben, das für alle ebenen Fachwerke einsetzbar ist. Zu Beginn einer Rechnung muß man nur einige Daten angeben, die das konkret vorliegende Fachwerk eindeutig beschreiben. Diese Daten sind

- die Zahl der Stäbe und die Zahl der Knoten,
- die Lage der Knoten in einem x, y-Koordinatensystem,
- für jeden Stab die Angabe, welche zwei Knoten er verbindet,
- für jeden Stab die Dehnsteifigkeit,
- die äußeren Kräfte (Angriffspunkte, Größen und Richtungen),
- die Lagerbedingungen (Angriffspunkte und Richtungen der Kräfte).

Wie das Fachwerk aus Stäben aufgebaut ist, so wird die Rechnung aus den Gleichungen (9.1) aufgebaut, die die Stäbe beschreiben. Man nennt den Stab in diesem Zusammenhang ein finites Element des Fachwerks, wobei das Wort *finit* (d.h. endlich) als Gegensatz zu infinitesimal klein zu vestehen ist. Die Rechenmethode selbst heißt *Finite-Elemente-Methode.*

Die Schilderung des Verfahrens für ebene Fachwerke dient als Auftakt für Verallgemeinerungen, die in Abschnitt 9.3 und 9.4 an weiteren Beispielen dargestellt werden. Wenn ein mechanisches System nicht aus Zug- und Druckstäben, Torsionsstäben und Biegestäben zusammengesetzt ist (man denke z.B. an ein ebenes Blech), dann ist es i.allg. nicht möglich, seine Verformungen unter gegebenen Kräften exakt zu bestimmen. Man muß dann ein Näherungsverfahren entwickeln. Zu diesem Zweck denkt man sich das System aus endlich großen Teilen (finiten Elementen) zusammengesetzt, für die näherungsweise eine Gleichung vom Typ der Gl. (9.1) formuliert werden kann. Dann hat man im Prinzip dieselbe Ausgangssituation wie beim ebenen Fachwerk. Im nächsten Abschnitt wird die Finite-Elemente-Methode für ebene Fachwerke so formuliert, daß wesentliche Teile auch für Systeme übernommen werden können, die aus anderen Typen von finiten Elementen aufgebaut sind.

9.2 Die Finite-Elemente-Methode für ebene Fachwerke

Als konkretes Beispiel zur Erläuterung des Verfahrens soll das innerlich 1-fach statisch unbestimmte Fachwerk von Abb. 9.2 dienen. Die Stäbe dürfen verschiedene Dehnsteifigkeiten E_iA_i haben. Die Pfeile in Stabrichtung werden später erklärt. Da man sich für die Verschiebung irgendeines Knotens und für die Kraft in irgendeinem Stab oder Lager interessieren kann, werden die Verschiebungen aller Knoten in x- und in y-Richtung sowie alle Stab- und Lagerkräfte berechnet. Die Lösung dieser Aufgabe gliedert sich in 6 Schritte.

1. Schritt: Alle Stäbe und Knoten werden numeriert, und zwar die Stäbe von 1 bis s und die Knoten von 1 bis n, so daß s und n die Anzahlen der Stäbe bzw. der Knoten sind.

2. Schritt: Die Steifigkeitsmatrix eines einzelnen finiten Elements wird in seinem eigenen Koordinatensystem formuliert. Diese Aufgabe wurde anhand von Abb. 9.1 in Gl. (9.1) schon erledigt. Jetzt werden die Bezeichnungen aber noch einmal neu gewählt (siehe Abb. 9.3). Die Koordinatenachsen in Stabrichtung und senkrecht dazu bilden das sog. *lokale* Koordinatensystem des Stabes. Sie werden $\bar{x}$ und $\bar{y}$ genannt im Gegensatz zu den x, y-Achsen in Abb. 9.2, die das sog. *globale* Koordinatensystem bilden. Jedes finite Element, d.h. jeder Stab, hat sein eigenes lokales Koordinatensystem. Die (beliebig gewählten) Pfeilrichtungen in Abb. 9.2 geben die positiven Richtungen der lokalen $\bar{x}$-Achsen an. Die Nummer des finiten Elements wird mit i bezeichnet, und die Nummern der beiden Knoten an seinen Enden mit j und k.

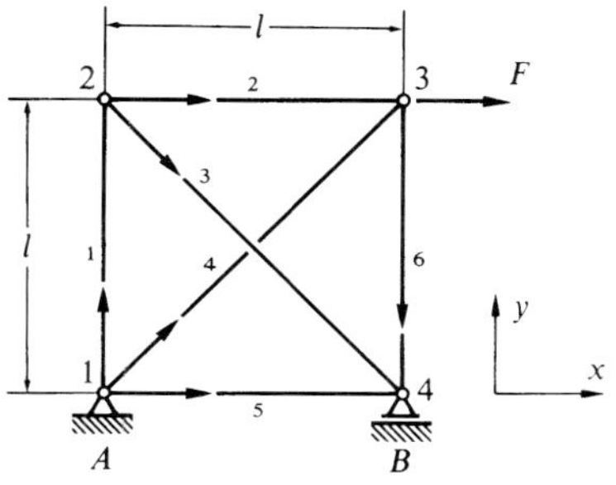

Abb. 9.2. Fachwerk mit globalem x, y-Koordinatensystem. Pfeile an den Stäben zeigen in die positive Richtung von lokalen Koordinatenachsen $\bar{x}$

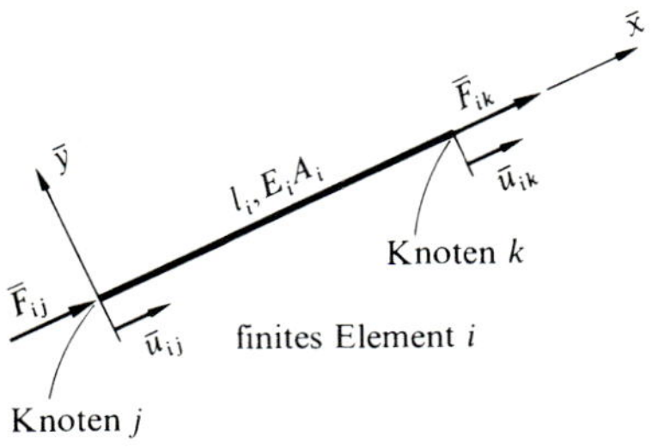

Abb. 9.3. Wiederholung von Abb. 9.1 mit neuen Bezeichnungen

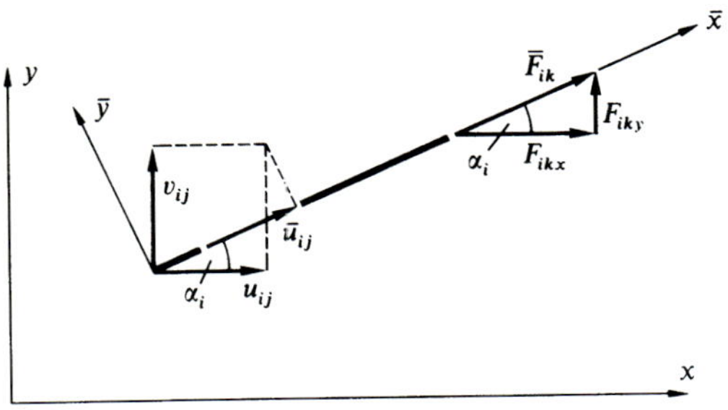

Abb. 9.4. Die Verschiebung des Knotens j hat im globalen x, y-System die Koordinaten u_{ij}, v_{ij} und in $\bar{x}$-Richtung die Koordinate $\bar{u}_{ij}$. Die Stabkraft $\bar{F}_{ik}$ hat im x, y-System die Koordinaten F_{ikx} und F_{iky}

Je nachdem, welche Zahlenwerte für i, j und k eingesetzt werden, repräsentiert Abb. 9.3 einen beliebigen Stab des Fachwerks. Die Verschiebungen der Stabenden in Richtung von $\bar{x}$ und die Stabkräfte in Richtung von $\bar{x}$ werden mit $\bar{u}$ bzw. mit $\bar{F}$ bezeichnet, während u und F später Verschiebungen bzw. Kräfte im globalen Koordinatensystem bezeichnen. Jede Verschiebung und jede Stabkraft erhält als Indizes die Nummern des finiten Elements und des Knotens, an dem sie auftritt. Mit diesen Bezeichnungen hat (9.2) die Form

$$\begin{pmatrix} \bar{F}_{ij} \\ \bar{F}_{ik} \end{pmatrix} = \frac{E_i A_i}{\ell_i} \begin{pmatrix} 1 & -1 \\ -1 & 1 \end{pmatrix} \begin{pmatrix} \bar{u}_{ij} \\ \bar{u}_{ik} \end{pmatrix} \tag{9.2}$$

oder abgekürzt

$$\bar{\mathbf{F}}_i = \bar{\mathbf{K}}_i \, \bar{\mathbf{u}}_i \qquad (i = 1, \ldots, s) \tag{9.3}$$

mit

$$\bar{\mathbf{K}}_i = \frac{E_i A_i}{\ell_i} \begin{pmatrix} 1 & -1 \\ -1 & 1 \end{pmatrix} \qquad (i = 1, \ldots, s). \tag{9.4}$$

Die Matrix $\bar{\mathbf{K}}_i$ ist die Steifigkeitsmatrix des finiten Elements Nr.i im lokalen Koordinatensystem. Matrizen sind wie in Abschnitt 8.7 durch fett gedruckte, gerade stehende Buchstaben bezeichnet.

3. Schritt: Gl. (9.3) wird in das globale Koordinatensystem transformiert. Dadurch erhält man die Steifigkeitsmatrix des finiten Elements im globalen Koordinatensystem. In Abb. 9.4 sind das lokale Koordinatensystem des finiten Elements i und das globale x,y-System gemeinsam gezeichnet. Ihre Lage relativ zueinander wird durch den Winkel α_i gekennzeichnet. Von den Verschiebungen der Knoten spielten bisher nur die $\bar{x}$-Koordinaten $\bar{u}_{ij}$ und $\bar{u}_{ik}$ eine Rolle. Genauer gesagt: Nur die Längenänderung $\bar{u}_{ij} - \bar{u}_{ik}$ des Stabes. Sie ist das Ergebnis von Verschiebungen der Knoten in der x,y-Ebene. Abb. 9.4 zeigt nur von Knoten j die Verschiebungskoordinaten in x- und in y-Richtung. Sie werden u_{ij} bzw. v_{ij} genannt. Man liest die Beziehung ab:

$$\bar{u}_{ij} = u_{ij} \cos\alpha_i + v_{ij} \sin\alpha_i .$$

Entsprechend gilt für die Verschiebungen von Knoten k:

$$\bar{u}_{ik} = u_{ik} \cos\alpha_i + v_{ik} \sin\alpha_i .$$

Diese Gleichungen werden in Matrizenschreibweise wie folgt zusammengefaßt:

$$\begin{pmatrix} \bar{u}_{ij} \\ \bar{u}_{ik} \end{pmatrix} = \begin{pmatrix} \cos\alpha_i & \sin\alpha_i & 0 & 0 \\ 0 & 0 & \cos\alpha_i & \sin\alpha_i \end{pmatrix} \begin{pmatrix} u_{ij} \\ v_{ij} \\ u_{ik} \\ v_{ik} \end{pmatrix} \qquad (i = 1, \ldots, s)$$

oder abgekürzt

$$\bar{\mathbf{u}}_i = \mathbf{T}_i \, \mathbf{u}_i \qquad (i = 1, \ldots, s) \tag{9.5}$$

mit

$$\mathbf{T}_i = \begin{pmatrix} \cos\alpha_i & \sin\alpha_i & 0 & 0 \\ 0 & 0 & \cos\alpha_i & \sin\alpha_i \end{pmatrix} \qquad (i = 1, \ldots, s). \tag{9.6}$$

Die Matrix $\mathbf{T}_i$ transformiert die Größen vom globalen in das lokale Koordinatensystem.

Die Koordinaten der Kräfte $\bar{F}_{ij}$ und $\bar{F}_{ik}$ im globalen Koordinatensystem werden F_{ijx} und F_{ijy} bzw. F_{ikx} und F_{iky} genannt. Nur F_{ikx} und F_{iky} sind in Abb. 9.4 dargestellt. Man liest die Beziehungen ab:

$$F_{ikx} = \bar{F}_{ik} \cos\alpha_i , \qquad F_{iky} = \bar{F}_{ik} \sin\alpha_i .$$

Ebenso ist

$$F_{ijx} = \bar{F}_{ij} \cos\alpha_i , \qquad F_{ijy} = \bar{F}_{ij} \sin\alpha_i .$$

Diese Gleichungen werden in der Matrixgleichung zusammengefaßt:

$$\begin{pmatrix} F_{ijx} \\ F_{ijy} \\ F_{ikx} \\ F_{iky} \end{pmatrix} = \begin{pmatrix} \cos\alpha_i & 0 \\ \sin\alpha_i & 0 \\ 0 & \cos\alpha_i \\ 0 & \sin\alpha_i \end{pmatrix} \begin{pmatrix} \bar{F}_{ij} \\ \bar{F}_{ik} \end{pmatrix} \qquad (i = 1, \ldots, s)$$

oder abgekürzt

$$\mathbf{F}_i = \mathbf{T}_i^T \, \bar{\mathbf{F}}_i \qquad (i = 1, \ldots, s). \tag{9.7}$$

Hier taucht also die Transponierte derselben Matrix $\mathbf{T}_i$ auf, die schon in Gl. (9.5) steht.

Wenn man nun (9.3) in (9.7) einsetzt, entsteht die Beziehung

$$\mathbf{F}_i = \mathbf{T}_i^T \bar{\mathbf{K}}_i \bar{\mathbf{u}}_i \qquad (i = 1, \ldots, s)$$

und weiter mit (9.5)

$$\mathbf{F}_i = \mathbf{T}_i^T \bar{\mathbf{K}}_i \mathbf{T}_i \mathbf{u}_i \qquad (i = 1, \ldots, s)$$

oder schließlich

$$\mathbf{F}_i = \mathbf{K}_i \mathbf{u}_i \qquad (i = 1, \ldots, s) \tag{9.8}$$

mit der Abkürzung

$$\mathbf{K}_i = \mathbf{T}_i^T \bar{\mathbf{K}}_i \mathbf{T}_i \qquad (i = 1, \ldots, s). \tag{9.9}$$

Das ist die gewünschte Beziehung zwischen den Kraftkoordinaten und den Verschiebungskoordinaten im globalen Koordinatensystem. Die Matrix $\mathbf{K}_i$ ist die Steifigkeitsmatrix des finiten Elements i im globalen Koordinatensystem. Sie hat vier Zeilen und vier Spalten und ist ebenso wie $\bar{\mathbf{K}}_i$ symmetrisch. Sie kann für jedes finite Element eines Fachwerks angegeben werden. Als Beispiel betrachte man das finite Element Nr.3 in Abb. 9.2. Wenn seine $\bar{x}$-Achse die Richtung des eingezeichneten Pfeils hat, ist $\alpha_3 = -45°$. Damit ist nach Gl. (9.6)

$$\mathbf{T}_3 = \tfrac{1}{2}\sqrt{2}\begin{pmatrix} 1 & -1 & 0 & 0 \\ 0 & 0 & 1 & -1 \end{pmatrix}$$

und weiter mit (9.9) und (9.4)

$$\begin{aligned}\mathbf{K}_3 &= \frac{E_3 A_3}{\ell\sqrt{2}}\,(\tfrac{1}{2}\sqrt{2})^2 \begin{pmatrix} 1 & 0 \\ -1 & 0 \\ 0 & 1 \\ 0 & -1 \end{pmatrix} \begin{pmatrix} 1 & -1 \\ -1 & 1 \end{pmatrix} \begin{pmatrix} 1 & -1 & 0 & 0 \\ 0 & 0 & 1 & -1 \end{pmatrix} \\ &= \frac{\sqrt{2}}{4}\,\frac{E_3 A_3}{\ell} \begin{pmatrix} 1 & -1 & -1 & 1 \\ -1 & 1 & 1 & -1 \\ -1 & 1 & 1 & -1 \\ 1 & -1 & -1 & 1 \end{pmatrix}.\end{aligned}$$

4. Schritt: Bildung der Steifigkeitsmatrix des gesamten Systems aus den Steifigkeitsmatrizen seiner finiten Elemente. Bei diesem Schritt stellt man sich das Gesamtsystem an allen Lagern freigeschnitten und an allen Knoten in x- und in y-Richtung mit Kräften belastet vor. Die Bezeichnungen dieser Kräfte sind F_{jx} und F_{jy}, wobei der erste Index den Knoten angibt. Abb. 9.5 zeigt das System von Abb. 9.2 in diesem Zustand. Erst im nächsten Schritt wird von der Kenntnis Gebrauch gemacht, daß nur einige dieser Kräfte unbekannte Lagerkräfte sind und daß alle übrigen gegeben sind (in Abb. 9.5

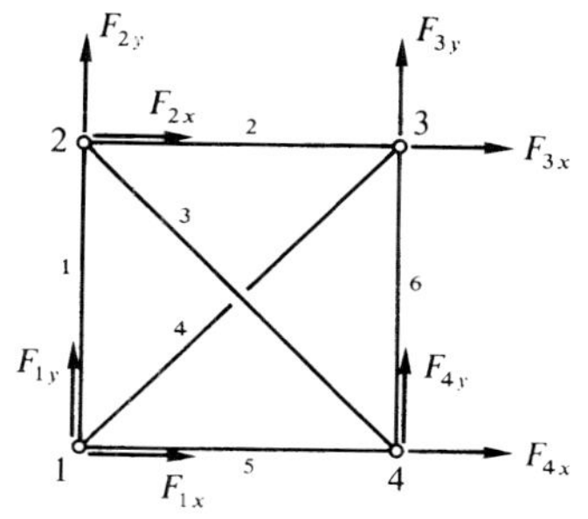

Abb. 9.5. Das von den Lagern freigeschnittene Fachwerk mit Kräften an allen Knoten

sind z.B. F_{1x}, F_{1y} und F_{4y} unbekannte Lagerkräfte, F_{3x} ist F und alle anderen sind null). Die Verschiebungen des Knotens j in x- und in y-Richtung werden u_j bzw. v_j genannt. Alle Kräfte und Verschiebungen werden in den Spaltenmatrizen zusammengefaßt:

$$\begin{aligned}\mathbf{F} &= [\,F_{1x}\,F_{1y}\,F_{2x}\,F_{2y}\,\dots\,F_{nx}\,F_{ny}\,]^T,\\ \mathbf{u} &= [\;u_1\;\;v_1\;\;u_2\;\;v_2\;\dots\;\;u_n\;\;v_n\;]^T.\end{aligned}$$

Im Beispiel von Abb. 9.5 ist die Knotenzahl $n = 4$, so daß beide Spaltenmatrizen $2n = 8$ Elemente enthalten. Die Matrizen werden durch eine Gleichung der Form

$$\mathbf{F} = \mathbf{K}\,\mathbf{u} \tag{9.10}$$

miteinander verknüpft. Die $(2n \times 2n)$-Matrix $\mathbf{K}$ stellt die Steifigkeitsmatrix des Gesamtsystems dar. Sie kann in einfacher Weise aus den Steifigkeitsmatrizen der finiten Elemente gebildet werden. Um den Zusammenhang zu erkennen, muß man beachten, daß sowohl in der Spaltenmatrix $\mathbf{u}$ als auch in den Spaltenmatrizen $\mathbf{u}_i$ von (9.8) x- und y-Koordinaten von Knotenverschiebungen stehen. Sie sind aber verschieden bezeichnet, und zwar mit nur einem Index in $\mathbf{u}$ und mit zwei Indizes in $\mathbf{u}_i$. Der eine Index in $\mathbf{u}$ und der zweite Index in $\mathbf{u}_i$ kennzeichnen den Knoten. Man braucht an den Elementen von $\mathbf{u}_i$ also nur den ersten Index wegzulassen, um zu erkennen, welche Elemente von $\mathbf{u}$ man vor sich hat. So ist z.B.

$$\mathbf{u}_1 = [\,u_{11}\;v_{11}\;u_{12}\;v_{12}\,]^T = [\,u_1\;\;v_1\;\;u_2\;\;v_2\,]^T.$$

Das sind die ersten vier Elemente der Matrix $\mathbf{u}$. Nach dieser Überlegung kann nun jede der s Gln. (9.8) durch Umordnen der vier darin enthaltenen Gleichungen und durch Einfügen von Identitäten $0 = 0$ so geschrieben werden, daß die Matrizen dieselbe Größe haben wie in (9.10), und daß außerdem die Spaltenmatrix rechts gleich $\mathbf{u}$ ist. Für das System von Abb. 9.2 lauten die Gleichungen nach dieser Erweiterung z.B. wie folgt:

$$\begin{pmatrix} F_{11x} \\ F_{11y} \\ F_{12x} \\ F_{12y} \\ 0 \\ 0 \\ 0 \\ 0 \end{pmatrix} = \begin{pmatrix} \times & \times & \times & \times & \cdot & \cdot & \cdot & \cdot \\ \times & \times & \times & \times & \cdot & \cdot & \cdot & \cdot \\ \times & \times & \times & \times & \cdot & \cdot & \cdot & \cdot \\ \times & \times & \times & \times & \cdot & \cdot & \cdot & \cdot \\ \cdot & \cdot & \cdot & \cdot & \cdot & \cdot & \cdot & \cdot \\ \cdot & \cdot & \cdot & \cdot & \cdot & \cdot & \cdot & \cdot \\ \cdot & \cdot & \cdot & \cdot & \cdot & \cdot & \cdot & \cdot \\ \cdot & \cdot & \cdot & \cdot & \cdot & \cdot & \cdot & \cdot \end{pmatrix} \begin{pmatrix} u_1 \\ v_1 \\ u_2 \\ v_2 \\ u_3 \\ v_3 \\ u_4 \\ v_4 \end{pmatrix}, \quad \begin{pmatrix} 0 \\ 0 \\ F_{22x} \\ F_{22y} \\ F_{23x} \\ F_{23y} \\ 0 \\ 0 \end{pmatrix} = \begin{pmatrix} \cdot & \cdot & \cdot & \cdot & \cdot & \cdot & \cdot & \cdot \\ \cdot & \cdot & \cdot & \cdot & \cdot & \cdot & \cdot & \cdot \\ \cdot & \cdot & \times & \times & \times & \times & \cdot & \cdot \\ \cdot & \cdot & \times & \times & \times & \times & \cdot & \cdot \\ \cdot & \cdot & \times & \times & \times & \times & \cdot & \cdot \\ \cdot & \cdot & \times & \times & \times & \times & \cdot & \cdot \\ \cdot & \cdot & \cdot & \cdot & \cdot & \cdot & \cdot & \cdot \\ \cdot & \cdot & \cdot & \cdot & \cdot & \cdot & \cdot & \cdot \end{pmatrix} \begin{pmatrix} u_1 \\ v_1 \\ u_2 \\ v_2 \\ u_3 \\ v_3 \\ u_4 \\ v_4 \end{pmatrix},$$

$$\begin{pmatrix} 0 \\ 0 \\ F_{32x} \\ F_{32y} \\ 0 \\ 0 \\ F_{34x} \\ F_{34y} \end{pmatrix} = \begin{pmatrix} \cdot & \cdot & \cdot & \cdot & \cdot & \cdot & \cdot & \cdot \\ \cdot & \cdot & \cdot & \cdot & \cdot & \cdot & \cdot & \cdot \\ \cdot & \cdot & \times & \times & \cdot & \cdot & \times & \times \\ \cdot & \cdot & \times & \times & \cdot & \cdot & \times & \times \\ \cdot & \cdot & \cdot & \cdot & \cdot & \cdot & \cdot & \cdot \\ \cdot & \cdot & \cdot & \cdot & \cdot & \cdot & \cdot & \cdot \\ \cdot & \cdot & \times & \times & \cdot & \cdot & \times & \times \\ \cdot & \cdot & \times & \times & \cdot & \cdot & \times & \times \end{pmatrix} \begin{pmatrix} u_1 \\ v_1 \\ u_2 \\ v_2 \\ u_3 \\ v_3 \\ u_4 \\ v_4 \end{pmatrix}, \quad \begin{pmatrix} F_{41x} \\ F_{41y} \\ 0 \\ 0 \\ F_{43x} \\ F_{43y} \\ 0 \\ 0 \end{pmatrix} = \begin{pmatrix} \times & \times & \cdot & \cdot & \times & \times & \cdot & \cdot \\ \times & \times & \cdot & \cdot & \times & \times & \cdot & \cdot \\ \cdot & \cdot & \cdot & \cdot & \cdot & \cdot & \cdot & \cdot \\ \cdot & \cdot & \cdot & \cdot & \cdot & \cdot & \cdot & \cdot \\ \times & \times & \cdot & \cdot & \times & \times & \cdot & \cdot \\ \times & \times & \cdot & \cdot & \times & \times & \cdot & \cdot \\ \cdot & \cdot & \cdot & \cdot & \cdot & \cdot & \cdot & \cdot \\ \cdot & \cdot & \cdot & \cdot & \cdot & \cdot & \cdot & \cdot \end{pmatrix} \begin{pmatrix} u_1 \\ v_1 \\ u_2 \\ v_2 \\ u_3 \\ v_3 \\ u_4 \\ v_4 \end{pmatrix},$$

$$\begin{pmatrix} F_{51x} \\ F_{51y} \\ 0 \\ 0 \\ 0 \\ 0 \\ F_{54x} \\ F_{54y} \end{pmatrix} = \begin{pmatrix} \times & \times & \cdot & \cdot & \cdot & \cdot & \times & \times \\ \times & \times & \cdot & \cdot & \cdot & \cdot & \times & \times \\ \cdot & \cdot & \cdot & \cdot & \cdot & \cdot & \cdot & \cdot \\ \cdot & \cdot & \cdot & \cdot & \cdot & \cdot & \cdot & \cdot \\ \cdot & \cdot & \cdot & \cdot & \cdot & \cdot & \cdot & \cdot \\ \cdot & \cdot & \cdot & \cdot & \cdot & \cdot & \cdot & \cdot \\ \times & \times & \cdot & \cdot & \cdot & \cdot & \times & \times \\ \times & \times & \cdot & \cdot & \cdot & \cdot & \times & \times \end{pmatrix} \begin{pmatrix} u_1 \\ v_1 \\ u_2 \\ v_2 \\ u_3 \\ v_3 \\ u_4 \\ v_4 \end{pmatrix}, \quad \begin{pmatrix} 0 \\ 0 \\ 0 \\ 0 \\ F_{63x} \\ F_{63y} \\ F_{64x} \\ F_{64y} \end{pmatrix} = \begin{pmatrix} \cdot & \cdot & \cdot & \cdot & \cdot & \cdot & \cdot & \cdot \\ \cdot & \cdot & \cdot & \cdot & \cdot & \cdot & \cdot & \cdot \\ \cdot & \cdot & \cdot & \cdot & \cdot & \cdot & \cdot & \cdot \\ \cdot & \cdot & \cdot & \cdot & \cdot & \cdot & \cdot & \cdot \\ \cdot & \cdot & \cdot & \cdot & \times & \times & \times & \times \\ \cdot & \cdot & \cdot & \cdot & \times & \times & \times & \times \\ \cdot & \cdot & \cdot & \cdot & \times & \times & \times & \times \\ \cdot & \cdot & \cdot & \cdot & \times & \times & \times & \times \end{pmatrix} \begin{pmatrix} u_1 \\ v_1 \\ u_2 \\ v_2 \\ u_3 \\ v_3 \\ u_4 \\ v_4 \end{pmatrix}. \tag{9.11}$$

Kreuze in den $(2n \times 2n)$-Matrizen markieren die Stellen, auf die die Elemente der Steifigkeitsmatrizen $\mathbf{K}_1$ bis $\mathbf{K}_6$ zu setzen sind, und Punkte deuten Nullen an. Diese symmetrischen Matrizen werden erweiterte Steifigkeitsmatrizen der finiten Elemente genannt. Wie in ihnen die Elemente der Steifigkeitsmatrizen $\mathbf{K}_1$ bis $\mathbf{K}_6$ verteilt sind, hängt ausschließlich von der Numerierung der Stäbe und Knoten ab.

Man betrachte nun einen beliebigen aus dem Fachwerk in Abb. 9.5 herausgeschnittenen Knoten, z.B. den Knoten 1 (siehe Abb. 9.6). An ihm greifen außer F_{1x} und F_{1y} die Stabkräfte aller in dem Knoten verbundenen Stäbe an (hier die Stäbe 1, 4 und 5). Die Gleichgewichtsbedingungen für den Knoten sind:

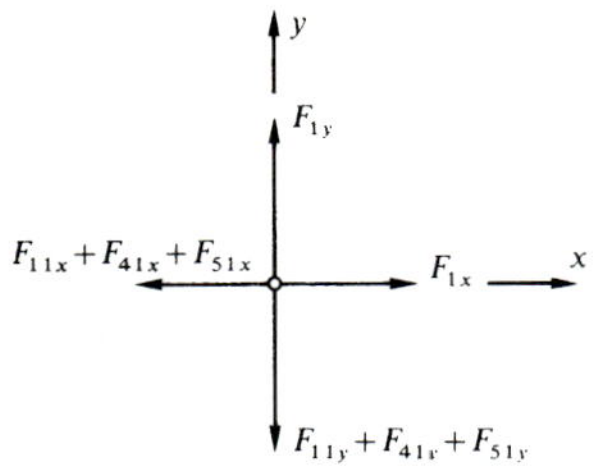

Abb. 9.6. Kräfte am freigeschnittenen Knoten 1

$$F_{11x} + F_{41x} + F_{51x} = F_{1x}, \qquad F_{11y} + F_{41y} + F_{51y} = F_{1y}.$$

Für jeden der s Knoten existieren zwei solche Gleichungen. Die rechten Seiten aller $2s$ Gleichungen bilden die Spaltenmatrix $\mathbf{F}$ von Gl. (9.10). Die linken Seiten aller $2s$ Gleichungen erhält man, wenn man die Spaltenmatrizen auf den linken Seiten aller erweiterten Gln. (9.11) addiert. Bei der Summation aller erweiterten Gleichungen wird also auf der linken Seite $\mathbf{F}$ gebildet und auf der rechten Seite ein Ausdruck, aus dem $\mathbf{u}$ ausgeklammert werden kann. Es entsteht daher Gl. (9.10). Damit ist die Vorschrift zur Bildung der Steifigkeitsmatrix $\mathbf{K}$ des Gesamtsystems gefunden:

$$\mathbf{K} = \begin{array}{l}\text{Summe der erweiterten Steifigkeitsmatrizen}\\ \text{aller finiten Elemente des Systems.}\end{array} \qquad (9.12)$$

Bei praktischen Rechnungen bildet man gar nicht erst die erweiterten Steifigkeitsmatrizen der einzelnen finiten Elemente. Man stellt nur nacheinander für jede der s Matrizen von (9.8) fest, auf welche Plätze der Matrix $\mathbf{K}$ ihre Elemente gehören und addiert sie gleich auf.

5. Schritt: Einbau der Belastungs- und Lagerbedingungen und Bestimmung aller Lagerkräfte und Knotenverschiebungen. Die Knotenkräfte in der Spaltenmatrix $\mathbf{F}$ von (9.10) teilen sich in zwei Gruppen. Unbekannte Lagerkräfte bilden die eine Gruppe und vorgegebene äußere Kräfte die andere. Ebenso teilen sich die Knotenverschiebungen in der Matrix $\mathbf{u}$ in zwei Gruppen, nämlich eine Gruppe, die aus Unbekannten besteht, und eine Gruppe von Verschiebungen, die durch Lagerbedingungen vorgeschrieben sind. Stets gilt folgendes. Wenn eine Knotenkraft vorgegeben ist, dann ist die entsprechende Verschiebung unbekannt und umgekehrt. Am System von Abb. 9.2 sind die Matrizen $\mathbf{F}$ und $\mathbf{u}$ z.B.

$$\begin{aligned}\mathbf{F} &= [\ A_x \quad A_y \quad 0 \quad 0 \quad F \quad 0 \quad 0 \quad B_y\ ]^T,\\ \mathbf{u} &= [\ 0 \quad 0 \quad u_2 \quad v_2 \quad u_3 \quad v_3 \quad u_4 \quad 0\ ]^T.\end{aligned}$$

Darin sind die Knotenkräfte A_x, A_y und B_y unbekannte Lagerreaktionen, und u_2, v_2, u_3, v_3 und u_4 sind unbekannte Knotenverschiebungen. Alle übrigen Größen sind vorgeschrieben (vorgeschriebene Verschiebungen müssen nicht null sein; in statisch unbestimmt gelagerten Systemen kann man z.B. Lagersetzungen vorschreiben und nach den dadurch entstehenden Kräften fragen). Die Überlegung zeigt, daß in den Matrizen $\mathbf{F}$ und $\mathbf{u}$ zusammengenommen gerade so viele Unbekannte stehen, wie in der Gleichung

$$\mathbf{F} = \mathbf{K}\,\mathbf{u} \qquad (9.13)$$

Gleichungen zur Verfügung stehen. Wenn das Fachwerk unbeweglich ist (statisch bestimmt oder unbestimmt), dann haben die Gleichungen eine eindeutige Lösung. Man berechnet sie wie folgt. Die Zeilen und Spalten des Gleichungssystems $\mathbf{F}{=}\mathbf{K}\,\mathbf{u}$ werden so umsortiert, daß es die Form annimmt:

$$\begin{pmatrix} \mathbf{F}_{unbek} \\ \mathbf{F}_{bek} \end{pmatrix} = \begin{pmatrix} \mathbf{K}_{11} & \mathbf{K}_{12} \\ \mathbf{K}_{21} & \mathbf{K}_{22} \end{pmatrix} \begin{pmatrix} \mathbf{u}_{bek} \\ \mathbf{u}_{unbek} \end{pmatrix}.$$

Das heißt: In der Spaltenmatrix auf der linken Seite stehen oben alle unbekannten und unten alle bekannten Größen. In der Spaltenmatrix auf der rechten Seite ist es gerade umgekehrt. Im konkreten Fall von Abb. 9.5 haben die Spaltenmatrizen die Formen

$$\begin{aligned} \mathbf{F} &= [\; A_x \quad A_y \quad B_y \;\vdots\; 0 \quad 0 \quad F \quad 0 \quad 0 \;]^T, \\ \mathbf{u} &= [\; 0 \quad 0 \quad 0 \;\vdots\; u_2 \quad v_2 \quad u_3 \quad v_3 \quad u_4 \;]^T. \end{aligned}$$

Die Elemente der Matrix $\mathbf{K}$ ordnen sich entsprechend zu einer neuen symmetrischen Matrix mit den angegebenen Untermatrizen. Im Beispiel sind $\mathbf{K}_{11}$ und $\mathbf{K}_{22}$ eine (3×3)- bzw. eine (5×5)-Matrix. Außerdem ist $\mathbf{K}_{21} = \mathbf{K}_{12}^T$. Jetzt multipliziert man aus und erhält die beiden Gleichungssysteme

$$\begin{aligned} \mathbf{F}_{unbek} &= \mathbf{K}_{11}\,\mathbf{u}_{bek} + \mathbf{K}_{12}\,\mathbf{u}_{unbek}, \\ \mathbf{F}_{bek} &= \mathbf{K}_{21}\,\mathbf{u}_{bek} + \mathbf{K}_{22}\,\mathbf{u}_{unbek}. \end{aligned}$$

Im zweiten Gleichungssystem ist nur $\mathbf{u}_{unbek}$ unbekannt, und die Koeffizientenmatrix $\mathbf{K}_{22}$ ist symmetrisch. Dieses Gleichungsystem wird gelöst. Dann werden die Lösungen in das Gleichungssystem darüber eingesetzt, womit auch $\mathbf{F}_{unbek}$ gefunden ist.

6. Schritt: Berechnung aller Stabkräfte. Mit der Spaltenmatrix $\mathbf{u}$ sind auch alle Spaltenmatrizen $\mathbf{u}_i$ $(i = 1, \ldots, s)$ in (9.5) bekannt. Aus diesen Gleichungen und aus (9.3) ergeben sich dann alle Stabkräfte in den lokalen Koordinatensystemen:

$$\bar{\mathbf{F}}_i = \bar{\mathbf{K}}_i \mathbf{T}_i \mathbf{u}_i \qquad (i = 1, \ldots, s). \tag{9.14}$$

Zusammenfassung: Bei einem konkret vorliegenden ebenen Fachwerk mit s Stäben und n Knoten werden der Reihe nach folgende Größen berechnet:

- die Matrizen $\bar{\mathbf{K}}_i$ $(i = 1, \ldots, s)$ aus Gl. (9.4)
- die Matrizen $\mathbf{T}_i$ $(i = 1, \ldots, s)$ aus Gl. (9.6)
- die Matrizen $\mathbf{K}_i$ $(i = 1, \ldots, s)$ aus Gl. (9.9)
- die Matrix $\mathbf{K}$ aus Gl. (9.12)
- die $2n$ unbekannten Verschiebungen und Lagerkräfte aus Gl. (9.13)
- die s Stabkräfte aus Gl. (9.14).

Für das System von Abb. 9.2 sind diese Rechnungen noch mit erträglichem Aufwand von Hand zu schaffen. Bei größeren Fachwerken ist dagegen eine maschinelle Bearbeitung unerläßlich.

Beispiel 9.2-1

Man bestimme nach dem angegebenen Verfahren für das Fachwerk von Abb. 9.7 alle Knotenverschiebungen in x- und in y-Richtung, alle Lagerkräfte und alle Stabkräfte. Pfeile in Stabrichtung schreiben die zu benutzenden $\bar{x}$-Achsen vor. Die Dehnsteifigkeiten EA aller Stäbe sind gleich.

Lösung: Die in der Zusammenfassung genannten Schritte liefern folgende Zwischen- und Endergebnisse.

$$\bar{\mathbf{K}}_i = \frac{EA}{\ell_i}\begin{pmatrix} 1 & -1 \\ -1 & 1 \end{pmatrix} \quad (i = 1,2,3) \quad \text{mit} \quad \ell_1 = \ell_2 = \ell,\ \ \ell_3 = \ell\sqrt{2}\,,$$

$$\mathbf{T}_1 = \begin{pmatrix} 1 & 0 & 0 & 0 \\ 0 & 0 & 1 & 0 \end{pmatrix}, \qquad \mathbf{T}_2 = \begin{pmatrix} 0 & 1 & 0 & 0 \\ 0 & 0 & 0 & 1 \end{pmatrix}, \qquad \mathbf{T}_3 = \tfrac{1}{2}\sqrt{2}\begin{pmatrix} 1 & 1 & 0 & 0 \\ 0 & 0 & 1 & 1 \end{pmatrix},$$

$$\mathbf{K}_1 = \frac{EA}{\ell}\begin{pmatrix} 1 & 0 & -1 & 0 \\ 0 & 0 & 0 & 0 \\ -1 & 0 & 1 & 0 \\ 0 & 0 & 0 & 0 \end{pmatrix}, \qquad \mathbf{K}_2 = \frac{EA}{\ell}\begin{pmatrix} 0 & 0 & 0 & 0 \\ 0 & 1 & 0 & -1 \\ 0 & 0 & 0 & 0 \\ 0 & -1 & 0 & 1 \end{pmatrix},$$

$$\mathbf{K}_3 = \frac{\sqrt{2}}{4}\,\frac{EA}{\ell}\begin{pmatrix} 1 & 1 & -1 & -1 \\ 1 & 1 & -1 & -1 \\ -1 & -1 & 1 & 1 \\ -1 & -1 & 1 & 1 \end{pmatrix}.$$

Gl. (9.13) hat mit der Abkürzung $a = \frac{1}{4}\sqrt{2}$ die Form

$$\begin{pmatrix} 0 \\ -F \\ F_{2x} \\ 0 \\ F_{3x} \\ F_{3y} \end{pmatrix} = \frac{EA}{\ell}\begin{pmatrix} 1+a & a & -1 & 0 & -a & -a \\ a & a & 0 & 0 & -a & -a \\ -1 & 0 & 1 & 0 & 0 & 0 \\ 0 & 0 & 0 & 1 & 0 & -1 \\ -a & -a & 0 & 0 & a & a \\ -a & -a & 0 & -1 & a & 1+a \end{pmatrix}\begin{pmatrix} u_1 \\ v_1 \\ 0 \\ v_2 \\ 0 \\ 0 \end{pmatrix}.$$

Darin sind F_{2x}, F_{3x}, F_{3y}, u_1, v_1 und v_2 die Unbekannten. Aus der 4. Gleichung ergibt sich $v_2 = 0$ und aus der ersten und der zweiten

$$u_1 = \frac{F\ell}{EA}\,, \qquad v_1 = -\frac{1+a}{a}\,\frac{F\ell}{EA} = -(1+2\sqrt{2})\frac{F\ell}{EA}\,.$$

Damit liefern die übrigen Gleichungen die Ergebnisse $F_{2x} = -F$, $F_{3x} = F_{3y} = F$. Mit (9.14) erhält man die Stabkräfte:

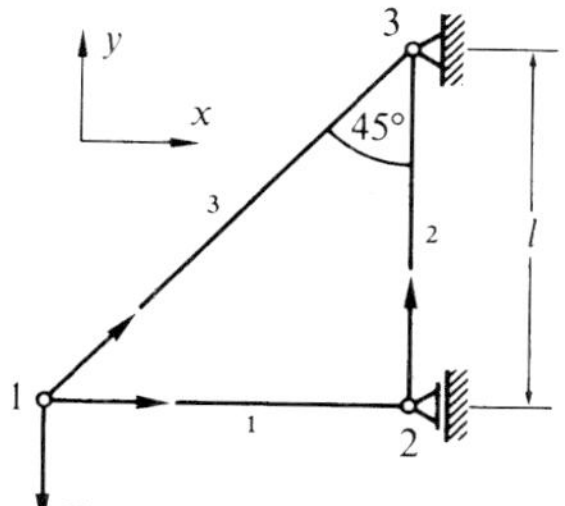

Abb. 9.7.

$$\bar{F}_{12} = -F, \qquad \bar{F}_{23} = 0, \qquad \bar{F}_{33} = F\sqrt{2}.$$

Bei einem derart einfachen Fachwerk sind diese Ergebnisse mit elementaren Methoden viel schneller zu finden. Die Finite-Elemente-Methode lohnt sich nur bei großen Fachwerken und nur dann, wenn sie in einer Maschine automatisch abläuft, sobald die auf S. 308 aufgeführten Daten eingegeben sind.

9.3 Die Finite-Elemente-Methode bei Scheibenproblemen

Abb. 9.8 zeigt einen auf Zug beanspruchten Blechstreifen mit Loch, einen nicht schlanken, belasteten Biegestab und eine rotierende Scheibe unter Fliehkraftbeanspruchung. Allen drei Fällen ist wegen der Form des belasteten Körpers und wegen der Verteilung und Richtung der angreifenden äußeren Kräfte und Lagerkräfte eine Eigenschaft gemeinsam: In jedem Punkt und in jeder Schnittebene des Körpers hat der aus Normal- und Schubspannungen resultierende Spannungsvektor nur in Richtung der eingezeichneten x- und y-Achsen Komponenten. Immer, wenn die Form eines Körpers und seine Belastung so geartet sind, daß der resultierende Spannungsvektor überall parallel zu ein und derselben Ebene liegt, spricht man von einem ebenen Spannungszustand. Den Körper nennt man dann eine Scheibe und das Problem ein Scheibenproblem.

Für die rotierende Scheibe und für das dickwandige Rohr mit Innendruck wurden in Kap. 4.7 und 4.8 geschlossene Lösungen angegeben. Für die meisten Scheibenprobleme, so z.B. die in Abb. 9.8a und b, sind keine exakten Lösungen für die Spannungs- und die Verschiebungsverteilung möglich. Man kann aber sehr gute Näherungslösungen finden. Das gelingt mit Finite-Elemente-Methoden. Unter diesem Aspekt werden Scheibenprobleme im folgenden behandelt.

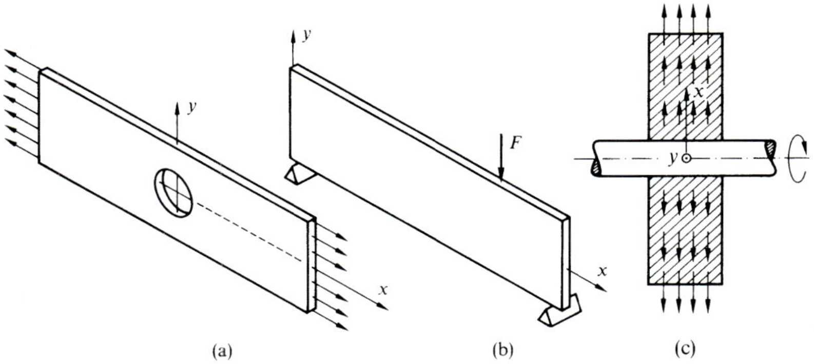

Abb. 9.8. Scheibenprobleme

9.3.1 Bildung eines finiten Scheibenelements

Während sich bei Fachwerken die Stäbe als finite Elemente geradezu anbieten, ist bei einer Scheibe durchaus unklar, welches Gebilde die Rolle eines finiten Elements spielen soll. Man kommt in dieser Frage einen Schritt weiter, wenn man sich zunächst nur die Aufgabe stellt, die geometrische Form einer Scheibe in möglichst einfache und untereinander möglichst gleichartige Elemente aufzuteilen. Das unregelmäßige Dreieck ist für beliebige Scheibenformen gut geeignet. Abb. 9.9 zeigt z.B., wie man den Streifen mit kreisförmigem Loch durch ein Netz von Dreiecken verschiedener Formen und Größen gut nachbilden kann. Damit liegt es nahe, als finites Element ein dreieckiges Stück Scheibe zu wählen. Das führt aber noch nicht weiter, weil nicht einmal für eine so einfach geformte Scheibe der Zusammenhang zwischen äußeren Kräften, Spannungen und Verformungen in allgemeiner Form bekannt ist.

Abb. 9.10 zeigt ein einzelnes, mit der Nummer i versehenes Dreieckselement im unverformten Zustand in seiner Lage im x, y-System von Abb. 9.8a. Dieses System wird wieder globales Koordinatensystem genannt. Die Eckpunkte des Dreiecks tragen die Nummern j, k und ℓ. Sie werden von nun an Knoten genannt, weil sie die Knoten des Dreiecksnetzes sind. Wenn in Abb. 9.9 sowohl die Dreiecke als auch die Knoten des Dreiecksnetzes nu-

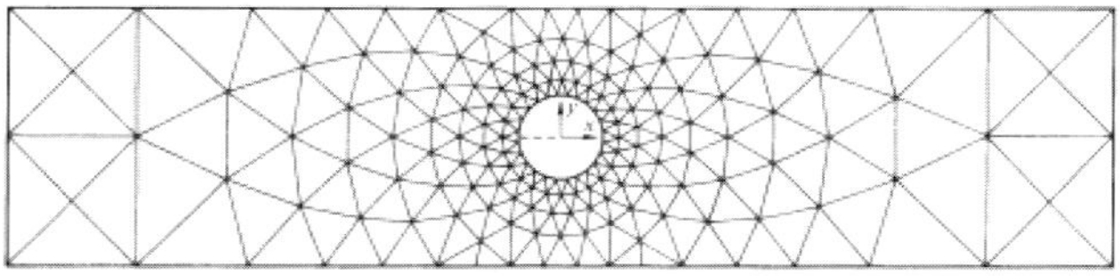

Abb. 9.9. Ein Netz von Dreieckselementen für eine Scheibe mit Loch. In der Umgebung krummliniger Ränder und in Gebieten mit stark veränderlichen Spannungen werden kleine Dreiecke gebildet

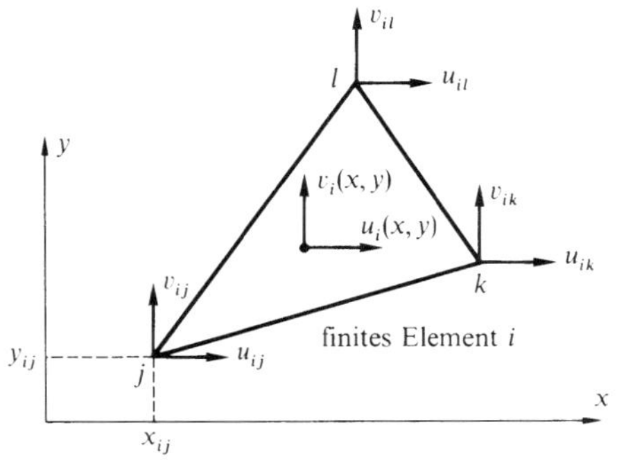

Abb. 9.10. Das finite Dreieckselement i mit Knoten j, k und ℓ. Die Knotenverschiebungen u_{ij}, v_{ij} usw. im globalen x, y-System und die Verschiebungen $u_i(x, y)$ und $v_i(x, y)$ eines beliebigen Elementpunktes an der Stelle (x, y)

meriert sind, dann repräsentiert Abb. 9.10 jedes beliebige Element des Netzes. Bei der Verformung erfährt i.allg. jeder Punkt innerhalb des Dreiecks und auf seiner Berandung Verschiebungen in x- und in y-Richtung. Für einen Punkt des i-ten Elements, der sich vor der Verschiebung an der beliebigen Stelle (x, y) innerhalb des Dreiecks oder auf seinem Rand befunden hat, werden diese Verschiebungen $u_i(x, y)$ bzw. $v_i(x, y)$ genannt. Für die Verschiebungen der Knoten des Dreiecks – kurz Knotenverschiebungen genannt – werden speziell die Bezeichnungen u_{ij}, v_{ij}, u_{ik}, v_{ik} und $u_{i\ell}$, $v_{i\ell}$ eingeführt, wobei der zweite Index den Knoten angibt. Es existieren also die Gleichungen

$$u_i(x = x_{ij}, y = y_{ij}) = u_{ij}, \qquad v_i(x = x_{ij}, y = y_{ij}) = v_{ij} \tag{9.15}$$

und je zwei weitere Gleichungen dieser Art für die Knoten k und ℓ.

9.3.2 Vereinfachende Annahmen

Das unlösbare Problem, die beiden Funktionen $u_i(x, y)$ und $v_i(x, y)$ für beliebige äußere Kräfte in allgemeiner Form anzugeben, wird nun durch zwei vereinfachende Annahmen einer Näherungslösung zugänglich gemacht. Die erste Vereinfachung besteht in der Annahme, daß an einem Dreieckselement nur in den drei Knoten Kräfte angreifen. Alle tatsächlich am Element angreifenden Kräfte – sowohl bekannte äußere Kräfte als auch unbekannte Lagerreaktionen als auch unbekannte Schnittgrößen längs den Dreiecksseiten – denkt man sich ersetzt durch drei äquivalente Einzelkräfte in den Knoten. Die zu bekannten äußeren Kräften äquivalenten Knotenkräfte muß man in einer vorbereitenden Rechnung bestimmen. Zum Beispiel können die Streckenlasten am linken und am rechten Rand der Scheibe in Abb. 9.8a in äquivalente Einzelkräfte nach Abb. 9.11 umgerechnet werden. Die Knotenkräfte am Dreieckselement i, die den unbekannten Schnittgrößen auf seinen Längsseiten äquivalent sind, haben je eine x- und eine y-Koordinate. Diese Koordinaten werden nach Abb. 9.12 mit dem Elementindex i, dem Knotenindex j, k oder ℓ und dem Richtungsindex x oder y gekennzeichnet.

Die zweite vereinfachende Annahme lautet: Die Verschiebungen $u_i(x, y)$ und $v_i(x, y)$ an einer beliebigen Stelle innerhalb oder auf den Rändern des Dreieckselements sind eindeutig durch die sechs Knotenverschiebungen u_{ij}, v_{ij}, u_{ik}, v_{ik} und $u_{i\ell}$, $v_{i\ell}$ bestimmt. Mehr noch: Die Funktionen, die diesen

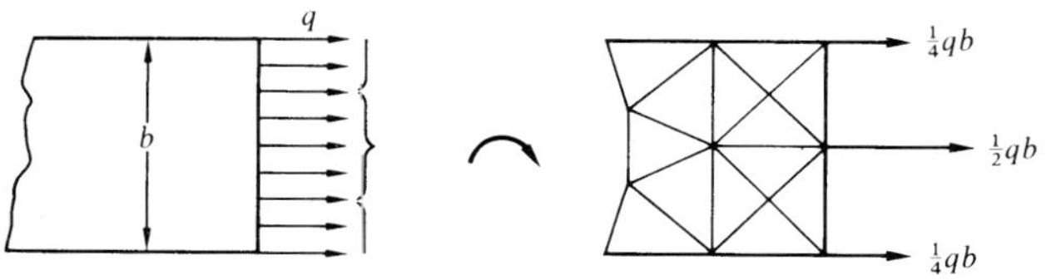

Abb. 9.11. Die tatsächlichen äußeren Lasten (links) werden durch äquivalente Einzellasten an Elementknoten ersetzt (rechts)

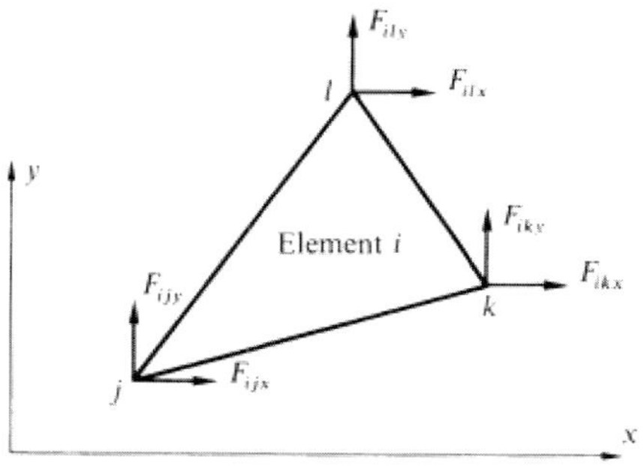

Abb. 9.12. Knotenkräfte am finiten Element i

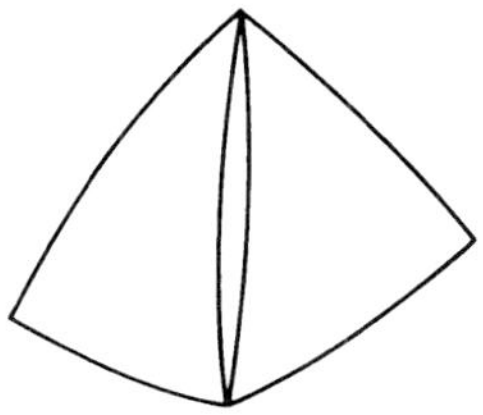

Abb. 9.13. Ansatzfunktionen für Verschiebungen müssen so gewählt werden, daß benachbarte Elemente nicht derartig auseinanderklaffen können

Zusammenhang beschreiben, gibt man selbst vor! Sie heißen Ansatzfunktionen. Sie müssen physikalisch sinnvoll gewählt werden. Erstens müssen sie so beschaffen sein, daß im Innern des Elements keine Dehnungen und Scherungen auftreten, wenn sich das Dreieck als ganzes wie ein starrer Körper in der x, y-Ebene verschiebt. Zweitens müssen beide Funktionen vom selben mathematischen Typ sein, weil der Werkstoff isotrop ist, d.h. in x- und in y-Richtung dasselbe Spannungs-Dehnungsverhalten zeigt. Drittens muß die wesentliche Randbedingung erfüllt sein, daß zwischen benachbarten Dreiecken nach der Verformung keine Lücken nach Art von Abb. 9.13 klaffen können. Die linearen Ansatzfunktionen

$$u_i(x, y) = a_{i1} + a_{i2}x + a_{i3}y, \qquad v_i(x, y) = b_{i1} + b_{i2}x + b_{i3}y, \tag{9.16}$$

in denen die Koeffizienten a_{ij} und b_{ij} $(j = 1, 2, 3)$ noch unbekannt sind, erfüllen alle drei Bedingungen. Sie sind vom selben mathematischen Typ. Die Verbindungslinien zweier Knoten des Dreiecks sind auch nach der Verformung gerade Linien, so daß keine Lücken klaffen können. Der Beweis für die Erfüllung der ersten Bedingung wird später nachgeholt, wenn Ausdrücke für die Dehnungen und die Scherung zur Verfügung stehen.

Die noch unbekannten Koeffizienten a_{ij} und b_{ij} $(j = 1, 2, 3)$ müssen so bestimmt werden, daß die Ansatzfunktionen die Knotenverschiebungen liefern, wenn man für x und y die Koordinaten der Knoten einsetzt. Insgesamt sind das sechs Bestimmungsgleichungen für die Koeffizienten. Zwei von ihnen sind in (9.15) als Beispiel angegeben. Alle sechs Gleichungen lauten in Matrixform zusammengefaßt:

$$\begin{pmatrix} 1 & x_{ij} & y_{ij} \\ 1 & x_{ik} & y_{ik} \\ 1 & x_{i\ell} & y_{i\ell} \end{pmatrix} \begin{pmatrix} a_{i1} \\ a_{i2} \\ a_{i3} \end{pmatrix} = \begin{pmatrix} u_{ij} \\ u_{ik} \\ u_{i\ell} \end{pmatrix}, \qquad \begin{pmatrix} 1 & x_{ij} & y_{ij} \\ 1 & x_{ik} & y_{ik} \\ 1 & x_{i\ell} & y_{i\ell} \end{pmatrix} \begin{pmatrix} b_{i1} \\ b_{i2} \\ b_{i3} \end{pmatrix} = \begin{pmatrix} v_{ij} \\ v_{ik} \\ v_{i\ell} \end{pmatrix}.$$

Die (3×3) Matrix in diesen beiden Gleichungssystemen besitzt eine Inverse. Sie wird $\mathbf{G}_i$ genannt. Ihre Elemente werden nach Gl. (8.30) berechnet:

$$\mathbf{G}_i = \frac{1}{\text{Det}} \begin{pmatrix} x_{ik}y_{i\ell} - y_{ik}x_{i\ell} & x_{i\ell}y_{ij} - y_{i\ell}x_{ij} & x_{ij}y_{ik} - y_{ij}x_{ik} \\ y_{ik} - y_{i\ell} & y_{i\ell} - y_{ij} & y_{ij} - y_{ik} \\ x_{i\ell} - x_{ik} & x_{ij} - x_{i\ell} & x_{ik} - x_{ij} \end{pmatrix}. \tag{9.17}$$

Darin ist Det die Determinante der zu invertierenden Matrix:

$$\text{Det} = (x_{ik}y_{i\ell} - y_{ik}x_{i\ell}) + (x_{i\ell}y_{ij} - y_{i\ell}x_{ij}) + (x_{ij}y_{ik} - y_{ij}x_{ik}).$$

Ihr Betrag ist gleich dem Doppelten des Flächeninhalts des Dreiecks. Die Lösungen der beiden Gleichungssysteme für die Koeffizienten sind damit:

$$\begin{pmatrix} a_{i1} \\ a_{i2} \\ a_{i3} \end{pmatrix} = \mathbf{G}_i \begin{pmatrix} u_{ij} \\ u_{ik} \\ u_{i\ell} \end{pmatrix}, \qquad \begin{pmatrix} b_{i1} \\ b_{i2} \\ b_{i3} \end{pmatrix} = \mathbf{G}_i \begin{pmatrix} v_{ij} \\ v_{ik} \\ v_{i\ell} \end{pmatrix}.$$

Damit kann man nun die Ansatzfunktionen für die Verschiebungen in (9.16) in der Matrixform schreiben:

$$\left.\begin{aligned} u_i(x,y) &= [\,1 \;\; x \;\; y\,] \begin{pmatrix} a_{i1} \\ a_{i2} \\ a_{i3} \end{pmatrix} = [\,1 \;\; x \;\; y\,]\,\mathbf{G}_i \begin{pmatrix} u_{ij} \\ u_{ik} \\ u_{i\ell} \end{pmatrix}, \\ v_i(x,y) &= [\,1 \;\; x \;\; y\,] \begin{pmatrix} b_{i1} \\ b_{i2} \\ b_{i3} \end{pmatrix} = [\,1 \;\; x \;\; y\,]\,\mathbf{G}_i \begin{pmatrix} v_{ij} \\ v_{ik} \\ v_{i\ell} \end{pmatrix}. \end{aligned}\right\} \tag{9.18}$$

Fassen wir das bisher Erreichte zusammen. Die beiden Annahmen über die Verteilung von Kräften an einem Dreieckselement und über die Verschiebungen von Punkten (x, y) eines Elements haben an die Stelle unbekannter Funktionen insgesamt 12 unbekannte Einzelgrößen je Element gesetzt, nämlich die 6 Knotenkräfte von Abb. 9.12 und die 6 Knotenverschiebungen von Abb. 9.10. Dadurch wird letztlich erreicht, daß an die Stelle eines Systems von partiellen Differentialgleichungen für unbekannte Funktionen ein System von linearen algebraischen Gleichungen für Knotenkräfte und Knotenverschiebungen tritt.

9.3.3 Die Steifigkeitsmatrix des Dreieckselements

Die 6 Knotenkräfte und die 6 Knotenverschiebungen sind in Matrixschreibweise durch eine Gleichung der Form

$$\mathbf{F}_i = \mathbf{K}_i\,\mathbf{u}_i \tag{9.19}$$

verknüpft. Darin sind $\mathbf{F}_i$ und $\mathbf{u}_i$ Abkürzungen für die Spaltenmatrizen

$$\begin{aligned}\mathbf{F}_i &= [\;F_{ijx}\quad F_{ikx}\quad F_{i\ell x}\quad F_{ijy}\quad F_{iky}\quad F_{i\ell y}\,]^T,\\ \mathbf{u}_i &= [\;u_{ij}\quad u_{ik}\quad u_{i\ell}\quad v_{ij}\quad v_{ik}\quad v_{i\ell}\;]^T,\end{aligned}$$

und $\mathbf{K}_i$ ist die noch unbekannte Steifigkeitsmatrix. Um sie zu bestimmen, wird ein Ausdruck für die im Dreieck gespeicherte Formänderungsenergie als Funktion der Knotenverschiebungen entwickelt. Dieser Ausdruck hat die von Gl. (8.44) bekannte Form

$$U_i = \tfrac{1}{2}\,\mathbf{u}_i^T\,\mathbf{K}_i\,\mathbf{u}_i. \tag{9.20}$$

Er liefert also die gesuchte Matrix $\mathbf{K}_i$. Die Formänderungsenergie wird aus Gl. (8.4) berechnet. Dazu benötigt man die Dehnungen, Scherungen und Spannungen für alle Punkte des Dreieckselements. Aus den Ansatzfunktionen $u_i(x,y)$ und $v_i(x,y)$ für die Verschiebungen werden zunächst die Dehnungen ϵ_x und ϵ_y und die Scherung γ_{xy} berechnet, und zwar aus den Gln. (2.23):

$$\epsilon_x = \frac{\partial}{\partial x}\,u_i(x,y), \qquad \epsilon_y = \frac{\partial}{\partial y}\,v_i(x,y), \qquad \gamma_{xy} = \frac{\partial}{\partial y}\,u_i(x,y) + \frac{\partial}{\partial x}\,v_i(x,y).$$

Alle anderen Dehnungen und Scherungen sind null. Da in den Funktionen $u_i(x,y)$ und $v_i(x,y)$ x und y nur in linearer Form vorkommen, erhält man die Ausdrücke

$$\left.\begin{aligned}\epsilon_x &= [\,0\;\;1\;\;0\,]\,\mathbf{G}_i\begin{pmatrix}u_{ij}\\u_{ik}\\u_{i\ell}\end{pmatrix}, \qquad \epsilon_y = [\,0\;\;0\;\;1\,]\,\mathbf{G}_i\begin{pmatrix}v_{ij}\\v_{ik}\\v_{i\ell}\end{pmatrix},\\ \gamma_{xy} &= [\,0\;\;0\;\;1\,]\,\mathbf{G}_i\begin{pmatrix}u_{ij}\\u_{ik}\\u_{i\ell}\end{pmatrix} + [\,0\;\;1\;\;0\,]\,\mathbf{G}_i\begin{pmatrix}v_{ij}\\v_{ik}\\v_{i\ell}\end{pmatrix}.\end{aligned}\right\} \tag{9.21}$$

Sie sind unabhängig von x und y! Die Dehnungen und die Scherung haben also für alle Punkte innerhalb des Dreiecks und auf seinem Rand dieselben, nur von den Knotenverschiebungen abhängigen Größen. Aus der Konstanz folgt sofort, daß die Dehnungen und die Scherung null sind, wenn die Knotenverschiebungen Größen haben, die eine Starrköperbewegung des Dreiecks in der x,y-Ebene beschreiben. Das ist der weiter oben fehlende Beweis für die Zulässigkeit der Ansatzfunktionen.

Auch die Spannungen sind in allen Punkten eines Dreiecks gleich. Für den hier vorliegenden ebenen Spannungszustand mit $\sigma_z = 0$ liefern (3.7) und (3.8)

$$\left.\begin{aligned}\sigma_x = \frac{E}{1-\nu^2}\,(\epsilon_x + \nu\epsilon_y), \qquad \sigma_y = \frac{E}{1-\nu^2}\,(\epsilon_y + \nu\epsilon_x),\\ \tau_{xy} = G\gamma_{xy} = \frac{E}{2(1+\nu)}\,\gamma_{xy}.\end{aligned}\right\} \tag{9.22}$$

Im Ausdruck für τ_{xy} wurde die Beziehung (3.10) zwischen E, G und ν verwendet.

Jetzt wird aus Gl. (8.4) die Formänderungsenergie berechnet, die im Dreieckselement i gespeichert ist:

$$U_i = \tfrac{1}{2}\int_V (\sigma_x\epsilon_x + \sigma_y\epsilon_y + \tau_{xy}\gamma_{xy})\,\mathrm{d}V.$$

Die Integration erstreckt sich über das Volumen des Dreieckselements. Es ist gleich dem Produkt aus Dreiecksfläche A_i und Scheibendicke h. Wegen der Konstanz der Spannungen und Dehnungen im Dreieckselement ist

$$U_i = \tfrac{1}{2}A_i h\,(\sigma_x\epsilon_x + \sigma_y\epsilon_y + \tau_{xy}\gamma_{xy})$$

oder in Matrixschreibweise

$$U_i = \tfrac{1}{2}A_i h\,[\sigma_x \;\; \sigma_y \;\; \tau_{xy}]\begin{pmatrix}\epsilon_x\\ \epsilon_y\\ \gamma_{xy}\end{pmatrix}. \tag{9.23}$$

Darin ist wegen (9.21)

$$\begin{pmatrix}\epsilon_x\\ \epsilon_y\\ \gamma_{xy}\end{pmatrix} = \underbrace{\begin{pmatrix}0&1&0&0&0&0\\0&0&0&0&0&1\\0&0&1&0&1&0\end{pmatrix}}_{\mathbf{B}}\underbrace{\left(\begin{array}{c|c}\mathbf{G}_i & \mathbf{0}\\ \hline \mathbf{0} & \mathbf{G}_i\end{array}\right)}_{\hat{\mathbf{G}}_i}\begin{pmatrix}u_{ij}\\u_{ik}\\u_{i\ell}\\v_{ij}\\v_{ik}\\v_{i\ell}\end{pmatrix} = \mathbf{B}\,\hat{\mathbf{G}}_i\,\mathbf{u}_i. \tag{9.24}$$

$\mathbf{B}$ und $\hat{\mathbf{G}}_i$ sind die angegebenen Abkürzungen, und $\mathbf{u}_i$ ist die in (9.19) stehende Spaltenmatrix aller Knotenverschiebungen. Für die Spannungen liefert (9.22) die Matrixgleichung

$$\begin{pmatrix}\sigma_x\\ \sigma_y\\ \tau_{xy}\end{pmatrix} = \frac{E}{1-\nu^2}\underbrace{\begin{pmatrix}1&\nu&0\\ \nu&1&0\\ 0&0&\tfrac{1}{2}(1-\nu)\end{pmatrix}}_{\mathbf{D}}\begin{pmatrix}\epsilon_x\\ \epsilon_y\\ \gamma_{xy}\end{pmatrix} = \frac{E}{1-\nu^2}\,\mathbf{D}\,\mathbf{B}\,\hat{\mathbf{G}}_i\,\mathbf{u}_i. \tag{9.25}$$

Damit und mit (9.24) erhält man nun aus (9.23) für die Formänderungsenergie den Ausdruck

$$U_i = \frac{1}{2}\,\frac{EA_ih}{1-\nu^2}\,\mathbf{u}_i^T\,\hat{\mathbf{G}}_i^T\,\mathbf{B}^T\mathbf{D}\,\mathbf{B}\,\hat{\mathbf{G}}_i\,\mathbf{u}_i.$$

Er hat die gewünschte Form von Gl. (9.20). Die Steifigkeitsmatrix ist

$$\mathbf{K}_i = \frac{EA_i h}{1-\nu^2}\,\hat{\mathbf{G}}_i^T\,\mathbf{B}^T\mathbf{D}\,\mathbf{B}\,\hat{\mathbf{G}}_i.$$

Sie ist symmetrisch. Durch Ausmultiplizieren wird sie noch etwas vereinfacht. Zunächst ist

$$\mathbf{B}^T\mathbf{D}\,\mathbf{B} = \left(\begin{array}{ccc|ccc} 0 & 0 & 0 & 0 & 0 & 0 \\ 0 & 1 & 0 & 0 & 0 & \nu \\ 0 & 0 & \frac{1}{2}(1-\nu) & 0 & \frac{1}{2}(1-\nu) & 0 \\ \hline 0 & 0 & 0 & 0 & 0 & 0 \\ 0 & 0 & \frac{1}{2}(1-\nu) & 0 & \frac{1}{2}(1-\nu) & 0 \\ 0 & \nu & 0 & 0 & 0 & 1 \end{array}\right) = \begin{pmatrix} \mathbf{A}_{11} & \mathbf{A}_{12} \\ \mathbf{A}_{12}^T & \mathbf{A}_{22} \end{pmatrix}.$$

$\mathbf{A}_{11}$, $\mathbf{A}_{12}$ und $\mathbf{A}_{22}$ sind Abkürzungen für die explizit angegebenen (3×3)-Untermatrizen. Mit der Matrix $\hat{\mathbf{G}}_i$ in (9.24) erhält man für die Steifigkeitsmatrix des Dreieckselements die endgültige Darstellung

$$\mathbf{K}_i = \frac{EA_i h}{1-\nu^2}\begin{pmatrix} \mathbf{G}_i^T\mathbf{A}_{11}\,\mathbf{G}_i & \mathbf{G}_i^T\mathbf{A}_{12}\,\mathbf{G}_i \\ \text{symmetr.} & \mathbf{G}_i^T\mathbf{A}_{22}\,\mathbf{G}_i \end{pmatrix}. \tag{9.26}$$

Die Elemente der Matrix sind Funktionen der x- und y-Koordinaten der drei Eckpunkte des Dreiecks, wie man an (9.17) erkennt. Für jedes Dreieckselement des Netzes von Abb. 9.9 ergibt sich eine andere Matrix. Das Einsetzen von Zahlenwerten überläßt man einer Rechenmaschine. Der Rechenaufwand ist wegen der schwachen Besetzung der Matrizen $\mathbf{A}_{11}$, $\mathbf{A}_{12}$ und $\mathbf{A}_{22}$ gering. Da $\mathbf{G}_i$ proportional zu $1/A_i$ ist, ist auch $\mathbf{K}_i$ proportional zu $1/A_i$.

9.3.4 Anwendung der Steifigkeitsmatrix auf Scheibenprobleme

Mit Gl. (9.19),

$$\mathbf{F}_i = \mathbf{K}_i\,\mathbf{u}_i, \tag{9.27}$$

und mit dem expliziten Ausdruck (9.26) für die Steifigkeitsmatrix $\mathbf{K}_i$ des Dreieckselements ist derselbe Stand erreicht, der bei der Lösung von Fachwerkproblemen mit (9.8) und (9.9) erreicht wurde. In beiden Fällen enthalten die Spaltenmatrizen $\mathbf{F}_i$ und $\mathbf{u}_i$ die Kraft- bzw. Verschiebungskoordinaten der Knoten des finiten Elements i, und zwar im globalen Koordinatensystem. In beiden Fällen ist $\mathbf{K}_i$ die Steifigkeitsmatrix des Elements i im globalen Koordinatensystem. Der einzige Unterschied ist die Größe der Matrizen. Beim Stabelement mit zwei Knoten (den Endpunkten des Stabes) sind je 4 Kraft- und Verschiebungskoordinaten vorhanden, beim Dreieckselement sind es je 6.

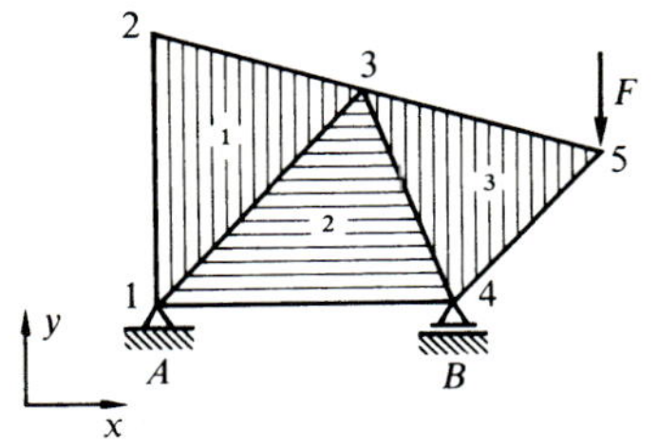

Abb. 9.14. Eine Scheibe mit drei finiten Elementen

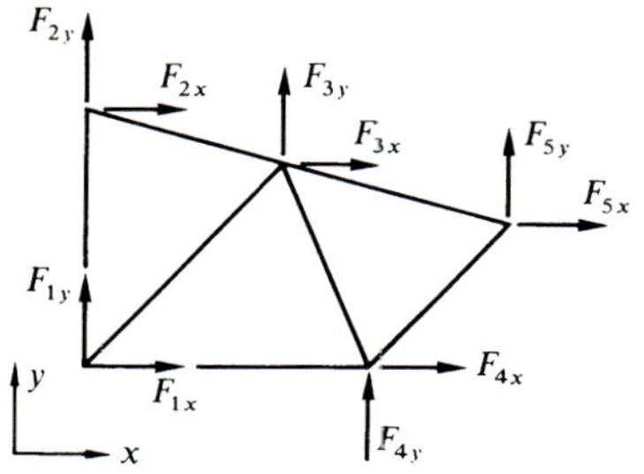

Abb. 9.15.

Bei der Lösung eines konkreten Scheibenproblems folgt man nun genau denselben Schritten, wie bei der Lösung eines Fachwerkproblems. Zur Demonstration von Einzelheiten soll das einfache Scheibenproblem von Abb. 9.14 mit drei finiten Elementen und fünf Knoten und mit der gegebenen Knotenlast F dienen. Bei komplizierten Netzwerken, wie z.B. dem in Abb. 9.9 mit der gegebenen Belastung nach Abb. 9.11, sind dieselben Rechnungen durchzuführen. Dort ist nur die Zahl der Rechenoperationen größer entsprechend der größeren Zahl von Knoten.

Aus den Steifigkeitsmatrizen $\mathbf{K}_1$, $\mathbf{K}_2$ und $\mathbf{K}_3$ der drei finiten Elemente wird die Steifigkeitsmatrix $\mathbf{K}$ des Gesamtsystems gebildet. Wie im 4. Schritt auf S. 312 denkt man sich das System an allen Lagern freigeschnitten und an allen Knoten mit Kräften in x- und in y-Richtung belastet. Die Namen dieser Kräfte sind F_{jx} und F_{jy}, wobei der erste Index den Knoten angibt. Das Ergebnis ist Abb. 9.15.

Die Verschiebungen des Knotens j in x- und in y-Richtung werden u_j bzw. v_j genannt. Zwischen den Spaltenmatrizen

$$\begin{aligned} \mathbf{F} &= [\; F_{1x} \;\; F_{2x} \;\; \ldots \;\; F_{nx} \;\; F_{1y} \;\; F_{2y} \;\; \ldots \;\; F_{ny} \;]^T, \\ \mathbf{u} &= [\; u_1 \;\; u_2 \;\; \ldots \;\; u_n \;\; v_1 \;\; v_2 \;\; \ldots \;\; v_n \;]^T \end{aligned}$$

besteht eine Beziehung der Form

$$\mathbf{F} = \mathbf{K}\,\mathbf{u}. \tag{9.28}$$

Die Matrix $\mathbf{K}$ ist die gesuchte Steifigkeitsmatrix des Gesamtsystems. Im Beispiel von Abb. 9.15 ist die Knotenzahl $n = 5$. In den Gln. (9.27) der einzelnen finiten Elemente sind alle Verschiebungen in allen Spaltenmatrizen $\mathbf{u}_i$ identisch mit bestimmten Verschiebungen in der Matrix $\mathbf{u}$, weil die Knoten der finiten Elemente zugleich Knoten des Dreiecksnetzes sind. Man kann daher wieder erweiterte Steifigkeitsmatrizen bilden, indem man die Matrizen von Gl. (9.27) durch Umordnen und Einfügen von Nullen auf die Größe der Matrizen von (9.28) bringt und dabei rechts als Faktor die Spaltenmatrix $\mathbf{u}$ erzeugt. Für das System von Abb. 9.15 haben die erweiterten Gleichungen z.B. die Formen:

$$\begin{pmatrix} F_{11x} \\ F_{12x} \\ F_{13x} \\ 0 \\ 0 \\ F_{11y} \\ F_{12y} \\ F_{13y} \\ 0 \\ 0 \end{pmatrix} = \begin{pmatrix} \times & \times & \times & \cdot & \cdot & \times & \times & \times & \cdot & \cdot \\ \times & \times & \times & \cdot & \cdot & \times & \times & \times & \cdot & \cdot \\ \times & \times & \times & \cdot & \cdot & \times & \times & \times & \cdot & \cdot \\ \cdot & \cdot & \cdot & \cdot & \cdot & \cdot & \cdot & \cdot & \cdot & \cdot \\ \cdot & \cdot & \cdot & \cdot & \cdot & \cdot & \cdot & \cdot & \cdot & \cdot \\ \times & \times & \times & \cdot & \cdot & \times & \times & \times & \cdot & \cdot \\ \times & \times & \times & \cdot & \cdot & \times & \times & \times & \cdot & \cdot \\ \times & \times & \times & \cdot & \cdot & \times & \times & \times & \cdot & \cdot \\ \cdot & \cdot & \cdot & \cdot & \cdot & \cdot & \cdot & \cdot & \cdot & \cdot \\ \cdot & \cdot & \cdot & \cdot & \cdot & \cdot & \cdot & \cdot & \cdot & \cdot \end{pmatrix} \begin{pmatrix} u_1 \\ u_2 \\ u_3 \\ u_4 \\ u_5 \\ v_1 \\ v_2 \\ v_3 \\ v_4 \\ v_5 \end{pmatrix},$$

$$\begin{pmatrix} F_{21x} \\ 0 \\ F_{23x} \\ F_{24x} \\ 0 \\ F_{21y} \\ 0 \\ F_{23y} \\ F_{24y} \\ 0 \end{pmatrix} = \begin{pmatrix} \times & \cdot & \times & \times & \cdot & \times & \cdot & \times & \times & \cdot \\ \cdot & \cdot & \cdot & \cdot & \cdot & \cdot & \cdot & \cdot & \cdot & \cdot \\ \times & \cdot & \times & \times & \cdot & \times & \cdot & \times & \times & \cdot \\ \times & \cdot & \times & \times & \cdot & \times & \cdot & \times & \times & \cdot \\ \cdot & \cdot & \cdot & \cdot & \cdot & \cdot & \cdot & \cdot & \cdot & \cdot \\ \times & \cdot & \times & \times & \cdot & \times & \cdot & \times & \times & \cdot \\ \cdot & \cdot & \cdot & \cdot & \cdot & \cdot & \cdot & \cdot & \cdot & \cdot \\ \times & \cdot & \times & \times & \cdot & \times & \cdot & \times & \times & \cdot \\ \times & \cdot & \times & \times & \cdot & \times & \cdot & \times & \times & \cdot \\ \cdot & \cdot & \cdot & \cdot & \cdot & \cdot & \cdot & \cdot & \cdot & \cdot \end{pmatrix} \begin{pmatrix} u_1 \\ u_2 \\ u_3 \\ u_4 \\ u_5 \\ v_1 \\ v_2 \\ v_3 \\ v_4 \\ v_5 \end{pmatrix},$$

$$\begin{pmatrix} 0 \\ 0 \\ F_{33x} \\ F_{34x} \\ F_{35x} \\ 0 \\ 0 \\ F_{33y} \\ F_{34y} \\ F_{35y} \end{pmatrix} = \begin{pmatrix} \cdot & \cdot & \cdot & \cdot & \cdot & \cdot & \cdot & \cdot & \cdot & \cdot \\ \cdot & \cdot & \cdot & \cdot & \cdot & \cdot & \cdot & \cdot & \cdot & \cdot \\ \cdot & \cdot & \times & \times & \times & \cdot & \cdot & \times & \times & \times \\ \cdot & \cdot & \times & \times & \times & \cdot & \cdot & \times & \times & \times \\ \cdot & \cdot & \times & \times & \times & \cdot & \cdot & \times & \times & \times \\ \cdot & \cdot & \cdot & \cdot & \cdot & \cdot & \cdot & \cdot & \cdot & \cdot \\ \cdot & \cdot & \cdot & \cdot & \cdot & \cdot & \cdot & \cdot & \cdot & \cdot \\ \cdot & \cdot & \times & \times & \times & \cdot & \cdot & \times & \times & \times \\ \cdot & \cdot & \times & \times & \times & \cdot & \cdot & \times & \times & \times \\ \cdot & \cdot & \times & \times & \times & \cdot & \cdot & \times & \times & \times \end{pmatrix} \begin{pmatrix} u_1 \\ u_2 \\ u_3 \\ u_4 \\ u_5 \\ v_1 \\ v_2 \\ v_3 \\ v_4 \\ v_5 \end{pmatrix}.$$

Die quadratischen Matrizen sind erweiterte Steifigkeitsmatrizen der finiten Elemente. Die Kreuze bezeichnen die jeweils 36 Elemente der Steifigkeitsmatrizen $\mathbf{K}_1$ bzw. $\mathbf{K}_2$ bzw. $\mathbf{K}_3$, und Punkte bezeichnen Nullen. Aus den Gleichgewichtsbedingungen für alle freigeschnittenen Knoten ergibt sich wie früher für die Steifigkeitsmatrix des Gesamtsystems die Bildungsvorschrift (vgl. (9.12)):

$$\mathbf{K} = \begin{array}{l}\text{Summe der erweiterten Steifigkeitsmatrizen} \\ \text{aller finiten Elemente des Systems.}\end{array} \tag{9.29}$$

Bei praktischen Rechnungen bildet man gar nicht erst die erweiterten Steifigkeitsmatrizen der einzelnen finiten Elemente. Man stellt nur nacheinander für jede der Matrizen von (9.27) fest, auf welche Plätze der Matrix **K** ihre Elemente gehören und addiert sie gleich auf.

Nun werden in (9.28) die Randbedingungen eingesetzt (vgl. den 5. Schritt auf S. 315). In der Spaltenmatrix **F** sind die Elemente auf all den Plätzen unbekannt, auf denen die Elemente der Spaltenmatrix **u** vorgegeben sind und umgekehrt. Für das System von Abb. 9.14 ist z.B.

$$\begin{aligned}\mathbf{F} &= [\; A_x \quad 0 \quad 0 \quad 0 \quad 0 \quad A_y \quad 0 \quad 0 \quad B_y \quad -F \;]^T,\\ \mathbf{u} &= [\; 0 \quad u_2 \quad u_3 \quad u_4 \quad u_5 \quad 0 \quad v_2 \quad v_3 \quad 0 \quad v_5 \;]^T.\end{aligned}$$

Unbekannt sind die Lagerkräfte A_x, A_y und B_y sowie alle nicht als Nullen bezeichneten Verschiebungen. Die Zahl der Unbekannten und die Zahl der Gleichungen in dem Gleichungssystem

$$\mathbf{F} = \mathbf{K}\,\mathbf{u}$$

sind gleich groß. Wenn die Scheibe unbeweglich gelagert ist (statisch bestimmt oder unbestimmt), dann hat das Gleichungssystem eine eindeutige Lösung für die unbekannten Lagerkräfte und Knotenverschiebungen. Mit den Knotenverschiebungen können dann aus (9.21) und (9.22) für alle finiten Elemente die Dehnungen und Spannungen berechnet werden. Damit ist die mit Finite-Elemente-Methoden erzielbare Näherungslösung des Problems vollständig.

9.3.5 Zur Frage der Genauigkeit von Näherungslösungen

Während die Finite-Elemente-Methode bei ebenen Fachwerken auf einem exakten Ausdruck für die Steifigkeitsmatrix des Stabelements beruht (siehe (9.4) und (9.9)) und deshalb exakte Ergebnisse liefert, ist beim Scheibenproblem der Ausdruck für die Steifigkeitsmatrix das Ergebnis grob vereinfachender Annahmen. Man muß deshalb die Frage stellen, wie zuverlässig Ergebnisse für Spannungen und Verschiebungen sind, die mit dieser Methode berechnet werden. Für den Mathematiker stellt sich die Frage, ob die Ergebnisse gegen die tatsächliche Lösung konvergieren, wenn man die Scheibe in immer mehr und in immer kleinere Elemente unterteilt. Offensichtlich konvergiert das Verfahren nicht, wenn man die Dreiecke nach Abb. 9.16 immer schmaler macht, weil die Spannungen innerhalb jedes Dreiecks konstant sind, was für die tatsächliche Spannungsverteilung nicht zutrifft. Das Dreiecksnetz in Abb. 9.9 ist vernünftiger gewählt.

Der Praktiker gewinnt Vertrauen in die Methode, wenn er an vielen Beispielen eine gute Übereinstimmung von Rechenergebnissen mit experimentellen Ergebnissen oder – falls vorhanden – mit exakten analytischen Lösungen feststellt. Derartige gute Erfahrungen liegen in großer Zahl vor. Abb. 9.17 zeigt z.B. für den Zugstab mit Loch von Abb. 9.8a den Verlauf von Linien konstanter Hauptspannungsdifferenz $\sigma_1(x,y) - \sigma_2(x,y) = \text{const}$,

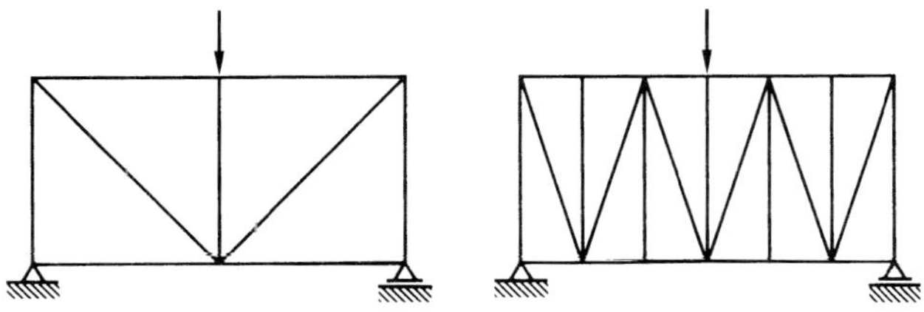

Abb. 9.16. Diese beiden Dreiecksnetze sind für das dargestellte Scheibenproblem ungeeignet

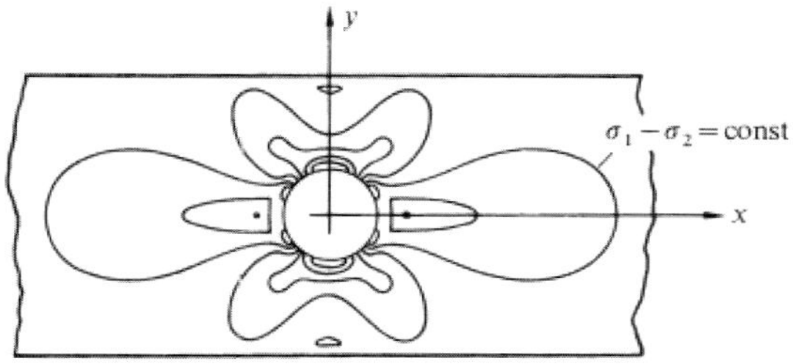

Abb. 9.17. In dem Zugstab mit Loch von Abb. 9.8a kann man mit spannungsoptischen Methoden diesen Verlauf von Linien konstanter Hauptspannungsdifferenz $\sigma_1(x,y) - \sigma_2(x,y) = \text{const}$ sichtbar machen

wie er sich mit spannungsoptischen Methoden sichtbar machen läßt. Finite-Elemente-Rechnungen mit einem hinreichend feinen Netz führen zu Ergebnissen, die mit diesem experimentellen Ergebnis gut übereinstimmen.

Es muß betont werden, daß man Finite-Elemente-Rechnungen nicht blindlings vertrauen darf. Daß die Dreiecke vernünftig geformt sein müssen, wurde an Abb. 9.16 schon erläutert. Es kann aber auch sein, daß die Ansatzfunktionen von Gl. (9.16) einem Problem nicht angemessen sind, weil die aus diesen Funktionen folgende Konstanz der Dehnungen im ganzen Element eine zu grobe Vereinfachung ist. Dann muß man andere Ansatzfunktionen wählen. Das bedeutet, daß man mit einem anderen finiten Element arbeitet. In der Tat gibt es andere finite Elemente mit besseren Eigenschaften. Dem interessierten Leser wird die weiterführende Literatur empfohlen, z.B. das Standardwerk [20], das schon durch seine vielen interessanten Abbildungen zu vertieftem Studium anregt. Sie sind eine überzeugende Demonstration der vielseitigen Anwendbarkeit dieser Methode. Die Schilderung des Dreieckselements für Scheibenprobleme gibt nur einen kleinen Einblick.

Abschließend ist ein Hinweis darauf am Platz, daß Finite-Elemente-Methoden eng mit dem Ritzschen Verfahren von Abschnitt 8.11 verwandt sind. Die folgende Beschreibung der beiden Methoden macht das deutlich. Mit dem Ritzschen Verfahren wird eine Näherungslösung für eine unbekannte Verschiebungsfunktion gesucht, z.B. für die Durchbiegungsfunktion $w(x,y)$

einer Platte. Zu diesem Zweck wird ein System von Ansatzfunktionen in der Form

$$c_1 w_1(x,y) + c_2 w_2(x,y) + \ldots + c_n w_n(x,y)$$

formuliert. Die Funktionen $w_1(x,y)$ bis $w_n(x,y)$ sind vorgegeben, und zwar so, daß jede von ihnen alle wesentlichen (d.h. die geometrischen) Randbedingungen am ganzen Rand der Platte erfüllt. Bei einfach geformten Platten ist das möglich. Die Funktionen sind mehr oder weniger kompliziert aufgebaut (siehe Beisp. 8.11-2). Die Koeffizienten $c_1, \ldots, c_n$ sind unbekannt. Sie werden aus der Bedingung bestimmt, daß das gesamte Potential ein Minimum ist. Je besser die einzelnen Ansatzfunktionen w_1, w_2 usw. die tatsächliche Lösung annähern, desto weniger Ansatzfunktionen sind notwendig.

Mit Finite-Elemente-Methoden werden ebenfalls Näherungslösungen für unbekannte Verschiebungsfunktionen gesucht, z.B. für die Verschiebungsfunktionen $u(x,y)$ und $v(x,y)$ aller Punkte der Scheibe mit Loch in Abb. 9.8a. Für jede Verschiebungsfunktion wird wieder ein System von Ansatzfunktionen formuliert. Wegen der komplizierten Randform der Scheibe gelingt es aber nicht, Ansatzfunktionen zu formulieren, die alle wesentlichen Randbedingungen auf dem ganzen Rand erfüllen. Sie müßten außerordentlich kompliziert sein. Statt ein System von derartig komplizierten Ansatzfunktionen für die ganze Scheibe zu formulieren, teilt man die Scheibe in finite Elemente (z.B. in Dreiecke) und formuliert für jedes Element sehr einfache Ansatzfunktionen (z.B. die in Gl. (9.16)). Sie erfüllen die wesentlichen Randbedingungen am ganzen Rand des finiten Elements, daß nämlich benachbarte finite Elemente zusammenpassen (siehe Abb. 9.13). Als unbekannte Koeffizienten in den Ansatzfunktionen werden die Knotenverschiebungen gewählt, weil sie besonders anschauliche Größen sind (siehe Gl. (9.18)). Der Vorteil einfacher Ansatzfunktionen wird mit dem Nachteil erkauft, daß die Gesamtzahl der Elemente und damit der Koeffizienten sehr groß ist. Die Koeffizienten werden aus Gl. (9.28) berechnet, nachdem dort noch die Randbedingungen an den Lagern eingesetzt sind. Diese Gleichung kann man aus der Bedingung entwickeln, daß das gesamte Potential des Systems ein Minimum annehmen muß. Hier wurde die Gleichung allerdings anders hergeleitet. Die enge Beziehung zum Potentialbegriff wurde aber deutlich bei der Bildung der Steifigkeitsmatrix $\mathbf{K}_i$ mit Hilfe der Formänderungsenergie (siehe (9.20), (9.23) und (9.26)).

Mit diesen Ausführungen wird erkennbar, daß die geschilderte Finite-Elemente-Methode nichts anderes ist als eine computergerechte Formulierung des Ritzschen Verfahrens für Systeme mit komplizierten Randbedingungen. Der folgende Abschnitt zeigt, daß mit den geschilderten Methoden auch Systeme berechenbar sind, die noch wesentlich komplizierter aufgebaut sind als Fachwerke und Scheiben.

9.4 Die Substrukturmethode

Abb. 9.18a zeigt zeigt drei ebene Systeme. Es wird vorausgesetzt, daß für jedes System die Gl. (9.28) schon formuliert wurde. Die drei Gleichungen werden in der Form geschrieben:

$$\mathbf{F}_i = \mathbf{K}_i\,\mathbf{u}_i \qquad (i = 1, 2, 3). \tag{9.30}$$

Darin ist i die Nummer des Systems. Die Gleichung darf also nicht als Gl. (9.27) für ein einzelnes finites Element mißverstanden werden.

Man stelle sich vor, daß die drei Systeme *Substrukturen* eines Gesamtsystems sind, das z.B. nach dem Schema von Abb. 9.18b zusammengebaut wird. Beim Zusammenbau werden die dick gezeichneten Knoten der Substrukturen miteinander verbunden, und zwar im unbelasteten Zustand des Systems spiel- und spannungsfrei. Gesucht wird die Steifigkeitsmatrix des Gesamtsystems in der Gleichung

$$\mathbf{F} = \mathbf{K}\mathbf{u}. \tag{9.31}$$

Darin sind **F** und **u** die Spaltenmatrizen der Kräfte bzw. der Verschiebungen an allen Knoten des Gesamtsystems.

Die Lösung dieses Problems ist sehr einfach. Jeder Knoten jeder Substruktur ist mit einem bestimmten Knoten des Gesamtsystems identisch. Sobald man die Knoten des Gesamtsystems neu numeriert hat, ist die Zuordnung von alten und neuen Knotennummern eindeutig. Folglich existiert für jede Substruktur zu Gl. (9.30) eine Gleichung

$$\mathbf{F}_i^* = \mathbf{K}_i^*\,\mathbf{u} \qquad (i = 1, 2, 3)$$

mit der Matrix **u** von Gl. (9.31) und mit einer erweiterten Steifigkeitsmatrix $\mathbf{K}_i^*$, die in neuer Anordnung alle Elemente von $\mathbf{K}_i$ und außerdem Nullzeilen

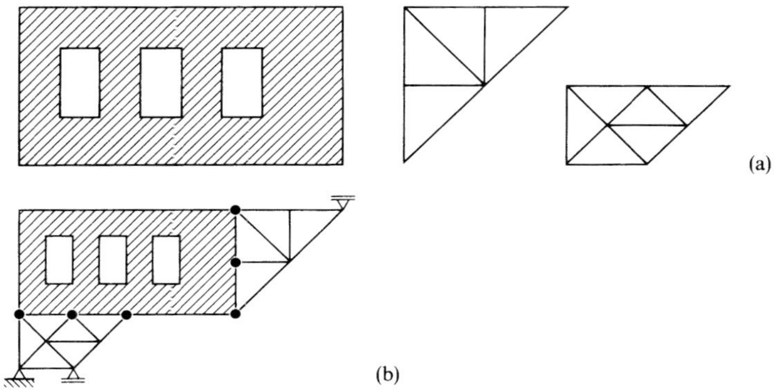

Abb. 9.18. Eine Wandscheibe mit Löchern und zwei Fachwerke als isolierte Systeme (a) und als Substrukturen eines größeren Systems (b)

und Nullspalten enthält. Auch $\mathbf{F}_i^*$ enthält die Elemente von $\mathbf{F}_i$ in neuer Anordnung. Für die Bildung von $\mathbf{K}_i^*$ aus $\mathbf{K}_i$ gelten die Erläuterungen zu Gl. (9.11). Mit derselben Begründung wie dort gilt sinngemäß Gl. (9.12):

$$\mathbf{K} = \sum_i \mathbf{K}_i^* \qquad \text{(Summe der erweiterten Steifigkeitsmatrizen aller Substrukturen).}$$

Mit diesem Ergebnis stellt sich also heraus, daß dieselbe Rechenvorschrift, mit der man aus einfachsten finiten Elementen kompliziertere Substrukturen aufbaut, auch dazu dient, aus Substrukturen noch kompliziertere Gesamtsysteme zu bilden. Dieser Vorgang kann beliebig oft wiederholt werden.

10. Knickprobleme

In Abb. 10.1 (Fall II) zeigt die dick gezeichnete Linie einen beidseitig gelenkig gelagerten Stab mit konstantem Querschnitt. Man stelle sich vor, daß die Kraft F so genau, wie experimentell möglich, entlang der Stabachse wirkt. Aus Erfahrung ist jedem bekannt, wie sich der Stab verhält, wenn die Größe von F von null beginnend langsam gesteigert wird. Der Stab bleibt gerade, solange F hinreichend klein ist. Bei Überschreiten einer gewissen kritischen Last F_k wird er plötzlich gebogen (gestrichelte Linie). Man sagt, der Stab knickt. Bei dünnen, langen Stäben tritt das Knicken ein, bevor die Längsspannung die höchstzulässige Spannung an der Elastizitätsgrenze erreicht. Es handelt sich also nicht um ein Versagen des Werkstoffs, sondern um ein Instabilitätsproblem. Die gerade Lage des Stabes ist stabil, wenn $F < F_k$ ist und sie ist instabil, wenn $F > F_k$ ist.

Bei genauer Beobachtung stellt man fest, daß zu jeder Last F oberhalb der kritischen Last eine bestimmte gebogene Form des Stabes gehört, wobei die maximale Ausbiegung in Stabmitte mit wachsender Last sehr stark ansteigt.

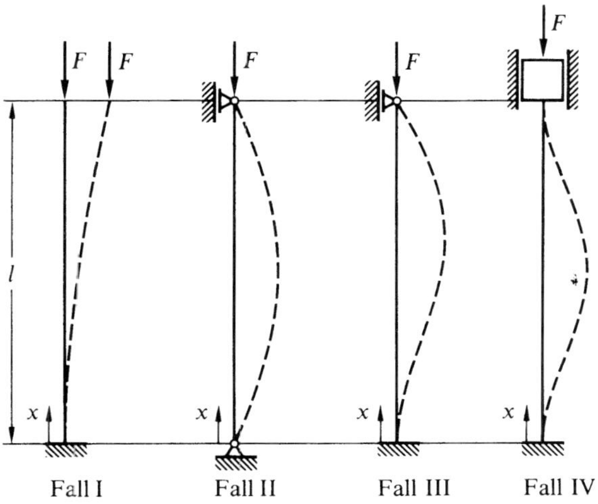

Abb. 10.1. Die vier von Euler untersuchten Knickfälle. Die Biegelinien im ausgeknickten Zustand sind gestrichelt (genau gezeichnete Eigenformen)

Im gebogenen Stab verursacht die Kraft Biegemomente mit zugehörigen Biegelängsspannungen, die sich der Längsspannung infolge Druck überlagern. Dadurch wird schon bei einer Last wenig oberhalb der kritischen Last die höchstzulässige Spannung überschritten, so daß der Stab durch diesen sekundären Effekt zerstört wird. Der Vorgang ist dramatisch, weil sich das Ausknicken nicht sichtbar ankündigt, solange F kleiner als die kritische Last ist. Wenn die Last dicht genug an der kritischen Last liegt, kann eine Steigerung um wenige Prozent schon zur Zerstörung führen. Da Druckstäbe in Fachwerken und in vielen anderen Konstruktionen verwendet werden, muß man ihre kritischen Lasten kennen. Bei den folgenden mathematischen Betrachtungen wird vorausgesetzt, daß die Kraft F genau entlang der Stabachse angreift. Erst in Abschnitt 10.5 wird untersucht, welchen Einfluß kleine Abweichungen von diesem Idealzustand haben.

Alle in diesem Kapitel betrachteten Knickprobleme haben eines gemeinsam: Im ausgeknickten Zustand liegt die Biegelinie der ursprünglich geraden Stabachse in einer Ebene, und der Biegung ist keine Torsion überlagert. Für die Technik genauso wichtig und interessant sind Fälle, bei denen die Stabachse nach dem Knicken eine räumliche Figur besitzt, wobei der Biegung eine Torsion überlagert ist. Diese Phänomene werden mit dem Begriff *Biegedrillknicken* umschrieben. Man beobachtet sie z.B. bei Stäben, bei denen der Schubmittelpunkt nicht auf einer Hauptachse des Stabquerschnitts liegt. Biegedrillknicken wird in diesem Buch nicht untersucht. Das Problem ist allerdings wichtig, weil man bei Stäben, bei denen Biegedrillknicken auftritt, einen zu großen Wert für die kritische Last erhält, wenn man sie formal nach der Theorie für ebenes *Knicken* berechnet. Einzelheiten findet der Leser in [21] und [22].

In Abb. 10.1 sind die einfachsten Lagerungsarten eines Knickstabes dargestellt. Die Biegelinien im ausgeknickten Zustand sind gestrichelt. Die Kraftpfeile im Fall I weisen daraufhin, daß im folgenden Potentialkräfte konstanter Richtung vorausgesetzt werden. Das wichtigste Beispiel sind Gewichtskräfte.

10.1 Der Eulersche Knickstab

Die vier klassischen Knickfälle von Abb. 10.1 bei Stäben mit konstantem Querschnitt hat schon Euler[1] untersucht. Im folgenden wird seine Methode am Fall II demonstriert.

Ausgangspunkt ist die Differentialgleichung der Biegelinie (Gl. (5.34)):

$$w''(x) = -\frac{M_y(x)}{EI_y}. \tag{10.1}$$

Das Biegemoment wird wie immer aus einer Momentengleichgewichtsbedingung gewonnen. Das wesentliche Kennzeichen der Eulerschen Methode

[1] Leonhard Euler, 1707 (Basel) – 1783 (St. Petersburg)

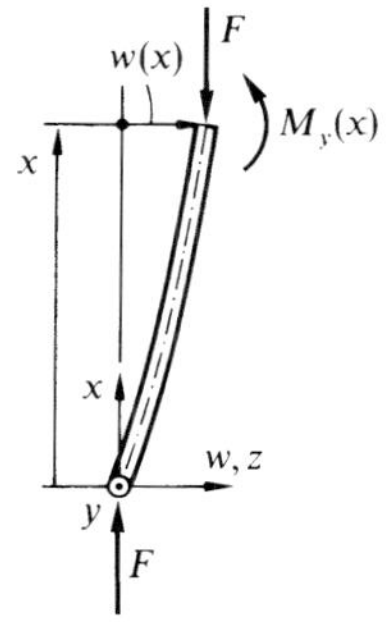

Abb. 10.2. Freikörperbild für ein verformtes Stabstück im Knickfall II

ist, daß diese Gleichgewichtsbedingung für das verformte System aufgestellt wird. Bisher wurden Gleichgewichtsbedingungen immer am unverformten System formuliert. Täte man das auch hier, dann erhielte man die Aussage $M_y(x) \equiv 0$, d.h. das zwar richtige, aber nicht interessante Ergebnis, daß die gerade Lage des Stabes eine Gleichgewichtslage ist. Eine Theorie, die mit Gleichgewichtsbedingungen für das verformte System arbeitet, heißt Theorie 2. Ordnung. Abb. 10.2 zeigt das untere Ende des in zwei Teile geschnittenen Stabes im verformten Zustand. An der Schnittstelle bei x wirkt aus Gründen des Kräftegleichgewichts die Kraft F in vertikaler Richtung. Außerdem tritt dort das Biegemoment $M_y(x)$ auf. Das Momentengleichgewicht erfordert

$$M_y(x) - Fw(x) = 0.$$

Damit lautet die Differentialgleichung der Biegelinie

$$w''(x) + \beta^2 w(x) = 0 \tag{10.2}$$

mit der Abkürzung

$$\beta^2 = \frac{F}{EI_y}. \tag{10.3}$$

Sie hat erstens die triviale Lösung

$$w(x) \equiv 0$$

und zweitens nichttriviale Lösungen der allgemeinen Form

$$w(x) = A \sin \beta x + B \cos \beta x \tag{10.4}$$

mit noch unbestimmten Integrationskonstanten A und B. Die Lösung muß den Randbedingungen genügen:

$$w(0) = 0, \qquad w(\ell) = 0. \tag{10.5}$$

Daraus erhält man die Gleichungen

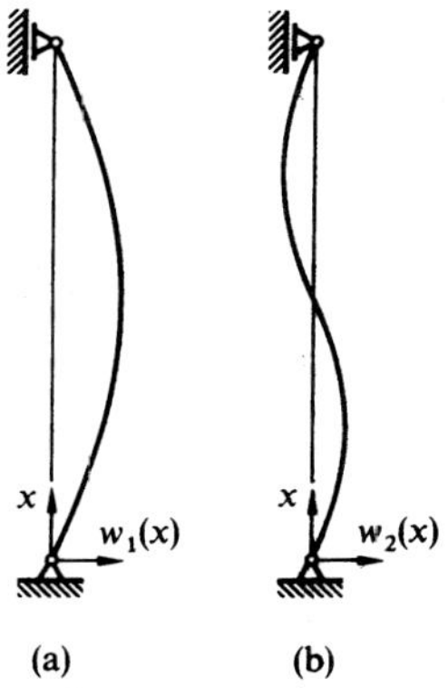

Abb. 10.3. Erste und zweite Eigenform im Knickfall II

$$B = 0, \qquad A \sin \beta\ell = 0.$$

Sie haben nur dann eine nichttriviale Lösung für A (d.h. eine Lösung, bei der $w(x)$ nicht identisch null ist), wenn $\beta\ell$ die speziellen Größen hat:

$$\beta_n \ell = n\pi \qquad (n = 1, 2, \ldots). \tag{10.6}$$

Dann ist die Lösung:

$$w_n(x) = A_n \sin \beta_n x \qquad (n = 1, 2, \ldots). \tag{10.7}$$

Mathematische Probleme dieser Art heißen *Eigenwertprobleme* (siehe [23]). Die Größen $\beta_1 \ell$, $\beta_2 \ell$ usw. sind die *Eigenwerte*, und die zugehörigen Verläufe von $w_n(x)$ sind die *Eigenformen*. Zu jedem Eigenwert gehört nach (10.3) eine bestimmte Kraft

$$F_n = n^2 \frac{\pi^2 EI_y}{\ell^2} \qquad (n = 1, 2, \ldots). \tag{10.8}$$

Die Ergebnisse (10.7)und (10.8) und die triviale Lösung $w(x) \equiv 0$ sind wie folgt zu interpretieren. Unabhängig von der Lastgröße ist die gerade Lage des Stabes eine Gleichgewichtslage. Für die speziellen Lastgrößen F_1, F_2 usw. befindet sich der Stab außerdem in bestimmten gebogenen Formen, den Eigenformen (10.7), im Gleichgewicht. In Abb. 10.3 sind die ersten beiden Eigenformen $w_1(x)$ und $w_2(x)$ dargestellt. Die Maximalauslenkung A_n der Eigenformen wird durch die Rechnung nicht geliefert.

Diese Ergebnisse entsprechen *nicht* den Beobachtungen bei dem eingangs geschilderten Experiment! Hatte sich doch in dem kleinen Lastintervall zwischen der kritischen Last F_k und der Zerstörung des Stabes zu jeder Lastgröße eine bestimmte gebogene Gleichgewichtslage des Stabes eingestellt. Die Vermutung liegt nahe, daß die zum kleinsten Eigenwert gehörende Kraft F_1 die kritische Last ist, und daß die zugehörige erste Eigenform $w_1(x)$, wenn auch ohne Größenangabe, die Biegeform des ausgeknickten Stabes korrekt beschreibt. Diese Vermutungen werden im folgenden durch zwei Untersuchungen bestätigt. Die erste Untersuchung klärt auch die Bedeutung der Kräfte F_n und der Eigenformen $w_n(x)$ mit $n > 1$.

10.1.1 Verbesserte Näherung für die Differentialgleichung des Knickstabes

Die Abweichung zwischen den mathematischen und den experimentellen Ergebnissen ist darauf zurückzuführen, daß die Differentialgleichung (10.1) der Biegelinie in Kap. 5.3 das Ergebnis einer Näherung für die exakte Gl. (5.29),

$$\frac{1}{\rho(x)} = \frac{M_y(x)}{EI_y},$$

war. Die Krümmung $1/\rho(x)$ der Biegelinie wurde durch $-w''(x)$ angenähert. Jetzt braucht man eine bessere Näherung. Im vorliegenden Fall ist $M_y = Fw = \beta^2 EI_y w$, so daß die exakte Gleichung die Form hat:

$$\frac{1}{\rho} = \beta^2\, w. \tag{10.9}$$

Man faßt ρ und w als Funktionen der Bogenlänge s der Biegelinie auf und liest aus Abb. 10.4 die geometrischen Beziehungen ab:

$$\frac{\mathrm{d}w}{\mathrm{d}s} = \sin\varphi, \qquad \rho\,\mathrm{d}\varphi = \mathrm{d}s \quad \text{oder} \quad \frac{1}{\rho} = \frac{\mathrm{d}\varphi}{\mathrm{d}s}.$$

Differentiation der ersten Gleichung nach s führt zu

$$\frac{\mathrm{d}^2 w}{\mathrm{d}s^2} = \frac{\mathrm{d}\varphi}{\mathrm{d}s}\cos\varphi$$

oder mit den beiden vorigen Gleichungen

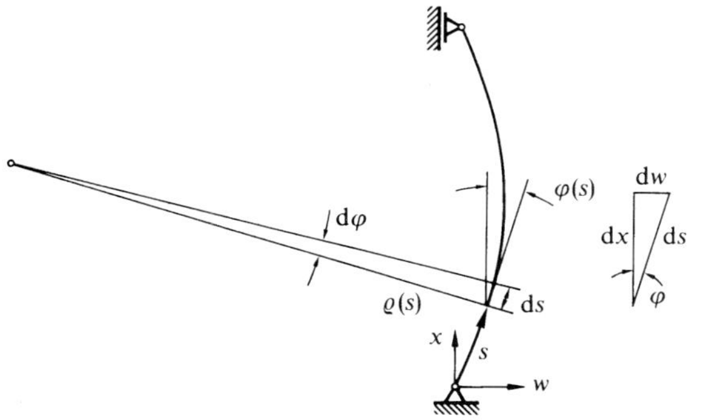

Abb. 10.4.

$$\frac{\mathrm{d}^2 w}{\mathrm{d}s^2} = \pm\frac{1}{\rho}\sqrt{1-\left(\frac{\mathrm{d}w}{\mathrm{d}s}\right)^2}.$$

Für $1/\rho$ wird der Ausdruck (10.9) eingesetzt, und die Wurzel wird mit der Taylorschen Formel angenähert. Dann entsteht die Näherung

$$\frac{\mathrm{d}^2 w}{\mathrm{d}s^2} = \pm\beta^2\, w\left[1-\tfrac{1}{2}\left(\frac{\mathrm{d}w}{\mathrm{d}s}\right)^2\right].$$

Welches Vorzeichen richtig ist, klärt Abb. 10.4. Im ganzen Bereich des Stabes ist w positiv und $\mathrm{d}^2 w/\mathrm{d}s^2$ negativ. Also gilt das Minuszeichen. Damit entsteht die Gleichung

$$\frac{\mathrm{d}^2 w}{\mathrm{d}s^2} + \beta^2\, w = \tfrac{1}{2}\beta^2\, w\left(\frac{\mathrm{d}w}{\mathrm{d}s}\right)^2. \tag{10.10}$$

Sie ist die gesuchte bessere Näherung für die Differentialgleichung der Biegelinie. Sie unterscheidet sich von (10.2) durch den nichtlinearen Ausdruck auf der rechten Seite und durch die Verwendung von s anstelle von x als der unabhängigen Variablen. An die Stelle der Randbedingungen (10.5) tritt:

$$w(s=0)=0, \qquad w(s=\ell)=0.$$

Die Differentialgleichung wird iterativ gelöst, wobei schon ein einziger Iterationsschritt genügt. In der 1. Näherung wird das nichtlineare Glied auf der rechten Seite wieder weggelassen. Die Lösung wird aus (10.7) übernommen:

$$w(s) = A_n \sin\beta_n s. \tag{10.11}$$

Sie wird in die rechte Seite von Gl. (10.10) eingesetzt. Dann erhält man für $w(s)$ in der 2. Näherung die inhomogene lineare Differentialgleichung

$$\frac{\mathrm{d}^2 w}{\mathrm{d}s^2} + \beta^2\, w = \tfrac{1}{2}\beta^2\, \beta_n^2\, A_n^3 \sin\beta_n s\, \cos^2\beta_n s.$$

Mit den Formeln

$$\cos^2\beta_n s = 1-\sin^2\beta_n s, \qquad \sin^3\beta_n s = \tfrac{3}{4}\sin\beta_n s - \tfrac{1}{4}\sin 3\beta_n s$$

nimmt sie die Form an:

$$\frac{\mathrm{d}^2 w}{\mathrm{d}s^2} + \beta^2\, w = \tfrac{1}{8}\beta^2\, \beta_n^2\, A_n^3 (\sin\beta_n s + \sin 3\beta_n s).$$

Der Lösungsansatz hat die Form der rechten Seite:

$$w(s) = A_n \sin\beta_n s + B_n \sin 3\beta_n s. \tag{10.12}$$

Er erfüllt die Randbedingungen. Das erste Glied ist mit dem in (10.11) identisch. Einsetzen in die Differentialgleichung liefert

$$A_n \sin\beta_n s \Big(-\beta_n^2 + \beta^2 - \tfrac{1}{8}\beta^2\,\beta_n^2\,A_n^2\Big)$$
$$+\sin 3\beta_n s \Big(-9B_n\beta_n^2 + B_n\beta^2 - \tfrac{1}{8}\beta^2\,\beta_n^2\,A_n^3\Big) = 0.$$

Beide Klammerausdrücke müssen verschwinden, weil die Gleichung nur dann für alle s erfüllt ist. Daraus erhält man

$$A_n = \pm\sqrt{8\,\frac{\beta^2-\beta_n^2}{\beta^2\,\beta_n^2}}\,, \qquad B_n = A_n^3\,\frac{\beta^2\,\beta_n^2}{8(\beta^2-9\beta_n^2)}\,.$$

Für β^2 und β_n^2 werden die Werte aus (10.3) und (10.6) eingesetzt, also

$$\beta^2 = \frac{F}{EI_y}, \qquad \beta_n^2 = \frac{F_n}{EI_y} = \Big(\frac{n\pi}{\ell}\Big)^2.$$

Da die gewonnene Näherungslösung nur für kleine Durchbiegungen hinreichend genau ist, gilt sie nur für den Fall, daß F sehr wenig größer als F_n ist. Sei also

$$F = F_n(1+\alpha), \qquad \beta^2 = \beta_n^2\,(1+\alpha) \qquad (\alpha \ll 1).$$

Dann ist

$$A_n = \pm\sqrt{8\,\frac{\alpha}{1+\alpha}\,\frac{1}{\beta_n^2}} \approx \pm\frac{\sqrt{8\alpha}}{\beta_n} = \pm\frac{\sqrt{8\alpha}}{n\pi}\,\ell,$$
$$B_n = A_n^3\,\beta_n^2\,\frac{1+\alpha}{8(-8+\alpha)} \approx -\tfrac{1}{64}\beta_n^2\,A_n^3 = \mp\alpha\,\frac{\sqrt{8\alpha}}{8n\pi}\,\ell = -\tfrac{1}{8}\,\alpha A_n.$$

Also kann man noch B_n gegen A_n vernachlässigen. Damit erhält man aus (10.12) für die Biegelinie in der 2. Näherung den Ausdruck

$$w(s) \approx \pm\frac{\sqrt{8\alpha}}{n\pi}\,\ell\,\sin\frac{n\pi s}{\ell} \qquad (n=1,2,\dots). \tag{10.13}$$

Der einzige Unterschied zur Lösung (10.7) ist, daß die maximale Durchbiegung in Stabmitte jetzt eine eindeutige Funktion der Kraft F ist. Sei $n=1$, also $F = F_1(1+\alpha)$. Dann ist die maximale Durchbiegung

$$w_{max} = \pm\frac{\sqrt{8\alpha}}{\pi}\,\ell.$$

Bei $\alpha < 0$, d.h. bei Lasten $F < F_1$, existiert keine gebogene Gleichgewichtslage des Stabes. Zu jedem $\alpha > 0$, d.h. zu jeder Last $F > F_1$, gehören zusätzlich zu der immer existierenden geraden Lage des Stabes zwei Gleichgewichtslagen mit gebogener Stabachse. Sie unterscheiden sich nur durch das Vorzeichen der Durchbiegung. In Abb. 10.5 ist der Zusammenhang zwischen w_{max} und F durch die bei F_1 entspringende Parabel dargestellt. Bei $\alpha = 0,01$ (F ist dann 1% größer als F_1) beträgt w_{max} bereits 9% der Stablänge! Diese Ergebnisse

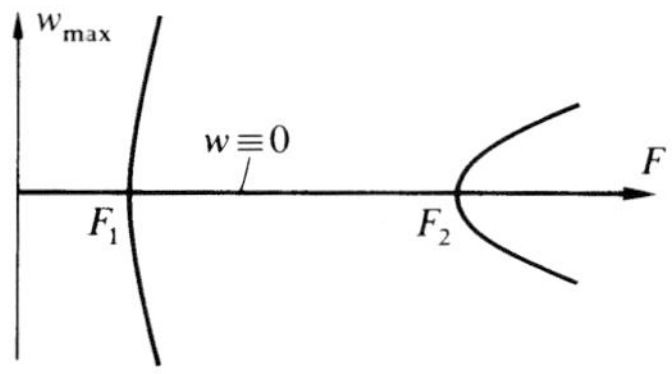

Abb. 10.5. Maximale Durchbiegungen w_{max} in der 1. und in der 2. Eigenform im Knickfall II als Funktionen der Kraft F. Vgl. Abb. 10.3. Im Experiment kommt man nur sehr wenig über F_1 hinaus

decken sich mit den eingangs geschilderten experimentellen Beobachtungen. Sie verstärken die Vermutung, daß F_1 die kritische Last ist, und daß die zugehörige erste Eigenform $w_1(x)$ die Biegeform des ausgeknickten Stabes korrekt beschreibt.

Man nennt das Phänomen des plötzlichen Auftauchens neuer Gleichgewichtslagen wegen der Form des Diagramms eine *Verzweigung*. Aus (10.13) erkennt man, daß bei den Lasten F_n mit $n > 1$ weitere Verzweigungen eintreten. Auch die Parabel bei F_2 ist in Abb. 10.5 eingezeichnet. In den Gleichgewichtslagen, die dieser Parabel entsprechen, ist die zweite Eigenform $w_2(x)$ von Abb. 10.3b die Biegelinie.

Die zweite und alle höheren Eigenformen kann man experimentell nicht feststellen, weil sich oberhalb der Last F_1 immer die erste Eigenform ausbildet. Um die zweite Eigenform $w_2(x)$ tatsächlich zu erzeugen, müßte man den Stab in der Nullstelle von $w_2(x)$ mit einem zusätzlichen Gelenklager versehen, so daß sich die Eigenform $w_1(x)$ nicht ausbilden kann. Dann hat man es mit zwei Stäben der halben Länge zu tun. Für jede Stabhälfte sieht $w_2(x)$ so aus wie $w_1(x)$ für den ganzen Stab. Man kann auch sagen, daß $w_2(x)$ die erste Eigenform für den gelenkig gelagerten halben Stab ist. In der Tat erhält man aus F_2 die Kraft F_1, wenn man die Länge ℓ durch $\frac{1}{2}\ell$ ersetzt. Diese Überlegungen, die man in entsprechender Weise für $w_3(x)$, $w_4(x)$ usw. anstellen kann, klären die Bedeutung der höheren Eigenformen.

10.1.2 Stabilität und Instabilität der geraden Lage des Stabes

Die zweite oben angekündigte Untersuchung soll zeigen, daß die gerade Lage des Stabes stabil ist, wenn $F < F_1$ ist und daß sie instabil ist, wenn $F > F_1$ ist. Aus Abschnitt 8.10 ist bekannt, daß das Vorzeichen der Potentialdifferenz $\Pi - \Pi_{st}$ über Stabilität und Instabilität entscheidet. Dabei sind Π_{st} das Potential des Systems in der geraden Lage und Π das Potential nach einer virtuellen Verschiebung. Zum Beweis der Instabilität genügt es, zu zeigen, daß es wenigstens eine virtuelle Verschiebung aus dieser Lage heraus gibt, bei der die Differenz negativ ist. Will man dagegen die Stabilität nachweisen, dann muß man zeigen, daß die Differenz bei *jeder* virtuellen Verschiebung positiv ist.

Die Form des Stabes nach der virtuellen Verschiebung wird nach Abb. 10.6 in der Form $\mu w(x)$ angegeben. Darin ist $w(x)$ die Funktion einer beliebigen Biegelinie, die alle Randbedingungen an den Stabenden erfüllt. Sie darf

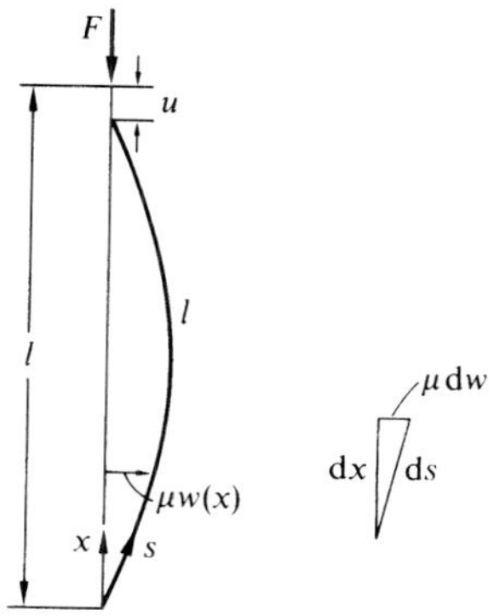

Abb. 10.6.

endlich große Funktionswerte haben. Dafür, daß es sich um eine virtuelle Verschiebung handelt, sorgt der Faktor μ. Er ist eine infinitesimal kleine Zahl. Die Absenkung der Kraft F wird mit u bezeichnet. Die Potentialdifferenz setzt sich aus zwei Anteilen zusammen, und zwar aus der Differenz der Potentiale der Kraft F und aus der Differenz der Formänderungsenergien des Stabes, jeweils nach und vor der virtuellen Verschiebung. Die Potentialdifferenz der Kraft ist $-Fu$. Formänderungsenergie besitzt der Stab vor der virtuellen Verschiebung infolge der Druckbeanspruchung des geraden Stabes durch F und nach der Verschiebung infolge Druck und Biegung. Die Differenz der Formänderungsenergien ist gleich der Formänderungsenergie infolge Biegung. Sie ist (siehe Gl. (8.55)):

$$\tfrac{1}{2}\,\mu^2 E I_y \int_0^\ell w''^2(x)\,\mathrm{d}x.$$

Insgesamt ist also (vgl. (8.56))

$$\Pi - \Pi_{st} = -Fu + \tfrac{1}{2}\,\mu^2 E I_y \int_0^\ell w''^2(x)\,\mathrm{d}x. \tag{10.14}$$

In diesem Ausdruck muß man noch die Größe u durch die Funktion $\mu w(x)$ ausdrücken. Die Länge ℓ des gebogenen Stabes ist gleich dem Integral über das Bogenelement $\mathrm{d}s$ in den Grenzen von $x = 0$ bis $x = \ell - u$, also

$$\ell = \int_{x=0}^{\ell-u} \mathrm{d}s.$$

Aus dem Dreieck in Abb. 10.6 liest man ab:

$$\begin{aligned}\mathrm{d}s &= \sqrt{(\mathrm{d}x)^2 + \mu^2\,(\mathrm{d}w)^2} = \sqrt{1 + \mu^2\left(\frac{\mathrm{d}w}{\mathrm{d}x}\right)^2}\,\mathrm{d}x \\ &= \left[1 + \tfrac{1}{2}\,\mu^2\,w'^2(x) - \mu^4\cdots\right]\mathrm{d}x.\end{aligned}$$

Einsetzen in die obere Gleichung liefert

$$u = \tfrac{1}{2}\,\mu^2 \int_0^{\ell-u} w'^2(x)\,\mathrm{d}x - \mu^4 \cdots = \tfrac{1}{2}\,\mu^2 \int_0^{\ell} w'^2(x)\,\mathrm{d}x - \mu^4 \cdots. \qquad (10.15)$$

Mit (10.14) erhält man daher den für $\mu \to 0$ beliebig genauen Ausdruck

$$\Pi - \Pi_{st} = \tfrac{1}{2}\,\mu^2 \Big[-F \int_0^{\ell} w'^2(x)\,\mathrm{d}x + EI_y \int_0^{\ell} w''^2(x)\,\mathrm{d}x \Big]. \qquad (10.16)$$

Zuerst wird die Instabilität der geraden Lage des Stabes im Fall $F > F_1$ bewiesen. Dazu genügt wie gesagt eine einzige Funktion $w(x)$, für die die Potentialdifferenz negativ ist. Wenn die erste Eigenform die Biegelinie des ausgeknickten Stabes ist, dann ist sie die geeignete Funktion. Sei also

$$w(x) = w_1(x) = A \sin(\pi x/\ell).$$

Dann ist

$$\Pi - \Pi_{st} = \tfrac{1}{2}\,\mu^2 \Big[-F\,\frac{\pi^2}{\ell^2}\,A^2 \int_0^{\ell} \cos^2 \frac{\pi x}{\ell}\,\mathrm{d}x + EI_y \Big(\frac{\pi^2}{\ell^2}\Big)^2 A^2 \int_0^{\ell} \sin^2 \frac{\pi x}{\ell}\,\mathrm{d}x \Big].$$

Beide Integrale haben denselben Wert $\frac{1}{2}\,\ell$, so daß man das Ergebnis erhält (man beachte (10.8)):

$$\Pi - \Pi_{st} = \frac{\mu^2 \pi^2 A^2}{4\ell} \Big(-F + \frac{\pi^2 EI_y}{\ell^2} \Big) = \frac{\mu^2 \pi^2 A^2}{4\ell} (-F + F_1). \qquad (10.17)$$

Die Potentialdifferenz ist negativ, wenn $F > F_1$ ist. Damit ist tatsächlich bewiesen, daß die gerade Lage des Stabes instabil ist, wenn $F > F_1$ ist.

Jetzt muß noch bewiesen werden, daß die gerade Lage stabil ist, wenn $F < F_1$ ist. Wie gesagt muß man zeigen, daß die Potentialdifferenz im Fall $F < F_1$ für *jede* Funktion $w(x)$ positiv ist. Das wird wie folgt erreicht. Die Potentialdifferenz ist gleich null, wenn

$$F = \frac{EI_y \int_0^{\ell} w''^2(x)\,\mathrm{d}x}{\int_0^{\ell} w'^2(x)\,\mathrm{d}x} \qquad (10.18)$$

ist. Wenn man in den Ausdruck auf der rechten Seite eine beliebige, alle Randbedingungen des Stabes erfüllende Funktion $w(x)$ einsetzt, erhält man eine bestimmte Kraft F. Von Gl. (10.17) ist bekannt, daß man die Kraft F_1 erhält, wenn man die erste Eigenform $w_1(x)$ einsetzt. Man muß nun unter *allen* Funktionen, die alle Randbedingungen erfüllen, diejenige Funktion $w(x)$ suchen, für die F ein Minimum annimmt. Wenn sich herausstellt, daß $w_1(x)$ diese Funktion ist, dann hat man den Beweis erbracht.

Die Aufgabe, diejenige Funktion $w(x)$ zu bestimmen, für die F zum Minimum wird, ist ein Problem der *Variationsrechnung*. Eine Einführung geht über den Rahmen dieses Buches hinaus (siehe [29]). Der Hinweis muß genügen, daß die gesuchte Funktion $w(x)$ die Lösung einer Differentialgleichung ist, die sich nach einer bestimmten Vorschrift aus der rechten Seite von (10.18) ergibt. Es stellt sich heraus, daß diese Differentialgleichung die *lineare* Differentialgleichung (10.2) ist. Ihre Lösungen zu den vorgeschriebenen Randbedingungen sind die Eigenformen (10.7). Mit der ersten Eigenform $w_1(x)$ erhält man aus (10.18) die minimale Kraft, und zwar F_1. Damit ist der Beweis erbracht.

Was hier am Beispiel des Knickfalls II von Abb. 10.1 demonstriert wurde, kann sinngemäß bei jedem Knickproblem dieses Kapitels wiederholt werden. Wenn man sich nur für kritische Lasten und für die Form des ausgeknickten Stabes interessiert, ist das unnötig. Denn man weiß nun, daß das Eigenwertproblem zur linearen Differentialgleichung diese Ergebnisse liefert.

Für den Eulerschen Knickfall II von Abb. 10.1 kann man abschließend feststellen: Die kritische Last und die Eigenform sind

$$F_k = \frac{\pi^2 EI_y}{\ell^2}, \qquad w_1(x) = A \sin \frac{\pi x}{\ell}. \tag{10.19}$$

Wenn der Stab zwei verschiedene Hauptflächenmomente hat, und wenn die Lager an den Stabenden ein Ausknicken um beliebige Achsen zulassen, dann muß man das kleinere Hauptflächenmoment einsetzen.

Beispiel 10.1-1
Wie groß ist die kritische Last für die abgesetzte Welle in Abb. 10.7?
Lösung: Aus Symmetriegründen braucht die Differentialgleichung der Biegelinie (Gl. (10.2)) nur im Bereich $x \geq 0$ betrachtet zu werden. Wenn man die Durchbiegung in den beiden Bereichen unterschiedlicher Stabdicke mit $w_1(x)$ und $w_2(x)$ bezeichnet, dann lauten die Differentialgleichungen:

$$w_1'' + \beta_1^2 w_1 = 0 \qquad (0 \leq x \leq \ell_1) \quad \text{mit} \quad \beta_1^2 = \frac{F}{EI_{y1}},$$

$$w_2'' + \beta_2^2 w_2 = 0 \qquad (\ell_1 \leq x \leq \ell) \quad \text{mit} \quad \beta_2^2 = \frac{F}{EI_{y2}}.$$

Die allgemeine Lösung ist

$$w_1(x) = A_1 \sin \beta_1 x + B_1 \cos \beta_1 x, \qquad w_2(x) = A_2 \sin \beta_2 x + B_2 \cos \beta_2 x.$$

Die Randbedingungen schreiben vor:

$$w_1(\ell_1) = w_2(\ell_1), \qquad w_1'(\ell_1) = w_2'(\ell_1), \qquad w_2(\ell) = 0$$

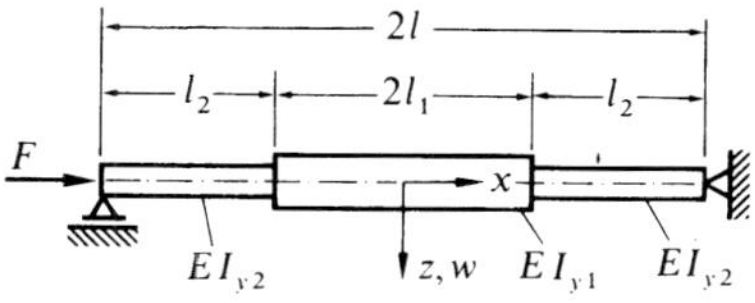

Abb. 10.7.

sowie

entweder	$w_1'(0) = 0$	bei zur z-Achse symmetrischen Eigenformen
oder	$w_1(0) = 0$	bei zum Ursprung punktsymmetr. Eigenformen

(vgl. die Eigenformen von Abb. 10.3). Zur Erzeugung punktsymmetrischer Eigenformen sind größere Kräfte erforderlich als zur Erzeugung der 1. zur z-Achse symmetrischen Eigenform. Das hat schon Knickfall II gezeigt. Die kritische Last gehört also zu einer Eigenform mit der Randbedingung $w_1(0) = 0$. Daraus folgt $A_1 = 0$. Aus den übrigen drei Randbedingungen erhält man für B_1, A_2 und B_2 die homogenen Gleichungen

$$\begin{aligned} B_1 \cos\beta_1\ell_1 \quad &- A_2 \sin\beta_2\ell_1 &- B_2 \cos\beta_2\ell_1 &= 0, \\ - B_1\,\beta_1 \sin\beta_1\ell_1 &- A_2\,\beta_2 \cos\beta_2\ell_1 &+ B_2\,\beta_2 \sin\beta_2\ell_1 &= 0, \\ &\quad A_2 \sin\beta_2\ell &+ B_2 \cos\beta_2\ell &= 0. \end{aligned}$$

Für nichttriviale Lösungen muß die Koeffizientendeterminante verschwinden. Das liefert bei Entwicklung nach der ersten Spalte die Eigenwertgleichung

$$\begin{aligned} &\beta_2 \cos\beta_1\ell_1 \;(\;\;\sin\beta_2\ell_1 \sin\beta_2\ell + \cos\beta_2\ell_1 \cos\beta_2\ell\;) \\ + &\;\beta_1 \sin\beta_1\ell_1 \;(-\cos\beta_2\ell_1 \sin\beta_2\ell + \sin\beta_2\ell_1 \cos\beta_2\ell\;) = 0 \end{aligned}$$

oder mit Additionstheoremen und mit der Beziehung $\ell - \ell_1 = \ell_2$

$$\beta_2 \cos\beta_1\ell_1 \cos\beta_2\ell_2 - \beta_1 \sin\beta_1\ell_1 \sin\beta_2\ell_2 = 0$$

oder schließlich nach Division durch den von null verschiedenen Ausdruck $\cos\beta_1\ell_1$ $\cos\beta_2\ell_2$ und bei Beachtung der Definitionen von β_1 und β_2

$$\tan\beta_1\ell_1 \tan\left(\beta_1\ell_2\sqrt{I_{y1}/I_{y2}}\right) = \sqrt{I_{y1}/I_{y2}}.$$

Ein Zahlenbeispiel: $\ell_2 = 2\ell_1 = \frac{1}{3}\ell$, $I_{y1} = 1{,}25^4\, I_{y2}$ (Durchmesserverhältnis $1{,}25$). Damit lautet die Gleichung:

$$\tan\beta_1\ell_1 \tan(\tfrac{25}{8}\beta_1\ell_1) = \tfrac{25}{16}.$$

Durch Probieren findet man den kleinsten Eigenwert $\beta_1\ell_1 = 23{,}77^\circ = 0{,}415$. Damit ergibt sich aus der Definition von β_1 und bei Beachtung der Beziehung $\ell_1 = \frac{1}{6}\ell$ die kritische Last

$$F_k = \beta_1^2 EI_{y1} = 6{,}20\,\frac{EI_{y1}}{\ell^2}.$$

Auf dieselbe Art und Weise kann man den kleinsten Eigenwert $\beta_1\ell_1$ für beliebige andere Verhältnisse ℓ_1/ℓ_2 und I_{y1}/I_{y2} bestimmen. Eine graphische Darstellung der Abhängigkeit findet man (mit anderen Bezeichnungen) in [24] im Anhang. Dort sind auch die Ergebnisse für viele andere Knickprobleme angegeben.

10.2 Kritische Lasten für Stäbe mit beliebigen Randbedingungen

In diesem Abschnitt werden die Voraussetzungen geschaffen, um für eine Vielzahl von Knickproblemen kritische Lasten aus kleinsten Eigenwerten zu bestimmen. Abb. 10.8 zeigt einige typische Beispiele. Auch die Knickfälle I, III und IV von Abb. 10.1 werden behandelt. Wenn sich die Stäbe in Abb. 10.8 in einer ausgeknickten Lage befinden, sind in ihnen wegen der Lagerbedingungen Schnittkräfte quer zur Achse vorhanden. Darin besteht ein wesentlicher Unterschied zum Knickstab im Knickfall II, bei dem die Schnittkraft keine Komponente quer zur x-Achse hat. Infolgedessen muß die Gleichgewichtsbetrachtung, die an Abb. 10.2 angestellt wurde, in allgemeinerer Form wiederholt werden.

Abb. 10.9 zeigt von einem irgendwie gelagerten Knickstab ein Stabelement der Länge Δx nach der Verformung mit allen Schnittgrößen. Nur solche Probleme werden untersucht, bei denen ausschließlich Einzelkräfte am Stab angreifen (keine Streckenlasten). Dann ist die mit Q_z bezeichnete Kraft bereichsweise konstant. Sie wird im folgenden z-Koordinate der Schnitt-

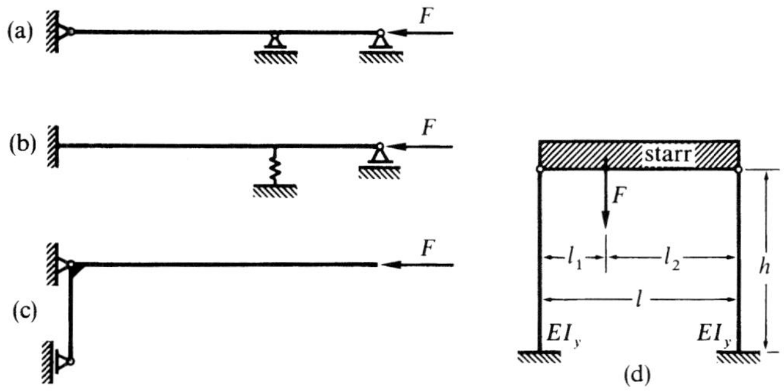

Abb. 10.8. Beispiele für Knickprobleme

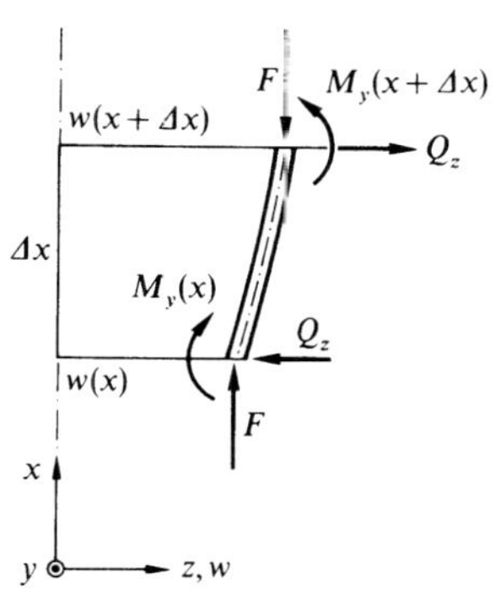

Abb. 10.9. Freikörperbild für ein verformtes Stück eines Knickstabes

kraft und nicht Querkraft genannt[2]. Mit den eingezeichneten Kräften sind die Kräftegleichgewichtsbedingungen für das Stabelement erfüllt. Das Momentengleichgewicht fordert:

$$M_y(x + \Delta x) - M_y(x) - Q_z\, \Delta x - F\,[w(x + \Delta x) - w(x)] = 0.$$

Nach Division durch Δx entsteht im Grenzfall $\Delta x \to 0$ die Beziehung

$$Q_z = M_y'(x) - Fw'(x).$$

Das Biegemoment wird mit Hilfe von Gl. (10.1) ersetzt. Dann erhält man

$$\begin{aligned} Q_z &= -EI_y\, w'''(x) - F\, w'(x) \\ \text{oder} \quad Q_z &= -EI_y\,[w'''(x) + \beta^2\, w'(x)] \end{aligned} \qquad (10.20)$$

mit der Abkürzung

$$\beta^2 = \frac{F}{EI_y}. \qquad (10.21)$$

Die Konstante Q_z wird durch Ableitung der Gleichung nach x beseitigt. Das Ergebnis ist die Differentialgleichung der Biegelinie:

$$w^{(4)} + \beta^2\, w'' = 0. \qquad (10.22)$$

Ihre allgemeine Lösung hat die Form

$$w(x) = A \sin\beta\, x + B \cos\beta\, x + Cx + D. \qquad (10.23)$$

A, B, C und D sind Integrationskonstanten, die Randbedingungen angepaßt werden müssen. Da die Kraft Q_z konstant ist, muß sie sich durch die Integrationskonstanten ausdrücken lassen. Einsetzen von (10.23) in (10.20) liefert den einfachen Ausdruck

$$Q_z = -EI_y\, \beta^2\, C. \qquad (10.24)$$

Es ist zu beachten, daß die Differentialgleichung (10.22) von 4. Ordnung ist. Infolgedessen können in den Randbedingungen Ableitungen von $w(x)$ bis zur 3. Ordnung auftreten. Die folgenden Beispiele demonstrieren, daß sich aus den Gln. (10.21), (10.23) und (10.24) und aus den speziellen Randbedingungen der Knickprobleme stets Eigenwertprobleme ergeben. Der jeweils kleinste Eigenwert bestimmt die kritische Last.

Es soll noch gezeigt werden, wie sich der Knickfall II von Abschnitt 10.1 als Sonderfall hier einordnet. Bei ihm ist $Q_z = 0$. Gl. (10.20) lautet daher

$$w''' + \beta^2\, w' = 0.$$

Wenn man das einmal integriert, ergibt sich

---

[2] Am verformten Stabelement ist die Querkraft die Komponente der Schnittkraft senkrecht zur verformten Stabachse. Sie spielt hier keine Rolle

$$w'' + \beta^2 w = w''(0) + \beta^2 w(0) = \text{const.}$$

Im Knickfall II sind nach Abb. 10.1 die Durchbiegung und das Biegemoment bei $x = 0$ null, so daß die Konstante auf der rechten Seite der Gleichung null ist. Damit hat man Gl. (10.2) mit der allgemeinen Lösung (10.4) zurückgewonnen.

Beispiel 10.2-1
Man bestimme die kritischen Lasten für die Knickfälle I, III und IV in Abb. 10.1.
Lösung: In allen drei Fällen beschreibt (10.23) die Form der Biegelinie im ausgeknickten Zustand. Aus den Abbildungen entnimmt man folgende Randbedingungen:

Fall I:	$w(0) = 0,$	$w'(0) = 0,$	$Q_z \equiv 0,$	$w''(\ell) = 0,$
Fall III:	$w(0) = 0,$	$w'(0) = 0,$	$w(\ell) = 0,$	$w''(\ell) = 0,$
Fall IV:	$w(0) = 0,$	$w'(0) = 0,$	$w(\ell) = 0,$	$w'(\ell) = 0.$

Die ersten beiden Randbedingungen sind allen drei Fällen gemeinsam. Sie liefern mit (10.23) die Beziehungen

$$B + D = 0, \qquad A\beta + C = 0. \tag{a}$$

Infolgedessen vereinfacht sich (10.23) zu

$$w(x) = A(\sin\beta x - \beta x) + B(\cos\beta x - 1). \tag{b}$$

Im folgenden wird der Knickfall I untersucht. Die letzten beiden Randbedingungen führen mit den Gln. (10.24), (a) und (b) auf

$$A = 0, \qquad C = 0, \qquad B\beta^2 \cos\beta\ell = 0.$$

Nichttriviale Lösungen ($B \neq 0$) erfordern, daß die Eigenwertgleichung

$$\cos\beta\ell = 0 \tag{c}$$

erfüllt ist. Ihr kleinster Eigenwert ist $\beta\ell = \frac{1}{2}\pi$. Damit erhält man aus (10.21) die kritische Last

$$F_k = \frac{\pi^2 EI_y}{4\ell^2} \qquad \text{(Knickfall I von Abb. 10.1).}$$

Für die erste Eigenform liefert Gl. (b) wegen $A = 0$ die Gleichung

$$w(x) = B\Big(\cos\frac{\pi x}{2\ell} - 1\Big)$$

mit unbestimmtem B.

Im Knickfall III ergeben sich aus den letzten beiden Randbedingungen und aus Gl. (b) die Beziehungen

$$\begin{aligned} A(\sin\beta\ell - \beta\ell) \;+\; B(\cos\beta\ell - 1) &= 0,\\ A\sin\beta\ell \;+\; B\cos\beta\ell &= 0. \end{aligned}$$

Nichttriviale Lösungen für A und B existieren nur, wenn die Koeffizientendeterminante verschwindet. Das führt zu der Eigenwertgleichung

$$-\sin\beta\ell + \beta\ell\cos\beta\ell = 0$$

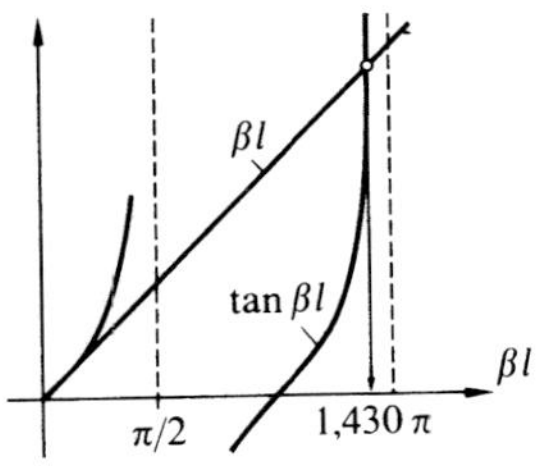

Abb. 10.10.

oder, da $\cos\beta\ell$ für den gesuchten Eigenwert ungleich null ist,

$$\tan\beta\ell = \beta\ell. \tag{d}$$

An Abb. 10.10 ist die Lage des kleinsten Eigenwerts zu erkennen. Er ist

$$\beta\ell \approx 4,49 \approx 1,43\,\pi.$$

Damit ergibt sich aus (10.21) die kritische Last

$$F_k \approx 2,04\,\frac{\pi^2 EI_y}{\ell^2} \qquad \text{(Knickfall III von Abb. 10.1).}$$

Im Knickfall IV ergeben sich aus den letzten beiden Randbedingungen und aus Gl. (b) die Beziehungen

$$\begin{aligned} A(\sin\beta\ell - \beta\ell) \;+\; B(\cos\beta\ell - 1) &= 0, \\ A(\cos\beta\ell - 1) \;-\; B\sin\beta\ell \qquad &= 0. \end{aligned}$$

Wieder muß die Koeffizientendeterminante verschwinden. Also ist

$$\begin{aligned} &(\sin\beta\ell - \beta\ell)\sin\beta\ell + (\cos\beta\ell - 1)^2 = 0 \qquad \text{oder} \\ &2(1 - \cos\beta\ell) - \beta\ell\,\sin\beta\ell = 0. \end{aligned}$$

Der kleinste Eigenwert dieser Gleichung ist

$$\beta\ell = 2\pi.$$

Damit ergibt sich aus (10.21) die kritische Last

$$F_k = \frac{4\pi^2 EI_y}{\ell^2} \qquad \text{(Knickfall IV von Abb. 10.1).}$$

Für die Knickfälle I und IV kann man die kritischen Lasten auch einfacher finden, wenn man ihre Verwandtschaft mit dem Knickfall II wahrnimmt. In Abb. 10.11a ist die 1. Eigenform im Knickfall I durch eine ausgezogene Linie dargestellt. Daneben ist gestrichelt die 1. Eigenform für den Knickfall II gezeichnet. Die Randbedingungen im Fall I sind dieselben, wie für einen halben Stab im Fall II. Folglich erhält man die kritische Last im Fall I, wenn man in der Formel für die kritische Last des Falles II (Gl. (10.19)) die Länge ℓ durch 2ℓ ersetzt.

In Abb. 10.11b wird die 1. Eigenform im Knickfall IV durch die Wendepunkte und das Maximum in vier Teile geteilt, die aus Symmetriegründen untereinander gleich sind. Jedes Viertel hat dieselben Randbedingungen, wie ein Stab der Länge $\frac{1}{4}\ell$

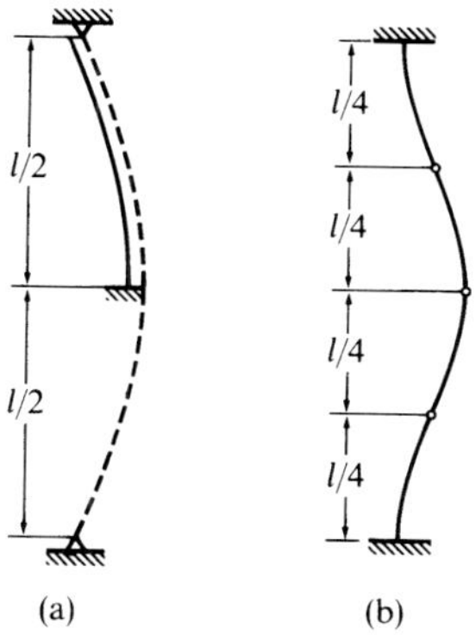

Abb. 10.11.

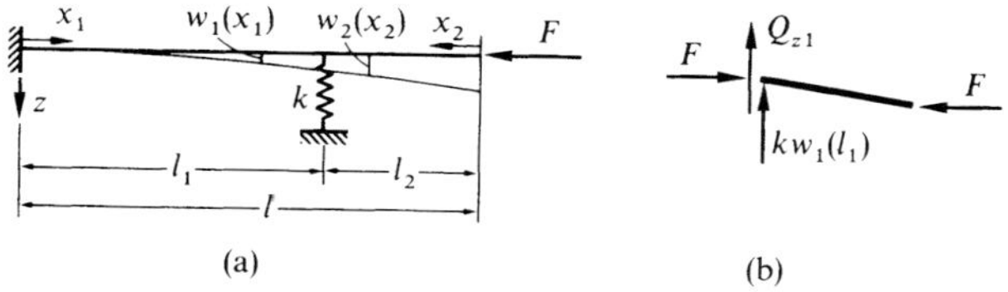

Abb. 10.12.

im Knickfall I, nämlich eine feste Einspannung mit senkrechter Tangente an einem Ende und das Biegemoment null am anderen Ende (im Wendpunkt ist $w'' = 0$). Die kritische Last erhält man also, wenn man in der Formel für die kritische Last des Knickfalls I die Länge ℓ durch $\frac{1}{4}\ell$ ersetzt.

Beispiel 10.2-2

Wie groß ist bei dem Knickstab mit Federstütze in Abb. 10.12a die kritische Last in Abhängigkeit von der Federkonstante k und von der Lage des Federangriffspunktes? Lösung: Im ausgeknickten Zustand ist die z-Koordinate der Schnittkraft rechts und links der Feder verschieden. Infolgedessen müssen für beide Stabteile getrennt Lösungsansätze gemacht werden. Die Durchbiegungen werden w_1 und w_2 genannt (beide nach unten positiv) und als Funktionen der in der Abbildung angegebenen Koordinaten x_1 bzw. x_2 formuliert. Die Lösung der Differentialgleichung hat nach Gl. (10.23) die allgemeine Form

$$\left.\begin{aligned} w_1(x_1) &= A_1 \sin\beta x_1 + B_1 \cos\beta x_1 + C_1 x_1 + D_1 \quad (0 \le x_1 \le \ell_1),\\ w_2(x_2) &= A_2 \sin\beta x_2 + B_2 \cos\beta x_2 + C_2 x_2 + D_2 \quad (0 \le x_2 \le \ell_2)\end{aligned}\right\} \qquad \text{(a)}$$

mit

$$\beta^2 = \frac{F}{EI_y}. \qquad \text{(b)}$$

Man benötigt 8 Randbedingungen. Am rechten Stabende sind die z-Koordinate der Schnittkraft und das Biegemoment null und am linken die Durchbiegung und die Neigung. Am Angriffspunkt der Feder sind in beiden Stabteilen Durchbiegung, Neigung und Biegemoment jeweils gleich. Diese 7 Randbedingungen lauten:

$$Q_{z2}(x_2) \equiv 0, \quad w_2''(0) = 0, \quad w_1(0) = 0, \quad w_1'(0) = 0,$$
$$w_1(\ell_1) = w_2(\ell_2), \quad w_1'(\ell_1) = -w_2'(\ell_2), \quad w_1''(\ell_1) = w_2''(\ell_2).$$

Striche bedeuten Ableitungen nach x_1 bei w_1 und nach x_2 bei w_2. In der vorletzten Randbedingung steht $-w_2'(\ell_2)$, weil bei Ableitungen nach x_2 zu beachten ist, daß dx_1 und dx_2 in entgegengesetzten Richtungen positiv sind. Alle Ableitungen ungerader Ordnung nach x_2 erhalten also ein Minuszeichen.

Die 8. Randbedingung ist eine Kräftegleichgewichtsbedingung für das in Abb. 10.12b gezeigte Stabstück. Es ist links von der Feder abgeschnitten. Bei positiver Durchbiegung $w_1(\ell_1)$ hat die Federkraft die angegebene Richtung. Die Kraft Q_{z1} ist in der gezeichneten Richtung positiv. Die Gleichgewichtsbedingung ist

$$Q_{z1} + k w_1(\ell_1) = 0.$$

Mit den Gln. (a) und (10.24) nehmen die Randbedingungen die Formen an:

$$\begin{aligned}
&C_2 = 0, \qquad B_2 = 0, && B_1 + D_1 = 0, \qquad A_1\beta + C_1 = 0,\\
&A_1 \sin\beta\ell_1 + B_1\cos\beta\ell_1 + C_1\ell_1 + D_1 &&= A_2\sin\beta\ell_2 + B_2\cos\beta\ell_2 + C_2\ell_2 + D_2,\\
&A_1\beta\cos\beta\ell_1 - B_1\beta\sin\beta\ell_1 + C_1 &&= -(A_2\beta\cos\beta\ell_2 - B_2\beta\sin\beta\ell_2 + C_2),\\
&A_1\sin\beta\ell_1 + B_1\cos\beta\ell_1 &&= A_2\sin\beta\ell_2 + B_2\cos\beta\ell_2,\\
&-EI_y\beta^2 C_1 + k(A_1\sin\beta\ell_1 + B_1\cos\beta\ell_1 + C_1\ell_1 + D_1) = 0.
\end{aligned}$$

Mit den ersten vier Gleichungen werden B_2, C_2, C_1 und D_1 aus den letzten vier Gleichungen eliminiert. Diese lauten dann

$$\begin{aligned}
&A_1(\sin\beta\ell_1 - \beta\ell_1) &&+B_1(\cos\beta\ell_1 - 1) &&-A_2\sin\beta\ell_2 &&-D_2 &&= 0,\\
&A_1(\cos\beta\ell_1 - 1) &&-B_1\sin\beta\ell_1 &&+A_2\cos\beta\ell_2 && &&= 0,\\
&A_1\sin\beta\ell_1 &&+B_1\cos\beta\ell_1 &&-A_2\sin\beta\ell_2 && &&= 0,\\
&A_1(\sin\beta\ell_1 - \beta\ell_1 + EI_y\beta^3/k) &&+B_1(\cos\beta\ell_1 - 1) && && &&= 0.
\end{aligned}$$

Die Koeffizientendeterminante dieser homogenen Gleichungen muß verschwinden. Wenn man sie nach der letzten Spalte entwickelt, ergibt sich die Eigenwertgleichung

$$\begin{aligned}
&\cos\beta\ell_2\Big[\cos\beta\ell_1(\sin\beta\ell_1 - \beta\ell_1 + EI_y\beta^3/k) - \sin\beta\ell_1(\cos\beta\ell_1 - 1)\Big]\\
&+\sin\beta\ell_2\Big[-\sin\beta\ell_1(\sin\beta\ell_1 - \beta\ell_1 + EI_y\beta^3/k) - (\cos\beta\ell_1 - 1)^2\Big] = 0
\end{aligned}$$

oder

$$\begin{aligned}
&\beta\ell_1\left(\frac{EI_y\beta^2}{k\ell_1} - 1\right)(\cos\beta\ell_1\cos\beta\ell_2 - \sin\beta\ell_1\sin\beta\ell_2)\\
&\quad+(\cos\beta\ell_2\sin\beta\ell_1 + \sin\beta\ell_2\cos\beta\ell_1) - (2 - \cos\beta\ell_1)\sin\beta\ell_2 = 0.
\end{aligned}$$

Die zweiten und dritten Klammerausdrücke sind gleich $\cos\beta\ell$ bzw. $\sin\beta\ell$. Man führt noch das Längenverhältnis $a = \ell_1/\ell$ ein und schreibt

$$\ell_1 = a\,\ell, \qquad \ell_2 = (1-a)\,\ell.$$

Damit nimmt die Eigenwertgleichung die Form an:

$$\beta\ell\left(\frac{EI_y}{k\ell^3}\,\beta^2\ell^2 - a\right)\cos\beta\ell + \sin\beta\ell - [2 - \cos(a\beta\ell)]\,\sin[(1-a)\beta\ell] = 0.$$

Der kleinste Eigenwert $\beta\ell$ kann hieraus in Abhängigkeit von den beiden dimensionslosen Parametern a und $EI_y/(k\ell^3)$ berechnet werden.

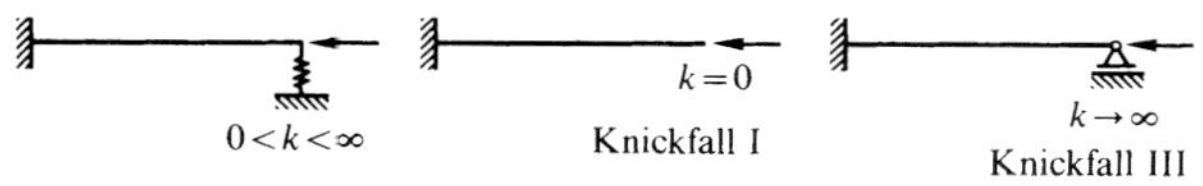

Abb. 10.13.

Im folgenden wird der Sonderfall untersucht, daß die Feder am rechten Stabende liegt. Dann ist $c = 1$, und die Eigenwertgleichung vereinfacht sich zu

$$\beta\ell\left(\frac{EI_y}{k\ell^3}\,\beta^2\ell^2 - 1\right)\cos\beta\ell + \sin\beta\ell = 0$$

oder, da $\cos\beta\ell$ für den gesuchten Eigenwert ungleich null ist,

$$\tan\beta\ell = \beta\ell\left(1 - \frac{EI_y}{k\ell^3}\,\beta^2\ell^2\right). \qquad \text{(c)}$$

Abb. 10.13 zeigt, daß die Stäbe in den Knickfällen I und III als federgefesselte Stäbe mit der Federkonstante $k = 0$ bzw. $k \to \infty$ aufgefaßt werden können. In der Tat enthält die Eigenwertgleichung diese beiden Extremfälle. Für $k = 0$ lautet sie

$$\tan\beta\ell = -\infty.$$

Ihr kleinster Eigenwert ist $\beta\ell = \frac{1}{2}\pi$. Das liefert mit (b) die richtige kritische Last (vgl. Gl. (c) in Beisp. 10.2-1). Für $k \to \infty$ lautet die Eigenwertgleichung

$$\tan\beta\ell = \beta\ell.$$

Sie stimmt mit Gl. (d) in Beisp. 10.2-1 überein. Für alle $0 < k < \infty$ liegt die kritische Last zwischen den kritischen Lasten für die Knickfälle I und III.

Beispiel 10.2-3

Der Rechteckrahmen in Abb. 10.8d besteht aus zwei gleichen, unten eingespannten Stäben und einem gelenkig angekoppelten, gewichtslosen, starren Körper. An diesem greift eine Last F an. Man bestimme die kritische Last in Abhängigkeit von der Lage ihres Angriffspunktes.

Lösung: Die vertikalen Stäbe werden im ausgeknickten Zustand freigeschnitten (Abb. 10.14). Die Last F teilt sich entsprechend der Lage ihres Angriffspunktes auf. Außerdem greifen an den Schnittstellen entgegengesetzt gerichtete, gleich große Kräfte H an, in denen sich die Kopplung durch den starren Körper äußert. Die Durchbiegungen der Stäbe werden nach Gl. (10.23) durch den allgemeinen Ansatz

$$\begin{aligned} w_1(x) &= A_1 \sin\beta_1 x + B_1 \cos\beta_1 x + C_1 x + D_1,\\ w_2(x) &= A_2 \sin\beta_2 x + B_2 \cos\beta_2 x + C_2 x + D_2 \end{aligned} \qquad \text{(a)}$$

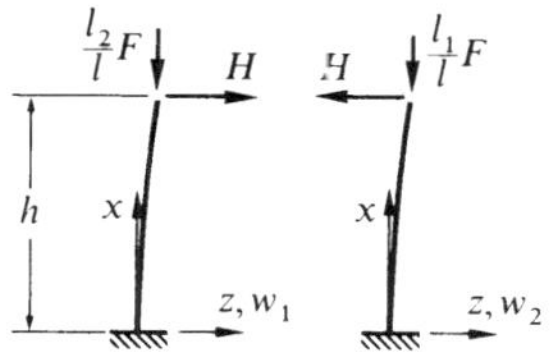

Abb. 10.14.

mit

$$\beta_1^2 = \frac{\ell_2}{\ell} \frac{F}{EI_y}, \qquad \beta_2^2 = \frac{\ell_1}{\ell} \frac{F}{EI_y} \tag{b}$$

beschrieben. Sieben von 8 Randbedingungen betreffen die Durchbiegungen, Neigungen und Biegemomente an den Stabenden:

$$\begin{aligned} &w_1(0) = 0, \quad w_1'(0) = 0, \quad w_2(0) = 0, \quad w_2'(0) = 0, \\ &w_1''(h) = 0, \quad w_2''(h) = 0, \quad w_1(h) = w_2(h). \end{aligned}$$

Die 8. Randbedingung drückt aus, daß die z-Koordinaten der Schnittkräfte beider Stäbe entgegengesetzt gleich sind. Das bedeutet wegen (10.24):

$$C_1\beta_1^2 = -C_2\beta_2^2.$$

Aus den ersten vier Randbedingungen folgt

$$D_1 = -B_1, \qquad D_2 = -B_2, \qquad C_1 = -A_1\beta_1, \qquad C_2 = -A_2\beta_2.$$

Wenn man diese Beziehungen in den übrigen Randbedingungen zur Elimination von C_1, D_1, C_2 und D_2 verwendet, entstehen die Gleichungen

$$A_1 \sin\beta_1 h + B_1 \cos\beta_1 h = 0, \tag{c}$$

$$A_2 \sin\beta_2 h + B_2 \cos\beta_2 h = 0, \tag{d}$$

$$\begin{aligned} &A_1(\sin\beta_1 h - \beta_1 h) + B_1(\cos\beta_1 h - 1) \\ &-A_2(\sin\beta_2 h - \beta_2 h) - B_2(\cos\beta_2 h - 1) = 0, \end{aligned} \tag{e}$$

$$A_1\beta_1^3 + A_2\beta_2^3 = 0. \tag{f}$$

Addiert man zu Gl. (e) Gl. (d) und subtrahiert Gl. (c), so entsteht

$$-A_1\beta_1 h - B_1 + A_2\beta_2 h + B_2 = 0.$$

Diese Gleichung und die Gln. (c), (d) und (f) bilden ein Gleichungssystem für A_1, A_2, B_1 und B_2, dessen Koeffizientendeterminante verschwinden muß. Das liefert die Eigenwertgleichung

$$\beta_1^3 \cos\beta_1 h\,(\beta_2 h \cos\beta_2 h - \sin\beta_2 h) + \beta_2^3 \cos\beta_2 h\,(\beta_1 h \cos\beta_1 h - \sin\beta_1 h) = 0. \tag{g}$$

Zunächst wird der Sonderfall der mittigen Last betrachtet ($\ell_1 = \ell_2 = \frac{1}{2}\ell$). Dann ist

$$\beta_1 = \beta_2 = \beta = \sqrt{F/(2EI_y)} \tag{h}$$

und (g) vereinfacht sich zu der Gleichung

$$\cos\beta h\,(\beta h \cos\beta h - \sin\beta h) = 0.$$

Sie ist erfüllt, wenn

$$\text{entweder} \qquad \cos\beta h = 0 \qquad \text{oder} \qquad \tan\beta h = \beta h$$

ist. Das sind die Eigenwertgleichungen für die Knickfälle I bzw. III (Gln. (c) und (d) in Beisp. 10.2-1). Abb. 10.15 zeigt den Rahmen in den beiden Knickformen. In Wirklichkeit tritt der Knickfall I ein, weil bei ihm die kritische Last kleiner ist. Mit dem kleinsten Eigenwert $\beta h = \frac{1}{2}\pi$ ergibt sie sich aus Gl. (h) zu

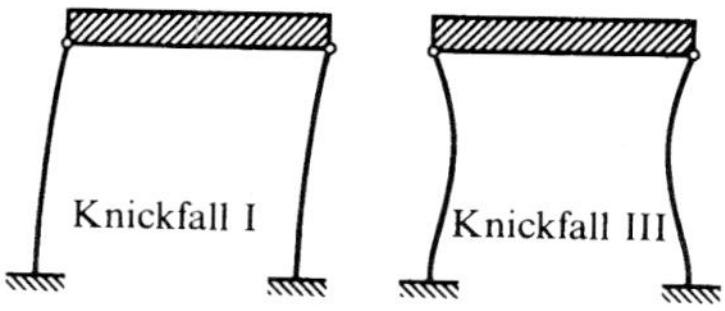

Abb. 10.15.

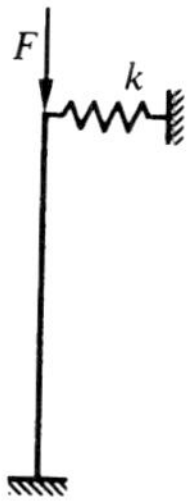

Abb. 10.16.

$$F_k = \frac{1}{2}\,\frac{\pi^2 EI_y}{h^2} \qquad (\ell_1 = \ell_2). \tag{i}$$

Als nächstes wird der Sonderfall betrachtet, daß die Last genau über der linken Stütze liegt ($\ell_1 = 0,\ \ \ell_2 = \ell$). Dann ist

$$\beta_1 = \sqrt{F/(EI_y)}, \qquad \beta_2 = 0.$$

Gl. (g) versagt in diesem Fall. In der Tat ist schon der Lösungsansatz (a) falsch, weil der rechte Stab gar keine vertikale Last trägt. Er wird durch die Horizontalkraft H gebogen, wenn der linke Stab knickt und wirkt nach Abb. 10.16 als Federstütze. Aus der Formel für die Durchbiegung eines eingespannten Stabes durch eine Kraft am freien Ende erhält man die Federkonstante

$$k = 3EI_y/h^3.$$

Die Eigenwertgleichung für dieses Knickproblem ist Gl. (c) von Beisp. 10.2-2. Für die angegebene Größe von k lautet sie

$$\tan\beta h = \beta h\,(1 - \tfrac{1}{3}\beta^2 h^2).$$

Die Lage des kleinsten Eigenwertes wird aus Abb. 10.17 deutlich. Der Zahlenwert ist

$$\beta h \approx 2,203 \approx 0,701\,\pi.$$

Damit liefert Gl. (b) in Beisp. 10.2-2 die kritische Last

$$F_k \approx 0,4915\,\frac{\pi^2 EI_y}{h^2} \qquad (\ell_1 = 0,\ \ \ell_2 = \ell).$$

Es ist bemerkenswert, daß sich diese kritische Last von der in Gl. (i) für die mittig angreifende Last um weniger als 2% unterscheidet. Der Leser kann sich selbst davon überzeugen, daß die kritische Last für alle Lastangriffspunkte zwischen den Stabenden in diesen engen Grenzen liegt. Ein Hinweis: Man führe die Größen $z = \beta_1 h$ und $a = \sqrt{\ell_2/\ell_1}$ ein. Dann läßt sich Gl. (g) in die Form bringen:

$$a^3 \tan\frac{z}{a} + \tan z = z(1 + a^2). \tag{j}$$

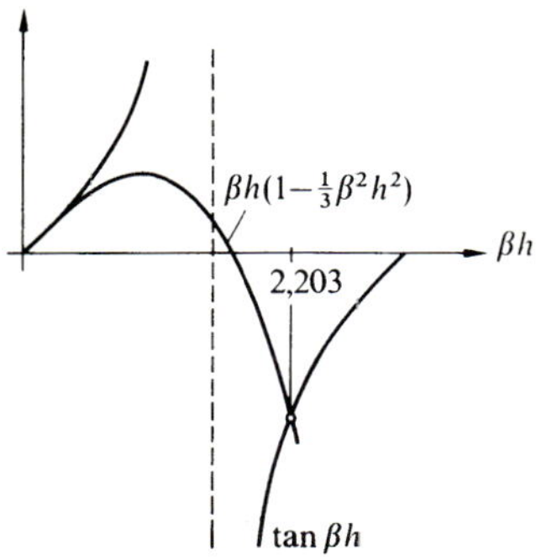

Abb. 10.17.

10.3 Eulerhyperbel. Auslegung von Druckstäben

Die Beispiele des vorigen Abschnitts zeigen, daß bei Druckstäben durch Änderung der Randbedingungen eine Vielzahl von Knickproblemen entsteht, und daß die kritische Last in allen Fällen in der Form

$$F_k = \frac{\pi^2 E I_y}{L^2} \tag{10.25}$$

angegeben werden kann. Man muß L nur als geeignetes Vielfaches der Stablänge ℓ definieren. Für die Knickfälle I bis IV von Abb. 10.1 ist z.B. $L = 2\ell$ bzw. $L = \ell$ bzw. $L = \ell/\sqrt{2,04} \approx 0,70\,\ell$ bzw. $L = \frac{1}{2}\ell$ (siehe (10.19) und Beisp. 10.2-1). Die Angabe der kritischen Last in dieser Form bedeutet den Vergleich eines beliebig gelagerten Druckstabes mit einem beidseitig gelenkig gelagerten Druckstab der Länge L. Die Gleichung setzt voraus, daß der Stab sich unter der kritischen Last nicht plastisch verformt. Um das nachzuprüfen, muß man die Längsspannung berechnen:

$$\sigma_k = \frac{F_k}{A} = \frac{\pi^2 E I_y}{L^2 A} = E\Big(\frac{\pi}{L/\sqrt{I_y/A}}\Big)^2 = E\Big(\frac{\pi}{\lambda}\Big)^2. \tag{10.26}$$

In diesem Ausdruck ist das mit λ abgekürzte Verhältnis

$$\lambda = \frac{L}{\sqrt{I_y/A}}$$

nur von den geometrischen Abmessungen des Stabes abhängig. Es ist dimensionslos und deshalb zum Vergleich verschiedener Stäbe gut geeignet. Die Länge $\sqrt{I_y/A}$ ist allein durch die Form des Querschnitts bestimmt. Man nennt sie den Trägheitsradius und das Verhältnis λ den *Schlankheitsgrad* des Stabes. Ein Beispiel: Für einen Stab mit $L = 1\,\mathrm{m}$ und mit einem Rechteckquerschnitt der Breite $b = 3\,\mathrm{cm}$ und der Höhe $h = 4\,\mathrm{cm}$ ist $\sqrt{I_y/A} = b/\sqrt{12} = \frac{1}{2}\sqrt{3}\,\mathrm{cm}$ und $\lambda \approx 115$.

In einem λ, σ_k-Diagramm wird die Beziehung (10.26) durch die sog. *Eulerhyperbel* dargestellt (siehe Abb. 10.18). Der gestrichelte Teil der Hyperbel

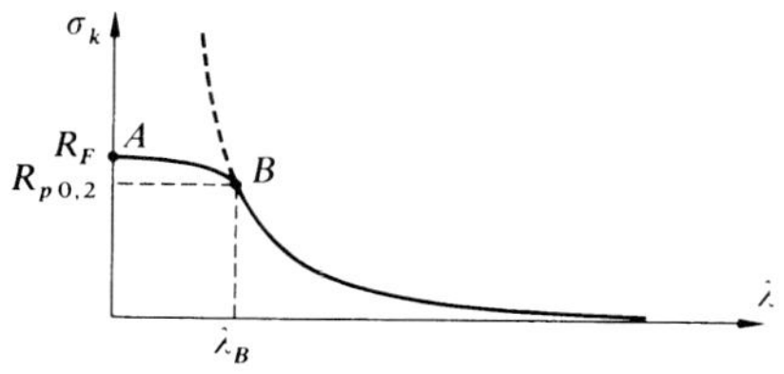

Abb. 10.18. Eulerhyperbel

oberhalb der Proportionalitätsgrenze $R_{p0,2}$ ist bedeutungslos, weil der Werkstoff sich plastisch verformt, bevor die kritische Last erreicht wird. Die dick gezeichnete Kurve gibt die theoretisch erlaubte Obergrenze für die Spannung an. Multiplikation mit der Querschnittsfläche A ergibt die theoretisch erlaubte Obergrenze für die Druckkraft.

In der Baupraxis ist aus Sicherheitsgründen die zulässige Druckkraft kleiner als diese theoretisch erlaubte Obergrenze. DIN 18800, Teil 2 schreibt die Berechnung der zulässigen Druckkraft bei Stahlbauten wie folgt vor. Analog zu der aus (10.26) folgenden Beziehung $\lambda = \pi\sqrt{E/\sigma_k} = \pi\sqrt{EA/F_k}$ wird die Größe $\lambda_a = \pi\sqrt{E/R_F} = \pi\sqrt{EA/F_F}$ definiert. Sie ist eine Werkstoffkonstante. Darin ist F_F diejenige Druckkraft, die die Spannung R_F erzeugt. Mit dem Verhältnis $\bar{\lambda} = \lambda/\lambda_a$ ist die kritische Last im Gültigkeitsbereich der Eulerhyperbel $F_k = (1/\bar{\lambda}^2)F_F$. Das ist der Bereich $\bar{\lambda} \geq 1$. Die DIN-Norm schreibt die Berechnung der höchstzulässigen Druckkraft nach der Formel $F(\bar{\lambda}) = \kappa(\bar{\lambda})F_F$ mit einer bestimmten Funktion $\kappa(\bar{\lambda})$ vor. Die Funktion wird hier nicht angegeben. Im Bereich $\bar{\lambda} \geq 1$ ist natürlich $\kappa(\bar{\lambda}) < 1/\bar{\lambda}^2$, und im Bereich $\bar{\lambda} < 0,2$ ist $\kappa(\bar{\lambda}) = 1$.

10.4 Energetische Näherungsmethoden für kritische Lasten

10.4.1 Der Rayleighquotient

Bisher wurden kritische Lasten aus Eigenwertproblemen exakt bestimmt. In der geschilderten Form ist das Verfahren nur bei Knickstäben mit stückweise konstantem Querschnitt und mit äußeren Belastungen durch konzentrierte Einzelkräfte anwendbar. Abb. 10.19 zeigt einen Stab, bei dem das verteilt angreifende Eigengewicht zum Knicken beiträgt, und einen Stab mit stetig veränderlichem Querschnitt. Das sind Beispiele für Knickprobleme, bei denen zur Berechnung kritischer Lasten einfache Näherungsverfahren benötigt werden, weil exakte Lösungen entweder gar nicht oder nur mit großen Schwierigkeiten möglich sind.

Die Grundlage energetischer Näherungsverfahren ist Gl. (10.16):

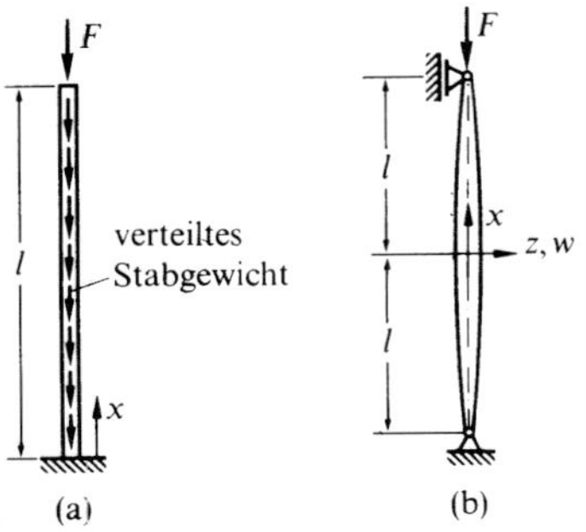

Abb. 10.19. Knickstäbe mit stetig veränderlicher x-Koordinate der Schnittkraft (a) und mit stetig veränderlichem Querschnitt (b)

$$\Pi - \Pi_{st} = \tfrac{1}{2}\,\mu^2\Big[-F\int_0^\ell {w'}^2(x)\,\mathrm{d}x + \int_0^\ell EI_y(x){w''}^2(x)\,\mathrm{d}x\Big]. \qquad (10.27)$$

Sie gibt die Differenz der Potentiale des Systems von Abb. 10.6 – bestehend aus dem Stab und der Kraft F – in der geraden Lage (Π_{st}) und nach einer virtuellen Verschiebung an (Π). Die virtuelle Verschiebung hat die Form $\mu w(x)$, worin μ eine infinitesimal kleine Zahl und $w(x)$ eine alle Randbedingungen des Stabes erfüllende Biegelinie ist. Derselbe Ausdruck ergibt sich für Stäbe mit beliebigen anderen Randbedingungen vorausgesetzt, daß die Kraft F am Stabende angreift.

Die Potentialdifferenz ist null, wenn man für $w(x)$ die erste Eigenform $w_1(x)$ und für F die kritische Last F_k einsetzt (indifferentes Gleichgewicht). Dann gilt das Gleichheitszeichen in der Ungleichung

$$F_k \le \frac{\displaystyle\int_0^\ell EI_y(x){w''}^2(x)\,\mathrm{d}x}{\displaystyle\int_0^\ell {w'}^2(x)\,\mathrm{d}x}. \qquad (10.28)$$

Wenn man für $w(x)$ eine beliebige andere Funktion einsetzt, gilt das Ungleichheitszeichen. Das wurde im Zusammenhang mit Gl. (10.18) erklärt. Der Ausdruck auf der rechten Seite der Ungleichung heißt *Rayleighquotient*[3]. Er ist die gesuchte Näherung für die kritische Last. Man muß ihn mit Ansatzfunktionen für die unbekannte 1. Eigenform $w_1(x)$ auswerten. Ansatzfunktionen müssen mindestens die Randbedingungen für Durchbiegung und Neigung erfüllen (die wesentlichen oder geometrischen Randbedingungen). Wenn sie auch die Randbedingungen für Querkraft und Biegemoment (die restlichen Randbedingungen) erfüllen, wird die Näherung für F_k noch besser, da sich Verletzungen dieser Randbedingungen auf das Integral im Zähler des Rayleighquotienten auswirken. Mit etwas Phantasie ist es in vielen Fällen möglich, eine gute

[3] John William Strutt Lord Rayleigh, 1842 (Maldon/Essex) – 1919 (Witham/Essex)

Näherung $w(x)$ für die 1. Eigenform $w_1(x)$ zu raten. Von mehreren Näherungen für F_k zu verschiedenen Ansatzfunktionen $w(x)$ ist die kleinste Näherung die beste. Man beachte, daß man sich mit allen Näherungen für F_k auf der unsicheren Seite befindet.

Beispiel 10.4-1
Am Knickfall I von Abb. 10.1 soll demonstriert werden, wie stark der Rayleighquotient von der exakten Lösung für die kritische Last abweicht, wenn man ihn mit verschieden guten Näherungen für die 1. Eigenform $w_1(x)$ auswertet. Aus Beisp. 10.2-1 sind die exakten Ergebnisse für die kritische Last und für die 1. Eigenform $w_1(x)$ bekannt:

$$F_k = \frac{\pi^2 EI_y}{4\ell^2}, \qquad w_1(x) = A\Big(\cos\frac{\pi x}{2\ell} - 1\Big).$$

Vier verschiedene Ansatzfunktionen werden gewählt:

$$1.\ w(x) = w_1(x), \quad 2.\ w(x) = -3\ell x^2 + x^3, \quad 3.\ w(x) = x^2, \quad 4.\ w(x) = x^3.$$

Die zweite Ansatzfunktion erfüllt die wesentlichen Randbedingungen (für Durchbiegung und Neigung an der Einspannstelle) und auch die restliche Randbedingung für das Biegemoment am freien Ende. Die dritte und die vierte Ansatzfunktion erfüllen nur die wesentlichen Randbedingungen. Die vierte ist besonders ungeeignet, weil ihre zweite Ableitung (Biegemoment) am freien Ende am größten und an der Einspannstelle gleich null ist.
Lösung: Die Integrale sind leicht auszuwerten. Man erhält die Rayleighquotienten von Tabelle 10.1.
Die Eigenform $w_1(x)$ liefert erwartungsgemäß den exakten Wert. Die zweite Näherungslösung weicht nur um 1% davon ab. Die dritte und besonders die vierte sind unbrauchbar. Die Beispiele zeigen, daß sehr gute Näherungslösungen möglich sind. Sie dienen aber auch zur Warnung vor zu großem Vertrauen in den Rayleighquotienten. Die Fehler sind groß, sobald schlecht gewählte Ansatzfunktionen verwendet werden.

Beispiel 10.4-2
Knicken unter Eigengewicht: Bei einem hohen Mast muß das Eigengewicht als Ursache des Knickens berücksichtigt werden. Der homogene Mast in Abb. 10.19a hat die Höhe ℓ, das konstante Flächenmoment I_y, die Querschnittsfläche A und das spezifische Gewicht γ. Welche kritische Größe F_k darf die Einzellast F am Ende nicht überschreiten? Bei welcher kritischen Höhe ℓ_k knickt der Mast schon ohne Einzellast allein unter seinem Eigengewicht?
Lösung: Um einen auf diesen Fall anwendbaren Rayleighquotienten zu finden, muß man in (10.27) die Potentialänderung hinzufügen, die bei der virtuellen Verschiebung aus der geraden Lage in die gekrümmte Lage durch die Absenkung des Eigengewichts entsteht. In (10.15) steht ein Ausdruck für die Absenkung u desjenigen Punktes, der sich in Abb. 10.6 ursprünglich in der Höhe ℓ (obere Integrationsgrenze) befunden hat. Entsprechend ist die Absenkung $u(x)$ eines Punktes, der sich

Tabelle 10.1.

1.	2.	3.	4.
$\frac{\pi^2 EI_y}{4\ell^2} = F_k$	$\frac{5EI_y}{2\ell^2} \approx 1,01\,F_k$	$\frac{3EI_y}{\ell^2} \approx 1,22\,F_k$	$\frac{20EI_y}{3\ell^2} \approx 2,70\,F_k$

ursprünglich in der beliebigen Höhe x befunden hat, durch den Ausdruck gegeben:

$$u(x) = \tfrac{1}{2}\,\mu^2 \int_0^x w'^2(\xi)\,\mathrm{d}\xi.$$

Man muß zwischen der Integrationsvariablen ξ und der oberen Integrationsgrenze x unterscheiden. Um das Stück $u(x)$ wird ein Volumenelement $A\,\mathrm{d}x$ des Mastes vom Gewicht $\gamma A\,\mathrm{d}x$ abgesenkt. Die Potentialdifferenz dieser Gewichtskraft ist

$$-\tfrac{1}{2}\,\mu^2\,\gamma A \int_0^x w'^2(\xi)\,\mathrm{d}\xi\,\mathrm{d}x.$$

Dieser Ausdruck muß über die Variable x in den Grenzen von null bis ℓ integriert werden, um die Beiträge aller Volumenelemente zu erfassen:

$$-\tfrac{1}{2}\,\mu^2\,\gamma A \int_{x=0}^{\ell} \int_{\xi=0}^{x} w'^2(\xi)\,\mathrm{d}\xi\,\mathrm{d}x.$$

Mit diesem Zusatz wird (10.27) auf den Mast anwendbar:

$$\Pi - \Pi_{st} = \tfrac{1}{2}\,\mu^2 \Big[-\gamma A \int_{x=0}^{\ell} \int_{\xi=0}^{x} w'^2(\xi)\,\mathrm{d}\xi\,\mathrm{d}x \;-\; F \int_0^{\ell} w'^2(x)\,\mathrm{d}x + EI_y \int_0^{\ell} w''^2(x)\,\mathrm{d}x \Big].$$

Mit derselben Begründung, die zu der Ungleichung (10.28) führte, findet man nun für die kritische Einzellast am Ende die Ungleichung

$$F_k \le \frac{EI_y \displaystyle\int_0^{\ell} w''^2(x)\,\mathrm{d}x - \gamma A \int_{x=0}^{\ell} \int_{\xi=0}^{x} w'^2(\xi)\,\mathrm{d}\xi\,\mathrm{d}x}{\displaystyle\int_0^{\ell} w'^2(x)\,\mathrm{d}x}. \qquad \text{(a)}$$

Im vorliegenden Fall eignet sich die Ansatzfunktion

$$w(x) = \cos\frac{\pi x}{2\ell} - 1.$$

Sie ist die 1. Eigenform von Knickfall I (siehe Beisp. 10.2-1), der sich nur durch das Fehlen des Eigengewichts unterscheidet. Das bedeutet, daß der Rayleighquotient im Fall $\gamma = 0$ die kritische Last $\pi^2 EI_y/(4\ell^2)$ exakt ergibt. Für γA schreibt man G/ℓ mit dem Gesamtgewicht G des Stabes. Mit der gewählten Ansatzfunktion ist also

$$F_k \le \frac{\pi^2 EI_y}{4\ell^2} - \frac{G}{\ell}\,\frac{\displaystyle\int_{x=0}^{\ell} \int_{\xi=0}^{x} w'^2(\xi)\,\mathrm{d}\xi\,\mathrm{d}x}{\displaystyle\int_0^{\ell} w'^2(x)\,\mathrm{d}x}.$$

Die Integrale sind

$$\int_0^{\ell} w'^2(x)\,\mathrm{d}x = \Big(\frac{\pi}{2\ell}\Big)^2 \int_0^{\ell} \sin^2\frac{\pi x}{2\ell}\,\mathrm{d}x = \Big(\frac{\pi}{2\ell}\Big)^2 \cdot \frac{1}{2} \int_0^{\ell} \Big(1 - \cos\frac{\pi x}{\ell}\Big)\,\mathrm{d}x = \Big(\frac{\pi}{2\ell}\Big)^2 \cdot \frac{\ell}{2},$$

$$\int_{x=0}^{\ell}\int_{\xi=0}^{x} w'^2(\xi)\,\mathrm{d}\xi\,\mathrm{d}x = \left(\frac{\pi}{2\ell}\right)^2\cdot\frac{1}{2}\int_{x=0}^{\ell}\int_{\xi=0}^{x}\left(1-\cos\frac{\pi\xi}{\ell}\right)\mathrm{d}\xi\,\mathrm{d}x$$
$$= \left(\frac{\pi}{2\ell}\right)^2\cdot\frac{1}{2}\int_{0}^{\ell}\left(x-\frac{\ell}{\pi}\sin\frac{\pi x}{\ell}\right)\mathrm{d}x = \left(\frac{\pi}{2\ell}\right)^2\cdot\frac{\ell^2}{2}\left(\frac{1}{2}-\frac{2}{\pi^2}\right).$$

Damit erhält man für die kritische Einzellast die Abschätzung

$$F_k \le \frac{\pi^2 EI_y}{4\ell^2} - \underbrace{\left(\frac{1}{2}-\frac{2}{\pi^2}\right)}_{\approx 0{,}30} G.$$

Die kritische Einzellast ist also um etwa 30% des Eigengewichts kleiner als diejenige, die man bei Vernachlässigung des Eigengewichts findet.

Wenn die Ungleichung die Aussage $F_k \le 0$ liefert, dann knickt der Stab schon ohne Einzellast unter seinem Eigengewicht. Aus dieser Ungleichung erhält man eine Näherungslösung für die gesuchte kritische Höhe l_k:

$$0 \le \frac{\pi^2 EI_y}{4\ell_k^2} - 0,30\,\gamma A\ell_k$$

oder

$$\ell_k \le \sqrt[3]{\frac{\pi^2 EI_y}{1,20\gamma A}} \approx 2,02\sqrt[3]{\frac{EI_y}{\gamma A}}.$$

Ein Zahlenbeispiel: Das spezifische Gewicht und der E-Modul von Bambus liegen in der Größenordnung $\gamma \approx 8\cdot 10^{-3}\,\mathrm{Ncm}^{-3}$ und $E \approx 10^4\,\mathrm{Nmm}^{-2}$. Ein Bambusrohr konstanten Querschnitts mit Außen- und Innendurchmessern $d_a = 3\,\mathrm{cm}$ und $d_i = 2,4\,\mathrm{cm}$ hat die kritische Höhe

$$\ell_k \le 2,02\sqrt[3]{\frac{E(d_a^4-d_i^4)\pi/64}{\gamma(d_a^2-d_i^2)\pi/4}} = 2,02\sqrt[3]{\frac{E(d_a^2+d_i^2)}{16\gamma}} \approx 9,83\,\mathrm{m}.$$

Beispiel 10.4-3

Der Stab in Abb. 10.19b hat einen Kreisquerschnitt mit einem nach der Vorschrift

$$r(x) = r_0\left(1-c\frac{x^2}{\ell^2}\right)$$

veränderlichen Radius. In Stabmitte ist der Radius r_0 und an den Enden ist er $r_0(1-c)$. Man bestimme eine Näherungslösung für die kritische Last im Fall $c = 0,9$ (d.h. $r(\ell) = \frac{1}{10}r_0$).

Lösung: Für den Rayleighquotienten werden zum Vergleich zwei verschiedene Ansatzfunktionen gewählt, und zwar die Polynome 4 und 6. Grades:

$$w(x) = \begin{cases} 1-\dfrac{6}{5}\left(\dfrac{x}{\ell}\right)^2+\dfrac{1}{5}\left(\dfrac{x}{\ell}\right)^4, \\ 1-\dfrac{3}{5}\left(\dfrac{x}{\ell}\right)^2-\dfrac{11}{15}\left(\dfrac{x}{\ell}\right)^4+\dfrac{1}{3}\left(\dfrac{x}{\ell}\right)^6. \end{cases}$$

Beide erfüllen die Randbedingungen für die Durchbiegung und das Biegemoment an den Stabenden. Die Biegelinie 6. Grades ist im Mittelteil des Stabes weniger stark gekrümmt als die Biegelinie 4. Grades (bei $x = 0$ ist ihre 2. Ableitung halb so groß, und die 1. Ableitung ist bei beiden Funktionen gleich).

Im folgenden wird die Abkürzung $z = x/\ell$ verwendet. Bei Ableitungen muß man die Rechenregel $\mathrm{d}/\mathrm{d}x = (1/\ell)\,\mathrm{d}/\mathrm{d}z$ beachten. Für den Rayleighquotienten werden folgende Ausdrücke benötigt.

$$I_y(x) = I_0(1 - cz^2)^4, \qquad I_0 = I_y(0) = \tfrac{1}{4}\,\pi r_0^4,$$

$$w'(x) = \begin{cases} -(1/\ell)\,\frac{12}{5}(z - \frac{1}{3}z^3) & \text{(Polynom 4. Grades)}, \\ -(1/\ell)\,\frac{6}{5}\,(z + \frac{22}{9}z^3 - \frac{5}{3}z^5) & \text{(Polynom 6. Grades)}, \end{cases}$$

$$w''(x) = \begin{cases} -(1/\ell^2)\,\frac{12}{5}(1 - z^2) \\ -(1/\ell^2)\,\frac{6}{5}\,(1 + \frac{22}{3}z^2 - \frac{25}{3}z^4). \end{cases}$$

Ein Integral über x in den Grenzen von $-\ell$ bis $+\ell$ ist zweimal das Integral über x in den Grenzen von 0 bis ℓ und (2ℓ) mal das Integral über z in den Grenzen von 0 bis 1. Mit dieser Regel ist

$$\int_{-\ell}^{\ell} EI_y w''^2\,\mathrm{d}x = \begin{cases} (EI_0/\ell^4)\,(\frac{12}{5})^2 \cdot 2\ell \displaystyle\int_0^1 (1 - cz^2)^4(1 - z^2)^2\,\mathrm{d}z, \\ (EI_0/\ell^4)\,(\frac{6}{5})^2 \cdot 2\ell \displaystyle\int_0^1 (1 - cz^2)^4(1 + \tfrac{22}{3}z^2 - \tfrac{25}{3}z^4)^2\,\mathrm{d}z, \end{cases}$$

$$\int_{-\ell}^{\ell} w'^2\,\mathrm{d}x = \begin{cases} (1/\ell^2)\,(\frac{12}{5})^2 \cdot 2\ell \displaystyle\int_0^1 (z - \tfrac{1}{3}z^3)^2\,\mathrm{d}z, \\ (1/\ell^2)\,(\frac{6}{5})^2 \cdot 2\ell \displaystyle\int_0^1 (z + \tfrac{22}{9}z^3 - \tfrac{5}{3}z^5)^2\,\mathrm{d}z. \end{cases}$$

Für den vorgeschriebenen Zahlenwert $c = 0,9$ sind die vier Integrale in den Grenzen null und 1 in der angegebenen Reihenfolge gleich $0,3529$, $1,103$, $0,2159$ und $1,036$. Damit lautet die Ungleichung (10.28) für die kritische Last

$$F_k \le \begin{cases} 1,63\,\dfrac{EI_0}{\ell^2} & \text{(Polynom 4. Grades)}, \\ 1,07\,\dfrac{EI_0}{\ell^2} & \text{(Polynom 6. Grades)}. \end{cases}$$

Der kleinere Wert ist die bessere Näherung für F_k. Die Rechnung in Beisp. 10.4-4 wird aber zeigen, daß auch diese Näherung nicht gut ist.

Das Beispiel ist eines von vielen, bei denen man die 1. Eigenform nur schlecht schätzen kann, so daß über die Güte der Näherung für die kritische Last keine Aussage möglich ist. In solchen Fällen wird das im folgenden geschilderte Verfahren von Ritz angewandt. Es ist ein systematisches Verfahren zur Erzeugung guter Näherungen.

10.4.2 Das Verfahren von Ritz

Die unbekannte 1. Eigenform eines Stabes wird bei diesem Verfahren nicht durch eine einzelne Funktion $w(x)$ angenähert, sondern durch ein Funktionensystem

$$\tilde{w}(x) = c_1 w_1(x) + c_2 w_2(x) + \cdots + c_n w_n(x). \tag{10.29}$$

Die Zahl $n \geq 1$ gibt man selbst willkürlich vor. Auch die Ansatzfunktionen $w_1(x), \ldots, w_n(x)$ gibt man selbst vor (sie sind nicht die gleich bezeichneten Eigenformen!). Zulässig ist jede Funktion, die alle wesentlichen Randbedingungen erfüllt. Sie darf also restliche Randbedingungen verletzen. Die Näherungslösung wird allerdings i.allg. noch besser, wenn sie auch die restlichen Randbedingungen erfüllt. Der Ausdruck (10.29) stellt ein Funktionensystem dar, weil die Koeffizienten $c_1, \ldots, c_n$ noch unbestimmt sind. Mit $\tilde{w}(x)$ anstelle von $w(x)$ wird der Rayleighquotient (10.28) gebildet. Auch er ist eine Funktion von $c_1, \ldots, c_n$. Das Minimum dieser Funktion ist die beste Näherung für die kritische Last, die mit dem gewählten Funktionensystem erreichbar ist. Das Minimum wird wie folgt berechnet. Der Rayleighquotient – im folgenden R genannt – hat einen Zähler Z und einen Nenner N:

$$R(c_1, \ldots, c_n) = \frac{Z(c_1, \ldots, c_n)}{N(c_1, \ldots, c_n)}.$$

Die Bedingung für einen stationären Wert ist $\partial R/\partial c_i = 0 \quad (i = 1, \ldots, n)$ oder ausführlich

$$\frac{1}{N^2}\left(N\frac{\partial Z}{\partial c_i} - Z\frac{\partial N}{\partial c_i}\right) = 0 \qquad (i = 1, \ldots, n)$$

oder

$$\frac{1}{N}\left(\frac{\partial Z}{\partial c_i} - R\frac{\partial N}{\partial c_i}\right) = 0 \qquad (i = 1, \ldots, n)$$

oder schließlich

$$\frac{\partial Z}{\partial c_i} - R\frac{\partial N}{\partial c_i} = 0 \qquad (i = 1, \ldots, n). \tag{10.30}$$

Mit (10.28) und (10.29) ist

$$\begin{aligned}
\frac{\partial Z}{\partial c_i} &= \int_0^\ell EI_y \frac{\partial \tilde{w}''^{\,2}}{\partial c_i}\,\mathrm{d}x = 2\int_0^\ell EI_y\,\tilde{w}''\,w_i''\,\mathrm{d}x \\
&= 2\sum_{j=1}^n c_j\left[\int_0^\ell EI_y\,w_i''\,w_j''\,\mathrm{d}x\right] \qquad (i = 1, \ldots, n), \\
\frac{\partial N}{\partial c_i} &= 2\sum_{j=1}^n c_j\left[\int_0^\ell w_i'\,w_j'\,\mathrm{d}x\right] \qquad (i = 1, \ldots, n).
\end{aligned}$$

Damit kann (10.30) als lineares homogenes Gleichungssystem in der Form

$$\mathbf{A}\mathbf{c} = \mathbf{0}$$

mit der Spaltenmatrix $\mathbf{c} = [c_1 \cdots c_n]^T$ und mit einer symmetrischen Matrix $\mathbf{A}$ mit den Elementen

$$A_{ij} = \int_0^\ell EI_y\,w_i''\,w_j''\,\mathrm{d}x - R\int_0^\ell w_i'\,w_j'\,\mathrm{d}x \qquad (i, j = 1, \ldots, n) \tag{10.31}$$

geschrieben werden. Nichttriviale Lösungen für $\mathbf{c}$ existieren nur, wenn Det $\mathbf{A} = 0$ ist. Diese Bedingung liefert ein Polynom n-ten Grades für den Rayleighquotienten. Die kleinste Wurzel des Polynoms ist die gesuchte beste Näherung für die kritische Last.

Das hier geschilderte Verfahren und das Verfahren von Ritz zur Berechnung von Durchbiegungen in Kap. 8.11 haben alle wesentlichen Merkmale gemeinsam, nämlich das Funktionensystem $\tilde{w}(x)$, die Stationaritätsbedingung und ein lineares Gleichungssystem für Koeffizienten $c_1, \ldots, c_n$ mit einer symmetrischen Koeffizientenmatrix. Der einzige Unterschied besteht darin, daß das Stabilitätsproblem ein Eigenwertproblem mit Eigenwerten R und Eigenvektoren $\mathbf{c}$ ist, während das Gleichungsystem für $\mathbf{c}$ in Kap. 8.11 inhomogen ist.

Beispiel 10.4-4
Für den Knickstab in Abb. 10.19b werden aus Beisp. 10.4-3 die Funktion $I_y(x) = I_0(1 - cz^2)^4$ mit $z = x/\ell$ und mit $c = 0,9$ sowie die Polynome 4. und 6. Grades als Funktionen $w_1(x)$ bzw. $w_2(x)$ übernommen. Mit ihnen wird das zweigliedrige Funktionensystem $\tilde{w}(x) = c_1 w_1(x) + c_2 w_2(x)$ gebildet. Welche Schranke ergibt sich damit für die kritische Last F_k nach dem Ritzschen Verfahren?
Lösung: Von der (2×2)-Matrix $\mathbf{A}$ in (10.31) wurden alle Integrale für die Elemente A_{11} und A_{22} in Beisp. 10.4-3 berechnet. Es fehlen noch die Integrale (man beachte wieder den Faktor 2ℓ und die Integralgrenzen null und 1):

$$\int_{-\ell}^{\ell} EI_y\, w_1''\, w_2''\, \mathrm{d}x = EI_0 \ell^{-4}\, \tfrac{12}{5}\, \tfrac{6}{5}\, 2\ell \int_0^1 (1 - cz^2)^4 (1 - z^2)(1 + \tfrac{22}{3} z^2 - \tfrac{25}{3} z^4)\, \mathrm{d}z,$$
$$\int_{-\ell}^{\ell} w_1'\, w_2'\, \mathrm{d}x = (1/\ell^2)\, \tfrac{12}{5}\, \tfrac{6}{5}\, 2\ell \int_0^1 (z - \tfrac{1}{3} z^3)(z + \tfrac{22}{9} z^3 - \tfrac{5}{3} z^5)\, \mathrm{d}z.$$

Mit $c = 0,9$ ergeben sich für die Integrale in den Grenzen null und 1 die Zahlenwerte $0,5628$ und $0,4344$. Damit und mit den Zahlenwerten aus Beisp. 10.4-3 nimmt die Gleichung Det $\mathbf{A}$=0 nach Ausklammern gemeinsamer Faktoren die Form an:

$$\begin{vmatrix} 4[0,3529 - 0,2159\, R\ell^2/(EI_0)] & 2[0,5628 - 0,4344\, R\ell^2/(EI_0)] \\ \text{symmetrisch} & 1,103 - 1,036\, R\ell^2/(EI_0) \end{vmatrix} = 0.$$

Die kleinere der beiden Wurzeln ist $R_{min}\ell^2/(EI_0) = 0,854$. Sie liefert für die kritische Last die Schranke

$$F_k \le R_{min} = 0,854\, \frac{EI_0}{\ell^2}.$$

Diese Schranke ist wesentlich kleiner und daher wesentlich besser als die in Beisp. 10.4-3 berechnete Schranke.

10.5 Knickbiegung

Das wesentliche Merkmal aller bisher betrachteten Knickprobleme ist, daß im Stab keine Biegemomente auftreten, solange der Stab gerade ist, weil die Wirkungslinien aller Kräfte in der Stabachse liegen. Deshalb ist die gerade

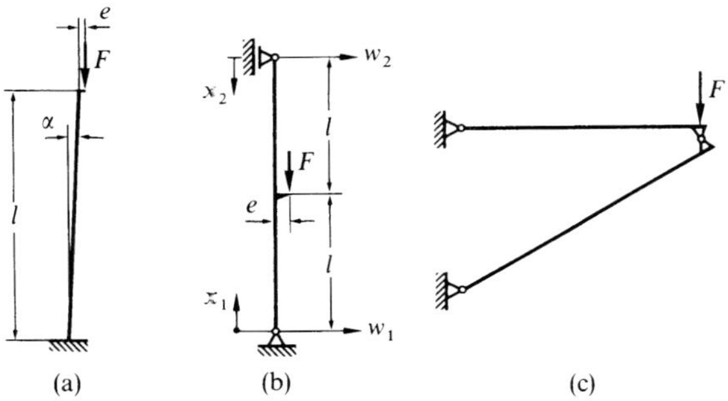

Abb. 10.20. Knickbiegeprobleme

Lage eine Gleichgewichtslage, die je nach der Größe der Belastung stabil oder instabil sein kann. In Wirklichkeit liegen Wirkungslinien von Kräften niemals genau in der Stabachse. Abb. 10.20 zeigt an einigen praktischen Beispielen Ursachen für Abweichungen. Die dargestellten Stäbe werden bei jeder Größe der Last F gebogen und nicht erst, wenn eine bestimmte kritische Größe F_k überschritten wird. Es liegt also kein Instabilitätsproblem vor. Man kann aber gewisse Ähnlichkeiten mit dem Verhalten bei genau axialer Belastung erwarten, wenn die Abweichungen klein sind. Man spricht dann von *Knickbiegung* im Gegensatz zu reinem Knicken. Die Stäbe in Abb. 10.20 sind gerade. In Wirklichkeit sind Stäbe fertigungsbedingt etwas "krumm". Auch dann hat man es mit Knickbiegung zu tun.

Bei Knickbiegeproblemen interessiert man sich für die Größe von Durchbiegungen und für maximale Spannungen in Abhängigkeit von der Belastung. Wegen der Ähnlichkeit mit dem reinen Knickproblem müssen Gleichgewichtsbedingungen wieder am verformten System aufgestellt werden. Abb. 10.9 zeigte für reine Knickung ein herausgeschnittenes, verformtes Stabelement mit allen Schnittgrößen. Bei Knickbiegung mit stückweise konstanter Schnittkraftkoordinate Q_z ändert sich an der Abbildung nichts! Infolgedessen sind auch die Gln. (10.20) bis (10.24) weiterhin gültig.

Im folgenden werden die Gleichungen auf das Problem in Abb. 10.20a angewandt. Der Winkel α möge sehr klein sein, so daß $\cos\alpha \approx 1$ und $\sin\alpha \approx \alpha$ ist. Dann beschreibt Abb. 10.21 dieselbe Situation. Im Sonderfall $e = 0$, $\alpha = 0$ ist das der Eulersche Knickfall I. Er wurde in Beisp. 10.2-1 untersucht. Mit den dort formulierten Gleichungen muß man das folgende vergleichen. Die allgemeine Lösung für die Biegelinie ist wie bei reinem Knicken

$$w(x) = A\sin\beta x + B\cos\beta x + Cx + D$$

mit

$$\beta^2 = \frac{F}{EI_y}. \tag{10.32}$$

Die Randbedingungen sind:

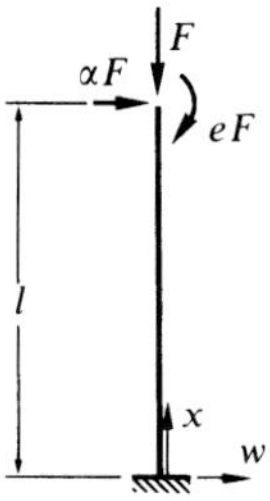

Abb. 10.21. Eine andere Darstellung von Abb. 10.20a

$$w(0) = 0, \quad w'(0) = 0, \quad Q_z(x) \equiv \alpha F, \quad M_y(\ell) = -EI_y\, w''(\ell) = -eF.$$

Daraus ergeben sich bei Beachtung von (10.32) und (10.24) die Gleichungen

$$B + D = 0, \quad A\beta + C = 0, \quad -C = \alpha, \quad A \sin\beta\ell + B\cos\beta\ell = -e. \quad (10.33)$$

Im Sonderfall $e = 0$, $\alpha = 0$ ist das das Eigenwertproblem des Knickstabes. Bei Knickbiegung ändern sich die Koeffizienten der Integrationskonstanten A, B, C und D nicht. Es treten nur solche Glieder zusätzlich auf, die das Gleichungssystem inhomogen machen. Folglich handelt es sich nicht um ein Eigenwertproblem, sondern darum, die Integrationskonstanten als stetige Funktionen von F, e und α auszudrücken. Die Lösungen sind

$$A = \frac{\alpha}{\beta}, \qquad B = \frac{-1}{\cos\beta\ell}\left(e + \frac{\alpha}{\beta}\sin\beta\ell\right), \qquad C = -\alpha, \qquad D = -B.$$

Als anschauliches Maß für die Verformung des Stabes wird die Durchbiegung $w(\ell)$ am freien Ende berechnet:

$$w(\ell) = \frac{1}{\cos\beta\ell}\left(e + \alpha\ell\,\frac{\sin\beta\ell}{\beta\ell}\right) - (e + \alpha\ell).$$

Dieser Ausdruck läßt die Gemeinsamkeiten und Unterschiede zwischen Knickbiegung und reinem Knicken deutlich erkennen. Bei reinem Knicken hatte sich die kritische Last F_k aus der Bedingung

$$\cos\beta\ell = 0 \qquad (10.34)$$

ergeben (Gl. (c) in Beisp. 10.2-1). Unter dieser Last ist die Durchbiegung $w(\ell)$ bei Knickbiegung unendlich groß, weil der Nenner verschwindet. Der Verlauf von $w(\ell)$ als Funktion von F ist in Abb. 10.22 schematisch in zwei Kurven dargestellt, die zu verschiedenen Parameterkombinationen e, α gehören. Alle Kurven haben bei $F = F_k$ einen Pol. Im Grenzfall $e \to 0$, $\alpha \to 0$ streben die Kurven gegen den gestrichelt gezeichneten Verlauf. Er kennzeichnet die Situation beim reinen Knickstab, bei dem die Durchbiegung für $F < F_k$ gleich null und für $F = F_k$ unendlich groß ist (letzteres nicht in Wirklichkeit, sondern nur im Rahmen der linearisierten Theorie).

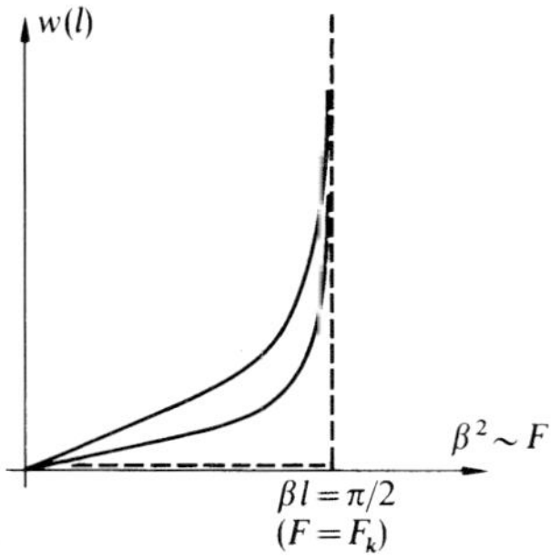

Abb. 10.22. Durchbiegung $w(\ell)$ des Stabendes in Abb. 10.21 für zwei verschiedene Parameterkombinationen e, α als Funktion von F. Der gestrichelte Verlauf gilt für $e = \alpha = 0$

Nach den Verformungen muß noch die maximale Spannung im Stab berechnet werden. Sie tritt auf der Druckseite an der Einspannstelle auf und ist die Summe aus der Druckspannung F/A und der Biegelängsspannung:

$$\sigma_{max} = F/A + |M_y(0)|\, z_{max}/I_y .$$

Darin ist z_{max} der Abstand der äußersten Faser von der Stabachse. Das Einspannmoment im verformten Stab ist nach Abb. 10.21 (man stelle sich eine Durchbiegung $w(\ell) > 0$ vor)

$$M_y(0) = -Fw(\ell) - \alpha F\ell - eF.$$

Zusammen mit $w(\ell)$ geht σ_{max} gegen unendlich, wenn F die kritische Größe F_k erreicht. Würde man die Spannung nach der gewöhnlichen Stabbiegetheorie berechnen, in der Gleichgewichtsbedingungen am unverformten Stab aufgestellt werden, dann wäre das Biegemoment

$$M_y(0) = -\alpha F\ell - eF.$$

Es liefert viel zu kleine Spannungen, wenn F der kritischen Last F_k nahekommt. Aus diesem Beispiel ergibt sich die allgemeine Regel:

> Spannungen in Biegestäben dürfen nur dann nach der gewöhnlichen Stabbiegetheorie berechnet werden, wenn die Längskraft wesentlich kleiner als die kritische Last ist. Andernfalls muß mit Knickbiegung gerechnet werden.

Die am konkreten Beispiel gewonnenen Aussagen gelten im Prinzip für jedes Knick- bzw. Knickbiegeproblem dieses Kapitels. Stets ergibt sich aus Randbedingungen ein lineares Gleichungssystem für Integrationskonstanten A, B, C usw. Auf den rechten Seiten dieser Gleichungen stehen bei reinem Knicken nur Nullen und bei Knickbiegung auch von null verschiedene Größen. Die Lösungen lassen sich in der Form angeben:

$$A = \frac{\Delta_A}{\Delta}, \qquad B = \frac{\Delta_B}{\Delta}, \qquad C = \frac{\Delta_C}{\Delta} \qquad \text{usw.} \tag{10.35}$$

Darin ist Δ die Determinante der Koeffizientenmatrix auf der linken Seite, und Δ_A, Δ_B, Δ_C usw. sind Determinanten von Matrizen, in denen jeweils eine Spalte der Koeffizientenmatrix gegen die Spalte der rechten Seiten der Gleichungen vertauscht ist. Der kleinste Eigenwert des Knickproblems wird aus der Gleichung

$$\Delta = 0 \tag{10.36}$$

bestimmt. Er liefert die kritische Last F_k. Bei Knickbiegung streben die Integrationskonstanten und damit auch Durchbiegungen und Spannungen gegen unendlich, wenn die Last sich dieser kritischen Last nähert. Mit dieser allgemeinen Aussage ist das Wesentliche über Knickbiegung gesagt. Wenn man quantitative Aussagen über Durchbiegungen und Spannungen braucht, muß man die Gln. (10.35) ausführlich angeben.

Beispiel 10.5-1

Für das System in Abb. 10.20b werden die kritische Last im Fall $e = 0$ sowie die Knickbiegelinie und das maximale Biegemoment für $e \neq 0$ unter der Last $F = \pi^2 EI_y/\ell^2$ gesucht.

Lösung: Für die untere Stabhälfte (Index 1) lautet die allgemeine Lösung als Funktion der Koordinate x_1:

$$w_1(x_1) = A_1 \sin\beta x_1 + B_1 \cos\beta x_1 + C_1 x_1 + D_1 \qquad (0 \le x_1 \le \ell)$$

mit

$$\beta^2 = \frac{F}{EI_y}.$$

Für die obere Stabhälfte (Index 2) wird die Koordinate x_2 verwendet. In dieser Stabhälfte ist die Druckkraft und damit auch β null. Die Differentialgleichung (10.22) vereinfacht sich daher zu $w_2^{(4)} = 0$. Ihre Lösung hat die allgemeine Form

$$w_2(x_2) = A_2 x_2^3 + B_2 x_2^2 + C_2 x_2 + D_2 \qquad (0 \le x_2 \le \ell). \tag{a}$$

Für die 8 Integrationskonstanten der beiden Funktionen werden gleich viele Randbedingungen benötigt. Sechs von ihnen schreiben vor:

$$\begin{aligned} &w_1(0) = 0, \qquad w_1''(0) = 0, \qquad &&w_2(0) = 0, \qquad w_2''(0) = 0,\\ &w_1(\ell) = w_2(\ell), &&w_1'(\ell) = -w_2'(\ell). \end{aligned}$$

In der 6. Randbedingung steht $-w_2'$, weil $\mathrm{d}x_1$ und $\mathrm{d}x_2$ in entgegengesetzten Richtungen positiv sind. Die beiden noch fehlenden Randbedingungen werden aus Abb. 10.23 abgelesen. Dort ist die Stabmitte durch Schnitte unmittelbar über und unter dem Kragarm freigelegt. Die Länge zwischen den Schnittstellen ist als null zu betrachten. Beide Enden sind – im jeweiligen Koordinatensystem – negative Schnittufer. Positive Schnittgrößen haben die eingezeichneten Richtungen. Das Momenten- und das Kräftegleichgewicht erfordern:

$$M_{y1}(\ell) - M_{y2}(\ell) = -eF, \qquad Q_{y1} + Q_{y2} = 0.$$

Die erste Gleichung führt auf

$$-w_1''(\ell) + w_2''(\ell) = -e\beta^2.$$

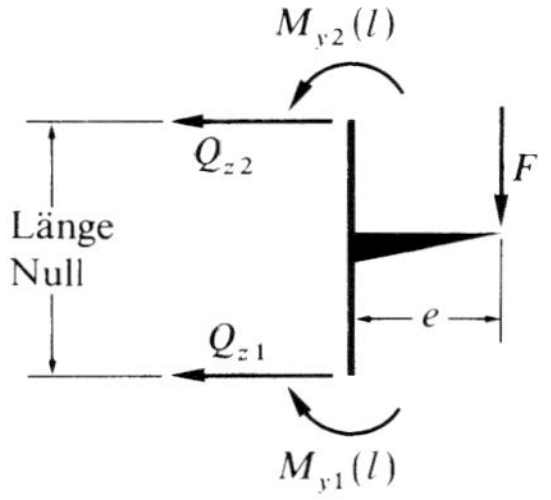

Abb. 10.23.

In der zweiten wird Q_{z1} durch (10.24) ausgedrückt. Diese Gleichung war durch Einsetzen der allgemeinen Lösung (10.23) in (10.20) entstanden. Für die obere Stabhälfte hat (10.20) wegen der Abwesenheit von Längsdruck und wegen der Richtung von x_2 die Form $Q_{z2} = +EI_y w_2'''(x)$. Damit nimmt die 8. Randbedingung die Form an:

$$EI_y[\beta^2 C_1 + w_2'''(\ell)] = 0.$$

Aus den ersten vier Randbedingungen ergibt sich $B_1 = D_1 = B_2 = D_2 = 0$. Die restlichen lauten damit

$$\left.\begin{aligned}
&A_1 \sin\beta\ell + C_1\ell - A_2\ell^3 - C_2\ell = 0,\\
&A_1\beta\cos\beta\ell + C_1 + 3A_2\ell^2 + C_2 = 0,\\
&A_1\beta^2\sin\beta\ell + 6A_2\ell = -e\beta^2,\\
&C_1\beta^2 + 6A_2 = 0.
\end{aligned}\right\}\qquad \text{(b)}$$

Im Fall $e = 0$ liegt das Eigenwertproblem des reinen Knickens vor. Für die Eigenwertgleichung "Koeffizientendeterminante gleich null" ergibt sich nach einfacher Rechnung die Form

$$\tan\beta\ell = \frac{3\beta\ell}{\beta^2\ell^2 - 9}.$$

Durch Probieren findet man den kleinsten Eigenwert $\beta\ell \approx 4{,}13$. Daraus folgt die kritische Last

$$F_k \approx 1{,}73\,\frac{\pi^2 EI_y}{\ell^2}.$$

Bei der vorgegebenen kleineren Last $F = \pi^2 EI_y/\ell^2$ ist $\beta\ell = \pi$. Dann lauten die Gln. (b)

$$\begin{aligned}
C_1 - A_2\ell^2 - C_2 &= 0,\\
-A_1\,\pi/\ell + C_1 + 3A_2\ell^2 + C_2 &= 0,\\
6A_2\ell &= -e\,\pi^2/\ell^2,\\
C_1\,\pi^2/\ell^2 + 6A_2 &= 0.
\end{aligned}$$

Sie haben die Lösungen

$$A_1 = -e\Big(\frac{\pi}{3} - \frac{2}{\pi}\Big),\quad C_1 = \frac{e}{\ell},\quad A_2 = -\frac{\pi^2 e}{6\ell^3},\quad C_2 = \Big(\frac{\pi^2}{6} + 1\Big)\frac{e}{\ell}.$$

Damit ergeben sich die Biegelinien

$$\begin{aligned}
w_1(x_1) &= A_1\sin\beta x_1 + C_1 x_1 = e\Big[-\Big(\frac{\pi}{3} - \frac{2}{\pi}\Big)\sin\frac{\pi x_1}{\ell} + \frac{x_1}{\ell}\Big],\\
w_2(x_2) &= A_2 x_2^3 + C_2 x_2 = e\Big[-\frac{\pi^2}{6}\Big(\frac{x_2}{\ell}\Big)^3 + \Big(\frac{\pi^2}{6} + 1\Big)\frac{x_2}{\ell}\Big].
\end{aligned}$$

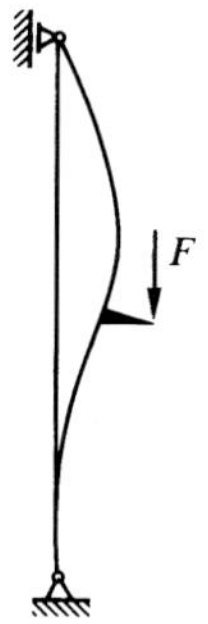

Abb. 10.24.

Sie sind in Abb. 10.24 maßstabgetreu dargestellt. Die Durchbiegung in Stabmitte ist $+e$, so daß die Wirkungslinie der Kraft F bei dieser Größe der Belastung den Abstand $2e$ von der Achse des unverbogenen Stabes hat. Das betragsgrößte Biegemoment tritt in Stabmitte auf, und zwar in der oberen Stabhälfte. Seine Größe ist

$$M_{y\,max} = EI_y\,|w_2''(\ell)| = e\,\pi^2 EI_y/\ell^2 = eF.$$

Nach der gewöhnlichen Stabbiegetheorie tritt das betragsgrößte Biegemoment an derselben Stelle auf. Aus Gleichgewichtsbedingungen für die freigeschnittene obere Stabhälfte ergibt sich seine Größe zu $\frac{1}{2}eF$. Das ist die Hälfte der tatsächlichen Größe.

10.6 Übungsaufgaben

10.1 Die U-Profile in Abb. A10.1 werden durch Abstandshalter in der gezeichneten Anordnung verbunden. Sie bilden den Querschnitt eines Knickstabes. Das Maß a soll bei gegebenen Größen B, H, b und h so gewählt werden, daß der Stab um beliebige Achsen bei derselben kritischen Last ausknickt. Geben Sie eine Bestimmungsgleichung für a an. Diskutieren Sie ihre Lösungen im Sonderfall $H = 2B$, $h = 2b$. Welche Ungleichungen müssen Lösungen a erfüllen, um physikalisch sinnvoll zu sein?
Geg. H, B h, b

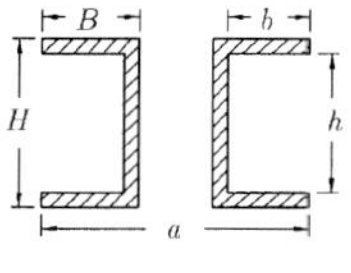

Abb. A10.1.

10.2 Ein Knickstab mit einem Rechteckquerschnitt ist nach Abb. A10.2 gelagert. Wie groß muß das Verhältnis h/b sein, damit die kritischen Lasten für ein Ausknicken um beide Hauptachsen gleich groß sind?

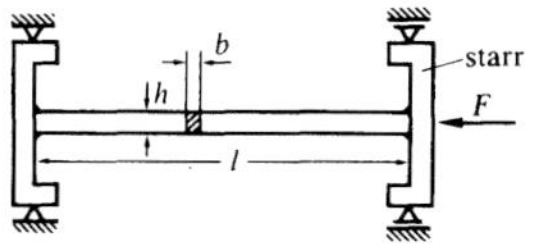

Abb. A10.2.

10.3 In dem Fachwerk in Abb. A10.3 ist die Biegesteifigkeit EI_y für alle Stäbe gleich. Die Kräfte F_1 und F_2 können positive und negative Vorzeichen haben. Welche Ungleichungen müssen die Kräfte erfüllen, damit das Fachwerk nicht durch Knicken gefährdet wird? Es sei vorausgesetzt, daß man sich in Abb. 10.18 im Gültigkeitsbereich der Eulerhyperbel befindet, so daß der Knicksicherheitsfaktor $\nu_k = 2,5$ ist.
Geg.: ℓ, EI_y

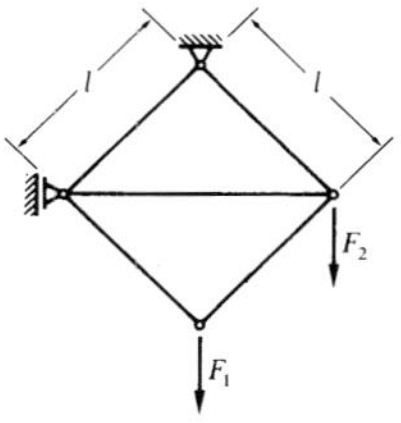

Abb. A10.3.

10.4 Bestimmen Sie die Eigenwertgleichung und die kritische Last für den Knickstab mit Drehfedern in Abb. A10.4. Wie groß sind die kritischen Lasten in den Sonderfällen a) $k_1 = k_2 = 0$, b) $k_1, k_2 \gg EI_y/\ell$, c) $k_1 \gg EI_y/\ell$, $k_2 = 0$ und d) $k_1 = 0$?
Geg.: ℓ, k_1, k_2, EI_y

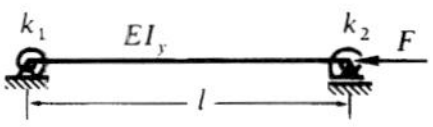

Abb. A10.4.

10.5 Bei welcher kritischen Last F_k knickt der vertikale Stab in Abb. A10.5 in Richtung der y-Achse aus? Ein Gelenk verbindet ihn mit einem beidseitig gelagerten Stab.
Geg.: ℓ, EI_z, $EI_x = EI_z/16$

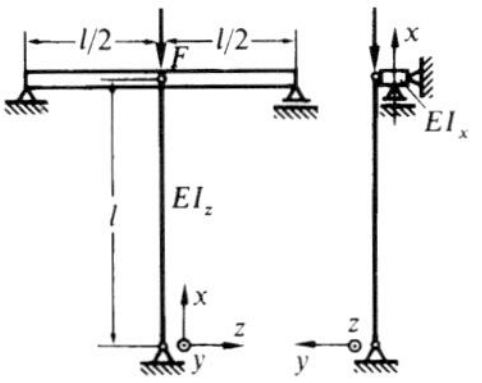

Abb. A10.5.

10.6 Ein Knickstab (Länge ℓ, Biegesteifigkeit EI_y) ist nach Abb. A10.6 einseitig eingespannt und am freien Ende durch eine Feder (Federkonstante k) gestützt, die ihn mit dem Ende eines vertikal hängenden, gewichtslosen Stabes verbindet. An diesem Stab hängt ein Gewicht G. Wie groß ist die kritische Last F_k am rechten Stab?
Geg.: ℓ, EI_y, k, G

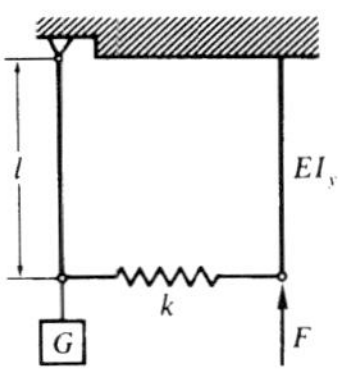

Abb. A10.6.

10.7 Zwei gleiche Stäbe (Länge ℓ, Biegesteifigkeit EI_y) sind nach Abb. A10.7 in vertikaler Lage einseitig eingespannt und an den freien Enden durch einen starren Stab gelenkig verbunden. Der linke Stab ist durch ein Gewicht G vorgespannt. Wie groß ist die kritische Last F_k am rechten Stab?
Geg.: ℓ, EI_y, G
Hinweis: An Abb. 10.9 wurde die Gleichgewichtsbedingung für einen Stab formuliert, der einer richtungstreuen Druckkraft F ausgesetzt ist. Im vorliegenden Fall greift am linken Stab eine richtungstreue Zugkraft an. Die Gln. (10.21) bis (10.24) lauten in diesem Fall

$$\beta^2 = G/(EI_y), \quad w^{(4)} - \beta^2 w'' = 0,$$

$$w(x) = A \sinh \beta x + B \cosh \beta x + Cx + D, \quad Q_z = EI_y \beta^2 C.$$

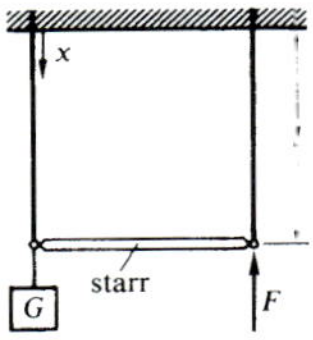

Abb. A10.7.

10.8 Geben Sie die Eigenwertgleichungen zur Bestimmung der kritischen Lasten für die Systeme in Abb. A10.8a und b an.
Geg.: Alle Längen, E-Moduln, Flächenmomente und Federkonstanten

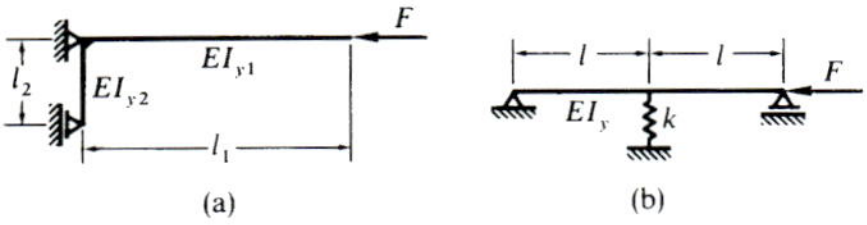

Abb. A10.8.

10.9 Wie groß sind die kritischen Lasten der Systeme in Abb. A10.9a bis c?
Geg.: ℓ, EI_y

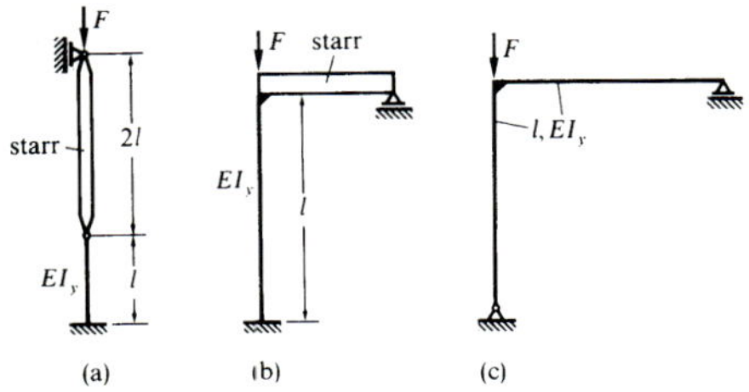

Abb. A10.9.

10.10 Wie lautet die Eigenwertgleichung des Systems in Abb. A10.10? Wie groß sind die kritischen Lasten in den Fällen a) $\lambda \to \infty$ und b) $\lambda = 1$? Vergleichen Sie mit Aufg.10.9c
Geg.: ℓ, λ (dimensionslos), EI_y

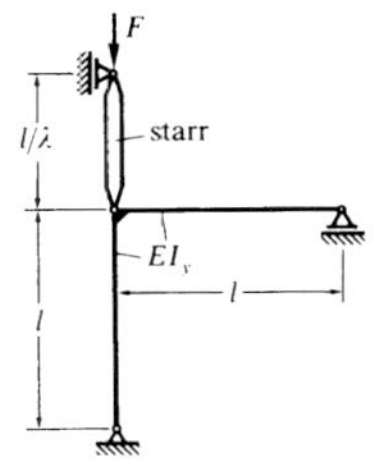

Abb. A10.10.

10.11 Wie lautet die Eigenwertgleichung des Systems in Abb. A10.11 für beliebige Längen ℓ_1 und ℓ_2? Wie groß ist die kritische Last F_k im Sonderfall $\ell_2 = 4\ell_1$?
Geg.: ℓ_1, ℓ_2, h, EI_y

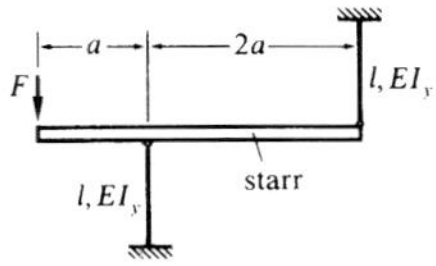

Abb. A10.11.

10.12 Der Knickstab in Abb. A10.12 wird mit zwei gleich großen Kräften in Stabmitte und am Ende belastet. Bestimmen Sie die Eigenwertgleichung, die kritische Last F_k und eine Näherungslösung F_k^* für die kritische Last mit Hilfe eines passend formulierten Rayleighquotienten. Wählen Sie als Ansatzfunktion die Biegelinie desselben Stabes mit einer horizontalen Einzellast am freien Ende.
Geg.: ℓ, EI_y

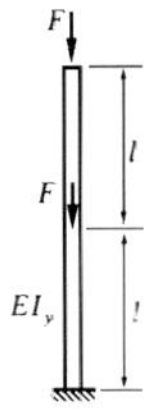

Abb. A10.12.

10.13 Bestimmen Sie aus dem kleinsten Eigenwert die kritische Last F_k für den Stab in Abb. A10.13. Benutzen Sie die Biegelinie desselben Stabes mit einer horizontalen Last am Ende als Ansatzfunktion für den Rayleighquotienten und berechnen Sie damit eine Näherungslösung F_k^*.
Geg.: ℓ, EI_y

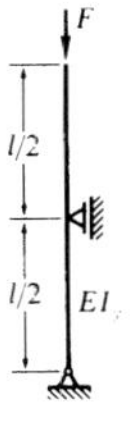

Abb. A10.13.

10.14 Führen Sie die Berechnungen von Beisp. 10.4-2 für die kritischen Lasten F_k und die kritischen Längen ℓ_k bei Berücksichtigung des Eigengewichts für die

Eulerknickstäbe II, III und IV von Abb. 10.1 durch. Benutzen Sie bei jedem Stab als Ansatzfunktion die Eigenform desselben Stabes ohne Eigengewicht (siehe Beisp. 10.2-1).
Geg.: ℓ, A, γ, EI_y

10.15 Ein homogener Stab (Länge ℓ, Dehnsteifigkeit EA, Biegesteifigkeit EI_y, thermischer Längenausdehnungskoeffizient α) wird spiel- und spannungsfrei auf zwei unverschiebbaren Gelenklagern gelagert. Um welche Temperaturdifferenz ΔT_k muß man ihn gleichmäßig erwärmen, damit die Längskraft gleich der kritischen Last ist? Wie groß ist die seitliche Auslenkung u_0 in Stabmitte, wenn $\Delta T > \Delta T_k$ ist?
Geg.: ℓ, EA, EI_y, α

11. Stabwerke mit plastischen Deformationen

11.1 Stoffgesetze

In diesem Kapitel werden Stäbe und Stabwerke bei Belastungen untersucht, die plastische Deformationen verursachen. Dazu werden aus Kap. 3, Abb. 3.6a,b die Spannungs-Dehnungs-Diagramme des linearelastisch-idealplastischen und des starr-plastischen Zug- bzw. Druckstabes übernommen (Abb. 11.1a,b).

Die Spannung kann in einem Stab aus derartigem Werkstoff dem Betrage nach nicht größer sein als die Fließspannung Y (yield stress). Wie das zu verstehen ist, wird an Abb. 11.2 erklärt. An dem Stab mit der Querschnittsfläche A hängt ein Gewicht $G > YA$. Die Spannung im Stab ist trotzdem $\sigma = Y$. Am freigeschnittenen Körper greifen G und die Schnittkraft YA an. Die resultierende Kraft $G - YA$ beschleunigt den Körper. Die Beschleunigung bestimmt den Ablauf der plastischen Deformation des Stabes. Bei mehrachsigen

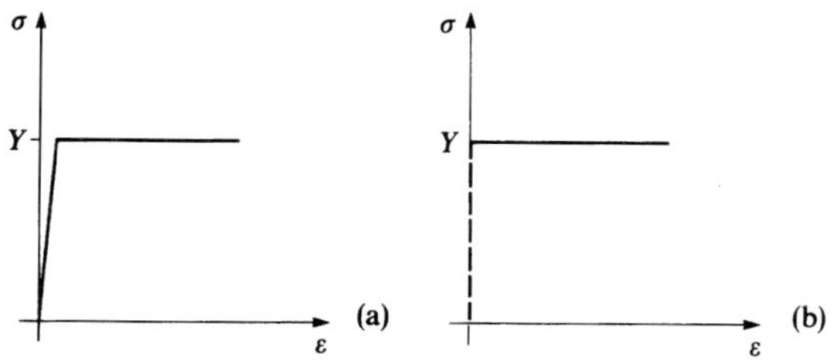

Abb. 11.1. Spannungs-Dehnungs-Diagramme eines linearelastisch-idealplastischen Werkstoffs (a) und eines starr-plastischen Werkstoffs (b). Die Fließpannung wird in der Werkstoffkunde mit R_F und in der Mechanik mit Y (yield stress) bezeichnet

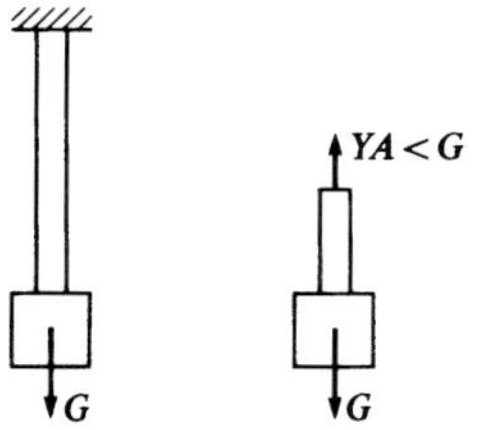

Abb. 11.2.

Spannungszuständen fließt der Werkstoff, wenn das Miseskriterium erfüllt ist (siehe Gl. (7.10)). Die Vergleichsspannung nach der Oktaederschubhypothese (siehe Gl. (7.9)) kann nicht größer als Y sein.

Mechanische Systeme aus Werkstoffen mit dieser Eigenschaft verhalten sich in vielerlei Hinsicht anders als rein elastische Systeme. In den folgenden Abschnitten werden einige für die Baustatik wichtige Aspekte mit einfachen mathematischen Methoden behandelt.

11.2 Belastungsgeschichten an 1-fach statisch unbestimmten Fachwerken

Das Fachwerk in Abb. 11.3 dient als Beispiel für 1-fach statisch unbestimmte Fachwerke, und zwar ist es statisch unbestimmt gelagert. Es besteht aus n Stäben mit Längen ℓ_i, Dehnsteifigkeiten E_iA_i im elastischen Bereich und mit Fließspannungen Y_i $(i = 1, \ldots, n)$. Das Fachwerk wird nach spiel- und spannungsfreier Montage mit einer Lastgruppe belastet, die durch eine einzige Größe F gekennzeichnet ist. Unter einer *Belastungsgeschichte* soll ein beliebiger (quasistatisch ablaufender) zeitlicher Verlauf der Kraft F verstanden werden. Betrachtet werden Belastungsgeschichten, bei denen Stäbe des Fachwerks in den plastischen Bereich kommen. Ziel der Untersuchung ist die Berechnung aller Stabkräfte S_i $(i = 1, \ldots, n)$ im Verlauf einer Belastungsgeschichte. Dabei wird vorausgesetzt, daß Druckstäbe nicht ausknicken. Man hat es also mit dem denkbar einfachsten Lastfall Zug oder Druck zu tun.

Anders als bei einem rein elastischen, statisch unbestimmten Fachwerk sind die Stabkräfte und Lagerreaktionen nicht eindeutig von der aktuellen Größe von F abhängig, sondern auch von der ganzen Vorgeschichte $F(t)$. Um das zu beweisen, genügt es, zu zeigen, daß die Stabkräfte und Lagerreaktionen im Lastfall $F = 0$ von der Vorgeschichte $F(t)$ abhängen. Ein Stab, der im Laufe einer Lastgeschichte plastisch geflossen ist, hat im spannungsfreien Zustand i.allg. eine bleibende Längenänderung. Im statisch unbestimmten System mit $F = 0$ verursacht diese Längenänderung Spannungen. Diese Spannungen sind ebenso wie die bleibende Längenänderung von der Lastgeschichte abhängig. Ende des Beweises. Spannungszustände bei $F = 0$ heißen *Eigenspannungszustände*. Sie werden zuerst untersucht.

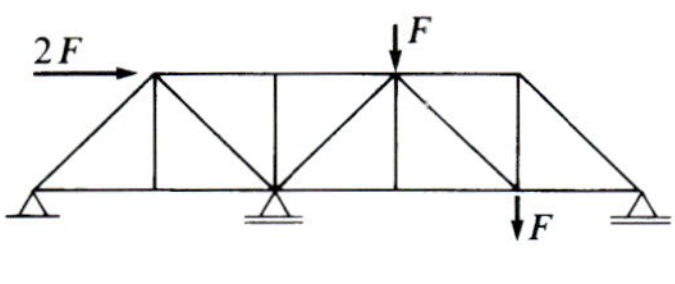

Abb. 11.3. 1-fach statisch unbestimmtes Fachwerk

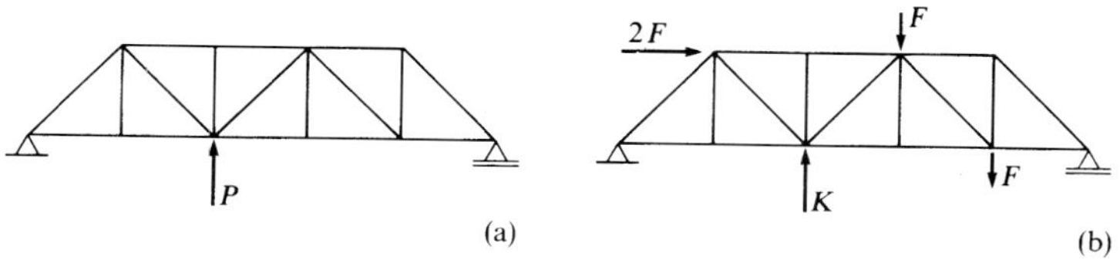

Abb. 11.4. a) Lagerreaktion P zur Kennzeichnung des Eigenspannungszustands im Fachwerk von Abb. 11.3. b) Statisch bestimmtes Grundsystem mit Kraftgröße K zur Berechnung der Lagerreaktion des eigenspannungsfreien Fachwerks bei äußerer Belastung

11.2.1 Eigenspannungszustände

Aus dem 1-fach statisch unbestimmten System mit Eigenspannungen wird durch Freischneiden eines beliebigen Lagers ein statisch bestimmtes Grundsystem erzeugt (Abb. 11.4a). Die Lagerreaktion P an diesem Lager wird als Maß für den Eigenspannungszustand verwendet. Mit Hilfe von Gleichgewichtsbedingungen werden die Stabkräfte durch P ausgedrückt:

$$S_i = a_i P \qquad (i = 1, \dots, n). \tag{11.1}$$

Die Koeffizienten $a_1, \dots, a_n$ sind nicht von den elastischen Eigenschaften der Stäbe abhängig. In einem Eigenspannungszustand wird in keinem Stab die Fließspannung erreicht. Wäre das nämlich der Fall, dann würde der betreffende Stab fließen, und die Kraft P würde sich so verändern, daß die Fließspannung gerade unterschritten wird. Man stellt also fest: Ein Eigenspannungszustand eines 1-fach statisch unbestimmten Fachwerks ist ein rein elastischer Zustand, bei dem alle Stabkräfte durch einen einzigen Parameter P ausdrückbar sind. An dieser Aussage ändert sich übrigens nichts, wenn das Fachwerk statisch bestimmt gelagert und innerlich 1-fach statisch unbestimmt ist. Dann ist der Parameter P die Kraft in dem einen Stab, den man schneiden muß, um ein statisch bestimmtes Grundsystem zu erzeugen.

11.2.2 Zustandspunkt. Zustandsebene

Auf das Fachwerk mit einem Eigenspannungszustand wird nun eine Belastung mit $F \neq 0$ gesetzt. Je nach der Größe von F befindet sich das gesamte System dann entweder weiterhin im elastischen Bereich oder es finden Fließvorgänge statt. Im ersten Fall werden die Stabkräfte durch Superposition der Stabkräfte in den beiden rein elastischen Zuständen "nur Eigenspannungen" und "nur Belastung mit F" ermittelt. Im Fall "nur Belastung mit F" wird das statisch bestimmte Grundsystem von Abb. 11.4b mit der unbekannten Kraftgröße K gebildet. Gleichgewichtsbedingungen liefern für die Stabkräfte Ausdrücke der Form

$$S_i = a_i K + c_i F \qquad (i = 1, \dots, n) \tag{11.2}$$

mit den Koeffizienten $a_1, \ldots, a_n$ von (11.1) und mit Koeffizienten $c_1, \ldots, c_n$, die ebenfalls nicht von den elastischen Eigenschaften der Stäbe abhängen. Die Kraftgröße K wird aus der Bedingung berechnet, daß die Verschiebung bei K null ist. Mit einer Hilfskraft $\bar{K}$, zu der die Stabkräfte $\bar{S}_i = a_i\bar{K}$ $(i = 1, \ldots, n)$ gehören, lautet die Bedingung

$$\frac{1}{\bar{K}} \sum_{i=1}^{n} \frac{S_i \bar{S}_i \ell_i}{E_i A_i} = \sum_{i=1}^{n} \frac{(a_i K + c_i F)\, a_i \ell_i}{E_i A_i} = 0. \tag{11.3}$$

Daraus ergibt sich

$$K = \beta F \qquad \text{mit} \qquad \beta = \frac{-\displaystyle\sum_{i=1}^{n} \frac{a_i c_i \ell_i}{E_i A_i}}{\displaystyle\sum_{i=1}^{n} \frac{a_i^2 \ell_i}{E_i A_i}}. \tag{11.4}$$

Damit und mit (11.2) sind die Stabkräfte

$$S_i = b_i F \qquad (i = 1, \ldots, n) \tag{11.5}$$

mit

$$b_i = a_i \beta + c_i \qquad (i = 1, \ldots, n). \tag{11.6}$$

Superposition mit (11.1) liefert schließlich für die Stabkräfte unter Last und mit Eigenspannung die Ausdrücke

$$S_i = a_i P + b_i F \qquad (i = 1, \ldots, n). \tag{11.7}$$

Sie sind gültig, wenn die Bedingungen erfüllt sind:

$$|S_i| < Y_i A_i \qquad (i = 1, \ldots, n). \tag{11.8}$$

Das liefert für F und P die $2n$ Ungleichungen

$$-Y_i A_i < a_i P + b_i F < Y_i A_i \qquad (i = 1, \ldots, n). \tag{11.9}$$

In dem F, P-Achsensystem von Abb. 11.5a werden die beiden Ungleichungen zu einem beliebigen festen Wert von i (z.B. $i = 6$) in allen Punkten (F, P) des Streifens zwischen den zwei parallelen und symmetrisch zu 0 liegenden Geraden 6 erfüllt. Die Geradengleichungen erhält man, wenn man die Ungleichheitszeichen durch Gleichheitszeichen ersetzt. In Abb. 11.5a sind die Streifen aller Stäbe $i = 1, \ldots, n$ übereinandergezeichnet. Ihr Durchschnitt definiert ein zum Ursprung symmetrisches, konvexes Polygon (dick gezeichnet). Für alle Punkte (F, P) im Innern des Polygons gilt (11.9) und folglich (11.7). Die Punkte heißen *Zustandspunkte* des Fachwerks, und die Ebene heißt *Zustandsebene* des Fachwerks. Wenn der Zustandspunkt (F, P) auf einer Randgeraden

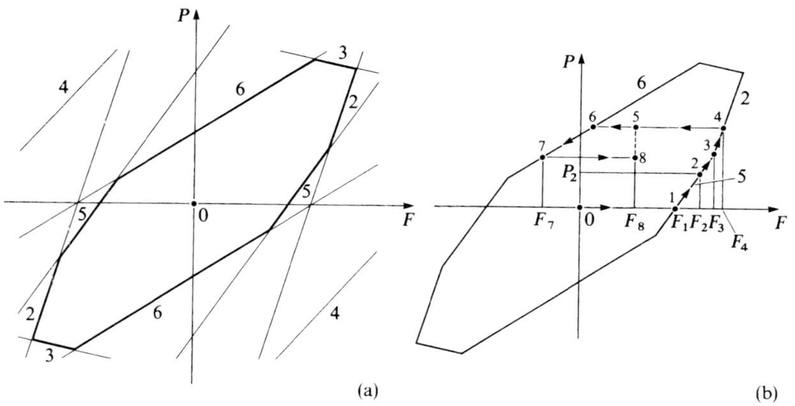

Abb. 11.5. a) Das Polygon in der Zustandsebene als Durchschnitt aller elastischen Zustände aller Stäbe des Fachwerks. b) Zustände (F, P) des Fachwerks im Laufe einer Belastungsgeschichte, die bei (0,0) beginnt, und bei der F bis F_4 zunimmt, dann bis F_7 abnimmt und wieder bis F_8 zunimmt

i des Polygons liegt, dann fließt der Werkstoff des Stabes i. Abb. 11.5a zeigt am Beispiel des Geradenpaares für den Stab $i = 4$, daß es in einem Fachwerk Stäbe geben kann, die bei keiner Belastung fließen.

Es bleibt noch zu klären, wie die Stabkräfte zu Zustandspunkten auf dem Rand des Polygons berechnet werden. Die einfache Antwort lautet: Aus Gründen der stetigen Fortsetzung gilt auch dort Gl. (11.7).

11.2.3 Belastungsgeschichten. Einspielen

In Abb. 11.5b , die noch einmal das Polygon zeigt, kann nun geklärt werden, welche Zustandspunkte (F, P) und damit welche Stabkräfte sich im Laufe einer Belastungsgeschichte einstellen. In der Abbildung ist eine Belastungsgeschichte dargestellt, die mit $F = 0$ am Fachwerk ohne Eigenspannung, also im Punkt (0,0) beginnt. Die Kraft F wird quasistatisch bis zur Größe F_4 gesteigert. Bis zur Größe F_1 verhält sich das Fachwerk elastisch, so daß $P = 0$ bleibt. Der Zustandspunkt folgt deshalb dem Pfeil bis zum Punkt 1. Bei weiterer Steigerung von F fließt zunächst Stab 5. Dabei ist

$$S_5 = a_5 P + b_5 F = Y_5 A_5 . \tag{11.10}$$

Da das die Gleichung der Geraden 5 ist, wandert der Zustandspunkt entlang dieser Geraden. Zu jeder Größe von F stellt sich die entsprechende Größe von P ein, z.B. P_2 zu F_2. Solange in dem 1-fach statisch unbestimmten Fachwerk nur ein Stab fließt, bricht das Fachwerk nicht zusammen. Wenn F die Größe F_3 überschreitet, fließt Stab 2. Zugleich kehrt aber Stab 5 in den elastischen Bereich zurück, d.h. S_5 wird trotz Laststeigerung kleiner! Das Fachwerk bricht also auch bei $F = F_4$ nicht zusammen (Zustandspunkt 4). Jetzt wird F wieder

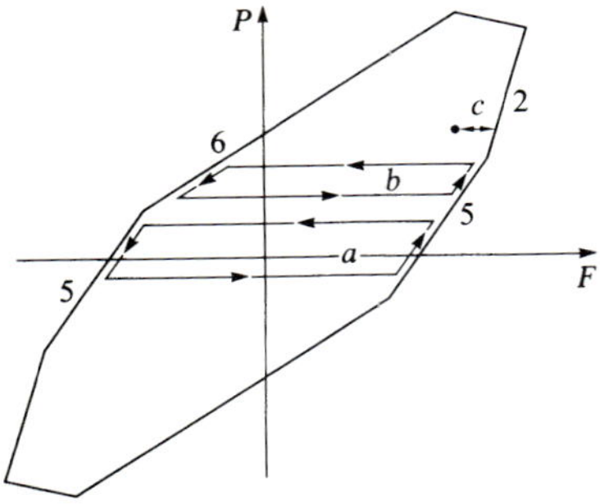

Abb. 11.6. Zustände (F, P) bei drei zyklischen Belastungsgeschichten a, b und c, bei denen F quasistatisch periodisch zwischen zwei Extremwerten hin- und herschwingt

gesenkt. Dabei wird das ganze Fachwerk wieder elastisch. Es behält also die zuletzt erreichte Größe $P = P_4$. Der Zustandspunkt folgt daher der Linie von Punkt 4 nach Punkt 5. Wenn F nach Erreichen der Größe F_5 wieder ansteigt, bewegt sich der Zustandspunkt auf derselben Linie wieder nach rechts. Wenn F dagegen in den negativen Bereich kommt, beginnt Stab 6 bei $F = F_6$ zu fließen. Die weitere Belastungsgeschichte über Punkt 7 bis Punkt 8 bedarf keiner Erklärung. Zu den Punkten 5 und 8 gehört dieselbe Belastung. Zu den beiden Zuständen gehören aber wegen verschiedener Vorgeschichten verschiedene Größen P.

Abb. 11.6 schildert drei mit a, b und c bezeichnete Belastungsgeschichten, bei denen F quasistatisch periodisch zwischen zwei Extremwerten hin- und herschwingt. Bei jedem Zyklus der Belastungsgeschichte a wird Stab 5 einmal der positiven und einmal der negativen Fließspannung ausgesetzt. Das führt zu einem Dauerbruch. Die Belastungsgeschichte b hat zur Folge, daß die Stäbe 5 und 6 bei jedem Zyklus einmal an die Fließgrenze gelangen, und zwar jeder Stab immer mit demselben Vorzeichen der Fließspannung. Auch diese Belastungsgeschichte führt zu einem Dauerbruch. Vor dem Bruch treten wahrscheinlich schon unzulässig große Deformationen auf. Bei der Belastungsgeschichte c tritt nur im ersten Zyklus in den Stäben 5 und 2 Fließen auf. Alle weiteren Zyklen verlaufen ganz im elastischen Bereich! Diese Belastungsgeschichte führt nicht zum Dauerbruch, wenn die Schwingweite der Last F hinreichend klein ist. Der Fachausdruck für derartige periodische Belastungsgeschichten ist *Einspielen* (auf Englisch *shakedown*).

11.2.4 Traglast

Abb. 11.7 zeigt eine Belastungsgeschichte, die zum Zusammenbruch führt. Der Zustandspunkt durchläuft die (mit Ausnahme des Punktes T willkürlich gewählte) Punktfolge 0–1–2–3–2–4–5–4–T. Im Punkt T fließen die Stäbe 2 und 3. Eine weitere Laststeigerung ist wegen der Ungleichungen (11.9) für $i = 2$ und $i = 3$ nicht möglich. Das Fließen zweier Stäbe in einem 1-fach statisch unbestimmten Fachwerk bedeutet den Zusammenbruch. Also ist F_T die Last beim Zusammenbruch. Sie heißt *Traglast* des Fachwerks. Sie ist von

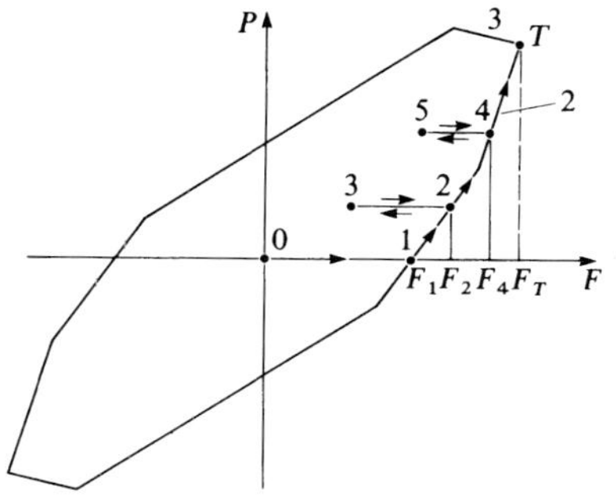

Abb. 11.7. Jede Belastungsgeschichte, bei der F die Traglast F_T erreicht, führt zum Zusammenbruch

der Belastungsgeschichte unabhängig und kann deshalb schon bei der Auslegung des Fachwerks berechnet werden. F_T ist die einzige Last, zu der ein eindeutig bestimmter Zustandspunkt (F_T, P_T) gehört, während zu jeder Last $F < F_T$ unendlich viele Zustandspunkte möglich sind.

Seien i und k die Indizes der beiden Geraden, die sich im Punkt (F_T, P_T) schneiden. Ihre Gln. (11.7) sind:

$$a_i P_T + b_i F_T = Y_i A_i, \qquad a_k P_T + b_k F_T = Y_k A_k. \tag{11.11}$$

Daraus ergibt sich die Traglast:

$$F_T = \frac{a_i Y_k A_k - a_k Y_i A_i}{a_i b_k - a_k b_i}. \tag{11.12}$$

Für b_i und b_k setzt man die Ausdrücke (11.6) ein und erhält

$$F_T = \frac{a_i Y_k A_k - a_k Y_i A_i}{a_i c_k - a_k c_i}. \tag{11.13}$$

Im Zusammenhang mit (11.1) und (11.2) wurde festgestellt, daß $a_1, \ldots, a_n$ und $c_1, \ldots, c_n$ von den elastischen Eigenschaften der Stäbe unabhängig sind. Also ist auch die Traglast von ihnen unabhängig. Mit anderen Worten: Die Traglast kann man berechnen, indem man das System durch das starr-plastische Werkstoffgesetz beschreibt. Diese Aussage gilt nicht nur für 1-fach statisch unbestimmte Fachwerke. In den folgenden Abschnitten werden Traglasten für Stabwerke aus Biegestäben berechnet.

11.3 Fließgelenk. Fließbiegemoment. Bruchmechanismus

Abb. 11.8 zeigt einen statisch bestimmt gelagerten Biegestab mit einem längs der x-Achse konstanten und zur y- und zur z-Achse symmetrischen Querschnitt der Höhe h. Der Stab sei durch eine beliebige Lastgruppe belastet, die durch eine einzige Größe F gekennzeichnet wird. Wie bei dem Fachwerk

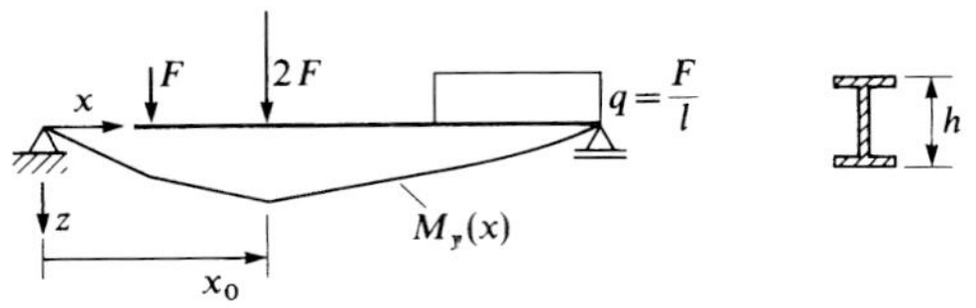

Abb. 11.8.

im vorigen Abschnitt wird diejenige Größe von F, die zum Zusammenbruch führt, Traglast F_T genannt. Sie soll bestimmt werden.

Der Biegemomentenverlauf $M_y(x)$ unter der Lastgruppe wird mit Gleichgewichtsbedingungen der Statik bestimmt. Es sei angenommen, daß der Betrag $|M_y(x)|$ an einer bestimmten Stelle $x = x_0$ innerhalb des Stabfeldes ein absolutes Maximum annimmt. Es ist proportional zu F. Mit einem Proportionalitätsfaktor a der Dimension Länge ist also

$$F = |M_y(x_0)|/a. \tag{11.14}$$

Die Querkraft ist an der Stelle extremalen Biegemoments null. Folglich ist der Querschnitt bei $x = x_0$ schubspannungsfrei.

Wenn F bei null beginnend quasistatisch zunimmt, dann tritt an der Stelle x_0 bei einer bestimmten Größe von F in den Randfasern die Fließspannung Y auf. Diese Last und der zugehörige Biegemomentenbetrag werden F_{EG} bzw. M_{EG} genannt. Der Index steht für Elastizitätsgrenze. Im elastischen Teil des Querschnitts, d.h. überall mit Ausnahme der Randfasern, gilt für die Spannung die Gleichung $\sigma = M_y\, z/I_y$. Bei $z_{max} = \frac{1}{2}h$ ist $\sigma = Y$. Daraus ergibt sich

$$M_{EG} = \frac{2Y I_y}{h}. \tag{11.15}$$

Wenn die Last weiter gesteigert wird, werden bei x_0 und in einer kleinen Umgebung dieser Stelle zunehmend größere Randbereiche des Querschnitts plastisch. Die Längsspannung $\sigma(z)$ hat im Querschnitt bei x_0 die in Abb. 11.9a dargestellte Verteilung. Im elastischen Restquerschnitt ist sie proportional zu z, und in den plastischen Randzonen ist sie gleich $+Y$ oder $-Y$. Die plastischen Randzonen in der Umgebung von x_0 sind kleiner als bei x_0 selbst. Der Stab bricht zusammen, sobald der elastische Restquerschnitt bei x_0 auf null zusammengeschrumpft ist. Dann liegt dort die Spannungsverteilung nach Abb. 11.9b vor.

Abb. 11.10a zeigt qualitativ die Seitenansicht der plastischen Bereiche in diesem Zustand. An der Stelle x_0 und nur an dieser Stelle fließt der Werkstoff unbehindert. Der Stab bricht zusammen, als hätte er an dieser Stelle ein Gelenk. Man nennt es *Fließgelenk*. Abb. 11.10b zeigt das Symbol für ein Fließgelenk. Der Stab mit Fließgelenk stellt einen Mechanismus mit einem Freiheitsgrad der Bewegung dar. Man nennt ihn den *Bruchmechanismus* des Stabes.

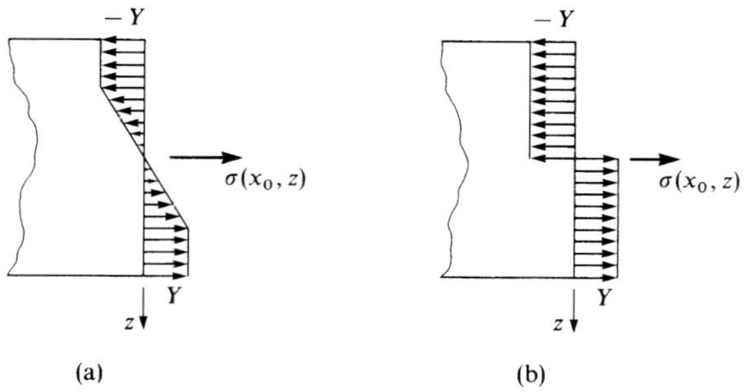

Abb. 11.9. Spannungsverteilungen im Stabquerschnitt bei $x = x_0$ bei teilweiser Plastifizierung (a) und bei vollständiger Plastifizierung (b)

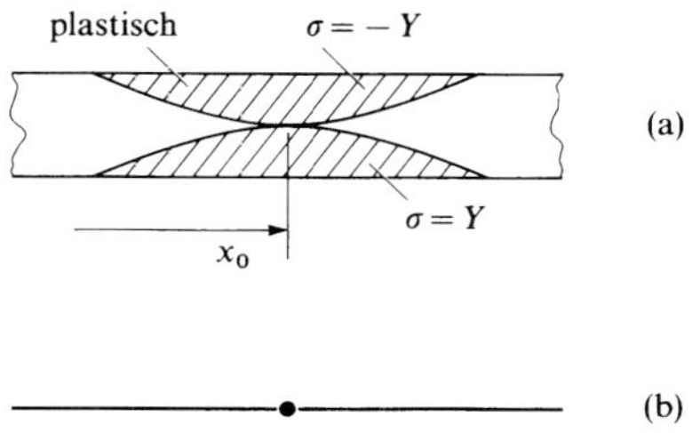

Abb. 11.10. Plastische Stabbereiche in der Umgebung von x_0 beim Erreichen der Traglast (a) und symbolische Darstellung eines Fließgelenks (b)

Das Biegemoment im Fließgelenk wird *Fließbiegemoment* M_F genannt. Es ergibt sich aus Abb. 11.9b zu

$$M_F = 2\int_{z=0}^{h/2} z\,\sigma(z)\,\mathrm{d}A = 2Y\int_{z=0}^{h/2} z\,\mathrm{d}A = 2YS_y(0). \qquad (11.16)$$

Darin ist $S_y(0)$ das statische Moment der Querschnittshälfte im Bereich $z > 0$ (vgl. (5.73)). Mit M_F erhält man aus (11.14) die gesuchte Traglast F_T des Stabes:

$$F_T = M_F/a. \qquad (11.17)$$

Das Verhältnis

$$\alpha = \frac{F_T - F_{EG}}{F_{EG}} = \frac{M_T - M_{EG}}{M_{EG}} = \frac{hS_y(0)}{I_y} - 1 \qquad (11.18)$$

heißt *plastischer Formfaktor*. Er gibt an, wieviel Prozent der Stab über seine Elastizitätsgrenze hinaus belastbar ist, bevor er zusammenbricht.

Der Stab in Abb. 11.8 ist in zweierlei Hinsicht speziell. Der Querschnitt ist symmetrisch zur y- und zur z-Achse. Nur deshalb konnte die Spannungsverteilung von Abb. 11.9b im plastischen Zustand ohne besondere Begründung vorausgesagt werden. Nur aus der Kenntnis dieser Spannungsverteilung ergab sich der Ausdruck für das Fließbiegemoment M_F. Die zweite spezielle Eigenschaft des Stabes ist seine statische Bestimmtheit. Nur

Abb. 11.11.

wegen dieser Eigenschaft konnten der Biegemomentenverlauf, die Lage $x = x_0$ des Fließgelenks und die Gl. (11.14) aus Gleichgewichtsbedingungen für starre Körper bestimmt werden. Nur weil M_F und Gl. (11.14) bekannt sind, konnte die Traglast F_T in der beschriebenen Weise berechnet werden. Aus dieser Schilderung ergibt sich, welche Probleme in den nächsten Abschnitten gelöst werden müssen. In Abschnitt 11.4 werden Fließbiegemomente für beliebig geformte Stabquerschnitte berechnet. In Abschnitt 11.5 werden Aussagen über die Lage von Fließgelenken, d.h. über Bruchmechanismen von statisch unbestimmt gelagerten Biegestäben gemacht.

Beispiel 11.3-1
Wie groß sind das Biegemoment M_{EG} an der Elastizitätsgrenze, das Fließbiegemoment M_F, der plastische Formfaktor α und die Traglast q_T des Stabes in Abb. 11.11? Der Stab hat einen Rechteckquerschnitt der Höhe h und der Breite b.
Lösung: Aus den Gln. (11.15) bis (11.18) ergibt sich

$$M_{EG} = \frac{2Ybh^3/12}{h} = \tfrac{1}{6}Ybh^2, \qquad M_F = 2Y \cdot \tfrac{1}{2}bh \cdot \tfrac{1}{4}h = \tfrac{1}{4}Ybh^2, \qquad \alpha = \tfrac{1}{2}.$$

Das extremale Biegemoment tritt in Stabmitte auf, und sein Betrag ist $\frac{1}{8}q\ell^2$. Der Gl. (11.14) entspricht hier die Gleichung $M_y(x_0) = \frac{1}{8}q\ell^2$, und der Gl. (11.17) entspricht die Gleichung $M_F = \frac{1}{8}q_T\ell^2$. Daraus ergibt sich die Traglast $q_T = 2Ybh^2/\ell^2$.

11.4 Fließbiegemomente für beliebig geformte Stabquerschnitte

Abb. 11.12a zeigt einen unsymmetrischen Stabquerschnitt mit der Fläche A und dem Flächenschwerpunkt S. Das Fließbiegemoment der unbekannten Größe M_F hat eine beliebig vorgegebene Richtung. In diese Richtung wird die η-Achse eines η, ζ-Systems mit dem Ursprung S gelegt. Das Fließbiegemoment M_F plastifiziert den gesamten Querschnitt. Dabei entstehen eine Teilfläche A_1 mit der Spannung $+Y$ und eine Teilfläche A_2 mit der Spannung $-Y$. Zunächst wird bewiesen, daß die Grenzlinie zwischen den beiden Teilflächen eine Gerade ist.
Wenn das Moment etwas kleiner als M_F ist, existiert zwischen zwei plastischen Bereichen ein elastischer Bereich, in dem Linien gleicher Spannung parallele Geraden sind (siehe Abb. 5.32). Insbesondere sind die Grenzen zwischen dem elastischen Bereich und den beiden plastischen Bereichen zwei parallele Geraden, weil sie Linien gleicher Spannung $\sigma = +Y$ bzw. $\sigma = -Y$ sind. Der

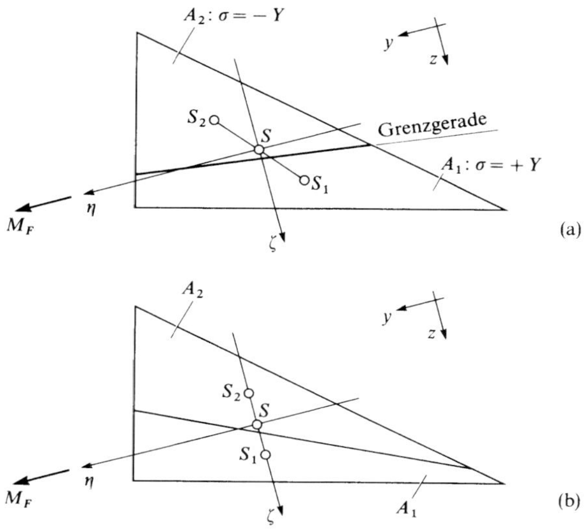

Abb. 11.12. Stabquerschnitt bei voller Plastifizierung. Das Fließbiegemoment M_F hat eine beliebig vorgegebene Richtung, die das η, ζ-System festlegt. Eine Grenzgerade bildet zwei Teilflächen A_1 und A_2. Die Grenzgerade in Abb. a ist willkürlich angenommen. Abb. b zeigt die tatsächliche Situation, in der $A_1 = A_2$, $\eta_{S1} = \eta_{S2} = 0$ und $\zeta_{S1} = -\zeta_{S2}$ ist. Das y, z-System ist ein zum η, ζ-System paralleles Hilfssystem mit beliebigem Ursprung

elastische Bereich ist also ein Streifen zwischen zwei parallelen Grenzgeraden. Bei Zunahme des Moments wird der Streifen schmaler (außerdem dreht und verschiebt er sich i.allg.), bis seine Grenzgeraden bei Erreichen der Größe M_F in eine Grenzgerade zwischen den verbleibenden plastischen Bereichen zusammenfallen. Ende des Beweises.

Die *Grenzgerade* ist die Drehachse des Fließgelenks, das sich in einem Stab mit diesem Querschnitt bildet, wenn das Moment M in der vorgeschriebenen Richtung die Größe des Fließbiegemoments M_F erreicht.

Im folgenden werden die Grenzgerade und das Fließbiegemoment M_F bestimmt. In Abb. 11.12a ist die Lage der Grenzgeraden willkürlich angenommen. Die Schwerpunkte der Teilflächen sind mit S_1 und S_2 bezeichnet. Ihre Koordinaten werden η_{S1}, ζ_{S1} bzw. η_{S2}, ζ_{S2} genannt. Die Punkte S, S_1 und S_2 liegen auf einer Geraden und es gilt

$$A_1 \eta_{S1} + A_2 \eta_{S2} = 0, \tag{11.19}$$

$$A_1 \zeta_{S1} + A_2 \zeta_{S2} = 0, \tag{11.20}$$

$$A_1 + A_2 = A. \tag{11.21}$$

Die Gleichgewichtsbedingungen für die Kräfte in x-Richtung und für die Momente um die ζ-Achse und um die η-Achse haben die Formen

$$\int_A \sigma\,\mathrm{d}A = Y(A_1 - A_2) = 0, \tag{11.22}$$

$$\int_A \eta\,\sigma\,\mathrm{d}A = Y(A_1\eta_{S1} - A_2\eta_{S2}) = 0, \tag{11.23}$$

$$\int_A \zeta\,\sigma\,\mathrm{d}A = Y(A_1\zeta_{S1} - A_2\zeta_{S2}) = M_F. \tag{11.24}$$

Aus (11.21) und (11.22) folgt

$$A_1 = A_2 = \tfrac{1}{2}A \tag{11.25}$$

und damit aus (11.20)

$$\zeta_{S2} = -\zeta_{S1}.$$

Aus (11.19) und (11.23) folgt

$$\eta_{S2} = \eta_{S1} = 0. \tag{11.26}$$

S_1 und S_2 liegen also nicht so, wie in Abb. 11.12a angenommen, sondern auf der ζ-Achse symmetrisch zum Ursprung. Abb. 11.12b zeigt den geschätzten tatsächlichen Verlauf der Grenzgeraden, der diese Bedingungen erfüllt. Mit diesen Ergebnissen liefert (11.24) für M_F die beiden Darstellungen

$$M_F = Y\zeta_{S1}A = -Y\zeta_{S2}A. \tag{11.27}$$

Die Gln. (11.25) und (11.26) bestimmen die Lage der Grenzgeraden und damit ζ_{S1} und ζ_{S2}. Damit liefert jede der beiden Gln. (11.27) das Fließbiegemoment M_F.

Bei Rechnungen an konkreten Querschnittsformen verwendet man i.allg. nicht das η, ζ-System, sondern ein dazu parallel ausgerichtetes y, z-System mit geeignet gewähltem Ursprung. Aus Abb. 11.12a liest man ab:

$$\eta = y - y_S, \qquad \zeta = z - z_S.$$

Wenn man das in (11.26) und (11.27) einsetzt und die erste Gleichung mit $A = 2A_1$ multipliziert, erhält man:

$$A_1 y_{S1} = \tfrac{1}{2}Ay_S, \qquad A_2 y_{S2} = \tfrac{1}{2}Ay_S, \tag{11.28}$$

$$M_F = Y(2A_1 z_{S1} - Az_S), \qquad M_F = Y(Az_S - 2A_2 z_{S2}). \tag{11.29}$$

Das sind je zwei Gleichungen, von denen nur je eine benutzt wird. Von den beiden Teilflächen A_1 mit $\sigma = +Y$ und A_2 mit $\sigma = -Y$ wird diejenige gewählt, für die die Rechnung einfacher ist. Mit (11.25) und (11.28) wird die Grenzgerade bestimmt. Dann wird aus (11.29) das Fließbiegemoment M_F berechnet.

In der Herleitung der Gleichungen spielen Flächenmomente 2. Grades und Querschnittshauptachsen keine Rolle. Den Grund dafür zeigen die Gln.

(11.23) und (11.24). Flächenmomente 2. Grades treten nur auf, wenn σ eine lineare Funktion von η und ζ ist. Das ist im elastischen Bereich der Fall. Bei voller Plastifizierung ist σ dagegen bereichsweise konstant. Folglich treten nur Flächenmomente 1. Grades auf.

Beispiel 11.4-1
Für den dickwandigen L-Querschnitt in Abb. 11.13a mit den Abmessungen b, h und t sollen für Biegung um die y-Achse die Lage der Grenzgeraden und das Fließbiegemoment M_F berechnet werden.
Lösung: Aus den Bedingungsgleichungen (11.25) und (11.28) folgt, daß die Grenzgerade etwa so liegt, wie die Gerade in Abb. 11.13b. Es wird nur der Fall untersucht, daß sie alle vier Langseiten beider Stege schneidet. Es wird sich zeigen, daß diese Bedingung erfüllt ist, wenn die Stegdicke t hinreichend klein ist. Zur Kennzeichnung der Geraden werden die Achsabschnitte p und q verwendet. Für die Gln. (11.25), (11.28) und (11.29) benötigt man für die gesamte Querschnittsfläche die Ausdrücke

$$A = t(b+h),$$

$$Ay_S = \tfrac{1}{2}t(b-\tfrac{1}{2}t)(b+\tfrac{1}{2}t) = \tfrac{1}{2}t(b^2-\tfrac{1}{4}t^2), \qquad \text{(a)}$$

$$Az_S = \tfrac{1}{2}t(h^2-\tfrac{1}{4}t^2). \qquad \text{(b)}$$

Die Teilfläche A_2 wird nach Abb. 11.13b als Summe zweier Rechtecke (durch die punktierte Gerade bezeichnet) und der vier gezeichneten Dreiecke mit teils positiven und teils negativen Flächeninhalten dargestellt. Die Dreieckshöhen sind

$$h_1 = \tfrac{1}{2}tp/q, \qquad h_2 = \tfrac{1}{2}tq/p. \qquad \text{(c)}$$

Man liest ab:

$$A_2 = t(p+q), \qquad \text{(d)}$$

$$\begin{aligned} A_2 y_{S2} = {} & t(p-\tfrac{1}{2}t)(p+\tfrac{1}{2}t) + (-\tfrac{1}{2}h_1\cdot\tfrac{1}{2}t)(p-\tfrac{1}{3}h) + (\tfrac{1}{2}h_1\cdot\tfrac{1}{2}t)(p+\tfrac{1}{3}h) \\ & + (-\tfrac{1}{2}h_2\cdot\tfrac{1}{2}t)(\tfrac{2}{3}\cdot\tfrac{1}{2}t) + (\tfrac{1}{2}h_2\cdot\tfrac{1}{2}t)(-\tfrac{2}{3}\cdot\tfrac{1}{2}t) \end{aligned}$$

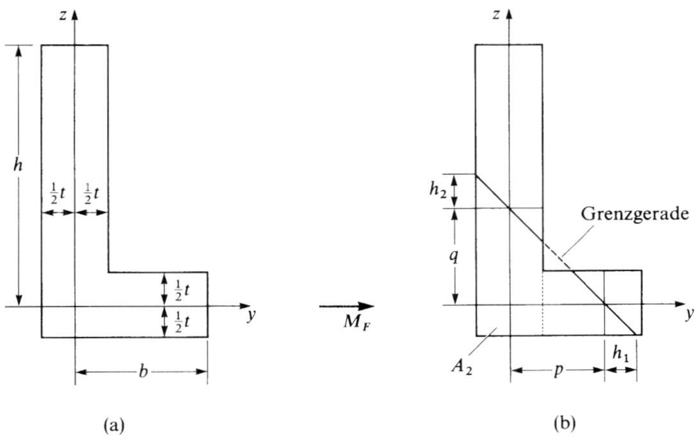

Abb. 11.13. L-Querschnitt mit Fließbiegemoment M_F (a) und Größen p, q zur Kennzeichnung der Grenzgeraden (b)

$$= \tfrac{1}{2}t(p^2 - \tfrac{1}{4}t^2) + \tfrac{1}{6}t(h_1^2 - th_2)$$
$$= \tfrac{1}{2}t(p^2 - \tfrac{1}{4}t^2) + \tfrac{1}{24}t^3(p^2/q^2 - 2q/p). \qquad \text{(e)}$$

In der letzten Zeile wurde Gl. (c) verwendet. Durch Buchstabenvertauschung ergibt sich

$$A_2 z_{S2} = \tfrac{1}{2}t(q^2 - \tfrac{1}{4}t^2) + \tfrac{1}{24}t^3(q^2/p^2 - 2p/q). \qquad \text{(f)}$$

Die Bestimmungsgleichungen für p und q sind Gl. (11.25) und die zweite Gl. (11.28). Mit (a), (d) und (e) haben sie die Formen:

$$p + q = \tfrac{1}{2}(b+h), \qquad p^2 - \tfrac{1}{4}t^2 + \tfrac{1}{12}t^2(p^2/q^2 - 2q/p) = \tfrac{1}{2}(b^2 - \tfrac{1}{4}t^2). \qquad \text{(g)}$$

Durch Elimination von q kann man eine Gleichung 5. Grades für p erzeugen. Es ist einfacher, iterativ zwei schnell konvergierende Folgen von Werten p_i, q_i ($i = 0, 1, 2, \ldots$) zu berechnen. Diese Folgen erhält man durch Auflösung der zweiten Gleichung nach dem allein stehenden p^2 und der ersten Gleichung nach q:

$$\left.\begin{aligned} p_i &= \sqrt{\tfrac{1}{2}b^2 + \tfrac{1}{24}t^2\left[3 + 4\left(\tfrac{q}{p}\right)_{i-1} - 2\left(\tfrac{p}{q}\right)^2_{i-1}\right]}, \\ q_i &= \tfrac{1}{2}(b+h) - p_{i-1} \end{aligned}\right\} \quad (i = 0, 1, 2, \ldots). \qquad \text{(h)}$$

Als Startwerte p_0, q_0 werden die Lösungen der Gln. (g) für $t = 0$ verwendet:

$$p_0 = \tfrac{1}{2}b\sqrt{2}, \qquad q_0 = \tfrac{1}{2}(b+h) - \tfrac{1}{2}b\sqrt{2}. \qquad \text{(i)}$$

Diese Startlösung macht die interessante Aussage, daß bei L-Profilen mit vernachlässigbar dünnen Stegen der Schnittpunkt der Grenzgeraden mit dem zu M_F parallelen Steg unabhängig von der Länge des anderen Steges ist.

Gl. (h) zeigt, daß die Stegdicke t keinen Einfluß auf die Lösungen für p und q hat, wenn die Startwerte p_0 und q_0 die Bedingung erfüllen:

$$3 + 4\,\frac{q_0}{p_0} - 2\,\frac{p_0^2}{q_0^2} = 0 \qquad \text{oder} \qquad 4\left(\frac{q_0}{p_0}\right)^3 + 3\left(\frac{q_0}{p_0}\right)^2 - 2 = 0.$$

Das ist für $q_0/p_0 = 0,607$ der Fall. Aus Gl. (k) folgt, daß diese Bedingung nur bei Querschnitten mit

$$h/b = (1 + q_0/p_0)\sqrt{2} - 1 = 1,27$$

erfüllt ist. Vorausgesetzt, daß t so klein ist, daß die Grenzgerade alle vier Langseiten beider Stege schneidet, ist bei diesem Verhältnis h/b also $p = p_0$, $q = q_0$ unabhängig von t. In Abb. 11.14 sind zwei Querschnitte dieser Art mit Wanddicken im Verhältnis 2 : 1 im selben y, z-System übereinandergezeichnet. Sie haben dieselbe Grenzgerade.

Nach der Bestimmung der Grenzgeraden wird das Fließbiegemoment M_F aus (11.29) mit den Ausdrücken (b) und (f) berechnet.

Ein Zahlenbeispiel: Bei dem Querschnitt in Abb. 11.13b ist $b = 5\,\text{cm}$, $h = 10\,\text{cm}$ und $t = 2,5\,\text{cm}$. Mit den Startwerten $p_0 = 3,54\,\text{cm}$ und $q_0 = 3,96\,\text{cm}$ liefert Gl. (h) in zwei Iterationsschritten die Lösung $p = 3,72\,\text{cm}$, $q = 3,78\,\text{cm}$ auf drei Stellen genau. Diese Gerade ist in der Abbildung eingezeichnet. Mit den Gln. (b) und (f) erhält man aus (11.29) das Fließbiegemoment $M_F = 92,4\,\text{cm}^3\,Y$.

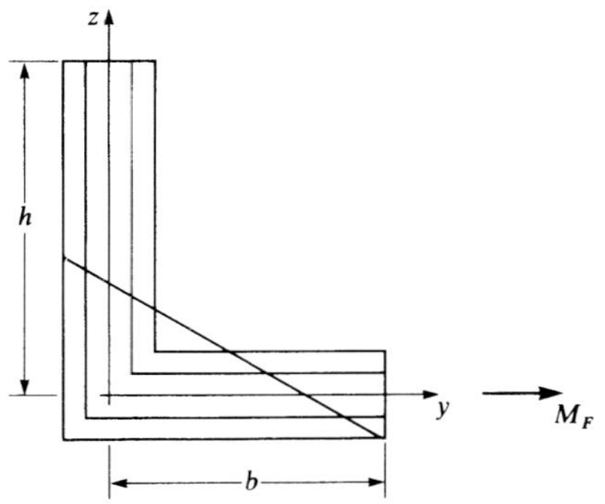

Abb. 11.14. Zwei L-Querschnitte gleicher Höhe h und gleicher Breite b mit $h/b = 1,27$. Die Grenzgerade ist unabhängig von der Stegdicke t

11.5 Bruchmechanismen und Traglasten für statisch unbestimmt gelagerte Biegestäbe

Abb. 11.15 zeigt einen 1-fach statisch unbestimmt gelagerten Stab unter einer konstanten Streckenlast q. Der Stabquerschnitt ist konstant und symmetrisch zur z-Achse. Aus der Symmetrie folgt, daß Fließgelenkachsen die Richtung der y-Achse haben. Das Fließbiegemoment M_F ist gegeben. An diesem Beispiel wird erklärt, wie man bei statisch unbestimmten Systemen den Bruchmechanismus und die Traglast, hier q_T, berechnet.

Bei dem statisch bestimmt gelagerten Stab in Abb. 11.8 war die Biegemomentenfunktion $M_y(x)$ von vornherein bekannt. Sie legte fest, an welcher Stelle ein Fließgelenk entsteht, nämlich am Ort des Maximums von $|M_y(x)|$. Die Traglast ergab sich aus der Gleichheit des Fließbiegemoments mit dem Betragsmaximum. Bei statisch unbestimmter Lagerung ist die Biegemomentenfunktion nicht bekannt. Sie kann natürlich nicht mit dem Kraftgrößenverfahren berechnet werden, weil dieses Verfahren einen vollkommen elastischen Stab voraussetzt. Die Lage von Fließgelenken kann also nicht dadurch bestimmt werden, daß man die Biegemomentenfunktion $M_y(x)$ des Stabes berechnet und dann die Lage ihrer Extrema untersucht.

Man muß das Problem von einer anderen Seite angreifen. Unter der unbekannten Traglast q_T entsteht ein Bruchmechanismus mit Fließgelenken an unbekannten Stellen. Bekannt ist nur folgendes.

1. Da das System 1-fach statisch unbestimmt ist, müssen zwei Fließgelenke auftreten, damit ein beweglicher Mechanismus entsteht.
2. In jedem Fließgelenk greift das Fließbiegemoment von vorgegebener Größe

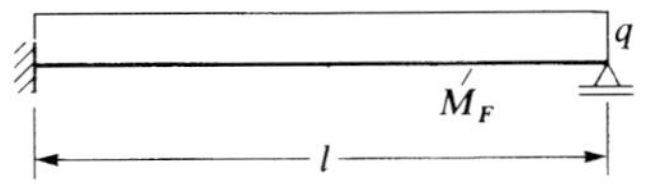

Abb. 11.15.

M_F mit entgegengesetzten Vorzeichen an den beiden im Fließgelenk verbundenen Stabteilen an, und zwar so gerichtet, daß das Moment dem Zusammenbruch entgegenwirkt. Richtung und Größe sind also bekannt, wenn der Bruchmechanismus bekannt ist.
3. Nicht nur der tatsächlich eintretende Bruchmechanismus, sondern jeder Mechanismus mit zwei Fließgelenken und mit Fließbiegemomenten der Größe M_F und der bekannten Richtung ist unter einer bestimmten Belastung q im Gleichgewicht. Diese *Gleichgewichtslast* q kann aus Gleichgewichtsbedingungen für den Starrkörpermechanismus berechnet werden. Die gesuchte Traglast q_T ist die Gleichgewichtslast des unbekannten Bruchmechanismus. Daraus folgt, daß die Traglast, wie bei statisch unbestimmten Fachwerken, nicht von elastischen Eigenschaften des Systems abhängt.

Die Schilderung des Problems zeigt, wie man den Bruchmechanismus und die Traglast berechnet. Man muß zuerst für *alle* überhaupt möglichen Mechanismen mit zwei Fließgelenken die Gleichgewichtslast berechnen. Danach ergibt sich die Traglast aus dem

> *Satz 1:* Die Traglast F_T oder q_T eines Systems unter einer gegebenen Lastgruppe ist das Minimum der Gleichgewichtslasten *aller* möglichen Mechanismen des Systems.

Beweis: Die Traglast ist nicht kleiner als dieses Minimum, weil sie die Gleichgewichtslast eines Mechanismus, nämlich des Bruchmechanismus, ist. Sie ist aber auch nicht größer, weil der Mechanismus mit der minimalen Gleichgewichtslast unter einer größeren Last zusammenbricht. Ende des Beweises.

Aus dem Satz folgt, daß ein Mechanismus gar nicht erst untersucht werden muß, wenn ohne Rechnung schon erkennbar ist, daß seine Gleichgewichtslast größer ist als die Gleichgewichtslast von anderen Mechanismen.

Beispiel 11.5-1
Man berechne den Bruchmechanismus und die Traglast q_T des Systems in Abb. 11.15.
Lösung: Von den zwei Fließgelenken, die ein Mechanismus haben muß, liegen entweder eines an der festen Einspannung und eines im Stabfeld (Abb. 11.16a) oder beide im Stabfeld (Abb. 11.16b). Gestrichelte Linien zeigen die Mechanismen nach virtuellen Verschiebungen. Der Mechanismus in Abb. 11.16b unterscheidet sich nicht von dem in Abb. 11.16c. Man kann ohne Rechnung vorhersagen, daß die Traglast für einen kurzen Stab größer ist als für einen langen. Daraus folgt wegen Satz 1, daß nur Mechanismen vom Typ der Abb. 11.16a untersucht werden müssen. Abb. 11.17 zeigt diesen Typ noch einmal. Die unbekannte Lage des feldinneren Fließgelenks wird durch die Größe a gekennzeichnet. Sie ist die einzige Unbekannte des Problems. Man muß nun nur noch die Gleichgewichtslast q als Funktion von a berechnen. Nach Satz 1 ist das Minimum dieser Funktion $q(a)$ die gesuchte Traglast.

Die Gleichgewichtslast wird mit dem Prinzip der virtuellen Arbeit berechnet. Die virtuelle Verschiebung wird durch den Winkel $\delta\varphi$ gekennzeichnet. Der Winkel $\delta\psi$ wird aus der geometrischen Bedingung berechnet, daß beide Stabteile am rechten Fließgelenk gleiche Verschiebungen haben:

$$\delta\psi = \frac{a}{\ell - a}\,\delta\varphi.$$

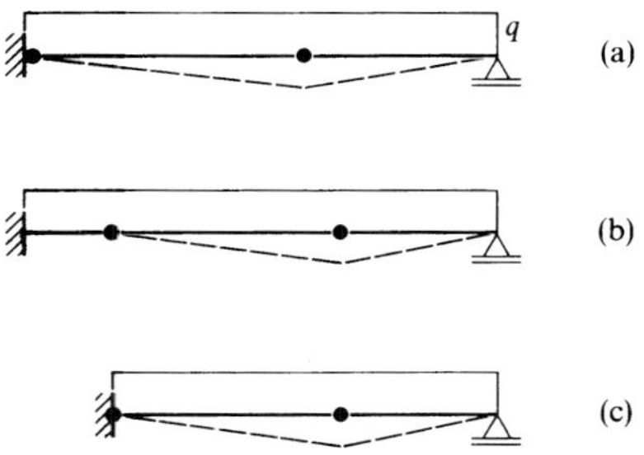

Abb. 11.16. Mögliche Mechanismen für das System von Abb. 11.15. Die Mechanismen (b) und (c) sind gleich

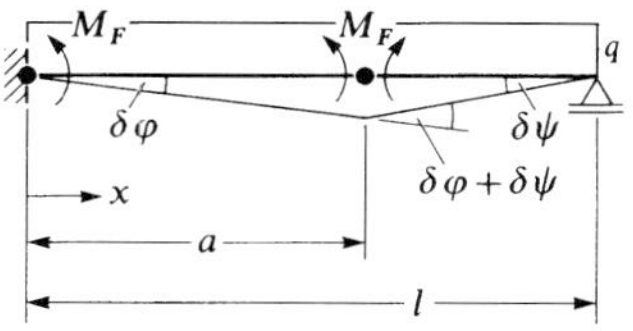

Abb. 11.17. Virtuelle Verschiebung eines Mechanismus zur Berechnung der Gleichgewichtslast q

In den Fließgelenken sind die Fließbiegemomente so eingezeichnet, daß sie der virtuellen Verschiebung entgegenwirken. Die Gleichgewichtslast q verrichtet die äußere virtuelle Arbeit

$$\delta W_a = qa \cdot \tfrac{1}{2} a\, \delta\varphi + q(\ell - a)\, \tfrac{1}{2}(\ell - a)\, \delta\psi = \tfrac{1}{2} qa\ell\, \delta\varphi. \tag{11.30}$$

Die Fließbiegemomente verrichten die innere virtuelle Arbeit

$$\delta W_i = -M_F\, \delta\varphi - M_F(\delta\varphi + \delta\psi) = -\frac{2\ell - a}{\ell - a} M_F\, \delta\varphi. \tag{11.31}$$

Das Prinzip der virtuellen Arbeit verlangt $\delta W_i + \delta W_a = 0$. Das liefert die Gleichung

$$\left(\tfrac{1}{2} qa\ell - \frac{2\ell - a}{\ell - a} M_F\right)\delta\varphi = 0.$$

Da $\delta\varphi$ beliebig ist, muß der Klammerausdruck verschwinden. Die Auflösung nach q liefert die gesuchte Gleichgewichtslast

$$q(a) = \frac{2M_F}{\ell}\, \frac{2\ell - a}{a(\ell - a)}. \tag{11.32}$$

Zur Berechnung des Minimums der Funktion $q(a)$ löst man die Gleichung

$$\left.\frac{\mathrm{d}q}{\mathrm{d}a}\right|_{a = a_T} = \frac{2M_F}{\ell}\, \frac{-a_T(\ell - a_T) - (2\ell - a_T)(\ell - 2a_T)}{a_T^2(\ell - a_T)^2} = 0. \tag{11.33}$$

Das ist die Gleichung

$$a_T^2 - 4a_T\ell + 2\ell^2 = 0. \tag{11.34}$$

Sie bestimmt die Lage a_T des Fließgelenks im tatsächlich eintretenden Bruchmechanismus. Nur die negative Wurzel ist sinnvoll:

$$a_T = \ell(2 - \sqrt{2}) \approx 0,59\, \ell. \tag{11.35}$$

Mit ihr liefert (11.32) die gesuchte Traglast:

$$q_T = \frac{2M_F}{\ell^2(3-2\sqrt{2})} \approx 11,66\,\frac{M_F}{\ell^2}. \tag{11.36}$$

Beispiel 11.5-2

Das System in Abb. 11.18 unterscheidet sich von dem in Abb. 11.15 nur dadurch, daß der Stab aus zwei Abschnitten mit Längen ℓ_1 und ℓ_2 und mit unterschiedlichen, jeweils konstanten Fließbiegemomenten M_{F1} und M_{F2} besteht. Man berechne den Bruchmechanismus und die Traglast q_T.

Geg.: $\ell_1 = 0,4\,\ell$, $\ell_2 = 0,6\,\ell$, $M_{F1} = 8M_F$ und $M_{F2} = M_F$.

Lösung: Auch in diesem Fall müssen Bruchmechanismen mit zwei Fließgelenken untersucht werden. Je nach den gegebenen Größen sind die drei in Abb. 11.19 dargestellten Typen – und nach den Erfahrungen weiter oben nur diese – möglich. Alle drei werden durch Abb. 11.20 dargestellt, wenn man den Größen a, b, M_{Fa} und M_{Fb} geeignete Werte gibt. An die Stelle von (11.30) und (11.31) treten die Gleichungen

$$\begin{aligned} \delta W_a &= \tfrac{1}{2} qab\,\delta\varphi, \\ \delta W_i &= -M_{Fa}\,\delta\varphi - M_{Fb}(\delta\varphi + \delta\psi) \\ &= \frac{-M_{Fa}}{b-a}\,[b(1+\lambda) - a]\,\delta\varphi \qquad \text{mit} \qquad \lambda = \frac{M_{Fb}}{M_{Fa}} \end{aligned} \tag{a}$$

Damit liefert die Gleichgewichtsbedingung $\delta W_a + \delta W_i = 0$ nach einfacher Rechnung die Gleichgewichtslast

$$q(a) = 2M_{Fa}\,\frac{b(1+\lambda) - a}{ab(b-a)}. \tag{b}$$

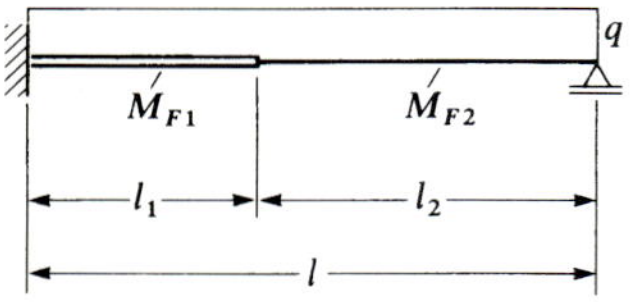

Abb. 11.18.

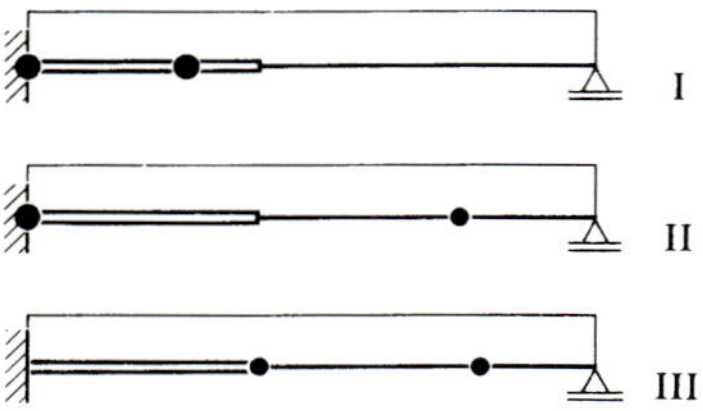

Abb. 11.19.

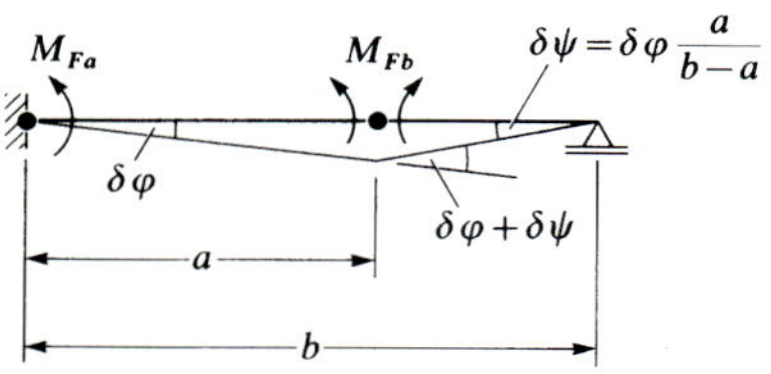

Abb. 11.20.

Aus der Bedingung $\mathrm{d}q/\mathrm{d}a = 0$ erhält man für a die quadratische Gleichung

$$a^2 - 2ab(1+\lambda) + b^2(1+\lambda) = 0.$$

Nur die Lösung mit dem negativen Vorzeichen der Wurzel ist sinnvoll:

$$a = b\Big[1 + \lambda - \sqrt{\lambda(1+\lambda)}\Big]. \qquad \text{(c)}$$

Das zugehörige Minimum q_{min} erhält man durch Einsetzen in Gl. (b). Diese Rechnung muß mit jedem der drei Typen in Abb. 11.19 durchgeführt werden. Jedesmal muß geprüft werden, ob die Lösung für a die Bedingung erfüllt, daß das Fließgelenk im angenommenen Stabfeld liegt. Wenn das der Fall ist, wird aus Gl. (b) q_{min} berechnet. Das kleinste so berechnete q_{min} ist die Traglast q_T.
Typ I: Gegeben sind $M_{Fa} = M_{Fb} = 8M_F$, $\lambda = 1$ und $b = \ell$. Damit liefert Gl. (c) $a = 0,59\,\ell$. Das ist größer als $\ell_1 = 0,4\,\ell$, so daß die Annahme von Typ I auf einen Widerspruch führt.
Typ II: $M_{Fa} = 8M_F$, $M_{Fb} = M_F$, $\lambda = \frac{1}{8}$ und $b = \ell$. Gl. (c) liefert $a = \frac{3}{4}\ell$. Das steht nicht im Widerspruch zur Annahme. Das Fließgelenk liegt in der Entfernung $\frac{1}{4}\ell$ vom rechten Lager. Gl. (b) liefert die minimale Gleichgewichtslast $q_{min} = 32\,M_F/\ell^2$.
Typ III: $M_{Fa} = M_{Fb} = M_F$, $\lambda = 1$ und $b = 0,6\,\ell$. Gl. (c) liefert $a = 0,59\,b = 0,35\,\ell$ (kein Widerspruch). Das Fließgelenk liegt in der Entfernung $b - a = \frac{1}{4}\ell$ vom rechten Lager (wie bei Typ II). Gl. (b) liefert $q_{min} = 11,66\,M_F/b^2 = 32,4\,M_F/\ell^2$.

Die kleinste Gleichgewichtslast gehört zu Typ II. Also ist

$$q_T = 32\,M_F/\ell^2, \qquad a_T = \tfrac{3}{4}\ell. \qquad \text{(d)}$$

Abschließend werden noch einige Bemerkungen zur Anzahl der Freiheitsgrade von Bruchmechanismen gemacht. Es gibt Bruchmechanismen mit mehr als einem, ja sogar mit unendlich vielen Freiheitsgraden. Ein Beispiel ist der Stab in Abb. 11.21a mit einer Belastung durch betragsgleiche Endmomente M. Wenn das Fließbiegemoment M_F ist, dann ist die Traglast $M_T = M_F$. Unter dieser Last ist $M_y(x) \equiv M_F$, so daß der ganze Stab plastisch wird. Er hat also "unendlich viele" Fließgelenke.

Die Gleichgewichtslast wird mit Hilfe einer virtuellen Verschiebung berechnet. Virtuelle Verschiebungen sind im Rahmen der kinematischen Bindungen beliebig. Also kann man ohne Auswirkung auf das Ergebnis eine virtuelle Verschiebung wählen, die alle bis auf einen einzigen Freiheitsgrad unterdrückt. Mit der virtuellen Verschiebung in Abb. 11.21b ergibt sich in der Tat für die Gleichgewichtslast das korrekte Ergebnis $M = M_F$. Man stellt also fest: Selbst dann, wenn der tatsächliche Bruchmechanismus mehr als einen Freiheitsgrad der Bewegung hat, genügt es, Mechanismen mit nur einem Freiheitsgrad zu untersuchen.

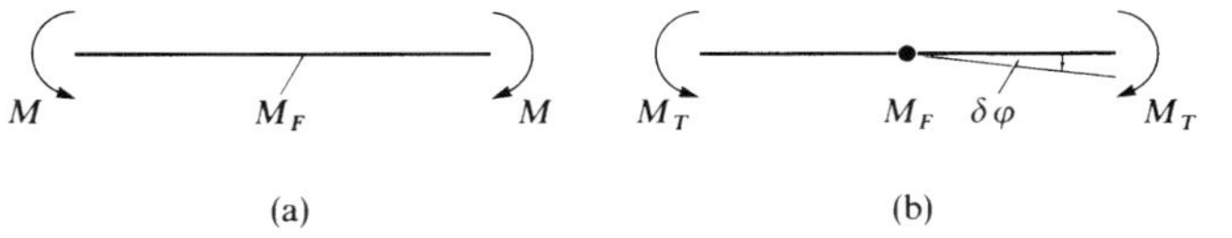

Abb. 11.21.

11.6 Obere und untere Schranken für Traglasten

Bei den 1-fach statisch unbestimmten Systemen des vorigen Abschnitts war es einfach, die Gleichgewichtslasten aller möglichen Mechanismen zu bestimmen. Bei mehrfach statisch unbestimmten Systemen kann das schwieriger sein. Dann ist der folgende Satz wichtig.

Satz 2: Die Traglast eines Systems unter einer gegebenen Lastgruppe ist nicht größer als das Minimum der Gleichgewichtslasten *aller untersuchten* Mechanismen:

$$F_T \le F_{min}. \tag{11.37}$$

Beweis: Der Mechanismus mit der Gleichgewichtslast F_{min} bricht unter einer größeren Last zusammen.

Der Satz liefert eine obere Schranke für die Traglast. Das ist eine Abschätzung auf der unsicheren Seite. Eine untere Schranke kann man angeben, wenn die Biegemomentenfunktion $M_y(x)$ in den Stabteilen der untersuchten Mechanismen angebbar ist. Man führe das folgende Gedankenexperiment durch. Es sei angenommen, daß keiner der untersuchten Mechanismen der tatsächlich eintretende Bruchmechanismus ist. Nach Satz 2 ist dann das Minimum F_{min} der berechneten Gleichgewichtslasten größer als die Traglast F_T. In dem Mechanismus mit dieser minimalen Gleichgewichtslast F_{min} überschreitet $|M_y(x)|$ an mindestens einer Stelle das dort gültige und bekannte Fließbiegemoment $M_F(x)$ (das Fließbiegemoment muß nicht überall gleich groß sein). Wäre das nämlich nicht der Fall, dann würde der Mechanismus unter der Gleichgewichtslast nicht zusammenbrechen, obwohl sie größer als die Traglast ist. Sei $\beta_{max} > 1$ das Maximum der Funktion

$$\beta(x) = \frac{|M_y(x)|}{M_F(x)}. \tag{11.38}$$

Man stelle sich nun vor, daß derselbe Mechanismus mit der kleineren Last F_{min}/β_{max} belastet wird. Dann ist das Biegemoment dem Betrage nach an keiner Stelle größer als das Fließbiegemoment. In den Gelenken des Mechanismus ist es kleiner als das Fließbiegemoment. Also bricht der Mechanismus unter dieser Last nicht zusammen. Folglich ist $F_{min}/\beta_{max} < F_T$. Zu Beginn wurde angenommen, daß $F_{min} < F_T$ ist. Wenn $F_{min} = F_T$ ist, dann ist offensichtlich $\beta_{max} = 1$. Diese Aussagen und die Ungleichung (11.37) ergeben zusammen für die Traglast die Schranken

$$\frac{F_{min}}{\beta_{max}} \le F_T \le F_{min}. \tag{11.39}$$

Wenn β_{max} wenig größer als 1 ist, liegen die beiden Schranken eng beieinander und ergeben eine gute Näherungslösung für die Traglast. Wenn man mit ihr zufrieden ist, ist es nicht nötig, den tatsächlich eintretenden Bruchmechanismus zu bestimmen. Wenn β_{max} allerdings wesentlich größer als 1 ist, dann sind die Schranken unbrauchbar. Dann muß man weitere Mechanismen untersuchen, die kleinere Gleichgewichtslasten ergeben.

Ob ein Mechanismus eine kleinere oder eine größere Gleichgewichtslast ergibt als ein bereits untersuchter Mechanismus, ist häufig schon an der Skizze der virtuellen Verschiebung zu erkennen. Wenn die Verschiebungen der Kräfte, die die Lastgruppe darstellen, groß sind, dann wird in der Gleichung $\delta W_a + \delta W_i = \delta\varphi(c_1 F - c_2 M_F) = 0$ der Koeffizient c_1 groß. Entsprechend wird c_2 klein, wenn die Drehwinkel in den Fließgelenken klein sind. Wenn beides der Fall ist, dann wird die Gleichgewichtslast $F = (c_2/c_1)M_F$ klein. Man muß also nach Mechanismen mit diesen Merkmalen suchen.

Beispiel 11.6-1
Man betrachte noch einmal die drei Typen von Mechanismen in Beisp. 11.5-2 (Abb. 11.19). Für die Typen II und III wurden die minimalen Gleichgewichtslasten $q_{min} = 32M_F/\ell^2$ bzw. $q_{min} = 32,4M_F/\ell^2$ berechnet. Die kleinere der beiden ist die Traglast: $q_T = 32M_F/\ell^2$. Sei nun angenommen, nur der Mechanismus vom Typ III sei untersucht worden. Dann macht (11.37) die Aussage $q_T \leq 32,4M_F/\ell^2$. Man berechne die Biegemomentenfunktion des Mechanismus mit dieser Gleichgewichtslast und ermittle daraus die untere Schranke in (11.39).
Lösung: Abb. 11.22 zeigt den Mechanismus vom Typ III. Die in Beisp. 11.5-2 berechneten Fließgelenke liegen bei $x = 0,25\,\ell$ und $x = 0,6\,\ell$. Die Fließbiegemomente in diesen Gelenken haben die Größe M_F und die eingezeichneten Richtungen. Im Stabfeld greifen keine Einzelkräfte an. Folglich ist

$$M_y''(x) = -q \equiv -32,4M_F/\ell^2, \qquad M_y(x) = -32,4M_F(Ax^2/\ell^2 + Bx/\ell + C)$$

mit Integrationskonstanten A, B und C. Randbedingungen schreiben vor:

$$M_y(0) = 0, \qquad M_y(0,25\,\ell) = +M_F, \qquad M_y(0,6\,\ell) = -M_F.$$

Das sind die Gleichungen

$$C = 0, \qquad 32,4(0,6^2A + 0,6B) = 1, \qquad 32,4(0,25^2A + 0,25B) = -1.$$

Das Ergebnis der Auflösung ist die Funktion

$$M_y(x) = M_F\,\frac{x}{\ell}\left(8,06 - 16,2\,\frac{x}{\ell}\right).$$

Sie ist in Abb. 11.22 dargestellt. Das Maximum des Betrages liegt bei $x = \ell$ und hat die Größe $8,14M_F$. An dieser Stelle hat das Fließbiegemoment die Größe $8M_F$. Damit erhält man aus (11.38) $\beta_{max} = 1,018$. Die gesuchten Schranken in (11.39) liefern damit die sehr gute Abschätzung

$$31,8\,M_F/\ell^2 < q_T < 32,4\,M_F/\ell^2.$$

11.7 Traglasten für Durchlaufträger

Abb. 11.23 zeigt einen Durchlaufträger. Jedes Feld i $(i = 1, \ldots, n)$ hat einen konstanten, zur z-Achse symmetrischen Querschnitt mit einem eigenen Fließbiegemoment M_{Fi}. Die Lastgruppe auf dem Durchlaufträger wird durch eine

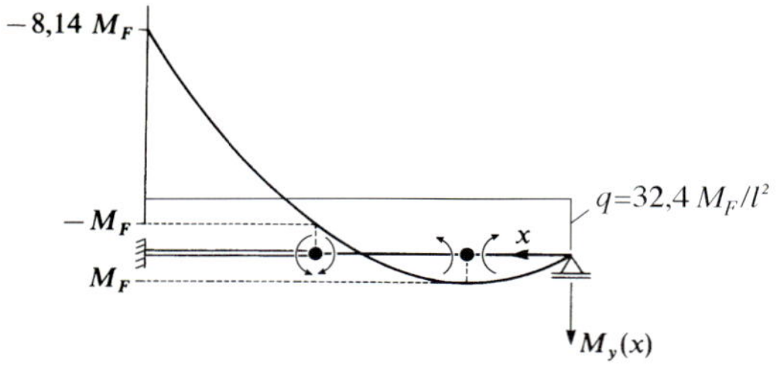

Abb. 11.22.

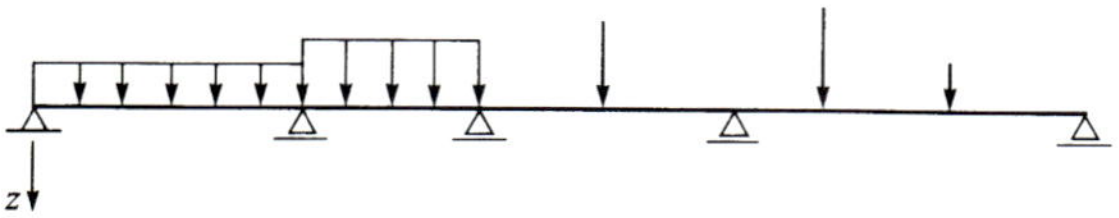

Abb. 11.23.

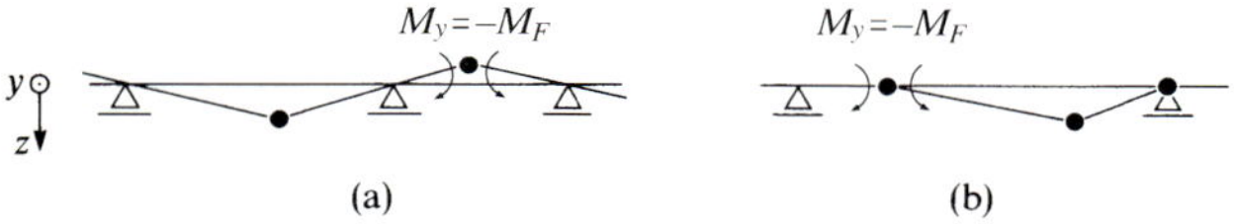

Abb. 11.24. Unmögliche Bruchmechanismen bei gleichsinnigen Lasten

einzige Größe F oder q charakterisiert. Alle Lasten wirken gleichsinnig in positiver z-Richtung. Gesucht werden der Bruchmechanismus und die Traglast F_T bzw. q_T.

Die Befürchtung, daß man für eine große Anzahl von Mechanismen Gleichgewichtslasten berechnen muß, ist unbegründet, denn es gilt der

> *Satz*: Bei gleichsinnig wirkenden Lasten sind nur solche Bruchmechanismen möglich, bei denen jedes versagende Feld an beiden Enden und an einer weiteren Stelle im Feld Fließgelenke bildet. Mit anderen Worten: Bruchmechanismen der Formen in Abb. 11.24a und b sind bei Lasten in positiver z-Richtung nicht möglich.

Beweis: In den beiden Mechanismen in Abb. 11.24 sind in einem feldinneren Fließgelenk die Fließbiegemomente so gerichtet wie gezeichnet. Dort hat das Biegemoment also die Größe $-M_F$, und zwar ein Minimum dieser Größe, weil in der Nachbarschaft der Betrag kleiner als M_F ist. Also ist im Fließgelenk $\mathrm{d}^2M_y/\mathrm{d}x^2 > 0$. Das ist unter Lasten in positiver z-Richtung aber unmöglich, wie die folgende Überlegung zeigt. Man muß unterscheiden, ob das Minimum am Ort einer Einzelkraft auftritt oder nicht. Sei zunächst angenommen, daß dort keine Einzelkraft, sondern eine beliebige Streckenlast $q(x) \geq 0$ angreift. Dann ist dort $\mathrm{d}^2M_y/\mathrm{d}x^2 = -q(x) \leq 0$ im Widerspruch zu dem Ergebnis oben. Sei nun angenommen, daß an der Stelle eine Einzelkraft $F > 0$ angreift. Dann macht die Querkraft $Q_z = \mathrm{d}M_y/\mathrm{d}x$ beim Übergang in positiver x-Richtung über diese Stelle den Sprung $-F$. Auch das ist im Widerspruch zu der Annahme eines Minimums von $M_y(x)$, denn dazu ist ein Sprung mit positivem Vorzeichen nötig. Die Annahme von Bruchmechanismen der Formen in Abb. 11.24 führt also auf Widersprüche. Ende des Beweises.

Der Satz hat die Konsequenz, daß man nur Mechanismen untersuchen muß, bei denen jeweils nur ein einziges Feld versagt, und zwar mit Fließgelenken an beiden Enden und an einer Stelle im Feld. An jedem Feldende bestimmt das jeweils schwächere der dort aneinandergrenzenden Felder, welches Fließbiegemoment in die Rechnung einzusetzen ist.

Wenn in einem Feld nur Einzelkräfte angreifen, dann kann das feldinnere Fließgelenk nur am Ort einer Einzelkraft liegen, weil $M_y(x)$ nur in diesen Punkten extremal sein kann. Bei mehreren Einzelkräften in einem Feld muß man für dieses Feld mehrere Mechanismen untersuchen. Wenn in einem Feld eine Streckenlast $q(x)$ angreift, dann muß man die Ortskoordinate des feldinneren Fließgelenks als Unbekannte einführen und nach dem Muster von Beisp. 11.5-1 berechnen.

Beispiel 11.7-1

Ein Durchlaufträger mit drei Feldern hat die in Abb. 11.25 angegebenen Feldlängen, Fließbiegemomente und Lasten. Man berechne den Bruchmechanismus und die Traglast F_T.

Lösung: In Feld 1 sind zwei Mechanismen mit einem Fließgelenk unter jeweils einer Einzellast möglich, in Feld 2 ist ein Mechanismus mit einem Fließgelenk unter der Einzellast möglich und in Feld 3 ist ein Mechanismus mit einem Fließgelenk in einer unbekannten Entfernung a vom linken Lager dieses Feldes möglich. Abb. 11.26 stellt diese Mechanismen mit allen erforderlichen virtuellen Drehwinkeln dar. Die Gleichgewichtsbedingungen nach dem Prinzip der virtuellen Arbeit und die Ergebnisse für die Gleichgewichtslasten haben folgende Formen:

Feld 1; 1. Mechanismus:

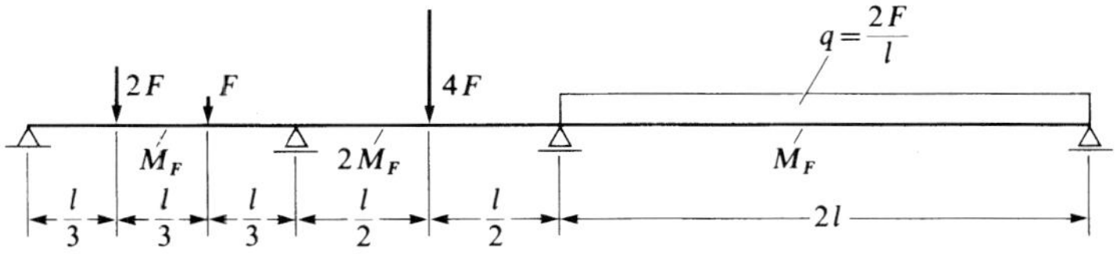

Abb. 11.25.

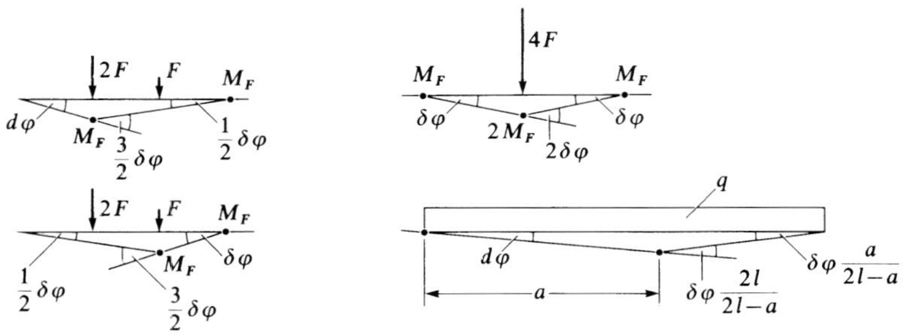

Abb. 11.26.

$$(2F \cdot \tfrac{1}{3}\ell + F \cdot \tfrac{1}{3}\ell \cdot \tfrac{1}{2} - M_F \cdot \tfrac{3}{2} - M_F \cdot \tfrac{1}{2})\,\delta\varphi = 0, \qquad F_{min} = 2.4\, M_F/\ell,$$

Feld 1; 2. Mechanismus:

$$(2F \cdot \tfrac{1}{3}\ell \cdot \tfrac{1}{2} + F \cdot \tfrac{1}{3}\ell - M_F \cdot \tfrac{3}{2} - M_F)\,\delta\varphi = 0, \qquad F_{min} = 3,75\, M_F/\ell,$$

Feld 2: $(4F \cdot \tfrac{1}{2}\ell - M_F - 2M_F \cdot 2 - M_F)\,\delta\varphi = 0, \qquad F_{min} = 3\, M_F/\ell,$

Feld 3: Die Abbildung ist mit Abb. 11.15 identisch, wenn man dort ℓ durch 2ℓ ersetzt. Das Ergebnis für q wird aus Gl. (11.36) übernommen. Wenn man noch beachtet, daß $q = 2F/\ell$ ist, erhält man die Gleichgewichtslast

$$F_{min} = \tfrac{1}{2}\ell \cdot 11,66\,\frac{M_F}{(2\ell)^2} = 1,46\, M_F/\ell.$$

Von den vier berechneten, jeweils minimalen Gleichgewichtslasten ist die letzte die kleinste. Sie ist also die Traglast: $F_T = 1,46\, M_F/\ell$. Der zugehörige Bruchmechanismus hat ein Fließgelenk in der Entfernung $a_T = 0,59 \cdot 2\ell = 1,18\,\ell$ vom linken Lager des dritten Feldes.

11.8 Übungsaufgaben

11.1 Zeichnen Sie für das Fachwerk von Aufg. 8.17 mit den dort angegebenen Daten (gleiche Fließspannung Y für alle Stäbe) nach dem Vorbild von Abb. 11.5b alle Geradenpaare und das Polygon in der Zustandsebene. Verwenden Sie dabei als Kraft P die Lagerreaktion am mittleren Lager (nach oben positiv). Alle Geradengleichungen haben die Form $P = m_i F \pm n_i Y A$ ($i = 1, \ldots, 7$). Geben Sie m_i und n_i ($i = 1, \ldots, 7$) an. Wie groß ist die Traglast F_T des Fachwerks?

11.2 Wie verändert sich das Polygon in Abb. 11.5a zum Fachwerk von Abb. 11.3, wenn die E-Moduln aller Stäbe mit derselben Konstante $c > 0$ multipliziert werden?

11.3 Wie groß ist der plastische Formfaktor α eines Biegestabes mit dem Querschnitt in Abb. A11.3 bei Biegung um die y-Achse?
Geg.: $b = 20\,\text{cm}$, $h = 30\,\text{cm}$, $t = 2\,\text{cm}$

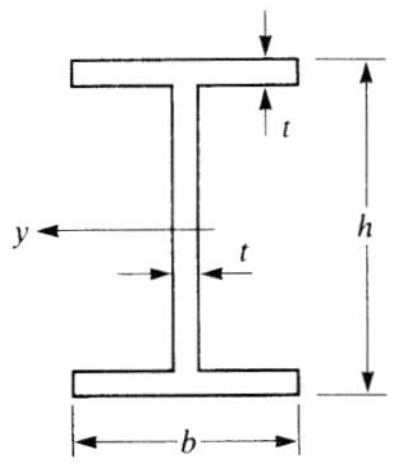

Abb. A11.3.

11.4 Ein Biegestab hat den rechteckigen Querschnitt nach Abb. A11.4. Unter dem Winkel α ($0 < \alpha < \pi/2$) gegen die η-Achse geneigt greift ein Biegemoment M an. Unter welchem Winkel φ bildet sich eine Fließgelenkachse, wenn M den Querschnitt ganz plastifiziert? Wie groß ist das Fließbiegemoment $M_F(\alpha)$? Hinweis: Verwenden Sie den Winkel $\beta = \arctan(a/b)$.
Geg.: a, b, α

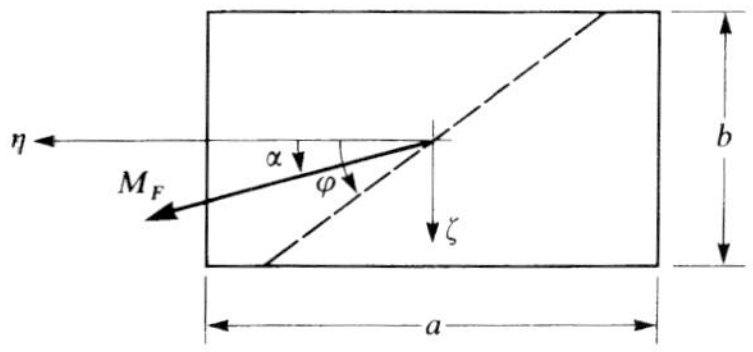

Abb. A11.4.

11.5 Ein Stab hat einen Querschnitt nach Abb. A11.5 mit den Abmessungen b_1, h_1, b_2, h_2. Er wird durch ein Biegemoment M_F der angegebenen Richtung voll plastifiziert. Geben Sie die Größen p und q an, die die Lage der (korrekt eingezeichneten) Grenzgerade bestimmen. Wie groß ist das Fließbiegemoment M_F? Prüfen Sie, daß die Ergebnisse auch im Fall $b_2 = 0$ (Rechteckquerschnitt) gültig sind. Hinweis: Setzen Sie voraus, daß die Abmessungen so gewählt wurden, daß die Grenzgerade den Querschnitt wie angegeben schneidet.
Geg.: $b_1 = 6\,\text{cm}$, $h_1 = 10\,\text{cm}$, $b_2 = 2\,\text{cm}$, $h_2 = 9\,\text{cm}$

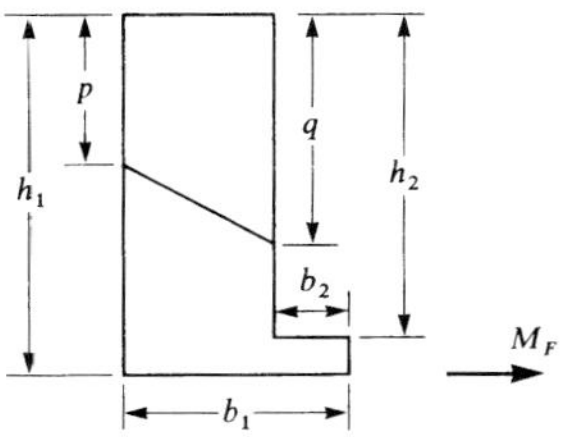

Abb. A11.5.

11.6 Bestimmen Sie die Fließgelenklagen a_T und die Traglasten q_T für die Systeme in Abb. A11.6a und b. Hinweis: Die Integrale im Ausdruck für δW_a können mit Hilfe von Tabelle 5 im Anhang berechnet werden.
Geg.: ℓ, M_F

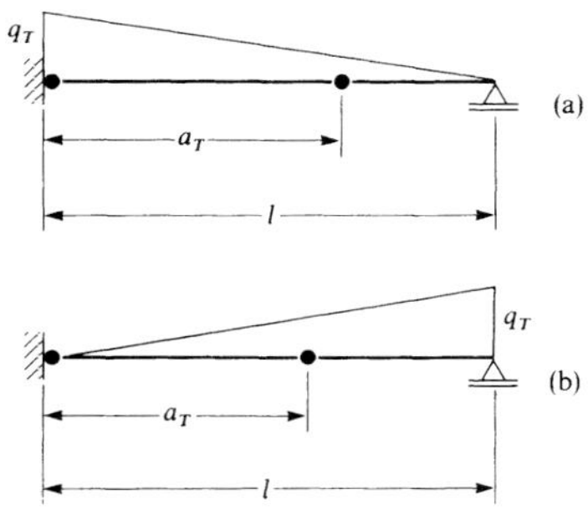

Abb. A11.6.

11.7 Der Biegestab in Abb. A11.7a hat das Fließbiegemoment M_F. Je nach dem Verhältnis $\lambda = \ell_2/\ell_1$ hat der Bruchmechanismus entweder die Form von Abb. A11.7b oder c. Bestimmen Sie die Größe λ_1 von λ, bei der beide Typen von Mechanismen dieselbe Traglast ergeben. In welcher Entfernung a_T von der festen Einspannung liegt das feldinnere Fließgelenk im Fall $\lambda < \lambda_1$ und wie groß ist dann die Traglast q_T?
Geg.: ℓ_1, ℓ_2, M_F

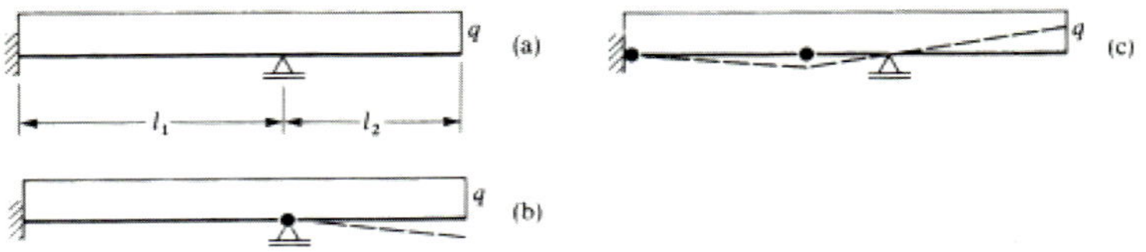

Abb. A11.7.

11.8 Auf dem mittleren Feld des Durchlaufträgers in Abb. A11.8 liegt in dem durch die Längen a_1 und a_2 definierten Bereich eine konstante Streckenlast q. Die Fließbiegemomente der drei Fließgelenke, die sich unter der Traglast q_T bilden, sind M_1, M_2 und M_3. Zeigen Sie, daß das feldinnere Fließgelenk für beliebige Größen a_1, a_2, M_1, M_2, M_3 im Bereich der Streckenlast entsteht. Bestimmen Sie seine Entfernung x_T vom linken Ende des mittleren Feldes und die Traglast q_T in den beiden Fällen a) $a_1 = 0$, $a_2 = \frac{1}{2}\ell$, $M_1 = \frac{1}{2}M_F$, $M_2 = M_3 = M_F$ und b) $a_1 = \frac{1}{4}\ell$, $a_2 = \frac{1}{2}\ell$, $M_1 = M_2 = M_F$, $M_3 = \frac{1}{2}M_F$.

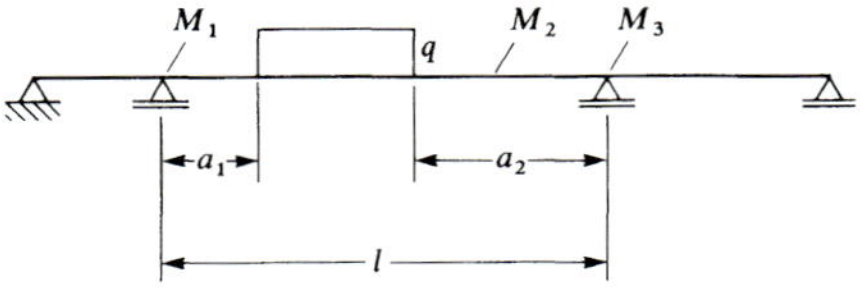

Abb. A11.8.

Anhang

Tabelle 1. Elastizitätsmoduln E, Gleitmoduln G, Querdehnungszahlen ν und thermische Längenausdehnungskoeffizienten α einiger Werkstoffe

Werkstoff	E kN/mm^2	G kN/mm^2	ν	α 10^{-6}/K
Metalle:				
Aluminium	71	27	0,34	23,9
Aluminiumlegierungen	59 ... 78			18,5 ... 24,0
Bronze	108 ... 124	41 ... 46	0,35	16,8 ... 18,8
Blei	19	66	0,44	29
Duralumin 681B	74	28	0,34	23
Eisen	216	84,5	0,28	11,7
Gußeisen	64 ... 181	25 ... 52		9 ... 12
Kupfer	125	46	0,34	16,8
Magnesium	44			26
Messing	78 ... 123	33 ... 36		17,5 ... 19,1
Messing (60% Cu, 40% Zn)	100	37	0,36	18
Nickel	206	79	0,31	13,3
Nickellegierungen	158 ... 213			11 ... 14
Silber	80	29	0,38	19,7
Silizium	100	34,5	0,45	7,8
Stahl legiert	186 ... 216	76 ... 86	0,2 ... 0,3	9 ... 19
Baustahl	215	82	0,28	12
V2A-Stahl	190	75	0,27	16
Titan	108	40	0,36	8,5
Zink	128	50	0,29	30
Zinn	44	16,5	0,33	23
Anorganisch-nichtmetallische Werkstoffe:				
Beton	22 ... 39	15	0,15 ... 0,22	5,4 ... 14,2
Eis (−4 °C, polykristallin)	9,8		0,33	
Glas	39 ... 98	16 ... 35	0,10 ... 0,28	3,5 ... 5,5
Bau-, Sicherheitsglas	62 ... 86		0,25	9
Quarzglas	62 ... 75		0,17 ... 0,25	0,5 ... 0,6
Granit	50 ... 60		0,13 ... 0,26	3 ... 8
Kalkstein	40 ... 90		0,28	
Marmor	60 ... 90		0,25 ... 0,30	5 ... 16
Porzellan	60 ... 90			3 ... 6,5
Ziegelstein	10 ... 40		0,20 ... 0,35	8 ... 10
Al_2O_3 (hochdicht)	380	154	0,23	8
ZrO_2 (hochdicht)	220	89	0,23	10
SiC (hochdicht)	440	190	0,16	5
Si_3N_4 (dicht)	320	123	0,3	3,3
Si_3N_4 (20% Poren)	180	73	0,23	3

Tabelle 1. (Fortsetzung)

Werkstoff	E kN/mm²	G kN/mm²	ν	α 10^{-6}/K
Organische Werkstoffe:				
Araldit	3,2	1,2	0,33	50... 70
glasfaserverstärkte Kunststoffe	7 ... 45			25
Holz				
faserparallel: Buche	14			
Eiche	13			4,9
Fichte	10			5,4
Kiefer	11			
radial: Buche	2,3			
Eiche	1,6			54,4
Fichte	0,8			34,1
Kiefer	1,0			
kohlenstoffaser-verstärkte Kunststoffe	70 ...200			
Plexiglas (PMMA)	2,7 ... 3,2		0,35	70...100
Polyamid (Nylon)	2 ... 4			70...100
Polyethylen (HDPE)	0,15... 1,65			150...200
Polyvinylchlorid (PVC)	1 ... 3			70...100

Tabelle 2. Bettungsmoduln k_s von Bodenarten (nach Wölfer [8])

Bodenart	k_s N/cm³
leichter Torf- und Moorboden	5... 10
schwerer Torf- und Moorboden	10... 15
feiner Ufersand	10... 15
Schüttungen von Humus, Sand, Kies	10... 20
Lehmboden, naß	20... 30
Lehmboden, feucht	40... 50
Lehmboden, trocken	60... 80
Lehmboden, trocken und hart	100
festgelagerter Humus mit Sand und wenig Steinen	80...100
dasselbe mit vielen Steinen	100...120
feiner Kies mit viel feinem Sand	80...100
mittlerer Kies mit feinem Sand	100...120
mittlerer Kies mit grobem Sand	120...150
grober Kies mit grobem Sand	150...200
grober Kies mit wenig Sand	150...200
grober Kies mit wenig Sand, sehr fest gelagert	200...250

Tabelle 3. Axiale und biaxiale Flächenmomente 2. Grades (der Ursprung des y, z-Systems ist der Flächenschwerpunkt)

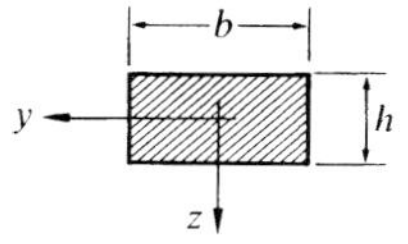	$I_y = \frac{1}{12} b h^3$ $I_z = \frac{1}{12} h b^3$	
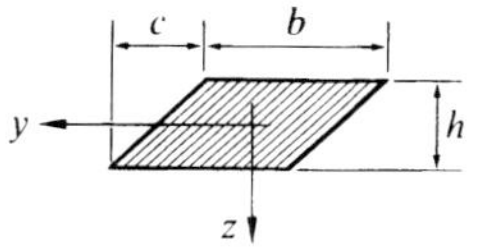	$I_y = \frac{1}{12} b h^3 \quad I_{yz} = \frac{1}{12} h^2 b c$ $I_z = \frac{1}{12} h b (b^2 + c^2)$	
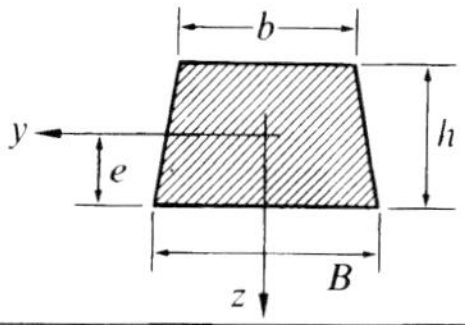	$I_y = \frac{h^3 (B^2 + 4 B b + b^2)}{36 (B + b)}$ $I_z = \frac{1}{48} h (B^2 + b^2)(B + b)$	$e = \frac{h}{3} \cdot \frac{B + 2b}{B + b}$
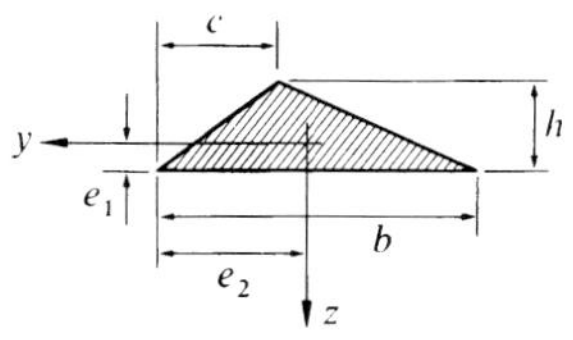	$I_y = \frac{1}{36} b h^3$ $I_z = \frac{1}{36} h b (b^2 - b c + c^2)$ $I_{yz} = -\frac{1}{72} b h^2 (b - 2c)$	$e_1 = \frac{1}{3} h$ $e_2 = \frac{1}{3}(b + c)$
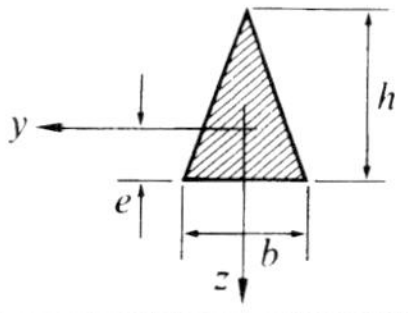	$I_y = \frac{1}{36} b h^3$ $I_z = \frac{1}{48} h b^3$	$e = \frac{1}{3} h$
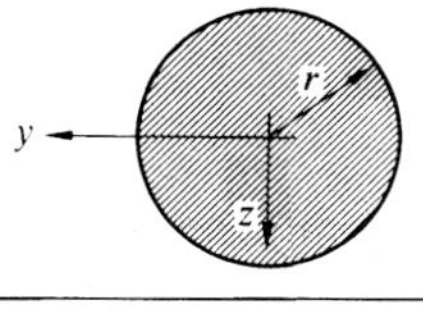	$I_y = I_z = \frac{\pi}{4} r^4$	
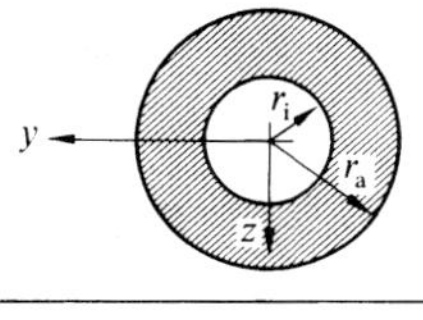	$I_y = I_z = \frac{\pi}{4}(r_a^4 - r_i^4)$	

Tabelle 3. (Fortsetzung)

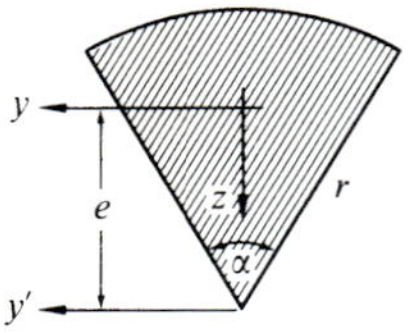	$I_{y'} = \frac{1}{8} r^4 (\alpha + \sin\alpha)$ $I_y = I_{y'} - \frac{4}{9} r^4 \cdot \frac{1 - \cos\alpha}{\alpha}$ $I_z = \frac{1}{8} r^4 (\alpha - \sin\alpha)$ $e = \frac{4}{3} r \cdot \frac{\sin\alpha/2}{3}$
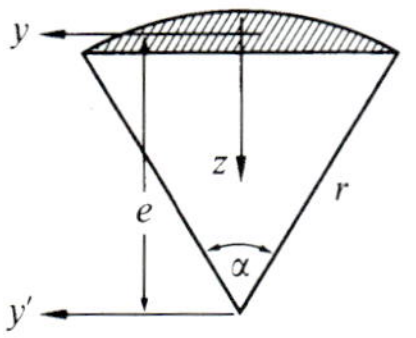	$I_{y'} = \frac{1}{16} r^4 (2\alpha - \sin 2\alpha)$ $I_y = I_{y'} - \frac{1}{9} r^4 \cdot \frac{(1 - \cos\alpha)^3}{\alpha - \sin\alpha}$ $I_z = \frac{1}{8} r^4 \left(\alpha - \frac{4}{3} \sin\alpha + \frac{1}{6} \sin 2\alpha\right)$ $e = \frac{4}{3} r \cdot \frac{\sin^3 \alpha/2}{\alpha - \sin\alpha}$
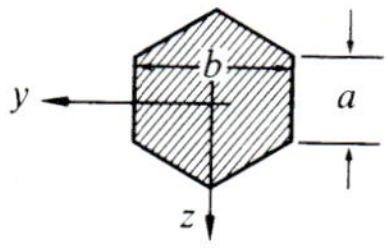	$I_y = I_z = \frac{5\sqrt{3}}{16} a^4 = \frac{5\sqrt{3}}{144} b^4$
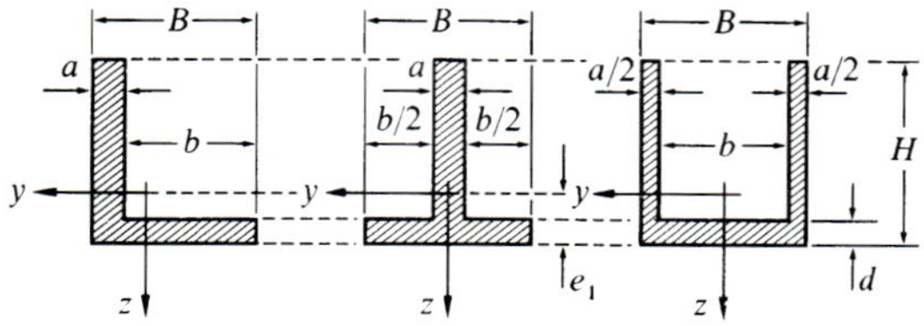	$I_y = \frac{1}{3}(B e_1^3 - b h^3 + a e_2^3)$ $e_1 = \frac{a H^2 + b d^2}{2(aH + bd)}$ $e_2 = H - e_1$ $h = e_1 - d$
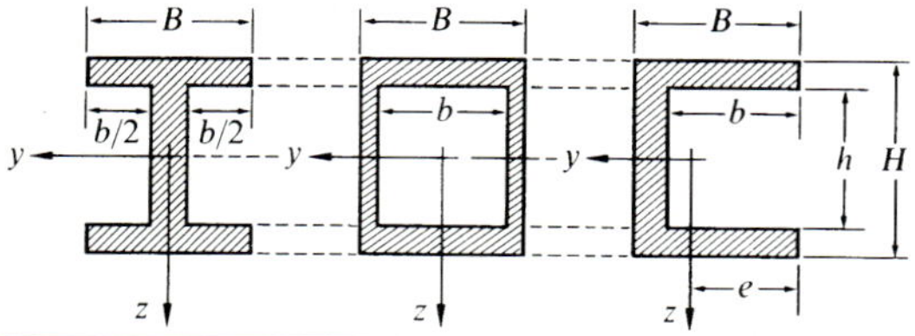	$I_y = \frac{1}{12}(BH^3 - bh^3)$ $e = \frac{HB^2 - hb^2}{2(HB - hb)}$
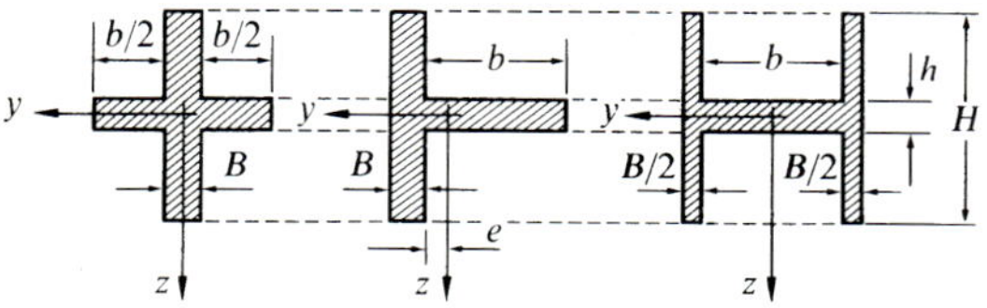	$I_y = \frac{1}{12}(BH^3 + bh^3)$ $e = \frac{HB^2 - hb^2}{2(HB + hb)}$

Tabelle 4. Torsionssteifigkeiten GI_T und Torsionswiderstandsmomente W_T

	$I_T = I_p = \frac{\pi}{2} r^4$	$W_T = \frac{\pi}{2} r^3$	größte Spannung außen
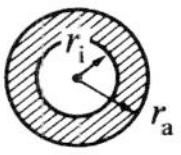	$I_T = I_p = \frac{\pi}{2}(r_a^4 - r_i^4)$	$W_T = \frac{\pi}{2} r_a^3 \left[1 - (r_i/r_a)^4\right]$	größte Spannung außen
 gleichseitig	$I_T = \frac{\sqrt{3}}{80} a^4$	$W_T = \frac{1}{20} a^3$	größte Spannung in Seitenmitte
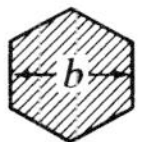 regelmäßig	$I_T \approx 0{,}115\, b^4$	$W_T \approx 0{,}189\, b^3$	größte Spannung in Seitenmitte
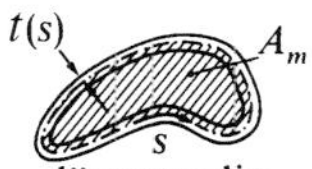 dünnwandig	$I_T = \dfrac{4 A_m^2}{\oint \frac{ds}{t(s)}}$	$W_T = 2 A_m t_{\min}$	größte Spannung bei $t_{\min}$
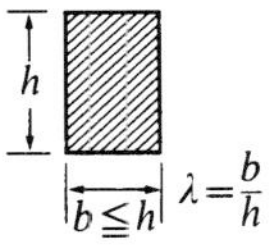	$I_T = c_1 \cdot \frac{1}{3} h b^3$ $c_1 = 1 - 0{,}63\,\lambda + 0{,}052\,\lambda^5 + \cdots$	$W_T = \frac{c_1}{c_2} \cdot \frac{1}{3} h b^2$ $c_2 = 1 - \frac{0{,}63\,\lambda^3}{1+\lambda^3} + \cdots$	größte Spannung in Mitte Langseite
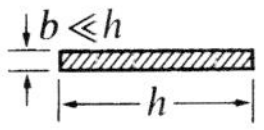	$I_T \approx \frac{1}{3} h b^3$	$W_T \approx \frac{1}{3} h b^2$	größte Spannung in Mitte Langseite
Stahlbauprofile	Zahlenwerte für I_T in „Stahlbau-Profile“	$W_T = I_T / t_{\max}$ $t_{\max}$ = maximale Wanddicke	größte Spannung in Innenecken ist bis 60% größer
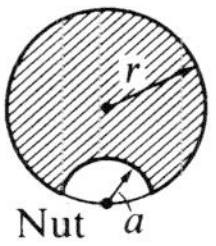 Nut	$I_T \approx \frac{\pi}{2} r^4$	$W_T \approx \frac{\pi}{2} r^3 \cdot \frac{1 - 2\lambda^2 + \frac{16}{3}\lambda^3}{2 - \lambda}$ $\lambda = \frac{a}{r}$	

Tabelle 5. Werte von Integralen $\int_0^s P(x)K(x)dx$

$P(x)$ \ $K(x)$	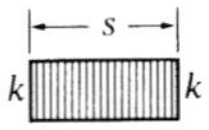		
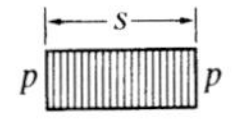	pks	$\frac{1}{2}pks$	$\frac{p}{2}(k_1+k_2)s$
	$\frac{1}{2}pks$	$\frac{1}{3}pks$	$\frac{p}{6}(k_1+2k_2)s$
	$\frac{1}{2}pks$	$\frac{1}{6}pks$	$\frac{p}{6}(2k_1+k_2)s$
	$\frac{k}{2}(p_1+p_2)s$	$\frac{k}{6}(p_1+2p_2)s$	$\frac{s}{6}[p_1(2k_1+k_2)+p_2(k_1+2k_2)]$
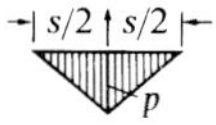	$\frac{1}{2}pks$	$\frac{1}{4}pks$	$\frac{p}{4}(k_1+k_2)s$
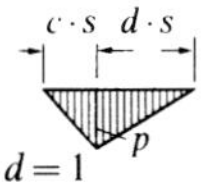 $c+d=1$	$\frac{1}{2}pks$	$\frac{pk}{6}(1+c)s$	$\frac{p}{6}[k_1(1+d)+k_2(1+c)]s$
	$\frac{2}{3}pks$	$\frac{1}{3}pks$	$\frac{p}{3}(k_1+k_2)s$
	$\frac{2}{3}pks$	$\frac{1}{4}pks$	$\frac{p}{12}(5k_1+3k_2)s$
	$\frac{2}{3}pks$	$\frac{5}{12}pks$	$\frac{p}{12}(3k_1+5k_2)s$
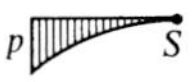	$\frac{1}{3}pks$	$\frac{1}{12}pks$	$\frac{p}{12}(3k_1+k_2)s$
	$\frac{1}{3}pks$	$\frac{1}{4}pks$	$\frac{p}{12}(k_1+3k_2)s$

● $S \widehat{=}$ Scheitel einer quadratischen Parabel

Tabelle 5. (Fortsetzung)

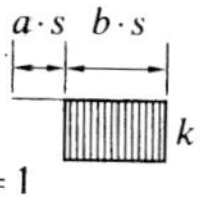 $a+b=1$	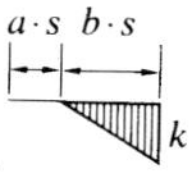 $a+b=1$	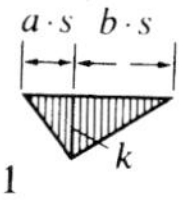 $a+b=1$	
$pkbs$	$\frac{pk}{2}bs$	$\frac{1}{2}pks$	$\frac{2}{3}pks$
$\frac{pk}{2}(1-a^2)s$	$\frac{pk}{6}b(3-b)s$	$\frac{1}{6}pk(1+a)s$	$\frac{1}{3}pks$
$\frac{pk}{2}b^2s$	$\frac{pk}{6}b^2s$	$\frac{1}{6}pk(1+b)s$	$\frac{1}{3}pks$
$\frac{k}{2}[p_1b^2+p_2(1-a^2)]s$	$\frac{k}{6}b[p_1b+p_2(3-b)]s$	$\frac{k}{6}[p_1(1+b)+p_2(1+a)]s$	$\frac{k}{3}(p_1+p_2)s$
$pk\left(\frac{1}{2}-a^2\right)s$ für $a\leq 1/2$	$\frac{pk}{12b}(4a^2-6a+3)s$ für $a\leq 1/2$	$\frac{pk}{12b}(3-4a^2)s$	$\frac{5}{12}pks$
$\frac{pk}{2c}(c-a^2)s$ für $c\geq a$	$\frac{pk}{6bc}[a^3+c(1+c-3a)]s$ für $c\geq a$	$\frac{pk}{6bc}(2c-c^2-a^2)s$ für $c\geq a$	$\frac{pk}{3}(1+cd)s$
$\frac{2}{3}pkb^2(3-2b)s$	$\frac{pk}{3}b^2(2-b)s$	$\frac{pk}{3}(1+ab)s$	$\frac{8}{15}pks$
$\frac{pk}{3}b^2(3-b)s$	$\frac{pk}{12}b^2(4-b)s$	$\frac{pk}{12}(5-a-a^2)s$	$\frac{7}{15}pks$
$\frac{pk}{3}b(3-b^2)s$	$\frac{pk}{12}b(6-b^2)s$	$\frac{pk}{12}(5-b-b^2)s$	$\frac{7}{15}pks$
$\frac{pk}{3}b^3s$	$\frac{pk}{12}b^3s$	$\frac{pk}{12}(1+b+b^2)s$	$\frac{1}{5}pks$
$\frac{pk}{3}(1-a^3)s$	$\frac{pk}{12}b(6-4b+b^2)s$	$\frac{pk}{12}(1+a+a^2)s$	$\frac{1}{5}pks$

Literaturverzeichnis

1. R. Zurmühl und S. Falk: Matrizen und ihre Anwendungen für Mathematiker, Physiker und Ingenieure Bd. 1: Grundlagen, 5. Aufl. Springer 1984
2. N.J. Hoff: The applicability of Saint-Venant's Principle to Airplane Structures, J. Aeronaut. Scie. 12 (1945), S. 455–460
3. Y.C. Fung: Foundations of Solid Mechanics, Prentice Hall 1965
4. I. Szabo: Höhere Technische Mechanik, 5. Aufl. Springer 1972, Nachdruck 1985
5. Hütte. Die Grundlagen der Ingenieurwissenschaften, 31. Aufl., Springer 2000
6. Dubbel, Taschenbuch für den Maschinenbau, 20. Aufl., Springer 2001
7. Stahlbauprofile, 17. Aufl. Verl. Stahleisen 1989
8. K.H. Wölfer: Elastisch gebettete Balken, 3. Aufl., Bauverlag Wiesbaden 1971
9. K. Hayashi: Theorie des Trägers auf elastischer Unterlage und ihre Anwendung auf den Tiefbau, Springer 1921
10. A.E.H. Love: The Mathematical Theory of Elasticity, Cambridge Univ. Press, 1. Aufl. 1892/93, Neudruck bei Dover Publ. 1944
11. I.S. Sokolnikoff: Mathematical Theory of Elasticity, 2. Aufl. McGraw-Hill 1956
12. C. Weber und W. Günther: Torsionstheorie, Vieweg 1958
13. W.F. Chen und D.J. Han: Plasticity for Structural Engineers, Springer 1988
14. M.Rŏs und A. Eichinger: Die Bruchgefahr fester Körper bei ruhender–statischer Beanspruchung, Eidgenöss. Materialprüfungs- und Versuchsanstalt für Industrie, Bauwesen und Gewerbe, Zürich, Bericht Nr. 173, 1950
15. J. Sauter und P. Kuhn: Formulierung einer neuen Theorie zur Bestimmung des Fließ- und Sprödbruchversagens bei statischer Belastung unter Angabe der Übergangsbedingung, ZAMM 71 (1991) 4, T 383–387
16. J. Sauter und N. Wingerter: Neue und alte statische Festigkeitshypothesen, VDI-Fortschr.-Ber. Reihe 1, 191 (1990)
17. K.-A. Reckling: Mechanik II. Festigkeitslehre, Vieweg 1974
18. E. Zellerer: Durchlaufträger – Einflußlinien und Momentenlinien, Verl. Ernst und Sohn 1967
19. Stahlbau-Taschenkalender, Stahlbau-Verl.-Ges. 1980
20. O.C. Zienkiewicz: Methode der finiten Elemente, 2. Aufl. Hanser 1984
21. K. Roik: Vorlesungen über Stahlbau. Grundlagen, 2. Aufl. Ernst 1983
22. K. Roik, J. Carl und J. Lindner: Biegetorsionsprobleme gerader dünnwandiger Stäbe, Ernst und Sohn 1972
23. L. Collatz: Eigenwertprobleme und ihre numerische Behandlung, Chelsea Publ. Co. 1948
24. A. Pflüger: Stabilitätsprobleme der Elastostatik, 2. Aufl. Springer 1975
25. J. Sauter: Über Festigkeitshypothesen und Wege zur Verifizierung. Diss. Univ. Karlsruhe 1993
26. C.B. Biezeno und R. Grammel: Technische Dynamik.l Erster Band. Grundlagen und einzelne Maschinenteile. Springer. 2. Aufl. 1953

27. I.N. Bronstein und K.A. Semendjajew: Taschenbuch der Mathematik. Verl. Harry Deutsch. 22. Aufl. 1985
28. K. Girkmann: Flächentragwerke. Springer. 6. Aufl. 1963
29. P. Funk: Variationsrechnung und ihre Anwendung in Physik und Technik. Springer 1962
30. J. Wittenburg: Inverses of tridiagonal Toeplitz and periodic matrices with applications to mechanics. J. Appl. Maths. Mechs. 62 (1998), 575–587

Index

Teil II

Lösungsteil

Lösungen zu den Aufgaben

Benutzungshinweise
Die Lösungen vieler Aufgaben verweisen auf Gleichungen, Abbildungen oder Tabellen des Textes. Diese Verweise haben die Form Gl. (8.23) bzw. Abb. 4.16 bzw. Tabelle 5. In den Lösungen werden bei jeder Aufgabe neu beginnend Gleichungen mit (a), (b) usw. und Abbildungen mit (a), (b) usw. numeriert. Hinweise auf Gleichungen und Abbildungen ein und derselben Aufgabenlösung haben die Form (a) bzw. Abb. a.
Beim Einsetzen von Zahlenwerten in physikalische Größengleichungen wird für Zwischenschritte die folgende inkorrekte Schreibweise verwendet. Wenn z.B. das Ergebnis für eine Spannung $\sigma = F/A$ ist, und wenn im Aufgabentext $F = 2\mathrm{kN}$ und $A = 50\,\mathrm{mm}^2$ gegeben sind, dann wird nicht

$$\sigma = \frac{F}{A} = \frac{2 \cdot 10^3 \mathrm{N}}{50 \mathrm{mm}^2} = 40 \mathrm{Nmm}^{-2},$$

geschrieben, sondern

$$\sigma = \frac{F}{A} = \frac{2 \cdot 10^3}{50} = 40 \mathrm{Nmm}^{-2}.$$

Die Tabelle 6 auf S. 416 gibt Zahlenwerte für bestimmte Integrale an, die häufig benötigt werden.
Zu einigen Aufgaben sind mehrere Lösungswege angegeben. Von Ausnahmen abgesehen werden für die Lösungen keine besonderen Tricks, sondern die im Lehrbuch erklärten Standardmethoden angewandt. Es ist daher zu erwarten, daß Leser für einzelne Aufgaben einfachere Lösungswege finden. Die Lösungen machen aber, wo immer möglich, Gebrauch vom Superpositionsprinzip, von Symmetrien, von besonders geeigneten Koordinatensystemen und von besonders geeigneten Bezugsachsen und Bezugspunkten für Momente.
Abschließend eine Bitte an die Leser: Trotz großer Sorgfalt bei der Bearbeitung der Aufgaben und bei der Herstellung des TEX–Manuskripts sind sachliche Fehler und Druckfehler unvermeidlich. Der Autor ist für jede Fehlermeldung dankbar. Sie kommt Lesern späterer Auflagen zugute.
e-mail: **wittenburg@itm.uni-karlsruhe.de**

Tabelle 6. Häufig auftretende bestimmte Integrale

I_1	$\int_0^{\pi/2} \sin\varphi \, d\varphi = 1$	I_2	$\int_0^{\pi} \sin\varphi \, d\varphi = 2$
I_3	$\int_0^{\pi/2} \cos\varphi \, d\varphi = 1$	I_4	$\int_0^{\pi} \cos\varphi \, d\varphi = 0$
I_5	$\int_0^{\pi/2} \sin^2\varphi \, d\varphi = \frac{\pi}{4}$	I_6	$\int_0^{\pi} \sin^2\varphi \, d\varphi = \frac{\pi}{2}$
I_7	$\int_0^{\pi/2} \cos^2\varphi \, d\varphi = \frac{\pi}{4}$	I_8	$\int_0^{\pi} \cos^2\varphi \, d\varphi = \frac{\pi}{2}$
I_9	$\int_0^{\pi/2} \sin\varphi \cos\varphi \, d\varphi = \frac{1}{2}$	I_{10}	$\int_0^{\pi} \sin\varphi \cos\varphi \, d\varphi = 0$
I_{11}	$\int_0^{\pi/2} \sin\varphi \, (1-\cos\varphi) \, d\varphi = \frac{1}{2}$	I_{12}	$\int_0^{\pi} \sin\varphi \, (1-\cos\varphi) \, d\varphi = 2$
I_{13}	$\int_0^{\pi/2} \cos\varphi \, (1-\cos\varphi) \, d\varphi = 1 - \frac{\pi}{4}$	I_{14}	$\int_0^{\pi} \cos\varphi \, (1-\cos\varphi) \, d\varphi = -\frac{\pi}{2}$
I_{15}	$\int_0^{\pi/2} (1-\cos\varphi)^2 \, d\varphi = \frac{3\pi}{4} - 2$	I_{16}	$\int_0^{\pi} (1-\cos\varphi)^2 \, d\varphi = \frac{3\pi}{2}$
I_{17}	$\int_0^{\pi/2} (1-\cos\varphi)^3 \, d\varphi = \frac{5\pi}{4} - \frac{11}{3}$	I_{18}	$\int_0^{\pi} (1-\cos\varphi)^3 \, d\varphi = \frac{5\pi}{2}$
I_{19}	$\int_0^{\pi/2} \cos^2\varphi \sin\varphi \, d\varphi = \frac{1}{3}$	I_{20}	$\int_0^{\pi} \cos^2\varphi \sin\varphi \, d\varphi = \frac{2}{3}$
I_{21}	$\int_0^{\pi/2} \cos\varphi \sin^2\varphi \, d\varphi = \frac{1}{3}$	I_{22}	$\int_0^{\pi} \cos\varphi \sin^2\varphi \, d\varphi = 0$
		I_{23}	$\int_0^{\pi} \varphi \cos\varphi \, d\varphi = -2$
		I_{24}	$\int_0^{\pi} \varphi \sin\varphi \, d\varphi = \pi$
		I_{25}	$\int_0^{\pi} \varphi \cos^2\varphi \, d\varphi = \frac{\pi^2}{4}$
		I_{26}	$\int_0^{\pi} \varphi \sin^2\varphi \, d\varphi = \frac{\pi^2}{4}$
		I_{27}	$\int_0^{\pi} \varphi \sin\varphi \cos\varphi \, d\varphi = -\frac{\pi}{4}$

Kapitel 1

Aufg. 1.1

In die beiden Schnittflächen werden das x, y-System und das um 45° gedrehte ξ, η-System von Abb. a gelegt (vgl. Abb. 1.10). Die Schnittflächen haben die Größen

$A_a = \frac{\pi}{4}\, d^2 = 3,14\mathrm{mm}^2$ und $A_b = A_a\sqrt{2}$.

Die Schnittkraft hat in beiden Fällen die Größe $N = G/2$.

Fall a: $\sigma_x = \dfrac{N}{A_a} = \dfrac{G}{2A_a} = 15,9\mathrm{Nmm}^{-2}, \quad \tau = \tau_{xy} = 0;$ außerdem $\sigma_y = 0$.

Fall b: N hat die Koordinaten $N_\xi = G\sqrt{2}/4, \quad N_\eta = -G\sqrt{2}/4;$

damit ist $\sigma_\xi = \dfrac{N_\xi}{A_b} = \dfrac{G\sqrt{2}}{4A_a\sqrt{2}} = \dfrac{\sigma_x}{2}, \qquad \tau_{\xi\eta} = -\dfrac{\sigma_x}{2}.$

Dieselben Ergebnisse liefert der in Abb. b aus σ_x, σ_y und τ_{xy} gezeichnete Mohrsche Kreis für $\varphi = 45°$.

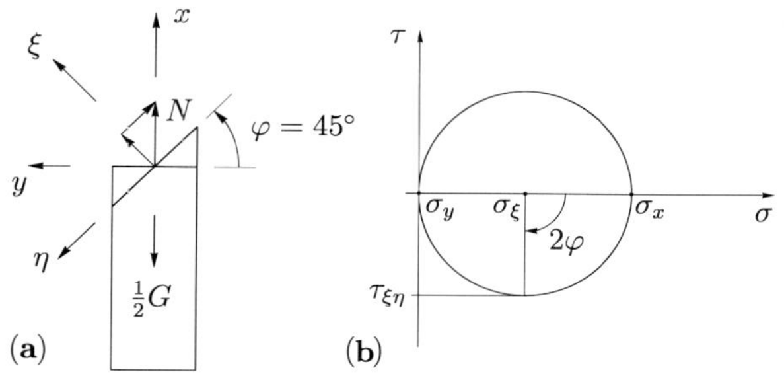

Aufg. 1.2

Momentengleichgewicht um 0 am Stab mit freigeschnittenem Seil liefert (s. Abb. a)

$S\ell\cos(\beta - \alpha) = Ga\cos\alpha.$

Daraus ergeben sich die Seilkraft S und die Seilspannung σ:

$$S = G\,\frac{a}{\ell}\,\frac{\cos\alpha}{\cos(\beta-\alpha)}, \qquad \sigma = \frac{S}{A} = \frac{4}{\pi d^2}\cdot G\,\frac{a}{\ell}\,\frac{\cos\alpha}{\cos(\beta-\alpha)}.$$

Aus der Forderung $\sigma \le \sigma_{zul}$ erhält man das Ergebnis

$$d \ge \sqrt{\frac{4}{\pi}\cdot\frac{G}{\sigma_{zul}}\,\frac{a}{\ell}\,\frac{\cos\alpha}{\cos(\beta-\alpha)}} = \sqrt{\frac{4\cdot 500\cdot 0,8\cos 20°}{\pi\cdot 80\cos 20°}} = 2,5\mathrm{mm}.$$

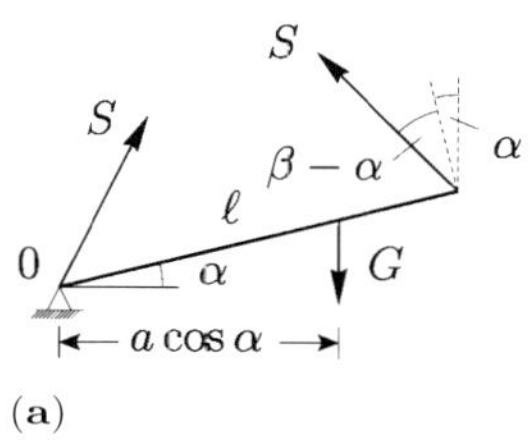

Aufg. 1.3

Die Kraft F verteilt sich auf die Fugenfläche der Größe $A = 2b(a - c)$. Die in Wirklichkeit *nicht* gleichmäßig verteilte Schubspannung hat also den Mittelwert

$\tau = F/A = \frac{10^3}{2\cdot 30\cdot 55} = 0,3\text{Nmm}^{-2}$.

Aufg. 1.4

Am freigeschnittenen System (s. Abb. a) greifen an den Schnittflächen der Niete unbekannte Kräfte F_1 an (sie sind gleich, weil sonst in Querrichtung kein Kräftegleichgewicht herrscht). Momentengleichgewicht um einen beliebigen Punkt fordert $F_1D - F\ell = 0$, d.h. $F_1 = F\ell/D$. Die Kraft F_1 verursacht im Querschnitt des Stiftes eine *nicht* gleichmäßig verteilte Schubspannung mit dem Mittelwert

$$\tau = \frac{F_1}{\pi d^2/4} = \frac{4F\ell}{\pi d^2 D} = \tfrac{4\cdot 50\cdot 250}{\pi\cdot 5^2\cdot 20} = 31,8\text{Nmm}^{-2}.$$

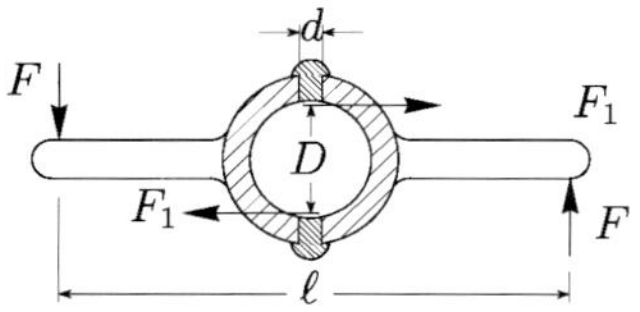

(a)

Aufg. 1.5

Am freigeschnittenen Teil in Abb. a greift die Kraft $R = G/2$ an. Sie ist eine Coulombsche Haftkraft, die durch eine zugehörige Anpreßkraft N ermöglicht wird, wobei $R \le \mu_0 N$ und hier laut Aufgabe $R = \mu_0 N$ ist. Daraus ergibt sich $N = G/(2\mu_0)$. Im Gelenk greift am Niet eine unbekannte Kraft P an (in der gezeichneten Richtung, weil sonst in Querrichtung kein Kräftegleichgewicht herrscht). Momentengleichgewicht um 0 erfordert

$$\frac{1}{\mu_0}\,\frac{G}{2}\cdot 3a - P\cdot 2a = 0, \quad \text{d.h.} \quad P = \frac{3}{4\mu_0}\,G.$$

Die mittlere Schubspannung im Niet ist $\quad \tau = \dfrac{P}{\pi d^2/4} = \dfrac{3G}{\pi\mu_0 d^2}.$

Aus der Forderung $\tau \le \tau_{zul}/S$ erhält man das Ergebnis

$$d \ge \sqrt{\frac{3GS}{\pi\mu_0\tau_{zul}}} = \sqrt{\tfrac{3\cdot 500\cdot 1,8}{\pi\cdot 0,15\cdot 40}} = 12\text{mm}.$$

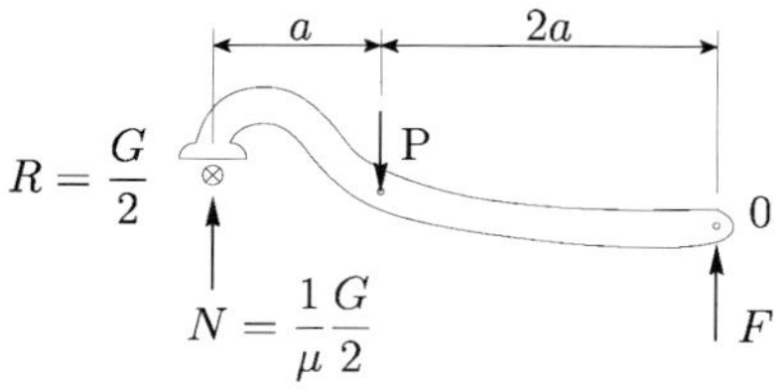

(a)

Aufg. 1.6

Ein Schnitt durch die Trennfuge und die Bolzen legt 4 Kräfte in den Bolzen frei (Abb. a). Es wird vorausgesetzt, daß sie gleiche Größen F haben. Momentengleichgewicht fordert

$$4F \cdot \frac{D}{2} = M_T, \quad \text{d.h.} \quad F = \frac{M_T}{2D}$$

(Gleichgewicht herrscht auch dann, wenn außer den Kräften F an jedem Paar einander gegenüberliegender Bolzen entgegengesetzt gerichtete, gleich große Radialkräfte wirken; solche Kräfte sind bei einer sachgemäßen Konstruktion nicht vorhanden). Die mittlere Schubspannung in jedem Bolzen ist

$$\tau = \frac{F}{\pi d^2/4} = \frac{2M_T}{\pi d^2 D} = \tfrac{8\cdot 300\cdot 10^3}{\pi\cdot 10^2\cdot 70} = 27{,}3\text{Nmm}^{-2}.$$

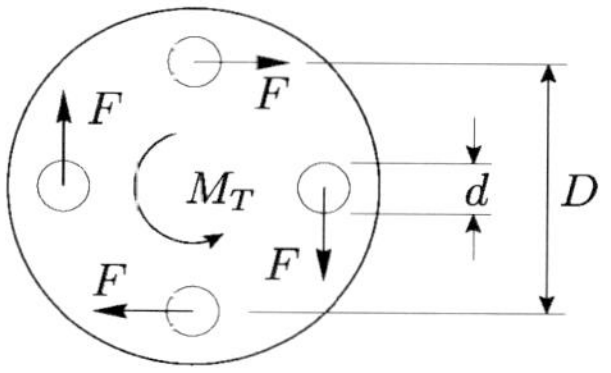

(a)

Aufg. 1.7

An einem ringförmigen Flächenelement der Größe $\mathrm{d}A = 2\pi r\,\mathrm{d}r$ am Radius r (Abb. a) verursacht die Schubspannung τ tangential gerichtete Kräfte, die insgesamt das Moment $r\tau\,\mathrm{d}A = \tau \cdot 2\pi r^2 \mathrm{d}r$ erzeugen. Integration liefert das Gesamtmoment

$$M = \int_{r=r_i}^{r_a} r\tau\,\mathrm{d}A = \tau \cdot 2\pi \int_{r_i}^{r_a} r^2 \mathrm{d}r = \tau \cdot \frac{2\pi}{3}\left(r_a^3 - r_i^3\right)$$
$$= 0{,}3 \cdot \tfrac{2\pi}{3}\left(150^3 - 100^3\right) = 1{,}49 \cdot 10^6\text{Nmm} = 1{,}49\text{kNm}.$$

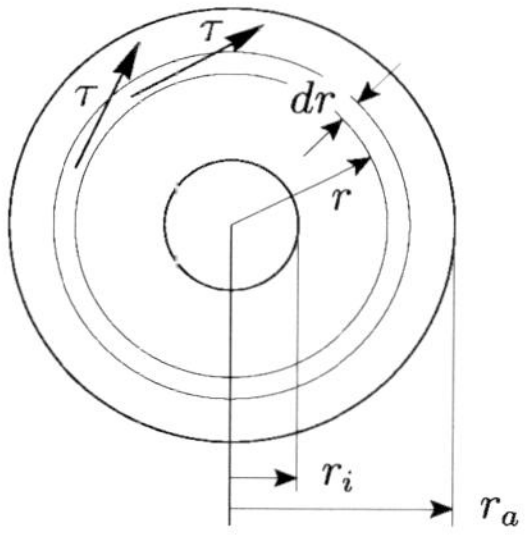

(a)

Aufg. 1.8

Aus Aufg. 1.1 wird übernommen:

$\sigma_1 = \frac{2G}{\pi d^2} = \frac{2 \cdot 100}{\pi \cdot 4} = 15{,}9\text{Nmm}^{-2}, \qquad \sigma_2 = \sigma_3 = 0.$

Nach Gl. (1.15) ist $I_1 = \sigma_1$, $I_2 = I_3 = 0$.
Nach Gl. (1.20) ist $\tau_1 = 0$, $\tau_2 = \tau_3 = \sigma_1/2$.
Nach Gl. (1.21) und (1.22) ist $\sigma_0 = \sigma_1/3$, $\tau_0 = \frac{1}{3}\sqrt{2\sigma_1^2} = \sigma_1\sqrt{2}/3$.

Aufg. 1.9

Die Koordinaten des Spannungstensors bilden die Matrix

$$100\,\frac{\text{N}}{\text{mm}^2} \cdot \begin{bmatrix} 2 & 2 & -10 \\ 2 & 11 & 8 \\ -10 & 8 & 5 \end{bmatrix}.$$

Aus Gl. (1.15) berechnet man

$$I_1 = 100(2 + 11 + 5) = 18 \cdot 10^2\text{Nmm}^{-2},$$

$$I_2 = -100^2[(2 \cdot 11 - 2^2) + (11 \cdot 5 - 8^2) + (5 \cdot 2 - 10^2)] = 81 \cdot 10^4\text{N}^2\text{mm}^{-4},$$

$$I_3 = 100^3[2 \cdot 11 \cdot 5 + 2 \cdot 2 \cdot 8(-10) - (2 \cdot 8^2 + 11 \cdot 10^2 + 5 \cdot 2^2)]$$
$$= -1458 \cdot 10^6\text{N}^3\text{mm}^{-6} = -2 \cdot 900^3\text{N}^3\text{mm}^{-6}.$$

Damit lautet Gl. (1.12) nach Division durch 900^3

$$-\left(\frac{\sigma}{900}\right)^3 + 2\left(\frac{\sigma}{900}\right)^2 + \left(\frac{\sigma}{900}\right) - 2 = 0.$$

Sie hat die Lösungen

$$\sigma_1 = 1800\text{Nmm}^{-2}, \qquad \sigma_2 = 900\text{Nmm}^{-2}, \qquad \sigma_3 = -900\text{Nmm}^{-2}.$$

Aus Gl. (1.20) erhält man

$$\tau_1 = 900\text{Nmm}^{-2}, \qquad \tau_2 = 1350\text{Nmm}^{-2}, \qquad \tau_3 = 450\text{Nmm}^{-2}$$

und aus Gl. (1.21) und (1.22)

$$\sigma_0 = I_1/3 = 600\text{Nmm}^{-2}, \qquad \tau_0 = 300\sqrt{2}\text{Nmm}^{-2}.$$

Die Gln. (1.10) nehmen mit $\sigma = \sigma_1$ nach Division durch 100 die Form an:

$$-16n_x + 2n_y - 10n_z = 0, \qquad 2n_x - 7n_y + 8n_z = 0, \qquad -10n_x + 8n_y - 13n_z = 0.$$

Man bildet die Differenz aus der 3. und dem 4-fachen der 1. Gleichung sowie die Summe aus der 3. und dem 5-fachen der 2. Gleichung:

$$54n_x + 27n_z = 0 \quad \rightarrow \quad n_x = -\tfrac{1}{2}\,n_z,$$
$$-27n_y + 27n_z = 0 \quad \rightarrow \quad n_y = n_z.$$

Also hat der Vektor $c\{-1/2 \quad 1 \quad 1\}$ mit beliebigem c die Richtung der Hauptachse zur Hauptspannung σ_1. Für $c = \pm 2/3$ erhält man Einheitsvektoren, z.B. $\{1/3 \quad -2/3 \quad -2/3\}$. Daraus folgt $\varphi = \arccos(1/3) = 70{,}5^\circ$.

Aufg. 1.10

σ_x, σ_y und τ_{xy} bilden einen ebenen Spannungszustand. Der Mohrsche Kreis in Abb. a ist durch seinen Mittelpunkt bei $(\sigma_x + \sigma_y)/2$ und durch den Punkt mit den Koordinaten $(\sigma_x \quad \tau_{xy})$ festgelegt. Man liest die Hauptspannungen $\sigma_1 = 600$ Nmm^{-2} und $\sigma_2 = 100$ Nmm^{-2}, den Winkel $\varphi_0 \approx 63{,}4^\circ$ und die maximale Schubspannung $\tau_{max} = 250\text{Nmm}^{-2}$ ab. Rechnerisch erhält man aus Gl. (1.31) und (1.32) für σ_1, σ_2 und τ_{max} dieselben Ergebnisse:

$\sigma_{1,2} = \frac{1}{2}(\sigma_x + \sigma_y) \pm \sqrt{\frac{1}{4}(\sigma_x - \sigma_y)^2 + \tau_{xy}^2}, \quad \tau_{max} = \frac{1}{2}|\sigma_1 - \sigma_2|.$

Gl. (1.28) liefert die Winkel von der x-Achse zu den Hauptachsen. In der Aufgabenstellung wird dagegen der Winkel von einer Hauptachse zur x-Achse, d.h. der mit (-1) multiplizierte Winkel gefordert. Folglich ist φ_0 eine der Lösungen der Gleichung

$$-\tan 2\varphi_0 = \frac{2\tau_{xy}}{\sigma_x - \sigma_y} = \frac{4}{3}.$$

Die Lösungen sind $\varphi_0 = -26,6^\circ$ und $\varphi_0 = 63,4^\circ$. Der gesuchte Winkel φ_0 muß nach Gl. (1.29) die Bedingung erfüllen:

$$\sigma_x = 200\text{Nmm}^{-2} = \tfrac{1}{2}(\sigma_1 + \sigma_2) + \tfrac{1}{2}(\sigma_1 - \sigma_2)\cos 2\varphi_0 = (350 + 250\cos 2\varphi_0)\text{Nmm}^{-2}.$$

Das tut nur der Winkel $\varphi_0 = 63,4^\circ$.
Berechnung nach den Formeln für räumliche Spannungszustände:
Die Koordinaten des Spannungstensors bilden die Matrix

$$100\,\frac{\text{N}}{\text{mm}^2}\cdot\begin{bmatrix} 2 & -2 & 0 \\ -2 & 5 & 0 \\ 0 & 0 & 0 \end{bmatrix}.$$

Mit Gl. (1.15) berechnet man $I_1 = 700\text{Nmm}^{-2}$, $I_2 = -6\cdot 10^4\text{N}^2\text{mm}^{-4}$, $I_3 = 0$.

Gl. (1.12) lautet $\quad -\left(\frac{\sigma}{100}\right)^3 + 7\left(\frac{\sigma}{100}\right)^2 - 6\left(\frac{\sigma}{100}\right) = 0.$

Sie hat die Lösungen $\sigma_1 = 600\text{Nmm}^{-2}$, $\sigma_2 = 100\text{Nmm}^{-2}$ und $\sigma_3 = 0$. Damit liefert Gl. (1.20) $\tau_1 = 50\text{Nmm}^{-2}$, $\tau_2 = 300\text{Nmm}^{-2}$ und $\tau_3 = 250\text{Nmm}^{-2}$. Gl. (1.21) und (1.22) ergeben $\sigma_0 = I_1/3 = 700/3\ \text{Nmm}^{-2}$ und $\tau_0 = (1/3)\sqrt{500^2 + 100^2 + 600^2} = (100/3)\sqrt{62}\ \text{Nmm}^{-2}$. Die größte Schubspannung τ_2 wirkt in zwei Ebenen, die nach Abb. 1.7 (mittleres Bild) die Hauptachse zu σ_2 enthalten und gegen die beiden anderen Hauptachsen um 45° geneigt sind.

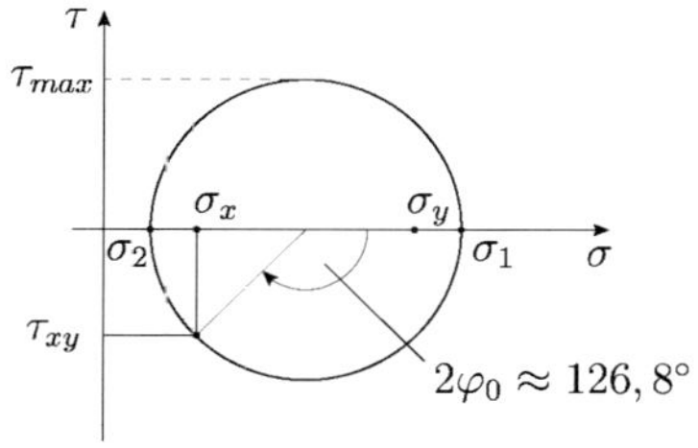

(a)

Aufg. 1.11

Die größte Hauptschubspannung ist nach Gl. (1.20) $\tau_2 = (\sigma_1 - \sigma_3)/2$. Sie wirkt in zwei Ebenen, deren Lage zu den Hauptachsen in Abb. 1.7 (mittleres Bild) dargestellt ist. Die Normalen zu diesen Ebenen schließen mit den Hauptachsen zu σ_1 und zu σ_3 den Winkel $\varphi = 45^\circ$ ein. Im Mohrschen Kreis in der σ_1, σ_3-Ebene (Abb. a) findet man die gesuchte Spannung σ als Ordinate des Punktes unter dem Winkel $2\varphi = 90^\circ$ gegen die Hauptachse zu σ_1: $\quad \sigma = (\sigma_1 + \sigma_3)/2$.

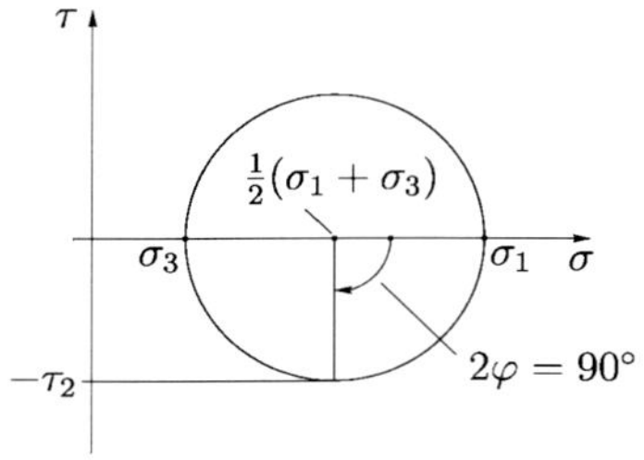

(a)

Aufg. 1.12

Reine Zugbelastung erzeugt im Rohrmantel den ebenen Spannungszustand $\sigma_x \neq 0$, $\sigma_t = 0$, $\tau_{xt} = 0$ (Längsrichtung x, Umfangsrichtung t). σ_x ist die größte Hauptnormalspannung. Die Klebefuge ist eine Schnittebene unter dem Winkel $\varphi = 90° - \alpha$ gegen die x-Achse (s.Abb. a). Nach Gl. (1.26) ist die Schubspannung in dieser Ebene

$$\tau = -\tfrac{1}{2}\sigma_x \sin 2\varphi = -\tfrac{1}{2}\sigma_x \sin 2\alpha .$$

Die Aufgabe schreibt $|\tau| = \frac{1}{4}\sigma_x$ vor, also

$$\tfrac{1}{2}\sigma_x \sin 2\alpha = \tfrac{1}{4}\sigma_x \qquad \text{oder} \qquad \sin 2\alpha = \tfrac{1}{2} \qquad \rightarrow \qquad \alpha = 15° .$$

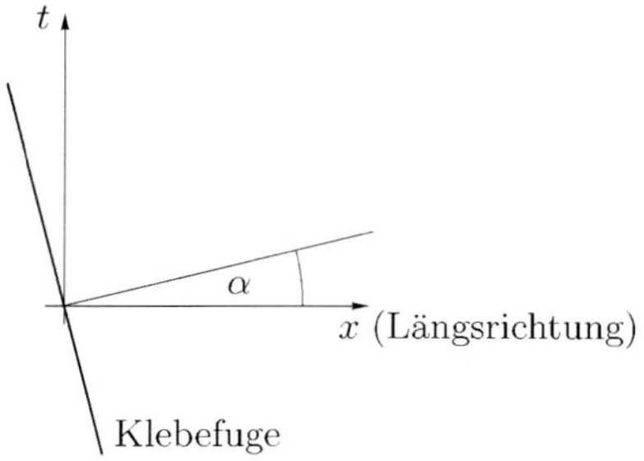

(a)

Aufg. 1.13

Im ξ,η-System von Abb. a ist der rechts in Abb. A1.13 dargestellte Spannungszustand durch $\sigma_\xi = 800\text{Nmm}^{-2}$, $\sigma_\eta = 200\text{Nmm}^{-2}$ und $\tau_{\xi\eta} = -100\sqrt{3}\text{Nmm}^{-2}$ gekennzeichnet. Die Drehung $\varphi = -30°$ erzeugt das x,y-System. Also liefern die Gln. (1.25) und (1.26) nach Vertauschung von x,y und ξ,η

$$\begin{aligned}
\sigma_x &= \tfrac{1}{2}(\sigma_\xi + \sigma_\eta) + \tfrac{1}{2}(\sigma_\xi - \sigma_\eta)\cos(-60°) + \tau_{\xi\eta}\sin(-60°)\\
&= 100\left[\tfrac{1}{2}(8+2) + \tfrac{1}{2}(8-2)\cdot\tfrac{1}{2} - \sqrt{3}\left(-\tfrac{1}{2}\sqrt{3}\right)\right] = 800\text{Nmm}^{-2},\\
\sigma_y &= \tfrac{1}{2}(\sigma_\xi + \sigma_\eta) + \tfrac{1}{2}(\sigma_\xi - \sigma_\eta)\cos(-60° + 180°) + \tau_{\xi\eta}\sin(-60° + 180°)\\
&= 200\text{Nmm}^{-2},\\
\tau_{xy} &= -\tfrac{1}{2}(\sigma_\xi - \sigma_\eta)\sin(-60°) + \tau_{\xi\eta}\cos(-60°) \;=\; 173\text{Nmm}^{-2}.
\end{aligned}$$

Die Überlagerung beider Spannungszustände ergibt $\sigma_x = (-500 + 800) = 300\text{Nmm}^{-2}$, $\sigma_y = (100 + 200) = 300\text{Nmm}^{-2}$, $\tau_{xy} = 173\text{Nmm}^{-2}$. Dazu gehören nach Gl. (1.31) die Hauptnormalspannungen $\sigma_{1,2} = 100(3 \pm \sqrt{3}) = 473\text{Nmm}^{-2}$ und 127Nmm^{-2}.

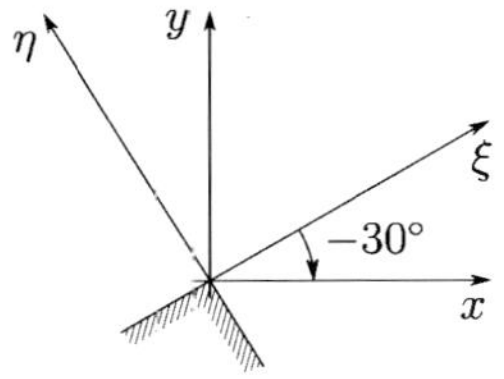

(a)

Kapitel 2

Aufg. 2.1

Die Verlängerungen ergeben sich aus Gl. (2.3):

$$\Delta\ell_\ell = \int_{-\ell/2}^{0} \varepsilon(x)\,\mathrm{d}x = \frac{\varepsilon_0}{\ell^3}\int_{-\ell/2}^{0} x^3\,\mathrm{d}x = \frac{\varepsilon_0\ell}{4}\left(\frac{x}{\ell}\right)^4\Bigg|_{-\ell/2}^{0} = -\frac{\varepsilon_0\ell}{64} = -1\mathrm{mm},$$

$$\Delta\ell_r = \int_0^{\ell/2} \varepsilon(x)\,\mathrm{d}x = \frac{\varepsilon_0\ell}{64} = 1\mathrm{mm}, \qquad \Delta\ell \;=\; \Delta\ell_\ell + \Delta\ell_r = 0.$$

Die mittleren Dehnungen sind

$$\varepsilon_{m\ell} = \frac{\Delta\ell_\ell}{\ell/2} = -\tfrac{1}{32}\varepsilon_0 = -0,002, \qquad \varepsilon_{mr} = \frac{\Delta\ell_r}{\ell/2} = \tfrac{1}{32}\varepsilon_0 = 0,002, \qquad \varepsilon_{mges} = 0.$$

Aufg. 2.2

Man stelle sich den rechten Hebel als fixiert vor (Abb. a). Eine Drehung des linken Hebels im Uhrzeigersinn um den Winkel $\Delta\alpha \ll 1$ verursacht bei A und B Verschiebungen mit den eingezeichneten Koordinaten

$$u = \ell\cos\alpha\cdot\Delta\alpha, \qquad v = a\cdot\Delta\alpha$$

(Lotlänge vom Gelenk × Drehwinkel). Der Ausdruck für v setzt nicht voraus, daß die Linie vom Gelenk durch die Mitte des Spaltes parallel zum Spanndraht ist. u ist die Verlängerung des Spanndrahtes bei der Drehung, und v ist die Verkleinerung Δd der Spaltbreite d. Die Länge des Spanndrahtes ist $L = 2\ell\sin\alpha$. Die gesuchte Dehnung ist folglich

$$\epsilon = \frac{\Delta L}{L} = \frac{\ell\cos\alpha}{2\ell\sin\alpha}\,\Delta\alpha = \frac{\Delta d}{2a}\,\cot\alpha = 1,2\cdot 10^{-3}.$$

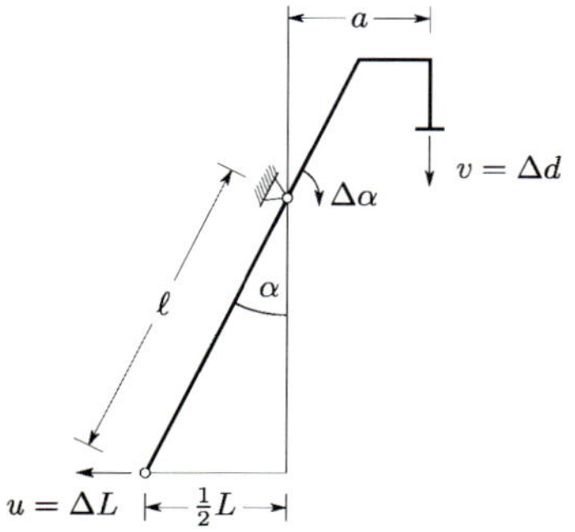

(a)

Aufg. 2.3

Der Abbildung entnimmt man:

$$\varepsilon_x = -\frac{\Delta a}{a} = -0,5\cdot 10^{-3}, \qquad \varepsilon_y = \frac{\Delta b}{b} = 0,8\cdot 10^{-3}, \qquad \gamma_{xy} = 0.$$

Damit ergeben sich aus Gl. (2.13) und (2.14)

$$\begin{aligned}
\varepsilon_\xi &= \tfrac{1}{2}(\epsilon_x + \epsilon_y) + \tfrac{1}{2}(\varepsilon_x - \varepsilon_y)\cos 2\varphi \\
&= \left[\tfrac{1}{2}(-0,5+0,8) + \tfrac{1}{2}(-0,5-0,8)\cdot\tfrac{1}{2}\right]10^{-3} = -1,75\cdot 10^{-4}, \\
\varepsilon_\eta &= \tfrac{1}{2}(\varepsilon_x + \varepsilon_y) + \tfrac{1}{2}(\varepsilon_x - \varepsilon_y)\cos[2(\varphi + 90^\circ)] \\
&= \left[\tfrac{1}{2}(-0,5+0,8) + \tfrac{1}{2}(-0,5-0,8)\left(-\tfrac{1}{2}\right)\right]10^{-3} = 4,75\cdot 10^{-4}, \\
\gamma_{\xi\eta} &= -2\cdot\tfrac{1}{2}(\varepsilon_x - \varepsilon_y)\sin 2\varphi = -(-0,5-0,8)\tfrac{\sqrt{3}}{2}\cdot 10^{-3} = 11,3\cdot 10^{-4}.
\end{aligned}$$

Aufg. 2.4

Nach Gl. (2.6) ist

$$\gamma_{xy} = \frac{\partial v}{\partial x} + \frac{\partial u}{\partial y}.$$

Im vorliegenden Fall sind die Verschiebungen u in x- und v in y-Richtung $u\,(x,y) \equiv 0\,,\ v\,(x,y) = ax^2$. Darin wird a aus der Gleichung $v(x_1,0) = ax_1^2 = y_1$ zu $a = 10^{-5}\mathrm{mm}^{-1}$ berechnet. Damit ist

$$\gamma_{xy}\,(x,y) = 2ax = 2x\cdot 10^{-5}\mathrm{mm}^{-1}.$$

Aufg. 2.5

Abb. a zeigt einen ursprünglich rechteckigen Streifen zwischen zwei Mantellinien nach der Verformung. Der Winkel γ ist die Scherung des Streifens. Die Länge des Bogens A–B ist einerseits gleich $\gamma\ell$ und andererseits gleich φr. Also ist

$\varphi = \gamma\dfrac{\ell}{r}$. Aus der Bedingung

$2\pi = \gamma_0\,\dfrac{\ell_0}{r}$ ergibt sich

$$\ell_0 = \frac{2\pi r}{\gamma_0} = \tfrac{2\pi\cdot 10}{10^{-3}}\mathrm{cm} = 628\mathrm{m}.$$

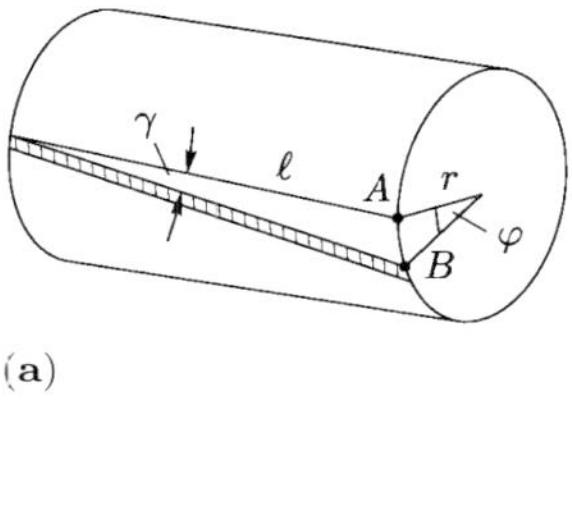

(a)

Aufg. 2.6

Abb. a zeigt das verformte Brett mit dem Krümmungsradius ϱ der Mittelschicht. Die Querschnittsfläche 1–1 bleibt aus Symmetriegründen während der Verformung eben. Da alle Querschnitte gleich geformt und gleich beansprucht sind, bleiben auch die Endquerschnitte 2–2 bei der Verformung eben.
Die Längen der äußersten Fasern sind nach der Verformung $\ell = \left(\varrho \pm d/2\right)\varphi$.

Vor der Verformung haben sie dieselbe Länge, wie die ungedehnte Mittelschicht, d.h. $\varrho\varphi$. Die Verlängerungen sind also $\Delta\ell = \pm(d/2)\,\varphi$ und die Dehnungen

$\varepsilon = \dfrac{\Delta\ell}{\varrho\varphi} = \pm\dfrac{d}{2\,\varrho}$. Aus der Bedingung

$|\,\varepsilon\,| \leq \varepsilon_{max}$ folgt

$$\varrho \geq \varrho_{min} = \frac{d}{2\varepsilon_{max}} = \frac{5}{2\cdot 5\cdot 10^{-3}} = 500\text{cm} = 5\text{m}.$$

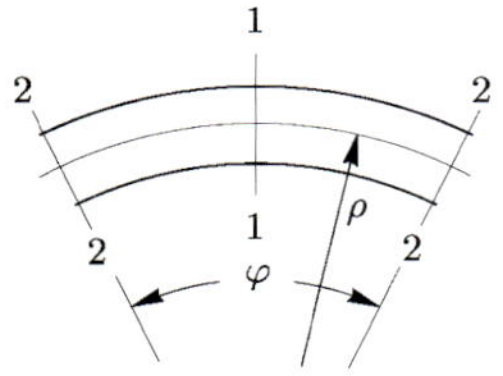

(a)

Aufg. 2.7

Die Verzerrungen ε_ξ, ε_η und $\gamma_{\xi\eta} = 0$ des 2. Zustands werden zunächst mit Hilfe von Gl. (2.13) und (2.14) in das x,y-System transformiert (Drehung um $\varphi = -30°$). Diese Verzerrungen werden durch einen Stern gekennzeichnet:

$$\begin{aligned}
\varepsilon_x^* &= \tfrac{1}{2}(\varepsilon_\xi + \varepsilon_\eta) + \tfrac{1}{2}(\varepsilon_\xi - \varepsilon_\eta)\,\cos 2\varphi \\
&= \left[\tfrac{1}{2}(1,5+0,5) + \tfrac{1}{2}(1,5-0,5)\cdot\tfrac{1}{2}\right]\cdot 10^{-4} = 1,25\cdot 10^{-4}, \\
\varepsilon_y^* &= \tfrac{1}{2}(\varepsilon_\xi + \varepsilon_\eta) + \tfrac{1}{2}(\varepsilon_\xi - \varepsilon_\eta)\,\cos[2(\varphi + 90°)] \\
&= \left[\tfrac{1}{2}(1,5+0,5) + \tfrac{1}{2}(1,5-0,5)\cdot\left(-\tfrac{1}{2}\right)\right]\cdot 10^{-4} = 0,75\cdot 10^{-4}, \\
\gamma_{xy}^* &= -2\cdot\tfrac{1}{2}(\varepsilon_\xi - \varepsilon_\eta)\,\sin 2\varphi = \left[-(1,5-0,5)\left(-\tfrac{\sqrt{3}}{2}\right)\right]\cdot 10^{-4} = \tfrac{\sqrt{3}}{2}\cdot 10^{-4}.
\end{aligned}$$

Lineare Überlagerung mit dem gegebenen 1. Verzerrungszustand ε_x, ε_y und $\gamma_{xy} = 0$ bedeutet Addition. Diese Verzerrungen werden durch zwei Sterne gekennzeichnet:

$$\varepsilon_x^{**} = \varepsilon_x + \varepsilon_x^* = 2,25\cdot 10^{-4},$$

$$\varepsilon_y^{**} = \varepsilon_y + \varepsilon_y^* = -1,25\cdot 10^{-4},$$

$$\gamma_{xy}^{**} = \gamma_{xy} + \gamma_{xy}^* = \tfrac{\sqrt{3}}{2}\cdot 10^{-4}.$$

Die zugehörigen Hauptdehnungen ε_1 und ε_2 und die Winkel φ_1 und φ_2 der Hauptachsen gegen die x-Achse werden aus Gl. (2.15) und (2.16) berechnet:

$$\begin{aligned}
\varepsilon_{1,2} &= \tfrac{1}{2}\left(\varepsilon_x^{**} + \varepsilon_y^{**}\right) \pm \sqrt{\tfrac{1}{4}\left(\varepsilon_x^{**} - \varepsilon_y^{**}\right)^2 + \left(\tfrac{1}{2}\gamma_{xy}^{**}\right)^2} \\
&= \left[\tfrac{1}{2}(2,25-1,25) \pm \sqrt{\tfrac{1}{4}(2,25+1,25)^2 + \left(\tfrac{1}{4}\sqrt{3}\right)^2}\;\right]\cdot 10^{-4} \\
&= \tfrac{1}{2}(1 \pm \sqrt{13})\cdot 10^{-4},
\end{aligned}$$

$$\tan 2\varphi = \frac{\gamma_{xy}^{**}}{\varepsilon_x^{**} - \varepsilon_y^{**}} = \frac{\sqrt{3}}{2(2,25+1,25)} = 0,247 \;\rightarrow\; \varphi = 6,9° \text{ und } \varphi = 96,9°.$$

Jetzt muß noch festgestellt werden, welcher von diesen beiden Winkeln der Winkel φ_1 zwischen der x-Achse und der Achse mit ε_1 ist. Nach Gl. (2.13) ist

$$\varepsilon_1 = \tfrac{1}{2}(\varepsilon_x^{**} + \varepsilon_y^{**}) + \tfrac{1}{2}(\varepsilon_x^{**} - \varepsilon_y^{**})\cos 2\varphi_1 + \tfrac{1}{2}\gamma_{xy}^{**}\sin 2\varphi_1 \quad \text{oder}$$

$$\begin{aligned} 1+\sqrt{13} &= (2,25-1,25) + (2,25+1,25)\cos 2\varphi_1 + \tfrac{\sqrt{3}}{2}\sin 2\varphi_1 \\ &= 1 + \tfrac{7}{2}\cos 2\varphi_1 + \sqrt{3}\sin 2\varphi_1 . \end{aligned}$$

Probieren führt zu dem Ergebnis, daß von den beiden Winkeln nur $\varphi_0 = 6,9^\circ$ diese Gleichung erfüllt. Also ist $\varphi_1 = 6,9^\circ$. Die Verkleinerung γ_{xy} des gezeichneten Winkels ist $\gamma_{xy} = \gamma_{xy}^{**} = \frac{1}{2}\sqrt{3}\cdot 10^{-4} = 0,005^\circ$.

Kapitel 3

Aufg. 3.1

Die Definition der Spannung ist

$$\sigma = \frac{F}{A} = \frac{F}{\pi d^2/4} = \tfrac{700}{\pi/4} = 891\text{Nmm}^{-2}.$$

Nach dem Hookeschen Gesetz ist

$$\varepsilon = \frac{\sigma}{E} = \tfrac{891}{2{,}1\cdot 10^5} = 4{,}24 \cdot 10^{-3}.$$

Aufg. 3.2

Das Fachwerk ist statisch bestimmt. Gleichgewichtsbedingungen für die freigeschnittenen Knoten A, B, C und D in Abb. a lauten in dieser Reihenfolge (jeweils zuerst für die Vertikalkraft):

$$\begin{aligned}
&\text{Knoten A:} && N_6/\sqrt{2} + F = 0 && \rightarrow && N_6 = -F\sqrt{2},\\
& && N_2 + N_6/\sqrt{2} = 0 && \rightarrow && N_2 = F.\\
&\text{Knoten B:} && N_5 = 0, \quad N_1 = N_2 = F. && && \\
&\text{Knoten C:} && -N_5 - (N_6 + N_4 - N_7)/\sqrt{2} + F = 0 && \rightarrow && -N_4 + N_7 = -2F\sqrt{2},\\
& && (N_6 - N_4 - N_7)/\sqrt{2} = 0 && \rightarrow && N_4 + N_7 = -F\sqrt{2}.\\
&\text{Daraus folgt} && N_4 = F\sqrt{2}/2, \quad N_7 = -F3\sqrt{2}/2. && && \\
&\text{Knoten D:} && N_3 + N_4/\sqrt{2} = 0 && \rightarrow && N_3 = -F/2.
\end{aligned}$$

Die Spannung im Stab i ($i = 1, ..., 7$) ist $\sigma_i = N_i/A$, und seine Verlängerung ist $\Delta\ell_i = \varepsilon_i\ell_i = \sigma_i\ell_i/E = N_i\ell_i/(EA)$. Mit den Zahlenwerten $F/A = 8 \cdot 10^3/200 = 40\text{Nmm}^{-2}$ und $F\ell/(EA) = 8\cdot 10^3 \cdot 10^3/(2\cdot 10^5 \cdot 200) = 0{,}2\text{mm}$ ergibt sich die Tabelle

i	1	2	3	4	5	6	7
N_i[kN]	8	8	-4	$4\sqrt{2}$	0	$-8\sqrt{2}$	$-12\sqrt{2}$
σ_i[Nmm^{-2}]	40	40	-20	$20\sqrt{2}$	0	$-40\sqrt{2}$	$-60\sqrt{2}$
ℓ_i	ℓ	ℓ	2ℓ	$\ell\sqrt{2}$	ℓ	$\ell\sqrt{2}$	$\ell\sqrt{2}$
$\Delta\ell_i$[$\frac{1}{10}$mm]	2	2	-2	2	0	-4	-6

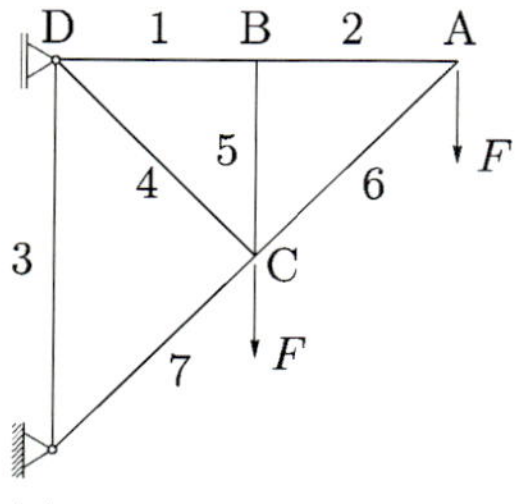

(a)

Aufg. 3.3

Im Meßbereich sind Spannung, Dehnung und Scherung jeweils längs des Stabes konstant. Daher gelten beim Zugversuch die Gln. (3.1) und (3.2):

$\sigma = \frac{F}{A}, \quad \sigma = E\varepsilon.$ Aus ihnen folgt

$$E = \frac{F}{\varepsilon A} = \frac{F}{\varepsilon \cdot 2\pi r t} = \frac{10^4}{1{,}1 \cdot 10^{-3} \cdot 2\pi \cdot 20} = 0,72 \cdot 10^5 \mathrm{Nmm}^{-2}.$$

Beim Torsionsversuch gelten die Gln. (3.3) bis (3.5). Aus ihnen folgt

$$\frac{M_T}{2\pi r^2 t} = G\varphi\frac{r}{\ell}, \qquad G = \frac{M_T \ell}{2\pi r^3 t\varphi} = \frac{10^5 \cdot 10^3}{2\pi \cdot 20^3 \cdot 4{,}25 \cdot \pi/180} = 0,27 \cdot 10^5 \mathrm{Nmm}^{-2}.$$

Mit diesen Zahlenwerten für E und G stimmen in Tab.1 die Angaben für Aluminium am besten überein: $E = 0,71 \cdot 10^5 \mathrm{Nmm}^{-2}$, $G = 0,27 \cdot 10^5 \mathrm{Nmm}^{-2}$.

Aufg. 3.4

Nach Gl. (3.4) und (3.5) ist

$$\tau = G\gamma = G\varphi\frac{r}{\ell} = G\varphi\frac{d}{2\ell}.$$

Daraus ergibt sich

$$\varphi = \frac{2\ell\tau}{d \cdot G} = \frac{2 \cdot 2 \cdot 10^6 \cdot 60}{10^2 \cdot 0{,}8 \cdot 10^5} = 30 \approx 4,77 \quad \text{Umdrehungen.}$$

Aufg. 3.5

Die Lösung ergibt sich aus den Gln. (3.7). Im betrachteten Fall ist $\varepsilon_y = 0$, $\sigma_z = 0$. Also ist

$$\varepsilon_x = \frac{1}{E}(\sigma_x - \nu\sigma_y), \tag{a}$$

$$0 = \frac{1}{E}(\sigma_y - \nu\sigma_x), \tag{b}$$

$$\varepsilon_z = -\frac{\nu}{E}(\sigma_x + \sigma_y). \tag{c}$$

Aus (*b*) folgt $\sigma_y = \nu\sigma_x$ und damit aus (*c*) $\varepsilon_z = -\nu(1+\nu)\sigma_x/E$. Bei Baustahl ist nach Tab.1 $E = 2,15 \cdot 10^5 \mathrm{Nmm}^{-2}$, $\nu = 0,28$. Damit sind die Ergebnisse

$$\sigma_y = 14 \mathrm{Nmm}^{-2}, \qquad \varepsilon_z = -0,28 \cdot 1,28 \,\frac{50}{2{,}15 \cdot 10^5} = -8,3 \cdot 10^{-5}.$$

Aufg. 3.6

Mit der gegebenen Längsdehnung $\varepsilon_x = \Delta\ell/\ell = 10^{-3}$ sind nach Gl. (3.6) Querdehnungen $\varepsilon_y = \varepsilon_z = -\nu\varepsilon_x$ verbunden. Sie sind gleich $\Delta d/d$ (Durchmesser d). Also ist

$$\frac{\Delta d}{d} = -\nu\frac{\Delta\ell}{\ell}. \tag{a}$$

Der Widerstand R ist mit einer Proportionalitätskonstante c

$$R(\ell, d) = c\frac{\ell}{d^2}.$$

Daraus folgt

$$R(\ell + \Delta\ell, d + \Delta d) \approx R(\ell, d) + \frac{\partial R}{\partial \ell}\Delta\ell + \frac{\partial R}{\partial d}\Delta d$$
$$= R(\ell, d) + c\left(\frac{\Delta\ell}{d^2} - 2\frac{\ell\Delta d}{d^3}\right).$$

Die prozentuale Veränderung von R ist

$$\frac{\Delta R}{R} = \frac{R(\ell + \Delta\ell, d + \Delta d) - R(\ell, d)}{R(\ell, d)} \approx \frac{\Delta\ell}{\ell} - 2\frac{\Delta d}{d} \quad \text{oder mit (a)}$$

$$\frac{\Delta R}{R} = (1 + 2\nu)\frac{\Delta\ell}{\ell} = 1,6 \cdot 10^{-3} = 0,16\%.$$

Aufg. 3.7

Aus ε_x, ε_y und γ_{xy} werden mit Gl. (2.16) zunächst die Hauptdehnungen berechnet:

$$\varepsilon_{1,2} = \tfrac{1}{2}(\varepsilon_x + \varepsilon_y) \pm \sqrt{\tfrac{1}{4}(\varepsilon_x - \varepsilon_y)^2 + \left(\tfrac{1}{2}\gamma_{xy}\right)^2}$$
$$= \left[\tfrac{1}{2}(1,4 - 0,2) \pm \sqrt{\tfrac{1}{4}(1,4 + 0,2)^2 + 0,6^2}\,\right] \cdot 10^{-3}$$
$$= (0,6 \pm 1) \cdot 10^{-3} \qquad \to \qquad \varepsilon_1 = 1,6 \cdot 10^{-3}, \qquad \varepsilon_2 = -0,4 \cdot 10^{-3}.$$

In einer freien Körperoberfläche ist die Flächennormale eine Spannungshauptachse. Die zugehörige Hauptspannung ist $\sigma_z = \sigma_3 = 0$. Die beiden anderen Hauptspannungen und die Hauptdehnungen sind durch die ersten beiden Gln. (3.7) verknüpft:

$$\varepsilon_1 = \frac{1}{E}(\sigma_1 - \nu\sigma_2), \qquad \varepsilon_2 = \frac{1}{E}(\sigma_2 - \nu\sigma_1).$$

Sie werden nach σ_1 und σ_2 aufgelöst, indem man eine Gleichung mit ν multipliziert und die zweite addiert:

$$\sigma_1 = E\frac{\varepsilon_1 + \nu\varepsilon_2}{1 - \nu^2} = 0,75 \cdot 10^5 \cdot \tfrac{1,6 - 0,34 \cdot 0,4}{1 - 0,34^2} \cdot 10^{-3} = 124\text{Nmm}^{-2},$$

$$\sigma_2 = E\frac{\nu\varepsilon_1 + \varepsilon_2}{1 - \nu^2} = 0,75 \cdot 10^5 \cdot \tfrac{0,34 \cdot 1,6 - 0,4}{1 - 0,34^2} \cdot 10^{-3} = 12,2\text{Nmm}^{-2}.$$

Aufg. 3.8

Die Volumendilatation ist nach Kap. 3.6

$$\frac{\Delta V}{V} = \frac{1}{E}(1 - 2\nu)(\sigma_x + \sigma_y + \sigma_z).$$

Darin ist $\sigma_x = \sigma_y = \sigma_z = -\gamma h$ (allseitig gleicher Wasserdruck). Folglich ist

$$\frac{\Delta V}{V} = -3(1 - 2\nu)\frac{\gamma h}{E} = -3(1 - 2 \cdot 0,3) \cdot \tfrac{9,81 \cdot 10^{-6} \cdot 8 \cdot 10^6}{2,1 \cdot 10^5}$$
$$= -45 \cdot 10^{-5} = -0,045\%.$$

Aufg. 3.9

Aus Gl. (3.15) ergibt sich $\Delta\ell = \ell\alpha(T - T_0)$. Daraus folgt

$$\Delta\ell_1 = \ell\alpha(T_1 - T_0) = 4 \cdot 10^3 \cdot 14 \cdot 10^{-6}(-30 - 20) = -2,80\text{m},$$

$$\Delta\ell_2 = \ell\alpha(T_2 - T_0) = 4 \cdot 10^3 \cdot 14 \cdot 10^{-6}(40 - 20) = 1,12\text{m}.$$

Aufg. 3.10

Der Rahmen erzwingt $\varepsilon_x = \varepsilon_y = 0$. Außerdem ist $\sigma_z = 0$. Damit sind die ersten beiden Gln. (3.16)

$$0 = \frac{1}{E}(\sigma_x - \nu\sigma_y) + \alpha\Delta T \qquad \rightarrow \qquad \sigma_x - \nu\sigma_y = -E\alpha\Delta T,$$

$$0 = \frac{1}{E}(\sigma_y - \nu\sigma_x) + \alpha\Delta T \qquad \rightarrow \qquad \sigma_y - \nu\sigma_x = -E\alpha\Delta T.$$

Die Auflösung ergibt

$$\sigma_x = \sigma_y = -\frac{1+\nu}{1-\nu^2}E\alpha\Delta T = -\frac{E\alpha\Delta T}{1-\nu}$$

$$= \frac{-2{,}1\cdot 10^5 \cdot 14 \cdot 10^{-6} \cdot 80}{1-0{,}3} = -336\text{Nmm}^{-2}.$$

Aufg. 3.11

Die Volumendilatation ist nach Kap. 3.6

$$\frac{\Delta V}{V} = \varepsilon_1 + \varepsilon_2 + \varepsilon_3.$$

Bei Erwärmung gilt $\varepsilon_1 = \varepsilon_2 = \varepsilon_3 = \alpha\Delta T$. Also ist

$$\frac{\Delta V}{V} = 3\alpha\Delta T = 5 \cdot 10^{-3}.$$

Daraus folgt $\Delta T = 3\alpha\Delta V/V = \frac{5\cdot 10^{-3}}{3\cdot 14 \cdot 10^{-6}} = 119°\text{C}.$

Aufg. 3.12

Wenn x in Richtung des Drahtes zeigt, ist $\sigma_x = F/A$, $\sigma_y = \sigma_z = 0$. Außerdem fordert die Aufgabenstellung $\varepsilon_y = \varepsilon_z = 0$. Damit nehmen die Gln. (3.16) die Form an:

$$\varepsilon_x = \frac{F}{EA} + \alpha\Delta T, \quad 0 = -\nu\frac{F}{EA} + \alpha\Delta T \quad \text{(2. und 3. Gleichung identisch).}$$

Die gesuchte Temperaturveränderung ist

$$\Delta T = \frac{\nu}{\alpha}\frac{F}{EA} = \frac{0{,}3}{15\cdot 10^{-6}} \cdot \frac{400}{2\cdot 10^5 \cdot \pi} = 12,7°\text{C}.$$

Aufg. 3.13

Zwischen φ und den Verlängerungen $\Delta\ell_1$ und $\Delta\ell_2$ der Stäbe ist aus Abb. a ablesbar: $b\varphi = \Delta\ell_2 - \Delta\ell_1$. Damit und mit Gl. (3.15) ist

$$\varphi = \frac{\ell}{b}(\alpha_2 - \alpha_1)\Delta T = \tfrac{100}{20} \cdot (29 - 2)10^{-6} \cdot 10 = 135 \cdot 10^{-5} = 0,077^\circ .$$

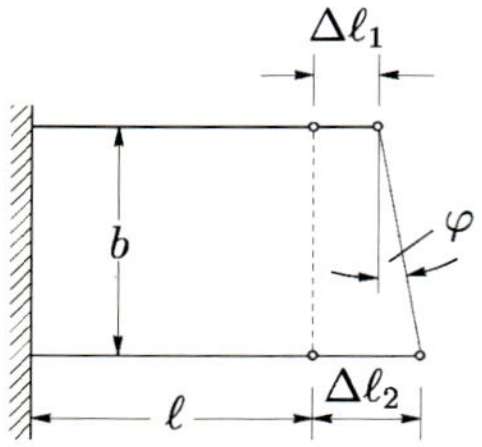

(**a**)

Kapitel 4

Aufg. 4.1

Mit den Kräften F_1, F_2, F_3 und dem Neigungswinkel φ nach Abb. a fordert das Momentengleichgewicht bezüglich 0

$$\left[F_1 + 2(F_2 - G) + 3F_3\right]a\ell = 0. \tag{a}$$

Die Geometrie schreibt vor:

$$\varepsilon_1 = \frac{\Delta\ell_1}{\ell_1} = \frac{\alpha\varphi}{\ell}, \qquad \varepsilon_2 = \frac{\Delta\ell_2}{\ell_2} = \frac{2a\varphi}{2\ell} = \frac{a\varphi}{\ell}, \qquad \varepsilon_3 = \frac{\Delta\ell_3}{\ell_3} = \frac{3a\varphi}{3\ell} = \frac{a\varphi}{\ell}. \tag{b}$$

Für die Drähte gilt das Hookesche Gesetz, $\sigma = E\varepsilon$, also

$$\frac{F_1}{A} = E\frac{a\varphi}{\ell}, \qquad \frac{F_2}{A} = E\frac{a\varphi}{\ell}, \qquad \frac{F_3}{A} = E\frac{a\varphi}{\ell}.$$

Daraus folgt $F_1 = F_2 = F_3 = EAa\varphi/\ell$. Das wird in (a) eingesetzt:

$$6EA\frac{a\varphi}{\ell} - 2G = 0.$$

Daraus folgt mit (b)

$$\varepsilon_1 = \varepsilon_2 = \varepsilon_3 = \frac{a\varphi}{\ell} = \frac{G}{3EA} = \frac{3\cdot 10^3}{3\cdot 2,1\cdot 10^5} = 4,8\cdot 10^{-3}.$$

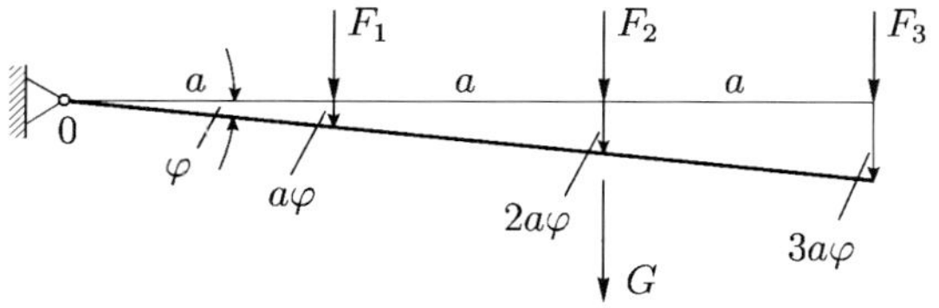

(a)

Aufg. 4.2

Die tatsächliche Länge ℓ_1 der gemessenen Größe ist gleich der tatsächlichen Länge des Bandmaßes. Bei Normbedingungen (F_0, T_0) hat es die angezeigte Länge ℓ. Die zusätzliche Spannung $\sigma = (F_1 - F_0)/A$ und die Temperaturerhöhung $T_1 - T_0$ verursachen die auf ganzer Länge konstante Dehnung (s. Gl. (3.16))

$$\varepsilon = \frac{F_1 - F_0}{AE} + \alpha(T_1 - T_0) = \frac{60-50}{2\cdot 10^5\cdot 1,5} + 14\cdot 10^{-6}(27-20) = (0,33 + 0,98)\cdot 10^{-4}.$$

Die Verlängerung ist $\Delta\ell = \varepsilon\ell = 1,31\cdot 10^{-4}\cdot 22,900\cdot 10^3 = 3,0\text{mm}$. Damit ist $\ell_1 = 22,903\text{m}$.

Aufg. 4.3

Geometrie: $\Delta\ell = \Delta\ell_1 + \Delta\ell_2$. (a)

Stoffgesetz: $\sigma_1 = E_1\varepsilon_1, \qquad \sigma_2 = E_2\varepsilon_2$

oder mit den Definitionen für σ und ϵ:

$$\frac{F_1}{A_1} = E_1 \frac{\Delta\ell_1}{\ell_1}, \qquad \frac{F_2}{A_2} = E_2 \frac{\Delta\ell_2}{\ell_2}. \tag{b}$$

Darin ist (Gleichgewichtsbedingung) $F_1 = F_2 = F$. Einsetzen in (a) liefert

$$\Delta\ell = F\Big(\frac{\ell_1}{E_1A_1} + \frac{\ell_2}{E_2A_2}\Big).$$

Das liefert die Zugkraft

$$F = \frac{\Delta\ell}{\frac{\ell_1}{E_1A_1} + \frac{\ell_2}{E_2A_2}} = \frac{1}{\frac{400}{2\cdot 10^5} + \frac{600}{1{,}1\cdot 10^5\cdot 1{,}2}} = 153\text{N}.$$

Damit folgt aus (b)

$$\Delta\ell_1 = \frac{\ell_1 F}{E_1A_1} = \tfrac{400}{2\cdot 10^5}\cdot 153 = 0{,}31\text{mm},$$

$$\Delta\ell_2 = \frac{\ell_2 F}{E_2A_2} = \tfrac{600}{1{,}1\cdot 10^5\cdot 1{,}2}\cdot 153 = 0{,}69\text{mm}.$$

Kontrolle: $\Delta\ell_1 + \Delta\ell_2 = \Delta\ell$.

Aufg. 4.4

Die Seilkräfte am Stab haben gleiche Größen F, weil die Rollen reibungsfrei sind (Abb. a). Momentengleichgewicht verlangt

$$Fa + F(a+b) - G(2a+b) = 0 \qquad \text{oder} \qquad F = G.$$

Abb. b drückt die Verschiebungen w_1 und w_2 der Kraftangriffspunkte durch die gesuchte Verschiebung w aus. Die Federverlängerung ist einerseits gleich $F/k = G/k$ und andererseits gleich $w_1 + w_2$, also

$$w\Big(\frac{a}{2a+b} + \frac{a+b}{2a+b}\Big) = \frac{G}{k} \qquad \text{oder} \qquad w = \frac{G}{k}.$$

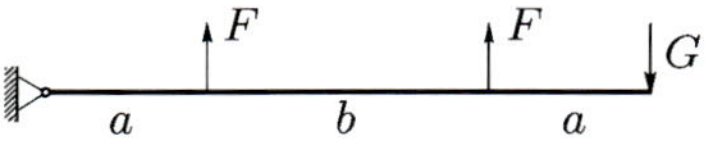

(a)

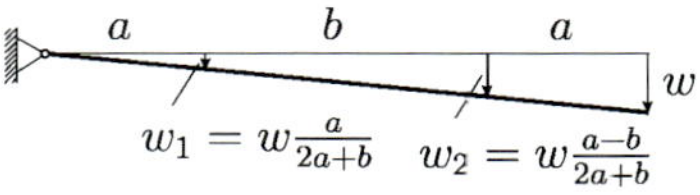

(b)

Aufg. 4.5

Gleichgewichtsbedingungen am System in Abb. a liefern die Federkräfte

$$A_1(\xi) = F\frac{\frac{1}{2}\ell - \xi}{\ell}, \qquad A_2(\xi) = F\frac{\frac{1}{2}\ell + \xi}{\ell}$$

und damit die Federabsenkungen

$$w_1(\xi) = \frac{A_1(\xi)}{k_1} = \frac{F}{\ell}\cdot\frac{1}{k_1}\big(\tfrac{1}{2}\ell - \xi\big), \qquad w_2(\xi) = \frac{A_2(\xi)}{k_2} = \frac{F}{\ell}\cdot\frac{1}{k_2}\big(\tfrac{1}{2}\ell + \xi\big). \tag{a}$$

Für die Geradengleichung $w(x,\xi)$ des verschobenen Stabes im ruhenden x,w-System liest man aus Abb. b die Beziehung ab:

$$\frac{w(x,\xi) - w_1(\xi)}{x - (-\frac{1}{2}\ell)} = \frac{w(x,\xi) - w_2(\xi)}{x - \frac{1}{2}\ell} \qquad \text{oder}$$

$[w(x,\xi) - w_1(\xi)]\,(x - \tfrac{1}{2}\ell) = [w(x,\xi) - w_2(\xi)]\,(x + \tfrac{1}{2}\ell).$

Daraus ergibt sich

$$w(x,\xi) = \frac{1}{\ell}\Big[\big(x + \tfrac{1}{2}\ell\big)w_2(\xi) - \big(x - \tfrac{1}{2}\ell\big)w_1(\xi)\Big]$$

oder mit (a)

$$\begin{aligned} w(x,\xi) &= \frac{F}{\ell^2}\left[\frac{1}{k_2}\big(\tfrac{1}{2}\ell + \xi\big)\big(\tfrac{1}{2}\ell + x\big) + \frac{1}{k_1}\big(\tfrac{1}{2}\ell - \xi\big)\big(\tfrac{1}{2}\ell - x\big)\right] \\ &= \frac{F}{\ell^2}\left\{\xi\left[\frac{1}{k_2}\big(\tfrac{1}{2}\ell + x\big) - \frac{1}{k_1}\big(\tfrac{1}{2}\ell - x\big)\right] + \frac{\ell}{2}\left[\frac{1}{k_2}\big(\tfrac{1}{2}\ell + x\big) + \frac{1}{k_1}\big(\tfrac{1}{2}\ell - x\big)\right]\right\} \end{aligned}$$

(symmetrisch in x und ξ).

$w(x,\xi)$ ist unabhängig von ξ an der Stelle $x = x_1$, an der der Koeffizient von ξ verschwindet:

$$\frac{1}{k_2}\big(\tfrac{1}{2}\ell + x_1\big) - \frac{1}{k_1}\big(\tfrac{1}{2}\ell - x_1\big) = 0 \qquad \text{oder}$$

$$x_1 = \frac{\ell}{2}\cdot\frac{1/k_1 - 1/k_2}{1/k_1 + 1/k_2} = \frac{\ell}{2}\cdot\frac{k_2 - k_1}{k_2 + k_1}.$$

Das bedeutet $\mid x_1 \mid < \ell/2$ (der Punkt liegt zwischen den Federn).
Der Stab dreht sich bei gegebenem $\xi = \xi_1$ nicht, wenn in $w(x,\xi_1)$ der Koeffizient von x verschwindet. Wegen der Symmetrie in x und ξ ist $\xi_1 = x_1$. Bei beliebig vorgegebenem ξ ist am gesuchten Drehpol $w(x_2,\xi) = 0$, d.h. bei Beachtung der Symmetrie

$$x_2 = \left[\frac{1}{k_2}\big(\tfrac{1}{2}\ell + \xi\big) - \frac{1}{k_1}\big(\tfrac{1}{2}\ell - \xi\big)\right] + \frac{\ell}{2}\left[\frac{1}{k_2}\big(\tfrac{1}{2}\ell + \xi\big) + \frac{1}{k_1}\big(\tfrac{1}{2}\ell - \xi\big)\right] = 0$$

oder nach Multiplikation mit $k_1 k_2$

$$x_2 = \frac{\ell}{2}\cdot\frac{\frac{1}{2}\,\ell(k_2 + k_1) - \xi(k_2 - k_1)}{\frac{1}{2}\,\ell(k_2 - k_1) - \xi(k_1 + k_2)}.$$

Kontrolle: Im Fall $\xi = \xi_1 = x_1$ ist $\mid x_2 \mid = \infty$.

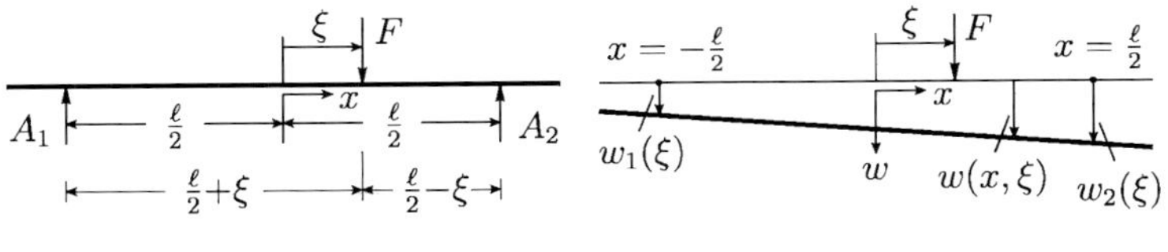

(a) **(b)**

Aufg. 4.6

Momentengleichgewichtsbedingungen an den beiden Teilen in Abb. a mit den Federkräften F_1 und F_2 haben die Form

$F_1 a - F_2 b = 0, \quad F_1 \cdot \tfrac{1}{2}\ell + (F_2 - G)\ell = 0.$

Sie liefern $\quad F_1 = G\,\dfrac{b}{a + b/2} \quad , \quad F_2 = G\,\dfrac{a}{a + b/2}.$

Die Federverlängerungen sind $\quad \Delta\ell_1 = \dfrac{F_1}{k_1} \quad , \quad \Delta\ell_2 = \dfrac{F_2}{k_2}.$

Andererseits gilt (Abb. b) $\Delta\ell_1 = \varphi_1\dfrac{\ell}{2} + \varphi_2 a \quad , \quad \Delta\ell_2 = \varphi_1\ell - \varphi_2 b.$

Also ist

$$\varphi_1\frac{\ell}{2} + \varphi_2 a = \frac{G}{k_1}\,\frac{b}{a+b/2}, \qquad \varphi_1\ell - \varphi_2 b = \frac{G}{k_2}\,\frac{a}{a+b/2}.$$

Aus diesen beiden Gleichungen erhält man die Lösungen

$$\varphi_1 = G\,\frac{k_1 a^2 + k_2 b^2}{\ell k_1 k_2\,(a+b/2)^2}, \qquad \varphi_2 = -G\,\frac{k_1 a/2 - k_2 b}{k_1 k_2\,(a+b/2)^2}.$$

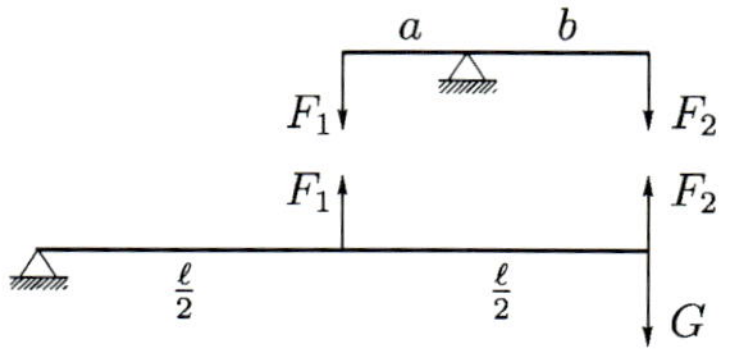

(a)

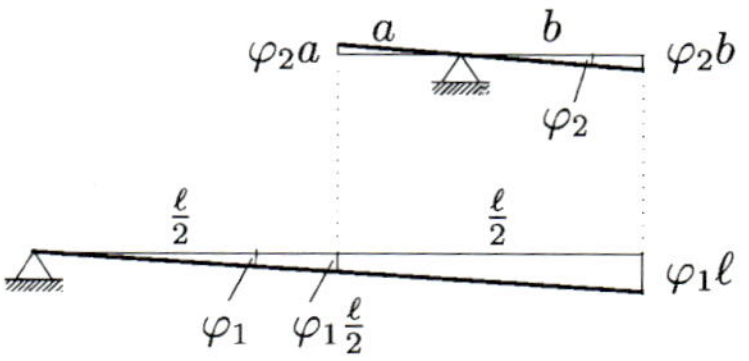

(b)

Aufg. 4.7

Die Momentengleichgewichtsbedingungen für die beiden Teile in Abb. a mit den Federkräften F_1 und F_2 lauten

$$(F_1 - F_2)\ell = 0, \qquad F_1\ell_1 + F_2\ell_2 - G\ell = 0.$$

Das liefert $F_1 = F_2 = G\dfrac{\ell}{\ell_1+\ell_2}.$

Die Federverlängerungen sind einerseits

$$\Delta\ell_1 = \frac{F_1}{k_1}, \qquad \Delta\ell_2 = \frac{F_2}{k_2}$$

und andererseits (Abb. b)

$$\Delta\ell_1 = (\varphi_2 - \varphi_1)\ell_1, \qquad \Delta\ell_2 = \varphi_2\ell_2 + \varphi_1\ell_1.$$

Also gilt

$$(\varphi_2 - \varphi_1)\ell_1 = \frac{G}{k_1}\,\frac{\ell}{\ell_1+\ell_2}, \qquad \varphi_2\ell_2 + \varphi_1\ell_1 = \frac{G}{k_2}\,\frac{\ell}{\ell_1+\ell_2}.$$

Daraus ergeben sich die gesuchten Lösungen

$$\varphi_1 = G\,\frac{\ell}{(\ell_1+\ell_2)^2}\,\frac{k_1\ell_1 - k_2\ell_2}{\ell_1 k_1 k_2}, \qquad \varphi_2 = G\,\frac{\ell}{(\ell_1+\ell_2)^2}\,\frac{k_1+k_2}{k_1 k_2}.$$

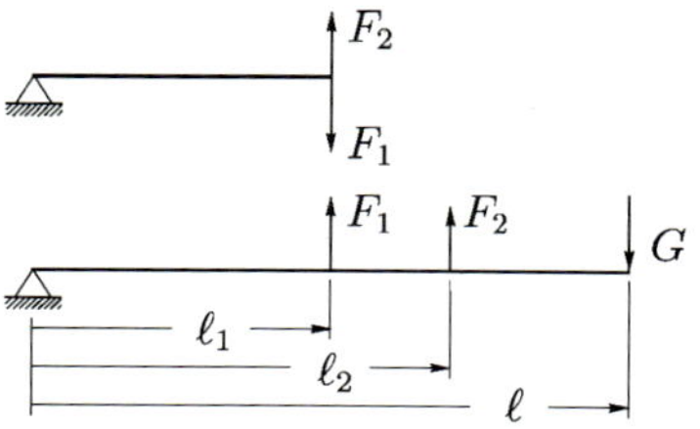

(a)

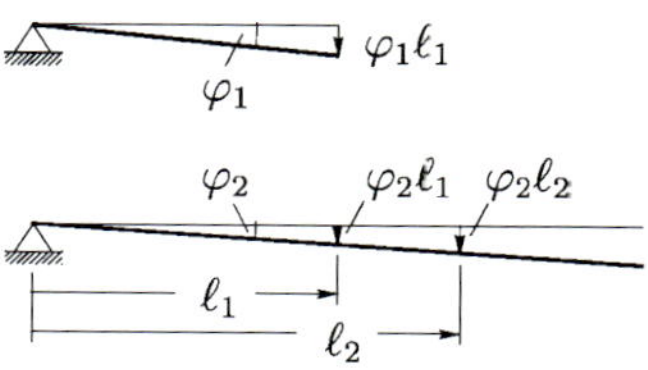

(b)

Aufg. 4.8

Aus Gl. (4.2) ist bekannt, daß die Verkürzung einer Säule unter ihrem Eigengewicht halb so groß ist, wie unter einer gleich großen, konstanten Längskraft. Die Freikörperbilder rechts in Abb. a mit den Gewichten G_1, G_2 und $G_3 = G_1$ geben Schnittkräfte an den Übergangsstellen der Wellenabschnitte an (alle Gleichgewichtsbedingungen sind damit schon verarbeitet). Nach Gl. (4.2) ist

$$\begin{aligned}\Delta\ell &= \Delta\ell_1 + \Delta\ell_2 + \Delta\ell_3\\ &= \left(\frac{1}{2}\frac{G_1\ell_1}{EA_1}\right) + \left(\frac{1}{2}\frac{G_2\ell_2}{EA_2} + \frac{G_1\ell_2}{EA_2}\right) + \left(\frac{1}{2}\frac{G_1\ell_1}{EA_1} + \frac{(G_1+G_2)\ell_1}{EA_1}\right)\\ &= \frac{1}{E}\left(2\frac{G_1\ell_1}{A_1} + \frac{1}{2}\frac{G_2\ell_2}{A_2} + \frac{G_1\ell_2}{A_2} + \frac{G_2\ell_1}{A_1}\right)\end{aligned}$$

und mit $G_1 = \gamma\cdot\frac{\pi}{4}d_1^2\ell_1\,, \qquad G_2 = \gamma\cdot\frac{\pi}{4}d_2^2\ell_2\,, \qquad A_1 = \frac{\pi}{4}d_1^2\,, \qquad A_2 = \frac{\pi}{4}d_2^2$

$$\begin{aligned}\Delta\ell &= \frac{\gamma}{E}\ell_1\ell_2\left[2\,\frac{\ell_1}{\ell_2} + \frac{1}{2}\,\frac{\ell_2}{\ell_1} + \left(\frac{d_1}{d_2}\right)^2 + \left(\frac{d_2}{d_1}\right)^2\right]\\ &= \frac{0{,}0765\cdot 10^{-3}}{2\cdot 10^5}\cdot 300\cdot 450\left[2\cdot\tfrac{30}{45} + \tfrac{1}{2}\cdot\tfrac{45}{30} + \left(\tfrac{5}{7{,}5}\right)^2 + \left(\tfrac{7{,}5}{5}\right)^2\right] = 2{,}5\cdot 10^{-4}\text{mm}.\end{aligned}$$

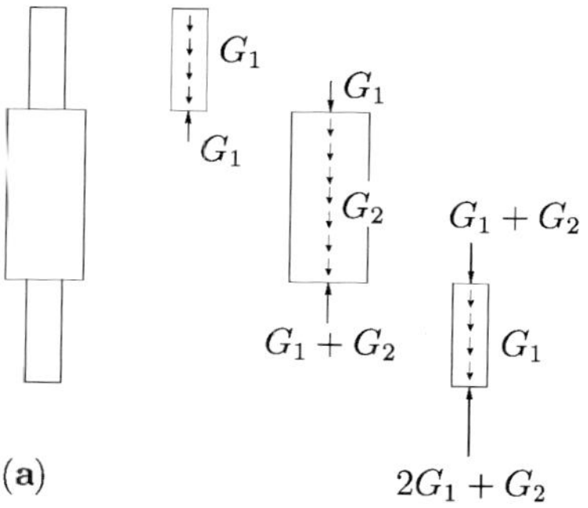

(a)

Aufg. 4.9

Der Querschnitt $A(x)$ wird durch G_0 und durch das Eigengewicht $G(x)$ des Teils der Säule im Bereich zwischen 0 und x belastet (s. Abb. a).

$$G(x) = \gamma\int_0^x A(\xi)\,\mathrm{d}\xi.$$

Die Bedingung lautet also

$$\sigma(x) = -\frac{G_0 + G(x)}{A(x)} \equiv \sigma = \text{const.} \quad \text{oder} \quad G_0 + \gamma\int_0^x A(\xi)\,\mathrm{d}\xi = -\sigma\,A(x).$$

Das liefert einerseits $A(0) = -G_0/\sigma$

und andererseits durch Ableitung nach x

$$-\gamma A(x) = \sigma\frac{\mathrm{d}A}{\mathrm{d}x}.$$

Der Lösungsansatz $A(x) = A(0)e^{\lambda x}$, der die Randbedingung bei $x = 0$ erfüllt, ergibt

$$-\gamma A(0)e^{\lambda x} = \sigma\lambda A(0)e^{\lambda x}\,, \qquad \text{d.h.} \quad \lambda = -\gamma/\sigma.$$

Also hat die Lösung die Form

$$A(x) = -\frac{G_0}{\sigma} e^{-(\gamma/\sigma)x} \qquad (\sigma < 0).$$

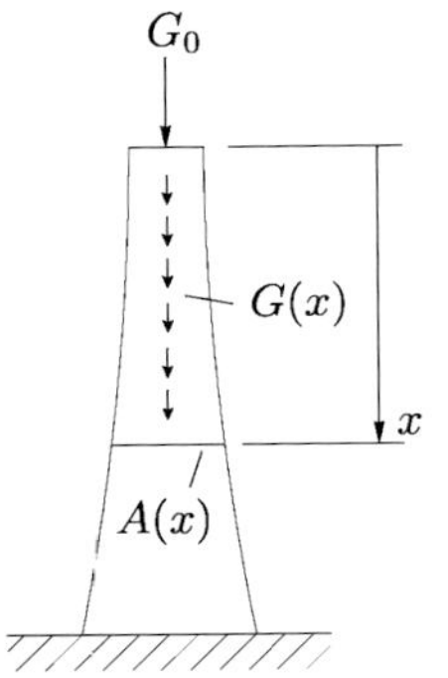

(a)

Aufg. 4.10

Man schneidet bei x (beliebig, s. Abb. a). Gleichgewicht am unteren Teil ergibt die Längskraft $N(x) = F + G(x)$ mit dem Gewicht $G(x)$ des unteren Teils.

Die Breite an der Stelle x ist $\quad b(x) = b_0 - (b_0 - b_1)\,\dfrac{x}{\ell}$.

Die Querschnittsfläche ist $\quad A(x) = db(x)$,

$$G(x) = \gamma\,\frac{b(x) + b_1}{2}\,(\ell - x)d = \tfrac{1}{2}\gamma d\ell\left[b_0 + b_1 - (b_0 - b_1)\frac{x}{\ell}\right]\left(1 - \frac{x}{\ell}\right).$$

Die Spannung an der Stelle x ist

$$\sigma(x) = \frac{N(x)}{A(x)} = \frac{F + \frac{1}{2}\gamma d\ell\big[b_0 + b_1 - (b_0 - b_1)x/\ell\big](1 - x/\ell)}{d\big[b_0 - (b_0 - b_1)x/\ell\big]}$$

oder als Funktion der Variablen $\xi = x/\ell$

$$\sigma(\xi) = \frac{\gamma\ell}{2}\cdot\frac{\frac{2F}{\gamma d\ell} + [(b_0 + b_1) - (b_0 - b_1)\xi]\,(1 - \xi)}{b_0 - (b_0 - b_1)\xi}. \qquad \text{(a)}$$

Diese Funktion hat stationäre Werte an den Stellen, an denen der Zähler von $\mathrm{d}\sigma/\mathrm{d}\xi$ gleich null ist. Das ist die Gleichung

$$\big[b_0 - (b_0 - b_1)\xi\big]\Big\{-\big[(b_0 + b_1) - (b_0 - b_1)\xi\big] - (b_0 - b_1)(1 - \xi)\Big\}$$
$$+\left\{\frac{2F}{\gamma d\ell} + \big[(b_0 + b_1) - (b_0 - b_1)\xi\big](1 - \xi)\right\}(b_0 - b_1) = 0$$

oder umgeordnet

$$\xi^2 - 2\frac{b_0}{b_0 - b_1}\xi = -\frac{b_0^2 + b_1^2 - (b_0 - b_1)\frac{2F}{\gamma d\ell}}{(b_0 - b_1)^2}.$$

Mit den gegebenen Zahlenwerten lautet diese Gleichung $\quad \xi^2 - 5\xi = -3,27$.

Im Bereich $0 \le \xi \le 1$ hat sie nur die Lösung $\quad \xi = 2,5 - \sqrt{2,5^2 - 3,27} = 0,774$.

Das ist die Stelle $x = \ell\xi = 38,7\text{cm}$. Um festzustellen, ob ein Maximum oder ein Minimum der Spannung vorliegt, berechnet man mit (a)

$$\sigma(\xi = 0,774) = \tfrac{0,0765 \cdot 50}{2} \cdot \frac{\frac{2 \cdot 4}{0,0765 \cdot 0,2 \cdot 50} + (8 - 2 \cdot 0,774)(1 - 0,774)}{5 - 2 \cdot 0,774}$$

$$= 6,60\text{Ncm}^{-2} \quad \text{und} \quad \sigma(\xi = 1) = \frac{F}{db_1} = \tfrac{4}{0,2 \cdot 3} = 6,67\text{Ncm}^{-2}.$$

Da das einzige Extremum kleiner ist als die Spannung am Stabende, liegt ein Minimum vor.

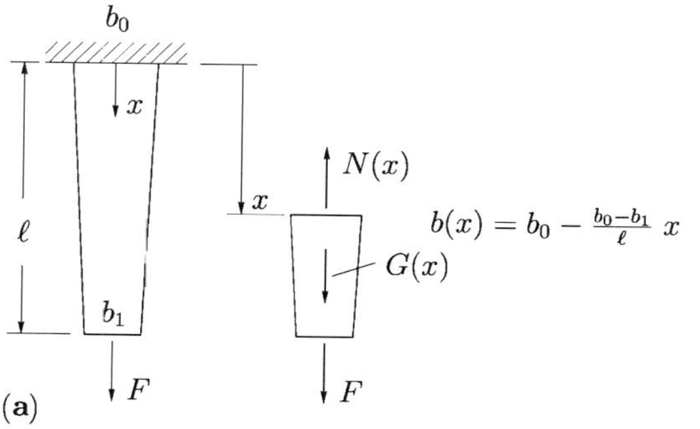

(a)

Aufg. 4.11

Der Radius $r(x)$ in Abb. a ist $\quad r(x) = r_1 + \dfrac{r_2 - r_1}{h} x.$ (a)

Auf die Querschnittsfläche bei x $\;(0 \le x \le h$ beliebig) verteilt sich die Kraft $G_0 + G(x)$, wobei $G(x)$ das Gewicht des Kegelstumpfes mit den Radien r_1 und $r(x)$ und mit der Höhe x ist. Aus Formelsammlungen (z.B. Dubbel Kap. A, Tab. 5) entnimmt man

$$G(x) = \gamma \cdot \frac{\pi}{3} x \left[r_1^2 + r_1 r(x) + r^2(x)\right].$$

Damit ist $\quad \sigma(x) = \dfrac{G_0 + \gamma \frac{\pi}{3} x \left[r_1^2 + r_1 r(x) + r^2(x)\right]}{\pi r^2(x)}.$

Darin wird x mit (a) durch $r(x)$ ausgedrückt: $\quad x = h\,\dfrac{r(x) - r_1}{r_2 - r_1}.$

Dann ist σ die folgende Funktion der Variablen r:

$$\sigma(r) = \frac{G_0 + \alpha(r - r_1)(r_1^2 + r_1 r + r^2)}{\pi r^2}$$

$$= \frac{G_0 + \alpha(r^3 - r_1^3)}{\pi r^2} \qquad \text{mit} \quad \alpha = \tfrac{\pi}{3}\,\gamma h/(r_2 - r_1).$$

Die Bedingung für einen stationären Wert ist $\mathrm{d}\sigma/\mathrm{d}r = 0$. Das liefert die Bestimmungsgleichung für r:

$$\frac{1}{r^4}\left\{r^2\,\alpha\,3r^2 - \left[G_0 + \alpha(r^3 - r_1^3)\right] \cdot 2r\right\} = 0 \qquad \text{oder}$$

$\alpha r^3 - 2(G_0 - \alpha r_1^3) = 0.$ Sie hat die Lösung

$$r = \sqrt[3]{2\,(G_0/\alpha - r_1^3)}.$$

Die Bedingung für einen stationären Wert im Intervall $r_1 \le r \le r_2$ ist

$r_1^3 \le 2\left(G_0/\alpha - r_1^3\right) \le r_2^3$ oder $3r_1^3 \le 2G_0/\alpha \le 2r_1^3 + r_2^3$

oder schließlich

$\frac{3}{2}\alpha r_1^3 \le G_0 \le \alpha(r_1^3 + \frac{1}{2}r_2^3)$.

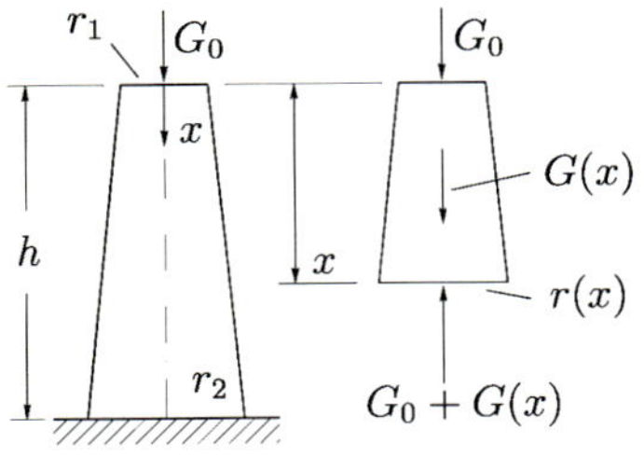

(**a**)

Aufg. 4.12

Sei B die Lagerreaktion am linken Lager und $N(x)$ die Längskraft an der Stelle x (Abb. a). Gleichgewicht verlangt

$$N(x) = \begin{cases} -B & (x < 0) \\ -(B+F) & (x > 0). \end{cases}$$

Daraus ergeben sich die Spannung $\sigma(x) = N(x)/A$, die Dehnung $\varepsilon(x) = \sigma(x)/E$ und die Verschiebung

$$u(x) = \int_{-\ell_1}^{x} \varepsilon(\xi)\,\mathrm{d}\xi \quad \text{(das erfüllt die Randbedingung } u(-\ell_1) = 0\text{):}$$

$$\sigma(x) = \begin{cases} -\dfrac{B}{A} & (x < 0) \\ -\dfrac{B+F}{A} & (x > 0), \end{cases} \qquad \varepsilon(x) = \begin{cases} -\dfrac{B}{EA} & (x < 0) \\ -\dfrac{B+F}{EA} & (x > 0), \end{cases} \tag{a}$$

$$u(x) = \begin{cases} -\dfrac{B}{EA}(x + \ell_1) & (x \le 0) \\ -\dfrac{B}{EA}\ell_1 - \dfrac{B+F}{EA}x & (x \ge 0). \end{cases} \tag{b}$$

Die Geometrie schreibt $u(\ell_2) = 0$ vor, d.h. $-B\ell_1 - (B+F)\ell_2 = 0$, also

$$B = -\frac{\ell_2}{\ell_1 + \ell_2}F = -\frac{\ell_2}{\ell}F.$$

Damit erhält man aus (a) und (b)

$$\sigma(x) = \begin{cases} \dfrac{\ell_2}{\ell}\dfrac{F}{A} & (x < 0) \\ -\dfrac{\ell_1}{\ell}\dfrac{F}{A} & (x > 0), \end{cases} \qquad u(x) = \begin{cases} (\ell_1 + x)\dfrac{\ell_2}{\ell}\dfrac{F}{EA} & (x \le 0) \\ (\ell_2 - x)\dfrac{\ell_1}{\ell}\dfrac{F}{EA} & (x \ge 0). \end{cases}$$

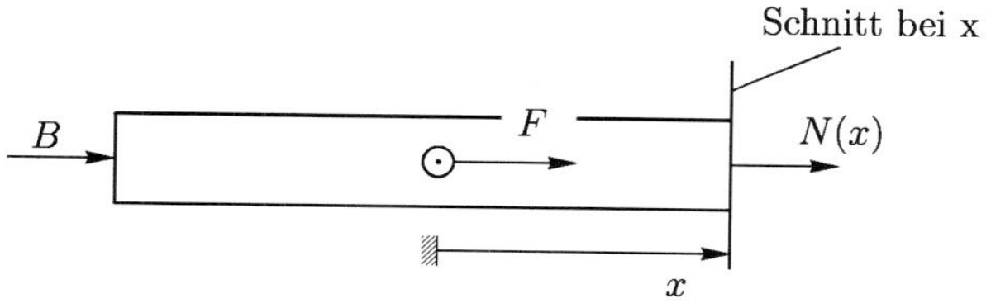

(a)

Aufg. 4.13

Sei $x = 0$ am Angriffspunkt von F (Abb. a). Da das rechte Ende spannungsfrei ist, ist die Längskraft $N(x)$ im linken Teil gleich F. Also

$$N(x) = \begin{cases} F & (x < 0) \\ 0 & (x > 0). \end{cases}$$

Die Dehnung ist nach dem Hookeschen Gesetz mit Temperatureinfluß

$$\varepsilon(x) = \frac{\sigma}{E} + \alpha\Delta T = \begin{cases} \dfrac{F}{EA} + \alpha\Delta T & (x < 0) \\ \alpha\Delta T & (x > 0). \end{cases}$$

Die Verschiebung ist $\quad u(x) = \displaystyle\int_{-a}^{x} \varepsilon(\xi)\,\mathrm{d}\xi.$

Insbesondere soll $\quad u(x = \ell - a) \geq 0 \quad$ sein. Das liefert

$$\int_{-a}^{x} \left(\frac{F}{EA} + \alpha\Delta T\right) \mathrm{d}x + \int_{0}^{\ell-a} \alpha\Delta T\,\mathrm{d}x = \frac{Fa}{EA} + \alpha\ell\Delta T \geq 0.$$

Daraus ergibt sich

$$F \geq \frac{\ell}{a} EA\alpha\Delta T = \tfrac{5}{4} \cdot 2 \cdot 10^5 \cdot 14 \cdot 10^{-6} \cdot 30 = 105\text{N}.$$

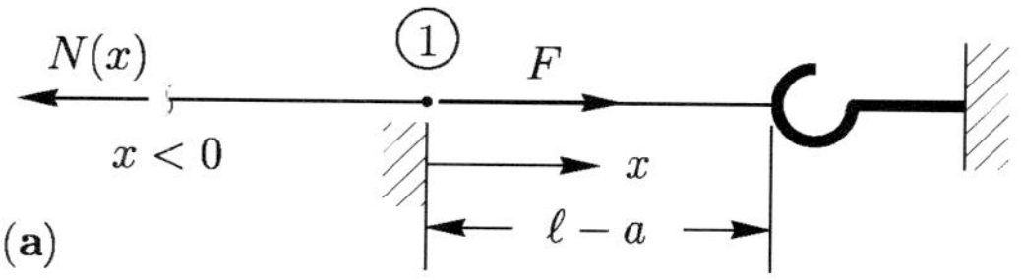

(a)

Aufg. 4.14

In Abb. a sind die Rohre vereinfacht als Stäbe dargestellt. Gesucht ist k in der Beziehung

$$F = k\Delta\ell \tag{a}$$

mit der Verschiebung $\Delta\ell$ des Deckels. Die Geometrie fordert, daß die Verlängerungen beider Rohre gleich $\Delta\ell$ sind:

$$\Delta\ell_i = \Delta\ell_a = \Delta\ell. \tag{b}$$

F teilt sich in zwei Kräfte F_i und F_a am Innen- bzw. Außenrohr auf (Abb. b):

$$F_i + F_a = F \quad \text{(Gleichgewicht am Deckel).} \tag{c}$$

In beiden Rohren ist die Längskraft längs des ganzen Rohres konstant (Gleichgewicht am abgeschnittenen Teil). Im Außenrohr ist wegen der Konstanz des Querschnitts

$$\varepsilon_a \equiv \frac{\sigma_a}{E} = \frac{F_a}{EA_a} = \text{const.} \qquad \text{mit} \quad A_a = \pi(R_2^2 - R_1^2).$$

Im Innenrohr ist

$$\varepsilon_i = \begin{cases} \dfrac{F_i}{EA_{i1}} & \text{linker Teil mit} \quad A_{i1} = \pi(r_2^2 - r_1^2) \\ \dfrac{F_i}{EA_{i2}} & \text{rechter Teil mit} \quad A_{i2} = \pi(r_3^2 - r_1^2). \end{cases}$$

Die Verlängerungen der Rohre sind folglich

$$\Delta\ell_a = \varepsilon_a(\ell_1 + \ell_2) = \frac{F_a}{EA_a}(\ell_1 + \ell_2), \tag{d}$$

$$\Delta\ell_i = \varepsilon_{i1}\ell_1 + \varepsilon_{i2}\ell_2 = \frac{F_i}{E}\left(\frac{\ell_1}{A_{i1}} + \frac{\ell_2}{A_{i2}}\right).$$

Das wird in (b) eingesetzt. Multiplikation mit πE ergibt

$$F_a \frac{\ell_1 + \ell_2}{R_2^2 - R_1^2} = F_i\left(\frac{\ell_1}{r_2^2 - r_1^2} + \frac{\ell_2}{r_3^2 - r_2^2}\right).$$

Daraus und aus (c) ergibt sich

$$F = F_a\left(1 + \frac{\frac{\ell_1+\ell_2}{R_2^2-R_1^2}}{\frac{\ell_1}{r_2^2-r_1^2} + \frac{\ell_2}{r_3^2-r_1^2}}\right). \tag{e}$$

Nach (a) und (b) ist auch $F = k\Delta\ell_a$ oder mit (d)

$$F = kF_a \frac{\ell_1 + \ell_2}{E\pi(R_2^2 - R_1^2)}.$$

Der Vergleich mit (e) liefert das Ergebnis

$$k = \pi E\left(\frac{R_2^2 - R_1^2}{\ell_1 + \ell_2} + \frac{1}{\frac{\ell_1}{r_2^2-r_1^2} + \frac{\ell_2}{r_3^2-r_1^2}}\right)$$

$$= \pi \cdot 2 \cdot 10^5\left(\frac{52{,}5^2-50^2}{800} + \frac{1}{\frac{300}{25^2-20^2} + \frac{500}{30^2-20^2}}\right) = 4{,}7 \cdot 10^5 \text{Nmm}^{-1}.$$

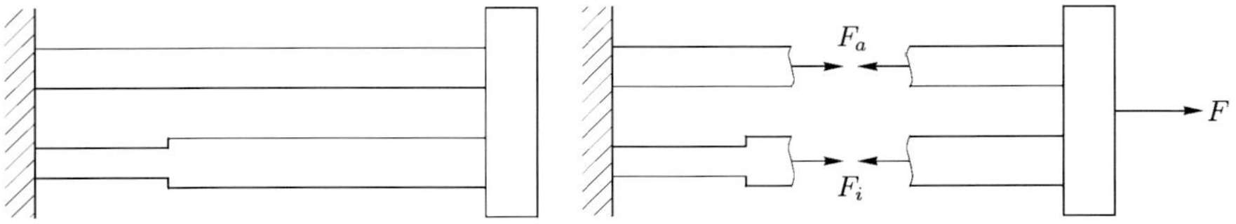

(a) (b)

Aufg. 4.15

Die Geometrie schreibt

$$\Delta\ell_B = \Delta\ell_S, \quad \text{d.h.} \quad \frac{F_B\ell}{E_BA_B} = \frac{F_S\ell}{E_SA_S}$$

vor, weil in beiden Körpern Längskraft und Querschnittsfläche längs der Achse konstant sind. Außerdem schreibt das Gleichgewicht an der Kopfplatte $F_B + F_S = F$ vor. Das sind zwei Gleichungen für F_B und F_S. Daraus folgt

$$F_B = \frac{F}{1 + \frac{E_S A_S}{E_B A_B}} = \frac{10^3}{1 + \frac{2 \cdot 20}{0{,}4 \cdot 0{,}25 \cdot 10^4}} = 962\text{kN}, \qquad F_S = F - F_B = 38\text{kN}$$

und damit

$$\Delta\ell = \Delta\ell_B = \frac{F\ell}{E_B A_B + E_S A_S} = \frac{10^6 \cdot 2 \cdot 10^3}{0{,}4 \cdot 10^5 \cdot 0{,}25 \cdot 10^6 + 2 \cdot 10^5 \cdot 20 \cdot 10^2} = 0,19\text{mm},$$

$$\sigma_B = \frac{F_B}{A_B} = \frac{0{,}962 \cdot 10^6}{0{,}25 \cdot 10^6} = 3,8\text{Nmm}^{-2}, \qquad \sigma_S = \frac{F_S}{A_S} = 19\text{Nmm}^{-2}.$$

Aufg. 4.16

In beiden Rohren sind Längskräfte N_1 bzw. N_2 (positiv, wenn Zug) längs der Achse konstant. Gleichgewicht am Deckel fordert

$$N_1 + N_2 = 0. \tag{a}$$

Die Geometrie fordert $\quad \Delta\ell_1 = \Delta\ell_2.$ (b)

Das Stoffgesetz lautet

$$\varepsilon_1(x) = \frac{N_1}{E_1 A_1} + \alpha_1 \Delta T_1(x), \qquad \varepsilon_2(x) = \frac{N_2}{E_2 A_2} + \alpha_2 \Delta T_2(x). \tag{c}$$

Sei $x = 0$ am linken Ende. Dann ist

$$\Delta T_1(x) = T_{1\ell} + (T_{1r} - T_{1\ell})\frac{x}{\ell} - T_0,$$

$$\Delta T_2(x) = T_{2\ell} + (T_{2r} - T_{2\ell})\frac{x}{\ell} - T_0.$$

Aus (c) ergeben sich die Rohrverlängerungen

$$\Delta\ell_1 = \int_0^\ell \varepsilon_1(x)\,\mathrm{d}x = \frac{N_1 \ell}{E_1 A_1} + \alpha_1\left[(T_{1\ell} - T_0)\ell + \tfrac{1}{2}(T_{1r} - T_{1\ell})\ell\right],$$

$$\Delta\ell_2 = \int_0^\ell \varepsilon_2(x)\,\mathrm{d}x = \frac{N_2 \ell}{E_2 A_2} + \alpha_2\left[(T_{2\ell} - T_0)\ell + \tfrac{1}{2}(T_{2r} - T_{2\ell})\ell\right].$$

Damit nimmt (b) die Form an

$$\frac{N_1}{E_1 A_1} + \frac{\alpha_1}{2}(T_{1\ell} + T_{1r} - 2T_0) = \frac{N_2}{E_2 A_2} + \frac{\alpha_2}{2}(T_{2\ell} + T_{2r} - 2T_0).$$

Das bestimmt zusammen mit (a) N_1 und N_2:

$$N_1 = -N_2 = \frac{\alpha_2(T_{2\ell} + T_{2r} - 2T_0) - \alpha_1(T_{1\ell} + T_{1r} - 2T_0)}{2\left(\frac{1}{E_1 A_1} + \frac{1}{E_2 A_2}\right)}.$$

Mit den Querschnittsflächen

$$A_1 = \tfrac{\pi}{4}\left[d_1^2 - (d_1 - 2t_1)^2\right] = \tfrac{\pi}{4}(18^2 - 15^2) = 77,8\text{mm}^2,$$

$$A_2 = \tfrac{\pi}{4}(30^2 - 26^2) = 175,9\text{mm}^2$$

erhält man

$$N_1 = -N_2 = \frac{[12(55 + 25 - 40) - 17(100 + 40 - 40)]10^{-6}}{2\left(\frac{1}{1{,}18 \cdot 77{,}8} + \frac{1}{2{,}05 \cdot 175{,}9}\right)10^{-5}} = -4,46\text{kN}.$$

Die Spannungen sind

$$\sigma_1 = \frac{N_1}{A_1} = \frac{-4,46\text{kN}}{77,8\text{mm}^2} = -57,3\frac{\text{N}}{\text{mm}^2},$$

$$\sigma_2 = \frac{-N_1}{A_2} = \frac{4,46\text{kN}}{175,9\text{mm}^2} = 25,3\frac{\text{N}}{\text{mm}^2}.$$

Aufg. 4.17

Abb. a zeigt das freigeschnittene Stabstück zwischen x (beliebig) und $x = \ell/2$ mit Längskräften $N(x)$ und $N_0 = N(x = \ell/2)$ und mit seinem Eigengewicht

$G(x) = \gamma A\left(\frac{1}{2}\ell - x\right)$ (Querschnittsfläche A).

Gleichgewicht: $N(x) - N_0 - G(x) = 0.$

Mit $N(x)$ ist die Längsspannung

$$\sigma(x) = \frac{N(x)}{A} = \frac{N_0}{A} + \gamma\frac{\ell}{2} - \gamma x. \tag{a}$$

Nach dem Hookeschen Gesetz ist die Dehnung

$$\varepsilon(x) = \frac{\mathrm{d}u}{\mathrm{d}x} = \frac{\sigma(x)}{E} = \frac{1}{E}\left(\frac{N_0}{A} + \gamma\frac{\ell}{2} - \gamma x\right).$$

Integration liefert

$$u(x) = \frac{1}{E}\left[\left(\frac{N_0}{A} + \gamma\frac{\ell}{2}\right)x - \gamma\frac{x^2}{2} + C\right] \tag{b}$$

mit einer Integrationskonstante C. Geometrische Randbedingungen schreiben vor:

$$u\,(-\ell/2) = \frac{1}{E}\left[-\left(\frac{N_0}{A} + \gamma\frac{\ell}{2}\right)\frac{\ell}{2} - \gamma\frac{\ell^2}{8} + C\right] = 0,$$

$$u\,(\ell/2) = \frac{1}{E}\left[\left(\frac{N_0}{A} + \gamma\frac{\ell}{2}\right)\frac{\ell}{2} - \gamma\frac{\ell^2}{8} + C\right] = 0.$$

Das sind zwei Gleichungen für N_0 und C. Addition liefert $C = \gamma\ell^2/8$ und Subtraktion $N_0/A + \gamma\ell/2 = 0$. Damit und mit (a) und (b) ist

$$\sigma(x) = -\gamma x, \qquad u(x) = \frac{\gamma}{E}\left(-\frac{x^2}{2} + \frac{\ell^2}{8}\right) = \frac{\gamma\ell^2}{2E}\left(\frac{1}{4} - \frac{x^2}{\ell^2}\right).$$

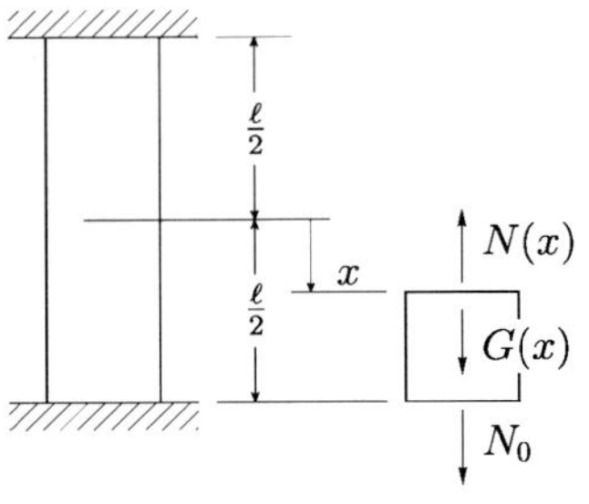

(a)

Aufg. 4.18

Die geometrischen Randbedingungen $u(-\ell/2) = 0$ und $u(\ell/2) = 0$ werden durch die Funktion $u(x)$ erfüllt. Aus $u(x)$ folgt

$$\varepsilon(x) = \frac{\mathrm{d}u}{\mathrm{d}x} = -\frac{8u_0}{\ell^2}x.$$

Das Stoffgesetz im eindimensionalen Fall ist nach Gl. (3.16)

$$\varepsilon(x) = \frac{\sigma(x)}{E} + \alpha\,[T(x) - T_0]\,.$$

Gleichgewicht am freigeschnittenen Stabstück zwischen $x = -\ell/2$ und x (beliebig) fordert, daß die Längskraft $N(x)$ konstant ist. Wegen A =const ist deshalb auch $\sigma(x) = N(x)/A \equiv \sigma = \text{const}$. Also ist

$$\varepsilon(x) = \frac{\sigma}{E} + \alpha\,[T(x) - T_0]\,.$$

Auflösung nach $T(x)$ liefert

$$T(x) = T_0 - \frac{\sigma}{\alpha E} - \frac{8u_0}{\alpha\ell^2}x \qquad \text{mit} \quad \sigma = \text{const beliebig.}$$

Aufg. 4.19

Nach Gl. (2.3) ist $\quad \Delta\ell = 2\displaystyle\int_{s=0}^{\ell/2} \varepsilon(s)\,\mathrm{d}s.$

Substitution der Variablen x führt zu

$$\mathrm{d}s = \sqrt{1 + \left(\frac{\mathrm{d}y}{\mathrm{d}x}\right)^2}\,\mathrm{d}x = \sqrt{1 + \sinh^2\frac{x}{\lambda}}\,\mathrm{d}x = \cosh\frac{x}{\lambda}\,\mathrm{d}x,$$

$$\varepsilon(x) = \frac{S(x)}{EA} = \frac{q\lambda}{EA}\cosh\frac{x}{\lambda}$$

und zu den Integrationsgrenzen $x = 0$ und $x = a/2$. Also ist

$$\Delta\ell = 2\frac{q\lambda}{EA}\int_0^{a/2}\cosh^2\frac{x}{\lambda}\,\mathrm{d}x = \frac{q\lambda}{EA}\int_0^{a/2}\left(1 + \cosh\frac{2x}{\lambda}\right)\mathrm{d}x$$

$$= \frac{q\lambda}{EA}\left(x + \frac{\lambda}{2}\sinh\frac{2x}{\lambda}\right)\Bigg|_0^{a/2} = \frac{q\lambda^2}{2EA}\left(\frac{a}{\lambda} + \sinh\frac{a}{\lambda}\right).$$

Aufg. 4.20

Die Längskraft $N(r)$ im Schnitt bei r ist gleich der resultierenden Fliehkraft am Schaufelstück außerhalb der Schnittstelle (Abb. a):

$$N(r) = \int_r^{r_a} \omega^2\bar{r}\varrho A(\bar{r})\,\mathrm{d}\bar{r}. \tag{a}$$

Die Spannung und die Dehnung bei r sind

$$\sigma(r) = \frac{N(r)}{A(r)}\,, \qquad \varepsilon(r) = \frac{N(r)}{EA(r)}. \tag{b}$$

Die Verlängerung der Schaufel ist

$$\Delta\ell = \int_{r_i}^{r_a} \varepsilon(r)\,\mathrm{d}r = \frac{\omega^2\varrho}{E}\int_{r_i}^{r_a}\left[\frac{1}{A(r)}\int_r^{r_a}\overline{r}A(\overline{r})\,\mathrm{d}\overline{r}\right]\mathrm{d}r.$$

Fall $A(r) \equiv A_0 = \text{const}$:

$$\int_r^{r_a}\overline{r}A(\overline{r})\,\mathrm{d}\overline{r} = A_0\int_r^{r_a}\overline{r}\,\mathrm{d}\overline{r} = \tfrac{1}{2}A_0(r_a^2 - r^2),$$

$$\Delta\ell = \frac{\omega^2\varrho}{E}\int_{r_i}^{r_a}\tfrac{1}{2}(r_a^2 - r^2)\,\mathrm{d}r = \frac{\omega^2\varrho}{2E}\left[r_a^2(r_a - r_i) - \tfrac{1}{3}(r_a^3 - r_i^3)\right]$$

$$= \frac{\omega^2\varrho}{2E}(r_a - r_i)\left[r_a^2 - \tfrac{1}{3}(r_i^2 + r_ir_a + r_a^2)\right] = \frac{\omega^2\varrho}{6E}(r_a - r_i)(2r_a^2 - r_i^2 - r_ir_a)$$

$$= \tfrac{(120\pi)^2\cdot 7{,}8\cdot 10^{-3}}{6\cdot 2\cdot 10^7}(60 - 30)(2\cdot 60^2 - 30^2 - 60\cdot 30)$$

$$= 1,25\frac{\text{kg cm}^2}{\text{N s}^2} = 0,125\text{mm}.$$

Die Spannung am Schaufelfuß ist mit (a) und (b)

$$\sigma = \sigma(r = r_i) = \int_{r_i}^{r_a}\omega^2\varrho\overline{r}\,\mathrm{d}\overline{r} = \tfrac{1}{2}\omega^2\varrho(r_a^2 - r_i^2)$$

$$= \tfrac{1}{2}\cdot(120\pi)^2\cdot 7,8\cdot 10^{-3}(60^2 - 30^2)$$

$$= 1,50\cdot 10^6\text{kg cm}^{-1}\text{s}^{-2} = 150\text{Nmm}^{-2}.$$

Fall $A(r) = A_0r_i/r$:

$$\int_r^{r_a}\overline{r}A(\overline{r})\,\mathrm{d}\overline{r} = A_0r_i\int_r^{r_a}\mathrm{d}\overline{r} = A_0r_i(r_a - r),$$

$$\Delta\ell = \frac{\omega^2\varrho}{E}\int_{r_i}^{r_a}\frac{A_0r_i(r_a - r)}{A_0r_i/r}\,\mathrm{d}r = \frac{\omega^2\varrho}{E}\int_{r_i}^{r_a}r(r_a - r)\,\mathrm{d}r$$

$$= \frac{\omega^2\varrho}{E}\left[\frac{r_a}{2}(r_a^2 - r_i^2) - \tfrac{1}{3}(r_a^3 - r_i^3)\right]$$

$$= \frac{\omega^2\varrho}{E}(r_a - r_i)\left[\frac{r_a}{2}(r_a + r_i) - \tfrac{1}{3}(r_a^2 + r_ir_a + r_a^2)\right] = \frac{\omega^2\varrho}{6E}(r_a - r_i)^2(r_a + 2r_i)$$

$$= \tfrac{(120\pi)^2\cdot 7{,}8\cdot 10^{-3}}{6\cdot 2\cdot 10^7}30^2\cdot 120 = 1\frac{\text{kg cm}^2}{\text{N s}^2} = 0,1\text{mm}.$$

$$\sigma = \sigma(r = r_i) = \frac{1}{A_i}\int_{r_i}^{r_a}\omega^2\varrho\overline{r}\,A(\overline{r})\,\mathrm{d}\overline{r} = \omega^2\varrho r_i\int_{r_i}^{r_a}\mathrm{d}r = \omega^2\varrho r_i(r_a - r_i)$$

$$= (120\pi)^2\cdot 7,8\cdot 10^{-3}\cdot 30\cdot 30 = 1,00\cdot 10^6\text{kg cm}^{-1}\text{s}^{-2} = 100\text{Nmm}^{-2}.$$

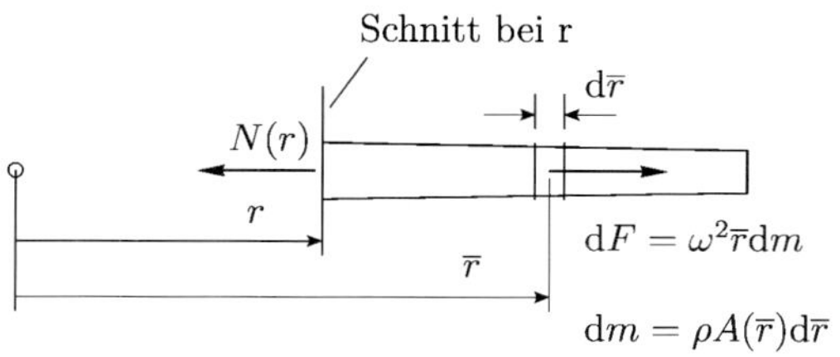

(a)

Aufg. 4.21

Wenn $\Delta\ell$ groß ist, tragen nur die äußeren Seile. Bei hinreichend kleinem $\Delta\ell$ tragen alle Seile. Annahme: Alle Seile tragen (d.h. $S_1 > 0$). Gleichgewicht am freigeschnittenen Körper (Abb. a) liefert

$$S_1 + 2S_2 \cos\alpha = G. \tag{a}$$

Die Seilkräfte verursachen die Seilverlängerungen

$$\Delta\ell_1 = \frac{S_1 \ell_1}{EA} = \frac{S_1(\ell + \Delta\ell)}{EA} \approx \frac{S_1 \ell}{EA}, \tag{b}$$

$$\Delta\ell_2 = \frac{S_2 \ell_2}{EA} = \frac{S_2 \ell}{EA\cos\alpha}. \tag{c}$$

Damit liefert (a)

$$\Delta\ell_1 + 2\Delta\ell_2 \cos^2\alpha = \frac{G\ell}{EA}. \tag{d}$$

Aus Abb. b liest man ab:

$$\Delta\ell_2 = (\Delta\ell + \Delta\ell_1)\cos\alpha. \tag{e}$$

Einsetzen in (d) und Auflösung nach $\Delta\ell_1$ liefern

$$\Delta\ell_1 = \frac{\frac{G\ell}{EA} - 2\Delta\ell\cos^3\alpha}{1 + 2\cos^3\alpha}, \qquad \Delta\ell_2 \text{ aus } (e).$$

(b) und (c) liefern die Seilspannungen

$$\sigma_1 = \frac{S_1}{A_1} = \frac{E}{\ell}\Delta\ell_1 \quad , \quad \sigma_2 = \frac{S_2}{A_2} = \frac{E}{\ell}\Delta\ell_2\cos\alpha.$$

Die Voraussetzung $S_1 > 0$ ist erfüllt, wenn $\Delta\ell_1 > 0$ ist oder

$$\frac{G\ell}{EA} > 2\Delta\ell\cos^3\alpha.$$

Im vorliegenden Zahlenbeispiel ist $\cos\alpha = 0,996 \approx 1$. Damit gilt

$$\frac{G\ell}{EA} - 2\Delta\ell = 4,2\text{mm} > 0, \qquad \Delta\ell_2 \approx \frac{1}{3}\left(\frac{G\ell}{EA} + \Delta\ell\right) = 9,2\text{mm}.$$

$$\sigma_1 \approx \frac{1}{3}\left(\frac{G}{A} - 2E\frac{\Delta\ell}{\ell}\right) = 28,2\text{Nmm}^{-2}, \qquad \sigma_2 \approx \frac{1}{3}\left(\frac{G}{A} + E\frac{\Delta\ell}{\ell}\right) = 61,1\text{Nmm}^{-2}.$$

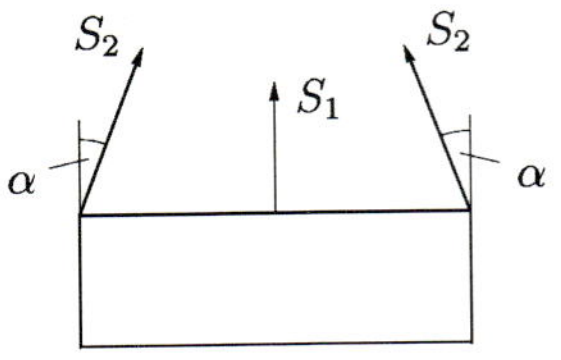

(a)

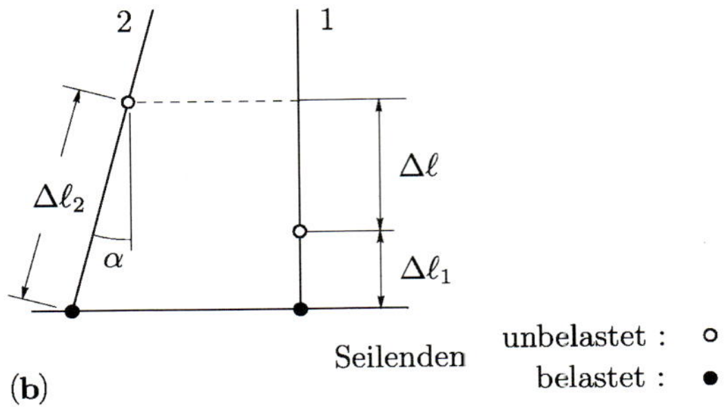

(b)

Aufg. 4.22

Gleichgewichtsbedingungen für das Verbindungsstück liefern für die Stangenkräfte (Abb. a)

$$F_1 + F_2 = F_3, \tag{a}$$

$$F_1 a - F_2 b = 0. \tag{b}$$

Zwischen den Stangenkräften und den Stangenverlängerungen bestehen die Beziehungen

$$\Delta\ell_1 = \frac{F_1 \ell_1}{EA}, \tag{c}$$

$$\Delta\ell_2 = \frac{F_2 \ell_2}{EA}, \tag{d}$$

$$\Delta\ell_3 = \frac{F_3 \ell_3}{EA}. \tag{e}$$

Bei einer Drehung der Mutter um den Winkel φ verschiebt sich die Mutter auf dem Bolzen um das Stück

$$s = h\frac{\varphi}{2\pi}. \tag{f}$$

Seien A_1, A_2 und A_3 die drei auf einer Geraden liegenden Stangenenden auf dem Verbindungsstück in ihrer Ausgangslage (Abb. b). Dieselben Punkte der Stangen nehmen nach dem Anziehen der Mutter die Lagen B_1, B_2 und B_3 ein, so daß $\overline{A_i B_i} = \Delta\ell_i$ $(i = 1, 2, 3)$ ist. Die Verschiebung $s = \overline{B_1 B_1^*}$ der Mutter ist so groß, daß B_1^*, B_2 und B_3 eine Gerade bilden. Man liest die geometrische Beziehung ab (Ähnlichkeit von Dreiecken):

$$\frac{s - \Delta\ell_1 + \Delta\ell_2}{a + b} = \frac{\Delta\ell_3 + \Delta\ell_2}{b} \tag{g}$$

(a) bis (g) bestimmen die Unbekannten F_1, F_2, F_3, $\Delta\ell_1$, $\Delta\ell_2$, s und φ. Da φ durch $\Delta\ell_3$ dargestellt werden soll, müssen alle anderen Unbekannten eliminiert werden. Aus (a), (b) und (e) folgt

$$F_1 = \frac{b}{a+b} F_3 = \frac{b}{a+b} \frac{EA}{\ell_3} \Delta\ell_3, \qquad F_2 = \frac{a}{a+b} \frac{EA}{\ell_3} \Delta\ell_3.$$

Das wird in (c) und (d) eingesetzt. Damit entsteht aus (g)

$$s - \frac{b}{a+b} \frac{\ell_1}{\ell_3} \Delta\ell_3 + \frac{a}{a+b} \frac{\ell_2}{\ell_3} \Delta\ell_3 = \frac{a+b}{b} \left(\Delta\ell_3 + \frac{a}{a+b} \frac{\ell_2}{\ell_3} \Delta\ell_3 \right).$$

Das wird nach s aufgelöst. Mit (f) folgt

$$\varphi = 2\pi \frac{\Delta\ell_3}{h} \frac{\ell_1 b^2 + \ell_2 a^2 + \ell_3 (a+b)^2}{\ell_3 b(a+b)}$$
$$= 2\pi \cdot \tfrac{0,1}{0,8} \tfrac{4\cdot 2^2 + 6\cdot 3^2 + 4\cdot 5^2}{4\cdot 2\cdot 5} = 3,34 = 191^\circ .$$

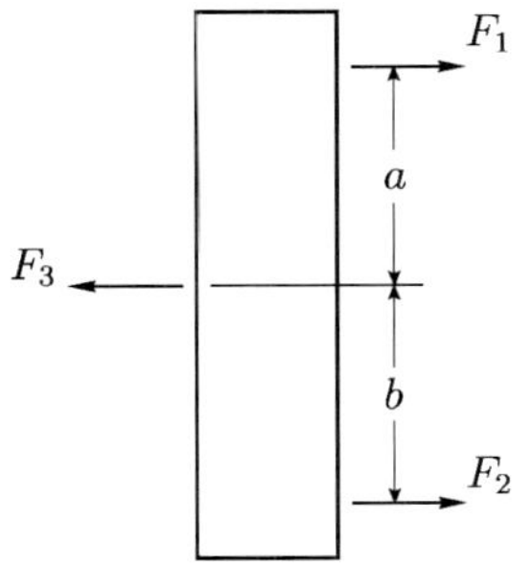

(a)

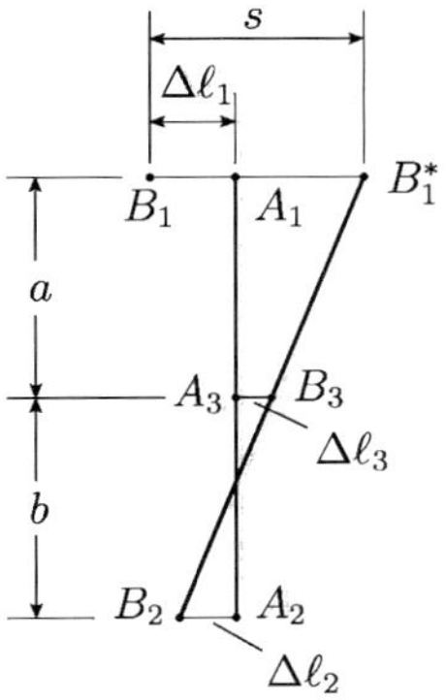

(b)

Aufg. 4.23

Die Anhebung w ist unabhängig vom Gewicht G. Sie ist identisch mit der Absenkung bei Aufbringen der Last F. Diese Absenkung wird berechnet. Mit den Bezeichnungen A, B und C für die Federkräfte (obere Abbildung in Abb. a) und w_A, w_B und w_C für die Federverkürzungen und φ für den Neigungswinkel (untere Abbildung) gelten die Gleichgewichtsbedingungen

$$A + B + C - F = 0, \tag{a}$$
$$A\ell_3 + B\ell_2 - F\ell_F = 0, \tag{b}$$

die Gleichgewichtsbeziehungen an den Federn

$$kw_A = -A, \tag{c}$$
$$kw_B = -B, \tag{d}$$
$$kw_C = -C \tag{e}$$

und die geometrischen Beziehungen

$$w - w_C = \ell_4\varphi, \tag{f}$$
$$w_A - w_C = \ell_3\varphi, \tag{g}$$
$$w_B - w_C = \ell_2\varphi. \tag{h}$$

Das sind 8 Gleichungen für die 8 Unbekannten A, B, C, w_A, w_B, w_C, w und φ. A, B, C, w_A, w_B und w_C werden wie folgt eliminiert.

(g) + (h) − 3 × (f) : $\quad w_A + w_B + w_C - 3w = (\ell_2 + \ell_3 - 3\ell_4)\varphi$.

Darin ist wegen (c), (d), (e) und (a)

$w_A + w_B + w_C = -(A + B + C)/k = -F/k$.

Also gilt $\quad 3w + (\ell_2 + \ell_3 - 3\ell_4) = -F/k$. (i)

$\ell_3 \times$ (g) $+ \ell_2 \times$ (h) $- (\ell_2 + \ell_3) \times$ (f) :

$$\ell_3(w_A - w_C) + \ell_2(w_B - w_C) - (\ell_2 + \ell_3)(w - w_C) = \left[\ell_2^2 + \ell_3^2 - (\ell_2 + \ell_3)\ell_4\right]\varphi$$

oder $\quad \ell_3 w_A + \ell_2 w_B - (\ell_2 + \ell_3)w = \left[\ell_2^2 + \ell_3^2 - (\ell_2 + \ell_3)\ell_4\right]\varphi$

oder mit (b), (d) und (e)

$$(\ell_2 + \ell_3)w + \left[\ell_2^2 + \ell_3^2 - (\ell_2 + \ell_3)\ell_4\right]\varphi = -F\ell_F/k. \tag{k}$$

In (i) und (k) sind nur w und φ unbekannt. Die Cramersche Regel ergibt

$$w = \frac{(-F/k)\left[\ell_2^2 + \ell_3^2 - (\ell_2 + \ell_3)\ell_4 - \ell_F(\ell_2 + \ell_3 - 3\ell_4)\right]}{3\left[\ell_2^2 + \ell_3^2 - (\ell_2 + \ell_3)\ell_4\right] - (\ell_2 + \ell_3)(\ell_2 + \ell_3 - 3\ell_4)}$$

$$= \frac{F}{2k} \cdot \frac{\ell_F(3\ell_4 - \ell_2 - \ell_3) + \ell_2^2 + \ell_3^2 - \ell_4(\ell_2 + \ell_3)}{(\ell_3 - \ell_2)^2 + \ell_2\ell_3}$$

$$= \frac{100}{2 \cdot 4} \, \frac{7(27-6-7{,}5)+6^2+7{,}5^2-9(6+7{,}5)}{(7{,}5-6)^2+6 \cdot 7{,}5} = 17{,}3\text{cm}.$$

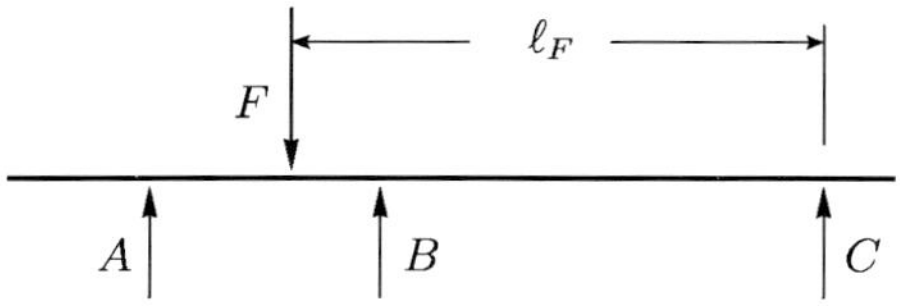

(a)

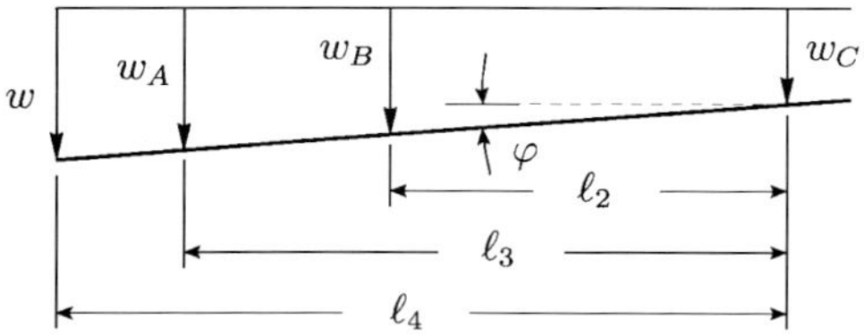

Aufg. 4.24

Seil 2 kann schlaff werden. Dann ist $\sigma_2 = 0$. Zunächst wird $\sigma_2 > 0$ vorausgesetzt. Die Seilkräfte sind $\sigma_1 A$ und $\sigma_2 A$ (Abb. a). Gleichgewicht der Momente um 0 fordert

$$(\sigma_1 - \sigma_2)A\ell\sin\alpha - q\ell \cdot \frac{\ell}{2} = 0 \qquad \text{oder} \qquad \sigma_1 - \sigma_2 = \frac{q\ell}{2A\sin\alpha}. \tag{a}$$

Die Änderungen der Seilkräfte um $(\sigma_i - \sigma_0)A$ verursachen Längenänderungen $\Delta\ell_i$ $(i = 1, 2)$ der Seile von der Größe

$$\Delta\ell_i = \frac{\sigma_i - \sigma_0}{E} \cdot \frac{\ell}{\cos\alpha} \qquad (i = 1, 2) \tag{b}$$

(Seillänge $\ell/\cos\alpha$). Abb. b entnimmt man die geometrische Beziehung zwischen der Horizontalverschiebung w der Mastspitze und den Längenänderungen der Seile:

$$\Delta\ell_{1,2} = \pm w\sin\alpha. \tag{c}$$

(a), (b) und (c) sind 5 Gleichungen für die Unbekannten $\sigma_{1,2}$, $\Delta\ell_{1,2}$ und w. Elimination von $\Delta\ell_{1,2}$ aus (b) und (c) liefert die Gleichungen

$$\frac{\sigma_1 - \sigma_0}{E} \cdot \frac{\ell}{\sin\alpha\cos\alpha} = w, \qquad \frac{\sigma_2 - \sigma_0}{E} \cdot \frac{\ell}{\sin\alpha\cos\alpha} = -w. \tag{d}$$

Addition ergibt $\sigma_1 + \sigma_2 = 2\sigma_0.$ (e)

Daraus und aus (a) erhält man das Ergebnis $\sigma_{1,2} = \sigma_0 \pm \dfrac{q\ell}{4A\sin\alpha}.$

Damit liefert jede der Gln. (d) die Verschiebung w. Zahlenwerte:

$$\sigma_{1,2} = 50 \pm \frac{500 \cdot 25}{4 \cdot 80 \cdot \sin 35^\circ} = \begin{cases} 118\text{Nmm}^{-2} \\ -18\text{Nmm}^{-2}. \end{cases}$$

Da sich $\sigma_2 < 0$ ergibt, ist die Voraussetzung für die Gültigkeit der Rechnung verletzt. Seil 2 wird also schlaff. In (a) muß $\sigma_2 = 0$ gesetzt werden. Das liefert unmittelbar $\sigma_1 = \dfrac{q\ell}{2A\sin\alpha} = 136\ \text{Nmm}^{-2}.$

Von (d) bleibt nur die erste Gleichung übrig. Sie ergibt

$$w = \frac{(136-50)25 \cdot 10^3}{10^4 \sin 35^\circ \cos 35^\circ}\ \text{mm} = 45,8\text{cm}.$$

Die 2. Gleichung (d) und damit auch (e) verlieren ihre Gültigkeit.

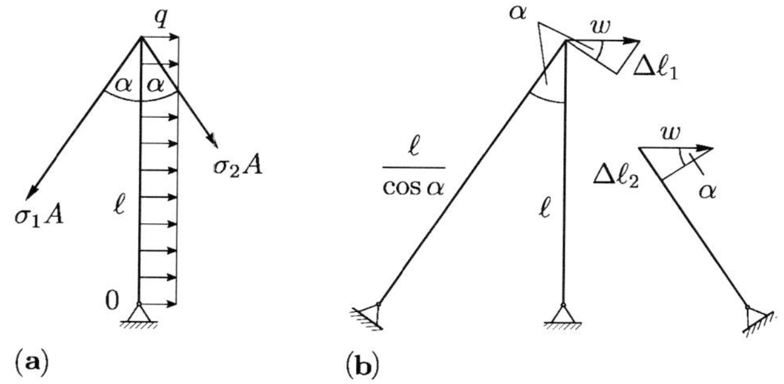

Aufg. 4.25

In Abb. a werden die Seitenlängen $2a$ und $2b$ und das x,y-System mit dem Ursprung 0 eingeführt. Da der Rahmen starr ist, liegen seine Punkte auch nach der Verschiebung in einer Ebene. Ihre Gleichung wird mit unbekannten Konstanten w_0, A und B in der Form

$w(x, y) = w_0 + Ax + By$ (w nach oben positiv)

beschrieben. Die Verschiebungen w_i der Punkte 0, ..., 4 mit den Koordinaten (x_i, y_i) sind

$$w_i = w_0 + Ax_i + By_i \qquad (i = 0, ..., 4). \tag{a}$$

Am Rahmen greifen (nach unten positiv gerechnet) die Federkräfte an:

$F_1 = k_1(w_1 - h) = k_1(w_0 + Aa - Bb - h),\qquad F_2 = k_1 w_2 = k_1(w_0 + Aa + Bb),$

$F_3 = k_2 w_3 = k_2(w_0 - Aa - Bb),\qquad F_4 = k_2 w_4 = k_2(w_0 - Aa + Bb).$

Kräftegleichgewicht in vertikaler Richtung fordert

$$2w_0(k_1 + k_2) + 2Aa(k_1 - k_2) = k_1 h. \tag{b}$$

Die Momentengleichgewichtsbedingungen um beide Diagonalen fordern

$F_4 = F_1$ und $F_3 = F_2$ oder

$$k_2(w_0 - Aa + Bb) = k_1(w_0 + Aa - Bb - h), \tag{c}$$

$$k_2(w_0 - Aa - Bb) = k_1(w_0 + Aa + Bb). \tag{d}$$

(b), (c) und (d) sind drei Gleichungen für w_0, Aa und Bb. Addition bzw. Subtraktion von (c) und (d) liefern

$$2w_0(k_1 - k_2) + 2Aa(k_1 + k_2) = k_1 h. \qquad \text{(e)}$$

$$2Bb(k_1 + k_2) = -k_1 h. \qquad \text{(f)}$$

(b) und (e) werden nach w_0 und Aa aufgelöst, und (f) liefert Bb:

$$w_0 = Aa = \frac{h}{4}, \qquad Bb = -\frac{h}{2}\,\frac{k_1}{k_1 + k_2}\,.$$

Damit liefert (a)

$$w_1 = w_0 + Aa - Bb = \frac{h}{2}\Big(1 + \frac{k_1}{k_1 + k_2}\Big) = \frac{h}{2}\,\frac{2k_1 + k_2}{k_1 + k_2},$$

$$w_2 = w_0 + Aa + Bb = \frac{h}{2}\Big(1 - \frac{k_1}{k_1 + k_2}\Big) = \frac{h}{2}\,\frac{k_2}{k_1 + k_2},$$

$$w_3 = w_0 - Aa - Bb = \frac{h}{2}\,\frac{k_1}{k_1 + k_2},$$

$$w_4 = w_0 - Aa + Bb = -w_3.$$

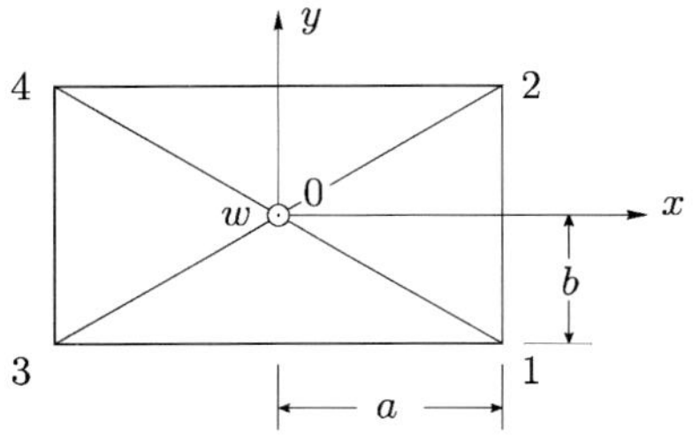

(a)

Aufg. 4.26

Nach Gl. (4.13) sind die Spannungen $\sigma_1 = F/A_1$, $\sigma_2 = -F/A_2$.
Aus den Bedingungen $\sigma_1 \le \sigma_{1\,zul}$ und $\sigma_2 \ge -\sigma_{2\,zul}$ folgt $F \le F_{max}$ mit

$F_{max} = \min(A_1\sigma_{1\,zul}\,,\, A_2\sigma_{2\,zul}) = \min(9{,}6\text{kN}\,,\, 6\text{kN}) = 6\text{kN}.$

Aus Gl. (4.16) und (4.17) ergibt sich

$$\varphi_{max} = 2\pi\frac{\ell}{h}(\varepsilon_1 - \varepsilon_2) = 2\pi\frac{\ell}{h}F_{max}\Big(\frac{1}{E_1A_1} + \frac{1}{E_2A_2}\Big)$$

$$= \frac{2\pi \cdot 100 \cdot 6 \cdot 10^3\big(\frac{1}{2\cdot 10^5\cdot 80} + \frac{1}{1{,}1\cdot 10^5\cdot 120}\big)}{0{,}8} = 37{,}3^\circ.$$

Gl. (4.12) hat im Fall $\varrho_1 = \varrho_2 = 0$ die Form

$$F_{max} = \frac{2M_{max}}{d_w \tan\beta} = \frac{2M_{max}}{h/\pi}.$$

Daraus folgt

$$M_{max} = \frac{F_{max}h}{2\pi} = \frac{6\cdot 10^3\cdot 0{,}8}{2\pi}\,\text{Nmm} = 0{,}76\text{Nm}.$$

Aufg. 4.27

Aus Gl. (4.13) bis (4.17) ergibt sich

$$\varphi = 2\pi\frac{\ell}{h}(\varepsilon_1 - \varepsilon_2) = 2\pi\frac{\ell}{h}F\Big(\frac{1}{E_1A_1} + \frac{1}{E_2A_2}\Big)$$

mit $A_1 = \frac{\pi}{4}d^2 = \frac{\pi}{4}12^2 = 113,1\text{mm}^2$,

$A_2 = \frac{\pi}{4}\left(D_a^2 - D_i^2\right) = \frac{\pi}{4}(20^2 - 18^2) = 59,7\text{mm}^2$.

Mit $\varphi = 2\pi/6$ erhält man im Fall ohne Erwärmung

$$F = \frac{h}{6\ell\big(\frac{1}{E_1A_1} + \frac{1}{E_2A_2}\big)} = \frac{hE_1A_1}{6\ell\big(1 + \frac{E_1A_1}{E_2A_2}\big)} \quad \text{und damit}$$

$$\sigma_1 = \frac{F}{A_1} = \frac{hE_1}{6\ell\big(1 + \frac{E_1A_1}{E_2A_2}\big)} = \frac{2,1\cdot 10^5}{6\cdot 200\big(1 + \frac{2,1\cdot 113,1}{1,1\cdot 59,7}\big)} = 37,9\text{Nmm}^{-2},$$

$$\sigma_2 = \frac{-F}{A_2} = -\sigma_1\frac{A_1}{A_2} = -71,8\text{Nmm}^{-2}.$$

Bei Erwärmung um ΔT sind die Spannungen (Gl. (4.18), (4.19))

$$\sigma_1 + \frac{F^*}{A_1} \qquad \text{und} \qquad \sigma_2 - \frac{F^*}{A_2} \qquad \text{mit} \qquad F^* = \frac{(\alpha_2 - \alpha_1)\Delta T}{\frac{1}{E_1A_1} + \frac{1}{E_2A_2}}.$$

Man erhält

$$\frac{F^*}{A_1} = \frac{(\alpha_2 - \alpha_1)\Delta T E_1}{1 + \frac{E_1A_1}{E_2A_2}} = 10,9\text{Nmm}^{-2}, \qquad -\frac{F^*}{A_2} = -20,7\text{Nmm}^{-2}.$$

Aufg. 4.28

Nach Gl. (4.29) sind die Umfangsspannungen σ_t im Innenrohr 1 und im Außenrohr 2 infolge der Flächenpressung Δp (positive Größe bei Druck)

$$\sigma_{t1} = -\frac{\Delta p\, r}{t_1}, \qquad \sigma_{t2} = \frac{\Delta p\, r}{t_2}.$$

Sie verursachen Durchmesseränderungen

$$\Delta d_1 = \varepsilon_1 d = -\frac{2\Delta p\, r^2}{t_1E_1}, \qquad \Delta d_2 = \varepsilon_2 d = \frac{2\Delta p\, r^2}{t_2E_2}.$$

Aus der Forderung $\Delta d_2 - \Delta d_1 = \Delta d$ ergibt sich

$$\Delta p = \frac{\Delta d}{2r^2\big(\frac{1}{t_1E_1} + \frac{1}{t_2E_2}\big)}.$$

Die gesuchte Reibkraft F an der Mantelfläche $2\pi r\ell$ ist

$$F = \mu_0\cdot 2\pi r\ell\Delta p = \frac{2\pi\mu_0\ell\Delta d}{d\big(\frac{1}{t_1E_1} + \frac{1}{t_2E_2}\big)}$$

$$= \frac{2\pi\cdot 0,1\cdot 200\cdot 0,15\cdot 2\cdot 10^5}{100(1/5+1/6)} = 103\text{kN}.$$

Aufg. 4.29

Die Überlagerung der Lastfälle Innendruck und Längskraft infolge der starren Wände verursacht Hauptnormalspannungen σ_x (Längsrichtung), σ_t (Umfangsrichtung) und $\sigma_r \approx 0$ (radiale Richtung). Gleichgewicht der Kräfte am System in Abb. 4.11b liefert (s. Gl. (4.29))

$$\sigma_t = \frac{r}{t}\,\Delta p = 225\text{Nmm}^{-2}.$$

σ_t und σ_x verursachen nach dem Stoffgesetz (Gl. (3.16)) die Längsdehnung

$$\varepsilon_x = \frac{1}{E}(\sigma_x - \nu\sigma_t).$$

Hier ist $\varepsilon_x = 0$ vorgeschrieben. Daraus folgt

$$\sigma_x = \nu\,\sigma_t = \nu\,\frac{r}{t}\,\Delta p = 67{,}5\text{Nmm}^{-2}.$$

Aufg. 4.30

Die Kesselformeln (4.29) und das Stoffgesetz Gl. (3.16) machen die Aussagen

$$\sigma_x = \frac{\Delta p\, d}{4t}, \qquad \sigma_t = \frac{\Delta p\, d}{2t}, \qquad \varepsilon_x = \frac{1}{E}(\sigma_x - \nu\sigma_t) = \frac{\Delta p\, d}{4tE}(1-2\nu).$$

Daraus folgt

$$\Delta p = \frac{4tE\varepsilon_x}{(1-2\nu)d} = \frac{4\cdot 3\cdot 2{,}1\cdot 10^5\cdot 1{,}5\cdot 10^{-3}}{0{,}4\cdot 800} = 11{,}8\text{Nmm}^{-2}.$$

Aufg. 4.31

Man schneidet eine Halbkugel frei. Die Normalspannung σ_t verursacht an der Schnittfläche der Größe $2\pi rt$ die resultierende Kraft $\sigma_t \cdot 2\pi rt$. Sie muß gleich der Kraft sein, die der Überdruck Δp auf die projizierte Fläche πr^2 ausübt. Aus

$$\sigma_t \cdot 2\pi rt = \pi r^2 \Delta p \quad \text{ergibt sich} \quad \sigma_t = \frac{r\Delta p}{2t}.$$

Kapitel 5

Aufg. 5.1

Das Biegemoment ist im Bereich zwischen den Kräften konstant. Nach Gl. (5.13) und (5.14) ist

$$\rho = \frac{EI_y}{M_y}, \qquad \sigma_{max} = \frac{M_y}{I_y} \cdot \frac{d}{2}.$$

Multiplikation beider Gleichungen miteinander liefert $\rho\sigma_{max} = Ed/2.$

Mit $\sigma_{max} = 0,2\,\sigma_{zul}$ ergibt sich

$$\rho = \frac{Ed}{2 \cdot 0,2\,\sigma_{zul}} = \tfrac{2,1 \cdot 10^5 \cdot 120}{0,4 \cdot 250}\,\text{mm} = 252\text{m}.$$

Aufg. 5.2

Die Aufteilung der Fläche in die beiden Rechtecke bd und hd (Abb. a) liefert

$$I_y(h) = \tfrac{1}{12}bd^3 + \tfrac{1}{12}dh^3 + a^2bd + \left(\tfrac{1}{2}h + \tfrac{1}{2}d - a\right)^2 hd.$$

Darin sind die letzten beiden Glieder die Steinerschen Anteile. Der Abstand a des Gesamtschwerpunktes S von der Gurtmittellinie ist

$$a = \frac{\left(\frac{1}{2}h + \frac{1}{2}d\right)hd}{(h+b)d} = \tfrac{1}{2}h\,\frac{h+d}{h+b}.$$

Damit ergibt sich

$$\tfrac{1}{2}h + \tfrac{1}{2}d - a = \tfrac{1}{2}(h+d)\left(1 - \frac{h}{h+b}\right) = \tfrac{1}{2}b\,\frac{h+d}{h+b},$$

$$I_y(h) = \tfrac{1}{12}(bd^2 + h^3)d + \left(\tfrac{1}{2}\,\frac{h+d}{h+b}\right)^2 (h^2bd + b^2hd)$$

$$= \tfrac{1}{12}(bd^2 + h^3)d + \tfrac{1}{4}\,\frac{(h+d)^2}{h+b}\,hbd.$$

Das soll c-mal so groß sein ($c = 2$ bzw. $c = 5$), wie $I_y(h = 0)$, d.h.

$$\tfrac{1}{12}(bd^2 + h^3)d + \tfrac{1}{4}\,\frac{(h+d)^2}{h+b}\,hbd = c \cdot \tfrac{1}{12}bd^3.$$

Multiplikation mit $12(h+b)$ führt für das gesuchte Verhältnis $x = h/b$ zu der Gleichung

$$x^4 + 4x^3 + 6\frac{d}{b}x^2 + (4-c)\frac{d^2}{b^2}x = (c-1)\frac{d^2}{b^2}.$$

Es ist anschaulich klar, daß sie für jedes $c > 1$ genau eine reelle Lösung hat. Das kann man formal auch wie folgt beweisen. Die rechte Seite der Gleichung ist positiv. Die linke ist ein Polynom 4. Grades $f(x)$ mit $f(0) = 0$ und $f(x) \to \infty$ für $x \to \infty$. Man muß beweisen, daß $f(x)$ in dem Bereich $x > 0$, in dem $f(x) > 0$ ist, monoton mit x wächst. Das ist z.B. dann der Fall, wenn $f(x)$ in diesem Bereich keine Wendepunkte hat. Die Lage der Wendepunkte ergibt sich aus der Gleichung $\mathrm{d}^2 f/\mathrm{d}x^2 = 0$ oder

$$x^2 + 2x = -d^2/b^2 \qquad \text{zu} \qquad x_{1,2} = -1 \pm \sqrt{1 - d^2/b^2}.$$

Es gibt also keine Wendepunkte im Bereich $x > 0$. Ende des Beweises. Durch Probieren findet man die Lösungen $h/b \approx 0,13$ für $c = 2$ und $h/b \approx 0,27$ für $c = 5$.

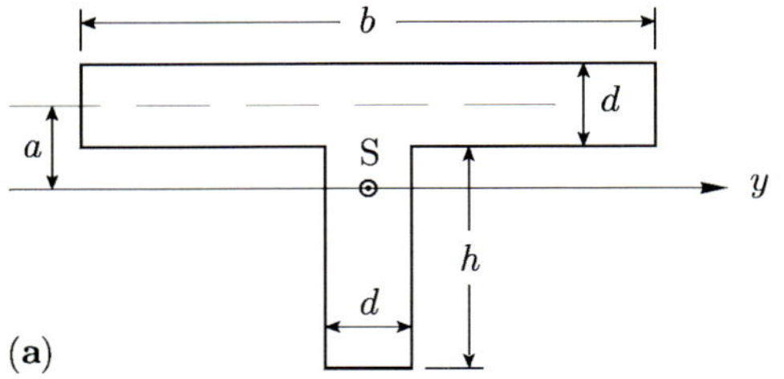

Aufg. 5.3

Zwei Halbkreiswellen haben dasselbe Flächenmoment I_y wie ein Vollkreis. Für diesen gilt Gl. (5.21). Für das Wellblech ist also

$$I_y = \frac{5\pi}{4}\left(r_a^4 - r_i^4\right) = \frac{5\pi}{4}\left(r_a^2 + r_i^2\right)(r_a + r_i)(r_a - r_i)$$

$$= \frac{5\pi}{4}\left[\left(r + \tfrac{1}{2}t\right)^2 + \left(r - \tfrac{1}{2}t\right)^2\right] \cdot 2r \cdot t = 5\pi r^3 t + \tfrac{5\pi}{4} r t^3 \approx 5\pi r^3 t.$$

Das ausgestreckte Blech hat einen Rechteckquerschnitt der Länge $10\pi r$ und der Dicke t. Also ist

$I_y^* = 10\pi r \cdot \frac{1}{12} t^3 = \frac{5\pi}{6} r t^3$.

Aufg. 5.4

Die Gewichte G_D der beiden Deckpappen und G_Z der Zickzacklagen sind den Längen proportional: $G_D = c \cdot 2 \cdot 10ht$, $G_Z = c \cdot 10h\sqrt{2}t$

(c ist der belanglose Proportionalitätsfaktor). Damit ergibt sich das gesuchte Gewichtsverhältnis

$$\frac{G_Z}{G_D + G_Z} = \frac{10\sqrt{2}}{20 + 10\sqrt{2}} = \frac{\sqrt{2}}{2 + \sqrt{2}} = 41\%.$$

Für beide Deckpappen zusammen ist das Flächenmoment

$$I_{yD} = 2\left[10 \cdot \tfrac{1}{12} h t^3 + 10ht\left(\tfrac{1}{2}h\right)^2\right] \approx 5h^3 t.$$

Zur Berechnung von I_{yZ} für die Zickzacklagen gibt es zwei Möglichkeiten.
1. Jede einzelne Lage hat in ihrem eigenen Hauptachsensystem die Hauptflächenmomente

$I_1 = \frac{1}{12} t (h\sqrt{2})^3 = \frac{\sqrt{2}}{6} h^3 t, \qquad I_2 \approx 0.$

Abb. a zeigt den mit I_1 und I_2 konstruierten Mohrschen Kreis und das Flächenmoment I_y für die um 45° gegen die Hauptachse gedrehte y-Achse. Mit $I_y = I_1/2$ ergibt sich für alle 10 Lagen

$I_{yZ} = 5 I_1 = \frac{5\sqrt{2}}{6} h^3 t.$

2. Je zwei Lagen haben zusammen dasselbe Flächenmoment bezüglich der y-Achse, wie die beiden übereinandergeschobenen Lagen in Abb. b. Da diese Figur mehr als

zwei Symmetrieachsen hat, sind für sie die Flächenmomente für alle Achsen gleich, d.h. ebenso groß, wie die Hauptflächenmomente der Größe

$\frac{1}{12}t(h\sqrt{2})^3 = \frac{\sqrt{2}}{6}h^3t.$

Also ist für fünf Paare $\quad I_{yZ} = \frac{5\sqrt{2}}{6}h^3t.$

Das ist dasselbe Ergebnis wie oben. Das gesuchte Verhältnis ist

$$\frac{I_{yZ}}{I_{yD}+I_{yZ}} = \frac{\frac{5\sqrt{2}}{6}}{5+\frac{5\sqrt{2}}{6}} = \frac{\sqrt{2}}{6+\sqrt{2}} = 19\%.$$

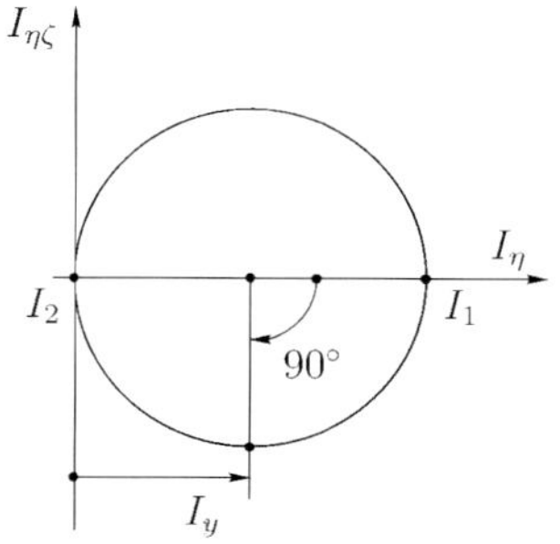

(a)

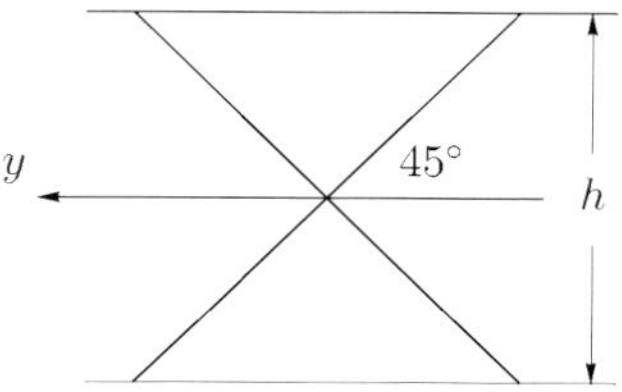

(b)

Aufg. 5.5

Für das einzelne Profil entnimmt man dem Dubbel die Größen (Abb. c) $A = 6,89\text{cm}^2, e_x = 2,85\text{cm}, e_y = 0,88\text{cm}, I_x = 44,9\text{cm}^4, I_y = 7,59\text{cm}^4, \tan\alpha = 0,259$. Damit ergibt sich aus Gl. (5.28)

$I_{xy} = \frac{1}{2}(I_x - I_y)\tan 2\alpha = 10,36\text{cm}^4.$

Anordnung a:
Der Flächenschwerpunkt S liegt in Abb. a so, daß e_x dieselbe Größe hat, wie in Abb. c, und die Achsen $1-1$ und $2-2$ sind wegen der Symmetrie Hauptachsen.

$I_1 = 2I_x = 89,8\text{cm}^4, \qquad I_2 = 2(I_y + e_y^2A) = 25,8\text{cm}^4, \qquad \alpha = 0.$

Anordnung b:
Der Flächenschwerpunkt liegt aus Symmetriegründen mittig, wie in Abb. b gezeichnet. Aus Gl. (5.24) und (5.25) folgt

$$I_{\bar{x}} = 2\Big[I_x + \big(\tfrac{1}{2}h - e_x\big)^2 A\Big] = 2(44,9 + 1,15^2 \cdot 6,89) = 108,0\text{cm}^4,$$

$$I_{\bar{y}} = 25,8\text{cm}^4 \qquad (I_2 \text{ von Anordnung a}),$$

$$I_{\bar{x}\bar{y}} = 2\Big\{I_{xy} - e_y\Big[-\big(\tfrac{1}{2}h - e_x\big)\Big]A\Big\} = 2(10,36 + 0,88 \cdot 1,15 \cdot 6,89) = 34,7\text{cm}^4.$$

Damit liefert Gl. (5.28)

$$\tan 2\alpha = \frac{2I_{\bar{x}\bar{y}}}{I_{\bar{x}} - I_{\bar{y}}} = \frac{2\cdot 34,7}{108-25,8} = 0,8436 \qquad \to \qquad \alpha = \begin{cases} 20,1^\circ \\ 110,1^\circ \end{cases},$$

$$I_{1,2} = \tfrac{1}{2}(I_{\bar{x}} + I_{\bar{y}}) \pm \sqrt{\tfrac{1}{4}(I_{\bar{x}} - I_{\bar{y}})^2 + I_{\bar{x}\bar{y}}^2}$$

$$= \tfrac{1}{2}(108 + 25,8) \pm \sqrt{\tfrac{1}{4}(108 - 25,8)^2 + 34,7^2} = \begin{cases} 120,7\text{cm}^4 \\ 13,1\text{cm}^4 \end{cases} .$$

Abb. b zeigt die Hauptachsen. Man erkennt ohne Rechnung, daß das größere Hauptflächenmoment zu der mit 1–1 bezeichneten Achse unter dem Winkel $\alpha = 20,1^\circ$ gehört. Rechnerisch läßt sich die Zuordnung der beiden Winkel zu den beiden Hauptflächenmomenten dadurch feststellen, daß man einen Winkel in Gl. (5.26) einsetzt.
Graphische Lösung: $I_{\bar{x}}, I_{\bar{y}}$ und $I_{\bar{x}\bar{y}}$ liefern die Punkte M und P des Mohrschen Kreises in Abb. d und damit I_1, I_2 und α.

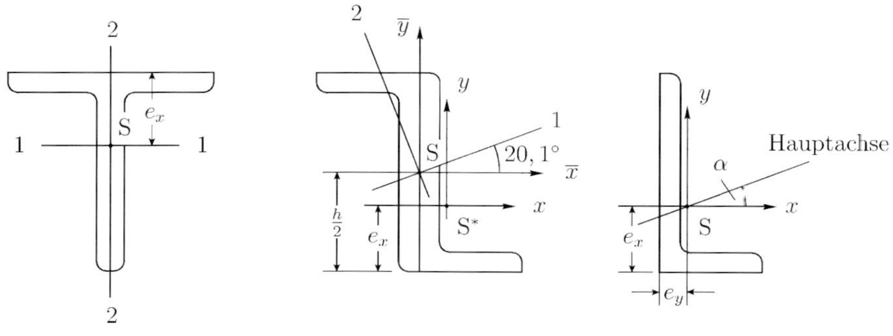

(a) (b) (c)

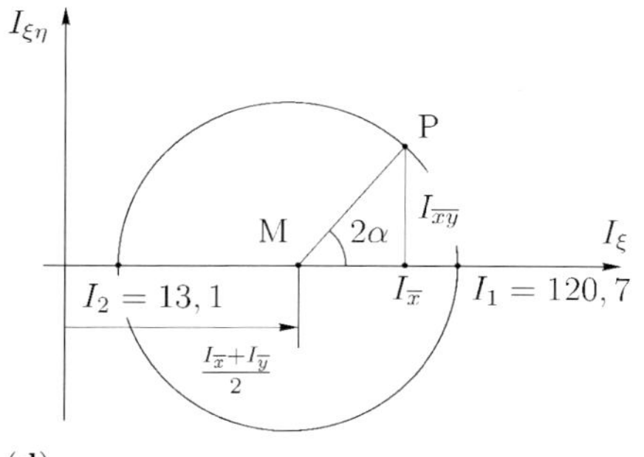

(d)

Aufg. 5.6

Abb. a zeigt den Stabquerschnitt mit den beiden Koordinatensystemen y, z und y', z' sowie ein weiteres Koordinatensystem $\bar{y}, \bar{z}$. In diesem werden die Koordinaten des Schwerpunkts S aus den Gleichungen berechnet:

$$\bar{y}_S = \frac{A_1 \cdot 0 + Ae}{A_{ges}} = \tfrac{20,4 \cdot 1,75}{32,4} = 1,10\text{cm},$$

$$\bar{z}_S = \frac{A_1(-t_1/2) + Ah/2}{A_{ges}} = \tfrac{12 \cdot (-0,5) + 20,4 \cdot 7}{32,4} = 4,22\text{cm}.$$

Damit ergeben sich aus Gl. (5.23) bis (5.25)

$$I_y = \tfrac{1}{12}bt^3 + I_{y'} + \left(\tfrac{1}{2}t + \bar{z}_S\right)^2 A_1 + \left(\tfrac{1}{2}h - \bar{z}_S\right)^2 A$$

$$= \tfrac{12}{12} + 605 + 4,72^2 \cdot 12 + 2,78^2 \cdot 20,4 = 1031\text{cm}^4,$$

$$I_z = \tfrac{1}{12}tb^3 + I_{z'} + \bar{y}_S^2 A_1 + (e - \bar{y}_S)^2 A$$

$$= 12^2 + 62,7 + 1,1^2 \cdot 12 + 0,65^2 \cdot 20,4 = 230\text{cm}^4,$$

$$I_{yz} = -\bar{y}_S\big(\tfrac{1}{2}t + \bar{z}_S\big)A_1 - [-(e - \bar{y}_S)]\big[-\big(\tfrac{1}{2}h - \bar{z}_S\big)\big]A$$

$$= -1,1 \cdot 4,72 \cdot 12 - 0,65 \cdot 2,78 \cdot 20,4 = -99,2\text{cm}^4.$$

Gl. (5.28) liefert

$$\tan 2\alpha = \tfrac{-2 \cdot 99,2}{1031 - 230} = -0,2476 \qquad \rightarrow \qquad \alpha = \begin{cases} -7^\circ \\ 83^\circ \end{cases}$$

$$I_{1,2} = \tfrac{1}{2}(1031 + 230) \pm \sqrt{\tfrac{1}{4}(1031 - 230)^2 + 99,2^2} = \begin{cases} 1040\text{cm}^4 \\ 218\text{cm}^4 \end{cases}$$

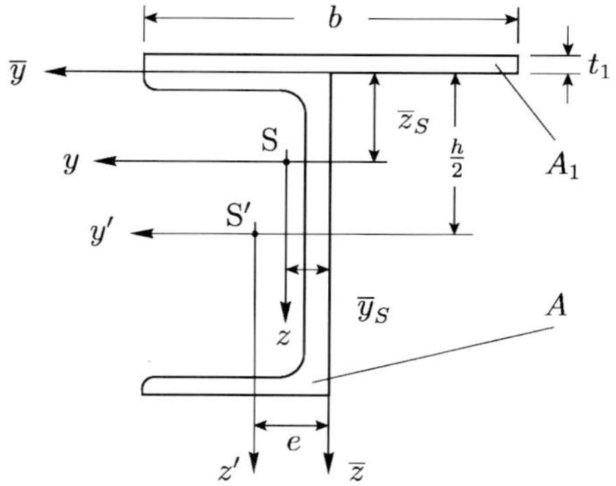

(a)

Aufg. 5.7

Der Mohrsche Kreis ist ein Punkt, wenn die Hauptflächenmomente I_y und I_z gleich sind. Mit Tab.3 des Anhangs berechnet man

$$I_y = 2\Big[\frac{1}{36}\,b\Big(\frac{a}{2}\Big)^3 + \Big(\frac{1}{2}\,\frac{ab}{2}\Big)\Big(\frac{2}{3}\cdot\frac{a}{2}\Big)^2\Big] = \tfrac{1}{36}ba^3,$$

$$I_z = 2 \cdot \frac{1}{48}\,\frac{a}{2}\,b^3 = \tfrac{1}{48}ab^3.$$

Die Bedingung ist also $\tfrac{1}{36}ba^3 = \tfrac{1}{48}ab^3$ oder $\dfrac{b}{a} = \sqrt{3}.$

Damit berechnet man $I_y = \frac{\sqrt{3}}{16}\,a^4.$

Aufg. 5.8

Aus Gl. (5.28) ergibt sich, daß $\varphi = 45^\circ$ im Fall $I_{yz} \neq 0$ $\quad I_y = I_z$ erfordert. Man berechnet

$$I_y = 2\left(\tfrac{1}{2}h\right)^2 bt + \tfrac{1}{12}h^3 t = \tfrac{1}{2}h^2 bt + \tfrac{1}{12}h^3 t, \qquad I_z = \tfrac{1}{12}(2b)^3 t.$$

Also ist

$$\tfrac{1}{12}t(6h^2 b + h^3) = \tfrac{1}{12}t \cdot 8b^3 \qquad \text{oder} \qquad \left(\frac{h}{b}\right)^3 + 6\left(\frac{h}{b}\right)^2 = 8.$$

Probieren liefert die Lösung $h/b \approx 1,064$.

Aufg. 5.9

$\varphi(n)$ wird aus Gl. (5.28) berechnet:

$$\tan 2\varphi(n) = \frac{2I_{yz}}{I_y - I_z}.$$

Das axiale Flächenmoment einer einzelnen Halbkreiswelle bezüglich der y-Achse (Abb. a) wird aus dem für den Kreisring entwickelt (Gl. (5.21)):

$$\tfrac{1}{2} \cdot \frac{\pi}{4}(r_a^4 - r_i^4) = \frac{\pi}{8} \cdot \underbrace{(r_a^2 + r_i^2)}_{2r^2} \underbrace{(r_a + r_i)}_{2r} \underbrace{(r_a - r_i)}_{t} = \frac{\pi}{2}r^3 t.$$

Damit ist für alle 2n Halbkreiswellen $\quad I_y = 2n \cdot \frac{\pi}{2}r^3 t = n\pi r^3 t.$

Bei der Berechnung von I_z sind in den Steiner-Anteilen die Abstände von der z-Achse r, $3r$, $5r$ usw. bis $(2n-1)r$. Die Fläche einer Halbkreiswelle ist πrt. Folglich ist

$$\begin{aligned} I_z &= 2\left\{n \cdot \frac{\pi}{2}r^3 t + \left[r^2 + 3^2 r^2 + 5^2 r^2 + \ldots + (2n-1)^2 r^2\right] \pi rt\right\} \\ &= n\pi r^3 t + 2\pi r^3 t\left[1^2 + 3^2 + 5^2 + \ldots + (2n-1)^2\right] \end{aligned}$$

$$I_y - I_z = -2\pi r^3 t\left[1^2 + 3^2 + 5^2 + \ldots + (2n-1)^2\right] = -\pi r^3 t \cdot \tfrac{2}{3}\, n(4n^2 - 1)$$

(s. Bronstein/Semendjajew). Zur Berechnung von I_{yz} betrachte man zunächst die Halbkreisdoppelwelle in Abb. b in beliebigem Abstand zur z-Achse. Für sie sind die biaxialen Flächenmomente bezüglich der Achsen y, z und bezüglich der Schwerpunktachsen y, z' gleich, weil der Steiner-Anteil gleich null ist. Folglich ist für alle n Doppelwellen zusammen

$I_{yz} = nI_{yz'} \qquad (I_{yz'}$ für eine einzelne Doppelwelle).

Aus Abb. b liest man ab: $\quad I_{yz'} = -2 \cdot r \cdot \dfrac{2r}{\pi} \cdot \pi rt = -4r^3 t$

(der Schwerpunkt S^* einer Halbkreislinie hat die Koordinaten r und $2r/\pi$). Also

$I_{yz} = -4nr^3 t.$

Damit erhält man

$$\tan 2\varphi(n) = \frac{-8nr^3 t}{-2\pi r^3 t \cdot \frac{1}{3}n(4n^2-1)} = \frac{12}{\pi(4n^2-1)}$$

($\varphi = 23°$ für $n = 1$; $7°$ für $n = 2$; $3°$ für $n = 3$; $0,3°$ für $n = 10$; s. Abb. c).
Das gesuchte Maß $a(n)$ ist

$$a(n) = [(n-1) \cdot 2r + r]\tan\varphi(n) = (2n-1)r\tan\varphi(n).$$

Für große n gilt $\quad \tan\varphi \approx \varphi \approx \dfrac{6}{\pi(4n^2-1)}, \quad$ also

$$a(n) = \lim_{n\to\infty} \frac{6(2n-1)}{\pi(4n^2-1)}r = \lim_{n\to\infty} \frac{6}{\pi(2n+1)}r = 0.$$

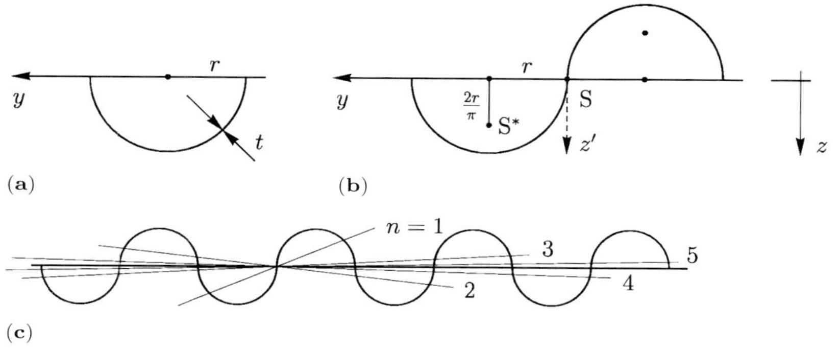

Aufg. 5.10

$$y_S = \frac{\sum A_i y_{si}}{\sum A_i} = \frac{c\Delta A\frac{h}{2}\sqrt{2} - a\Delta A\frac{h}{2}\sqrt{2}}{(a+b+c+d)\Delta A} = \frac{c-a}{a+b+c+d}\cdot\frac{h}{2}\sqrt{2},$$

$$z_S = \frac{\sum A_i z_{si}}{\sum A_i} = \frac{d-b}{a+b+c+d}\cdot\frac{h}{2}\sqrt{2},$$

$$I_y = \sum A_i z_{Si}^2 = d\Delta A\Big(\frac{h}{2}\sqrt{2}\Big)^2 + b\Delta A\Big(\frac{h}{2}\sqrt{2}\Big)^2 = (b+d)\frac{h^2}{2}\Delta A,$$

$$I_z = \sum A_i y_{Si}^2 = (a+c)\frac{h^2}{2}\Delta A,$$

$$I_{yz} = -\sum A_i y_{Si} z_{Si} = 0.$$

Die Steinerschen Formeln (5.24) und (5.25) liefern die Flächenmomente im parallel zum x,z-System ausgerichteten y',z'-System mit dem Ursprung im Flächenschwerpunkt:

$$I_{y'} = I_y - z_S^2 A = \Big[b + d - \frac{(d-b)^2}{a+b+c+d}\Big]\frac{h^2}{2}\Delta A = \frac{4bd + (a+c)(b+d)}{a+b+c+d}\cdot\frac{h^2}{2}\Delta A,$$

$$I_{z'} = I_z - y_S^2 A = \Big[a + c - \frac{(c-a)^2}{a+b+c+d}\Big]\frac{h^2}{2}\Delta A = \frac{4ac + (a+c)(b+d)}{a+b+c+d}\cdot\frac{h^2}{2}\Delta A,$$

$$I_{y'z'} = I_{yz} + y_S z_S A = \frac{(c-a)(d-b)}{a+b+c+d}\cdot\frac{h^2}{2}\Delta A.$$

Hauptflächenmomente und Drehwinkel φ (Gl. (5.28)):

$$\begin{aligned} I_{1,2} &= \tfrac{1}{2}(I_{y'} + I_{z'}) \pm \sqrt{\tfrac{1}{4}(I_{y'} + I_{z'})^2 + I_{y'z'}^2} \\ &= \frac{h^2\Delta A}{2(a+b+c+d)}\Big[2(ac+bd) + (a+c)(b+d) \\ &\quad \pm\sqrt{4(ac-bd)^2 + (a-c)^2(b-d)^2}\Big], \end{aligned}$$

$$\tan 2\varphi_{1,2} = \frac{-2I_{y'z'}}{I_{y'} - I_{z'}} = \frac{(a-c)(b-d)}{2(ac-bd)}.$$

Aufg. 5.11

Das gesuchte Flächenmoment I ist die Differenz der Flächenmomente zweier Sechsecke mit den Kantenlängen $a + t$ bzw. a. Also

$$I = I_y(a+t) - I_y(a) \approx \frac{\mathrm{d}I_y}{\mathrm{d}a}\,t = \tfrac{5\sqrt{3}}{4}a^3 t.$$

Aufg. 5.12

Biegemoment: Das Achsensystem von Abb. a nutzt die Symmetrie aus.

$M_y(x) = -\frac{q}{2}\left(x^2 - \frac{1}{4}\ell^2\right)$ (parabolische Verteilung mit $q\ell^2/8$ bei $x = 0$).

Die Differentialgleichung der Biegelinie:

$$w''(x) = -\frac{M_y(x)}{EI_y} = \frac{q}{24EI_y}(12x^2 - 3\ell^2).$$

Der Nennerkoeffizient (hier 24) wird so gewählt, daß die höchste Potenz von x nach zweifacher Integration den Koeffizienten eins hat. Dann vermeidet man bei der Formulierung von Randbedingungen Brüche mit großen Nennern. Die Integration liefert:

$$w'(x) = \frac{q}{24EI_y}\left(4x^3 - 3\ell^2 x + c_1\right), \qquad w(x) = \frac{q}{24EI_y}\left(x^4 - \tfrac{3}{2}\ell^2 x^2 + c_1 x + c_2\right).$$

Randbedingungen: $w(-\ell/2) = 0$, $w(\ell/2) = 0$ oder einfacher wegen der Symmetrie $w(\ell/2) = 0$ und $w'(0) = 0$.

$$w'(0) = 0 : c_1 = 0,$$

$$w(\ell/2) = 0 : \ell^4\left(\tfrac{1}{16} - \tfrac{3}{8}\right) + c_2 = 0 \qquad \rightarrow \qquad c_2 = -\tfrac{5}{16}\ell^4.$$

Damit ist $\quad w(0) = \dfrac{5}{384} \cdot \dfrac{q\ell^4}{EI_y}.$

Aus der Bedingung $w(0) \leq 2r_a$ folgt

$$\ell^4 \leq \frac{2 \cdot 384}{5} \cdot \frac{EI_y r_a}{q}$$

oder mit $\quad I_y = \dfrac{\pi}{4}(r_a^4 - r_i^4), \qquad q = \gamma\pi(r_a^2 - r_i^2)$

$$\ell^4 \leq \frac{2 \cdot 384 \cdot E\pi(r_a^4 - r_i^4)r_a}{5 \cdot 4\gamma\pi(r_a^2 - r_i^2)} = \frac{192}{5}\,\frac{E}{\gamma}\,r_a(r_a^2 + r_i^2).$$

E/γ hat für Stahl und für Aluminium dieselbe Größe. Für beide Werkstoffe ergibt sich

$$\ell \leq \sqrt[4]{\tfrac{192 \cdot 2{,}05 \cdot 10^5 \cdot 50(50^2+45^2)}{5 \cdot 7{,}7 \cdot 10^{-5}}}\ \mathrm{mm} = 12{,}33\mathrm{m}.$$

Die maximale Spannung ist

$$\sigma_{max} = \frac{q\ell^2/8}{I_y}r_a = \frac{\gamma\pi(r_a^2 - r_i^2)\ell^2 r_a}{2\pi(r_a^4 - r_i^4)} = \frac{\gamma\ell^2 r_a}{2(r_a^2 + r_i^2)}.$$

Für Stahl ist

$$\sigma_{max} = \tfrac{7{,}7 \cdot 10^{-5} \cdot 12{,}33^2 \cdot 10^6 \cdot 50}{2(50^2+45^2)} = 64{,}7\mathrm{Nmm}^{-2}$$

und für Aluminium

$\sigma_{max} = \frac{2,7}{7,7} \cdot 64,7 = 22,7\text{Nmm}^{-2}$.

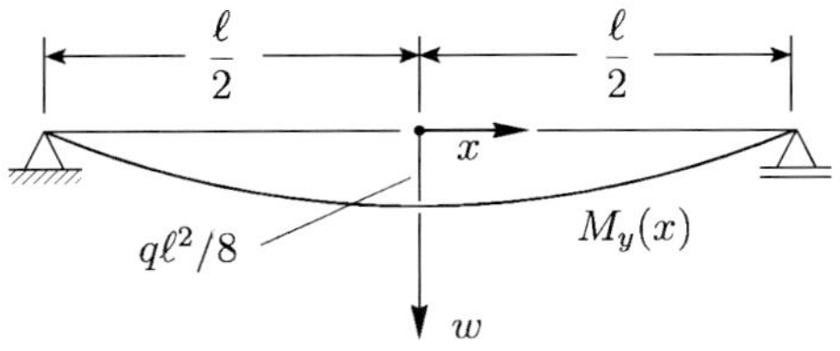

(a)

Aufg. 5.13

Im Koordinatensystem von Abb. a und mit der Hilfsgröße $\beta = \ell - b$ ist das Biegemoment:

$$M_y(x) = \begin{cases} F(\ell-\beta)x/\ell & (0 \le x \le \beta) \\ F\beta(\ell - x)/\ell & (\beta \le x \le \ell). \end{cases}$$

Biegelinie:

$$w''(x) = \begin{cases} -\dfrac{F}{6\ell EI_y}(\ell-\beta)\cdot 6x & (0 \le x \le \beta) \\ -\dfrac{F}{6\ell EI_y}\beta(6\ell - 6x) & (\beta \le x \le \ell), \end{cases}$$

$$w'(x) = \begin{cases} -\dfrac{F}{6\ell EI_y}(\ell-\beta)(3x^2 + c_1) & (0 \le x \le \beta) \\ -\dfrac{F}{6\ell EI_y}\beta(6\ell x - 3x^2 + c_2) & (\beta \le x \le \ell), \end{cases} \quad \text{(a)}$$

$$w(x) = \begin{cases} -\dfrac{F}{6\ell EI_y}(\ell-\beta)(x^3 + c_1 x + d_1) & (0 \le x \le \beta) \\ -\dfrac{F}{6\ell EI_y}\beta(3\ell x^2 - x^3 + c_2 x + d_2) & (\beta \le x \le \ell), \end{cases} \quad \text{(b)}$$

Randbedingungen:

$w(0) = 0:$ $\quad d_1 = 0,$ (c)

$w(\ell) = 0:$ $\quad 2\ell^3 + c_2\ell + d_2 = 0,$ (d)

w' stetig bei $x = \beta:$ $\quad (\ell-\beta)(3\beta^2 + c_1) = \beta(6\ell\beta - 3\beta^2 + c_2)$ oder

$c_1(\ell-\beta) - c_2\beta = 3\ell\beta^2,$ (e)

w stetig bei $x = \beta:$ $\quad (\ell-\beta)(\beta^3 + c_1\beta) = \beta(3\ell\beta^2 - \beta^3 + c_2\beta + d_2)$ oder

$c_1(\ell-\beta) - c_2\beta - d_2 = 3\ell\beta^2.$ (f)

Addition von (e) und (f): $\quad d_2 = \ell\beta^2.$

Damit liefert (d) $\quad c_2 = -(2\ell^2 + \beta^2)$

und damit (e) $\quad c_1(\ell-\beta) + (2\ell^2 + \beta^2)\beta = 3\ell\beta^2$ oder

$c_1(\ell-\beta) = -\beta(\ell-\beta)(2\ell-\beta)$ oder schließlich

$c_1 = -\beta(2\ell - \beta).$

Damit berechnet man aus (b) die Durchbiegung bei $x = a$ als Funktion von β. Man kann vermuten, daß bei $a \le \ell/2$ maximale Durchbiegungen auftreten, wenn $\beta \ge a$

ist. Das muß später überprüft werden. Mit dieser Annahme ist

$$w(x=a,\,\beta) = -\frac{F}{6EI_y}\,\frac{a}{\ell}\,(\ell-\beta)\big[a^2-\beta(2\ell-\beta)\big] \qquad (a \le \ell/2). \tag{g}$$

Die Aufgabe verlangt, β so zu bestimmen, daß diese Funktion bei festem a maximal wird. Das ist die Bedingung $\partial w/\partial\beta = 0$ oder

$$\beta^2 - 2\ell\beta = -\tfrac{1}{3}(2\ell^2+a^2)$$

mit den Lösungen

$$\beta_{1,2} = \ell \pm \sqrt{\tfrac{1}{3}(\ell^2-a^2)}.$$

Nur β_2 ist sinnvoll. Für $a \le \ell/2$ ist $\beta_2 \ge a$. Das bestätigt die Richtigkeit von (g). Mit β_2 erhält man die gesuchte Größe

$$b = \ell - \beta_2 = \ell\sqrt{\tfrac{1}{3}(1-\alpha^2)} \qquad (\alpha = a/\ell \le 1/2).$$

Die gesuchte maximale Durchbiegung $w_{max}(a)$ bei a erhält man durch Einsetzen von β_2 in (g):

$$\begin{aligned} w_{max}(a) &= -\frac{F}{6EI_y}\,\frac{a}{\ell}\,\sqrt{\tfrac{1}{3}(\ell^2-a^2)}\,\Big[a^2-\Big(\ell-\sqrt{\tfrac{1}{3}(\ell^2-a^2)}\,\Big)\Big(\ell+\sqrt{\tfrac{1}{3}(\ell^2-a^2)}\,\Big)\Big] \\ &= \frac{\sqrt{3}}{27}\,\frac{F\ell^3}{EI_y}\,\alpha\big(1-\alpha^2\big)^{3/2} \qquad (\alpha = a/\ell \le 1/2). \end{aligned}$$

Probe: Im Fall $a = \ell/2$ liefern die Formeln die richtigen Ergebnisse $b = \ell/2$ und $w_{max}(\ell/2) = F\ell^3/(48EI_y)$.

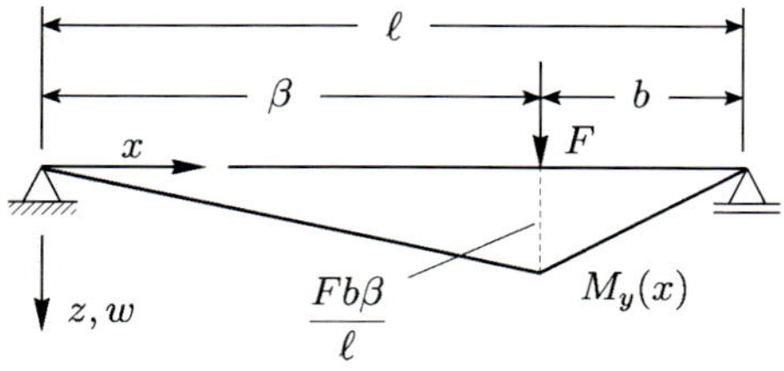

(a)

Aufg. 5.14a

Lagerreaktionen (s. Abb. a):

$$\sum M^{(B)}: \qquad A = 0, \qquad \sum F_V: \qquad B = 2q\ell.$$

Der Stab ist also symmetrisch zur Mitte belastet, aber unsymmetrisch gelagert. Jede Stabhälfte ist in der anderen Stabhälfte fest eingespannt und am Ende frei. Folglich ist das Biegemoment

$$M_y(x) = \begin{cases} -\tfrac{1}{2}q(\ell+x)^2 & (x \le 0) \\ -\tfrac{1}{2}q(\ell-x)^2 & (x \ge 0). \end{cases}$$

Die Differentialgleichung der Biegelinie lautet damit

$$w''(x) = -\frac{M_y(x)}{EI_y} = \begin{cases} \dfrac{q}{24EI_y}\cdot 12(\ell+x)^2 & (x \le 0) \\ \dfrac{q}{24EI_y}\cdot 12(\ell-x)^2 & (x \ge 0). \end{cases}$$

Integration:

$$w'(x) = \begin{cases} \dfrac{q}{24EI_y}\left[4(\ell + x)^3 + c_1\right] & (x \leq 0) \\ \dfrac{q}{24EI_y}\left[-4(\ell - x)^3 + c_2\right] & (x \geq 0), \end{cases}$$

$$w(x) = \begin{cases} \dfrac{q}{24EI_y}\left[(\ell + x)^4 + c_1 x + d_1\right] & (x \leq 0) \\ \dfrac{q}{24EI_y}\left[(\ell - x)^4 + c_2 x + d_2\right] & (x \geq 0). \end{cases}$$

Randbedingungen:

$$\begin{array}{lll} w(0) = 0: & d_2 = d_1 = -\ell^4, & \\ w(-\ell) = 0: & -c_1\ell + d_1 = 0 & \to \quad c_1 = -\ell^3, \\ w' \text{ stetig bei } x = 0: & 4\ell^3 + c_1 = -4\ell^3 + c_2 & \to \quad c_2 = c_1 + 8\ell^3 = 7\ell^3. \end{array}$$

Damit erhält man die gesuchte Lösung

$$w(x) = \begin{cases} \dfrac{q\ell^4}{24EI_y}\left[\left(1 + \dfrac{x}{\ell}\right)^4 - \dfrac{x}{\ell} - 1\right] & (x \leq 0) \\ \dfrac{q\ell^4}{24EI_y}\left[\left(1 - \dfrac{x}{\ell}\right)^4 + 7\dfrac{x}{\ell} - 1\right] & (x \geq 0). \end{cases}$$

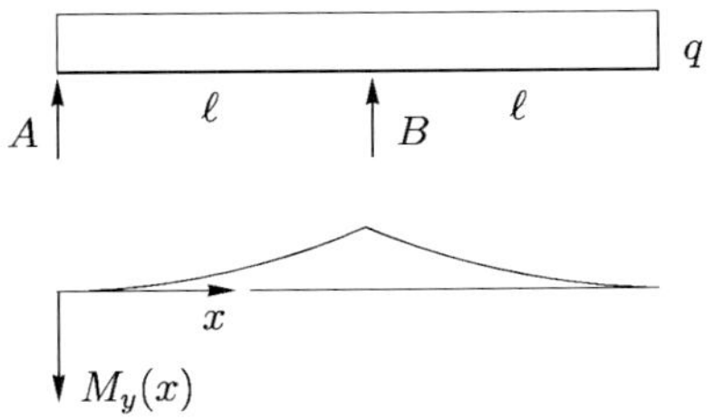

(a)

Aufg. 5.14b

Lagerreaktionen werden bei dieser Wahl der x-Achse nicht benötigt. Superposition zweier Lastzustände:
1) nur F:
Die Lösung ergibt sich aus Gleichung (a) von Beisp. 5.3-1, wenn man dort ℓ durch 2ℓ und x durch $2\ell - x$ ersetzt. Also

$$w(x) = \begin{cases} \dfrac{F(2\ell)^3}{48EI_y}\left(6\dfrac{2\ell - x}{2\ell} - 1\right) & = \dfrac{F\ell^3}{6EI_y}\left(5 - 3\dfrac{x}{\ell}\right) & (0 \leq x \leq \ell) \\ \dfrac{F \cdot 2\ell(2\ell - x)^2}{12EI_y}\left(3 - 2\dfrac{2\ell - x}{2\ell}\right) & = \dfrac{F\ell^3}{6EI_y}\left(2 - \dfrac{x}{\ell}\right)^2\left(1 + \dfrac{x}{\ell}\right) & (\ell \leq x \leq 2\ell) \end{cases}$$

2) nur q:

$$M_y(x) = -\frac{q}{2}x^2, \qquad w''(x) = \frac{q}{24EI_y} \cdot 12x^2,$$

$$w'(x) = \frac{q}{24EI_y}(4x^3 + c_1), \qquad w(x) = \frac{q}{24EI_y}(x^4 + c_1 x + c_2).$$

Randbedingungen:

$w'(2\ell) = 0: \quad c_1 = -32\ell^3,$

$w(2\ell) = 0: \quad c_2 = -16\ell^4 + 64\ell^4 = 48\ell^4.$

Damit ist

$$w(x) = \frac{q\ell^4}{24EI_y}[(\frac{x}{\ell})^4 - 32\frac{x}{\ell} + 48].$$

Die Summe dieser Funktion und der Funktion oben zur Last F gibt die gesuchte Durchbiegung an.

Aufg. 5.14c

Eine Differentialgleichung der Biegelinie wird nur im Bereich $0 \leq x \leq \ell$ benötigt. Dort ist (Abb. a) $M_y(x) = \frac{1}{4}Fx$,

$$w''(x) = -\frac{F}{24EI_y} \cdot 6x, \qquad w'(x) = -\frac{F}{24EI_y}(3x^2 + c_1),$$

$$w(x) = -\frac{F}{24EI_y}(x^3 + c_1 x + c_2).$$

Im Bereich $x \geq \ell$ ist die Biegelinie die Gerade

$$w(x) = w(\ell) \cdot (-\frac{x}{\ell} + 2).$$

Sie erfüllt die Randbedingung $w(2\ell) = 0$. Weitere Randbedingungen sind:

$w(0) = 0: \qquad c_2 = 0,$

w' stetig bei $x = \ell: \qquad -\frac{F}{24EI_y}(3\ell^2 + c_1) = -\frac{w(\ell)}{\ell},$

w stetig bei $x = \ell: \qquad -\frac{F}{24EI_y}(\ell^3 + c_1\ell) = w(\ell).$

Multiplikation der 2. Gleichung mit ℓ und Addition bzw. Subtraktion der 1. Gleichung liefern

$$-\frac{F}{24EI_y}(4\ell^3 + 2c_1\ell) = 0 \qquad \rightarrow \qquad c_1 = -2\ell^2,$$

$$-\frac{F}{24EI_y} \cdot 2\ell^3 = -2w(\ell) \qquad \rightarrow \qquad w(\ell) = \frac{F\ell^3}{24EI_y}.$$

Damit ergibt sich

$$w(x) = \begin{cases} \dfrac{F\ell^3}{24EI_y}\left[2\dfrac{x}{\ell} - (\dfrac{x}{\ell})^3\right] & (0 \leq x \leq \ell) \\ \dfrac{F\ell^3}{24EI_y}\left(2 - \dfrac{x}{\ell}\right) & (\ell \leq x \leq 2\ell). \end{cases}$$

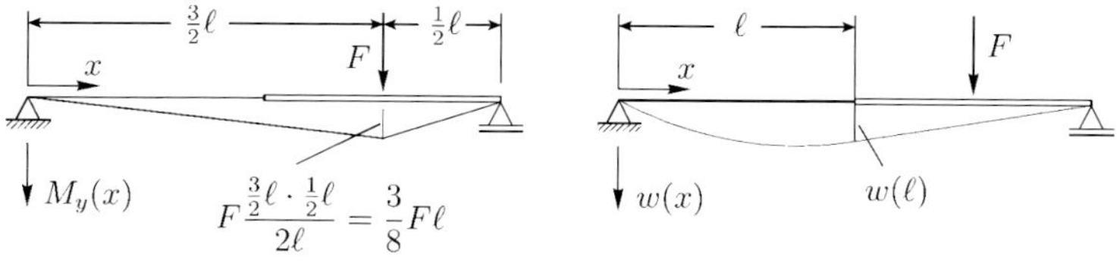

(a)

Aufg. 5.14d

Die Lagerreaktionen werden nicht benötigt. Aus Abb. a ergibt sich das Biegemoment

$$M_y(x_1) = -F(\ell_2/\ell_1)x_1 \qquad (x_1 \le \ell_1),$$
$$M_y(x_2) = -Fx_2 \qquad (x_2 \le \ell_2).$$

Die Differentialgleichung der Biegelinie:

$$\frac{\mathrm{d}^2 w_1}{\mathrm{d}x_1^2} = \frac{F}{6EI_y} \cdot \frac{\ell_2}{\ell_1} \cdot 6x_1 \quad \rightarrow \quad \frac{\mathrm{d}w_1}{\mathrm{d}x_1} = \frac{F}{6EI_y} \cdot \frac{\ell_2}{\ell_1}(3x_1^2 + c_1),$$
$$w_1(x_1) = \frac{F}{6EI_y} \cdot \frac{\ell_2}{\ell_1}(x_1^3 + c_1 x_1 + d_1),$$
$$\frac{\mathrm{d}^2 w_2}{\mathrm{d}x_2^2} = \frac{F}{6EI_y} \cdot 6x_2 \quad \rightarrow \quad \frac{dw_2}{dx_2} = \frac{F}{6EI_y}(3x_2^2 + c_2),$$
$$w_2(x_2) = \frac{F}{6EI_y}(x_2^3 + c_2 x_2 + d_2).$$

Randbedingungen:

$$w_1(0) = 0: \qquad d_1 = 0,$$
$$w_1(\ell_1) = 0: \qquad \ell_1^3 + c_1\ell_1 = 0 \quad \rightarrow \quad c_1 = -\ell_1^2,$$
$$\left.\frac{\mathrm{d}w_1}{\mathrm{d}x_1}\right|_{x_1=\ell_1} = -\left.\frac{\mathrm{d}w_2}{\mathrm{d}x_2}\right|_{x_2=\ell_2} \quad \text{(minus wegen entgegenges. Vorz. von } \mathrm{d}x_1 \text{ und } \mathrm{d}x_2\text{):}$$
$$\frac{\ell_2}{\ell_1}\left(3\ell_1^2 - \ell_1^2\right) = -\left(3\ell_2^2 + c_2\right) \quad \rightarrow \quad c_2 = -\ell_2(2\ell_1 + 3\ell_2),$$
$$w_2(\ell_2) = 0: \qquad \ell_2^3 - \ell_2(2\ell_1 + 3\ell_2)\ell_2 + d_2 = 0 \quad \rightarrow \quad d_2 = 2\ell_2^2(\ell_1 + \ell_2).$$

Damit ist

$$w_1(x_1) = \frac{F}{6EI_y} \cdot \frac{\ell_2}{\ell_1}(x_1^3 - \ell_1^2 x_1) \qquad (0 \le x_1 \le \ell_1)$$
$$w_2(x_2) = \frac{F}{6EI_y}[x_2^3 - \ell_2(2\ell_1 + 3\ell_2)x_2 + 2\ell_2^2(\ell_1 + \ell_2)] \qquad (0 \le x_2 \le \ell_2).$$

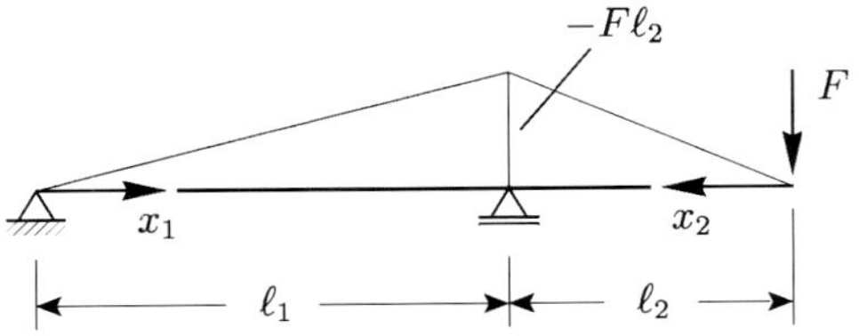

(**a**)

Aufg. 5.14e

Lösung durch Superposition. Nach Abb. a ist das Biegemoment für die linke Kraft mit $M_0 = 3F\ell/4$

$$M_y(x) = \begin{cases} M_0(2 + \frac{x}{\ell}) & \left(x \le -\ell\right) \\ M_0 \cdot \frac{1}{3}\left(2 - \frac{x}{\ell}\right) & (x \ge -\ell). \end{cases}$$

Biegelinie:

$$w''(x) = \begin{cases} -\dfrac{M_0}{EI_y}\big(2+\dfrac{x}{\ell}\big) & (x \le -\ell) \\ -\dfrac{M_0}{EI_y}\cdot\frac{1}{3}\big(2-\dfrac{x}{\ell}\big) & (x \ge -\ell), \end{cases}$$

$$w'(x) = \begin{cases} -\dfrac{M_0}{EI_y}\big(2x+\dfrac{x^2}{2\ell}+c_1\big) & (x \le -\ell) \\ -\dfrac{M_0}{EI_y}\cdot\frac{1}{3}\big(2x-\dfrac{x^2}{2\ell}+c_2\big) & (x \ge -\ell), \end{cases}$$

$$w(x) = \begin{cases} -\dfrac{M_0}{EI_y}\big(x^2+\dfrac{x^3}{6\ell}+c_1x+d_1\big) & (x \le -\ell) \\ -\dfrac{M_0}{EI_y}\cdot\frac{1}{3}\big(x^2-\dfrac{x^3}{6\ell}+c_2x+d_2\big) & (x \ge -\ell). \end{cases}$$

Randbedingungen:

$w(-2\ell)=0$: $\quad \frac{8}{3}\ell^2 - 2c_1\ell + d_1 = 0,$ (a)

$w(2\ell)=0$: $\quad \frac{8}{3}\ell^2 + 2c_2\ell + d_2 = 0,$ (b)

w' stetig bei $x=-\ell$: $\quad -\frac{3}{2}\ell + c_1 = \frac{1}{3}\big(-\frac{5}{2}\ell + c_2\big),$ (c)

w stetig bei $x=-\ell$: $\quad \frac{5}{6}\ell^2 - c_1\ell + d_1 = \frac{1}{3}\big(\frac{7}{6}\ell^2 - c_2\ell + d_2\big),$ (d)

$\ell\times$(c) + (d) : $\quad -\frac{2}{9}\ell^2 + d_1 - \frac{1}{3}d_2 = 0,$

(a) + $\frac{1}{3}\times$(b) + $2\ell\times$(c) : $\quad \frac{20}{9}\ell^2 + d_1 + \frac{1}{3}d_2 = 0.$

Addition bzw. Subtraktion der letzten beiden Gleichungen ergibt

$d_1 = -\ell^2, \qquad d_2 = -\frac{11}{3}\ell^2.$

Damit liefern (a) und (b):

$c_1 = \frac{5}{6}\ell, \qquad c_2 = \frac{1}{2}\ell.$

Damit ergibt sich bei Beachtung von $M_0 = 3F\ell/4$ als Biegelinie infolge der linken Kraft

$$w(x) = \begin{cases} \dfrac{F\ell^3}{24EI_y}\Big[18-15\dfrac{x}{\ell}-18(\dfrac{x}{\ell})^2-3(\dfrac{x}{\ell})^3\Big] & (x \le -\ell) \\ \dfrac{F\ell^3}{24EI_y}\Big[22-3\dfrac{x}{\ell}-6(\dfrac{x}{\ell})^2+(\dfrac{x}{\ell})^3\Big] & (x \ge -\ell). \end{cases}$$

Die Biegelinie für die rechte Kraft erhält man, wenn man x durch $-x$ ersetzt:

$$w(x) = \begin{cases} \dfrac{F\ell^3}{24EI_y}\Big[18+15\dfrac{x}{\ell}-18(\dfrac{x}{\ell})^2+3(\dfrac{x}{\ell})^3\Big] & (x \ge \ell) \\ \dfrac{F\ell^3}{24EI_y}\Big[22+3\dfrac{x}{\ell}-6(\dfrac{x}{\ell})^2-(\dfrac{x}{\ell})^3\Big] & (x \le \ell). \end{cases}$$

Die Summe dieser Funktionen ist die gesuchte Biegelinie. Wegen der Symmetrie genügt die Angabe im Bereich $x \ge 0$:

$$w(x) = \begin{cases} \dfrac{F\ell^3}{6EI_y}\Big[11-3(\dfrac{x}{\ell})^2\Big] & (0 \le x \le \ell) \\ \dfrac{F\ell^3}{6EI_y}\Big[10+3\dfrac{x}{\ell}-6(\dfrac{x}{\ell})^2+(\dfrac{x}{\ell})^3\Big] & (\ell \le x \le 2\ell). \end{cases}$$

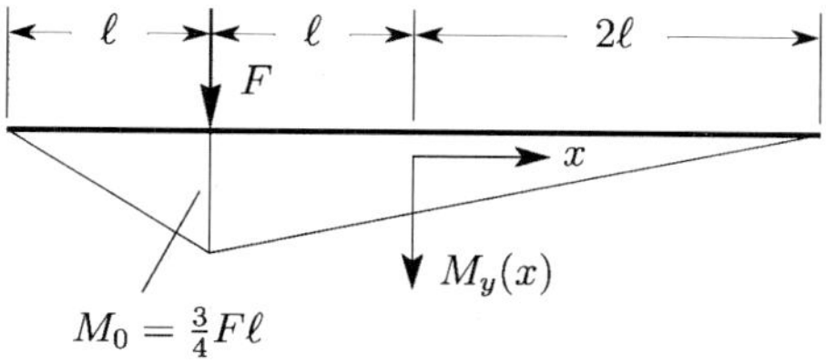

(a)

Aufg. 5.14f

Eine Bearbeitung dieser Aufgabe nach dem üblichen Schema erfordert Differentialgleichungen für Biegelinien in drei Abschnitten. Das führt zu 6 Integrationskonstanten und entsprechend vielen Randbedingungen. Bei diesen und bei anderen zusammengesetzten Systemen ist die Zerlegung in Teilsysteme u.U. wesentlich einfacher. Nach Abb. a werden das linke Teilsystem, ein Kragträger der Länge ℓ_1 mit der Last $F/2$ am freien Ende, und das rechte Teilsystem, ein beidseitig gelenkig gelagerter Stab mit mittiger Last F, unterschieden. Das linke Lager des rechten Teilsystems ist im verformten Zustand um w_0 abgesenkt. w_0 wird am linken Teilsystem bestimmt. Die gesamte Absenkung des rechten Teilsystems ist die Summe einer linearen Funktion und der Biegelinie des beidseitig gelenkig gelagerten Stabes.
Linkes Teilsystem:
$w_1(x_1)$ wird aus Beisp.5.3-1 übernommen. In Abb. 5.25a wird x durch x_1, F durch $F/2$ und $\ell/2$ durch ℓ_1 ersetzt. Dann liefert Gl. (a) des Beispiels das Ergebnis

$$w_1(x_1) = \frac{(\frac{F}{2})(2\ell_1)x_1^2}{12EI_{y1}}(3 - 2\frac{x_1}{2\ell_1}) = \frac{F\ell_1^3}{12EI_{y1}}[3(\frac{x_1}{\ell_1})^2 - (\frac{x_1}{\ell_1})^3] \qquad (0 \le x_1 \le \ell_1)$$

Damit ist $\quad w_0 = w_1(\ell_1) = \dfrac{F\ell_1^3}{6EI_{y1}}.$

Rechtes Teilsystem:
Die lineare Funktion infolge der Lagerabsenkung w_0 ist

$$w_2^*(x_2) = \frac{w_0}{2}\left(1 - \frac{2x_2}{\ell_2}\right) = \frac{F\ell_1^3}{12EI_{y1}}\left(1 - \frac{2x_2}{\ell_2}\right).$$

Das Biegemoment infolge der Last F ist (s. Abb. b)

$$M_y(x_2) = \frac{F\ell_2}{4}\left(1 \pm \frac{2x_2}{\ell_2}\right) \qquad (+ \text{ für } x_2 < 0, \quad - \text{ für } x_2 > 0).$$

Die Differentialgleichung der Biegelinie für den Bereich $x_2 < 0$ ist

$$\frac{\mathrm{d}^2 w_2}{\mathrm{d}x_2^2} = -\frac{F}{12EI_{y2}}(3\ell_2 + 6x_2).$$

Das führt zu

$$\frac{\mathrm{d}w_2}{\mathrm{d}x_2} = -\frac{F}{12EI_{y2}}(3\ell_2 x_2 + 3x_2^2 + c_2),$$

$$w_2(x_2) = -\frac{F}{12EI_{y2}}(\tfrac{3}{2}\ell_2 x_2^2 + x_2^3 + c_2 x_2 + d_2).$$

Randbedingungen:

$$\left.\frac{\mathrm{d}w_2}{\mathrm{d}x_2}\right|_{x_2=0} = 0: \qquad c_2 = 0,$$

$w_2(x_2 = -\frac{1}{2}\ell_2) = 0: \qquad \frac{3}{8}\ell_2^3 - \frac{1}{8}\ell_2^3 + d_2 = 0 \quad \to \quad d_2 = -\frac{1}{4}\ell_2^3.$

Damit erhält man für die Biegelinie die Funktion

$$w_2(x_2) = \frac{F\ell_2^3}{48EI_{y2}}\left[1 - 6\left(\frac{x_2}{\ell_2}\right)^2 + 4\left|\frac{x_2}{\ell_2}\right|^3\right].$$

Die Betragsstriche machen die Lösung im ganzen Bereich des rechten Teilsystems gültig. Nach Abb. a ist damit schließlich

$$w_{2ges} = w_2^*(x_2) + w_2(x_2) = \frac{F\ell_2^3}{48EI_{y2}}\left[5 - 8\frac{x_2}{\ell_2} - 6\left(\frac{x_2}{\ell_2}\right)^2 + 4\left|\frac{x_2}{\ell_2}\right|^3\right].$$

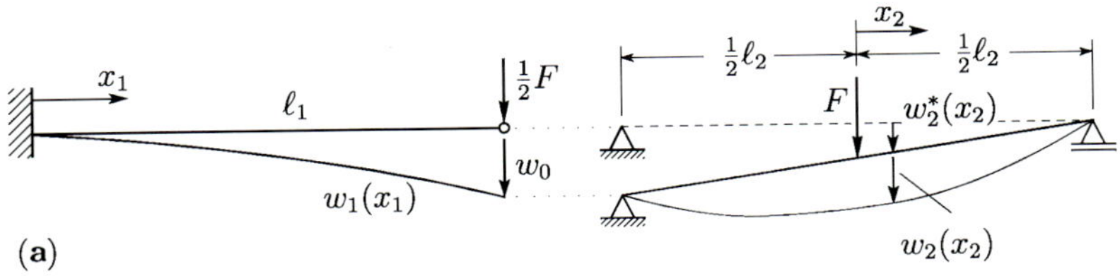

(a)

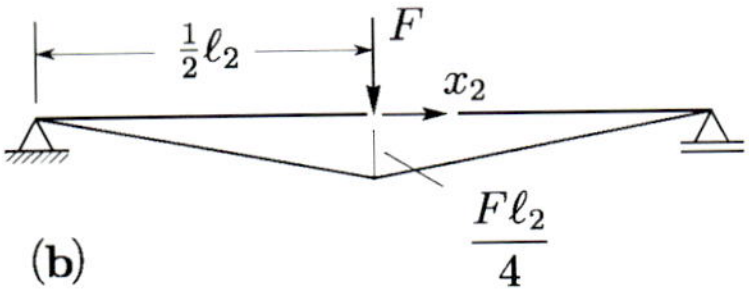

(b)

Aufg. 5.14g

Biegemoment (Abb. a):

$$M_y(x) = \begin{cases} \frac{1}{2}F\ell\left(1 + \frac{x}{\ell}\right) & (x \le 0) \\ \frac{1}{2}F\ell\left(-1 + \frac{x}{\ell}\right) & (x \ge 0). \end{cases}$$

Biegelinie:

$$w''(x) = \begin{cases} \frac{-F\ell}{12EI_{y1}}\left(6 + 6\frac{x}{\ell}\right) \\ \frac{-F\ell}{12EI_{y2}}\left(-6 + 6\frac{x}{\ell}\right), \end{cases} \qquad w'(x) = \begin{cases} \frac{-F\ell}{12EI_{y1}}\left(6x + 3\frac{x^2}{\ell} + c_1\right) \\ \frac{-F\ell}{12EI_{y2}}\left(-6x + 3\frac{x^2}{\ell} + c_2\right), \end{cases}$$

$$w(x) = \begin{cases} \frac{-F\ell}{12EI_{y1}}\left(3x^2 + \frac{x^3}{\ell} + c_1x + d_1\right) \\ \frac{-F\ell}{12EI_{y2}}\left(-3x^2 + \frac{x^3}{\ell} + c_2x + d_2\right). \end{cases}$$

Randbedingungen:

w' stetig bei $x = 0$: $\quad \frac{c_1}{I_{y1}} = \frac{c_2}{I_{y2}} \quad \to \quad c_2 = \frac{I_{y2}}{I_{y1}}c_1,$ (a)

w stetig bei $x = 0$: $\quad \frac{d_1}{I_{y1}} = \frac{d_2}{I_{y2}} \quad \to \quad d_2 = \frac{I_{y2}}{I_{y1}}d_1,$ (b)

$$w(-\ell) = 0: \qquad 2\ell^2 - c_1\ell + d_1 = 0, \tag{c}$$

$$w(\ell) = 0: \qquad -2\ell^2 + c_2\ell + d_2 = -2\ell^2 + \frac{I_{y2}}{I_{y1}}(c_1\ell + d_1) = 0. \tag{d}$$

$$(c) + \frac{I_{y1}}{I_{y2}} \times (d): \qquad 2\ell^2\Big(1 - \frac{I_{y1}}{I_{y2}}\Big) + 2d_1 = 0 \quad \rightarrow \quad d_1 = \ell^2\frac{I_{y1} - I_{y2}}{I_{y2}},$$

$$(c) - \frac{I_{y1}}{I_{y2}} \times (d): \qquad 2\ell^2\Big(1 + \frac{I_{y1}}{I_{y2}}\Big) - 2c_1\ell = 0 \quad \rightarrow \quad c_1 = \ell\frac{I_{y1} + I_{y2}}{I_{y2}}.$$

Damit ergibt sich aus (a) und (b)

$$c_2 = \ell\frac{I_{y1} + I_{y2}}{I_{y1}}, \qquad d_2 = \ell^2\frac{I_{y1} - I_{y2}}{I_{y2}}.$$

Die Biegelinie ist damit

$$w(x) = \begin{cases} \dfrac{-F\ell^3}{12EI_{y1}}\Big[\Big(\dfrac{x}{\ell}\Big)^3 + 3\Big(\dfrac{x}{\ell}\Big)^2 + \dfrac{I_{y1} + I_{y2}}{I_{y2}}\dfrac{x}{\ell} + \dfrac{I_{y1} - I_{y2}}{I_{y2}}\Big] & (x \leq 0) \\ \dfrac{-F\ell^3}{12EI_{y2}}\Big[\Big(\dfrac{x}{\ell}\Big)^3 - 3\Big(\dfrac{x}{\ell}\Big)^2 + \dfrac{I_{y1} + I_{y2}}{I_{y1}}\dfrac{x}{\ell} + \dfrac{I_{y1} - I_{y2}}{I_{y1}}\Big] & (x \geq 0). \end{cases}$$

Insbesondere ist die Durchbiegung in der Mitte

$$w(0) = \frac{F\ell^3}{12E} \cdot \frac{I_{y2} - I_{y1}}{I_{y1}I_{y2}}.$$

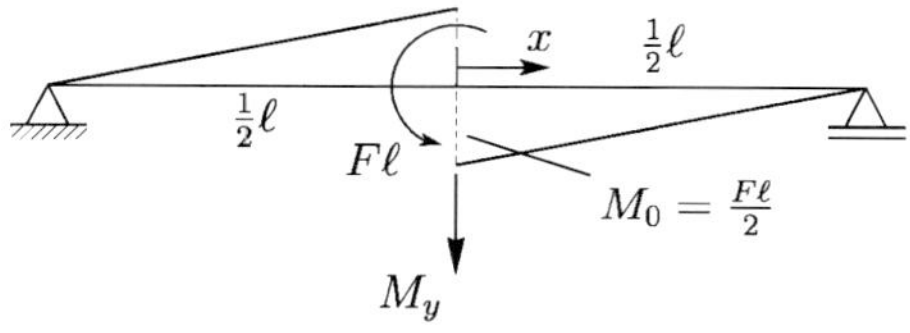

(a)

Aufg. 5.15

Die untere Blattfeder hat an ihrem Lager A die in Abb. a gezeichneten Lagerreaktionen F und $F\ell$. Diese wirken mit entgegengesetzten Vorzeichen an der oberen Blattfeder. Für die obere Blattfeder werden w_A und w'_A aus Formelsammlungen entnommen (z.B. Hütte, Tab.E5-7). Dabei wird das Superpositionsprinzip angewandt:

$$w_A = \frac{F\ell^3}{3EI_y} - \frac{(F\ell)\ell^2}{2EI_y} = -\frac{F\ell^3}{6EI_y}, \qquad w'_A = \frac{F\ell^2}{2EI_y} - \frac{(F\ell)\ell}{EI_y} = -\frac{F\ell^2}{2EI_y}.$$

Die obere Blattfeder biegt sich also nach oben (Abb. b). Nach dieser Abbildung setzt sich w_B aus zwei Anteilen zusammen:

$$w_B = \frac{F\ell^3}{3EI_y} + (w_A - w'_A\ell) = \frac{F\ell^3}{EI_y}\Big(\frac{1}{3} - \frac{1}{6} + \frac{1}{2}\Big) = \frac{2}{3} \cdot \frac{F\ell^3}{EI_y}.$$

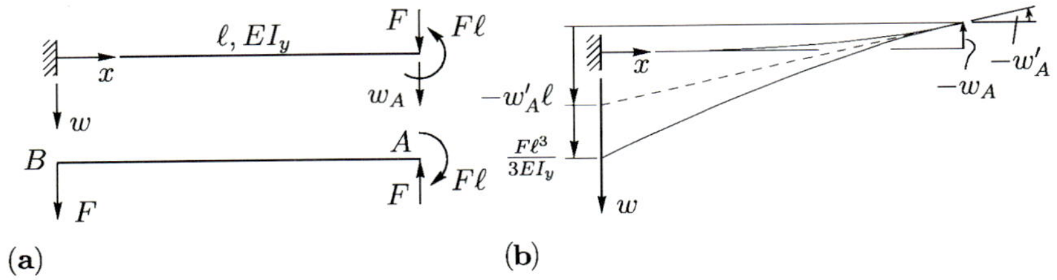

Aufg. 5.16

Momentengleichgewicht am linken Stab in Abb. a liefert die Kraft F, die am rechten Stab angreift:

$F\ell \sin\alpha - G \cdot \frac{1}{2}\ell \cos\alpha = 0 \qquad \rightarrow \qquad F = \frac{1}{2}G \cot\alpha.$

Aus Hütte, Tab.E5-7, entnimmt man die Durchbiegungen w_2 am Berührungspunkt und w_1 am Ende:

$$w_2(\alpha) = \frac{F(\ell \sin\alpha)^3}{3EI_y} = \frac{G\ell^3}{6EI_y} \cos\alpha \ \sin^2\alpha,$$

$$w_1(\alpha) = w_2 + w_2' \cdot \ell(1 - \sin\alpha) = w_2 + \frac{F(\ell \sin\alpha)^2}{2EI_y}\, \ell(1 - \sin\alpha)$$

$$= \frac{G\ell^3}{12EI_y} \left[2\cos\alpha \ \sin^2\alpha + 3\cos\alpha \ \sin\alpha \ (1 - \sin\alpha)\right]$$

$$= \frac{G\ell^3}{12EI_y} \cos\alpha \ \sin\alpha \ (3 - \sin\alpha).$$

$w_1(\alpha)$ hat sein Maximum an der Stelle α_1, an der $\mathrm{d}w_1/\mathrm{d}\alpha = 0$ ist. Das ergibt nach einfachen Umformungen die Gleichung

$3\sin^3\alpha_1 - 6\sin^2\alpha_1 - 2\sin\alpha_1 + 3 = 0.$

Probieren liefert die Lösung $\sin\alpha_1 \approx 0,65 \qquad \rightarrow \qquad \alpha_1 \approx 40,5^\circ.$

Entsprechend ist der Ort α_2 des Maximums von w_2 dort, wo $\mathrm{d}w_2/\mathrm{d}\alpha = 0$ ist oder

$-\sin\alpha_2 \cdot \sin^2\alpha_2 + \cos\alpha_2 \cdot 2\sin\alpha_2 \ \cos\alpha_2 = 0$ oder

$\sin\alpha_2(2\cos^2\alpha_2 - \sin^2\alpha_2) = 0$ oder $\sin\alpha_2(3\cos^2\alpha_2 - 1) = 0.$

$\sin\alpha_2 = 0$ liefert kein Maximum. Also ist die Lösung

$\cos\alpha_2 = \sqrt{3}/3 \qquad \rightarrow \qquad \alpha_2 \approx 54,7^\circ.$

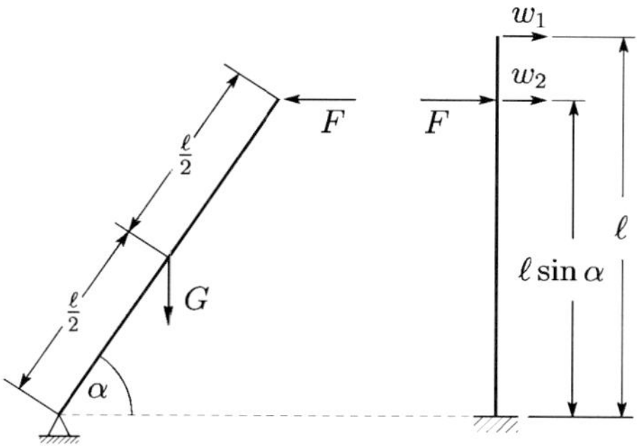

(a)

Aufg. 5.17

Auf den horizontalen Stab wirkt am rechten Ende das Moment

$$M = \int_{z=0}^{\ell} (\ell - z) q(z)\,\mathrm{d}z = \frac{q_0}{\ell} \int_0^{\ell} (\ell - z) z\,\mathrm{d}z = \frac{q_0}{\ell} \Big(\ell \frac{z^2}{2} - \frac{z^3}{3}\Big)\Big|_0^{\ell} = \frac{q_0 \ell^2}{6}.$$

Man kann M auch aus der Formel $M = Ra = (\frac{1}{2} q_0 \ell)(\frac{1}{3}\ell) = q_0 \ell^2/6$ berechnen (R Resultierende Kraft, a Entfernung des Schwerpunkts der Lastfläche). Das Biegemoment im horizontalen Stab infolge M ist $M_y(x) = Mx/(2\ell)$ (Abb. a). Damit ist

$$w''(x) = \frac{-M}{12EI_y}\, 6\, \frac{x}{\ell}, \qquad w'(x) = \frac{-M}{12EI_y}\Big(3\frac{x^2}{\ell} + c_1\Big),$$

$$w(x) = \frac{-M}{12EI_y}\Big(\frac{x^3}{\ell} + c_1 x + c_2\Big).$$

Randbedingungen:

$$w(0) = 0 : \qquad\qquad c_2 = 0,$$

$$w(2\ell) = 0 : \quad 8\ell^2 + 2c_1\ell = 0 \quad \to \quad c_1 = -4\ell.$$

Damit ist die Biegelinie des horizontalen Stabes

$$w(x) = \frac{q_0 \ell^4}{72EI_y}\Big[4\,\frac{x}{\ell} - \big(\frac{x}{\ell}\big)^3\Big].$$

Weiter unten wird die Neigung $\quad w'(2\ell) = \dfrac{-q_0 \ell^3}{9EI_y} \quad$ benötigt.

Die Verschiebung $v(z)$ des vertikalen Stabes ist die Summe zweier Anteile (Abb. b):

$$v(z) = -w'(2\ell)\cdot \frac{\ell - z}{\ell} + \hat{v}(z) = \frac{q_0 \ell^4}{9EI_y}\big(1 - \frac{z}{\ell}\big) + \hat{v}(z). \qquad \text{(a)}$$

Der erste Anteil entsteht durch die Drehung des Fußpunkts um den Winkel $w'(2\ell)$ (positiv im Uhrzeigersinn!). Der zweite ist die Durchbiegung des unten fest eingespannten Stabes unter der Last $q(z)$.

Biegemoment: Aus

$$\frac{\mathrm{d}^2 M_y}{\mathrm{d}z^2} = -q(z) = -q_0\,\frac{z}{\ell}$$

folgt mit den Randbedingungen $Q(0) = 0$ und $M_y(0) = 0$

$$M_y(z) = -\frac{q_0 z^3}{6\ell}.$$

Die Differentialgleichung der Biegelinie ist damit

$$\hat{v}''(z) = \frac{q_0}{6EI_y\ell}\, z^3 = \frac{q_0}{120EI_y\ell} \cdot 20z^3.$$

Daraus folgt

$$\hat{v}'(z) = \frac{q_0}{120EI_y\ell}(5z^4 + c_1), \qquad \hat{v}(z) = \frac{q_0}{120EI_y\ell}(z^5 + c_1 z + c_2).$$

Randbedingungen:

$$\hat{v}'(\ell) = 0: \qquad 5\ell^4 + c_1 = 0 \qquad \rightarrow \qquad c_1 = -5\ell^4,$$

$$\hat{v}(\ell) = 0: \qquad \ell^5 - 5\ell^5 + c_2 = 0 \qquad \rightarrow \qquad c_2 = 4\ell^5.$$

Damit ist

$$\hat{v}(z) = \frac{q_0\ell^4}{120EI_y\ell}\left[\left(\frac{z}{\ell}\right)^5 - 5\frac{z}{\ell} + 4\right],$$

und die gesamte Verschiebung ist mit (a)

$$v(z) = \frac{q_0\ell^4}{360EI_y}\left[3\left(\frac{z}{\ell}\right)^5 - 55\frac{z}{\ell} + 52\right].$$

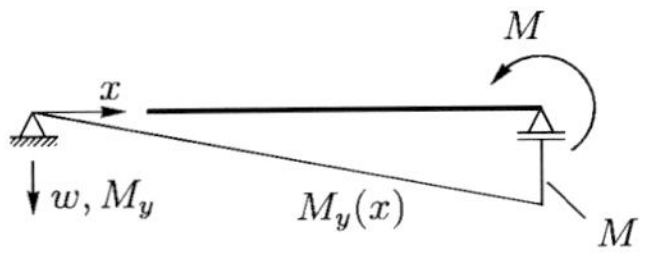

(a)

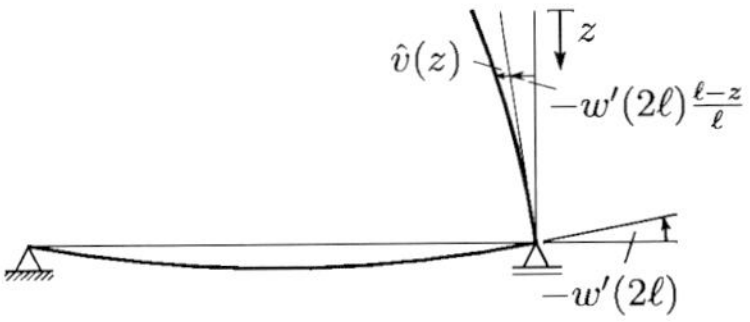

(b)

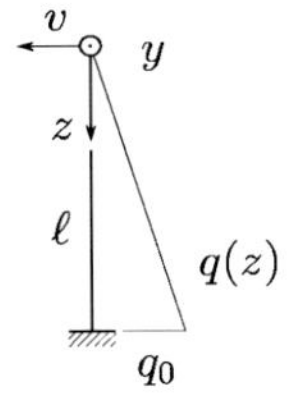

(c)

Aufg. 5.18

Die Biegemomente in Abb. a und b müssen addiert werden. Das Maximum tritt am Ort einer der Kräfte auf. Bei F_1 hat das Biegemoment die Größe

$$M_{y1} = \frac{F_1\ell_1(\ell_2+\ell_3)}{\ell_1+\ell_2+\ell_3} + \frac{F_2\ell_1\ell_3}{\ell_1+\ell_2+\ell_3} = \frac{\ell_1}{\ell_1+\ell_2+\ell_3}[F_1(\ell_2+\ell_3) + F_2\ell_3]$$

$$= \frac{1{,}1(26{,}8\cdot 2+15{,}9\cdot 1{,}25)}{3{,}1} = 26{,}07\text{kNm}.$$

Bei F_2 hat das Biegemoment die Größe

$$M_{y2} = \frac{F_2(\ell_1+\ell_2)\ell_3}{\ell_1+\ell_2+\ell_3} + \frac{F_1\ell_1\ell_3}{\ell_1+\ell_2+\ell_3} = \frac{\ell_3}{\ell_1+\ell_2+\ell_3}[F_2(\ell_1+\ell_2)+F_1\ell_1]$$

$$= \tfrac{1,25(15,9\cdot 1,85+26,8\cdot 1,1)}{3,1} = 23,75\text{kNm}.$$

Das Maximum ist also $M_{ymax} = 26,07\cdot 10^6$Nmm.
Rechteckquerschnitt (Index R):

$$I_y = \frac{bh^3}{12} = \frac{h^4}{36}, \qquad \sigma_{max} = \frac{M_{ymax}}{I_y}\cdot\frac{h}{2} = \frac{18M_{ymax}}{h^3} \le \sigma_{zul}.$$

Daraus folgt $h \ge \sqrt[3]{\dfrac{18M_{ymax}}{\sigma_{zul}}} = \sqrt[3]{\tfrac{18\cdot 26,07\cdot 10^6}{140}} = 150\text{mm}.$

Querschnittsfläche: $A_R = bh = h^2/3 = 75\text{cm}^2.$ (a)

I-Profil:

$$\sigma_{max} = \frac{M_{ymax}}{I_y}\cdot\frac{h}{2} \le \sigma_{zul} \quad\rightarrow\quad \frac{I_y}{h} \ge \frac{M_{ymax}}{2\sigma_{zul}} = \tfrac{26,07\cdot 10^6}{2\cdot 140}\,\text{mm}^3 = 93,1\text{cm}^3.$$

Nach DIN 1025 (s. Dubbel) ist das Profil I200 mit $I_y = 2140\text{cm}^4$ und $h = 20$cm das kleinste, das diese Bedingung erfüllt. Die Querschnittsfläche ist $A_I = 33,5\text{cm}^2$. Damit und mit (a) ergibt sich

$G_R : G_I = A_R : A_I = 2,25.$

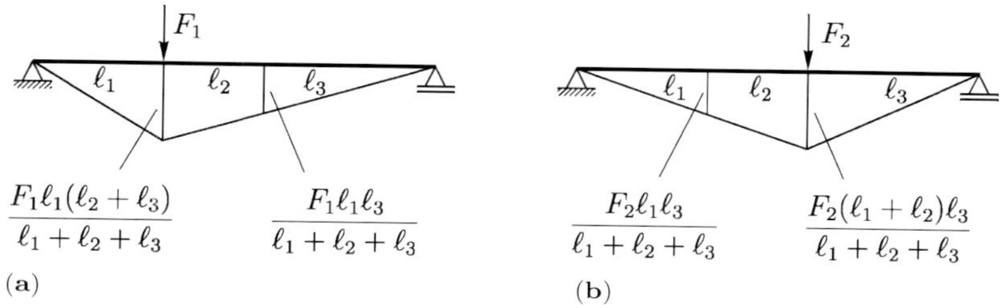

Aufg. 5.19

Im Achsensystem von Abb. a ist die Stabbreite

$b(x) = b_0 + cx$ mit $b_0 = \frac{1}{2}(b_1+b_2) = 3b,$ $c = (b_2-b_1)/\ell = 4b/\ell.$

Flächenmoment: $I_y(x) = \frac{1}{12}h^3 b(x) = \frac{1}{12}h^3(b_0+cx).$

Streckenlast infolge Eigengewicht: $q(x) = \gamma h b(x) = \gamma h(b_0+cx).$

Biegemoment:

$$M_y''(x) = -q(x) = -\gamma h(b_0+cx)$$

$$M_y'(x) = -\gamma h\big(b_0x + \tfrac{1}{2}cx^2 + c_1\big),$$

$$M_y(x) = -\gamma h\big(\tfrac{1}{2}b_0x^2 + \tfrac{1}{6}cx^3 + c_1x + c_2\big).$$

Die Integrationskonstanten c_1 und c_2 ergeben sich aus den Randbedingungen

$$M_y(-\ell/2) = 0: \qquad \tfrac{1}{2}b_0(\ell/2)^2 - \tfrac{1}{6}c(\ell/2)^3 - c_1(\ell/2) + c_2 = 0,$$

$$M_y(\ell/2) = 0: \qquad \tfrac{1}{2}b_0(\ell/2)^2 + \tfrac{1}{6}c(\ell/2)^3 + c_1(\ell/2) + c_2 = 0.$$

Subtraktion bzw. Addition beider Gleichungen liefert

$c_1 = -\frac{1}{6}\, c\,(\ell/2)^2, \qquad c_2 = -\frac{1}{2}\, b_0(\ell/2)^2.$

Damit ist

$M_y(x) = \frac{1}{6}\,\gamma h\big[3b_0\big(\ell^2/4 - x^2\big) + c\big(\ell^2/4 - x^2\big)x\big] = \frac{1}{6}\,\gamma h(3b_0 + cx)\big(\ell^2/4 - x^2\big).$

Aus $M_y(x)$ und $I_y(x)$ ergibt sich für die maximale Biegespannung im Querschnitt an der Stelle x (Gl. (5.30))

$$\sigma(x) = \frac{M_y(x)}{I_y(x)} \cdot \frac{h}{2} = \frac{\gamma}{h} \cdot \frac{(3b_0 + cx)\big(\ell^2/4 - x^2\big)}{b_0 + cx}. \qquad \text{(a)}$$

Diese Funktion hat im Intervall $-\ell/2 \le x \le \ell/2$ ein Maximum, weil sie an beiden Enden den Wert null hat. Der Zähler von $\mathrm{d}\sigma/\mathrm{d}x$ muß zu null gesetzt werden. Das ist die Gleichung

$(b_0 + cx)\big[c\big(\ell^2/4 - x^2\big) - (3b_0 + cx)\cdot 2x\big] - c\,(3b_0 + cx)\,\big(\ell^2/4 - x^2\big) = 0$

oder ausmultipliziert und geordnet

$c^2x^3 + 3b_0cx^2 + 3b_0^2x + b_0c\,(\ell/2)^2 = 0.$

Im speziellen Fall mit $b_0 = 3b$ und $c = 4b/\ell$ ist

$16(x/\ell)^3 + 36(x/\ell)^2 + 27(x/\ell) + 3 = 0.$

Durch Probieren findet man die Lösung $x \approx -0,133\ell$ und damit aus (a)

$$\sigma_{max} = \frac{\gamma\ell^2}{h} \cdot \frac{(9b - 4b\cdot 0,133)(0,5^2 - 0,133^2)}{3b - 4b\cdot 0,133} = 0,80\frac{\gamma\ell^2}{h}.$$

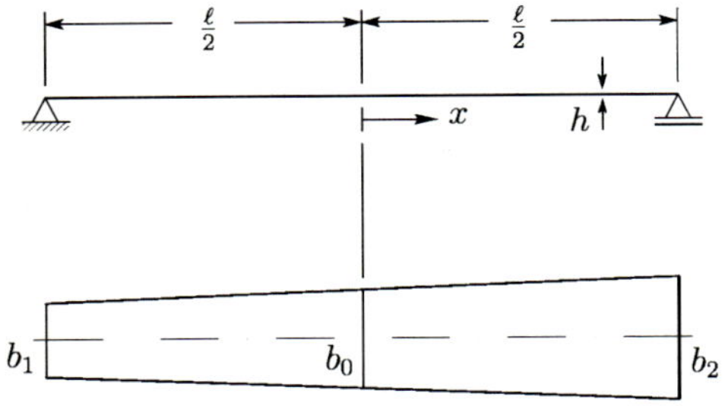

(a)

Aufg. 5.20

Die Stäbe wirken mit Kräften der unbekannten Größe A aufeinander (Abb. a). Die Durchbiegungen beider Stabenden sind gleich. Also ist

$w = \dfrac{A\ell^3}{3EI_y} = \dfrac{(F - A)(2\ell)^3}{3EI_y}$ oder

$A = 8(F - A) \quad\rightarrow\quad A = \frac{8}{9}F$ und damit

$w = \dfrac{8F\ell^3}{27EI_y}$ mit $I_y = \frac{1}{12}(BH^3 - bh^3).$

Zahlenwerte:

$I_y = 1,21\text{cm}^4; \qquad w = \frac{8\cdot 100\cdot 500^3}{27\cdot 2\cdot 10^5\cdot 1,21\cdot 10^4} = 1,5\text{mm}.$

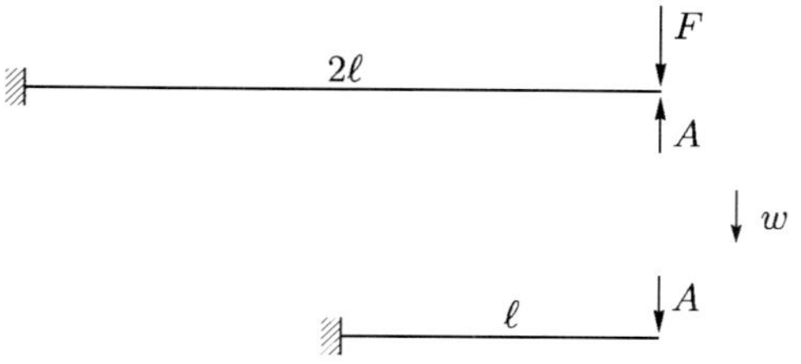

(a)

Aufg. 5.21

Abb. a zeigt, daß die Längskraft jedes Stabes gleich der Kraft am Ende des anderen Stabes ist, die die Verbiegung bewirkt. Die Verlängerung $\Delta\ell$ des einen Stabes ist gleich der Durchbiegung w am Ende des anderen Stabes. Aus den Beziehungen

$$\Delta\ell = \ell\alpha\Delta T - \frac{F\ell}{EA}, \qquad w = \frac{F\ell^3}{3EI_y} \quad \text{folgt}$$

$$F = \frac{E\alpha\Delta T}{\frac{\ell^2}{3I_y} + \frac{1}{A}} = \frac{2\cdot 10^5 \cdot 14\cdot 10^{-6}\cdot 30}{\frac{10^6}{3\cdot 120\cdot 10^4} + \frac{1}{400}} = 300\text{N}.$$

In diesem Zahlenbeispiel ist der Einfluß der Längskraft auf $\Delta\ell$ vernachlässigbar gering. Das Einspannmoment ist $F\ell = 300$Nm.

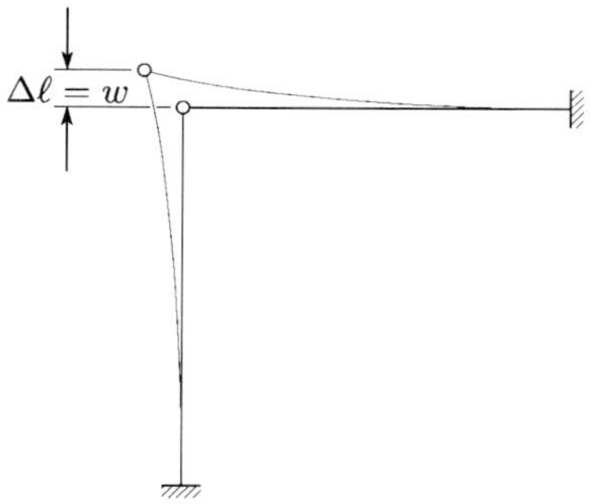

(a)

Aufg. 5.22

Das System ist statisch unbestimmt. Im statisch bestimmten Grundsystem von Abb. a wird die unbekannte Kraftgröße F aus der Bedingung bestimmt, daß die Durchbiegung am Angriffspunkt in Kraftrichtung gleich δ ist. Das Grundsystem ist mit dem System von Aufg. 5.14d identisch, wenn man dort $\ell_1 = \ell_2 = \ell$ setzt und die Vorzeichen von F und von $w_2(x)$ umkehrt. Aus der Lösung dieser Aufgabe wird die Biegelinie $w_2(x)$ der rechten Stabhälfte übernommen. Die Bedingung lautet $w_2(x_2 = 0) = \delta$. Das ist die Gleichung

$$\frac{2F\ell^3}{3EI_y} = \delta \qquad \rightarrow \qquad F = \frac{3EI_y\delta}{2\ell^3}.$$

Das maximale Biegemoment ist $F\ell$ (Abb. a). Die maximale Biegelängsspannung ist

$$\sigma_{max} = \frac{M_{ymax}}{I_y} \cdot \frac{h}{2} = \frac{3EI_y\delta h}{2\ell^2 I_y \cdot 2} = \frac{3E\delta h}{4\ell^2} = \frac{3 \cdot 2 \cdot 10^5 \cdot 3 \cdot 200}{4 \cdot 2000^2} = 22,5\text{Nmm}^{-2}.$$

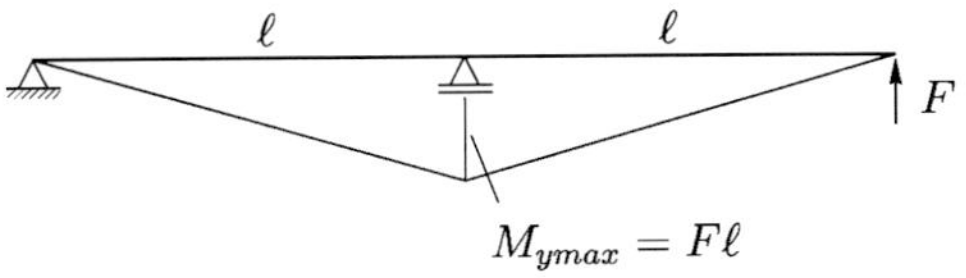

(a)

Aufg. 5.23

Der Faden übt auf beide Blattfedern Kräfte gleicher Größe F aus. Die Kraft an der oberen Blattfeder bewirkt keine Verformung, weil sie direkt an der Einspannung angreift. Das System ist also mit dem in Abb. a gleichwertig. Das ist bis auf das Vorzeichen von F die Situation von Aufg. 5.15. Von dort wird das Ergebnis für die Durchbiegung w_B in Richtung der Kraft übernommen:

$$w_B = \frac{2Fl^3}{3EI_y}.$$

Die Aufgabenstellung verlangt $w_B = h$. Daraus folgt

$$F = \frac{3EI_y h}{2\ell^3}. \qquad \text{(a)}$$

Aus Abb. b folgt, daß an der oberen Feder F und $F\ell$ wie gezeichnet angreifen (Gleichgewicht an der unteren freigeschnittenen Feder und Axiom "actio = reactio"). Aus Hütte, Tab.E5-7, liest man die Biegelinie ab (Superposition):

$$w(x) = -\frac{F\ell^3}{6EI_y}\left(\frac{x}{\ell}\right)^2\left(3 - \frac{x}{\ell}\right) + \frac{F\ell^3}{2EI_y}\left(\frac{x}{\ell}\right)^2 = \frac{F\ell^3}{6EI_y}\left(\frac{x}{\ell}\right)^3$$

oder mit (a) schließlich

$$w(x) = \frac{h}{4}\left(\frac{x}{\ell}\right)^3.$$

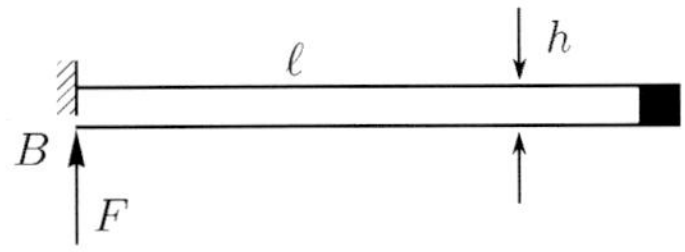

(a)

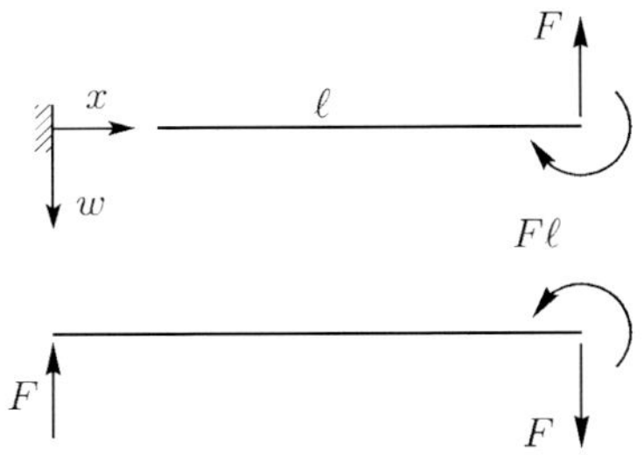

(b)

Aufg. 5.24

Der obere Stab ist beidseitig biegemomentenfrei gelagert und in der Mitte durch eine unbekannte Kraft F belastet (Abb. a). Die Höhe a des linken Lagers ist ebenfalls unbekannt. Die Funktion $y(x)$ ist die Summe aus der linearen Funktion, die die Verbindungsgerade der Lager beschreibt, und der Durchbiegung $w(x)$ eines mittig belasteten, beidseitig gelenkig gelagerten Stabes:

$$y(x) = a\left(\frac{1}{2} - \frac{x}{\ell/2}\right) + w(x). \qquad \text{(a)}$$

$w(x)$ wird aus Hütte, Tab.E5-7, übernommen:

$$w(x) = \frac{F\ell^3}{48EI_y}\left[1 - 6\left(\frac{x}{\ell}\right)^2 + 4\left|\frac{x}{\ell}\right|^3\right]. \qquad \text{(b)}$$

Zur Bestimmung der beiden Unbekannten a und F stehen die Zusammenhänge zwischen Kraft und Verformung an beiden Federn zur Verfügung. Die Federverlängerungen sind:

linke Feder: $\Delta\ell_1 = 2y(-\ell/2) - h = 2a - h,$

rechte Feder: $\Delta\ell_2 = 2y(0) - h = a + \dfrac{F\ell^3}{24EI_y} - h.$

Die Kraft in der linken Feder ist $F/2$ (Gleichgewicht am Stab). Folglich gilt

$$\frac{F}{2} = k\Delta\ell_1 = k(2a - h) \quad (F > 0 \text{ bei Federverlängerung}),$$

$$F = -k\Delta\ell_2 = -k\left(a - h + \frac{F\ell^3}{24EI_y}\right) \quad (F > 0 \text{ bei Federverkürzung}).$$

Die Auflösung dieser beiden Gleichungen nach F und a ergibt

$$F = \frac{4kh}{10 + 4\alpha}, \qquad a = h\left(\frac{1}{10 + 4\alpha} + \frac{1}{2}\right), \qquad \alpha = \frac{k\ell^3}{12EI_y}.$$

Damit und mit (b) erhält man aus (a) die gesuchte Funktion

$$y(x) = h\left\{\left(\frac{1}{10 + 4\alpha} + \frac{1}{2}\right)\left(\frac{1}{2} - \frac{2x}{\ell}\right) + \frac{\alpha}{10 + 4\alpha}\left[1 - 6\left(\frac{x}{\ell}\right)^2 + 4\left|\frac{x}{\ell}\right|^3\right]\right\}.$$

Zur Kontrolle werden zwei Sonderfälle untersucht:
1. $\alpha = 0$ (starrer Stab):

$$y(x) = h \cdot \frac{3}{5}\left(\frac{1}{2} - \frac{2x}{\ell}\right), \qquad y(-\ell/2) = \frac{6}{10}h, \qquad y(0) = \frac{3}{10}h.$$

Abb. b zeigt diese Gerade. Die Längenänderungen der Federn stehen im richtigen Verhältnis 2:1.
2. $\alpha \to \infty$ (starre Lager statt Federn):

$$y(-\ell/2) = \frac{h}{2}, \qquad y(0) = \frac{h}{2}, \qquad F = \frac{12EI_y h}{\ell^3}.$$

Abb. c zeigt die Biegelinie. Das Ergebnis für F stimmt mit dem in Aufg. 5.14d überein (dort F statt $F/2$ und δ statt $h/2$).

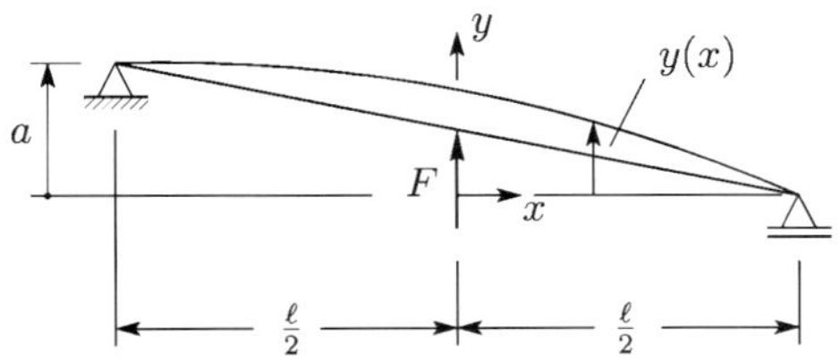

(a)

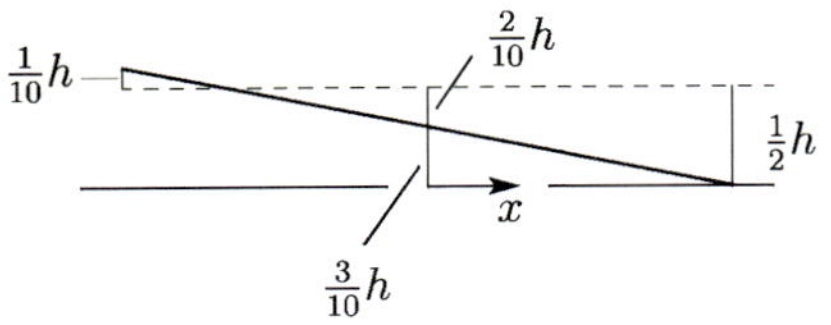

(b)

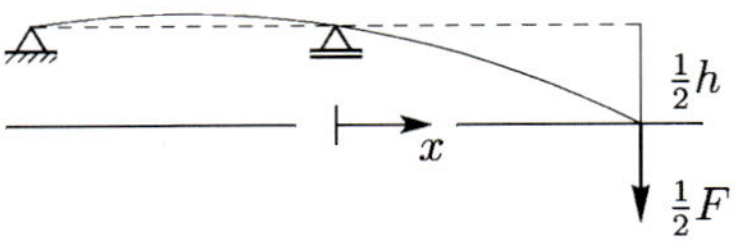

(c)

Aufg. 5.25

Vorbemerkung: In den Sonderfällen $a = 0$ und $a = \ell$ hat das System die Formen von Abb. a bzw. Abb. b. In beiden Fällen ist $w_2 = 0$. Das dient zur Kontrolle der Ergebnisse. Sei w_1 die Durchbiegung des Stabes am linken Ende der Wippe. Die Wippe erzwingt

$$w_2 = -w_1. \tag{a}$$

Momentengleichgewicht an der freigeschnittenen Wippe fordert, daß beide von ihr ausgeübten Lagerkräfte gleiche Größen A haben. Der freigeschnittene Stab hat deshalb Lasten $(-A)$ bei 1 und $(F - A)$ bei 2 (Abb. c). Die Unbekannte A wird aus (a) bestimmt.

w_1 und w_2 werden mit dem Superpositionsprinzip unter Verwendung von Gl. (a) in Beisp.5.3-1 berechnet (s.Abb. 5.25a für die erforderlichen Umbenennungen).

Lastfall $(-A)$ in Abb. d:

$$w_{11} = \frac{-A(\ell - a)^3}{3EI_y},$$

$$w_{21} = \frac{-A(\ell - a)^3}{6EI_y}\left(3\frac{\ell}{\ell - a} - 1\right) = \frac{-A(\ell - a)^2}{6EI_y}(2\ell + a).$$

Lastfall $(F - A)$ in Abb. d:

$$w_{12} = \frac{(F - A)\ell(\ell - a)^2}{6EI_y}\left(3 - \frac{\ell - a}{\ell}\right) = \frac{(F - A)(\ell - a)^2}{6EI_y}(2\ell + a),$$

$$w_{22} = \frac{(F - A)\ell^3}{3EI_y}.$$

Damit ist

$$w_1 = w_{11} + w_{12} = \frac{\ell^3}{6EI_y}[-c_{11}A + c_{12}(F - A)],$$

$$w_2 = w_{21} + w_{22} = \frac{\ell^3}{6EI_y}[-c_{12}A + c_{22}(F - A)]$$

mit den Abkürzungen

$$c_{11} = 2(1 - \alpha)^3, \qquad c_{12} = (1 - \alpha)^2(2 + \alpha), \qquad c_{22} = 2, \qquad \alpha = a/\ell. \tag{b}$$

Die Bedingung (a) ergibt

$$-c_{12}A + c_{22}(F - A) = c_{11}A - c_{12}(F - A).$$

Daraus folgt

$$A = F\,\frac{c_{12} + c_{22}}{c_{11} + 2c_{12} + c_{22}}$$

und damit

$$w_2 = \frac{\ell^3}{6EI_y}[-(c_{12}+c_{22})A + c_{22}F]$$

$$= \frac{F\ell^3}{6EI_y}\frac{-(c_{12}+c_{22})^2 + c_{22}(c_{11}+2c_{12}+c_{22})}{c_{11}+2c_{12}+c_{22}} = \frac{F\ell^3}{6EI_y}\frac{c_{11}c_{22}-c_{12}^2}{c_{11}+2c_{12}+c_{22}}.$$

Darin ist mit (b)

$$c_{11}c_{22} - c_{12}^2 = (1-\alpha)^3[4-(1-\alpha)(2+\alpha)^2] = \alpha^2(1-\alpha)^3(3+\alpha),$$

$$c_{11}+2c_{12}+c_{22} = 2[(1-\alpha)^3 + (1-\alpha)^2(2+\alpha)+1] = 2[3(1-\alpha)^2+1].$$

Also ist

$$w_2(\alpha) = \frac{F\ell^3}{12EI_y}\frac{\alpha^2(1-\alpha)^3(3+\alpha)}{3(1-\alpha)^2+1}. \qquad \text{(c)}$$

Dieses Ergebnis bestätigt die Vorhersage, daß $w_2(\alpha)$ für $\alpha=0$ und für $\alpha=1$ null ist (Abb. a und b). Man erkennt nun, daß $\alpha=0$ eine doppelte Nullstelle, und zwar ein Minimum ist, und daß $\alpha=1$ eine dreifache Nullstelle, also ein Sattelpunkt ist. Die Nullstelle $\alpha=-3$ (d.h. $a=-3\ell$) hat keine Bedeutung, weil die Ausgangsgleichungen für w_1 und w_2 voraussetzen, daß $\alpha>0$ ist . Für $\alpha=1/2$ liefert (c) die Durchbiegung

$$w_2(\alpha=1/2) = \frac{F\ell^3}{192EI_y}. \qquad \text{(d)}$$

Das Maximum von $w_2(\alpha)$ liegt dort, wo der Zählerausdruck der Ableitung von

$$f(\alpha) = \frac{(1-\alpha)^3(3\alpha^2+\alpha^3)}{3(1-\alpha)^2+1}$$

gleich null ist. Das ist die Gleichung

$$[3(1-\alpha)^2+1][-3(1-\alpha)^2(3\alpha^2+\alpha^3)+(1-\alpha)^3(6\alpha+3\alpha^2)]$$
$$-(1-\alpha)^3(3\alpha^2+\alpha^3)[-6(1-\alpha)] = 0 \qquad \text{oder}$$

$$\alpha(1-\alpha)^2\Big\{[3(1-\alpha)^2+1][-(3\alpha+\alpha^2)+(1-\alpha)(2+\alpha)]$$
$$+2(1-\alpha)^2(3\alpha+\alpha^2)\Big\} = 0$$

oder nach Ausmultiplizieren des Ausdrucks in geschweiften Klammern

$$\alpha(1-\alpha)^2(2\alpha^4-\alpha^3-6\alpha^2+11\alpha-4) = 0. \qquad \text{(e)}$$

Der letzte Klammerausdruck ist null für $\alpha=1/2$. Ausklammerung von $(\alpha-1/2)$ erzeugt aus (e) die Gleichung

$$\alpha(1-\alpha)^2(\alpha-1/2)(\alpha^3-3\alpha+4) = 0.$$

Außer $\alpha=0$, $\alpha=1/2$ und $\alpha=1$ existiert nur eine einzige reelle Nullstelle. Die kardanische Formel liefert für sie den Ausdruck

$$\alpha = -(2+\sqrt{3})^{1/3} - (2-\sqrt{3})^{1/3} \approx -2,196.$$

Dort hat $f(\alpha)$ ein Maximum mit dem Funktionswert 4 (exakt). Er hat keine mechanische Bedeutung. Mit diesen Aussagen ist bewiesen, daß (d) der einzige stationäre Wert im Bereich $0<\alpha<1$ ist. Er ist also das absolute Maximum.

Hinweis: Eine Verallgemeinerung des hier untersuchten Problems findet man in Aufg. 8.30 (Teil a).

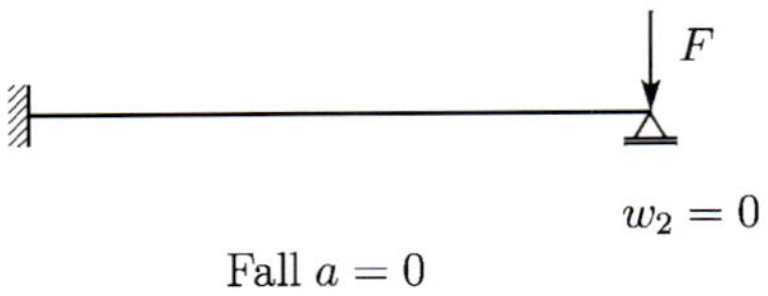

(a)

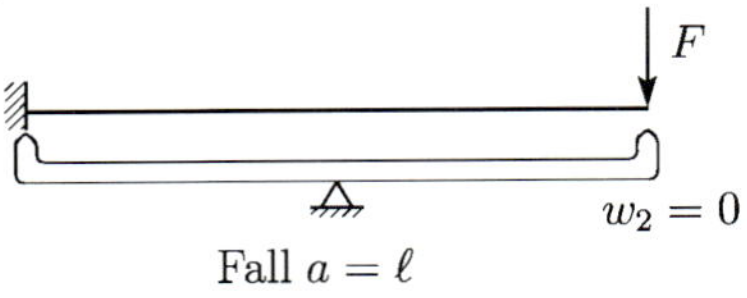

(b)

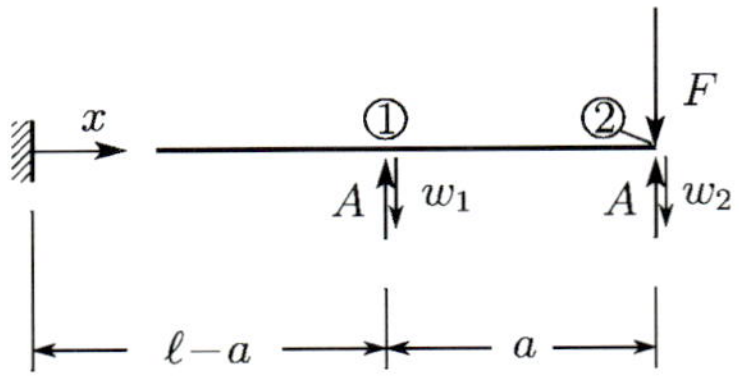

(c)

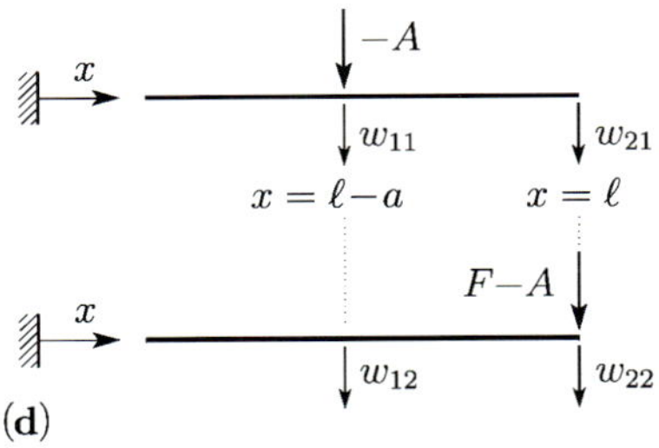

(d)

Aufg. 5.26

Vorbemerkung: Den Sonderfällen $a = 0$ und $a = \ell$ entsprechen die Anordnungen von Abb. a bzw. Abb. b. Sie dienen zur Kontrolle der Ergebnisse. Man kann erwarten, daß w_2 für $a = 0$ maximal wird.
Abb. c zeigt Freikörperbilder des Stabes und der Wippe. Momentengleichgewicht an der Wippe verlangt $B = A$. Damit ergeben zwei Gleichgewichtsbedingungen für den Stab $A = C = F$. Der Stab ist also symmetrisch belastet (aber unsymmetrisch gelagert). Mit der x-Koordinate nach Abb. d ist das
Biegemoment:

$$M_y(x) = \begin{cases} -F\big(x + \frac{1}{2}\ell\big) & \big(-\frac{1}{2}\ell \le x \le -\frac{1}{2}a\big) \\ -F\big(-\frac{1}{2}a + \frac{1}{2}\ell\big) & \big(-\frac{1}{2}a \le x \le +\frac{1}{2}a\big) \\ -F\big(-x + \frac{1}{2}\ell\big) & \big(+\frac{1}{2}a \le x \le +\frac{1}{2}\ell\big). \end{cases}$$

Biegelinie:

$$w''(x) = \begin{cases} \dfrac{F}{12EI_y}(12x + 6\ell) \\ \dfrac{F}{12EI_y} \cdot 6(\ell - a) \\ \dfrac{F}{12EI_y}(-12x + 6\ell), \end{cases} \qquad w'(x) = \begin{cases} \dfrac{F}{12EI_y}(6x^2 + 6\ell x + c_1) \\ \dfrac{F}{12EI_y}[6(\ell - a)x + c_2] \\ \dfrac{F}{12EI_y}(-6x^2 + 6\ell x + c_3), \end{cases}$$

$$w(x) = \begin{cases} \dfrac{F}{12EI_y}(2x^3 + 3\ell x^2 + c_1 x + d_1) & \big(-\frac{1}{2}\ell \le x \le -\frac{1}{2}a\big) \\ \dfrac{F}{12EI_y}[3(\ell - a)x^2 + c_2 x + d_2)] & \big(-\frac{1}{2}a \le x \le +\frac{1}{2}a\big) \\ \dfrac{F}{12EI_y}(-2x^3 + 3\ell x^2 + c_3 x + d_3) & \big(+\frac{1}{2}a \le x \le +\frac{1}{2}\ell\big). \end{cases}$$

Randbedingungen:

1. Die Wippe erzwingt entgegengesetzt gleich große Verschiebungen ihrer Enden bei $x = -a/2$ und bei $x = +a/2$, d.h. $w(-a/2) = -w(a/2)$ oder

$\frac{3}{4}(\ell - a)a^2 - \frac{1}{2}c_2 a + d_2 = -\big[\frac{3}{4}(\ell - a)a^2 + \frac{1}{2}c_2 a + d_2\big]$ oder

$d_2 = -\frac{3}{4}(\ell - a)a^2,$ (a)

2. $w(-\ell/2) = 0:$ $\quad \frac{1}{2}\ell^3 - \frac{1}{2}c_1\ell + d_1 = 0$ oder

$c_1\ell = \ell^3 + 2d_1,$ (b)

3. w' stetig bei $x = -a/2:$ $\quad \frac{3}{2}a^2 - 3\ell a + c_1 = -3(\ell - a)a + c_2$ oder

$c_1 - c_2 = \frac{3}{2}a^2,$ (c)

4. w' stetig bei $x = a/2:$ $\quad -\frac{3}{2}a^2 + 3\ell a + c_3 = 3(\ell - a)a + c_2$ oder

$c_2 - c_3 = \frac{3}{2}a^2,$ (d)

5. w stetig bei $x = -a/2:$ $\quad -\frac{1}{4}a^3 + \frac{3}{4}\ell a^2 - \frac{1}{2}c_1 a + d_1 = \frac{3}{4}(\ell - a)a^2 - \frac{1}{2}c_2 a + d_2$

oder $\quad d_1 = -\frac{1}{2}a^3 + \frac{1}{2}(c_1 - c_2)a + d_2$ $\quad$ oder mit (a) und (c)

$d_1 = a^3 - \frac{3}{4}\ell a^2,$ (e)

6. w stetig bei $x = a/2:$ $\quad -\frac{1}{4}a^3 + \frac{3}{4}\ell a^2 + \frac{1}{2}c_3 a + d_3 = \frac{3}{4}(\ell - a)a^2 + \frac{1}{2}c_2 a + d_2$

oder $\quad d_3 = -\frac{1}{2}a^3 + \frac{1}{2}(c_2 - c_3)a + d_2$ $\quad$ oder mit (a) und (d)

$d_3 = a^3 - \frac{3}{4}\ell a^2.$ (f)

Aus (b) und (e) folgt $\quad c_1 = \ell^2 - \frac{3}{2}a^2 + 2a^3/\ell.$
Aus (c) und (d) folgt $\quad c_1 - c_3 = 3a^2$ $\quad$ oder mit dem Ergebnis für c_1

$c_3 = \ell^2 - \frac{9}{2}a^2 + 2a^3/\ell.$

Mit c_3 und d_3 berechnet man

$$\begin{aligned} w_1 = w(a/2) &= \frac{F}{12EI_y}\Big[-\tfrac{1}{4}a^3 + \tfrac{3}{4}\ell a^2 + \tfrac{1}{2}a\big(\ell^2 - \tfrac{9}{2}a^2 + 2a^3/\ell\big) + a^3 - \tfrac{3}{4}\ell a^2\Big] \\ &= \frac{F}{12EI_y}\big(-\tfrac{3}{2}a^3 + \tfrac{1}{2}\ell^2 a + a^4/\ell\big) \\ &= \frac{F\ell^3}{24EI_y}\,\alpha(1 - 3\alpha^2 + 2\alpha^3) \qquad \text{mit} \qquad \alpha = a/\ell, \end{aligned}$$

$$\begin{aligned} w_2 = w(\ell/2) &= \frac{F}{12EI_y}\Big[\tfrac{1}{2}\ell^3 + \tfrac{1}{2}\ell\big(\ell^2 - \tfrac{9}{2}a^2 + 2a^3/\ell\big) + a^3 - \tfrac{3}{4}\ell a^2\Big] \\ &= \frac{F\ell^3}{12EI_y}\,(1 - 3\alpha^2 + 2\alpha^3). \end{aligned}$$

Also ist $\quad w_1 = \frac{1}{2}\alpha w_2.$

Die Ergebnisse bestätigen, daß im Fall $a = \ell$ (d.h. $\alpha = 1$) $w_1 = w_2 = 0$ ist (Abb. b).
Zur Berechnung des Maximums von w_1 wird die Funktion

$f(\alpha) = \alpha(1 - 3\alpha^2 + 2\alpha^3) = \alpha - 3\alpha^3 + 2\alpha^4$

auf stationäre Werte untersucht:

$$\frac{\mathrm{d}f}{\mathrm{d}\alpha} = 1 - 9\alpha^2 + 8\alpha^3 = (1 - \alpha)(1 - 8\alpha^2) = 0.$$

Die einzigen positiven Nullstellen sind $\alpha = 1$ und $\alpha = \sqrt{2}/4 \approx 0,35$. Der Nullstelle bei 1 entspricht das Minimum $w_1 = 0$ von Abb. b. Am Ort der anderen Nullstelle ist $\mathrm{d}^2 f/\mathrm{d}\alpha^2 = -18\alpha + 24\alpha^2 = 6\alpha(4\alpha - 3) < 0$, so daß dort ein Maximum von w_1 vorliegt. Seine Größe ist

$$f_{max} = \frac{\sqrt{2}}{4} - \frac{3\sqrt{2}}{4}\cdot\frac{1}{8} + \frac{1}{32} = \frac{1}{32}(1 + 5\sqrt{2}) \approx 0,25, \qquad w_{1max} \approx \frac{F\ell^3}{96EI_y}.$$

Zur Berechnung des Maximums von w_2 wird die Funktion
$g(x) = 1 - 3\alpha^2 + 2\alpha^3$ auf stationäre Werte untersucht:

$$\frac{\mathrm{d}g}{\mathrm{d}\alpha} = 6\alpha(1-\alpha) = 0 \qquad \rightarrow \qquad \alpha = 0 \qquad \text{und} \qquad \alpha = 1.$$

Der Nullstelle bei 1 entspricht das Minimum $w_2 = 0$ in Abb. b. Zu $\alpha = 0$ gehört das Maximum $w_{2max} = \dfrac{F\ell^3}{12EI_y}$.
Dieses Ergebnis bestätigt die Voraussage in der Vorbemerkung (s. Abb. a).

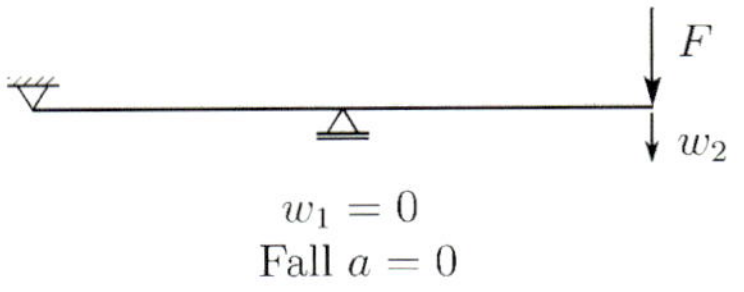

(a)

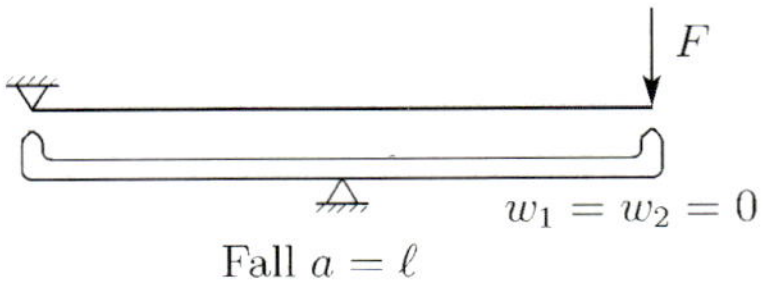

(b)

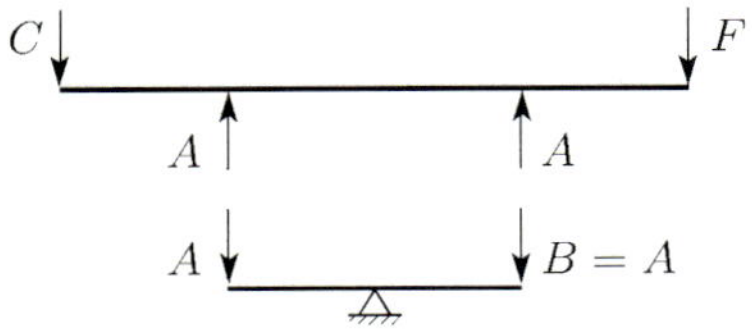

(c)

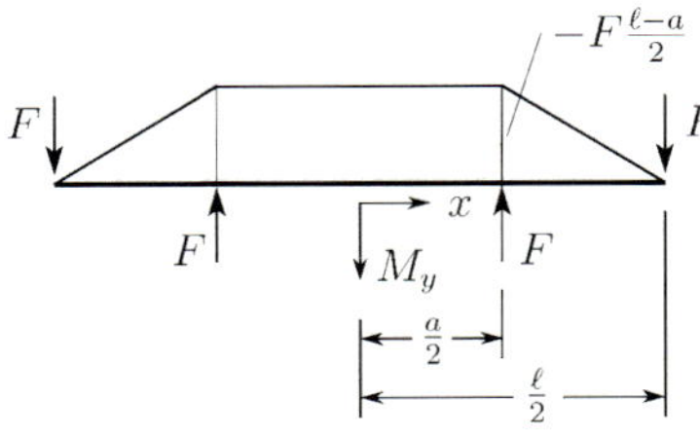

(d)

Aufg. 5.27

Ohne Rechnung ist klar, daß im Sonderfall $k \to \infty$ beide Stäbe gleiche Biegelinien haben, und daß die Durchbiegungen halb so groß sind, wie die des oberen Stabes im Fall $k = 0$.
Schnitte durch die Federn erzeugen die beiden Teilsysteme in Abb. a. Die Federkräfte sind

$$F_1 = k(w_{11} - w_{21}), \qquad F_2 = k(w_{12} - w_{22}). \tag{a}$$

Aus den Gleichungen für $w_1(x)$ und $w_2(x)$ in Beisp.5.3-3 ergibt sich für den oberen Stab durch Überlagerung beider Lastfälle

$$w_{11} = \frac{(-F_1)(\ell/2)^3}{3EI_y} + \frac{(F-F_2)\ell(\ell/2)^2}{6EI_y}\left(3 - \tfrac{1}{2}\right) = \frac{\ell^3}{EI_y}\left[-\tfrac{1}{24}F_1 + \tfrac{5}{48}(F-F_2)\right],$$

$$w_{12} = \frac{(-F_1)\ell^3}{48EI_y}(6-1) + \frac{(F-F_2)\ell^3}{3EI_y} = \frac{\ell^3}{EI_y}\left[-\tfrac{5}{48}F_1 + \tfrac{1}{3}(F-F_2)\right].$$

Beim unteren Stab muß man nur $-F_1$ durch F_1 und $F - F_2$ durch F_2 ersetzen:

$$w_{21} = \frac{\ell^3}{EI_y}\left(\tfrac{1}{24}F_1 + \tfrac{5}{48}F_2\right), \qquad w_{22} = \frac{\ell^3}{EI_y}\left(\tfrac{5}{48}F_1 + \tfrac{1}{3}F_2\right). \tag{b}$$

Aus diesen Gleichungen folgt

$$w_{11} + w_{21} = 5\,\frac{F\ell^3}{48EI_y}, \qquad w_{12} + w_{22} = \frac{F\ell^3}{3EI_y}\,. \tag{c}$$

Diese Gleichungen sagen aus, daß die Summe der Durchbiegungen bei $x = \ell/2$ und bei $x = \ell$ (und damit an jeder Stelle x) unabhängig von k ist, d.h. ebenso groß ist wie beim Einzelstab unter der Last F. Einsetzen von (a) in (b) ergibt mit der dimensionslosen Größe
$c = k\ell^3/(48EI_y)$

$$w_{21} = c\big[2(w_{11} - w_{21}) + 5(w_{12} - w_{22})\big],$$

$$w_{22} = c\big[5(w_{11} - w_{21}) + 16(w_{12} - w_{22})\big].$$

Diese und die Gleichungen (c) bilden das System

$$\begin{bmatrix} 1 & 0 & 1 & 0 \\ 0 & 1 & 0 & 1 \\ -2c & -5c & 1+2c & 5c \\ -5c & -16c & 5c & 1+16c \end{bmatrix} \begin{bmatrix} w_{11} \\ w_{12} \\ w_{21} \\ w_{22} \end{bmatrix} = \frac{F\ell^3}{48EI_y} \begin{bmatrix} 5 \\ 16 \\ 0 \\ 0 \end{bmatrix}.$$

Linearkombinationen der Zeilen 3 und 4 mit den Zeilen 1 und 2 erzeugen das Gleichungssystem

$$\begin{bmatrix} 1 & 0 & 1 & 0 \\ 0 & 1 & 0 & 1 \\ 0 & 0 & 1+4c & 10c \\ 0 & 0 & 10c & 1+32c \end{bmatrix} \begin{bmatrix} w_{11} \\ w_{12} \\ w_{21} \\ w_{22} \end{bmatrix} = \frac{F\ell^3}{48EI_y} \begin{bmatrix} 5 \\ 16 \\ 90c \\ 281c \end{bmatrix}.$$

Die Lösungen sind

$$w_{11} = \frac{F\ell^3}{48EI_y}\left[5 - \frac{c(90+70c)}{1+36c+28c^2}\right], \qquad w_{12} = \frac{F\ell^3}{48EI_y}\left[16 - \frac{c(281+224c)}{1+36c+28c^2}\right],$$

$$w_{21} = \frac{F\ell^3}{48EI_y}\left[\frac{c(90+70c)}{1+36c+28c^2}\right], \qquad w_{22} = \frac{F\ell^3}{48EI_y}\left[\frac{c(281+224c)}{1+36c+28c^2}\right].$$

Im Grenzfall $k \to \infty$ ist

$$w_{11} = w_{21} = \frac{5}{2}\,\frac{F\ell^3}{48EI_y}, \qquad w_{12} = w_{22} = 8\,\frac{F\ell^3}{48EI_y}.$$

Damit erhält man aus (b) die Kräfte $F_1 = 0$ und $F_2 = F/2$. Diese Ergebnisse bestätigen die Aussagen vom Beginn.

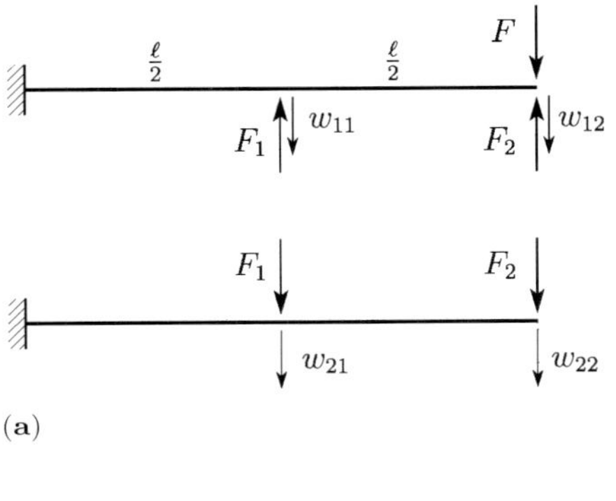

(a)

Aufg. 5.28

Die Verschiebung w wird nach dem Superpositionsprinzip als Summe von drei Verschiebungen berechnet: $w = w_1 + w_2 + w_3$.

w_1 : Nur der vertikale Draht verformt sich
w_2 : Nur der geneigte Draht verformt sich
w_3 : Nur der Stab verformt sich.

Für w_1 und w_2 werden die Längskräfte S_1 und S_2 in den Drähten aus Gleichgewichtsbedingungen für den freigeschnittenen Stab berechnet (Abb. a):

$$\sum M^{(B)}: \qquad S_1 = F/2,$$

$$\sum M^{(A)}: \qquad S_2 \sin\alpha = F/2 \qquad \rightarrow \qquad S_2 = \frac{F}{2\sin\alpha}.$$

Berechnung von w_1 (Abb. b): $\quad w_1 = \frac{1}{2}\Delta\ell_1 = \frac{1}{2}\,\frac{S_1\ell/2}{EA} = \frac{F\ell}{8EA}.$

Berechnung von w_2 (Abb. c):

$$w_2 = \frac{1}{2}\cdot\frac{\Delta\ell_2}{\sin\alpha} = \frac{1}{2\sin\alpha}\cdot\frac{S_2\cdot\dfrac{\ell}{2\sin\alpha}}{EA} = \frac{F\ell}{8EA\sin^3\alpha} = \frac{5\sqrt{5}F\ell}{8EA}.$$

Berechnung von w_3 (Abb. d): $\quad w_3 = \frac{F\ell^3}{48EI_y}.$

Damit ist

$$w = \frac{F\ell}{8EA}(1+5\sqrt{5}) + \frac{F\ell^3}{48EI_y} = \frac{F\ell}{8E}\left[\frac{1}{A}(1+5\sqrt{5}) + \frac{\ell^2}{6I_y}\right]$$

$$= \tfrac{2\cdot 10^3\cdot 10^3}{8\cdot 2\cdot 10^5}\left[\tfrac{1}{16}(1+5\sqrt{5}) + \tfrac{10^6}{6\cdot 16\cdot 10^4}\right] = 2,8\text{mm}.$$

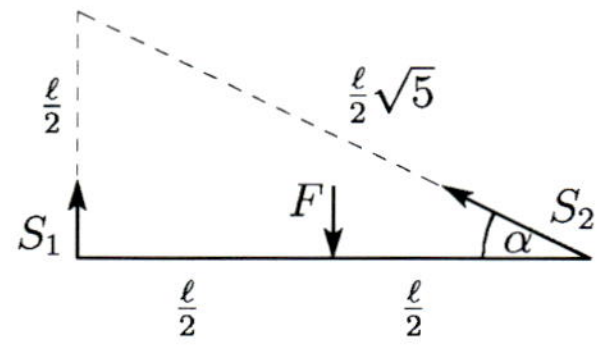

$tan\alpha = \frac{1}{2}$; $\quad sin\alpha = \frac{1}{\sqrt{5}}$

(a)

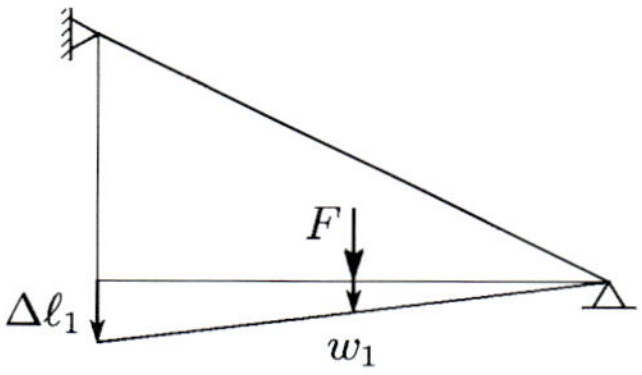

(b)

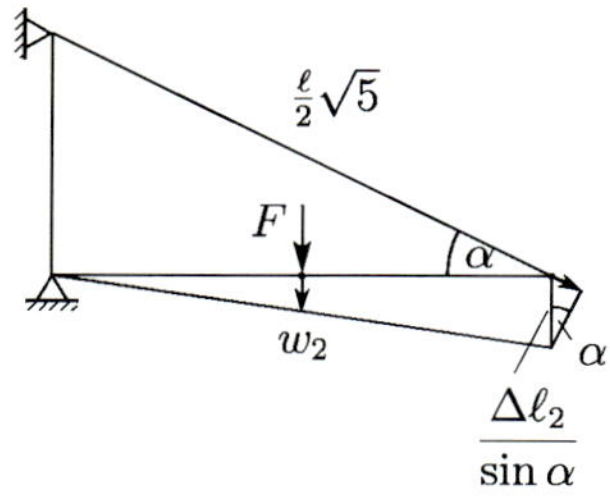

(c)

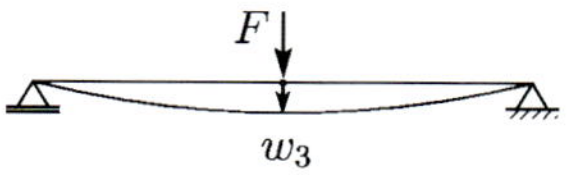

(d)

Aufg. 5.29

Abb. a zeigt die Lage des Mastes vor dem Seilriß und die Lagen des linken Seils vor und nach dem Riß des rechten Seils. Die Seilkräfte im linken Seil in den beiden Lagen sind S_0 bzw. S. Die Verschiebung w der Mastspitze wird durch die Horizontalkraft $S\cos\alpha$ bewirkt. Für den eingespannten Stab der Länge h gilt

$$w = \frac{S\cos\alpha \cdot h^3}{3E_1 I_y}.$$

Die Verkürzung des linken Seils infolge der Abnahme der Seilkraft von S_0 auf S ist einerseits $w\cos\alpha$ (Abb. a) und andererseits

$$\frac{(S_0 - S)\ell}{E_2 A}.$$

Also gilt

$$\frac{(S_0 - S)\ell}{E_2 A} = \frac{S\cos\alpha \cdot h^3}{3E_1 I_y}\cos\alpha.$$

Die Auflösung nach S liefert mit $I_y = \pi(r_a^4 - r_i^4)/4 = 2700\mathrm{cm}^4$

$$S = S_0 \cdot \frac{\dfrac{\ell}{E_2 A}}{\dfrac{\ell}{E_2 A} + \dfrac{h^3\cos^2\alpha}{3E_1 I_y}} = \frac{S_0}{1 + \frac{1}{3}\frac{E_2}{E_1}\frac{Ah^3}{I_y \ell}\cos^2\alpha}$$

$$= \frac{10}{1 + \frac{1}{3}\frac{1}{20}\frac{0{,}25\cdot 15^3\cdot 10^6}{2700\cdot 25\cdot 10^2}\frac{1}{4}}\mathrm{kN} = 6{,}57\mathrm{kN}.$$

Die maximale Biegespannung im Mast tritt am Fuß auf. Sie ist

$$\sigma_{max} = \frac{M_{max}}{I_y} r_a = \frac{Shr_a\cos\alpha}{I_y} = \frac{6{,}57\cdot 10^3\cdot 0{,}5\cdot 15\cdot 10^3\cdot 10^2}{2700\cdot 10^4} = 182\mathrm{Nmm}^{-2}.$$

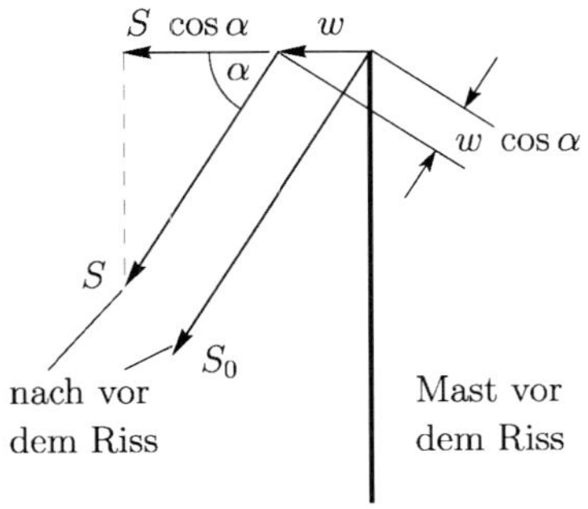

(a)

Aufg. 5.30

Für das statisch unbestimmte System wird das statisch bestimmte Grundsystem von Abb. a mit der unbekannten Kraftgröße F gewählt. F wird aus der Bedingung bestimmt, daß das Seil und der Abstand der Haken um dasselbe Stück kleiner werden. Die Seilverkürzung ist

$$\Delta l = a - \frac{F\ell}{EA}. \tag{a}$$

Die Verkleinerung des Hakenabstands ist das Doppelte der Durchbiegung w des halben Rahmens in Abb. b, also

$$\Delta\ell = 2w. \tag{b}$$

w ist nach dem Superpositionsprinzip die Summe aus der Durchbiegung des vertikalen Stabes und der Verschiebung infolge der Drehung an der unteren Ecke (Abb. c):

$$w = w_1 + w_2 = \frac{Fh^3}{3EI_y} + hw'(\ell/2).$$

Darin ist $w'(\ell/2)$ bei Belastung durch das Moment Fh am Stabende (s. Hütte, Tab.E5-7)

$$w'(\ell/2) = \frac{Fh\ell/2}{EI_y}.$$

Damit ergibt sich

$$w = \frac{Fh^3}{3EI_y} + \frac{Fh^2\ell}{2EI_y}.$$

Damit und mit (a) ergibt sich aus (b)

$$a - \frac{F\ell}{EA} = 2\Big(\frac{Fh^3}{3EI_y} + \frac{Fh^2\ell}{2EI_y}\Big).$$

Die Auflösung nach F liefert

$$F = \frac{EA\,a/\ell}{1 + (1 + \frac{2}{3}h/\ell)Ah^2/I_y}.$$

Das maximale Biegemoment ist Fh. Es ist im horizontalen Stab auf ganzer Länge wirksam. Folglich ist $\sigma_{max} = Fh/W$.

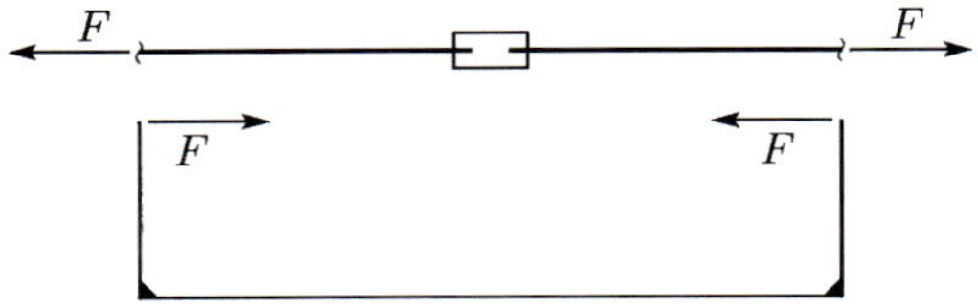

(a)

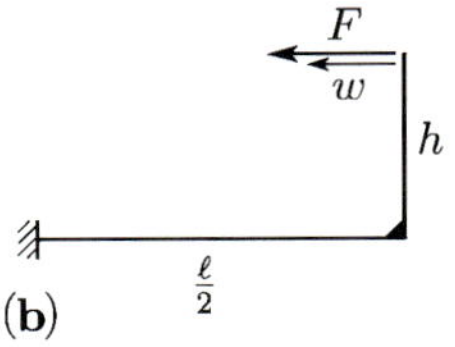

(b)

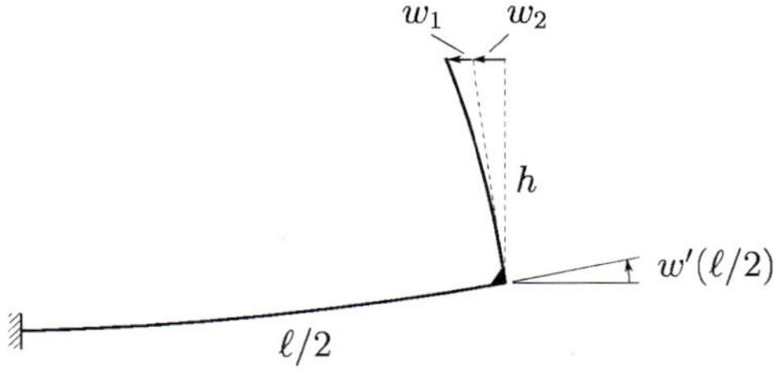

(c)

Aufg. 5.31

Biegemoment (Abb. a): $\dfrac{d^2M_y}{dx^2} = -q = \text{const},$

$M_y(x) = -\frac{1}{2}qx^2$ (erfüllt Randbedingungen $M_y(0) = 0$ und $Q_z(0) = 0$).

Flächenmoment:

$I_y(x) = \frac{1}{12} b h^3(x)$ mit $h(x) = h_1 + (h_2 - h_1)\dfrac{x}{\ell}$.

Differentialgleichung der Biegelinie:

$$w''(x) = \frac{6q}{Eb} \cdot \frac{x^2}{h^3(x)}.$$

Diese Gleichung wird zweimal in den Grenzen von ℓ bis x (beliebig) integriert. Wegen der Randbedingungen $w'(\ell) = 0$ und $w(\ell) = 0$ entstehen dabei auf der linken Seite $w'(x)$ und $w(x)$. Auf der rechten Seite wird die Variable x durch h substituiert. Mit den Beziehungen

$x = \ell\,\dfrac{h - h_1}{h_2 - h_1}$ und $\mathrm{d}x = \dfrac{\ell}{h_2 - h_1}\,\mathrm{d}h$ ergibt sich

$$\int_{x=\ell}^{x} \frac{x^2}{h^3(x)}\,\mathrm{d}x = \frac{\ell^3}{(h_2-h_1)^3} \int_{h=h_2}^{h} \frac{(h-h_1)^2}{h^3}\,\mathrm{d}h$$

$$= \frac{\ell^3}{(h_2-h_1)^3} \int_{h_2}^{h} \left(\frac{1}{h} - \frac{2h_1}{h^2} + \frac{h_1^2}{h^3}\right)\mathrm{d}h = \frac{\ell^3}{(h_2-h_1)^3}\left(\ln h + \frac{2h_1}{h} - \frac{h_1^2}{2h^2}\right)\Bigg|_{h_2}^{h}$$

$$= \frac{\ell^3}{(h_2-h_1)^3}\left[\ln\frac{h}{h_2} + \frac{2h_1}{h} - \frac{h_1^2}{2h^2} - \left(\frac{2h_1}{h_2} - \frac{h_1^2}{2h_2^2}\right)\right].$$

Die zweite Integration über x liefert

$$w(h) = \frac{6q}{Eb} \cdot \frac{\ell^4}{(h_2-h_1)^4} \int_{h_2}^{h} \left[\ln\frac{h}{h_2} + \frac{2h_1}{h} - \frac{h_1^2}{2h^2} - \left(\frac{2h_1}{h_2} - \frac{h_1^2}{2h_2^2}\right)\right]\mathrm{d}h$$

$$= \frac{6q}{Eb} \cdot \frac{\ell^4}{(h_2-h_1)^4}\left[h\ln\frac{h}{h_2} - h + 2h_1\ln h + \frac{h_1^2}{2h} - \left(\frac{2h_1}{h_2} - \frac{h_1^2}{2h_2^2}\right)h\right]\Bigg|_{h_2}^{h}$$

$$= \frac{6q}{Eb} \cdot \frac{\ell^4}{(h_2-h_1)^4}\left[h\ln\frac{h}{h_2} - h + 2h_1\ln\frac{h}{h_2} + \frac{h_1^2}{2h} - \left(\frac{2h_1}{h_2} - \frac{h_1^2}{2h_2^2}\right)h\right.$$

$$\left. + h_2 - \frac{h_1^2}{2h_2} + \left(\frac{2h_1}{h_2} - \frac{h_1^2}{2h_2^2}\right)h_2\right].$$

Mit der Abkürzung $\alpha = h_1/h_2$ und mit dem Flächenmoment $I_{yE} = bh_2^3/12$ des Einspannquerschnitts nimmt der Ausdruck für die Verschiebung am freien Ende die Form an:

$w(h = h_1) = \dfrac{q\ell^4}{EI_{yE}} f(\alpha)$ mit $f(\alpha) = \dfrac{(1-\alpha)(2+5\alpha-\alpha^2) + 6\alpha\ln\alpha}{4(1-\alpha)^4}$.

Die Funktion $f(\alpha)$ strebt für $\alpha \to 0$ (d.h. $h_1 \to 0$) gegen 1/2 und für $\alpha \to 1$ (d.h. h =const) gegen 1/8. Sie hat den in Abb. b gezeichneten Verlauf.

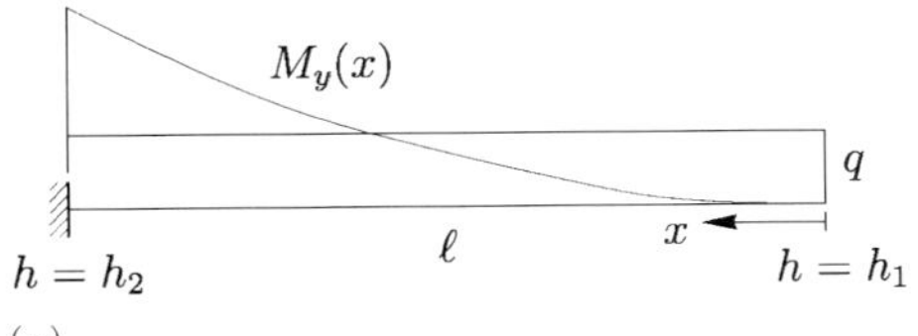

(a)

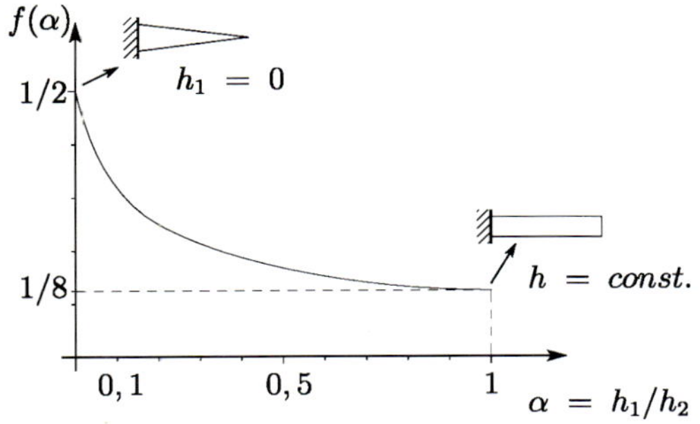

(b)

Aufg. 5.32

Im Sonderfall $n = 1$ (ein einzelner Stab ohne Federn) ist die Durchbiegung

$$w = \frac{F}{k_0} \qquad \text{mit} \qquad k_0 = \frac{48EI_y}{\ell^3}. \tag{a}$$

Im Fall $n > 1$ verursachen die Stabdurchbiegungen an der Feder zwischen den Stäben i und $i+1$ ($i = 1, ..., n-1$) die Verkürzung $w_i - w_{i+1}$. Die Feder drückt folglich mit der Kraft $k(w_i - w_{i+1})$ gegen die Stäbe i und $i+1$. An allen Stäben $i = 2, ..., n-1$ greifen zwei Federkräfte an, an Stab 1 eine Federkraft, und an Stab n greifen die Last F und eine Federkraft an. Folglich gilt analog zu (a)

$$w_i = \begin{cases} -\frac{k}{k_0}(w_1 - w_2) & (i = 1) \\ \frac{k}{k_0}[(w_{i-1} - w_i) - (w_i - w_{i+1})] & (i = 2, ..., n-1) \\ \frac{k}{k_0}(w_{n-1} - w_n) + w & (i = n). \end{cases} \tag{b}$$

Das Verhältnis

$$c = \frac{k}{k_0} = \frac{k\ell^3}{48EI_y}$$

ist der einzige physikalische Parameter des Systems. Die Gleichungen (b) werden in der Matrixgleichung zusammengefaßt:

$$\begin{bmatrix} \alpha_1 & -c & & & & \\ -c & \alpha & -c & & \underline{0} & \\ & -c & \alpha & -c & & \\ & & \cdot & \cdot & \cdot & \\ & & & \cdot & \cdot & \cdot \\ & & & & \cdot & \cdot & \cdot \\ & \underline{0} & & & -c & \alpha & -c \\ & & & & & -c & \alpha_1 \end{bmatrix} \begin{bmatrix} w_1 \\ w_2 \\ \cdot \\ \cdot \\ \cdot \\ \cdot \\ \cdot \\ w_n \end{bmatrix} = \begin{bmatrix} 0 \\ 0 \\ \cdot \\ \cdot \\ \cdot \\ \cdot \\ 0 \\ w \end{bmatrix}. \tag{c}$$

Darin sind

$$\alpha_1 = 1 + c, \qquad \alpha = 1 + 2c. \tag{d}$$

Summation aller n Gleichungen liefert die zur Prüfung von Ergebnissen nützliche Beziehung (sie gilt übrigens auch dann, wenn alle Federn verschieden sind)

$$\sum_{i=1}^{n} w_i = w. \tag{e}$$

Die Koeffizientenmatrix in (c) wird $\mathbf{A}$ genannt. Von ihrer Inversen $\mathbf{A}^{-1}$ werden nur die Elemente der n-ten Spalte benötigt:

$$w_i = w\,(\mathbf{A}^{-1})_{in} \qquad (i = 1, ..., n). \tag{f}$$

Die folgende Rechnung ist eine Verallgemeinerung der Inversion der Matrix in Gl. (8.28). Für jede quadratische Matrix $\mathbf{A}$ ist

$$(\mathbf{A}^{-1})_{ij} = \frac{A^*_{ij}}{\mathrm{Det}\mathbf{A}} \qquad (i, j = 1, ..., n). \tag{g}$$

A^*_{ij} ist das adjungierte Element von A_{ji}. Das ist die mit $(-1)^{j-i}$ multiplizierte Determinante der Untermatrix von $\mathbf{A}$ nach Streichung von Zeile j und Spalte i. Im vorliegenden Fall ist $j = n$, also

$$A^*_{in} = (-1)^{n-i} \begin{vmatrix} \alpha_1 & -c & & & & & & & \\ -c & \alpha & & & & & & & \\ & -c & \alpha & & & & & & \\ & & -c & -c & & & & & \\ & & & \alpha & -c & & & & \\ & & & -c & \alpha & -c & & & \\ & & & & \cdot & \cdot & \cdot & & \\ & & & & & \cdot & \cdot & \cdot & \\ & & & & & & -c & \alpha & -c \end{vmatrix} \qquad (i = 1, ..., n).$$

(Die Spalten $i-1$ und $i+1$ sind oben markiert; die Untermatrix aus den ersten $i-1$ Zeilen und Spalten ist eingerahmt; die Determinante hat $n-1$ Zeilen.)

Die eingerahmte Untermatrix fehlt im Fall $i = 1$. Alle Nichtdiagonalelemente außerhalb dieser Untermatrix können ohne Auswirkung auf A^*_{in} durch Nullen ersetzt werden, weil bei Entwicklung der Determinante ihre Koeffizienten Nullen sind. Für das Element $-c$ in Spalte $i-1$ zeigt sich das beim $(i-1)$sten Schritt. Danach zeigt es sich für die übrigen Elemente im jeweils ersten Schritt. Die Determinante ist also

$$A^*_{in} = (-1)^{n-i} D_{i-1} (-c)^{n-i} = D_{i-1} c^{n-i} \qquad (i = 1, ..., n).$$

Darin ist D_{i-1} $(i > 1)$ die Determinante der eingerahmten Untermatrix, d.h. die $(i-1)$ste Hauptabschnittsdeterminante von $\mathbf{A}$. Die n-te Hauptabschnittsdeterminante ist $D_n = \mathrm{Det}\mathbf{A}$. Damit die Formel wie angegeben auch für $i = 1$ gilt, wird $D_0 = 1$ definiert. Damit und mit (g) nimmt (f) die Form an:

$$w_i = w\, c^{n-i} \frac{D_{i-1}}{D_n} \qquad (i = 1, ..., n). \tag{h}$$

Im folgenden werden die Hauptabschnittsdeterminanten berechnet: Für $2 < i < n$ liefert die Entwicklung von D_i nach der jeweils letzten Spalte die rekursive Beziehung

$$D_i = \alpha D_{i-1} - c^2 D_{i-2} \qquad (i = 2, \ldots, n-1) \tag{i}$$

mit den Anfangswerten

$$D_0 = 1, \qquad D_1 = \alpha_1. \tag{k}$$

Sie ist wie angegeben auch für $i = 2$ gültig. Abweichend von (i) ist

$$\begin{aligned} D_n &= \alpha_1 D_{n-1} - c^2 D_{n-2} \\ &= \alpha D_{n-1} - c^2 D_{n-2} + (\alpha_1 - \alpha) D_{n-1}. \end{aligned} \tag{ℓ}$$

Der Lösungsansatz für (i) ist $D_i = Cp^i$ mit unbekannten Konstanten C und p. Einsetzen liefert nach Division durch Cp^{i-2} für p die quadratische Gleichung

$$p^2 - \alpha p + c^2 = 0. \tag{m}$$

Bei Beachtung von $\alpha = 1 + 2c$ sind die beiden Wurzeln

$$p_{1,2} = \tfrac{1}{2}\left(1 + 2c \pm \sqrt{1+4c}\right) = \tfrac{1}{4}\left(\sqrt{1+4c} \pm 1\right)^2 > 0.$$

Sei $q = \sqrt{\frac{p_2}{p_1}} = \frac{\sqrt{1+4c}-1}{\sqrt{1+4c}+1}$. (n)

Wegen $c > 0$ ist $0 < q < 1$. Durch q lassen sich alle anderen Größen ausdrücken. Aus (m) folgt $p_1 p_2 = c^2$, $p_1 + p_2 = \alpha = 1 + 2c$ oder mit (n)

$c = qp_1, \quad p_1 + q^2 p_1 = 1 + 2qp_1, \quad$ also

$c = qp_1, \quad p_1(1-q)^2 = 1, \quad p_2 = q^2 p_1.$ (p)

Wegen der Linearität der Rekursionsgleichung gilt das Superpositionsprinzip:

$D_i = C_1 p_1^i + C_2 p_2^i \qquad (i = 0, ..., n-1).$

C_1 und C_2 werden aus den Anfangswerten in (k) bestimmt:

$C_1 + C_2 = 1, \qquad C_1 p_1 + C_2 p_2 = \alpha_1 = 1 + c.$

Die zweite Gleichung ist mit (p) $C_1 p_1 + C_2 q^2 p_1 = 1 + qp_1$ oder

$C_1 + q^2 C_2 = (1-q)^2 + q.$

Diese und die erste Anfangsbedingung liefern die Lösungen

$$C_1 = \frac{1}{1+q}, \qquad C_2 = \frac{q}{1+q}.$$

Damit ist

$$D_i = p_1^i (C_1 + C_2 q^{2i}) = p_1^i \, \frac{1 + q^{2i+1}}{1+q} \qquad (i = 0, ..., n-1)$$

Aus (ℓ) wird D_n berechnet. Die ersten beiden Glieder bilden den Ausdruck (i) mit $i = n$. Im letzten Glied ist $\alpha_1 - \alpha = -c = -qp_1$. Damit ist

$$D_n = p_1^n \, \frac{1+q^{2n+1}}{1+q} - qp_1^n \, \frac{1+q^{2n-1}}{1+q} = p_1^n \, \frac{(1-q)(1-q^{2n})}{1+q}.$$

Damit erhält man aus (h)

$$w_i = w \, c^{n-i} \, \frac{p_1^{i-1}(1+q^{2i-1})}{p_1^n (1-q)(1-q^{2n})} = w \, p_1^{-1} \left(\frac{c}{p_1}\right)^{n-i} \frac{1+q^{2i-1}}{(1-q)(1-q^{2n})}$$

und mit (p) schließlich das Endergebnis

$$w_i = w \, \frac{(1-q)(1+q^{2i-1})}{1-q^{2n}} \, q^{n-i} \qquad (n \geq 1; \; i = 1, ..., n). \tag{q}$$

Diese Gleichung ist, wie angegeben, sogar im Fall $n = 1$ gültig. Sei $n \gg 1$. Wegen $q < 1$ ist überall außer in der Nähe der Systemgrenze bei $i = 1$ in guter Näherung $w_i \sim q^{n-i}$. Das ist eine geometrische Folge.
Zahlenbeispiel: Sei $n = 5$ und $c = 2$, d.h. $q = 1/2$. Dann sind die Verhältnisse w_i/w $(i = 1, ..., 5)$ in dieser Reihenfolge 16/341, 24/341, 44/341, 86/341 und 171/341. Probe: Die Summe dieser Zahlen ist 1 in Übereinstimmung mit (e). Ende des Beispiels. Man überzeugt sich ohne große Mühe, daß (e) durch (q) identisch erfüllt wird.

Aufg. 5.33

Die Gleichung der Spannungsnullinie ist $\qquad z = \frac{M_z}{M_y} \cdot \frac{I_y}{I_z} \, y.$ (a)

Darin ist

$M_y = M \cos\alpha = \frac{1}{2} M, \quad M_z = M \sin\alpha = M \frac{\sqrt{3}}{2}, \quad M_z / M_y = \tan\alpha = \sqrt{3}.$

Die Flächenschwerpunktkoordinate e ist (s. Abb. a)

$$e = \frac{2(4a \cdot a \cdot \frac{5}{2}a)}{2 \cdot 4a^2 + 8a^2} = \tfrac{5}{4}a.$$

Die Flächenmomente sind

$$I_y = 2\left[\tfrac{1}{12}4a \cdot a^3 + 4a^2\left(\tfrac{5}{4}a\right)^2 + \tfrac{1}{12}a(4a)^3 + 4a^2\left(\tfrac{5}{4}a\right)^2\right] = \tfrac{109}{3}a^4,$$

$$I_z = \tfrac{1}{12}\left[5a(8a)^3 - 4a(6a)^3\right] = \tfrac{424}{3}a^4.$$

Damit nimmt (a) die Form an: $z = \frac{109}{424}\sqrt{3}\,y = 0,45y.$

Diese Gerade ist in Abb. a maßstäblich eingezeichnet. Der Punkt D hat den größten Abstand. Seine Koordinaten sind

$$y_D = 4a, \quad z_D = -\tfrac{13}{4}a.$$

Mit ihnen liefert Gl. (5.39) die Spannung größten Betrages:

$$\sigma_D = \frac{M_y}{I_y}z_D - \frac{M_z}{I_z}y_D = \frac{M}{2}\left(\frac{z_D}{I_y} - \frac{\sqrt{3}y_D}{I_z}\right) = \frac{M}{a^3}\cdot\tfrac{1}{2}\left(-\tfrac{13\cdot 3}{4\cdot 109} - \tfrac{\sqrt{3}\cdot 4\cdot 3}{424}\right)$$

$$= -0,069\,\frac{M}{a^3} = -0,069 \cdot \tfrac{10^4}{2,5^3} = -44,3\text{Nmm}^{-2}.$$

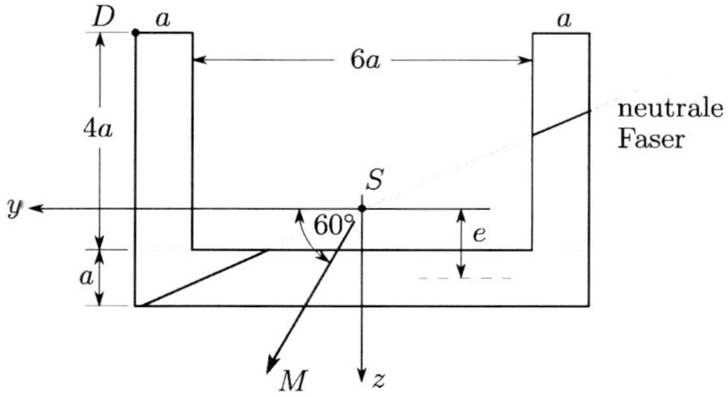

(a)

Aufg. 5.34

Die Verläufe der Biegemomente $M_y(x)$ und $M_z(x)$ in Abb. a zeigen, daß das Spannungsmaximum im mittleren Drittel zu erwarten ist. Dort ist

$$M_y(x) = \tfrac{2}{3}F\ell\Big(3 - \frac{x}{\ell}\Big) \qquad (\ell \le x \le 2\ell),$$

$$M_z(x) = \tfrac{1}{3}F\ell\frac{x}{\ell} \qquad (0 \le x \le 2\ell).$$

Die Flächenmomente sind

$$I_y = \tfrac{1}{12}b(2b)^3 = \tfrac{2}{3}\,b^4, \qquad I_z = \tfrac{1}{12}2b\cdot b^3 = \tfrac{1}{6}\,b^4.$$

Die Längsspannung im Querschnitt ist

$$\sigma(x,y,z) = \frac{M_y(x)}{I_y}z - \frac{M_z(x)}{I_z}y = \frac{F\ell/3}{b^4/6}\Big[2\Big(3-\frac{x}{\ell}\Big)\frac{z}{4} - \frac{x}{\ell}\cdot y\Big]$$

$$= \frac{2F\ell}{b^4}\Big[\frac{3}{2}\,z - \frac{x}{\ell}\Big(\frac{z}{2}+y\Big)\Big] \qquad \Big(1 \le \frac{x}{\ell} \le 2, \quad |y| \le \frac{b}{2}, \quad |z| \le b\Big).$$

Bei festem x hat die Spannungsnullinie die Gleichung

$$y = \frac{z}{2}\cdot\frac{3 - x/\ell}{x/\ell}. \tag{a}$$

Darin ist wegen der Nebenbedingung $1 \le x/\ell \le 2$

$$\frac{1}{2} \le \frac{3 - x/\ell}{x/\ell} \le 2.$$

Die durch (a) beschriebene Gerade liegt folglich in dem in Abb. b schraffierten Fächer zwischen den Geraden $y = z/4$ und $y = z$. Für alle diese Geraden hat der Punkt A mit den Koordinaten $y_A = -b/2$, $z_A = b$ den größten Abstand. Dort ist also $|\sigma|$ maximal, und zwar ist

$$\sigma_A(x) \equiv \frac{2F\ell}{b^4}\cdot\frac{3}{2}b = \frac{3F\ell}{b^3} \qquad (\ell \le x \le 2\ell).$$

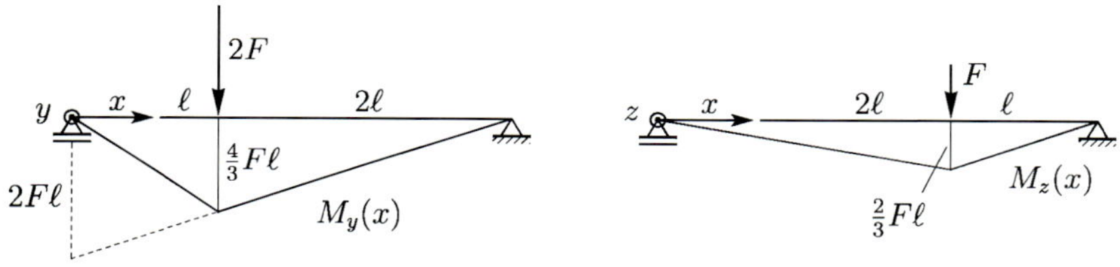

(a)

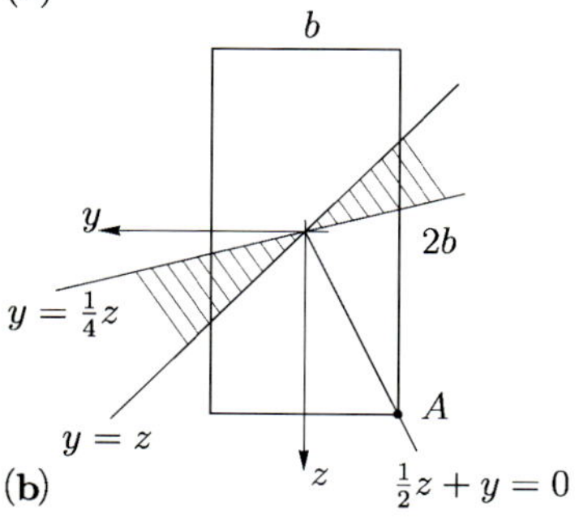

(b)

Aufg. 5.35

Dem Dubbel entnimmt man für die Hauptflächenmomente, für den Neigungswinkel α der Hauptachsen und für die Lage des Schwerpunkts die Zahlenwerte $I_\eta = 149\text{cm}^4$, $I_\zeta = 15,5\text{cm}^4$, $\tan\alpha = 0,252$, $e_1 = 3,67\text{cm}$, $e_2 = 1,20\text{cm}$ (s. Abb. a).
Die Wirkungslinien der Kräfte $F_1 = F$ und $F_2 = 2F$ gehen durch den Schubmittelpunkt, so daß keine Torsion auftritt. Die $\eta-$ und $\zeta-$Koordinaten der Kräfte sind $F\sin\alpha$ und $2F\sin\alpha$ bzw. $F\cos\alpha$ und $2F\cos\alpha$. Die Kräfte in ζ-Richtung verursachen Biegemomente um die η-Achse (Abb. b), und die Kräfte in η-Richtung verursachen Biegemomente um die ζ-Achse (Abb. c). Die resultierenden Biegemomente $M_\eta(x)$ und $M_\zeta(x)$ haben am linken Lager maximale Beträge. Die Momente sind dort

$$M_\eta = -F\ell\cos\alpha, \qquad M_\zeta = +F\ell\sin\alpha.$$

Das Maximum des Betrages der Spannung tritt im Querschnitt am linken Lager auf. Die Spannungsnullinie hat die Gleichung

$$\zeta = \frac{M_\zeta}{M_\eta}\cdot\frac{I_\eta}{I_\zeta}\,\eta = -\frac{I_\eta}{I_\zeta}\,\eta\,\tan\alpha = -2,42\eta.$$

Die Spannungsnullinie ist in Abb. a korrekt gezeichnet. Der Punkt A hat den größten Abstand. Dort ist also $|\sigma|$ maximal. Man entnimmt der Zeichnung die Koordinaten $\eta_A \approx 12\text{mm}$ und $\zeta_A \approx 61\text{mm}$. Mit ihnen liefert Gl. (5.39) die gesuchte Spannung

$$\sigma_A = \frac{M_\eta}{I_\eta}\zeta_A - \frac{M_\zeta}{I_\zeta}\eta_A = -F\ell\Big(\frac{\cos\alpha}{I_\eta}\zeta_A + \frac{\sin\alpha}{I_\zeta}\eta_A\Big)$$
$$= -10^3\cdot 2\cdot 10^3\big(\tfrac{0,97}{149}\cdot 61 + \tfrac{0,244}{15,5}\cdot 12\big)\cdot 10^{-4} = -117\text{Nmm}^{-2}.$$

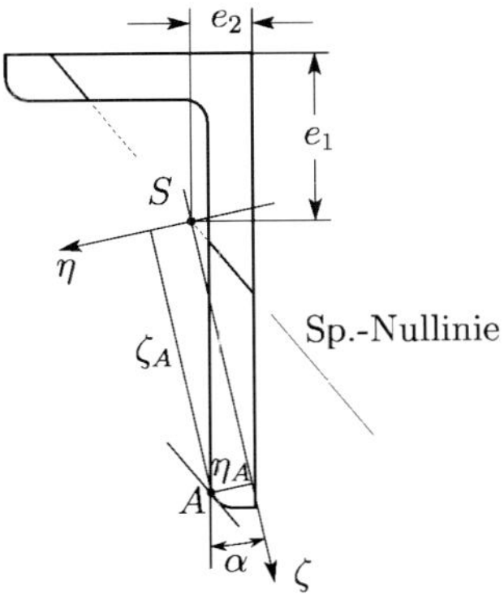

(a)

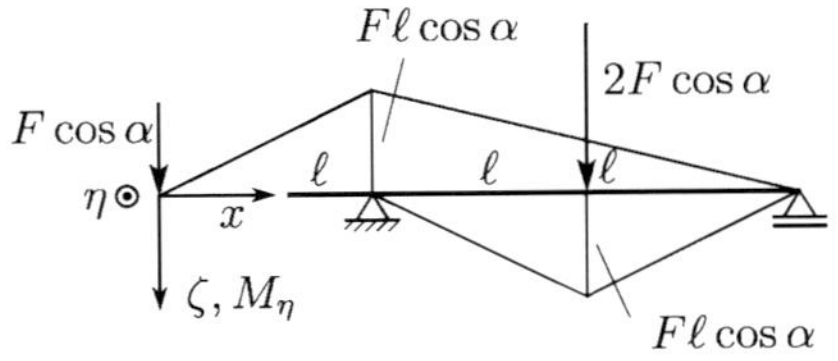

(b)

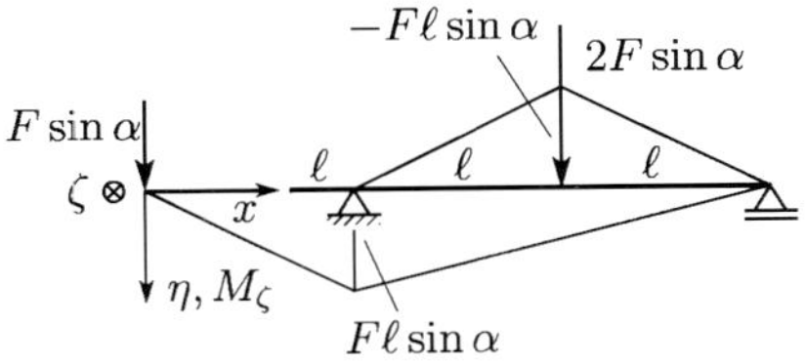

(c)

Aufg. 5.36

Die Wirkungslinien beider Kräfte gehen durch den Schubmittelpunkt, so daß keine Torsion des Stabes auftritt. Im Hauptachsensystem haben die Kräfte die Koordinaten

$$F_{i\eta} = F_i \sin\alpha, \quad F_{i\zeta} = F_i \cos\alpha \quad (i = 1, 2).$$

$F_{1\zeta}$ verursacht am linken Stabende eine Verschiebung $w_{1\zeta}$ in ζ-Richtung (Abb. a), und $F_{2\zeta}$ verursacht dort eine Verschiebung $w_{2\zeta}$ (Abb. b). Aus Hütte, Tab.E5-7, entnimmt man die Größen

$$w_{1\zeta} = \frac{F_{1\zeta}\ell^3}{EI_\eta}, \quad w_{2\zeta} = -w'_A \cdot \ell = -\frac{F_{2\zeta}\ell^3}{4EI_\eta}.$$

Die Überlagerung beider Lastfälle ergibt die Gesamtverschiebung

$$w_\zeta = w_{1\zeta} + w_{2\zeta} = \frac{\ell^3}{EI_\eta}(F_{1\zeta} - F_{2\zeta}/4) = \frac{\ell^3}{EI_\eta}(F_1 - F_2/4)\cos\alpha. \tag{a}$$

Entsprechend ist die Verschiebung v_η in η-Richtung am linken Stabende

$$v_\eta = v_{1\eta} + v_{2\eta} = \frac{\ell^3}{EI_\zeta}(F_1 - F_2/4)\sin\alpha. \tag{b}$$

Die Verschiebungen v in y-Richtung und w in z-Richtung sind nach Abb. c

$$w = v_\eta \sin\alpha + w_\zeta \cos\alpha, \qquad v = v_\eta \cos\alpha - w_\zeta \sin\alpha$$

oder mit (a) und (b)

$$\begin{aligned} v &= \frac{\ell^3}{EI_\zeta}(F_1 - F_2/4)\sin\alpha\,\cos\alpha - \frac{\ell^3}{EI_\eta}(F_1 - F_2/4)\cos\alpha\,\sin\alpha \\ &= \frac{\ell^3}{E}\Big(\frac{1}{I_\zeta} - \frac{1}{I_\eta}\Big)(F_1 - F_2/4)\sin\alpha\,\cos\alpha, \\ w &= \frac{\ell^3}{EI_\zeta}(F_1 - F_2/4)\sin^2\alpha + \frac{\ell^3}{EI_\eta}(F_1 - F_2/4)\cos^2\alpha \\ &= \frac{\ell^3}{E}\Big(\frac{\sin^2\alpha}{I_\zeta} + \frac{\cos^2\alpha}{I_\eta}\Big)(F_1 - F_2/4). \end{aligned}$$

Der Dubbel liefert die Zahlenwerte $I_\eta = 149\text{cm}^4$, $I_\zeta = 15,5\text{cm}^4$, $\tan\alpha = 0,252$. Mit ihnen ist $\sin\alpha = 0,244$, $\cos\alpha = 0,97$ und

$$v = \tfrac{(2\cdot10^3)^3}{2,1\cdot10^5}\big(\tfrac{1}{15,5} - \tfrac{1}{149}\big)\cdot 10^{-4}\cdot\big(1 - \tfrac{2}{4}\big)\cdot 10^3\cdot 0,244\cdot 0,97 = 26,1\text{mm},$$

$$w = \tfrac{(2\cdot10^3)^3}{2,1\cdot10^5}\big(\tfrac{0,244^2}{15,5} + \tfrac{0,97^2}{149}\big)\cdot 10^{-4}\cdot\big(1 - \tfrac{2}{4}\big)\cdot 10^3 = 19,4\text{mm}.$$

(a)

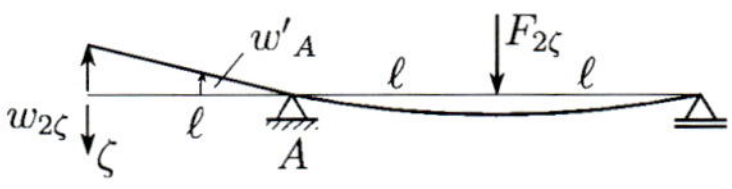

(b)

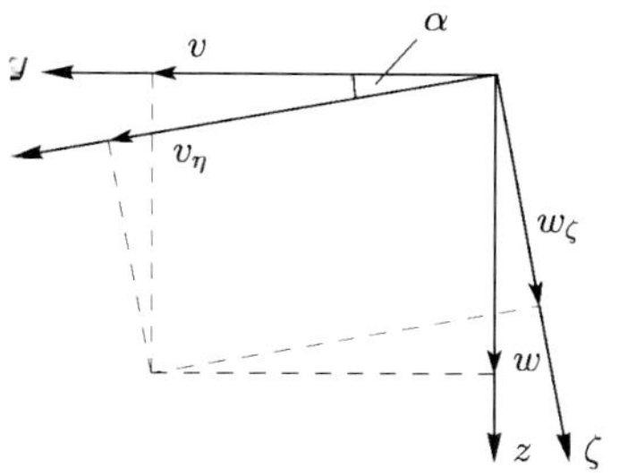

(c)

Aufg. 5.37

Die z-Achse geht durch den Eckpunkt des Querschnitts. Die Hauptachsen η und ζ liegen folglich unter dem Winkel α mit $\sin\alpha = 4/5$ und $\cos\alpha = 3/5$. Die Hauptflächenmomente sind

$I_\eta = \frac{1}{12}\,4a(3a)^3 = 9a^4, \quad I_\zeta = \frac{1}{12}\,3a(4a)^3 = 16a^4.$

Die Streckenlast in z-Richtung ist $\quad q = \gamma A = 12a^2\gamma.$

In η- und in ζ-Richtung hat sie die Koordinaten

$q_\eta = 12a^2\gamma\sin\alpha = \frac{48}{5}\,a^2\gamma, \quad q_\zeta = 12a^2\gamma\cos\alpha = \frac{36}{5}\,a^2\gamma.$

In Stabmitte verursachen diese Streckenlasten Verschiebungen v_η in η-Richtung und w_ζ in ζ-Richtung. Für diese liefert Hütte, Tab.E5-7, die Formeln

$$v_\eta = \frac{5}{384}\cdot\frac{q_\eta\ell^4}{EI_\zeta} = \frac{5}{384}\cdot\frac{48}{5\cdot 16}\cdot\frac{a^2\gamma\ell^4}{Ea^4} = \frac{3}{384}\cdot\frac{\gamma\ell^4}{Ea^2},$$

$$w_\zeta = \frac{5}{384}\cdot\frac{q_\zeta\ell^4}{EI_\eta} = \frac{5}{384}\cdot\frac{36}{5\cdot 9}\cdot\frac{a^2\gamma\ell^4}{Ea^4} = \frac{4}{384}\cdot\frac{\gamma\ell^4}{Ea^2}.$$

Die gesuchten Verschiebungen v und w in y- bzw. z-Richtung ergeben sich durch Zerlegung (s. Abb. b):

$$v = v_\eta\cos\alpha - w_\zeta\sin\alpha = \frac{\gamma\ell^4}{384Ea^2}\left(3\cdot\tfrac{3}{5} - 4\cdot\tfrac{4}{5}\right) = \frac{-7}{5\cdot 384}\cdot\frac{\gamma\ell^4}{Ea^2},$$

$$w = v_\eta\sin\alpha + w_\zeta\cos\alpha = \frac{\gamma\ell^4}{384Ea^2}\left(3\cdot\tfrac{4}{5} + 4\cdot\tfrac{3}{5}\right) = \frac{24}{5\cdot 384}\cdot\frac{\gamma\ell^4}{Ea^2}.$$

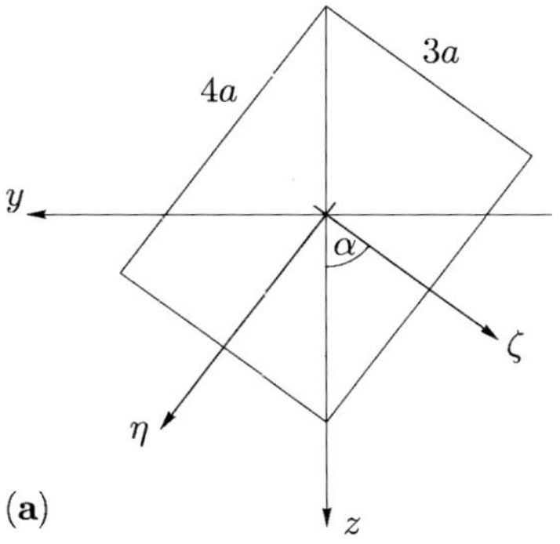

(a)

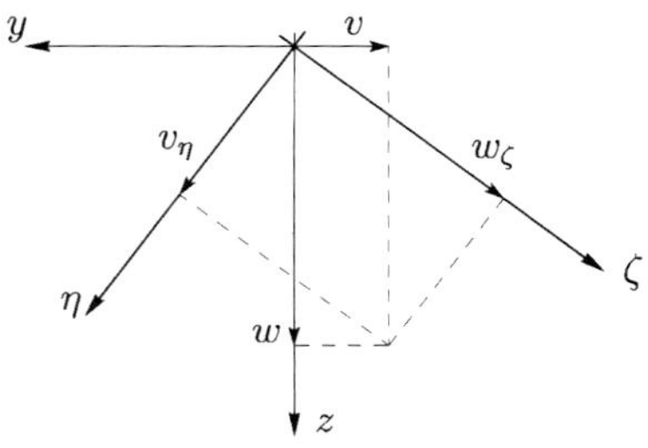

(b)

Aufg. 5.38

Durchbiegungen eines homogenen Stabes sind proportional zu $1/I_y$. Für ein Brett ist $I_y = \frac{1}{12}BD^3$. Der Faktor 8 wird durch die Brettdicke $D_1 = 2D$ erreicht. Durchbiegungen eines Stabes aus Verbundwerkstoff sind nach Gl. (5.53) und (5.49) proportional zu

$$\left[\sum E_i I_{yi} - \left(\sum E_i z_{Si} A_i\right)^2 \Big/ \sum E_i A_i\right]^{-1}.$$

Die Summen erstrecken sich über alle Teilflächen, in die man den Gesamtquerschnitt gliedert. Der Klammerausdruck ist eine Funktion der Höhe h des Stahlprofils. Die Forderung lautet

$$\sum E_i I_{yi} - \left(\sum E_i z_{Si} A_i\right)^2 \Big/ \sum E_i A_i = 8E_1 I_y. \tag{a}$$

Nach Abb. a wird der Querschnitt in 3 Rechtecke 1, 2 und 3 gegliedert. Dann ist $E_2 = E_3 = 20E_1$. Die Flächeninhalte sind

$$A_1 = BD, \qquad A_2 = bd, \qquad A_3 = hd. \tag{b}$$

Die I_{yi} sind die Flächenmomente der Teilflächen bezüglich der y-Achse durch den Gesamtschwerpunkt S. Deren Abstand von der Brettmittellinie ist

$$e(h) = \frac{A_2(D+d) + A_3(D+2d+h)}{2(A_1+A_2+A_3)}. \tag{c}$$

Damit ist

$$z_{S1} = -e, \qquad z_{S2} = \tfrac{1}{2}(D+d) - e, \qquad z_{S3} = \tfrac{1}{2}(D+2d+h) - e,$$
$$I_{y1} = \tfrac{1}{12}BD^3 + A_1 z_{S1}^2, \quad I_{y2} = \tfrac{1}{12}bd^3 + A_2 z_{S2}^2, \quad I_{y3} = \tfrac{1}{12}dh^3 + A_3 z_{S3}^2.$$

Mit diesen Ausdrücken und mit (b) und (c) werden die Summen in (a) gebildet. Da diese Gleichung von höherem Grad in h ist (4.Grades selbst dann, wenn e konstant wäre), ist die Programmierung (z.B. auf einem Taschenrechner) zu empfehlen. Zur Vermeidung großer Zahlen dividiert man durch E_1. Einfaches Probieren liefert die Lösung $3{,}2\text{cm} \le h \le 3{,}3\text{cm}$.

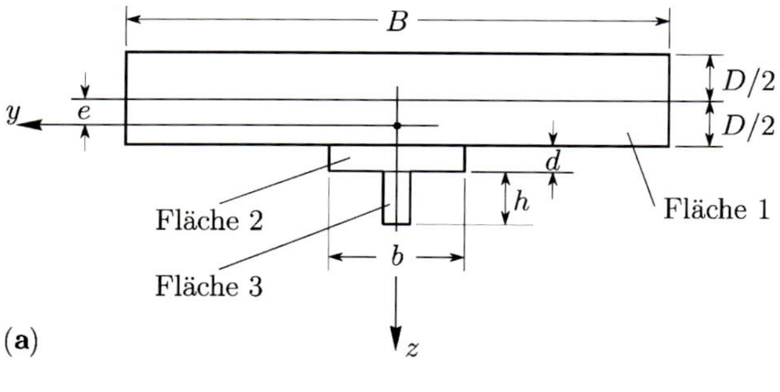

(a)

Aufg. 5.39

Vorbemerkung: Bei einem homogenen Stab ist die Durchbiegung in Stabmitte $F\ell^3/(48EI_y)$. Für den Stab aus Verbundwerkstoff ist folglich (vgl. Gl. (5.53) mit Gl. (5.34))

$$w = \frac{F\ell^3/48}{\sum_{i=1}^{2} E_i I_{yi} - z_0 \sum_{i=1}^{2} E_i z_{Si} A_i} \tag{a}$$

mit den neutralen Fasern bei

$$z_0 = \frac{\sum_{i=1}^2 E_i z_{Si} A_i}{\sum_{i=1}^2 E_i A_i}\,. \tag{b}$$

Die Spannung $\sigma(y,z)$ ist nach Gl. (5.52) mit $M_y = F\ell/4$

$$\sigma(y,z) = \frac{Fl/4}{\sum_{i=1}^2 E_i I_{yi} - z_0 \sum_{i=1}^2 E_i z_{Si} A_i} \cdot E(y,z)\cdot(z - z_0). \tag{c}$$

Belastung in z-Richtung (s. Abb. a):

$$z_{S1} = z_{S2} = 0 \qquad \rightarrow \qquad z_0 = 0,$$

$$I_{y1} = \tfrac{1}{12} b_1 h_1^3 = \tfrac{1}{12}\cdot 10 \cdot 20^3 = \tfrac{2}{3}\cdot 10^4 \text{cm}^4 = \tfrac{2}{3}\cdot 10^8 \text{mm}^4,$$

$$I_{y2} = \tfrac{1}{12} b_2 h_2^3 = \tfrac{1}{12}\cdot 2 \cdot 10^3 = \tfrac{1}{6}\cdot 10^3 \text{cm}^4 = \tfrac{1}{60}\cdot 10^8 \text{mm}^4,$$

$$\sum_{i=1}^2 E_i I_{yi} = 10^5\big(0,13\cdot \tfrac{2}{3} + 2\cdot\tfrac{1}{60}\big)10^8 = 1,2\cdot 10^{12}\text{Nmm}^2.$$

Damit erhält man aus (a) die Durchbiegung

$$w = \tfrac{10^4\cdot(5\cdot 10^3)^3}{48\cdot 1,2\cdot 10^{12}} = 22\text{mm}.$$

Die Maximalspannungen σ_{1max} im Holz und σ_{2max} im Stahl ergeben sich aus (c) mit $E = E_1$ und $z = h_1/2$ bzw. mit $E = E_2$ und $z = h_2/2$:

Holz: $\sigma_{1max} = \frac{10^4\cdot 5\cdot 10^3}{4\cdot 1,2\cdot 10^{12}}\cdot 0,13\cdot 10^5\cdot 100 = 13,5\text{Nmm}^{-2}$,

Stahl: $\sigma_{2max} = \frac{10^4\cdot 5\cdot 10^3}{4\cdot 1,2\cdot 10^{12}}\cdot 2\cdot 10^5\cdot 50 = 104\text{Nmm}^{-2}$.

Belastung in Querrichtung:
Um dieselben Gleichungen (a) bis (c) gebrauchen zu können, werden die Achsen nach Abb. b umbenannt. Dann ist

$$z_{S1} = z_{S2} = 0 \qquad \rightarrow \qquad z_0 = 0,$$

$$I_{y1} = \tfrac{1}{12} h_1 b_1^3 = \tfrac{1}{12}\cdot 20\cdot 10^3 = \tfrac{1}{6}\cdot 10^4\text{cm}^4 = \tfrac{1}{6}\cdot 10^8\text{mm}^4,$$

$$\begin{aligned} I_{y2} &= 2\big[\tfrac{1}{12} h_2 (b_2/2)^3 + h_2\cdot\tfrac{1}{2}b_2\cdot\big(\tfrac{1}{2}b_1 + \tfrac{1}{4}b_2\big)^2\big] = 2\big[\tfrac{10}{12} + 10\cdot 1\cdot(5+0,5)^2\big] \\ &= 607\text{cm}^4 \approx 0,061\cdot 10^8\text{mm}^4, \end{aligned}$$

$$\sum_{i=1}^2 E_i I_{yi} = 10^5\big(0,13\cdot\tfrac{1}{6} + 2\cdot 0,061\big)10^8 = 1,43\cdot 10^{12}\text{Nmm}^2.$$

Damit ist die Durchbiegung $w = \frac{10^4\cdot(5\cdot 10^3)^3}{48\cdot 1,43\cdot 10^{12}} = 18\text{mm}.$

Die maximalen Spannungen treten im Holz bei $z = b_1/2 = 50$mm und im Stahl bei $(b_1 + b_2)/2 = 60$mm auf:

Holz : $\sigma_{1max} = \frac{10^4\cdot 5\cdot 10^3}{4\cdot 1,43\cdot 10^{12}}\cdot 0,13\cdot 10^5\cdot 50 = 5,7\text{Nmm}^{-2}$,

Stahl: $\sigma_{2max} = \frac{10^4\cdot 5\cdot 10^3}{4\cdot 1,43\cdot 10^{12}}\cdot 2\cdot 10^5\cdot 60 = 105\text{Nmm}^{-2}$.

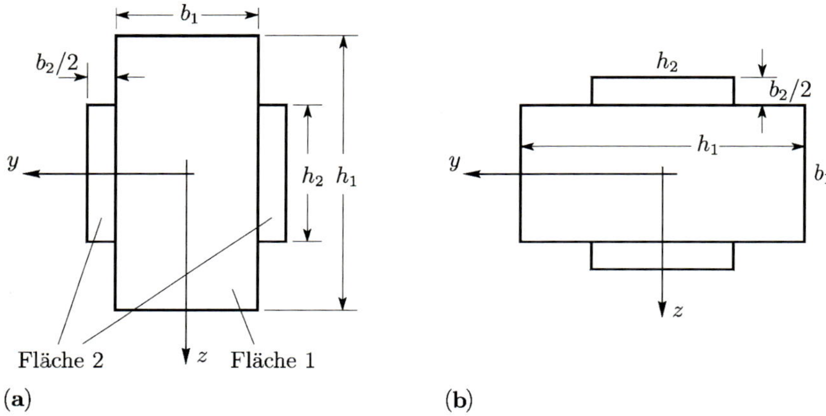

Aufg. 5.40

Gl. (5.49) und (5.51) geben die Lage z_0 der neutralen Fasern und die Spannung $\sigma(z)$ an:

$$z_0 = \frac{\sum E_i z_{Si} A_i}{\sum E_i A_i}, \qquad \sigma(z) = \frac{M_y E(z)(z - z_0)}{\sum E_i I_{yi} - z_0 \sum E_i z_{Si} A_i}. \tag{a}$$

Die Summen erstrecken sich hier über $i = 1$ und 2. Aus Abb. A5.40 ergibt sich mit $x = h_1/h$:

$$E_1 = E, \qquad z_{S1} = -\tfrac{1}{2}(h - h_1) = -\tfrac{1}{2}h(1 - x), \qquad A_1 = bh_1 = bhx,$$

$$I_{y1} = \tfrac{1}{12}bh_1^3 + bh_1\,\tfrac{1}{4}(h - h_1)^2 = \tfrac{1}{12}bh^3[x^3 + 3x(1 - x)^2],$$

$$E_2 = cE, \qquad z_{S2} = \tfrac{1}{2}h_1 = \tfrac{h}{2}x, \qquad A_2 = b(h - h_1) = bh(1 - x),$$

$$I_{y2} = \tfrac{1}{2}b(h - h_1)^3 + b(h - h_1)\tfrac{1}{4}h_1^2 = \tfrac{1}{12}bh^3[(1 - x)^3 + 3x^2(1 - x)].$$

Damit berechnet man

$$\left.\begin{aligned}
\sum E_i z_{Si} A_i &= Ebh^2\left[-\tfrac{1}{2}(1 - x)x + c\cdot\tfrac{1}{2}x(1 - x)\right]\\
&= -\tfrac{1}{2}Ebh^2\,x(1 - x)(1 - c),\\
\sum E_i A_i &= Ebh\big[x + c(1 - x)\big] = Ebh\big[c + (1 - c)x\big],\\
\sum E_i I_{yi} &= \tfrac{1}{12}Ebh^3\big\{x^3 + 3x(1 - x)^2 + c\big[(1 - x)^3 + 3x^2(1 - x)\big]\big\},
\end{aligned}\right\} \tag{b}$$

$$z_0 = -\frac{h}{2}\,\frac{x(1 - x)(1 - c)}{c + (1 - c)x}. \tag{c}$$

Aufgabe a:
Laut Aufgabenstellung ist

$$\frac{|\sigma(h/2)|}{|\sigma(-h/2)|} = s \quad \text{oder mit (a)}$$

$$\frac{cE\left(\tfrac{1}{2}h - z_0\right)}{\left|E\left(-\tfrac{1}{2}h - z_0\right)\right|} = c\cdot\frac{\tfrac{1}{2}h - z_0}{\tfrac{1}{2}h + z_0} = s. \tag{d}$$

Das ist eine Gleichung für z_0 mit der Lösung

$$z_0 = -\frac{h}{2} \cdot \frac{s-c}{s+c}. \tag{e}$$

Die gesuchte Lösung für $x(c,s)$ ergibt sich, wenn man (c) in (d) einsetzt:

$$c\,\frac{1+(1-c)\dfrac{x(1-x)}{c+(1-c)x}}{1-(1-c)\dfrac{x(1-x)}{c+(1-c)x}} = c \cdot \frac{c+(1-c)x+(1-c)x(1-x)}{c+(1-c)x-(1-c)x(1-x)}$$

$$= c \cdot \frac{c+(1-c)x(2-x)}{c+(1-c)x^2} = s.$$

Das ist eine quadratische Gleichung für x:

$$x^2 - \frac{2c}{s+c}x = \frac{c(c-s)}{(1-c)(c+s)}.$$

Es gibt also für ein und dieselbe Spannungsnullinie z_0 zwei Lösungen x_1 und x_2:

$$x_{1,2}(c,s) = \frac{c}{s+c}\Big(1 \pm \sqrt{\frac{c-s^2}{c-c^2}}\Big). \tag{f}$$

Aufgabe b:
In (f) ist $s > 0$ und $0 < c < 1$. Also ist $c - c^2 > 0$. Damit x_1 und x_2 reell sind, muß also

$$s^2 < c \tag{g}$$

sein. Dann ist x_1 positiv. Damit $x_1 < 1$ ist, muß

$$\sqrt{\frac{c-s^2}{c-c^2}} < \frac{s+c}{c} - 1 = \frac{s}{c}$$

sein oder $\quad c^2(c-s^2) < s^2(c-c^2) \quad$ oder

$$c^2 < s^2. \tag{h}$$

Aus $x_1 < 1$ folgt auch $x_2 < 1$. Damit $x_2 > 0$ ist, muß

$$1 > \sqrt{\frac{c-s^2}{c-c^2}} \qquad \text{sein oder} \qquad 1 > \frac{c-s^2}{c-c^2}$$

oder $c - c^2 > c - s^2$ oder schließlich $s^2 - c^2 > 0$. Das ist wieder Bedingung (h). Die Bedingungen (g) und (h), d.h.

$$c^2 < s^2 < c \tag{i}$$

sind notwendig und hinreichend dafür, daß zwei reelle Lösungen $0 < x_{1,2} < 1$ existieren.

Aufgabe c:
$s = 2$ verletzt die Ungleichung (g), weil $c < 1$ ist. Es gibt keine reelle Lösung x.

Aufgabe d:
Das Wertepaar $s = 2/3$, $c = 1/2$ erfüllt beide Ungleichungen (i). Aus (f) ergibt sich

$$x_{1,2} = \begin{cases} 0,23, \\ 0,63. \end{cases}$$

Für beide Lösungen ist nach (e) $z_0 = -0,07h$. Abb. a zeigt die beiden Querschnitte mit Spannungsverläufen. Die Geraden haben Steigungen im Verhältnis $c = 1/2$. Die Spannungen bei $z = h/2$ werden mit (b) aus (a) berechnet:

$$M_y E\big(\tfrac{1}{2}h\big)\big(\tfrac{1}{2}h - z_0\big) = M_y c E\big(\tfrac{1}{2}h + 0,07h\big) = 0,286 M_y E h,$$

$$\sum E_i I_{yi} - z_0 \sum E_i z_{Si} A_i = \begin{cases} 0{,}062 Ebh^3 & (\text{für } x = 0{,}23) \\ 0{,}067 Ebh^3 & (\text{für } x = 0{,}63). \end{cases}$$

$$\text{Damit ist} \quad \sigma\left(\tfrac{1}{2}h\right) = \begin{cases} 4{,}61\, \dfrac{M_y}{bh^2} & (\text{für } x = 0{,}23), \\ 4{,}27\, \dfrac{M_y}{bh^2} & (\text{für } x = 0{,}63). \end{cases}$$

Der Querschnitt mit $h_1 = 0{,}63h$ hat also bei gleicher Belastung kleinere Maximalspannungen. Das ist verständlich, weil bei ihm der Anteil des Werkstoffs mit dem größeren E-Modul größer ist.

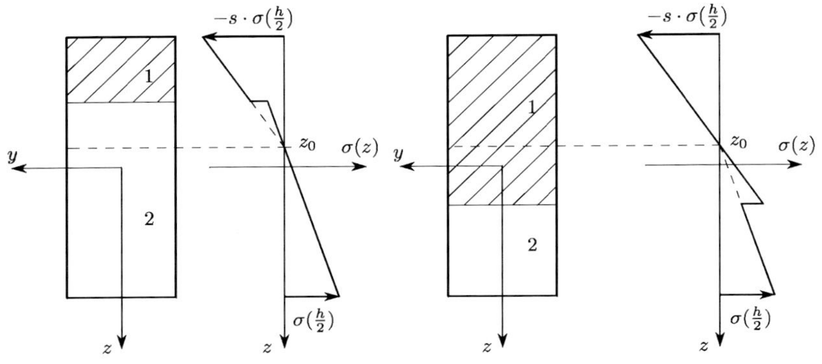

(a)

Aufg. 5.41

Die Verschiebung $w(x)$ ist eine lineare Funktion mit unbekannten Randwerten $w(-\ell/2) = w_1$ und $w(\ell/2) = w_2$ (Abb. a). Wenn der Stab nirgendwo abhebt, ist auch die Streckenlast $q_B(x)$ der Bettung am Stab eine lineare Funktion mit unbekannten Randwerten $q_B(-\ell/2) = q_1$ und $q_B(\ell/2) = q_2$ (Abb. b). Nach Gl. (5.58) besteht der Zusammenhang

$$q_B(x) = K w(x) \tag{a}$$

(in Abb. b ist q_B positiv, wenn w negativ ist).
Gleichgewichtsbedingungen:

$$\sum F_V = 0: \qquad F - \frac{q_1 + q_2}{2}\ell = 0, \tag{b}$$

$$\sum M^{(0)} = 0: \qquad aF - 2\left(\frac{2}{3} \cdot \frac{\ell}{2}\right) \cdot \left(\frac{1}{2}\, \frac{q_2 - q_1}{2} \cdot \frac{\ell}{2}\right) = 0 \tag{c}$$

(die Streckenlast wird als Überlagerung der konstanten Streckenlast $(q_1 + q_2)/2$, die kein Moment ausübt, und der beiden gestrichelten Dreieckslasten – rechts positiv und links negativ – dargestellt; der zweite Klammerausdruck ist die Resultierende einer Dreieckslast, und der erste ist die x-Koordinate des Dreiecksschwerpunkts). Aus (b) und (c) folgt

$$q_2 + q_1 = 2\frac{F}{\ell}, \qquad q_2 - q_1 = 12\frac{F}{\ell} \cdot \frac{a}{\ell}.$$

Subtraktion bzw. Addition beider Gleichungen liefert

$$q_{1,2} = \frac{F}{\ell}\left(1 \mp 6\, \frac{a}{\ell}\right).$$

Aus (a) folgt $w_{1,2} = \dfrac{F}{\ell K}\left(1 \mp 6\,\dfrac{a}{\ell}\right)$.

Die Bedingung dafür, daß der Stab nirgendwo abhebt, ist $|a| \leq \ell/6$.

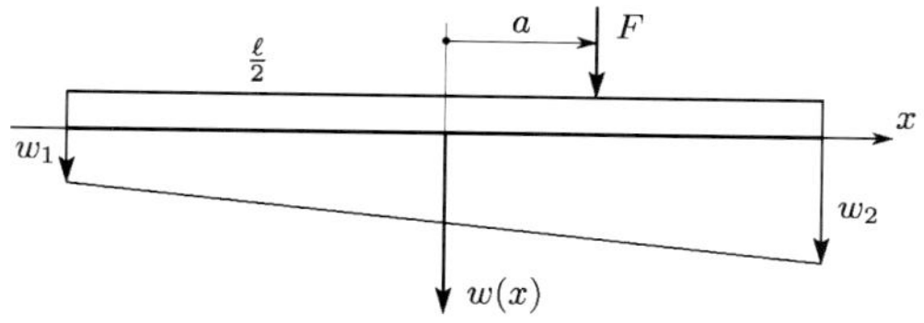

(a)

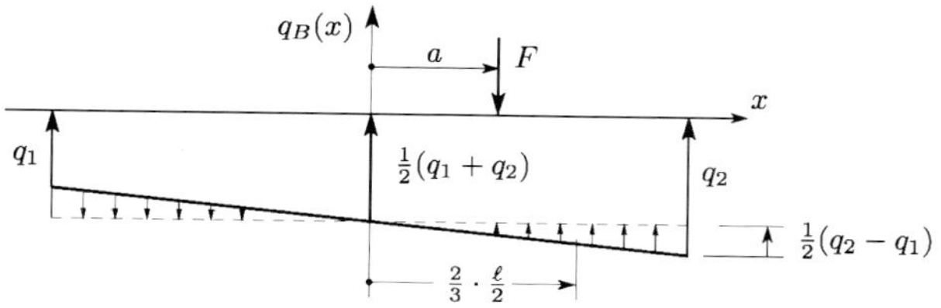

(b)

Aufg. 5.42

Gl. (5.58) bestimmt $K = k_s b = 20\text{Nmm}^{-2}$. Damit ist

$$\frac{K}{E} = \tfrac{20}{20\cdot 10^4} = 10^{-4}$$

und nach Gl. (5.61)

$$\lambda = \sqrt[4]{\frac{K}{4EI_y}} = \sqrt[4]{\tfrac{10^{-4}}{4\cdot 5{,}7\cdot 10^7}} = 0{,}81\cdot 10^{-3}\text{mm}^{-1} = 0{,}81\text{m}^{-1}.$$

Aus $\lambda\ell = 1{,}5$ folgt $\ell = \frac{1{,}5}{0{,}81} = 1{,}84\text{m}$.

Unter dem starren Stab ist $q_B(x) = \text{const}$ und aus Gleichgewichtsgründen (Abb. a) $q_B = F/\ell$. Das maximale Biegemoment tritt in der Mitte auf und hat die Größe

$$M_{starr} = \left(q_B\cdot\tfrac{1}{2}\ell\right)\cdot\tfrac{1}{4}\ell = \tfrac{1}{8}F\ell.$$

Für den elastischen Stab derselben Länge ℓ ist nach Gl. (ℓ) von Beisp.5.6-1

$$M_{el} = \frac{F}{4\lambda}\cdot\frac{\cosh\lambda\ell - \cos\lambda\ell}{\sinh\lambda\ell + \sin\lambda\ell} = \frac{F\ell}{4\cdot 1{,}5}\cdot\frac{2{,}353 - 0{,}071}{2{,}130 + 0{,}997} = 0{,}122F\ell.$$

Dieses Ergebnis wird durch M_{starr} sehr gut angenähert.

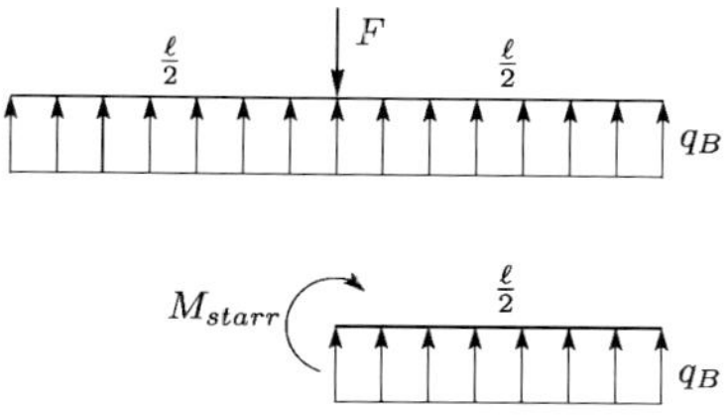

(a)

Aufg. 5.43

In allen Fällen müssen A_1, B_1, D_1, E_1 und A_2, B_2, D_2, E_2 berechnet und in die Ansatzfunktionen eingesetzt werden:

$$w_i(x) = \cosh\lambda x(A_i\cos\lambda x + B_i\sin\lambda x) + \sinh\lambda x(D_i\cos\lambda x + E_i\sin\lambda x)$$
$$(i = 1, 2; w_1 \text{ für } x \le 0,\ w_2 \text{ für } x \ge 0). \qquad \text{(a)}$$

Aufgabe a: $\ell_1 = 0$, $\ell_2 = \ell$ (endlich)
Mit $S_1 = \sinh\lambda\ell_1 = 0$, $s_1 = \sin\lambda\ell_1 = 0$, $C_1 = \cosh\lambda\ell_1 = 1$ und $c_1 = \cos\lambda\ell_1 = 1$ vereinfacht sich Gl. (j) von Beisp.5.6-1 zu:

$$\Delta = C_2^2(\sinh^2\lambda\ell - \sin^2\lambda\ell),$$

$$\Delta_A = C_2^2\,\frac{F\lambda}{K}\cdot 2(S_2C_2 - s_2c_2) = C_2^2\,\frac{F\lambda}{K}(\sinh 2\lambda\ell - \sin 2\lambda\ell),$$

$$\Delta_E = 0,$$

$$\Delta_B = -C_2^2\,\frac{F\lambda}{K}\cdot 2s_2^2 = -C_2^2\,\frac{F\lambda}{K}(1 - \cos 2\lambda\ell),$$

$$\Delta_D = -C_2^2\,\frac{F\lambda}{K}\cdot 2S_2^2 = -C_2^2\,\frac{F\lambda}{K}(\cosh 2\lambda\ell - 1).$$

Damit werden A_2, B_2, D_2 sowie $E_2 = 0$ nach Gl. (i) in Beisp.5.6-1 gebildet. Aus (a) ergibt sich dann

$$w_2(x) = \frac{F\lambda}{K}\,\frac{1}{\sinh^2\lambda\ell - \sin^2\lambda\ell}\Big[(\sinh 2\lambda\ell - \sin 2\lambda\ell)\cosh\lambda x\cos\lambda x$$
$$-(1 - \cos 2\lambda\ell)\cosh\lambda x\sin\lambda x - (\cosh 2\lambda\ell - 1)\sinh\lambda x\cos\lambda x\Big].$$

Der Ausdruck in eckigen Klammern wird umgeordnet und durch Anwendung von Additionstheoremen umgeformt:

$$[....] = (\sinh 2\lambda\ell\,\cosh\lambda x - \cosh 2\lambda\ell\,\sinh\lambda x + \sinh\lambda x)\cos\lambda x$$
$$-(\sin 2\lambda\ell\,\cos\lambda x - \cos 2\lambda\ell\,\sin\lambda x + \sin\lambda x)\cosh\lambda x$$
$$= \Big[\sinh\lambda(2\ell - x) + \sinh\lambda x\Big]\cos\lambda x - \Big[\sin\lambda(2\ell - x) + \sin\lambda x\Big]\cosh\lambda x$$
$$= 2\sinh\lambda\ell\,\cosh\lambda(\ell - x)\,\cos\lambda x - 2\sin\lambda\ell\,\cos\lambda(\ell - x)\,\cosh\lambda x.$$

Damit ist das Endergebnis

$$w_2(x) = \frac{2F\lambda}{K}\cdot\frac{\sinh\lambda\ell\,\cosh\lambda(\ell - x)\,\cos\lambda x - \sin\lambda\ell\,\cos\lambda(\ell - x)\,\cosh\lambda x}{\sinh^2\lambda\ell - \sin^2\lambda\ell}.$$

Aufgabe b: $\ell_1 \neq 0$, $\ell_2 \to \infty$
Mit den Hinweisen aus der Aufgabenstellung ist

$$\Delta = C_1^2C_2^4(S_1 + C_1)^2 = C_1^2C_2^4e^{2\lambda\ell_1},$$

$$\Delta_A = C_1^2C_2^4\frac{F\lambda}{K}[C_1(S_1 + C_1) + c_1^2 - c_1s_1], \qquad \Delta_D = -\Delta_A,$$

$$\Delta_B = C_1^2C_2^4\frac{F\lambda}{K}[S_1(S_1 + C_1) + s_1^2 - c_1s_1], \qquad \Delta_E = -\Delta_B.$$

Damit liefern die Gln. (i) und (f) von Beisp.5.6-1

$$A_1 = A_2 = \frac{F\lambda}{K}\left[\frac{C_1}{S_1+C_1} + \frac{c_1^2 - c_1 s_1}{(S_1+C_1)^2}\right]$$

$$= \frac{F\lambda}{2K}\left[\frac{e^{\lambda\ell_1}+e^{-\lambda\ell_1}}{e^{\lambda\ell_1}} + \frac{1+\cos 2\lambda\ell_1 - \sin 2\lambda\ell_1}{e^{2\lambda\ell_1}}\right]$$

$$= \frac{F\lambda}{2K}(1+H_1) \qquad \text{mit} \qquad H_1 = e^{-2\lambda\ell_1}(2+\cos 2\lambda\ell_1 - \sin 2\lambda\ell_1).$$

Mit nur einer Vorzeichenumkehr ergibt sich entsprechend

$$B_2 = \frac{F\lambda}{2K}(1-H_2) \qquad \text{mit} \qquad H_2 = e^{-2\lambda\ell_1}(\cos 2\lambda\ell_1 + \sin 2\lambda\ell_1),$$

$$B_1 = B_2 - \frac{F\lambda}{K} = -\frac{F\lambda}{2K}(1+H_2),$$

$$D_2 = -A_2, \qquad D_1 = D_2 + \frac{F\lambda}{K} = \frac{F\lambda}{2K}(1-H_1), \qquad E_1 = E_2 = -B_2.$$

Damit ist

$$w_1(x) = \frac{F\lambda}{2K}\Big\{\cosh\lambda x\Big[(1+H_1)\cos\lambda x - (1+H_2)\sin\lambda x\Big]$$
$$+ \sinh\lambda x\Big[(1-H_1)\cos\lambda x - (1-H_2)\sin\lambda x\Big]\Big\}$$
$$= \frac{F\lambda}{2K}\Big[(\cosh\lambda x + \sinh\lambda x)(\cos\lambda x - \sin\lambda x)$$
$$+ (\cosh\lambda x - \sinh\lambda x)(H_1\cos\lambda x - H_2\sin\lambda x)\Big]$$
$$= \frac{F\lambda}{2K}\Big\{e^{\lambda x}(\cos\lambda x - \sin\lambda x)$$
$$+ e^{-\lambda(2\ell_1+x)}\Big[2\cos\lambda x + \cos\lambda(2\ell_1+x) - \sin\lambda(2\ell_1+x)\Big]\Big\} \qquad (x \le 0),$$

$$w_2(x) = \frac{F\lambda}{2K}(\cosh\lambda x - \sinh\lambda x)\Big[(1+H_1)\cos\lambda x + (1-H_2)\sin\lambda x\Big]$$
$$= \frac{F\lambda}{2K}e^{-\lambda x}\Big\{\cos\lambda x + \sin\lambda x + e^{-2\lambda\ell_1}\Big[2\cos\lambda x + \cos\lambda(2\ell_1+x)$$
$$- \sin\lambda(2\ell_1+x)\Big]\Big\} \qquad (x \ge 0).$$

Aufgabe c: $\ell_1 = 0$, $\ell_2 \to \infty$
Einsetzen von $\ell_1 = 0$ in die Lösung von Aufg. b liefert

$$w_2(x) = \frac{2F\lambda}{K}e^{-\lambda x}\cos\lambda x.$$

Aufg. 5.44

Von den 8 Randbedingungen in Gl. (a) und (b) von Beisp.5.6-1 ändern sich nur die dritte und die vierte. Stetigkeit der Querkraft bei $x = 0$ und der Sprung des Biegemoments verlangen $w_2'''(0) = w_1'''(0)$ und $M_{y2}(0) - M_{y1}(0) = -M$ oder $EI_y[w_2''(0) - w_1''(0)] = M$. Mit Gl. (5.66) nehmen diese beiden Gleichungen die Formen an:

$B_1 - D_1 = B_2 - D_2 \qquad \text{und} \qquad EI_y \cdot 2\lambda^2(E_2 - E_1) = M.$

Sie ersetzen die 3. und die 4. Gleichung (d). Die vier neuen Gleichungen (d) ergeben

$$A_1 = A_2, \qquad B_1 = B_2, \qquad D_1 = D_2, \qquad E_1 = E_2 - 2M\lambda^2/K. \tag{a}$$

Diese Gleichungen werden in die 4 Gln. (e) eingesetzt. Dann ändert sich an Gl. (g) nur die rechte Seite. Sie wird ersetzt durch

$$\frac{2M\lambda^2}{K}[-C_1c_1 \quad , \quad C_1s_1 - S_1c_1 \quad , \quad 0 \quad , \quad 0 \quad]^T.$$

Dieselbe Linearkombination, die von Gl. (g) zu Gl. (h) führte, ändert an Gl. (h) nur die rechte Seite. Sie wird ersetzt durch

$$\frac{2M\lambda^2}{K}[-C_1^2 \quad , \quad 0 \quad , \quad 0 \quad , \quad 0 \quad]^T.$$

An die Stelle von Gl. (j) tritt

$$\left.\begin{aligned}
\Delta &= C_1^2C_2^2[(S_1C_2 + C_1S_2)^2 - (s_1c_2 + c_1s_2)^2] \\
&= C_1^2C_2^2(\sinh^2 \lambda\ell - \sin^2 \lambda\ell) \quad \text{(unverändert)}, \\
\Delta_A &= -\tfrac{2M\lambda^2}{K} C_1^2C_2^2(C_1^2c_2^2 - C_2^2c_1^2), \\
\Delta_B &= -\tfrac{2M\lambda^2}{K} C_1^2C_2^2[C_2^2(S_1C_1 + s_1c_1) + C_1^2(S_2C_2 + s_2c_2)], \\
\Delta_D &= -\tfrac{2M\lambda^2}{K} C_1^2C_2^2[c_2^2(S_1C_1 + s_1c_1) + c_1^2(S_2C_2 + s_2c_2)], \\
\Delta_E &= \tfrac{2M\lambda^2}{K} C_1^2C_2^2[C_1^2S_2^2 - c_1^2s_2^2 + (S_1C_1 + s_1c_1)(S_2C_2 - s_2c_2)].
\end{aligned}\right\} \tag{b}$$

Damit und mit (a) ist

$$A_1 = A_2 = \frac{\Delta_A}{\Delta}, \qquad B_1 = B_2 = \frac{\Delta_B}{\Delta}, \qquad D_1 = D_2 = \frac{\Delta_D}{\Delta},$$

$$E_2 = \frac{\Delta_E}{\Delta}, \qquad E_1 = E_2 - \frac{2M\lambda^2}{K} \tag{c}$$

und damit

$$w_i(x) = \cosh\lambda x\,(A_i\cos\lambda x + B_i\sin\lambda x) + \sinh\lambda x\,(D_i\cos\lambda x + E_i\sin\lambda x)$$
$$(i = 1 \text{ für } x \le 0,\ i = 2 \text{ für } x \ge 0). \tag{d}$$

Aufg. 5.45

Von der Lösung zu Aufg. 5.44 werden nur die Gln. (b), (c) und (d) benötigt. Zu den Abkürzungen s. Beisp.5.6-1. Vgl. auch Aufg. 5.43.

Aufgabe a: $\ell_1 = 0$, $\ell_2 = \ell$ (endlich)

Mit $S_1 = s_1 = 0$ und $C_1 = c_1 = 1$ ist

$$\Delta_A = \frac{2M\lambda^2}{K}C_2^2(C_2^2 - c_2^2) = \frac{M\lambda^2}{K}C_2^2(\cosh 2\lambda\ell - \cos 2\lambda\ell),$$

$$\Delta_B = \Delta_D = -\frac{2M\lambda^2}{K}C_2^2(S_2C_2 + s_2c_2) = -\frac{M\lambda^2}{K}C_2^2(\sinh 2\lambda\ell + \sin 2\lambda\ell),$$

$$\Delta_E = \frac{2M\lambda^2}{K}C_2^2(S_2^2 - s_2^2) = \frac{M\lambda^2}{K}C_2^2(\cosh 2\lambda\ell + \cos 2\lambda\ell - 2)$$

(auch $\Delta_E = 2M\lambda^2 \cdot \Delta/K$, aber diese Darstellung ist ungünstig). Damit und mit Gl. (c) und (d) der Lösung von Aufg. 5.44 ergibt sich

$$w_2(x) = \frac{M\lambda^2}{K} \cdot \frac{1}{\sinh^2 \lambda\ell - \sin^2 \lambda\ell} \Big[(\cosh 2\lambda\ell - \cos 2\lambda\ell) \cosh \lambda x \cos \lambda x$$
$$-(\sinh 2\lambda\ell + \sin 2\lambda\ell)(\cosh \lambda x \sin \lambda x + \sinh \lambda x \cos \lambda x)$$
$$+(\cosh 2\lambda\ell + \cos 2\lambda\ell - 2) \sinh \lambda x \sin \lambda x\Big].$$

Der Ausdruck in eckigen Klammern wird umgeordnet und mit Hilfe von Additionstheoremen umgeformt:

$$[\ldots] = (\cosh 2\lambda\ell \cosh \lambda x - \sinh 2\lambda\ell \sinh \lambda x) \cos \lambda x$$
$$-(\cos 2\lambda\ell \cos \lambda x + \sin 2\lambda\ell \sin \lambda x) \cosh \lambda x$$
$$-(\sinh 2\lambda\ell \cosh \lambda x - \cosh 2\lambda\ell \sinh \lambda x + \sinh \lambda x) \sin \lambda x$$
$$-(\sin 2\lambda\ell \cos \lambda x - \cos 2\lambda\ell \sin \lambda x + \sin \lambda x) \sinh \lambda x$$
$$= \cosh \lambda(2\ell - x) \cos \lambda x - \cos \lambda(2\ell - x) \cosh \lambda x$$
$$-\Big[\sinh \lambda(2\ell - x) + \sinh \lambda x\Big] \sin \lambda x - \Big[\sin \lambda(2\ell - x) + \sin \lambda x\Big] \sinh \lambda x$$
$$= \cosh \lambda(2\ell - x) \cos \lambda x - \cos \lambda(2\ell - x) \cosh \lambda x$$
$$-2 \sinh \lambda\ell \cosh \lambda(\ell - x) \sin \lambda x - 2 \sin \lambda\ell \cos \lambda(\ell - x) \sinh \lambda x.$$

Damit ist schließlich

$$w_2(x) = -\frac{2M\lambda^2}{K} \cdot \frac{1}{\sinh^2 \lambda\ell - \sin^2 \lambda\ell} \Big\{ \sinh \lambda\ell \cosh \lambda(\ell - x) \sin \lambda x$$
$$+ \sin \lambda\ell \cos \lambda(\ell - x) \sinh \lambda x$$
$$-\tfrac{1}{2}\Big[\cosh \lambda(2\ell - x) \cos \lambda x - \cos \lambda(2\ell - x) \cosh \lambda x\Big]\Big\}.$$

Aufgabe b: $\ell_1 \neq 0$, $\ell_2 \to \infty$

Mit den Hinweisen aus der Aufgabenstellung ist

$$\Delta = C_1^2 C_2^4 (S_1 + C_1)^2 = C_1^2 C_2^4 e^{2\lambda\ell_1},$$

$$\Delta_A = \frac{2M\lambda^2}{K} C_1^2 C_2^4 c_1^2 = \frac{M\lambda^2}{K} C_1^2 C_2^4 (1 + \cos 2\lambda\ell_1),$$

$$\Delta_B = -\frac{2M\lambda^2}{K} C_1^2 C_2^4 [C_1(S_1 + C_1) + s_1 c_1],$$

$$\Delta_D = -\Delta_A, \qquad \Delta_E = -\Delta_B.$$

Damit ist

$$A_1 = A_2 = \frac{M\lambda^2}{K} H_1 \qquad \text{mit} \qquad H_1 = e^{-2\lambda\ell_1}(1 + \cos 2\lambda\ell_1),$$

$$D_1 = D_2 = -A_1,$$

$$B_1 = B_2 = -\frac{2M\lambda^2}{K} \left[\frac{C_1}{S_1 + C_1} + \frac{s_1 c_1}{(S_1 + C_1)^2}\right]$$
$$= -\frac{M\lambda^2}{K} \left[\left(e^{\lambda\ell_1} + e^{-\lambda\ell_1}\right) e^{-\lambda\ell_1} + e^{-2\lambda\ell_1} \sin 2\lambda\ell_1\right]$$
$$= -\frac{M\lambda^2}{K}(1 + H_2) \qquad \text{mit} \qquad H_2 = e^{-2\lambda\ell_1}(1 + \sin 2\lambda\ell_1),$$

$$E_2 = -B_2 = \frac{M\lambda^2}{K}(1 + H_2), \qquad E_1 = -B_2 - \frac{2M\lambda^2}{K} = \frac{M\lambda^2}{K}(-1 + H_2).$$

Damit ist

$$w_{1,2}(x) = \frac{M\lambda^2}{K}\Big\{\cosh\lambda x\Big[H_1\cos\lambda x - (1 + H_2)\sin\lambda x\Big]$$
$$+ \sinh\lambda x\Big[-H_1\cos\lambda x - (\pm 1 - H_2)\sin\lambda x\Big]\Big\}$$
$$= \frac{M\lambda^2}{K}\Big[(\cosh\lambda x - \sinh\lambda x)(H_1\cos\lambda x - H_2\sin\lambda x)$$
$$- (\cosh\lambda x \pm \sinh\lambda x)\sin\lambda x\Big].$$

Darin ist

$$H_1\cos\lambda x - H_2\sin\lambda x = e^{-2\lambda\ell_1}[\cos\lambda x + \cos\lambda(2\ell_1 + x) - \sin\lambda x].$$

Man erhält damit die Ergebnisse

$$w_1(x) = \frac{M\lambda^2}{K}\Big\{e^{-\lambda(2\ell_1+x)}\big[\cos\lambda(2\ell_1 + x) + \cos\lambda x - \sin\lambda x\big] - e^{\lambda x}\sin\lambda x\Big\} \quad (x \le 0),$$

$$w_2(x) = \frac{M\lambda^2}{K}e^{-\lambda x}\Big\{e^{-2\lambda\ell_1}\big[\cos\lambda(2\ell_1 + x) + \cos\lambda x - \sin\lambda x\big] - \sin\lambda x\Big\} \qquad (x \ge 0).$$

Aufgabe c: $\ell_1 = 0$, $\ell_2 \to \infty$
Einsetzen von $\ell_1 = 0$ in die Lösung von Aufg. b liefert

$$w_2(x) = \frac{2M\lambda^2}{K}e^{-\lambda x}(\cos\lambda x - \sin\lambda x) = -\frac{2\sqrt{2}M\lambda^2}{K}e^{-\lambda x}\sin\Big(\lambda x - \frac{\pi}{4}\Big).$$

Aufgabe d: $\ell_1 = \ell_2 = \ell/2$

$\Delta_A = 0,$

$$\Delta_B = -\frac{2M\lambda^2}{K}C_1^2C_2^2 \cdot 2C_1^2(S_1C_1 + s_1c_1)$$
$$= -\frac{M\lambda^2}{K}C_1^2C_2^2(1 + \cosh\lambda\ell)(\sinh\lambda\ell + \sin\lambda\ell),$$

$$\Delta_D = -\frac{2M\lambda^2}{K}C_1^2C_2^2 \cdot 2c_1^2(S_1C_1 + s_1c_1)$$
$$= -\frac{M\lambda^2}{K}C_1^2C_2^2(1 + \cos\lambda\ell)(\sinh\lambda\ell + \sin\lambda\ell),$$

$$\Delta_E = \frac{2M\lambda^2}{K}C_1^2C_2^2 \cdot 2(C_1^2S_1^2 - c_1^2s_1^2) = \frac{M\lambda^2}{K}\cdot\Delta.$$

Damit ist

$$A_2 = 0, \qquad B_2 = -\frac{M\lambda^2}{K}\,\frac{1 + \cosh\lambda\ell}{\sinh\lambda\ell - \sin\lambda\ell},$$
$$E_2 = \frac{M\lambda^2}{K}, \qquad D_2 = -\frac{M\lambda^2}{K}\,\frac{1 + \cos\lambda\ell}{\sinh\lambda\ell - \sin\lambda\ell}$$

und damit

$$w_2(x) = \frac{M\lambda^2}{K}\cdot\frac{1}{\sinh\lambda\ell - \sin\lambda\ell}\Big[-(1 + \cosh\lambda\ell)\,\cosh\lambda x\,\sin\lambda x$$

$$+(1+\cos\lambda\ell)\ \sinh\lambda x\ \cos\lambda x+(\sinh\lambda\ell-\sin\lambda\ell)\ \sinh\lambda x\ \sin\lambda x\Big].$$

Der Ausdruck in eckigen Klammern wird umgeordnet und mit Hilfe von Additionstheoremen umgeformt:

$$\begin{aligned}[...] &= -(\cosh\lambda\ell\ \cosh\lambda x-\sinh\lambda\ell\ \sinh\lambda x+\cosh\lambda x)\sin\lambda x\\ &\quad -(\cos\lambda\ell\ \cos\lambda x+\sin\lambda\ell\ \sin\lambda x+\cos\lambda x)\ \sinh\lambda x\\ &= -\Big[\cosh\lambda(\ell-x)+\cosh\lambda x\Big]\sin\lambda x-\Big[\cos\lambda(\ell-x)+\cos\lambda x\Big]\sinh\lambda x\\ &= -2\Big[\cosh\tfrac{\lambda\ell}{2}\cosh\lambda\big(\tfrac{\ell}{2}-x\big)\ \sin\lambda x+\cos\tfrac{\lambda\ell}{2}\cos\lambda\big(\tfrac{\ell}{2}-x\big)\ \sinh\lambda x\Big].\end{aligned}$$

Damit ist

$$w_2(x)=-\frac{2M\lambda^2}{K}\cdot\frac{\cosh\frac{\lambda\ell}{2}\ \cosh\lambda\left(\frac{\ell}{2}-x\right)\ \sin\lambda x+\cos\frac{\lambda\ell}{2}\ \cos\lambda\left(\frac{\ell}{2}-x\right)\ \sinh\lambda x}{\sinh\lambda\ell-\sin\lambda\ell}$$

$(x\geq 0)$. Aus Symmetriegründen ist $w_1(-x)=-w_2(x)$.

Aufg. 5.46

Das Biegemoment ist $M_y(x)=-EI_yw''(x)$. Aus der Lösung zu Aufg. 5.43c wird übernommen:

$$w(x)=\frac{2F\lambda}{K}e^{-\lambda x}\cos\lambda x\quad(x=0\text{ am Stabende}).$$

Am Ort $x=a$ des Maximums von $|M_y|$ ist $w'''(a)=0$. Dazu bildet man

$$w'(x)=\frac{2F\lambda^2}{K}e^{-\lambda x}[-\cos\lambda x+(-\sin\lambda x)]=-\frac{2F\lambda^2}{K}e^{-\lambda x}(\cos\lambda x+\sin\lambda x),$$

$$\begin{aligned}w''(x)&=-\frac{2F\lambda^3}{K}e^{-\lambda x}[-(\cos\lambda x+\sin\lambda x)+(-\sin\lambda x+\cos\lambda x)]\\ &=\frac{4F\lambda^3}{K}e^{-\lambda x}\sin\lambda x,\end{aligned}$$

$$w'''(x)=\text{const}\cdot e^{-\lambda x}(-\sin\lambda x+\cos\lambda x).$$

Aus $w'''(a)=0$ folgt

$$\tan\lambda a=1\qquad\rightarrow\qquad a=\frac{\pi}{4\lambda}\qquad\rightarrow\qquad\sin\lambda a=\tfrac{1}{2}\sqrt{2}.$$

An dieser Stelle ist

$$w''(a)=\frac{2\sqrt{2}F\lambda^3}{K}e^{-\pi/4}.$$

Das Maximum von $|M_y|$ ist also

$$\frac{2\sqrt{2}F}{K}\lambda^3EI_ye^{-\pi/4}.$$

Nach Gl. (5.61) ist $\lambda^3EI_y=K/(4\lambda)$. Also ist das Maximum

$$\tfrac{\sqrt{2}}{2}e^{-\pi/4}F/\lambda\approx 0,32F/\lambda.$$

Aufg. 5.47

Die Auftriebskraft wirkt als Streckenlast q mit der Resultierenden $q\ell = G$ (Abb. a). Wegen der Symmetrie kann man sich jede Stabhälfte als in Stabmitte fest eingespannt vorstellen (Abb. b). An der festen Einspannung sind Querkraft und Biegemoment maximal:

$$|Q_z|_{max} = q \cdot \tfrac{1}{2}\ell = \tfrac{1}{2}G, \qquad |M_y|_{max} = \left(q \cdot \tfrac{1}{2}\ell\right) \cdot \tfrac{1}{2}\ell = \tfrac{1}{8}q\ell^2 = \tfrac{1}{8}G\ell.$$

Daraus ergeben sich (s. Gl. (5.75))

$$\tau_{max} = \frac{3}{2}\,\frac{|Q_z|_{max}}{bh} = \frac{3}{4}\,\frac{G}{bh} = 0{,}013\text{Nmm}^{-2},$$

$$\sigma_{max} = \frac{|M_y|_{max}}{I_y} \cdot \frac{h}{2} = \frac{G\ell/8}{bh^3/12} \cdot \frac{h}{2} = \frac{3}{4}\,\frac{G\ell}{bh^2} = 35{,}6\text{Nmm}^{-2}.$$

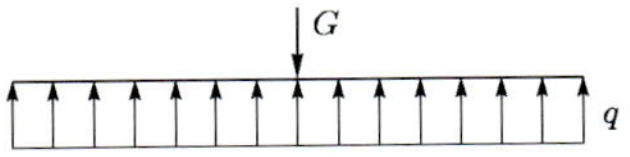

(a)

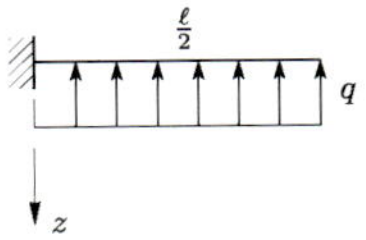

(b)

Aufg. 5.48

Nach Gl. (5.71) und (5.73) ist

$$\bar{\tau} = \frac{Q_z S_y(s)}{I_y t(s)}, \qquad S_y(s) = z_{S^*}(s) A^*(s).$$

$A^*(s)$ ist in diesem Fall die in Abb. a schraffierte Fläche (vgl. Abb. 5.49). $t(s)$ ist die gesamte Schweißnahtbreite:

$$t(s) = 2t, \qquad S_y(s) = \tfrac{1}{2}(a+t) \cdot at, \qquad Q_z \equiv F,$$

$$I_y = 2\left[\tfrac{1}{12}at^3 + at \cdot \tfrac{1}{4}(a+t)^2 + \tfrac{1}{12}ta^3\right] = \tfrac{1}{3}at\left(2a^2 + 2t^2 + 3at\right).$$

Damit ergibt sich

$$\bar{\tau} = \frac{3F(a+t)}{4t\left(2a^2 + 2t^2 + 3at\right)} = \frac{3 \cdot 10^5 \cdot 110}{40(2 \cdot 100^2 + 2 \cdot 10^2 + 3 \cdot 100 \cdot 10)} = 35{,}6\text{Nmm}^{-2}.$$

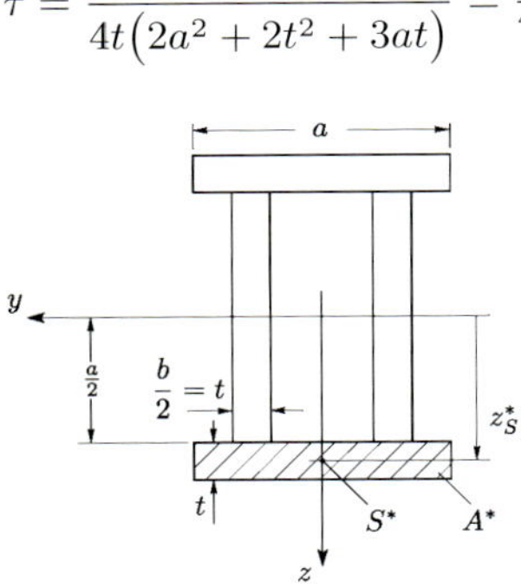

(a)

Aufg. 5.49

Im η, ζ-System der Hauptachsen ist nach Gl. (5.71)

$$\tau(s) = \frac{Q_\zeta S_\eta(s)}{I_\eta t} + \frac{Q_\eta S_\zeta(s)}{I_\zeta t}. \tag{a}$$

Flächenmomente 2. Grades (Abb. a):

$$I_y = \tfrac{1}{12}t(2b+t)^3 + 2\big[\tfrac{1}{12}(b-t/2)t^3 + (b-t/2)tb^2\big]$$

$$= \tfrac{1}{12}\,0,3\cdot 10,3^3 + 2\big(\tfrac{1}{12}\,4,85\cdot 0,3^3 + 4,85\cdot 0,3\cdot 5^2\big) = 100\text{cm}^4,$$

$$I_z = \tfrac{1}{12}\,t^3(2b+t) + 2\big[\tfrac{1}{12}(b-t/2)^3 t + (b-t/2)t\tfrac{1}{4}(b+t/2)^2\big]$$

$$= \tfrac{1}{12}\,0,3^3\cdot 10,3 + 2\big[\tfrac{1}{12}\,4,85^3\cdot 0,3 + 4,85\cdot 0,3\cdot 5,15^2/4\big] = 25\text{cm}^4,$$

$$I_{yz} = 2\big(b-t/2\big)t\cdot\tfrac{1}{2}\big(b+t/2\big)b = bt\big(b^2-t^2/4\big) \;=\; 5\cdot 0,3(5^2-0,15^2) = 37,5\text{cm}^4.$$

Hauptachsen und Hauptflächenmomente:

$$\tan 2\alpha = \frac{2I_{yz}}{I_y - I_z} = \tfrac{2\cdot 37,5}{75} = 1,$$

$$\alpha = 22,5^\circ, \qquad \sin\alpha = 0,3827, \qquad \cos\alpha = 0,9239, \tag{b}$$

$$I_{\eta\zeta} = \tfrac{1}{2}(I_y + I_z) \pm \sqrt{\tfrac{1}{4}(I_y - I_z)^2 + I_{yz}^2}$$

$$= \tfrac{1}{2}\cdot 125 \pm \sqrt{\tfrac{1}{4}\cdot 75^2 + 37,5^2} = \begin{cases} 115,5\text{cm}^4 \\ 9,5\text{cm}^4. \end{cases} \tag{c}$$

Man sieht an der maßstäblichen Abb. a ohne Rechenkontrolle, daß I_η das größere Hauptflächenmoment ist.
Kraftkoordinaten:

$$Q_\eta = Q_z \sin\alpha = 3,83\text{kN}, \qquad Q_\zeta = Q_z\cos\alpha = 9,24\text{kN}. \tag{d}$$

Statische Flächenmomente $S_\eta(s)$ und $S_\zeta(s)$: Nach G.(5.72) ist mit den Bezeichnungen von Abb. 5.49

$$S_\eta(s) = -\int_{A(s)} \zeta\,\mathrm{d}A = -\zeta_S(s)A(s), \quad S_\zeta(s) = -\int_{A(s)} \eta\,\mathrm{d}A = -\eta_S(s)A(s). \tag{e}$$

Spannungen im oberen horizontalen Steg:
Abb. b zeigt schraffiert die Fläche $A(s)$ mit ihrem Schwerpunkt S(s). Er hat im y, z-System die Koordinaten $y_S = b - s/2$, $z_S = -b$. Seine Koordinaten im η, ζ-System sind

$$\eta_S(s) = (b-s/2)\cos\alpha - b\sin\alpha, \qquad \zeta_S(s) = -(b-s/2)\sin\alpha - b\cos\alpha.$$

Mit $A(s) = ts$ ergeben sich damit aus (e) die statischen Momente

$$S_\eta(s) = ts\big[(b-s/2)\sin\alpha + b\cos\alpha\big], \qquad S_\zeta(s) = -ts\big[(b-s/2)\cos\alpha - b\sin\alpha\big] \tag{f}$$

und damit aus (a) bis (d) die Spannung

$$\tau(s) = \frac{Q_\zeta}{I_\eta}s\big[(b-s/2)\sin\alpha + b\cos\alpha\big] - \frac{Q_\eta}{I_\zeta}s\big[(b-s/2)\cos\alpha - b\sin\alpha\big]$$

$$= sb\Big[\frac{Q_\zeta}{I_\eta}(\cos\alpha+\sin\alpha) - \frac{Q_\eta}{I_\zeta}(\cos\alpha - \sin\alpha)\Big] - \frac{s^2}{2}\Big[\frac{Q_\zeta}{I_\eta}\sin\alpha - \frac{Q_\eta}{I_\zeta}\cos\alpha\Big]$$

$$= (-0,568s + 0,171s^2)\text{kNcm}^{-2} \qquad (s \text{ in cm};\ 0 \le s \le 5). \tag{g}$$

Das absolute Maximum dieser Funktion liegt am Übergang zum vertikalen Steg bei

$s = 5\text{cm}$. Seine Größe ist $1,43\ \text{kNcm}^{-2} = 14,3\text{Nmm}^{-2}$.
Spannungen im vertikalen Steg:
Die Stelle s im vertikalen Steg wird durch ihre Koordinate z gekennzeichnet (Abb. c). $A(s)$ ist die schraffierte Fläche. Ihr statisches Moment ist die Summe der statischen Momente für den oberen horizontalen Steg und für den schraffierten Teil des vertikalen Stegs. Für den oberen horizontalen Steg erhält man aus (f) mit $s = b$

$$S_\eta(b) = \tfrac{1}{2}tb^2(\sin\alpha + 2\cos\alpha), \qquad S_\zeta(b) = \tfrac{1}{2}tb^2(2\sin\alpha - \cos\alpha).$$

Für den schraffierten Teil des vertikalen Stegs ist

$$A = t(b+z), \qquad \eta_S = -\tfrac{1}{2}(b-z)\sin\alpha, \qquad \zeta_S = -\tfrac{1}{2}(b-z)\cos\alpha.$$

Damit ist für die gesamte schraffierte Fläche

$$\begin{aligned} S_\eta(z) &= \tfrac{1}{2}tb^2(\sin\alpha + 2\cos\alpha) + t(b+z)\cdot\tfrac{1}{2}(b-z)\cos\alpha \\ &= \tfrac{1}{2}t[b^2(\sin\alpha + 3\cos\alpha) - z^2\cos\alpha], \\ S_\zeta(z) &= \tfrac{1}{2}tb^2(2\sin\alpha - \cos\alpha) + t(b+z)\cdot\tfrac{1}{2}(b-z)\sin\alpha \\ &= \tfrac{1}{2}t[b^2(3\sin\alpha - \cos\alpha) - z^2\sin\alpha]. \end{aligned}$$

Damit und mit (a) bis (d) ist im Bereich des vertikalen Stegs

$$\bar{\tau}(z) = (4,28 - 0,114z^2)\text{kNcm}^{-2} \qquad (z \text{ in cm};\ -5 \le z \le 5). \tag{h}$$

Rechenkontrolle: Für den Übergang zum oberen horizontalen Steg bei $z = -5\text{cm}$ erhält man dieselbe Spannung wie mit (g). Das Maximum tritt in der Mitte bei $z = 0$ auf. Seine Größe ist $\bar{\tau}_{max} = 4,28\text{kNcm}^{-2} = 42,8\text{Nmm}^{-2}$.

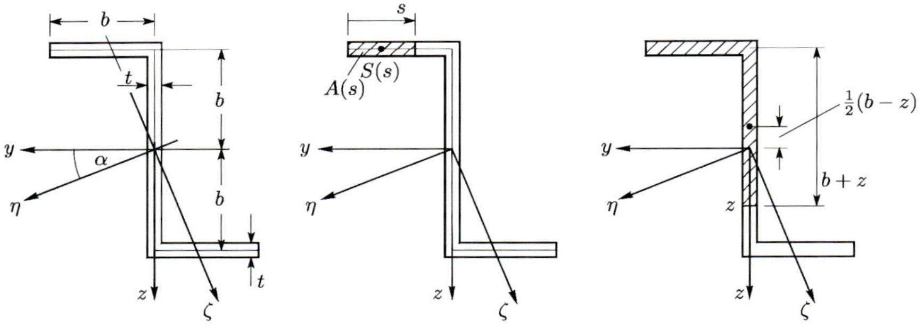

(a) (b) (c)

Aufg. 5.50

Das Biegemoment im Stab ist $M_y(x) = Fx$ ($x = 0$ am Stabende). Abb. a zeigt die Spannungsverteilungen in zwei Querschnitten im Abstand einer Nietteilung a beiderseits der Nieten an der Stelle $x = x_1$ (beliebig). Die Spannungen sind

$$\sigma\big(x_1 - \tfrac{1}{2}a, z\big) = \frac{M_y(x_1 - \frac{1}{2}a)}{I_y}z = \frac{F}{I_y}\big(x_1 - \tfrac{1}{2}a\big)z, \tag{a}$$

$$\sigma\big(x_1 + \tfrac{1}{2}a, z\big) = \frac{M_y(x_1 + \frac{1}{2}a)}{I_y}z = \frac{F}{I_y}\big(x_1 + \tfrac{1}{2}a\big)z. \tag{b}$$

Darin ist $I_y = I_y^S + 4I_y^W$ (S$\hat{=}$Steg, $W\hat{=}$Winkeleisen) das Flächenmoment des Verbundquerschnitts. Mit $I_y^S = th^3/12$ und

$$I_y^W = bt(h/2)^2 + \tfrac{1}{12}tb^3 + tb(h/2-b/2)^2 + ...$$
$$= \tfrac{1}{4}\,bt\bigl[h^2+(h-b)^2+\tfrac{1}{3}\,b^2\bigr]+... \qquad \text{(Glieder höherer Ordnung in } t) \qquad \text{(c)}$$

ergibt sich

$$I_y = t\bigl\{\tfrac{1}{12}\,h^3 + b\bigl[h^2+(h-b)^2+\tfrac{1}{3}\,b^2\bigr]\bigr\}. \qquad \text{(d)}$$

In Abb. b ist aus einem Winkeleisen das Stück zwischen $x_1 - a/2$ und $x_1 + a/2$ herausgeschnitten. An ihm greifen an den Schnittflächen Kräfte entsprechend den angegebenen Spannungen und am Nietloch eine Kraft R an. Kräftegleichgewicht verlangt

$$R = \int_A \bigl[\sigma\bigl(x_1+\tfrac{1}{2}a,z\bigr)-\sigma\bigl(x_1-\tfrac{1}{2}a,z\bigr)\bigr]\,\mathrm{d}A$$

(Integration über die Querschnittsfläche A eines Winkeleisens). Mit (a) und (b) erhält man den Ausdruck

$$R = \frac{Fa}{I_y}\int_A z\,\mathrm{d}A.$$

Das Integral ist das statische Moment des Querschnitts eines Winkeleisens (einschließlich Nietquerschnitt) bezüglich der y-Achse. Aus Abb. c liest man ab:

$$\int_A z\,dA = z_{S1}A_1 + z_{S2}A_2 = tb\bigl(h/2-b/2\bigr)+tbh/2 = \tfrac{1}{2}tb(2h-b).$$

Also ist $\quad R = \dfrac{Fa}{I_y}\cdot\dfrac{tb}{2}(2h-b). \qquad$ (e)

R ist die Querkraft am Niet. Die größte Schubspannung im Nietquerschnitt ist nach Gl. (5.76) $\quad \bar{\tau}_{max} = \dfrac{4}{3}\cdot\dfrac{R}{\pi r^2}.$

Aus der Bedingung $\bar{\tau}_{max} \le \tau_{zul}$ ergibt sich mit (d) für die Nietteilung a die Bedingung

$$a \le \frac{\tau_{zul}}{F/(\pi r^2)}\cdot\frac{h^3/8+b(3h^2-3hb+2b^2)}{b(2h-b)}$$
$$= \tfrac{5\cdot 10^3\cdot\pi\cdot 0{,}4^2}{2{,}5\cdot 10^3}\cdot\tfrac{10^3+5(3\cdot 20^2-3\cdot 20\cdot 5+2\cdot 5^2)}{5(2\cdot 20-5)} = 33,0\text{cm}.$$

Das Maß e ergibt sich aus der Bedingung, daß die Resultierende R der Spannungskräfte am Winkeleisen den verteilten Spannungskräften äquivalent ist. Die Momente um die y-Achse müssen also gleich sein. Das ist die Gleichung

$$R\bigl(h/2-e\bigr) = \int_A z\bigl[\sigma\bigl(x_1+\tfrac{1}{2}a,z\bigr)-\sigma\bigl(x_1-\tfrac{1}{2}a,z\bigr)\bigr]\,\mathrm{d}A$$

(Integration über die Querschnittsfläche A eines Winkeleisens). Mit (a) und (b) ergibt sich daraus

$$R\bigl(h/2-e\bigr) = \frac{Fa}{I_y}\int_A z^2\,\mathrm{d}A = \frac{Fa}{I_y}I_y^W.$$

Für I_y^W wird (c) und für R wird (e) eingesetzt. Die Auflösung nach e liefert das Ergebnis

$$e = \frac{h}{2} - \frac{h^2 + (h-b)^2 + b^3/3}{2(2h-b)} = \frac{b}{4} - \frac{5b^2}{12(2h-b)} = 0,95\text{cm}.$$

Zum Vergleich: Die Entfernung des Flächenschwerpunkts des Querschnitts eines Winkeleisens von der Stabkante ist

$$e^* = \frac{b^2 + bt - t^2}{2(2b-t)} = \frac{b}{4} + \frac{t}{4} \cdot \frac{3b-2t}{2b-t} > e.$$

Die Niete müssen also weiter außen liegen als der Schwerpunkt.

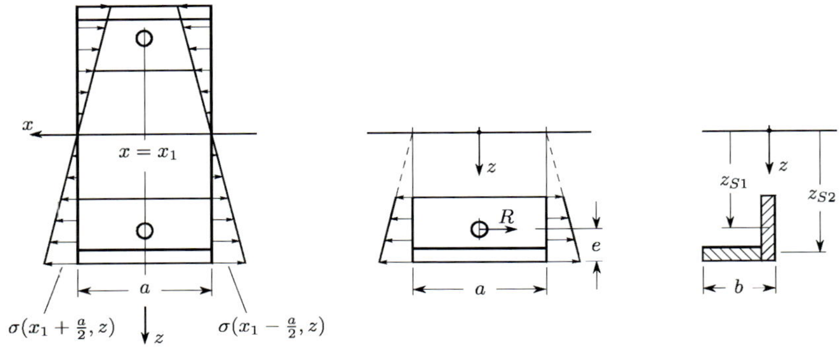

(a) (b) (c)

Aufg. 5.51

Nach Gl. (5.86) und (5.82) sind die Schubmittelpunktkoordinaten in einem beliebigen zum Hauptachsensystem y, z parallelen η, ζ-System im Fall $t(s) \equiv t =$const

$$\eta_M = \frac{-t}{I_y} \int_0^e \omega(s) z(s)\, \mathrm{d}s, \qquad \zeta_M = \frac{t}{I_z} \int_0^e \omega(s) y(s)\, \mathrm{d}s \tag{a}$$

mit

$$\omega(s) = -\int_0^s r(\bar{s})\, \mathrm{d}\bar{s} + \omega_0 \qquad (\omega_0 \text{ beliebig}).$$

Als η, ζ-System wird das Hauptachsensystem selbst verwendet (Abb. a). $r(s)$ hat den im oberen Diagramm von Abb. b gezeichneten Verlauf. Daraus ergibt sich mit $\omega_0 = hb/2$ der Verlauf von $\omega(s)$ des unteren Diagramms. Dort sind auch $y(s)$ und $z(s)$ eingezeichnet (nur in den Bereichen, in denen $\omega(s) \neq 0$ ist). Aus den Symmetrien der Verläufe von $\omega(s)$, $y(s)$ und $z(s)$ folgt, daß beide Integrale in (a) gleich null sind. Also liegt der Schubmittelpunkt im Koordinatenursprung.

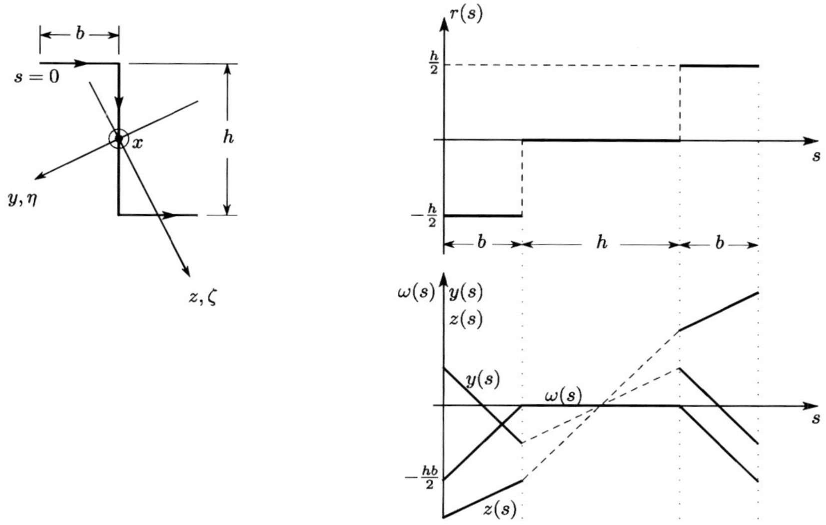

(a) (b)

Aufg. 5.52

Nach Gl. (5.86) und (5.82) sind die Schubmittelpunktkoordinaten in einem beliebigen zum Hauptachsensystem y, z parallelen η, ζ-System im Fall $t(s) \equiv t =$const

$$\eta_M = -\frac{t}{I_y}\int_0^e \omega(s)z(s)\,\mathrm{d}s, \qquad \zeta_M = \frac{t}{I_z}\int_0^e \omega(s)y(s)\,\mathrm{d}s \tag{a}$$

(Integration über alle Stege) mit

$$\omega(s) = -\int_0^s r(\bar{s})\,\mathrm{d}\bar{s} + \omega_0 \qquad (\omega_0 \text{ beliebig}).$$

Bei allen Querschnitten in Abb. A5.52 liegt M auf der Symmetrieachse.

Kreisring (Abb. a):

$$I_y = \frac{\pi}{4}(r_a^4 - r_i^4) = \frac{\pi}{4}(r_a^2 + r_i^2)(r_a + r_i)(r_a - r_i) = \frac{\pi}{4}\cdot 2r^2 \cdot 2rt = \pi r^3 t.$$

Als η, ζ-System wird das y, z-System gewählt. Dann ist

$$r(s) \equiv r = \text{const}, \qquad \omega(s) = -rs = -r^2\alpha \qquad (\text{mit } \omega_0 = 0),$$

$$z(s) = -r\sin\alpha.$$

Damit und mit $\mathrm{d}s = r\,\mathrm{d}\alpha$ liefert (a) das Ergebnis

$$d_1 = \eta_M = \frac{-1}{\pi r^3}\int_0^{2\pi}(-r^2\alpha)(-r\sin\alpha)r\,\mathrm{d}\alpha = \frac{-r}{\pi}\int_0^{2\pi}\alpha\sin\alpha\,\mathrm{d}\alpha$$

$$= \frac{-r}{\pi}\left[\alpha(-\cos\alpha)\Big|_0^{2\pi} - \int_0^{2\pi}(-\cos\alpha)\,\mathrm{d}\alpha\right]$$

$$= \frac{-r}{\pi}(-\alpha\cos\alpha + \sin\alpha)\Big|_0^{2\pi} = \frac{-r}{\pi}(-2\pi) = 2r.$$

Quadrat (Abb. b):
Beim Quadrat sind alle Achsen durch den Mittelpunkt Hauptachsen mit gleichem Flächenmoment

$I_y = 2\left[\frac{1}{12}ta^3 + ta\left(\frac{1}{2}a\right)^2\right] = \frac{2}{3}ta^3.$

Im gezeichneten η, ζ-System haben $r(s)$, $z(s)$ und $\omega(s)$ die in Abb. c dargestellten Verläufe. Die Integrationskonstante ω_0 wurde so gewählt, daß $\omega(s)$ im Mittelteil null ist. Das Integral in (a) ist dann zweimal das Integral in den Grenzen 0 und a. Mit Tab.5 im Anhang ist

$$\int_0^e \omega(s)z(s)\,\mathrm{d}s = 2\cdot\tfrac{1}{6}\omega(0)\,z(a)\,a = -\tfrac{\sqrt{2}}{6}a^4.$$

Damit liefert (a) das Ergebnis

$$d_2 = \eta_M = \frac{a^4\sqrt{2}/6}{2a^3/3} = \tfrac{\sqrt{2}}{4}a.$$

Rechteck (Abb. d):

$I_y = 2\left[\frac{1}{12}th^3 + tb\left(\frac{1}{2}h\right)^2\right] = \frac{1}{6}th^2(3b+h).$

Im gezeichneten η, ζ-System haben $r(s)$ und $z(s)$ die in den Diagrammen in Abb. e dargestellten Verläufe. Der Polygonzug von $\omega(s)$ wird im Punkt A begonnen. Dann ist das Integral in (a) wieder zweimal das Integral über dem halben Umfang. Mit Tab.5 im Anhang ist

$$\begin{aligned}\int_0^e \omega(s)z(s)\,\mathrm{d}s &= 2\left[\int_0^{h/2}\omega(s)z(s)\,\mathrm{d}s + \int_{h/2}^{h/2+b}\omega(s)z(s)\,\mathrm{d}s\right]\\ &= 2\left[\tfrac{1}{2}\,z(h/2)\left[\omega(0)-\omega(h/2)\right]\cdot\tfrac{1}{2}h + \tfrac{1}{2}\,\omega(h/2)\,z(h/2)\cdot b\right]\\ &= -\tfrac{1}{12}bh^2(3b+2h).\end{aligned}$$

Damit liefert (a) das Ergebnis

$$d_3 = \eta_M = \frac{6}{h^2(3b+h)}\cdot\frac{bh^2}{12}(3b+2h) = \frac{b}{2}\cdot\frac{3b+2h}{3b+h}.$$

Dreieck (Abb. f):
Flächenmoment I_y: Der einzelne dünnwandige Steg in Abb. g hat das Flächenmoment

$$I_y = \int_{s=0}^{a}(s\sin\alpha)^2 t\,\mathrm{d}s = t\frac{a^3}{3}\sin^2\alpha.$$

Folglich hat der Querschnitt in Abb. f das Flächenmoment

$I_y = \frac{1}{12}ta^3 + 2\cdot\frac{1}{3}ta^3\sin^2 30° = \frac{1}{4}ta^3.$

Im η, ζ-System von Abb. f haben $r(s)$, $\omega(s)$ und $z(s)$ die in Abb. h dargestellten Verläufe. Mit Tab.5 im Anhang berechnet man

$$\int_0^e \omega(s)z(s)\,\mathrm{d}s = \frac{1}{6}\,\omega(a)\,z(0)\,a = \frac{1}{6}\left(-\frac{a^2}{2}\sqrt{3}\right)\frac{a}{2}\,a = -\tfrac{\sqrt{3}}{24}a^4,$$

$$d_4 = \eta_M = \frac{1}{a^3/4}\cdot\frac{a^4}{24}\sqrt{3} = \tfrac{\sqrt{3}}{6}a.$$

Dieses Ergebnis bedeutet, daß der Schubmittelpunkt M die in Abb. i gezeichnete Lage hat.

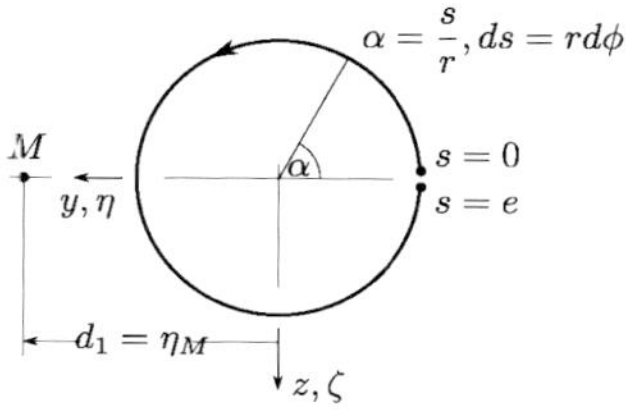
$\alpha = \frac{s}{r}, ds = r d\phi$
M
y, η
α
$s = 0$
$s = e$
$d_1 = \eta_M$
z, ζ

(a)

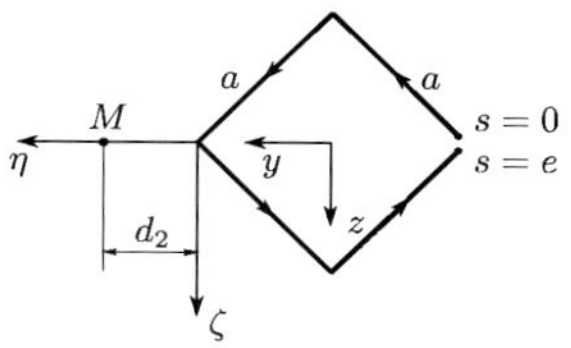
a
a
M
η
y
z
$s = 0$
$s = e$
d_2
ζ

(b)

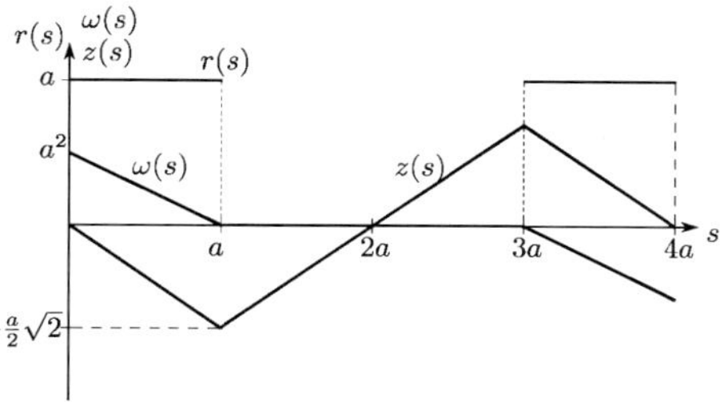
$r(s)$
$\omega(s)$
$z(s)$
a
$r(s)$
a^2
$\omega(s)$
$z(s)$
a
$2a$
$3a$
$4a$
s
$-\frac{a}{2}\sqrt{2}$

(c)

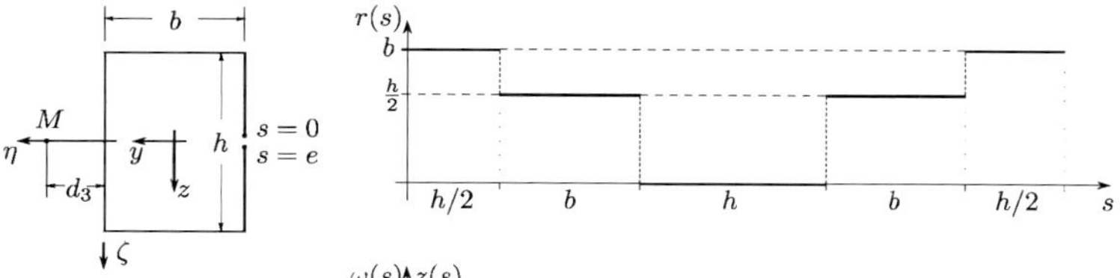
b
M
η
y
z
h
$s = 0$
$s = e$
d_3
ζ
$r(s)$
b
$\frac{h}{2}$
$h/2$
b
h
b
$h/2$
s

(d)

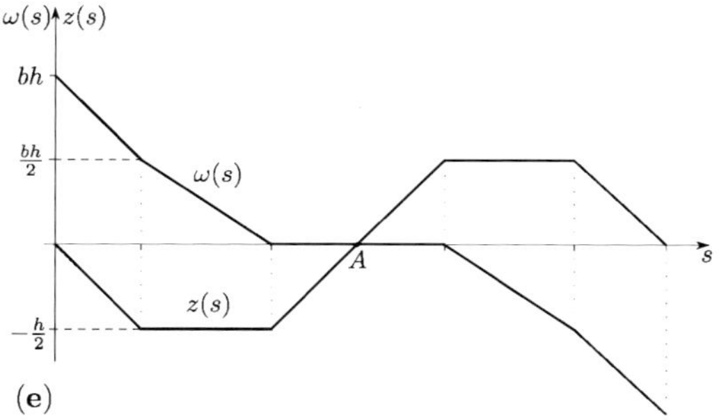
$\omega(s)$
$z(s)$
bh
$\frac{bh}{2}$
$\omega(s)$
A
s
$z(s)$
$-\frac{h}{2}$

(e)

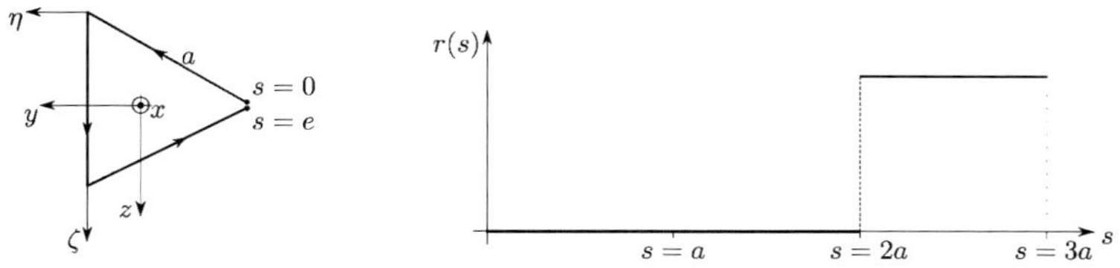
η
a
$s = 0$
$s = e$
y
x
z
ζ
$r(s)$
$s = a$
$s = 2a$
$s = 3a$
s

(f)

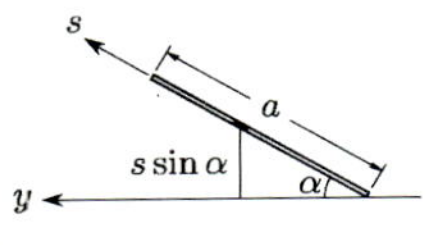

(g)

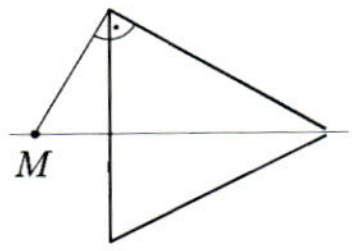

(i)

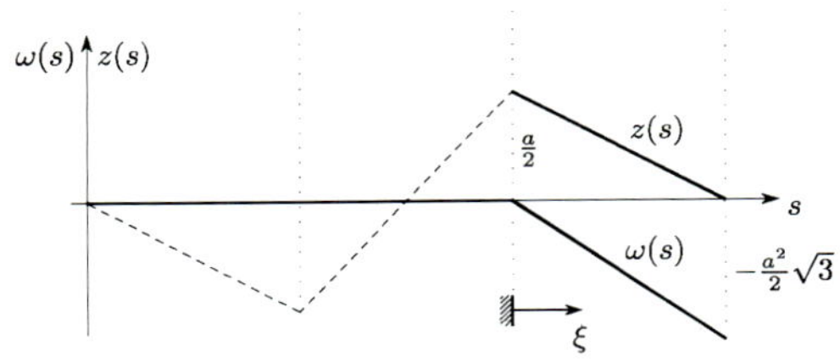

(h)

Kapitel 6

Aufg. 6.1

Nach Kap. 3.6 ist die Volumendilatation in einem Punkt

$$\frac{\Delta V}{V} = \frac{1}{E}(1-2\nu)(\sigma_x + \sigma_y + \sigma_z).$$

In einem Stab mit Kreisquerschnitt treten bei Torsion keine Normalspannungen auf. Folglich ist die Volumendilatation in allen Punkten null. Das Volumen ändert sich nicht.

Aufg. 6.2

Das System ist 1-fach statisch unbestimmt. Abb. a zeigt ein Grundsystem mit einer unbekannten Kraft K am Berührungspunkt der Hebel. Die Verdrehwinkel sind

$$\varphi_1 = \frac{M_{T1}\ell}{GI_{p1}} = \frac{(F\frac{1}{2}a - Ka)\ell}{GI_{p1}}, \qquad \varphi_2 = \frac{M_{T2}\ell}{GI_{p2}} = \frac{Ka\ell}{GI_{p2}}. \tag{a}$$

Die Geometrie schreibt $\varphi_1 = \varphi_2$ vor, also

$$\frac{\frac{1}{2}F - K}{I_{p1}} = \frac{K}{I_{p2}}.$$

Daraus folgt

$$K = \frac{F}{2}\,\frac{1/I_{p1}}{1/I_{p1} + 1/I_{p2}} = \frac{F}{2}\,\frac{I_{p2}}{I_{p1} + I_{p2}}$$

und damit aus (a)

$$\varphi_1 = \varphi_2 = \frac{Fa\ell/2}{G(I_{p1} + I_{p2})} = \frac{16Fa\ell}{\pi G(d_1^4 + d_2^4)} = \frac{16\cdot 750\cdot 300\cdot 500}{\pi\cdot 0{,}8\cdot 10^5(15^4+12^4)} = 0{,}100 = 5{,}75^\circ.$$

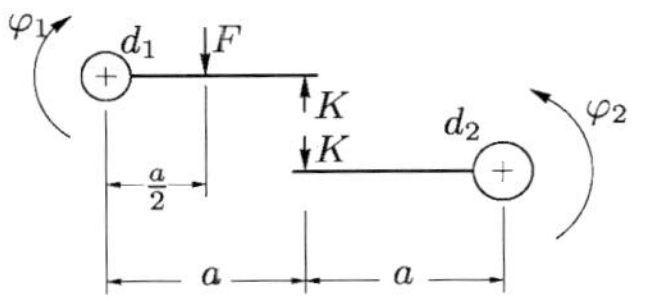

(a)

Aufg. 6.3

Das System ist 1-fach statisch unbestimmt. Als Grundsystem wird das am Durchmessersprung aufgeschnittene System in Abb. a mit einem unbekannten Schnittmoment M_T verwendet. Die Drehwinkel der beiden freien Stabenden um die positive x-Achse sind

$$\varphi_1 = \frac{M_{T1}\ell_1}{GI_{p1}} = \frac{(aF - M_T)\ell_1}{GI_{p1}}, \qquad \varphi_2 = \frac{M_{T2}\ell_2}{GI_{p2}} = \frac{M_T\ell_2}{GI_{p2}}. \tag{a}$$

Beide Winkel sind gleich groß, so daß

$$(aF - M_T)\frac{\ell_1}{I_{p1}} = M_T\frac{\ell_2}{I_{p2}}$$

ist. Daraus folgt

$$M_T = \frac{aF\frac{\ell_1}{I_{p1}}}{\frac{\ell_1}{I_{p1}} + \frac{\ell_2}{I_{p2}}} = aF\,\frac{\ell_1 I_{p2}}{\ell_1 I_{p2} + \ell_2 I_{p1}}$$

und damit aus (a)

$$\varphi_1 = \varphi_2 = \varphi = \frac{aF}{G}\,\frac{\ell_1\ell_2}{\ell_1 I_{p2} + \ell_2 I_{p1}} = \frac{aF\ell_1}{GI_{p1}} \cdot \frac{1}{1 + (\ell_1 I_{p2})/(\ell_2 I_{p1})}.$$

Die maximalen Schubspannungen sind

$$\tau_1 = \frac{M_{T1}}{I_{p1}} r_1 = (aF - M_T)\frac{r_1}{I_{p1}} = aF\,\frac{\ell_2 r_1}{\ell_1 I_{p2} + \ell_2 I_{p1}}$$

$$= \frac{aFr_1}{I_{p1}} \cdot \frac{1}{1 + (\ell_1 I_{p2})/(\ell_2 I_{p1})},$$

$$\tau_2 = \frac{M_{T2}}{I_{p2}} r_2 = \frac{M_T}{I_{p2}} r_2 = \frac{\ell_1 r_2}{\ell_2 r_1}\,\tau_1.$$

Zahlenwerte:

$$I_{p1} = \tfrac{\pi}{2}(r_1^4 - r_0^4) = \tfrac{\pi}{2}(30^4 - 25^4) = 65,9 \cdot 10^4 \text{mm}^4,$$

$$I_{p2} = \tfrac{\pi}{2}(r_2^4 - r_0^4) = \tfrac{\pi}{2}(27,5^4 - 25^4) = 28,5 \cdot 10^4 \text{mm}^4,$$

$$\frac{\ell_1 I_{p2}}{\ell_2 I_{p1}} = \tfrac{300 \cdot 28,5}{600 \cdot 65,9} = 0,216,$$

$$\varphi = \tfrac{5 \cdot 10^6 \cdot 300}{0,8 \cdot 10^5 \cdot 65,9 \cdot 10^4} \cdot \tfrac{1}{1,216} = 0,0234 = 1,3^\circ,$$

$$\tau_1 = \tfrac{5 \cdot 10^6 \cdot 30}{65,9 \cdot 10^4} \cdot \tfrac{1}{1,216} = 187 \text{Nmm}^{-2}, \qquad \tau_2 = \tfrac{30 \cdot 27,5}{60 \cdot 30}\,187 = 86 \text{Nmm}^{-2}.$$

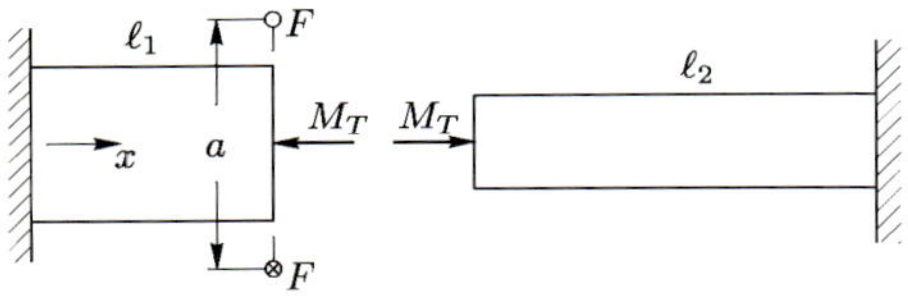

(a)

Aufg. 6.4

Die Frage nach *der* Torsionssteifigkeit des Kabels ist nur unter der Voraussetzung sinnvoll, daß die Spannungs- und die Verzerrungszustände nicht längs der x-Achse veränderlich sind, also im Mittelteil eines langen Kabels oder in dem gesamten Kabel in Abb. a, in dem die Torsionsmomente mit starren Endplatten eingeleitet werden.

M_T teilt sich in die Momente M_{T1} und M_{T2} an den beiden Teilen auf:

$$M_T = M_{T1} + M_{T2}. \qquad \text{(a)}$$

Die Drillungen beider Teile sind gleich:

$$\varphi' = \frac{M_{T1}}{G_1 I_{p1}} = \frac{M_{T2}}{G_2 I_{p2}}. \qquad \text{(b)}$$

Darin ist $I_{p1} = \dfrac{\pi}{32} d^4, \qquad I_{p2} = \dfrac{\pi}{32}(D^4 - d^4).$

(a) und (b) drücken die Parallelschaltung zweier Federn aus. Die Auflösung nach M_{T1} ergibt

$$M_{T1} = M_T \frac{G_1 I_{p1}}{G_1 I_{p1} + G_2 I_{p2}}$$

Damit liefert (b) $\varphi' = \dfrac{M_T}{G_1 I_{p1} + G_2 I_{p2}}$.

Das ist auch die Drillung des Gesamtsystems, d.h. gleich $M_T/(GI_T)$. Das gesuchte Ergebnis ist also

$$GI_T = G_1 I_{p1} + G_2 I_{p2} = \tfrac{\pi}{32}[G_1 d^4 + G_2(D^4 - d^4)].$$

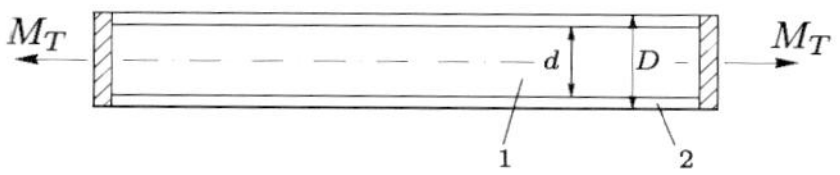

(a)

Aufg. 6.5

Nach Gl. (6.10) ist

$$\varphi = \int_\ell \frac{M_T(x)}{GI_p(x)}\,\mathrm{d}x. \tag{a}$$

Hier ist $M_T(x) \equiv M_T = \text{const}$, weil nur an den Stabenden Momente angreifen. Die Integration erstreckt sich über die Stablänge. $I_p(x)$ läßt sich am besten ausdrücken, wenn man $x = 0$ an der Kegelspitze definiert (Abb. a). Für den Winkel α gilt $\tan\alpha = (r_2 - r_1)/\ell$. Mit ihm ist $r(x) = x \tan\alpha$. Mit dieser Gleichung wird in (a) x durch r substituiert. Mit $\mathrm{d}x = \mathrm{d}r/\tan\alpha$ ist dann

$$\varphi = \frac{M_T}{G}\int_{r_1}^{r_2} \frac{\mathrm{d}r/\tan\alpha}{I_p(r)} = \frac{2M_T\ell}{\pi G(r_2 - r_1)}\int_{r_1}^{r_2}\frac{\mathrm{d}r}{r^4}$$

$$= \frac{2M_T\ell}{3\pi G(r_2 - r_1)}\left(\frac{1}{r_1^3} - \frac{1}{r_2^3}\right) = \frac{2M_T\ell}{3\pi G}\cdot\frac{r_2^3 - r_1^3}{(r_2 - r_1)r_1^3 r_2^3}$$

oder bei Beachtung der Beziehung $(r_2^3 - r_1^3) = (r_2 - r_1)(r_1^2 + r_1 r_2 + r_2^2)$

$$\varphi = \frac{2M_T\ell}{3\pi G}\cdot\frac{r_1^2 + r_1 r_2 + r_2^2}{r_1^3 r_2^3}.$$

Probe: Im Fall $r_1 = r_2 = r$ liefert die Formel das korrekte Ergebnis

$$\varphi = \frac{M_T\ell}{(\pi r^4/2)G}.$$

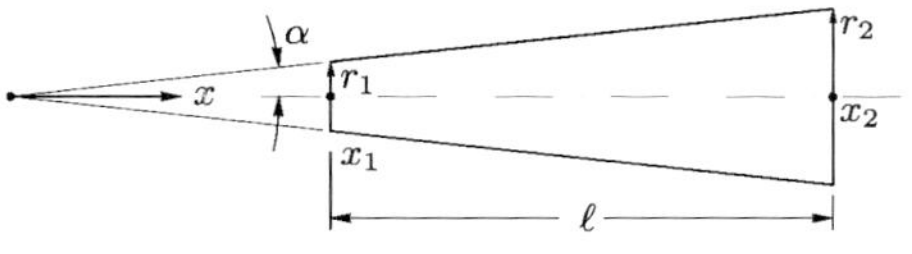

(a)

Aufg. 6.6

Die Torsionssteifigkeit eines dünnwandigen Hohlprofils ist mit Gl. (6.22)

$$GI_T = G \cdot 4A_m^2 \Bigg/ \oint \frac{\mathrm{d}s}{t(s)} = G\,\frac{4A_m^2 t}{U}$$

(Wanddicke t, Wandumfang U). Gleichheit für beide Stäbe (Index 1 für das Dreieck und 2 für den Kreis) verlangt

$A_{m1}^2/U_1 = A_{m2}^2/U_2$.

Aus Abb. a liest man ab:

$A_{m1} = \frac{1}{2}a \cdot a\frac{\sqrt{3}}{2} = \frac{\sqrt{3}}{4}a^2, \quad U_1 = 3a, \quad A_{m2} = \frac{\pi}{4}d^2, \quad U_2 = \pi d.$

Damit ist

$$\frac{(3/16)a^4}{3a} = \frac{(\pi^2/16)d^4}{\pi d}, \qquad \text{also} \qquad \frac{d}{a} = \sqrt[3]{1/\pi} \approx 0,68.$$

(**a**)

Aufg. 6.7

Teilaufgabe a: Ungeschlitztes Profil:
Nach Gl. (6.21) und (6.14) ist

$$\varphi = \frac{M_T \ell}{4GA_m^2}\oint \frac{\mathrm{d}s}{t(s)}, \qquad \tau_{max} = \frac{M_T}{2A_m t_{min}}.$$

Hier ist $\quad A_m = a^2, \qquad \oint \frac{\mathrm{d}s}{t(s)} = \frac{2a}{t_1} + \frac{2a}{t_2}.$

Daraus folgt

$$\varphi = \frac{M_T \ell}{2Ga^3}\left(\frac{1}{t_1} + \frac{1}{t_2}\right) = \frac{1{,}2\cdot 10^6 \cdot 15 \cdot 10^3}{2 \cdot 0{,}8 \cdot 10^5 \cdot 400^3}\left(\frac{1}{10} + \frac{1}{20}\right) = 2,64 \cdot 10^{-4} = 0,015°,$$

$\tau_{max} = \frac{1{,}2\cdot 10^6}{2\cdot 400^2 \cdot 10} = 0,38\mathrm{Nmm}^{-2}.$

Bei einem Vollkreisquerschnitt mit dem Durchmesser d ist

$$\varphi = \frac{M_T \ell}{G\pi d^4/32}, \qquad \tau^*_{max} = \frac{M_T}{\pi d^3/16}. \qquad \text{(a)}$$

Gleichheit der Winkel verlangt $\quad \frac{32}{\pi d^4} = \frac{1}{2a^3}\left(\frac{1}{t_1} + \frac{1}{t_2}\right) \quad$ oder

$$d^4 = \frac{64a^3}{\pi} \cdot \frac{1}{1/t_1 + 1/t_2} = \frac{64 \cdot 400^3}{\pi\left(1/10 + 1/20\right)} = 86,9 \cdot 10^8 \mathrm{mm}^4 \quad \to \quad d = 30,5\mathrm{cm}.$$

Damit ergibt sich $\quad \tau^*_{max} = \frac{16 \cdot 1{,}2 \cdot 10^6}{\pi \cdot 305^3} = 0,21\mathrm{Nmm}^{-2}.$

Teilaufgabe b: Geschlitztes Profil:
Nach Gl. (6.47) ist bei 4 Stegstücken der Längen $h_1, ..., h_4$

$I_T = \frac{1}{3}\sum_{i=1}^{4} h_i t_i^3 = \frac{1}{3}(2at_1^3 + 2at_2^3) = \frac{2}{3}a(t_1^3 + t_2^3) = \frac{2}{3}\cdot 400(10^3 + 20^3) = 2,4\cdot 10^6 \mathrm{mm}^4$
und damit

$$\varphi = \frac{M_T \ell}{G I_T} = \frac{1{,}2\cdot 10^6\cdot 15\cdot 10^3}{0{,}8\cdot 10^5\cdot 2{,}4\cdot 10^6} = 0,094 = 5,4^\circ.$$

Die maximale Schubspannung ist nach Gl. (6.47)

$$\tau_{max} = \frac{M_T}{W_T} = \frac{M_T}{I_T} t_{max} = \frac{1{,}2\cdot 10^6\cdot 20}{2{,}4\cdot 10^6} = 10 \mathrm{Nmm}^{-2}.$$

Für einen Vollkreisquerschnitt gleicher Torsionssteifigkeit GI_T ergibt sich der Durchmesser d aus der Gleichung

$$G\cdot \frac{\pi}{32} d^4 = G\cdot 2,4\cdot 10^6 \mathrm{mm}^4 \qquad \text{zu} \qquad d = 7,0 \mathrm{cm}.$$

Die größte Schubspannung in ihm ist mit (a)

$$\tau^*_{max} = \frac{1{,}2\cdot 10^6}{(\pi/16)\cdot 70^3} = 17,8 \mathrm{Nmm}^{-2}.$$

Aufg. 6.8

In Brückenmitte macht das Torsionsmoment $M_T(x)$ einen Sprung der Größe bF. In jeder Hälfte ist es längs der Brückenachse konstant. Wegen der Symmetrie sind die Beträge rechts und links der Mitte gleich, d.h. gleich $bF/2$. Damit hat $M_T(x)$ den in Abb. a gezeigten Verlauf. Sowohl für die linke, als auch für die rechte Brückenhälfte ergibt sich der Verdrehwinkel $\varphi = \dfrac{|M_T|\ell/2}{GI_T}$.

Darin ist mit Gl. (6.22) und mit dem Umfang U der Wandmittellinie

$$I_T = 4A_m^2 \Big/ \oint \frac{\mathrm{d}s}{t(s)} = \frac{4A_m^2 t}{U} = \frac{4(1,5h^2 + 2\cdot\frac{1}{2}\cdot 0,75h^2)^2 t}{3h + 1,5h + 2\sqrt{h^2 + 0,75^2 h^2}} = \frac{81}{28} h^3 t.$$

Also ist $\varphi = \dfrac{bF\ell\cdot 28}{2\cdot 2G\cdot 81 h^3 t} = \dfrac{7Fb\ell}{81 G h^3 t}$.

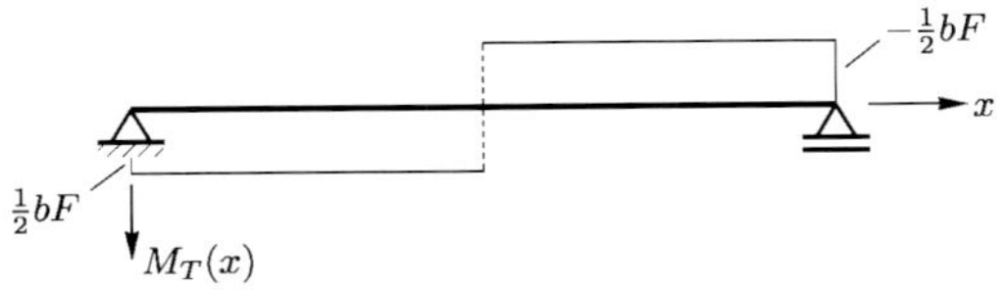

(a)

Aufg. 6.9

Die Aufgabe ist in Beisp.6.3-1 schon in allgemeinerer Form gelöst. Nach Gl. (a) des Beispiels ist

$$I_T = 4t\,\frac{A_1^2 U_2 + A_2^2 U_1 + 2A_1 A_2 \ell}{U_1 U_2 - \ell^2}. \tag{a}$$

ℓ ist die Länge der gemeinsamen Wand, hier $\ell = b$. Die Flächeninhalte und die Umfänge der Zellen 1 (links) und 2 (rechts) sind

$$A_1 = \left(\tfrac{1}{2}a + x\right)b, \qquad U_1 = 2\left(\tfrac{1}{2}a + x\right) + 2b = a + 2b + 2x,$$

$$A_2 = \left(\tfrac{1}{2}a - x\right)b, \qquad U_2 = 2\left(\tfrac{1}{2}a - x\right) + 2b = a + 2b - 2x.$$

Damit ist der Zähler des Bruches in (a)

$$\begin{aligned}
&A_1^2 U_2 + A_2^2 U_1 + 2A_1 A_2 \ell \\
&= b^2\left[\tfrac{1}{4}(a+2x)^2(a+2b-2x) + \tfrac{1}{4}(a-2x)^2(a+2b+2x) + \tfrac{1}{2}(a+2x)(a-2x)b\right] \\
&= \frac{b^2}{4}\Big[(a+2x)^2(a-2x) + 2b(a+2x)^2 + (a-2x)^2(a+2x) + 2b(a-2x)^2 \\
&\qquad + 2b(a+2x)(a-2x)\Big] \\
&= \frac{b^2}{4}\Big\{(a+2x)(a-2x)\Big[(a+2x) + (a-2x) + 2b\Big] + 2b(2a^2 + 8x^2)\Big\} \\
&= \frac{b^2}{4}\left[(a^2 - 4x^2)2(a+b) + 2b(2a^2 + 8x^2)\right] \\
&= \frac{b^2}{2}\left[a^2(a+3b) - 4x^2(a-b)\right].
\end{aligned}$$

Der Nenner ist

$$\begin{aligned}
U_1 U_2 - \ell^2 &= (a+2b+2x)(a+2b-2x) - b^2 = (a+2b)^2 - b^2 - 4x^2 \\
&= (a+b)(a+3b) - 4x^2.
\end{aligned}$$

Damit ist

$$I_T(x) = 2b^2 t\,\frac{a^2(a+3b) - 4x^2(a-b)}{(a+b)(a+3b) - 4x^2} = 2b^2 t\left[a - b + \frac{b^2(a+3b)}{(a+b)(a+3b) - 4x^2}\right].$$

I_T steigt monoton von einem Minimum bei $x = 0$ zu einem Maximum bei $x = |a/2|$. Diese beiden Extrema sind

$$I_T(0) = 2b^2 t\left[a - b + \frac{b^2}{a+b}\right] = \frac{2a^2 b^2 t}{a+b},$$

$$I_T(a/2) = 2b^2 t\left[a - b + \frac{b^2(a+3b)}{(a+b)(a+3b) - a^2}\right] = \frac{2a^2 b^2 t}{a + 3b/4}.$$

Aufg. 6.10

Nach Abb. a besteht zwischen b und h die Bindungsgleichung

$$b^2 + h^2 = d^2. \qquad \text{(a)}$$

Fall a:
Für die maximale Spannung gilt nach Gl. (5.35)

$$\sigma_{max} \sim \frac{1}{I_y} \cdot \frac{h}{2} \sim \frac{1}{bh^2} = \frac{1}{b(d^2 - b^2)}.$$

Darin ist (a) schon berücksichtigt. Die Funktion $f(b) = b(d^2 - b^2)$ muß maximal sein. Das erfordert

$$\frac{\mathrm{d}f}{\mathrm{d}b} = d^2 - 3b^2 = 0 \qquad \rightarrow \qquad b = d\tfrac{\sqrt{3}}{3} = 0{,}58d.$$

Da $\mathrm{d}^2 f/\mathrm{d}b^2 = -6b < 0$ ist, liegt tatsächlich ein Maximum vor. Aus (a) ergibt sich

$h = \sqrt{d^2 - b^2} = d\frac{\sqrt{6}}{3} = 0,82d, \qquad h : b = \sqrt{2}.$

Fall b:
Für Durchbiegungen gilt

$$w \sim \frac{1}{I_y} \sim \frac{1}{bh^3} \qquad \text{bzw.} \qquad w^2 \sim \frac{1}{b^2h^6} = \frac{1}{(d^2 - h^2)h^6}.$$

Darin ist (a) schon berücksichtigt. Die Funktion $f(h) = (d^2 - h^2)h^6$ soll maximal sein. Das erfordert

$$\frac{\mathrm{d}f}{\mathrm{d}h} = 6d^2h^5 - 8h^7 = 2h^5(3d^2 - 4h^2) = 0 \qquad \rightarrow \qquad h = \tfrac{\sqrt{3}}{2}\, d = 0,87d.$$

Da $\mathrm{d}^2f/\mathrm{d}h^2 = 30d^2h^4 - 56h^6 = 2h^4(15d^2 - 28h^2) = 2h^2(15d^2 - 28 \cdot \frac{3}{4}d^2) < 0$ ist, liegt tatsächlich ein Maximum vor. Aus (a) ergibt sich

$$b = \sqrt{d^2 - \tfrac{3}{4}d^2} = \tfrac{1}{2}d, \qquad h : b = \sqrt{3}.$$

Fall c:
Für die Längsspannung gilt

$$\sigma \sim \frac{1}{A} = \frac{1}{bh} \qquad \text{bzw.} \qquad \sigma^2 \sim \frac{1}{b^2h^2} = \frac{1}{b^2(d^2 - b^2)}.$$

Darin ist (a) schon berücksichtigt. Die Funktion $f(b) = b^2(d^2 - b^2)$ muß maximal sein. Das erfordert

$$\frac{\mathrm{d}f}{\mathrm{d}b} = 2bd^2 - 4b^3 = 2b(d^2 - 2b^2) = 0 \qquad \rightarrow \qquad b = d\tfrac{\sqrt{2}}{2}.$$

Da $\mathrm{d}^2f/\mathrm{d}b^2 = 2d^2 - 12b^2 = 2d^2 - 6d^2 < 0$ ist, liegt tatsächlich ein Maximum vor.
Aus (a) folgt $\quad h = \sqrt{d^2 - b^2} = d\frac{\sqrt{2}}{2}, \qquad h : b = 1.$
Fall d:
Die Bindungsgleichung (a) nimmt die Form an:

$$f(b,t) = b^2 + 16t^2 - d^2 = 0. \qquad \text{(b)}$$

Die Wandmittellinie des quadratischen Hohlkastens hat die Seitenlänge $b - t$. Die Schubspannung nach Gl. (6.14) ist umgekehrt proportional zu der Größe

$$F(b,t) = t(b-t)^2.$$

Die Stationaritätsbedingungen sind mit Lagrangeschem Multiplikator λ:

$$\begin{aligned} \frac{\partial}{\partial t}(F + \lambda f) &= (b-t)^2 - 2t(b-t) + 32\lambda t = 0, \\ \frac{\partial}{\partial b}(F + \lambda f) &= \qquad\qquad 2t(b-t) + 2\lambda b = 0. \end{aligned}$$

Man dividiert beide Gleichungen durch b^2 und definiert $x = t/b$ und $\mu = 2\lambda/b$. Dann haben die Gleichungen die Formen

$$\begin{aligned} (1-x)^2 - 2x(1-x) + 16\mu x &= 0, \\ 2x(1-x) + \mu &= 0. \end{aligned}$$

Elimination von μ liefert die Gleichung

$$(1-x)(1 - 3x - 32x^2) = 0.$$

Die Wurzel $x = 1$, d.h. $t = b$ liefert kein Maximum für $F(b,t)$. Die interessierende Wurzel ist

$x = \frac{1}{2}164(-3 + \sqrt{137}) \approx 0,136$. Das bedeutet $t = 0,136b$.

Das wird in (b) eingesetzt. Dann erhält man

$b = 0,88d$ und damit $t : d = 0,88 \cdot 0,136 = 0,12$.

Fall e:
Die Drillung ist umgekehrt proportional zu I_T von Gl. (6.22). Das Linienintegral ist $4(b-t)/t$. Damit ist

$I_T(b,t) = t(b-t)^3$.

Die Stationaritätsbedingungen sind

$$\begin{aligned}(b-t)^3 - 3t(b-t)^2 + 32\lambda t &= 0,\\ 3t(b-t)^2 + 2\lambda b &= 0.\end{aligned}$$

Man dividiert wieder durch b^3 und definiert $x = t/b$ und $\mu = 2\lambda/b^2$. Dann haben die Gleichungen die Formen

$$\begin{aligned}(1-x)^3 - 3x(1-x)^2 + 16\mu x &= 0,\\ 3x(1-x)^2 + \mu &= 0.\end{aligned}$$

Elimination von μ liefert die Gleichung

$(1-x)^2(1-4x-48x^2) = 0$.

Die interessierende Wurzel ist

$x = \frac{1}{2}124(-1+\sqrt{13}) \approx 0,109$. Das bedeutet $t = 0,109b$.

Das wird in (b) eingesetzt. Dann erhält man

$b = 0,92d$ und damit $t : d = 0,92 \cdot 0,109 = 0,10$.

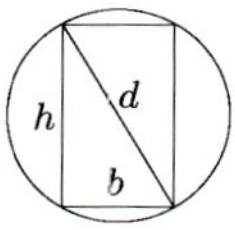

(a)

Aufg. 6.11

Nach Gl. (6.43) und (6.46) ist

$$\varphi'(x) = \frac{M_T}{G \cdot \frac{1}{3}b(x)t^3} = \frac{3M_T}{Gt^3} \cdot \frac{1}{b(x)}.$$

Sei am linken Stabende $x = 0$ und am rechten $x = \ell$. Dann ist

$$b(x) = b_0 + (b_1 - b_0)\frac{x}{\ell}, \qquad \varphi = \frac{3M_T}{Gt^3}\int_0^\ell \frac{1}{b(x)}\,\mathrm{d}x.$$

Man substituiert b für x. Mit $\mathrm{d}x = \frac{\ell}{b_1 - b_0}\,\mathrm{d}b$ ist

$$\varphi = \frac{3M_T}{Gt^3} \cdot \frac{\ell}{b_1 - b_0}\int_{b_0}^{b_1} \frac{\mathrm{d}b}{b} = \frac{3M_T}{Gt^3} \cdot \frac{\ell}{b_1 - b_0} \ln\frac{b_1}{b_0}$$

$$= \tfrac{3 \cdot 10^3}{0,8 \cdot 10^5 \cdot 1,5^3} \cdot \tfrac{400}{40-20} \cdot \ln 2 = 0,154 = 8,8^\circ.$$

Aufg. 6.12

In allen Fällen ist $\varphi = \dfrac{M_T L}{GI_T}, \qquad M_T = eF.$

Darin ist e der Abstand des Schubmittelpunkts von der Wirkungslinie von F ($e < 0$, wenn der Schubmittelpunkt links von der Wirkungslinie liegt).

Profil 1: $e = \dfrac{-3\left(\frac{\ell}{4}\right)^2}{6\frac{\ell}{4} + \frac{\ell}{2}} = -\frac{3}{32}\ell$ (s. Gl. (5.77) und Abb. 5.58)

Profil 2: $e = -\ell/\pi$ (s. Lösung zu Aufg. 5.52)

Profil 3: $e = \ell/\pi$

Profil 4: $e = \ell/2$.

Das Torsionsflächenmoment I_T ist bei den Profilen 1, 2 und 4 nach Gl. (6.46) übereinstimmend $I_T = \ell t^3/3$. Bei Profil 3 ist

$$I_T = \frac{4A_m^2 t}{U} = 2\pi t r^3 = 2\pi t\left(\frac{\ell}{2\pi}\right)^3 = \frac{t\ell^3}{4\pi^2} \qquad \text{(s. Gl. (6.22))}$$

Mit diesen Größen ergibt sich

Profil 1: $\varphi_1 = -\dfrac{3\ell FL \cdot 3}{32G\ell t^3} = -\dfrac{9}{32}\dfrac{FL}{Gt^3}$

Profil 2: $\varphi_2 = -\dfrac{\ell FL \cdot 3}{\pi G\ell t^3} = -\dfrac{3}{\pi}\dfrac{FL}{Gt^3}$

Profil 3: $\varphi_3 = \dfrac{\ell FL \cdot 4\pi^2}{\pi Gt\ell^3} = 4\pi\dfrac{t^2}{\ell^2}\dfrac{FL}{Gt^3}$

Profil 4: $\varphi_4 = \dfrac{\ell FL \cdot 3}{2G\ell t^3} = \dfrac{3}{2}\dfrac{FL}{Gt^3}$.

Aufg. 6.13

Das System ist 1-fach statisch unbestimmt. Ein Grundsystem mit einer Kraftgröße F entsteht, wenn man die Körper im Berührungspunkt durch einen Schnitt trennt (Abb. a). Die generalisierten Verschiebungen sind

$$w_1 = \frac{F\ell^3}{3EI_{y1}}, \qquad \varphi_1 = \frac{F\frac{a}{2}\ell}{GI_{T1}}, \qquad w_2 = \frac{-F\ell^3}{3EI_{y2}}, \qquad \varphi_2 = \frac{F\frac{a}{2}\ell}{GI_{T2}}. \tag{a}$$

Die Punkte B und C decken sich, wenn ihre Verschiebungen w_B und w_C (beide nach unten positiv definiert) die Bedingung erfüllen: $w_B - w_C = e$. Aus Abb. a liest man ab:

$$w_B = w_1 + \frac{a}{2}\varphi_1, \qquad w_C = w_2 - \frac{a}{2}\varphi_2.$$

Also muß $w_1 - w_2 + \frac{1}{2}a(\varphi_1 + \varphi_2) = e$ sein. Mit (a) entsteht daraus

$$F\left[\frac{\ell^3}{3E}\left(\frac{1}{I_{y1}} + \frac{1}{I_{y2}}\right) + \frac{a^2\ell}{4G}\left(\frac{1}{I_{T1}} + \frac{1}{I_{T2}}\right)\right] = e.$$

Daraus folgt

$$F = e\left[\frac{\ell^3}{3E}\left(\frac{1}{I_{y1}} + \frac{1}{I_{y2}}\right) + \frac{a^2\ell}{4G}\left(\frac{1}{I_{T1}} + \frac{1}{I_{T2}}\right)\right]^{-1}. \tag{b}$$

Einsetzen in (a) liefert die gesuchten Ergebnisse.
Flächenmomente I_y und I_T:
Gleichheit der Querschnittsflächen bedeutet (s. Abb. a) $A = \pi r^2 = b^2$, also

$$r = \sqrt{A/\pi}, \qquad b = \sqrt{A}.$$

$$I_{y1} = \frac{\pi}{4}r^4 = \frac{A^2}{4\pi}, \qquad I_{y2} = \tfrac{1}{12}b^4 = \tfrac{1}{12}A^2,$$

$$I_{T1} = \frac{\pi}{2}r^4 = \frac{A^2}{2\pi}, \qquad I_{T2} = (1 - 0,63 + 0,052)\tfrac{1}{3}b^4 = 0,141A^2$$

(zu I_{T2} s. Gl. (6.45)). Damit ergibt sich aus (b)

$$F = eA^2\left[\frac{\ell^3}{3E}(4\pi + 12) + \frac{a^2\ell}{4G}\left(2\pi + \frac{1}{0,141}\right)\right]^{-1}$$

$$= 5 \cdot 10^4\left[\tfrac{250^3}{3\cdot 2\cdot 10^5}(4\pi + 12) + \tfrac{300^2\cdot 250}{4\cdot 0,8\cdot 10^5}\left(2\pi + \tfrac{1}{0,141}\right)\right]^{-1} = 31,6\text{N}.$$

Aus (a) berechnet man:

$$w_1 = \tfrac{31,6\cdot 250^3\cdot 4\pi}{3\cdot 2\cdot 10^5\cdot 10^4} = 1,0\text{mm},$$

$$\varphi_1 = \tfrac{31,6\cdot 150\cdot 250\cdot 2\pi}{0,8\cdot 10^5\cdot 10^4} = 0,0093 = 0,5°,$$

$$w_2 = -w_1 \cdot \tfrac{12}{4\pi} = -1,0\text{mm}, \qquad \varphi_2 = \varphi_1 \cdot \tfrac{1}{2\pi\cdot 0,141} = 0,6°.$$

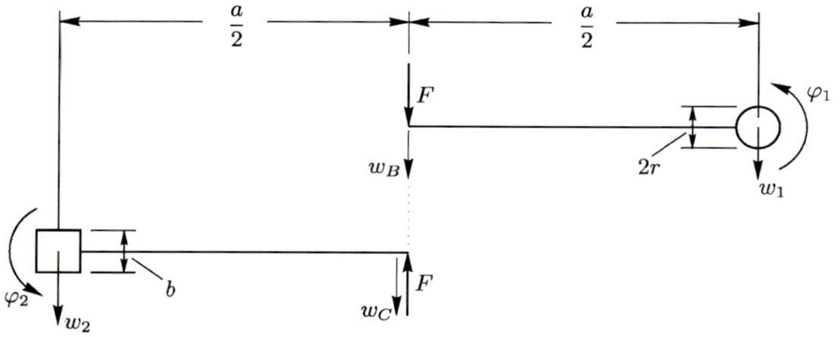

(a)

Aufg. 6.14

Das Volumen des Seifenhauthügels ist etwa so groß, wie das über den beiden Profilen in Abb. a zusammen. Daraus folgt

$I_T \approx \frac{1}{3}(\ell - 2r)t^3 + \frac{\pi}{2}r^4.$

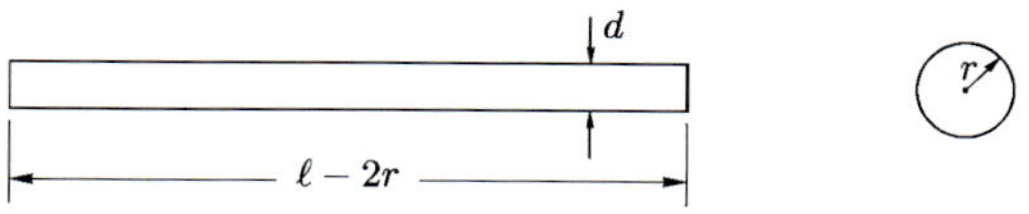

(a)

Aufg. 6.15

Die Größen $d_1, ..., d_4$ zur Bestimmung der Lage der Schubmittelpunkte M werden aus der Lösung von Aufg. 5.52 übernommen. C_M wird aus Gl. (6.70) und (6.55) berechnet:

$$C_M = t\int_{s=0}^{e} \omega^{*^2}(s)\,\mathrm{d}s, \qquad \omega^*(s) = -\int_{s=0}^{s} r(\bar{s})\,\mathrm{d}\bar{s} + \omega_0^*. \tag{a}$$

$r(s)$ ist die vorzeichenbehaftete Länge des Lotes von M auf die Tangente an die Profilmittellinie bei s (s. Abb. 6.39). ω_0^* wird aus Gl. (6.56) berechnet, die hier die Form annimmt:

$$\int_{s=0}^{e} \omega^*(s)\,\mathrm{d}s = 0. \tag{b}$$

Kreisring: (Abb. a):

$$r(s) = 2r\cos\alpha + r = r(2\cos\alpha + 1), \qquad \mathrm{d}s = r\,\mathrm{d}\alpha,$$

$$\omega^*(\alpha) = -r^2\int_0^{\alpha}(2\cos\bar{\alpha} + 1)\,\mathrm{d}\bar{\alpha} + \omega_0^* = -r^2(2\sin\alpha + \alpha) + \omega_0^*. \tag{c}$$

(b) ist nach Division durch r die Gleichung $\displaystyle\int_0^{2\pi} \omega^*(\alpha)\,\mathrm{d}\alpha = 0$ oder

$$\Big[-r^2(-2\cos\alpha + \tfrac{1}{2}\alpha^2) + \omega_0^*\alpha\Big]\Big|_0^{2\pi} = -r^2\cdot 2\pi^2 + \omega_0^*\cdot 2\pi = 0.$$

Daraus folgt $\omega_0^* = \pi r^2$ und damit aus (c)

$$\omega^*(\alpha) = r^2(\pi - \alpha - 2\sin\alpha).$$

Damit liefert (a)

$$C_{M1} = tr^5\int_0^{2\pi}(\pi - \alpha - 2\sin\alpha)^2\,\mathrm{d}\alpha$$

$$= tr^5\int_0^{2\pi}(\pi^2 - 2\pi\alpha + \alpha^2 - 4\pi\sin\alpha + 4\alpha\sin\alpha + 4\sin^2\alpha)\,\mathrm{d}\alpha.$$

Darin ist

$$\int_0^{2\pi}\alpha\sin\alpha\,\mathrm{d}\alpha = -\alpha\cos\alpha\Big|_0^{2\pi} + \int_0^{2\pi}\cos\alpha\,\mathrm{d}\alpha = -2\pi,$$

$$\int_0^{2\pi}\sin^2\alpha\,\mathrm{d}\alpha = \tfrac{1}{2}\int_0^{2\pi}(1 - \cos 2\alpha)\,\mathrm{d}\alpha = \pi.$$

Damit ergibt sich

$$C_{M1} = tr^5\Big[\Big(\pi^2\alpha - \pi\alpha^2 + \tfrac{1}{3}\alpha^3 + 4\pi\cos\alpha\Big)\Big|_0^{2\pi} - 8\pi + 4\pi\Big]$$

$$= tr^5\Big(2\pi^3 - 4\pi^3 + \tfrac{8}{3}\pi^3 - 4\pi\Big) = tr^5\cdot 2\pi\Big(\tfrac{\pi^2}{3} - 2\Big) = 8,10tr^5.$$

Quadrat:
Aus Abb. b liest man den in Abb. c gestrichelt gezeichneten Verlauf von $r(s)$ ab. Seine graphische Integration liefert $\omega^*(s)$. Man beginnt in der Mitte mit $\omega^*(2a) = 0$. Dann ist (b) wegen der Symmetrie bereits erfüllt. Das Integral über $\omega^{*^2}(s)$ in (a) wird mit Tab.5 des Anhangs ausgewertet. Mit $k_1 = p_1$ und $k_2 = p_2$ ist $p_1(2k_1 + k_2) + p_2(k_1 + 2k_2) = 2(p_1^2 + p_1p_2 + p_2^2)$. Mit dieser Vereinfachung ergibt sich

$$C_{M2} = t\cdot 2\Big\{\tfrac{1}{3}a\Big[a^4 + a^2\big(-\tfrac{1}{4}a^2\big) + \big(-\tfrac{1}{4}a^2\big)^2\Big] + \tfrac{1}{3}a\big(-\tfrac{1}{4}a^2\big)^2\Big\} = \tfrac{7}{12}ta^5.$$

Rechteck:
Aus Abb. d liest man den in Abb. e gestrichelt gezeichneten Verlauf von $r(s)$ ab.

Seine graphische Integration liefert $\omega^*(s)$. Man beginnt in der Mitte mit $\omega^* = 0$. Dann ist (b) wegen der Symmetrie bereits erfüllt. Das Integral über ${\omega^*}^2(s)$ in (a) wird mit Tab.5 des Anhangs ausgewertet.

$$\begin{aligned}
C_{M3} &= 2t\left\{\frac{h}{6}[(2b)^2 + 2b(b-d) + (b-d)^2]\left(\frac{h}{2}\right)^2\right. \\
&\qquad \left. + \frac{b}{3}[(b-d)^2 - (b-d)d + d^2]\left(\frac{h}{2}\right)^2 + \frac{h}{6}\cdot d^2\left(\frac{h}{2}\right)^2\right\} \\
&= \frac{2t}{6}\cdot\left(\frac{h}{2}\right)^2[h(7b^2 - 4bd + d^2) + 2b(b^2 - 3bd + 3d^2) + hd^2] \\
&= \tfrac{1}{12}th^2[2d^2(3b+h) - 2db(3b+2h) + b^2(2b+7h)]
\end{aligned}$$

oder mit der in Abb. d angegebenen Größe für d

$$\begin{aligned}
C_{M3} &= \frac{th^2b^2}{12}\cdot\frac{\frac{1}{2}(3b+2h)^2 - (3b+2h)^2 + (2b+7h)(3b+h)}{3b+h} \\
&= \frac{th^2b^2}{24}\cdot\frac{3b^2 + 34bh + 10h^2}{3b+h}.
\end{aligned}$$

Dreieck:
Abb. f ist eine Wiederholung von Abb. i in der Lösung zu Aufg. 5.52. Daraus folgen die in Abb. g dargestellten Verläufe von $r(s)$ (gestrichelt) und von $\omega^*(s)$.

$$\begin{aligned}
C_{M4} &= 2t\left[\frac{a}{3}\left(\tfrac{3}{16}a^4 - \tfrac{\sqrt{3}}{4}\cdot\tfrac{\sqrt{3}}{12}a^4 + \tfrac{3}{12}a^4\right) + \frac{a}{6}\cdot\tfrac{3}{12^2}a^4\right] \\
&= 2ta^5\left(\tfrac{1}{16} - \tfrac{1}{48} + \tfrac{1}{12^2} + \tfrac{1}{2}\cdot\tfrac{1}{12^2}\right) = \tfrac{5}{48}ta^5.
\end{aligned}$$

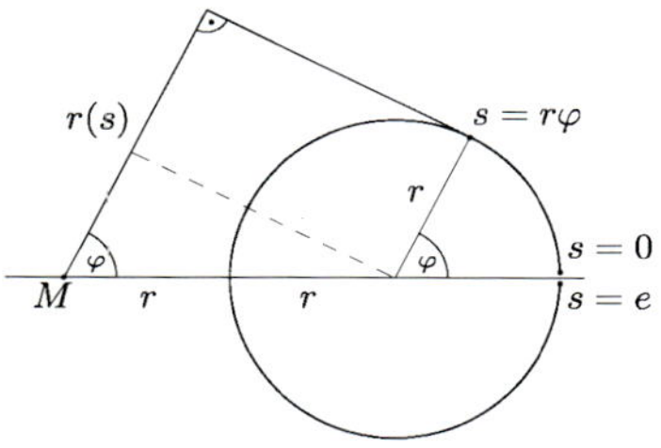

(a)

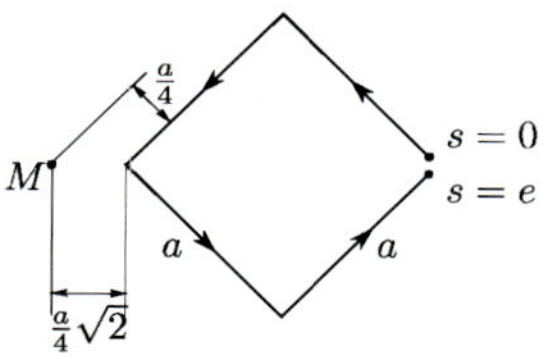

(b)

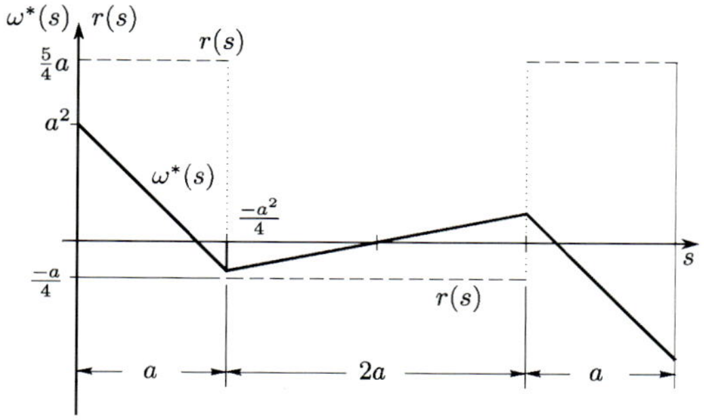

(c)

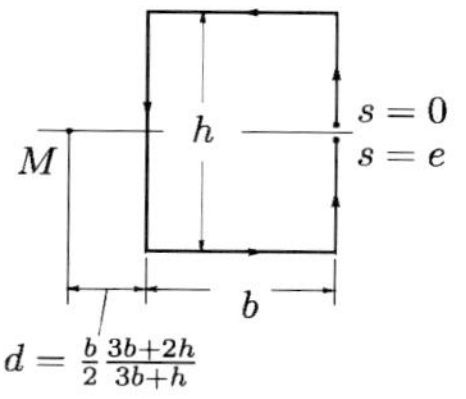

(**d**)

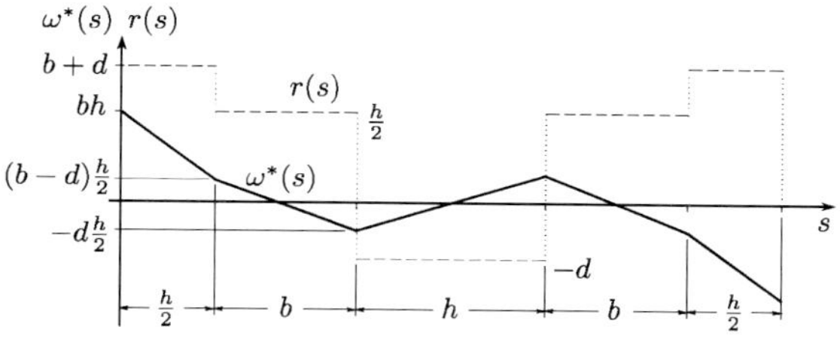

(**e**)

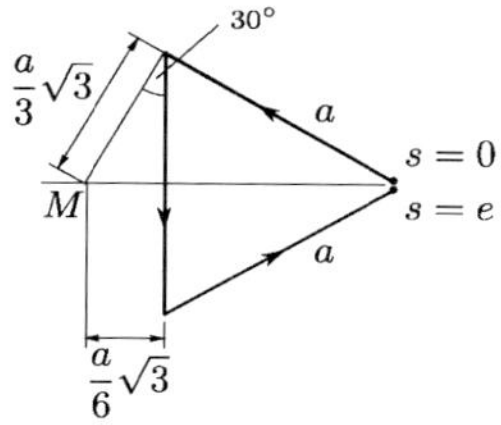

(**f**)

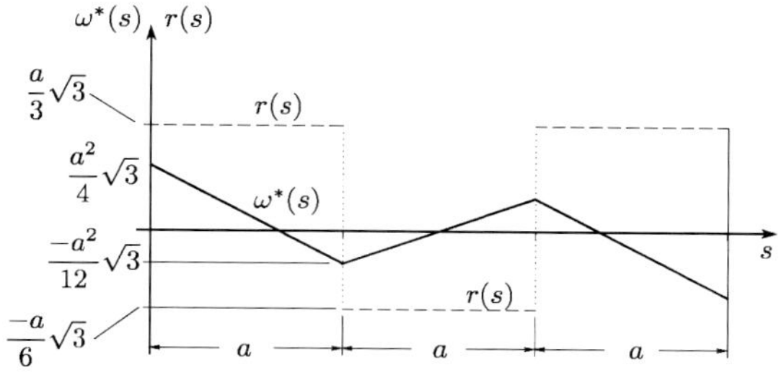

(**g**)

Aufg. 6.16

Die allgemeine Lösung für $\varphi(x)$ ist nach Gl. (6.73), (6.74) und (6.77)

$$\varphi(x) = A + B\cosh\alpha x + C\sinh\alpha x + \frac{M_T}{GI_T}x, \tag{a}$$

$$\varphi'(x) = \alpha\,(B\sinh\alpha x + C\cosh\alpha x) + \frac{M_T}{GI_T}.$$

Randbedingungen:

$$\varphi(0) = 0 \quad\rightarrow\quad A + B = 0, \tag{b}$$

$$\varphi'(0) = 0 \quad\rightarrow\quad \alpha C + \frac{M_T}{GI_T} = 0, \tag{c}$$

$$\varphi'(\ell) = 0 \quad\rightarrow\quad \alpha\,(B\sinh\alpha\ell + C\cosh\alpha\ell) + \frac{M_T}{GI_T} = 0. \tag{d}$$

Aus (b) ergibt sich C, damit aus (d) B und aus (b) $A = -B$:

$$A = -B = \frac{1}{\alpha}\cdot\frac{M_T}{GI_T}\cdot\frac{1-\cosh\alpha\ell}{\sinh\alpha\ell}, \qquad C = -\frac{1}{\alpha}\cdot\frac{M_T}{GI_T}.$$

Damit nimmt (a) die Form an:

$$\varphi(x) = \frac{M_T}{GI_T}\left\{x - \frac{1}{\alpha}\left[\sinh\alpha x - \frac{\cosh\alpha\ell - 1}{\sinh\alpha\ell}(\cosh\alpha x - 1)\right]\right\}.$$

Insbesondere ist $\quad \varphi(\ell) = \dfrac{M_T\ell}{GI_T}\left(1 - \dfrac{2}{\alpha\ell}\cdot\dfrac{\cosh\alpha\ell - 1}{\sinh\alpha\ell}\right).$

Aufg. 6.17

Einseitig eingespanntes Rohr:
Der Drehwinkel am freien Ende ist nach Gl. (a) in Beisp.6.5-2

$$\varphi(\ell) = \frac{M_T \ell}{G I_T}\Big(1 - \frac{\tanh \alpha\ell}{\alpha\ell}\Big), \tag{a}$$

und die Drillung am freien Ende ist nach Gl. (b)

$$\varphi'(\ell) = \frac{M_T}{G I_T}\Big(1 - \frac{1}{\cosh \alpha\ell}\Big). \tag{b}$$

Nach Gl. (6.75) ist $\alpha = \sqrt{\dfrac{I_T}{2(1+\nu)C_M}}$.

Aus Gl. (6.46) und aus der Lösung zu Aufg. 6.15 wird übernommen:

$$I_T = \tfrac{1}{3} \cdot 2\pi r t^3, \qquad C_M = 2\pi\big(\tfrac{\pi^2}{3} - 2\big) t r^5. \tag{c}$$

Damit ergibt sich

$$\alpha = \frac{t}{r^2}\sqrt{\frac{1}{6(1+\nu)\big(\frac{\pi^2}{3} - 2\big)}} = 0,32\frac{t}{r^2}.$$

Die gesuchte Größe Δu ist die Differenz der Längsverschiebungen $u(x = \ell, s = 2\pi r)$ und $u(x = \ell, s = 0)$. Nach Gl. (6.71) ist

$$\Delta u = \varphi'(\ell)[\omega^*(s = 2\pi r) - \omega^*(s = 0)].$$

In Gl. (c) der Lösung zu Aufg. 6.15 wurde ω^* als Funktion des dort erklärten Winkels α dargestellt, der nicht mit der Größe α weiter oben zu verwechseln ist: $\omega^*(\alpha) = -r^2(2\sin\alpha + \alpha) + \text{const}$. Damit erhält man

$$\Delta u = \varphi'(\ell)[\omega^*(\alpha = 2\pi) - \omega^*(0)] = -\varphi'(\ell) \cdot 2\pi r^2. \tag{d}$$

Diese Gleichung erhält man einfacher aus Gl. (6.63), aus der Gl. (6.71) durch Integration gewonnen wurde. Beim geschlitzten Kreisrohr ist die Ableitung links in (6.63) unabhängig von s gleich $\Delta u/(2\pi r)$, woraus (d) folgt. Mit φ' aus (b) und I_T aus (c) ergibt sich schließlich

$$\Delta u = \frac{-M_T}{G \cdot \frac{2}{3}\pi r t^3}\Big(1 - \frac{1}{\cosh \alpha\ell}\Big) 2\pi r^2 = \frac{-3 M_T r}{G t^3}\Big(1 - \frac{1}{\cosh \alpha\ell}\Big).$$

Rohr ohne Wölbbehinderung an den Enden:
Da $M_T(x) \equiv M_T = \text{const}$ ist, tritt nirgendwo im Rohr Wölbbehinderung auf.

Folglich ist $\varphi' \equiv \dfrac{3 M_T}{2\pi G r t^3} = \text{const}$. Aus (d) folgt damit

$$\Delta u_0 = -\frac{3 M_T r}{G t^3}.$$

Beim einseitig eingespannten Rohr strebt Δu im Grenzfall $\ell \to \infty$ gegen diesen Wert.

Kapitel 7

Aufg. 7.1

Die maximale Längsspannung ist $\sigma_{max} = \dfrac{M}{W} + \dfrac{F}{A}$ mit

$$W = \frac{I}{h/2} = \frac{bh^3/12}{h/2} = \tfrac{1}{6}bh^2 = \tfrac{40 \cdot 60^2}{6} = 24 \cdot 10^3 \text{mm}^3,$$

$$A = bh = 2,4 \cdot 10^3 \text{mm}^2.$$

Aus der Bedingung $\sigma_{max} \leq \sigma_{zul}$ folgt

$$M \leq W\Big(\sigma_{zul} - \frac{F}{A}\Big) = 24 \cdot 10^3 \big(150 - \tfrac{200 \cdot 10^3}{2,4 \cdot 10^3}\big) = 1,6 \cdot 10^6 \text{Nmm} = 1,6\text{kNm}.$$

Aufg. 7.2

Schnittgrößen: $N(x) \equiv F, \qquad M_y(x) = -\tfrac{1}{2}h_0 F.$

Querschnittsfläche: $A(x) = bh(x)$ mit $h(x) = h_0 + (h_1 - h_0)\dfrac{x}{\ell}.$ (a)

Flächenmoment: $I_y(x) = \tfrac{1}{12}bh^3(x).$

Damit ist die Längsspannung

$$\sigma(x,z) = \frac{N(x)}{A(x)} + \frac{M_y(x)}{I_y(x)}z = \frac{F}{bh(x)} - \frac{6h_0F}{bh^3(x)}z = \frac{F}{bh(x)}\Big(1 - \frac{6h_0 z}{h^2(x)}\Big). \qquad \text{(b)}$$

Im Querschnitt bei x (beliebig) ist die Spannungsnullinie folglich die Gerade

$$z(x) = \frac{h^2(x)}{6h_0}.$$

Im ganzen Querschnitt bei x treten nur Zugspannungen auf, wenn die Spannungsnullinie den Querschnitt nicht schneidet. Diese Bedingung lautet $z(x) \geq \tfrac{1}{2}h(x)$, d.h.

$$\frac{h^2(x)}{6h_0} \geq \tfrac{1}{2}h(x) \quad \text{oder} \quad h(x) \geq 3h_0 \quad \text{oder mit (a)} \quad h_0 + (h_1 - h_0)\frac{x}{\ell} \geq 3h_0.$$

Daraus folgt $x \geq \dfrac{2h_0}{h_1 - h_0}\,\ell = \tfrac{2}{7}\ell.$

Aus (b) folgt, daß die Längsspannung im Querschnitt bei x (beliebig) an der Oberkante bei $z = -\tfrac{1}{2}h(x)$ maximal ist. Dieses Maximum ist als Funktion von $h = h(x)$ geschrieben

$$\sigma_m(h) = \frac{F}{bh}\Big(1 - \frac{3h_0}{h}\Big) = \frac{F}{b}\Big(\frac{1}{h} - \frac{3h_0}{h^2}\Big). \qquad \text{(c)}$$

Das Maximum dieser Funktion ist die gesuchte größte Längsspannung σ_{max}. Wenn sie nicht an einem Stabende auftritt, dann dort, wo die Ableitung nach h verschwindet. Das ist die Gleichung

$$-\frac{1}{h^2} + \frac{6h_0}{h^3} = 0 \qquad \text{oder} \qquad h = 6h_0. \qquad \text{(d)}$$

Daß es sich tatsächlich um ein Maximum handelt, zeigt das Vorzeichen der 2. Ableitung:

$$\left(\frac{1}{h^3}-\frac{18h_0}{h^4}\right)\bigg|_{h=6h_0}<0.$$

Mit (a) und (d) ergibt sich die gesuchte Stelle x_0 des Maximums aus der Gleichung

$$h_0+(h_1-h_0)\frac{x_0}{\ell}=6h_0 \qquad \text{zu} \qquad x_0=\frac{5h_0}{h_1-h_0}=\tfrac{5}{7}\,\ell.$$

Die Oberkante dieses Stabquerschnitts liegt bei $z_0=-\frac{1}{2}h(x_0)=-3h_1$. Das Spannungsmaximum selbst ergibt sich aus (c) mit (d) zu

$$\sigma_{max}=\frac{F}{b}\left(\frac{1}{6h_0}-\frac{3}{36h_0}\right)=\frac{F}{12bh_0}.$$

Aufg. 7.3

Geometrie: Der Radius r des Bogens ergibt sich aus dem in Abb. a gezeichneten Dreieck ABC aus dem Satz von Pythagoras:

$$r^2=(r-H)^2+(\ell/2)^2=r^2-2rH+H^2+(\ell/2)^2 \qquad \text{zu}$$

$$r=\frac{(\ell/2)^2+H^2}{2H}=\tfrac{30^2+15^2}{30}=37,5\text{m}.$$

Das Maß a wird aus dem Dreieck BCD mit den Seiten r, $r-a$ und $(1/2)\sqrt{(\ell/2)^2+H^2}$ berechnet:

$$r^2=(r-a)^2+\tfrac{1}{4}[(\ell/2)^2+H^2].$$

Daraus folgt

$$a=r-\sqrt{r^2-\tfrac{1}{4}[(\ell/2)^2+H^2]}=37,5-\sqrt{37,5^2-\tfrac{30^2+15^2}{4}}=3,96\text{m}.$$

Lagerreaktionen: Momentengleichgewicht für die freigeschnittenen Halbbögen verlangt, daß die Wirkungslinien der Lagerreaktionen durch das Scheitelgelenk gehen (Abb. b). Die Größe P der Lagerreaktion ergibt sich aus der Ähnlichkeit von Dreiecken:

$P:(F/2)=\sqrt{(\ell/2)^2+H^2}\ :\ H.$ Daraus folgt

$$P=F\,\frac{\sqrt{(\ell/2)^2+H^2}}{2H}=F\,\frac{\sqrt{30^2+15^2}}{30}=1,12F=33,5\text{kN}.$$

Schnittgrößen: Abb. c zeigt ein Stück eines Halbbogens zwischen dem Scheitelgelenk und einem beliebigen Punkt, der den Abstand $c\le a$ von der Sehne zwischen Lager und Scheitelgelenk hat. Gleichgewicht fordert, daß in diesem Punkt die Schnittkraft P parallel zur Sehne und das Biegemoment $M_y=cP$ angreifen. Die Längskraft tangential zum Bogen ist eine Komponente von P. In der Mitte des Halbbogens ist sowohl die Längskraft maximal, nämlich gleich P, als auch das Biegemoment maximal, nämlich gleich aP. Also tritt dort die größte Druckspannung auf. Ihr Betrag ist

$$|\sigma_{max}|=\frac{aP}{W}+\frac{P}{A}=\frac{aP}{bh^2/6}+\frac{P}{bh}=\frac{P}{bh}\left(\frac{6a}{h}+1\right)$$

$$=\tfrac{33,5\cdot10^3}{250\cdot400}\left(\tfrac{6\cdot3,96\cdot10^3}{400}+1\right)=20,3\text{Nmm}^{-2}.$$

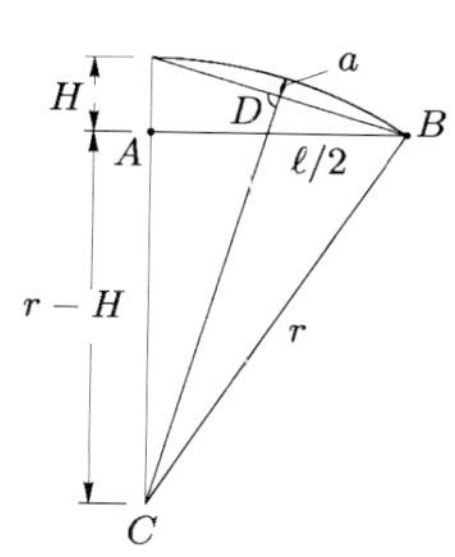

(a)

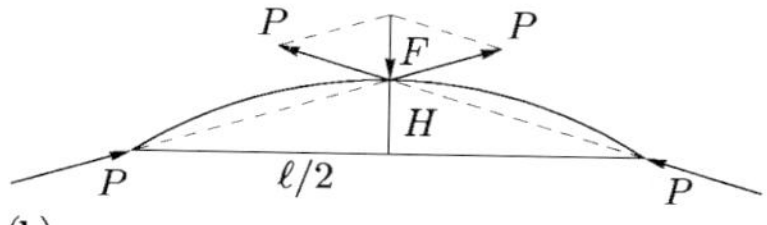

(b)

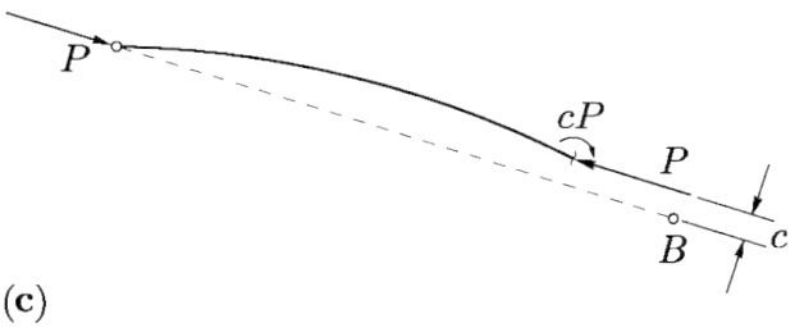

(c)

Aufg. 7.4

Querschnittsgeometrie: Der Querschnitt in Abb. a hat die Fläche $A = (b+h)t = (20+22)\cdot 3 = 126\text{mm}^2$. Der Schwerpunktabstand e ist

$$e = \frac{bt \cdot \frac{1}{2}t + ht(t + \frac{1}{2}h)}{A} = \frac{20\cdot 9/2 + 22\cdot 3(3+11)}{126} = 8,0\text{mm}.$$

Das Flächenmoment 2.Grades ist

$$I_y = \tfrac{1}{12}bt^3 + bt\big(e - \tfrac{1}{2}t\big)^2 + \tfrac{1}{12}th^3 + th\big(t + \tfrac{1}{2}h - e\big)^2$$
$$= \tfrac{1}{12}\cdot 20\cdot 3^3 + 20\cdot 3(8-1,5)^2 + \tfrac{1}{12}\cdot 3\cdot 22^3 + 3\cdot 22(3+11-8)^2$$
$$= 7,62\cdot 10^3\text{mm}^4.$$

Im Fall (a) und im Fall (b) verursacht die Längszugkraft N eine Zugspannung

$$\sigma_N = \frac{N}{A} = \frac{400}{126} = 3,2\text{Nmm}^{-2}.$$

Sie ist den Biegespannungen überlagert.
Fall a:
Das Biegemoment um die Profilachse ist nach Abb. a

$$M_y = N(H+e) = 400\cdot 158 = 63,2\cdot 10^3\text{Nmm}.$$

Die größte Zugspannung σ_1 und die größte Druckspannung σ_2 sind

$$\sigma_1 = \frac{M_y}{I_y}e + \sigma_N = \frac{63,2\cdot 10^3}{7,62\cdot 10^3}\cdot 8 + 3,2 = 70\text{Nmm}^{-2},$$

$$\sigma_2 = \frac{-M_y}{I_y}(h+t-e) + \sigma_N = -\frac{63,2\cdot 10^3}{7,62\cdot 10^3}\cdot 17 + 3,2 = -137\text{Nmm}^{-2}.$$

Fall b:
Das Biegemoment um die Profilachse ist nach Abb. b

$$M_y = N(H+h+t-e) = 400\cdot 167 = 66,8\cdot 10^3\text{Nmm}.$$

Die größte Zugspannung σ_1 und die größte Druckspannung σ_2 sind

$$\sigma_1 = \frac{M_y}{I_y}(h+t-e) + \sigma_N = \frac{66,8\cdot 10^3}{7,62\cdot 10^3}\cdot 17 + 3,2 = 152\text{Nmm}^{-2},$$

$$\sigma_2 = \frac{-M_y}{I_y} e + \sigma_N = -\tfrac{66,8 \cdot 10^3}{7,62 \cdot 10^3} \cdot 8 + 3,2 = -67 \mathrm{Nmm}^{-2}.$$

Die Anordnung nach Abb. a ist also die günstigere.

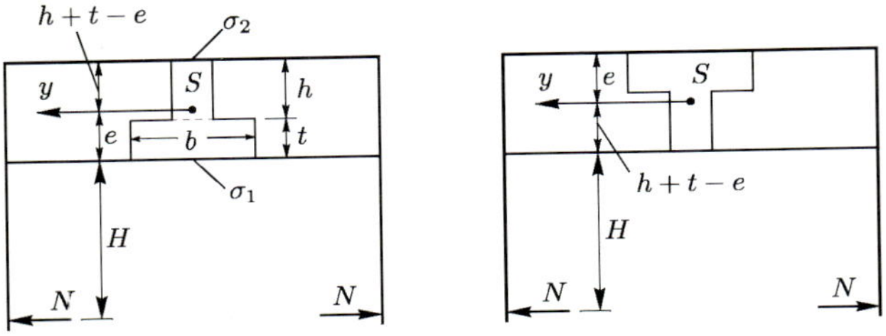

(a) (b)

Aufg. 7.5

Die Gleichung der Spannungsnullinie ist Gl. (7.3) mit den Bezeichnungen von Abb. 7.2. Hier ist $y^* = z^* = a$. Also ist die gesuchte Gleichung

$$z = -\frac{I_y}{I_z} y - \frac{I_y}{Aa}.$$

Mit den Zahlenwerten

$I_y = \frac{1}{12} bh^3 = \frac{1}{12} \cdot 6 \cdot 4^3 = 32 \mathrm{cm}^4, \qquad I_z = \frac{1}{12} hb^3 = \frac{1}{12} \cdot 4 \cdot 6^3 = 72 \mathrm{cm}^4$

und $Aa = 6 \cdot 4 = 24 \mathrm{cm}^3$ ergibt sich die Gleichung $\quad z = -\frac{4}{9} y - \frac{4}{3}$.
Abb. a ist maßstabgetreu.

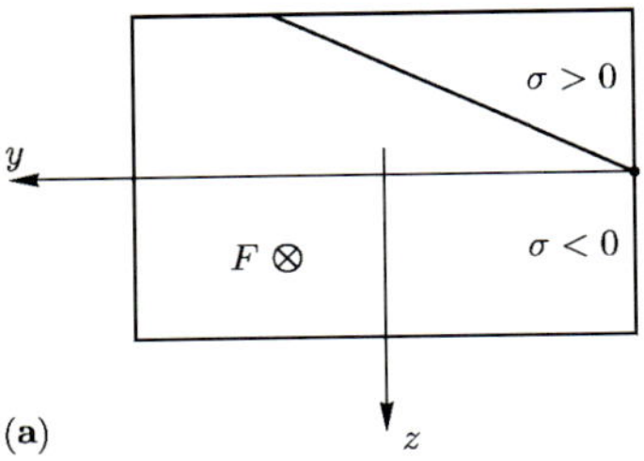

(a)

(a)

Aufg. 7.6

Zur Erläuterung der folgenden Rechnung s. Beisp.7.1-3. Bei gleichen Federkonstanten sind alle Stabquerschnitte gleich und willkürlich gleich ΔA. Der Schwerpunkt S aller 5 Flächenelemente ΔA liegt wie in Abb. a gezeichnet im Schnittpunkt der Quadratdiagonalen, weil der Abstand von P_3 und von P_4 von der y-Achse halb so groß ist, wie der Abstand von P_1 von der y-Achse. Wegen der Symmetrie zur z-Achse sind die y- und die z-Achse die zentralen Hauptachsen. Die Hauptflächenmomente 2.Grades sind

$$I_y = \sum_{i=1}^{5} z_i^2 \Delta A = \left(a^2 + 0 + \tfrac{1}{4}a^2 + \tfrac{1}{4}a^2 + 0\right)\Delta A = \tfrac{3}{2}a^2 \Delta A = \tfrac{3}{4}h^2 \Delta A,$$

$$I_z = \sum_{i=1}^{5} y_i^2 \Delta A = \left(0 + a^2 + \tfrac{1}{4}a^2 + \tfrac{1}{4}a^2 + a^2\right)\Delta A = \tfrac{5}{2}a^2 \Delta A = \tfrac{5}{4}h^2 \Delta A.$$

Die Gesamtfläche ist $A = 5\Delta A$. Nach Gl. (7.4) gehört zu jeder Umrißgeraden $\overline{P_i P_j}$ mit der Gleichung $z = my + n$ ein Punkt P_{ij} der Kernkontur mit den Koordinaten

$$y^* = \frac{I_z m}{An} = \frac{mh^2}{4n}, \qquad z^* = \frac{-I_y}{An} = \frac{-3h^2}{20n}.$$

Die folgende Tabelle gibt m und n für die in der Aufgabe genannten Geraden an.

Gerade $\overline{P_i P_j}$	$\overline{P_1 P_2}$	$\overline{P_2 P_3}$	$\overline{P_3 P_4}$
Steigung m	-1	1	0
Achsenabschnitt n auf der z-Achse	$-\frac{\sqrt{2}}{2}h$	$\frac{\sqrt{2}}{2}h$	$\frac{\sqrt{2}}{4}h$

Daraus ergeben sich die folgenden Koordinaten:

$P_{12}: \; y^* = \frac{\sqrt{2}}{4}h = 0,35h, \qquad z^* = +\frac{3\sqrt{2}}{20}h = +0,21h$

$P_{23}: \; y^* = \frac{\sqrt{2}}{4}h = 0,35h, \qquad z^* = -\frac{3\sqrt{2}}{20}h = -0,21h$

$P_{34}: \; y^* = 0, \qquad z^* = -\frac{3\sqrt{2}}{10}h = -0,42h.$

Abb. b zeigt die Lage dieser Punkte maßstabgetreu. Die Punkte P_{45} und P_{51} ergeben sich aus der Symmetrie. Bei Belastung der Fundamentplatte im schraffierten Kernbereich hebt die Platte von keiner Feder ab.

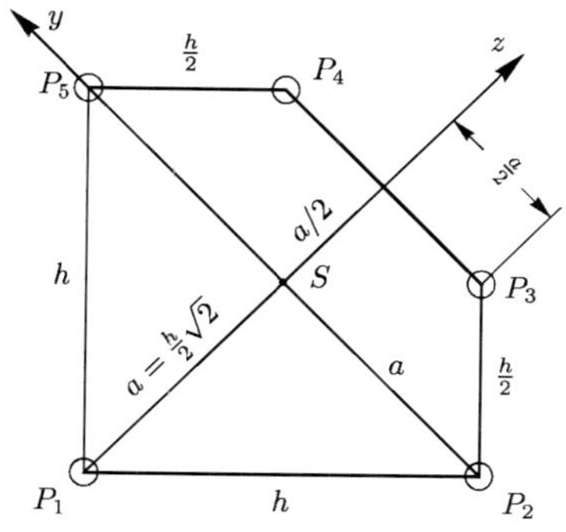

(a)

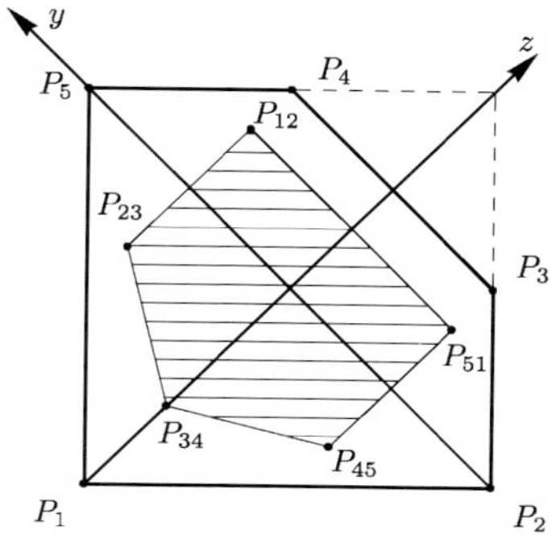

(b)

Aufg. 7.7

Lagerreaktionen sind eine Querkraft Q, ein Biegemoment M und ein Torsionsmoment M_T (Abb. a). Gleichgewichtsbedingungen liefern

$M = Fb, \qquad M_T = Fa.$

M_T verursacht am ganzen Umfang im Querschnitt bei A die maximal auftretende Schubspannung

$$\tau_{max} = \frac{M_T}{I_p} \cdot \frac{d}{2} = \frac{Fad/2}{\pi d^4/32} = \frac{16Fa}{\pi d^3} = \frac{16 \cdot 30 \cdot 30}{\pi \cdot 5^3} = 36,7\text{Nmm}^{-2}.$$

M verursacht in zwei Punkten am Umfang die Längsspannung mit dem maximalen Betrag

$$\sigma_{max} = \frac{M}{I_y} \cdot \frac{d}{2} = \frac{Fbd/2}{\pi d^4/64} = \frac{32Fb}{\pi d^3} = \frac{32 \cdot 30 \cdot 100}{\pi \cdot 5^3} = 244\text{Nmm}^{-2}.$$

Nach Gl. (7.9) ist die Vergleichsspannung

$$\sigma_V = \sqrt{\sigma_{max}^2 + 3\tau_{max}^2} = 253\text{Nmm}^{-2}.$$

Sie ist die maximale Vergleichsspannung. Die Schubspannung infolge $Q = F$ ist maximal in Stabmitte, wo Torsion und Biegung keine Spannungen erzeugen.

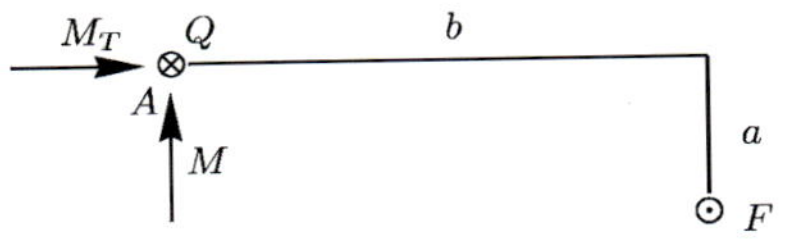

(a)

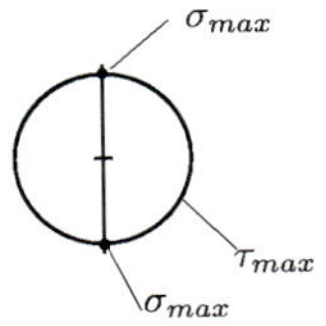

(b)

Aufg. 7.8

F verursacht im ganzen Querschnitt die Längsspannung

$$\sigma = \frac{F}{A} = \frac{F}{\pi(r_a^2 - r_i^2)} = \frac{2 \cdot 10^5}{\pi(40^2 - 30^2)} = 90,9\text{Nmm}^{-2}.$$

M_T verursacht im Querschnitt am Innenradius die Schubspannung

$$\tau_i = \frac{M_T}{I_p} r_i = \frac{M_T}{\pi(r_a^4 - r_i^4)/2} r_i = \frac{2 \cdot 5 \cdot 10^6}{\pi(40^4 - 30^4)} \cdot 30 = 54,6\text{Nmm}^{-2}$$

und am Außenradius die Schubspannung

$$\tau_a = \frac{M_T}{I_p} r_a = 54,6 \cdot \tfrac{40}{30} = 72,8\text{Nmm}^{-2}.$$

Es liegt ein ebener Spannungszustand vor. Die Hauptnormalspannungen sind nach Gl. (1.31)

$$\sigma_{1,2} = \tfrac{1}{2}\sigma \pm \sqrt{\tfrac{1}{4}\sigma^2 + \tau^2}.$$

Am Inneradius ergeben sie sich zu

$$\sigma_{1,2} = 45,45 \pm \sqrt{45,45^2 + 54,6^2} = \begin{cases} -25,6\text{Nmm}^{-2} \\ 116,5\text{Nmm}^{-2} \end{cases}$$

und am Außenradius zu

$$\sigma_{1,2} = 45,45 \pm \sqrt{45,45^2 + 72,8^2} = \begin{cases} -40,4\text{Nmm}^{-2} \\ 131,3\text{Nmm}^{-2}. \end{cases}$$

Aufg. 7.9

Im Punkt A verursacht

N die Längsspannung $\quad \sigma_N = -\dfrac{N}{A} = -\dfrac{4N}{\pi d^2}$,

Q die Biegelängsspannung $\quad \sigma_b = -\dfrac{Q\ell}{I_y}\cdot\dfrac{d}{2} = -\dfrac{32Q\ell}{\pi d^3}$,

M_T die Schubspannung $\quad \tau = \dfrac{M_T}{I_p}\cdot\dfrac{d}{2} = \dfrac{16M_T}{\pi d^3}$.

Nach Gl. (7.9) ist die Vergleichsspannung

$$\sigma_V = \sqrt{(\sigma_N+\sigma_b)^2+3\tau^2} = \frac{4}{\pi d^3}\sqrt{(Nd+8Q\ell)^2+48M_T^2}.$$

Aufg. 7.10

Der Einheitsvektor $\mathbf{e}_z$ entlang der Raumdiagonale hat die Koordinaten $\{1/\sqrt{3} \quad 1/\sqrt{3} \quad 1/\sqrt{3}\}$. Der Einheitsvektor $\mathbf{e}_x$ in Richtung der Winkelhalbierenden des 2. Quadranten der σ_1, σ_2-Ebene hat die Koordinaten $\{-1/\sqrt{2} \quad 1/\sqrt{2} \quad 0\}$. $\mathbf{e}_z$ und $\mathbf{e}_x$ sind orthogonal zueinander (das Skalarprodukt ist null). Sie definieren den Einheitsvektor $\mathbf{e}_y = \mathbf{e}_z \times \mathbf{e}_x$. Seine Koordinaten ergeben sich aus dieser Gleichung zu $\{-1/\sqrt{6} \quad -1/\sqrt{6} \quad 2/\sqrt{6}\}$.
Ein Punkt, der im $\sigma_1, \sigma_2, \sigma_3$-System die Koordinaten $\{\sigma_1 \quad \sigma_2 \quad \sigma_3\}$ hat, hat im x, y, z-System Koordinaten, die mit $\{x \quad y \quad z\}$ bezeichnet werden. Sie haben die Dimension Spannung. Es gilt

$$\begin{bmatrix} x \\ y \\ z \end{bmatrix} = \begin{bmatrix} -\frac{1}{\sqrt{2}} & \frac{1}{\sqrt{2}} & 0 \\ -\frac{1}{\sqrt{6}} & -\frac{1}{\sqrt{6}} & \frac{2}{\sqrt{6}} \\ \frac{1}{\sqrt{3}} & \frac{1}{\sqrt{3}} & \frac{1}{\sqrt{3}} \end{bmatrix} \begin{bmatrix} \sigma_1 \\ \sigma_2 \\ \sigma_3 \end{bmatrix}. \tag{a}$$

Insbesondere ist

$$z = (\sigma_1+\sigma_2+\sigma_3)/\sqrt{3}\,.$$

Die Gleichung $z = \text{const}$ definiert eine Ebene normal zur Raumdiagonale. Die Inverse der Koeffizientenmatrix in (a) ist gleich ihrer Transponierten, weil das Skalarprodukt jeder Zeile mit sich selbst (d.h. jedes Einheitsvektors mit sich selbst) gleich 1 ist und weil das Skalarprodukt zweier verschiedener Zeilen (d.h. zweier verschiedener Einheitsvektoren) gleich null ist. Also gilt

$$\begin{bmatrix} \sigma_1 \\ \sigma_2 \\ \sigma_3 \end{bmatrix} = \begin{bmatrix} -\frac{1}{\sqrt{2}} & -\frac{1}{\sqrt{6}} & \frac{1}{\sqrt{3}} \\ \frac{1}{\sqrt{2}} & -\frac{1}{\sqrt{6}} & \frac{1}{\sqrt{3}} \\ 0 & \frac{2}{\sqrt{6}} & \frac{1}{\sqrt{3}} \end{bmatrix} \begin{bmatrix} x \\ y \\ z \end{bmatrix}. \tag{b}$$

Diese Ausdrücke für σ_1, σ_2 und σ_3 werden in die Gleichung (7.15) der Bruchfläche eingesetzt:

$$b^{[\sigma_1-\nu(\sigma_2+\sigma_3)]/K} + b^{[\sigma_2-\nu(\sigma_3+\sigma_1)]/K} + b^{[\sigma_3-\nu(\sigma_1+\sigma_2)]/K}$$
$$= b + 2b^{-\nu}. \tag{c}$$

Die Exponenten sind

$$\begin{aligned}
\sigma_1-\nu(\sigma_2+\sigma_3) &= -\tfrac{1}{\sqrt{2}}\,x - \tfrac{1}{\sqrt{6}}\,y + \tfrac{1}{\sqrt{3}}\,z - \nu\big(\tfrac{1}{\sqrt{2}}\,x + \tfrac{1}{\sqrt{6}}\,y + \tfrac{2}{\sqrt{3}}\,z\big) \\
&= -(1+\nu)\tfrac{\sqrt{6}}{3}\big(\tfrac{\sqrt{3}}{2}\,x + \tfrac{1}{2}\,y\big) + (1-2\nu)\tfrac{\sqrt{3}}{3}\,z, \\
\sigma_2-\nu(\sigma_3+\sigma_1) &= \tfrac{1}{\sqrt{2}}\,x - \tfrac{1}{\sqrt{6}}\,y + \tfrac{1}{\sqrt{3}}\,z - \nu\big(-\tfrac{1}{\sqrt{2}}\,x + \tfrac{1}{\sqrt{6}}\,y + \tfrac{2}{\sqrt{3}}\,z\big) \\
&= (1+\nu)\tfrac{\sqrt{6}}{3}\big(\tfrac{\sqrt{3}}{2}\,x - \tfrac{1}{2}\,y\big) + (1-2\nu)\tfrac{\sqrt{3}}{3}\,z, \\
\sigma_3-\nu(\sigma_1+\sigma_2) &= \tfrac{2}{\sqrt{6}}\,y + \tfrac{1}{\sqrt{3}}\,z - \nu\big(-\tfrac{2}{\sqrt{6}}\,y + \tfrac{2}{\sqrt{3}}\,z\big)
\end{aligned}$$

$$= (1+\nu)\tfrac{\sqrt{6}}{3}\, y + (1-2\nu)\tfrac{\sqrt{3}}{3}\, z.$$

In allen Exponenten hat z denselben Koeffizienten. Man kann beim Einsetzen in (c) daher wie folgt ausklammern:

$$b^{-(1+\nu)\frac{\sqrt{6}}{3}\left(\frac{\sqrt{3}}{2}x+\frac{1}{2}y\right)/K} + b^{(1+\nu)\frac{\sqrt{6}}{3}\left(\frac{\sqrt{3}}{2}x-\frac{1}{2}y\right)/K} + b^{(1+\nu)\frac{\sqrt{6}}{3}y/K} = q(z), \qquad \text{(d)}$$

$$q(z) = (b+2b^{-\nu})\, b^{-(1-2\nu)\frac{\sqrt{3}}{3}z/K}. \qquad \text{(e)}$$

Nach Abb. a werden die dimensionslosen Polarkoordinaten r und α eingeführt:

$$x/K = r\cos\alpha, \quad y/K = r\sin\alpha.$$

Damit nimmt (d) die Form an:

$$b^{-(1+\nu)\frac{\sqrt{6}}{3}r\left(\frac{\sqrt{3}}{2}\cos\alpha+\frac{1}{2}\sin\alpha\right)} + b^{(1+\nu)\frac{\sqrt{6}}{3}r\left(\frac{\sqrt{3}}{2}\cos\alpha-\frac{1}{2}\sin\alpha\right)} + b^{(1+\nu)\frac{\sqrt{6}}{3}r\sin\alpha} = q(z). \text{ (f)}$$

Die Gleichung definiert die neue Konstante (vgl. Gl. (7.17)):

$$p = b^{(1+\nu)\sqrt{6}/3} = \left(\tfrac{1-\nu}{\nu}\right)^{\sqrt{6}/3} > 1. \qquad \text{(g)}$$

Außerdem sind die Beziehungen zu beachten:

$$\tfrac{\sqrt{3}}{2}\cos\alpha + \tfrac{1}{2}\sin\alpha = \cos 30^\circ\cos\alpha + \sin 30^\circ \sin\alpha = \cos(\alpha - 30^\circ),$$

$$\tfrac{\sqrt{3}}{2}\cos\alpha - \tfrac{1}{2}\sin\alpha = \cos(\alpha + 30^\circ).$$

Damit nimmt (f) die Form an:

$$p^{-r\cos(\alpha-30^\circ)} + p^{r\cos(\alpha+30^\circ)} + p^{r\sin\alpha} = q(z).$$

Schließlich wird noch $\varphi = \alpha + 30^\circ$ definiert (s. Abb. b). Dann ist

$$-\cos(\alpha-30^\circ) = -\cos(\varphi-60^\circ) = \cos(\varphi - 60^\circ + 180^\circ) = \cos(\varphi+120^\circ),$$
$$\sin\alpha = \cos(\alpha+270^\circ) = \cos(\varphi+240^\circ).$$

Damit entsteht endlich die einfache Gleichung

$$p^{r\cos\varphi} + p^{r\cos(\varphi+120^\circ)} + p^{r\cos(\varphi+240^\circ)} = q(z). \qquad \text{(h)}$$

Da die Gleichung $q(z) = \text{const}$ eine Ebene normal zur Raumdiagonale definiert, ist (h) eine Darstellung der Schnittkurven der Bruchfläche mit solchen Ebenen in Polarkoordinaten r, φ.

Nach Abb. b ist $\varphi = 0$ auf der Geraden $y = -x\tan 30^\circ = -x\sqrt{3}/3$. Diese Gerade ist die Projektion der σ_2-Achse auf die x, y-Ebene. Nach (a) haben nämlich die Punkte dieser Achse, das sind die Punkte $\sigma_1 = \sigma_3 = 0$, die Koordinaten $x = \frac{1}{\sqrt{2}}\sigma_2$ und $y = -\frac{1}{\sqrt{6}}\sigma_2$, so daß $y = -x\sqrt{3}/3$ ist. Das ist tatsächlich die Gerade $\varphi = 0$.

(h) ändert sich nicht, wenn man φ durch $\varphi + 120^\circ$ ersetzt. Abb. 7.18a zeigt diese Eigenschaft der Schnittkurven. Reelle Schnittkurven existieren nur für $z \le \sigma_h\sqrt{3}$ mit σ_h nach Gl. (7.18). Im Fall des Gleichheitszeichens ist $q = 3$, $r = 0$.

Für $z \to -\infty$ nähern sich die Schnittkurven immer mehr gleichseitigen Dreiecken. Zum Beweis genügt es, zu zeigen, daß das Abbild von (h) im Intervall $-60^\circ < \varphi < 60^\circ$ gegen die in Abb. c dick gezeichnete Gerade mit einem noch unbestimmten Abstand $a(z)$ vom Ursprung strebt. Die Gleichung der Geraden ist

$$r = \frac{a(z)}{\cos\varphi}. \qquad \text{(i)}$$

Im betrachteten Intervall gilt

$$\cos\varphi > \cos(\varphi+120^\circ) \qquad \text{und} \qquad \cos\varphi > \cos(\varphi+240^\circ)$$

und folglich, da $r \gg 1$ ist,

$$r\cos\varphi \gg r\cos(\varphi + 120^\circ) \qquad \text{und} \qquad r\cos\varphi \gg r\cos(\varphi + 240^\circ).$$

Damit entsteht aus (h) im Grenzfall $z \to -\infty$, $r \to \infty$ die Gleichung

$$p^{r\cos\varphi} = q(z) \qquad \text{oder} \qquad r\cos\varphi = \frac{\ln q}{\ln p}.$$

Das ist in der Tat die Gleichung (i) mit

$$a(z) = \frac{\ln q}{\ln p} = \frac{\ln(b + 2b^{-\nu}) - \frac{z}{K}(1-2\nu)\frac{\sqrt{3}}{3}\ln b}{\frac{\sqrt{6}}{3}\ln\frac{1-\nu}{\nu}}.$$

Im Grenzfall $z \to -\infty$ ist das erste Glied im Zähler gegen das zweite vernachlässigbar (man beachte, daß $(1-2\nu) > 0$ ist). Aus Gl. (7.17) folgt außerdem

$\ln b = \dfrac{1}{1+\nu}\ln\dfrac{1-\nu}{\nu}$. Also ist

$$a(z) = -\frac{z}{K}\,\frac{(1-2\nu)\sqrt{2}}{2(1+\nu)} \qquad (-60^\circ < \varphi < 60^\circ;\ z \to -\infty). \tag{k}$$

Damit ist gezeigt, daß die Schnittkurven im Grenzfall $z \to -\infty$ gleichseitige Dreiecke mit zu $(-z)$ proportionalen und von ν abhängigen Abmessungen sind.

Zum Vergleich: Die Bruchfläche der Normalspannnungshypothese (s. Abb. 7.16) erzeugt mit Ebenen normal zur Raumdiagonale Schnittkurven, die für beliebige $z < K\sqrt{3}$ gleichseitige Dreiecke sind. Eine elementare Überlegung zeigt, daß bei diesen Dreiecken im Grenzfall $z \to -\infty$

$$a(z) = -\frac{z}{K}\,\frac{\sqrt{2}}{2} \quad \text{ist.}$$

Das ist mit (k) nur dann gleich, wenn $\nu = 0$ ist. Die beiden Hypothesen sind also in ihrem asymptotischen Verhalten nur für derartige nicht existierende Werkstoffe gleich.

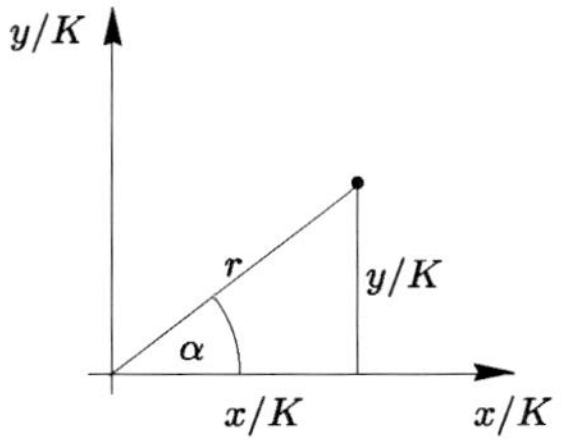

(a)

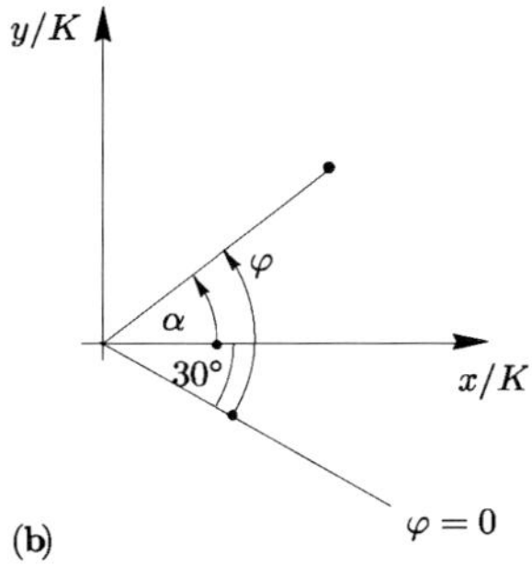

(b)

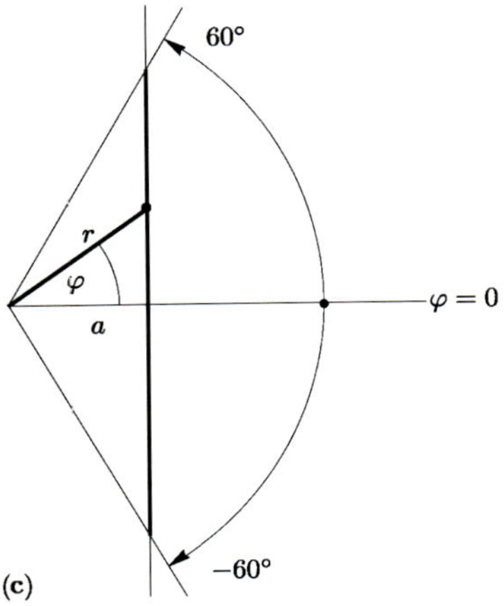

(c)

Kapitel 8

Aufg. 8.1

Das Fachwerk ist statisch bestimmt.
Stabkräfte für die Last F: Gleichgewicht am oberen Teil in Abb. a erfordert $A = F$. Damit erhält man die Stabkräfte $N_1, ..., N_7$ in der 2. Zeile der Tabelle unten. Zeile 3 gibt die Stablängen an.

i	1	2	3	4	5	6	7
N_i	$F\sqrt{2}/2$	$F\sqrt{2}/2$	0	F	F	0	$-F\sqrt{2}$
ℓ_i	$\ell\sqrt{2}$	$l\sqrt{2}$	ℓ	ℓ	ℓ	ℓ	$\ell\sqrt{2}$

Berechnung der Verschiebung u:
1. Lösungsweg: Der Arbeitssatz $W_a = U$ (Gl. (8.15); vgl. Beisp.8.3-1) nimmt mit Gl. (8.8) und (8.17) die Form an:

$$\frac{1}{2}uF = \frac{1}{2}\sum_{i=1}^{7}\frac{N_i^2\ell_i}{EA} \qquad \text{(a)}$$

oder mit den Größen der Tabelle

$$u = \frac{F\ell}{EA}\left(\tfrac{1}{2}\sqrt{2} + \tfrac{1}{2}\sqrt{2} + 0 + 1 + 1 + 0 + 2\sqrt{2}\right) = (2 + 3\sqrt{2})\tfrac{F\ell}{EA}.$$

2. Lösungsweg: Die Arbeitsgleichung (8.23): Als Hilfskraft wird F selbst verwendet. Dann ist $\bar{N}_i = N_i$ $(i = 1, ..., 7)$,

$$Fu = \sum_{i=1}^{7}\frac{1}{EA}\int_{\ell_i} N_i^2\,\mathrm{d}x = \sum_{i=1}^{7}\frac{N_i^2\ell_i}{EA}.$$

Das ist mit (a) identisch.
Die Verschiebung v wird aus Gl. (8.23) mit der Hilfskraft $\bar{F}$ von Abb. b berechnet. Die Kraft verursacht die Stabkräfte $\bar{N}_6 = -\bar{F}$ und $\bar{N}_i = 0$ $(i \neq 6)$. Damit und mit den Größen der Tabelle ergibt sich

$$\bar{F}v = \sum_{i=1}^{7}\frac{N_i\bar{N}_i\ell_i}{EA} = 0 \qquad \rightarrow \qquad v = 0.$$

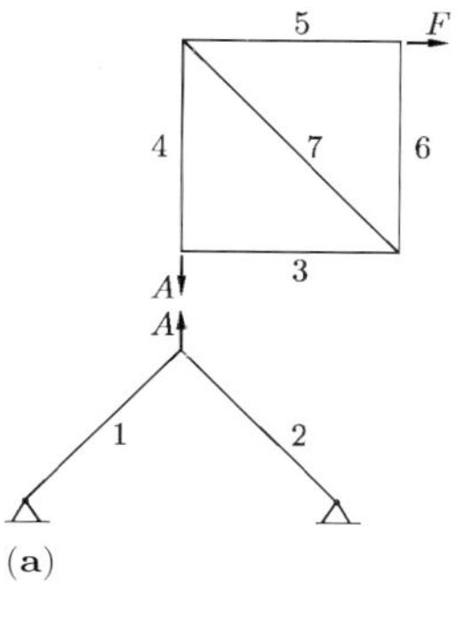

(a)

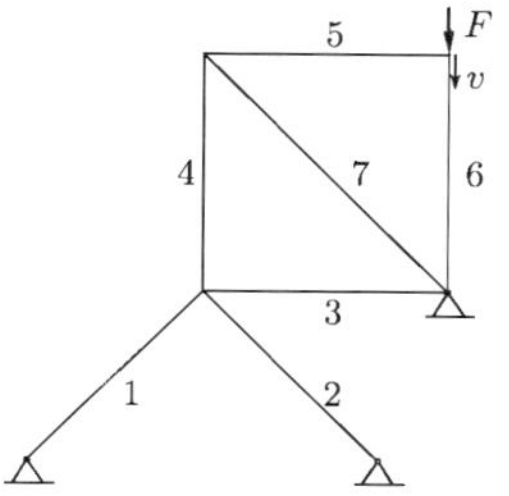

(b)

Aufg. 8.2

Die drei Auflagerreaktionen haben die Richtungen der Stäbe. Da sie ein zentrales Kräftesystem bilden, stehen nur zwei Gleichgewichtsbedingungen zur Verfügung. Das System ist also 1-fach statisch unbestimmt.

1. Lösungsmethode:

Eine Lagerreaktion wird als unbekannte Kraftgröße K an dem statisch bestimmten Grundsystem von Abb. a aufgefaßt. Die Stabkräfte sind

$$N_2 = -K \tag{a}$$

und (Gleichgewicht am Knoten)

$$N_1 = (K - F)\sqrt{2}, \qquad N_3 = \tfrac{1}{2}\sqrt{2}N_1 = K - F. \tag{b}$$

K wird aus der Bedingung berechnet, daß die Lagerverschiebung v in Richtung von K gleich null ist. v wird mit einer Hilfskraft $\bar{K}$ berechnet, die die Stabkräfte $\bar{N}_1 = \bar{K}\sqrt{2}$, $\bar{N}_2 = -\bar{K}$, $\bar{N}_3 = \bar{K}$ verursacht. Gl. (8.23) lautet

$$v = \frac{1}{\bar{K}}\sum_{i=1}^{3}\frac{N_i\bar{N}_i\ell_i}{EA} = \frac{\ell}{EA}\left[(K-F)2\cdot\sqrt{2} + K + (K-F)\right] = 0 \quad \text{oder}$$

$2K(\sqrt{2}+1) - F(1+2\sqrt{2}) = 0$. Daraus ergibt sich

$$K = \tfrac{1}{2}F\,\frac{1+2\sqrt{2}}{\sqrt{2}+1} = \tfrac{1}{2}F(1+2\sqrt{2})(\sqrt{2}-1) = \tfrac{1}{2}F(3-\sqrt{2}).$$

Aus (a) und (b) folgt

$$N_2 = -\tfrac{1}{2}F(3-\sqrt{2}), \qquad N_3 = -\tfrac{1}{2}F(\sqrt{2}-1). \tag{c}$$

Die Verkürzungen der Stäbe 2 und 3 sind die gesuchten Verschiebungen:

$$\left.\begin{aligned} u &= -\Delta\ell_3 = -\frac{N_3\ell}{EA} = \frac{F\ell}{EA}\,\frac{1}{2}(\sqrt{2}-1),\\ w &= -\Delta\ell_2 = -\frac{N_2\ell}{EA} = \frac{F\ell}{EA}\,\frac{1}{2}(3-\sqrt{2}). \end{aligned}\right\} \tag{d}$$

2. Lösungsmethode:

Die unbekannten Stabkräfte N_1, N_2 und N_3 müssen am Verbindungspunkt die Gleichgewichtsbedingungen erfüllen (Abb. b):

$$\begin{aligned} &N_1\cdot\tfrac{1}{2}\sqrt{2} + F + N_2 = 0,\\ &N_1\cdot\tfrac{1}{2}\sqrt{2} - N_3 = 0. \end{aligned} \tag{e}$$

Subtraktion beider Gleichungen liefert

$$N_2 + N_3 = -F. \tag{f}$$

(e) und (f) sind 2 Gleichungen für 3 Unbekannte. Die Stabkräfte verursachen die Stabverlängerungen

$$\Delta\ell_1 = \frac{N_1\ell\sqrt{2}}{EA}, \qquad \Delta\ell_2 = \frac{N_2\ell}{EA}, \qquad \Delta\ell_3 = \frac{N_3\ell}{EA}. \tag{g}$$

Die linke Abb. c zeigt den Verbindungspunkt in der Ausgangslage A und nach der Verformung in einer beliebigen Lage B, zu der positive Größen $\Delta\ell_1, \Delta\ell_2$ und $\Delta\ell_3$ gehören. Aus der rechten Figur liest man die geometrische Verträglichkeitsbedingung ab:

$$\Delta\ell_1 = (\Delta\ell_2 - \Delta\ell_3)\tfrac{\sqrt{2}}{2}.$$

In sie werden die Gleichungen (g) eingesetzt. Das liefert die fehlende dritte Gleichung zu (e) und (f). Die Auflösung nach N_2 und N_3 ergibt wieder (c) und damit die Stabverkürzungen u und w von (d).

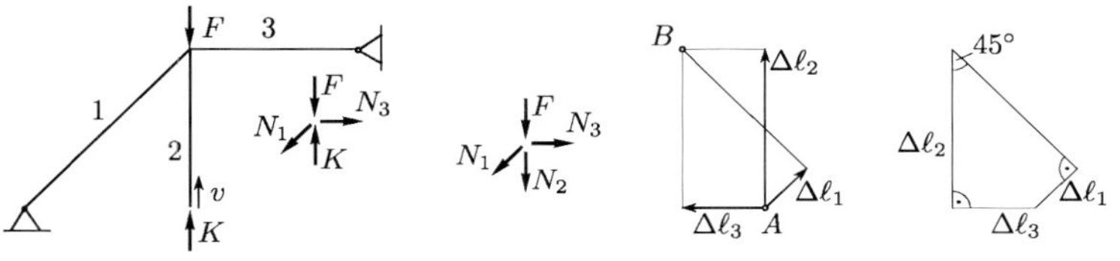

(a) (b) (c)

Aufg. 8.3

Das Fachwerk ist statisch bestimmt. Am Teilsystem in Abb. a wird die Stabkraft N_1 berechnet (Momentengleichgewicht):

$$N_1 \ell\sqrt{2} = (F_1 + F_2)\ell \qquad \rightarrow \qquad N_1 = (F_1 + F_2) \cdot \tfrac{1}{2}\sqrt{2}.$$

Damit ergeben sich die übrigen Stabkräfte aus Gleichgewichtsbedingungen für die freigeschnittenen Knoten an Stab 4. Die Ergebnisse sind in Zeile 2 der Tabelle unten zusammengestellt.

i	1	2	3	4
N_i infolge F_1, F_2	$(F_1 + F_2)\frac{\sqrt{2}}{2}$	$-(F_1 + F_2)\frac{\sqrt{2}}{2}$	$-F_2\sqrt{2}$	$F_1 + F_2$
$\bar{N}_i$ infolge $\bar{F}_1$	$\bar{F}_1\frac{\sqrt{2}}{2}$	$-\bar{F}_1\frac{\sqrt{2}}{2}$	0	$\bar{F}_1$
$\bar{N}_i$ infolge $\bar{F}_2$	$\bar{F}_2\frac{\sqrt{2}}{2}$	$-\bar{F}_2\frac{\sqrt{2}}{2}$	$-\bar{F}_2\sqrt{2}$	$\bar{F}_2$
Stablänge ℓ_i	$\ell\sqrt{2}$	$\ell\sqrt{2}$	$\ell\sqrt{2}$	2ℓ

Die Verschiebungen u und w werden mit Gl. (8.23) mit Hilfskräften $\bar{F}_1$ statt F_1 und $\bar{F}_2$ statt F_2 berechnet. Die Hilfskräfte verursachen die Stabkräfte in den Zeilen 3 und 4 der Tabelle. In Zeile 5 stehen die Stablängen. Bei gleichzeitiger Einwirkung von F_1, F_2 und Erwärmung ist

$$u = \frac{1}{\bar{F}_1}\sum_{i=1}^{4}\Big(\frac{N_i\bar{N}_i\ell_i}{EA} + \bar{N}_i\alpha\Delta T\ell_i\Big) \qquad (\bar{N}_i \text{ infolge } \bar{F}_1),$$

$$w = \frac{1}{\bar{F}_2}\sum_{i=1}^{4}\Big(\frac{N_i\bar{N}_i\ell_i}{EA} + \bar{N}_i\alpha\Delta T\ell_i\Big) \qquad (\bar{N}_i \text{ infolge } \bar{F}_2).$$

Einsetzen der Tabellenwerte ergibt

$$\begin{aligned} u = {} & \tfrac{\ell}{EA}\big[(F_1 + F_2)\tfrac{\sqrt{2}}{2} \cdot \tfrac{\sqrt{2}}{2} \cdot \sqrt{2} - (F_1 + F_2)\tfrac{\sqrt{2}}{2}\big(- \tfrac{\sqrt{2}}{2}\big)\sqrt{2} + 0 + (F_1 + F_2)2\big] \\ & + \ell\alpha\Delta T\big(\tfrac{\sqrt{2}}{2} \cdot \sqrt{2} - \tfrac{\sqrt{2}}{2} \cdot \sqrt{2} + 0 + 2\big) \\ = {} & \frac{F_1\ell}{EA}(2 + \sqrt{2}) + \frac{F_2\ell}{EA}(2 + \sqrt{2}) + 2\ell\alpha\Delta T, \end{aligned} \tag{a}$$

$$w = \tfrac{\ell}{EA}\big[(F_1 + F_2)\tfrac{\sqrt{2}}{2} \cdot \tfrac{\sqrt{2}}{2} \cdot \sqrt{2} - (F_1 + F_2)\tfrac{\sqrt{2}}{2}\big(- \tfrac{\sqrt{2}}{2}\big)\sqrt{2} - F_2\sqrt{2}(-\sqrt{2})\sqrt{2}$$

$$+ (F_1 + F_2)2\big] + \ell\alpha\Delta T\big(\tfrac{\sqrt{2}}{2}\cdot\sqrt{2} - \tfrac{\sqrt{2}}{2}\cdot\sqrt{2} - \sqrt{2}\sqrt{2} + 2\big)$$

$$= \frac{F_1\ell}{EA}(2+\sqrt{2}) + \frac{F_2\ell}{EA}(2+3\sqrt{2}). \qquad \text{(b)}$$

Darin sind alle gewünschten Ergebnisse als Sonderfälle enthalten:

Fall 1: $u = w = \dfrac{F_1\ell}{EA}(2+\sqrt{2}) = \frac{30\cdot 10^3\cdot 3\cdot 10^3(2+\sqrt{2})}{2,1\cdot 10^8} = 1,5\text{mm}.$

Fall 2: $u = \dfrac{F_2\ell}{EA}(2+\sqrt{2}) = 1,0\text{mm}, \qquad w = \dfrac{F_2\ell}{EA}(2+3\sqrt{2}) = 1,8\text{mm}.$

Fall 3: $u = 2\ell\alpha\Delta T = 2\cdot 3\cdot 10^3\cdot 1,23\cdot 10^{-5}\cdot(-20) = -1,5\text{mm}, \qquad w = 0.$

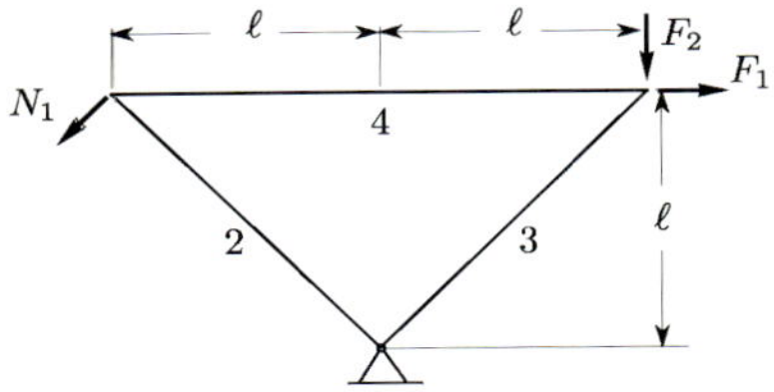

(a)

Aufg. 8.4

Die Verschiebungen u, v und w sind nach Gl. (8.23) Ausdrücke der Form

$$\frac{1}{\bar{F}}\sum_{i=1}^{6}\frac{N_i\bar{N}_i\ell_i}{EA}. \qquad \text{(a)}$$

Darin sind die N_i die Stabkräfte infolge der Kraft G und die $\bar{N}_i$ die Stabkräfte infolge einer Hilfskraft $\bar{F}$ am Ort von G in x- bzw. in y- bzw. in z-Richtung. Man erkennt an Abb. A8.4 ohne Rechnung, daß unter der Kraft G alle Stäbe außer den Stäben 1, 2 und 3 Nullstäbe sind. Folglich braucht man für (a) auch die Kräfte $\bar{N}_i$ nur für diese Stäbe. Die Stabkräfte bei gleichzeitiger Belastung durch G, $\bar{F}_x$ und $\bar{F}_y$ (s. Abb. a) werden aus drei Kräftegleichgewichtsbedingungen für den Knoten bei G und zwei Kräftegleichgewichtsbedingungen für den Knoten C bestimmt.
Knoten bei G:

$$\sum F_x: \qquad \bar{N}_1\cos\beta + \bar{N}_3 + \frac{\ell}{\ell_5}\bar{N}_5 + \bar{F}_x = 0, \qquad \text{(b1)}$$

$$\sum F_y: \qquad \frac{a}{\ell_5}\bar{N}_5 + \bar{F}_y = 0, \qquad \text{(b2)}$$

$$\sum F_z: \qquad \bar{N}_1\sin\beta + \frac{\ell\tan\beta}{\ell_5}\bar{N}_5 - G = 0, \qquad \text{(b3)}$$

Knoten C:

$$\sum F_x: \qquad \bar{N}_3 + \bar{N}_2\cos\beta + \frac{\ell}{\ell_6}\bar{N}_6 = 0, \qquad \text{(b4)}$$

$$\sum F_y: \qquad \bar{N}_6 = 0. \qquad \text{(b5)}$$

Darin sind ℓ_5 und ℓ_6 die gleich großen Längen der Stäbe 5 und 6. Die Auflösung der Gleichungen in der Reihenfolge (b2), (b3), (b1), (b5), (b4) ergibt

$$N_1 = \bar{F}_y \frac{\ell}{a \cos\beta} + G\frac{1}{\sin\beta}, \quad N_2 = \bar{F}_x \frac{1}{\cos\beta} + G\frac{1}{\sin\beta}, \quad N_3 = -\bar{F}_x - G\cot\beta.$$

Damit erhält man die folgende Tabelle der Stabkräfte und Stablängen:

i	N_i infolge G	$\bar{N}_i$ infolge $\bar{F}_x$	$\bar{N}_i$ infolge $\bar{F}_y$	ℓ_i
1	$G\frac{1}{\sin\beta}$	0	$\bar{F}_y\frac{\ell}{a\cos\beta}$	$\frac{\ell}{\cos\beta}$
2	$G\frac{1}{\sin\beta}$	$\bar{F}_x\frac{1}{\cos\beta}$	0	$\frac{\ell}{\cos\beta}$
3	$-G\cot\beta$	$-\bar{F}_x$	0	2ℓ

Mit ihr ergeben sich aus (a) die gesuchten Verschiebungen. Bei der Berechnung von w wird als Hilfskraft die Kraft G selbst verwendet. Man erhält die Ausdrücke

$$u = \frac{G}{EA}\left[\frac{1}{\sin\beta}\cdot\frac{1}{\cos\beta}\cdot\frac{\ell}{\cos\beta} - \cot\beta\cdot(-1)\cdot 2\ell\right]$$

$$= \frac{G\ell}{EA}\,\frac{2\cos^3\beta + 1}{\sin\beta\cos^2\beta} = 8{,}8\,\frac{G\ell}{EA},$$

$$v = \frac{G}{EA}\,\frac{1}{\sin\beta}\cdot\frac{\ell}{a\cos\beta}\cdot\frac{\ell}{\cos\beta} = \frac{G\ell}{EA}\cdot\frac{\ell}{a}\cdot\frac{1}{\sin\beta\cos^2\beta} = 6{,}6\,\frac{G\ell}{EA},$$

$$w = \frac{G}{EA}\left[\frac{1}{\sin\beta}\cdot\frac{1}{\sin\beta}\cdot\frac{\ell}{\cos\beta} + \frac{1}{\sin\beta}\cdot\frac{1}{\sin\beta}\cdot\frac{\ell}{\cos\beta} - \cot\beta\cdot(-\cot\beta)\cdot 2\ell\right]$$

$$= \frac{2G\ell}{EA}\,\frac{1+\cos^3\beta}{\sin^2\beta\cos\beta} = 33{,}3\,\frac{G\ell}{EA}.$$

Das Ergebnis erscheint paradox. Die Rechnung und die Anschauung zeigen, daß die Last G weder das Lager B noch die Stäbe 4, 5 und 6 belastet. Es scheint daher auf den ersten Blick zulässig, die Stäbe 4, 5 und 6 zu entfernen. Dann bleibt ein ebenes System übrig, an dem nur Verschiebungen u und w auftreten.

Die Verschiebung v aus der Ebene heraus ist wie folgt zu erklären. Da $N_4 = 0$ ist, wird das Lager B in keiner Richtung verschoben. Da die Stäbe 5 und 6 ihre Längen behalten, kann das Dreieck der Stäbe 1, 2 und 3 bei Längenänderungen seiner Stäbe nicht in seiner Ebene bleiben. Die Stäbe 4, 5 und 6 haben also eine Funktion, obwohl sie Nullstäbe sind. Das ist nichts ungewöhnliches. Zum Beispiel ist in dem System in Abb. b unter der Last G Stab 2 ein Nullstab. Der Kraftangriffspunkt verschiebt sich in der durch einen Pfeil bezeichneten Richtung, weil sich die Länge von Stab 2 nicht ändert.

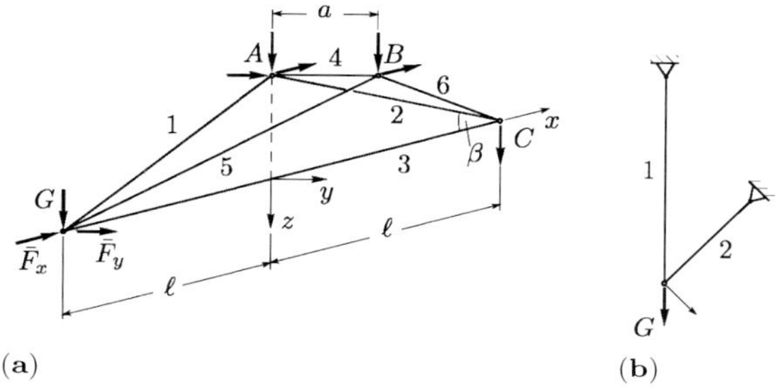

(a) (b)

Aufg. 8.5

Teilaufgabe 5.14c:
Zur Berechnung von w und w' bei $x = \ell$ benötigt man die Biegemomentenfunktionen für Belastungen durch die Kraft F, durch die Hilfskraft $\bar{F}$ und durch das Hilfsmoment $\bar{M}$ nach Abb. a. Zum Vorzeichen von $\bar{M}$ beachte man, daß w' der Tangens des Winkels von der x-Achse zur Tangente der Biegelinie ist und daß dieser Winkel im Uhrzeigersinn positiv ist. Die Biegemomente werden nur in der linken Stabhälfte benötigt, weil im starren Stabteil EI_y unendlich groß ist. Abb. b zeigt die Verläufe. Mit ihnen liefert Gl. (8.23) (die Integrale werden mit Tab. 5 im Anhang ausgewertet)

$$w = \frac{1}{\bar{F}} \int_0^\ell \frac{M_y(x)\bar{M}_y(x)}{EI_y}\, \mathrm{d}x \qquad (\bar{M}_y(x) \text{ infolge } \bar{F})$$

$$= \frac{1}{EI_y} \cdot \frac{1}{3} \cdot \frac{1}{4} F\ell \cdot \frac{1}{2}\ell \cdot \ell = \frac{F\ell^3}{24EI_y},$$

$$w' = \frac{1}{\bar{M}} \int_0^\ell \frac{M_y(x)\bar{M}_y(x)}{EI_y}\, \mathrm{d}x \qquad (\bar{M}_y(x) \text{ infolge } \bar{M})$$

$$= \frac{1}{EI_y} \cdot \frac{1}{3} \cdot \frac{1}{4} F\ell \cdot (-\frac{1}{2})\ell \cdot \ell = \frac{-F\ell^2}{24EI_y}.$$

Teilaufgabe 5.28:
Das System ist statisch bestimmt. Die für die Verformung maßgebenden Schnittgrößen sind die Längskräfte in den Drähten und das Biegemoment im Stab. Ihre Verläufe sind in Abb. c graphisch dargestellt (die Kraft im geneigten Draht hat die Vertikalkoordinate $F/2$, selbst also die Größe $F/(2\sin\alpha) = F\sqrt{5}/2$). Die vertikale Verschiebung des Lastangriffspunkts wird mit einer Hilfskraft $\bar{F}$ anstelle von F berechnet. Sie verursacht dieselben Schnittgrößenverläufe mit $\bar{F}$ statt F. Nach Gl. (8.23) ist

$$w = \frac{1}{\bar{F}} \Big[\frac{1}{EA} \sum_i N_i \bar{N}_i \ell_i + \frac{1}{EI_y} \int_0^\ell M_y(x)\bar{M}_y(x)\, \mathrm{d}x \Big]$$

(Summation über beide Drähte, Integration über den ganzen Stab). Das Integral ist bei Ausnutzung der Symmetrie

$$\int_0^\ell M_y(x)\bar{M}_y(x)\, \mathrm{d}x = 2\Big(\frac{1}{3} \cdot \frac{F\ell}{4} \cdot \frac{\bar{F}\ell}{4} \cdot \frac{\ell}{2}\Big) = \frac{F\bar{F}\ell^3}{48}.$$

Damit ist

$$w = \frac{1}{\bar{F}} \Big[\frac{1}{EA} \Big(\frac{F}{2} \cdot \frac{\bar{F}}{2} \cdot \frac{\ell}{2} + \Big(F\frac{\sqrt{5}}{2}\Big)\Big(\bar{F}\frac{\sqrt{5}}{2}\Big)\Big(\ell\frac{\sqrt{5}}{2}\Big)\Big) + \frac{F\bar{F}\ell^3}{48EI_y} \Big]$$

$$= \frac{F\ell}{8EA}(1 + 5\sqrt{5}) + \frac{F\ell^3}{48EI_y}.$$

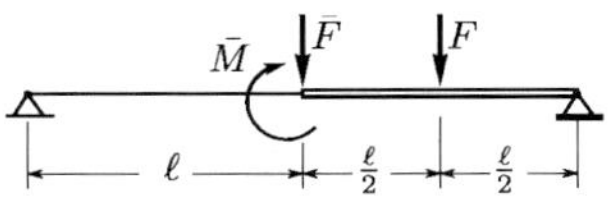

(a)

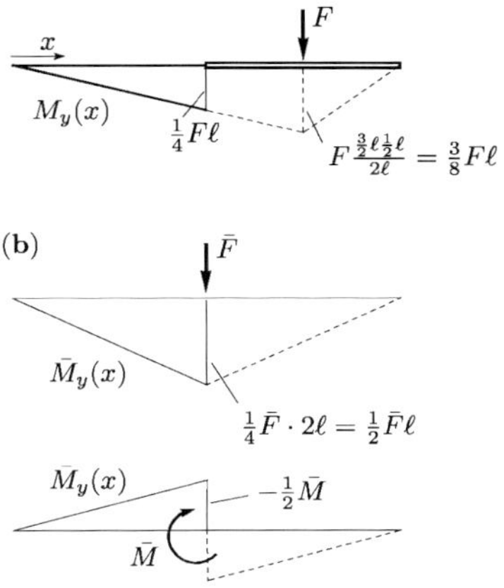

(b)

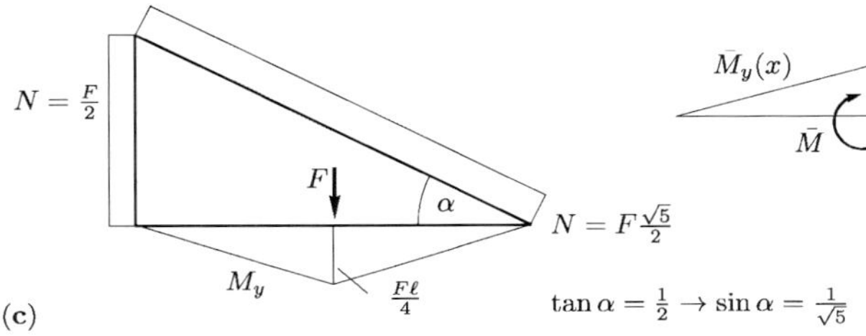

(c)

Aufg. 8.6

Aus Aufg. 5.17 werden die in Abb. a dargestellten Biegemomentenlinien zur Belastung durch die Streckenlast übernommen. Die Hilfskraft $\bar{F}$ an der Stelle $z = 0$ verursacht die Biegemomentenlinie von Abb. b. Man beachte: Es ist nicht nötig, alle Vorzeichen zu bestimmen. Nur das Vorzeichen des Produkts $M_y(x)\bar{M}_y(x)$ muß überall richtig sein. Die Verschiebung w ist

$$w = \frac{1}{\bar{F}} \cdot \frac{1}{EI_y} \left[\int_{x=0}^{2\ell} M_y(x)\bar{M}_y(x)\,\mathrm{d}x + \int_{z=0}^{\ell} M_y(z)\bar{M}_y(z)\,\mathrm{d}z \right]. \qquad \text{(b)}$$

Das erste Integral ist nach Tab. 5 des Anhangs

$$\frac{1}{3}\frac{q_0\ell^2}{6} \cdot \bar{F}\ell \cdot 2\ell = \frac{q_0\ell^4}{9}\bar{F}.$$

das zweite Integral ist $\displaystyle \frac{q_0}{6\ell} \cdot \frac{\bar{F}}{\ell} \int_0^{\ell} z^4\,\mathrm{d}z = \frac{q_0\ell^4}{30}\bar{F}.$

Damit ist $\displaystyle w = \frac{q_0\ell^4}{3EI_y}\left(\frac{1}{3} + \frac{1}{10}\right) = \frac{13}{90}\,\frac{q_0\ell^4}{EI_y}.$

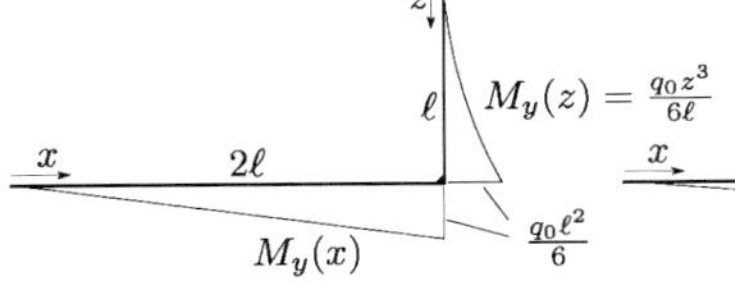

(a)

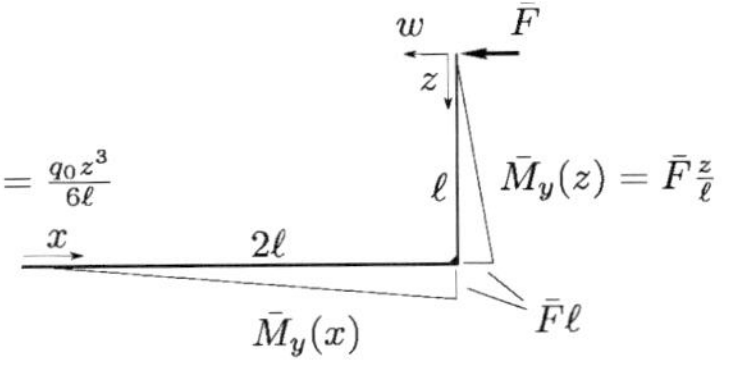

(b)

Aufg. 8.7

w wird mit der Hilfskraft $\bar{F}$ von Abb. a berechnet, φ_1 mit den beiden Hilfsmomenten $\bar{M}_1$ und φ_2 mit dem Hilfsmoment $\bar{M}_2$. Die Figuren b bis e zeigen die Biegemomentenlinien zur Belastung F und zu den genannten Hilfslasten. Gl. (8.23) liefert mit Tab. 5 im Anhang die folgenden Ergebnisse:

$$w = \frac{1}{EI_y} \cdot \frac{1}{3}\frac{F\ell}{2} \cdot \ell \cdot \ell = \frac{F\ell^3}{6EI_y},$$

$$\varphi_1 = \frac{1}{EI_y}\left[\frac{1}{6}\frac{F}{2}\ell(3+1) - \frac{1}{4} \cdot \frac{F\ell}{2} \cdot 2\ell\right] = \frac{F\ell^2}{12EI_y},$$

$$\varphi_2 = \frac{1}{EI_y}\left(\frac{1}{3} \cdot \frac{F\ell}{2} \cdot \frac{1}{2} \cdot \ell + \frac{1}{4} \cdot \frac{F\ell}{2} \cdot 2\ell\right) = \frac{F\ell^2}{3EI_y}.$$

Aus der Tatsache, daß w, φ_1 und φ_2 positiv sind, schließt man, daß diese Größen die Richtungen der betreffenden Hilfsgrößen haben. Die Ergebnisse sind mit denen zu Aufg. 5.3-3f nachprüfbar. Man setze dort $\ell_1 = \ell$, $\ell_2 = 2\ell$ ein.

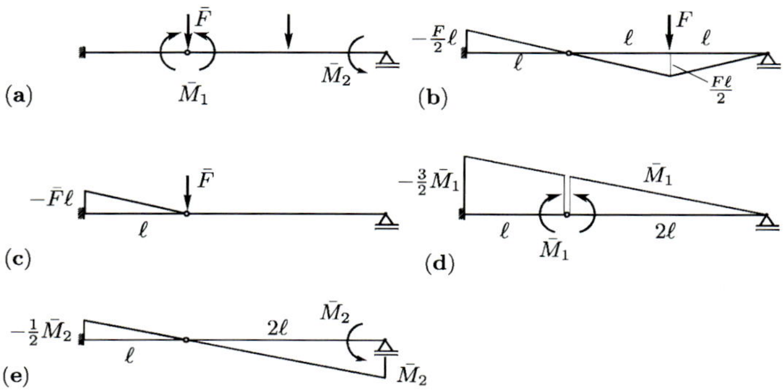

Aufg. 8.8

Die Verschiebungen u und w werden mit Hilfskräften $\bar{F}$ bzw. $\bar{G}$ nach Abb. a aus Gl. (8.23) berechnet. Das Flächenmoment des Stabquerschnitts ist

$$I_y = \frac{\pi}{4}(r_a^4 - r_i^4) = \frac{\pi}{4}(25^4 - 23^4) = 8,7 \cdot 10^4 \mathrm{mm}^4.$$

Biegemomente: Im vertikalen Mast ist

$$M_y(x) = \begin{cases} \bar{F}x & \text{infolge } \bar{F} \\ G \cdot 2r & \text{infolge G} \end{cases} \qquad (0 \le x \le \ell).$$

Im Kreisbogen: Momentengleichgewicht um die Schnittstelle bei φ in Abb. b (zweckmäßig, weil dann die Querkraft nicht gebraucht wird) liefert

$$M_y(\varphi) = \begin{cases} -\bar{F}r\sin\varphi & \text{infolge } \bar{F} \\ Gr(1-\cos\varphi) & \text{infolge } G. \end{cases}$$

Damit und mit der Integraltabelle 6 auf S. 4.16 erhält man

$$u = \frac{1}{\bar{F}}\Big[\int_0^\ell \frac{M_y(x)\bar{M}_y(x)}{EI_y}\,\mathrm{d}x + \int_0^\pi \frac{M_y(\varphi)\bar{M}_y(\varphi)}{EI_y} r\,\mathrm{d}\varphi\Big] \qquad (M_y \text{ zu } G,\ \bar{M}_y \text{ zu } \bar{F})$$

$$= \frac{G\cdot 2r}{EI_y}\int_0^\ell x\,\mathrm{d}x - \frac{Gr^3}{EI_y}\underbrace{\int_0^\pi \sin\varphi(1-\cos\varphi)\,\mathrm{d}\varphi}_{I_{12}=2} = \frac{Gr\ell^2}{EI_y} - \frac{2Gr^3}{EI_y}$$

$$= \frac{Gr(\ell^2-2r^2)}{EI_y} = \frac{30\cdot 5\cdot 10^2(2{,}5^2-2\cdot 0{,}5^2)10^6}{2\cdot 10^5\cdot 8{,}7\cdot 10^4} = 5{,}0\mathrm{mm},$$

$$w = \frac{1}{\bar{F}}\Big[\int_0^\ell \frac{M_y(x)\bar{M}_y(x)}{EI_y}\,\mathrm{d}x + \int_0^\pi \frac{M_y(\varphi)\bar{M}_y(\varphi)}{EI_y} r\,\mathrm{d}\varphi\Big] \qquad (M_y \text{ zu } G,\ \bar{M}_y \text{ zu } \bar{G})$$

$$= \frac{G\cdot 2r\cdot 2r}{EI_y}\int_0^\ell \mathrm{d}x - \frac{Gr^3}{EI_y}\underbrace{\int_0^\pi (1-\cos\varphi)^2 d\varphi}_{I_{16}=3\pi/2}$$

$$= \frac{4Gr^2\ell}{EI_y} + \frac{3\pi Gr^3}{2EI_y} = \frac{Gr^2}{2EI_y}(8\ell+3\pi r)$$

$$= \frac{30\cdot 5^2\cdot 10^4(8\cdot 2{,}5+3\pi\cdot 0{,}5)\cdot 10^3}{2\cdot 2\cdot 10^5\cdot 8{,}7\cdot 10^4} = 5{,}3\mathrm{mm}.$$

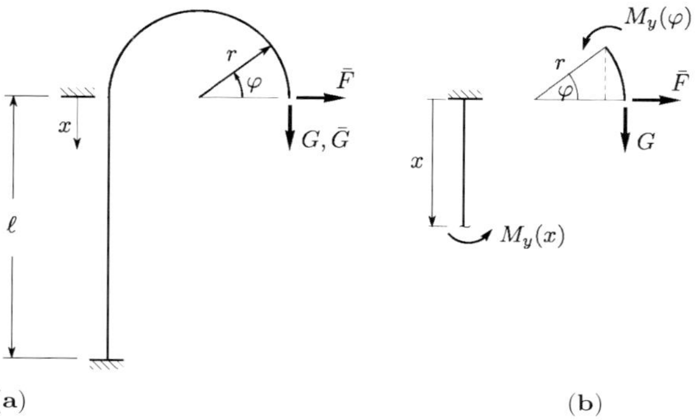

Aufg. 8.9

An einem Punkt mit den beliebigen Koordinaten x und y werden mit den Hilfskräften $\bar{F}_x$ und $\bar{F}_y$ die Verschiebung $u(x, y, F_1, F_2)$ in x-Richtung und die Verschiebung $v(x, y, F_1, F_2)$ in y-Richtung berechnet (Abb. a). Im Pol P mit den gesuchten Koordinaten x_P, y_P sind die Verschiebungen null. x_P und y_P ergeben sich also aus den Gleichungen

$$u(x_P, y_P, F_1, F_2) = 0, \qquad v(x_P, y_P, F_1, F_2) = 0. \tag{a}$$

Zur Berechnung von u und v aus der Arbeitsgleichung (8.23) werden die Federkräfte N_1, N_2 und N_3 unter der tatsächlichen Last sowie die Federkräfte $\bar{N}_1, \bar{N}_2$ und $\bar{N}_3$ unter der Last $\bar{F}_x$ sowie die Federkräfte $\bar{N}_1, \bar{N}_2$ und $\bar{N}_3$ unter der Last $\bar{F}_y$ benötigt. Sie werden am starren Körper aus Gleichgewichtsbedingungen bestimmt. Für die Lasten in Abb. b gilt

$$\sum M^A: \quad N_1 a - \bar{F}_x(b-y) + \bar{F}_y(a-x) = 0 \quad \rightarrow \quad N_1 = \bar{F}_x\frac{b-y}{a} - \bar{F}_y\frac{a-x}{a},$$

$$\sum M^B: \quad N_2 a + \bar{F}_x(b-y) + \bar{F}_y x = 0 \quad \rightarrow \quad N_2 = -\bar{F}_x\frac{b-y}{a} - \bar{F}_y\frac{x}{a},$$

$$\sum F_H: \quad N_3 = -\bar{F}_x.$$

Die Federkräfte für die tatsächliche Belastung ergeben sich aus diesen Formeln, wenn man $x = a$, $y = 0$, $\bar{F}_x = F_2$ und $\bar{F}_y = F_1$ einsetzt (F_1 darf entlang seiner Wirkungslinie verschoben werden). Das liefert die Spalte 1 der Tabelle unten. Die Spalten 2 und 3 sind die Sonderfälle $\bar{F}_y = 0$ bzw. $\bar{F}_x = 0$.

i	N_i infolge F_1 und F_2	$\bar{N}_i$ infolge $\bar{F}_x$	$\bar{N}_i$ infolge $\bar{F}_y$
1	$F_2\frac{b}{a}$	$\bar{F}_x\frac{b-y}{a}$	$-\bar{F}_y\frac{a-x}{a}$
2	$-F_1 - F_2\frac{b}{a}$	$-\bar{F}_x\frac{b-y}{a}$	$-\bar{F}_y\frac{x}{a}$
3	$-F_2$	$-\bar{F}_x$	0

In Gl. (8.23) muß $\ell_i/(E_iA_i)$ durch $1/k_i$ ersetzt werden (Federkonstante k_i). Dann liefert die Gleichung

$$u = \frac{1}{\bar{F}_x}\sum_{i=1}^{3}\frac{N_i\bar{N}_i}{k_i} \qquad (\bar{N}_i \text{ infolge } \bar{F}_x)$$

$$= F_2\frac{b(b-y)}{a^2k_1} - (-F_1 - F_2\frac{b}{a})\frac{b-y}{ak_2} + F_2\frac{1}{k_3}$$

$$= \frac{b-y}{a}\left[F_1\frac{1}{k_2} + F_2\frac{b}{a}\left(\frac{1}{k_1}+\frac{1}{k_2}\right)\right] + F_2\frac{1}{k_3},$$

$$v = \frac{1}{\bar{F}_y}\sum_{i=1}^{3}\frac{N_i\bar{N}_i}{k_i} \qquad (\bar{N}_i \text{ infolge } \bar{F}_y)$$

$$= -F_2\frac{b(a-x)}{a^2k_1} - (-F_1 - F_2\frac{b}{a})\frac{x}{ak_2}$$

$$= \frac{x}{a}\left[F_1\frac{1}{k_2} + F_2\frac{b}{a}\left(\frac{1}{k_1}+\frac{1}{k_2}\right)\right] - F_2\frac{b}{a}\frac{1}{k_1}.$$

Damit erhält man aus (a) die Ergebnisse

$$x_P = \frac{F_2b/k_1}{F_1/k_2 + F_2(b/a)\big(1/k_1 + 1/k_2\big)} = a\left[1 + \frac{k_1}{k_2}\left(1 + \frac{a}{b}\frac{F_1}{F_2}\right)\right]^{-1},$$

$$y_P = b + \frac{F_2a/k_3}{F_1/k_2 + F_2(b/a)\big(1/k_1 + 1/k_2\big)} = b + x_P\cdot\frac{a}{b}\frac{k_1}{k_3}.$$

Der Drehwinkel φ kann auf zweierlei Weise berechnet werden.
1.) Nach Abb. c bestehen zwischen den Verschiebungen v_1, v_2 und u_3 der Eckpunkte und φ die Beziehungen

$$v_1 = -\varphi\cdot x_P, \qquad v_2 = \varphi(a - x_P), \qquad u_3 = \varphi(y_P - b).$$

v_1, v_2 und u_3 sind die Federverlängerungen

$$v_1 = -\frac{N_1}{k_1}, \qquad v_2 = -\frac{N_2}{k_2}, \qquad u_3 = -\frac{N_3}{k_3}$$

(N_1, N_2 und N_3 aus Spalte 1 der Tabelle). Jede der drei Gleichungen liefert φ. Die erste Gleichung lautet z.B.

$$-F_2\frac{b}{a}\frac{1}{k_1} = -\varphi a\,\frac{F_2}{F_1 ak_1/(bk_2) + F_2\big(1 + k_1/k_2\big)}.$$

Daraus folgt nach einfacher Umformung

$$\varphi = \frac{F_2}{ak_2}\left[\frac{F_1}{F_2} + \frac{b}{a}\left(1 + \frac{k_2}{k_1}\right)\right]. \qquad \text{(b)}$$

2.) φ kann ohne Kenntnis von x_P und y_P mit einem Hilfsmoment $\bar{M}$ aus Gl. (8.23) berechnet werden. $\bar{M}$ hat als frei verschiebbares Kräftepaar keinen bestimmten Angriffspunkt. Es verursacht nach Abb. d die Auflagerkräfte

$$\sum M^A : \bar{N}_1 a = \bar{M} \qquad \rightarrow \qquad \bar{N}_1 = \bar{M}\frac{1}{a},$$

$$\sum F_V : \bar{N}_2 = -\bar{N}_1 = -\bar{M}\frac{1}{a},$$

$$\sum F_H : \bar{N}_3 = 0.$$

Damit und mit Spalte 1 der Tabelle ist

$$\varphi = \frac{1}{\bar{M}}\sum_{i=1}^{3}\frac{N_i\bar{N}_i}{k_i} = F_2\frac{b}{a^2}\frac{1}{k_1} - \left(-F_1 - F_2\frac{b}{a}\right)\frac{1}{a}\frac{1}{k_2}.$$

Das ist wieder der Ausdruck (b).
Beispiele:

1. $F_2 = 0:$
   $x_P = 0, \quad y_P = b, \quad \varphi = F_1/(ak_2) \quad$ (Abb. e),
2. $F_1 = 0, \ a = 2b, \ k_1 = k_2 = k_3 = k:$
   $x_P = b, \quad y_P = 3b, \quad \varphi = F_2/(2bk) \quad$ (Abb. f),
3. $F_1 = F_2 = F, \ a = 2b, \ k_1 = k_2 = k_3 = k:$
   $x_P = \frac{1}{2}b, \quad y_P = 2b, \quad \varphi = F/(bk) \quad$ (Abb. g).

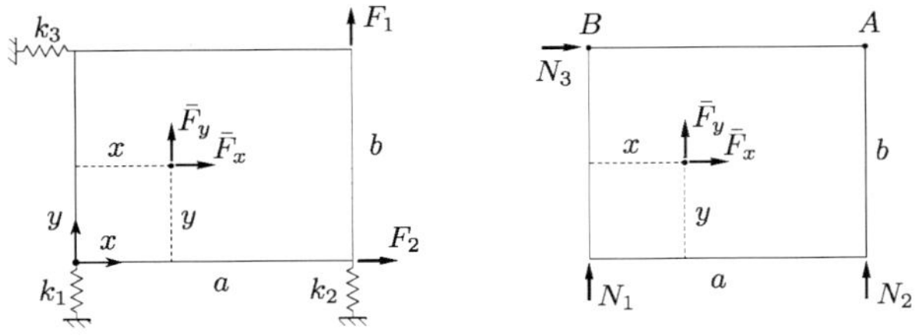

(a) (b)

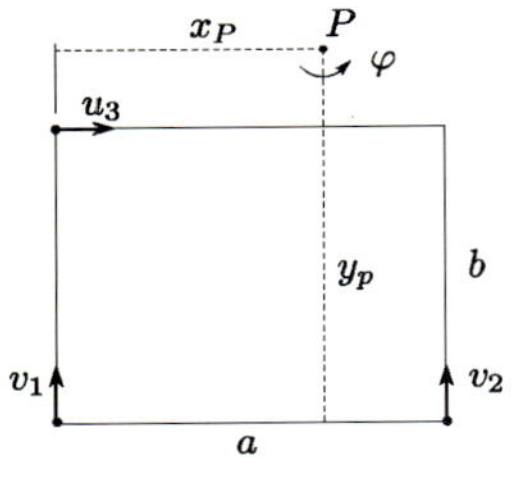

(c)

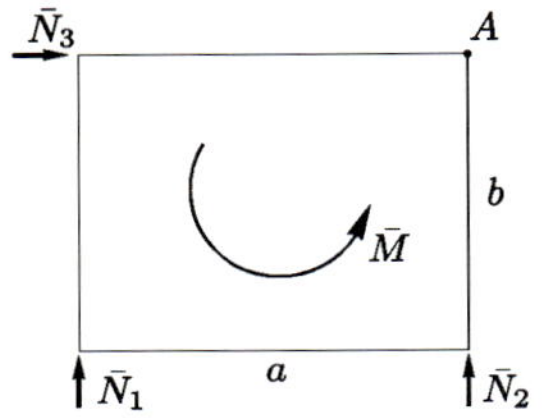

(d)

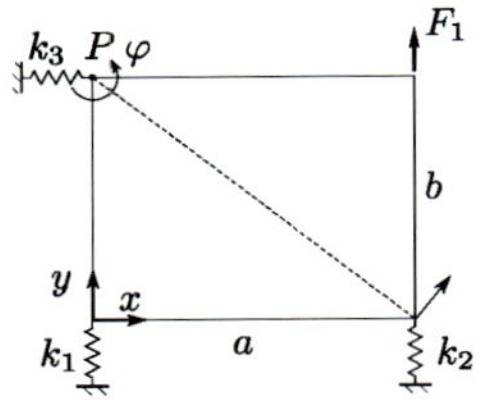

(e)

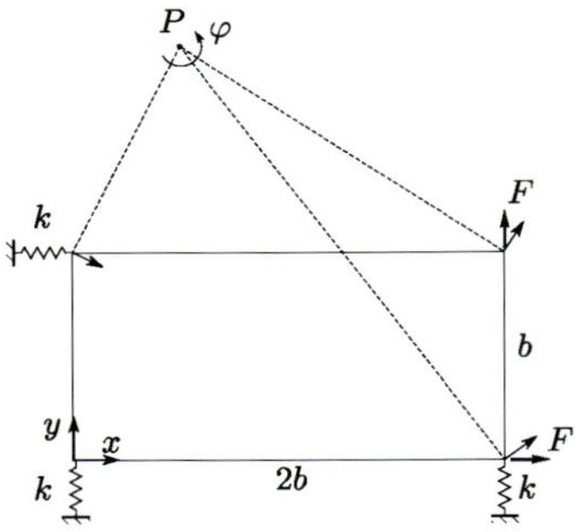

(g)

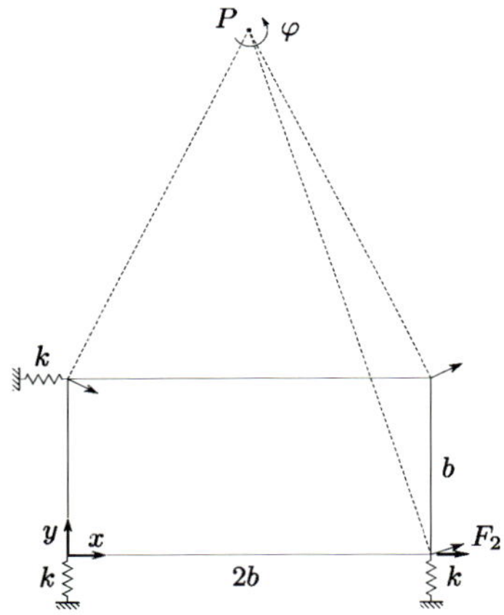

(f)

Aufg. 8.10

Die Last M verursacht die Biege- und Torsionsmomentenverläufe von Abb. a. Der Verdrehwinkel φ wird mit einem Hilfsmoment $\bar{M}$ anstelle von M berechnet. Gl. (8.23) liefert mit Tab. 5 im Anhang

$$\varphi = \frac{2Mh}{EI_y} + \frac{2M\ell}{GI_p} \tag{a}$$

oder mit $I_y = \pi d^4/64$ und $I_p = 2I_y$

$$\varphi = \frac{64M}{\pi d^4}\Big(\frac{2h}{E} + \frac{\ell}{G}\Big).$$

Die Verschiebung v wird mit einer Hilfskraft $\bar{F}$ am linken Ende in y-Richtung berechnet. Wegen der Verläufe in Abb. a braucht man für die Last $\bar{F}$ nur die Verläufe von $\bar{M}_x$ in den vertikalen Abschnitten und von $\bar{M}_T$ in den horizontalen zu bestimmen (Abb. b). Mit ihnen ergibt sich

$$v = -\frac{Mh^2}{EI_y} - \frac{Mh\ell}{GI_p}.$$

Der Vergleich mit (a) zeigt, daß $v = -h\varphi/2$ ist.

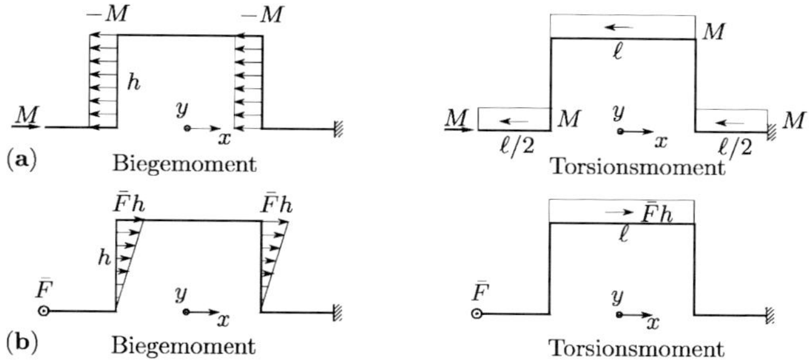

Aufg. 8.11

In allen drei Fällen ist w die Summe aus der Verschiebung w_e infolge Eigengewicht und einer Verschiebung infolge der Belastung durch G.
Berechnung von w_e:
Das Biegemoment infolge Eigengewicht wird als Funktion $M_y(\varphi)$ berechnet, wobei φ nach Abb. a am Ende gleich null ist. Das Gewicht des Bogenelements $R\,\mathrm{d}\alpha$ ist $qR\,\mathrm{d}\alpha$. Sein Moment bezüglich der Schnittstelle bei φ ist $(R\cos\alpha - R\cos\varphi)qR\,\mathrm{d}\alpha$. Gleichgewicht am Bogen fordert also

$$M_y(\varphi) - \int_{\alpha=0}^{\varphi} (R\cos\alpha - R\cos\varphi)qR\,\mathrm{d}\alpha = 0.$$

Also ist

$$M_y(\varphi) = qR^2\int_{\alpha=0}^{\varphi}(\cos\alpha - \cos\varphi)\,\mathrm{d}\alpha = qR^2(\sin\alpha - \alpha\cos\varphi)\Big|_{\alpha=0}^{\varphi}$$
$$= qR^2(\sin\varphi - \varphi\cos\varphi).$$

Die Verschiebung w_e wird mit der Hilfskraft $\bar{F}$ von Abb. b berechnet, die das Biegemoment

$$\bar{M}_y(\varphi) = \bar{F}R(1-\cos\varphi) \qquad \text{(a)}$$

erzeugt. Damit ist nach Gl. (8.23)

$$w_e = \frac{1}{\bar{F}}\int_{\varphi=0}^{\pi}\frac{M_y(\varphi)\bar{M}_y(\varphi)}{EI_y}R\,\mathrm{d}\varphi = \frac{qR^4}{EI_y}\int_0^{\pi}(\sin\varphi - \varphi\cos\varphi)(1-\cos\varphi)\,\mathrm{d}\varphi$$

oder mit der Integraltabelle 6 auf S. 416

$$w_e = \frac{qR^4}{EI_y}\int_0^{\pi}(\sin\varphi - \sin\varphi\cos\varphi - \varphi\cos\varphi + \varphi\cos^2\varphi)\,\mathrm{d}\varphi$$

$$= \frac{qR^4}{EI_y}(I_2 - I_{10} - I_{23} + I_{25}) = \left(4 + \frac{\pi^2}{4}\right)\frac{qR^4}{EI_y}.$$

Fall a:
Nach (a) verursacht G das Biegemoment $M_y(\varphi) = GR(1 - \cos\varphi)$. Damit ist die Verschiebung infolge G

$$w_a = \frac{1}{\bar{F}}\int_0^\pi \frac{M_y(\varphi)\bar{M}_y(\varphi)}{EI_y} R\,\mathrm{d}\varphi = \frac{GR^3}{EI_y}\int_0^\pi (1-\cos\varphi)^2\,\mathrm{d}\varphi = \frac{3\pi}{2}\frac{GR^3}{EI_y}.$$

Die gesamte Verschiebung ist

$$w = w_e + w_a = (4 + \frac{\pi^2}{4})\frac{qR^4}{EI_y} + \frac{3\pi}{2}\frac{GR^3}{EI_y}.$$

Fall b: 1. Lösungsweg:
Im reibungsfrei aufliegenden Seil ist die Längskraft überall gleich G. Das Seil verursacht eine radiale Streckenlast q_r, deren Größe sich aus der Bedingung des Kräftegleichgewichts in radialer Richtung an einem Seilstück der Länge $R\,\mathrm{d}\varphi$ ergibt (Abb. c). Aus dem Krafteck folgt

$$G\,\mathrm{d}\varphi = q_r R\,\mathrm{d}\varphi \qquad \rightarrow \qquad q_r = G/R.$$

Sie verursacht ein Biegemoment $M_y(\varphi)$, das an dem Bogenstück in Abb. d berechnet wird. Die Kraft $q_r R\,\mathrm{d}\alpha = G\,\mathrm{d}\alpha$ am Bogenelement der Länge $R\,\mathrm{d}\alpha$ hat bezüglich der Schnittstelle bei φ das Moment $R\sin(\varphi - \alpha)\cdot G\,\mathrm{d}\alpha$. Folglich ist

$$M_y(\varphi) - GR\int_{\alpha=0}^{\varphi} \sin(\varphi - \alpha)\,\mathrm{d}\alpha = 0, \quad \text{also}$$

$$M_y(\varphi) = GR\cos(\varphi - \alpha)\Big|_{\alpha=0}^{\varphi} = GR(1 - \cos\varphi).$$

Dieses Moment ist identisch mit dem infolge der Einzelkraft G am Ende. Folglich erzeugt q_r dieselbe Verschiebung w_a, wie die Einzelkraft im Fall a. Die Gesamtverschiebung ist wie dort

$$w = w_e + w_a = (4 + \frac{\pi^2}{4})\frac{qR^4}{EI_y} + \frac{3\pi}{2}\frac{GR^3}{EI_y}.$$

2. Lösungsweg:
Die Streckenlast q_r ist eine innere, an Stab und Seil mit entgegengesetzten Vorzeichen angreifende Last. Die Kraft $q_r R\,\mathrm{d}\alpha$ an einem Stabelement und die Gegenkraft am Seilelement verrichten zusammen die Arbeit null, weil Stabelement und Seilelement in Richtung der Kraft keine Relativverschiebung haben. Also verrichtet nur das Gewicht G am Seilende Arbeit. Folglich unterscheidet sich das System nicht von dem in Abb. a . Es ist auch anschaulich klar, daß sich nichts am System ändert, wenn man Stab und Seil miteinander verklebt oder, was dasselbe ist, wenn man das Gewicht G am Stabende befestigt.
Fall c:
Am Stabende greifen zwei Kräfte der Größe G an (Abb. e). Die vertikale Kraft erzeugt die Verschiebung

$$w_a = \frac{3\pi}{2}\frac{GR^3}{EI_y}$$

nach unten (s. Fall a). Die horizontale Kraft erzeugt das Biegemoment $M_y(\varphi) = GR\sin\varphi$. Eine nach unten gerichtete Hilfskraft $\bar{F}$ erzeugt das Biegemoment $\bar{M}_y(\varphi) = -\bar{F}R(1-\cos\varphi)$. Die vertikale Verschiebung infolge der horizontalen Kraft ist damit (s. die Integraltabelle 6 auf S. 416)

$$w^* = \frac{1}{\bar{F}} \int_0^{\pi} \frac{M_y(\varphi)\bar{M}_y(\varphi)}{EI_y} R \,\mathrm{d}\varphi = -\frac{GR^3}{EI_y} \int_0^{\pi} \sin\varphi\,(1-\cos\varphi)\,\mathrm{d}\varphi = -2\,\frac{GR^3}{EI_y}.$$

Die Gesamtverschiebung unter Eigengewicht und beiden Kräften am Ende ist

$$w = w_e + w_a + w^* = (4 + \frac{\pi^2}{4})\frac{qR^4}{EI_y} + \left(\frac{3\pi}{2} - 2\right)\frac{GR^3}{EI_y}.$$

Anmerkung: Die Horizontalkraft G am Stabende ist die Gegenkraft zu der Seilkraft gleicher Größe und entgegengesetzter Richtung. Die Gesamtarbeit dieser beiden Kräfte zusammen ist nicht null, weil das System eine Relativverschiebung von Stab und Seil in Richtung der Kraft erlaubt.

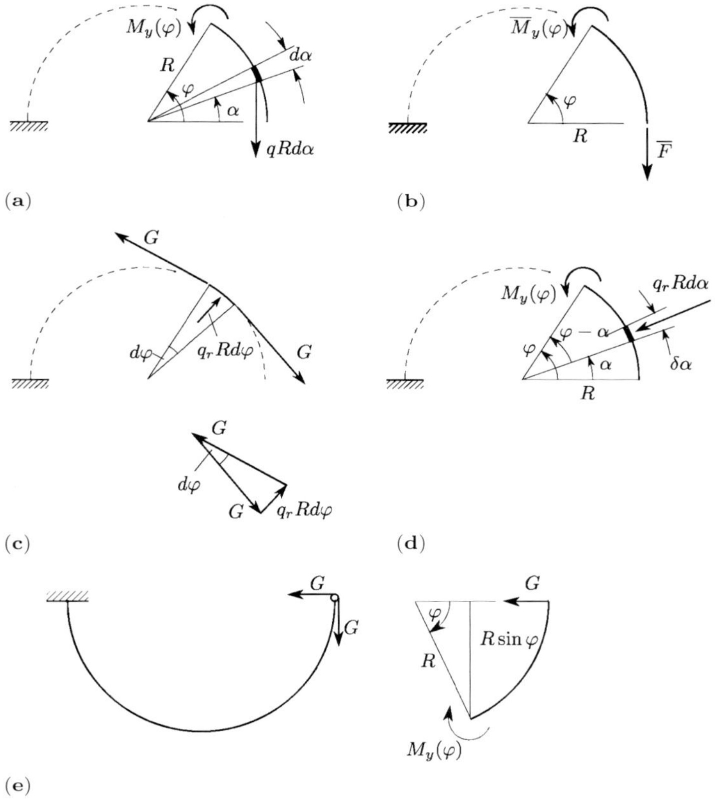

Aufg. 8.12

Am Verlauf der Schnittgrößen im Ring ändert sich nichts, wenn man den Ring an einem Ende fest einspannt (Abb. a). Das Einspannmoment ist nämlich null. Verformungen entstehen durch Biegung und Torsion. Biegemomente $M_y(\varphi)$ und $M_r(\varphi)$ und das Torsionsmoment $M_T(\varphi)$ an der Schnittstelle φ haben die in Abb. b gezeichneten Richtungen. Außerdem wirkt die Querkraft $Q(\varphi) \equiv F$ (Kräftegleichgewicht). Drei Gleichgewichtsbedingungen für Momente bezüglich 0 in den Richtungen y, r und t (tangential) liefern:

$$\sum M_y^{(0)}: \quad M_y(\varphi) \equiv 0,$$
$$\sum M_r^{(0)}: \quad M_r(\varphi) + Fr\sin\varphi = 0 \quad \rightarrow \quad M_r(\varphi) = -Fr\sin\varphi,$$
$$\sum M_t^{(0)}: \quad M_T(\varphi) - Fr(1-\cos\varphi) = 0 \quad \rightarrow \quad M_T(\varphi) = Fr(1-\cos\varphi).$$

Bei der Berechnung der Verschiebung w mit Gl. (8.23) wird als Hilfskraft F selbst verwendet. Dann ist (s. die Integraltabelle 6 auf S. 416)

$$w = \frac{1}{F}\left[\int_0^{2\pi} \frac{M_r^2(\varphi)}{EI_y} r\,\mathrm{d}\varphi + \int_0^{2\pi} \frac{M_T^2(\varphi)}{GI_p} r\,\mathrm{d}\varphi\right]$$
$$= \frac{Fr^3}{EI_y}\underbrace{\int_0^{2\pi} \sin^2\varphi\,\mathrm{d}\varphi}_{2I_6=\pi} + \frac{Fr^3}{GI_p}\underbrace{\int_0^{2\pi} (1-\cos\varphi)^2\,\mathrm{d}\varphi}_{2I_{16}=3\pi}$$

und mit

$$I_y = \tfrac{1}{64}\pi d^4, \qquad I_p = \tfrac{1}{32}\pi d^4, \qquad G = \frac{E}{2(1+\nu)}$$

$$w = \frac{64Fr^3}{E\pi d^4}\cdot\pi + \frac{32\cdot 2(1+\nu)Fr^3}{E\pi d^4}\cdot 3\pi$$
$$= \frac{64(4+3\nu)Fr^3}{Ed^4} = \tfrac{64(4+0,9)2\cdot 20^3}{2\cdot 10^5\cdot 1,5^4} = 5,0\mathrm{mm}$$

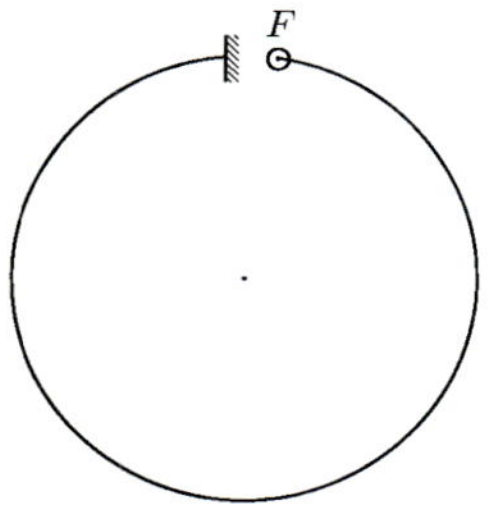

(a)

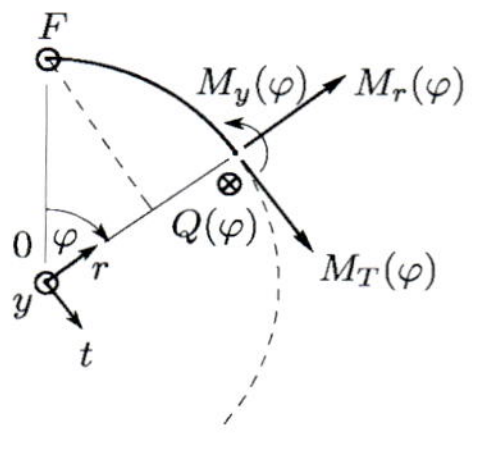

(b)

Aufg. 8.13

Das zusätzliche Festlager macht das System 2-fach statisch unbestimmt. Als Grundsystem wird das System ohne Festlager und mit F_1 und F_2 als unbekannten Kraftgrößen verwendet (Abb. a). Dieses System wurde in Aufg. 8.3 untersucht. In den Gleichungen (a) und (b) dieser Aufgabe stehen Ausdrücke für die Verschiebungen w in Richtung von F_1 und v in Richtung von F_2 infolge gleichzeitiger Einwirkung der Kräfte F_1 und F_2 und einer gleichmäßigen Temperaturerhöhung ΔT. Im vorliegenden Fall wird $u = 0$, $w = 0$ verlangt. Also gilt

$$F_1(2+\sqrt{2}) + F_2(2+\sqrt{2}) = -2EA\alpha\Delta T, \tag{a}$$
$$F_1(2+\sqrt{2}) + F_2(2+3\sqrt{2}) = 0. \tag{b}$$

Das sind 2 Gleichungen für F_1 und F_2. Aus ihren Lösungen ergeben sich die gesuchten Lagerreaktionen $A_H = F_1$ und $A_V = -F_2$. Subtraktion beider Gleichungen ergibt

$F_2 \cdot 2\sqrt{2} = 2EA\alpha\Delta T \qquad \rightarrow \qquad F_2 = \frac{\sqrt{2}}{2}EA\alpha\Delta T = 0,707EA\alpha\Delta T.$

Multiplikation von (a) mit $(2+3\sqrt{2})$ und von (b) mit $(2+\sqrt{2})$ und Subtraktion ergibt

$$F_1(2+\sqrt{2})[(2+3\sqrt{2})-(2+\sqrt{2})] = -2(2+3\sqrt{2})EA\alpha\Delta T$$

und damit

$$F_1 = \frac{-(2+3\sqrt{2})}{2(1+\sqrt{2})}EA\alpha\Delta T = \tfrac{1}{2}(2+3\sqrt{2})(1-\sqrt{2})EA\alpha\Delta T$$
$$= -\tfrac{1}{2}(4-\sqrt{2})EA\alpha\Delta T = -1,29EA\alpha\Delta T.$$

Darin ist $EA\alpha\Delta T = 2,1\cdot 10^8 \cdot 1,23\cdot 10^{-5}\cdot 20N = 51,66\text{kN}$. Man erhält

$A_H = -1,29\cdot 51,66 = -66,6\text{kN},$

$A_V = -0,707\cdot 51,66 = -36,5\text{kN}.$

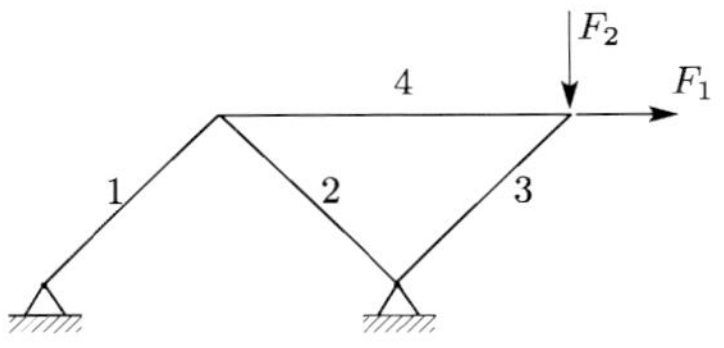

(a)

Aufg. 8.14

Das System ist 1-fach statisch unbestimmt. Als Grundsystem wird das System von Abb. a mit der gesuchten Kraft B als Kraftgröße verwendet. B wird aus der Bedingung bestimmt, daß die Verschiebung in Richtung von B gleich $-\delta$ ist. Die Stabteile werden durch Biegemomente $M_b(s)$ gebogen und durch ein Torsionsmoment $M_T(s)$ tordiert. Deshalb lautet Gl. (8.23)

$$-\delta = \frac{1}{\bar{B}}\left[\int \frac{M_b(s)\bar{M}_b(s)}{EI_y}\,\mathrm{d}s + \int \frac{M_T(s)\bar{M}_T(s)}{GI_p}\,\mathrm{d}s\right] \tag{a}$$

(Integration über alle Stabteile, M_b und M_T infolge F und B gemeinsam, $\bar{M}_b$ und $\bar{M}_T$ infolge $\bar{B}$ anstelle von B). Abb. b kennzeichnet den Verlauf von $M_b(s)$ und Abb. c den Verlauf von $M_T(s)$. Die Verläufe von $\bar{M}_b(s)$ und $\bar{M}_T(s)$ ergeben sich, wenn man $F=0$ setzt und B durch $\bar{B}$ ersetzt. Gl. (a) lautet mit Tab. 5 im Anhang

$$-\delta = \frac{1}{EI_y}\Big\{\tfrac{1}{3}B\cdot 2a\cdot 2a\cdot 2a + \tfrac{1}{3}(F+B)a\cdot a\cdot a$$
$$+\frac{2a}{6}\big[(F\cdot 2a + B\cdot 4a)(2\cdot 4a+2a) + B\cdot 2a(4a+2\cdot 2a)\big]\Big\}$$
$$+\frac{1}{GI_p}\big[(B\cdot 2a)(2a)\cdot a + (F+B)a\cdot a\cdot 2a\big]$$
$$= \frac{a^3}{EI_y}\big[\tfrac{8}{3}B + \tfrac{1}{3}F + \tfrac{1}{3}B + \tfrac{1}{3}(20F+40B+16B)\big] + \frac{a^3}{GI_p}(4B+2F+2B)$$
$$= \frac{a^3}{EI_y}\big(\tfrac{65}{3}B + 7F\big) + \frac{a^3}{GI_p}(6B+2F).$$

Daraus ergibt sich

$$B = -\frac{\delta + \dfrac{Fa^3}{EI_y}\left(7 + 2\dfrac{EI_y}{GI_p}\right)}{\dfrac{a^3}{EI_y}\left(\dfrac{65}{3} + 6\dfrac{EI_y}{GI_p}\right)} = -\frac{\dfrac{\delta EI_y}{a^3} + F\left(7 + 2\dfrac{EI_y}{GI_p}\right)}{\dfrac{65}{3} + 6\dfrac{EI_y}{GI_p}}.$$

Zahlenwerte:

$$I_y = \frac{\pi}{64}(d_a^4 - d_i^4) = \frac{\pi}{64}(150^4 - 140^4) = 6,0 \cdot 10^6 \mathrm{mm}^4,$$

$$I_p = 2I_y = 12,0 \cdot 10^6 \mathrm{mm}^4,$$

$$\frac{\delta EI_y}{a^3} = \tfrac{50 \cdot 2,1 \cdot 10^5 \cdot 6 \cdot 10^6}{10^9} N = 63 \mathrm{kN},$$

$$\frac{EI_y}{GI_p} = \tfrac{2,1}{0,81} \cdot \tfrac{1}{2} = 1,30$$

$$B = -\tfrac{6,3 \cdot 10^4 + 5 \cdot 10^4 (7 + 2 \cdot 1,3)}{65/3 + 6 \cdot 1,3} N = -18,4 \mathrm{kN}.$$

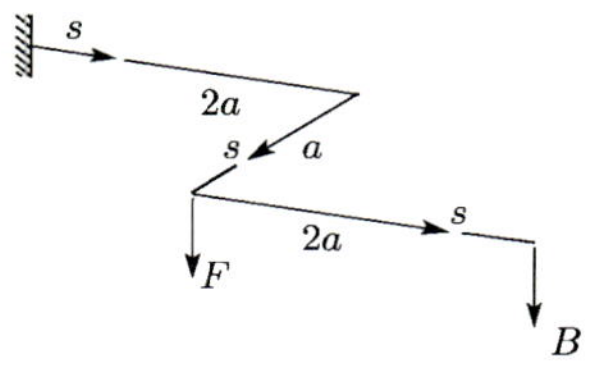

(a)

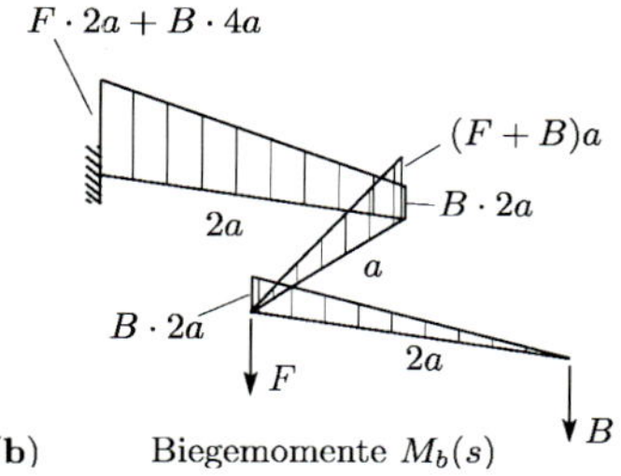

(b) Biegemomente $M_b(s)$

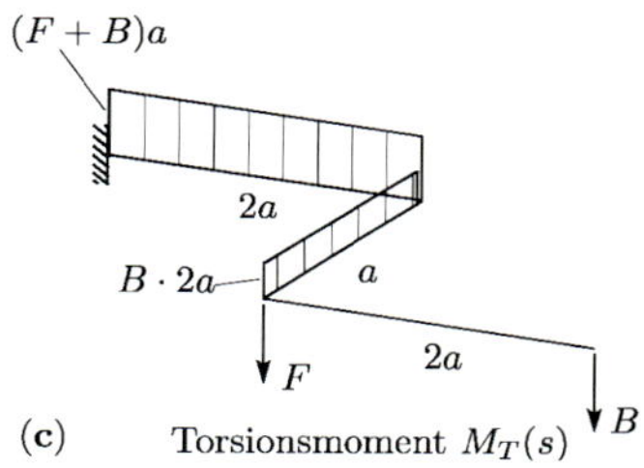

(c) Torsionsmoment $M_T(s)$

Aufg. 8.15

Für das innerlich 1-fach statisch unbestimmte System wird das Grundsystem von Abb. a mit der gesuchten Kraft S als unbekannter Kraftgröße gewählt. S wird aus der Bedingung berechnet, daß die Relativverschiebung Δu der beiden Schnittufer unter den Lasten F und S gleich null ist. Δu wird mit zwei Hilfskräften $\bar{S}$ statt S aus Gl. (8.23) berechnet:

$$\Delta u = \frac{1}{\bar{S}}\left[\int \frac{M_y(x)\bar{M}_y(x)}{EI_y}\,\mathrm{d}x + \frac{S\bar{S}\ell\sqrt{2}}{EA}\right] = 0 \qquad \text{(a)}$$

(Integration über beide Stäbe). Wegen der Symmetrie werden M_y und $\bar{M}_y$ in nur einem Stab benötigt. Der rechte Stab ist oben fest eingespannt und unten durch S und durch die Auflagerkraft $F/2$ belastet (Abb. b). Damit ergibt sich der in der linken Abbildung gezeigte Verlauf von M_y und daraus der rechts dargestellte Verlauf von $\bar{M}_y$. Mit Tab. 5 im Anhang nimmt (a) die Form an:

$$\frac{2}{EI_y} \cdot \tfrac{1}{3}\big(\tfrac{1}{2}F - S\big) \cdot \tfrac{1}{2}\ell\sqrt{2}\big(-\tfrac{1}{2}\ell\sqrt{2}\big)\ell + \frac{S\ell\sqrt{2}}{EA} = 0 \quad \text{oder}$$

$$\frac{-\ell^3}{3EI_y}\big(\tfrac{1}{2}F - S\big) + \frac{S\ell\sqrt{2}}{EA} = 0.$$

Daraus ergibt sich

$$S = \frac{\frac{F\ell^3}{6EI_y}}{\frac{\ell^3}{3EI_y} + \frac{\ell\sqrt{2}}{EA}} = \frac{F}{2}\,\frac{1}{1 + 3\sqrt{2}I_y/(A\ell^2)}.$$

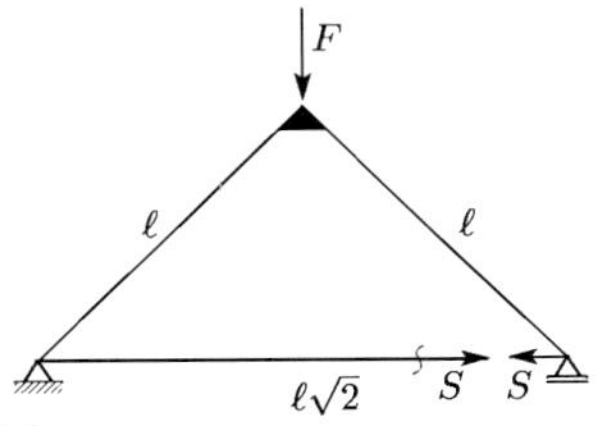

(a)

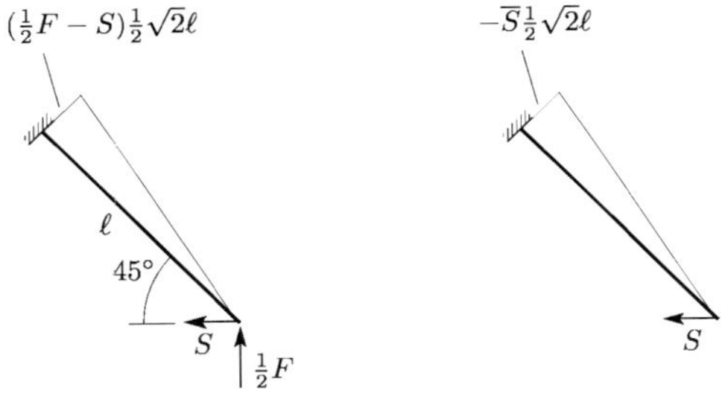

(b)

Aufg. 8.16

Als Grundsystem wird das System von Abb. a mit H als unbekannter Kraftgröße gewählt. H wird aus der Bedingung berechnet, daß die Horizontalverschiebung des Lagers gleich null ist. Das ist die Gleichung

$$\sum_{i=1}^{5} \frac{N_i \bar{N}_i \ell_i}{EA} = 0 \tag{a}$$

mit den Stabkräften N_i infolge F und H gemeinsam und mit den Stabkräften $\bar{N}_i$ infolge einer Hilfskraft, als die H selbst verwendet wird. Aus Symmetriegründen sind die Stäbe 1 und 2 und die Stäbe 3 und 4 gleich belastet.

Berechnung von N_1, N_3 und N_5: Die Vertikalkoordinate der Lagerreaktion ist $F/2$. Gleichgewichtsbedingungen für den freigeschnittenen Knoten A in Abb. b:

$$\sum F_H: \qquad N_1 \cos\beta + N_3 \cos\alpha = -H, \tag{b}$$

$$\sum F_V: \qquad N_1 \sin\beta + N_3 \sin\alpha = -\tfrac{1}{2}\,F. \tag{c}$$

Die Linearkombination (b) $\times \sin\alpha -$(c)$\times \cos\alpha$ liefert

$N_1(\sin\alpha\cos\beta - \cos\alpha\sin\beta) = -H\sin\alpha + \frac{1}{2}\,F\cos\alpha$ und damit

$$N_1 = \frac{-1}{\sin(\alpha-\beta)}\big(H\sin\alpha - \tfrac{1}{2}\,F\cos\alpha\big). \tag{d}$$

Ebenso führt (c)$\times\cos\beta -$(b)$\times\sin\beta$ auf

$N_3(\sin\alpha\ \cos\beta - \cos\alpha\ \sin\beta) = H\sin\beta - \frac{1}{2}\,F\cos\beta$ und damit

$$N_3 = \frac{1}{\sin(\alpha-\beta)}\big(H\sin\beta - \tfrac{1}{2}\,F\cos\beta\big). \tag{e}$$

Gleichgewicht am freigeschnittenen Knoten B in Abb. c liefert

$$N_5 = 2N_1\sin\beta = \frac{-2\sin\beta}{\sin(\alpha-\beta)}\big(H\sin\alpha - \tfrac{1}{2}\,F\cos\alpha\big). \tag{f}$$

Aus (d), (e) und (f) ergeben sich die Spalten 1 und 2 der Tabelle unten. Die Stablänge ℓ_5 ist (s. Abb. a)

$$\ell_5 = \ell(\tan\alpha - \tan\beta) = \ell\,\frac{\sin\alpha\ \cos\beta - \cos\alpha\ \sin\beta}{\cos\alpha\ \cos\beta} = \ell\,\frac{\sin(\alpha-\beta)}{\cos\alpha\ \cos\beta}.$$

i	N_i	$\bar{N}_i$	ℓ_i
1 und 2	$\frac{-1}{\sin(\alpha-\beta)}(H\sin\alpha - \frac{1}{2}\,F\cos\alpha)$	$-H\frac{\sin\alpha}{\sin(\alpha-\beta)}$	$\frac{\ell}{\cos\beta}$
3 und 4	$\frac{1}{\sin(\alpha-\beta)}(H\sin\beta - \frac{1}{2}\,F\cos\beta)$	$H\frac{\sin\beta}{\sin(\alpha-\beta)}$	$\frac{\ell}{\cos\alpha}$
5	$\frac{-2\sin\beta}{\sin(\alpha-\beta)}(H\sin\alpha - \frac{1}{2}\,F\cos\alpha)$	$-H\ \frac{2\sin\alpha\sin\beta}{\sin(\alpha-\beta)}$	$\ell\ \frac{\sin(\alpha-\beta)}{\cos\alpha\cos\beta}$

Mit den Tabellenwerten nimmt (a) nach Multiplikation mit $EA/(H\ell)$ die Form an:

$$2\left[\frac{1}{\sin(\alpha-\beta)}\big(H\sin\alpha - \tfrac{1}{2}\,F\ \cos\alpha\big)\frac{\sin\alpha}{\sin(\alpha-\beta)}\cdot\frac{1}{\cos\beta}\right.$$
$$\left.+\frac{1}{\sin(\alpha-\beta)}\big(H\sin\beta - \tfrac{1}{2}\,F\ \cos\beta\big)\frac{\sin\beta}{\sin(\alpha-\beta)}\cdot\frac{1}{\cos\alpha}\right]$$
$$+\frac{2\sin\beta}{\sin(\alpha-\beta)}\big(H\sin\alpha - \tfrac{1}{2}\,F\ \cos\alpha\big)\ \frac{2\sin\alpha\ \sin\beta}{\sin(\alpha-\beta)}\cdot\frac{\sin(\alpha-\beta)}{\cos\alpha\ \cos\beta} = 0$$

oder nach Multiplikation mit $\frac{1}{2}\sin^2(\alpha-\beta)\ \cos\alpha\ \cos\beta$

$$\big(H\sin\alpha - \tfrac{1}{2}\,F\ \cos\alpha\big)\sin\alpha\ \cos\alpha + \big(H\sin\beta - \tfrac{1}{2}\,F\ \cos\beta\big)\sin\beta\ \cos\beta$$
$$+2\big(H\sin\alpha - \tfrac{1}{2}\,F\ \cos\alpha\big)\sin\alpha\ \sin^2\beta\ \sin(\alpha-\beta) = 0$$

oder

$$H\left[\sin^2\alpha\ \cos\alpha + \sin^2\beta\ \cos\beta + 2\sin^2\alpha\ \sin^2\beta\ \sin(\alpha-\beta)\right]$$
$$-\tfrac{1}{2}\,F\ \left[\cos^2\alpha\ \sin\alpha + \cos^2\beta\ \sin\beta + 2\sin\alpha\ \cos\alpha\ \sin^2\beta\ \sin(\alpha-\beta)\right] = 0.$$

Daraus ergibt sich

$$H = \frac{F}{2}\ \frac{\cos^2\alpha\ \sin\alpha + \cos^2\beta\ \sin\beta + 2\sin\alpha\ \cos\alpha\ \sin^2\beta\ \sin(\alpha-\beta)}{\sin^2\alpha\ \cos\alpha + \sin^2\beta\ \cos\beta + 2\sin^2\alpha\ \sin^2\beta\ \sin(\alpha-\beta)}.$$

Sonderfälle:

$$\alpha = 0 \quad \rightarrow \quad H = \tfrac{1}{2}\,F\,\cot\beta \qquad \text{(Abb. d)}$$
$$\beta = 0 \quad \rightarrow \quad H = \tfrac{1}{2}\,F\cot\alpha \qquad \text{(Abb. e)}$$
$$\beta = \alpha \quad \rightarrow \quad H = \tfrac{1}{2}\,F\,\cot\alpha \qquad \text{(Abb. f)}$$
$$\beta = -\alpha \quad \rightarrow \quad H = \frac{F}{2}\,\frac{2\sin^2\alpha\,\cos\alpha}{1+2\sin^3\alpha} \qquad \text{(Abb. g)}$$

speziell $\alpha = 45^\circ$: $H = \frac{F}{2}(\sqrt{2}-1)$ (Abb. h).

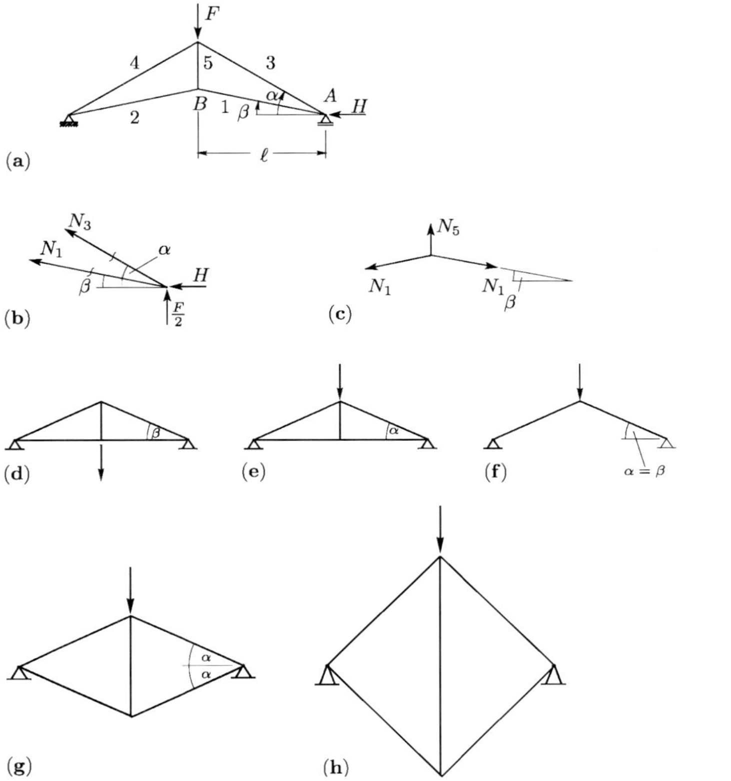

Aufg. 8.17

Das System ist 1-fach statisch unbestimmt. Als Grundsystem wird das Fachwerk in Abb. a mit K als unbekannter Kraftgröße gewählt. Für beide Lösungsmethoden werden die Stabkräfte unter den Lasten F und K benötigt. Zum Lastfall "nur F" gehören die Lagerreaktionen $\frac{1}{4}F$ und $\frac{3}{4}F$ (Abb. b) und der Cremonaplan von Abb. c . Zum Lastfall "nur K" gehören die Lagerreaktionen $\frac{1}{2}K$ und $\frac{1}{2}K$ (Abb. d) und der Cremonaplan von Abb. e. Er ist wegen der Symmetrie nur für die Stäbe 1,3,4 und 7 gezeichnet.

Die Spalten 1 und 2 unten enthalten alle Stabkräfte infolge F und infolge K. Sie sind ganzzahlige Vielfache von $F/(4\sqrt{3})$ bzw. von $K/(2\sqrt{3})$. Spalte 3 enthält die Stabkräfte bei gemeinsamer Belastung durch F und K.

i	N_i (nur F)	N_i (nur K)	N_i (F und K)	N_i (stat. unbest. System)
1	$1 \times \frac{F}{4\sqrt{3}}$	$1 \times \frac{K}{2\sqrt{3}}$	$(F + 2K) \times \frac{1}{4\sqrt{3}}$	$-1 \times \frac{F}{12\sqrt{3}}$
2	$3 \times \frac{F}{4\sqrt{3}}$	$1 \times \frac{K}{2\sqrt{3}}$	$(3F + 2K) \times \frac{1}{4\sqrt{3}}$	$5 \times \frac{F}{12\sqrt{3}}$
3	$-2 \times \frac{F}{4\sqrt{3}}$	$-2 \times \frac{K}{2\sqrt{3}}$	$(-2F - 4K) \times \frac{1}{4\sqrt{3}}$	$2 \times \frac{F}{12\sqrt{3}}$
4	$2 \times \frac{F}{4\sqrt{3}}$	$2 \times \frac{K}{2\sqrt{3}}$	$(2F + 4K) \times \frac{1}{4\sqrt{3}}$	$2 \times \frac{F}{12\sqrt{3}}$
5	$-2 \times \frac{F}{4\sqrt{3}}$	$2 \times \frac{K}{2\sqrt{3}}$	$(-2F + 4K) \times \frac{1}{4\sqrt{3}}$	$-14 \times \frac{F}{12\sqrt{3}}$
6	$-6 \times \frac{F}{4\sqrt{3}}$	$-2 \times \frac{K}{2\sqrt{3}}$	$(-6F - 4K) \times \frac{1}{4\sqrt{3}}$	$-10 \times \frac{F}{12\sqrt{3}}$
7	$-2 \times \frac{F}{4\sqrt{3}}$	$-2 \times \frac{K}{2\sqrt{3}}$	$(-2F - 4K) \times \frac{1}{4\sqrt{3}}$	$2 \times \frac{F}{12\sqrt{3}}$

Erster Lösungsweg:
K wird aus der Bedingung bestimmt, daß die vertikale Verschiebung am mittleren Lager gleich null ist. Das ist die Gleichung

$$\sum_{i=1}^{7} \frac{N_i \bar{N}_i \ell_i}{E_i A_i} = 0 \tag{a}$$

mit N_i aus Spalte 3 und mit $\bar{N}_i$ aus Spalte 2 (als Hilfskraft wird K selbst verwendet). In (a) ist

$$\frac{\ell_i}{E_i A_i} = \begin{cases} \frac{21}{5} \frac{\ell}{EA} & (i = 2) \\ \frac{\ell}{EA} & (i \neq 2). \end{cases}$$

Multiplikation von (a) mit $\frac{EA}{\ell} \cdot 4\sqrt{3} \cdot \frac{2\sqrt{3}}{K}$ liefert

$$(F + 2K) + \tfrac{21}{5}(3F + 2K) + (-2F - 4K)(-2) + (2F + 4K) \cdot 2$$
$$+(-2F + 4K) \cdot 2 + (-6F - 4K)(-2) + (-2F - 4K)(-2) = 0.$$

Umordnung ergibt

$$(21 + \tfrac{63}{5})F + (42 + \tfrac{42}{5})K = 0 \qquad \rightarrow \qquad K = -\tfrac{2}{3}F.$$

Einsetzen in Spalte 3 liefert die Lösungen für die Stabkräfte N_i des statisch unbestimmten Systems. Sie sind in Spalte 4 angegeben. Die größte Zugkraft ist $N_2 = \frac{5}{12\sqrt{3}}F$ in Stab 2, und die betragsgrößte Druckkraft ist $N_5 = -\frac{14}{12\sqrt{3}}F$ in Stab 5.
Zweiter Lösungsweg (Satz von Menabrea):
Die Kraftgröße K stellt sich so ein, daß die Formänderungsenergie des statisch bestimmten Grundsystems unter der Belastung durch F und K einen stationären Wert annimmt:

$$\frac{\partial}{\partial K} U(F, K) = 0. \tag{b}$$

Darin ist $U(F, K) = \frac{1}{2} \sum_{i=1}^{7} \frac{N_i^2 \ell_i}{E_i A_i}$

mit N_i aus Spalte 3 der Tabelle. Damit nimmt (b) die Form an:

$$\sum_{i=1}^{7} \frac{N_i \ell_i}{E_i A_i} \frac{\partial N_i}{\partial K} = 0. \tag{c}$$

Darin ist $\partial N_i/\partial K$ der Koeffizient von K in Spalte 3 und auch in Spalte 2. Wie beim ersten Lösungsweg im Zusammenhang mit (a) wird N_i in Spalte 2 als Stabkraft $\bar{N}_i$ infolge der Hilfskraft K aufgefaßt. Dann ist $\partial N_i/\partial K = \bar{N}_i/K$.
Damit nimmt (c) die Form an:

$$\sum_{i=1}^{7} \frac{N_i \bar{N}_i \ell_i}{E_i A_i} = 0.$$

Das ist wieder Gl. (a). Die weitere Rechnung ist eine Wiederholung des ersten Lösungsweges.

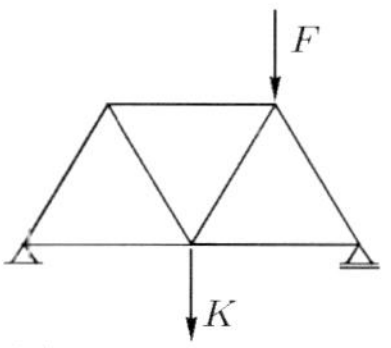

(a)

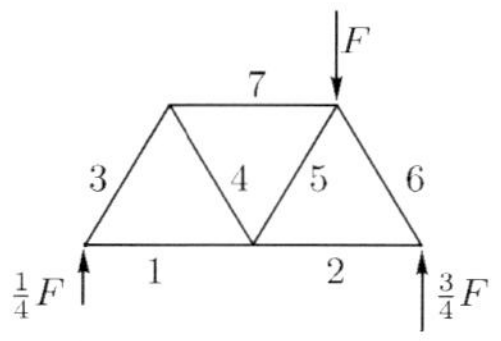

(b)

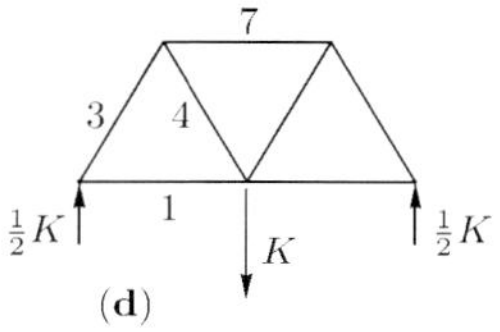

(d)

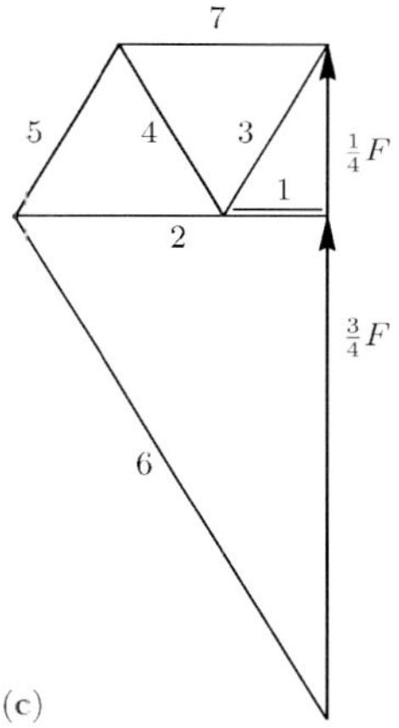

(c)

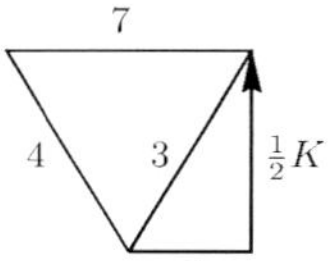

(e)

Aufg. 8.18

Anzahl der Lagerreaktionen: $a = 6$; Anzahl der Stäbe : $s = 13$; Anzahl der Knoten : $k = 6$. Zur Bestimmung von $a + s = 19$ Unbekannten stehen nur $3k = 18$ Gleichungen zur Verfügung. Das System ist also 1-fach statisch unbestimmt. Es ist aber statisch bestimmt gelagert, denn die Lagerreaktionen werden mit folgenden Gleichungen am Gesamtsystem bestimmt (Abb. a):

$$\sum M_x^{(A)}: \quad (G - B_z)\ell = 0 \quad \to \quad B_z = G,$$
$$\sum M_y^{(A)}: \quad (C_x - G)\ell = 0 \quad \to \quad C_x = G,$$
$$\sum M_z^{(A)}: \quad B_x\ell = 0 \quad \to \quad B_x = 0,$$
$$\sum F_x: \quad A_x + B_x + C_x = 0 \quad \to \quad A_x = -G,$$
$$\sum F_y: \quad A_y = 0,$$
$$\sum F_z: \quad A_z + B_z - G = 0 \quad \to \quad A_z = 0.$$

Als statisch bestimmtes Grundsystem wird das System mit geschnittenem Stab EC gewählt. Die unbekannte Kraftgröße ist die gesuchte Stabkraft S. Abb. b zeigt das Grundsystem mit allen schon berechneten Kräften und mit den beiden Kräften S und mit Stabnummern 1,...,13. Die Stabkräfte N_1 bis N_{13} werden als Funktionen von G und S aus Gleichgewichtsbedingungen für freigeschnittene Knoten bestimmt.
Knoten A:

$$\sum F_x: \quad -N_7 - G = 0 \quad \to \quad N_7 = -G,$$
$$\sum F_y: \quad N_8 = 0,$$
$$\sum F_z: \quad N_9 = 0.$$

Knoten E:

$$\sum F_x: \quad N_2 + \tfrac{1}{\sqrt{3}}S = 0 \quad \to \quad N_2 = -\tfrac{1}{\sqrt{3}}S,$$
$$\sum F_y: \quad N_1 + \tfrac{1}{\sqrt{3}}S = 0 \quad \to \quad N_1 = -\tfrac{1}{\sqrt{3}}S,$$
$$\sum F_z: \quad N_3 + \tfrac{1}{\sqrt{3}}S - G = 0 \quad \to \quad N_3 = -\tfrac{1}{\sqrt{3}}S + G.$$

Knoten D:

$$\sum F_x: \quad \tfrac{1}{\sqrt{2}}N_6 + N_7 + \tfrac{1}{\sqrt{2}}N_{10} = 0 \quad \text{oder} \quad N_6 + N_{10} = G\sqrt{2},$$
$$\sum F_y: \quad -N_1 - \tfrac{1}{\sqrt{2}}N_6 - \tfrac{1}{\sqrt{2}}N_4 = 0 \quad \text{oder} \quad N_6 + N_4 = S\sqrt{2/3},$$
$$\sum F_z: \quad \tfrac{1}{\sqrt{2}}N_4 + \tfrac{1}{\sqrt{2}}N_{10} = 0 \quad \text{oder} \quad N_{10} = -N_4.$$

Aus diesen drei Gleichungen erhält man

$$N_6 = \tfrac{1}{\sqrt{6}}S + \tfrac{1}{\sqrt{2}}G, \qquad N_4 = \tfrac{1}{\sqrt{6}}S - \tfrac{1}{\sqrt{2}}G, \qquad N_{10} = -\tfrac{1}{\sqrt{6}}S - \tfrac{1}{\sqrt{2}}G.$$

Knoten B:

$$\sum F_x: \quad -N_2 - \tfrac{1}{\sqrt{2}}N_6 - \tfrac{1}{\sqrt{2}}N_5 = 0 \quad \to \quad N_5 = -N_6 - N_2\sqrt{2} = \tfrac{1}{\sqrt{6}}S - \tfrac{1}{\sqrt{2}}G,$$
$$\sum F_y: \quad \tfrac{1}{\sqrt{2}}N_6 + N_8 + \tfrac{1}{\sqrt{2}}N_{11} = 0 \quad \to \quad N_{11} = -N_6 = -\tfrac{1}{\sqrt{6}}S - \tfrac{1}{\sqrt{2}}G.$$

Knoten F:

$$\sum F_x: \quad \tfrac{1}{\sqrt{2}}N_{12} + \tfrac{1}{\sqrt{2}}N_5 = 0 \quad \to \quad N_{12} = -N_5 = -\tfrac{1}{\sqrt{6}}S + \tfrac{1}{\sqrt{2}}G.$$

Die Bedingung, daß der Abstand der Schnittufer des Stabes 13 sich nicht ändert, liefert die Gleichung

$$\sum_{i=1}^{13} N_i \bar{N}_i \ell_i = 0 \tag{a}$$

(N_i infolge F und beider Kräfte S, $\bar{N}_i$ infolge zweier Hilfskräfte $\bar{S}$ statt S). Zur

Auswertung wird aus den Ergebnissen oben die Tabelle angelegt:

i	N_i	$\bar{N}_i$	ℓ_i
1	$-\frac{1}{\sqrt{3}}S$	$-\frac{1}{\sqrt{3}}\bar{S}$	ℓ
2	$-\frac{1}{\sqrt{3}}S$	$-\frac{1}{\sqrt{3}}\bar{S}$	ℓ
3	$-\frac{1}{\sqrt{3}}S+G$	$-\frac{1}{\sqrt{3}}\bar{S}$	ℓ
4	$\frac{1}{\sqrt{6}}S-\frac{1}{\sqrt{2}}G$	$\frac{1}{\sqrt{6}}\bar{S}$	$\ell\sqrt{2}$
5	$\frac{1}{\sqrt{6}}S-\frac{1}{\sqrt{2}}G$	$\frac{1}{\sqrt{6}}\bar{S}$	$\ell\sqrt{2}$
6	$\frac{1}{\sqrt{6}}S+\frac{1}{\sqrt{2}}G$	$\frac{1}{\sqrt{6}}\bar{S}$	$\ell\sqrt{2}$
7	$-G$	0	ℓ
8	0	0	ℓ
9	0	0	ℓ
10	$-\frac{1}{\sqrt{6}}S+\frac{1}{\sqrt{2}}G$	$-\frac{1}{\sqrt{6}}\bar{S}$	$\ell\sqrt{2}$
11	$-\frac{1}{\sqrt{6}}S-\frac{1}{\sqrt{2}}G$	$-\frac{1}{\sqrt{6}}\bar{S}$	$\ell\sqrt{2}$
12	$-\frac{1}{\sqrt{6}}S+\frac{1}{\sqrt{2}}G$	$-\frac{1}{\sqrt{6}}\bar{S}$	$\ell\sqrt{2}$
13	S	$\bar{S}$	$\ell\sqrt{3}$

Damit nimmt (a) die Form an

$$\begin{aligned}
&\tfrac{1}{3}S+\tfrac{1}{3}S-\Big(-\tfrac{1}{\sqrt{3}}S+G\Big)\tfrac{1}{\sqrt{3}}+\Big(\tfrac{1}{\sqrt{6}}S-\tfrac{1}{\sqrt{2}}G\Big)\tfrac{1}{\sqrt{6}}\sqrt{2}+\Big(\tfrac{1}{\sqrt{6}}S-\tfrac{G}{\sqrt{2}}\Big)\tfrac{1}{\sqrt{6}}\sqrt{2}\\
&\quad+\Big(\tfrac{1}{\sqrt{6}}S+\tfrac{1}{\sqrt{2}}G\Big)\tfrac{1}{\sqrt{6}}\sqrt{2}+0+0+0-\Big(-\tfrac{1}{\sqrt{6}}S+\tfrac{1}{\sqrt{2}}G\Big)\tfrac{1}{\sqrt{6}}\sqrt{2}\\
&\quad-\Big(-\tfrac{1}{\sqrt{6}}S-\tfrac{1}{\sqrt{2}}G\Big)\tfrac{1}{\sqrt{6}}\sqrt{2}-\Big(-\tfrac{1}{\sqrt{6}}S+\tfrac{1}{\sqrt{2}}G\Big)\tfrac{1}{\sqrt{6}}\sqrt{2}+S\sqrt{3}=0
\end{aligned}$$

oder

$$\begin{aligned}
&S\Big(\tfrac{1}{3}+\tfrac{1}{3}+\tfrac{1}{3}+\tfrac{\sqrt{2}}{6}+\tfrac{\sqrt{2}}{6}+\tfrac{\sqrt{2}}{6}+\tfrac{\sqrt{2}}{6}+\tfrac{\sqrt{2}}{6}+\tfrac{\sqrt{2}}{6}+\sqrt{3}\Big)\\
&+G\Big(-\tfrac{1}{\sqrt{3}}-\tfrac{1}{\sqrt{6}}-\tfrac{1}{\sqrt{6}}+\tfrac{1}{\sqrt{6}}-\tfrac{1}{\sqrt{6}}+\tfrac{1}{\sqrt{6}}-\tfrac{1}{\sqrt{6}}\Big)=0
\end{aligned}$$

oder

$$S\big(1+\sqrt{2}+\sqrt{3}\big)-G\Big(\tfrac{1}{\sqrt{3}}+\tfrac{2}{\sqrt{6}}\Big)=0.$$

Daraus folgt

$$S=G\,\frac{\sqrt{3}+\sqrt{6}}{3(1+\sqrt{2}+\sqrt{3})}\approx 0{,}34G.$$

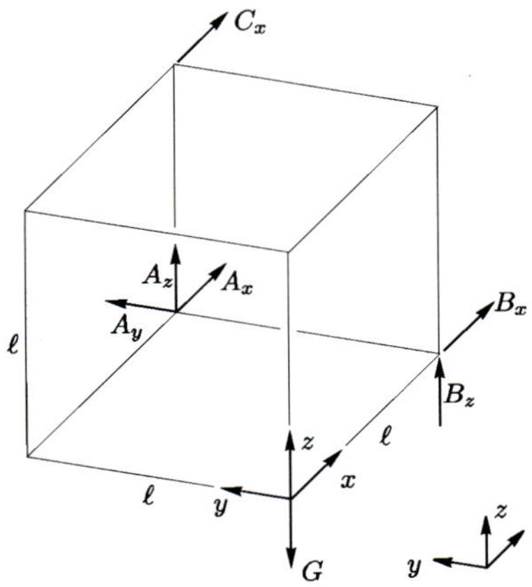

(a)

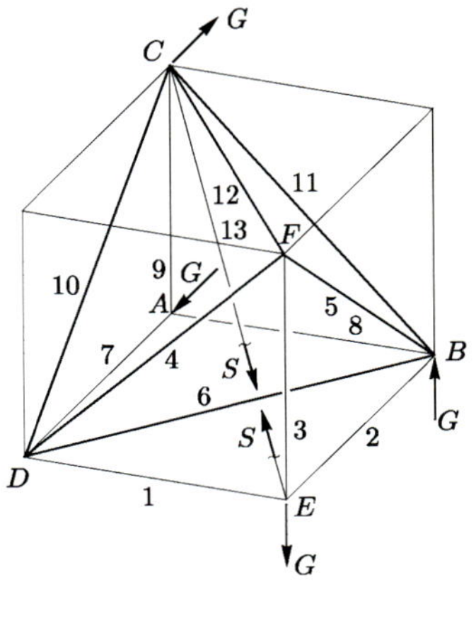

(b)

Aufg. 8.19

Die Durchbiegung in Brückenmitte ist ohne die Zuganker von der Form

$$w_0 = \frac{F\ell^3}{cEI_y} \tag{a}$$

mit einer Konstante c, die vom Verhältnis a/ℓ abhängt. Im Fall $a/\ell = 1/2$ ist $c = 48$. Die Brücke mit Zugankern ist 1-fach statisch unbestimmt. Als Grundsystem wird das System von Abb. a mit der unbekannten Kraftgröße S gewählt. Die Starrheit des Verbindungsstücks schreibt vor, daß beide Teilsysteme in der Mitte dieselbe Verschiebung w haben. Für das obere Teilsystem ist

$$w = \frac{F\ell^3}{cEI_y} - \frac{S\ell^3}{48EI_y}. \tag{b}$$

Am unteren Teilsystem wird w mit einer Hilfskraft berechnet, als die S selbst verwendet wird. Die Längskräfte in beiden Zugankern sind (s. Abb. b)

$$N = \frac{S}{2\sin\alpha}.$$

Die Zuganker haben die Länge $\ell_1 = \ell/(2\cos\alpha)$. Gl. (8.23) liefert für w den Ausdruck

$$w = 2\,\frac{1}{S}\,\frac{N^2\ell_1}{EA} = \frac{S\ell}{EA}\cdot\frac{1}{4\sin^2\alpha\cos\alpha}.$$

Gleichsetzen mit dem Ausdruck in (b) ergibt für S die Gleichung

$$\frac{F\ell^3}{cEI_y} - \frac{S\ell^3}{48EI_y} = \frac{S\ell}{EA}\cdot\frac{1}{4\sin^2\alpha\cos\alpha}.$$

Daraus folgt

$$S = \frac{F\ell^3}{cEI_y}\left(\frac{\ell^3}{48EI_y} + \frac{\ell}{EA}\,\frac{1}{4\sin^2\alpha\cos\alpha}\right)^{-1}.$$

Das wird in (b) eingesetzt:

$$w = \frac{F\ell^3}{cEI_y}\left[1 - \left(1 + \frac{12}{\sin^2\alpha\,\cos\alpha}\,\frac{I_y}{A\ell^2}\right)^{-1}\right].$$

Laut Aufgabe soll $w = w_0/5$ sein. Daraus folgt mit (a) die Gleichung

$$\left(1 + \frac{12}{\sin^2\alpha\,\cos\alpha}\,\frac{I_y}{A\ell^2}\right)^{-1} = \frac{4}{5}.$$

Die Auflösung nach A ergibt

$$A = \frac{48 I_y}{\ell^2 \sin^2\alpha\,\cos\alpha} = \frac{48\cdot 5700}{1000^2\cdot \sin^2 15^\circ\,\cos 15^\circ} = 4,2\mathrm{cm}^2.$$

Wie zu erwarten war, ist das Ergebnis nicht von der Konstante c in (a) abhängig, d.h. nicht von der Stellung der Last auf der Brücke.

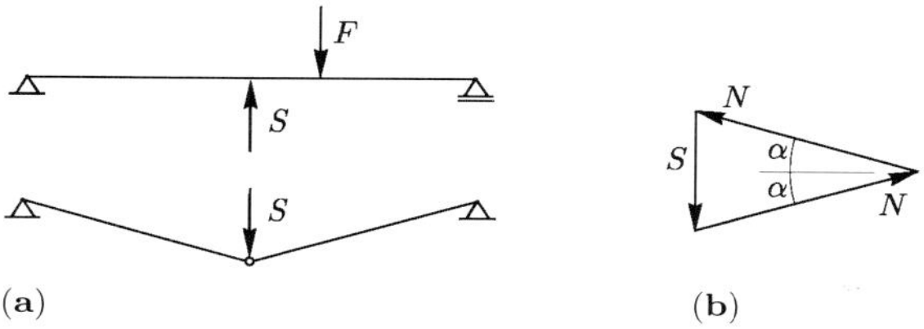

Aufg. 8.20

Aufgabe a:
Das System ist nicht in seiner Ebene belastet, so daß an jeder festen Einspannung 6 Lagerreaktionen auftreten können. Das System ist deshalb 6-fach statisch unbestimmt. Wegen der Symmetrie des Systems und der Belastung kann man ohne Rechnung vorhersagen, daß nur die in Abb. a eingezeichneten Lagerreaktionen auftreten. Von ihnen sind nur die entgegengesetzt gleich großen Momente M_E unbekannt. Also ist das System nur 1-fach statisch unbestimmt. In Abb. b wird aus Symmetriegründen nur eine Hälfte des Systems mit der halben äußeren Last $F/2$ betrachtet. Gleichgewicht verlangt, daß an der Schnittstelle als einzige Schnittgröße ein Moment M in Richtung der y-Achse angreift. Abb. c zeigt dasselbe System. Das Moment M wird aus der Bedingung berechnet, daß am freien Ende der Verdrehwinkel φ um die y-Achse gleich null ist. Der Verdrehwinkel wird mit Hilfe eines Moments $\bar{M}$ anstelle von M aus Gl. (8.23) berechnet. In den beiden Stabstücken treten bei der Belastung durch $F/2$ und M die in Abb. d im oberen Teil angegebenen Biegemomente und Torsionsmomente auf. Im unteren Teil der Abbildung sind die Schnittgrößen zu $\bar{M}$ angegeben. Die Gleichung $\varphi = 0$ lautet

$$\varphi = \frac{1}{\bar{M}}\left[\int \frac{M_y \bar{M}_y}{EI_y}\,\mathrm{d}x + \int \frac{M_T \bar{M}_T}{GI_T}\,\mathrm{d}x\right] = 0$$

(die Biegung von Stab 1 durch M_x liefert wegen $\bar{M}_x \equiv 0$ keinen Beitrag zu φ; das ist auch anschaulich klar). Man erhält mit Hilfe von Tab. 5 des Anhangs die Gleichung

$$\frac{1}{EI_y}\cdot\tfrac{1}{2}(M + \tfrac{1}{2}F\ell + M)\ell + \frac{1}{GI_T}(M + \tfrac{1}{2}F\ell)\ell = 0$$

oder nach Multiplikation mit EI_y/ℓ und mit der Abkürzung

$$\lambda = \frac{EI_y}{GI_T} \tag{a}$$

$$M + \tfrac{1}{4}F\ell + \lambda(M + \tfrac{1}{2}F\ell) = 0. \tag{b}$$

Daraus ergibt sich

$$M = -\frac{F\ell}{4}\,\frac{1+2\lambda}{1+\lambda}. \tag{c}$$

Die gesuchte Durchbiegung w wird mit einer Hilfskraft $\bar{F}$ anstelle von $F/2$ berechnet. Sie verursacht die Biegemomente von Abb. e. Mit ihnen und mit den Schnittgrößen im oberen Teil von Abb. d ist

$$w = \frac{1}{EI_y}\left\{\tfrac{1}{6}\ell\left[2\left(M+\tfrac{1}{2}F\ell\right)+M\right]\ell+\tfrac{1}{3}\ell\cdot\tfrac{1}{2}F\ell\cdot\ell\right\}+\frac{1}{GI_T}\ell\left(M+\tfrac{1}{2}F\ell\right)\ell$$

$$= \frac{\ell^2}{EI_y}\left(\tfrac{1}{2}M+\tfrac{1}{3}F\ell\right)+\frac{\ell^2}{GI_T}\left(M+\tfrac{1}{2}F\ell\right)$$

$$= \frac{\ell^2}{EI_y}\left[\tfrac{1}{2}M+\tfrac{1}{3}F\ell+\lambda\left(M+\tfrac{1}{2}F\ell\right)\right]$$

oder mit (b)

$$w = \frac{\ell^2}{EI_y}\left[\tfrac{1}{2}M+\tfrac{1}{3}F\ell-\left(M+\tfrac{1}{4}F\ell\right)\right]=\frac{\ell^2}{EI_y}\left(-\tfrac{1}{2}M+\tfrac{1}{12}F\ell\right)$$

und mit (c) schließlich

$$w = \frac{F\ell^3}{EI_y}\left(\frac{1}{8}\,\frac{1+2\lambda}{1+\lambda}+\frac{1}{12}\right)=\frac{F\ell^3}{EI_y}\,\frac{5+8\lambda}{24(1+\lambda)}.$$

Sonderfälle:

1. $\lambda\to\infty$, d.h. EI_y endlich groß und $GI_T\to 0$:
   $\lim\limits_{\lambda\to\infty} w = \dfrac{F\ell^3}{3EI_y}$ endlich groß.
2. $\lambda = 0$, d.h. GI_T endlich groß und $EI_y = 0$:
   Aus $w = \dfrac{F\ell^3}{GI_T}\cdot\dfrac{1}{\lambda}\,\dfrac{5+8\lambda}{24(1+\lambda)}$ folgt $\lim\limits_{\lambda\to 0} w = \infty$.

Aufgabe b:

Aus Aufg. a können sinngemäß alle Argumente übernommen werden, die zu Abb. c führten. Das entsprechende Bild ist Abb. f. Schnittgrößen an der durch den Winkel α bezeichneten Stelle in Abb. g sind eine Querkraft $Q(\alpha)$, ein radial gerichtetes Biegemoment $M_r(\alpha)$ und ein tangential gerichtetes Torsionsmoment $M_T(\alpha)$. Gleichgewichtsbedingungen für Momente in radialer und in tangentialer Richtung bezüglich der Schnittstelle liefern direkt $M_r(\alpha)$ und $M_T(\alpha)$ ohne Berechnung von $Q(\alpha)$. Die Gleichgewichtsbedingungen liefern

$$M_r(\alpha) = M\cos\alpha+\tfrac{1}{2}Fr\sin\alpha,$$

$$M_T(\alpha) = -M\sin\alpha-\tfrac{1}{2}Fr(1-\cos\alpha).$$

Zur Berechnung des Verdrehwinkels φ am freien Ende um die y-Achse und der Durchbiegung w werden die entsprechenden Funktionen infolge eines Hilfsmoments $\bar{M}$ anstelle von M und infolge einer Hilfskraft $\bar{F}$ anstelle von $F/2$ benötigt.

Hilfsmoment $\bar{M}$:	$\bar{M}_r(\alpha) = \bar{M}\cos\alpha,$	$\bar{M}_T(\alpha) = -\bar{M}\sin\alpha.$
Hilfskraft $\bar{F}$:	$\bar{M}_r(\alpha) = \bar{F}r\sin\alpha,$	$\bar{M}_T(\alpha) = -\bar{F}r(1-\cos\alpha).$

Die Bedingung $\varphi = 0$ lautet:

$$\varphi = \frac{1}{\bar{M}}\left[\int_0^{\pi/2}\frac{M_r(\alpha)\bar{M}_r(\alpha)}{EI_y}r\,\mathrm{d}\alpha+\int_0^{\pi/2}\frac{M_T(\alpha)\bar{M}_T(\alpha)}{GI_T}r\,\mathrm{d}\alpha\right]=0$$

($\bar{M}_r$ und $\bar{M}_T$ infolge $\bar{M}$). Das liefert die Gleichung

$$\frac{1}{EI_y}\int_0^{\pi/2}\left(M\cos\alpha+\tfrac{1}{2}Fr\sin\alpha\right)\cos\alpha\,\mathrm{d}\alpha$$

$$+\frac{1}{GI_T}\int_0^{\pi/2}\left[M\sin\alpha+\tfrac{1}{2}Fr(1-\cos\alpha)\right]\sin\alpha\,\mathrm{d}\alpha=0$$

oder mit der Integraltabelle 6 auf S. 416

$$\frac{1}{EI_y}\left(M\cdot I_7+\tfrac{1}{2}Fr\cdot I_9\right)+\frac{1}{GI_T}\left(M\cdot I_5+\tfrac{1}{2}Fr\cdot I_{11}\right)=0\quad\text{oder}$$

$$\frac{1}{EI_y}\left(\tfrac{\pi}{4}M+\tfrac{1}{4}Fr\right)+\frac{1}{GI_T}\left(\tfrac{\pi}{4}M+\tfrac{1}{4}Fr\right)=0.$$

Daraus folgt

$$M=-\frac{1}{\pi}Fr. \qquad \text{(d)}$$

Die gesuchte Durchbiegung w am Angriffspunkt von F ist

$$w=\frac{1}{\bar{F}}\left[\int_0^{\pi/2}\frac{M_r(\alpha)\bar{M}_r(\alpha)}{EI_y}r\,\mathrm{d}\alpha+\int_0^{\pi/2}\frac{M_T(\alpha)\bar{M}_T(\alpha)}{GI_T}r\,\mathrm{d}\alpha\right]$$

($\bar{M}_r$ und $\bar{M}_T$ infolge $\bar{F}$) . In M_r und M_T wird (d) verwendet. Dann ist

$$w=\frac{Fr^3}{EI_y}\int_0^{\pi/2}\left(-\tfrac{1}{\pi}\cos\alpha+\tfrac{1}{2}\sin\alpha\right)\sin\alpha\,\mathrm{d}\alpha$$

$$+\frac{Fr^3}{GI_T}\int_0^{\pi/2}\left[-\tfrac{1}{\pi}\sin\alpha+\tfrac{1}{2}(1-\cos\alpha)\right](1-\cos\alpha)\,\mathrm{d}\alpha$$

$$=\frac{Fr^3}{EI_y}\left(-\tfrac{1}{\pi}I_9+\tfrac{1}{2}I_5\right)+\frac{Fr^3}{GI_T}\left(-\tfrac{1}{\pi}I_{11}+\tfrac{1}{2}I_{15}\right)$$

$$=\frac{Fr^3}{EI_y}\left(-\tfrac{1}{2\pi}+\tfrac{\pi}{8}\right)+\frac{Fr^3}{GI_T}\left[-\tfrac{1}{2\pi}+\tfrac{1}{2}\left(\tfrac{3\pi}{4}-2\right)\right]$$

und mit der Größe λ von (a) schließlich

$$w=\frac{Fr^3}{EI_y}\left[-\tfrac{1}{2\pi}+\tfrac{\pi}{8}+\lambda\left(-\tfrac{1}{2\pi}+\tfrac{3\pi}{8}-1\right)\right]$$

$$=\frac{Fr^3}{EI_y}\,\frac{\pi^2-4+\lambda(3\pi^2-8\pi-4)}{8\pi}$$

$$\approx(0,234+0,02\lambda)\frac{Fr^3}{EI_y}.$$

Sonderfälle:

1. $\lambda\to\infty$, d.h. EI_y endlich groß und $GI_T\to 0$:
   $$\lim_{\lambda\to\infty}w=0,02\lambda\frac{Fr^3}{EI_y}=\infty.$$
   In Aufg. a hatte sich eine endlich große Durchbiegung ergeben!
2. $\lambda=0$, d.h. GI_T endlich groß und $EI_y=0$:
   $$\lim_{\lambda\to 0}w=\lim_{\lambda\to 0}\left(\frac{0,234}{\lambda}+0,02\right)\frac{Fr^3}{GI_T}=\infty.$$

Abb. h zeigt den Verlauf der beiden Funktionen $f_K(\lambda)=0,234+0,02\lambda$ und $f_R(\lambda)=(5+8\lambda)/[24(1+\lambda)]$ im Intervall $0\le\lambda\le 5$.

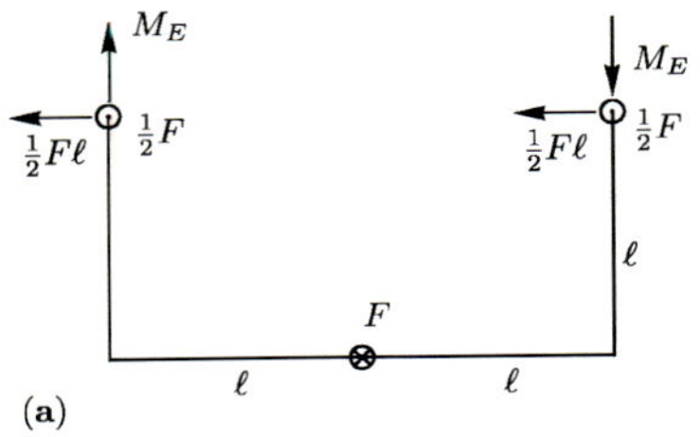

(a)

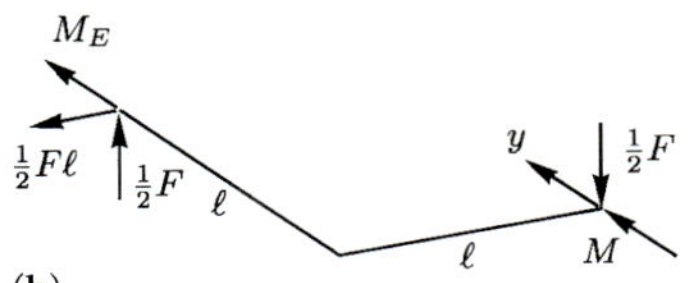

(b)

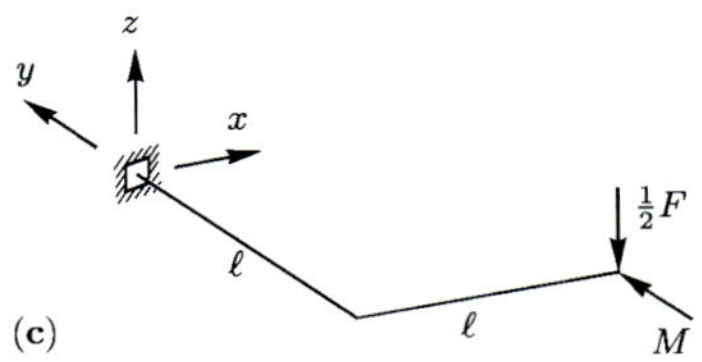

(c)

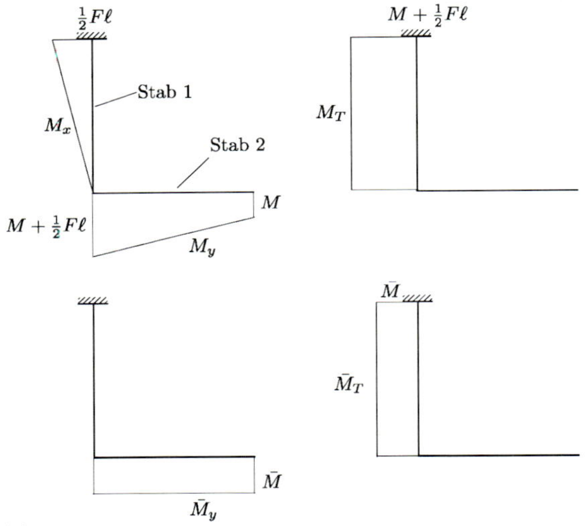

(d) Biegemomente Torsionsmomente

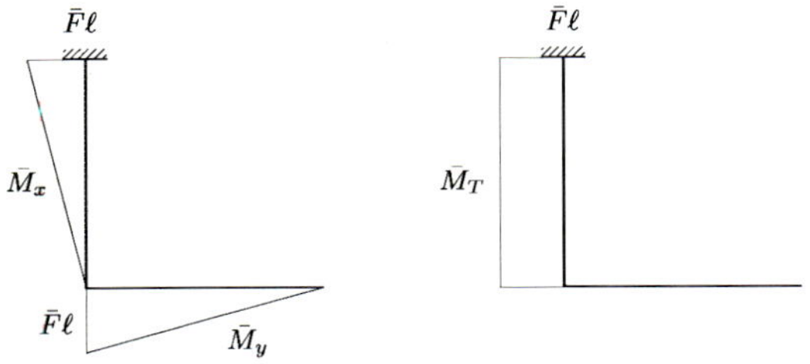

(e) Biegemomente Torsionsmomente

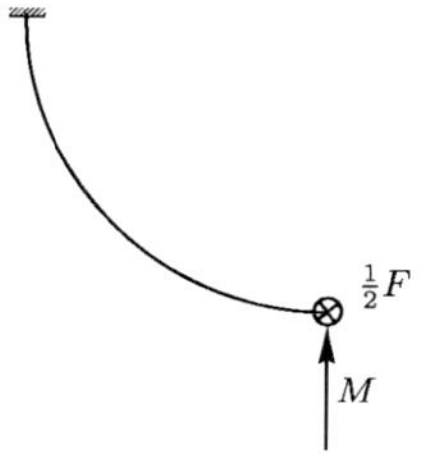

(f)

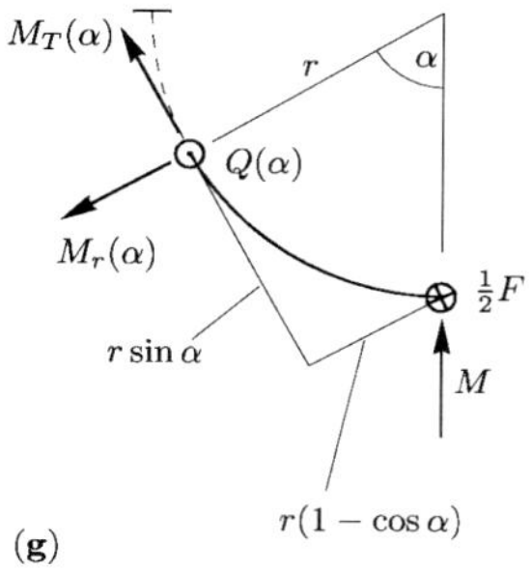

(g)

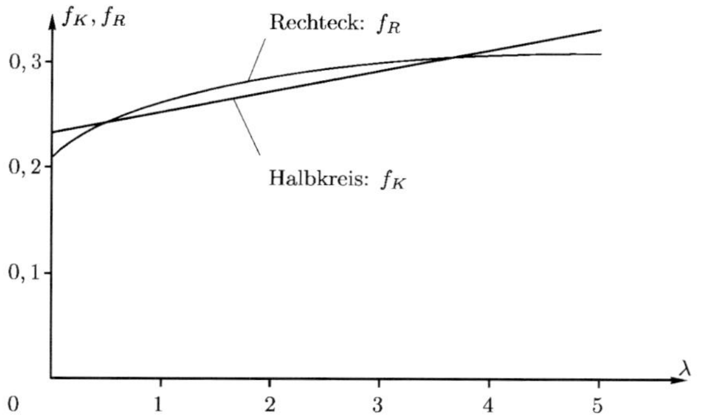

(h)

Aufg. 8.21

Teilaufgabe a:
Abb. a zeigt den am horizontalen Durchmesser aufgeschnittenen Ring. Wegen der Symmetrie der Anordnung müssen die Schnittkräfte wie gezeichnet angreifen. Die Querkraft Q ist null, weil beide Ringhälften gleich verformt werden. Also ist nur eine Unbekannte M vorhanden. In Abb. b wird nur das rechte untere Ringviertel betrachtet. Es ist im anderen Ringviertel fest eingespannt. Das Moment M wird aus der Bedingung berechnet, daß der Verdrehwinkel am Ende null ist. Das ist die Gleichung

$$\int_0^{\pi/2} M_y(\varphi)\bar{M}_y(\varphi) r \,\mathrm{d}\varphi = 0. \tag{a}$$

Darin ist $M_y(\varphi)$ das Biegemoment infolge $F/2$ und M, und $\bar{M}(\varphi)$ ist das Biegemoment infolge eines Hilfsmoments $\bar{M}$, als das M selbst verwendet wird. Anschließend an die Berechnung von M werden die eingezeichneten Verschiebungen u und v aus zwei Gleichungen der Form

$$\left.\begin{matrix} u \\ v \end{matrix}\right\} = \frac{1}{\bar{F}}\,\frac{1}{EI_y}\int_0^{\pi/2} M_y(\varphi)\bar{M}_y(\varphi) r \,\mathrm{d}\varphi = 0 \tag{b}$$

berechnet. $\bar{M}_y(\varphi)$ für u ist das Biegemoment infolge einer Hilfskraft $\bar{F}$ anstelle von $F/2$, und $\bar{M}_y(\varphi)$ für v ist das Biegemoment infolge einer Hilfskraft $\bar{H}$ in Richtung von v.

Alle für (a) und (b) erforderlichen Biegemomente werden aus Abb. c abgelesen. Das Biegemoment an der Schnittstelle bei φ wird zunächst $M(\varphi)$ genannt. Momentengleichgewicht bezüglich der Schnittstelle verlangt

$$M_y(\varphi) = M + \tfrac{1}{2}\,Fr(1-\cos\varphi) + \bar{H}r\sin\varphi. \qquad \text{(c)}$$

Daraus ergeben sich die benötigten speziellen Funktionen

$M_y(\varphi) = M + \tfrac{1}{2}\,Fr(1-\cos\varphi)$ infolge M und $F/2$ für (a),
$\bar{M}_y(\varphi) \equiv M$ infolge $\bar{M} = M$ für (a),
$\bar{M}_y(\varphi) = \bar{F}r(1-\cos\varphi)$ infolge $\bar{F}$ für u in (b),
$\bar{M}_y(\varphi) = \bar{H}r\sin\varphi$ infolge $\bar{H}$ für v in (b).

(a) nimmt die Form an:

$$\int_0^{\pi/2}\left[M + \tfrac{1}{2}\,Fr(1-\cos\varphi)\right]\mathrm{d}\varphi = M\tfrac{\pi}{2} + \tfrac{1}{2}\,Fr\left(\tfrac{\pi}{2}-1\right) = 0.$$

Daraus folgt $\quad M = -\tfrac{1}{2}\,Fr\left(1-\tfrac{2}{\pi}\right)$.

Damit ergibt sich aus (c) das Biegemonent $M_y(\varphi)$ für (b):

$$M_y(\varphi) = \tfrac{1}{2}\,Fr\left(\tfrac{2}{\pi}-\cos\varphi\right).$$

Aus (b) ergeben sich damit die Gleichungen (s. die Integraltabelle 6 auf S. 416)

$$\begin{aligned}
u &= \frac{Fr^3}{2EI_y}\int_0^{\pi/2}\left(\tfrac{2}{\pi}-\cos\varphi\right)(1-\cos\varphi)\,\mathrm{d}\varphi \\
&= \frac{Fr^3}{2EI_y}\left[1-\left(\tfrac{2}{\pi}+1\right)I_3+I_7\right] = \frac{Fr^3}{2EI_y}\left(\tfrac{\pi}{4}-\tfrac{2}{\pi}\right), \\
v &= \frac{Fr^3}{2EI_y}\int_0^{\pi/2}\left(\tfrac{2}{\pi}-\cos\varphi\right)\sin\varphi\,\mathrm{d}\varphi \\
&= \frac{Fr^3}{2EI_y}\left(\tfrac{2}{\pi}I_1-I_9\right) = \frac{Fr^3}{2EI_y}\left(\tfrac{2}{\pi}-\tfrac{1}{2}\right).
\end{aligned}$$

Die beiden Klammerausdrücke haben die Zahlenwerte 0,15 und 0,14. Die in der Aufgabe verlangten Durchmesseränderungen sind $w_1 = 2u$ und $w_2 = 2v$. Man erhält also die Ergebnisse

$$w_1 = 0,15\frac{Fr^3}{EI_y}, \qquad w_2 = 0,14\frac{Fr^3}{EI_y}. \qquad \text{(d)}$$

Teilaufgabe b:
Auf den Ring wirken Kräfte nach Abb. d. F_2 ist unbekannt. Die Abnahme w des vertikalen Durchmessers und die Zunahme w_2 des horizontalen Durchmessers ergeben sich durch Überlagerung der beiden Lastfälle "nur Kräfte F" und "nur Kräfte F_2" mit Hilfe von (d) zu

$$w = 0,15\frac{Fr^3}{EI_y} - 0,14\frac{F_2r^3}{EI_y}, \qquad w_2 = 0,14\frac{Fr^3}{EI_y} - 0,15\frac{F_2r^3}{EI_y}.$$

Die Aufgabe schreibt $w_2 = 0$ vor. Also ist $\quad F_2 = \dfrac{0,14}{0,15}F$.

Damit ist

$$w = \frac{0,15^2-0,14^2}{0,15}\cdot\frac{Fr^3}{EI_y} = 0,02\frac{Fr^3}{EI_y}.$$

Das Ergebnis zeigt, daß in Teilaufgabe a $w_1 > w_2$ sein muß. Sonst wäre nämlich $w \leq 0$, was aus energetischen Gründen unmöglich ist. Vgl. Aufg. 8.31.

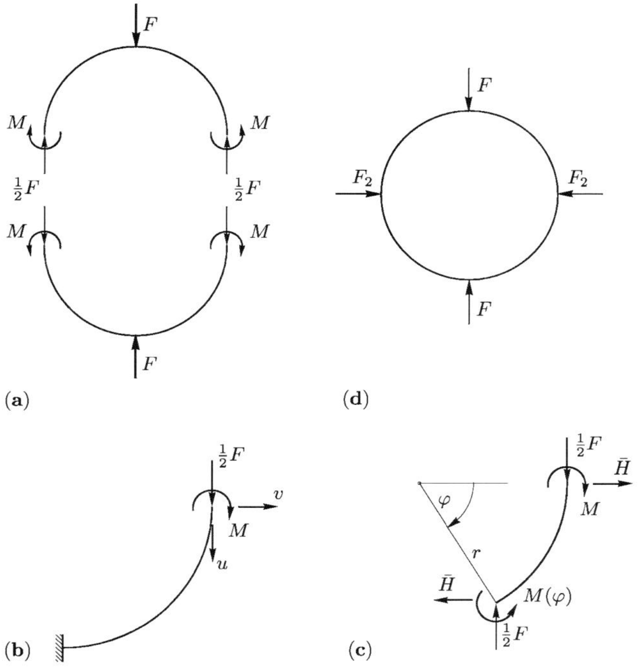

Aufg. 8.22

Die Lagerung ist statisch bestimmt. Wegen der Symmetrie haben alle Lagerreaktionen den Betrag F und die in Abb. a gezeigten Richtungen. Die Vorzeichen der 4 Kräfte alternieren. Folglich alternieren auch die Vorzeichen aller Schnittgrößen bei A, B, C und D. Diese Bedingungen reichen zusammen mit Gleichgewichtsbedingungen aus, um alle Schnittgrößen zu bestimmen, obwohl ein Ring bei allgemeiner räumlicher Belastung innerlich 6-fach statisch unbestimmt ist. Abb. b zeigt den Viertelring A–B mit den halben Lasten $F/2$ bei A und B und mit je 6 Schnittgrößen bei A und B, die dem Betrag nach jeweils gleich und im Vorzeichen jeweils entgegengesetzt sind (man beachte, daß ein Schnittufer positiv und eines negativ ist). Die Schnittgrößen sind je 3 Kräfte und 3 Momente in radialer, in tangentialer und in z-Richtung. 6 Gleichgewichtsbedingungen ergeben, daß das radial gerichtete Biegemoment $M = FR/2$ ist, und daß alle anderen Größen gleich null sind.
Die gesuchte Durchbiegung w am Angriffspunkt von F wird mit einer Hilfskraft berechnet, als die F selbst verwendet wird. Dann ist

$$w = \frac{1}{F}\left[\frac{1}{EI_y}\int M_r^2(\varphi)R\,\mathrm{d}\varphi + \frac{1}{GI_p}\int M_T^2(\varphi)R\,\mathrm{d}\varphi\right]. \qquad \text{(a)}$$

Die Integrale erstrecken sich über den vollen Winkelbereich 2π. Wegen der Symmetrie ist jedes Integral das 4-fache des Integrals über den Viertelring A–B. Das radial gerichtete Biegemoment $M_r(\varphi)$ und das Torsionsmoment $M_T(\varphi)$ werden aus Abb. c abgelesen. Zwei Momentengleichgewichtsbedingungen bezüglich der Schnittstelle fordern

$$M_r(\varphi) = \tfrac{1}{2}\,FR(\cos\varphi - \sin\varphi), \qquad M_T(\varphi) = \tfrac{1}{2}\,FR(1 - \cos\varphi - \sin\varphi).$$

Die beiden Integrale in (a) sind ohne die Faktoren $F^2R^3/4$ (s. die Integraltabelle 6 auf S. 416)

$$\int_0^{\pi/2} (\cos\varphi - \sin\varphi)^2\,\mathrm{d}\varphi = \int_0^{\pi/2} (1 - 2\sin\varphi\,\cos\varphi)\,\mathrm{d}\varphi = \frac{\pi}{2} - 1,$$

$$\int_0^{\pi/2} (1 - \cos\varphi - \sin\varphi)^2\,\mathrm{d}\varphi = \int_0^{\pi/2} (2 - 2\cos\varphi - 2\sin\varphi + 2\sin\varphi\,\cos\varphi)\,\mathrm{d}\varphi$$
$$= \pi + 2(-I_3 - I_1 + I_9) = \pi - 3.$$

Außerdem ist in (a) $I_y = \pi r^4/4$ und $I_p = 2I_y$. Damit erhält man das gesuchte Ergebnis

$$w = 4\,\frac{FR^3}{4}\cdot\frac{4}{\pi r^4}\Big(\frac{\pi/2 - 1}{E} + \frac{\pi - 3}{2G}\Big) = \frac{2FR^3}{\pi r^4}\Big(\frac{\pi - 2}{E} + \frac{\pi - 3}{G}\Big).$$

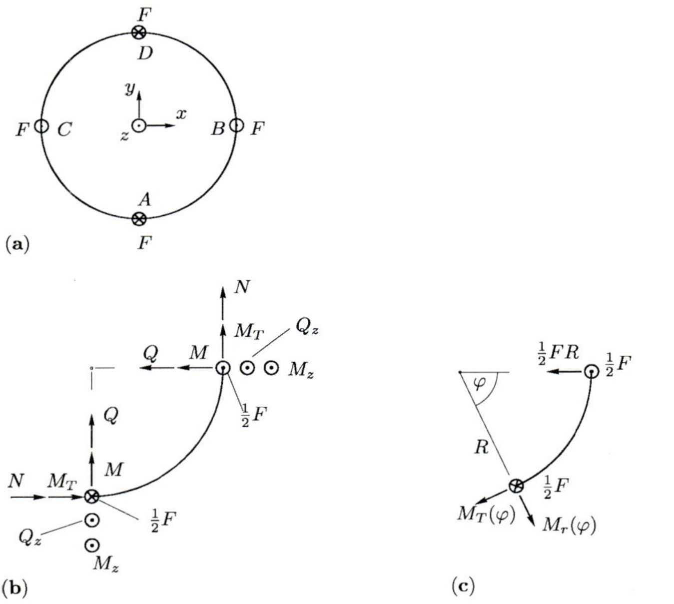

Aufg. 8.23

Wegen der Symmetrie betrachtet man nur den halben Ring in Abb. a. Er ist 2-fach statisch unbestimmt. Ein zugehöriges Grundsystem ist in Abb. b dargestellt. Die Kraftgrößen M und N werden so bestimmt, daß am freien Ende Drehwinkel und horizontale Verschiebung gleich null sind. Das sind zwei Gleichungen der Form

$$\int_0^{\pi} M_y(\varphi)\bar{M}_y(\varphi)\,\mathrm{d}\varphi = 0. \tag{a}$$

Darin ist $M_y(\varphi)$ das Biegemoment infolge der Belastung durch M und N und durch Fliehkräfte. $\bar{M}_y(\varphi)$ ist das Biegemoment infolge Belastung durch ein Hilfsmoment $\bar{M}$ statt M in der einen Gleichung bzw. infolge Belastung durch eine Hilfskraft $\bar{N}$ statt N in der anderen Gleichung.
Berechnung von $M_y(\varphi)$:
Abb. c zeigt ein bei φ abgeschnittenes Ringstück. Am Schnittufer ist nur das Biegemoment $M_y(\varphi)$ eingezeichnet. Ein Ringelement $\mathrm{d}\alpha$ hat die Masse $\mathrm{d}m = \rho A r\ \mathrm{d}\alpha$. An ihm greift die Fliehkraft

$$\mathrm{d}m\,\omega^2 r \sin\alpha = \rho A\omega^2 r^2 \sin\alpha\ \mathrm{d}\alpha$$

an. Gleichgewicht aller Momente um die Schnittstelle erfordert

$$M_y(\varphi) - M + Nr(1-\cos\varphi) - \int_{\alpha=0}^{\varphi} \rho A\omega^2 r^2 \sin\alpha \cdot r(\cos\alpha - \cos\varphi)\ \mathrm{d}\alpha = 0.$$

Also ist

$$M_y(\varphi) = M - Nr(1-\cos\varphi) + \rho A\omega^2 r^3 \int_{\alpha=0}^{\varphi} (\sin\alpha\ \cos\alpha - \sin\alpha\ \cos\varphi)\ \mathrm{d}\alpha.$$

Das Integral ist

$$\int_{\alpha=0}^{\varphi} (....)\ \mathrm{d}\alpha = \left(\tfrac{1}{2}\sin^2\alpha + \cos\alpha\ \cos\varphi\right)\Big|_{\alpha=0}^{\varphi}$$
$$= \tfrac{1}{2}\sin^2\varphi + \cos^2\varphi - \cos\varphi = \tfrac{1}{2}(\sin^2\varphi + \cos^2\varphi) + \tfrac{1}{2}\cos^2\varphi - \cos\varphi$$
$$= \tfrac{1}{2}(1-\cos\varphi)^2.$$

Damit ist

$$M_y(\varphi) = M - Nr(1-\cos\varphi) + \tfrac{1}{2}\rho A\omega^2 r^3 (1-\cos\varphi)^2. \qquad \text{(b)}$$

Ein Hilfsmoment $\bar{M}$ statt M erzeugt $\bar{M}_y(\varphi) \equiv \bar{M}$.
Eine Hilfskraft $\bar{N}$ statt N erzeugt $\bar{M}_y(\varphi) = -\bar{N}r(1-\cos\varphi)$.
Die beiden Gleichungen (a) haben damit die Formen

$$\int_0^{\pi} \left[M - Nr(1-\cos\varphi) + \tfrac{1}{2}\rho A\omega^2 r^3(1-\cos\varphi)^2\right]\ \mathrm{d}\varphi = 0 \quad \text{und}$$

$$\int_0^{\pi} \left[M - Nr(1-\cos\varphi) + \tfrac{1}{2}\rho A\omega^2 r^3(1-\cos\varphi)^2\right](1-\cos\varphi)\ \mathrm{d}\varphi = 0$$

oder mit der Integraltabelle 6 auf S. 416

$$M\pi - Nr(\pi - I_4) + \tfrac{1}{2}\rho A\omega^2 r^3 \cdot I_{16} = 0,$$

$$M\pi - Nr \cdot I_{16} + \tfrac{1}{2}\rho A\omega^2 r^3 \cdot I_{18} = 0$$

oder schließlich

$$M\pi - Nr\pi + \tfrac{3}{4}\pi\rho A\omega^2 r^3 = 0, \qquad M\pi - \tfrac{3}{2}Nr\pi + \tfrac{5}{4}\pi\rho A\omega^2 r^3 = 0.$$

Sie haben die Lösungen

$$Nr = \rho A\omega^2 r^3, \qquad M = \tfrac{1}{4}\rho A\omega^2 r^3.$$

Mit diesen Ergebnissen ist das Biegemoment in (b)

$$M_y(\varphi) = \rho A\omega^2 r^3\left[\tfrac{1}{4} - (1-\cos\varphi) + \tfrac{1}{2}(1-\cos\varphi)^2\right] = -\tfrac{1}{4}\rho A\omega^2 r^3(1 - 2\cos^2\varphi)$$
$$= \tfrac{1}{4}\rho A\omega^2 r^3 \cos 2\varphi. \qquad \text{(c)}$$

Der Betrag von M_y ist maximal bei $\varphi = 0$, $\varphi = \pi/2$ und $\varphi = \pi$. Alle drei Maxima haben dieselbe Größe $\rho A\omega^2 r^3/4$.

Die Verschiebungen u und v werden mit Hilfe der Biegemomente $\bar{M}_y(\varphi)$ infolge der Hilfskraft $\bar{F}_1$ bzw. der Hilfskraft $\bar{F}_2$ in Abb. d berechnet. Am Ringstück in Abb. e ist am Schnittufer bei φ wieder nur das Biegemoment $\bar{M}_y(\varphi)$ eingezeichnet. Gleichgewicht aller Momente um die Schnittstelle liefert die Gleichungen:

$$\text{nur } \bar{F}_1: \qquad \bar{M}_y(\varphi) = \begin{cases} 0 & (0 \le \varphi \le \pi/2) \\ -\bar{F}_1 r \cos\varphi & (\pi/2 \le \varphi \le \pi) \end{cases}$$

$$\text{nur } \bar{F}_2: \qquad \bar{M}_y(\varphi) = -\bar{F}_2 r \sin\varphi \qquad (0 \le \varphi \le \pi).$$

Mit (e) ist

$$u = \frac{1}{\bar{F}_1}\,\frac{1}{EI}\int_{\pi/2}^{\pi} M_y(\varphi)\bar{M}_y(\varphi) r\,\mathrm{d}\varphi = \frac{\rho A\omega^2 r^5}{4EI}\int_{\pi/2}^{\pi}(1-2\cos^2\varphi)\,\cos\varphi\,\mathrm{d}\varphi.$$

Das Integral ist identisch mit

$$\int_{\pi/2}^{\pi}(-1+2\sin^2\varphi)\,\cos\varphi\,\mathrm{d}\varphi = (-\sin\varphi + \tfrac{2}{3}\sin^3\varphi)\Big|_{\pi/2}^{\pi} = \tfrac{1}{3}.$$

Damit erhält man

$$u = \frac{\rho A\omega^2 r^5}{12EI}.$$

Ebenso erhält man mit $\bar{M}_y$ infolge $\bar{F}_2$

$$v = \frac{1}{\bar{F}_2}\,\frac{1}{EI}\int_0^{\pi} M_y(\varphi)\bar{M}_y(\varphi) r\,\mathrm{d}\varphi = \frac{\rho A\omega^2 r^5}{4EI}\int_0^{\pi}(1-2\cos^2\varphi)\sin\varphi\,\mathrm{d}\varphi$$

$$= \frac{\rho A\omega^2 r^5}{4EI}(I_2 - 2I_{20}) = \frac{\rho A\omega^2 r^5}{6EI} = 2u.$$

Der vertikale Durchmesser wird also um ebensoviel kürzer, wie der horizontale länger wird.

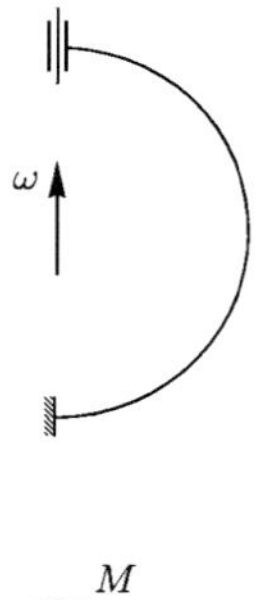

(a)

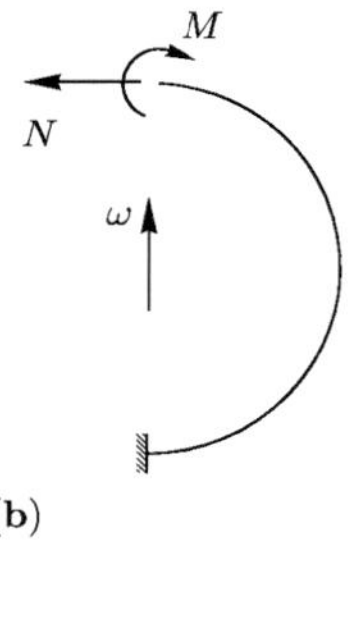

(b)

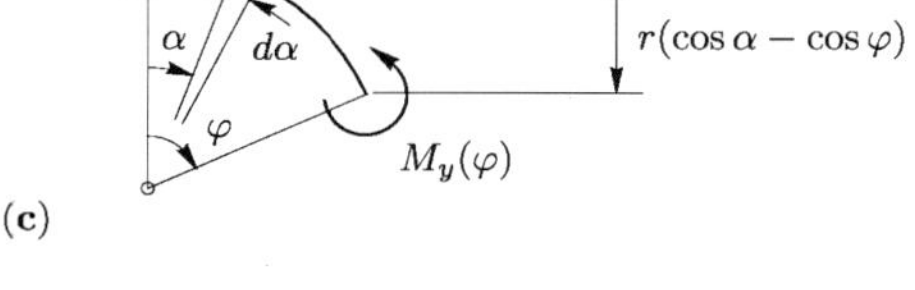

(c)

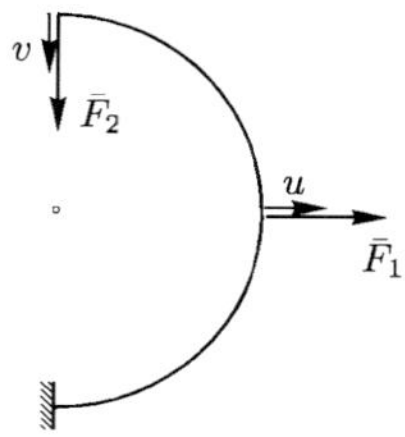

(d)

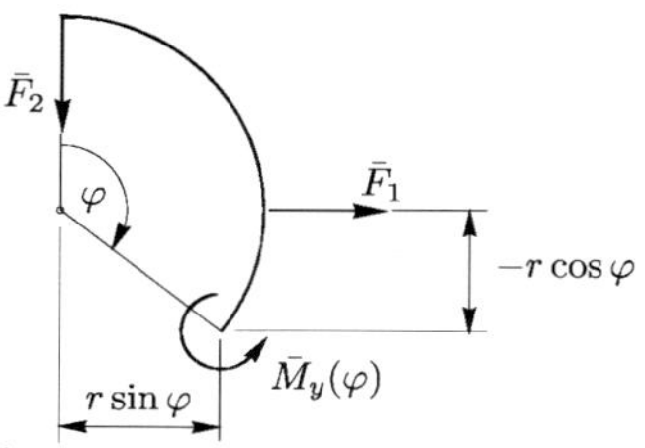

(e)

Aufg. 8.24

Aus Symmetriegründen braucht man nur die Ringhälfte in Abb. a zu betrachten, die unten in der nicht gezeichneten anderen Ringhälfte fest eingespannt ist. Das gleichmäßig verteilte Gewicht ist nur an einem repräsentativen Bogenelement $d\alpha$ eingezeichnet. Das Bogenelement hat das Gewicht $G\ d\alpha/(2\pi)$. Außerdem greifen an der Ringhälfte am oberen Ende die unbekannten Schnittgrößen N_1 und M_1 und eine nicht gezeichnete, radial gerichtete Querkraft an (das Ausgangssystem ist 3-fach statisch unbestimmt). Die Querkraft ist wegen der Symmetrie gleich null. N_1 und M_1 werden aus der Bedingung berechnet, daß am oberen Ende der Drehwinkel und die horizontale Verschiebung null sind. Das sind zwei Gleichungen der Form

$$\int_0^\pi M(\varphi)\bar{M}(\varphi)\ d\varphi = 0. \tag{a}$$

Darin ist $M(\varphi)$ die Biegemomentenfunktion infolge N_1, M_1 und Eigengewicht. $\bar{M}(\varphi)$ ist in der einen Gleichung das Biegemoment infolge eines Hilfsmoments $\bar{M}_1$ anstelle von M_1 und in der anderen das Biegemoment infolge einer Hilfskraft $\bar{N}_1$ anstelle von N_1.

Biegemoment $M_y(\varphi)$: Abb. b zeigt ein Ringstück mit den Schnittgrößen $M(\varphi)$, $N(\varphi)$ und $Q(\varphi)$ am Schnittufer bei φ. Eingeprägte Lasten sind N_1, M_1 und das Eigengewicht. Gleichgewicht der Momente bezüglich der Schnittstelle fordert

$$M(\varphi) - M_1 + N_1 r(1-\cos\varphi) + \int_{\alpha=0}^{\varphi} r(\sin\varphi - \sin\alpha)\frac{G\ d\alpha}{2\pi} = 0.$$

Mit

$$\int_{\alpha=0}^{\varphi} (\sin\varphi - \sin\alpha)\ d\alpha = (\alpha\sin\varphi + \cos\alpha)\Big|_{\alpha=0}^{\varphi} = \varphi\sin\varphi + \cos\varphi - 1$$

ergibt sich

$$\begin{aligned} M(\varphi) &= M_1 - N_1 r(1-\cos\varphi) - \frac{Gr}{2\pi}(\varphi\sin\varphi + \cos\varphi - 1) \\ &= M_1 - \left(N_1 r - \frac{Gr}{2\pi}\right)(1-\cos\varphi) - \frac{Gr}{2\pi}\ \varphi\sin\varphi. \end{aligned} \tag{b}$$

Daraus folgt:

nur Hilfsmoment $\bar{M}_1$: $\bar{M}(\varphi) \equiv \bar{M}_1$,

nur Hilfskraft $\bar{N}_1$: $\bar{M}(\varphi) = -\bar{N}_1 r(1-\cos\varphi)$.

Die beiden Gleichungen (a) nehmen damit die Formen an:

$$\int_0^\pi \left[M_1 - \left(N_1 r - \frac{Gr}{2\pi}\right)(1-\cos\varphi) - \frac{Gr}{2\pi}\ \varphi\sin\varphi\right] d\varphi = 0, \tag{c}$$

$$\int_0^{\pi}\left[M_1-\left(N_1 r-\frac{Gr}{2\pi}\right)(1-\cos\varphi)-\frac{Gr}{2\pi}\,\varphi\sin\varphi\right](1-\cos\varphi)\,\mathrm{d}\varphi=0.$$

Subtraktion beider Gleichungen liefert

$$\int_0^{\pi}\left[M_1-\left(N_1 r-\frac{Gr}{2\pi}\right)(1-\cos\varphi)-\frac{Gr}{2\pi}\,\varphi\sin\varphi\right]\cos\varphi\,\mathrm{d}\varphi=0. \qquad \text{(d)}$$

(d) und (c) sind die Gleichungen (s. die Integraltabelle 6 auf S. 416)

$$-\left(N_1 r-\frac{Gr}{2\pi}\right)I_{14}-\frac{Gr}{2\pi}\cdot I_{27}=0, \qquad M_1\pi-\left(N_1 r-\frac{Gr}{2\pi}\right)\pi-\frac{Gr}{2\pi}\cdot I_{24}=0.$$

Daraus folgt

$$N_1 r=\frac{Gr}{4\pi}, \qquad M_1=N_1 r=\frac{Gr}{4\pi}.$$

Mit diesen Ergebnissen liefert (b) den gesuchten Biegemomentenverlauf

$$M(\varphi)=\frac{Gr}{4\pi}\left[1+(1-\cos\varphi)-2\varphi\sin\varphi\right]=\frac{Gr}{4\pi}(2-\cos\varphi-2\varphi\sin\varphi). \qquad \text{(e)}$$

Abb. c zeigt den Verlauf der Funktion $f(\varphi)=(2-\cos\varphi-2\varphi\sin\varphi)$. Probieren liefert die Nullstellen $\varphi\approx 50,7^o$ und $\varphi\approx 146,3^o$. Aus

$$\frac{\mathrm{d}f}{\mathrm{d}\varphi}=3\sin\varphi-2\varphi\cos\varphi=0 \qquad \text{oder} \qquad \varphi=\tfrac{3}{2}\tan\varphi$$

ergeben sich Extrema bei $\varphi=0$ und bei $\varphi\approx 105,3^o$. Sie haben die Größen $f(0)=1$ bzw. $f(105,3^o)\approx -1,28$. Im Intervall $105,3^o<\varphi<\pi$ ist $\mathrm{d}f/\mathrm{d}\varphi>0$. Folglich liegt bei $\varphi=\pi$ ein weiteres Maximum. Es hat die Größe $f(\pi)=3$. Das größte Biegemoment ist also $M_{max}=3Gr/(4\pi)$ im Aufstandspunkt des Ringes. Da dort eine Einzelkraft angreift, hat der Graph der Funktion $M(\varphi)$ an dieser Stelle den in Abb. c sichtbaren Knick.

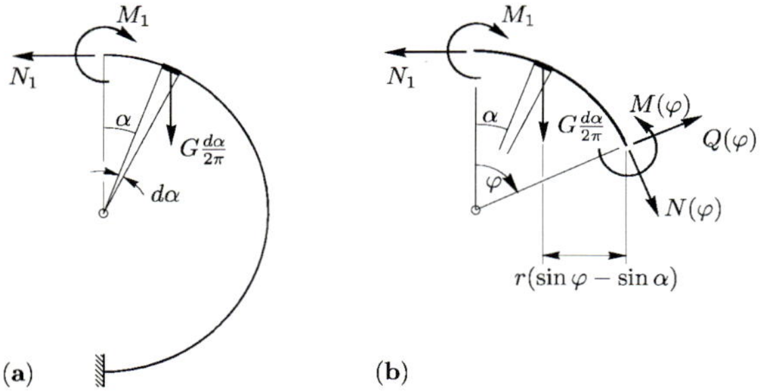

(a) (b)

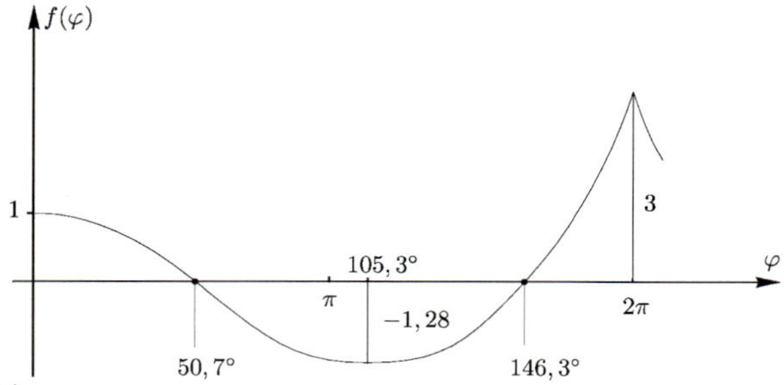

(c)

Aufg. 8.25

Aus Symmetriegründen braucht man nur die Ringhälfte in Abb. a zu betrachten, die unten in der nicht gezeichneten anderen Hälfte fest eingespannt ist. An einem repräsentativen Ringelement $\mathrm{d}\alpha$ am Ort α ist die radial gerichtete Druckkraft $\mathrm{d}F$ des Wassers eingezeichnet. Mit dem Wasserdruck $p(\alpha)$ und mit der Ringbreite b ist $\mathrm{d}F = p(\alpha)br\ \mathrm{d}\alpha$. Darin ist mit dem spezifischen Gewicht γ von Wasser $p(\alpha) = \gamma h(\alpha) = \gamma r(1-\cos\alpha)$. Folglich ist

$$\mathrm{d}F = \gamma b r^2 (1-\cos\alpha)\ \mathrm{d}\alpha.$$

Die Wasserfüllung hat das Gesamtgewicht $G = \gamma\pi r^2 b$. Damit ist schließlich

$$\mathrm{d}F = \frac{G}{\pi}(1-\cos\alpha)\ \mathrm{d}\alpha. \tag{a}$$

An der Ringhälfte greifen außer den Druckkräften am oberen Ende die unbekannten Schnittgrößen N_1 und M_1 und eine nicht gezeichnete, radial gerichtete Querkraft an (das Ausgangssystem ist 3-fach statisch unbestimmt). Die Querkraft ist wegen der Symmetrie gleich null. N_1 und M_1 werden aus der Bedingung berechnet, daß am oberen Ende der Drehwinkel und die horizontale Verschiebung null sind. Das sind zwei Gleichungen der Form

$$\int_0^\pi M(\varphi)\bar{M}(\varphi)\ \mathrm{d}\varphi = 0. \tag{b}$$

Darin ist $M(\varphi)$ das Biegemoment infolge N_1, M_1 und Wasserdruck. $\bar{M}(\varphi)$ ist in einer Gleichung das Biegemoment infolge eines Hilfsmoments $\bar{M}_1$ anstelle von M_1 und in der anderen Gleichung das Biegemoment infolge einer Hilfskraft $\bar{N}_1$ anstelle von N_1.
Biegemoment $M(\varphi)$: Abb. b zeigt ein Ringstück mit den Schnittgrößen $M(\varphi)$, $N(\varphi)$ und $Q(\varphi)$ am Schnittufer bei φ. Gleichgewicht der Momente bezüglich der Schnittstelle fordert

$$M(\varphi) - M_1 + N_1 r(1-\cos\varphi) + \int_{\alpha=0}^{\varphi} r\sin(\varphi-\alpha)\ \frac{G}{\pi}\ (1-\cos\alpha)\ \mathrm{d}\alpha = 0. \tag{c}$$

Das Integral

$$I = \int_{\alpha=0}^{\varphi} \sin(\varphi-\alpha)(1-\cos\alpha)\ \mathrm{d}\alpha = \int_{\alpha=0}^{\varphi} [\sin(\varphi-\alpha) - \cos\alpha\ \sin(\varphi-\alpha)]\ \mathrm{d}\alpha$$

wird mit der allgemeinen Beziehung

$$\cos\alpha\ \sin\beta = \tfrac{1}{2}[\sin(\alpha+\beta) - \sin(\alpha-\beta)]$$

umgeformt:

$$\begin{aligned} I &= \int_{\alpha=0}^{\varphi} \big[\sin(\varphi-\alpha) - \tfrac{1}{2}\sin\varphi + \tfrac{1}{2}\sin(2\alpha-\varphi)\big]\ \mathrm{d}\alpha \\ &= \big[-\cos(\varphi-\alpha) - \tfrac{1}{2}\alpha\sin\varphi - \tfrac{1}{4}\cos(2\alpha-\varphi)\big]\Big|_{\alpha=0}^{\varphi} \\ &= -1 + \cos\varphi - \tfrac{1}{2}\varphi\sin\varphi. \end{aligned}$$

Damit liefert (c)

$$\begin{aligned} M(\varphi) &= M_1 - N_1 r(1-\cos\varphi) - \frac{Gr}{\pi}(-1+\cos\varphi - \tfrac{1}{2}\varphi\sin\varphi) \\ &= M_1 - \Big(N_1 r - \frac{Gr}{\pi}\Big)(1-\cos\varphi) + \frac{Gr}{2\pi}\ \varphi\sin\varphi. \end{aligned} \tag{d}$$

Daraus folgt:

nur Hilfsmoment $\bar{M}_1$: $\bar{M}(\varphi) \equiv \bar{M}_1$,

nur Hilfskraft $\bar{N}_1$: $\bar{M}(\varphi) = -\bar{N}_1 r(1 - \cos\varphi)$.

Die beiden Gleichungen (b) nehmen damit die Formen an:

$$\int_0^\pi \left[M_1 - \left(N_1 r - \frac{Gr}{\pi}\right)(1 - \cos\varphi) + \frac{Gr}{2\pi}\,\varphi\sin\varphi\right] \mathrm{d}\varphi = 0, \tag{e}$$

$$\int_0^\pi \left[M_1 - \left(N_1 r - \frac{Gr}{\pi}\right)(1 - \cos\varphi) + \frac{Gr}{2\pi}\,\varphi\sin\varphi\right](1 - \cos\varphi)\, \mathrm{d}\varphi = 0.$$

Die Subtraktion der beiden Gleichungen liefert

$$\int_0^\pi \left[M_1 - \left(N_1 r - \frac{Gr}{\pi}\right)(1 - \cos\varphi) + \frac{Gr}{2\pi}\,\varphi\sin\varphi\right] \cos\varphi\, \mathrm{d}\varphi = 0. \tag{f}$$

(f) und (e) sind die Gleichungen (s. die Integraltabelle 6 auf S. 416)

$$-\left(N_1 r - \frac{Gr}{\pi}\right) I_{14} + \frac{Gr}{2\pi} \cdot I_{27} = 0, \qquad M_1\pi - \left(N_1 r - \frac{Gr}{\pi}\right)\pi + \frac{Gr}{2\pi} \cdot I_{24} = 0.$$

Daraus folgt

$$N_1 r = \frac{5Gr}{4\pi}, \qquad M_1 = N_1 r - \frac{3Gr}{2\pi} = -\frac{Gr}{4\pi}.$$

Mit diesen Ergebnissen liefert (d) den gesuchten Biegemomentenverlauf

$$\begin{aligned} M(\varphi) &= -\frac{Gr}{4\pi} - \frac{Gr}{4\pi}(1 - \cos\varphi) + \frac{Gr}{2\pi}\,\varphi\sin\varphi \\ &= -\frac{Gr}{4\pi}(2 - \cos\varphi - 2\varphi\sin\varphi). \end{aligned}$$

Diese Funktion unterscheidet sich von der in Aufg. 8.24 gefundenen Lösung (Gl. (e)) nur durch das Vorzeichen. Für Nullstellen und Extremwerte gilt deshalb alles dort geschriebene. Der Ring ist frei von Biegemomenten, wenn sein Eigengewicht gleich dem Gewicht der Wasserfüllung ist.

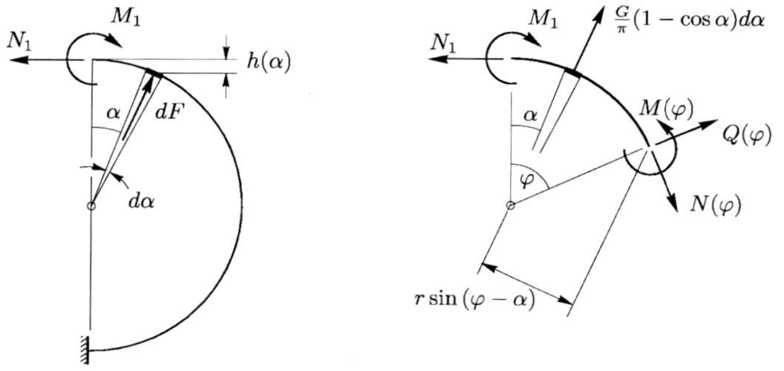

(a) (b)

Aufg. 8.26

Die Momente werden aus Gl. (8.28), (8.29) und (8.37) berechnet. Da nur Feld 1 belastet ist, ist (s. Beisp.8.5-2)

$m_1 = \frac{3}{8}F\ell, \qquad m_2 = m_3 = m_4 = 0.$

Damit ist

$$M_i = \tfrac{3}{8}F\ell(\mathbf{A}^{-1})_{i1} \approx \begin{cases} -\tfrac{3}{8}F\ell\,(-0,268)^i & (i=1,2,3) \\ -0,93\cdot\tfrac{3}{8}F\ell\,(-0,268)^4 & (i=4). \end{cases}$$

Zahlenwerte: $M_1 \approx 0,100\,F\ell$, $M_2 \approx -0,027\,F\ell$, $M_3 \approx 0,007\,F\ell$, $M_4 \approx -0,002\,F\ell$.
Lagerreaktionen werden aus Gl. (8.27) berechnet:

$$A_i = A_{ii} + A_{i,i+1} + (2M_i - M_{i-1} - M_{i+1})/\ell \qquad (i=0,\ldots,5).$$

Darin ist $M_{-1} = M_0 = M_5 = M_6 = 0$. Von den doppelt indizierten Lagerreaktionen A_{ii} und $A_{i,i+1}$ an Lager i (1. Index) infolge Belastung von Feld i bzw. $i+1$ (2. Index) sind nur A_{01} und A_{11} ungleich null, und zwar gleich $F/2$. Zahlenwerte: $F_0 \approx 0,400\,F$, $F_1 \approx 0,728\,F$, $F_2 \approx -0,162\,F$, $F_3 \approx 0,043\,F$, $F_4 \approx -0,012\,F$, $F_5 \approx 0,002\,F$.

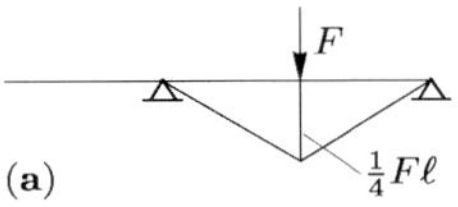

(a)

Aufg. 8.27

Aus Gl. (8.25) ergibt sich

$$\alpha_{p-1} = \alpha_{p+1} = -w/\ell, \qquad \alpha_p = 2w/\ell.$$

Damit liefert Gl. (8.29)

$$m_{p-1} = m_{p+1} = M_0, \qquad m_p = -2M_0 \qquad \text{mit} \quad M_0 = wEI_y/\ell^2,$$

$$m_i = 0 \qquad (i \neq p-1,\, p,\, p+1).$$

Zur Berechnung der Lagerreaktionen aus Gl. (8.27) werden die Momente $M_{p\pm k}$ $(k = 0, 1, ...)$ benötigt. Mit Gl. (8.28) ist

$$\begin{aligned} M_{p\pm k} &= m_{p-1}(\mathbf{A}^{-1})_{p\pm k,p-1} + m_p(\mathbf{A}^{-1})_{p\pm k,p} + m_{p+1}(\mathbf{A}^{-1})_{p\pm k,p+1} \\ &= M_0\left[(\mathbf{A}^{-1})_{p\pm k,p-1} - 2(\mathbf{A}^{-1})_{p\pm k,p} + (\mathbf{A}^{-1})_{p\pm k,p+1}\right] \qquad (k=0,1,\ldots). \quad \text{(a)} \end{aligned}$$

Wenn man weder M_1 noch M_n berechnen will, dann lautet Gl. (8.37):
$(\mathbf{A}^{-1})_{ij} = (\mathbf{A}^{-1})_{ji} \approx -C_1\,q^{i-j+1}$ $(i \geq j)$. Aus (a) ergibt sich

$$M_{p\pm k} \approx \begin{cases} -C_1\big(q^2 - 2q + q^2\big)M_0 \quad = 2C_1q(1-q)M_0 & (k=0), \\ -C_1\big(q^k - 2q^{k+1} + q^{k+2}\big)M_0 = -C_1q^k(1-q)^2M_0 & (k>0). \end{cases}$$

Mit den exakten Werten $C_1 = \frac{1}{6}(3+2\sqrt{3})$ und $q = \sqrt{3}-2$ ist
$2C_1q(1-q) = -(\sqrt{3}-1)$, $\quad -C_1(1-q)^2 = -\sqrt{3}$.
Die Lagerreaktionen sind nach Gl. (8.27)

$$A_i = (2M_i - M_{i-1} - M_{i+1})/\ell \qquad (i = 0, ..., n).$$

Wie bei den Momenten gilt $A_{p-k} = A_{p+k}$ $(k = 0,1,\ldots)$. Die folgende Tabelle enthält Zahlenwerte. Die Bedingung $|A_{p\pm k}/A_p| < 0,1$ ist für $k > 2$ erfüllt.

k	$M_{p\pm k}$	$A_{p\pm k}$	$\lvert A_{p\pm k}/A_p\rvert$
0	$-0,732M_0$	$-2,392M_0/\ell$	1
1	$+0,464M_0$	$+1,784M_0/\ell$	0,764
2	$-0,124M_0$	$-0,745M_0/\ell$	0,312
3	$+0,033M_0$	$+0,199M_0/\ell$	0,084
4	$-0,009M_0$	$-0,053M_0/\ell$	

Aufg. 8.28

Die Nachgiebigkeitsmatrix $\mathbf{H}$ und die Steifigkeitsmatrix $\mathbf{K} = \mathbf{H}^{-1}$ sind durch die Gleichungen definiert:

$$\begin{bmatrix} \varphi \\ w \end{bmatrix} = \mathbf{H} \begin{bmatrix} M \\ F \end{bmatrix}, \qquad \begin{bmatrix} M \\ F \end{bmatrix} = \mathbf{K} \begin{bmatrix} \varphi \\ w \end{bmatrix}.$$

Beide Matrizen sind symmetrisch, so daß man z.B. nur w als Funktion von M und F und φ infolge M allein zu bestimmen braucht. Dazu werden eine Hilfskraft $\bar{F}$ anstelle von F und ein Hilfsmoment $\bar{M}$ anstelle von M eingeführt. Die Abbn. a,b und c zeigen die Biegemomentenverläufe infolge M und F gemeinsam, infolge $\bar{M}$ und infolge $\bar{F}$ (man ermittelt erst die Verläufe in Abb. b und c und bildet dann Abb. a durch Überlagerung).
Berechnung von φ infolge M:

$$\varphi = \frac{1}{\bar{M}} \int \frac{M_y \bar{M}_y}{EI_y}\,\mathrm{d}x \qquad (M_y \text{ für } F = 0;\ \bar{M}_y \text{ infolge } \bar{M})$$

$$= \frac{1}{EI_y}\,\frac{1}{3} M \cdot \ell = M \cdot \underbrace{\frac{\ell}{3EI_y}}_{h_{11}}$$

Berechnung von w infolge M und F:

$$w = \frac{1}{\bar{F}} \int \frac{M_y \bar{M}_y}{EI_y}\,\mathrm{d}x \qquad (M_y \text{ infolge } M \text{ und } F;\ \bar{M}_y \text{ infolge } \bar{F})$$

$$= \frac{1}{EI_y}\left[\tfrac{1}{6}\ell(M + 2F\ell)\ell + \tfrac{1}{3}\ell \cdot F\ell \cdot \ell\right] = M \underbrace{\frac{\ell^2}{6EI_y}}_{h_{21}=h_{12}} + F \underbrace{\frac{2\ell^3}{3EI_y}}_{h_{22}}.$$

Mit diesen Ergebnissen ist

$$\mathbf{H} = \begin{bmatrix} \frac{\ell}{3EI_y} & \frac{\ell^2}{6EI_y} \\ \frac{\ell^2}{6EI_y} & \frac{2\ell^3}{3EI_y} \end{bmatrix} = \frac{\ell}{6EI_y} \begin{bmatrix} 2 & \ell \\ \ell & 4\ell^2 \end{bmatrix}.$$

Eine (2×2)-Matrix $\mathbf{H}$ und ihre Inverse $\mathbf{H}^{-1}$ stehen in der folgenden Beziehung:

$$\mathbf{H} = \begin{bmatrix} h_{11} & h_{12} \\ h_{12} & h_{22} \end{bmatrix}, \qquad \mathbf{H}^{-1} = \frac{1}{\mathrm{Det}\mathbf{H}} \begin{bmatrix} h_{22} & -h_{12} \\ -h_{12} & h_{11} \end{bmatrix}.$$

Man benötigt also den Ausdruck

$$\mathrm{Det}\mathbf{H} = h_{11}h_{22} - h_{12}^2 = \left(\frac{\ell}{6EI_y}\right)^2 (8\ell^2 - \ell^2) = \frac{7}{36}\left(\frac{\ell^2}{EI_y}\right)^2.$$

Damit ist die gesuchte Steifigkeitsmatrix

$$\mathbf{K} = \mathbf{H}^{-1} = \frac{6}{7}\frac{EI_y}{\ell^3}\begin{bmatrix} 4\ell^2 & -\ell \\ -\ell & 2 \end{bmatrix}.$$

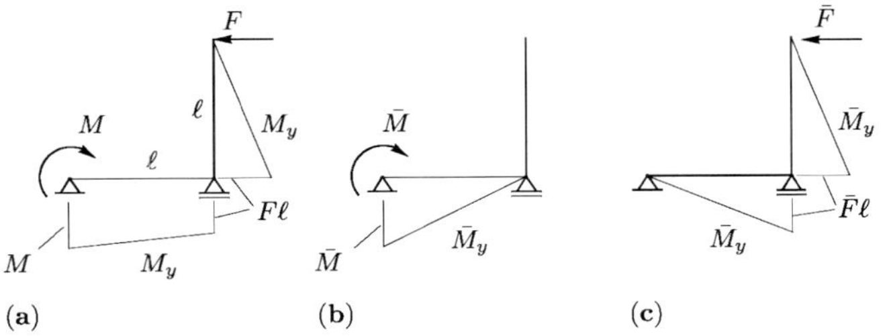

Aufg. 8.29

Man berechnet zunächst in allgemeiner Form w_1, w_2 und φ als Funktionen von F_1, F_2 und M oder entnimmt die Koeffizienten einer Tabelle (z.B. Hütte, Tab. E5-7; einige Koeffizienten kann man Beisp.5.3-2 entnehmen). Wegen der Symmetrie der Koeffizientenmatrix (d.h. der Nachgiebigkeitsmatrix) braucht man nur 6 Koeffizienten festzustellen. Das Ergebnis hat die Form

$$w_1 = \frac{1}{24}\frac{F_1\ell^3}{EI_y} + \frac{5}{48}\frac{F_2\ell^3}{EI_y} - \frac{1}{8}\frac{M\ell^2}{EI_y},$$

$$w_2 = \frac{5}{48}\frac{F_1\ell^3}{EI_y} + \frac{1}{3}\frac{F_2\ell^3}{EI_y} - \frac{1}{2}\frac{M\ell^2}{EI_y},$$

$$\varphi = -\frac{1}{8}\frac{F_1\ell^2}{EI_y} - \frac{1}{2}\frac{F_2\ell^2}{EI_y} + \frac{M\ell}{EI_y}.$$

Diese Gleichungen müssen nach F_1, F_2 und M aufgelöst werden. Dazu werden sie in der Form geschrieben:

$$2\ell F_1 + 5\ell F_2 - 6M = \frac{48EI_y}{\ell^2}\,w_1, \tag{a}$$

$$5\ell F_1 + 16\ell F_2 - 24M, = \frac{48EI_y}{\ell^2}\,w_2, \tag{b}$$

$$-6\ell F_1 - 24\ell F_2 + 48M = \frac{48EI_y}{\ell^2}\,\ell\varphi. \tag{c}$$

Dann werden folgende Linearkombinationen gebildet:

$$2\times(\mathrm{b})-5\times(\mathrm{a}): \quad 7\ell F_2 - 18M = \frac{48EI_y}{\ell^2}\,(2w_2 - 5w_1), \tag{d}$$

$$(\mathrm{c})+3\times(\mathrm{a}): \quad -9\ell F_2 + 30M = \frac{48EI_y}{\ell^2}\,(3w_1 + \ell\varphi), \tag{e}$$

$$7\times(\mathrm{e})+9\times(\mathrm{d}): \quad M = \frac{EI_y}{\ell^2}\,(-24w_1 + 18w_2 + 7\ell\varphi). \tag{f}$$

Damit erhält man aus (e)

$$F_2 = \frac{-48EI_y}{9\ell^3}\left[3w_1 + \ell\varphi - \tfrac{30}{48}(24w_1 + 18w_2 + 7\ell\varphi)\right]$$

$$= \frac{-EI_y}{9\ell^3}(864w_1 - 540w_2 - 162\ell\varphi)$$

$$= \frac{EI_y}{\ell^3}(-96w_1 + 60w_2 + 18\ell\varphi) \tag{g}$$

und damit aus (a)

$$F_1 = \frac{48EI_y}{2\ell^3}\left[w_1 - \tfrac{5}{48}(-96w_1 + 60w_2 + 18\ell\varphi) + \tfrac{6}{48}(-24w_1 + 18w_2 + 7\ell\varphi)\right]$$

$$= \frac{EI_y}{\ell^3}(192w_1 - 96w_2 - 24\ell\varphi).$$

(f), (g) und diese Gleichung werden in der Matrixgleichung vereinigt:

$$\begin{bmatrix} F_1 \\ F_2 \\ M \end{bmatrix} = \frac{EI_y}{\ell^3}\begin{bmatrix} 192 & -96 & -24\ell \\ -96 & 60 & 18\ell \\ -24\ell & 18\ell & 7\ell^2 \end{bmatrix}\begin{bmatrix} w_1 \\ w_2 \\ \varphi \end{bmatrix}.$$

Die symmetrische Koeffizientenmatrix einschließlich Faktor EI_y/ℓ^3 ist die Steifigkeitsmatrix. Zahlenwerte:

$$\frac{EI_y}{\ell^3} = \tfrac{2\cdot 10^5\cdot 10^6}{10^9} = 200\mathrm{Nmm}^{-1}.$$

Mit den Werten $w_1 = 0,2$mm, $w_2 = -0,5$mm und $\varphi = 0,1^\circ = \pi/1800$ erhält man $F_1 = 8,90$ kN, $F_2 = -3,56$ kN und $M = -0,32$ kNm.

Aufg. 8.30

Sowohl die Stangen in Aufg. a als auch die Seile in Aufg. b wirken mit zwei gleich großen und gleich gerichteten Kräften F auf das System (Abb. a). Das so freigeschnittene System hat die Nachgiebigkeitsmatrix **H**. Folglich gilt

$$\begin{bmatrix} w_1 \\ w_2 \end{bmatrix} = \begin{bmatrix} h_{11} & h_{12} \\ h_{12} & h_{22} \end{bmatrix}\begin{bmatrix} F_1 - F \\ F_2 - F \end{bmatrix}. \tag{a}$$

Im folgenden spielen die Determinante D und die Summe S aller Elemente der Matrix wichtige Rollen:

$$D = h_{11}h_{22} - h_{12}^2, \qquad S = h_{11} + 2h_{12} + h_{22}. \tag{b}$$

Wegen der Beziehung $Sh_{11} = D + (h_{11} + h_{12})^2$ ist mit $D > 0$ auch $S > 0$.

Teilaufgabe a (starre Wippe):
Die Kraft F ist eine unbekannte Lagerreaktion. Die Wippe führt die kinematische Bindung $w_2 = -w_1$ ein. Damit liefert (a) die beiden Gleichungen

$$w_1 = h_{11}(F_1 - F) + h_{12}(F_2 - F), \tag{c}$$

$$-w_1 = h_{12}(F_1 - F) + h_{22}(F_2 - F).$$

Das sind zwei Gleichungen für F und w_1. Addition liefert

$$0 = (h_{11} + h_{12})(F_1 - F) + (h_{12} + h_{22})(F_2 - F).$$

Daraus ergibt sich mit (b)

$$F = \frac{1}{S}\left[(h_{11} + h_{12})F_1 + (h_{12} + h_{22})F_2\right].$$

Einsetzen in (c) führt zu

$$w_1 = \frac{1}{S}\Big\{(h_{11}F_1 + h_{12}F_2)(h_{11} + 2h_{12} + h_{22})$$

$$- (h_{11} + h_{12})\big[(h_{11} + h_{12})F_1 + (h_{12} + h_{22})F_2\big]\Big\}.$$

Der Ausdruck in geschweiften Klammern ist

$$\{...\} = F_1\big[h_{11}(h_{11} + 2h_{12} + h_{22}) - (h_{11} + h_{12})^2\big]$$
$$+F_2\big[h_{12}(h_{11} + 2h_{12} + h_{22}) - (h_{11} + h_{12})(h_{12} + h_{22})\big]$$
$$= (F_1 - F_2)(h_{11}h_{22} - h_{12}^2) = (F_1 - F_2)D.$$

Damit ist

$$\begin{bmatrix} w_1 \\ w_2 \end{bmatrix} = \mathbf{H}^* \begin{bmatrix} F_1 \\ F_2 \end{bmatrix} \qquad \text{mit} \qquad \mathbf{H}^* = \frac{D}{S}\begin{bmatrix} 1 & -1 \\ -1 & 1 \end{bmatrix}.$$

Anmerkung: Das System in Aufg. 5.25 ist von diesem Typ.

Teilaufgabe b:
Die Kraft F in Abb. a ist eine eingeprägte Kraft der Größe $F = k(w_1 + w_2)$. Das wird in (a) eingesetzt:

$$\begin{bmatrix} w_1 \\ w_2 \end{bmatrix} = \begin{bmatrix} h_{11} & h_{12} \\ h_{12} & h_{22} \end{bmatrix}\begin{bmatrix} F_1 - k(w_1 + w_2) \\ F_2 - k(w_1 + w_2) \end{bmatrix}.$$

Das sind zwei Gleichungen für w_1 und w_2. Ausmultiplizieren und Umordnen geben ihnen die Formen

$$[1 + k(h_{11} + h_{12})]w_1 + k(h_{11} + h_{12})w_2 = h_{11}F_1 + h_{12}F_2,$$
$$k(h_{12} + h_{22})w_1 + [1 + k(h_{12} + h_{22})]w_2 = h_{12}F_1 + h_{22}F_2.$$

Die Lösung für w_1 ist nach der Cramerschen Regel

$$w_1 = \frac{(h_{11}F_1 + h_{12}F_2)[1 + k(h_{12} + h_{22})] - (h_{12}F_1 + h_{22}F_2)k(h_{11} + h_{12})}{[1 + k(h_{11} + h_{12})][1 + k(h_{12} + h_{22})] - k^2(h_{11} + h_{12})(h_{12} + h_{22})}$$
$$= \frac{h_{11} + kh_{11}(h_{12} + h_{22}) - kh_{12}(h_{11} + h_{12})}{1 + k(h_{11} + 2h_{12} + h_{22})}F_1$$
$$+\frac{h_{12} + kh_{12}(h_{12} + h_{22}) - kh_{22}(h_{11} + h_{12})}{1 + k(h_{11} + 2h_{12} + h_{22})}F_2$$
$$= \frac{(h_{11} + kD)F_1 + (h_{12} - kD)F_2}{1 + kS}.$$

Das Ergebnis für w_2 erhält man durch Vertauschung der Indizes 1 und 2 bei Beachtung der Symmetrie $h_{21} = h_{12}$. Damit ist

$$\begin{bmatrix} w_1 \\ w_2 \end{bmatrix} = \mathbf{H}^{**} \begin{bmatrix} F_1 \\ F_2 \end{bmatrix} \qquad \text{mit} \qquad \mathbf{H}^{**} = \frac{1}{1 + kS}\begin{bmatrix} h_{11} + kD & h_{12} - kD \\ h_{12} - kD & h_{22} + kD \end{bmatrix}.$$

Im Grenzfall $k \to \infty$ strebt $\mathbf{H}^{**}$ gegen $\mathbf{H}^*$.

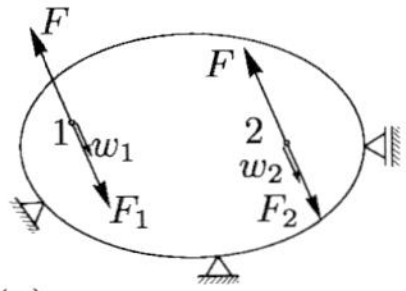

(a)

Aufg. 8.31

Man bringe im linken Punkt B ein weiteres Gelenklager an und im rechten Punkt B nach links gerichtet eine Kraft F_2. Die Beziehung zwischen den Kräften und den Verschiebungen (jeweils am Angriffspunkt und in Richtung der Kraft) hat wegen der Symmetrie der Anordnung die Form

$w_1 = c_1F_1 + c_2F_2, \quad w_2 = c_2F_1 + c_1F_2.$

Im Fall $F_2 = 0$ ist $w_1 = c_1F_1$, $w_2 = c_2F_1$. Beim abgebildeten System ist $c_2 < 0$. Man soll beweisen, daß $c_1 > |c_2|$ ist.
1. Formaler Beweis: Da die Nachgiebigkeitsmatrix positiv definit ist, ist $c_1^2 - c_2^2 > 0$. Ende des Beweises.
2. Anschaulicher Beweis: Man wähle F_2 so, daß $w_2 = 0$ ist (Gelenklager in beiden Punkten B). Das erfordert $F_2 = -(c_2/c_1)F_1$. Damit ergibt sich $w_1 = F_1(c_1^2 - c_2^2)/c_1$. Aus $w_1 > 0$ folgt der Beweis.
Bei allen Systemen, die bei einer Drehung um 90° in sich selbst übergehen, gilt im Fall $c_2 < 0$ dieselbe Aussage. Vgl. Aufg. 8.21. Im Fall $c_2 > 0$ (die Entfernung B–B nimmt bei $F_1 > 0$ ab) ist $c_1 > c_2$. Stets gilt: Wenn nur F_1 angreift, ist der Betrag der Abstandsänderung A–A größer als der Betrag der Abstandsänderung B–B.

Aufg. 8.32

Schnittprinzip:
Abb. a zeigt beide Stäbe mit unbekannten Lagerreaktionen A und B. Die Verschiebungen w_A und w_B sind für beide Stäbe jeweils gleich. Aus Beisp.5.3-2 wird für den oberen Stab die Beziehung übernommen:

$$\begin{bmatrix} w_A \\ w_B \end{bmatrix} = \frac{\ell^3}{48EI_y} \begin{bmatrix} 2 & 5 \\ 5 & 16 \end{bmatrix} \begin{bmatrix} G + A \\ B \end{bmatrix}. \qquad \text{(a)}$$

Für den unteren Stab gilt

$$\begin{bmatrix} w_A \\ w_B \end{bmatrix} = \frac{\ell^3}{48EI_y} \begin{bmatrix} 16 & 5 \\ 5 & 2 \end{bmatrix} \begin{bmatrix} -A \\ -B \end{bmatrix}. \qquad \text{(b)}$$

Gleichsetzen beider Ausdrücke ergibt für A und B die beiden Gleichungen

$$2(G + A) + 5B = -16A - 5B, \qquad 5(G + A) + 16B = -5A - 2B \qquad \text{oder}$$
$$9A + 5B = -G, \qquad 5A + 9B = -\tfrac{5}{2}G.$$

Sie liefern die gesuchten Ergebnisse

$$A = \tfrac{1}{16}G, \qquad B = -\tfrac{5}{16}G. \qquad \text{(c)}$$

Mit ihnen ergibt sich aus (b)

$$\begin{bmatrix} w_A \\ w_B \end{bmatrix} = \frac{G\ell^3}{16 \cdot 48EI_y} \begin{bmatrix} 16 & 5 \\ 5 & 2 \end{bmatrix} \begin{bmatrix} -1 \\ 5 \end{bmatrix} = \frac{G\ell^3}{16 \cdot 48EI_y} \begin{bmatrix} 9 \\ 5 \end{bmatrix},$$

also $$w_A = \frac{9}{768}\frac{G\ell^3}{EI_y}, \qquad w_B = \frac{5}{768}\frac{G\ell^3}{EI_y}. \qquad \text{(d)}$$

Prinzip von Lagrange-Dirichlet:
Die gesamte potentielle Energie des Systems einschließlich des Gewichts G ist nach Gl. (8.44) auf eindeutige Weise als Funktion von w_A und w_B in der Form ausdrückbar:

$$\Pi = -Gw_A + \tfrac{1}{2}\left(\mathbf{w}^T\mathbf{K}_1\mathbf{w} + \mathbf{w}^T\mathbf{K}_2\mathbf{w}\right). \qquad \text{(e)}$$

Darin sind $\mathbf{K}_1$ und $\mathbf{K}_2$ die Steifigkeitsmatrizen beider Stäbe und $\mathbf{w}^T = [w_A \;\; w_B]$.

Diese Formulierung berücksichtigt bereits, daß **w** bei beiden Stäben gleich ist. Die Steifigkeitsmatrizen ergeben sich aus (a) und (b) zu

$$\mathbf{K}_1 = \frac{48EI_y}{7\ell^3}\begin{bmatrix} 16 & -5 \\ -5 & 2 \end{bmatrix}, \qquad \mathbf{K}_2 = \frac{48EI_y}{7\ell^3}\begin{bmatrix} 2 & -5 \\ -5 & 16 \end{bmatrix}. \tag{f}$$

Damit ist

$$\Pi = -Gw_A + \frac{c}{2}[w_A \;\; w_B]\begin{bmatrix} 18 & -10 \\ -10 & 18 \end{bmatrix}\begin{bmatrix} w_A \\ w_B \end{bmatrix}$$

$$= -Gw_A + \frac{c}{2}(18w_A^2 - 20w_A w_B + 18w_B^2) \qquad \text{mit} \qquad c = \frac{48EI_y}{7\ell^3}.$$

In der Gleichgewichtslage ist

$$\frac{\partial \Pi}{\partial w_A} = -G + c(18w_A - 10w_B) = 0, \qquad \frac{\partial \Pi}{\partial w_B} = c(-10w_A + 18w_B) = 0.$$

Das sind zwei Gleichungen für w_A und w_B. Die Lösung ist

$$w_A = \frac{9}{112}\cdot\frac{G}{c} = \frac{9}{768}\frac{G\ell^3}{EI_y}, \qquad w_B = \frac{5}{112}\cdot\frac{G}{c} = \frac{5}{768}\frac{G\ell^3}{EI_y}$$

in Übereinstimmung mit (d). Damit und mit (f) erhält man aus (b) die Kräfte

$$\begin{bmatrix} -A \\ -B \end{bmatrix} = \mathbf{K}_2\begin{bmatrix} w_A \\ w_B \end{bmatrix} = c\begin{bmatrix} 2 & -5 \\ -5 & 16 \end{bmatrix}\cdot\frac{G}{112c}\begin{bmatrix} 9 \\ 5 \end{bmatrix}$$

$$= \frac{G}{112}\begin{bmatrix} 18-25 \\ -45+80 \end{bmatrix} = \begin{bmatrix} -\frac{1}{16}G \\ \frac{5}{16}G \end{bmatrix}.$$

Also ist $A = \frac{1}{16}G$, $B = -\frac{5}{16}G$ in Übereinstimmung mit (c). Dieser Lösungsweg ist umständlicher als der erste.

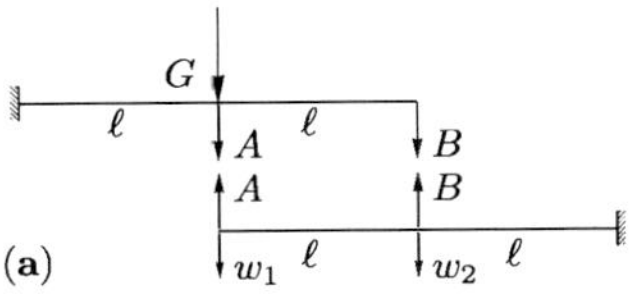

(a)

Aufg. 8.33

Der 2. Satz von Castigliano ist anwendbar. Da nur eine Verschiebung w und eine Kraft F vorkommen, hat er die Form

$$\frac{\mathrm{d}U_w}{\mathrm{d}w} = F. \tag{a}$$

U_w ist die Formänderungsenergie der Stäbe. Der allgemeine Zusammenhang zwischen Verlängerung $\Delta\ell$ und Längskraft N, nämlich $\Delta\ell = N\ell/(EA)$, definiert die Federkonstante

$$k = \frac{N}{\Delta\ell} = \frac{EA}{\ell}.$$

Mit ihr ist für beide Stäbe zusammen

$$U_w = 2\cdot\tfrac{1}{2}k(\Delta\ell)^2 = \frac{EA}{\ell}(\Delta\ell)^2.$$

Aus Abb. a liest man ab:

$(\ell + \Delta\ell)^2 = \ell^2 \cos^2\alpha_0 + (\ell \sin\alpha_0 + w)^2.$

Daraus folgt

$\Delta\ell = \sqrt{\ell^2 + w^2 + 2w\ell\sin\alpha_0} - \ell,$

so daß (b) den Ausdruck liefert:

$$U_w = \frac{EA}{\ell}\left[2\ell^2 + w^2 + 2\ell\left(w\sin\alpha_0 - \sqrt{\ell^2 + w^2 + 2w\ell\sin\alpha_0}\right)\right].$$

Damit ergibt sich aus (a) der nichtlineare Zusammenhang zwischen w und F:

$$\frac{EA}{\ell}\left[2w + 2\ell\left(\sin\alpha_0 - \frac{w + \ell\sin\alpha_0}{\sqrt{\ell^2 + w^2 + 2w\ell\sin\alpha_0}}\right)\right] = F.$$

Im Sonderfall $\alpha_0 = 0$ vereinfacht er sich zu

$$\frac{2EA}{\ell}\left(w - \frac{w\ell}{\sqrt{\ell^2 + w^2}}\right) = F \quad \text{oder}$$

$$2EA \cdot \frac{w}{\ell}\left(1 - \frac{1}{\sqrt{1 + (w/\ell)^2}}\right) = F.$$

Die Taylorreihe für w/ℓ beginnt mit den Gliedern

$$2EA \cdot \frac{w}{\ell}\left\{1 - \left[1 - \frac{1}{2}\left(\frac{w}{\ell}\right)^2 \pm \ldots\right]\right\} = F \quad \text{oder}$$

$EA\left(\frac{w}{\ell}\right)^3 + \ldots = F.$ Daraus folgt das gesuchte Ergebnis

$$w \approx \ell\left(\frac{F}{EA}\right)^{1/3}.$$

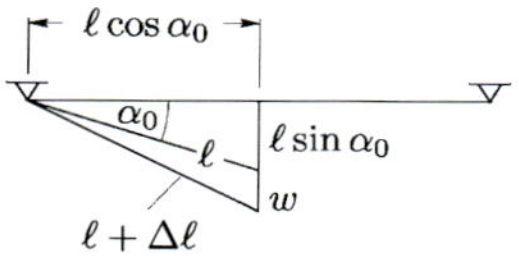

(a)

Aufg. 8.34

Teilaufgabe a:
Abb. a zeigt das Grundsystem mit der Lagerreaktion A als unbekannter Kraftgröße. Die gezeichneten Biegemomentenlinien zu F und zu A liefern die Funktion

$$M_y(x) = \begin{cases} -\frac{1}{2}F\ell\left(1 - \frac{2x}{\ell}\right) - A\ell\left(1 - \frac{x}{\ell}\right) & (0 \le x \le \frac{\ell}{2}) \\ -A\ell\left(1 - \frac{x}{\ell}\right) & (\frac{\ell}{2} \le x \le \ell). \end{cases} \tag{a}$$

Daraus wird die Formänderungsenergie berechnet:

$$U = \frac{1}{2EI_y}\int_0^\ell M_y^2(x)\,\mathrm{d}x.$$

Nach dem Satz von Menabrea ist $\partial U/\partial A = 0$. Man differenziert erst nach A und integriert dann über x:

$$\frac{\partial U}{\partial A} = \frac{1}{EI_y}\int_0^\ell M_y(x)\,\frac{\partial M_y(x)}{\partial A}\,\mathrm{d}x = 0. \tag{b}$$

Das ist die Gleichung

$$\int_0^{\ell/2}\Big[-\tfrac{1}{2}F\ell\Big(1-\frac{2x}{\ell}\Big)\Big]\Big[-\ell\Big(1-\frac{x}{\ell}\Big)\Big]\,\mathrm{d}x$$

$$+\int_0^{\ell}\Big[-A\ell\Big(1-\frac{x}{\ell}\Big)\Big]\Big[-\ell\Big(1-\frac{x}{\ell}\Big)\Big]\,\mathrm{d}x=0$$

oder nach Division durch ℓ^2

$$\frac{1}{2}F\int_0^{\ell/2}\Big(1-\frac{2x}{\ell}\Big)\Big(1-\frac{x}{\ell}\Big)\,\mathrm{d}x+A\int_0^{\ell}\Big(1-\frac{x}{\ell}\Big)^2\,\mathrm{d}x=0\quad\text{oder}$$

$$\frac{1}{2}F\int_0^{\ell/2}\Big(1-3\frac{x}{\ell}+2\frac{x^2}{\ell^2}\Big)\,\mathrm{d}x+A\int_0^{\ell}\Big(1-2\frac{x}{\ell}+\frac{x^2}{\ell^2}\Big)\,\mathrm{d}x=0.$$

Die beiden Integrale sind $\frac{5}{24}\,\ell$ und $\frac{1}{3}\,\ell$, so daß

$$\tfrac{5}{48}F\ell+\tfrac{1}{3}A\ell=0$$

ist. Daraus folgt $A=-\frac{5}{16}\,F$. Dieses Ergebnis stimmt mit dem in Beisp.5.3-2 überein.

Teilaufgabe b:

Abb. b zeigt das Grundsystem mit der Lagerreaktion A. Der Vergleich mit Abb. a zeigt, daß man in (a) nur A und F vertauschen muß. Damit nimmt (b) die Form an:

$$\int_0^{\ell/2}\Big[-\tfrac{1}{2}A\ell\Big(1-\frac{2x}{\ell}\Big)-F\ell\Big(1-\frac{x}{\ell}\Big)\Big]\Big[-\tfrac{1}{2}\ell\Big(1-\frac{2x}{\ell}\Big)\Big]\,\mathrm{d}x=0$$

oder nach Division durch ℓ^2

$$\frac{1}{4}A\int_0^{\ell/2}\Big(1-\frac{2x}{\ell}\Big)^2\,\mathrm{d}x+\frac{1}{2}F\int_0^{\ell/2}\Big(1-\frac{x}{\ell}\Big)\Big(1-\frac{2x}{\ell}\Big)\,\mathrm{d}x=0.$$

Die beiden Integrale sind (vgl. Teilaufgabe a) $\frac{1}{6}\,\ell$ und $\frac{5}{24}\,\ell$. Daraus folgt

$$A=-\tfrac{5}{2}\,F.$$

Lösung beider Teilaufgaben mit Hilfe der Nachgiebigkeitsmatrix:

Für das Grundsystem in Abb. c entnimmt man Beisp.5.3-2 die Beziehungen

$$w_1=\frac{(\ell/2)^3}{EI_y}\big(\tfrac{1}{3}F_1+\tfrac{5}{6}F_2\big),\qquad w_2=\frac{(\ell/2)^3}{EI_y}\big(\tfrac{5}{6}F_1+\tfrac{8}{3}F_2\big)\quad\text{bzw.}$$

$$\begin{bmatrix}w_1\\ w_2\end{bmatrix}=\frac{(\ell/2)^3}{6EI_y}\begin{bmatrix}2&5\\5&16\end{bmatrix}\begin{bmatrix}F_1\\F_2\end{bmatrix}.$$

In Teilaufgabe a ist $w_2=0$. Daraus folgt $F_2=-\frac{5}{16}F_1$ bzw. mit den alten Bezeichnungen $A=-\frac{5}{16}F$.

In Teilaufgabe b ist $w_1=0$. Daraus folgt $F_1=-\frac{5}{2}F_2$ bzw. $A=-\frac{5}{2}F$.

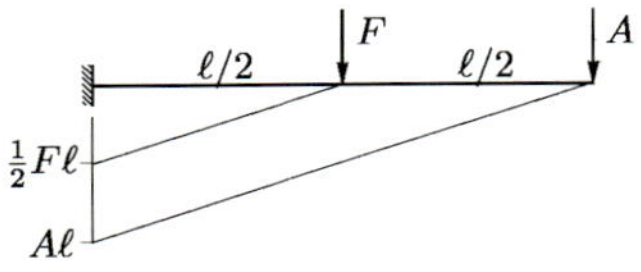

(a)

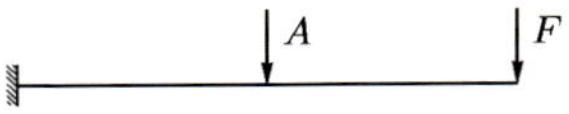

(b)

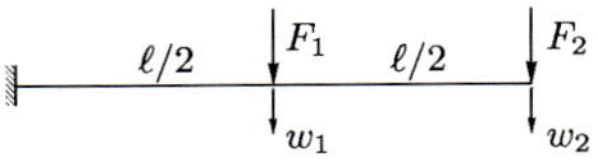

(c)

Aufg. 8.35

Die gesamte potentielle Energie der drei Körper und der Feder ist

$V = -2G_1 \frac{\ell}{2} \cos\alpha - G_2 \ell \cos\alpha + \frac{k}{2}[2\ell(\sin\alpha - \sin\alpha_0)]^2$

$\quad = -(G_1 + G_2)\ell\cos\alpha + 2k\ell^2(\sin\alpha - \sin\alpha_0)^2.$

In der Gleichgewichtslage ist $dV/d\alpha = 0$, also nach Division durch ℓ

$(G_1 + G_2)\sin\alpha + 4k\ell(\sin\alpha - \sin\alpha_0)\cos\alpha = 0.$

Quadrierung erzeugt

$(G_1 + G_2)^2 \sin^2\alpha = 16k^2\ell^2(\sin\alpha - \sin\alpha_0)^2(1 - \sin^2\alpha).$

Das ist ein Polynom 4. Grades für $\sin\alpha$.

Aufg. 8.36

Die gesamte potentielle Energie aller 5 Körper ist

$V = -2G_1h_1 - 2G_1h_2 - G_2h_3 = -2G_1(h_1 + h_2) - G_2h_3.$

Aus Abb. a liest man ab:

$h_1 = \frac{1}{2}\ell\cos\alpha, \quad h_2 = 3 \cdot \frac{1}{2}\ell\cos\alpha, \quad h_3 = 2\ell\cos\alpha - \dfrac{r}{\sin\alpha}.$

Damit ist

$$V = -4G_1\ell\cos\alpha - G_2\left(2\ell\cos\alpha - \frac{r}{\sin\alpha}\right) = -2(2G_1 + G_2)\ell\cos\alpha + \frac{G_2 r}{\sin\alpha}.$$

In der Gleichgewichtslage ist $\mathrm{d}V/\mathrm{d}\alpha = 0$, also

$$2(2G_1 + G_2)\ell\sin\alpha - G_2 r\,\frac{\cos\alpha}{\sin^2\alpha} = 0 \quad \text{oder}$$

$$a\sin^3\alpha = \cos\alpha \qquad \text{mit} \qquad a = 2\,\frac{2G_1 + G_2}{G_2} \cdot \frac{\ell}{r}.$$

Quadrierung erzeugt die kubische Gleichung

$a^2x^3 + x = 1 \qquad \text{mit} \qquad x = \sin^2\alpha.$

Wenn der Körper die oberen Stangen nicht durchdringen soll, muß $h_3 > \ell\cos\alpha$ sein oder $\ell\cos\alpha - r/\sin\alpha > 0$ oder $\sin 2\alpha < 2\ell/r$.

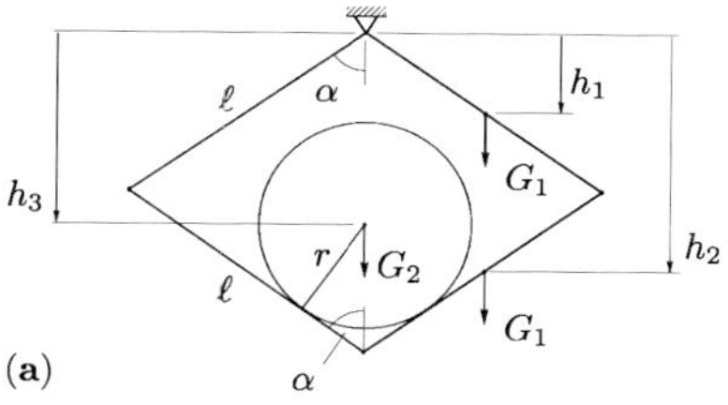

(a)

Aufg. 8.37

Teilaufgabe 4.4:
Nach Abb. b zur Lösung von Aufg. 4.4 verursacht die Verschiebung w an den Seilbefestigungen die Verschiebungen

$$w_1 = \frac{a}{2a+b} w \quad \text{und} \quad w_2 = \frac{a+b}{2a+b} w.$$

Die Federverlängerung ist $w_1 + w_2 = w$. Die gesamte potentielle Energie von Gewicht und Feder ist

$$V = -Gw + \tfrac{1}{2} k w^2.$$

Im Gleichgewicht ist

$$\frac{\mathrm{d}V}{\mathrm{d}w} = -G + kw = 0, \qquad \text{also} \qquad w = \frac{G}{k}.$$

Teilaufgabe 4.7:
Nach den Abbildungen zur Lösung von Aufg. 4.7 verlängern die Verdrehwinkel φ_1 und φ_2 die linke Feder um $\Delta\ell_1 = \ell_1(\varphi_2 - \varphi_1)$ und die rechte Feder um $\Delta\ell_2 = \ell_1\varphi_1 + \ell_2\varphi_2$. Die Absenkung des Gewichts ist $w = \ell\varphi_2$. Die gesamte potentielle Energie des Systems ist

$$\begin{aligned} V &= \tfrac{1}{2} k_1 (\Delta\ell_1)^2 + \tfrac{1}{2} k_2 (\Delta\ell_2)^2 - Gw \\ &= \tfrac{1}{2} k_1 \ell_1^2 (\varphi_2 - \varphi_1)^2 + \tfrac{1}{2} k_2 (\ell_1\varphi_1 + \ell_2\varphi_2)^2 - G\ell\varphi_2 \\ &= \tfrac{1}{2}(k_1 + k_2)\ell_1^2\varphi_1^2 + \tfrac{1}{2}(k_1\ell_1^2 + k_2\ell_2^2)\varphi_2^2 + (k_2\ell_2 - k_1\ell_1)\ell_1\varphi_1\varphi_2 - G\ell\varphi_2. \end{aligned}$$

In Gleichgewichtslagen ist

$$\frac{\partial V}{\partial \varphi_1} = (k_1 + k_2)\ell_1^2\varphi_1 + (k_2\ell_2 - k_1\ell_1)\ell_1\varphi_2 = 0,$$

$$\frac{\partial V}{\partial \varphi_2} = (k_2\ell_2 - k_1\ell_1)\ell_1\varphi_1 + (k_1\ell_1^2 + k_2\ell_2^2)\varphi_2 - G\ell = 0.$$

Die Determinante der Koeffizienten von φ_1 und φ_2 ist

$$\text{Det} = \ell_1^2[(k_1 + k_2)(k_1\ell_1^2 + k_2\ell_2^2) - (k_2\ell_2 - k_1\ell_1)^2] = \ell_1^2 k_1 k_2 (\ell_1 + \ell_2)^2.$$

Damit ergeben sich die Lösungen nach der Cramerschen Regel zu

$$\varphi_1 = \frac{-G\ell(k_2\ell_2 - k_1\ell_1)\ell_1}{\text{Det}} = G\,\frac{\ell}{(\ell_1 + \ell_2)^2}\,\frac{k_1\ell_1 - k_2\ell_2}{\ell_1 k_1 k_2}$$

$$\varphi_2 = \frac{(k_1 + k_2)\ell_1^2 G\ell}{\text{Det}} = G\,\frac{\ell}{(\ell_1 + \ell_2)^2}\,\frac{k_1 + k_2}{k_1 k_2}.$$

Teilaufgabe 5.29:
Vorbemerkung: Die allgemeingültigen Beziehungen zwischen einer Kraft F und

der Verschiebung w an der Mastspitze und zwischen einer Längskraft S und der Verlängerung $\Delta\ell$ des Seils sind

$$w = \frac{Fh^3}{3E_1 I_y} = \frac{F}{k_1} \qquad \text{bzw.} \qquad \Delta\ell = \frac{S\ell}{E_2 A} = \frac{S}{k_2}.$$

Dadurch sind die Federkonstanten

$$k_1 = \frac{3E_1 I_y}{h^3} \qquad \text{und} \qquad k_2 = \frac{E_2 A}{\ell} \tag{a}$$

definiert. Sie werden im folgenden verwendet. Im Zustand vor dem Riß ist jedes Seil durch die Vorspannkraft S_0 um ein Stück

$$\Delta\ell_0 = \frac{S_0}{k_2} \tag{b}$$

verlängert. Nach dem Riß ist die Mastspitze um ein Stück w verschoben. Das verbleibende Seil wird dadurch nach Abb. a um das Stück $w\cos\alpha$ kürzer, hat dann also nur noch die Verlängerung

$$\Delta\ell = \Delta\ell_0 - w\cos\alpha. \tag{c}$$

Die gesamte in Mast und Seil gespeicherte potentielle Energie ist folglich

$$\Pi = \tfrac{1}{2}k_1 w^2 + \tfrac{1}{2}k_2(\Delta\ell)^2 = \tfrac{1}{2}k_1 w^2 + \tfrac{1}{2}k_2(\Delta\ell_0 - w\cos\alpha)^2.$$

Die tatsächlich eintretende Größe von w macht Π zu einem Minimum. Also ist

$$\frac{\mathrm{d}\Pi}{\mathrm{d}w} = k_1 w - k_2(\Delta\ell_0 - w\cos\alpha)\cos\alpha = 0.$$

Das liefert

$$w = \frac{k_2 \Delta\ell_0 \cos\alpha}{k_1 + k_2\cos^2\alpha}.$$

Damit und mit (c) ist

$$\Delta\ell = \Delta\ell_0 - \frac{k_2\Delta\ell_0\cos^2\alpha}{k_1 + k_2\cos^2\alpha} = \Delta\ell_0 \, \frac{k_1}{k_1 + k_2\cos^2\alpha} = \frac{\Delta\ell_0}{1 + \frac{k_2}{k_1}\cos^2\alpha}.$$

Die gesuchte Seilkraft ist $S = k_2\Delta\ell$, also mit (a) und (b)

$$S = \frac{k_2\Delta\ell_0}{1 + \frac{k_2}{k_1}\cos^2\alpha} = \frac{S_0}{1 + \dfrac{1}{3}\dfrac{E_2}{E_1}\dfrac{Ah^3}{I_y\ell}\cos^2\alpha}.$$

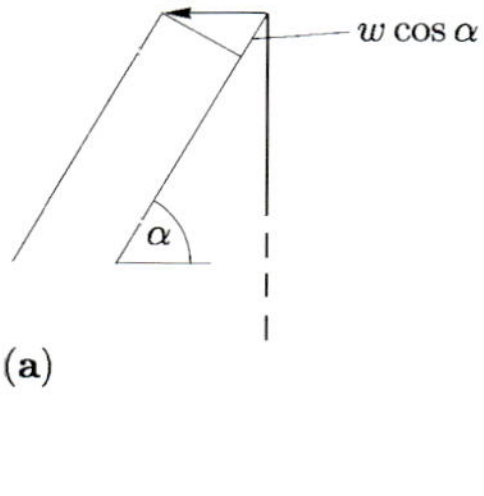

(a)

Aufg. 8.38

Abb. a zeigt die Stäbe mit Verschiebungen w_1, w_2 und w_3. Die Federverlängerungen sind $w_1 + w_3$ (links) und $w_2 - w_3$ (rechts). Der Winkel α an der Drehfeder ist

$$\alpha = \frac{w_2 - 2w_1}{\ell/2}.$$

Die gesamte potentielle Energie des Systems ist

$$V = \tfrac{1}{2}k(w_1 + w_3)^2 + \tfrac{1}{2}k(w_2 - w_3)^2 + \tfrac{1}{2}k_d\alpha^2 - Gw_2$$
$$= \tfrac{1}{2}k(w_1 + w_3)^2 + \tfrac{1}{2}k(w_2 - w_3)^2 + \tfrac{1}{2}k^*(w_2 - 2w_1)^2 - Gw_2 \qquad \text{(a)}$$

mit der Abkürzung

$$k^* = \frac{k_d}{(\ell/2)^2} = \frac{4k_d}{\ell^2}.$$

In Gleichgewichtslagen ist

$$\frac{\partial V}{\partial w_1} = 0, \qquad \frac{\partial V}{\partial w_2} = 0, \qquad \frac{\partial V}{\partial w_3} = 0.$$

Das sind die Gleichungen

$$k(w_1 + w_3) - 2k^*(w_2 - 2w_1) = 0,$$
$$k(w_2 - w_3) + k^*(w_2 - 2w_1) - G = 0,$$
$$k(w_1 + w_3) - k(w_2 - w_3) = 0.$$

Sie werden in Matrixform zusammengefaßt zu

$$\begin{bmatrix} k + 4k^* & -2k^* & k \\ -2k^* & k + k^* & -k \\ k & -k & 2k \end{bmatrix} \begin{bmatrix} w_1 \\ w_2 \\ w_3 \end{bmatrix} = \begin{bmatrix} 0 \\ G \\ 0 \end{bmatrix}. \qquad \text{(b)}$$

Zur Auflösung bilde man die Summe der 1. und der 2. Gleichung sowie die Summe der 3. und des Doppelten der 2. Gleichung. Man erhält dann 2 Gleichungen für w_1 und w_2 und daraus

$$w_1 = G\,\frac{-k + 4k^*}{9kk^*}, \qquad w_2 = G\,\frac{k + 8k^*}{9kk^*}, \qquad w_3 = G\,\frac{k + 2k^*}{9kk^*}. \qquad \text{(c)}$$

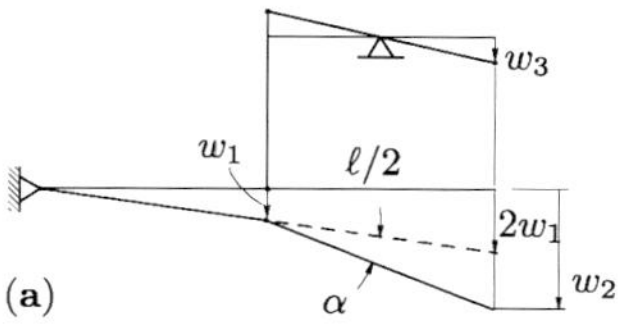

Aufg. 8.39

Die gesamte potentielle Energie setzt sich aus der des Biegestabes, der beiden Federn und des Gewichts G zusammen. Für die letzteren gelten die Formeln von Aufg. 8.38:

$$V = V_{Stab} + \tfrac{1}{2}k(w_1 + w_3)^2 + \tfrac{1}{2}k(w_2 - w_3)^2 - Gw_2. \qquad \text{(a)}$$

Im verformten Zustand hat der Stab nach Abb. a am rechten Ende die Lagerabsenkung w_2 und in der Mitte die Durchbiegung $f = w_1 - w_2/2$. Zwischen der Federkraft F in Stabmitte und f besteht die Beziehung

$$f = \frac{F\ell^3}{48EI_y}.$$

Nach dem Arbeitssatz ist

$$V_{Stab} = \tfrac{1}{2}Ff = \frac{1}{2}\,\frac{48EI_y}{\ell^3}\,f^2 = \frac{1}{2}\,\frac{48EI_y}{\ell^3}\left(w_1 - \tfrac{1}{2}w_2\right)^2$$
$$= \tfrac{1}{2}k^*(w_2 - 2w_1)^2 \qquad \text{mit} \qquad k^* = 12EI_y/\ell^3.$$

Damit und mit (a) ist

$V = \frac{1}{2}k(w_1 + w_3)^2 + \frac{1}{2}k(w_2 - w_3)^2 + \frac{1}{2}k^*(w_2 - 2w_1)^2 - Gw_2.$

Dieser Ausdruck ist formal mit dem in Gl. (a) von Aufg. 8.38 identisch. Folglich sind auch die Gleichungen (b) und ihre Lösung hier gültig.

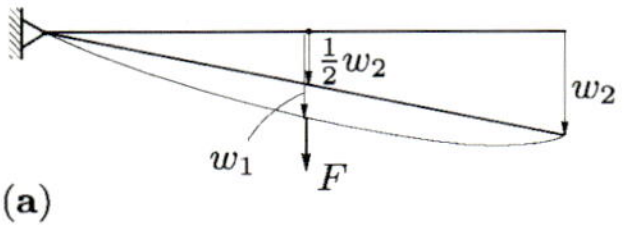

(a)

Aufg. 8.40

Aus Abb. a liest man die Bindungsgleichung zwischen φ_1, φ_2 und ℓ ab:

$$f(\varphi_1, \varphi_2, \ell) = \ell \cos\varphi_1 + b\cos\varphi_2 - a = 0. \tag{a}$$

Die gesamte potentielle Energie der beiden Gewichte und der Feder ist

$$\begin{aligned} V &= -G_1 \ell \cos(\varphi_1 + \alpha) - G_2[\ell\cos(\varphi_1+\alpha) + b\cos(\varphi_2+\alpha)] + \tfrac{1}{2}k(\ell - \ell_0)^2 \\ &= -(G_1+G_2)\ell\cos(\varphi_1+\alpha) - G_2 b\cos(\varphi_2+\alpha) + \tfrac{1}{2}k(\ell-\ell_0)^2. \end{aligned} \tag{b}$$

In Gleichgewichtslagen nimmt V unter der Nebenbedingung (a) stationäre Werte an.

Lösung mit Lagrangeschem Multiplikator λ:

Die Stationaritätsbedingungen sind

$$\frac{\partial}{\partial \ell}(V + \lambda\, f) = 0, \quad \frac{\partial}{\partial \varphi_1}(V + \lambda\, f) = 0, \quad \frac{\partial}{\partial \varphi_2}(V + \lambda\, f) = 0 \tag{c}$$

oder ausführlich

$$-(G_1+G_2)\cos(\varphi_1+\alpha) + k(\ell-\ell_0) + \lambda\cos\varphi_1 = 0, \tag{d}$$

$$(G_1+G_2)\sin(\varphi_1+\alpha) - \lambda\sin\varphi_1 = 0, \tag{e}$$

$$G_2\sin(\varphi_2+\alpha) - \lambda\sin\varphi_2 = 0. \tag{f}$$

(a), (d), (e) und (f) bestimmen φ_1, φ_2, ℓ und λ. Aus (a) folgt

$$\ell = \frac{a - b\cos\varphi_2}{\cos\varphi_1}. \tag{g}$$

In Gleichgewichtslagen ist $\cos\varphi_1 \neq 0$. Damit liefert (d)

$$\lambda = (G_1+G_2)\frac{\cos(\varphi_1+\alpha)}{\cos\varphi_1} - k\,\frac{a - b\cos\varphi_2 - \ell_0\cos\varphi_1}{\cos^2\varphi_1}.$$

Das wird in (e) und (f) eingesetzt. Beide Gleichungen werden mit $\cos^2\varphi_1$ multipliziert. Aus (e) entsteht

$$\begin{aligned} &(G_1+G_2)\big[\sin(\varphi_1+\alpha)\;\cos\varphi_1 - \cos(\varphi_1+\alpha)\;\sin\varphi_1\big]\;\cos\varphi_1 \\ &\qquad + k\big(a - b\cos\varphi_2 - \ell_0\cos\varphi_1\big)\;\sin\varphi_1 = 0 \end{aligned} \tag{h}$$

oder

$$(G_1+G_2)\sin\alpha\;\cos\varphi_1 + k(a - b\cos\varphi_2 - \ell_0\cos\varphi_1)\sin\varphi_1 = 0. \tag{i}$$

Aus (f) entsteht

$$\begin{aligned} &\big[G_2\sin(\varphi_2+\alpha)\;\cos\varphi_1 - (G_1+G_2)\cos(\varphi_1+\alpha)\;\sin\varphi_2\big]\;\cos\varphi_1 \\ &\qquad + k\big(a - b\cos\varphi_2 - \ell_0\cos\varphi_1\big)\;\sin\varphi_2 = 0. \end{aligned} \tag{j}$$

Man multipliziere (h) mit $\sin\varphi_2$ und (j) mit $\sin\varphi_1$, bilde die Differenz und dividiere durch $\cos\varphi_1$:

$$(G_1+G_2)\sin(\varphi_1+\alpha)-G_2\sin(\varphi_2+\alpha)\ \sin\varphi_1\ \cos\varphi_1=0.$$

(i) und diese Gleichung bestimmen die Winkel φ_1 und φ_2 in stabilen und in instabilen Gleichgewichtslagen. Je nach den Größen der Parameter G_1, G_2, a, b, ℓ_0, k und α sind viele verschiedene Typen von Gleichgewichtslagen möglich. Abb. b zeigt einige Typen.

Lösung ohne Lagrangeschen Multiplikator:

Die Bindungsgleichung (a) wird nach ℓ aufgelöst. Das liefert wieder (g). Substitution in (b) führt zu

$$V(\varphi_1,\varphi_2)=-(G_1+G_2)\frac{a-b\cos\varphi_2}{\cos\varphi_1}\cos(\varphi_1+\alpha)-G_2b\cos(\varphi_2+\alpha)$$
$$+\tfrac{1}{2}k\Big(\frac{a-b\cos\varphi_2}{\cos\varphi_1}-\ell_0\Big)^2.$$

Diese Funktion ohne Nebenbedingungen nimmt in Gleichgewichtslagen stationäre Werte an. Die Bedingungen dafür sind

$$\frac{\partial V}{\partial\varphi_1}=-(G_1+G_2)(a-b\cos\varphi_2)\frac{-\cos\varphi_1\ \sin(\varphi_1+\alpha)+\cos(\varphi_1+\alpha)\ \sin\varphi_1}{\cos^2\varphi_1}$$
$$+k\Big(\frac{a-b\cos\varphi_2}{\cos\varphi_1}-\ell_0\Big)(a-b\cos\varphi_2)\frac{\sin\varphi_1}{\cos^2\varphi_1}=0$$

oder

$$\frac{a-b\cos\varphi_2}{\cos^3\varphi_1}\Big[(G_1+G_2)\ \sin\alpha\ \cos\varphi_1+k(a-b\cos\varphi_2-\ell_0\cos\varphi_1)\ \sin\varphi_1\Big]=0 \qquad \text{(k)}$$

und

$$\frac{\partial V}{\partial\varphi_2}=-(G_1+G_2)\frac{b\sin\varphi_2}{\cos\varphi_1}\cos(\varphi_1+\alpha)+G_2b\sin(\varphi_2+\alpha)$$
$$+k\Big(\frac{a-b\cos\varphi_2}{\cos\varphi_1}-\ell_0\Big)\frac{b\sin\varphi_2}{\cos\varphi_1}=0$$

oder

$$\frac{b}{\cos^2\varphi_1}\Big\{\Big[G_2\sin(\varphi_2+\alpha)\ \cos\varphi_1-(G_1+G_2)\ \cos(\varphi_1+\alpha)\ \sin\varphi_2\Big]\cos\varphi_1$$
$$+k(a-b\cos\varphi_2-\ell_0\cos\varphi_1)\sin\varphi_2\Big\}=0. \qquad (\ell)$$

Die Ausdrücke in Klammern in (k) und (ℓ) sind mit den linken Seiten von (i) bzw. (j) identisch. Der Faktor $a-b\cos\varphi_2$ in (k) ist wegen (g) mit $\ell\cos\varphi_1$ identisch. In Gleichgewichtslagen ist $\cos\varphi_1\neq 0$.

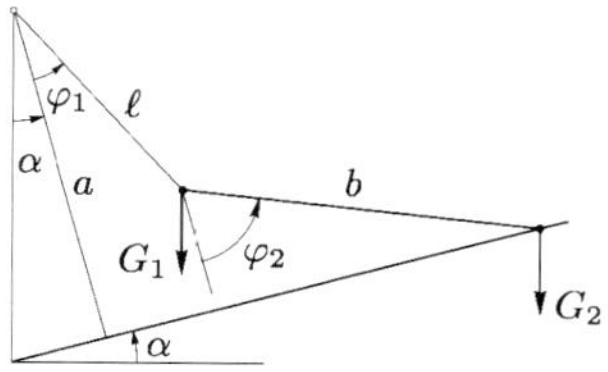

(a)

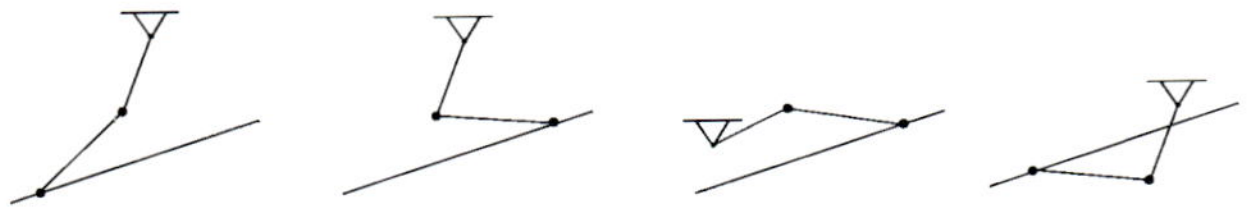

(b)

Aufg. 8.41

Nach dem Vorbild von Gl. (8.56) ist das gesamte Potential

$$\Pi = \int_0^\ell \left[\tfrac{1}{2} E I_y(x) \tilde{w}''^{\,2}(x) - q\tilde{w}(x)\right] \mathrm{d}x \tag{a}$$

mit drei verschiedenen Ansatzfunktionen der gemeinsamen Form

$$\tilde{w}(x) = c_1 w_1(x) + c_2 w_2(x). \tag{b}$$

Die Aufgabenstellung schreibt die Biegelinien vor:

$$\left.\begin{aligned} w_1(x) &= \ell\left[3 - 4\frac{x}{\ell} + \left(\frac{x}{\ell}\right)^4\right], \qquad w_1''(x) = \frac{12}{\ell}\left(\frac{x}{\ell}\right)^2 \qquad \text{(Streckenlast)},\\ w_2(x) &= \ell\left[2 - 3\frac{x}{\ell} + \left(\frac{x}{\ell}\right)^3\right], \qquad w_2''(x) = \frac{6}{\ell}\cdot\frac{x}{\ell} \qquad \text{(Einzelkraft)} \end{aligned}\right\} \tag{c}$$

(s. Hütte, Tab. E5-7; $x = 0$ am freien Ende; der willkürlich wählbare Faktor ℓ sorgt für die richtige Dimension, so daß c_1 und c_2 dimensionslos sind). Aus Aufg. 5.31 wird die für den Fall $h_1 = h_2 - h_1$ gültige Beziehung übernommen:

$$I_y(x) = \tfrac{1}{12} b h^3(x) = \tfrac{1}{12} b\left[h_1 + (h_2 - h_1)\frac{x}{\ell}\right]^3 = \tfrac{1}{12} b h_1^3 \left(1 + \frac{x}{\ell}\right)^3. \tag{d}$$

Fall a:
Die Stationaritätsbedingungen

$$\frac{\partial \Pi}{\partial c_1} = 0 \qquad \text{und} \qquad \frac{\partial \Pi}{\partial c_2} = 0$$

liefern für c_1 und c_2 das Gleichungssystem (vgl. Gl. (8.61) bis (8.63))

$$\mathbf{Ac} = \mathbf{B} \tag{e}$$

mit den Matrixelementen

$$A_{ij} = E\int_0^\ell I_y(x) w_i''(x) w_j''(x)\,\mathrm{d}x \qquad (i, j = 1, 2),$$

$$B_i = q\int_0^\ell w_i(x)\,\mathrm{d}x \qquad (i = 1, 2).$$

Mit (c) und (d) ist

$$A_{11} = \frac{Ebh_1^3}{12}\left(\frac{12}{\ell}\right)^2 \int_0^\ell \left(1 + \frac{x}{\ell}\right)^3 \left(\frac{x}{\ell}\right)^4 \mathrm{d}x,$$

$$A_{12} = A_{21} = \frac{Ebh_1^3}{12}\,\frac{12}{\ell}\cdot\frac{6}{\ell}\int_0^\ell \left(1 + \frac{x}{\ell}\right)^3 \left(\frac{x}{\ell}\right)^3 \mathrm{d}x,$$

$$A_{22} = \frac{Ebh_1^3}{12}\left(\frac{6}{\ell}\right)^2 \int_0^\ell \left(1 + \frac{x}{\ell}\right)^3 \left(\frac{x}{\ell}\right)^2 \mathrm{d}x,$$

$$B_1 = q\ell\int_0^\ell \left[3 - 4\frac{x}{\ell} + \left(\frac{x}{\ell}\right)^4\right] \mathrm{d}x,$$

$$B_2 = q\ell \int_0^\ell \left[2 - 3\frac{x}{\ell} + \left(\frac{x}{\ell}\right)^3\right] \mathrm{d}x.$$

In allen Integralen wird $x/\ell = z$, $\mathrm{d}x = \ell\,\mathrm{d}z$ eingeführt. Dann ist

$$\int_0^\ell \left(1+\frac{x}{\ell}\right)^3\left(\frac{x}{\ell}\right)^4 \mathrm{d}x = \ell \int_0^1 z^4(1+z)^3\,\mathrm{d}z = \ell \int_0^1 (z^4 + 3z^5 + 3z^6 + z^7)\,\mathrm{d}z$$

$$= \ell\left(\tfrac{1}{5} + \tfrac{1}{2} + \tfrac{3}{7} + \tfrac{1}{8}\right) = \tfrac{351}{280}\ell,$$

$$\int_0^\ell \left(1+\frac{x}{\ell}\right)^3\left(\frac{x}{\ell}\right)^3 \mathrm{d}x = \ell \int_0^1 z^3(1+z)^3\,\mathrm{d}z = \ell \int_0^1 (z^3 + 3z^4 + 3z^5 + z^6)\,\mathrm{d}z$$

$$= \ell\left(\tfrac{1}{4} + \tfrac{3}{5} + \tfrac{1}{2} + \tfrac{1}{7}\right) = \tfrac{209}{140}\ell,$$

$$\int_0^\ell \left(1+\frac{x}{\ell}\right)^3\left(\frac{x}{\ell}\right)^2 \mathrm{d}x = \ell \int_0^1 z^2(1+z)^3\,\mathrm{d}z = \ell \int_0^1 (z^2 + 3z^3 + 3z^4 + z^5)\,\mathrm{d}z$$

$$= \ell\left(\tfrac{1}{3} + \tfrac{3}{4} + \tfrac{3}{5} + \tfrac{1}{6}\right) = \tfrac{111}{60}\ell,$$

$$\int_0^\ell \left[3 - 4\frac{x}{\ell} + \left(\frac{x}{\ell}\right)^4\right] \mathrm{d}x = \ell \int_0^1 (3 - 4z + z^4)\,\mathrm{d}z = \ell(3 - 2 + \tfrac{1}{5}) = \tfrac{6}{5}\ell,$$

$$\int_0^\ell \left[2 - 3\frac{x}{\ell} + \left(\frac{x}{\ell}\right)^3\right] \mathrm{d}x = \ell \int_0^1 (2 - 3z + z^3)\,\mathrm{d}z = \ell(2 - \tfrac{3}{2} + \tfrac{1}{4}) = \tfrac{3}{4}\ell.$$

Damit nimmt (e) die Form an:

$$\frac{Ebh_1^3}{12} \cdot 6^2 \begin{bmatrix} 4 \cdot \frac{351}{280} & 2 \cdot \frac{209}{140} \\ 2 \cdot \frac{209}{140} & \frac{111}{60} \end{bmatrix} \begin{bmatrix} c_1 \\ c_2 \end{bmatrix} = q\ell^3 \begin{bmatrix} \frac{6}{5} \\ \frac{3}{4} \end{bmatrix}.$$

Die Daten der Aufgabe schreiben vor:

$$\frac{12q\ell^3}{Ebh_1^3 \cdot 36} = \frac{10^9}{2\cdot 10^5 \cdot 30 \cdot 10^3 \cdot 3} = \frac{1}{18}.$$

Damit ist

$$\begin{bmatrix} \frac{351}{70} & \frac{209}{70} \\ \frac{209}{70} & \frac{111}{60} \end{bmatrix} \begin{bmatrix} c_1 \\ c_2 \end{bmatrix} = \frac{1}{18} \begin{bmatrix} \frac{6}{5} \\ \frac{3}{4} \end{bmatrix} = \begin{bmatrix} \frac{1}{15} \\ \frac{1}{24} \end{bmatrix}. \qquad \text{(f)}$$

Die Auflösung ergibt

$$\left[\tfrac{351}{70} \cdot \tfrac{111}{60} - \left(\tfrac{209}{70}\right)^2\right] c_1 = \tfrac{1}{15}\,\tfrac{111}{60} - \tfrac{1}{24}\,\tfrac{209}{70} \quad \rightarrow \quad c_1 = -0,003,$$

$$-\left[\tfrac{351}{70} \cdot \tfrac{111}{60} - \left(\tfrac{209}{70}\right)^2\right] c_2 = \tfrac{1}{15}\,\tfrac{209}{70} - \tfrac{1}{24}\,\tfrac{351}{70} \quad \rightarrow \quad c_2 = +0,027.$$

Mit diesen Zahlenwerten ergibt sich aus (b) für die Durchbiegung am freien Ende, d.h. bei $x = 0$:

$$w(0) = c_1 \cdot 3\ell + c_2 \cdot 2\ell = 0,0457\ell = 45,7\text{mm}.$$

Das ist die Lösung von Fall a.

Fall b: Das ist der Sonderfall $c_2 = 0$. Aus (f) folgt

$\frac{351}{70}\, c_1 = \frac{1}{15}$, $\quad c_1 = 0,0133$, $\quad w(0) = 3c_1\ell = 0,0399\ell = 39,9\text{mm}.$

Fall c: Das ist der Sonderfall $c_1 = 0$. Aus (f) folgt

$\frac{111}{60}\, c_2 = \frac{1}{24}$, $\quad c_2 = 0,0225$, $\quad w(0) = 2c_2\ell = 0,0450\ell = 45,0\text{mm}.$

Die exakte Lösung ist nach Aufg. 5.31

$$w(0) = \frac{q\ell^4}{Ebh_2^3/12} \cdot \frac{(1-\alpha)(2+5\alpha-\alpha^2)+\alpha\ln\alpha}{4(1-\alpha)^4} \qquad \text{mit} \qquad \alpha = \frac{h_1}{h_2}.$$

Die Zahlenwerte sind

$$\alpha = \tfrac{1}{2}, \qquad \frac{q\ell^4}{Ebh_2^3/12} = \tfrac{12\cdot 10^{12}}{2\cdot 10^5\cdot 30\cdot 20^3} = 250, \qquad w(0) = 45,6\text{mm}.$$

Kapitel 10

Aufg. 10.1

Die Hauptflächenmomente I_y und I_z zu den Hauptachsen in Abb. a müssen gleich sein. Sie werden als Differenzen von Flächenmomenten der Rechtecke ABCD und A′B′C′D′ berechnet:

$I_y = 2 \cdot \frac{1}{12}(H^3B - h^3b)$,

$I_z = 2\left[\frac{1}{12}HB^3 + HB \cdot \frac{1}{4}(a-B)^2\right] - 2\left[\frac{1}{12}hb^3 + hb \cdot \frac{1}{4}(a-b)^2\right]$.

Gleichsetzen ergibt die quadratische Gleichung für a:

$H^3B - h^3b = HB^3 - hb^3 + 3\left[HB(a-B)^2 - hb(a-b)^2\right]$ oder

$a^2(HB - hb) - 2a(HB^2 - hb^2) = \frac{1}{3}(H^3B - h^3b) - \frac{4}{3}(HB^3 - hb^3)$.

Im Sonderfall $H = 2B$, $h = 2b$ ist sie die Gleichung

$a\left[a(B^2 - b^2) - 2(B^3 - b^3)\right] = 0$

mit den Lösungen $a_1 = 0$ (quadratischer Rohrquerschnitt) und

$a_2 = 2(B^3 - b^3)/(B^2 - b^2) = 2(B^2 + Bb + b^2)/(B + b)$
$\quad = 2B + 2b^2/(B + b)$.

Lösungen $a \geq 2B$ und Lösungen $a \leq 0$ sind sinnvoll.

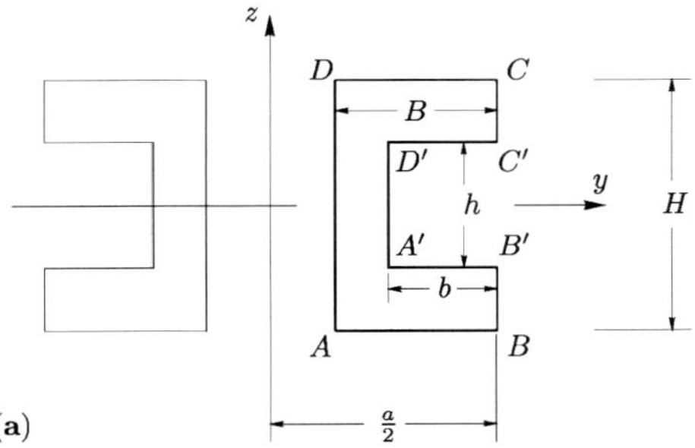

(a)

Aufg. 10.2

Beim Ausknicken aus der Zeichenebene heraus ist der Stab beidseitig gelenkig gelagert. Das ist der Knickfall II von Abb. 10.1. Seine kritische Last ist

$$F_k = \frac{\pi^2 EI_y}{\ell^2} \quad \text{mit} \quad I_y = \frac{1}{12}hb^3.$$

Beim Ausknicken in der Zeichenebene ist der Stab beidseitig fest eingespannt. Das ist der Knickfall IV. Seine kritische Last ist

$$F_k = \frac{4\pi^2 EI_z}{\ell^2} \quad \text{mit} \quad I_z = \frac{1}{12}bh^3.$$

Gleichheit beider kritischer Lasten erfordert $hb^3 = 4bh^3$. Das gesuchte Verhältnis ist also $h : b = 1 : 2$.

Aufg. 10.3

Alle Stäbe sind beidseitig gelenkig gelagert (Knickfall II in Abb. 10.1). Die kritische Last F_{ik} und die zulässige Last $F_{i\,zul}$ von Stab i sind

$$F_{ik} = -\frac{\pi^2 EI_y}{\ell_i^2}, \quad F_{i\,zul} = -\frac{\pi^2 EI_y}{\nu_k \ell_i^2} \quad (i = 1, ..., 5).$$

Man muß also fordern, daß die Stabkräfte N_i die Bedingungen erfüllen

$$N_i > -\frac{\pi^2 EI_y}{\nu_k \ell_i^2} \quad (i = 1, ..., 5). \tag{a}$$

Stabkräfte: Gleichgewichtsbedingungen für die freigeschnittenen Knoten A,B und C in Abb. a lauten:
Knoten A: $N_3 = N_4 = F_1\frac{\sqrt{2}}{2}$,
Knoten B:

$$\sum F_y : \quad N_2\tfrac{\sqrt{2}}{2} - N_3\tfrac{\sqrt{2}}{2} - F_2 = 0 \quad \rightarrow \quad N_2 = N_3 + F_2\tfrac{\sqrt{2}}{2} = F_1\tfrac{\sqrt{2}}{2} + F_2\sqrt{2},$$

$$\sum F_x : \quad -N_5 - N_2\tfrac{\sqrt{2}}{2} - N_3\tfrac{\sqrt{2}}{2} = 0 \quad \rightarrow \quad N_5 = -(N_2 + N_3)\tfrac{\sqrt{2}}{2} = -F_1 - F_2,$$

Knoten C :

$$\sum F_y : \quad (N_1 - N_4)\tfrac{\sqrt{2}}{2} = 0 \quad \rightarrow \quad N_1 = N_4 = F_1\tfrac{\sqrt{2}}{2}.$$

Zur Auswertung von (a) werden die Stabkräfte und die Stablängen in der folgenden Tabelle zusammengefaßt:

Stab i	1	2	3	4	5
N_i	$\frac{\sqrt{2}}{2}F_1$	$\frac{\sqrt{2}}{2}F_1 + \sqrt{2}F_2$	$\frac{\sqrt{2}}{2}F_1$	$\frac{\sqrt{2}}{2}F_1$	$-F_1 - F_2$
ℓ_i	ℓ	ℓ	ℓ	ℓ	$\ell\sqrt{2}$

Die 5 Bedingungen (a) nehmen mit der Abkürzung $K = \dfrac{\pi^2 EI_y}{\nu_k \ell^2}$ die Formen an:

$$\frac{\sqrt{2}}{2}F_1 > -K \quad \text{oder} \quad F_1 > -K\sqrt{2} \quad (i = 1, 3, 4),$$

$$\sqrt{2}(\frac{1}{2}F_1 + F_2) > -K \quad \text{oder} \quad F_2 > -\frac{1}{2}F_1 - K\frac{\sqrt{2}}{2} \quad (i = 2),$$

$$-F_1 - F_2 > -\frac{K}{2} \quad \text{oder} \quad F_2 < -F_1 + \frac{K}{2} \quad (i = 5).$$

Wenn man die Ungleichheitszeichen durch Gleichheitszeichen ersetzt, sind das die Gleichungen der drei im F_1, F_2-Koordinatensystem von Abb. b gezeichneten Geraden. Nur im schraffierten Bereich sind alle Bedingungen erfüllt.

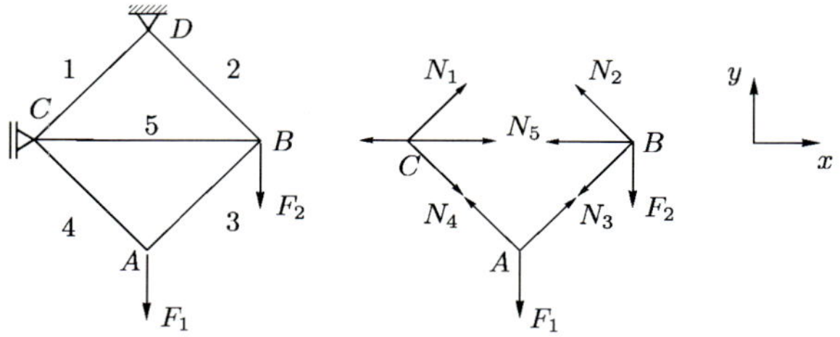

(a)

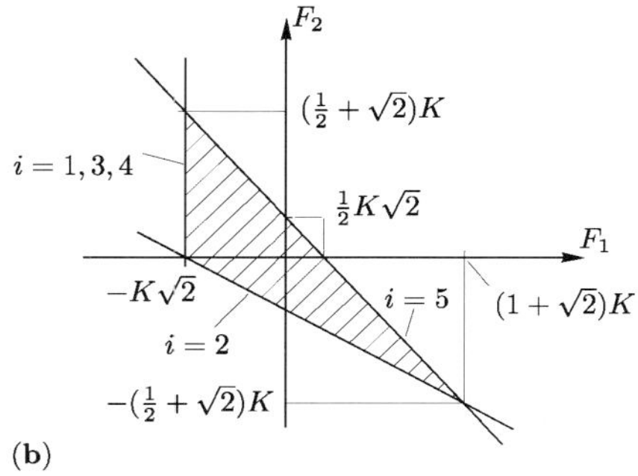

(b)

Aufg. 10.4

Die Gln. (10.21) und (10.23) besagen

$$w(x) = A\sin\beta x + B\cos\beta x + Cx + D, \tag{a}$$

$$\beta^2 = \frac{F}{EI_y}. \tag{b}$$

Randbedingungen (s. Abb. a):

$$w(0) = 0 \quad \to \quad D = -B, \tag{c1}$$

$$w(\ell) = 0. \tag{c2}$$

Zwei weitere Randbedingungen drücken das Momentengleichgewicht an den freigeschnittenen Stabstücken in Abb. b aus. Die Schnitte sollen infinitesimal dicht an den Lagern liegen. An jedem Stabstück greift am Gelenk das Moment der Drehfeder und am Schnittufer das Biegemoment M_y an. In der Abbildung sind die Drehwinkel $w'(0)$ und $w'(\ell)$ positiv und auch die Momente M_y in den gezeichneten Richtungen positiv (ein Schnittufer ist positiv und eines ist negativ). Momentengleichgewichtsbedingungen machen die Aussagen

$$M_y(0) + k_1 w'(0) = 0, \tag{c3}$$

$$M_y(\ell) - k_2 w'(\ell) = 0 \tag{c4}$$

(Schnittkräfte Q_z spielen wegen der infinitesimal kurzen Hebelarme keine Rolle). In beiden Gleichungen wird $M_y = -EI_y w''$ gesetzt. Mit den dimensionslosen Größen

$$\kappa_1 = \frac{k_1\ell}{EI_y}; \quad \kappa_2 = \frac{k_2\ell}{EI_y}$$

nehmen (c3) und (c4) die Formen an:

$$-\ell w''(0) + \kappa_1 w'(0) = 0, \tag{c3'}$$

$$\ell w''(\ell) + \kappa_2 w'(\ell) = 0. \tag{c4'}$$

Mit (c1) wird aus (a):

$$w(x) = A\sin\beta x + B(\cos\beta x - 1) + Cx.$$

Damit nehmen (c2), (c3') und (c4') die Formen an:

$$A\sin\beta\ell + B(\cos\beta\ell - 1) + C\ell = 0,$$

$$\ell\beta^2 B + \kappa_1(\beta A + C) = 0,$$

$$-\ell\beta^2(A\sin\beta\ell + B\cos\beta\ell) + \kappa_2\,(\beta A\cos\beta\ell - \beta B\sin\beta\ell + C) = 0.$$

Das sind 3 homogene Gleichungen für A, B und C. Die 2. und die 3. werden noch mit ℓ multipliziert, um alle Glieder dimensionslos zu machen. Die Koeffizientendeterminante muß null sein:

$$\text{Det}\begin{bmatrix} \sin\beta\ell & \cos\beta\ell - 1 & \ell \\ \kappa_1\beta\ell & \beta^2\ell^2 & \kappa_1\ell \\ \kappa_2\beta\ell\cos\beta\ell - \beta^2\ell^2\sin\beta\ell & -\kappa_2\beta\ell\sin\beta\ell - \beta\ell\cos\beta\ell & \kappa_2\ell \end{bmatrix} = 0$$

oder bei Entwicklung nach der letzten Spalte bei Streichung des Faktors ℓ

$$\kappa_1\beta\ell(-\kappa_2\beta\ell\sin\beta\ell - \beta^2\ell^2\cos\beta\ell) - \beta^2\ell^2(\kappa_2\beta\ell\cos\beta\ell - \beta^2\ell^2\sin\beta\ell)$$

$$-\kappa_1\Big[\sin\beta\ell(-\kappa_2\beta\ell\sin\beta\ell - \beta^2\ell^2\cos\beta\ell) - (\cos\beta\ell - 1)(\kappa_2\beta\ell\cos\beta\ell - \beta^2\ell^2\sin\beta\ell)\Big]$$

$$+\kappa_2\Big[\sin\beta\ell\cdot\beta^2\ell^2 - (\cos\beta\ell - 1)\kappa_1\beta\ell\Big] = 0.$$

Die Gleichung ist durch $\beta\ell$ teilbar. Umordnung ergibt

$$\kappa_1\kappa_2\Big[-\beta\ell\sin\beta\ell + \sin^2\beta\ell + (\cos\beta\ell - 1)\cos\beta\ell - (\cos\beta\ell - 1)\Big]$$

$$+\kappa_1\Big[-(\beta\ell)^2\cos\beta\ell + \beta\ell\sin\beta\ell\,\cos\beta\ell - (\cos\beta\ell - 1)\beta\ell\,\sin\beta\ell\Big]$$

$$+\kappa_2\Big[-(\beta\ell)^2\cos\beta\ell + \beta\ell\sin\beta\ell\Big] + (\beta\ell)^3\sin\beta\ell = 0$$

oder

$$\kappa_1\kappa_2\Big[2(1 - \cos\beta\ell) - \beta\ell\sin\beta\ell\Big] + (\kappa_1 + \kappa_2)\beta\ell(\sin\beta\ell - \beta\ell\cos\beta\ell)$$

$$+(\beta\ell)^3\sin\beta\ell = 0. \qquad \text{(d)}$$

Sonderfälle:

a) $k_1 = k_2 = 0$ (Abb. c):
Das ist Knickfall II von Abb. 10.1. In der Tat vereinfacht sich (d) zu $\sin\beta\ell = 0$, d.h. zur Eigenwertgleichung dieses Falls. Der erste Eigenwert ist $\beta\ell = \pi$, und die kritische Last ist $F_k = \pi^2 EI_y/\ell^2$.

b) $k_1, k_2 \gg EI_y/\ell$, d.h. $\kappa_1, \kappa_2 \to \infty$ (Abb. d):
Das ist Knickfall IV von Abb. 10.1. In (d) sind das Glied mit $(\kappa_1 + \kappa_2)$ und das dritte Glied gegen das erste vernachlässigbar klein. Folglich muß $2(1 - \cos\beta\ell) - \beta\ell\sin\beta\ell = 0$ sein. Diese Gleichung ergab sich auch in Beisp.10.2-1. Der erste Eigenwert ist $\beta\ell = 2\pi$, und die kritische Last ist $F_k = 4\pi^2 EI_y/\ell^2$.

c) $k_1 \gg EI_y/\ell, k_2 = 0$, d.h. $\kappa_1 \to \infty, \kappa_2 = 0$ (Abb. e):
Das ist Knickfall III von Abb. 10.1. (d) vereinfacht sich zu $\sin\beta\ell - \beta\ell\cos\beta\ell = 0$, d.h. $\tan\beta\ell = \beta\ell$. Diese Gleichung ergab sich auch in Beisp. 10.2-1. Der erste Eigenwert ist $\beta\ell = 4,493$, und die kritische Last ist $F_k = 2,04\pi^2 EI_y/\ell^2$.

d) $k_1 = 0$, $k_2 \neq 0$ (Abb. f):
(d) vereinfacht sich zu
$\kappa_2(\sin\beta\ell - \beta\ell\cos\beta\ell) + \beta^2\ell^2\sin\beta\ell = 0$ oder
$(\kappa_2 + \beta^2\ell^2)\tan\beta\ell - \kappa_2\beta\ell = 0.$

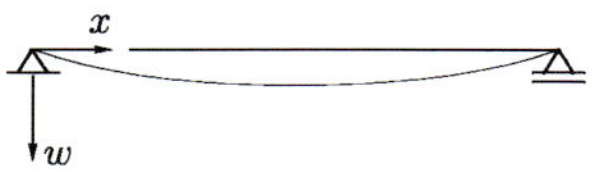

(a)

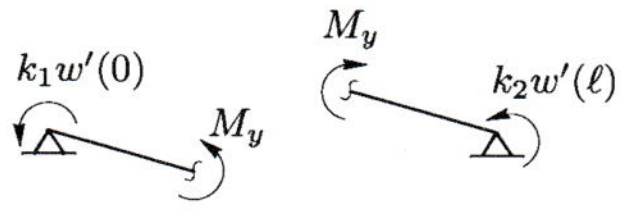

(b)

(c)

(d)

(e)

(f)

Aufg. 10.5

Der Biegestab stellt eine Feder dar, die Verschiebungen des Lastangriffspunktes in y-Richtung behindert (Abb. a). Die Federkonstante ist

$$k = 48EI_x/\ell^3$$

(die mittige Durchbiegung des Stabes infolge einer Kraft F_y ist $w = F_y\ell^3/(48EI_x)$). Wegen der Angabe $I_x = I_z/16$ ist

$$k = 3EI_z/\ell^3.$$

Damit ist Abb. a mit Abb. 10.16 in Beisp.10.2-3 einschließlich der Größe von k identisch. Die kritische Last ist also wie dort

$$F_k = 0,4915\frac{\pi^2 EI_z}{\ell^2}.$$

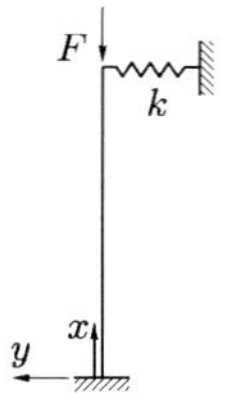

(a)

Aufg. 10.6

Für den gedrückten Stab sind die Gln. (10.21), (10.23) und (10.24) gültig:

$$w(x) = A\sin\beta x + B\cos\beta x + Cx + D, \tag{a}$$

$$\beta^2 = \frac{F}{EI_y}, \tag{b}$$

$$Q_z = -EI_y\beta^2 C. \tag{c}$$

Randbedingungen: Im Koordinatensystem von Abb. a ist

$$w(0) = 0 \quad \rightarrow \quad D = -B, \tag{d1}$$

$$w'(0) = 0 \quad \rightarrow \quad C = -A\beta, \tag{d2}$$

$$w''(\ell) = 0 \quad \rightarrow \quad A\sin\beta\ell + B\cos\beta\ell = 0. \tag{d3}$$

Die 4. Randbedingung ergibt sich aus einer Gleichgewichtsbedingung am geschnittenen System im verformten Zustand (Abb. b). Die Schnittkraft S erfüllt einerseits die Momentengleichgewichtsbedingung

$$S\ell - G\alpha\ell = 0.$$

Andererseits ist

$$S = k[w(\ell) - \alpha\ell].$$

Der Ausdruck in eckigen Klammern ist die Federverlängerung. Elimination von α aus diesen beiden Gleichungen führt zu

$$S = k\Big[w(\ell) - \frac{S\ell}{G}\Big] \quad \text{oder} \quad S = \frac{k}{1 + k\ell/G}\, w(\ell). \tag{e}$$

Nach Abb. b ist

$$Q_z \equiv -S = \frac{-k}{1 + k\ell/G}\, w(\ell). \tag{d4}$$

Das ist die 4. Randbedingung. Mit (a) und (c) ergibt sich aus ihr

$$-EI_y\beta^2 C = \frac{-k}{1 + k\ell/G}(A\sin\beta\ell + B\cos\beta\ell + C\ell + D)$$

oder mit (d1) und (d2)

$$\Big(1 + \frac{k\ell}{G}\Big)EI_y\beta^3 A = -k\Big[A(\sin\beta\ell - \beta\ell) + B(\cos\beta\ell - 1)\Big] \quad \text{oder}$$

$$A\Big[k(\sin\beta\ell - \beta\ell) + \Big(1 + \frac{k\ell}{G}\Big)EI_y\beta^3\Big] - Bk(\cos\beta\ell - 1) = 0.$$

Diese Gleichung und (d3) haben nur dann nichttriviale Lösungen, wenn die Koeffizientendeterminante null ist:

$$\Big[k(\sin\beta\ell - \beta\ell) + \Big(1 + \frac{k\ell}{G}\Big)EI_y\beta^3\Big]\cos\beta\ell + k(\cos\beta\ell - 1)\sin\beta\ell = 0 \quad \text{oder}$$

$$-\Big[k\beta\ell - \Big(1 + \frac{k\ell}{G}\Big)EI_y\beta^3\Big]\cos\beta\ell + k\sin\beta\ell = 0$$

oder, da $\cos\beta\ell = 0$ keine Lösung ist,

$$\tan\beta\ell = \beta\ell\Big[1 - \Big(1 + \frac{k\ell}{G}\Big)\frac{EI_y}{k\ell^3}\beta^2\ell^2\Big]. \tag{f}$$

Anmerkung: (e) zeigt, daß das Pendel und die Feder in Abb. b dieselbe Wirkung haben, wie eine am linken Ende feste Feder mit der Federkonstante

$$k^* = \frac{k}{1 + k\ell/G}.$$

Das untersuchte System ist also dem in Abb. c äquivalent. Dafür wurde in Beisp.10.2-2, Gl. (c) die Eigenwertgleichung gefunden

$$\tan\beta\ell = \beta\ell\Big(1 - \frac{EI_y}{k^*\ell^3}\beta^2\ell^2\Big).$$

Sie ist mit (f) identisch.

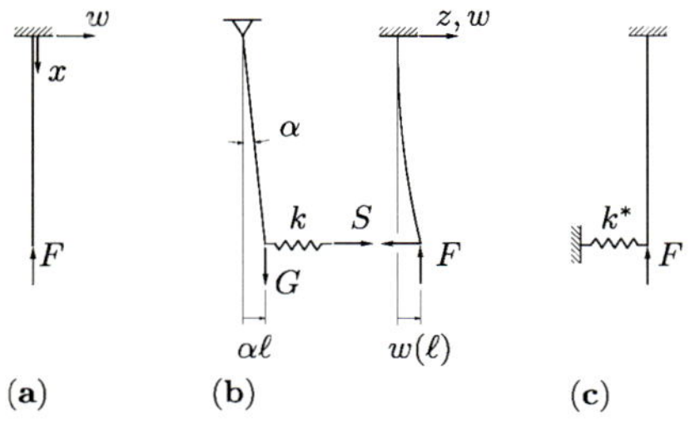

Aufg. 10.7

Für den linken Stab gilt mit den gegebenen Hinweisen

$$w_1(x) = A_1 \sinh \beta_1 x + B_1 \cosh \beta_1 x + C_1 x + D_1, \tag{a}$$

$$\beta_1^2 = \frac{G}{EI_y}, \tag{b}$$

$$Q_{z1} = EI_y \beta_1^2 C_1. \tag{c}$$

Für den rechten Stab gelten die Gln. (10.21), (10.23) und (10.24):

$$w_2(x) = A_2 \sin \beta_2 x + B_2 \cos \beta_2 x + C_2 x + D_2, \tag{d}$$

$$\beta_2^2 = \frac{F}{EI_y}, \tag{e}$$

$$Q_{z2} = -EI_y \beta_2^2 C_2. \tag{f}$$

Randbedingungen:

$$w_1(0) = 0 \quad \rightarrow \quad D_1 = -B_1, \tag{g1}$$

$$w_2(0) = 0 \quad \rightarrow \quad D_2 = -B_2, \tag{g2}$$

$$w_1'(0) = 0 \quad \rightarrow \quad C_1 = -\beta_1 A_1, \tag{g3}$$

$$w_2'(0) = 0 \quad \rightarrow \quad C_2 = -\beta_2 A_2, \tag{g4}$$

$$w_1''(\ell) = 0, \tag{g5}$$

$$w_2''(\ell) = 0, \tag{g6}$$

$$w_2(\ell) = w_1(\ell). \tag{g7}$$

Abb. a zeigt, daß in beiden Stäben die Schnittkräfte Q_z gleiche Beträge und entgegengesetzte Vorzeichen haben. Wegen (c) und (f) bedeutet das

$$\beta_1^2 C_1 = \beta_2^2 C_2 \quad \rightarrow \quad C_2 = \left(\frac{\beta_1}{\beta_2}\right)^2 C_1. \tag{g8}$$

Das ist die 8. Randbedingung. Aus (g4), (g8) und (g3) folgt

$$A_2 = -\frac{1}{\beta_2} C_2 = -\frac{1}{\beta_2}\left(\frac{\beta_1}{\beta_2}\right)^2 C_1 = \left(\frac{\beta_1}{\beta_2}\right)^3 A_1.$$

Damit und mit (g1) bis (g4) vereinfachen sich (a) und (d) zu

$$w_1(x) = A_1(\sinh \beta_1 x - \beta_1 x) + B_1(\cosh \beta_1 x - 1),$$

$$w_2(x) = A_1\left(\frac{\beta_1}{\beta_2}\right)^3 (\sin \beta_2 x - \beta_2 x) + B_2(\cos \beta_2 x - 1).$$

Das wird in (g5), (g6) und (g7) eingesetzt:

$$A_1 \sinh \beta_1 \ell + B_1 \cosh \beta_1 \ell = 0, \tag{h}$$

$$A_1\left(\frac{\beta_1}{\beta_2}\right)^3 \sin \beta_2 \ell + B_2 \cos \beta_2 \ell = 0, \tag{i}$$

$$A_1\left(\frac{\beta_1}{\beta_2}\right)^3 (\sin \beta_2 \ell - \beta_2 \ell) + B_2(\cos \beta_2 \ell - 1)$$

$$= A_1(\sinh \beta_1 \ell - \beta_1 \ell) + B_1(\cosh \beta_1 \ell - 1).$$

Von der letzten Gleichung subtrahiert man (h), addiert (i) und ordnet um:

$$A_1\left[\left(\frac{\beta_1}{\beta_2}\right)^3 \beta_2 \ell - \beta_1 \ell)\right] - B_1 + B_2 = 0. \tag{k}$$

(h), (i) und (k) sind 3 Gleichungen für A_1, B_1 und B_2. Die Koeffizientendeterminante muß null sein:

$$\text{Det}\begin{bmatrix} \sinh\beta_1\ell & \cosh\beta_1\ell & 0 \\ \left(\frac{\beta_1}{\beta_2}\right)^3\sin\beta_2\ell & 0 & \cos\beta_2\ell \\ \left(\frac{\beta_1}{\beta_2}\right)^3\beta_2\ell-\beta_1\ell & -1 & 1 \end{bmatrix}=0$$

oder bei Entwicklung nach der 3. Spalte

$$-\cos\beta_2\ell\Big\{-\sinh\beta_1\ell-\cosh\beta_1\ell\Big[\left(\frac{\beta_1}{\beta_2}\right)^3\beta_2\ell-\beta_1\ell\Big]\Big\}$$

$$-\cosh\beta_1\ell\cdot\left(\frac{\beta_1}{\beta_2}\right)^3\sin\beta_2\ell=0$$

oder nach Division durch $\cosh\beta_1\ell\ \cos\beta_2\ell$

$$\left(\frac{\beta_1}{\beta_2}\right)^3(\tan\beta_2\ell-\beta_2\ell)=\tanh\beta_1\ell-\beta_1\ell.$$

Darin ist β_1 aus (b) bekannt. Der kleinste Eigenwert $\beta_2\ell$ liefert mit (e) die kritische Last.

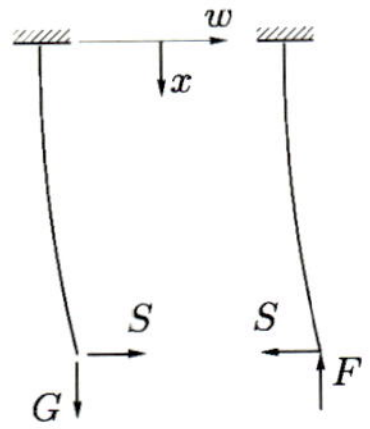

(a)

Aufg. 10.8

Teilaufgabe a:
Auf den Knickstab sind die Gln. (10.21), (10.23) und (10.24) anwendbar:

$$w(x)=A\sin\beta x+B\cos\beta x+Cx+D, \tag{a}$$

$$\beta^2=\frac{F}{EI_y}, \tag{b}$$

$$Q_z=-EI_y\beta^2C. \tag{c}$$

Randbedingungen (s. Abb. a):

$$w(0)=0 \quad\rightarrow\quad D=-B, \tag{d1}$$

$$Q_z\equiv 0 \quad\rightarrow\quad C=0, \tag{d2}$$

$$w''(\ell_1)=0 \quad\rightarrow\quad A\sin\beta\ell_1+B\cos\beta\ell_1=0. \tag{d3}$$

Die 4. Randbedingung wird am freigeschnittenen Teilsystem in Abb. b formuliert. Der Schnitt liegt im Knickstab infinitesimal dicht am Lager. Der Drehwinkel des Biegestabes ist am Gelenk gleich $w'(0)$. Am Schnittufer greift $M_y(0)$ an. In der Zeichnung sind $w'(0)$ und $M_y(0)$ positiv. Nach Hütte, Tab. E5-7 ist

$$w'(0)=\frac{-M_y(0)\ell_2}{3EI_{y2}}.$$

Mit der Beziehung $M_y(0)=-EI_{y1}w''(0)$ entsteht daraus

$$3w'(0) - \frac{I_{y1}}{I_{y2}}\ell_2 w''(0) = 0. \tag{d4}$$

Das ist die 4. Randbedingung. Einsetzen von (a) und (d2) liefert

$$3A + \frac{I_{y1}}{I_{y2}}\beta\ell_2 B = 0.$$

Diese Gleichung und (d3) haben nur dann nichttriviale Lösungen, wenn die Koeffizientendeterminante null ist:

$$\frac{I_{y1}}{I_{y2}}\beta\ell_2 \sin\beta\ell_1 - 3\cos\beta\ell_1 = 0$$

oder, da $\cos\beta\ell_1 = 0$ keine Lösung ist,

$$\beta\ell_1 \tan\beta\ell_1 = 3\frac{\ell_1 I_{y2}}{\ell_2 I_{y1}}.$$

Anmerkung: Der Biegestab wirkt sich auf den Knickstab wie eine Drehfeder aus. Vgl.(d4) mit Gl. (c3') in der Lösung zu Aufg. 10.4.

Teilaufgabe b:
Die Schnittkraft Q_z ist in beiden Stabhälften verschieden. Deshalb ist der Ansatz (vgl. Abb. c)

$$w_1(x) = A_1 \sin\beta x + B_1 \cos\beta x + C_1 x + D_1 \qquad (x \le 0), \tag{e}$$

$$w_2(x) = A_2 \sin\beta x + B_2 \cos\beta x + C_2 x + D_2 \qquad (x \ge 0), \tag{f}$$

$$\beta^2 = \frac{F}{EI_y}, \tag{g}$$

$$Q_{z1} = -EI_y\beta^2 C_1, \qquad Q_{z2} = -EI_y\beta^2 C_2. \tag{h}$$

Randbedingungen:

$$w_1(-\ell) = 0 \quad \to \quad -A_1 \sin\beta\ell + B_1 \cos\beta\ell - C_1\ell + D_1 = 0, \tag{i1}$$

$$w_1''(-\ell) = 0 \quad \to \quad -A_1 \sin\beta\ell + B_1 \cos\beta\ell = 0, \tag{i2}$$

$$w_2(\ell) = 0 \quad \to \quad A_2 \sin\beta\ell + B_2 \cos\beta\ell + C_2\ell + D_2 = 0, \tag{i3}$$

$$w_2''(\ell) = 0 \quad \to \quad A_2 \sin\beta\ell + B_2 \cos\beta\ell = 0, \tag{i4}$$

$$w_2(0) = w_1(0) \quad \to \quad B_2 + D_2 = B_1 + D_1, \tag{i5}$$

$$w_2''(0) = w_1''(0) \quad \to \quad B_2 = B_1, \tag{i6}$$

$$w_2'(0) = w_1'(0) \quad \to \quad A_2\beta + C_2 = A_1\beta + C_1. \tag{i7}$$

Die 8. Randbedingung wird aus einer Gleichgewichtsbedingung am freigeschnittenen, verformten Stabstück in der Umgebung der Feder gewonnen. In Abb. d sind die Federkraft und an beiden Schnittufern positive Schnittkräfte Q_z eingezeichnet. Aus der Gleichgewichtsbedingung $Q_{z2} - Q_{z1} - kw_1(0) = 0$ ergibt sich mit (h) und (e) die 8. Randbedingung:

$$EI_y\beta^2(C_1 - C_2) - k(B_1 + D_1) = 0. \tag{i8}$$

Aus (i1) und (i2) und aus (i3) und (i4) folgt durch Subtraktion

$$D_1 = C_1\ell, \qquad D_2 = -C_2\ell$$

und aus (i5) und (i6) $D_2 = D_1$. Folglich ist $C_2 = -C_1$ und mit (i7)

$$(A_2 - A_1)\beta = 2C_1.$$

Zusammengefaßt ist also

$$A_2 = A_1 + \frac{2}{\beta}C_1, \quad B_2 = B_1, \quad C_2 = -C_1, \quad D_1 = C_1\ell, \quad D_2 = C_1\ell.$$

Nur A_1, B_1 und C_1 sind noch unbekannt. Von den 8 Gleichungen (i1) bis (i8) sind nur noch (i2), (i4) und (i8) übrig:

$$-A_1 \sin \beta\ell + B_1 \cos \beta\ell = 0,$$

$$A_1 \sin \beta\ell + B_1 \cos \beta\ell + C_1 \frac{2}{\beta} \sin \beta\ell = 0,$$

$$-B_1 k + (2EI_y\beta^2 - k\ell)C_1 = 0.$$

Die Koeffizientendeterminante dieser Gleichungen muß null sein. Entwicklung nach der 3. Zeile ergibt

$$-k\frac{2}{\beta} \sin^2 \beta\ell - (2EI_y\beta^2 - k\ell) \cdot 2 \sin \beta\ell \cos \beta\ell = 0 \quad \text{oder}$$

$$\sin \beta\ell \left[\sin \beta\ell + \beta\ell \left(\frac{2EI_y}{k\ell^3} \beta^2\ell^2 - 1 \right) \cos \beta\ell \right] = 0.$$

Diese Gleichung zerfällt in die beiden Gleichungen

$$\sin \beta\ell = 0, \tag{k}$$

$$\sin \beta\ell + \beta\ell \left(\frac{2EI_y}{k\ell^3} \beta^2\ell^2 - 1 \right) \cos \beta\ell = 0. \tag{ℓ}$$

Jede hat einen niedrigsten Eigenwert. Der kleinere von beiden liefert mit (g) die kritische Last. (k) ist die Eigenwertgleichung eines Stabes der Länge ℓ im Knickfall II von Abb. 10.1. Die zugehörige Eigenform des Stabes ist in Abb. e abgebildet. Das System verhält sich so, als wäre die Feder unendlich steif. (ℓ) ist mit (k) identisch, wenn

$$\beta\ell = \pi \qquad \text{und} \qquad \frac{2EI_y}{k\ell^3} \beta^2\ell^2 - 1 = 0$$

ist. Das ist der Fall, wenn die Federkonstante die spezielle Größe

$$k^* = \frac{2\pi^2 EI_y}{\ell^3}$$

hat. Im Fall $k \geq k^*$ ist der niedrigste Eigenwert von (k) kleiner als der niedrigste Eigenwert von (ℓ). Dann knickt der Stab so aus, wie in Abb. e, und die kritische Last ist $F_k = \pi^2 EI_y/\ell^2$. Im Fall $k < k^*$ ergibt sich der niedrigste Eigenwert aus (ℓ) oder, da $\cos \beta\ell = 0$ keine Lösung ist, aus

$$\tan \beta\ell + \beta\ell \left(\frac{2EI_y}{k\ell^3} \beta^2\ell^2 - 1 \right) = 0 \qquad (k < k^*).$$

Die zugehörigen Eigenformen haben qualitativ die Form von Abb. f.

(a)

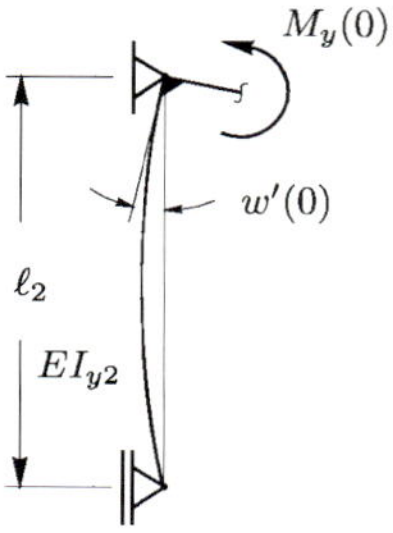

(b)

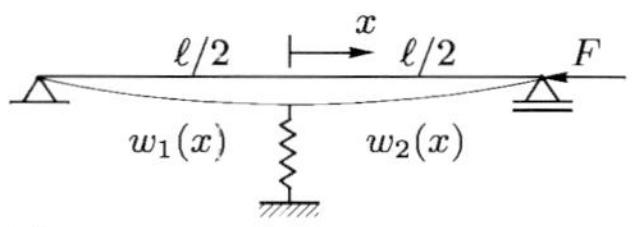

(c)

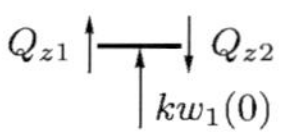

(d)

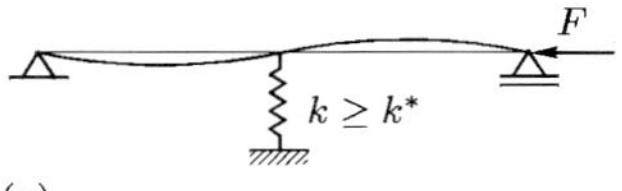

(e)

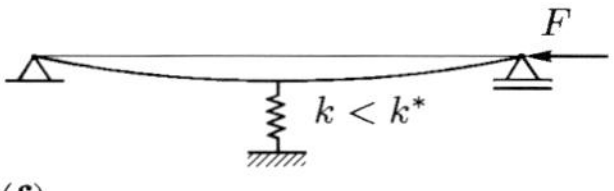

(f)

Aufg. 10.9

Teilaufgabe a:
Auf den elastischen Stab sind die Gln. (10.21), (10.23) und (10.24) anwendbar:

$$w(x) = A \sin \beta x + B \cos \beta x + Cx + D, \tag{a}$$

$$\beta^2 = \frac{F}{EI_y}, \tag{b}$$

$$Q_z = -EI_y \beta^2 C = -FC. \tag{c}$$

Randbedingungen (s. Abb. a):

$$w(0) = 0 \quad \rightarrow \quad D = -B, \tag{d1}$$

$$w'(0) = 0 \quad \rightarrow \quad C = -A\beta, \tag{d2}$$

$$w''(\ell) = 0 \quad \rightarrow \quad A \sin \beta\ell + B \cos \beta\ell = 0. \tag{d3}$$

Die fehlende 4. Randbedingung wird aus einer Kräftegleichgewichtsbedingung am freigeschnittenen starren Stabstück im verschobenen Zustand gewonnen. Aus Abb. b ergibt sich

$$\sum M^{(A)}: \quad Q_z \cdot 2\ell = Fw(\ell).$$

Mit (c) folgt daraus

$$-FC \cdot 2\ell = Fw(\ell) \quad \text{oder} \quad w(\ell) = -2C\ell. \tag{d4}$$

Das ist die 4. Randbedingung. Mit (d1) und (d2) nimmt sie die Form an:

$$A(\sin \beta\ell - 3\beta\ell) + B(\cos \beta\ell - 1) = 0. \tag{d4'}$$

Die Koeffizientendeterminante von (d3) und (d4') muß null sein:

$$\sin \beta\ell(\cos \beta\ell - 1) - \cos \beta\ell(\sin \beta\ell - 3\beta\ell) = 0 \quad \text{oder}$$

$$-\sin \beta\ell + 3\beta\ell \cos \beta\ell = 0$$

oder, da $\cos \beta\ell = 0$ keine Lösung ist,

$$\tan \beta\ell = 3\beta\ell.$$

Probieren liefert den kleinsten Eigenwert $\beta\ell \approx 1,324$ und mit (b) die kritische Last

$$F_k \approx 1,75 \frac{EI_y}{\ell^2}.$$

Teilaufgabe b:
(a), (b) und (c) von Teilaufgabe a sind auch hier gültig. Aus Abb. c liest man die Randbedingungen ab:

$$w(0) = 0 \quad \rightarrow \quad D = -B, \tag{e1}$$
$$w'(0) = 0 \quad \rightarrow \quad C = -A\beta. \tag{e2}$$

Das gestrichelt gezeichnete verformte System zeigt, daß auch

$$w'(\ell) = 0 \tag{e3}$$

ist, und daß keine eingeprägte Kraft in z-Richtung vorhanden ist. Daraus folgt

$$Q_z \equiv 0 \quad \rightarrow \quad C = 0. \tag{e4}$$

Aus (e2) folgt damit $A = 0$. (e3) liefert daher die Gleichung

$$-B\beta \sin \beta\ell = 0.$$

Daraus ergibt sich der niedrigste Eigenwert $\beta\ell = \pi$ und mit (b) die kritische Last

$$F_k = \frac{\pi^2 EI_y}{\ell^2}.$$

Teilaufgabe c:
(a), (b) und (c) von Teilaufgabe a sind auch hier gültig. Aus Abb. d liest man die Randbedingungen ab:

$$w''(0) = 0 \quad \rightarrow \quad B = 0, \tag{f1}$$
$$w(0) = 0 \quad \rightarrow \quad D = -B = 0. \tag{f2}$$

Abb. e zeigt oben das System im verformten Zustand mit freigeschnittenem Gelenklager. Da keine eingeprägte Kraft in z-Richtung vorhanden ist, ist

$$Q_z \equiv 0. \tag{f3}$$

Das ist die 3. Randbedingung. Mit ihr folgt aus (c) $C = 0$. Zusammen mit (f1) und (f2) vereinfacht sich (a) zu

$$w(x) = A \sin \beta x. \tag{g}$$

Die 4. Randbedingung wird am teilweise freigeschnittenen horizontalen Stab im verformten Zustand formuliert. Im unteren Bild von Abb. e ist die feste Einspannung am linken Ende durch ein Gelenklager und durch das unbekannte Biegemoment $M_y(\ell)$ ersetzt worden. Die Neigung am linken Ende ist $w'(\ell)$. Nach Hütte, Tab. E5-7, ist

$$w'(\ell) = \frac{M_y(\ell)\ell}{3EI_y} \quad \text{oder wegen} \quad M_y(\ell) = -EI_y w''(\ell)$$

$$3w'(\ell) + \ell w''(\ell) = 0. \tag{f4}$$

Das ist die 4. Randbedingung. Aus (g) folgt

$$3A\beta \cos \beta\ell - \ell A\beta^2 \sin \beta\ell = 0 \quad \text{oder} \quad A\beta(3 \cos \beta\ell - \beta\ell \sin \beta\ell) = 0$$

oder, da $\cos \beta\ell = 0$ keine Lösung ist,

$$\beta\ell \tan \beta\ell = 3.$$

Diese Gleichung liefert den niedrigsten Eigenwert $\beta\ell \approx 1,193$. Damit erhält man aus (b) die kritische Last

$$F_k \approx 1,42 \frac{EI_y}{\ell^2}.$$

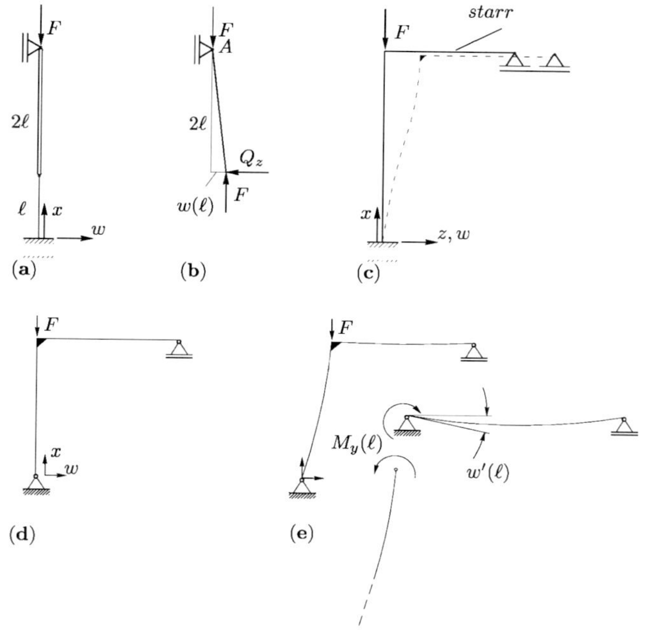

Aufg. 10.10

Auf den Knickstab sind die Gln. (10.21), (10.23) und (10.24) anwendbar:

$$w(x) = A\sin\beta x + B\cos\beta x + Cx + D, \tag{a}$$

$$\beta^2 = \frac{F}{EI_y}, \tag{b}$$

$$Q_z = -EI_y\beta^2 C = -FC. \tag{c}$$

Im Koordinatensystem von Abb. a existieren die Randbedingungen

$$w''(0) = 0 \quad \rightarrow \quad B = 0 \tag{d1}$$

$$w(0) = 0 \quad \rightarrow \quad D = -B = 0. \tag{d2}$$

Zwei weitere Randbedingungen werden aus Gleichgewichtsbedingungen am verformten System gewonnen. In Abb. b ist das Gelenk geschnitten. Die Schnittkraft Q_z erfüllt die Momentengleichgewichtsbedingung

$$Q_z\lambda\ell - Fw(\ell) = 0.$$

Mit (c) ergibt sich daraus als 3. Randbedingung

$$\lambda\ell C + w(\ell) = 0. \tag{d3}$$

Die 4. Randbedingung wird am teilweise freigeschnittenen horizontalen Stab im verformten Zustand formuliert. Im rechten Teil von Abb. c ist die feste Einspannung am linken Ende durch ein Gelenklager und durch das unbekannte Biegemoment $M_y(\ell)$ ersetzt worden. Die Neigung am linken Ende ist $w'(\ell)$. Nach Hütte, Tab. E5-7 ist

$$w'(\ell) = \frac{M_y(\ell)\ell}{3EI_y} \quad \text{oder wegen der Beziehung } M_y(\ell) = -EI_y w''(\ell)$$

$$3w'(\ell) + \ell w''(\ell) = 0. \tag{d4}$$

Das ist die 4. Randbedingung. (a) wird bei Beachtung von (d1) und (d2) in (d3) und (d4) eingesetzt:

$$\lambda\ell C + A\sin\beta\ell + C\ell = 0 \qquad \text{oder} \qquad A\sin\beta\ell + (1+\lambda)\ell C = 0,$$

$$3(A\beta\cos\beta\ell + C) - \ell A\beta^2\sin\beta\ell = 0 \qquad \text{oder} \qquad A\beta\ell(3\cos\beta\ell - \beta\ell\sin\beta\ell) + 3\ell C = 0.$$

Die Koeffizientendeterminante dieser beiden Gleichungen muß null sein:

$$3\sin\beta\ell - (1+\lambda)\beta\ell(3\cos\beta\ell - \beta\ell\sin\beta\ell) = 0 \quad \text{oder}$$

$$[3 + (1+\lambda)\beta^2\ell^2]\sin\beta\ell - 3(1+\lambda)\beta\ell\cos\beta\ell = 0 \quad \text{oder}$$

$$\tan\beta\ell = \frac{3\beta\ell}{\frac{3}{1+\lambda} + \beta^2\ell^2}. \tag{e}$$

In der Funktion auf der rechten Seite ist $\beta\ell$ die unabhängige Variable, und λ ist ein fester Parameter. Die Funktion hat folgende Eigenschaften: Mit wachsendem $\beta\ell$ strebt sie asymptotisch gegen $3/(\beta\ell)$. Für alle $\beta\ell$ ist sie kleiner als $3/(\beta\ell)$. An der Stelle $\beta\ell = 0$ hat sie die Steigung $1+\lambda \geq 1$. In Abb. d sind 5 Kurvenverläufe für die Parameterwerte $\lambda = 0$, $\lambda = 0{,}3$, $\lambda = 1$, $\lambda = 3$ und $\lambda \to \infty$ gezeichnet. Außerdem ist der Verlauf der Funktion $\tan\beta\ell$ gezeichnet. Diese Funktion hat an der Stelle $\beta\ell = 0$ die Steigung 1. Die dick gezeichneten Schnittpunkte mit der Kurve $\tan\beta\ell$ bestimmen den jeweils niedrigsten Eigenwert.

Im Grenzfall $\lambda \to \infty$ ist (e) die Gleichung $\beta\ell\tan\beta\ell = 3$. Ihr niedrigster Eigenwert ist $\beta\ell \approx 1{,}193$, und die kritische Last ist $F_k \approx 1{,}42EI_y/\ell^2$. Mit fallendem λ fällt der niedrigste Eigenwert monoton gegen null (im Grenzfall $\lambda \to 0$). Ein Zahlenbeispiel: Für $\lambda = 1$ lautet (e) $\tan\beta\ell = 3\beta\ell/(3/2 + \beta^2\ell^2)$. Der niedrigste Eigenwert ist $\beta\ell \approx 0{,}855$, und die kritische Last ist $F_k \approx 0{,}73EI_y/\ell^2$.

Der Fall $\lambda = 0$ ist ein singulärer Fall. Die Eigenwertgleichung (e) ist $(3 + \beta^2\ell^2)\tan\beta\ell = 3\beta\ell$. Ihr niedrigster Eigenwert ist $\beta\ell \approx 3{,}73$, und die kritische Last ist $F_k \approx 13{,}9EI_y/\ell^2$.

Die Figuren e, f und g machen diese Ergebnisse verständlich. Sie zeigen die Systeme im ausgeknickten Zustand. Wenn der starre Stab unendlich lang ist, hat er gar keine Funktion (Abb. e). Das System ist dann mit dem von Aufg. 10.9c identisch. Dort hatte sich dieselbe Eigenwertgleichung ergeben. Wenn der starre Stab sehr kurz ist (Abb. f), hat er offensichtlich eine destabilisierende Wirkung, und zwar umso stärker, je kürzer er ist. Im singulären Fall $\lambda = 0$ (Abb. g) ist der Knickstab am oberen Ende geführt. Der horizontale Stab hat die Wirkung einer Drehfeder. Dieser Fall wurde in Aufg. 10.2 als Sonderfall d untersucht. Dort hatte sich die Eigenwertgleichung $(\kappa_2 + \beta^2\ell^2)\tan\beta\ell = \kappa_2\beta\ell$ ergeben. Sie ist mit der hier gefundenen identisch, wenn man $\kappa_2 = 3$ setzt.

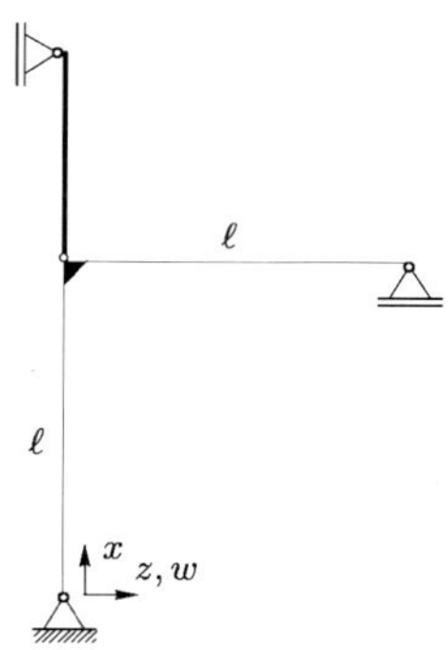
ℓ
ℓ
x
z, w

(**a**)

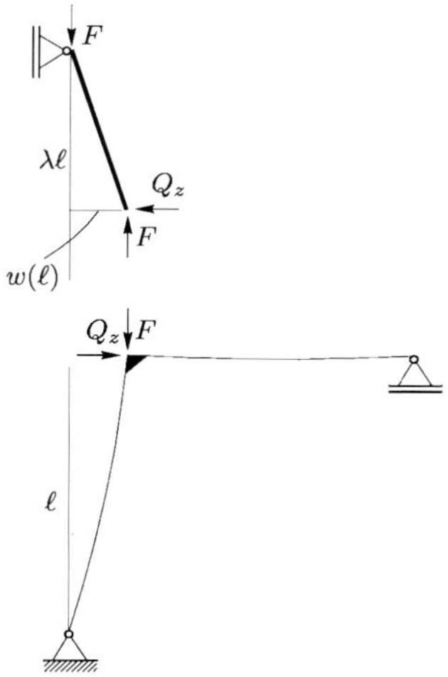
F
$\lambda\ell$
Q_z
F
$w(\ell)$
Q_z
F
ℓ

(**b**)

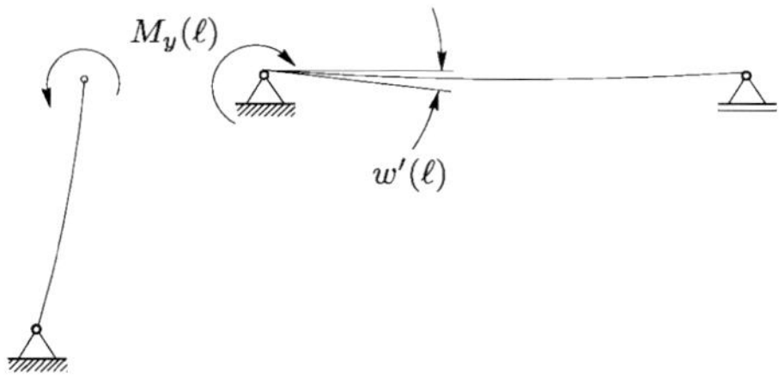
$M_y(\ell)$
$w'(\ell)$

(**c**)

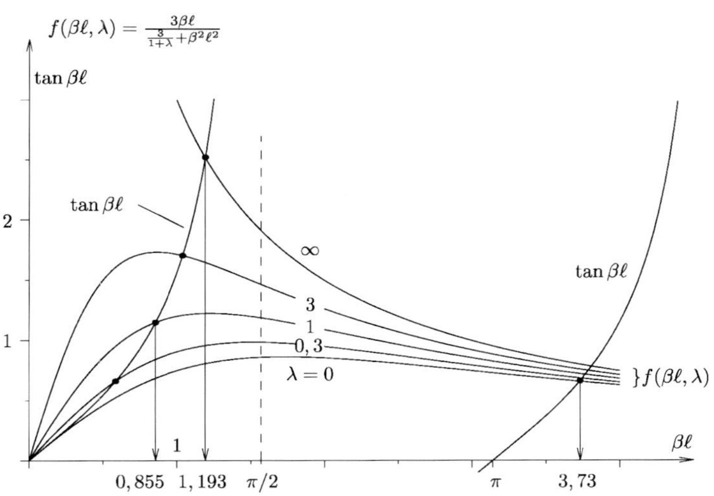
$f(\beta\ell, \lambda) = \frac{3\beta\ell}{\frac{3}{1+\lambda} + \beta^2\ell^2}$
$\tan\beta\ell$
2
1
$\tan\beta\ell$
∞
3
1
0,3
$\lambda = 0$
$\tan\beta\ell$
$\} f(\beta\ell, \lambda)$
$\beta\ell$
1
0,855
1,193
$\pi/2$
π
3,73

(**d**)

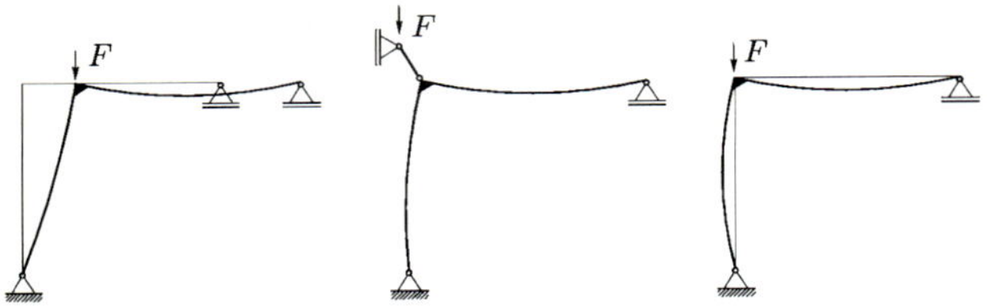

$\lambda \to \infty$ $\qquad$ $\lambda < 1$ $\qquad$ $\lambda = 0$

(e) **(f)** **(g)**

Aufg. 10.11

Gleichgewichtsbedingungen am starren Stab in Abb. a ergeben die Längsdruckkräfte

$$N_1 = \frac{\ell_2}{\ell}F, \qquad N_2 = \frac{\ell_1}{\ell}F \qquad \text{mit} \qquad \ell = \ell_2 - \ell_1$$

in den beiden vertikalen Stäben. In den lokalen Koordinatensystemen x_1, z_1 und x_2, z_2 sind die Eigenformen der Stäbe durch die Gln. (10.21), (10.23) und (10.24) gegeben:

$$w_1(x_1) = A_1 \sin\beta_1 x_1 + B_1 \cos\beta_1 x_1 + C_1 x_1 + D_1, \tag{a}$$

$$w_2(x_2) = A_2 \sin\beta_2 x_2 + B_2 \cos\beta_2 x_2 + C_2 x_2 + D_2 \tag{b}$$

mit

$$\beta_1^2 = \frac{l_2}{l}\frac{F}{EI_y}, \qquad \beta_2^2 = \frac{l_1}{l}\frac{F}{EI_y} \tag{c}$$

und

$$Q_{z1} = -EI_y\beta_1^2 C_1, \qquad Q_{z2} = -EI_y\beta_2^2 C_2. \tag{d}$$

Randbedingungen:
Gleichgewicht am starren Stab in Abb. a erfordert, daß die Schnittkräfte Q_{z1} und Q_{z2} gleich sind. Damit liefert (d)

$$\beta_2^2 C_2 = \beta_1^2 C_1. \tag{e1}$$

Außerdem ist

$$w_1(0) = 0 \quad \to \quad D_1 = -B_1, \tag{e2}$$

$$w_2(0) = 0 \quad \to \quad D_2 = -B_2, \tag{e3}$$

$$w_1'(0) = 0 \quad \to \quad C_1 = -\beta_1 A_1, \tag{e4}$$

$$w_2'(0) = 0 \quad \to \quad C_2 = -\beta_2 A_2, \tag{e5}$$

$$w_1''(h) = 0 \quad \to \quad A_1 \sin\beta_1 h + B_1 \cos\beta_1 h = 0, \tag{e6}$$

$$w_2''(h) = 0 \quad \to \quad A_2 \sin\beta_2 h + B_2 \cos\beta_2 h = 0, \tag{e7}$$

$$\begin{aligned} w_2(h) = -w_1(h) \quad \to \quad & A_2 \sin\beta_2 h + B_2 \cos\beta_2 h + C_2 h + D_2 \\ & = -(A_1 \sin\beta_1 h + B_1 \cos\beta_1 h + C_1 h + D_1). \end{aligned} \tag{e8}$$

Einsetzen von (e4) und (e5) in (e1) liefert

$$-\beta_2^3 A_2 = -\beta_1^3 A_1 \qquad \text{oder} \qquad A_2 = \left(\frac{\beta_1}{\beta_2}\right)^3 A_1. \tag{e5'}$$

Damit entsteht aus (e7)

$$\left(\frac{\beta_1}{\beta_2}\right)^3 A_1 \sin\beta_2 h + B_2 \cos\beta_2 h = 0. \tag{e7'}$$

Wenn man (e6) und (e7) von (e8) subtrahiert, entsteht

$C_2h + D_2 = -(C_1h + D_1)$

oder mit (e2), (e3), (e4) und (e5')

$$-\left(\frac{\beta_1}{\beta_2}\right)^2 \beta_1 h A_1 - B_2 = \beta_1 h A_1 + B_1 \quad \text{oder}$$

$$\left[1 + \left(\frac{\beta_1}{\beta_2}\right)^2\right]\beta_1 h A_1 + B_1 + B_2 = 0. \tag{e8'}$$

(e6), (e7') und (e8') haben nichttriviale Lösungen A_1, B_1 und B_2, aus denen sich mit (e2), (e3), (e4), (e5') und (e5) alle anderen Konstanten berechnen lassen, wenn die Koeffizientendeterminante null ist:

$$\text{Det}\begin{bmatrix} \sin\beta_1 h & \cos\beta_1 \;\; h & 0 \\ \left(\frac{\beta_1}{\beta_2}\right)^3 \sin\beta_2 h & 0 & \cos\beta_2 h \\ \left[1+\left(\frac{\beta_1}{\beta_2}\right)^2\right]\beta_1 h & 1 & 1 \end{bmatrix} = 0$$

oder bei Entwicklung nach der 1.Zeile

$$-\sin\beta_1 h \cos\beta_2 h - \cos\beta_1 h\left\{\left(\frac{\beta_1}{\beta_2}\right)^3 \sin\beta_2 h - \left[1+\left(\frac{\beta_1}{\beta_2}\right)^2\right]\beta_1 h \cos\beta_2 h\right\} = 0$$

oder nach Division durch $\cos\beta_1 h \cdot \cos\beta_2 h$

$$\tan\beta_1 h + \left(\frac{\beta_1}{\beta_2}\right)^3 \tan\beta_2 h = \left[1+\left(\frac{\beta_1}{\beta_2}\right)^2\right]\beta_1 h. \tag{f}$$

Darin ist mit (c) $\beta_1/\beta_2 = \sqrt{\ell_2/\ell_1}$. Im Sonderfall $\ell_1 = \ell_2/4$ ist $\beta_1/\beta_2 = 2$, und aus (f) entsteht

$$\tan\beta_1 h + 8\tan\frac{\beta_1 h}{2} = 5\beta_1 h.$$

Probieren liefert den niedrigsten Eigenwert $\beta_1 h \approx 1,98$ und mit (c) die kritische Last

$$F_k \approx 3,92\,\frac{EI_y}{h^2}.$$

Anmerkung: Die Aufgabe stellt eine Verallgemeinerung des Problems in Beisp.10.2-3 dar (s. Abb. 10.8d). Die Bezeichnungen sind wie dort gewählt. (f) ist mit Gl. (k) von Beisp.10.2-3 identisch. Der niedrigste Eigenwert $\beta_1 h = 1,98$ ist nur wenig kleiner als bei Belastung des Systems über der linken Stütze. Für diesen Fall hatte sich $\beta_1 h = 2,20$ ergeben.

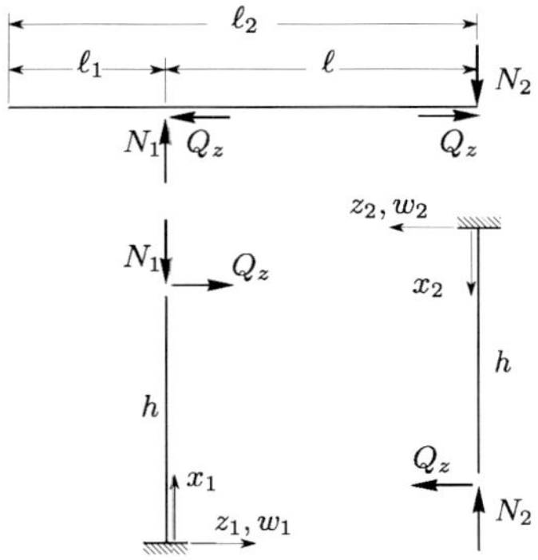

(a)

Aufg. 10.12

Eigenwertgleichung:
Die Längskraft ist F im oberen Bereich 1 und $2F$ im unteren Bereich 2. Man muß deshalb Biegelinien

$$w_1(x_1) = A_1 \sin\beta_1 x_1 + B_1 \cos\beta_1 x_1 + C_1 x_1 + D_1 \quad \text{(Bereich 1)} \tag{a}$$

$$w_2(x_2) = A_2 \sin\beta_2 x_2 + B_2 \cos\beta_2 x_2 + C_2 x_2 + D_2 \quad \text{(Bereich 2)} \tag{b}$$

$$\text{mit } \beta_1^2 = \frac{F}{EI_y}, \qquad \beta_2^2 = \frac{2F}{EI_y} = 2\beta_1^2 \tag{c}$$

unterscheiden (s. Gl. (10.21) und (10.23)). x_1 und x_2 sind durch Abb. a definiert. Nach Gl. (10.24) gilt

$$Q_{z1} = -EI_y\beta_1^2 C_1, \qquad Q_{z2} = -EI_y\beta_2^2 C_2. \tag{d}$$

Randbedingungen:

$$Q_{z1} = 0 \quad \to \quad C_1 = 0, \tag{e1}$$

$$Q_{z2} = 0 \quad \to \quad C_2 = 0, \tag{e2}$$

$$w_2'(0) = 0 \quad \to \quad A_2\beta_2 + C_2 = 0 \quad \to \quad A_2 = 0, \tag{e3}$$

$$w_1''(0) = 0 \quad \to \quad B_1 = 0, \tag{e4}$$

$$w_2(0) = 0 \quad \to \quad D_2 = -B_2, \tag{e5}$$

$$w_1(\ell/2) = w_2(\ell/2), \tag{e6}$$

$$w_1'(\ell/2) = -w_2'(\ell/2) \quad \text{(zum Vorzeichen vgl. Beisp.10.2-2)}, \tag{e7}$$

$$w_1''(\ell/2) = w_2''(\ell/2). \tag{e8}$$

(e6) bis (e8) liefern bei Beachtung von (e1) bis (e5) die Gleichungen

$$A_1 \sin\frac{\beta_1\ell}{2} + D_1 = B_2\Big(\cos\frac{\beta_2\ell}{2} - 1\Big),$$

$$A_1\beta_1 \cos\frac{\beta_1\ell}{2} = B_2\beta_2 \sin\frac{\beta_2\ell}{2},$$

$$A_1\beta_1^2 \sin\frac{\beta_1\ell}{2} = B_2\beta_2^2 \cos\frac{\beta_2\ell}{2}.$$

Das sind 3 homogene Gleichungen für A_1, D_1 und B_2. Die gesuchte Eigenwertgleichung ist

$$\text{Det}\begin{bmatrix} \sin\frac{\beta_1\ell}{2} & 1-\cos\frac{\beta_2\ell}{2} & 1 \\ \beta_1\cos\frac{\beta_1\ell}{2} & -\beta_2\sin\frac{\beta_2\ell}{2} & 0 \\ \beta_1^2\sin\frac{\beta_1\ell}{2} & -\beta_2^2\cos\frac{\beta_2\ell}{2} & 0 \end{bmatrix} = 0$$

oder

$$-\beta_1\beta_2^2\,\cos\frac{\beta_1\ell}{2}\,\cos\frac{\beta_2\ell}{2} + \beta_1^2\beta_2\,\sin\frac{\beta_1\ell}{2}\,\sin\frac{\beta_2\ell}{2} = 0$$

oder bei Beachtung von (c)

$$\beta_1^2\beta_2\Big[-\sqrt{2}\cos\frac{\beta_1\ell}{2}\,\cos\Big(\frac{\beta_1\ell}{2}\sqrt{2}\Big) + \sin\frac{\beta_1\ell}{2}\,\sin\Big(\frac{\beta_1\ell}{2}\sqrt{2}\Big)\Big] = 0$$

oder schließlich

$$\tan\frac{\beta_1\ell}{2}\,\tan\Big(\frac{\beta_1\ell}{2}\sqrt{2}\Big) = \sqrt{2}.$$

Probieren liefert die Lösung $\beta_1\ell/2 \approx 41,19^\circ \approx 0,7189$. Mit (c) folgt daraus die kritische Last

$$F_k \approx \Big(\frac{2\cdot 0,7189}{\ell}\Big)^2 EI_y = 2,067\frac{EI_y}{\ell^2}.$$

Rayleighquotient:
Der Rayleighquotient in Gl. (10.30) wurde aus Gl. (10.14) entwickelt. Darin ist $-Fu$ die in Abb. 10.6 erklärte Potentialdifferenz. Im hier vorliegenden Fall tritt an die Stelle von $-Fu$ die in Abb. b erläuterte Potentialdifferenz

$$-Fu_1 - Fu_2 = -F\Big[\tfrac{1}{2}\mu\int_0^\ell w'^2(x)\,\mathrm{d}x + \tfrac{1}{2}\mu\int_0^{\ell/2} w'^2(x)\,\mathrm{d}x\Big].$$

Damit tritt an die Stelle von Gl. (10.30) der Rayleighquotient

$$\begin{aligned} F_k &\le EI_y\,\frac{\int_0^\ell w''^2(x)\,\mathrm{d}x}{\int_0^\ell w'^2(x)\,\mathrm{d}x + \int_0^{\ell/2} w'^2(x)\,\mathrm{d}x} \\ &= EI_y\,\frac{\int_0^\ell w''^2(x)\,\mathrm{d}x}{2\int_0^{\ell/2} w'^2(x)\,\mathrm{d}x + \int_{\ell/2}^{\ell} w'^2(x)\,\mathrm{d}x}. \end{aligned} \qquad \text{(f)}$$

Die Biegelinie unter einer Einzellast am Ende ist (s. Gl. (a) in Beisp.5.3-2; ein konstanter Faktor spielt in (f) keine Rolle)

$$w(x) = \Big(\frac{x}{\ell}\Big)^2\Big(3-\frac{x}{\ell}\Big) = 3\Big(\frac{x}{\ell}\Big)^2 - \Big(\frac{x}{\ell}\Big)^3.$$

Daraus folgt

$$w'(x) = \frac{3}{\ell}\Big[2\frac{x}{\ell} - \Big(\frac{x}{\ell}\Big)^2\Big], \qquad w''(x) = \frac{6}{\ell^2}\Big(1-\frac{x}{\ell}\Big).$$

Der Zähler in (f) ist

$$\begin{aligned} \int_0^\ell w''^2(x)\,\mathrm{d}x &= \frac{36}{\ell^4}\int_0^\ell \Big(1-\frac{x}{\ell}\Big)^2\mathrm{d}x = \frac{36}{\ell^3}\int_0^1 (1-z)^2\,\mathrm{d}z \\ &= \frac{36}{\ell^3}\Big(z - z^2 + \frac{1}{3}z^3\Big)\Big|_0^1 = \frac{12}{\ell^3}. \end{aligned}$$

Im Nenner ist entsprechend

$$\begin{aligned} \int_0^{\ell/2} w'^2(x)\,\mathrm{d}x &= \frac{9}{\ell}\int_0^{1/2}(2z-z^2)^2\,\mathrm{d}z = \frac{9}{\ell}\Big(\frac{4}{3}z^3 - z^4 + \frac{1}{5}z^5\Big)\Big|_0^{1/2} \\ &= \frac{9}{\ell}\Big(\frac{1}{6} - \frac{1}{16} + \frac{1}{5\cdot 32}\Big) = \frac{3\cdot 53}{160\ell}, \end{aligned}$$

$$\int_{\ell/2}^{\ell} w'^2(x)\,\mathrm{d}x = \frac{9}{\ell}\Big(\frac{4}{3}z^3 - z^4 + \frac{1}{5}z^5\Big)\Big|_{1/2}^{1} = \frac{9}{\ell}\Big(\frac{4}{3} - 1 + \frac{1}{5} - \frac{53}{480}\Big) = \frac{3\cdot 203}{160\ell}.$$

Damit liefert (f) die obere Schranke

$$F_k \le \frac{12/\ell^3}{\frac{3(2\cdot 53+203)}{160}\,\frac{1}{\ell}}EI_y = \frac{640}{309}\frac{EI_y}{\ell^2} \approx 2,071\frac{EI_y}{\ell^2}.$$

Sie ist eine sehr gute Näherung.

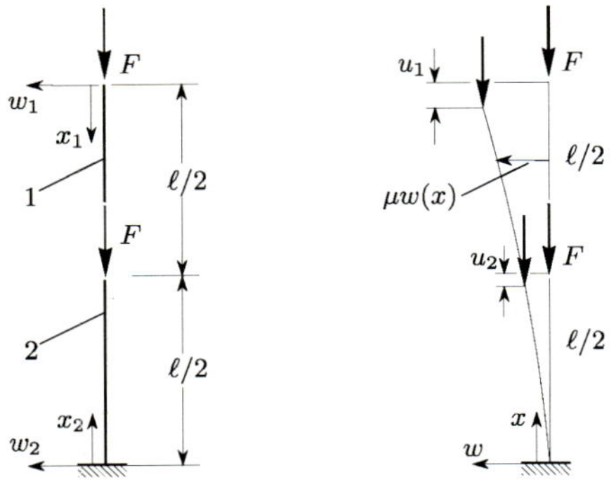

(a) (b)

Aufg. 10.13

Eigenwertproblem:
Wegen der Lagerreaktion am rechten Lager sind die Schnittkräfte Q_z in beiden Stabhälften verschieden. Wegen Gl. (10.24) müssen daher für beide Stabhälften verschiedene Ansätze der Form von Gl. (10.23) mit verschiedenen Konstanten A_i, B_i, C_i und D_i $(i = 1, 2)$ gemacht werden. β ist in beiden Ansätzen gleich, weil die Längskräfte gleich sind. Mit den Koordinaten x_1 und x_2 von Abb. a haben sie die Formen:

$$w_1(x_1) = A_1 \sin \beta x_1 + B_1 \cos \beta x_1 + C_1 x_1 + D_1, \tag{a}$$

$$w_2(x_2) = A_2 \sin \beta x_2 + B_2 \cos \beta x_2 + C_2 x_2 + D_2, \tag{b}$$

$$\beta^2 = \frac{F}{EI_y}, \tag{c}$$

$$Q_{z1} = -EI_y \beta^2 C_1, \qquad Q_{z2} = -EI_y \beta^2 C_2. \tag{d}$$

Randbedingungen:

$$w_1''(0) = 0 \quad \to \quad B_1 = 0, \tag{e1}$$

$$w_1(0) = 0 \quad \to \quad D_1 = -B_1 = 0, \tag{e2}$$

$$w_1(\ell/2) = 0, \tag{e3}$$

$$w_2(0) = 0 \quad \to \quad D_2 = -B_2, \tag{e4}$$

$$w_2''(\ell/2) = 0, \tag{e5}$$

$$Q_{z2} \equiv 0 \quad \to \quad C_2 = 0, \tag{e6}$$

$$w_1''(\ell/2) = w_2''(0), \tag{e7}$$

$$w_1'(\ell/2) = w_2'(0). \tag{e8}$$

Mit (e1), (e2), (e4) und (e6) entsteht aus (a) und (b)

$$w_1(x_1) = A_1 \sin \beta x_1 + C_1 x_1,$$

$$w_2(x_2) = A_2 \sin \beta x_2 + B_2 (\cos \beta x_2 - 1).$$

Damit ergeben sich aus den übrigen Randbedingungen die Gleichungen

$$(e3): \qquad A_1 \sin \frac{\beta \ell}{2} + C_1 \frac{\ell}{2} = 0,$$

$$(e5): \qquad A_2 \sin \frac{\beta \ell}{2} + B_2 \cos \frac{\beta \ell}{2} = 0,$$

$$(e7): \qquad A_1 \sin\frac{\beta\ell}{2} = B_2,$$

$$(e8): \qquad \beta A_1 \cos\frac{\beta\ell}{2} + C_1 = \beta A_2.$$

Das sind 4 homogene Gleichungen für A_1, C_1, A_2 und B_2. Die letzte Gleichung wird mit ℓ multipliziert, um auch ihre Koeffizienten dimensionslos zu machen. Die dritte Gleichung wird ersetzt durch die Differenz der ersten und der dritten:

$$C_1\frac{\ell}{2} + B_2 = 0.$$

Die Koeffizientendeterminante der so gebildeten Gleichungen muß null sein:

$$\mathrm{Det}\begin{bmatrix} \sin\frac{\beta\ell}{2} & \frac{\ell}{2} & 0 & 0 \\ 0 & 0 & \sin\frac{\beta\ell}{2} & \cos\frac{\beta\ell}{2} \\ 0 & \frac{\ell}{2} & 0 & 1 \\ \beta\ell\cos\frac{\beta\ell}{2} & \ell & -\beta\ell & 0 \end{bmatrix} = 0$$

oder bei Entwicklung nach der 3. Zeile

$$-\frac{\ell}{2}\begin{bmatrix} \sin\frac{\beta\ell}{2} & 0 & 0 \\ 0 & \sin\frac{\beta\ell}{2} & \cos\frac{\beta\ell}{2} \\ \beta\ell\cos\frac{\beta\ell}{2} & -\beta\ell & 0 \end{bmatrix} - \begin{bmatrix} \sin\frac{\beta\ell}{2} & \frac{\ell}{2} & 0 \\ 0 & 0 & \sin\frac{\beta\ell}{2} \\ \beta\ell\cos\frac{\beta\ell}{2} & \ell & -\beta\ell \end{bmatrix} = 0$$

oder bei Entwicklung nach der 1. bzw. nach der 2. Zeile

$$-\frac{\ell}{2}\sin\frac{\beta\ell}{2}\cdot\beta\ell\cos\frac{\beta\ell}{2} + \sin\frac{\beta\ell}{2}\Big(\ell\sin\frac{\beta\ell}{2} - \frac{\ell}{2}\beta\ell\cos\frac{\beta\ell}{2}\Big) = 0$$

oder

$$\sin\frac{\beta\ell}{2}\Big(-\beta\ell\cos\frac{\beta\ell}{2} + \sin\frac{\beta\ell}{2}\Big) = 0.$$

Diese Gleichung zerfällt in die beiden Gleichungen

$$\sin\frac{\beta\ell}{2} = 0 \qquad \text{und} \qquad \tan\frac{\beta\ell}{2} = \beta\ell.$$

Die erste Gleichung hat den niedrigsten Eigenwert $\beta\ell = 4\pi$, und die zweite Gleichung hat den niedrigsten Eigenwert $\beta\ell \approx 5,43$. Er ist der kleinere. Mit ihm ergibt sich aus (c) die kritische Last

$$F_k \approx 5,43\frac{EI_y}{\ell^2}. \tag{f}$$

Anmerkung: Bei der Last F zum Eigenwert $\beta\ell = 4\pi$ knickt die rechte Stabhälfte aus, wenn man die linke in der geraden Stellung festhält (Knickfall I von Abb. 10.1 mit $\ell/2$ statt ℓ).

Rayleighquotient:
Für den in der Aufgabe vorgeschriebenen Lastfall in Abb. b ist (s. Hütte, Tab. E5-7)

$$w_1(x_1) = \frac{F(\ell/2)^3}{EI_y}\Big[\Big(\frac{x_1}{\ell/2}\Big)^3 - \frac{x_1}{\ell/2}\Big] \qquad (0 \le x_1 \le \ell/2),$$

$$w_2(x_2) = \frac{F(\ell/2)^3}{EI_y}\Big[2\frac{x_2}{\ell/2} + 3\Big(\frac{x_2}{\ell/2}\Big)^2 - \Big(\frac{x_2}{\ell/2}\Big)^3\Big] \qquad (0 \le x_2 \le \ell/2).$$

Nach Gl. (10.30) ist

$$F_k \le EI_y \frac{\int_0^{\ell/2} w_1''^2(x_1)\,\mathrm{d}x_1 + \int_0^{\ell/2} w_2''^2(x_2)\,\mathrm{d}x_2}{\int_0^{\ell/2} w_1'^2(x_1)\,\mathrm{d}x_1 + \int_0^{\ell/2} w_2'^2(x_2)\,\mathrm{d}x_2}. \tag{g}$$

Am Rayleighquotienten ändert sich nichts, wenn man $w_1(x_1)$ und $w_2(x_2)$ durch die Konstante $F(\ell/2)^3/(2EI_y)$ dividiert und ansetzt:

$$w_1(x_1) = 4\Big(\frac{x_1}{\ell}\Big)^3 - \frac{x_1}{\ell}, \qquad w_2(x_2) = 2\frac{x_2}{\ell} + 6\Big(\frac{x_2}{\ell}\Big)^2 - 4\Big(\frac{x_2}{\ell}\Big)^3.$$

Daraus folgt

$$w_1'(x_1) = \frac{1}{\ell}\Big[12\Big(\frac{x_1}{\ell}\Big)^2 - 1\Big], \qquad w_2'(x_2) = \frac{2}{\ell}\Big[1 + 6\frac{x_2}{\ell} - 6\Big(\frac{x_2}{\ell}\Big)^2\Big],$$

$$w_1''(x_1) = \frac{24}{\ell^2}\frac{x_1}{\ell}, \qquad w_2''(x_2) = \frac{12}{\ell^2}\Big(1 - 2\frac{x_2}{\ell}\Big).$$

Die in (g) benötigten Integrale sind mit der Substitution $x/\ell = z$, $\mathrm{d}x = \ell\,\mathrm{d}z$

$$\int_0^{\ell/2} w_1''^2(x_1)\,\mathrm{d}x_1 = \frac{24^2}{\ell^4}\int_0^{\ell/2}\Big(\frac{x_1}{\ell}\Big)^2\mathrm{d}x_1 = \frac{24^2}{\ell^3}\int_0^{1/2} z^2\,\mathrm{d}z = \frac{24^2}{\ell^3}\cdot\frac{1}{24} = \frac{24}{\ell^3},$$

$$\int_0^{\ell/2} w_2''^2(x_2)\,\mathrm{d}x_2 = \frac{12^2}{\ell^3}\int_0^{1/2}(1-2z)^2\,\mathrm{d}z = \frac{12^2}{\ell^3}\big(z - 2z^2 + \tfrac{4}{3}z^3\big)\Big|_0^{1/2}$$

$$= \frac{12^2}{\ell^3}\Big(\frac{1}{2} - \frac{1}{2} + \frac{1}{6}\Big) = \frac{24}{\ell^3},$$

$$\int_0^{\ell/2} w_1'^2(x_1)\,\mathrm{d}x_1 = \frac{1}{\ell}\int_0^{1/2}(12z^2-1)^2\,\mathrm{d}z = \frac{1}{\ell}\big(\tfrac{144}{5}z^5 - 8z^2 + z\big)\Big|_0^{1/2}$$

$$= \frac{1}{\ell}\Big(\frac{9}{2} - 1 + \frac{1}{2}\Big) = \frac{2}{5\ell},$$

$$\int_0^{\ell/2} w_2'^2(x_2)\,\mathrm{d}x_2 = \frac{4}{\ell}\int_0^{1/2}(1+6z-6z^2)^2\,\mathrm{d}z$$

$$= \frac{4}{\ell}\big(z + 12z^3 + \tfrac{36}{5}z^5 + 6z^2 - 4z^3 - 18z^4\big)\Big|_0^{1/2}$$

$$= \frac{4}{\ell}\Big(\frac{1}{2} + \frac{3}{2} + \frac{9}{40} + \frac{3}{2} - \frac{1}{2} - \frac{18}{32}\Big) = \frac{42}{5\ell}.$$

Damit liefert (g) die obere Schranke

$$F_k \le \frac{24+24}{\frac{2}{5}+\frac{42}{5}}\frac{EI_y}{\ell^2} = \frac{60}{11}\frac{EI_y}{\ell^2} \approx 5{,}45\,\frac{EI_y}{\ell^2}.$$

Sie ist eine gute Näherung für die exakte Lösung in (f).

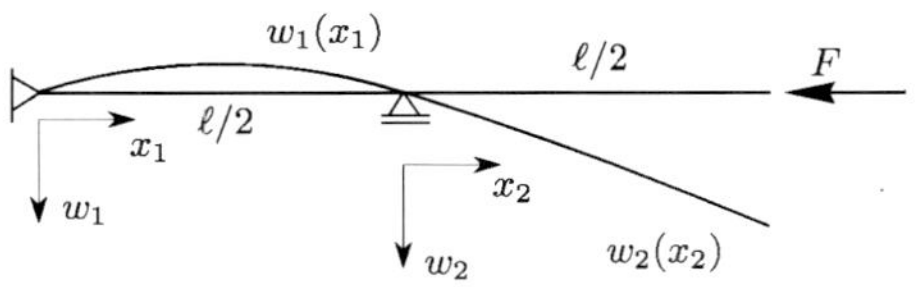

(a)

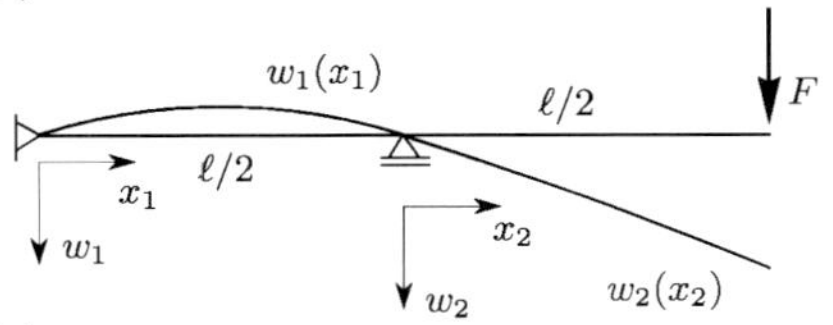

(b)

Aufg. 10.14

Der Rayleighqotient für dieses Problem wird aus Gl. (a) von Beisp. 10.4-2 übernommen. Darin wird $\gamma A = G/\ell$ gesetzt, wobei G das Gesamtgewicht des Stabes ist:

$$F_k(G) \leq \frac{EI_y \int_0^\ell w''^2(x)\,\mathrm{d}x - \frac{G}{\ell}\int_0^\ell \int_0^x w'^2(\xi)\,\mathrm{d}\xi\,\mathrm{d}x}{\int_0^\ell w'^2(x)\,\mathrm{d}x}. \tag{a}$$

Laut Aufgabe soll für jeden Stab die Eigenform des Stabes ohne Eigengewicht verwendet werden. Das bedeutet, daß der Rayleighquotient im Fall $G = 0$ die kritische Last exakt liefert. Damit vereinfacht sich (a) zu

$$F_k(G) \leq F_k(G=0) - \frac{G}{\ell}\frac{\int_0^\ell \int_0^x w'^2(\xi)\,\mathrm{d}\xi\,\mathrm{d}x}{\int_0^\ell w'^2(x)\,\mathrm{d}x}. \tag{b}$$

Knickfall II:
Aus Beisp.10.1 werden die kritische Last ohne Eigengewicht, $F_k(G = 0) = \pi^2 EI_y/\ell^2$, und die Eigenform

$$w(x) = \frac{\ell}{\pi}\sin\frac{\pi x}{\ell}$$

übernommen, aus der sich

$$w'(x) = \cos\frac{\pi x}{\ell}$$

ergibt (der willkürlich wählbare Faktor in $w(x)$ wurde so gewählt, daß $w'(x)$ möglichst einfach ist). Damit wird berechnet:

$$\int_0^x w'^2(\xi)\,\mathrm{d}\xi = \int_0^x \frac{1}{2}\Big(1 + \cos\frac{2\pi\xi}{\ell}\Big)\,\mathrm{d}\xi = \frac{1}{2}\Big(\xi + \frac{\ell}{2\pi}\sin\frac{2\pi\xi}{\ell}\Big)\Big|_0^x$$
$$= \frac{1}{2}\Big(x + \frac{\ell}{2\pi}\sin\frac{2\pi x}{\ell}\Big).$$

Daraus ergibt sich einerseits

$$\int_0^\ell w'^2(x)\,\mathrm{d}x = \frac{\ell}{2}$$

und andererseits

$$\int_0^\ell \int_0^x w'^2(\xi)\,\mathrm{d}\xi\,\mathrm{d}x = \frac{1}{2}\left[\frac{x^2}{2} - \left(\frac{\ell}{2\pi}\right)^2 \cos\frac{2\pi x}{\ell}\right]\Big|_0^\ell = \tfrac{1}{4}\,\ell^2.$$

Damit ergibt sich aus (b) das Ergebnis

$$F_k(G) \leq \frac{\pi^2 EI_y}{\ell^2} - \frac{G}{2}.$$

Für die kritische Länge ℓ_k des Stabes ohne Einzellast am Ende ergibt sich hieraus die Ungleichung (vgl. Beisp.10.4-2))

$$0 \leq \frac{\pi^2 EI_y}{\ell_k^2} - \frac{\gamma A \ell_k}{2}.$$

Daraus folgt

$$\ell_k \leq \sqrt[3]{\frac{2\pi^2 EI_y}{\gamma A}} \approx 2,70\sqrt[3]{\frac{EI_y}{\gamma A}}.$$

Knickfall III:
Aus Beisp.10.2-1 werden die Eigenwertgleichung

$$\tan\beta\ell = \beta\ell, \qquad \beta\ell = 4,493, \tag{c}$$

die kritische Last ohne Eigengewicht, $F_k(G=0) = 2,04\pi^2 EI_y/\ell^2$, und die Eigenform

$$w(x) = \sin\beta x - \beta x + \beta\ell(1 - \cos\beta x)$$

übernommen. Weiter unten wird die Beziehung

$$\tan 2\beta\ell = \frac{2\tan\beta\ell}{1 - \tan^2\beta\ell} = \frac{2\beta\ell}{1 - \beta^2\ell^2} \tag{d}$$

benötigt. Für (b) wird gebildet:

$$w'(x) = \beta(\cos\beta x + \beta\ell\sin\beta x - 1),$$

$$\int_0^x w'^2(\xi)\,\mathrm{d}\xi$$

$$= \beta^2 \int_0^x \big(\cos^2\beta\xi + \beta^2\ell^2\sin^2\beta\xi + 1 + 2\beta\ell\sin\beta\xi\,\cos\beta\xi - 2\cos\beta\xi - 2\beta\ell\sin\beta\xi\big)\,\mathrm{d}\xi$$

$$= \beta^2 \int_0^x \Big[\tfrac{1}{2}(1 + \cos 2\beta\xi) + \beta^2\ell^2\tfrac{1}{2}(1 - \cos 2\beta\xi) + 1 + \beta\ell\sin 2\beta\xi - 2\cos\beta\xi - 2\beta\ell\sin\beta\xi\Big]\,\mathrm{d}\xi$$

$$= \beta^2\Big[\frac{1}{2}(\xi + \frac{1}{2\beta}\sin 2\beta\xi) + \beta^2\ell^2\frac{1}{2}(\xi - \frac{1}{2\beta}\sin 2\beta\xi) + \xi - \frac{\ell}{2}\cos 2\beta\xi - \frac{2}{\beta}\sin\beta\xi + 2\ell\cos\beta\xi\Big]\Big|_0^x$$

$$= \beta\Big[\tfrac{1}{2}(\beta x + \tfrac{1}{2}\sin 2\beta x) + \beta^2\ell^2\tfrac{1}{2}(\beta x - \tfrac{1}{2}\sin 2\beta x) + \beta x - \tfrac{1}{2}\beta\ell(\cos 2\beta x - 1) - 2\sin\beta x + 2\beta\ell(\cos\beta x - 1)\Big]$$

$$= \beta\Big[\tfrac{3}{2}\beta(x-\ell) + \tfrac{1}{2}\beta^3\ell^2 x + \tfrac{1}{4}(1-\beta^2\ell^2)\sin 2\beta x - \tfrac{1}{2}\beta\ell\cos 2\beta x - 2\sin\beta x$$
$$+ 2\beta\ell\cos\beta x\Big]. \qquad \text{(e)}$$

Daraus ergibt sich insbesondere

$$\int_0^\ell w'^2(x)\,\mathrm{d}x$$
$$= \beta\Big[\tfrac{1}{2}\beta^3\ell^3 + \tfrac{1}{4}(1-\beta^2\ell^2)\sin 2\beta\ell - \tfrac{1}{2}\beta\ell\cos 2\beta\ell - 2\sin\beta\ell + 2\beta\ell\cos\beta\ell\Big]$$
$$= \beta\Big\{\tfrac{1}{2}\beta^3\ell^3 + \tfrac{1}{4}\cos 2\beta\ell\Big[(1-\beta^2\ell^2)\tan 2\beta\ell - 2\beta\ell\Big] - 2\cos\beta\ell\Big[\tan\beta\ell - \beta\ell\Big]\Big\}.$$

Die beiden Ausdrücke in eckigen Klammern sind wegen (c) und (d) null. Damit und mit der Größe $\beta\ell$ aus (c) ist

$$\int_0^\ell w'^2(x)\,\mathrm{d}x = \frac{\beta^4\ell^4}{2\ell} \approx \frac{204}{\ell}. \qquad \text{(f)}$$

Aus (e) ergibt sich weiterhin

$$\int_0^\ell \int_0^x w'^2(\xi)\,\mathrm{d}\xi\,\mathrm{d}x = \beta\Big[\frac{3}{2}\beta\Big(\frac{x^2}{2} - \ell x\Big) + \frac{1}{4}\beta^3\ell^2x^2 - \frac{1}{8\beta}(1-\beta^2l^2)\cos 2\beta x$$
$$-\frac{1}{4}\ell\sin 2\beta x + \frac{2}{\beta}\cos\beta x + 2\ell\sin\beta x\Big]\Big|_0^\ell$$
$$= -\tfrac{3}{4}\beta^2\ell^2 + \tfrac{1}{4}\beta^4\ell^4 - \tfrac{1}{8}(1-\beta^2\ell^2)(\cos 2\beta\ell - 1)$$
$$- \tfrac{1}{4}\beta\ell\sin 2\beta\ell + 2(\cos\beta\ell - 1) + 2\beta l\sin\beta\ell \qquad \text{(g)}$$
$$\approx 70,5.$$

Damit und mit (f) liefert (b) das Ergebnis

$$F_k(G) \le 2,04\frac{\pi^2 EI_y}{\ell^2} - 0,35G. \qquad \text{(h)}$$

Für die kritische Länge ℓ_k des Stabes ohne Einzellast am Ende ergibt sich hieraus die Ungleichung

$$0 \le 2,04\frac{\pi^2 EI_y}{\ell_k^2} - 0,35\gamma A\ell_k.$$

Daraus folgt

$$\ell_k \le \sqrt[3]{\frac{2,04\pi^2 EI_y}{0,35\gamma A}} \approx 3,86\sqrt[3]{\frac{EI_y}{\gamma A}}.$$

Anmerkung: Der Formelausdruck (g) kann wie folgt wesentlich vereinfacht werden. Zunächst ergibt sich durch Umordnung

$$\int_0^\ell \int_0^x w'^2(\xi)\,\mathrm{d}\xi\,\mathrm{d}x \;=\; -\tfrac{7}{8}\beta^2\ell^2 + \tfrac{1}{4}\beta^4\ell^4 - \tfrac{15}{8}$$
$$- \tfrac{1}{8}\big[(1-\beta^2\ell^2)\cos 2\beta\ell + 2\beta\ell\sin 2\beta\ell\big] + 2(\cos\beta\ell + \beta\ell\sin\beta\ell). \qquad \text{(i)}$$

Zur Umformung der beiden Klammerausdrücke bildet man mit (c) und (d)

$$\cos\beta\ell = \frac{-1}{\sqrt{1+\tan^2\beta\ell}} = \frac{-1}{\sqrt{1+\beta^2\ell^2}}, \qquad \sin\beta\ell = \tan\beta\ell\ \cos\beta\ell = \frac{-\beta\ell}{\sqrt{1+\beta^2\ell^2}},$$

$$\cos 2\beta\ell = \frac{1}{\sqrt{1+\tan^2 2\beta\ell}} = \frac{1}{\sqrt{1+\left(\frac{2\beta\ell}{1-\beta^2\ell^2}\right)^2}} = \frac{1-\beta^2\ell^2}{1+\beta^2\ell^2},$$

$$\sin 2\beta\ell = \tan 2\beta\ell\ \cos 2\beta\ell = \frac{2\beta\ell}{1+\beta^2\ell^2}.$$

Die Vorzeichen der Wurzeln in diesen Ausdrücken sind für $\beta\ell = 4,493$ korrekt. Damit sind die beiden Klammerausdrücke in (i)

$$(1-\beta^2\ell^2)\cos 2\beta\ell + 2\beta\ell\sin 2\beta\ell = \frac{(1-\beta^2\ell^2)^2}{1+\beta^2\ell^2} + \frac{4\beta^2\ell^2}{1+\beta^2\ell^2} = 1+\beta^2\ell^2,$$

$$\cos\beta\ell + \beta\ell\sin\beta\ell = \frac{-1}{\sqrt{1+\beta^2\ell^2}} - \frac{\beta^2\ell^2}{\sqrt{1+\beta^2\ell^2}} = -\sqrt{1+\beta^2\ell^2}.$$

Folglich ist

$$\int_0^\ell \int_0^x w'^2(\xi)\,\mathrm{d}\xi\,\mathrm{d}x = \frac{1}{4}\beta^4\ell^4 - \beta^2\ell^2 - 2 - 2\sqrt{1+\beta^2\ell^2}$$
$$= \tfrac{1}{4}\,\beta^4\ell^4 - \left(1+\sqrt{1+\beta^2\ell^2}\,\right)^2.$$

Mit (f) liefert (b) dann die einfachere Formel

$$F_k(G) \le 2,04\frac{\pi^2 EI_y}{\ell^2} - \frac{G}{2}\left[1 - \frac{4\left(1+\sqrt{1+\beta^2\ell^2}\,\right)^2}{\beta^4\ell^4}\right].$$

Mit $\beta\ell = 4,493$ ergibt sich wieder (h).

Knickfall IV:

Aus Beisp.10.2-1 werden die kritische Last ohne Eigengewicht, $F_k(G=0) = 4\pi^2 EI_y/\ell^2$, und die Eigenform

$$w(x) = \frac{\ell}{2\pi}\left(\cos\frac{2\pi x}{\ell} - 1\right)$$

übernommen, aus der sich

$$w'(x) = -\sin\frac{2\pi x}{\ell}$$

ergibt. Damit wird berechnet:

$$\int_0^x w'^2(\xi)\,\mathrm{d}\xi = \int_0^x \frac{1}{2}\left(1-\cos\frac{4\pi\xi}{\ell}\right)\mathrm{d}\xi = \frac{1}{2}.\left(\xi - \frac{\ell}{4\pi}\sin\frac{4\pi\xi}{\ell}\right)\Big|_0^x$$
$$= \frac{1}{2}\left(x - \frac{\ell}{4\pi}\sin\frac{4\pi x}{\ell}\right).$$

Daraus ergibt sich einerseits

$$\int_0^\ell w'^2(x)\,\mathrm{d}x = \frac{\ell}{2}$$

und andererseits

$$\int_0^\ell \int_0^x w'^2(\xi)\,\mathrm{d}\xi\,\mathrm{d}x = \frac{1}{2}\left[\frac{x^2}{2} + \left(\frac{\ell}{4\pi}\right)^2\cos\frac{4\pi x}{\ell}\right]\Big|_0^\ell = \tfrac{1}{4}\,\ell^2.$$

Damit ergibt sich aus (b) das Ergebnis

$$F_k(G) \leq \frac{4\pi^2 EI_y}{\ell^2} - \frac{G}{2}.$$

Für die kritische Länge ℓ_k des Stabes ohne Einzellast am Ende ergibt sich hieraus die Ungleichung

$$0 \leq \frac{4\pi^2 EI_y}{\ell_k^2} - \frac{\gamma A \ell_k}{2}.$$

Daraus folgt

$$\ell_k \leq \sqrt[3]{\frac{8\pi^2 EI_y}{\gamma A}} \approx 4,29 \sqrt[3]{\frac{EI_y}{\gamma A}}.$$

Aufg. 10.15

Die kritische Last und die Eigenform des Stabes sind nach Kap.10.1

$$F_k = \frac{\pi^2 EI_y}{\ell^2}, \qquad w(x) = A \sin \frac{\pi x}{\ell}$$

(x=0 am Stabende). Nach der Erwärmung um ΔT_k ist der Stab noch gerade. Da die Lager unverschiebbar sind, ist die Längenänderung infolge der Erwärmung um ΔT_k und infolge der Längskraft $-F_k$ insgesamt null:

$$\ell \alpha \Delta T_k - \frac{F_k \ell}{EA} = 0.$$

Daraus ergibt sich die gesuchte Größe

$$\Delta T_k = \frac{F_k}{\alpha EA} = \frac{\pi^2 I_y}{\alpha \ell^2 A}.$$

Bei Erwärmung um $\Delta T > \Delta T_k$ stellt sich eine Biegelinie in der Eigenform mit einer von ΔT abhängigen maximalen Auslenkung w_0 ein (Abb. a). In diesem Zustand ist die Längskraft im Stab größer als F_k. Gl. (10.13) stellt den Zusammenhang zwischen w_0 und der Längskraft F her:

$$w_0 = \frac{2}{\pi}\, \ell \sqrt{2\Big(\frac{F}{F_k} - 1\Big)}.$$

Daraus folgt $\quad F - F_k = F_k \dfrac{\pi^2 w_0^2}{8\ell^2}.$

Die Differenz zwischen der Bogenlänge im Zustand $(\Delta T, F)$ und der gestreckten Länge ℓ im Zustand $(\Delta T_k, F_k)$ ist

$$\Delta \ell = \alpha \ell (\Delta T - \Delta T_k) - \frac{(F - F_k)\ell}{EA} \qquad \text{(a)}$$

$$= \alpha \ell (\Delta T - \Delta T_k) - \frac{F_k}{EA} \cdot \frac{\pi^2 w_0^2}{8\ell}. \qquad \text{(b)}$$

Andererseits ist nach Gl. (10.15)

$$\Delta \ell = \tfrac{1}{2} \int_0^\ell w'^2(x)\,\mathrm{d}x = \tfrac{1}{2} w_0^2 \Big(\frac{\pi}{\ell}\Big)^2 \int_0^\ell \cos^2 \frac{\pi x}{\ell}\,\mathrm{d}x$$

$$= \tfrac{1}{2} w_0^2 \Big(\frac{\pi}{\ell}\Big)^2 \int_0^\ell \frac{1}{2}\Big(1 + \cos \frac{2\pi x}{\ell}\Big)\,\mathrm{d}x = \frac{\pi^2}{4}\,\frac{w_0^2}{\ell}.$$

Einsetzen in (b) liefert die Gleichung

$$\alpha\ell(\Delta T - \Delta T_k) = w_0^2\,\frac{\pi^2}{4\ell}\left(1 + \frac{1}{2}\cdot\frac{F_k}{EA}\right). \tag{c}$$

Darin ist $F_k/(EA) = \sigma_k/E$ das Verhältnis der Längsspannung bei kritischer Last zum E-Modul. Es ist gegen 1 vernachlässigbar. Das bedeutet, daß in (a) die Längenänderung infolge Änderung der Längskraft vernachlässigbar ist. Damit erhält man aus (c) das Ergebnis

$$w_0 = \frac{2\ell}{\pi}\sqrt{\alpha(\Delta T - \Delta T_k)}.$$

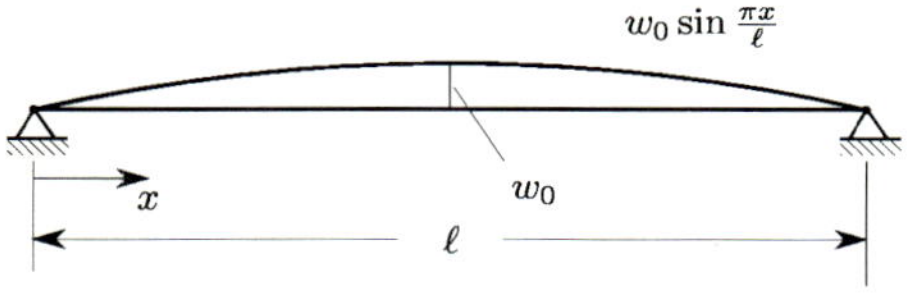

(a)

Kapitel 11

Aufg. 11.1

Die gesuchten Geradengleichungen ergeben sich aus den Ungleichungen (11.9) zu

$$a_i P + b_i F = \pm Y A_i \qquad (i = 1, ..., 7). \qquad \text{(a)}$$

Die Auflösung nach P ergibt die gewünschte Form

$$P = -\frac{b_i}{a_i} F \pm \frac{Y A_i}{a_i} = m_i F \pm n_i \qquad (i = 1, ..., 7) \qquad \text{(b).}$$

Laut Aufg. 8.17 ist $A_i = A$ für $i \neq 2$ und $A_2 = (5/21)A$. Die Ausdrücke auf den linken Seiten von (a) sind die Stabkräfte (s. Gl. (11.7)). Im Sonderfall $P = 0$ liegt das rein elastische, statisch unbestimmte System von Aufg. 8.17 vor. Aus der Lösung dieser Aufgabe werden aus der letzten Spalte der Tabelle die Stabkräfte $b_i F$ $(i = 1, ..., 7)$ übernommen. Sie sind in Spalte 2 der Tabelle unten angegeben. $a_i P$ in Spalte 3 ist die Kraft in Stab i des statisch bestimmten Systems, das entsteht, wenn man das mittlere Lager entfernt und dort nach oben gerichtet P angreifen läßt. Diese Kräfte werden aus der Spalte "N_i (nur K)" der Tabelle in der Lösung zu Aufg. 8.17 übernommen. Dort heißt die Kraft K statt P. Aus a_i und b_i werden nach der Vorschrift in (b) die Größen m_i und n_i in den Spalten 4 und 5 gebildet. Abb. a stellt alle 7 Geradenpaare (b) maßstäblich dar. Die Geraden hüllen das dick gezeichnete Polygon ein. Die gesuchte Traglast F_T ist die Abszisse des Schnittpunkts der Geraden $P = m_2 F - n_2$ und $P = m_5 F + n_5$. Sie ergibt sich also aus der Gleichung

$$m_2 F_T - n_2 = m_5 F_T + n_5 \qquad \text{zu}$$

$$F_T = \frac{n_2 + n_5}{m_2 - m_5} = \frac{10/21 + 1}{5/6 + 7/6} \sqrt{3} Y A = \frac{31}{42} \sqrt{3} Y A \approx 1,28 Y A.$$

i	$b_i F$	$a_i P$	$m_i = -b_i/a_i$	$n_i = Y A_i / a_i$
1	$-1 \cdot \frac{F}{12\sqrt{3}}$	$-6 \cdot \frac{P}{12\sqrt{3}}$	$-\frac{1}{6}$	$2\sqrt{3}\, Y A$
2	$5 \cdot \frac{F}{12\sqrt{3}}$	$-6 \cdot \frac{P}{12\sqrt{3}}$	$\frac{5}{6}$	$\frac{10}{21}\sqrt{3}\, Y A$
3	$2 \cdot \frac{F}{12\sqrt{3}}$	$12 \cdot \frac{P}{12\sqrt{3}}$	$-\frac{1}{6}$	$\sqrt{3}\, Y A$
4	$2 \cdot \frac{F}{12\sqrt{3}}$	$-12 \cdot \frac{P}{12\sqrt{3}}$	$\frac{1}{6}$	$\sqrt{3}\, Y A$
5	$-14 \cdot \frac{F}{12\sqrt{3}}$	$-12 \cdot \frac{P}{12\sqrt{3}}$	$-\frac{7}{6}$	$\sqrt{3}\, Y A$
6	$-10 \cdot \frac{F}{12\sqrt{3}}$	$12 \cdot \frac{P}{12\sqrt{3}}$	$\frac{5}{6}$	$\sqrt{3}\, Y A$
7	$2 \cdot \frac{F}{12\sqrt{3}}$	$12 \cdot \frac{P}{12\sqrt{3}}$	$-\frac{1}{6}$	$\sqrt{3}\, Y A$

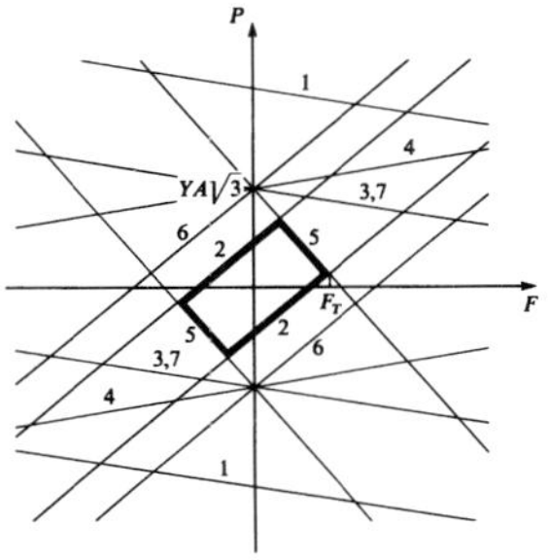

(a)

Aufg. 11.2

Das Polygon wird von Geraden eingehüllt, deren Gleichungen sich aus den Ungleichungen (11.9) ergeben:

$$a_i P + b_i F = \pm Y_i A_i \qquad (1 = 1, ..., n). \tag{a}$$

Die rechten Seiten sind vorgegebene Konstanten. b_i ist durch Gl. (11.6) definiert. Darin sind a_i und c_i Konstanten, die nicht von E-Moduln abhängen (s. Gl. (11.2)). β wird durch Gl. (11.4) definiert. β ändert sich nicht, wenn alle E-Moduln mit derselben Konstante c multipliziert werden. Also ändert sich an (a) und damit am Polygon nichts.

Aufg. 11.3

Nach Gl. (11.18) ist

$$\alpha = \frac{hS_y(0)}{I_y} - 1.$$

Bei der Berechnung von I_y wird der Querschnitt als Differenz zweier Rechtecke aufgefaßt:

$$I_y = \tfrac{1}{12}[bh^3 - (b-t)(h-2t)^3].$$

Das statische Moment der halben Querschnittsfläche (auch sie als Differenz zweier Rechtecke aufgefaßt) ist

$$S_y(0) = \frac{bh}{2} \cdot \frac{h}{4} - (b-t)(\frac{h}{2} - t) \cdot \frac{1}{2}(\frac{h}{2} - t) = \tfrac{1}{8}[bh^2 - (b-t)(h-2t)^2].$$

Damit ist

$$\alpha = \frac{12h}{8} \cdot \frac{bh^2 - (b-t)(h-2t)^2}{bh^3 - (b-t)(h-2t)^3} - 1 = \frac{3}{2} \cdot \frac{bh^3 - h(b-t)(h-2t)^2}{bh^3 - (b-t)(h-2t)^3} - 1$$

$$= \tfrac{3}{2} \cdot \tfrac{20 \cdot 30^3 - 30 \cdot 18 \cdot 26^2}{20 \cdot 30^3 - 18 \cdot 26^3} - 1 = 0,17.$$

Aufg. 11.4

Die Lage der Grenzgeraden wird durch die Gln. (11.25) und (11.28) bestimmt:

$$A_1 = \tfrac{1}{2}A, \qquad A_1 y_{S1} = \tfrac{1}{2}A y_S. \tag{a}$$

Aus der ersten Gleichung folgt, daß die Grenzgerade wie in Abb. a gezeichnet durch den Schwerpunkt S des Rechtecks verläuft. Die zweite ist eine Bestimmungsgleichung für φ. Das y, z-System, dessen y-Achse die Richtung des Momentenvektors haben muß, wird in den Schwerpunkt gelegt. Dann ist $y_S = 0$, so daß (a) die Form $y_{S1} = 0$ annimmt. Im η, ζ-System von Abb. a ist

$$y_{S1} = \eta_{S1} \cos\alpha + \zeta_{S1} \sin\alpha.$$

Die Bedingung $y_{S1} = 0$ hat also auch die Form

$$\eta_{S1} = -\zeta_{S1} \tan\alpha. \tag{b}$$

Im folgenden muß man die Fälle $\varphi \le 90° - \beta$ und $\varphi \ge 90° - \beta$ unterscheiden ($\tan\beta = a/b$).

Der Fall $\varphi \le 90° - \beta$:

Die in Abb. a schraffierte Fläche 1 wird nach Abb. b als Summe des Rechtecks ABCD, des Dreiecks SDE und des Dreiecks SAF mit negativem Flächeninhalt aufgefaßt. Dann ist offensichtlich

$$A_1 \eta_{S1} = -2 \cdot \frac{1}{2} \cdot \frac{a}{2} \cdot \frac{a}{2} \tan\varphi \cdot \frac{2}{3} \cdot \frac{a}{2} = -\tfrac{1}{12} a^3 \tan\varphi, \tag{c}$$

$$A_1 \zeta_{S1} = \frac{1}{2} ab \cdot \frac{b}{4} - 2 \cdot \frac{1}{2} \cdot \frac{a}{2} \cdot \frac{a}{2} \tan\varphi \cdot \frac{1}{3} \cdot \frac{a}{2} \tan\varphi = \tfrac{1}{8} ab^2 - \tfrac{1}{24} a^3 \tan^2\varphi. \tag{d}$$

Damit entsteht aus (b) die Gleichung für φ:

$$\tfrac{1}{12} a^3 \tan\varphi = \left(\tfrac{1}{8} ab^2 - \tfrac{1}{24} a^3 \tan^2\varphi\right) \tan\alpha \qquad \text{oder}$$

$$\tan^2\varphi + 2\cot\alpha \tan\varphi = 3\frac{b^2}{a^2} = 3\cot^2\beta. \tag{e}$$

Sie hat die Lösung

$$\tan\varphi = \sqrt{3\cot^2\beta + \cot^2\alpha} - \cot\alpha \qquad (\varphi \le 90° - \beta). \tag{f}$$

Mit Hilfe von (e) kann man ausdrücken, welche Größe α hat, wenn $\varphi = 90° - \beta$ ist. Die Gleichung nimmt dann die Form an $\cot^2\beta + 2\cot\alpha\cot\beta = 3\cot^2\beta$ oder $2\cot\beta(\cot\alpha - \cot\beta) = 0$. Daraus folgt $\alpha = \beta$. Die Fallunterscheidungen $\varphi \le 90° - \beta$ und $\varphi \ge 90° - \beta$ sind also gleichbedeutend mit $\alpha \le \beta$ bzw. $\alpha \ge \beta$.

Der Fall $\alpha \ge \beta$ bzw. $\varphi \ge 90° - \beta$:

Abb. b wird durch Abb. c ersetzt. An die Stelle von (c) und (d) tritt

$$A_1 \eta_{S1} = -\frac{1}{2} ab \cdot \frac{a}{4} + 2 \cdot \frac{1}{2} \cdot \frac{b}{2} \cdot \frac{b}{2} \cot\varphi \cdot \frac{1}{3} \cdot \frac{b}{2} \cot\varphi = -\tfrac{1}{8} a^2 b + \tfrac{1}{24} b^3 \cot^2\varphi,$$

$$A_1 \zeta_{S1} = 2 \cdot \frac{1}{2} \cdot \frac{b}{2} \cdot \frac{b}{2} \cot\varphi \cdot \frac{2}{3} \cdot \frac{b}{2} = \tfrac{1}{12} b^3 \cot\varphi.$$

Damit ergibt sich aus (b)

$$-\tfrac{1}{8} a^2 b + \tfrac{1}{24} b^3 \cot^2\varphi = -\tfrac{1}{12} b^3 \cot\varphi \tan\alpha$$

oder

$$\cot^2\varphi + 2\tan\alpha \cot\varphi = 3\frac{a^2}{b^2} = 3\tan^2\beta.$$

Die Lösung ist

$$\cot\varphi = \sqrt{3\tan^2\beta + \tan^2\alpha} - \tan\alpha \qquad (\alpha \ge \beta). \tag{g}$$

Anmerkung: Aus (f) entsteht (g), wenn man α, β und φ durch ihre Komplement-

winkel $90^\circ - \alpha$ bzw. $90^\circ - \beta$ bzw. $90^\circ - \varphi$ ersetzt.
Das Diagramm links in Abb. d stellt φ als Funktion von α für vier Verhältnisse $a/b = 1$, $a/b = \sqrt{2/3}$, $a/b = 2/3$ und $a/b = 1/2$ dar. Es ist bemerkenswert, daß beim Quadrat nur für $\alpha = 0$, $\alpha = 45^\circ$ und $\alpha = 90^\circ$ $\varphi = \alpha$ ist.
Das Fließbiegemoment ist nach Gl. (11.29) bei Beachtung von $z_S = 0$:

$$M_F = 2YA_1 z_{S1} = 2YA_1(\zeta_{S1}\cos\alpha - \eta_{S1}\sin\alpha).$$

Im Fall $\alpha \le \beta$ ergibt sich daraus mit (c) und (d)

$$M_F = 2Y\left[\left(\tfrac{1}{8}ab^2 - \tfrac{1}{24}a^3\tan^2\varphi\right)\cos\alpha + \tfrac{1}{12}a^3\tan\varphi\sin\alpha\right]$$

$$= \tfrac{1}{12}a^3 Y\cos\alpha\left(3\frac{b^2}{a^2} - \tan^2\varphi + 2\tan\alpha\tan\varphi\right)$$

oder mit (e)

$$M_F = \tfrac{1}{6}a^3 Y\cos\alpha(\tan\alpha + \cot\alpha)\tan\varphi = \tfrac{1}{6}a^3 Y\,\frac{\tan\varphi}{\sin\alpha}$$

und mit (f) schließlich

$$M_F = \frac{a^3 Y}{6\sin\alpha}\left(\sqrt{3\cot^2\beta + \cot^2\alpha} - \cot\alpha\right) \qquad (\alpha \le \beta).$$

Der Grenzwert für $\alpha \to 0$ ist in Übereinstimmung mit Beisp.11.3-1 $M_F(\alpha = 0) = ab^2Y/4$. Im Fall $\alpha \ge \beta$ (bzw. $\varphi \ge 90^\circ - \beta$) erhält man in entsprechender Weise die Formel

$$M_F = \frac{b^3 Y}{6\cos\alpha}\left(\sqrt{3\tan^2\beta + \tan^2\alpha} - \tan\alpha\right) \qquad (\alpha \ge \beta)$$

und den Grenzwert $M_F = ba^2Y/4$ für $\alpha \to 90^\circ$ (Vertauschung von a mit b und von α mit $90^\circ - \alpha$). Zur Beurteilung der Abhängigkeit von α wird das Verhältnis gebildet:

$$\frac{M_F(\alpha)}{M_F(\alpha = 0)} = \begin{cases} \dfrac{2}{3}\,\dfrac{\tan^2\beta}{\sin\alpha}\left(\sqrt{3\cot^2\beta + \cot^2\alpha} - \cot\alpha\right) & (\alpha \le \beta) \\[2ex] \dfrac{2}{3}\,\dfrac{\cot\beta}{\cos\alpha}\left(\sqrt{3\tan^2\beta + \tan^2\alpha} - \tan\alpha\right) & (\alpha \ge \beta). \end{cases} \qquad \text{(h)}$$

Diese Funktion von α ist rechts in Abb. d für mehrere Verhältnisse a/b dargestellt. Der Funktionswert bei $\alpha = 90^\circ$ ist a/b.
Anmerkung 1:
Die linke Abb. d zeigt, daß für ein bestimmtes Verhältnis a/b die Steigung der Kurve $\varphi(\alpha)$ im Ursprung gleich 1 ist, d.h. in linearer Näherung gilt dann $\varphi = \alpha$. Für den Kehrwert dieses Verhältnisses a/b ist die Steigung bei $\alpha = 90^\circ$ gleich 1. Dieses Verhältnis soll bestimmt werden. In der Umgebung von $\alpha = 90^\circ$ gilt (g). Man führt die Variablen

$$x = \cot\alpha, \qquad y = \cot\varphi$$

und zur Abkürzung die Konstante

$$c^2 = 3\tan^2\beta = 3\,\frac{a^2}{b^2} \qquad \text{(i)}$$

ein. x und y stimmen im interessierenden Punkt $\alpha = \varphi = 90^\circ$ mit α bzw. mit φ bis zur 2. Ableitung überein. Mit ihnen nimmt (g) die Form an:

$$y = \sqrt{c^2 + \frac{1}{x^2}} - \frac{1}{x} = \frac{1}{x}\left(\sqrt{1 + c^2x^2} - 1\right).$$

Bei $x = 0$ muß $\mathrm{d}y/\mathrm{d}x = 1$ sein. Die Ableitung ist

$$\frac{\mathrm{d}y}{\mathrm{d}x} = \frac{1}{x^2}\left[x\,\frac{c^2x}{\sqrt{1+c^2x^2}} - \left(\sqrt{1+c^2x^2}-1\right)\right] = \frac{\sqrt{1+c^2x^2}-1}{x^2\sqrt{1+c^2x^2}}.$$

Für kleine x gilt die Reihenentwicklung

$$\frac{\mathrm{d}y}{\mathrm{d}x} = \frac{1+c^2x^2/2 \pm \cdots - 1}{x^2(1+c^2x^2/2 \pm \cdots)} = \frac{c^2}{2} \pm \cdots.$$

Die Forderung lautet also $c^2/2 = 1$. Daraus ergibt sich mit (i) das gesuchte Verhältnis

$$a/b = \sqrt{2/3}. \tag{k}$$

Der Kurvenverlauf für dieses Verhältnis ist gezeichnet.

Anmerkung 2:
Die rechte Abb. d zeigt, daß das Fließbiegemoment $M_F(\alpha)$ für Seitenverhältnisse $a/b < 1$ ein absolutes Minimum hat, das je nach der Größe von a/b entweder am Bereichsrand $\alpha = 90°$ liegt (Biegung um die längere Seite) oder im Innern des Intervall $\beta < \alpha < 90°$. Die Abbildung zeigt qualitativ die Lage der Minima von weiteren Kurven für verschiedene Verhältnisse a/b. Im folgenden wird das größte Seitenverhältnis $a/b < 1$ bestimmt, für das das absolute Minimum am Rand liegt. Für den Randpunkt gilt $\alpha \geq \beta$, so daß man nach Streichung eines konstanten Faktors in (h) die Funktion untersuchen muß:

$$y(\alpha) = \frac{1}{\cos\alpha}\left(\sqrt{3\tan^2\beta + \tan^2\alpha} - \tan\alpha\right)$$
$$= \sqrt{1+\tan^2\alpha}\left(\sqrt{3\tan^2\beta + \tan^2\alpha} - \tan\alpha\right).$$

Mit der schon in (i) verwendeten Konstante c^2 und mit der neuen Variablen $x = \tan\alpha$ bildet man die Funktion

$$f(x) = y(\alpha(x)) = \sqrt{1+x^2}\left(\sqrt{c^2+x^2} - x\right).$$

Ihre Ableitung ist

$$\frac{\mathrm{d}f}{\mathrm{d}x} = \frac{x}{\sqrt{1+x^2}}\left(\sqrt{c^2+x^2} - x\right) + \sqrt{1+x^2}\left(\frac{x}{\sqrt{c^2+x^2}} - 1\right)$$
$$= \frac{x(1+c^2+2x^2) - (1+2x^2)\sqrt{c^2+x^2}}{\sqrt{(1+x^2)(c^2+x^2)}}. \tag{l}$$

Der Zähler hat eine Nullstelle, wo

$$(1+2x^2)\sqrt{c^2+x^2} = (1+2x^2)x + c^2x$$

ist. Quadrierung liefert unmittelbar die Gleichung

$$x^2 = \frac{1}{c^2-2} \qquad \text{oder} \qquad \tan^2\alpha = \frac{1}{3\,\frac{a^2}{b^2} - 2}. \tag{m}$$

Sie bestimmt die Lage der Minima im rechten Diagramm von Abb. d. Für Seitenverhältnisse $a/b > \sqrt{2/3}$ existiert ein absolutes Minimum im Bereich $\alpha < 90°$. Im Grenzfall $a/b = \sqrt{2/3}$ liegt dieses Minimum auf dem Rand. Das ist also das gesuchte Seitenverhältnis. Es stimmt mit dem in (k) überein.
Übrigens ergibt sich aus (ℓ) auch, daß die Ableitung am Rand bei $\alpha = 90°$ für alle Werte von c verschwindet, wie es die Abbildung anzeigt. Für $x \to \infty$ (d.h. $\alpha \to 90°$) ist eine Reihenentwicklung des Zählers nach c/x

$$-(1+2x^2)x\left(1+\frac{1}{2}\,\frac{c^2}{x^2}-\frac{1}{8}\,\frac{c^4}{x^4}\pm\cdots\right)+x(1+c^2+2x^2)=\frac{c^2}{4x}(c^2-2)\pm\cdots.$$

$\mathrm{d}y/\mathrm{d}x$ hat also für alle Werte von c den Grenzwert null. Für $c^2>2$ ist das Extemum am Rand ein lokales Maximum, für $c^2<2$ ist es ein lokales Minimum, und im berechneten Sonderfall $c^2=2$ ist es ein Sattelpunkt. Die Größe des Minimums ergibt sich, wenn man (m) in (h) einsetzt:

$$\frac{M_{F\,min}}{M_F(\alpha=0)}=\tfrac{2}{3}\cot\beta\,\sqrt{1+\tan^2\alpha}\,\left[\sqrt{3\tan^2\beta+\tan^2\alpha}-\tan\alpha\right]$$

$$=\tfrac{2}{3}\,\cot\beta\,\sqrt{1+\tfrac{1}{3\tan^2\beta-2}}\,\left[\sqrt{3\tan^2\beta+\tfrac{1}{3\tan^2\beta-2}}\,-\,\sqrt{\tfrac{1}{3\tan^2\beta-2}}\,\right]$$

$$=\tfrac{2}{3}\,\frac{\cot\beta}{3\tan^2\beta-2}\left[\sqrt{(3\tan^2\beta-1)^2}-1\right]=\tfrac{2}{3}\cot\beta\,\sqrt{3\tan^2\beta-1}$$

$$=\tfrac{2}{3}\sqrt{3-\cot^2\beta}\qquad\left(\tan\beta=\frac{a}{b}\geq\sqrt{\tfrac{2}{3}}\right).$$

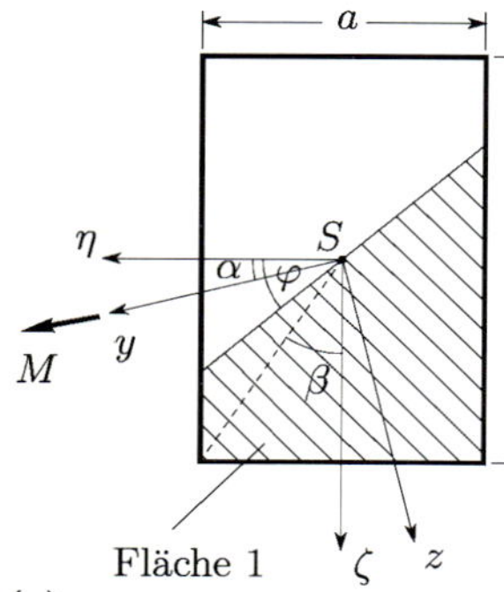

(a)

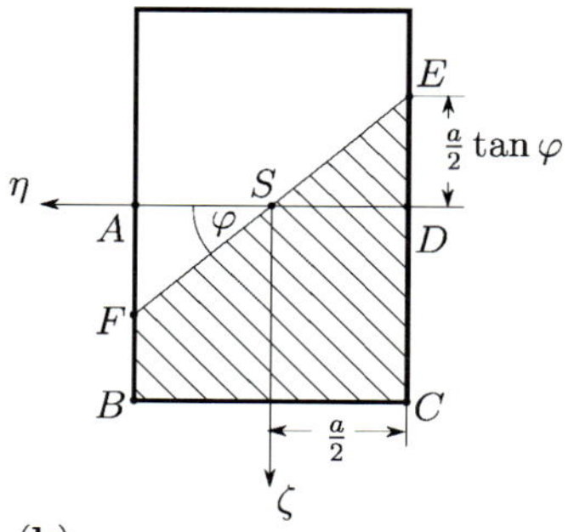

(b)

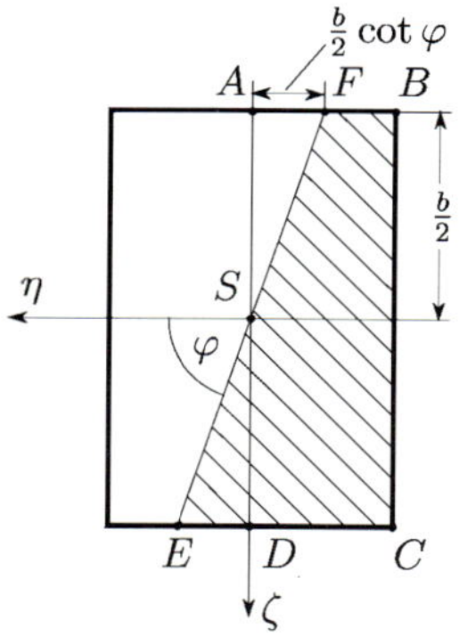

(c)

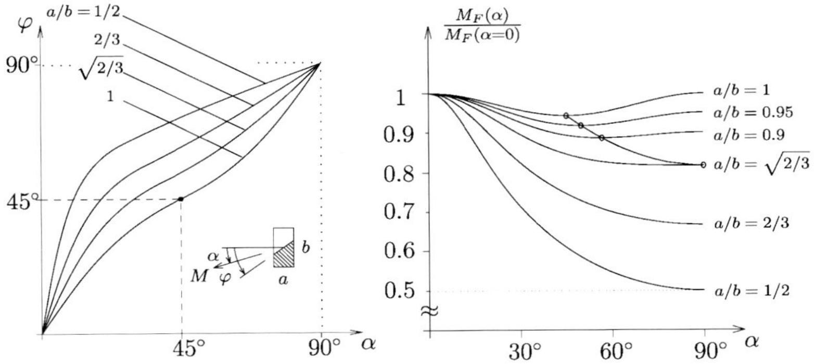

(d)

Aufg. 11.5

Die Grenzgerade ist durch die Gln. (10.25) und (10.28) festgelegt:

$$A_1 = \tfrac{1}{2}A, \qquad A_1 y_{S1} = \tfrac{1}{2}A y_S. \tag{a}$$

Das Fließbiegemoment ist nach Gl. (10.29)

$$M_F = Y(2A_1 z_{S1} - A z_S). \tag{b}$$

Im y, z-System von Abb. a wird willkürlich die Fläche oberhalb der Grenzgeraden als Fläche 1 bezeichnet. Für die Gesamtfläche benötigt man die Ausdrücke

$$\begin{aligned}
A &= h_1 b_1 - h_2 b_2,\\
A y_S &= h_1 b_1 \cdot \tfrac{1}{2}b_1 - h_2 b_2 (b_1 - \tfrac{1}{2}b_2) = \tfrac{1}{2}(h_1 b_1^2 + h_2 b_2^2) - h_2 b_1 b_2,\\
A z_S &= h_1 b_1 \cdot \tfrac{1}{2}h_1 - h_2 b_2 \cdot \tfrac{1}{2}h_2 = \tfrac{1}{2}(h_1^2 b_1 - h_2^2 b_2)\\
&= \tfrac{1}{2}(10^2 \cdot 6 - 9^2 \cdot 2) = 219 \text{ cm}^3.
\end{aligned} \tag{c}$$

Für die Fläche 1 gilt

$$\begin{aligned}
A_1 &= \tfrac{1}{2}(p+q)(b_1 - b_2),\\
A_1 y_{S1} &= p(b_1 - b_2) \cdot \tfrac{1}{2}(b_1 - b_2) + \tfrac{1}{2}(q-p)(b_1 - b_2) \cdot \tfrac{2}{3}(b_1 - b_2) = \tfrac{1}{6}(b_1 - b_2)^2(p + 2q),\\
A_1 z_{S1} &= \tfrac{1}{2}(p+q)(b_1 - b_2) \cdot \tfrac{1}{4}(p+q) = \tfrac{1}{8}(p+q)^2(b_1 - b_2).
\end{aligned} \tag{d}$$

Mit diesen Ausdrücken nehmen die beiden Gleichungen (a) die Formen an

$$(p+q)(b_1 - b_2) = h_1 b_1 - h_2 b_2,$$

$$(b_1 - b_2)^2(p + 2q) = \tfrac{3}{2}(h_1 b_1^2 + h_2 b_2^2) - 3h_2 b_1 b_2.$$

Sie sind linear in p und q. Multiplikation der ersten mit $(b_1 - b_2)$ und Subtraktion von der zweiten ergibt

$$\begin{aligned}
(b_1 - b_2)^2 q &= \tfrac{3}{2}(h_1 b_1^2 + h_2 b_2^2) - 3h_2 b_1 b_2 - (b_1 - b_2)(h_1 b_1 - h_2 b_2)\\
&= \tfrac{1}{2}(h_1 b_1^2 + h_2 b_2^2) - b_1 b_2 (2h_2 - h_1).
\end{aligned}$$

Daraus folgt

$$q = \frac{h_1 b_1^2 + h_2 b_2^2 - 2b_1 b_2(2h_2 - h_1)}{2(b_1 - b_2)^2} \tag{e}$$

$$= \frac{10 \cdot 6^2 + 9 \cdot 2^2 - 2 \cdot 12(18-10)}{2 \cdot 4^2} = 6,38\text{cm},$$

$$p = \frac{h_1 b_1 - h_2 b_2}{b_1 - b_2} - q = \frac{h_1 b_1^2 + h_2 b_2^2 - 2 b_1 b_2 (2h_1 - h_2)}{2(b_1 - b_2)^2} \qquad \text{(f)}$$

$$= \frac{10 \cdot 6^2 + 9 \cdot 2^2 - 2 \cdot 12(20-9)}{2 \cdot 4^2} = 4,13\text{cm}.$$

Damit liefert (d)

$$A_1 z_{S1} = \tfrac{1}{8}(4,13 + 6,38)^2 \cdot 4 = 55,2\text{cm}^3.$$

Damit und mit (c) ergibt sich aus (b) das Fließbiegemoment

$$M_F = Y(2 \cdot 55,2 - 219) = -109\text{cm}^3 \cdot Y.$$

Nur der Betrag interessiert. Ein positives Vorzeichen erhält man, wenn man die andere Teilfläche als Fläche 1 definiert.
Im Sonderfall $b_2 = 0$ ergibt sich aus (e) und (f) $p = q = h_1/2$, aus (c) $Az_S = h_1^2 b_1/2$, aus (d) $A_1 z_{S1} = h_1^2 b_1/8$ und damit aus (b) $M_F = Y h_1^2 b_1(1/4 - 1/2) = -Y h_1^2 b_1/4$. Das sind korrekte Ergebnisse für die Lage der Grenzgeraden und für das Fließbiegemoment (vgl. Beisp.11.3-1).

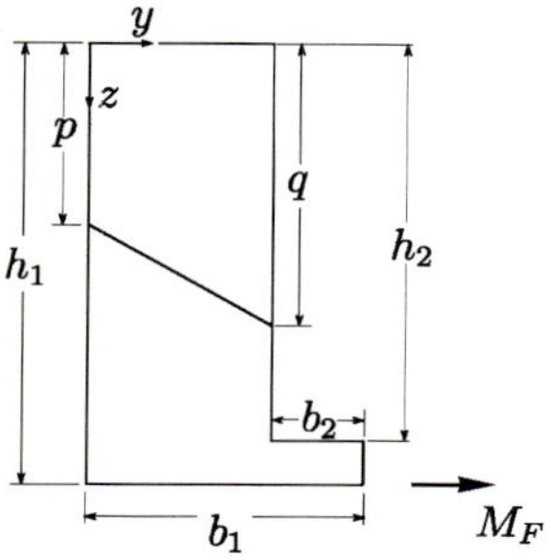

(a)

Aufg. 11.6

Mit dem Prinzip der virtuellen Arbeit als Gleichgewichtsbedingung wird die Gleichgewichtslast $q_0(a)$ berechnet, die ein Mechanismus mit einem Fließgelenk in der Entfernung a von der festen Einspannung hat (Abb. a). Die Traglast q_T ist das Minimum der Funktion $q_0(a)$.
Teilaufgabe a:
Die virtuelle Arbeit δW_a der Streckenlast bei der dargestellten und durch δw_a gekennzeichneten virtuellen Verschiebung ist (s. Tab.5 im Anhang)

$$\delta W_a = \int_0^\ell \delta w(x) q(x)\, \mathrm{d}x$$

$$= \tfrac{1}{6}\delta w_a \left[q_0(a) + 2\frac{\ell - a}{\ell} q_0(a) \right] a + \tfrac{1}{3}\delta w_a \frac{\ell - a}{\ell} q_0(a)(\ell - a)$$

$$= \tfrac{1}{6}\delta w_a q_0(a) \left[a + 2\frac{a}{\ell}(\ell - a) + 2\frac{(\ell - a)^2}{\ell} \right] = \tfrac{1}{6}\delta w_a q_0(a)(2\ell - a).$$

Die virtuelle Arbeit der Fließbiegemomente ist

$$\delta W_i = -M_F\,\frac{\delta w_a}{a} - M_F\Big(\frac{\delta w_a}{a} + \frac{\delta w_a}{\ell - a}\Big)$$

$$= -M_F\delta w_a\,\frac{2(\ell - a) + a}{a(\ell - a)} = -M_F\delta w_a\,\frac{2\ell - a}{a(\ell - a)}.$$

Die Gleichgewichtsbedingung $\delta W_a + \delta W_i = 0$ nimmt damit die Form an:

$$\delta w_a\Big[\tfrac{1}{6}q_0(a) - M_F\,\frac{1}{a(\ell - a)}\Big](2\ell - a) = 0.$$

Daraus folgt die Gleichgewichtslast

$$q_0(a) = \frac{6M_F}{a(\ell - a)}.$$

Am Ort $a = a_T$ des Fließgelenks ist $\mathrm{d}q_0/\mathrm{d}a = 0$. Das ist die Gleichung

$$-\frac{\ell - 2a_T}{a_T^2(\ell - a_T)^2} = 0.$$

Daraus ergibt sich

$$a_T = \frac{\ell}{2}, \qquad q_T = 24\frac{M_F}{\ell^2}.$$

Teilaufgabe b:
Für den Mechanismus in Abb. b liefert dieselbe Rechnung folgende Gleichungen

$$\delta W_a = \tfrac{1}{3}\delta w_a\frac{a}{\ell}q_0(a)a + \tfrac{1}{6}\delta w_a\Big[2\frac{a}{\ell}q_0(a) + q_0(a)\Big](\ell - a)$$

$$= \tfrac{1}{6}\delta w_a q_0(a)\Big[2\frac{a^2}{\ell} + 2\frac{a}{\ell}(\ell - a) + \ell - a\Big] = \tfrac{1}{6}\delta w_a q_0(a)(\ell + a).$$

$$\delta W_i = -M_F\delta w_a\frac{2\ell - a}{a(\ell - a)} \qquad \text{wie in Teilaufgabe a.}$$

Die Gleichgewichtsbedingung $\delta W_a + \delta W_i = 0$ ergibt

$$\delta w_a\Big[\tfrac{1}{6}q_0(a)(\ell + a) - M_F\frac{2\ell - a}{a(\ell - a)}\Big] = 0.$$

Daraus ergibt sich die Gleichgewichtslast

$$q_0(a) = 6M_F\,\frac{2\ell - a}{a(\ell - a)(\ell + a)} = 6M_F\,\frac{2\ell - a}{a\ell^2 - a^3}. \tag{a}$$

Aus $\mathrm{d}q_0/\mathrm{d}a = 0$ bei $a = a_T$ folgt

$$-(a_T\ell^2 - a_T^3) - (2\ell - a_T)(\ell^2 - 3a_T^2) = 0 \qquad \text{oder}$$

$$\Big(\frac{a_T}{\ell}\Big)^3 - 3\Big(\frac{a_T}{\ell}\Big)^2 + 1 = 0.$$

Probieren liefert die Lösung $a_T \approx 0,65\ell$. Damit ergibt sich aus (a) die Traglast

$$q_T = 6\frac{M_F}{\ell^2}\,\frac{2 - 0,65}{0,65 - 0,65^3} = 21,6\,\frac{M_F}{\ell^2}.$$

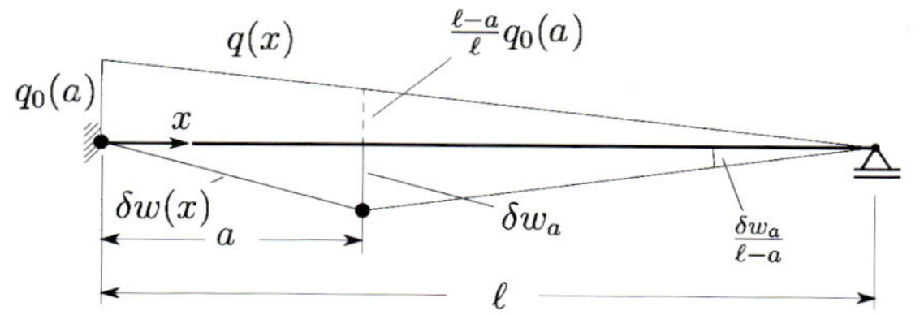

(a)

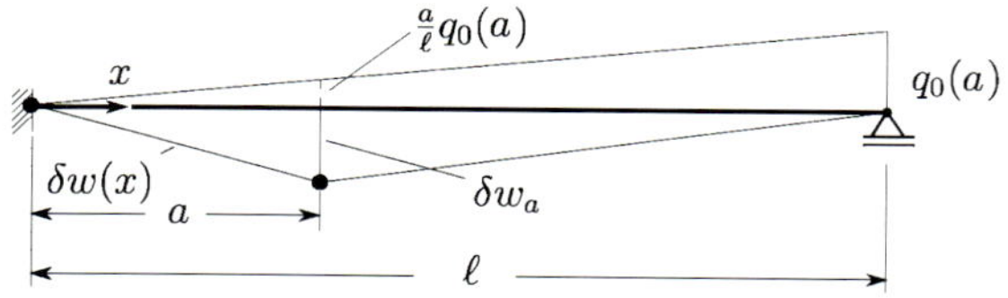

(b)

Aufg. 11.7

Der Bruchmechanismus in Abb. A11.7b:
Wenn $\delta\varphi$ der Drehwinkel der dargestellten virtuellen Verschiebung und q_b die zugehörige Gleichgewichtslast ist, lautet die Gleichgewichtsbedingung

$$q_b \ell_2 \cdot \frac{\ell_2}{2}\,\delta\varphi - M_F\,\delta\varphi = 0.$$

Daraus ergibt sich

$$q_b = \frac{2M_F}{\ell_2^2}. \tag{a}$$

Der Bruchmechanismus in Abb. A11.7c:
Er wird durch die zunächst unbestimmte Entfernung a des Fließgelenks von der Einspannstelle und durch die virtuelle Verschiebung $\delta\varphi$ in Abb. a gekennzeichnet. Die Gleichgewichtsbedingung lautet

$$qa \cdot \frac{a}{2}\delta\varphi + q(\ell_1 - a)\frac{\ell_1 - a}{2}\delta\varphi\frac{a}{\ell_1 - a} - q\ell_2\frac{\ell_2}{2}\delta\varphi\frac{a}{\ell_1 - a} - M_F\delta\varphi - M_F\delta\varphi\frac{\ell_1}{\ell_1 - a} = 0$$

oder

$$\delta\varphi\,\frac{1}{\ell_1 - a}\left\{\frac{q}{2}[a^2(\ell_1 - a) + a(\ell_1 - a)^2 - \ell_2^2 a] - M_F(\ell_1 - a + \ell_1)\right\} = 0.$$

Daraus ergibt sich die Gleichgewichtslast $q(a)$ zu

$$q(a) = 2M_F\,\frac{2\ell_1 - a}{a[a(\ell_1 - a) + (\ell_1 - a)^2 - \ell_2^2]} = 2M_F\,\frac{2\ell_1 - a}{-a^2\ell_1 + a(\ell_1^2 - \ell_2^2)}. \tag{b}$$

Ihr Minimum q_c tritt auf, wenn a die Bedingung $\mathrm{d}q/\mathrm{d}a = 0$ erfüllt, d.h.

$$[-a^2\ell_1 + a(\ell_1^2 - \ell_2^2)](-1) - (2\ell_1 - a)(-2a\ell_1 + \ell_1^2 - \ell_2^2) = 0 \tag{c}$$

oder mit der Abkürzung $\lambda = \ell_2/\ell_1$

$$a^2 - 4\ell_1 a + 2\ell_1^2(1 - \lambda^2) = 0.$$

Die Lösung ist

$$a = \ell_1\left[2 - \sqrt{4 - 2(1 - \lambda^2)}\,\right] = \ell_1\left[2 - \sqrt{2(1 + \lambda^2)}\,\right]. \tag{d}$$

Damit liefert (b) die minimale Gleichgewichtslast für den Bruchmechanismus von Abb. a. Bei Beachtung von (c) ist sie

$$q_c = 2M_F \frac{2\ell_1 - a}{-(2\ell_1 - a)(-2a\ell_1 + \ell_1^2 - \ell_2^2)} = \frac{2M_F}{2a\ell_1 - \ell_1^2 + \ell_2^2}$$
$$= \frac{2M_F}{2\ell_1^2\left[2 - \sqrt{2(1+\lambda^2)}\,\right] - \ell_1^2 + \ell_2^2} = \frac{2M_F}{\ell_1^2\left[3 + \lambda^2 - 2\sqrt{2(1+\lambda^2)}\,\right]}. \qquad \text{(e)}$$

Die Aufgabe schreibt vor, daß q_b und q_c für $\lambda = \lambda_1$ gleich sind. Daraus ergibt sich für λ_1 die Gleichung

$$\ell_2^2 = \ell_1^2\left[3 + \lambda_1^2 - 2\sqrt{2(1+\lambda_1^2)}\,\right] \qquad \text{oder} \qquad \lambda_1^2 = 3 + \lambda_1^2 - 2\sqrt{2(1+\lambda_1^2)}$$

oder $3 = 2\sqrt{2(1+\lambda_1^2)}$. Daraus erhält man $\lambda_1 = \sqrt{2}/4$. Im Fall $\lambda < \lambda_1$ ist $q_c < q_b$. Dann geben (d) und (e) die Lage des Fließgelenks und die Traglast an:

$$a_T = l_1\left[2 - \sqrt{2(1+\lambda^2)}\,\right], \qquad q_T = \frac{2M_F}{l_1^2\left[3 + \lambda^2 - 2\sqrt{2(1+\lambda^2)}\,\right]}.$$

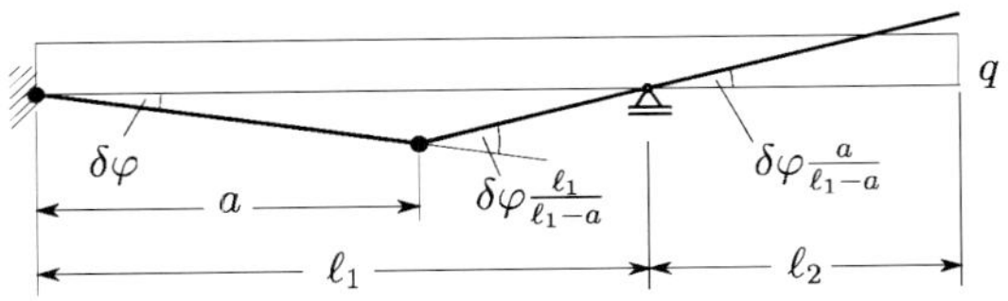

(a)

Aufg. 11.8

Das Fließgelenk bildet sich an der Stelle, für die das Verfahren der virtuellen Arbeit die kleinste Gleichgewichtslast q ergibt.
Annahme: Das Fließgelenk liegt außerhalb des Bereiches der Streckenlast. Abb. a zeigt die virtuelle Verschiebung, wenn das Fließgelenk an einer Stelle $x \le a_1$ liegt. Die virtuelle Arbeit der Streckenlast ist ebenso groß, wie die ihrer Resultierenden $q(\ell - a_1 - a_2)$ in der Entfernung $a_2 + (\ell - a_1 - a_2)/2 = (\ell - a_1 + a_2)/2$ vom rechten Lager. Die Gleichgewichtsbedingung lautet folglich

$$q(\ell - a_1 - a_2)\cdot \tfrac{1}{2}(\ell - a_1 + a_2)\cdot \delta\varphi\frac{x}{\ell - x} - M_1\delta\varphi - M_2\delta\varphi\frac{\ell}{\ell - x} - M_3\delta\varphi\frac{x}{\ell - x} = 0.$$

Multiplikation mit $(\ell - x)$ und Auflösung nach q ergeben

$$q = \frac{2}{x}\cdot\frac{M_1(\ell - x) + M_2\ell + M_3 x}{(\ell - a_1 - a_2)(\ell - a_1 + a_2)} = 2\cdot\frac{(M_1 + M_2)\ell/x + M_3 - M_1}{(\ell - a_1 - a_2)(\ell - a_1 + a_2)}.$$

Diese Funktion fällt monoton mit x bis zu einem Minimum am Bereichsrand $x = a_1$. Damit ist gezeigt, daß das Fließgelenk nicht im Bereich $x < a_1$ liegt. Mit derselben Begründung liegt es nicht im Bereich rechts von der Streckenlast (wenn man die x-Achse vom rechten Lager aus nach links laufen läßt, ergeben sich dieselben Gleichungen mit anderen Indizes).
In Abb. b ist das Fließgelenk an einer Stelle x im Bereich der Streckenlast angenommen. Die Streckenlast wird in zwei Teilbereiche mit Resultierenden $q(x - a_1)$ und $q(\ell - x - a_2)$ unterteilt, die in der Entfernung $a_1 + (x - a_1)/2 = (x + a_1)/2$ vom linken Lager bzw. in der Entfernung $a_2 + (\ell - x - a_2)/2 = (\ell - x + a_2)/2$ vom rechten Lager angreifen. Die Gleichgewichtsbedingung lautet

$$q(x-a_1)\tfrac{1}{2}(x+a_1)\delta\varphi + q(\ell-x-a_2)\tfrac{1}{2}(\ell-x+a_2)\delta\varphi\frac{x}{\ell-x}$$
$$-M_1\delta\varphi - M_2\delta\varphi\frac{\ell}{\ell-x} - M_3\delta\varphi\frac{x}{\ell-x} = 0.$$

Daraus folgt nach Multiplikation mit $(\ell - x)$

$$\tfrac{1}{2}q\big\{(x^2-a_1^2)(\ell-x) + [(\ell-x)^2-a_2^2]x\big\} = M_1(\ell-x) + M_2\ell + M_3x \quad \text{oder}$$
$$\tfrac{1}{2}q\big[-\ell x^2 + (\ell^2+a_1^2-a_2^2)x - a_1^2\ell\big] = (M_3-M_1)x + (M_1+M_2)\ell.$$

Also ist

$$q = 2\,\frac{(M_3-M_1)x + (M_1+M_2)\ell}{-\ell x^2 + (\ell^2+a_1^2-a_2^2)x - a_1^2\ell}. \qquad \text{(a)}$$

Das Minimum dieser Funktion ist die Traglast q_T. Es tritt an der Stelle $x = x_T$ auf, an der der Zähler von $\mathrm{d}q/\mathrm{d}x$ null ist. Das ist die Gleichung

$$[-\ell x_T^2 + (\ell^2+a_1^2-a_2^2)x_T - a_1^2\ell](M_3-M_1)$$
$$-[(M_3-M_1)x_T + (M_1+M_2)\ell](-2\ell x_T + \ell^2 + a_1^2 - a_2^2) = 0$$

oder nach Umordnung

$$x_T^2(M_3-M_1) + 2x_T\ell(M_1+M_2) = (M_1+M_2)(\ell^2-a_2^2) + (M_2+M_3)a_1^2.$$

Sie hat die Lösung

$$x_T = \begin{cases} \ell/2 + (a_1^2-a_2^2)/(2\ell) & (M_3 = M_1) \\ \Big\{\Big[(M_1+M_2)(M_2+M_3)\ell^2 + (M_3-M_1)\big[(M_2+M_3)a_1^2 \\ \quad -(M_1+M_2)a_2^2\big]\Big]^{1/2} - (M_1+M_2)\ell\Big\}\Big/(M_3-M_1) & (M_3 \neq M_1). \end{cases}$$

Mit dieser Lösung liefert (a) die Traglast

$$q_T = 2\,\frac{(M_3-M_1)x_T + (M_1+M_2)\ell}{(\ell^2+a_1^2-a_2^2)x_T - (a_1^2+x_T^2)\ell}.$$

Sonderfälle:

a) $a_1 = 0, \quad a_2 = \ell/2, \quad M_1 = M_F/2, \quad M_2 = M_3 = M_F$:

$$x_T = -3\ell + 2\sqrt{\tfrac{3}{2}\cdot 2\ell^2 + \tfrac{1}{2}\left(0 - \tfrac{3}{2}\cdot\tfrac{1}{4}\ell^2\right)} = 0{,}35\ell,$$
$$q_T = 2\,\frac{\tfrac{1}{2}\cdot 0{,}35 + \tfrac{3}{2}}{\tfrac{3}{4}\cdot 0{,}35 - 0{,}35^2}\,\frac{M_F}{\ell^2} = 23{,}9\,\frac{M_F}{\ell^2}.$$

b) $a_1 = \ell/4, \quad a_2 = \ell/2, \quad M_1 = M_2 = M_F, \quad M_3 = M_F/2$:

$$x_T = 4\ell - 2\sqrt{2\cdot\tfrac{3}{2}\ell^2 - \tfrac{1}{2}\left(\tfrac{3}{2}\cdot\tfrac{1}{16}\ell^2 - 2\cdot\tfrac{1}{4}\ell^2\right)} = 0{,}42\ell,$$
$$q_T = 2\,\frac{-\tfrac{1}{2}\cdot 0{,}42 + 2}{(1+\tfrac{1}{16}-\tfrac{1}{4})0{,}42 - (\tfrac{1}{16}+0{,}42^2)}\,\frac{M_F}{\ell^2} = 35{,}0\,\frac{M_F}{\ell^2}.$$

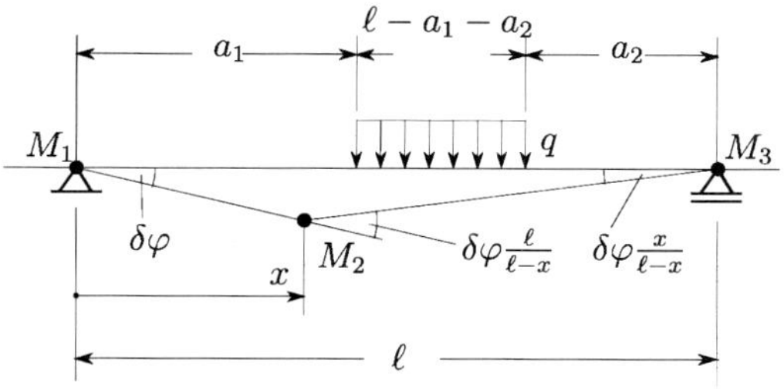

ℓ − a1 − a2
a1
a2
M1
q
M3
δφ
M2
δφ ℓ/(ℓ−x)
δφ x/(ℓ−x)
x
ℓ

(**a**)

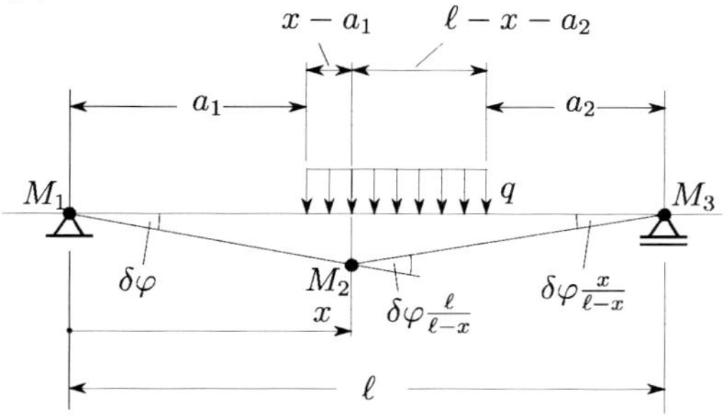

x − a1
ℓ − x − a2
a1
a2
M1
q
M3
δφ
M2
δφ ℓ/(ℓ−x)
δφ x/(ℓ−x)
x
ℓ

(**b**)

Druck (Computer to Film): Saladruck, Berlin
Verarbeitung: H. Stürtz AG, Würzburg